Abstrakte Modellierung digitaler Schaltungen

Springer

*Berlin
Heidelberg
New York
Barcelona
Budapest
Hong Kong
London
Mailand
Paris
Santa Clara
Singapur
Tokio*

Klaus ten Hagen

Abstrakte Modellierung digitaler Schaltungen

VHDL vom funktionalen Modell
bis zur Gatterebene

Mit 265 Abbildungen und 52 Tabellen

 Springer

Klaus ten Hagen
RWTH Aachen
ISS - 61 18 10 -
Templergraben 55
52056 Aachen
e-mail: tenHagen@ert.RWTH-Aachen.de

ISBN-13: 978-3-642-79690-6   e-ISBN-13: 978-3-642-79689-0
DOI: 10.1007/978-3-642-79689-0

Die Deutsche Bibliothek – Cip-Einheitsaufnahme

Ten Hagen, Klaus:
Abstrakte Modellierung digitaler Schaltungen : VHDL vom funktionalen Modell
bis zur Gatterebene ; mit 52 Tabellen / Klaus ten Hagen. - Berlin ; Heidelberg ;
New York ; Barcelona ; Budapest ; Hong Kong ; London ; Mailand ; Paris ; Tokyo :
Springer, 1995

Dieses Werk ist urheberrechtlich geschützt. Die dadurch begründeten Rechte, insbesondere die der Übersetzung, des Nachdrucks, des Vortrags, der Entnahme von Abbildungen und Tabellen, der Funksendung, der Mikroverfilmung oder Vervielfältigung auf anderen Wegen und der Speicherung in Datenverarbeitungsanlagen, bleiben, auch bei nur auszugsweiser Verwertung, vorbehalten. Eine Vervielfältigung dieses Werkes oder von Teilen dieses Werkes ist auch im Einzelfall nur in den Grenzen der gesetzlichen Bestimmungen des Urheberrechtsgesetzes der Bundesrepublik Deutschland vom 9. September 1965 in der jeweils geltenden Fassung zulässig. Sie ist grundsätzlich vergütungspflichtig. Zuwiderhandlungen unterliegen den Strafbestimmungen des Urheberrechtsgesetzes.

© Springer-Verlag Berlin Heidelberg 1995
Softcover reprint of the hardcover 1st edition 1995

Die Wiedergabe von Gebrauchsnamen, Handelsnamen, Warenbezeichnungen usw. in diesem Buch berechtigt auch ohne besondere Kennzeichnung nicht zu der Annahme, daß solche Namen im Sinne der Warenzeichen- und Markenschutz-Gesetzgebung als frei zu betrachten wären und daher von jedermann benutzt werden dürften.

Sollte in diesem Werk direkt oder indirekt auf Gesetze, Vorschriften oder Richtlinien (z.B. DIN, VDI, VDE) Bezug genommen oder aus ihnen zitiert worden sein, so kann der Verlag keine Gewähr für die Richtigkeit, Vollständigkeit oder Aktualität übernehmen. Es empfiehlt sich, gegebenenfalls für die eigenen Arbeiten die vollständigen Vorschriften oder Richtlinien in der jeweils gültigen Fassung hinzuzuziehen.

Satz: Reproduktionsfertige Vorlage des Autors
SPIN: 10498174   62/3020 - 5 4 3 2 1 0 - Gedruckt auf säurefreiem Papier

Für Renate und Friedrich

Zum Geleit

Unter dem Stichwort *Excellence in Electronics* hat McKinsey [50] eine Studie über die Elektronikindustrie veröffentlicht. Sie belegt, daß dem Entwicklungsprozeß im kommenden Jahrzehnt eine Schlüsselstellung zukommen wird. In der erwähnten Studie wird u.a. gezeigt, daß die Produktivität der Entwicklungsingenieure in den erfolgreichen Firmen bis zu 2,3 mal höher liegt – bei einer praktisch gleich langen Entwicklungszeit – als bei den weniger erfolgreichen Firmen[1]. Erfolgreiche Firmen investieren signifikant mehr in die Infrastruktur der Entwicklungsabteilungen[2]. Erfolgreiche Firmen passen die Spezifikationen während der Produktentwicklung laufend den vorhandenen Marktbedürfnissen und den Technologiefortschritten an.

Auf den allgemeinsten Nenner gebracht, kann man die Entwicklung von Produkten der Kommunikations- und Computerindustrie als den Prozeß beschreiben, der eine komplexe Funktion durch die geeignete Verknüpfung von anwendungsspezifischen Hardware/Software-Modulen implementiert. Kennzeichnend dabei ist, daß die optimale Lösung nur durch ein zeitlich parallel ablaufendes Hardware/Software Codesign gefunden werden kann.

Bei aller Unterschiedlichkeit der Produkte (Konsumgüter oder Investitionsgüter) lassen sich viele Gemeinsamkeiten im Innovationsprozeß erkennen. Die Beherrschung der Technologien Hardware und Software bildet die Kernkompetenz der Firmen. Die geeignete Kombination von Kernkompetenzen führt zu Kernelementen. Ein spezifisches Produkt entsteht dann durch Kombination dieser Kernelemente. Die beschriebene Struktur des Innovationsprozesses ermöglicht einen ständigen Fluß von neuen Produkten. Gleichzeitig können durch den Einsatz wiederverwendbarer Kernelemente die Entwicklungskosten minimiert, die Entwicklungszeit kurz gehalten und das Entwicklungsrisiko verringert werden.

Der dargestellte Innovationsprozeß ist nur auf der Grundlage einer geeigneten Hardware/Software Codesign-Entwurfsmethodik möglich. Dies ist der Gegenstand des vorliegenden Buches.

Das Buch beruht auf Forschungsarbeiten am ISS der RWTH Aachen, wo diese Thematik seit 1989 bearbeitet und vom Autor entscheidend geprägt wurde. Kennzeichnend für die Arbeiten und dieses Buch ist, daß die Konzepte laufend an Industrieprojekten innerhalb und außerhalb des ISS auf ihre Praxisrelevanz überprüft wurden.

Das Buch ist für den Entwicklungsingenieur in der Industrie geschrieben, es eignet sich aber auch als Grundlage für einen Entwurfskurs an einer Hochschule.

Aachen, dem 7. Juni 1995   Heinrich Meyr

RWTH-Aachen, Lehrstuhl für integrierte Systeme der Signalverarbeitung
ISS -61 18 10-, Templergraben 55, D-52 056 Aachen
email: Meyr@ert.RWTH-Aachen.de

---

[1] Die Produktivität wurde gemessen in Umsatz aus neuen Produkten.
[2] 113 k$ gegenüber 166 k$ pro Jahr und Entwicklungsingenieur.

Vorwort

Die Implementierung einer komplexen Funktion durch eine geschickte Kombination von Software und applikationsspezifischer Hardware ist ein außergewöhnlich interessantes Arbeitsgebiet. Eine führende Position auf diesem Gebiet beruht auf einem tiefen Verständnis der Applikationen, kreativen Designs und einer Beherrschung des arbeitsteiligen Entwurfsprozesses.

Ziel dieses Buches ist es, den Entwurf digitaler Schaltungen durch eine schrittweise Modellierung geschlossen darzustellen und den systematischen Übergang von einem funktionalen Modell zu einer Implementation auf der Gatterebene zu ermöglichen.

Entwurfsverfahren und Produktivität

In den 70'er Jahren wurden integrierte Schaltungen entwickelt, indem Polygone auf den einzelnen Maskenebenen gezeichnet wurden. Die Masken wurden produziert, durchgemessen und geändert. In den 80'er Jahren begann man logische Gatter durch Zellen mit festem Layout zu implementieren. Die Schaltungen wurden textuell als Netzliste oder graphisch als Schaltpläne erfaßt und mit „Logik"-Simulatoren experimentell analysiert. In den 90'er Jahren werden die Schaltungen immer häufiger durch Modelle auf der „RT-Ebene" („Register Transfer")[3] beschrieben. Aus diesen Modellen werden mit einem Logiksynthese-Werkzeug maschinell Implementationen auf der Gatterebene erzeugt [17][4].

Jahr	Projekt	Komplexität [Transistor]	Entwickler	Dauer [Monat]	Produktivität $\frac{Trans.}{Monat \cdot Entwickler}$
1970	Intel 4004	$1 \cdot 10^3$	4	9	28
1982	Intel 286	$100 \cdot 10^3$	20	12	417
1992	Intel pentium	$3 \cdot 10^6$	100	20	1 500
2002	Geschätzt:	$150 \cdot 10^6$	1 000	40	3 750

Tabelle 0.1: Extrapolation der Produktivitätsentwicklung

In diesem Buch wird daher zunächst die Modellierung auf der Gatter- und der „RT"-Ebene geschlossen dargestellt. Die fortschreitende Entwicklung in der Fertigungstechnik, welche eine immer größere Zahl von Transistoren pro Chip ermöglicht,

---

[3] Auf der RT-Ebene wird die Struktur der kombinatorischen Schaltungen zwischen den Registerstufen vernachlässigt und ausschließlich funktionale Modelle derselben verwendet.

[4] Diese grobe Einteilung von Courtois macht unter anderem deutlich, daß jeder Übergang ein volles Jahrzehnt zur Verbreitung benötigt hat. Die Hektik der täglichen „Neuheiten" verführt dazu, die wirkliche Veränderungsgeschwindigkeit zu überschätzen.

und die wachsende Komplexität der durch eine applikationsspezifische Schaltung implementierten Funktionen erzeugen einen konstanten Druck zur Produktivitätssteigerung [17, 25, 23]. In Tabelle 0.1 sind die Daten einiger führender Entwurfsprojekte zusammengestellt [17]. In der letzten Spalte von Tabelle 0.1 ist die mittlere Produktivität jedes an dem Projekt beteiligten Entwicklers angegeben. Die mittlere Produktivität *prod* pro Entwickler wird durch die entworfene Komplexität, die Zahl der Entwickler und die Projektdauer bestimmt.

$$prod := \frac{Komplexität}{Entwickler \cdot Dauer}$$

Die Produktivitätswerte in Tabelle 0.1 zeigen, daß mit der Einführung der Modellierung auf der „RT"-Ebene in den 90'er Jahren die Produktivität um den *Faktor 3* gesteigert werden konnte. Weiterhin verdeutlichen die extrapolierten Werte für das Jahr 2002, daß die Produktivität auch weiterhin steigen muß. Diese Produktivitätssteigerung wird durch eine Modellierung oberhalb der „RT"-Ebene erreicht werden.

Abstrakte Modellierung in der Architektur: Man kann die Entwicklung der Entwurfsverfahren von integrierten Schaltungen mit dem Fortschritt der Entwurfsverfahren in ausgereifteren Disziplinen vergleichen. Noch im 19'ten Jahrhundert wurden die meisten Häuser ohne einen Bauplan handwerklich erstellt. Heute werden Häuser in einem stark arbeitsteiligen Prozeß errichtet. Die Haus-„entwickler" spezifizieren in den Bauplänen nicht jedes Detail, sondern abstrahieren von vielen Entscheidungen, welche erst beim Bau selber getroffen werden.

Diese Analogie verdeutlicht den Preis der Produktivitätserhöhung. Die zur Durchführung eines Projektes erforderlichen Software-Werkzeuge und Rechner führen zu einem höheren Kapitalaufwand. Der Entwurfsprozeß wird bei komplexen Projekten immer arbeitsteiliger. Es wird je nach Applikationsbereich unterschiedliche Entwurfsprozesses geben und die Anforderungen an die Qualifikation des Entwicklers steigen. Die letzten beiden Veränderungen sind Gegenstand dieses Buches.

Erfahrungen

Im Jahre 1989 wurde die erste vollständige Implementierung der Hardwarebeschreibungssprache VHDL[5] verfügbar. Die ersten kommerziellen Synthesewerkzeuge wurden 1990 ausgeliefert. Zu diesem Zeitpunkt waren am ISS der RWTH-Aachen umfangreiche Erfahrungen im Entwurf von digitalen Schaltungen mit diskreten Bauelementen und mit Standardzellen vorhanden. VHDL und Synthese wurden in einem größeren Projekt, dessen Funktion sowohl durch Hardware als auch durch Software implementiert wurde [99], angewandt. Im Verlauf dieses Projektes hat sich aus den positiven und auch negativen Erfahrungen eine angemessene Entwurfsmethodik entwickelt [104].

---

[5]VHDL = VHSIC Hardware Description Language, VHSIC = Very High Speed Integrated Circuits

(1) „Software"-Modelle: Studenten mit Erfahrung im Umgang mit einer höheren Programmiersprache haben VHDL als solche begriffen und Modelle erzeugt, welche z.B. Speicher beim Betriebssystem anforderten. Es wurden Signalwerte in einer Taktperiode übergeben, die mit einigen tausend bits kodiert werden mußten. Es gab Modelle, welche Eingangswerte mit einer *Flanke eines Datensignals* übernahmen und einen neuen Zustandswert berechneten. Der unkritische Transfer von Erfahrungen aus der Software-Entwicklung birgt also die Gefahr in sich, daß Modelle erzeugt werden, die nichts mit der Implementation durch eine applikationsspezifische Schaltung zu tun haben.

(2) Gatter-Netzlisten in VHDL: Studenten mit einiger Erfahrung im Aufbau von Schaltungen mit diskreten Komponenten („TTLs") interpretierten VHDL als eine „Gatter"-Beschreibungssprache und ein Netzlistenformat. Es wurden Modelle der verfügbaren Gatter und Makros implementiert und dann die benötigten Teileinheiten „aufgebaut". Die aus dem Entwurf mit diskreten Logikbausteinen oder einem Schaltplaneditor vertraute Methodik wurde also einfach mit VHDL fortgeführt.

Geeignete und weniger geeignete Modelle: Die obigen Modellierungsextreme sind nicht prinzipiell falsch, denn die Grundlage der Modellierung ist von Rumbaugh [87] im folgenden Satz zusammengefaßt worden.

There is not a single correct model, only adequate and inadequate ones.

Für den systematischen Entwurf einer digitalen Schaltung ist die Frage entscheidend, wie aus einem abstrakten funktionalen Modell ein implementationsnäheres Modell gewonnen werden kann, aus dem mit den verfügbaren Synthesewerkzeugen eine Implementation erzeugt werden kann. Die Schritte des Zerlegens und Verfeinerns werden daher in diesem Buch an vielen einfachen, aber auch komplexeren Beispielen demonstriert.

(3) Irrwege und Fallen („pit-falls"): Als die Modelle unseres ersten mit VHDL entworfenen Projektes synthetisiert worden waren, stellten wir fest, daß es Timingpfade durch mehrere Teileinheiten gab. Diese Timingpfade konnten weder bei der Simulation der RT-Modelle noch während der separaten Synthese beobachtet werden. Sie waren zwar nicht geschlossen[6], konnten aber nicht in der geforderten Taktperiode durchlaufen werden. Daher mußten die beteiligten Modelle geändert, die Änderungen verifiziert und die Modelle neu synthetisiert werden.

Die Modellierung eines RAMs auf der RT-Ebene ist einfach und daher wurden diese von jedem Entwickler selbständig modelliert. Nach der Integration der vom Halbleiterhersteller bereitgestellten RAM-Makros in die synthetisierte Netzliste stellte sich

---

[6]Ein geschlossener Timingpfad kann zu einer ungewollten Zustandsspeicherung oder sogar zu einem Ringoszillator führen.

heraus, daß die verwendeten RAM-Modelle auf der RT-Ebene auf einem nicht realisierbaren Verständnis des zeitlichen Klemmenverhaltens basierten. Da die Ansteuerung der RAMs die Einplanung der Operationen und Klemmenzugriffe stark beeinflußt, mußte das Modell neu implementiert werden.

Lohnt es sich ein Buch über dieses Thema zu schreiben?

Die vorhandenen Darstellungen des Entwurfes digitaler Schaltungen, wie [35, 62], beschäftigten sich vornehmlich mit der manuellen Implementation auf der Logikebene. Es gibt viele –insbesondere englischsprachige– Bücher, welche sich aber im wesentlichen auf eine Erläuterung der Sprachelemente einer HDL[7] beschränken [58, 4, 96, 5, 61, 64, 9, 72, 57]. Daher wurde sehr früh die Notwendigkeit erkannt, den Entwurf digitaler Schaltungen durch schrittweise Modellierung geschlossen darzustellen.

Rückbesinnung auf Methodik: In den letzten Jahren ist der Entwurfsprozeß digitaler Schaltungen immer weiter automatisiert worden. Aus einem Modell werden Operatoren extrahiert, eine geeignete Implementation wird selektiert, dimensioniert und mit den verfügbaren Gattern realisiert. Kombinatorische Schaltungen werden maschinell minimiert und auf die verfügbaren Gatter abgebildet. Die Zellen und Makros werden auf dem Chip oder der Leiterplatte weitestgehend automatisch plaziert und verdrahtet. Die kommerziell verfügbaren „Synthese"-Werkzeuge unterstützen immer abstraktere Entwurfsebenen und werden daher immer applikationsspezifischer [90]. Durch diese Entwicklung verringert sich aber der potentielle Kundenkreis eines solchen Werkzeugs, so daß der kommerzielle Nutzen kleiner wird. Eine systematische Darstellung manueller Entwurfstechniken, wie „Zerlegen und Verfeinern", wird daher wieder attraktiv [73, 19].

Abstrakte Modellierung als Standardverfahren: Die Entwicklung der Entwurfsverfahren in den letzten Jahren hat gezeigt, daß die Werkzeuganwendung sowie die Methodik von dem „high-end" in den „low-end"-Bereich migriert [17]. Im Jahre 1987 waren Schaltplaneingabe und Logiksimulation Techniken, die nur von den fortgeschrittensten Entwicklern verwendet wurden. So sind der 68000 Mikroprozessor sowie der Atari ST Personalcomputer [114] noch vollständig ohne Simulation entworfen worden. Heute haben sich diese Verfahren weit verbreitet und eine Entwicklung ohne Schaltplaneingabe und Logiksimulation ist nicht mehr vorstellbar. Anfang 1995 erzeugen die fortgeschrittenen Entwickler Modelle auf der RT-Ebene, welche anschließend mit einem Logiksynthesewerkzeug implementiert werden. Diese Modellierungstechniken entsprechen dem im ersten Drittel dieses Buches dargestellten Verfahren. Die dort vorgestellten Schablonen werden sich in den nächsten Jahren als Standardverfahren etablieren, während sich die führenden Entwickler immer mehr den abstrakteren Modellierungsmöglichkeiten zuwenden werden, welche im Rest des Buches vorgestellt werden.

---

[7]HDL = Hardware Description Language. Wird hier als Sammelbegriff für Sprachen, wie VHDL, Verilog, SDL, ELLA etc, verwendet.

Ziele

Dieses Buch hat die folgenden Ziele:

① Die Fundamente der Modellierung und Synthese aus einfachen Modellen zu entwickeln.

② Die Modellierungs- und Entwurfsverfahren, wie „Rescheduling", die erst in den nächsten Jahren in der Praxis Eingang finden werden, schon jetzt darzustellen.

③ Eine Taxonomie der abstrakten Modellierung einzuführen, um den Abstraktionsgrad eines Modells und damit z.B. den Projektfortschritt exakter angeben zu können.

④ Die Lücke zwischen einem funktionalen Modell und der Implementation auf der Gatterebene durch ein systematisches Zerlegen und Verfeinern zu überbrücken.

⑤ Die Entwurfsmethodik für signalverarbeitende („DSP") Applikationen darzustellen.

Die Entwicklung digitaler Schaltungen ist in zwei überlappende Domänen gespalten: *Datenfluß*orientierte Entwürfe, bei denen periodisch ausgeführte Sequenzen von Anweisungen zur Signalverarbeitung implementiert werden. *Kontrollfluß*orientierte Entwicklungen, deren Klemmenverhalten durch die Protokolle an den Ein- und Ausgängen bestimmt ist. Die Methoden zur Entwicklung digitaler Schaltungen sind bisher hauptsächlich an und für kontrollflußorientierte(n) Applikationen entwickelt worden. Es werden aber immer mehr digitale Schaltungen für die Telekommunikation entworfen, so daß die Bedeutung von Entwurfsmethoden für datenflußorientierte signalverarbeitende Applikationen zunimmt.

Beispiele in VHDL

Die hier vorgestellten Konzepte werden mit Modellen in VHDL demonstriert. VHDL ist eine standardisierte HDL, mit welcher digitale Schaltungen von der „switch"- bis zur System-Ebene beschrieben werden können.

Warum überhaupt VHDL?

Es gibt andere HDLs, wie Dacapo [79], Verilog [111] oder ELLA [69]. Weiterhin ist VHDL auch nicht notwendigerweise die nach dem Stand der Forschung bestmögliche[8], aber VHDL ist ein Standard [44]. Ein Standard hat für eine HDL eine wesentlich größere Bedeutung als für eine Software-Programmiersprache. Mit einer allgemeinen Programmiersprache wird unter Verwendung von Bibliotheksroutinen, die eventuell in einer anderen Sprache implementiert worden sind, ein ausführbarer

---

[8] So macht z.B. die Möglichkeit, in Dacapo Datentypen als „Generics" an eine Instanz zu übergeben, Dacapo geeigneter zur Formulierung wiederverwendbarer Modelle [79]

Code erzeugt. Mit einer HDL hingegen werden Schaltungen entworfen, mit fremden Modellen simuliert, unter Verwendung eines Synthesewerkzeugs synthetisiert, dokumentiert und das Endprodukt einer Entwicklung ist häufig das Modell selber.
Es gibt *zwei* kommerziell relevante HDLs: VHDL und Verilog. Verilog stand eher zur Verfügung und ist daher in den USA weit verbreitet. In Europa ist aber VHDL dominierend („language of choice"). Einige Vorteile von Verilog, wie die direkte Instanziierung einer Einheit, sind im überarbeiteten Standard VHDL'93 berücksichtigt worden.

VHDL als datentyporientierte Sprache: Es wird häufig behauptet, daß die Sprache VHDL den Entwickler zu unnötig vielen Definitionen von Datentypen, Variablen, Signalen und Klemmen zwingen würde. Man sagt VHDL sei „geschwätzig". Die ausführlichen Definitionen resultieren aus der Tatsache, daß VHDL zu den „strongly typed languages"[65] gehört. Diese ausführliche Definition aller Objekte ermöglicht aber umfangreiche Überprüfungsmöglichkeiten bei der Übersetzung und während der Laufzeit. Die meisten Fehler in der großen Entwurfsstudie, mit der das Buch abgeschlossen wird, wurden durch die Überprüfungen des Compilers und Simulators gefunden.

Modellschablonen und Beispiele statt Sprachelemente

Ein Blick in das Standard-Handbuch [44] zeigt unmittelbar, daß VHDL kompliziert ist. Nun ist aber dieses Handbuch nicht geschrieben worden, um eine Entwurfsmethodik mit VHDL vorzustellen, sondern um durch eine eindeutige Beschreibung der Sprachelemente die Implementation von VHDL-Simulatoren zu ermöglichen.

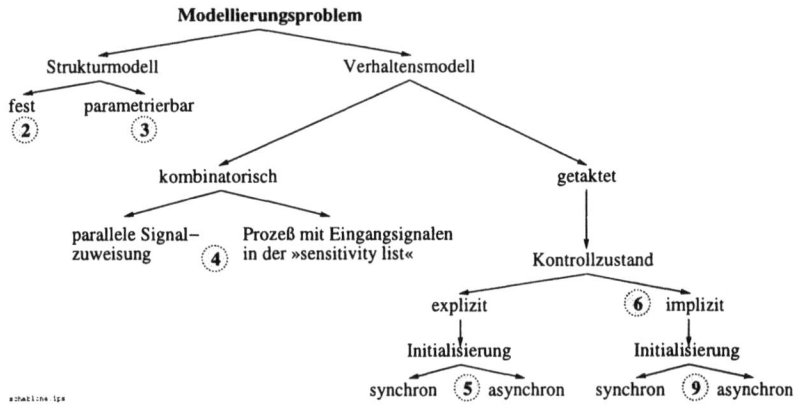

Abb. 0.1: Überblick über die relevanten Modellierungsschablonen mit den Kapiteln, in denen sie eingeführt werden

Viele Bücher über VHDL kommentieren die Sprachbeschreibung des Standard-Handbuches und erleichtern somit das Verständnis der einzelnen Sprachelemente. Allerdings sind die Zahl und Varianten der Sprachelemente groß und man weiß daher nicht so recht, wie man VHDL im aktuellen Designprojekt einsetzen kann.

Die Erfahrung an der RWTH-Aachen sowie unsere Industriekontakte haben gezeigt, daß man diese Problematik durch eine Auswahl von Sprachelementen und eine Erarbeitung von Schablonen lösen kann. In diesem Buch werden daher nur die Sprachelemente vorgestellt, welche ihren Nutzen in vielen Entwurfsprojekten bewiesen haben.

Die verschiedenen relevanten Modellierungsschablonen sind in Abb. 0.1 als Blätter eines Baumes dargestellt. In den Rechtecken ist die Nummer des Kapitels angegeben, in dem die jeweilige Schablone hergeleitet wird. Es gibt acht verschiedene Schablonen, deren Anwendungsgebiete und Aufbau diskutiert werden.

Der Entwurf einer Schaltung ist eine schöpferische Tätigkeit. Die Fähigkeit, digitale Schaltungen adäquat zu modellieren, kann nicht ohne eine Betrachtung einer Vielzahl von Beispielen vermittelt werden [124]. Es werden daher in diesem Buch eine Reihe von ausgewählten Beispielen ausführlich erläutert.

Insbesondere die Fähigkeit, eine bestimmte intendierte Struktur einer Schaltung so zu modellieren, daß man durch eine Synthese die Anforderungen erfüllen kann, kann nur durch das Studium vieler Modelle mit den zugehörigen Implementationen erworben werden. In diesem Buch wird das Verhältnis von Simulations- zu Synthesesemantik daher an vielen Beispielen ausführlich erläutert.

Ziel der Beherrschung von VHDL

Modellierung der aktuellen Entwurfsaufgabe: Dieses Buch vermittelt die Fähigkeit zu erkennen, daß die aktuelle Entwurfsaufgabe z.B. einen getakteten Prozeß erfordert, dessen Kontrollzustand am besten implizit modelliert wird. Der Aufbau der Schablone ist bekannt, auf vergleichbare Codefragmente kann über das Sachverzeichnis zugegriffen werden. Stellt sich dann noch die Frage, mit welchen Optionen die „exit"-Anweisung zum Verlassen der „for"-Schleife verwendet werden kann, so ist der *IEEE-Standard* [44] gerade wegen seiner Vollständigkeit, Kürze und Präzision ein wertvolles Dokument [9].

Modellentwicklung: „Hackerei" oder ingenieurmäßige Tätigkeit? In der mechanischen Konstruktion ist die Übersichtlichkeit und Lesbarkeit der Zeichnungen ein selbstverständliches Bewertungskriterium eines Entwurfs. In der Programmierung hängt man häufig noch der Vorstellung an, daß eine möglichst kryptische Darstellung Ausdruck besonderer Intelligenz sei. Eine lesbare Modellierung wird aber immer wichtiger, weil es Projekte, die von einem einzigen Entwickler vollständig bearbeitet werden, kaum mehr gibt. Daher werden in den Codefragmenten dieses Buches möglichst sinnreiche und lesbare Bezeichner definiert und alle Modelle ausführlich kommentiert.

---

[9] Das Standard-Handbuch kann über das IEEE-Büro in Brüssel bezogen werden (Tel. ++32 2 770 2198, Fax. ++32 2 770 8505 oder Email: `Giggi Kenna <g.kenna@ieee.org>`).

Organisation des Materials

„Woher kommt ein Huhn?" „Ein Huhn 'trifft' auf einen Hahn. Dann legt das Huhn ein Ei. Aus dem Ei kommt ein Küken. Das erwachsene Küken nennt man Huhn!"

Ähnliche Darstellungsprobleme ergeben sich auch bei der Beschreibung von Modellierungsschablonen und Entwurfsmethoden. Man ist gezwungen, ein Konzept zunächst unvollständig zu beschreiben, damit man ein anderes Konzept überhaupt einführen kann. Später wird dann das erste Konzept noch einmal aufgegriffen und befriedigender erläutert. In diesem Buch wurde versucht, diese Art der Vorwärtsreferenzen zu minimieren. Gelang es nicht, so wurde ein Verweis auf einen folgenden Abschnitt eingefügt. Dies soll dem sequentiell Lesenden die Frustration über eine unbefriedigende Erklärung erträglicher machen. Der nachschlagende Leser gelangt mit dem Verweis schnell zu einer ordentlichen Erläuterung.

Folge der einzelnen Kapitel

Simulations- und Synthesetechnik	Abstraktionsmechanismen	Analyse- und Umformungsverfahren
1) Einleitung		
2) Rolle eines Modells bei der Entwurfsverifikation		
3) Modellierung: Verbergen und Vernachlässigen		
+ Verzögerungszeit + Synthesesemantik + Kombinatorischer Prozeß: Unvollständige Spezifikation + Vor- und Nachteile der Abstraktion + Synthesebibliothek	4) Strukturinformation (SI): Geometrie bis Kombinatorik	
+ Unvollständige »sensitivity list« + Mealy- versus Moore Typ FSM + Getakteter Prozeß: Unvollständige Spezifikation	5) SI: FSM und Erweiterte FSM	

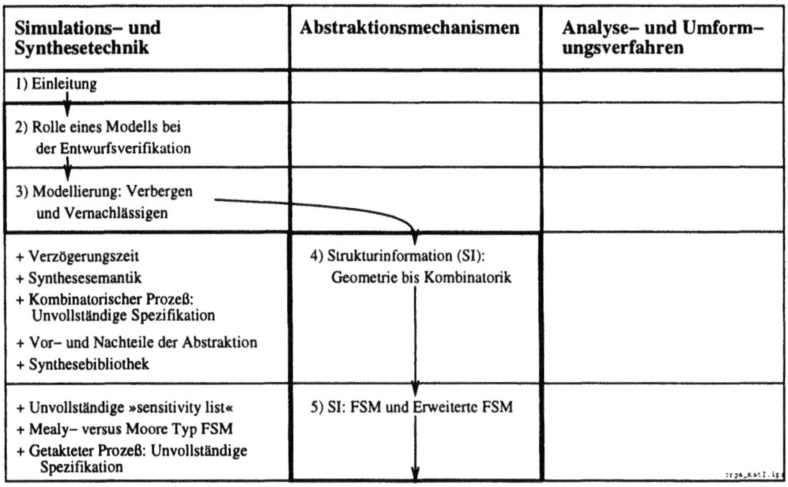

Abb. 0.2: Abhängigkeiten zwischen den verschiedenen Kapiteln

Die Abfolge der einzelnen Kapitel ist in den Abb. 0.2 und 0.3 dargestellt. Der Aufbau des Buches ergibt sich aus der Darstellung der vier Abstraktionsmechanismen. In den ersten drei Kapiteln werden die Grundkonzepte der Simulations- und Synthesetechnik dargestellt. Dann beginnt mit Kapitel 4 die Diskussion der Abstraktionsmöglichkeiten von der Strukturinformation. Die Strukturinformation beschreibt eine Einheit durch die Verschaltung anderer Modelle. Mit der Einführung der impliziten Modellierung des Kontrollzustands ist ein Abstraktionsniveau erreicht, das die Einführung eines

Analyseverfahrens notwendig macht. Daher wird nach Kapitel 6 die Darstellung der Abstraktionsmechanismen unterbrochen, um in Kapitel 7 die „Analyse der Kontrollpfade" vorzustellen. Diese Analyse hilft die Komplexität der Modelle zu kontrollieren und ein Gefühl über die Realisierbarkeit zu entwickeln. Im anschließenden Kapitel 8 werden Verfahren dargestellt, mit denen man ein Modell umformen kann, um es realisierbar zu machen oder um es an eine veränderte Forderung anzupassen.

Simulations- und Synthesetechnik	Abstraktionsmechanismen	Analyse- und Umformungsverfahren
+ Arten von WAIT-Anweisungen + Prozeßschablonen	6) SI: Implizite Modellierung des Kontrollzustands	
		7) Analyse der Kontrollpfade
		8) Umformung durch Rescheduling
+ Graphische versus textuelle Verhaltensmodelle	9) (SI.ICS): „for"-Schleifen, Beispiel und „reset"	
+ Kontrollzustand als Implementationshilfsmittel	10) SI: Weitere Abstraktion „DSP-Block"?	
	11) Vereinfachte Modellierung eines funktionalen Aspektes	
	12) Abstrakte Datentypen (AD)	
+ δ- Zyklus	13) Modellierung der Wert/Zeit-Relation (VT)	
14) Modellierung mit dem 'U'-Wert		
+ RAM-Ansteuerung	15) Entwurfsstudie »WM«	

Abb. 0.3: Abhängigkeiten zwischen den verschiedenen Kapiteln

Nach der Darstellung der Analyse- und Umformungsverfahren in den Kapiteln 7 und 8 wird die Darstellung der Abstraktion von der Strukturinformation in den Kapiteln 9 und 10 beendet (vgl. Abb. 0.3). In Kapitel 11 wird dann die Abstraktion von einem funktionalen Aspekt, wie die Initialisierung der Speicher, diskutiert. Die Abstraktionsstufen bei der Verwendung von Datentypen ohne eine festgelegte Beziehung zu einem Signalbündel in der gefertigten Schaltung werden in Kapitel 12 vorgestellt. Die Diskussion der vier Abstraktionsmechanismen wird mit der Darstellung der verschiedenen Abstraktionsstufen der Modellierung der Wert/Zeit-Relation abgeschlossen. In Kapitel 14 wird die Modellierung von Unsicherheit nach dem Start einer Simulation oder der Inbetriebnahme einer Schaltung diskutiert. Eine große Entwurfsstudie schließt das Buch ab[10].

---
[10] Das letzte Kapitel ist mit 84 Seiten, das mit Abstand umfangreichste. Nur an realistisch komplexen Beispielen kann das systematische Zerlegen und Verfeinern vermittelt werden.

| Exkurs | **Exkurse:** In die Diskussion der Abstraktionsmechanismen ist die Darstellung verschiedener Aspekte eingeflochten worden. So werden z.B. in Kapitel 4 die Vor- und Nachteile der Abstraktion am ersten komplexeren Modell quantitativ diskutiert. Einige dieser Aspekte sind in der ersten Spalte der Tabelle in den Abb. 0.2 und 0.3 angedeutet. In den Kapitel 2 und 3 werden die verwendeten Sprachelemente von VHDL in einigen Exkursen vorgestellt. Diese Exkurse unterbrechen zwar den Lesefluß, sie können aber leicht im ersten Durchgang übersprungen werden, weil vor dem Beginn eines Exkurses ein Verweis auf das Ende eingefügt worden ist. Weiterhin sind die Exkurse durch
| Exkurs | Randbemerkungen wie an diesem Paragraphen markiert.

Erleichterung des Zugriffs

Da viele Leser das Buch nicht von vorne nach hinten durchlesen werden, wurde der Zugriff auf Teile des Buches durch die folgenden Maßnahmen erleichtert:

① Es gibt ein ausführliches Inhaltsverzeichnis.

② Im Text gibt es viele mit Seitennummern versehene Querverweise.

③ Ein gestaffeltes und reichhaltiges Sachverzeichnis („Index") erleichtert die Suche nach einem bestimmten Begriff.

④ Zu Beginn jedes größeren Abschnitts, und nicht nur am Anfang jedes Kapitels, gibt es eine Kurzfassung und eine Erläuterung des Aufbaus. Solche Abschnitte werden durch eine Zusammenfassung der vorgestellten Inhalte abgeschlossen.

Danksagungen

Jeder Teilnehmer am Seminar und Praktikum zum „Rechnergestützten Entwurf applikationsspezifischer Schaltungen" hat durch seine Nachfragen zur besseren Aufbereitung dieses Materials beigetragen. Die vielen Diskussionen mit Diplomanden, welche unerbittlich ein halbverstandenes Konzept aufdeckten, waren eine Motivation die Modellierung auf sichere Fundamente zu stellen.

Dieses Buch ist Ausdruck des Diskussionsstandes über die Fragen der Modellierung und des Entwurfes digitaler Schaltungen am ISS der RWTH-Aachen. Daher haben zu diesem Buch auch Johannes Stahl (Cadis, Herzogenrath), Joachim Kunkel (Synopsys, Mountain View, CA), Roman Serra (Bosch, Detroit), Gerhard Fettweis (TU Dresden), Herbert Dawid (ISS), Olaf Joeressen (ISS), Sebastian Ritz (Anderson Consulting, Düsseldorf), Peter Zepter (Synopsys, Mountain View, CA), Thorsten Groetker (ISS), Oliver Mauss (ISS) und Andrea Müller (ISS) beigetragen.

Herrn Prof. H. Meyr ist für den stetigen Drang auf eine Systematisierung und wissenschaftliche Formulierung der Entwurfsmethoden und Erfahrungen zu danken. Dieses Buch hat aber auch von seinen beständigen Fragen nach der Anwendbarkeit, dem Nutzen und der Relevanz profitiert.

Die in diesem Buch vorgestellten Verfahren haben sich aus den Erfahrungen verschiedener ASIC-Entwurfsprojekte entwickelt. Ein Teil dieser Entwürfe sind mit

Werkzeugen des „EuroChip"-Projektes entworfen und im Rahmen des „EuroChip"-Projektes gefertigt worden. Das immer freundliche und unbürokratische „support team" bei der GMD hat diese Fertigungsläufe erleichtert.

Die Zusammenarbeit mit Dr. Merkle vom Springer Verlag war unkompliziert und sehr erfreulich. Gesetzt wurde das Buch mit LaTeX 2_ε [36], verschiedenen Paketen[11] und den „adobe" Postscript Fonts. Die Grafiken wurden mit dem objektorientierten Grafikeditor „idraw" [119, 120] erstellt. Für die hervorragende LaTeX 2_ε-Installation auf seinem LINUX-Rechner bin ich Dirk Steinberg (GMD, St.-Augustin) zu Dank verpflichtet[12].

β-Leser

Die Modellierung einer Schaltung und das Schreiben eines Buches haben gemeinsam, daß man die Arbeit als abgeschlossen betrachtet, wenn alle Inhalte („Funktionen") ausgearbeitet und die Entdeckungsrate neuer Fehler unter einen Schwellwert abgefallen ist. Die Zahl der entdeckten Fehler ist dann bekannt, die Zahl der verbliebenen Fehler hoffentlich gering. Um das Vertrauen in das „Modell" zu steigern, ist das Manuskript in verschiedenen Versionen und Teilen von den folgenden β-Lesern korrigiert und kommentiert worden.

Björn Behrens (Nokia, Düsseldorf), Hermann-Josef Benson (Sican, Hannover), Martin Brandenburg (Bosch, Reutlingen), **Matthias Colsman (ascom-nexion, Boston, MA)**, Uwe Falk (synopsys, München), Stefan Fechtel (ISS, RWTH-Aachen), Thorsten Groetker (ISS, RWTH-Aachen), Olaf Joeressen (ISS, RWTH-Aachen), Stefan Kamps (MTC Micro Tech Consulting, Gröbenzell bei München), **Rainer Werner Käse (TOSHIBA Electronics, Düsseldorf)**, **Ulrich Knoch (Hewlett-Packard, Böblingen)**, Uwe Lambrett (ISS, RWTH-Aachen), Christian Luetkemeyer (Rogowski-Institut, RWTH-Aachen), **Bernard Michels (Siemens, München)**, **Gregor Schneider (Nokia, Bochum)**, Gregor Uhländer (Cadis, Herzogenrath), Peter Zepter (Synopsys, Mountain View, CA), Reinhard Zippelius (VHDL-Technology Group, Bethesda, PA)

Die Anregungen und Korrekturen der β-Leser haben dieses Buch wesentlich mitbestimmt. Ihnen allen gilt daher mein Dank!

Einige der β-Leser arbeiten zur Zeit mit Verilog. Dies hat das Interesse nicht beeinträchtigt, weil die Inhalte zwar mit VHDL demonstriert werden, aber unabhängig davon sind. Die Tatsache, daß eine so große Zahl von Entwicklern aus der Industrie trotz des ständigen Termindrucks bereit waren dieses Material zu lesen, zu korrigieren und zu diskutieren, bestätigt nicht zuletzt das Konzept dieses Buches.

Verbesserungen: Alle β-Leser und –natürlich– der Autor haben das Material sorgfältig korrigiert. Jede Anregung wurde berücksichtigt, dennoch wird es noch Fehler

---

[11] Die folgenden LaTeX- und LaTeX 2_ε-Pakete wurden verwendet: „times", „mathptm", „epsfig", „caption", „calc", „varioref", „theorem", „ifthen", „pifont", „makeidx" und „fancyheadings".

[12] Ohne das RTB (Regionales Testbed) NRW des DFN wäre keine interaktive Arbeit von Aachen aus möglich gewesen.

oder Verbesserungsmöglichkeiten in der vorliegenden Ausgabe geben. Um die Qualität der folgenden Ausgaben weiter zu steigern, wird jeder Hinweis auf einen Fehler sowie jede Anregung schriftlich beantwortet[13]. *Jeder Leser der Hinweise gibt, die zur Beseitigung von mehr als drei Fehlern führen, wird im Vorwort der nächsten Auflage erwähnt* [14].

Persönliches:

Dieses Buch ist nicht von einem Komitee von Autoren verfaßt worden. Dies hat für den Leser –also Sie– den Vorteil, daß der komplette Stoff konsistent aus einer Sichtweise dargestellt wird. Der Autor –also ich– hingegen war in den vergangenen zwei Jahren zuweilen doch ein wenig erschreckt über den Umfang der Aufgabe. Hatte ihn der Schrecken so richtig gepackt, so erschien das „short-cut"-Teufelchen auf dem oberen Rand des Terminals und es sprach: „Heh, halb verstanden ist ja auch ganz gut. Bis auf Seite 375 kommt ja doch niemand ... Mach doch einfach 'rm kapitel_9.tex' ...".

Daß das Buch nun doch ohne Kompromisse fertiggestellt worden ist, verdanke ich den Kommentaren meiner β-Leser. Sie waren hart in der Sache, aber es gab auch aufmunternde Kommentare wie: „Das Buch is' ok, zumindestens bitter nötig!"[15] oder „Es gibt wenig theoretisch durchdachte Diskussionen relevanter Modellierungsfragen, so daß es eine Wohltat ist zu lesen!"[16]. Mut zur Vollendung gaben auch die Diskussionen in den vielen Industrieprojekten am ISS über den hier behandelten Kreis an Problemen. Weiterhin hat jeder Student der Konzepte, wie z.B. „Komponente", noch nicht verstanden hatte, zur Vollendung ermutigt.

Ohne die liebevolle Unterstützung durch meine Frau Renate hätte dieses Buch nicht geschrieben werden können. Sie hat mich ermutigt, mir vielerlei zeitaufwendigen Kleinkram vom Hals gehalten und sogar als Fachfremde alle Kapitel korrigiert. Meinem Sohn Friedrich danke ich dafür, daß er ihr die Zeit dazu ließ ☺.

Aachen, den 7. Juni 1995   Klaus ten Hagen

---

[13]Bemerkungen zu dem Buch senden Sie bitte an den Verlag oder per email an tenHagen@ert.RWTH-Aachen.de.
[14]Studentische Arbeitsgruppen können sich ein geeignetes Pseudonym überlegen ;->.
[15]Rainer Werner Käse (TOSHIBA Electronics, Düsseldorf)
[16]Matthias Colsman (ascom-nexion, Boston, MA)

Inhalt

1 Einleitung   1
  1.1 Behandelte Fragestellungen 1
      1.1.1 Spezifikation 1
      1.1.2 Entwurfsverfahren 2
      1.1.3 Maschinelle Synthese 4
      1.1.4 „Backend" 8
      1.1.5 Wiederverwendung eines Modells 9
  1.2 Ergänzende Literatur 12
  1.3 Entwurf 13
      1.3.1 Modellierung 16

2 Rolle eines Modells bei der Verifikation   21
  2.1 Verifikationsmethoden 22
      2.1.1 „Review" 23
      2.1.2 Versuch 25
      2.1.3 Beweis 28
  2.2 Getrennte Verifikation von Funktion, Timing und Aufwand 32
  2.3 Entwurfsfehler, Stimuli und Waveforms 35
      2.3.1 Arten von Entwurfsfehlern 36
      2.3.2 Verfahren der Stimulierzeugung 37
      2.3.3 Erleichterte Inspektion der Signale durch Komprimierung 51
  2.4 Simulation, ASIC-Emulation oder Prototyp? 58

3 Modelle: Verbergen und Vernachlässigen   73
  3.1 Signale 74
  3.2 Strukturmodelle und deren Konfiguration 83
  3.3 Verhaltensmodelle: Abstraktion statt Hierarchie 98
  3.4 Simulatorkonzepte 102
  3.5 Signalflußrichtung 108
  3.6 Designprozesse 116
  3.7 Abstrakte Modellierung 120
      3.7.1 Arten der Abstraktion 121

4 Strukturinformation (*SI*): Geometrie bis Kombinatorik   123
  4.1 Abstraktionsmechanismen 124
  4.2 Geometrie 127
  4.3 Topologie 129
  4.4 Gatterebene 130
      4.4.1 Modellierung der Verzögerungszeit 131
      4.4.2 Verschiedene Gattermodelle 133
      4.4.3 Abstraktionsgrad der Gatter-„ebene" 136
  4.5 Kombinatorik und Register (*SI.CR*) 140
      4.5.1 Kombinatorik 141
      4.5.2 Simulations- versus Synthesesemantik 142
      4.5.3 Einfache und komplexe Kombinatorik 148

		4.5.4	Vor- und Nachteile der Abstraktion	149
		4.5.5	Register	156

5 Strukturinformation (*SI*): FSM und Erweiterte FSM — 159
- 5.1 Synchroner Entwurf ... 161
  - 5.1.1 Transienter und stabiler Zustand ... 162
  - 5.1.2 Abstraktions-„ebene": RT-Ebene ... 164
- 5.2 „Multi Process"-Modellierung (*SI.MP*) ... 167
  - 5.2.1 Kombinatorik: Unvollständige „sensitivity list" ... 169
  - 5.2.2 Risiko: Akkumulation von Timingpfaden ... 172
- 5.3 „Single-Process"-Modellierung (*SI.SP*) ... 176
  - 5.3.1 Vollständige Spezifikation eines Ausgangswerts ... 182
  - 5.3.2 Gemeinsamer Teilausdruck („common subexpressions") ... 188
  - 5.3.3 Speicherung von Variablen in einem getakteten Prozeß ... 190
  - 5.3.4 Ergänzte Moore-FSM: Entwurfssicherheit und schnelle Reaktion ... 199
- 5.4 EFSM: Getrennter Kontroll- und Datenzustand ... 202
  - 5.4.1 EFSM: Explizite Datenpfade (*SI.ED*) ... 206
  - 5.4.2 EFSM: Implizite einfache Datenpfade (*SI.ISD*) ... 207

6 (*SI.ICS*) Implizite Modellierung des Kontrollzustands: Herleitung — 213
- 6.1 Kompakte Modellierung und Rescheduling ... 216
- 6.2 „Wait"-Anweisung statt „sensitivity list" ... 219
- 6.3 „single-process"-Schablone einer (E)FSM ... 223
- 6.4 Modellierung mit bedingten Sprüngen ... 226
- 6.5 Modellierung mit strukturierten Sprachmitteln ... 229
- 6.6 Modellierung ohne eine lineare Zustandssequenz ... 231

7 Analyse der Kontrollpfade — 237
- 7.1 Analogie auf der Gatterebene: Timinganalyse ... 237
- 7.2 Kontrollpfad-Analyse ... 240
  - 7.2.1 Gemeinsamer Teilausdruck und Mehrfachnutzung ... 242
  - 7.2.2 Untersuchung der Realisierbarkeit ... 248
- 7.3 Zyklen in vollständigen Kontrollpfaden ... 254
  - 7.3.1 „Statisch bestimmte" Ausdrücke ... 255
  - 7.3.2 Schleifen ohne „wait"-Anweisung ... 257
  - 7.3.3 Schleifen mit „wait"-Anweisungen ... 259
- 7.4 Notwendiges Scheduling und Durchsatzanpassung ... 260
  - 7.4.1 Algorithmus, Durchsatz und Effizienz ... 262
  - 7.4.2 Empirische Pfadverteilungen und die Taktfrequenz optimaler Effizienz ... 267
  - 7.4.3 Durchsatzanpassung durch Neu-Synthese? ... 272

8 Umformung durch Rescheduling — 277
- 8.1 Analogie auf der Gatterebene: Retiming ... 279
- 8.2 Timing bei (*SI.ICS*) ... 280
- 8.3 Regeln des Re-scheduling ... 283
  - 8.3.1 Funktionales und zeitliches Klemmenverhalten ... 284
  - 8.3.2 Lineare Sequenz von Anweisungen ... 285
  - 8.3.3 Sequenz von Anweisungen mit einer bedingten Verzweigung ... 290
- 8.4 Durchsatzanpassung durch Rescheduling ... 295

	8.4.1	Verringerung des Durchsatzes	296
	8.4.2	Durchsatzreduzierung am Beispiel des PID-Reglermoduls	300
	8.4.3	Erhöhung des Durchsatzes	314
	8.4.4	Schnittstellenüberbuchung und Datenabhängigkeiten	317
8.5	Automatisches Rescheduling		327

9 (SI.ICS): Schleifen, Beispiel und Initialisierung — 337
9.1 „while"- und „for"-Schleifen 338
9.2 Implizite Zustandsmodellierung an einem Beispiel 345
    9.2.1 Modellierung der Einheit „transmitter" 345
    9.2.2 Kontrollpfad-Analyse 347
9.3 SI.ICS: Vor- und Nachteile 352
9.4 „reset"- und „interrupt"-Modellierung 355
9.5 Bemerkungen 365
    9.5.1 Graphisches versus textuelles Verhaltensmodell 366

10 SI.ICD: Abstraktion „DSP-Block"? — 371
10.1 Implementierung eines Algorithmus 371
10.2 Emulation einer „Datenfluß"-Simulation 378
10.3 Implizite Modellierung komplexer Datenpfade 383
10.4 EFSM-Konzept und Wert/Zeit-Relation 388
10.5 Abstraktionsgrad verschiedener Blöcke 394
10.6 Abstraktionsstufen der Strukturinformation (SI) 397
10.7 Bemerkungen 399
    10.7.1 Protokollierung und graphische Nachbearbeitung 399

11 Vereinfachte Modellierung eines funktionalen Aspekts (FC) — 403
11.1 Verhalten nach der Aktivierung der „reset"-Leitung 404
11.2 Systemebene: Programmierbare Einheit 408

12 Abstrakte Datentypen (AD) — 419
12.1 Definition durch Bitfelder 419
12.2 Abstrakter Datentyp 422
12.3 Datentypen als ein Abstraktionsmechanismus 424
    12.3.1 Übergang zu konkreten Datentypen an einem Beispiel 428
12.4 Übersicht: Stufen und Übergänge 435
12.5 Polymorphe Signale 436

13 Modellierung der Wert/Zeit-Relation (VT) — 443
13.1 Software versus Hardware 444
13.2 Zeitskalen der simulierten Zeit 446
    13.2.1 Reduktion der Ereigniszahl 446
13.3 Zweidimensionale Zeitskala in VHDL 448
    13.3.1 Das „gepufferte" Taktsignal 453
13.4 Abstraktionsstufen der Wert/Zeit-Relation 455
13.5 Transformationen 460
13.6 Stufen der Zerlegung („Decomposition") 462
    13.6.1 Einführung eines Taktes 469

14 Modellierung mit dem 'U'-Wert — 475
14.1 Ursachen und Vermeidung zufälligen Verhaltens — 476
14.2 'U'-Wert auf verschiedenen Abstraktionsebenen — 481
14.3 Ausreichende Initialisierung — 483
14.4 Erweiterung des Wertebereichs — 484
    14.4.1 IEEE Standardwertesatz: „std_ulogic" — 484
    14.4.2 Abstrakte Datentypen — 487
    14.4.3 Simulations- versus Synthesesemantik — 488
14.5 Erweiterung der Modelle — 491
14.6 RT-, Gatterebene und die Realität — 493
    14.6.1 Einfluß einer logischen Umformung auf das 'U'-Verhalten — 495
    14.6.2 Aussagekraft einer Simulation mit 'U' — 499
14.7 Einführung von „std_ulogic"-Typen — 502
    14.7.1 Mehrfachnutzung von Registern und Datenpfaden — 505
14.8 Abstrakte Datentypen oder „std_ulogic"-Typen? — 510
14.9 Bemerkungen — 516

15 Entwurfsstudie: „WM" — 519
15.1 Schrittweises Zerlegen und Verfeinern — 519
15.2 Spezifikation — 522
15.3 *VT.F*: Früher Prototyp — 527
    15.3.1 Einfache Implementation des WM — 527
    15.3.2 Speicherverwaltung mit „access types" — 530
    15.3.3 „pseudo-random" Testbench — 534
15.4 *VT.C*: Ausgliederung des Objektes „WM" — 539
15.5 *VT.FMA*: Schnittstellen und Allokation — 547
    15.5.1 Getrennte Schnittstellen — 548
    15.5.2 Polymorpher Datentyp „t_wmEntry" — 558
    15.5.3 Funktion des Algorithmus „first free list" — 565
15.6 *VT.MI*: Zerlegung der Einheit WM und Scheduling — 572
    15.6.1 Synchrone Verpackung von RAMs — 574
    15.6.2 Zugriff auf ein verpacktes RAM — 580
    15.6.3 Einplanung und „arbitration" im WMC — 583
15.7 Diskussion der Entwurfsstudie WM — 592
    15.7.1 Implementationstechniken Hard- versus Software — 595
    15.7.2 Hardware/Software Co-Design — 598

Literaturverzeichnis — 603

Sachverzeichnis — 609

1 Einleitung

Mit dem Einsatz von VHDL und Synthese[1] ist die Hoffnung auf eine schnelle und durchgreifende Produktivitätssteigerung beim Entwurf applikationsspezifischer Systeme verbunden. Bei solchen Entwürfen werden die Stückkosten durch die Entwurfskosten bestimmt. Dieser große Anteil kann durch eine geringe Stückzahl oder durch einen schwierigen Entwurfsprozeß hervorgerufen werden. Es werden aber auch Systeme, bei denen eine große Stückzahl vorhersehbar ist, mit abstrakten Entwurfstechniken entworfen, um frühzeitig auf dem Markt vertreten zu sein und um den Entwurf im Einsatz erproben zu können. Signifikante Anteile der Mikroprozessoren *Pentium* von Intel und *PowerPC* von Motorola/IBM bestehen aus Schaltungen, die von einem Logiksynthesewerkzeug erzeugt wurden [12, 88]. Viele Hersteller von Arbeitsplatzrechnern („workstations") entwickeln abstrakte Modelle ihrer integrierten Schaltungen, welche ebenfalls synthetisiert werden, z.B. [86, 122].

Aufbau Dieses Kapitel beginnt mit einer ausführlichen Darstellungen der in diesem Buch behandelten Fragestellungen. Literatur, welche die hier nur am Rande diskutierten Themen detaillierter behandelt, wird in Abschnitt 1.2 vorgestellt. Eine Einführung in die Entwurfsmethodik und Modellierung in Abschnitt 1.3 beendet dieses Kapitel.

1.1 Behandelte Fragestellungen

Die in diesem Buch behandelten Fragestellungen betreffen alle Stufen eines Entwurfsprojektes. Sie werden in den folgenden Abschnitten diskutiert:

① Formale, d.h. maschinenausführbare Modellierung der **Spezifikation**.

② Schritte eines systematischen **Entwurfes**, wie Zerlegen und Verfeinern.

③ Maschinelle **Synthese** einer Implementation.

④ **„Backend"-Bearbeitung**, wie Plazierung und Verdrahtung der Zellen.

⑤ **Wiederverwendung** eines vorhandenen Modells in einem neuen Projekt.

1.1.1 Spezifikation

Die Umsetzung einer Spezifikation in ein abstraktes Modell wird immer mehr zu einem Schwerpunkt der Tätigkeit eines Entwicklers [17]. Die „simulierbare Spezifikation" dient als Basis der Schaltungsentwicklung und als Referenz zur Kontrolle der erarbeiteten Implementationen. Modellierungstechniken sind daher notwendig, mit denen

---

[1] Synthese: Aus einfacheren Stoffen herstellen (Duden). Hier soll unter Synthese die *maschinelle* Erzeugung eines implementationsnäheren Modells aus einem abstrakteren verstanden werden. Große Bedeutung hat die Logiksynthese, bei der aus einem Modell eine Gatterschaltung erzeugt wird.

möglichst schnell das aktuelle Verständnis der Spezifikation mit einem frühen Prototypen („rapid prototype") erfaßt und simuliert werden kann.

Wie schreibt man „abstrakte" Modelle?

Eine Vereinfachung der Modellierung sowie eine Verringerung der Simulationslaufzeiten lassen sich bei gegebenem Rechner und Simulator nur durch eine bewußte Vernachlässigung der Details einer Implementation[2] erreichen. Diese gezielte Vernachlässigung ist die Grundlage abstrakter Modellierung. Daher werden die Mechanismen der abstrakten Modellierung vorgestellt und geeignete Modellierungsschablonen hergeleitet.

Integrierte Schaltungen werden durch eine Verschaltung von Transistoren realisiert. Die aus dieser Tatsache resultierenden Effekte müssen am Anfang des Entwurfsprozesses vernachlässigt werden, sie verschwinden aber nicht. Ein realer Entwurfsprozeß ist wie ein Kette, deren schwächstes Glied die Zuverlässigkeit bestimmt. Die Darstellung der Abstraktionsstufen beginnt daher mit der implementationsnahen Modellierung und schreitet zu immer abstrakteren Beschreibungen voran.

Wie abstrakt ist ein Modell?

Die traditionelle Schaltungsentwicklung erlaubt eine einfache Feststellung des Projektfortschritts. Ist ein Schaltplan einer Teileinheit entwickelt, so ist damit gleichzeitig die Implementation auf der Gatterebene erzeugt, so daß Fläche und Taktperiode bekannt sind. Bei einer abstrakten Modellierung werden schrittweise verfeinerte Modelle der einzelnen Einheiten erzeugt. Wie abstrakt diese Modelle sind, d.h. wie weit sie noch von einer akzeptablen Implementation entfernt sind, wird zur Zeit durch unpräzise Begriffe wie „Architektur" oder „behavioural" beschrieben.

Weiterhin wird man Modelle mit in- und externen Partnern austauschen. Dabei stellt sich die Frage, welche Effekte in einem Modell beschrieben sind und welche nicht. Sind die Verzögerungszeiten mit Taktzyklen oder Gatterverzögerungen modelliert? Zur Beseitigung dieser Unsicherheiten wird eine Taxonomie der Abstraktion entwickelt, welche eine präzise Bestimmung des Abstraktionsgrades eines Modells erlaubt.

1.1.2 Entwurfsverfahren

Das erarbeitete funktionale Modell wird systematisch zerlegt und verfeinert. Um die „Modellierungslücke" zwischen einem rein funktionalen Modell und einem synthetisierbaren Modell[3] zu überbrücken, werden fein abgestufte Abstraktionsmechanismen vorgestellt. Da die Begriffe „Abstraktion" und „Konkretisierung" komplementär

---

[2] „Implementierung" bezeichnet den Vorgang und „Implementation" das Endprodukt einer Ausführung oder Verwirklichung (Duden). Der Vorgang der Entwicklung wird hier auch als „Entwurf" bezeichnet und der Zeitaufwand zur Durchführung als „Entwurfsaufwand".

[3] Bei Einheiten *geringer Komplexität* ist das funktionale Modell auch maschinell synthetisierbar. So besteht das funktionale Modell eines Halbaddieres aus den Gleichungen „carry := a AND b" und „sum := a EXOR b".

1.1. BEHANDELTE FRAGESTELLUNGEN

sind, kann man, wie in Abb. 1.1 angedeutet, auch von „Konkretisierungsmechanismen" sprechen.

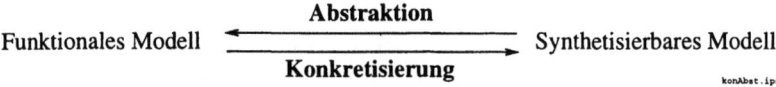

Abb. 1.1: Verhältnis von Abstraktion und Konkretisierung am Beispiel eines funktionalen und maschinell synthetisierbaren Modells

Unmittelbare Implementierung oder systematische Exploration? Ein Entwurf beginnt meist mit einer natürlich sprachlichen Spezifikation. Diese Spezifikation wird mit einigen Handskizzen manuell verfeinert und dann, wie in Abb. 1.2 skizziert, auf der Gatterebene oder als synthetisierbares Modell implementiert. Der Modellierungsaufwand auf der Gatterebene erlaubt es nicht verschiedene Alternativen zu vergleichen und daher wird im allgemeinen nur die am Anfang als attraktiv „empfundene" Lösung entworfen. [4] In einigen Entwurfsstudien wird vorgeführt, wie man Entwurfsentscheidungen auf einen Zeitpunkt verschiebt, in dem die notwendigen Informationen zur Verfügung stehen. Durch diese Vorgehensweise wird eine systematische Exploration der Realisierungsalternativen ermöglicht.

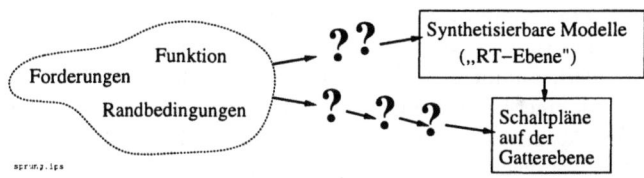

Abb. 1.2: Unmittelbare Implementierung statt systematischer Exploration

Mikroprozessor oder Implementierung eines Algorithmus? Mikroprozessoren sind auf Grund der Vorteile der Implementationstechnik „Software" Bestandteil des täglichen Lebens und sie werden in großen Stückzahlen verkauft. Dennoch haben sie von der Zahl der Entwurfsprojekte nur eine sehr geringe Bedeutung. Wesentlich häufiger soll ein Satz von Anweisungen („Algorithmus") periodisch in einer bestimmten Zeit ausgeführt werden. Die Implementierung fester Algorithmen hat z.B. große Bedeutung in der digitalen Signal- oder Bildverarbeitung. Da „multi-media" und „mobile communication" in den nächsten Jahren wichtige Applikationsbereiche sein werden, ist die systematische Implementierung eines Algorithmus von großer Wichtigkeit.

---

[4]Dieses Verfahren wird in der Praxis im Falle der Variantenkonstruktion oder bei hochgradig durchspezifizierten Projekten mit Erfolg angewandt. Die beobachtete Verkürzung der Produktlebensdauer[25] reduziert aber die Bedeutung der Variantenkonstruktion.

Welche Modellierung ist aber besonders zur Implementierung eines Algorithmus geeignet? In welchen Schritten wird ein Algorithmus implementiert?

Wieviele Operationen müssen im Mittel pro Taktperiode eingeplant werden? Die verfügbaren Logiksynthesewerkzeuge erfordern, daß der Entwickler die Operationen des Algorithmus auf die Takte der Berechnungsperiode [5] verteilt. Wieviel Operationen müssen in einer einzelnen Taktperiode durchgeführt werden, um die Anforderungen mit geringem Aufwand zu erfüllen? Es wird erläutert, wie man die mittlere Zahl von Operationen pro Taktperiode bestimmt („Notwendiges Scheduling").

Was ist Mehrfachnutzung und wie wird sie modelliert? Ein Synthesewerkzeug erzeugt Datenpfade zur Ausführung der Operationen und Register zur Speicherung der Variablen und Signale. Der Aufwand ist minimal, wenn es gelingt, diese Datenpfade und Register in möglichst vielen Taktzyklen der Berechnungsperiode zu nutzen. Die Bedingungen zur Mehrfachnutzung werden erläutert und die Modellierung von Mehrfachnutzung wird demonstriert.

1.1.3 Maschinelle Synthese

Fähigkeiten kommerzieller Logik-Synthesewerkzeuge: Aus einer Tabelle mit den Ein- und Ausgangswerten werden von einem Logiksynthese-Werkzeug logische Gleichungen extrahiert, minimiert und auf die Elemente der Gatterbibliothek abgebildet. Die Zustände einer FSM[6] werden automatisch kodiert, die notwendige Zustands-Übergangs- und Ausgangslogik wird berechnet und ebenfalls synthetisiert. Viele Operatoren, wie der Vergleich zweier Zahlen „<" oder eine Inkrementierung „+1", werden aus einem Modell extrahiert. Die vom Entwickler gewählten Randbedingungen bestimmen, welche Implementation dieser Operatoren aus der Synthesebibliothek selektiert und parametriert wird.

Was können die aktuellen Synthesewerkzeuge leisten? Kommerzielle Synthesewerkzeuge sind leistungsfähig aber kompliziert, und daher ist der wirkungsvolle Einsatz für sich allein betrachtet schon ein neues Tätigkeitsfeld. Neben dem direkten Einsatz ist ein Verständnis der Möglichkeiten dieser Werkzeuge von großer Bedeutung, denn ein produktiver Entwurfsablauf ist ohne eine unmittelbare Abschätzung der Wirkung einer Modellierungsentscheidung auf die synthetisierte Implementation nicht denkbar.

---

[5] In der Berechnungsperiode T_D wird ein Algorithmus komplett ausgeführt. $D := \frac{1}{T_D}$ wird meist als Durchsatz („through-put") bezeichnet.
[6] FSM = Finite State Machine. Eine FSM ist eine gedächtnisbehaftete Einheit und bildet daher das Komplement zu einer kombinatorischen Schaltung. Mit dem Begriff FSM wird auch ein Modellierungskonzept bezeichnet, bei dem das Verhalten mit einer diskrete Zahl von „Kontroll"-zuständen beschrieben wird.

1.1. BEHANDELTE FRAGESTELLUNGEN

Synthesewerkzeuge der nächsten Generation? Die verfügbaren Logiksynthesewerkzeuge können zu einem Modell eine Implementation auf der Gatterebene erzeugen, wenn die Operationen und Klemmenzugriffe in einen bestimmten Taktzyklus eingeplant sind. Damit ist aber die Entwicklung der Synthesetechnologie noch nicht abgeschlossen. Was können aber diese neuen Werkzeuge? Welche Entwicklungen sind heute schon vorhersehbar? Bei den aktuellen Synthesewerkzeugen muß die Einplanung („Scheduling") der Operationen in einen Taktzyklus durch den Entwickler festgelegt werden. Es wird dargestellt, warum eine Automatisierung dieser Einplanung sinnvoll ist und nach welchen Regeln sie ablaufen kann.

Welche Eigenschaften machen ein Modell synthetisierbar?

Bei der Implementierung der ersten Modelle wird man sich an den in den Herstellerunterlagen des Synthesewerkzeugs angegebenen Beispielen orientieren. Werden diese Modelle synthetisiert, so erfüllt häufig schon die erste Implementation auf der Gatterebene die Forderungen bezüglich Fertigungskosten (z.B. „Fläche") und Taktperiode.

Vergleich der Implementationen im $\frac{1}{A \cdot T_P}$-Diagramm: Die Eigenschaften verschiedener Implementationen eines Modells mit gleicher Fertigungstechnologie und denselben Randbedingungen, wie z.B. Temperatur und Spannungsversorgung, kann man in einem sogenannten $\frac{1}{A \cdot T_P}$-Diagramm auftragen. Ein solches $\frac{1}{A \cdot T_P}$-Diagramm ist in Abb. 1.3 dargestellt. Auf der Abszisse wird die Taktperiode T_P der Implementation und auf der Ordinate die benötigte Fläche A abgetragen. Jede Implementation eines Modells läßt sich durch einen Punkt im $\frac{1}{A \cdot T_P}$-Diagramm darstellen.

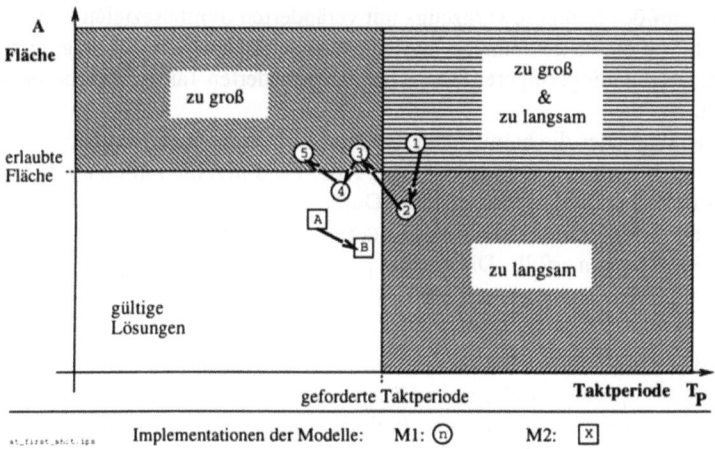

Abb. 1.3: „Günstiger Fall": Fläche und Taktperiode der synthetisierten Implementationen zweier Modelle bei gegebener Fertigungstechnologie und verschiedenen Syntheseforderungen und -strategien

Effizienz einer Implementation: Eine Implementation ist effizient, wenn die benötigte Chipfläche klein und die Verarbeitungsgeschwindigkeit groß ist. Daher wird die Effizienz E einer Implementation I mit der Fläche A und der Verarbeitungszeit T_D als

$$E(I) := \frac{1}{A \cdot T_D}$$

definiert. Bei einer synchronen Schaltung ist die Verarbeitungszeit T_D ein Vielfaches der Taktperiode T_P ($T_D := N \cdot T_P$). Da zunächst nur Modelle mit der gleichen Zahl von Taktzyklen pro Berechnungsperiode T_D betrachtet werden, wird im folgenden T_P benutzt.

Grenzen gültiger Implementationen: In der Praxis ist die Effizienz von sekundärer Bedeutung. Vorrangig ist die Einhaltung der spezifizierten Grenzen, wie z.B. der maximalen Taktperiode. Diese Grenze ist in Abb. 1.3 auf der Seite vorher durch eine vertikale Linie markiert. Alle rechts von dieser Linie liegenden Implementationen sind „zu langsam". In ähnlicher Weise, aber meistens nicht so rigoros, ist eine maximale Chipfläche festgelegt. Alle oberhalb dieser Linie liegenden Implementationen sind „zu groß". Der Bereich gültiger Implementationen befindet sich in der unteren linken Ecke von Abb. 1.3.

Synthese einer gültigen Implementation möglich:

Der günstige Fall, daß bereits der erste Syntheselauf eine gültige Implementation liefert, ist in Abb. 1.3 durch den von einem Rechteck eingerahmten Punkt „A" dargestellt. Meist wird man noch versuchen, die gültige Implementation „A" durch einen weiteren Lauf des Synthesewerkzeugs mit veränderten Synthesezielen zu verbessern. In Abb. 1.3 ist die so gewonnene Implementation „B" in das $\frac{1}{A \cdot T_P}$-Diagramm eingezeichnet, welche mit geringerer Fläche bei der geforderten Taktperiode betrieben werden kann. [7]

Häufig kann aber die beim ersten Syntheselauf erzeugte Implementation die Forderungen nicht erfüllen. Dieser Fall ist in Abb. 1.3 durch die mit einem Kreis eingerahmte Implementation „1" dargestellt. Durch eine Variation der Syntheseparameter und -verfahren können weitere Implementationen erzeugt werden, von denen eventuell eine die Forderungen erfüllt. Die einzige gültige Lösung der erzeugten fünf Varianten ist in Abb. 1.3 durch eine eingekreiste „4" dargestellt.

Wie muß ein Modell beschaffen sein, damit eine Synthese möglich ist? Die beiden in Abb. 1.3 gezeigten günstigen Fälle vermeiden eine erneute Überarbeitung des Modells und sichern einen planbaren Projektverlauf. Daher wird man versuchen, alle Modelle so zu implementieren, daß die Synthese nach den in Abb. 1.3 angedeuteten Verläufen möglich ist. Wie aber kann man schon bei der Modellierung den Verlauf der

---

[7] Die Implementationen „A" und „B" haben eine vergleichbare $\frac{1}{A \cdot T_P}$-Effizienz. Die Implementation „B" ist bei einer Standardzellentechnologie attraktiver, weil sie mit der geringsten Fläche bei der geforderten Taktfrequenz betrieben werden kann.

1.1. BEHANDELTE FRAGESTELLUNGEN

Synthese vorhersehen? Welches Arrangement von Anweisungen sichert eine erfolgreiche Synthese? Die Eigenschaften eines Modells, welche den Implementationsaufwand und die Länge der Timingpfade bestimmen, werden daher detailliert erarbeitet („Synthesesemantik"). Die Hersteller von Synthesewerkzeugen streben danach ein implementationsnäheres Modell zu erzeugen, dessen Verhalten möglichst weit dem Referenzmodell entspricht. Daher hat sich eine herstellerunabhängige Synthesesemantik etabliert.

Synthese unmöglich ... Was nun?

Die Implementationen vieler Untereinheiten lassen sich unmittelbar synthetisieren. Oft gibt es aber auch Einheiten, bei denen trotz großen Syntheseaufwandes keine gültigen Lösungen gewonnen werden können. Die verschiedenen Implementationen zweier solcher Modelle sind in Abb. 1.4 dargestellt.

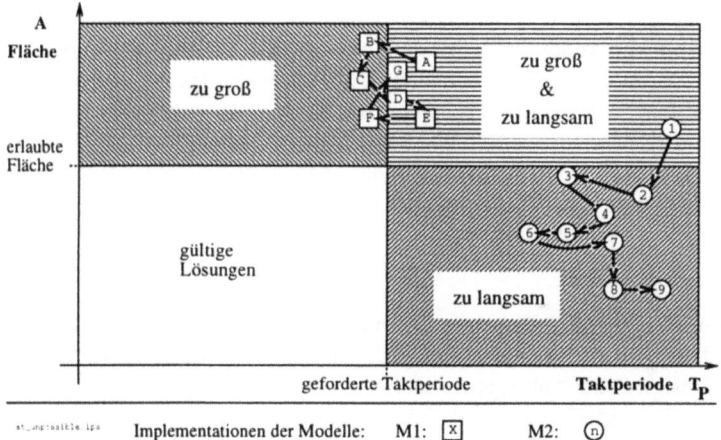

Abb. 1.4: „Ungültige Implementationen": Werte verschiedener synthetisierter Implementationen zweier Modelle bei fester Fertigungstechnologie, aber verschiedenen Syntheseforderungen und -strategien

Implementation hinreichend schnell, aber zu groß: Die erste Implementation des Modells „M1" ist in Abb. 1.4 durch ein „A" in einem Rechteck markiert. Diese Implementation benötigt zuviel Fläche und kann nicht mit der geforderten Taktfrequenz betrieben werden. Durch eine Variation der Syntheseziele und einer Erhöhung der Synthesebemühungen („optimization effort") kann die Implementation „B" erzeugt werden. Diese läßt sich zwar mit der geforderten Taktfrequenz betreiben, kann aber nicht innerhalb des geforderten Aufwandsbereichs implementiert werden. Die beste Implementation des Modells „M1" ist „F", denn sie kann mit der geforderten Taktfrequenz betrieben werden und benötigt die geringste Fläche der erzeugten Implementationen.

Welche Eigenschaften eines Modells machen die Implementationen aufwendig?
Die Eigenschaften eines Modells, welche den Implementationsaufwand bestimmen, werden unabhängig vom verwendeten Synthesewerkzeug diskutiert. Da bei vielen Entwürfen die Hälfte der Kernzellenfläche[8] durch Flipflops belegt wird, wird z.b. gezeigt, unter welchen Bedingungen eine Variable oder ein Signal in ein Register abgelegt werden muß.

Implementation zu langsam: Die synthetisierten Implementationen des Modells „M2" sind durch eingekreiste Nummern in Abb. 1.4 dargestellt. Die durch eine eingekreiste „6" gekennzeichnete Implementation kann mit der höchsten Taktfrequenz aller Implementationen dieses Modells betrieben werden. Die Taktfrequenz ist aber immer noch kleiner als die geforderte. Daher steht man vor der Alternative, entweder das Modell geeignet zu verändern oder durch eine weitere Variation der Syntheseziele und einer Erhöhung des Optimierungsaufwands eventuell doch noch eine gültige Implementation erzeugen zu lassen.

Was verändert man an einem Modell, um schnelle Implementationen zu ermöglichen? Durch welche Eigenschaften des Modells werden die langen Timingpfade hervorgerufen? Wie kann man schon bei der Modellierung erkennen, daß die Synthese problematisch werden wird? Wie hängen lange Timingpfade und Datenabhängigkeiten zusammen? Wie verändert man das Modell zielgerichtet? Wie kann man die Timingpfade trotz Datenabhängigkeiten aufbrechen?

1.1.4 „Backend"

Nachdem zu allen Modellen eines Entwurfes gültige Implementationen erzeugt worden sind, werden die Daten der „fertigen" Schaltung in der Form einer Gatternetzliste an das „Design Centre" übergeben. Dort werden letzte Überprüfungen, die Einführung von Testhilfen und die Layoutentwicklung mit einem P&R-Werkzeug[9] durchgeführt. Treten in dieser Phase Probleme auf, so sind sie besonders schwerwiegend, weil der Projektzeitplan zu Ende geht oder schon ausgeschöpft ist.

Warum wird der Entwurf beim P&R so langsam? Wird die Verdrahtung in Metall ausgeführt und ist die kleinste Struktur auf der integrierten CMOS-Schaltung breiter als $2\mu m$, so kann der Einfluß des P&R auf die maximale Taktrate eines Entwurfes gering gehalten werden. Mit kleineren Strukturbreiten ergeben sich aber immer häufiger erhebliche Unterschiede zwischen den Taktraten vor und nach P&R. Warum gibt es immer mehr Probleme bei Technologien $< 2\mu m$? Kann man als Entwickler diese Effekte durch eine verbesserte Modellierung des Entwurfes berücksichtigen? Welche Bedeutung haben die „design kits" der Halbleiterhersteller?

---

[8] Die Gesamtfläche eines Chips besteht aus den Anschlußschaltungen („PADs"), Makros (z.B. RAMs), Kernzellen und der Verdrahtung. Die Größe der Kernzellenfläche ist häufig mit der Verdrahtungsfläche vergleichbar. [85, 40]

[9] P&R-Werkzeuge plazieren die Zellen auf der verfügbaren Siliziumfläche und verdrahten sie („Place & Route").

1.1. BEHANDELTE FRAGESTELLUNGEN 9

Akkumulation der Verzögerungszeiten, obwohl alle Modelle korrekt synthetisiert wurden? Werden die Änderungszeitpunkte der Signale innerhalb einer Taktperiode nicht modelliert, so ist eine Akkumulation der Verzögerungen –insbesondere über mehrere Einheiten– nicht sichtbar. Werden solche Akkumulationen von Verzögerungszeiten in der Gatternetzliste der kompletten Schaltung entdeckt, so müssen die beteiligten Modelle überprüft, geändert und neu synthetisiert werden. In einem solchen Fall sind erhebliche Projektverzögerungen kaum zu vermeiden. Es werden daher Modellierungsschablonen vorgestellt, deren Implementation die Akkumulation von Verzögerungszeiten verhindern.

Wie kommen die „Latches" in die Schaltung? Insbesondere in den Implementationen von „rein kombinatorischen" Modellen werden häufig „Latches" entdeckt. Die Verwendung von „Latches"[10] wird aus vielerlei Gründen, z.B. Testbarkeit, von den meisten Halbleiterherstellern nicht empfohlen. Sie müssen durch eine Änderung des Modells mit anschließender Neu-Synthese entfernt werden. Die Eigenschaften eines kombinatorischen Modells, welche das Synthesewerkzeug zur Verwendung von „Latches" zwingen, werden daher erläutert.

Modell und Synthese ok, aber die Signalwerte sind undefiniert ('X')? Die Simulation der synthetisierten Implementation auf der Gatterebene wird meist durch eine Vielzahl von Signalen mit dem undefinierten Wert 'U' oder 'X' erschwert. Da keine undefinierten Werte bei der Simulation der synthetisierbaren Modelle aufgetreten waren, stellt sich die Frage nach der Ursache. Sind die Modelle fehlerhaft oder handelt es sich um ein irrelevantes Phänomen auf der Gatterebene? Zur Vermeidung dieser undefinierten Zustände wird empfohlen, alle Speicher nach der Aktivierung der „reset"-Leitung in einen definierten Zustand zu bringen. Ist diese konservative Entwurfspraxis unvermeidlich? Kann man die ausreichende Initialisierung der Speicher nur auf der Gatterebene überprüfen?

1.1.5 Wiederverwendung eines Modells

Um die Markteinführung („time to market") zu beschleunigen, muß die Implementierung beginnen bevor die Systemanalysen abgeschlossen sind. Daher werden viele Parameter erst festgelegt, wenn der Entwurf der Implementation schon weit vorangeschritten ist. Weiterhin soll eine bestimmte Funktion nicht nur für einen einzigen Satz von Parametern und Anforderungen implementiert werden. Daher ist es von großer Bedeutung, daß man ein vorhandenes Modell mit anderen Parametern und unter anderen Forderungen an die Verarbeitungsgeschwindigkeit wiederverwenden kann.

Wie kann man Modelle unabhängig von bestimmten Parameterwerten entwerfen? Ein Prototyp und ein Schaltplan werden für einen bestimmten Satz von Parametern erstellt. Daher ist eine Anpassung der Parameter immer mit einer Veränderung

---

[10] „Latches" sind Speicherelemente, welche die Daten nicht mit einer Taktflanke wie ein Flipflop, sondern mit einem gewissen Eingangspegel übernehmen.

am „Modell" verbunden. Mit einer Beschreibungssprache können Modelle für einen bestimmten Bereich der Parameter (VHDL: „generics") implementiert werden. Diese Möglichkeiten der Parametrierung werden daher vorgestellt und an vielen Beispielen demonstriert.

Wie paßt man ein Modell an veränderte Geschwindigkeitsforderungen an? Neben der Dimensionierung eines Entwurfs können im Verlauf des aktuellen oder für ein neues Projekt auch die Anforderungen an die Verarbeitungsgeschwindigkeit geändert werden. Die Verarbeitungsgeschwindigkeit wird durch die Zeit angegeben, in welcher eine bestimmte Menge von Anweisungen (z.B. ein Zyklus eines Algorithmus) ausgeführt werden müssen. Diese Zeit nennt man Berechnungsperiode T_D. Sie ist ein Vielfaches der Taktperiode T_P mit $T_D := N \cdot T_P$.

Grenzen des Abtausch von Fläche gegen Geschwindigkeit durch Logiksynthese:
Wird die Verarbeitungsgeschwindigkeit reduziert, so kann man die vorhandene Implementation bei einer geringeren Taktfrequenz weiterverwenden. Soll aber die Reduzierung der Verarbeitungsgeschwindigkeit zu einer Verringerung der Fläche verwendet werden oder soll die Verarbeitungsgeschwindigkeit erhöht werden, so wird man zunächst eine Neu-Synthese des vorhandenen Modells mit einer kürzeren Taktperiode versuchen. Allerdings kann man mit einem Logiksynthesewerkzeug zu einem bestimmten Modell bei konstanten Parametern nur Implementationen in einem begrenzten Bereich des $\frac{1}{A \cdot T_P}$-Diagramms erzeugen. Um diesen Bereich darstellen zu können, sind in Abb. 1.5 die beiden Achsen des $\frac{1}{A \cdot T_P}$-Diagramms jeweils auf das erzielte Minimum normiert worden. Durch eine Variation der Syntheseziele und des Optimierungsaufwandes können zu dem Modell auf der linken Seite von Abb. 1.5 Implementationen mit einer relativen Fläche bis 1.3 und einer relativen Taktperiode bis 2.0 erzeugt werden. Der von Implementationen des Modells „M2" abgedeckte Bereich auf der rechten Seite von Abb. 1.5 ist ungefähr um die Hälfte kleiner.

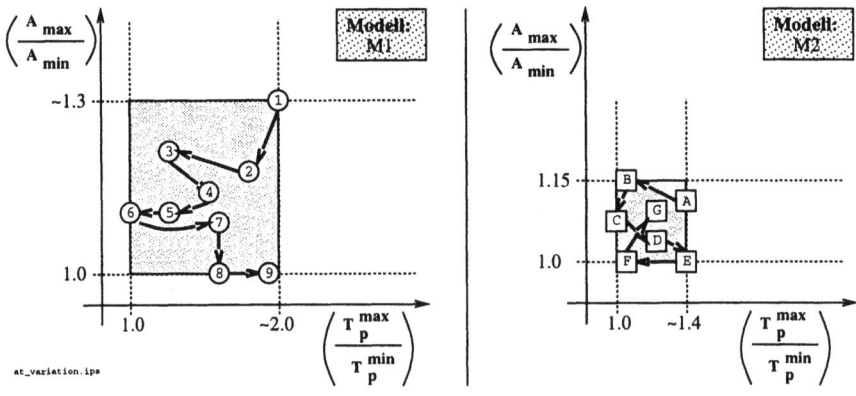

Abb. 1.5: Durch die Variation der Syntheseziele und des Optimierungsaufwandes abdeckbarer Bereich

1.1. BEHANDELTE FRAGESTELLUNGEN

Der durch ein Synthesewerkzeug ermöglichte Abtausch von Implementationsaufwand gegen Geschwindigkeit ist durch das betrachtete Modell, die Fertigungstechnologie, das Synthesewerkzeug und die zur Verfügung stehenden Rechner bestimmt. Die in Abb. 1.5 auf der vorherigen Seite skizzierten Bereiche decken sich aber mit den in [57] veröffentlichten Werten und den am ISS gewonnenen Erfahrungen.

Warum ist eine Anpassung über die Taktfrequenz nur beschränkt sinnvoll?
Durch eine Verkürzung der Taktperiode kann daher die Verarbeitungsleistung nur in einem beschränkten Bereich erhöht werden. Weiterhin kann durch eine Verlängerung der Taktperiode nur in einem gewissen Maß Geschwindigkeit gegen Fläche abgetauscht werden. Es wird gezeigt, daß eine signifikante Variation der Berechnungsperiode $T_D := N \cdot T_P$ über den Faktor T_P zu einer schlechten Ausnutzung der verfügbaren Gatter führt.

Wie kann man mehr Fläche gegen Geschwindigkeit abtauschen?

In Abb. 1.6 ist der durch die verschiedenen Implementationen eines Modells abgedeckte Bereich der Berechnungsperiode und Fläche markiert. Sind Implementationen in dem nach oben und rechts offenen Bereich des $\frac{1}{A \cdot T_D}$-Diagramms gefordert, dann sind weiterhin alle Implementationen gültig. Da man kein Modell, dessen korrekte Funktion demonstriert ist, ohne Zwang verändert, wird eine der eingekreisten Implementationen wiederverwendet. Ist allerdings eine Implementation mit einer geringeren Fläche oder Berechnungsperiode gefordert, so kann keine Implementation des vorhandenen Modells wiederverwendet werden.

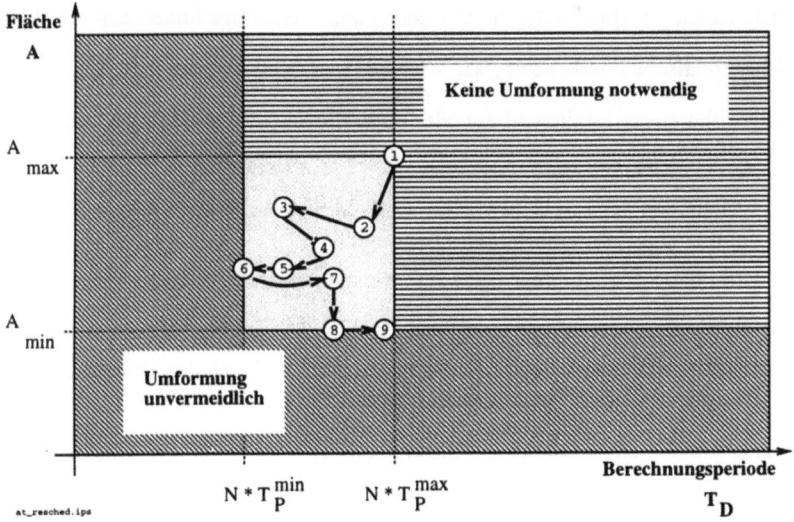

Abb. 1.6: Notwendigkeit der Modellumformung z.B. durch Rescheduling

Soll die Berechnungsperiode verkürzt werden, so müssen die Operationen des Algorithmus in einer kleineren Zahl von Taktzyklen eingeplant werden. Steht eine längere Berechnungsperiode, aber nur noch eine kleinere Fläche zur Verfügung, so müssen die Operationen auf die erhöhte Taktzahl umverteilt werden, um somit die Zahl der benötigten Datenpfade zu reduzieren.

Wie führt man ein Rescheduling durch? Eine solche Umverteilung der Operationen nennt man Rescheduling. Die Notwendigkeit sowie die Stufen des Reschedulings zur Erhöhung als auch zur Verringerung der Verarbeitungsgeschwindigkeit werden detailliert erläutert. An verschiedenen Beispielen wird der erzielbare Abtausch von Fläche gegen Geschwindigkeit quantifiziert.

1.2 Ergänzende Literatur

Hier werden nur am Rande diskutiert:

- Modellierungsverfahren oberhalb der funktionalen Modelle.
  (Über die Ebene der maschinenausführbaren Modelle hinausgehende Entwurfsverfahren, wie „Object Oriented Analysis", werden z.B. in [87] diskutiert.)

- Methoden und Softwarewerkzeuge („CASE") zur Erfassung und Analyse von Spezifikationsdokumenten.
  (Diese Methoden werden z.Z. vorrangig im Software-Entwurf eingesetzt, sie werden aber mit steigender Komplexität auch für den Hardwareentwurf wichtiger werden. Einen Überblick über die Methoden und Werkzeuge findet man in [7].)

- Mathematische Fundamente, wie z.B. die Boolesche Algebra, z.B. [35, 25]

- Algorithmen zur Logiksynthese oder manuelle Logikoptimierungsverfahren, z.B. [25, 60, 35, 62].

  - Methoden des Logikentwurfes. (z.B. Minimierung zweistufiger Schaltnetze mit einem Karnough-Veitch-Diagramm)
  - Implementierung einer FSM („finite state machine") (z.B. Optimierung der Zustandskodierung)

- Entwurf von Datenpfaden (z.B. verschiedene Möglichkeiten des Abtausch von Fläche gegen Latenz[11] bei einem Addierer) [95, 42].

- Testingstrategien und deren Einführung, z.B. [62, 79].

- Formale Verifikationsverfahren, z.B. [68, 45].

- Fertigungstechnologien

---

[11] Die Zeitspanne bis sich ein Eingangswert an einem Ausgang auswirkt wird als Latenz bezeichnet.

1.3. ENTWURF

- Schaltungs- und Transistorschaltungstechnik (CMOS, NMOS ...), z.B. [123, 85].
- Anordnung der Gatter und Makros auf der Siliziumfläche („gate arrays", Standardzellen, ...), z.B. [40]
- Masken- und Waferfertigung, z.B. [40, 85]

• Plazierungs- und Verdrahtungsalgorithmen, z.B. [60, 85].

• Sprachen zur Layoutbeschreibung, z.B. [85, 40]

• Algorithmen zur Implementierung eines Simulators, z.B. [80, 60].

1.3 Entwurf

Der Begriff Entwurf im Sinne dieser Arbeit wird im folgenden definiert.

DEFINITION 1.1 (ENTWURF) *Entwurf ist die Transformation eines abstrakten Modells in eine Verschaltung verfügbarer Komponenten, welche gewissen Randbedingungen (z.B. Fläche, Geschwindigkeit, Stromverbrauch) genügt.*

Das erste Modell wird im allgemeinen aus einer Reihe von mündlichen Übereinkünften und schriftlichen Entwurfsdokumenten in natürlicher Sprache bestehen. Ein formales Modell dieser Entwurfsideen wird sobald wie möglich erzeugt, um die Spezifikation in Zusammenarbeit mit dem Auftraggeber zu detaillieren und das richtige Verständnis zu verifizieren [100]. Der Entwurfsprozeß besteht also aus einer erzeugenden und einer analysierenden Aktivität [80, 68], wie in Abb. 1.7 dargestellt. In der erzeugenden Aktivität wird eine mögliche Implementation, wie abstrakt und vage sie auch sein mag, modelliert. Das konstruierte Modell wird in der analysierenden Aktivität auf die Einhaltung der Spezifikationen überprüft.

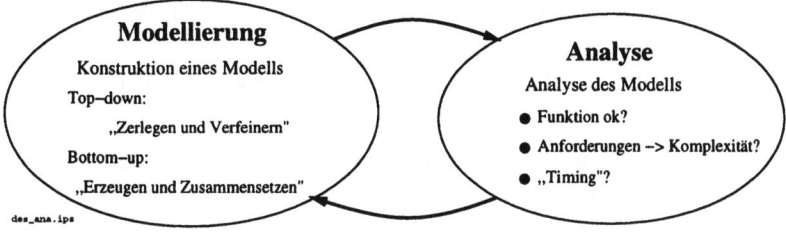

Abb. 1.7: Erzeugende und analysierende Aktivitäten wechseln sich in einem Entwurfsprozeß ab

Genügt eine Implementation nicht den Anforderungen, so wird sie verworfen. Durch die Erarbeitung von Implementationsalternativen, deren Analyse und die Entscheidung für eine bestimmte Alternative wird Entwurfsinformation geschaffen.

DEFINITION 1.2 (ENTWURFSINFORMATION) *Entwurfsinformation ist die Menge der in einem Entwurfsprozeß getroffenen Implementationsentscheidungen.*

Entwurfsmethodik

Moderne Entwurfswerkzeuge bieten viele Möglichkeiten einen Entwurfsprozeß zu gestalten. Diese Möglichkeiten können nur mit Hilfe einer geeigneten Entwurfsmethodik zielgerichtet eingesetzt werden.

DEFINITION 1.3 (ENTWURFSMETHODIK) *Entwurfsmethodik besteht aus einem Satz von Konzepten, Zusammenhängen und Vorgehensweisen, welche es ermöglichen, eine Schaltung systematisch und planbar zu entwerfen.*

Da Entwurfsmethodik zwar an den Hochschulen gelehrt, sich dann aber nur noch in den einzelnen Entwicklergruppen bei der Arbeit an konkreten Projekten fortentwickelt, dauert es häufig viel zu lange, bis die Entwurfswerkzeuge wirksam zum Einsatz kommen.

Werkzeugeinführung

In Abb. 1.8 ist der Verlauf der Produktivität beim Einsatz eines neuen Werkzeugs skizziert. Schon vor der Beschaffung eines neuen Werkzeugs fällt die Produktivität ab, weil die Motivation nachläßt sich mit „work arounds" des nun mehr „veralteten" Werkzeugs zu beschäftigen. Weiterhin müssen neue Werkzeuge evaluiert und eine Kaufentscheidung vorbereitet werden.

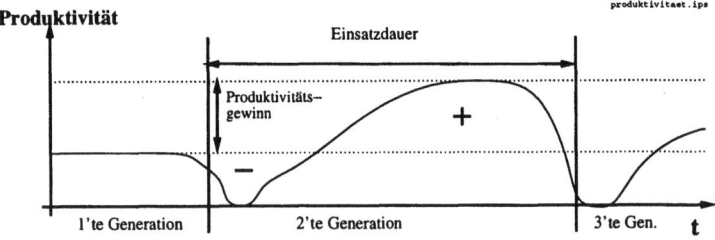

Abb. 1.8: Produktivitätsverlauf bei der Einführung eines neuen Werkzeugs

Die Bedienung des Werkzeugs wird auf den Lehrgängen des Werkzeugherstellers vermittelt, während sich die passende Methodik im allgemeinen erst bei der Arbeit mit dem Werkzeug herauskristallisiert. Zunächst wird also das neue Werkzeug mit der alten Methodik eingesetzt, was *bestenfalls* die Produktivität nicht unter das alte Niveau sinken läßt. Daher wird die innerhalb einer Generation erzielte mittlere Produktivität durch die *effektive Einsatzdauer* und den erzielten *Produktivitätsgewinn* bestimmt.

Unangemessene Methodik und Werkzeug-Emulation

Es wird immer wieder behauptet, daß eine wohlverstandene Entwurfsmethodik wichtiger als die verwendeten Werkzeuge ist [19, 73]. Diese provozierende Aussage wird mit zwei Argumenten begründet.

1.3. ENTWURF

① Die Erfahrung hat gezeigt, daß der Einsatz eines neuen Werkzeugs ohne eine angemessene Entwurfsmethodik eher die Produktivität verringert [104].

② Man kann mit veralteten aber universellen Werkzeugen eine neue Entwurfsmethodik zwar nicht optimal, aber doch ansatzweise emulieren.

„Modernes" Werkzeug ohne angemessene Methodik

Ein bekanntes Beispiel für den Einsatz eines Werkzeugs ohne eine angemessene Methodik ist die Einführung von VHDL in eine Umgebung mit einer großen Erfahrung in der Schaltplaneingabe. Ohne eine geeignete Einführung werden die Entwickler weiter Strukturmodelle in einem Bottom-up Entwurfsprozeß implementieren. Der einzige Vorteil von VHDL bei der Modellierung von Strukturmodellen auf der Gatterebene ist die Möglichkeit diese Modelle konsequent zu parametrieren. Falls man diese Parametrierungsmöglichkeit nicht benötigt oder aber diese Möglichkeit nicht erkannt hat, ist die Einführung von VHDL mit einer Verringerung der Produktivität verbunden[12].

Methodik-Emulation mit „veralteten" Werkzeugen

Auf der anderen Seite kann man mit C nicht nur funktionale Modelle [99], sondern auch Modelle auf der RT-Ebene beschreiben. Der TRON-Mikroprozessor ist mit solchen C-Modellen auf der RT-Ebene entwickelt worden [71]. Die C-Funktionen zu einem Modell werden mit allen möglichen Eingangswerten gerufen und die berechneten Ausgangswerte in eine Tabelle eingetragen. Mit dieser Tabelle wird dann die Logiksynthese angesteuert.

Grenzen der Methodik-Emulation Diese Emulation von existierenden Methoden mit vorhandenen Werkzeugen findet ihre Grenzen in den Möglichkeiten der Werkzeuge selbst. So kann man zwar mit einem hierarchischen Schaltplaneditor die Details eines Entwurfs durch geeignete Symbole verbergen. Diese Details sind aber trotzdem vorhanden und machen sich bei jeder Netzlistenextraktion und Simulation durch eine erhöhte Laufzeit bemerkbar. Einige dedizierte Simulatoren auf der Gatterebene erlauben die Einbindung von in C geschriebenen Modellen, so z.B. der Silos. Diese Möglichkeit ist aber schlecht dokumentiert und die Benutzung mit einem erneuten Binden („linking") des Simulatorkerns verbunden, so daß diese Möglichkeit selten benutzt wird. Die Modellierung auf mehreren Ebenen der Abstraktion („multi-level") ist erst durch die Verbreitung von Breitbandsprachen [80] populär geworden. Die Werkzeuge im Bereich Logiksynthese sowie der Plazierung und Verdrahtung („P&R") lassen sich zwar prinzipiell auch durch ein manuelles Vorgehen emulieren, aber ab einer gewissen Komplexität ist eine solche Vorgehensweise aber *praktisch* nicht mehr möglich.

---

[12]Diese Erfahrung ist von einem amerikanischen Projektleiter [84] mit den Worten: „A fool with a tool is still a fool!" zusammengefaßt worden.

Werkzeug oder Methodik? Entscheidend für die Notwendigkeit eines Werkzeugs ist die Gesamtproduktivität unter Berücksichtigung der bei der Werkzeugentwicklung erbrachten Arbeitsleistungen. Wenn man durch den Einsatz eines Werkzeugs im Mittel E Arbeitsstunden einsparen kann, das Werkzeug von B Benutzern benutzt wird und I Stunden zur Implementation notwendig sind, so muß die Ungleichung $I < E \cdot B$ erfüllt werden. Falls das Werkzeug auch noch kommerziell sinnvoll sein soll, so muß $I \ll E \cdot B$ erfüllt sein.

Die Erfahrung hat gezeigt, daß eine angemessene Entwurfsmethodik notwendig ist. Die Benutzung geeigneter Werkzeuge kann in einigen Fällen die Anwendung überhaupt erst ermöglichen, meistens wird die Anwendung zumindestens erleichtert.

Paradigma als erster Systematisierungsschritt

In [52] wird die Rolle von Paradigmen als Vorstufe einer Erfassung durch Regeln zusammengefaßt.

> Rules, I suggest, derive from paradigms, but paradigms can guide research even in the absence of rules.

Bevor ein Arbeitsfeld vollständig formalisiert ist, kann durch eine Menge von Beispielen ein Paradigma etabliert werden. Diese Situation ist aus der mechanischen Konstruktion wohlbekannt. Im Maschinenbau muß man eine Vielzahl von Maschinenelementen und die Verwendung derselben studiert haben, bevor man in der Lage ist, eine eigene Konstruktion zu entwerfen. Ein durch charakteristische Beispiele etabliertes Paradigma kann dann von anderen Benutzern durch eine Variation angewandt werden. Bei der Einführung einer neuen Vorgehensweise gibt es keine Theorie und man arbeitet –meist mit Erfolg– komplett mit Intuition. Nach einiger Zeit sind Anwendungsbeispiele erarbeitet worden und es etablieren sich Paradigmen. Die Gemeinsamkeiten dieser Paradigmen werden irgendwann systematisiert und in einen kohärenten theoretischen Zusammenhang gebracht. Nachdem alle Fälle verstanden und eine geschlossene Theorie geschaffen wurde, können Werkzeuge entstehen, mit denen man Teilaufgaben automatisieren kann. Ein Beispiel für die oben skizzierte Entwicklung ist die Entwicklung von voll-synchronen Schaltungen auf der Gatterebene („Logikdesign") [35, 62]. Solche Schaltungen werden heute durch Logiksynthesewerkzeuge automatisch erzeugt.

1.3.1 Modellierung

Der Begriff „Modell" soll analog zum IEEE Wörterbuch [43] definiert werden:

DEFINITION 1.4 (MODELL) *Ein Modell ist eine idealisierte Repräsentation eines Systems. Die Vollständigkeit und Detailtreue eines Modells werden durch die zu untersuchenden Fragen, den Wissensstand und die Modellumgebung bestimmt.*

Im Verlauf eines Entwurfsprojektes werden unterschiedliche Arten von Modellen eingesetzt. Am Anfang eines Projektes stehen Memoranden, Besprechungsprotokolle oder Skizzen mit Funktionsblöcken. Diese natürlich sprachlichen Beschreibungen und

1.3. ENTWURF

Entwurfskizzen sind unverzichtbar, aber einer maschinellen Verifikation nicht zugänglich. Zur maschinellen Verifikation und Implementation sind Beschreibungen notwendig, deren Eigenschaften eindeutig sind [45].

DEFINITION 1.5 (FORMALES MODELL) *Ein Modell ist ein formales Modell, wenn dessen Interpretation eindeutig ist.*

Eine eindeutige Interpretation ist nur dann möglich, wenn ein geeigneter Satz von Axiomen und Sätzen zur Interpretation existiert, zugänglich und allgemein anerkannt ist.

Neben den vollständig formalen Modellen haben in der Praxis informelle und teilformale Modelle große Bedeutung. Informelle Modelle sind insbesondere die natürlich sprachlichen Dokumente, die z.B. eine Spezifikation beschreiben. Unter einem natürlich sprachlichen Dokument soll ein Text verstanden werden, der bis auf seine sprachliche Korrektheit keinen formalen Anforderungen genügt. Ein teilformales Modell ist z.B. eine Skizze mit Blöcken, welche durch Signale eines bestimmten Typs verbunden sind. Solch ein Modell ist „teil"-formal, weil die strukturelle Information formal, das Verhalten der Blöcke aber nur informell beschrieben ist. Ein Modell in einer der üblichen HDLs ist formal, weil seine Interpretation unabhängig vom Kontext ist.

Informelle Modelle beruhen meist auf einer impliziten Vereinbarung wie gewisse Bezeichnungen zu interpretieren sind. In *kleinen, stabilen und engvermaschten* Entwicklungsgruppen besteht daher die Möglichkeit, daß effizient mit informellen Modellen gearbeitet wird. In solchen Gruppen ist die Zahl der möglichen Mißverständnisse klein und nach einiger Zeit sind alle möglichen Fehlinterpretationen einmal aufgetreten. Formale Modelle können diese Anfangsprobleme bei einer neuen Zusammenstellung von Entwicklern oder einem neuen Arbeitsgebiet reduzieren.

Die Skizze eines Rechnernetzes beschreibt die Schaltung dieses Netzwerkes auf einer abstrakten Ebene. Der Schaltplanentwurf eines CMOS-Gatters, in dem Transistoren verbunden und dimensioniert sind, ist eine eher implementationsnahe Modellierung einer digitalen Schaltung. Beide Modelle aber sind teil-formal, daher sind Abstraktion und Formalität orthogonale Konzepte. Meist sind aber abstrakte Modelle, die am Anfang des Entwurfsprozesses verwendet werden, informell, und eine vollständig formale Modellierung wird häufig erst am Ende eines Projektes erreicht. Diese Erfahrung kann aber nicht verallgemeinert werden.

Die Beschreibung einer Einheit durch ein formales Modell hat die folgenden Vorteile beim Entwurf digitaler Schaltungen:

- **Simulierbarkeit:** Die Interpretation formaler Modelle ist eindeutig und kann daher auch durch ein Maschine erledigt werden. Formale Modelle ermöglichen also eine experimentelle Analyse eines Modells durch Simulation.

- **Synthese:** Formale Modelle können ab einem gewissen Abstraktionsgrad automatisch in ein implementationsnäheres Modell transformiert werden. Die Erfahrung der letzten Jahre hat gezeigt, daß sich der Abstraktionsgrad, ab dem eine effektive automatische Transformation möglich ist, kontinuierlich steigert.

- **Mißverständnisse:** Da die Interpretation formaler Modelle eindeutig ist, kann es unter den an einem Projekt beteiligten Entwicklern zu keinem Mißverständnis bezüglich der Auslegung, z.B. einer Spezifikation, kommen.

- **Formale Verfahren:** Durch die eindeutige und maschinenlesbare Formulierung einer Modelleigenschaft entsteht die Möglichkeit, diese Eigenschaft, z.B. in Bezug auf andere Modelle, maschinell auf Konsistenz zu überprüfen. So kann man z.B. die Signalflußrichtungen der zusammengeschalteten Einheiten überprüfen.

Das Modell eines Federmassesystems mit der Differentialgleichung FD ist formal, weil die Interpretation durch die Regeln der Analysis festgelegt ist.

$$FD : m \cdot \ddot{s} = \rho \cdot \dot{s} - D \cdot s$$

m bezeichnet die bewegte Masse, D die Direktionskonstante der Feder, s die Auslenkung des Massepunktes aus der Ruhelage und ρ die Reibungskonstante. Ein solches Modell kann analytisch oder auch durch geeignete Simulatoren interpretiert werden.

Analytische Interpretation Das Ergebnis der analytischen Interpretation kann z.B. eine Funktion $s(t)$ sein, welche den Verlauf des Massepunktes über der Zeit bei einem bestimmten Anfangswert $s(t_{start})$ beschreibt. Diese analytische Interpretation eines solchen Modells kann entweder manuell oder aber in diesem einfachen Fall auch durch ein algebraisches Rechenprogramm, wie z.B. „mathematica", erfolgen.

Numerische Auswertung Die schrittweise numerische Auswertung des obigen Modells ergibt eine Sequenz von Funktionswerten, welche in einem Graphen dargestellt werden können. Diese Vorgehensweise entspricht der Anregung des realen Systems mit anschließender Messung der relevanten Größen in einem Experiment.

DEFINITION 1.6 (SIMULATOR) *Eine Vorrichtung zur Auswertung eines Modells ist ein Simulator.*

Simulatoren zur analytischen Interpretation nennt man „algebraische Simulatoren". Da aber die Simulatoren zur experimentellen Auswertung wesentlich verbreiteter sind, soll im folgenden nur noch diese Art von Simulatoren betrachtet werden.

Autonome und relationale Eigenschaften eines Modells

Bei der Analyse eines Modells werden zwei unterschiedliche Arten von Eigenschaften betrachtet. *Autonome Eigenschaften* werden durch geeignete Betrachtung des Modells selber überprüft, während *relationale Eigenschaften* nur im Zusammenhang mit einem anderen Modell (oder Dokument) verifiziert werden.

1.3. ENTWURF

Autonome Eigenschaften: Die Einhaltung der elektrischen Entwurfsregeln, wie Kurzschlüsse oder maximale Treiberfähigkeit, in einem Schaltplan auf der Gatterebene ist eine autonome Eigenschaft, denn sie kann durch eine Analyse des Modells alleine verifiziert werden („electrical rule check (ERC)"). Die syntaktische Korrektheit eines HDL-Modells ist eine weitere autonome Eigenschaft. Die Timing-Analyse [25] verifiziert ebenfalls eine autonome Eigenschaft einer Netzliste von Modellen, deren Verzögerungszeiten für jeden Pfad durch das Modell spezifiziert ist.

Relationale Eigenschaften: Relationale Eigenschaften betreffen die Beziehungen zweier Modelle. So ist z.B. die Identität der Topologie einer aus dem Layout extrahierten Netzliste und der Ausgangsnetzliste eine relationale Eigenschaft. Diese Identität der Topologie wird überprüft, um Fehler beim Plazieren und Verdrahten („P&R") zu entdecken. Die Identität von booleschen Funktionen, welche durch Gatternetzlisten realisiert sind, kann durch BDDs („binary decision diagramms") [46, 81] nachgewiesen werden. Der Nachweis dieser relationalen Eigenschaft wird benötigt, um die Invarianz der Funktion nach einer Abbildung auf eine neue Gatter-Bibliothek zu zeigen („technology mapping").

Überspezifikation

In einem Projekt soll eine Funktion implementiert werden, bei der ein Zähler inkrementiert werden muß. Da eine Inkrementierung von einem Konstanten-Addierer durchgeführt werden kann, wird man z.B. einen „carry-ripple"-Addierer aus den verfügbaren Gattern zusammensetzen [95].

Stellt sich aber im Verlauf des Entwurfsprojektes heraus, daß die Länge der Timingpfade einen „carry-look-ahead"-Addierer erfordert, so muß die bereits modellierte Implementierungsentscheidung für den „carry-ripple"-Addierer rückgängig gemacht werden. Allerdings ist in dem vorhandenen Modell die Information, daß ein Inkrementer benötigt wird, durch irrelevante Informationen über den Aufbau des „carry-ripple"-Addieres verdrängt worden. Daher ist es für ein Werkzeug nur schwer möglich, die vorhandene Implementation des Inkrementers durch eine geeignetere zu ersetzen.

DEFINITION 1.7 (ÜBERSPEZIFIKATION) *„Überspezifikation" bezeichnet ein Übermaß an implementationsnaher Designinformation, welche relevante Informationen auf abstrakterer Ebene verdrängt hat.*

Die Modellierung von vorhandener Information über eine mögliche Implementation ist nicht immer sinnvoll, weil sie die Synthese einer geeigneteren Implementation unmöglich und die Wiederverwendung des Modells erschweren kann.

Zusammenfassung

In diesem Kapitel wurden die in diesem Buch diskutierten Fragestellungen von den Themen anderen Bücher abgegrenzt. Die Diskussion der Verwendung eines Werkzeugs mit einer unangemessenen Methodik sowie der Methodik-Emulation mit einem weniger geeigneten Werkzeug hat die Beziehung von Entwurfsmethodik und Werkzeug verdeutlicht. Die Vor- und Nachteile der informellen, teilformalen und formalen Modelle wurden dargestellt. Mit einem Verweis auf die Gefahren der Überspezifikation wurde das Kapitel abgeschlossen.

2 Rolle eines Modells bei der Verifikation

Verifikation ist die Überprüfung der funktionalen und zeitlichen Eigenschaften eines Entwurfes. Drei Methoden zur Verifikation: „Review", Versuch und Beweis werden vorgestellt. Die steigende Komplexität der Entwürfe erzwingt eine Überprüfung von Funktion, Zyklenzahl und Timing auf unterschiedlichen Abstraktionsebenen. Ein Entwurfsfehler wird nur dann korrigiert, wenn er simuliert und in den Ausgangswerten beobachtet worden ist. Daher werden die verschiedenen Typen von Entwurfsfehlern sowie Methoden zur Stimuli-Erzeugung und Erleichterung der Waveform-Inspektion diskutiert. Die Vor- und Nachteile der experimentellen Analyse mit einem Simulationsmodell, einem ASIC-Emulator oder einem Prototypen werden erarbeitet. Eine gleichzeitige Entwicklung mit Simulation und Prototypen wird durch eine einfach zu implementierende Integration von voll synchroner Hardware in eine VHDL-Simulation ermöglicht.

Einleitung

CAE: HDLs & Logiksynthese. In den letzten Jahren haben Logiksynthesewerkzeuge ihre Reife in vielen Entwicklungsprojekten in der Industrie und Hochschule bewiesen. Neben der Komplexität steigt auch das Abstraktionsniveau der synthetisierbaren Modelle. Weiterhin werden die Logiksynthesewerkzeuge zuverlässiger, so daß der Umfang der Nacharbeit auf Gatterebene geringer wird. Die schon bestehenden Sprachen zur Beschreibung von Stimuli (z.B. *STL*), von Netzlisten (z.B. *edif*) oder von Verhalten (z.B. *SBS*) sind in den Hardwarebeschreibungssprachen (HDL), wie VHDL und Verilog, vereinigt worden [40]. VHDL und Verilog werden von immer mehr Entwicklern mit Erfolg eingesetzt. Es werden Entwicklungssysteme für VHDL in einer breiten Auswahl angeboten. Systeme für einige tausend DM stehen in Wettbewerb mit solchen für fast 100 000 DM [17]. Die Bereitstellung von Simulationsmodellen für einen bestimmten Simulator *und* für alle relevanten Fabrikationstechnologien ist ein erheblicher Kostenfaktor für einen Halbleiterhersteller [125]. Daher ist das Interesse an einer standardisierten Beschreibungssprache auch bei den Halbleiterherstellern groß.

FPGA-Design mit Trial & Error? Die Komplexität der Schaltungen, die mit einem FPGA[1] realisiert werden können, wird immer größer. So enthalten z.B. die FPGAs der Serie *TPC10/12* von TI 2 000-8 000 Gatteräquivalente, wobei ein Gatteräquivalent einem NAND mit zwei Eingängen entspricht. Diese Bausteine sind zu teuer (einige 100 DM), um mit der Methode „Versuch und Irrtum" entwickelt zu werden. Weiterhin wird der Anteil der von außen direkt beobachtbaren Signale an der Gesamtzahl der Signale in einem solchen Baustein immer kleiner. Es gibt zwar die Möglichkeit, einige wenige Signale auf speziellen Anschlüssen („PINs") nach außen zu schalten, aber im wesentlichen ist das Verhalten eines solchen Bausteins nur noch schwer zu beobachten.

---

[1] „Field Programmable Gate Array"

ASICs: Modellierung und Synthese. Die heute verfügbaren Komplexitäten von „gate arrays" und Standardzellen ASICs[2] liegen um 1-2 Größenordnungen über denen von FPGAs. Weiterhin sind die Kosten einer Prototypenfertigung um mindestens zwei Größenordnungen größer als für FPGAs. Die Zeit von der Entwurfsdatenabgabe beim Halbleiterhersteller bis zum gelieferten Chip beträgt immer noch mehrere Wochen. Daher sind die Anforderungen an die Entwurfsmethodik wesentlich höher, und man ist gezwungen, „Top-Down-Design" mit VHDL und Logiksynthese einzusetzen.

SMT-Leiterplatte: Entwicklungsmethodisch immer mehr ein „ASIC". Leiterplatten werden immer mehr in „surface mount"-Technologie (SMT) gefertigt. Daher sind auch die Signale auf dem Prototypen einer Leiterplatte immer schwerer meßtechnisch zu erreichen. Ebenso sind Änderungen, seien es Bauteil- oder Verdrahtungsänderungen, an einer solchen Leiterplatte kaum noch durchzuführen. Nach unseren Erfahrungen liegen die „Turn-around"-Zeiten für eine „multi-layer" SMT-Leiterplatte in dem Bereich von Wochen. Weiterhin ist durch die Miniaturisierung die Komplexität einer einzelnen Leiterplatte gestiegen, so daß eine SMT Leiterplatte in ihren Entwicklungsanforderungen immer mehr einem ASIC gleicht.

Diese Veränderungen im Bereich der Werkzeuge und der Fabrikationstechnologien machen eine grundsätzliche Betrachtung der Entwurfsverifikation notwendig. *Die Rolle der verschiedenen Verifikationsmethoden – Versuch, „Review" und Beweis – muß neu bestimmt werden.* Durch die Möglichkeit der Modellierung auf verschiedenen Abstraktionsebenen in einer einzigen HDL wird die Frage aufgeworfen, auf welcher Ebene man welchen Aspekt der Spezifikation verifiziert. Auf der einen Seite können durch eine abstrakte Modellierung die Simulationslaufzeiten signifikant reduziert werden, während auf der anderen Seite die Messungen an einem Prototypen immer schwerer durchführbar sind. Daher muß das Verhältnis der experimentellen Analyse durch Simulation oder durch Messungen an einem Prototypen neu definiert werden.

Aufbau

In dem folgenden Abschnitt 2.1 werden die drei Methoden zur Überprüfung der Spezifikationen an einer Implementation diskutiert. Die getrennte Verifikation von Funktion, Zahl der Taktzyklen und Timing wird in Abschnitt 2.2 erläutert. In Abschnitt 2.3 werden verschiedene Methoden zur Erzeugung von Stimuli und zur Komprimierung von Ausgangswerten vorgestellt. Zum Abschluß dieses Kapitels werden in Abschnitt 2.4 die experimentelle Analyse mit einem Simulationsmodell, einem ASIC-Emulator und einem Prototypen verglichen.

2.1 Verifikationsmethoden

„Gate array" oder Standardzellen ASICs werden heute fast ausschließlich mit Simulationsmodellen entwickelt. Viele Leiterplatten wie auch einfache „programmable logic

---

[2] „Application Specific Integrated Circuit"

2.1. VERIFIKATIONSMETHODEN

devices" (PLD) werden hingegen nach wie vor mit Hilfe von Prototypen entworfen („breadboarding"). Der Prototyp, wie auch die Simulation, dienen dazu festzustellen, ob die entworfene Schaltung den spezifizierten Anforderungen genügt. Diesen Prozeß nennt man Verifikation.

DEFINITION 2.1 (VERIFIKATION) *Die Verifikation eines Entwurfes ist die Überprüfung, ob der Entwurf den funktionalen, zeitlichen („timing") und sonstigen Anforderungen genügt.*

Der Prozeß, in dem die korrekte Implementierung einer bestimmten Spezifikation vorgeführt wird, nennt man im englischen Sprachraum auch „Validation" [68].

Wenn die Spezifikation sowie die Implementation als formale Modelle vorliegen würden und man die Erfüllung der Spezifikation maschinell beweisen könnte, dann könnte die Verifikation mit einem eindeutigen Ergebnis abgeschlossen werden. Da diese Bedingungen in der Praxis selten erfüllt sind, ist unter Verifikation eher ein Prozeß zu verstehen, der ein gewisses Vertrauen darin herstellt, daß die Anforderungen erfüllt sind. Dieses Vertrauen wird man im allgemeinen für die einzelnen Aspekte einer Spezifikation getrennt durchführen.

Die Erfahrung aus vielen Entwicklungsprojekten zeigt, daß nicht verifizierte Schaltungsteile bei hinreichender Komplexität mit hoher Wahrscheinlichkeit beim ersten Prototypen fehlerhaft sind. Daher ist es von entscheidender Bedeutung für den Erfolg eines Entwicklungsprojektes, daß man eine lückenlose Verifikationsstrategie entwickelt und konsequent anwendet.

In den folgenden Abschnitten werden die verschiedenen Methoden der Verifikation diskutiert.

- Bei einem **„Review"** werden die vorhandenen Entwurfsdokumente manuell inspiziert.

- Die Verifikationsmethode **Versuch** verwendet einen Prototypen oder ein Modell zur experimentellen Analyse der Eigenschaften.

- Die Verifikation durch **Beweis** versucht gewisse Eigenschaften eines Modells aus bekannten Grundtatsachen mathematisch abzuleiten.

2.1.1 „Review"

Traditionell werden die funktionalen und zeitlichen Anforderungen durch eine Inspektion der vorliegenden Entwurfsdokumente überprüft. Diese Art der Verifikation ist z.B. im Maschinen- oder Anlagenbau die am weitesten verbreitete Verifikationsmethode. In diesem Bereich sind detaillierte Kontrollverfahren entwickelt worden, welche die Zahl der Änderungen an einer installierten Anlage reduzieren sollen.

DEFINITION 2.2 (VERIFIKATION DURCH „REVIEW") *Verifikation durch „Review" bezeichnet den Prozeß der manuellen Analyse der informellen, teil-formalen und formalen Entwurfsdokumente.*

Die Effektivität dieser Verifikationsmethode kann verbessert werden, wenn die vorhandenen Entwurfsdokumente nicht nur durch den erzeugenden Entwickler, sondern auch von einem anderen Entwickler begutachtet werden. Der Prozeß der Begutachtung ist in Abb. 2.1 symbolisiert.

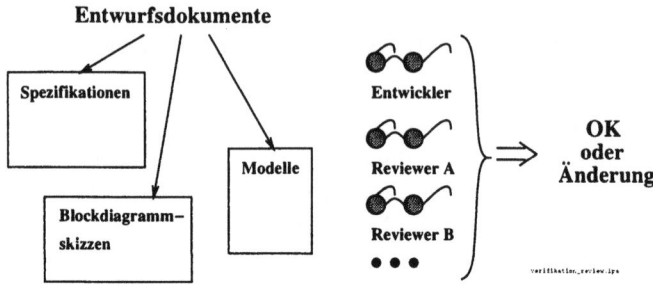

Abb. 2.1: Verifikation durch Inspektion oder „Review" der Entwurfsdokumente

Diese Art der Verifikation kann in der Praxis erfolgreich sein, wenn nicht nur der Entwickler, sondern auch jeder „Reviewer" die zu implementierenden Strukturen „überschaut". Einheiten werden als „überschaubar" angesehen, wenn man schon ähnliche Strukturen entwickelt hat, die Einheiten sich in entkoppelte Teileinheiten zerlegen lassen und die fundamentalen Konzepte verstanden und bekannt sind. In der Praxis haben Gruppen von Entwicklern meist einen bestimmten begrenzten Applikationsbereich, einen gewissen Satz von Architekturen zur Implementation und eine bestimmte mehr oder weniger originäre Entwurfsmethodik. Daher ist die Verifikation durch „Review" in der Praxis erfolgreicher, als man es bei erster Betrachtung vermuten würde.

Vor- und Nachteile

Im folgenden werden zunächst die Nachteile (−) und dann die Vorteile (+) der Verifikation durch „Review" diskutiert.

(−) **Komplexität der Entwurfsdaten:** Der Entwurf komplexer digitaler Schaltungen ist durch die folgenden Eigenschaften gekennzeichnet:

- Viele Entwurfsdaten, wie PAD[3]-Tabellen, werden in einem schwer zugänglichen Format dargestellt.
- Die Zahl der manipulierten Objekte, wie Anschlüsse oder Gatter, ist sehr groß.

Das letzte Argument wird mit dem Fortschritt der Fertigungstechnologie noch weiter an Bedeutung gewinnen, aber heute schon haben digitale Schaltungen einige 100 äußere Anschlüsse und mehrere 100 000 Gatteräquivalente [25, 17].

---

[3] „PAD" bezeichnet den Metallfleck, auf den der „bond"-Draht geschweißt wird [123]. „PAD" wird als Synonym für den äußeren Anschluß einer integrierten Schaltung („chip") verwendet.

(−) **Simulation durch den Reviewer:** Die „Reviewer" überprüfen mit Hilfe der vorliegenden Entwurfsdokumente die Eigenschaften des Entwurfes, indem sie gewisse Sequenzen von wichtigen Ereignissen manuell durchspielen. Allerdings ist der Umfang der Ereignissequenzen, welche bei einem „Review" *manuell simuliert* werden können, durch die menschliche Geduld und die verfügbare Zeit begrenzt. Die im folgenden Abschnitt 2.1.2 diskutierte Simulation ersetzt häufig die Funktion des „Reviewers", indem man das aktuelle Modell innerhalb einer Testbench simuliert, die von einem anderen Entwickler (dem „virtuellen Reviewer") implementiert worden ist.

(+) **Handhabung informeller Entwurfsdokumente:** Der wesentliche Vorteil einer Verifikation durch „Review" ist die Möglichkeit, mit informellen Entwurfsdokumenten, wie natürlich sprachlichen Spezifikationen, sowie mit teil-formalen Modellen, wie Blockdiagrammskizzen, arbeiten zu können (vgl. Abs. 1.3.1, S. 16). Da aber informelle Beschreibungen verschieden interpretiert werden können, besteht die Gefahr von Mißverständnissen.

(+) **Fehlerhafte Definition eines Projektes:** Fehler in der Definition eines Entwicklungsprojektes sowie Mängel bei der Festlegung der Spezifikation können nicht durch spätere Analyse eines Prototypen oder Modells behoben werden. Insbesondere ist eine solche Diskussion der Spezifikationen praktisch unmöglich, nachdem wesentliche Investitionen in eine bestimmte Richtung unternommen worden sind. Eine informelle Manifestation der Spezifikationen selber sowie des Diskussionsprozesses zu ihrer Festlegung kann helfen, solche Fehler in einem frühen Stadium zu vermeiden.

(+) **Kosten der Fehlerbehebung:** Die Kosten einer Fehlerentdeckung und -behebung steigen über der Laufzeit eines Entwurfsprojektes stark an [7]. In Abschnitt 2.3.1 (S. 36) wird der Verlauf der Fehlerentdeckungsrate über der Entwicklungszeit eines formalen Modells diskutiert. Jeder Fehler in den informellen Dokumenten, der durch „Reviews" in einer frühen Entwurfsphase entdeckt wird, kann mit den geringsten Kosten beseitigt werden. Dies wird in der folgenden Aussage eines Entwicklungsgruppenleiters [18] zusammengefaßt.

„Fehler vermeiden ist besser als Fehler finden!"

Die „Verifikation durch Review" ist daher ein kräftiges Hilfsmittel, um die Zahl der Mißverständnisse in der Anfangsphase eines Entwurfsprojektes zu reduzieren. Fehler, die in diesem Stadium vermieden werden, brauchen nicht später „entdeckt" und beseitigt werden. Weiterhin sind zu Beginn eines Entwurfsprojektes nur informelle Entwurfsdokumente vorhanden, welche der im folgenden diskutierten „Verifikation durch Versuch" nicht zugänglich sind.

2.1.2 Versuch

Die „Verifikation durch Versuch" bezeichnet die experimentelle Analyse der Eigenschaften eines Entwurfs im Vergleich zu den Forderungen der Spezifikation. Bei der

Verifikation durch Versuch wird die Schaltung mit einem Satz von Eingangswerten belegt. Dieser Satz von Eingangswerten ist in Abb. 2.2 mit „Stimuli" bezeichnet worden.

DEFINITION 2.3 (STIMULI) *Eine Folge von Eingangswerten bezeichnet man als Stimuli.*

Stimuli werden nicht nur verwendet, um die korrekte Implementierung einer Funktion zu demonstrieren, sondern auch um die spezifikationsgemäße Fabrikation eines Entwurfes nachzuweisen („Testing" (vgl. Abs. 2.4, S. 66)). Die Ausgangswerte werden als „Waveforms", d.h. als Funktionsverläufe über der Zeit dargestellt. Diese Waveforms werden vom Entwickler in geeigneter Form inspiziert, und er entscheidet, ob die Schaltung den Anforderungen genügt.

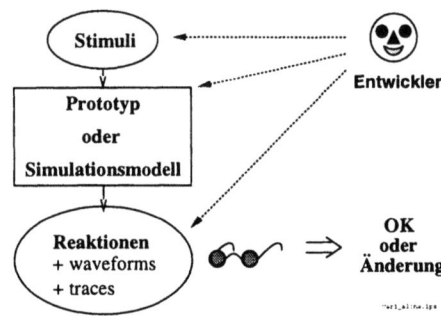

Abb. 2.2: Verifikation durch Versuch mit einem Entwickler

DEFINITION 2.4 (VERIFIKATION DURCH VERSUCH) *Verifikation durch Versuch bezeichnet den Prozeß aus Stimulation des Entwurfs, Auswertung der Reaktionen und Überprüfung der Anforderungen. Ein Entwurf wird als korrekt angesehen, wenn die Entdeckungsrate der Entwurfsfehler unter einen bestimmten Schwellwert sinkt.*

Die Fehlerentdeckungsrate ist definiert durch die Zahl der Entwurfsfehler, die pro Zeitabschnitt vom Entwickler entdeckt werden [118].

DEFINITION 2.5 (FEHLERENTDECKUNGSRATE) *Die Fehlerentdeckungsrate gibt die Zahl der entdeckten Fehler in einer Implementation pro Zeitspanne an.*

$$Fehlerentdeckungsrate := \frac{Zahl\ der\ entdeckten\ Fehler}{Zeitintervall}$$

Werden nur noch wenig neue Fehler entdeckt, so wird ein Entwurf als ausgereift betrachtet. Man zieht sich in der Praxis auf dieses „Kriterium" zurück, weil man die Gesamtzahl der Fehler in einem Modell nicht kennt und somit auch nicht den Anteil der schon entdeckten Fehler berechnen kann.

> Ein Experiment kann die Wirkung eines Fehlers demonstrieren, aber nicht die Abwesenheit eines weiteren Fehlers zeigen.

2.1. VERIFIKATIONSMETHODEN

Die Qualität der experimentellen Verifikation wird durch

① Umfang und Art der Stimuli,

② die Auswertung der Waveforms und

③ das geeignete Bezugsintervall zur Bestimmung der Fehlerentdeckungsrate

bestimmt. Eine vollständige Verifikation durch Versuch würde bei einer zustandsspeicherfreien Schaltung mit k binären Eingängen N Stimuli benötigen, wobei $N \leq 2^k$. Schon bei moderaten Eingangszahlen ist daher eine vollständige Verifikation durch Versuch nicht mehr möglich.

Entwurfsstil ⇒ Mögliche Fehler ⇒ Stimuli: Die Verifikation durch Versuch wird aber in der Praxis mit Erfolg angewandt. Dies ist in erster Linie auf eine Verwendung von Stimuli zurückzuführen, die auf die erwarteten Entwurfsfehler ausgerichtet sind. Im allgemeinen werden nämlich vom Entwickler nur bestimmte Arten von Entwurfsfehlern gemacht. So sind bei einem schaltplan-basierten Entwurfsstil direkte Kurzschlüsse nach Masse oder Versorgungsspannung selten, weil diese Leitungen nicht manuell in den Schaltplänen angeschlossen werden, sondern bei der Plazierung und Verdrahtung automatisch verbunden werden. Wenn der Entwickler einen Zähler im wesentlichen durch die Zeile „zaehler := zaehler +1" implementiert, so muß nicht mehr verifiziert werden, daß der Zähler alle Werte richtig durchzählt. Die korrekte Implementation der Zählschaltung auf Gatterebene wird vom Synthesewerkzeug erledigt („correctness by construction"). Der Entwickler muß nur prüfen, ob seine Implementation die Anfangs- und Endwerte korrekt behandelt. Der Entwurfsstil bestimmt also, welche Art von Entwurfsfehlern durch die Verifikation aufgedeckt werden müssen.

Review und Versuch: Der Rest der Arbeit beschäftigt sich im wesentlichen mit Modellierungsmethoden und den verschiedenen Abstraktionsmechanismen. Die vorgestellten Arten von Modellen dienen der Verifikation durch Versuch. Daher kann der Eindruck entstehen, daß der Verifikation durch „Review" nur eine geringe Bedeutung zugemessen wird. Eine experimentelle Analyse kann aber niemals das Studium der Entwurfsdokumente, die analytische Überprüfung der Grundannahmen und die Diskussion der Entwickler mit den Auftraggebern über das aktuelle Projekt ersetzen. Allerdings kann der sinnvolle Einsatz von Simulation die Verifikation durch „Review" erleichtern, indem z.B. die Stimuli von einem „Reviewer" entworfen und die Waveforms gemeinsam inspiziert werden.

Nachdem die Verifikation durch eine manuelle Inspektion der Entwurfsdokumente sowie die experimentelle Analyse eines Prototypen oder eines Modells vorgestellt worden ist, wird im folgenden die Verifikation durch einen mathematischen Beweis diskutiert.

2.1.3 Beweis

Es wird sehr intensiv nach Möglichkeiten gesucht, die schwach fundierten — aber weit verbreiteten — Verfahren der Verifikation durch „Review" oder „Versuch" durch formale Verifikationsmethoden zu ersetzen. Bei einer solchen Verifikation durch Beweis versucht man die Eigenschaften eines Entwurfs durch eine mathematische Herleitung aus bekannten Grundtatsachen zu beweisen.

DEFINITION 2.6 (VERIFIKATION DURCH BEWEIS) *Mathematische Überprüfung, ob eine Implementation gewisse Bedingungen der Spezifikation erfüllt.*

Ein solcher Beweis gewisser Eigenschaften ist allerdings nur möglich, wenn der Entwurf *und* die Spezifikation durch ein formales Modell beschrieben worden sind. Ince beurteilt in [45] den Status der formalen Verifikation einer (Software)-Implementation mit den folgenden Worten:

> [...] Automatic proof systems were felt necessary because manual proof was discovered to be extremly difficult. For anything but the smallest programmes, manual proof tended to be error-prone and complex. In many cases the actual proof exceeded the size of the program. Unfortunately, the complexity of the proof procedure defeated the developers of automatic proof systems, although a number of semi-automatic systems currently exist. [...]

Es ist aber nicht nur die Schwierigkeit, eine Schaltung so zu beschreiben, daß sie für einen formalen Beweis zugänglich ist, sondern auch die große Rechenzeit der benutzten Beweisverfahren, welche eine Anwendung erschweren [15].

Anwendung in der Praxis

Dennoch haben formale Verifikationsverfahren in bestimmten Teilbereichen des Entwurfs digitaler Schaltungen auch schon heute erhebliche Bedeutung. Sie werden insbesondere dann mit Erfolg eingesetzt, wenn es gilt, einen bestimmten Aspekt eines Entwurfs zu überprüfen [68].

ERC („Electrical Rule Check"): Einige spezielle Gatter verfügen über Ausgänge, die mit anderen Ausgängen verbunden werden dürfen. Solche Ausgänge haben einen „tri-state"-Treiber (vgl. Abs. 3.5, S. 112) oder einen „pull-down"-Transistor (vgl. Abs. 3.5, S. 111). Die meisten Gatter aber haben Ausgänge, die nicht mit einem weiteren Ausgang verbunden werden dürfen. Werden solche Ausgänge miteinander verbunden, so können bei unterschiedlichen Ausgangswerten unerlaubt große Ströme fließen. Kann in einer Schaltung ein solcher Kurzschluß auftreten, so muß die Schaltung neu entworfen werden. Daher werden die Netzlisten von Gattern, Flipflops und Makros vor einer Fabrikation mit einem sogenannten „ERC"-Werkzeug („Electrical Rule Check") unter anderem auf solche potentielle Kurzschlüsse untersucht [40]. Eine solche Überprüfung betrachtet alle Ausgänge und sucht nach einem weiteren Ausgang, der mit dem ersten verbunden ist. Eine solche Überprüfung ist daher vollständig und

2.1. VERIFIKATIONSMETHODEN

von dem Umfang der analysierten Stimuli unabhängig. Der ERC kann als ein maschinelles Beweiswerkzeug betrachtet werden, welches die Gültigkeit gewisser topologischer Eigenschaften einer Netzliste zeigen kann. Die kommerziell verfügbaren ERC-Werkzeuge untersuchen nicht nur potentielle Kurzschlüsse, sondern z.B. auch das Verhältnis der Lasten an einem Ausgang im Verhältnis zu dessen Belastbarkeit („fan-out"). Sind solche ERC-Werkzeuge vorhanden, so sollte man sie einsetzen, denn erstens sind die Überprüfungen vollständig und zweitens kann man sie sehr spät in einem Entwurfsprozeß einsetzen, wenn umfangreiche Simulationen nicht mehr möglich sind.

Timing Analyse: Statische Timing-Analyse ist eine weitere Art der formalen Verifikation, die in der Praxis große Bedeutung hat. Bei der Timing-Analyse wird ein Entwurf auf Gatterebene auf die Einhaltung gewisser zeitlicher Randbedingungen überprüft. Diese Überprüfung ist ebenfalls mathematisch vollständig und von der Funktion des Entwurfs unabhängig.

Timing Analyse

Man simuliert eine Schaltung, um die spezifizierte Funktionalität, d.h. die richtige Berechnung der Ausgangsdaten, sowie das spezifizierte „timing", also das korrekte zeitliche Klemmenverhalten, zu verifizieren. Bei abstrakten Modellen bezieht sich Timing auf die Position eines Wertes in einer äquidistanten Sequenz oder aber auf die Nummer des Taktzyklus, in welchem der Wert gültig ist.

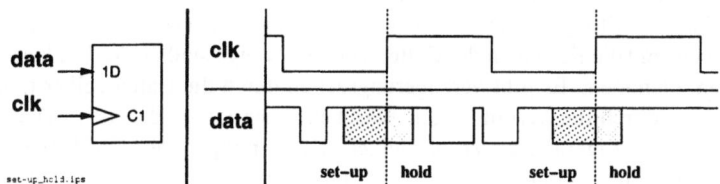

Abb. 2.3: Bereiche, in denen die Eingangssignale eines Flipflops nicht ihren Wert verändern dürfen

Set-up- und Hold-Bedingungen: Auf der Gatterebene werden auch die Veränderungen der Werte innerhalb der Taktperiode betrachtet. Um sogenannte „meta-stabile" Zustände [63, 29, 26] zu vermeiden, müssen die Eingangswerte eines Flipflops eine gewisse Zeit vor dem Eintreffen der Taktflanke stabil sein („setup-time") und dann für eine Zeit stabil bleiben („hold-time"). Diese Intervalle um die ausgezeichnete Taktflanke, in denen das Eingangssignal stabil sein muß, sind in Abb. 2.3 skizziert. Um die Erfüllung dieser Bedingung zu demonstrieren, könnte man die komplette Schaltung auf der Gatterebene unter den verschiedenen Betriebsbedingungen mit repräsentativen Stimuli simulieren. Da man aber auf der Gatterebene nur einen kleinen Teil der möglichen Stimuli simulieren kann, ist eine solche Demonstration wenig vertrauenswürdig.

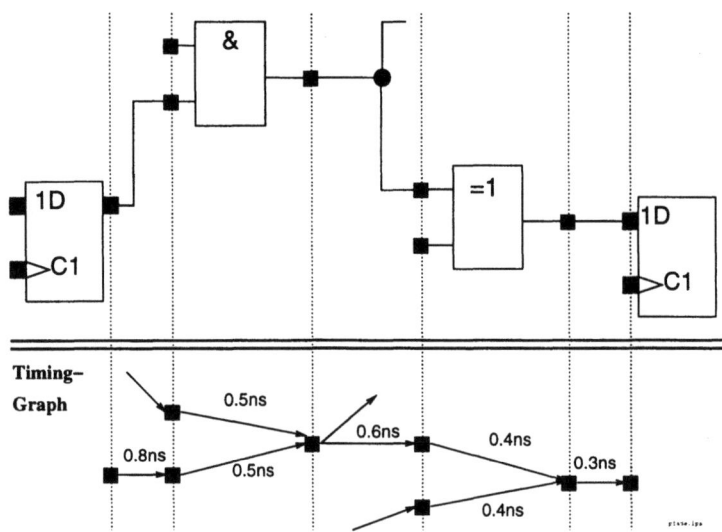

Abb. 2.4: Timing-Pfade durch eine Gatterschaltung

Die Erfüllung der Timing-Bedingungen auf der Gatterebene verifiziert man daher mit einem sogenannten „Timing-Analysator" („timing analyser"). Ein „Timing-Analysator" betrachtet eine Gatterschaltung als einen gerichteten Graphen. In Abb. 2.4 ist eine Gatterschaltung und der dazugehörige Timing-Graph gezeigt. Die Knoten dieses Graphen sind die Klemmen der Gatter, und die Zweige sind die Verbindungen zwischen den Klemmen. Es gibt Verzögerungszeiten durch die Gatter selber („intrinsic delays") und durch die Verbindungen zwischen ihnen („wire delays"). Die Zweige sind mit den Verzögerungszeiten gewichtet. Der Timing-Analysator betrachtet alle Pfade des gerichteten Graphen und summiert die Verzögerungszeiten an den Zweigen auf. Ein solcher Timing-Analysator wird zuweilen als *statischer* Timing-Analysator bezeichnet, um ihn von der dynamischen Analyse der Pfade durch Simulation zu unterscheiden [25].

Mengen von betrachteten Timing-Pfaden

Bei der Timing-Analyse werden drei Mengen von Pfaden P_i unterschieden:

① Die Pfade $P_{Simulation}$, welche bei der **Simulation** der verwendeten Stimuli durchlaufen werden.

② Beim **Einsatz der Schaltung** werden alle *vorkommenden* Pfade $P_{Einsatz}$ aktiviert[4].

---

[4]Diese Menge ist als die Vereinigung der Pfadmengen unter allen möglichen Einsatzbedingungen zu verstehen.

2.1. VERIFIKATIONSMETHODEN 31

③ Der **statische Timing-Analysator** betrachtet alle Pfade $P_{Timing-Analysator}$ durch den gerichteten Timing-Graphen.

Die Gesamtzahl der Takte, die simuliert werden müssen, um eine lückenlose Verifikation des Timings zu erreichen, kann aus der Zahl der verschiedenen Eingangswerte E bei e Eingängen und den möglichen Belegungen F der f Flipflops abgeschätzt werden. Da die aktuelle Verzögerungszeit eines Gatters von den Signalwerten vor dem Übergang abhängt, ergibt sich:

$$Anzahl\ der\ Stimuli \leq 2^{2(e+f)}.$$

Daher kann man nur bei kleinen Schaltungen alle beim Einsatz auftretenden Bedingungen simulieren. Somit wird die Menge der simulierten Pfade bei der Simulation $P_{Simulation}$ in der Praxis die kleinste sein. Ein Timing-Analysator betrachtet dagegen alle möglichen Pfade ohne Rücksicht auf den logischen Zusammenhang, also auch Pfade, die bei einem Einsatz nicht auftreten können [75]. Daher ergibt sich der folgende Zusammenhang über die Zahl der Pfade in den einzelnen Mengen:

$$\|P_{Timing-Analysator}\| \geq \|P_{Einsatz}\| \geq \|P_{Simulation}\|$$

Dieser Zusammenhang wird an einem (8×8)-Multiplizierer verdeutlicht [42]. Ein solcher Multiplizierer verarbeitet Zahlen im Bereich von 0 bis 255 und erzeugt Zahlen im Bereich von 0 bis $(255 \cdot 255) = 65\,025$. Das Ergebnis kann also durch einen Bitvektor mit 16 bit dargestellt werden. Viele Zahlen, wie 513, die sich mit einem 16 bit langen Bitvektor darstellen lassen, kommen aber nicht als Ergebnis vor, weil sie nicht als Produkt zweier 8 bit Zahlen dargestellt werden können. Von 65 536 möglichen 16 bit-Werten können nur 9 390 Werte ($\sim 1/6$) als Produkt zweier 8 bit Zahlen dargestellt werden.

Bei einer Schaltungsentwicklung auf Gatterebene ist häufig die Verifikation der Funktionalität nicht von der Timing-Analyse getrennt. Bei einer Überprüfung der Timing-Bedingungen durch Simulation muß aber der skizzierte Zusammenhang über die Mächtigkeit der Pfadmengen beachtet werden. Eine Timing-Verifikation durch Simulation ist bei komplexen Schaltungen mit großen Verifikationslücken behaftet.

Ausschluß irrelevanter Pfade: Bei einer Entwicklung auf abstrakteren Ebenen werden vom Entwickler Operationen in einen bestimmten Taktzyklus eingeplant („scheduling"). Diese Festlegung wird durch Simulation auf abstrakter Ebene verifiziert. Die vom Synthesewerkzeug erzeugte Gatterschaltung wird vom Timing-Analysator des Synthesewerkzeugs auf Einhaltung der Timing-Bedingungen der Flipflops kontrolliert. Bei der Timing-Analyse werden alle möglichen Pfade durch eine Verschaltung von Gattern betrachtet. Die Ergebnisse der Timing-Analyse sind daher notwendigerweise konservativ. Gibt es Pfade, die im Betrieb nicht auftreten können, so müssen diese manuell von der Timing-Analyse ausgeschlossen werden, um realistische Ergebnisse zu erhalten.

Zusammenfassung: Verifikationsmethoden

Bei der Verifikation durch „Review" werden die vorliegenden Entwurfsdokumente manuell überprüft. Der wesentliche Vorteil dieser Methode ist die Möglichkeit, auch informelle Dokumente zu berücksichtigen. Bei einer experimentellen Analyse wird ein Modell oder ein Prototyp mit Stimuli belegt, und die Eigenschaften werden durch eine Inspektion der Ausgangswerte überprüft. Diese Methode hat in der Praxis die größte Bedeutung. Zuletzt ist die Verifikation durch einen mathematischen Beweis gewisser Eigenschaften betrachtet worden. Als Beispiel für eine solche formale Verifikationsmethode wurde die Timing-Analyse diskutiert. Es wurde gezeigt, daß dem Vorteil der Vollständigkeit der Nachteil der konservativen Ergebnisse gegenüber steht.

Im Rest dieser Arbeit steht die Modellierung zum Zwecke der experimentellen Demonstration der spezifizierten Eigenschaften im Vordergrund, weil diese Vorgehensweise in der Praxis überragende Bedeutung hat. Im folgenden Abschnitt wird die experimentelle Analyse verschiedener Aspekte auf unterschiedlichen Abstraktionsebenen betrachtet.

2.2 Getrennte Verifikation von Funktion, Timing und Aufwand

Die Verifikation der Eigenschaften eines Modells wie Funktionalität, Zyklenzahl, Taktperiode und Implementationsaufwand werden in der traditionellen Schaltungsentwicklung auf einer einzigen Abstraktionsebene, nämlich der Gatterebene, durchgeführt. Diese Vorgehensweise ist konzeptuell einfach, hat aber verschiedene Nachteile, wie z.B. die oben diskutierte geringe Zahl von simulierten Timingpfaden. Daher wird immer häufiger die Verifikation der einzelnen Eigenschaften auf verschiedenen Abstraktionsebenen und mit unterschiedlichen Werkzeugen durchgeführt.

Traditionelle Schaltungsentwicklung

In der traditionellen bottom-up orientierten Schaltungsentwicklung wird die Funktion und das Timing eines Entwurfs mit einem Simulator auf Gatterebene verifiziert. In Abb. 2.5 ist angedeutet, wie durch eine Inspektion der Simulationsergebnisse eine Überprüfung sowohl der intendierten Funktion als auch des beabsichtigten Timings erreicht wird. Zur Ermittlung der höchsten Taktfrequenz wird diese in einer Simulation solange erhöht, bis die ersten Verletzungen von Timing-Bedingungen z.B. an Flipflops auftreten. Die Zahl der Taktzyklen zur Ausführung einer Funktion, d.h. Durchsatz[5] und Latenz[6], wird ebenfalls mit diesen Simulationen überprüft. Aus den Modellen auf der Gatterebene, die meist in der Form von Schaltplänen vorliegen, kann man direkt die benötigte Kernzellenfläche[7] als Maß für den Implementationsaufwand ermitteln. Aus

---
[5]Durchsatz ist die Zahl der verarbeiteten Datenelemente pro Zeiteinheit.
[6]Latenz ist die Zeit, bis das Ergebnis einer Operation bestimmt ist.
[7]Die Kernzellenfläche ist die Summe der von allen instanziierten Standardzellen und Makros belegten Fläche auf dem Chip.

2.2. GETRENNTE VERIFIKATION VON FUNKTION, TIMING UND AUFWAND

der Kernzellenfläche und den Verdrahtungseigenschaften kann ein Schätzwert für die gesamte Chipfläche mit hoher Zuverlässigkeit ermittelt werden. Der endgültige Wert für die Chipfläche ergibt sich aus der Plazierung und Verdrahtung („P&R"[8]) der Zellen und Makros auf dem Chip, wie in Abb. 2.5 angedeutet.

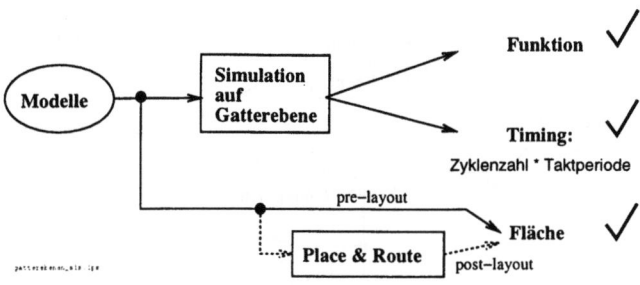

Abb. 2.5: Gemeinsame Verifikation von Funktion und Timing durch Simulation auf Gatterebene

Simulation auf der RT-Ebene, Synthese und Timing-Analyse

Komplexe Entwürfe können nicht mehr auf Gatterebene verifiziert werden, weil die Simulationszeiten zu lang sind. Daher werden solche Entwürfe auf der RT-Ebene vom Entwickler modelliert.

RT-Ebene: Die Modellierung auf der sogenannten „Register Transfer"-Ebene („RTL") hat wegen der Möglichkeit der Logik-Synthese, der Timing-Analyse auf Gatterebene und der Steigerung der Simulationseffizienz z.Z. besondere Bedeutung. Auf der RT-Ebene werden alle Systeme in speicherlose Berechnungsstufen (Kombinatorik) und durch einen globalen Takt gesteuerte Register zerlegt. Die Register übernehmen die Daten am Eingang mit einer ausgezeichneten Taktflanke und geben sie am Ausgang wieder aus. Daher sind nur die stabilen Werte vor dem Eintreffen der ausgezeichneten Taktflanke relevant. Die Zeitpunkte von Signaländerungen innerhalb einer Taktperiode haben keine physikalische Bedeutung. Somit sind die Verzögerungszeiten der Berechnungsstufen irrelevant. Die Bedeutung der Regeln des „synchronen Entwurfs" zur Absicherung dieser Vernachlässigung wird in Abschnitt 5.1.1 (S. 162) diskutiert [9].

Getrennte Verifikation der Zyklenzahl und des Timings in einer Taktperiode: Die Funktion sowie die zur Ausführung notwendige Zahl von Taktzyklen werden dann durch Simulationen auf der RT-Ebene verifiziert. Da auf der RT-Ebene nur die stabilen Werte aller Signale vor dem Eintreffen der ausgezeichneten Taktflanke modelliert

---
[8] Place & Route
[9] Der Abstraktionsgrad der RT-Ebene wird detaillierter ab S. 164 diskutiert.

werden, kann man die minimale Taktperiode nicht durch Simulation auf dieser Ebene verifizieren. Man trennt daher die Verifikation der Funktion und die Ermittlung der Zyklenzahl von der Bestimmung der Taktperiode, wie in Abb. 2.6 dargestellt.

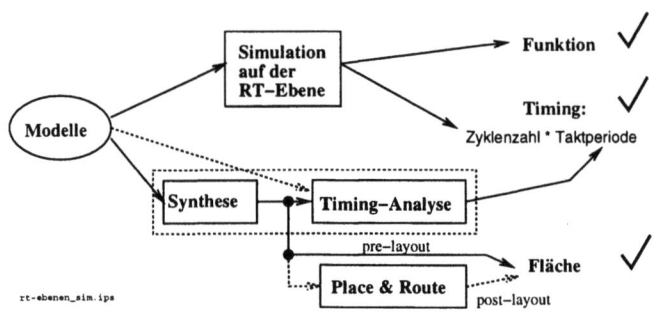

Abb. 2.6: Trennung der Verifikation der Funktion und der Zyklenzahl von der Verifikation der Taktperiode

Die Modelle auf der RT-Ebene werden durch ein Synthesewerkzeug in eine Verschaltung von Gattern und Flipflops übersetzt. Dabei wird dem Synthesewerkzeug unter anderem eine maximale Taktperiode als Ziel vorgegeben. Die Erreichung dieser Vorgabe wird durch eine Timing-Analyse innerhalb des Synthesewerkzeugs verifiziert, daher sind Synthese und Timing-Analyse durch einen strichlierten Rahmen in Abb. 2.6 zusammengefaßt. Der Implementationsaufwand wird ebenfalls innerhalb des Synthesewerkzeugs geschätzt.

Funktion, Zyklenzahl und Taktperiode

Simulationen mit einer langen Anlaufzeit, mit komplexen Modellen oder mit umfangreichen Stimuli, wie sie z.B. bei Monte-Carlo Simulationen von Übertragungssystemen auftreten, erfordern eine Modellierung auf einer abstrakteren Ebene als der RT-Ebene. Auf dieser abstrakten Ebene werden wesentliche Teile der Funktion verifiziert. Dieser Entwurfsablauf ist in Abb. 2.7 gezeigt. Das abstrakte Modell wird in einfachere Teilkomponenten zerlegt, welche getrennt durch implementationsnähere Modelle verfeinert werden. Danach wird das implementationsnähere Modell gegen die abstraktere Spezifikation verifiziert. Dies ist in Abb. 2.7 durch eine strichlierte Verbindung von den Modellen auf der RT-Ebene zur Simulation der abstrakteren Modelle angedeutet.

Aus den abstrakten Modellen entstehen durch manuelle Zerlegung und Verfeinerung oder durch geeignete Generatoren [100] Modelle auf der RT-Ebene. Diese Modelle beschreiben das Verhalten der Signale für jeden Takt, so daß man die Zahl der Taktzyklen auf dieser Ebene verifizieren kann.

2.3. ENTWURFSFEHLER, STIMULI UND WAVEFORMS

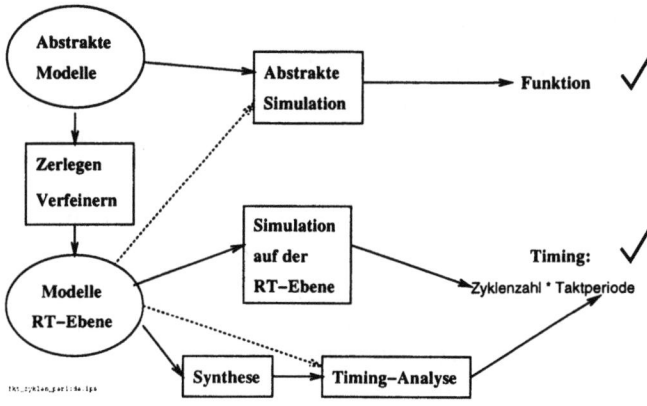

Abb. 2.7: Getrennte Verifikation der Funktion, der Zyklenzahl und der Taktperiode

Zusammenfassung: Getrennte Verifikation von Funktion, Timing und Aufwand

In der traditionellen Schaltungsentwicklung werden die Funktion, die minimale Taktperiode sowie die Zahl der Taktzyklen zur Ausführung einer Funktion durch eine Simulation auf der Gatterebene verifiziert. Aus dem vorhandenen Modell kann weiterhin unmittelbar der Implementationsaufwand berechnet werden. Durch eine Modellierung auf der RT-Ebene wird die Verifikation der Funktion und der Zahl der Taktzyklen von der Bestimmung der minimalen Taktperiode getrennt. Bei einer abstrakteren Modellierung wird die Funktion oberhalb der RT-Ebene, die Zahl der Taktzyklen auf der RT-Ebene und die minimale Taktperiode durch eine Timing-Analyse der synthetisierten Gatterschaltung verifiziert.

2.3 Entwurfsfehler, Stimuli und Waveforms

„Verifikation durch Versuch" [108] bezeichnet die Überprüfung der Spezifikationen an einem Entwurf durch Beobachtung der Reaktion des Entwurfs auf verschiedene Stimuli. Da bei komplexen Entwürfen nicht alle möglichen Stimuli simuliert werden können, gilt es einen Satz von Stimuli zu erzeugen, der möglichst viele Entwurfsfehler aufdeckt. Ein Entwurfsfehler wird aber nur dann korrigiert, wenn die durch den Fehler verursachte Änderung eines Ausgangssignals vom Entwickler bemerkt wird.

Es werden daher im folgenden die verschiedenen Arten von Entwurfsfehlern diskutiert, dann werden Methoden der Stimuli-Erzeugung und zum Abschluß dieses Abschnitts werden verschiedene Verfahren zur Komprimierung und ergonomischeren Darstellung der Ausgangssignale betrachtet.

2.3.1 Arten von Entwurfsfehlern

Im Verlauf eines Entwurfsprojektes werden immer wieder Fehler in der Implementation entdeckt und behoben. Die Häufigkeit, mit der beim Entwurf Fehler entdeckt werden, nennt man auch Fehlerentdeckungsrate. Diese Fehlerentdeckungsrate ist als Zahl der entdeckten Fehler pro Zeitspanne definiert worden.

$$Fehlerentdeckungsrate := \frac{Zahl\ der\ entdeckten\ Fehler}{Zeitintervall}$$

Es ist bekannt, daß die Fehlerentdeckungsrate im Laufe der Entwicklung eines Modells für eine Teileinheit zwei deutlich getrennte Maxima durchläuft [99, 118]. Die Fehlerentdeckungsrate einer bestimmten Teileinheit ist in Abbildung 2.8 über der Laufzeit eines Projektes skizziert.

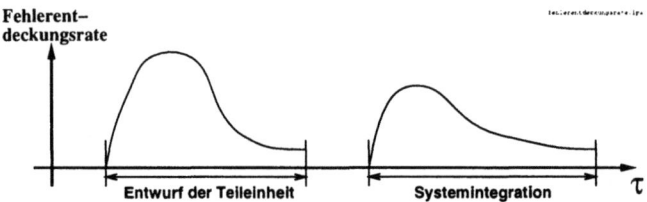

Abb. 2.8: Fehlerentdeckungsrate über die Projektlaufzeit für ein einzelnes Modell

Die ersten Fehler treten auf, wenn der Entwickler sein Modell zum erstenmal kompiliert und simuliert. Nachdem der Entwickler dann sukzessive mit Hilfe eines immer umfangreicheren Stimulisatzes die Fehlerentdeckungsrate unter ein gewisses Niveau gedrückt hat, wird das Modell der Teileinheit als ausgereift angesehen.

Dieses Modell wird dann nach einiger Zeit von einem anderen Entwickler instanziiert[10] und simuliert. Dabei treten neue Fehler auf, die „Systemintegrationsfehler" genannt werden. Diese Fehler sind meistens nicht auf die fehlerhafte Implementation einer Teilfunktion zurückzuführen, sondern darauf, daß die Behandlung eines Spezialfalles überhaupt nicht berücksichtigt worden ist.

Trennung von Modellierung und Stimuli-Erzeugung

Ein Teil der Systemintegrationsfehler ist darauf zurückzuführen, daß der Entwickler nicht nur das Modell, sondern auch die Stimuli zur Demonstration der korrekten Funktion entwirft. Daher wird durch das Modell sowie die Stimuli eine bestimmte Interpretation der Spezifikation manifestiert. Die Stimuli dienen dazu, die korrekte Implementation der *beachteten und verstandenen Funktionen* zu zeigen. Der Entwickler wird keine Stimuli entwerfen und simulieren, welche eine nicht beachtete Teilfunktion aktivieren [99].

---

[10]Instanziierung bezeichnet den Prozeß der Parametrierung einer Komponente und der Verbindung der Klemmen mit Signalen. Die Begriffe „Instanz" und „Instanziierung" werden auf S. 39 erläutert.

2.3. ENTWURFSFEHLER, STIMULI UND WAVEFORMS

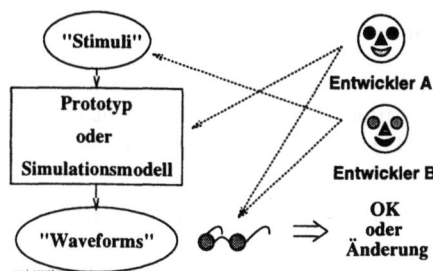

Abb. 2.9: Verifikation durch Versuch mit mehreren Entwicklern

Eine frühzeitige Entdeckung eines Teils der Systemintegrationsfehler wird daher durch eine getrennte Modellierung und Erzeugung der Stimuli ermöglicht. Eine solche Vorgehensweise ist in Abb. 2.9 skizziert. „Entwickler A" entwirft das Modell der Teileinheit und unabhängig davon entwirft „Entwickler B" die Stimuli. Diese Stimuli sollen möglichst alle benötigten Funktionen der Teileinheit auslösen. Dann wird das Modell mit diesen Stimuli simuliert und beide Entwickler prüfen die Reaktion des Modells. Stimuli und Modell werden gegebenenfalls solange angepaßt, bis ein Konsens über die korrekte Implementation besteht.

Eine solche Vorgehensweise ermöglicht ansatzweise eine Automatisierung der Verifikation durch „Review", welche die „Reviewer" von der Last des manuellen Durchprobierens wichtiger Szenarien befreit.

Ein unabhängiger Entwurf der Stimuli kann einen Teil der Systemintegrationsfehler frühzeitig aufdecken. Mit der im folgenden Abschnitt unter anderem beschriebenen Integration in die Systemumgebung kann man dies erreichen, ohne einen weiteren Entwickler mit dem Stimulientwurf zu beschäftigen.

2.3.2 Verfahren der Stimulierzeugung

Das Problem der Stimulierzeugung ist es, einen Satz von Stimuli zu finden, dessen Simulation zur Aufdeckung möglichst vieler Fehler führt. Es gibt mehrere Arten, Stimuli zu erzeugen:

① Durch **direkte Wertzuweisungen** auf die Eingangssignale.

② Es wird ein Modell erzeugt, das die wesentlichen Funktionen der Umgebung des Modelles beschreibt. Dieses Modell nennt man **Testbench**.

③ **Integration in die Systemumgebung:** Man integriert das zu testende Modell so früh wie möglich in die Modelle der kompletten Systemumgebung.

Direkte Wertzuweisungen

Die direkte Zuweisung der Stimuli auf die Eingangssignale einer Instanz ist die einfachste Möglichkeit der Stimulierzeugung. Eine solche direkte Zuweisung ist in den Codefragmenten 2.2 (S. 41) und 2.3 (S. 42) skizziert.

Einheit, Modell, Komponente, Instanz, Parameter, Klemme, Signal und Verbindungsliste

VHDL

Um diese beiden Codefragmente verstehen zu können, werden im folgenden einige Grundbegriffe der Simulationstechnik digitaler Systeme erläutert. Detaillierte Informationen zur Syntax der verwendeten VHDL Sprachelemente findet man in dem IEEE-Standard Dokument [44]. Eine kompaktere, vollständigere und verläßlichere Darstellung der Sprachelemente von VHDL gibt es nicht, daher werden hier nur die Grundkonzepte der Modellierung erläutert. Auf S. 43 wird dann die Diskussion der Methoden zur Erzeugung von Stimuli fortgesetzt.

Einheit: Durch die Definition einer Einheit wird ein Baustein benannt, zu dem Modelle implementiert werden sollen. Zu einer Einheit („entity") gehören Parameter, mit denen das Verhalten der Instanzen beeinflußt werden kann, und Klemmen, welche mit Signalen verbunden werden und der Kommunikation dienen. Im Codefragment 2.1 ist die Definition einer Einheit gezeigt. Sie beginnt nach dem Schlüsselwort „entity" mit der Benennung der Einheit durch den Bezeichner „transmitter". Nach dem Schlüsselwort „generic" wird der Parameter „NoStopBits" definiert.

2.1
```
ENTITY transmitter IS
    GENERIC(NoStopBits : positive := 2);   -- number of stop bits
    PORT(clk, reset    : IN  std_ulogic;       -- ports for global signals
         dataword      : IN  std_ulogic_vector; -- parallel data word
         dav           : IN  std_ulogic;       -- handshake: data valid
         dac           : OUT std_ulogic;       --            data accepted
         data          : OUT std_ulogic);      -- serial data out
END transmitter;
```

Die Definition der einzelnen Klemmen wird mit dem Schlüsselwort „port" eingeleitet. Auf den Namen einer Klemme, wie „dataword", folgt nach dem Doppelpunkt die Angabe der Flußrichtung und der Datentyp. Der Datentyp „std_ulogic" ist ein Enumerationstyp, welcher unter anderem die Werte (... '0', '1', ...) umfaßt (vgl. Abs. 14.4.1, S. 484). „std_ulogic_vector" bezeichnet eine eindimensionale Matrix mit Werten des Enumerationstyps „std_ulogic".

Modell: Ein Modell beschreibt das Klemmenverhalten der Einheit. Das Codefragment 2.2 (S. 41) zeigt die Definition des Modells „struc" der Einheit „modem_test". Eine separate Benennung der Modelle einer Einheit ist notwendig, weil es zu jeder Einheit verschiedene Modelle geben kann (vgl. Abs. 2.17, S. 53). Die Vereinbarung eines Modells wird durch das VHDL Schlüsselwort „architecture" eingeleitet. Im Kopf des Modells nach dem Schlüsselwort „is" wird im Codefragment 2.2 eine Komponente („component") „modem" definiert.

2.3. ENTWURFSFEHLER, STIMULI UND WAVEFORMS

Komponente: Die Definition einer Komponente besteht aus der Vereinbarung eines Namens („modem"), einer Liste von Parametern („generic") und einer Liste von Klemmen („port"). Wie das Modell einer Komponente beschaffen ist und ob es überhaupt schon ein Modell gibt, ist zum Zeitpunkt der Definition der Komponente irrelevant. Es wird nur bekannt gemacht, daß man einen Baustein mit gewissen Schnittstellen benutzen möchte. Dieser vorläufige Charakter einer Komponente wird durch eine „Konfiguration" aufgelöst. In einer Konfiguration wird z.B. ein vorhandenes Modell einer bestimmten Einheit an die Instanz einer Komponente gebunden. Der flexible, aber komplizierte Mechanismus der Konfiguration wird in Abschnitt 3.2 (S. 83) diskutiert. Zunächst kann davon ausgegangen werden, daß das Verhalten einer Komponente dem Simulationssystem bekannt ist.

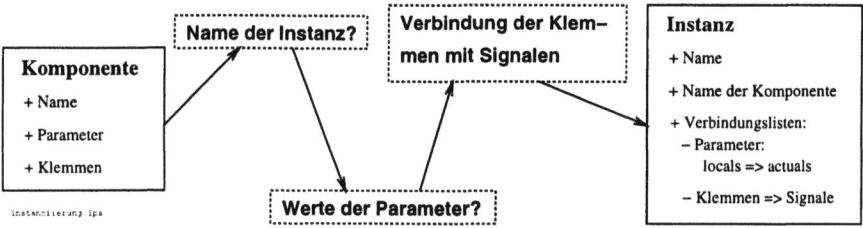

Abb. 2.10: Der Prozeß der Instanziierung

Instanz: Eine Instanz bezeichnet die Verwendung einer Komponente in einem Modell. Eine Instanz wird definiert, indem ein Name vereinbart wird („chip_1") und die Parameter und Klemmen in sogenannten Verbindungslisten mit Werten und Signalen belegt werden. Der Prozeß der Instanziierung einer Komponente ist in Abb. 2.10 skizziert. Eine *sinnvolle Benennung der Instanzen* hat große Bedeutung, weil beim Debuggen eines komplexen Modells die Selektion einer Instanz durch einen hierarchischen Pfad erfolgt („./modem_test/chip_1"). Weiterhin werden die Signale in einem Modell ebenfalls durch einen solchen hierarchischen Pfad mit einem Signalnamen als letztem Element gekennzeichnet („./modem_test/chip_1:some_signal").

Für den Leser mit Erfahrung in der Schaltplaneingabe können die folgenden Analogien zwischen einem Schaltplan und einem VHDL-Modell das Verständnis von VHDL erleichtern. Auf S. 41 wird die Erläuterung der VHDL-Sprachelemente fortgesetzt.

„Symbol" in einem Schaltplan als graphische Darstellung einer Einheit. Mit einem Schaltplaneditor werden Schaltpläne und Symbole erzeugt, betrachtet und verändert. Ein Schaltplan ist eine graphische Darstellung eines Modells, welches das Verhalten der Einheit durch die Verbindung von Instanzen definiert. Zur Erzeugung eines Schaltplanes werden „Symbole" instanziiert. Diese „Symbole" bestehen aus einem

Exkurs

Schaltplan	VHDL
Schaltplan („schematic")	Strukturmodell („architecture")
Symbol	Einheit („entity")
PIN	Klemme („port")
„properties"	Parameter („generic")
„wire"	Signal
„bus"	Signal mit einem zusammengesetzten Datentypen
Plazierung, Benennung und Verdrahtung eines Symbols	Instanziierung
nicht vorhanden	Komponente
nicht notwendig	Konfiguration

Tabelle 2.1: Analogien zwischen einem Schaltplan („schematic") und VHDL.

rechteckigen Grundkörper mit einem Namen, einer Reihe von Klemmen an den Seiten („PINs") und verschiedenen Parametern. Zu einem Symbol gehört meist ein Verweis auf einen Schaltplan, dessen äußere Anschlüsse mit den Klemmen des „Symbols" übereinstimmen („Darunterliegende Hierarchieebene"). Mit einem Symbol ist somit ein Modell verbunden und daher können Symbole als eine graphische Repräsentation einer Einheit betrachtet werden. Die Erzeugung dieses Verweises, sowie die Abbildung der Klemmen des „Symbols" auf die Anschlüsse des betreffenden Schaltplans wird meist automatisch durchgeführt („schematic to symbol generation"). Die Einheit („Symbol") wird also im allgemeinen erst gezeichnet oder automatisch generiert, wenn bereits ein Modell („Schaltplan") vorhanden ist. Bei VHDL muß eine Einheit definiert sein, bevor ein Modell derselben übersetzt werden kann.

Weitere Analogien zur Schaltplaneingabe: In den ersten Zeilen von Tabelle 2.1 sind die bisher festgestellten Analogien zwischen einem Schaltplan und einem VHDL-Modell aufgelistet. Ein äußerer Anschluß eines Symbols wird „PIN" genannt, während die Klemmen einer Einheit in einer VHDL-Definition mit dem Schlüsselwort „port" eingeleitet werden. Die Eigenschaften einer Instanz, wie die Kanalweite eines Transistors, können mit einem Schaltplaneditor nur in einem beschränkten Maß parametriert werden. Man nennt diese Eigenschaften „properties", während die Parameter einer Instanz in VHDL als „generics" bezeichnet werden.

In einem Schaltplan werden die Instanzen mit Linien unterschiedlicher Breite „verdrahtet". Dünne Linien repräsentieren eine einzelne Leitung („wire"), während breite Linien ein Signalbündel („bus") darstellen. In VHDL gibt es zusätzlich zu den Variablen einer höheren Programmiersprache das Objekt „Signal". Variablen und Signale werden mit einem bestimmten Datentyp definiert. Signalbündel können daher als Signale mit einem zusammengesetzten Datentypen, wie einem Vektor von „bits", modelliert werden. Zur Erzeugung eines Schaltplans werden Symbole plaziert, benannt und

2.3. ENTWURFSFEHLER, STIMULI UND WAVEFORMS

verdrahtet. In einem textuellen Modell fehlt die grahische Darstellung, die Schritte einer Instanziierung sind aber identisch. Das Konzept einer Komponente und damit der Bindung derselben an eine Einheit und ein Modell („Konfiguration") ist in der Schaltplaneingabe nicht vorhanden. Durch die direkte Instanziierung einer Einheit kann man mit dem neuen VHDL'93-Standard den schaltplanorientierten Entwurf emulieren. | Exkurs |

Parameter („generic") und Klemmen („port"): Ein Parameter dient dazu, das Verhalten einer bestimmten Instanz zu beeinflussen oder zu „parametrieren". Eine Klemme ermöglicht die Kommunikation einer Instanz mit anderen Instanzen. Die Wirkungsrichtung eines Parameters ist daher immer von außen auf die Instanz, während es Ein- und Ausgangsklemmen sowie bidirektionale Klemmen gibt. Listen von Parametern und Klemmen sind in der Definition der Komponente „modem" im Codefragment 2.2 gezeigt. Die Definition des Parameters „baud_rate" besteht aus der Nennung des Namens, eines Datentyps („positive") und eines optionalen Startwertes („:= 9600"). Von den Klemmen der Komponente „modem" sind im Codefragment 2.2 nur die Klemmen „clk" und „rst" gezeigt. Zusätzlich zu den Bestandteilen einer Parameterdefinition enthält eine Klemmendefinition noch die Angabe einer Wirkrichtung („in"), welche die Klemmen „clk" und „rst" als Eingangsklemme markiert. Die Modellierung der Signalflußrichtung wird in Abschnitt 3.5 (S. 108) detaillierter erläutert.

Zwischen einem Parameter („generic") und einer Klemme („port") gibt es die folgenden Unterschiede.

① Der Wert eines Signals an einer Klemme kann sich im Verlauf der Simulation ändern, während der Wert eines Parameters in einem Simulationslauf („während des Betriebs") konstant ist.

② Eine Instanz kann im Prinzip den Wert eines an einer Ausgangsklemme angeschlossenen Signals beeinflussen, während der Wert eines Parameters weder durch die parametrierte, noch durch eine andere Instanz beeinflußt werden kann.

```
2.2  ARCHITECTURE struc OF modem_test IS
        COMPONENT modem                    -- just a template for instantiation
          GENERIC(baud_rate  :     POSITIVE := 9600);
          PORT(clk, rst      : IN  std_ulogic;
             ... );
        END COMPONENT;
        ...
        SIGNAL reset : std_ulogic := '0';  -- signal definition
     BEGIN  -- struc
        ...                                -- body of architecture "struc"
     END struc;
```

Signal: Ein Signal dient zur Verbindung der Instanzen. Die Definition eines Signals besteht aus der Vereinbarung eines Namens, eines Datentyps und eines optionalen Initialisierungswertes. Die Definition von Signalen und Datentypen wird ausführlich in Abschnitt 3.1 (S. 74) erläutert. Nach der Definition der Komponente im Codefragment 2.2 wird im Kopf („header") des Modells „struc" ein Signal des Namens „reset" mit dem Datentypen „std_ulogic" und dem Initialisierungswert '0' definiert.

Signalzuweisung: Im Codefragment 2.3 wird dem Signal „reset" ein Wert zugewiesen. Eine Signalzuweisung verwendet den „<="-Operator, während man eine Variablenzuweisung am „:="-Operator erkennt. Die Semantik einer Signalzuweisung wird bei der Vorstellung des ereignisorientierten Simulationszyklus in Abschnitt 3.4 (S. 104) genauer erläutert. Nach dem Schlüsselwort „begin", also im Rumpf („body") des Modells „struc", wird dem Signal „reset" der Wert '1' nach 20 ns und der Wert '0' nach 100 ns zugewiesen. Die intendierte Waveform ist als Kommentar im Codefragment 2.3 skizziert.

2.3
```
BEGIN   -- struc
   reset <= '1' AFTER 20 NS,     -- _^^^^^^^^^_____    ... <- waveform
            '0' AFTER 100 NS;    --           111111111122 ... <- time scale
                                 -- 012345678901234567891  ... <- 10 ns
                                 -- 00000000000000000000   ... <-  1 ns
   chip_1 : modem
      GENERIC MAP(baud_rate => 14400)
      PORT MAP(clk => clock_signal, rst => reset, ...);
   ...
END struc;
```

Nach der Signalzuweisung wird im Codefragment 2.3 die Instanz „chip_1" der Komponente „modem" definiert.

Verbindungsliste: Die Werte der Parameter und Signale einer Instanz werden durch Verbindungslisten definiert. In einer Verbindungsliste werden die lokalen Parameter oder Klemmen der Komponente an die aktuellen Werte oder Signale einer bestimmten Instanz gebunden. Dieser Bindungsprozeß ist in Abb. 2.11 skizziert. In Abb. 2.11 ist oben links die Definition der Klemme „rst" der Komponente „modem" und auf der rechten Seite die Definition des Signals „reset" des Modells „struc" aus dem Codefragment 2.2 gezeigt. In der Definition der Instanz „chip_1" der Komponente „modem" wird die Klemme „rst" mit dem Signal „reset" verbunden. Die Parameter und Klemmen einer Komponentendefinition sind nur in einem Modell sichtbar und werden daher „locals" genannt, während die Parameter und Signale eines Modells als „actuals" bezeichnet werden [44].

Einheit, Modell, Komponente, Instanz, Parameter, Klemme, Signal und Verbindungsliste: Bisher wurden die folgenden fundamentalen Begriffe der Simulationstechnik digitaler Schaltungen eingeführt.

- Eine **Einheit** ist ein Baustein mit Klemmen und Parametern, der modelliert werden soll.

- Das Verhalten oder der Aufbau einer Einheit wird durch ein **Modell** definiert.

- Eine **Komponente** ist eine Schablone, welche parametriert und mit Signalen verbunden werden kann.

- Eine **Instanz** bezeichnet die Verwendung einer Komponente in einem Modell.

- Mit Hilfe der **Parameter** kann man eine Instanz dimensionieren oder bestimmten Verhaltensoptionen auswählen.

2.3. ENTWURFSFEHLER, STIMULI UND WAVEFORMS 43

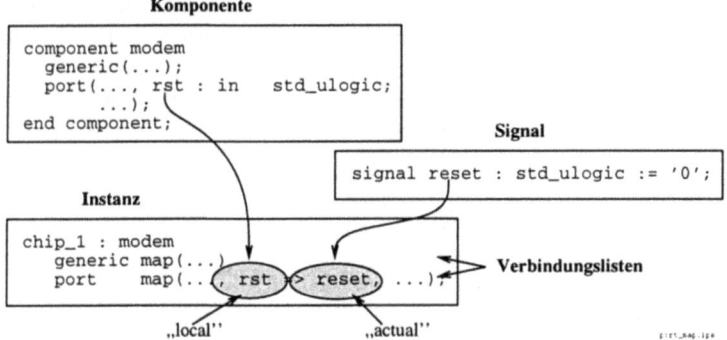

Abb. 2.11: Verbindung einer Klemme („local") einer Komponente an ein Signal („actual") in einer Verbindungsliste

- Durch den Anschluß eines Signals an eine **Klemme** wird die Kommunikation mit anderen Instanzen ermöglicht.

- Ein **Signal** dient zur Verbindung z.B. von Instanzen.

- In einer **Verbindungsliste** werden die lokalen mit den aktuellen Parametern sowie die Klemmen mit den Signalen verbunden.

| VHDL |

Die einfachste Möglichkeit Stimuli zu erzeugen, ist eine direkte Wertzuweisung auf die Eingangssignale. Eine solche Wertzuweisung wurde mit den Codefragmenten 2.2 und 2.3 vorgestellt.

Testbench als virtueller Laboraufbau

Bei komplexen Modellen werden die Stimuli entweder sehr lang oder aber kompliziert, weil sie die Reaktion des Modelles z.B. bei der Abarbeitung eines Protokolls vorhersehen müssen. Daher wird man bei komplexeren Modellen entweder getrennte Modelle zu Stimulierzeugung („Testbench") implementieren oder aber eine Integration in die Systemumgebung vornehmen müssen. Die Integration in eine Systemumgebung wird ab S. 57 diskutiert, hier soll zunächst der Aufbau und die Funktion einer Testbench erläutert werden.

In einem Laboraufbau werden z.B. Funktionsgeneratoren zur Erzeugung von Eingangsdaten und Meßgeräte zur Beobachtung der Ausgangssignale verwendet. Man kann daher eine Testbench als eine virtuelle Laborumgebung ansehen. Die Bestandteile einer Testbench sind in Abb. 2.12 skizziert. Eine Instanz des zu testenden Modells ist in der Mitte angedeutet. Alle zur Stimulation dieser Instanz notwendigen Instanzen gehören zur Testbench. Bei taktgetriebenen Modellen wird z.B. die Instanz eines Taktgenerators zum Umfang einer Testbench gehören. Die zur Erzeugung der

Eingangsdaten verwendeten Modelle sind in Abb. 2.12 durch die Instanz „data_in" angedeutet, während die zum Empfang der Ausgangsdaten instanziierten Modelle durch „data_out" dargestellt sind.

Eine Testbench zur experimentellen Verifikation eines einfachen Chips zur seriellen Übertragung ist in Abb. 2.13 skizziert.

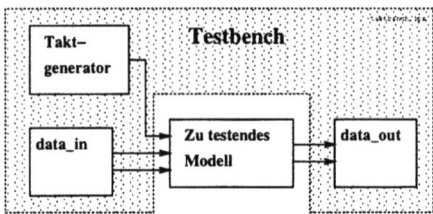

Abb. 2.12: Aufbau einer Testbench

Funktion der Komponente „v24_chip": Die Komponente „v24_chip" im Zentrum von Abb. 2.13 besteht aus zwei Untereinheiten. Im Empfangsteil werden die Daten an der Klemme „data_line_in" empfangen und als paralleles Datenwort an der Klemme „rec_word" ausgegeben. Die Gültigkeit eines neuen Datenwortes wird durch die Klemme „rec_dav" angezeigt. Die Übernahme des letzten Datenwortes durch eine nachfolgende Einheit wird an der Klemme „rec_dac" gemeldet. Die Abkürzung „dav" steht dabei für „data valid" und „dac" für „data accepted". In dem Sendeteil wird das parallele Datenwort an der Klemme „trans_word" über die Klemme „data_line_out" seriell ausgegeben. Die Übernahme des parallelen Datenwortes wird ebenfalls durch die beiden Protokolleitungen „trans_dav" und „trans_dac" gesteuert.

Testbench „full_duplex": Die in Abb. 2.13 skizzierte Testbench „full_duplex" enthält eine Instanz des Taktgenerators „clock_gen" („v24_clock_gen" im Codefrag. 2.5). Um alle Teile der Komponente „v24_chip" einfach verifizieren zu können, wird die Ausgangsklemme „data_line_out" mit der Eingangsklemme „data_line_in" durch das Signal „data_line" verbunden. Durch den Prozeß „data_in" werden die parallelen Eingangsdaten erzeugt und mit Hilfe der Protokolleitungen an die Instanz „chip_under_test" übergeben („data_in" im Codefrag. 2.8). Ein Prozeß ist eine Folge von sequentiell abgearbeiteten Anweisungen, deren Ausführung auf S. 46 genauer erläutert wird. Die vom Prozeß „data_in" erzeugten Daten werden über die Leitung „data_line" an den Empfangsteil der Komponente „v24_chip" übertragen. Die empfangenen Daten werden mit dem Prozeß „draw_data_out" übernommen („draw_data_out" im Codefrag. 2.9). Ohne einen solchen Empfangsprozeß würde nur das erste empfangene Datum an der Klemme „rec_word" sichtbar werden und der Puffer des Empfangsteils würde überlaufen.

Das Modell „struc" der Testbench „full_duplex" ist in den Codefragmenten 2.4, 2.5, 2.8 und 2.9 gezeigt.

2.3. ENTWURFSFEHLER, STIMULI UND WAVEFORMS

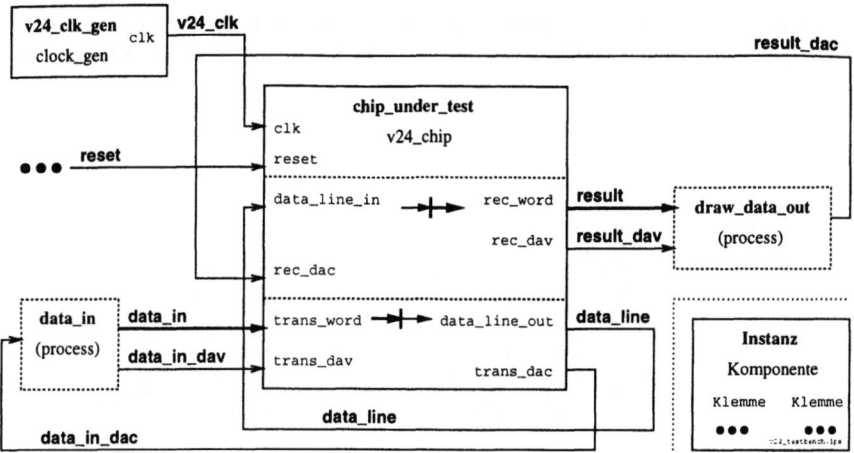

Abb. 2.13: Aufbau der Testbench „full_duplex" zur Verifikation einer Schaltung zum Senden und Empfangen serieller Daten

Definition des Modell „struc" und der Komponente „v24_chip": Im Codefragment 2.4 wird das Modell „struc" der Einheit „full_duplex" definiert. Der Kopf („header") des Modells beginnt mit der Definition der Komponente „v24_chip" und der Komponente „clock_gen". Die Definition der Signale ist nur durch die Signale „v24_clk" und „reset" angedeutet.

2.4
```
ARCHITECTURE struc OF full_duplex IS

COMPONENT v24_chip
    GENERIC(w1              : POSITIVE := 7;  -- number of bits in a data word
            samples_per_bit : POSITIVE := 10; -- samples taken per bit
            NoStopBits      : POSITIVE := 2); -- bits sent to close a transm.
    PORT(clk, reset         : IN   std_ulogic;
                                                -- receiver interface
         data_line_in       : IN   std_ulogic;       -- data line
         rec_word           : OUT  std_ulogic_vector; -- data word received
         rec_dav            : OUT  std_ulogic;       -- data valid flag
         rec_dac            : IN   std_ulogic;       -- data accepted
                                                -- transmitter interface
         data_line_out      : OUT  std_ulogic;       -- data line
         trans_word         : IN   std_ulogic_vector; -- word to be transm.
         trans_dav          : IN   std_ulogic;       -- valid -> transm.
         trans_dac          : OUT  std_ulogic);      -- accepted->send new
END COMPONENT;

COMPONENT clock_gen
    GENERIC (period : TIME);
    PORT    (clk    : INOUT std_ulogic);
END COMPONENT;

SIGNAL v24_clk, reset, ... : std_ulogic;
```

Im folgenden Codefragment 2.5 werden die im obigen Codefragment 2.4 definierten Komponenten „clock_gen" und „v24_chip" instanziiert. Die Parameter der beiden instanziierten Komponenten werden mit Konstanten belegt, während die Klemmen mit den Signalen des Modells verbunden werden. Eine Verbindungsliste besteht aus Zuordnungen der Form „ ‚local' Parameter => ‚actual' Parameter" oder „Klemme => Signal".

2.5
```
BEGIN    -- struc
  ...
  v24_clock_gen : clock_gen
    GENERIC MAP(period => 10 ns)
    PORT MAP(clk => v24_clk);
  chip_under_test : v24_chip
    GENERIC MAP(wl => 8, samples_per_bit => 10, NoStopBits =>2)
    PORT MAP(clk => v24_clk, reset => reset,   -- control signals
             data_line_in => data_line,        -- data_line -> receiver input
             rec_word => result,               -- parallel word output
             rec_dav => result_dav, rec_dac => result_dac,
             data_line_out => data_line,       -- serial data -> data_line
             trans_word => data_in,            -- incoming parallel word
             trans_dav => data_in_dav, trans_dac => data_in_dac);
```

Textuelle versus graphische Darstellung von Strukturmodellen: Die Definition und Verdrahtung von Komponenten in den Codefragmenten 2.4 und 2.5 dient zur textuellen Formulierung des in Abb. 2.13 (S. 45) skizzierten Schaltplans. Die graphische Darstellung einer Verbindung von mehreren Instanzen ist im Bezug auf Übersichtlichkeit und Kompaktheit einer textuellen Darstellung offensichtlich überlegen. Die Vorteile der textuellen Darstellung sind Vollständigkeit, das standardisierte Format und die Möglichkeit eine textuelle Darstellung mit einfachsten Werkzeugen („„Editor") zu erzeugen und zu bearbeiten. Die graphische Darstellung ist nicht vollständig, weil z.B. die Parameter der Instanzen oder die Datentypen der Signale und Klemmen nicht sichtbar sind. Die bekannten Schwierigkeiten graphische Daten z.B. im „edif"-Format auszutauschen, geben einen Hinweis auf die Vorzüge eines standardisierten textuellen Formats [48]. Eindeutige Vorteile hat die textuelle Darstellung aber bei Modellen, deren Verhalten nicht durch die Verschaltung von Komponenten („Strukturmodell"), sondern mit den Sprachmitteln einer Standardprogrammiersprache („Verhaltensmodell") modelliert ist (vgl. Abs. 9.5.1, S. 366). Die beiden Modelltypen „Struktur-" und „Verhaltensmodell" werden in Abschnitt 3.3 (S. 100) unterschieden.

Erzeugung der Eingangsdaten: Das parallele Eingangswort wird im Prozeß „data_in" erzeugt und an die Instanz „chip_under_test" durch eine geeignete Stimulation der Protokolleitungen übergeben. Der Prozeß „data_in" ist im Codefragment 2.8 gezeigt. Im folgenden wird daher zunächst die Semantik eines Prozesses erläutert, bevor auf S. 48 die Funktion des Prozesses „data_in" genauer erläutert wird.

Prozeß

Folge sequentieller Anweisungen: Ein Prozeß ist eine Folge von sequentiellen Anweisungen. Ein Prozeß kann durch einen Namen markiert werden. So hat z.B. der Prozeß im Codefragment 2.8 den Namen „data_in". Im Kopf eines Prozesses können z.B. Datentypen und Unterprogramme definiert werden [44]. Die Anweisungen im Rumpf

2.3. ENTWURFSFEHLER, STIMULI UND WAVEFORMS

eines Prozesses werden nacheinander ausgeführt. Ein Prozeß hat daher einen einzigen Kontrollfluß („thread"). Alle Prozesse werden beim Start der Simulation einmal ausgeführt.

Unterbrechung der Ausführung: Nachdem die letzte Anweisung eines Prozesses ausgeführt worden ist, wird die Abarbeitung mit der ersten Anweisung fortgesetzt. Die Ausführung eines Prozesses kann durch eine „wait"-Anweisung unterbrochen werden.

Eine unbedingte „wait"-Anweisung, wie in der zweitletzten Zeile des Codefragments 2.8, unterbricht die Ausführung eines Prozesses endgültig. Mit einer bedingten „wait"-Anweisung wird die Ausführung eines Prozesses ebenfalls unterbrochen, aber nach Erfüllung einer benutzerdefinierten Bedingung mit der nächsten sequentiellen Anweisung des Prozesses wieder aufgenommen. Die Anweisung, mit der die Abarbeitung des Prozesses nach einer Unterbrechung fortgesetzt wird, nennt man „entry point". Jede Anweisung direkt nach einer „wait"-Anweisung ist ein möglicher „entry point".

Die drei Arten von bedingten „wait"-Anweisungen werden in Abschnitt 6.2 (S. 219) erläutert. Im folgenden werden nur „wait for"- und „wait until"-Anweisungen verwendet. Mit einer „wait"-Anweisung der Form „wait for time" wird die Abarbeitung eines Prozesses für die Zeit „time" unterbrochen. Durch eine „wait"-Anweisung der Form „wait until condition" wird die Ausführung des Prozesses solange unterbrochen, bis die Bedingung „condition" erfüllt ist. Die Bedingung, welche erfüllt sein muß, damit die Abarbeitung eines Prozesses fortgesetzt wird, nennt man „Aktivierungsbedingung". Ein Prozeß mit mehreren „wait"-Anweisungen kann verschiedene Aktivierungsbedingungen haben, je nachdem durch welche „wait"-Anweisung der Prozeß unterbrochen worden ist.

Prozeß mit einer „sensitivity list": In der Praxis wird mit einem Prozeß häufig eine kombinatorische Schaltung modelliert. Das Modell einer Instanz muß in einem solchen Fall immer dann neu ausgewertet werden, wenn ein Signal an einer Eingangsklemme seinen Wert ändert. Um solche Prozesse einfach notieren zu können, gibt es eine Prozeßdefinition mit einer „sensitivity list". Die Form einer solchen Prozeßdefinition ist im folgenden Codefragment 2.6 skizziert.

2.6
```
process_with_sens_list : PROCESS(sig_A, sig_B ...) -- sensistivity list with
                         --    all signals, which shall reactivate the process
...
BEGIN
...
END;
```

Die im Codefragment 2.6 gezeigte Prozeßdefinition kann äquivalent mit einer „wait on"-Anweisung formuliert werden. Eine Anweisung der Form „wait on signal_list" suspendiert die Abarbeitung des Prozesses und nimmt sie wieder auf, wenn eines der Signale in der „signal_list" seinen Wert ändert. Enthält die einzige „wait on"-Anweisung am Ende eines Prozesses alle Signale aus der „sensivity list", so ist das Verhalten beider Prozeßdefinitionen identisch. Eine solche äquivalente Prozeßdefinition ist im Codefragment 2.7 skizziert (vgl. Abb. 6.2 (S. 221)).

```
2.7  equivalent_process : PROCESS
       ...
     BEGIN
       ...
       WAIT ON sig_A, sig_B ...;    -- all signals from the sensivity list
     END;
```

Die Notation mit einer „sensitivity list" hat gegenüber der Verwendung einer „wait on"-Anweisung die folgenden Vorteile. Erstens sind die Eingangssignale, welche zu einer Reaktivierung des Prozesses führen können, an einer prominenten Stelle notiert. Zweitens darf ein Prozeß mit einer „sensitivity list" keine „wait"-Anweisung enthalten. Daher wird die Abarbeitung *immer* nach der letzten Anweisung im Rumpf des Prozesses unterbrochen und die Abarbeitung wird *nur* mit der ersten Anweisung wieder aufgenommen.

„Schnittstellen" eines Prozesses: Im Unterschied zu einer Komponente hat ein Prozeß keine Schnittstellen. Alle Signale, die in dem umgebenden Bereich sichtbar sind, sind auch in dem Prozeß sichtbar. Die daraus resultierenden Vor- und Nachteile werden in Abschnitt 5.3.4 (S. 200) diskutiert. Da ein Prozeß keine klar definierten Schnittstellen hat, kann er nicht wie eine Komponente direkt instanziiert werden.

DEFINITION 2.7 (PROZESS) *Ein Prozeß ist eine Folge von sequentiellen Anweisungen. Alle Prozesse werden beim Start der Simulation einmal ausgeführt. Nach der letzten Anweisung wird wieder die erste Anweisung ausgeführt. Die Ausführung eines Prozesses kann durch eine „wait"-Anweisung unterbrochen werden. Ein Prozeß kann auf alle außerhalb der Prozeßdefinition sichtbaren Signale zugreifen.*

| VHDL |

Erzeugung der Eingangsdaten mit dem Prozeß „data_in":

```
2.8     data_in : PROCESS
        BEGIN
            data_in <= (OTHERS  => '0');        -- initialise "output" signals
            data_in_dav <= '0';
            WAIT FOR 500 NS;                    -- wait for end of reset procedures
            fill_with_ones : FOR n IN 0 to wl-1 LOOP -- data generation loop
                data_in(n) <= '1';              -- put another 1 into the vector
                data_in_dav <= '1' after 7 ns;  -- signal the validity of the data
                WAIT UNTIL data_in_dac = '1';   -- wait on completion of the transm.
                data_in_dav <= '0' after 7 ns;-- signal end of transaction
                WAIT UNTIL data_in_dac ='0';    -- wait on completion of handshake
            END LOOP fill_with_ones;
            WAIT;                               -- unconditional wait -> wait forever
        eND PROCESS data_in;
```

Der Prozeß „data_in" im Codefragement 2.8 weist beim Start der Simulation dem Signal „data_in" einen Bitvektor zu, der auf allen Positionen eine '0' enthält. Ausdrücke der Form „(others => '0')" werden im Abschnitt 3.1 (S. 82) detaillierter erläutert. Durch die Anweisung „wait for 500 ns" wird die Ausführung des Prozesses für 500 ns suspendiert, um den verschiedenen Initialisierungsprozeduren, die durch die Aktivierung der „reset"-Leitung angestoßen werden, genügend Zeit zu geben. In der Schleife „fill_with_ones" wird der Bitvektor „data_in" bei jedem Durchlauf mit einer weiteren '1' belegt. Nach der Zuweisung dieser weiteren '1' wird das Protokoll

2.3. ENTWURFSFEHLER, STIMULI UND WAVEFORMS

zur Übernahme des parallelen Datenwortes abgearbeitet. Der Prozeß „data_in" wird nach einer einmaligen Abarbeitung der Schleife „fill_with_ones" durch eine unbedingte „wait"-Anweisung endgültig suspendiert.

Bei den Signalzuweisungen werden Verzögerungszeiten von 7 ns verwendet, um die Änderung der Signale einfach in der Waveform-Anzeige sichtbar machen zu können. Da der Prozeß nicht durch eine reale Schaltung implementiert werden soll, sondern nur als Hilfsmittel zur Verifikation eingesetzt wird, ist die Verwendung von Verzögerungszeiten unkritisch.

Übernahme der Ausgangsdaten durch den Prozeß „draw_data_out":

2.9
```
draw_data_out : PROCESS
BEGIN
    WAIT UNTIL result_dav = '1';     -- wait for a new data item
    result_dac <= '1' AFTER 7 NS;    -- signal its receipt
    WAIT until result_dav = '0';     -- wait for the next protocol step
    result_dac <= '0' AFTER 7 NS;    -- complete protocol
END PROCESS draw_data_out;
```

Der Prozeß „draw_data_out" im Codefragment 2.9 sorgt dafür, daß die empfangenen Daten aus dem internen FIFO[11] ausgelesen und an den Ausgang gelegt werden. Er ist notwendig, weil ohne eine Stimulation der Protokolleitungen der Instanz „chip_under_test" solange Daten gesendet und empfangen werden, bis das FIFO im Empfangsteil vollläuft.

Eine Testbench ist also eine Art „virtuelle" Laborumgebung für einen bestimmten Anwendungsbereich. Wenn die Testbench vom Entwickler des Modells erzeugt wird, so wird man im allgemeinen mit der Testbench nur die Fehler in dem ersten Höcker der Fehlerentdeckungsrate aufdecken (vgl. Abb. 2.8 (S. 36)). Um die Zahl der betrachteten Fälle zu erhöhen, ohne eine Integration in die Systemumgebung vornehmen zu müssen, kann man eine sogenannte interaktive Testbench verwenden.

Interaktive Testbench

Eine interaktive Testbench ist ein Modell, welches die Umgebung der zu testenden Einheit modelliert und gleichzeitig eine interaktive Benutzerschnittstelle implementiert [110]. Eine Anwendung einer interaktiven Testbench ist in Abbildung 2.14 skizziert.

Mit einer solchen interaktiven Testbench kann ein Benutzer Eingangskombinationen eingeben, interne Zustände abfragen und die Reaktionen der Einheit beobachten. Die interaktive Testbench macht bei komplexen Einheiten nur dann einen Sinn, wenn sie es dem Benutzer erlaubt, auf einer hinreichend abstrakten Ebene Funktionen auszulösen und die Reaktionen zu beobachten.

Die sogenannten „busfunctional models", die zu allen neueren Prozessoren angeboten werden, sind weniger funktionale Modelle des Prozessors, sondern eine interaktive Testbench zur Verifikation von Interaktionen auf dem Prozessorbus.

---

[11] „First In First Out"-Speicher

2. ROLLE EINES MODELLS BEI DER VERIFIKATION

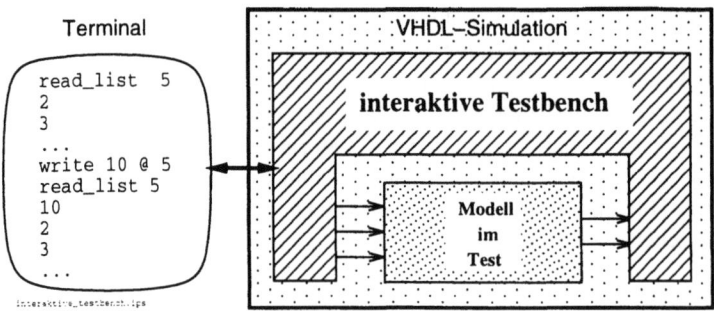

Abb. 2.14: Verifikation einer Einheit mit einer interaktiven Testbench

Befehl	Funktion
read_list N	Auslesen der Liste N
write data @ list	Eintragen des Wertes „data" in die Liste „list"
delete data @ list	Lösche das Element „data" aus der Liste „list"

Tabelle 2.2: Befehle einer interaktiven Testbench und deren Funktion.

Anwendungsbeispiel: Eine interaktive Testbench wurde benutzt, um einen ASIC zur Speicherverwaltung zu verifizieren. Dieser ASIC kann eine Reihe von Listen verwalten. Man kann Werte in diese Listen eintragen und inhaltsadressiert löschen. In der interaktiven Testbench sind die in Tabelle 2.2 aufgelisteten Befehle implementiert worden.

Die interaktive Testbench war in diesem Fall ein Modell der funktionalen Spezifikationen, so daß man mit ihrer Hilfe das Verständnis der Spezifikationen überprüfen konnte. Weiterhin hat sich diese interaktive Testbench bei der Fehlersuche in den verschiedenen Modellen dieses ASICs bewährt.

Ab S. 68 wird die einfache Integration voll-synchroner Prototypen in die VHDL-Simulation beschrieben [107]. Mit Hilfe des dort beschriebenen Adapters konnte auch die Funktion des ASIC-Prototypen in der interaktiven Testbench überprüft und vorgeführt werden.

Die Erfahrung hat gezeigt, daß man mit einer solchen interaktiven Testbench die Zahl der Systemintegrationsfehler („zweiter Höcker" in Abb. 2.8) reduzieren kann. Weiterhin wurde die interaktive Testbench eingesetzt, um einen Entwurf durch den Anwender verifizieren zu lassen.

„Eigentlicher" Entwurf und Testbench-Design: Der Entwicklungsaufwand für Testbenches liegt erfahrungsgemäß in der gleichen Größenordnung wie die „eigentliche" Schaltungsentwicklung. Allerdings ist ohne diesen Modellierungsaufwand eine Beherrschung der heute möglichen Entwurfskomplexitäten nicht vorstellbar.

2.3.3 Erleichterte Inspektion der Signale durch Komprimierung

Die Inspektion der Waveforms kann durch eine ergonomische Darstellung der Werte, wie z.B. eine ganzzahlige Darstellung eines Bitvektors, erleichtert werden. Trotz einer optimalen Darstellung ist es aber bei längeren Waveforms nicht mehr möglich, diese visuell zu inspizieren. Daher müssen diese Waveforms so komprimiert werden, daß eine visuelle Inspektion ermöglicht wird. Eine solche Komprimierung kann auf den folgenden Wegen erreicht werden:

① Man erweitert das Modell, so daß die **wesentlichen Werte auf den Bildschirm** oder in eine Datei **ausgegeben** werden. Diese Extraktion kann folgendermaßen geschehen:

   (a) Das Modell wird um „assert"-Anweisungen erweitert. Diese geben, wenn eine Bedingung *nicht* erfüllt ist, einen Text aus.

   (b) Man fügt in einen Prozeß Zeilen ein, welche die benötigten Zustands- oder Signalwerte formatieren und ausgeben.

   (c) Es wird eine separate Einheit modelliert, welche die betreffenden Signale beobachtet und nur ab einer bestimmten Zeit oder Wertkonstellation („trigger pattern") die Signalwerte ausgibt.

② Ein **abstrakteres, aber klemmenkompatibles Modell** derselben Einheit kann parallel mit denselben Stimuli beaufschlagt werden. Die Ergebnisse werden verglichen und nur die Differenzen angezeigt.

③ Man integriert das Modell in einen **Systemzusammenhang, in welchem die Ausgangswerte des Modells weiterverarbeitet** werden. Eine Fehlfunktion äußert sich dann in einer Fehlfunktion des Systems.

Mit der letzten Vorgehensweise kann die Modellierung einer Testbench vermieden werden. Allerdings muß aus einer Fehlfunktion des Systems auf einen Fehler in einem der Modelle geschlossen werden. Dies ist ab einer gewissen Komplexität des Gesamtsystems nicht ganz einfach.

Applikationsspezifische Anzeigeprogramme: Weiterhin kann die Verwendung von separaten applikationsspezifischen „waveform"-Anzeigeprogrammen die Inspektion erheblich erleichtern. So werden z.B. in der digitalen Signalverarbeitung nicht nur Signalverläufe über der Zeit, sondern auch Spektren, Symbolkonstellationen etc. zur Inspektion eingesetzt (vgl. Abs. 10.7.1, S. 401). Da ein Entwurfsfehler nur dann korrigiert wird, wenn er bei einer Inspektion aufgefallen ist, kann die geeignete Darstellung der Signale die Produktivität des Entwicklers in einem hohen Maße beeinflussen.

In den folgenden Abschnitten wird das Abfangen von Fehlansteuerungen durch „assert"-Anweisungen und die Komprimierung der Ausgangswerte durch eine „System"-integration erläutert. Um das Verständnis der Codefragmente zu erleichtern, wird zunächst das Konzept der Einheit („entity") eingeführt.

Einheit („entity")

> VHDL

Die Definition einer Einheit („entity") hat große Ähnlichkeiten mit der Definition einer Komponente. Daher ist in Abb. 2.15 die Definition einer Komponente der Definition einer Einheit gegenübergestellt. Die Unterschiede zwischen beiden Definitionen ergeben sich aus dem unterschiedlichen Verwendungszweck. Eine Komponente ist eine „Baustein"-Schablone, welche zur Instanziierung dieses Bausteins verwendet wird. Die Definition einer Einheit hingegen beschreibt die Schnittstellen und gemeinsamen Vereinbarungen, die für alle Modelle eines Bausteins gelten sollen. Einheiten werden in einer Bibliothek („library") des Simulationssystems abgelegt, während Komponenten nur als Teil des jeweiligen Modells, in dessen Kopf sie definiert wurden, gespeichert werden. Eine Komponente ist daher außerhalb des jeweiligen Modells nicht mehr sichtbar, während auf eine Einheit nach der Sichtbarmachung der Bibliothek zugegriffen werden kann [12].

Komponente	Einheit
Ein „Baustein" mit diesem Namen, Parametern und Klemmen soll INSTANZIIERT werden.	Ein „Baustein" mit diesem Namen, Parametern, Klemmen und Vereinbarungen soll MODELLIERT werden.

``COMPONENT modem
  GENERIC(baudrate :   POSITIVE);
  PORT(clk, reset : IN std_ulogic;
       data_word   : OUT ...
       ...);
END COMPONENT;```
	``ENTITY modem IS
	  GENERIC(baudrate : POSITIVE);
	  PORT(clk, reset : IN std_ulogic;
	       data_word : IN ...
	       ...);
	BEGIN
	  CONSTANT lower_index : POSITIVE
	                      := data_word'low;
	  ...
	END modem;```

Abb. 2.15: Unterschiede und Gemeinsamkeiten der Konzepte Komponente und Einheit

Kopie: Komponente nach Einheit und umgekehrt. Da in der Praxis zum Zeitpunkt der Definition einer Komponente meist schon eine ähnliche Einheit vorhanden ist oder umgekehrt eine Komponente existiert, wenn die Einheit definiert wird, liegt es nahe, die vorhandene Definition zu kopieren und die Schlüsselworte auszutauschen. Neben dem Austausch der Schlüsselworte sind dabei die folgenden Punkte zu beachten. Nach der Namensgebung folgen bei der Komponentendefinition direkt die Listen der Parameter und Klemmen, während bei der Definition einer Einheit noch das Schlüsselwort „is" eingeschoben wird. Weiterhin wird die Komponentendefinition durch „end component" abgeschlossen, während die Definition einer Einheit durch das Schlüsselwort „end" mit einer optionalen Wiederholung des Namens der Einheit abgeschlossen wird. Diese Unterschiede zwischen den beiden Definitionen sind in Abb.

---

[12] Das Verfahren, um alle oder ausgewählte Elemente einer Bibliothek („library") sichtbar zu machen, wird ab S. 74 erläutert.

2.3. ENTWURFSFEHLER, STIMULI UND WAVEFORMS

2.15 durch Doppelpfeile markiert.

VHDL'93: Vereinheitlichung der syntaktischen Klammer. Die optionalen Benennungen nach dem Schlüsselwort „end" sind im VHDL'93 Standard vereinheitlicht worden. So kann z.B. die Definition der Einheit „name" wahlweise durch „end", „end name", „end entity" oder „end entity name" beendet werden. Diese Vereinheitlichung betrifft auch die Definition von Funktionen, Prozessen, Prozeduren usw. Möglichkeiten zur Beendung einer syntaktischen Klammer sind in Abb. 2.16 nebeneinander gestellt. Die eingerahmte Form der Beendigung der syntaktischen Klammer ist nach dem überarbeiteten Standard immer möglich.

ENTITY name is generic ... END;	ENTITY name is generic ... END name;	ENTITY name is generic ... END ENTITY;	ENTITY name is generic ... END ENTITY name;
VHDL'87		**VHDL'93**	

Abb. 2.16: VHDL'93: Vereinheitlichung der syntaktischen Klammer

Instanziierung versus Konfiguration: Eine Komponente kann mehrfach in einem Modell instanziiert werden. Die einzelnen Instanzen unterscheiden sich durch den Namen, die Werte der Parameter und die Signale, welche an die Klemmen angeschlossen wurden. Der Prozeß der Instanziierung ist auf der rechten Seite von Abb. 2.17 skizziert.

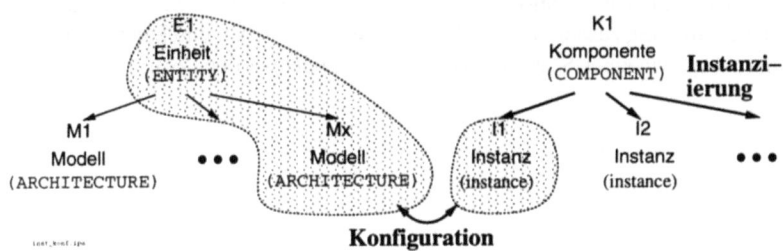

Abb. 2.17: Prozeß der Instanziierung und der Konfiguration

Auf der linken Seite von Abb. 2.17 ist dargestellt, daß eine Einheit verschiedene Modelle haben kann. Jedes dieser Modelle kann nur über die Parameter in der Definition der Einheit dimensioniert werden. Weiterhin kann jedes Modell einer bestimmten Einheit nur über die Klemmen mit anderen Instanzen kommunizieren. Alle Definitionen und Unterprogramme aus der Definition der Einheit können in allen Modellen einer Einheit benutzt werden (vgl. Abb. 2.15). Da das Verhalten einer Komponente nicht direkt durch ein Modell definiert werden kann, muß im Prozeß der Konfiguration an jede Instanz eine Einheit und ein Modell gebunden werden. Der Prozeß der Konfiguration ist in Abb. 2.17 durch die Verbindung der Instanz mit einer Kombination von Einheit und Modell angedeutet. Der Unterschied zwischen Einheit und Modell, sowie der Prozeß der Konfiguration ist nicht leicht zu verstehen und wird in Abschnitt 3.2 (S. 83) detaillierter erläutert.

Vereinfachte Konfiguration: Da der Prozeß der Konfiguration kompliziert und aufwendig ist, hat man im VHDL'93 Standard die Möglichkeit der vereinfachten Konfiguration vorgesehen. Ist zu einer Komponente eine einzige Einheit gleichen Namens sichtbar und gibt es zu dieser Einheit nur ein Modell, so wird automatisch diese Einheit mit dem Modell an die Instanzen der Komponente gebunden. In einer Konfiguration müssen die Klemmen und Parameter einer Komponente („locals") an die Klemmen und Parameter einer Einheit („formals") gebunden werden. Wurden die Listen der Parameter und Klemmen kopiert, so ist garantiert, daß die Parameter und Klemmen in derselben Reihenfolge definiert werden. Bei gleicher Reihenfolge kann auf eine explizite Zuordnung der lokalen Schnittstellenelemente einer Komponente zu den formalen Schnittstellenelementen einer Einheit verzichtet werden.

Abfangen von Fehlerbedingungen durch „assert"-Anweisungen

Im folgenden Codefragment ist eine „assert"-Anweisung [44] für ein Speichermodell gezeigt. Eine solche „assert"-Anweisung beginnt mit einer Bedingung nach dem Schlüsselwort „assert", welche im normalen Betrieb erfüllt sein sollte. Nach dem Schlüsselwort „report" wird eine Meldung angegeben, welche bei einer Verletzung der Bedingung ausgegeben wird. Eine „assert"-Anweisung wird durch die Angabe der Bedeutung des Fehlers abgeschlossen. Diese Bedeutungsklasse[13] wird bei einer Verletzung der Bedingung zusammen mit der Meldung ausgegeben und kann zu einer Filterung der Ausgaben eines Simulationslaufes verwendet werden [44].

2.10
```
ENTITY ram IS
   PORT(clk          : IN    std_ulogic;
        read, write  : IN    std_ulogic;
        ...
        data_out     : OUT   t_data);
BEGIN
   ASSERT NOT (read = '1' AND write = '1')     -- simultaneous read and write
   REPORT "Simultaneous READ and WRITE access!" -- must not happen
   SEVERITY NOTE;
END ram;
```

VHDL'93: „report" ohne „assert"-Anweisung. In der Praxis kommt es vor, daß man zur Erleichterung der Fehlersuche an einer bestimmten Stelle in einem Modell eine Meldung ausgeben will, ohne daß eine bestimmte Bedingung nicht erfüllt ist. Dies wurde bisher durch eine „assert"-Anweisung mit der Konstanten „FALSE" erreicht. Die Anwendung einer solchen „assert"-Anweisung zur Erzeugung einer unbedingten Meldung ist im folgenden Codefragment 2.11 skizziert.

---
[13]Es gibt vier Bedeutungklassen: NOTE, WARNING, ERROR, FAILURE.

2.3. ENTWURFSFEHLER, STIMULI UND WAVEFORMS

2.11
```
    ...
    CASE state IS            -- abstract control state of the unit
      WHEN WORKING =>
        ...                  -- the normal state entered nearly always
      WHEN ERROR =>
        -- A very seldom case so a terminal message is issued
        ASSERT FALSE REPORT "Starting error handling" SEVERITY NOTE;
        ...
    END CASE;
```

Im neuen VHDL'93-Standard kann diese Meldung durch eine „report"-Anweisung erzeugt werden. Die „report"-Anweisung kann durch eine optionale Angabe der Bedeutungsklasse ergänzt werden. Diese verkürzte Form ist im Codefragment 2.12 dargestellt.

2.12
```
        ...
      WHEN ERROR =>
        REPORT "starting error handling"; -- key words assert and severity missing
        ...
    END CASE;
```

Automatische Kontrolle der Verwendung

Die Verwendung von solchen „Überwachungs"-Anweisungen schon in der Definition der Einheit („entity") hat den Vorteil, daß sie nicht in allen Modellen („architecture") [44] wiederholt werden müssen. Eine Überwachung der Verwendung eines Modells mit „assert"-Anweisungen hat folgende Vorteile:

① Die Fehlersuche wird vereinfacht, weil bei einer Verletzung der komplette Name der Instanz, in welcher die Verletzung aufgetreten ist, ausgegeben wird.

② Die Wiederverwendung von Modellen wird erheblich erleichtert, wenn alle nicht den Spezifikationen gemässen Verwendungen durch eine „assert"-Anweisung abgefangen werden.

In der Praxis ist eine formale Modellierung von bestimmten Bedingungen durch z.B. „assert"-Anweisungen einer informellen Beschreibung in einem separaten Datenblatt überlegen, denn eine formale –also ausführbare– Modellierung wird automatisch beachtet und kann nicht mißverstanden werden.

Beispiel: Invertierender Multiplexer

Die Anwendung einer solchen automatischen Überprüfung des Einsatzes einer Einheit unabhängig von dem jeweiligen Modell wird im folgenden für einen invertierenden Multiplexer demonstriert. Solche invertierenden Multiplexer sind in den Bibliotheken vieler Halbleiterhersteller vorhanden, weil sie mit einem sehr geringen Aufwand implementiert werden können.

Auf der linken Seite von Abb. 2.18 ist das Symbol eines solchen invertierenden Multiplexers und auf der rechten die dazugehörige Transistorschaltung angedeutet. Sie enthält zwei „transmission gates" [123], welche entweder die Klemme „A" oder „B"

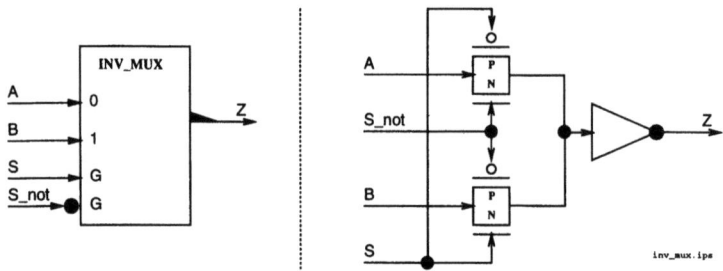

Abb. 2.18: Symbol eines invertierenden 2zu1-Multiplexers und dessen Implementation auf der Transistorebene

auf den Inverter schalten. Die Steuerleitung „S_not" wird normalerweise durch einen zum Multiplexer gehörenden Inverter aus der Klemme „S" erzeugt. Da aber in vielen Einsatzfällen, wie bei der Ansteuerung durch ein Flipflop, schon ein invertiertes Signal zur Verfügung steht, kann auf einen solchen zusätzlichen Inverter verzichtet werden. Es ist offensichtlich, daß die Klemmen „S" und „S_not" immer entgegengesetzte Polarität einnehmen müssen. Wird diese Bedingung nicht immer eingehalten, so ist die Funktion der kompletten integrierten Schaltung gefährdet. Die Überprüfung dieser Bedingung ist daher von einiger Bedeutung. Diese Bedingung kann mit einer „assert"-Anweisung in der Definition der Einheit „inv_mux" abgefangen werden. Im Codefragment 2.13 ist die Definition der Einheit „inv_mux" dargestellt.

```
2.13  ENTITY inv_mux IS
          GNERIC(max_time : TIME := 0.05 NS);   -- time limit for (S = S_not)
          PORT(A, B        : IN  std_ulogic;    -- input to be multiplexed
               S, S_not    : IN  std_ulogic;    -- select port and inverted select port
               Z           : OUT std_ulogic):   -- output
      BEGIN
          ASSERT NOT ((S = S_not) AND           -- a potential problem
                      S'STABLE(max_time) AND    -- S not changed during max_time
                      S_not'STABLE(max_time));  -- S_not as well ...
          REPORT "S and S_must not have the same values" &
                 CR & LF &                       -- string concatenation with &
                                                 -- CR and LF are of type character
                 "Otherwise the gate and the whole chip is in DANGER ..."
          SEVERITY ERROR;
      END inv_mux;
```

Nach der Definition der Schnittstellen im Codefragment 2.13 folgt im Rumpf der Einheitsdefinition eine „assert"-Anweisung, welche das Auftreten der verbotenen Eingangssignalbelegung meldet. Während sich die Signalwerte in der treibenden Gatterschaltung um eine Instanz des Multiplexers „inv_mux" stabilisieren, kann es für kurze Zeit vorkommen, daß die beiden Auswahlleitungen „S" und „S_not" identische Werte annehmen. Um eine effektive Auswertung der Meldungen zu ermöglichen, müssen unnötige Fehlermeldungen unterdrückt werden. Daher wird mit Ausdrücken der Form „sig'stable(time_limit)" abgefragt, ob das Signal „sig" mindestens für die Zeitspanne „time_limit" stabil ist, d.h. seinen Wert nicht verändert hat. „stable" ist ein vordefiniertes Attribut zu jedem Signal, dessen Wert durch einen Ausdruck der obigen Form extrahiert werden kann [44].

2.3. ENTWURFSFEHLER, STIMULI UND WAVEFORMS 57

Die „assert"-Anweisung gibt daher eine Meldung aus, wenn die Werte der beiden Klemmen „S" und „S_not" identisch[14] und seit mindestens der Zeit „max_time" stabil sind. Durch den Operator „&" werden die einzelnen Teile der Meldung zu einer einzigen Zeichenkette („string") verknüpft. Die Literale „CR" und „LF" bezeichnen spezielle Werte des Enumerationstypen „character" aus dem immer sichtbaren Paket „standard" [44]. [15]

Die Inspektion der Reaktionen eines Entwurfes kann erleichtert werden, indem man auf besondere Zustände durch Meldungen an das Terminal aufmerksam macht. Im folgenden soll die komprimierte Darstellung der Waveforms durch eine Integration in den Systemzusammenhang betrachtet werden.

Komprimierung durch Integration

Abb. 2.19: Direkte Erzeugung der Stimuli und unkomprimierte Inspektion

Die Integration in den echten oder nur zu Verifikationszwecken modellierten Systemzusammenhang soll an einem Empfänger für eine serielle Datenübertragung veranschaulicht werden [115]. Bei der manuellen Erzeugung der Stimuli und Inspektion der unkomprimierten Waveforms werden die Eingangswerte eines solchen Empfängers als Bitfolgen dem Eingangssignal zugewiesen. Dies ist in Abbildung 2.19 skizziert. Die Werte am Ausgang werden dann als Bitvektoren oder wie in Abbildung 2.19 als codierte Datensymbole dargestellt. Daher wird der Entwickler bestenfalls einige wenige Stimuli betrachten und nachvollziehen.

Eine wesentlich ausführlichere Verifikation wird möglich, wenn man zusätzlich das Modell eines Senders, eines Datenwortgenerators und eines Vergleichers implementiert. Die Verschaltung dieser Einheiten ist in Abb. 2.20 skizziert. Der Vergleicher gibt dann nur noch an, welche Datenworte nicht richtig vom Modell des Empfängers empfangen worden sind. Der Entwickler hat also die Möglichkeit, wesentlich mehr Datenworte zu simulieren, und er kann sich gleich auf die fehlerhaften Übertragungen konzentrieren.

Zusammenfassung: Entwurfsfehler, Stimuli und Waveforms

In diesem Abschnitt sind die verschiedenen Arten von Entwurfsfehlern durch eine Betrachtung eines typischen Verlaufs der Fehlerentdeckungsrate über der Laufzeit eines

---

[14] Die Klemmen „S" und „S_not" sind vom Enumerationstyp „std_ulogic". Dieser Typ umfaßt neun verschiedene Werte, welche zum Teil eine mehrdeutige Semantik haben. Ein potentieller Kurzschluß kann daher auch auftreten, wenn die beiden Signalwerte nicht identisch sind. Die Modellierung mit mehrdeutigen Signalwerten wird in Abschnitt 14.4.1 (S. 484) detaillierter diskutiert.

[15] „CR" steht dabei für Wagenrücklauf („carriage return") und „LF" für Zeilenweiterschaltung („line feed").

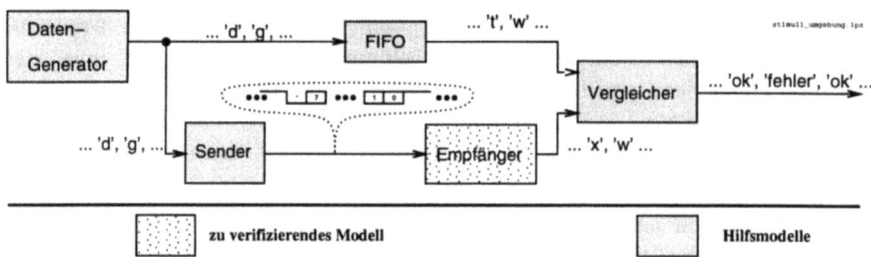

Abb. 2.20: Erzeugung der Stimuli und Komprimierung der Ausgangswerte mit einer Testbench

Entwurfsprojektes eingeführt worden. Werden ein Modell und die Stimuli zur Demonstration der korrekten Implementation von unterschiedlichen Entwicklern entworfen, so kann frühzeitig ein Teil der Systemintegrationsfehler aufgedeckt werden. Die Modellierung einer Testbench als virtuelle Laborumgebung wurde demonstriert. Die Wahrscheinlichkeit, daß ein Fehler in den Ausgangssignalen erkannt wird, wird durch eine geeignete Komprimierung erhöht. Die Komprimierung durch eine Integration in eine Systemumgebung wurde vorgestellt.

2.4 Simulation, ASIC-Emulation oder Prototyp?

In der Praxis ist man bis auf wenige Ausnahmen (z.B. Timing-Analyse) darauf angewiesen die Erfüllung der Spezifikationen durch einen ausreichenden Satz von Versuchen mit dem Entwurf zu demonstrieren. Diese „Versuche" können entweder mit einem Simulationsmodell, einem ASIC-Emulator oder einem Prototypen durchgeführt werden.

Dedizierte Simulationsrechner

Schnelle Simulation auf der Gatterebene: Ein Simulationsmodell wird von einem Simulator ausgeführt. Spezielle Simulationsrechner, wie die weit verbreiteten Logiksimulationsbeschleuniger, können die Simulationsgeschwindigkeit um den Faktor 10 − 50 steigern [41]. Bisher sind die Simulationsrechner auf eine Simulation von Gatternetzlisten spezialisiert. Da aber immer mehr die Funktion und die Zahl der Taktzyklen durch Simulation auf RT-Ebene und die minimale Taktperiode durch einen Timing-Analyser ermittelt werden, reduziert sich die Bedeutung dieser Spezialrechner immer mehr. Es sind aber schon heute (1995) Produkte angekündigt, mit denen man eine Simulation auch auf der RT-Ebene beschleunigen kann.

Mit dedizierten Simulationsrechnern kann man spezielle Signalzustände, wie den „uninitialised"-Wert 'U' simulieren, so daß man mit diesen Simulationsrechnern die ausreichende Initialisierung interner Speicher verifizieren kann (vgl. Kap. 14).

2.4. SIMULATION, ASIC-EMULATION ODER PROTOTYP? 59

Parallele Fehlersimulation: Fehlersimulationen erfordern die Simulation einer Schaltung für einen bestimmten Teststimuli-Satz und für jede Fehlerklasse, daher sind diese Simulationen sehr laufzeitaufwendig (vgl. Abs. 2.4, S. 66). Da man aber immer wieder eine weitestgehend identische Schaltung mit identischen Stimuli simuliert, kann man diese Fehlersimulationen parallelisieren. Da Fehlersimulationen wegen der „hierarchischen Blindheit"[16] [55] auf Gatterebene durchgeführt werden müssen, sind dedizierte Simulationsrechner für eine Fehlersimulation unverzichtbar.

Im wesentlichen haben dedizierte Simulationsrechner oder „Beschleuniger" die Möglichkeiten eines Gatter- und Fehlersimulators. Sie werden daher im folgenden als eine spezielle Art der Simulation betrachtet.

„ASIC-Emulation": Sehr schnelle Simulation auf der Gatterebene

Es gibt *elektrisch reprogrammierbare* FPGAs[17] oder „LCAs"[18]. Damit besteht die Möglichkeit, einen Schaltungsentwurf mit einem solchen FPGA in wenigen Minuten als Prototyp zu realisieren. Da aber die meisten Entwürfe die Komplexität eines einzelnen FPGAs übersteigen, ist es notwendig, den Entwurf auf mehrere Bausteine zu verteilen („partitioning"). Diese Aufteilung ist in Abb. 2.21 als zweite Stufe nach der Synthese angedeutet. Das Gerät mit den frei verschaltbaren Matrizen von FPGAs nennt man „ASIC-Emulator".

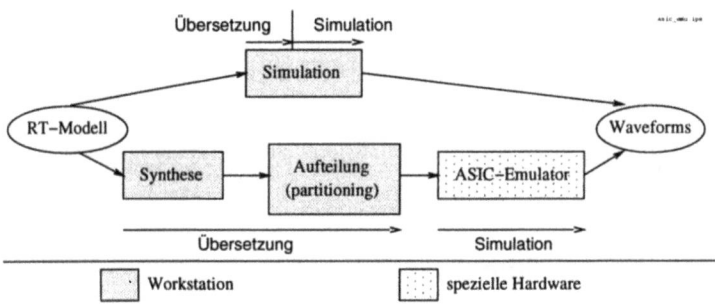

Abb. 2.21: Bestandteile der „turn-around"-Zeit bei Simulation und ASIC-Emulation

Eine Fehlerlokalisation ist mit einem solchen ASIC-Emulator nur möglich, wenn man die internen Signale nach außen leitet und dort abtastet, um sie z.B. als Waveforms zur Anzeige zu bringen. Die Softwareumgebung der ASIC-Emulatoren führt die drei Funktionen — Synthese, Aufteilung und Signaldurchschaltung — aus und erzeugt damit einen virtuellen Simulator. Dieser virtuelle Simulator kann auch komplexe

---

[16] Mit 'hierarchischen Blindheit" wird die Tatsache bezeichnet, daß in abstrakten Modellen die möglicherweise fehlerhaft gefertigten Teile nicht vorhanden sind. So existieren viele Verbindungen, welche durch einen Fertigungsfehler kurzgeschlossen werden können, nicht in einem abstrakten Modell.
[17] „Field Programmable Gate Array"
[18] „Logic Cell Arrays"

Modelle auf der Gatterebene mit mehreren 100 000 Gattern mit einer Simulationseffizienz von bis zu $100\,000\frac{Takte}{sec}$ simulieren [88]. Da aber die Übersetzungszeit durch die Notwendigkeit der Synthese, der Aufteilung auf die einzelnen FPGAs und der Signaldurchschaltung ansteigt, ist nur bei langen Simulationszeiten eine Verkürzung des Zyklus aus Änderung, Simulation, Inspektion und erneuter Änderung möglich („turnaround").

Kein Timing innerhalb einer Taktperiode: Mit freiprogrammierbaren FPGAs können die Verzögerungszeiten der jeweiligen ASIC-Fertigungstechnologie nicht nachgebildet werden. Daher kann mit einer solchen Emulation nur die Funktion und nicht das Timing einer Schaltung auf der Gatterebene — analog Abb. 2.6 (S. 34) — verifiziert werden. Die Verwendung eines ASIC-Emulators entspricht daher einer Simulation auf der RT-Ebene, bei der auch keine Zeitpunkte innerhalb einer Taktperiode aufgelöst werden.

Die Vor- und Nachteile von Simulation, ASIC-Emulation und Experimenten mit dem Prototyp werden im folgenden für die einzelnen Bestandteile der Verifikation durch Versuch diskutiert.

① Erzeugung von Stimuli

② Zugriff auf die Ausgangssignale

③ Kosten der Entwurfsänderung

④ Laufzeit der Simulation

⑤ Simulationstreue

⑥ Verifikation der ausreichenden Initialisierung der internen Speicher

⑦ „Testing"

1. Erzeugung von Stimuli

Stimuli können entweder durch spezielle Stimuligeneratoren oder aber durch Integration des Entwurfes in die Systemumgebung erzeugt werden.

Komplexe digitale Schaltungen können nur selten mit einfachen Funktions- oder Signalgeneratoren stimuliert werden, daher sind spezielle Stimuligeneratoren entwickelt worden. Diese sind meist mit einem Logik-Analysator kombiniert. Der Aufwand zur Programmierung eines solchen Stimuligenerators, der einen Entwurfsprototypen ansteuert, und die Modellierung einer Testbench zur Stimulierzeugung sind vergleichbar. Es kann allerdings ein physikalisches oder gerätetechnisches Problem sein, eine Vielzahl von Signalen an einen Prototypen anzuschließen.

Ist eine fertige Systemumgebung vorhanden, in welche die Schaltung integriert werden kann, so ist die Stimulierzeugung wesentlich vereinfacht. Dies gilt aber in derselben Weise für die Simulation und den Prototypen, so daß sich durch die Erzeugung von Stimuli weder für die Simulation noch für die ASIC-Emulation oder den Prototypen wesentliche Vorteile ergeben.

2. Zugriff auf die Ausgangssignale

Die Inspektion einer Vielzahl von binären Signalen ist praktisch nicht möglich, daher werden bei Logik-Analysatoren wie auch bei Waveform-Anzeigeprogrammen diese Signale gebündelt und in einer ergonomischen Weise dargestellt. So werden z.B. im Zweier-Komplement kodierte Dezimalzahlen auch als solche dargestellt.

Bei einer Simulation werden im Regelfall alle Signaländerungen abgelegt, so daß nach dem Ende der Simulation jedes Signal leicht inspiziert werden kann. Allerdings reduziert die Abspeicherung aller Signale die Simulationsgeschwindigkeit.

Die Zahl der äußeren Anschlüsse eines FPGAs ist klein im Vergleich zur Zahl der internen Signale. Daher können die internen Signale nur am Ende jeder Taktperiode seriell durch spezielle Anschlüsse nach außen geschaltet werden. Die Ausgabe und Abtastung aller internen Signale reduziert daher die Simulationsgeschwindigkeit. Es gibt daher ähnlich wie bei einer „normalen" Simulation einen Abtausch von Simulationsgeschwindigkeit gegen die Zahl der in einem Simulationslauf beobachteten Signale.

Dabei ist zu beachten, daß mit zunehmender Komplexität der Zugriff auf die Signale eines Prototypen immer schwerer wird. Die Notwendigkeit der Simulation wird daher durch das Verhältnis der Zahl der internen Signale zu der Zahl der von außen zugänglichen Signale bestimmt.

3. Kosten der Entwurfsänderung

Die Kosten einer Entwurfsänderung sind bei den verschiedenen Fabrikationstechniken zur Erstellung eines Prototypen sehr unterschiedlich. Die Kosten beginnen bei wenigen Minuten Programmierzeit eines wiederprogrammierbaren FPGA (z.B. LCA), über die Kosten von einigen 100 DM bei einem einmal programmierbaren FPGA bis zu mindestens 2 Wochen Verzögerungszeit und einigen 10 000 DM bei einem Standardzellen ASIC oder einer „multi-layer"-Leiterplatte.

Hingegen ist es einfach möglich, von einem Simulationsmodell mehrere Versionen gleichzeitig zu studieren. Weiterhin kann man bei einer systematischen Verwaltung der Versionen jederzeit wieder einen bestimmten Projektstand herstellen. Damit ist klar, daß die Simulation in diesem Punkt der Entwicklung am Prototypen deutlich überlegen ist.

Die Zeiten eines Zyklus aus Änderung am Modell, Übersetzung, Simulation, Inspektion der Ausgangssignale und erneute Änderung („turn-around") sind in Abb. 2.22 (S. 64) über der Simulationsgeschwindigkeit aufgetragen. Die Simulationsgeschwindigkeit wird im folgenden Abschnitt detaillierter betrachtet.

4. Laufzeit der Simulation

Die Simulation eines Vorgangs macht die Unterscheidung von drei Zeitskalen notwendig:

Projekt	Firma	Abstraktions-ebene	Sim.-eff. [cycle/sec]	Rechner
PowerPC	Motorola	RT-Ebene	180	Workstation
		Gatterebene	unmöglich	
Gmicro (TRON)	Hitachi	RT-Ebene	20-30	20 MIPS
		Gatterebene	?	Supercomputer
Pentium	Intel	Gatterebene	100 000	ASIC-Emulator
68030 Karte	SNI	RT-Ebene	2,66	Workstation
PC-Mainboard		RT-Ebene	1,7	Workstation

Tabelle 2.3: Werte der Simulationseffizienz verschiedener komplexer industrieller Projekte.

- Die **Echtzeit**-Skala wird angewandt, wenn an einem Prototypen Messungen durchgeführt werden sollen.

- Die **Simulationslaufzeit** ist die Zeit, mit der ein Simulationsprozeß auf einem Simulationsrechner voranschreitet. Diese Zeit entspricht der „normalen" Zeit während der Simulation.

- Die Simulationsmodelle „sehen" während der Simulation die **simulierte Zeit**. Diese Zeitskala wird bei der Modellierung verwendet.

Bei der Simulation von komplexen Systemen schreitet die „simulierte Zeit" im allgemeinen wesentlich langsamer voran, als die „Simulationslaufzeit". Ein Maß für das Verhältnis beider Zeitskalen ist die „Simulationseffizienz" [4]. Die Simulationseffizienz ist definiert durch:

$$Simulationseffizienz := \frac{simulierte\ Zeit}{Simulationslaufzeit}$$

Die Simulationseffizienz schwankt während eines Simulationslaufes, für die Modellierung ist aber nur der mittlere Wert über einen kompletten Lauf von Bedeutung. Bei hinreichend komplexen Modellen auf der Gatterebene liegt die Simulationseffizienz unter 1 *Takt/sec* (d.h. bei einem 20 *ns* Takt ergibt sich die Simulationseffizienz zu $20 \cdot 10^{-9}$), so daß seltene Ereignisse oder aber Ereignisse mit einer langen „set-up"-Zeit auf diesem Abstraktionsniveau nur schwer simuliert werden können.

Simulationseffizienzwerte verschiedener Projekte

Selbst auf RT-Ebene sind die gemessenen Werte der Simulationseffizienz bei den verfügbaren Rechnern relativ klein, wie Tabelle 2.3 verdeutlicht[71, 12, 88, 89]. Die angegebenen Werte beziehen sich auf eine Simulation des kompletten Chips. Es werden nur die Abstraktionsebenen erwähnt, zu denen Daten über die Simulationseffizienz vorhanden sind.

2.4. SIMULATION, ASIC-EMULATION ODER PROTOTYP?

Der komplette Chip des *PowerPC 601* [12] konnte bereits nicht mehr auf Gatterebene simuliert werden. Selbst ein abstrakteres Modell[19] konnte nur mit $180 \frac{cycle}{second}$ simuliert werden. Der Mikroprozessor des „TRON"-Projektes „Gmicro" ist mit einer Simulationseffizienz von $20-30 \frac{cycle}{second}$ auf einem 20 MIPS[20] Rechner simuliert worden. Eine Simulation des kompletten Chips auf der Gatterebene konnte nur noch mit einem Supercomputer durchgeführt werden [71]. Der „Pentium"-Prozessor ist mit einem ASIC-Emulator auf der Gatterebene „simuliert" worden. Dies erklärt den relativ großen Wert der Simulationseffizienz [121]. Die letzten beiden Projekte sind Leiterplattenentwürfe [89] und enthalten daher auch kommerziell verfügbare Modelle von Standardkomponenten. Diese Standardkomponenten reichen von einfachen Gattern bis zu komplexen Prozessorbausteinen.

Simulationsbeschleuniger: Neben der Art der Modellierung wird die Simulationseffizienz natürlich auch durch den verwendeten Rechner und die Qualität der Implementation der Simulationsmaschine bestimmt. Spezielle Simulationsrechner, wie die weit verbreiteten Logiksimulationsbeschleuniger, können die Simulationseffizienz erheblich $(10-50)$ steigern [82, 41]. Es werden auch Supercomputer verwendet, um die Simulation auf Gatterebene zu beschleunigen [71].

Die Implementationstechnik der Simulationsmaschinen in Software ist ebenfalls noch nicht an eine Grenze gestoßen. So wird z.B. in [76] ein „compiled-code" Ansatz beschrieben, welcher in der Lage ist, die Simulation auf der RT-Ebene um mehr als zwei Größenordnungen zu beschleunigen.

Minimale Simulationseffizienz

Die Simulationseffizienz eines Modells bestimmt den Anwendungsbereich dieses Modells. Die Ausführung komplexer Testprogramme auf einem Simulationsmodell ist nur möglich mit einer hinreichend hohen Simulationseffizienz. Die minimale Simulationseffizienz für einen bestimmten Zweck soll daher im folgenden definiert werden.

DEFINITION 2.8 (MINIMALE SIMULATIONSEFFIZIENZ) *Die minimale Simulationseffizienz Se_{min} wird bestimmt durch die benötigte simulierte Zeit und die akzeptable Simulationslaufzeit:*

$$Se_{min} := \frac{notwendige\ simulierte\ Zeit}{akzeptable\ Simulationslaufzeit}$$

Wenn man annimmt, daß ein Tag ($\approx 10^5 sec$) eine akzeptable Simulationszeit ist und für eine bestimmte Untersuchung mindestens 10 000 Takte simuliert werden müssen, so ergibt sich eine minimale Simulationseffizienz von $Se_{min} := 10^{-1} \frac{Takte}{sec}$.

Das Entwicklungsteam des *PowerPC* hat zur Simulation aller Testprogramme $50 \cdot 10^9$ Takte simuliert [12]. Wenn man annimmt, daß diese Testprogramme mit dem abstraktesten Modell des kompletten Chips simuliert worden sind, so ergibt sich die Simulationszeit durch $50 \cdot 10^9 cycle / 180 \frac{cycle}{sec} \rightarrow 2,77 \cdot 10^8\ sec = 3215\ d$. Diese 8,8

---

[19] Eine genaue Einordnung der Abstraktionsebene ist nicht möglich, weil diese Daten noch nicht veröffentlicht worden sind. Wahrscheinlich handelt es sich um ein Modell auf der RT-Ebene (vgl. Abs. 2.2, S. 33).
[20] „Mega Instructions Per Second"

„Simulations-Jahre" konnten nur zur Verfügung gestellt werden, indem man die einzelnen Simulationsjobs in einem Netz von Workstations automatisch verteilt hat.
Die *notwendige simulierte Zeit* wird mit den folgenden Heuristiken bestimmt:

① Es wird ein Satz von Stimuli oder Testprogrammen bei Beginn des Projektes als Bestandteil der Spezifikation fixiert. Dieser Satz von Stimuli soll das Verhalten von „typischen Applikationen" wiederspiegeln [39].

② Ein Entwurf wird als fehlerfrei angesehen, wenn die Fehlerentdeckungsrate unter eine bestimmte Schwelle sinkt [118] (vgl. Abs. 2.3.1, S. 36).

Die optimale Verifikationsstrategie für ein Entwicklungsprojekt wird stark durch die minimale Simulationseffizienz bestimmt. Der Umfang der zur Verifikation notwendigen Stimuli kann schon zu einem frühen Zeitpunkt festgelegt werden. Damit wird die notwendige Simulationseffizienz bestimmt und die Aufteilung der Verifikationsschritte zwischen Simulation und Prototyp vorgenommen.

„turn-around" versus Simulationseffizienz

Die Zeiten für eine Entwurfsänderung sind über der Simulationsgeschwindigkeit („Simulationseffizienz") in Abb. 2.22 aufgetragen. Beide Achsen des Diagramms haben eine logarithmische Skala, die bei der „turn-around"-Zeit von Sekunden („sec") bis zu Monaten („month") reicht. Die Simulationsgeschwindigkeit ist als Zahl der simulierten Taktzyklen über der Laufzeit der Simulation in Sekunden angegeben.

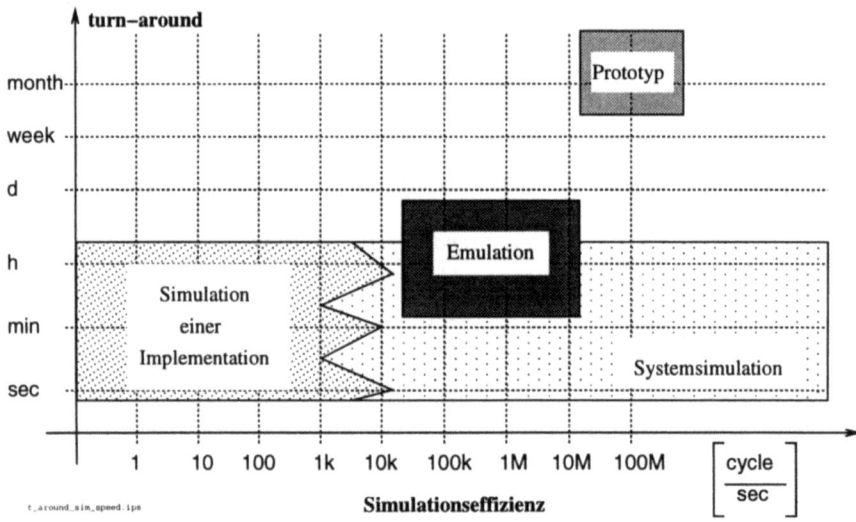

Abb. 2.22: Zykluszeiten („Turn-around") und Simulationsgeschwindigkeiten („Simulationseffizienz") von Simulation, ASIC-Emulation und dem Prototyp

2.4. SIMULATION, ASIC-EMULATION ODER PROTOTYP?

Die gefertigten Schaltungen werden bei den aktuellen Fertigungstechnologien mit einigen 10-100 MHz betrieben. Weiterhin kann man einen Prototypen schnellstens nach einigen Wochen bekommen. Somit ergibt sich der Bereich für den Prototypen in der oberen rechten Ecke von Abb. 2.22. Der Bereich der Simulationseffizienz eines ASIC-Emulators ergibt sich aus der Taktfrequenz der FPGAs und dem Anteil der „Simulations"-zeit, in dem die internen Signalwerte ausgelesen werden. Da ein Modell, bevor es auf einem ASIC-Emulator simuliert werden kann, synthetisiert und aufgeteilt werden muß, ist die untere Grenze der „turn-around"-Zeit in Abb. 2.22 mit einigen Minuten abgeschätzt worden. Eine Simulation kann beliebig langsam, aber bei einer sehr abstrakten Modellierung auch beliebig schnell sein. Eine Simulation kann sogar schneller als ein Prototyp sein, wenn die Modelle nur hinreichend abstrakt sind. Daher ist in Abb. 2.22 der Simulationseffizienzbereich der Simulation als unbegrenzt skizziert. Messungen der Simulationslaufzeit an Modellen, die zum Zwecke der Implementation entworfen worden sind, zeigen aber, daß die Simulationseffizienz nicht die Grenze von einigen $1\,000\,\frac{Taktzyklen}{sec}$ überschreitet.

5. Simulationstreue

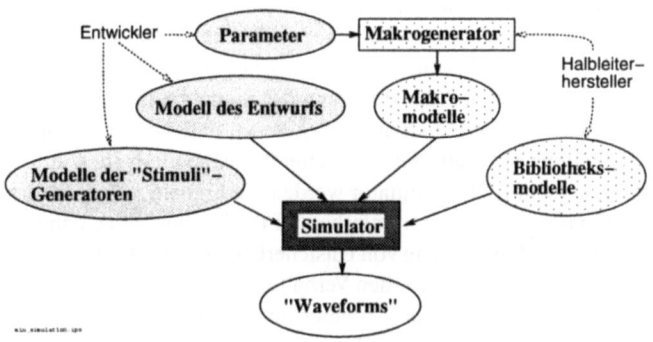

Abb. 2.23: Basiskonfiguration zur Simulation

Die Simulationstreue bezeichnet die Zuverlässigkeit der Simulationsergebnisse in Bezug auf Funktion und Timing. Im Abb. 2.23 sind die Basiselemente einer Simulationsumgebung abgebildet, welche die Simulationstreue beeinflussen. Die Simulationstreue wird bestimmt durch die vom Entwickler bei der Modellierung verwendeten Abstraktionsebenen und die Bibliotheksmodelle. Bei einem ASIC-Projekt werden Modelle der Standardzellen und der von einem Generator erzeugten Makros benötigt. Bei der Leiterplattenentwicklung benötigt man Modelle der verwendeten Komponenten. Diese werden entweder vom Halbleiterhersteller selber oder aber von speziellen Firmen angeboten.

Vordergründig hat der Prototyp die bestmögliche „Simulations"-treue. Da aber der Prototyp nur eine Realisation der unvermeidlichen Parameterstreuung der Fertigung darstellt, gibt eine Simulation mit einer Variation der Prozeßparameter einen besseren Eindruck über die Eigenschaften des endgültigen Produktes.

6. Ausreichende Initialisierung

Das Verhalten einer Schaltung ist deterministisch, wenn gleiche Eingangswerte zu identischen Ausgangswerten an den Klemmen der Schaltung führen. Die Ausgangswerte einer Schaltung werden durch die Eingangswerte und die Belegung der internen Speicher bestimmt. Nach dem Einschalten der Versorgungsspannung ist die Belegung der internen Speicher durch die Fertigungstechnologie festgelegt und zumeist willkürlich [63]. Daher werden nach dem Einschalten sogenannte „reset"-Prozeduren durchlaufen, in denen die internen Speicher mit bestimmten Werten vorbelegt werden.

Verifikation des determinierten Verhaltens nur durch Simulation: Das deterministische Verhalten einer Schaltung kann nicht mit einem Prototypen nachgewiesen werden, da es vorkommen kann, daß alle ausgemessenen Prototypen nach dem Einschalten *zufälligerweise* die geforderte Speicherbelegung annehmen. Dies gilt in selber Weise für die FPGAs in einem ASIC-Emulator. Daher kann eine Untersuchung der ausreichenden Initialisierung nur durch eine Simulation mit speziellen Signalwerten erfolgen, die anzeigen, daß ein Speicher noch nicht initialisiert worden ist. In Kapitel 14 (S. 475) wird der Zusammenhang zwischen dem deterministischen Verhalten der gefertigten Schaltung und der Belegung der Signale mit diesen speziellen „unbestimmten" Werten diskutiert. Es wird dort gezeigt, daß die Verifikation des deterministischen Verhaltens nicht nur auf der Gatterebene, sondern auch auf der RT-Ebene möglich ist. Bei einem ASIC-Emulator werden die Signale in der Gatterschaltung direkt auf die Signale in den programmierbaren FPGAs abgebildet, daher können keine speziellen Werte zur Modellierung von Unsicherheit „emuliert" werden (vgl. Kap. 14). Eine Verifikation des deterministischen Verhaltens ist daher mit einem ASIC-Emulator unmöglich. Daher verwendet man bei einer Entwicklung mit einem Prototypen oder ASIC-Emulator konservative „reset"-Prozeduren. Eine konservative „reset"-Prozedur bringt *alle internen Speicher* direkt nach der Aktivierung des „reset"-Signals in einen bestimmten Zustand. Dies erfordert aber in den meisten Fällen einen unnötig hohen Implementationsaufwand.

7. Testing

Verifikation wird häufig mit „Testing" verwechselt, weil man auch beim Testing Fehler sucht. Bei der Verifikation sucht man aber nach Entwurfsfehlern, während man beim Testing aus einer Charge von produzierten Schaltungen die defekten aussortieren will.

DEFINITION 2.9 (TESTING) *Testing ist die Selektion der gemäß den Entwurfsdaten gefertigten Schaltungen.*

Zur Selektion werden an eine gefertigte Schaltung Teststimuli angelegt und die gemessenen Ausgangswerte werden mit den erwarteten Werten verglichen. Werden nur

2.4. SIMULATION, ASIC-EMULATION ODER PROTOTYP?

akzeptable Differenzen entdeckt, so geht man davon aus, daß die Schaltung korrekt gefertigt wurde.

Um die Selektionsgüte eines Satzes von Teststimuli beurteilen zu können, nimmt man an, daß alle Fertigungsfehler von einer bestimmten Art seien. Das heute am meisten verwendete Fehlermodell ist das „single stuck-at one/zero" Modell. Bei diesem Fehlermodell wird angenommen, daß sich eine inkorrekte Fertigung in einem einzigen Kurzschluß nach Masse oder Versorgungsspannung niederschlägt.

DEFINITION 2.10 (FEHLERMODELL) *Das Fehlermodell bestimmt, welche Art von Fehlern in einer Schaltung durch die Teststimuli beobachtbar gemacht werden sollen.*

Um die Güte eines Stimulisatzes zu beurteilen, führt man in das Simulationsmodell Fehler einer bestimmten Art ein und prüft, ob sich die Ausgangswerte dadurch verändern. Verändern sich die Ausgangswerte, so sagt man der Fehler sei durch den Teststimulisatz abgedeckt. Die Güte wird dann als Prozentsatz der abgedeckten Fehler an allen möglichen Fehlern angegeben („fault coverage").

DEFINITION 2.11 (SELEKTIONSGÜTE) *Der Anteil der möglichen Fehler („Fehlermodell") in einer gefertigten Schaltung, der durch das Anlegen bestimmter Teststimuli beobachtet werden kann, bestimmt die Selektionsgüte der Teststimuli.*

Untersuchungen haben gezeigt, daß man mit Teststimuli einer hinreichend hohen Güte trotz des eher unrealistischen Fehlermodells sehr effektiv die fehlerbehafteten Schaltungen aussortieren kann [62, 92].

Das Einführen der Fehler und die Feststellung der Veränderung der Ausgangswerte wird in einem sogenannten *Fehlersimulator* („fault simulator") automatisiert. Diesem Fehlersimulator wird dazu ein Modell der Schaltung auf Gatterebene und ein Teststimulisatz übergeben, und der Fehlersimulator ermittelt dann die Fehlerabdeckung [92].

Falls in den Spezifikationen neben den funktionalen/zeitlichen Anforderungen auch Qualitätsminima definiert sind, so sind Maßnahmen zur Verbesserung der Testbarkeit integraler Bestandteil eines Entwurfs. Eine Angabe der Güte eines Teststimulisatzes und somit der Qualität einer Lieferung kann nur erfolgen, wenn ein Strukturmodell auf Gatterebene zur Fehlersimulation während der Entwicklung zur Verfügung stand.

Da man weder in einen Prototypen noch in einen ASIC-Emulator gezielt Fehler einführen kann, kann mit diesen beiden Formen der experimentellen Analyse die Selektionsgüte von Teststimuli nicht bestimmt werden. Mit dedizierten Simulationsrechnern kann eine Simulation auf der Gatterebene um den Faktor ~ 40 beschleunigt werden. Durch die parallele Abarbeitung verschiedener Fehler sind die bei einer Fehlersimulation erzielten Beschleunigungen größer als bei einer „normalen" Simulation des Verhaltens.

Zusammenfassung: Simulation, ASIC-Emulation oder Prototyp?

Die Ergebnisse der Diskussion der experimentellen Analyse eines Entwurfes durch Simulation, ASIC-Emulation oder Messungen an einem Prototypen sind in Tabelle 2.4 zusammengefaßt.

	Simulationsmodell	ASIC-Emulator	Prototyp	*Vorteil*
Stimuli	Testbench- oder Systemmodell	Signalgeneratoren Systemumgebung		
Entwurfs-änderung	Modellierung Versionsverwaltung	Synthese, Aufteilung	Aufbau & Fertigung	Sim.
Waveform-inspektion	„Anpicken" und Waveform-Display	Auslesen einzelner Signale	Tastkopf und Logikanalysator	Sim.
Simulations-laufzeit	Zwang zur abstrakten Modellierung	Taktfreq.-Verhältnis $\sim \frac{1}{10}$	*Sim.-eff.* $= 1$	Proto. Emu.
Simulations-treue	Modellierungsstil	Kein Timing!	Parameter-streuung?	
Ausreichende Initialisierung	Modellierung mit dem 'U'-Wert	Verhalten zufällig		Sim.
Testing	Fehlersimulation auf Gatterebene	Selektionsgüte nicht zu quantifizieren		Sim.

Tabelle 2.4: Verifikation mit Simulationsmodell, ASIC-Emulator oder Prototyp

In der ersten Spalte von Tabelle 2.4 sind die einzelnen Bestandteile einer Verifikationsumgebung aufgezählt. In den nächsten drei Spalten sind die Vor- und Nachteile der drei Möglichkeiten der Experimentdurchführung zusammengefaßt. In der letzten Spalte von Tabelle 2.4 ist angedeutet, welche der drei Experimentformen in der jeweiligen Zeile einen Vorteil hat.

Klare Vorteile hat die Verwendung eines Prototypen oder ASIC-Emulators bei der Laufzeit eines Experimentes. Bei allen anderen Aspekten hat die Simulation Vorteile oder aber zumindestens keine Nachteile. Dies macht die immer stärkere Benutzung der Simulation zur experimentellen Analyse der Eigenschaften eines Entwurfes verständlich.

Man kann durch eine Integration eines Prototypen in die Simulation beide Experimentformen mischen. Ein solcher gemischter Ansatz kann darin bestehen, daß man einzelne Komponenten, wie z.B. ein FPGA mit Hilfe eines Simulators entwickelt und dann die Integration in eine Leiterplatte mit einem Mikroprozessor an einem Prototypen durchführt.

Integration eines Prototypen in die Simulation

Voll synchrone Schaltungen lassen sich nach der Fertigung leicht in die Simulation integrieren. Diese Integration erfolgt analog zu einer Cosimulation auf RT-Ebene [103]. Benötigt werden eine Adapterleiterplatte, die an die parallele Schnittstelle des Simulationsrechners angeschlossen werden kann, und geeignete Softwaretreiber. Die Softwaretreiber tasten die Eingangssignale des „Ersatz"-modells in der Simulation ab und

2.4. SIMULATION, ASIC-EMULATION ODER PROTOTYP?

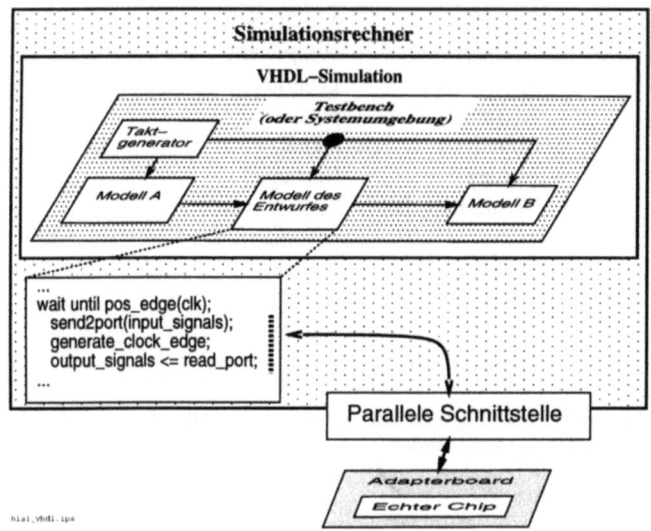

Abb. 2.24: Einfache Integration von voll synchroner Hardware in die VHDL-Simulation

geben die Werte an die jeweiligen Klemmen der parallelen Schnittstelle. Dann wird eine einzige ausgezeichnete Taktflanke erzeugt und die Ausgangswerte der gefertigten Schaltung an den Eingängen der parallelen Schnittstelle abgefragt. Die abgefragten Werte werden an die Ausgangsklemmen des Ersatzmodells gelegt und die Simulation wird fortgesetzt, als wenn nur das Verhaltensmodell einer bestimmten Instanz ausgewertet worden wäre.

Eine solche Integration ist in Abb. 2.24 skizziert [107]. Einige in C implementierte Routinen realisieren die Schnittstelle zwischen der VHDL-Simulation und der parallelen Schnittstelle. Diese Routinen bilden die Signale der VHDL-Simulation auf die Klemmen der parallelen Schnittstelle mit Hilfe einer zu jedem Adapterboard gehörenden Tabelle ab [89].

Mit einem solchen Aufbau für verschiedene Rechnersysteme (SUN, PC, etc) wurden einige der von uns entwickelten ASICs mit ihrem Simulationsmodell verglichen und somit auf richtige Funktion überprüft. Weiterhin wurde mit diesem vergleichsweise einfachen Aufbau die Funktion der ASICs in der simulierten Systemumgebung vorgeführt.

Zusammenfassung: Rolle eines Modells bei der Entwurfsverifikation

Verifikation ist der Vergleich der Eigenschaften eines Entwurfs mit den Forderungen der Spezifikation. Am Anfang eines Projektes ist es notwendig, die vorhandenen Ent-

2. ROLLE EINES MODELLS BEI DER VERIFIKATION

Begriff	VHDL-Schlüsselwort
Komponente	component
Parameter	generic
Klemme	port
Signal	signal
Instanz	[instance]
Verbindungsliste	generic map
	port map
Prozeß	process
Einheit	entity
Modell	architecture
Konfiguration	configuration

Tabelle 2.5: Eingeführte Begriffe der Simulationstechnik und die entsprechenden VHDL-Schlüsselwörter.

wurfsdokumente, seien sie natürlich-sprachlich, teil-formal oder formal, in einer systematischen Weise zu verfeinern und einem Begutachtungsprozeß zu unterziehen („Verifikation durch Review"). Fehler, die in diesem frühen Stadium vermieden werden können, müssen nicht mehr durch experimentelle Verfahren gefunden und dann korrigiert werden. Abstrakte Modellierung erzeugt die Möglichkeit, den Entwurf frühzeitig formal zu beschreiben. Ein formales Modell kann man entweder durch Experimente („Verifikation durch Versuch") oder aber durch formale Methoden analysieren („Verifikation durch Beweis"). Die steigende Komplexität der Entwürfe erzwingt immer mehr die getrennte Verifikation von Funktion, Zyklenzahl und Taktperiode. Durch eine Simulation der abstrakten Modelle werden die wesentlichen Teile der Funktion verifiziert. Mit Modellen auf der RT-Ebene wird die Zahl der Taktzyklen zur Berechnung eines Ergebnisses überprüft. Ein Logiksynthesewerkzeug transformiert ein synthetisierbares Modell auf der RT-Ebene in ein Modell auf der Gatterebene. Die Timing-Eigenschaften des Modells auf der Gatterebene werden mit der Timing-Analyse, einer formalen Methode, bestimmt. Die Vor- und Nachteile der Verwendung eines Simulationsmodells, eines ASIC-Emulators oder eines Prototypen sind für die einzelnen Bestandteile einer Verifikationsanordnung diskutiert worden.

| VHDL | **Eingeführte Grundkonzepte der Simulation digitaler Systeme:** Um ein Verständnis der verschiedenen Codefragmente zu erleichtern, sind die folgenden Grundkonzepte der Simulationstechnik digitaler Systeme eingeführt worden.

- Eine **Einheit** ist ein Baustein, der modelliert werden soll.

- Das Verhalten einer Einheit wird durch ein **Modell** festgelegt. Zu einer Einheit kann es verschiedenen Modelle gegeben.

- Eine **Komponente** ist eine Schablone, welche parametriert und mit Signalen verbunden werden kann.

2.4. SIMULATION, ASIC-EMULATION ODER PROTOTYP? 71

- Eine **Instanz** ist eine mit bestimmten Signalen verbundene und parametrierte Komponente.

- Mit Hilfe der **Parameter** kann man eine Instanz dimensionieren oder bestimmte Verhaltensoptionen auswählen.

- Durch den Anschluß eines Signals an eine **Klemme** wird die Kommunikation mit anderen Instanzen ermöglicht.

- Ein **Signal** dient zur Verbindung, z.B. von Instanzen.

- In einer **Verbindungsliste** werden die lokalen Parameter der Komponente mit den aktuellen Parametern des Modells sowie die Klemmen mit den Signalen verbunden.

- Ein **Prozeß** ist eine Folge von sequentiellen Anweisungen. Die Ausführung dieser Anweisungen kann durch eine „wait"-Anweisung unterbrochen und kann bei der Erfüllung einer benutzerdefinierten Bedingung wieder aufgenommen werden.

- In einer **Konfiguration** wird eine Instanz an das Modell einer Einheit gebunden.

In Tabelle 2.5 werden den Begriffen der Simulationstechnik digitaler Systeme die entsprechenden VHDL-Schlüsselwörter gegenübergestellt. | VHDL |

Die verschiedenen Typen von Modellen, sowie der Prozeß der Konfiguration werden unter anderem im folgenden Kapitel 3 detaillierter diskutiert.

3 Modelle: Verbergen und Vernachlässigen

Strukturmodelle werden durch die Instanziierung von Komponenten erzeugt. Die Verbindung der Komponenten erfolgt durch Signale, deren Definition und Funktion erläutert wird. Die Beschreibung einer Einheit durch ein parametrierbares Strukturmodell wird an einem realen Beispiel demonstriert. Ein Verhaltensmodell besteht aus einer Aktivierungsbedingung und Funktionen, welche aus den Zustands- und Eingangswerten die Werte der Ausgangssignale sowie den neuen Zustand berechnen. Mit einem Verhaltensmodell können die Aspekte einer Einheit selektiv beschrieben werden. Verhaltens- und Strukturmodelle werden durch einen Simulator ausgeführt, daher werden die relevanten Simulatorkonzepte „quasi-kontinuierlich", „ereignisorientiert" und „Datenfluß" verglichen.

Einleitung

Im letzten Kapitel wurden *Anordnungen von Modellen* des Entwurfs und seiner Umgebung betrachtet, welche die Entdeckung von Entwurfsfehlern erleichtern. In diesem Kapitel werden verschiedene *Möglichkeiten zur Erstellung eines Modells* diskutiert.

Strukturmodell: Die Modellierung einer Einheit durch ein Strukturmodell ist dem Aufbau eines Prototypen nachempfunden. Es werden Komponenten instanziiert. Bei einem Prototypen sind diese Komponenten reale Bausteine, während bei einem Simulationsmodell Komponenten nur eine Hülle mit Parametern und Klemmen sind. Das Verhalten einer Instanz wird erst später im Rahmen einer „Konfiguration" durch die Bindung an eine Einheit und ein Modell derselben definiert. Instanzen werden durch Signale miteinander verbunden. Signalen werden Werte zugewiesen und in Ausdrücken referenziert. Daher hat ein Signal Ähnlichkeiten mit einer Variablen. So behält z.B. ein Signal wie eine Variable seinen Wert solange bei, bis ihm ein neuer Wert zugewiesen wird. Der Wert eines Signals wird aber nicht *nur* durch die zuletzt ausgeführte Zuweisung bestimmt, sondern auch durch die bei der Zuweisung verwendete Verzögerungszeit und eventuelle Zuweisungen anderer Instanzen.

Verhaltensmodell: Durch die Einführung von Hierarchie können die Implementationsdetails einer Schaltung in einem Strukturmodell verborgen werden. Da sie aber weiterhin bereitgestellt und mitsimuliert werden müssen, ist eine selektive Modellierung der relevanten Aspekte einer Einheit durch ein Verhaltensmodell attraktiv. Ein Verhaltensmodell besteht aus einem oder mehreren Prozessen (s. S. 46). Ein Prozeß ist im wesentlichen ein „Programm", welches bei der Erfüllung einer bestimmten Bedingung vom Simulator aktiviert wird und die Ausgangs- und Zustandswerte berechnet. Eine Betrachtung der Verwendung von Struktur- und Verhaltensmodellen in verschiedenen Entwurfsprozessen zeigt, daß diese Begriffe Grundtypen von Modellen und keine Abstraktionsstufen bezeichnen.

Aufbau

Die Definition von Signalen wird im Abschnitt 3.1 an einigen Beispielen demonstriert. Der Aufbau eines Strukturmodells wird in Abschnitt 3.2 erläutert, während die Bestandteile eines Verhaltensmodells in Abschnitt 3.3 definiert werden. Die zur Entwicklung von digitalen Schaltungen verwendeten Simulatorkonzepte werden in Abschnitt 3.4 verglichen. In Abschnitt 3.5 wird die Signalflußrichtung als eine Abstraktion von den Strömen durch eine Klemme eingeführt. Die Bedeutung des kontrollierten Einsatzes von Abstraktion in den idealen Entwurfsprozessen wird in Abschnitt 3.6 gezeigt. Die verschiedenen Abstraktionsmechanismen werden kurz in Abschnitt 3.7 vorgestellt.

3.1 Signale

VHDL

Wenn eine Entwicklung mit Hilfe eines Prototypen nicht sinnvoll ist, so wird man die Schaltung modellieren und dann simulieren. Das Modell eines Entwurfs besteht aus Instanzen einzelner Komponenten, welche durch Signale verbunden sind. Signale werden wie Variablen durch die Angabe eines Namens, eines Datentyps und eines optionalen Initialisierungswertes definiert.

DEFINITION 3.1 (SIGNAL) *Ein Signal dient zur Verbindung von Instanzen und Prozessen in einem Modell. Ein Signal wird durch die Vereinbarung eines Namens, eines Datentypen und eines optionalen Initialisierungswertes definiert.*

Variablen haben in VHDL wie in anderen höheren Programmiersprachen die Semantik einer symbolisch benannten Speicherstelle. Wird einer Variablen ein Wert zugewiesen, so wird auf die betreffende Speicherstelle geschrieben. Wird eine Variable in einem Ausdruck referenziert, so wird die entsprechende Speicherstelle gelesen. Da das Variablenkonzept der höheren Programmiersprachen, wie PASCAL oder C, bekannt ist, wird es hier nicht weiter erläutert.

Speichereffekt: Eine Variable behält solange ihren Wert bei, bis ihr ein neuer Wert zugewiesen wird. In VHDL haben die Signale diesen Speichereffekt geerbt, denn auch ein Signal behält seinen Wert, bis ein neuer Wert zugewiesen worden ist. Daher ist ein Signal nicht nur ein Symbol, mit dem die Klemmen der einzelnen Komponenten verdrahtet werden. Dieser von der Programmierung vertraute Speichereffekt der Variablen *und* Signale erleichtert die Modellierung, kann aber bei der Synthese zu überraschenden Ergebnissen führen.

Sichtbarkeit

Um unerwünschte Seiteneffekte zu vermeiden, kann auf eine Variable nur von einer einzigen Folge sequentieller Anweisungen zugegriffen werden [97]. Da ein Prozeß eine Folge von sequentiellen Anweisungen bündelt, ist eine Variable nur in einem einzigen Prozeß sichtbar. Weitere Unterteilungen der Sichtbarkeit in Unterprogramme und

Schleifen sind in VHDL wie in anderen höheren Programmiersprachen möglich. Einige Sichtbarkeitsbereiche sind in Abb. 3.1 dargestellt.

ENTITY xyz IS ...
ARCHITECTURE ... OF xyz IS ...
GENERATE
PROCESS
FUNCTION/PROCEDURE
LOOP

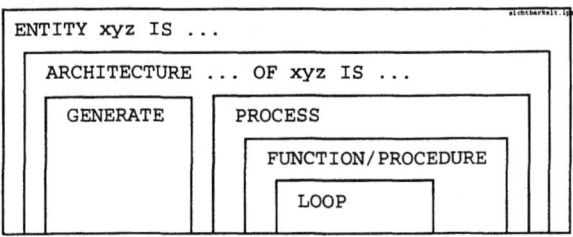

Abb. 3.1: Einige Sichtbarkeitsbereiche in VHDL

Auf den Index „i" in Abb. 3.2 kann nicht außerhalb des Rumpfes der Schleife „for_loop" zugegriffen werden. Die im Kopf des Prozesses „P1" definierte Variable „i" wird durch die Definition des Schleifenindex mit demselben Namen überdeckt. Man kann auf überdeckte Objekte, wie Variablen oder Signale, durch einen sogenannten „selected name" zugreifen. Ein „selected name" besteht aus einer punktseparatierten Liste aus Bezeichnern der Sichtbarkeitsbereiche und dem Namen des überdeckten Objektes. In Abb. 3.2 wird ein solcher „selected name" verwendet, um auf die Variable „i" des Prozesses „P1" zu zugreifen.

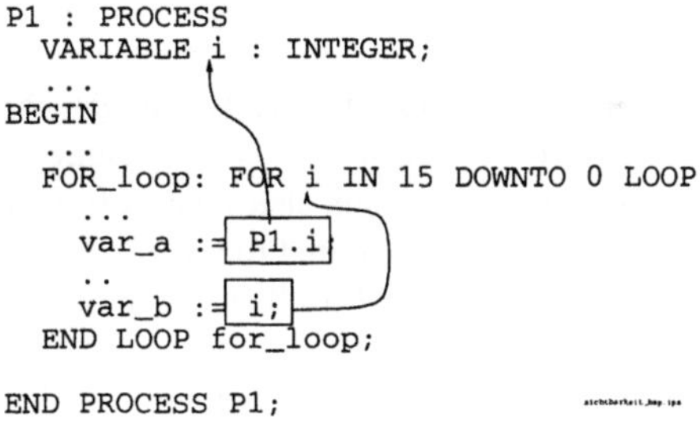

P1 : PROCESS
VARIABLE i : INTEGER;
...
BEGIN
...
FOR_loop: FOR i IN 15 DOWNTO 0 LOOP
...
var_a := P1.i
..
var_b := i;
END LOOP for_loop;
END PROCESS P1;

Abb. 3.2: Zugriff auf die überdeckte Variable „i" mit einem „selected name"

Eine Variable ist daher maximal in einem Prozeß sichtbar, während auf ein Signal in allen Prozessen eines Modells („architecture") zugegriffen werden kann.

Verzögerte Ausführung einer Signalzuweisung

Der Wert eines Signals ist im Unterschied zu einer Variablen nicht ausschließlich durch die zuletzt ausgeführte Zuweisung bestimmt. Die verschobene Durchführung einer Signalzuweisung ist in Abb. 3.3 durch die Abarbeitungsfolgen zweier Prozesse dargestellt (s. S. 46). Auf der linken Seite ist ein Teil der sequentiellen Anweisungen des

Prozesses „P1" gezeigt. Bei der hier betrachteten Aktivierung des Prozesses „P1" hat die Variable „V" den Wert 3 bevor die gezeigten Anweisungen ausgeführt werden. In der ersten gezeigten Anweisung wird der Variablen „V" der Wert 5 zugewiesen, so daß in der folgenden bedingten Verzweigung die durch „Aktion_Y" symbolisierten sequentiellen Anweisungen ausgeführt werden. Der Kontrollfluß durch die sequentiellen Anweisungen ist auf beiden Seiten durch eine gestrichelte Linie angedeutet.

Auswertung: Prozeß »P1«	**Auswertung: Prozeß »P2«**
Variable »V« hat den Wert 3	Signal »S« hat den Wert 3

``P1 : PROCESS``
``  VARIABLE V : ...;``
``BEGIN``
``  .``
``  V := 5;``
``  IF V = 3 THEN``
``    Aktion_X``
``  ELSE``
``    Aktion_Y -- <<<<<``
``  END IF;``
``  .``
	``P2 : PROCESS``
	``  ...``
	``BEGIN``
	``  .``
	``  S <= 5;``
	``  IF S = 3 THEN``
	``    Aktion_X -- <<<<<``
	``  ELSE``
	``    Aktion_Y``
	``  END IF;``
	``  .``

Abb. 3.3: Unmittelbare Ausführung der Wertzuweisung bei einer Variablen und Einplanung einer Wertänderung bei einer Signalzuweisung

Auf der rechten Seite von Abb. 3.3 ist die Abarbeitung einiger Anweisungen des Prozesses „P2" gezeigt. Bevor die gezeigten Anweisungen abgearbeitet werden, hat das Signal „S" den Wert 3. In der ersten gezeigten Anweisung wird dem Signal „S" der Wert 5 zugewiesen. Diese Zuweisung kann aber nicht sofort ausgeführt werden, weil z.B. zu diesem Zeitpunkt unklar ist, ob andere Prozesse dem Signal „S" ebenfalls einen neuen Wert zuweisen werden. Der vom Prozeß „P2" zugewiesene neue Wert wird daher gespeichert und frühestens im nächsten Zeitschritt ausgeführt. Die Funktionsweise z.B. der ereignisorientierten Simulationsmaschine wird in Abschnitt 3.4 (S. 102) detaillierter erläutert.

Hier soll nur festgestellt werden, daß die Zuweisung auf eine Variable unmittelbar ausgeführt wird und daher der „neue" Wert in derselben Aktivierung des Prozesses referenziert werden kann. Der neue Wert eines Signals steht nicht in der aktuellen Aktivierung eines Prozesses zur Verfügung.

Signaldefinitionen

Es gibt Signale mit einem Fließkommatyp („real") und solche mit diskreten Datentypen, wie Enumerationstypen (z.B. LOAD, STORE, START und – natürlich – '1', '0'). Ganzzahlige Datentypen („integer") werden bei der Beschreibung von Schaltungen meist mit einem eingeschränkten Wertebereich deklariert, daher werden sie auch zu den diskreten Datentypen gerechnet.

3.1. SIGNALE

Beispiele einer Signaldefinition in VHDL sind im Codefragment 3.1 im Rumpf des Modells „struc" der Einheit „some_entity" gezeigt. Die in diesem Codefragment definierten Signale sind nur innerhalb dieses Modells sichtbar und werden zur Verdrahtung der Instanzen und Prozesse dieses Modells verwendet.

3.1
```
ARCHITECTURE struc OF some_entity IS
   SIGNAL accu_out       : REAL := 3.14;            -- floating point number
   SIGNAL int_sig        : INTEGER RANGE -4 TO 3;   -- 3 bit 2nd complement
   SIGNAL overflow_flag  : BIT;                     -- single bit flag
   TYPE t_state IS (INIT, GET_DATA, SEND_DATA);     -- enumeration type
   SIGNAL state          : t_state := INIT;         -- a signal with this type
   ...
BEGIN
   ...
```

Eine solche Signaldefinition besteht aus der Vereinbarung eines Signalnamens, z.B. „accu_out", der Angabe eines Datentyps, z.B. „real", und eventuell einer Vorbelegung mit einem Initialisierungswert, z.B. „:= 3.14". Falls man bei der Definition eines Signals keinen Wert zur Initialisierung angibt, so wird bei VHDL der „am weitesten links stehende" oder „der kleinste" Wert des Basisdatentypen zur Initialisierung verwendet. Dies ist bei dem Enumerationstypen „t_state" im Codefragment 3.1 der Wert „INIT" und beim ganzzahligen Signal „int_sig" der Wert −4.

Zusammengesetzte Datentypen („composites")

Im Codefragment 3.1 wurde die Definition eines Datentyps am Beispiel des Enumerationstyps „t_state" demonstriert. Die anwenderdefinierten („t_state") und standardisierten („integer") Basistypen können in zusammengesetzten Datentypen kombiniert werden. Es gibt zwei Arten von zusammengesetzten Datentypen in VHDL, zum einen „records" und zum anderen „arrays". Bei einem „record" werden die Teile durch einen symbolischen Namen benannt, während bei einem „array" mit einem diskreten Index auf die Komponenten des zusammengesetzten Datentypen zugegriffen wird. Die Verwendung von Datentypen als Abstraktionsmechanismus wird in Kapitel 12 diskutiert. Zunächst wird die Definition und Verwendung von „records" und später die von Vektoren und Matrizen diskutiert.

„record"

Der „record"-Typ „t_tri_integer" im Codefragment 3.2 enthält einen ganzzahligen Teil („int") und eine Flagge („tri") zur Anzeige, ob das entsprechende Signal getrieben wird oder sich im Zustand hochohmig („tri-state") befindet.

3.2
```
TYPE t_tri_integer IS RECORD
   int : INTEGER;        -- "payload"
   tri : BOOLEAN;        -- TRUE -> high impedance; FALSE -> signal driven
END RECORD;
...
SIGNAL RAM_out : t_tri_integer; -- signal with a composite data type
```

Der Datentyp „t_tri_integer" wird verwendet, um das Signal „RAM_out" zu definieren. Man kann durch Ausdrücke der Form „RAM_out.tri" die Komponenten eines „records" referenzieren.

Zugriff auf einzelne Elemente und Teilbereiche mit „selected names": Eine durch Punkte verbundene Folge von Bezeichnern nennt man „selected name" [44]. Durch einen solchen „selected name" können sowohl einzelne Elemente, als auch Teile eines zusammengesetzten Datentyps bezeichnet werden. Die Definition eines hierarchischen „records" ist im Codefragment 3.3 gezeigt. Zunächst wird im Codefragment 3.3 der ganzzahlige Datentyp „t_video_sig" mit einem beschränkten Wertebereich definiert. Dieser Datentyp wird verwendet, um den Datentyp eines RGB-Signals „t_RGB" zu definieren. Signale mit dem Datentypen „t_RGB" sollen über einen Bus mit mehreren Treibern transportiert werden und daher wird der RGB-Typ mit einer Flagge zur Signalisierung des Treiberzustands im Datentyp „t_tri_RGB" kombiniert.

3.3
```
SUBTYPE t_video_sig IS INTEGER RANGE -4 TO 3; -- 3 bit video signal
TYPE t_RGB IS RECORD          -- type to define a colour video signal
   red    : t_video_sig;
   green  : t_video_sig;
   blue   : t_video_sig;
END RECORD;
TYPE t_tri_RGB IS RECORD
   RGB    : t_RGB;             -- "payload"
   tri    : BOOLEAN;           -- TRUE -> high impedance; FALSE -> signal driven
END RECORD;
...
SIGNAL greenValue : t_video_sig;-- the green value
SIGNAL toMonitor  : t_RGB;      -- RGB signal send to a monitor
SIGNAL RAM_out    : t_tri_RGB;  -- signal traveling from a RAM over a bus
BEGIN
...
greenValue <= RAM_out.RGB.green;-- select a single element
toMonitor  <= RAM_out.RGB;      -- selected name to denote a composite itself
```

Mit den drei im Codefragment 3.3 definierten Datentypen werden die Signale „greenValue", „toMonitor" und „RAM_out" definiert. In der ersten Zuweisung im Codefragment 3.3 wird mit dem „selected name" „RGB.green" aus dem Signal „RAM_out" der Wert eines einzelnen Videosignals extrahiert. Die Werte der drei Farbsignale werden in der letzten Zuweisung gebündelt an das Signal „toMonitor" gegeben.

Aggregat: „positional" versus „named"

Ein sogenanntes Aggregat („aggregate") [44] wird verwendet, um Signalen oder Variablen eines zusammengesetzten Datentyps mit einer einzigen Anweisung einen Wert zuweisen zu können. Ein Aggregat ist ein aus mehreren Gliedern bestehender Ausdruck. Die einzelnen Werte eines Aggregats können den Teilen eines zusammengesetzten Datentyps entweder namentlich („named") oder durch die Position in einer kommaseparierten Liste („positional") zugeordnet werden. Die Initialisierung des Signals „RAM_out_pos" im Codefragment 3.4 verwendet eine solche positionale Zuordnung der Initialisierungswerte zu den Teilen des zusammengesetzten Datentypen „t_tri_integer". In der direkt darauf folgenden Signalzuweisung wird eine namentliche Zuordnung verwendet. Auf der linken Seite einer solchen Zuordnung „tri => TRUE" steht der Elementbezeichner („tri"), während auf der rechten Seite ein Ausdruck mit

3.1. SIGNALE

dem Wert, der dem benannten Teil des Datentypen zugeordnet werden soll, notiert wird („TRUE").

3.4
```
TYPE t_tri_integer IS RECORD
    int  : INTEGER;           -- "payload"
    tri  : BOOLEAN;           -- TRUE -> high impedance; FALSE -> signal driven
END RECORD;
SIGNAL RAM_out_pos   : t_tri_integer := (5, TRUE);        -- positional aggr.
SIGNAL RAM_out_named : t_tri_integer := (int => 5,
                                         tri => TRUE);    -- named aggregate
```

Explizite Angabe des Datentypen: Gibt es mehrere zusammengesetzte Datentypen mit einem ähnlichen Aufbau, so kann der Datentyp des Aggregats nicht alleine aus dem Aufbau des Aggregats selber ermittelt werden. In einem solchen Fall muß der Datentyp des Aggregats explizit durch eine sogenannte „qualified expression" angegeben werden. Um diesen Fall zu illustrieren und die Anwendung einer expliziten Datentypangabe zu demonstrieren, ist im folgenden Codefragment 3.5 die Definition zweier ähnlich aufgebauter zusammengesetzter Datentypen gezeigt.

3.5
```
TYPE t_port IS RECORD
    voltage : REAL;           -- voltage at a port
    current : REAL;           -- current through port
END RECORD;
TYPE t_complex IS RECORD      -- for complex valued numbers
    r : REAL;                 -- real part
    i : REAL;                 -- imaginary part
END RECORD;
VARIABLE complex_number : t_complex;
BEGIN
    ...
    complex_number := t_complex'(0.0, 0.0);  -- could have been voltage
                                             -- and current as well
    ...
```

Der Variablen „complex_number" wird durch ein Aggregat aus zwei reellen Zahlen ein Wert zugewiesen. Ein positionales Aggregat mit zwei reellen Zahlen kann aber entweder vom Typ „t_port" oder vom Typ „t_complex" sein. Diese Unsicherheit wird durch die explizite Angabe des Datentypen beseitigt.

Die explizite Angabe des Datentypen ist aber nicht nur auf Aggregate beschränkt, sondern muß bei allen Ausdrücken verwendet werden, deren Datentyp sich nicht eindeutig aus dem Kontext ergibt. Im folgenden Codefragment 3.6 werden zwei Enumerationstypen „t_mode" und „t_inputValueRange" definiert. Beide Enumerationstypen verwenden das Literal „NORMAL". Daher ist bei einer Verwendung dieses Literals in einem Ausdruck nicht klar, welchen Datentyp dieser Ausdruck hat. Im Codefragment 3.6 wurde daher bei der Zuweisung auf die Variable „inputValueRange" der Datentyp explizit angegeben.

3.6
```
TYPE t_mode IS (DOWN, INIT, NORMAL, SHUTDOWN);   -- a literal NORMAL defined
...
TYPE t_inputValueRange IS (LOW, NORMAL, HIGH);   -- literal NORMAL overloaded
VARIABLE inputValueRange : t_inputValueRange;
BEGIN
    ...
    inputValueRange := t_inputValueRange'(NORMAL);  -- ambiguity of literal
                                                    --    NORMAL resolved
```

Vektoren und Matrizen: „array"

Zu den zusammengesetzten Datentypen gehören nicht nur die oben vorgestellten „records", sondern auch die Vektoren und Matrizen („arrays"). Im Codefragment 3.7 ist die Definition eines Vektortypen („t_byte") und einer Matrix („t_mem") gezeigt.

3.7
```
TYPE t_byte IS ARRAY (7 DOWNTO 0) OF BIT;  -- type bit is ('0', '1');
SIGNAL byte_sig : t_byte;
CONSTANT RAM_Len : POSITIVE := 1024;       -- words in the following RAM
TYPE t_mem IS ARRAY (0 TO RAM_Len-1, 7 DOWNTO 0) OF BIT;  -- byte wide RAM
SIGNAL RAM_A : t_mem;
```

Zugriff auf einzelne Werte („indexed names"): Auf die einzelnen Elemente eines Vektors oder einer Matrix wird mit sogenannten „indexed names" zugegriffen. Beispiele für den Zugriff auf einzelne Elemente eines Vektors oder einer Matrix sind im folgenden Codefragment 3.8 für die im obigen Codefragment 3.7 definierten Signale gezeigt.

3.8
```
...
IF byte_sig(3) = '1' THEN  -- access a single flag from a byte
...
RAM_A(0, 7) <= '1';        -- set the MSB of the first word
```

Zugriff auf zusammenhängende Teilbereiche („slice names"): Auf mehrere aufeinanderfolgende Elemente eines Vektors oder eines zusammenhängenden Teilbereiches einer Matrix wird mit Hilfe der sogenannten „slice names" zugegriffen. Bei einem „slice name" wird nicht ein einziger Indexwert, sondern ein zusammenhängender Teil des Wertebereichs der Indizes zwischen den runden Klammern angegeben. Die Verwendung von „slice names" ist im folgenden Codefragment 3.9 an zwei Beispielen demonstriert.

3.9
```
...
IF byte_sig(3 DOWNTO 0) = '1010' THEN  -- access the lower nibble of byte_sig
...
RAM_A(0, 7 DOWNTO 0) <= '11110000';    -- set complete first word of RAM_A
```

Im oberen Teil von Abb. 3.4 sind die beiden Variablen „LV" und „SV" als ein Vektor von Daten des Typs „t_data" definiert. Die Zuweisung im unteren Teil von Abb. 3.4 verwendet einen „slice name", um einen Teil des Vektors „LV" zu extrahieren und in den angegebenen Positionen des Vektors „SV" abzulegen. Da die Numerierungsrichtung der Positionen („downto") und die Grenzen der Teilbereiche der „slice names" auf beiden Seiten der Zuweisung zusammenpassen, ist die in Abb. 3.4 skizzierte Verwendung von „slice names" gültig. In Abb. 3.5 ist eine oft erwünschte aber ungültige Zuweisung mit einem „slice name" skizziert. Im oberen Teil von Abb. 3.5 sind wieder zwei Vektoren definiert. Der untere Vektor „SV" hat allerdings eine umgekehrte Numerierungsrichtung („to"), so daß die Zuweisung in der unteren Hälfte von Abb. 3.5 zwar im Bezug auf die Größe des Teilbereichs möglich wäre, aber wegen der unterschiedlichen Numerierungsrichtungen nicht erlaubt ist.

3.1. SIGNALE

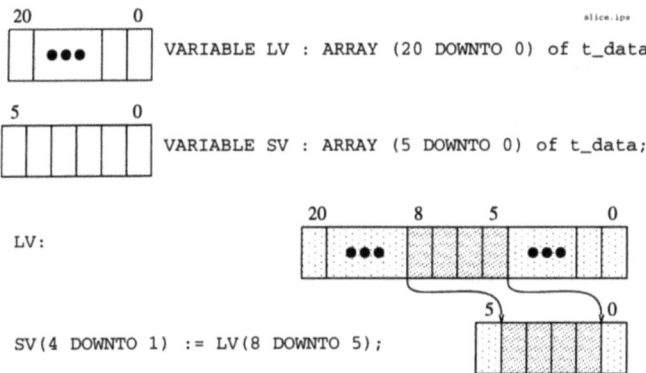

Abb. 3.4: Verwendung eines „slice names"

Unbeschränkte Vektortypen: Der Typ „t_int_vec" im folgenden Codefragment 3.10 ist ein „array" von ganzzahligen Werten, dessen Indexbereich nur durch den im Standard vordefinierten ganzzahligen Typen „positive" [44] beschränkt ist. Daten des Typs „positive" können Werte größer oder gleich 1 annehmen, daher ist durch diese Typdefinition nur die untere Grenze festgelegt.

3.10
```
TYPE t_int_vec IS ARRAY (POSITIVE RANGE <>) OF INTEGER;  -- unconstrained type
```

Man kann die Festlegung des Indexbereiches eines Vektors durch die Verwendung der sogenannten „box", welche durch „<>" dargestellt wird, auf einen späteren Zeitpunkt verschieben. Diese Vertagung der Wertebereichseinschränkung ist allerdings nur für eine einzige Dimension einer Matrix erlaubt [44]. Daher nennt man diese Datentypen auch „unbeschränkte **Vektor**-typen" („unconstrained types"). Der Wertebereich des vorläufig unbeschränkten Index ergibt sich durch die Definition eines abgeleiteten Datentypen oder durch die Verwendung zur Definition einer Variablen oder eines Signals.

Im Codefragment 3.11 sind zwei Möglichkeiten gezeigt, wie die obere Wertebereichsgrenze des unbeschränkten Verktortypen „t_int_vec" bestimmt werden kann. Beim Signal „RAM_direct" ist die obere Grenze (5) direkt angegeben. Die untere Grenze ergibt sich aus der Definition des Indextypen als „positive". Da die untere Grenze des unbeschränkten Vektortypen „t_int_vec" bekannt ist, kann die obere Grenze auch durch ein Abzählen der Werte in einem Aggregat ermittelt werden. Diese Möglichkeit wurde bei der Initialisierung des Signals „RAM_indirect" verwendet.

3.11
```
TYPE t_int_vec IS ARRAY (POSITIVE RANGE <>) OF INTEGER;  -- copied to ease
                                                         --   understanding
SIGNAL RAM_direct   : t_int_vec(5);                      -- sets 5 as upper
                                                         --   index bound
SIGNAL RAM_indirect : t_int_vec := (2, 3, 6, -2, -10);   -- positional aggr.
                   -- index:       1  2  3   4   5
```

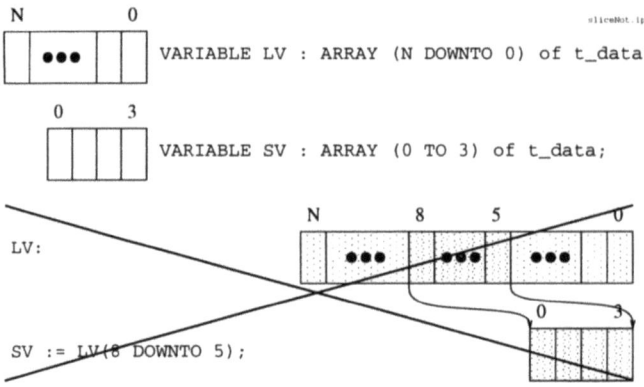

Abb. 3.5: Mit einem „slice name" *nicht* durchführbare Zuweisung

Zuweisungen auf Vektoren und Matrizen durch ein Aggregat: Im obigen Codefragment 3.11 ist das Signal „RAM_indirect" durch ein Aggregat initialisiert worden. Eine Zuordnung mit einer kommaseparierten Liste von Werten nennt man „positional". Im folgenden Codefragment 3.12 ist neben der Zuordnung nach der Position bei der Initialisierung des Signals „RAM_indirect_pos"auch die namentliche Zuordnung („named") demonstriert. Die namentliche Zuordnung besteht aus der expliziten Zuordnung des Indexwertes zum Initialisierungswert. So wird im Codefragment 3.12 die Position mit dem Index 1 mit einer 2, die mit dem Index 3 mit einer 6 und alle übrigen Indexpositionen, welche durch den Quantor „others" bezeichnet werden, mit einer 3 initialisiert. Im Abschnitt 3.2 (S. 89) werden diese beiden Arten der Zuordnung zur Beschreibung von Verbindungslisten ausführlicher diskutiert.

```
3.12   SIGNAL RAM_indirect_pos   : t_int_vec := (2, 3, 6, -2, -10);
       SIGNAL RAM_indirect_named : t_int_vec := (1      => 2,
                                                 3      => 6,
                                                 OTHERS => 3);
```

Interne Signale und Klemmensignale

Die im Kopf eines Modells definierten Signale sind nur in diesem Modell sichtbar und werden zur Verdrahtung der Instanzen und Prozesse in diesem Modell verwendet. Neben diesen internen Signalen sind aber im gesamten Modell die Signale an den Ein- und Ausgangsklemmen sichtbar. Die Definition der Klemmen folgt dem Schema der Signaldefinition, wird aber durch die Angabe einer Signalflußrichtung ergänzt (s. S. 41). Da das Konzept der „Signalflußrichtung" nicht in allen Simulationskonzepten notwendig ist, wird es erst ab S. 108 diskutiert.

Zusammenfassung: Signale

Ein Signal dient zur Verbindung von Instanzen und Prozessen in einem Modell. Die Definition eines Signals besteht aus der Vereinbarung eines Namens, eines Datentyps und eventuell aus der Angabe eines Initialisierungswertes. Wird kein Initialisierungswert angegeben, so werden in VHDL beim Start der Simulation alle Signale mit dem „am weitesten links" stehenden Wert initialisiert. Die Basisdatentypen, wie „integer" oder „boolean", sowie anwenderdefinierte Enumerationstypen können in zusammengesetzten Datentypen kombiniert werden. Die Definition der beiden Arten von zusammengesetzten Datentypen „array" und „record" sowie der Zugriff auf die Elemente derselben ist an verschiedenen Beispielen demonstriert worden. Mit Hilfe eines Aggregats kann mehreren Elementen eines zusammengesetzten Datentyps durch eine einzige Zuweisung ein Wert zugewiesen werden. Die namentliche („named") Zuordnung eines Wertes zu dem Elementbezeichner eines zusammengesetzten Datentyps sowie die Zuordnung durch die Position in einer Liste („positional") wurden erläutert.

3.2 Strukturmodelle und deren Konfiguration

Die naheliegende strukturelle Modellierung, z.B. mit einem Schaltplaneditor, ist dem Aufbau eines Prototypen nachempfunden, d.h. man instanziiert Komponenten und verdrahtet sie mit Signalen. Die dabei erzeugten Schaltpläne sind graphische Repräsentationen eines Strukturmodells.

DEFINITION 3.2 (STRUKTURMODELL) *Ein Modell ist ein Strukturmodell, wenn das Verhalten der Einheit durch eine Verbindung von Instanzen gegeben ist.*

Der Prozeß der Instanziierung einer Einheit ist in Abb. 2.10 (S. 39) gezeigt. Eine Instanz wird durch einen Pfad durch die Instanzen auf den darüberliegenden Hierarchieebenen bezeichnet (z.B. „./testbench/IO/parallel_Port"). Die Konfiguration eines Strukturmodells legt fest, welches Modell zur Simulation einer Instanz verwendet wird. In Abb. 2.17 (S. 53) ist der Prozeß der Instanziierung den Stufen der Konfiguration gegenübergestellt worden. Im folgenden wird der Prozeß der Konfiguration genauer erläutert.

Konfiguration

VHDL bietet im Unterschied zu Verilog [111] durch die Unterscheidung von Einheiten („entity"), Modellen („architecture"), Komponenten („component") und Instanzen („instance") vielfältige Möglichkeiten der Konfiguration eines Modells.

Direkte Instanziierung mit einem Schaltplaneditor: In einem traditionellen Schaltplaneditor gibt es nicht den Begriff der „Komponente" und daher auch nicht die Notwendigkeit der Konfiguration. Zum Vergleich sind in Abb. 3.6 die Stufen der „Modellierung" mit einem Schaltplaneditor dargestellt. Der rekursive Prozeß beginnt z.B. mit der Erzeugung eines Schaltplans. Dessen Details werden hinter einem Symbol verborgen, welches dieselben äußeren Anschlüsse hat. Dieses Symbol wird dann in einem weiteren Schaltplan („Modell") instanziiert[1].

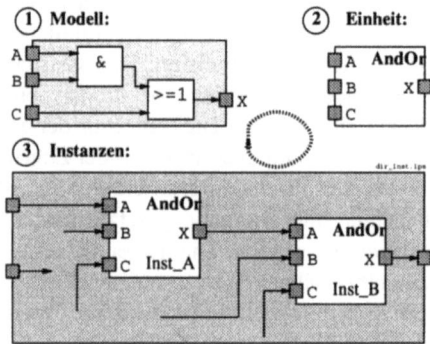

Abb. 3.6: Direkte Instanziierung einer Einheit in einem anderen Modell

Die Notwendigkeit der Konfiguration erwächst, wenn man in VHDL keine Einheiten sondern Komponenten instanziiert. Zu einer Einheit können Modelle implementiert werden, zu einer Komponente aber nicht. Daher ist das Verhalten einer Instanz zunächst gänzlich unbestimmt. Erst durch die Bindung einer Einheit und eines Modells an jede Instanz wird das Verhalten definiert und eine Simulation ermöglicht.

Hierarchische Strukturmodelle: An die Instanzen in einem Strukturmodell können Einheiten gebunden werden, die selber wieder durch ein Strukturmodell definiert sind. Diese Situation ist unter anderem in Abb. 3.7 skizziert. In dem dort dargestellten Beispiel soll die „top-level"-Einheit „E1" simuliert werden. Bei der Einheit „E1" kann es sich z.B. um eine Testbench handeln (s. S. 43). Das Modell „M1" der Einheit „E1" ist ein Strukturmodell mit mehreren Komponenten und Instanzen. Das Verhalten der Instanz „I1" der Komponente „K2" ist zunächst völlig unbestimmt. Daher wird durch eine Konfigurationsanweisung die Instanz „I1" an die Einheit „E2" gebunden. Da es verschiedene Modelle der Einheit „E2" gibt, wird das Modell „M1" ausgewählt. Das Modell „M1" der Einheit „E2" ist aber selber wieder ein Strukturmodell, dessen Instanzen wiederum durch eine Konfigurationsanweisung an eine Einheit und ein Modell gebunden werden müssen. Die Hierarchieebenen eines Strukturmodells sind daher auch nicht in dem Strukturmodell selber sichtbar, sondern ergeben sich erst durch eine Bindung der Instanzen an Einheiten, welche wieder durch ein Strukturmodell definiert sind.

---

[1] Der VHDL'93-Standard ist um die Möglichkeit der direkten Instanziierung einer Einheit erweitert worden (s. S. 95).

3.2. STRUKTURMODELLE UND DEREN KONFIGURATION 85

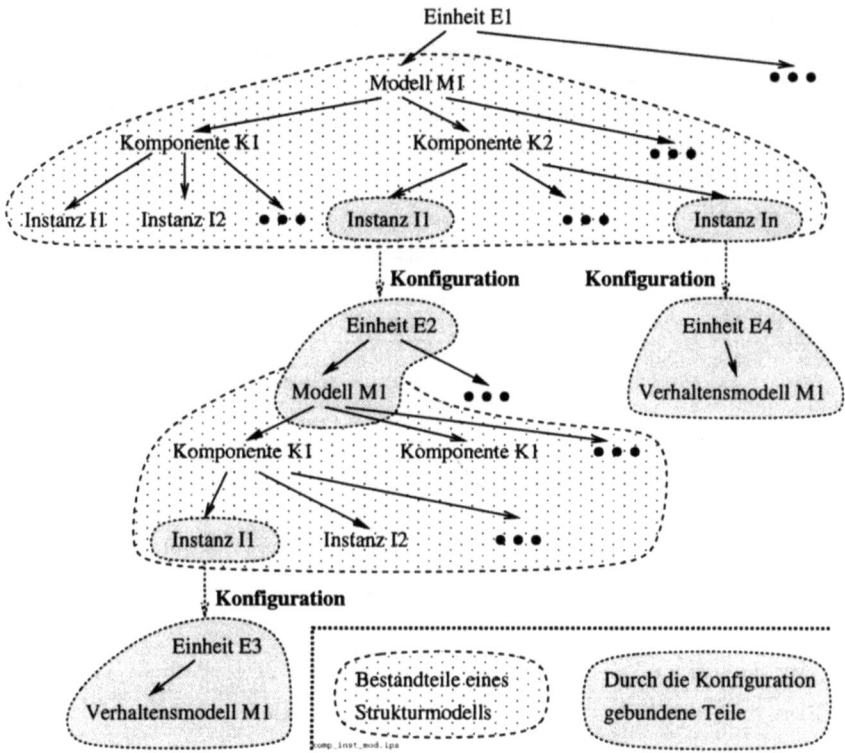

Abb. 3.7: Teile des Instanzenbaumes des hierarchischen Strukturmodells der Einheit „E1"

Konfiguration als rekursiver Prozeß: Der Prozeß der Konfiguration ist ein rekursiver Prozeß. Er endet, wenn zu einer Einheit ein Modell selektiert werden kann, dessen Verhalten nicht durch die weitere Instanziierung von Komponenten definiert ist. Solche Modelle nennt man Verhaltensmodelle. Sie können z.B. aus einem einzigen Prozeß bestehen. Die Bestandteile eines Verhaltensmodells werden ab S. 98 detaillierter diskutiert. Eine Konfiguration ist vollständig, wenn an alle Instanzen in den Blättern des Instanzenbaumes eine Einheit gebunden worden ist, deren Verhalten durch ein Verhaltensmodell definiert ist.

Aufbau und Syntax einer hierarchischen Konfiguration: Der Aufbau und die Syntax einer Konfiguration eines hierarchischen Strukturmodells sind im folgenden Codefragment 3.13 gezeigt. Eine Konfiguration beginnt mit dem Schlüsselwort „configuration", dem Namen der Konfiguration „hierarchy" und dem Namen der Einheit

„E1", die konfiguriert werden soll[2]. Mit der ersten „for"-Klausel wird das Modell „M1", der in der ersten Zeile selektierten Einheit „E1", ausgewählt, um den in Abb. 3.7 skizzierten Pfad durch den Instanzenbaum zu konfigurieren. Mit der dritten Zeile wird die Instanz „I1" der Komponente „K2" an die Einheit („entity") „E2" aus der Bibliothek „work" gebunden. Das Verhalten der Einheit „E2" soll durch das Modell „M1" beschrieben werden.

3.13
```
CONFIGURATION hierarchy OF E1 IS  -- name of configuration and name of entity
   FOR M1                         -- model to be configured
   --=======================================================================
      FOR I1 : K2                 -- name of instance and component
         USE ENTITY WORK.E2(M1);  -- bind model M1 of entity E2
         FOR M1                   -- M1 is itself a structural model
         --+++++++++++++++++++++++++++++++++++++++++++++++++++++++++++++++++
            FOR I1 : K1
               USE ENTITY WORK.E3(M1);-- M1 of E3 is a behavioural model and thus
            END FOR;              --    no further configurations in this
                                  --    branch of the instance tree necessary
            FOR I2 : K1           -- but there are other instances in
                                  --    Model M1 of entity E2
            ...                   -- the whole branch not shown in the figure
            END FOR;
            ...                   -- all remaining instances of model M1
                                  --    of entity E2 removed as well
         --+++++++++++++++++++++++++++++++++++++++++++++++++++++++++++++++++
         END FOR;                 -- model M1 of entity E2 completely configured
      END FOR;                    -- close "for I1 : K2 ..."
      ...                         -- many instances of model M1 of E1 (E1!!!)
                                  -- not shown as well
      FOR In : K2                 -- the last instance of model M1 of entity E1
         USE ENTITY WORK.E4(M1);  -- it's a behavioural model -> no need for
      END FOR;                    --    further configuration statements
   --=======================================================================
   END FOR;                       -- model M1 of entity E1 completely configured
END hierarchy;
```

Da das Modell „M1" der Einheit „E2" auch ein Strukturmodell ist, wird das Modell „M1" ebenfalls durch eine „for"-Klausel konfiguriert. Im Codefragment 3.13 und in Abb. 3.7 ist nur gezeigt, wie die Instanz „I1" der Komponente „K1" an das Modell „M1" der Einheit „E3" gebunden wird. Dieses Modell enthält keine weiteren Instanzen, so daß der Prozeß der Konfiguration für diesen Zweig des Instanzenbaumes endet. Nachdem durch die Klausel „end for" die jeweiligen „for"-Klauseln beendet wurden, wird die Konfiguration des Modells „M1" der Einheit „E1" im Codefragment 3.13 mit der Bindung der Instanz „In" fortgesetzt.

Sind alle Instanzen eines Modells direkt oder über weitere Strukturmodelle an ein Modell gebunden, dessen Verhalten nicht durch eine Instanziierung weiterer Komponenten definiert ist, so ist das Verhalten eines Modells vollständig definiert und es kann eine Simulation gestartet werden.

Abbildung der Schnittstellen der Komponenten auf die der Einheit: Die Schritte einer Konfiguration sind in Abb. 3.8 noch einmal zusammengefaßt. Auf der linken Seite von Abb. 3.8 sind die Bestandteile einer Instanz aufgezählt. Zu jeder Instanz

---

[2]Die Verwendung von kryptischen Bezeichnern kann die Erstellung eines Modells beschleunigen, wird aber schon bei der nachfolgenden Fehlersuche im allgemeinen bereut! Hier werden Bezeichner, wie „E1", verwendet, weil die Funktion der einzelnen Einheiten *in diesem Zusammenhang* irrelevant ist.

3.2. STRUKTURMODELLE UND DEREN KONFIGURATION

muß eine Einheit und ein Modell ausgewählt werden, welche an die Instanz gebunden werden sollen. Neben dieser Bindung müssen die Parameter und Klemmen der Einheit auf die Schnittstellen der instanziierten Komponente abgebildet werden. Zu einer solchen Abbildung verwendet man eine Verbindungsliste. Bei einer Instanziierung müssen die Schnittstellen der Komponente mit den Parametern und Signalen des Modells verbunden werden. Daher ist der Aufbau einer Verbindungsliste schon ab S. 42 erläutert worden. In der folgenden Diskussion eines Beispiels zur Konfiguration wird aber der Aufbau einer Verbindungsliste noch einmal erläutert.

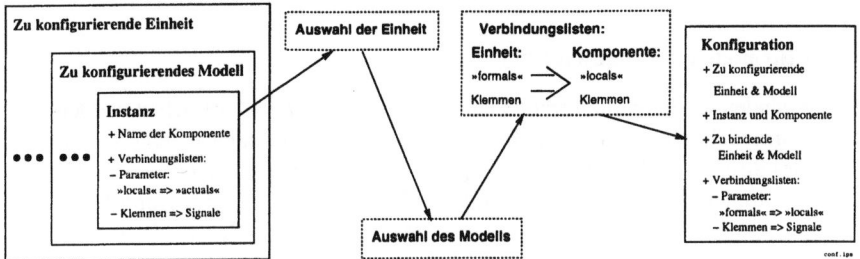

Abb. 3.8: Prozeß der Konfiguration

Auf der rechten Seite von Abb. 3.8 sind die Bestandteile einer vollständigen Konfiguration zusammengefaßt.

Beispiel: Strukturmodell

Die Möglichkeiten der Konfiguration sollen im folgenden an einem einfachen Addierer demonstriert werden. Natürlich sind Addierer in den meisten Synthesebibliotheken (vgl. Abs. 5.4, S. 202) enthalten, aber das Strukturmodell eines „carry-ripple"-Addierers ist allgemein bekannt und wird daher hier als Beispiel verwendet. Zunächst werden die Parameter und Klemmen der Einheit „addierer" definiert:

```
3.14  LIBRARY IEEE;                          -- announce usage of library IEEE
      USE IEEE.std_logic_1164.ALL;           -- make all public definitions of
                                             --   package "std_logic_1164" visible
      ENTITY addierer IS
        GENERIC(w1 :     POSITIVE := 5);     -- number of bits in each in. word
        PORT(a, b  : IN  std_ulogic_vector(w1-1 DOWNTO 0);  -- input words
             sum   : OUT std_ulogic_vector(w1 DOWNTO 0));   -- sum
      END addierer;
```

Durch die „library"-Klausel wird die Benutzung der Bibliothek „IEEE" angemeldet und durch die „use"-Klausel werden alle („all") Definitionen des Pakets „std_logic_1164" in der Einheitsdefinition und in allen Modellen der Einheit „addierer" sichtbar gemacht. Hier werden diese Klauseln benötigt, weil der Datentyp „std_ulogic_vector" ein Teil des IEEE-Standards 1164 ist (vgl. Abs. 14.4.1, S. 484). In VHDL kann eine Einheit zwei Typen von Schnittstellen haben. Die Werte von Parametern („generic") sind für den Lauf einer Simulation konstant, während sich der Wert eines an einer Klemme („port") angeschlossenen Signals im Laufe der Simulation verändern kann (s. S. 41).

Die Definition einer Schnittstelle beginnt mit der Vereinbarung eines Namens, wie „wl" oder „sum". Dann wird bei einer Klemme die Flußrichtung angegeben, während bei einem Parameter die Flußrichtung in die Instanz eines Modells fest ist. Die Flußrichtung einer Klemme ist entweder „in", „out" oder „inout". Die Bedeutung und Anwendung der Signalflußrichtungen wird ausführlich in Abschnitt 3.5 (S. 108) diskutiert. Die Definition einer Schnittstelle wird durch die Angabe des Datentyps und eines optionalen Initialisierungswerts abgeschlossen.

Strukturmodell des „addierers"

Im folgenden soll ein Strukturmodell für die Einheit „addierer" betrachtet werden. Ein Strukturmodell entsteht durch die Instanziierung und Verdrahtung anderer Komponenten. Das Strukturmodell eines „carry-ripple"-Addierers mit Instanzen eines Volladdierers („full_adder") ist in Abb. 3.9 skizziert [95]. Ein solcher „carry-ripple"-Addierer wird in den Codefragmenten 3.15 und 3.17 (S. 90) parametrierbar modelliert.

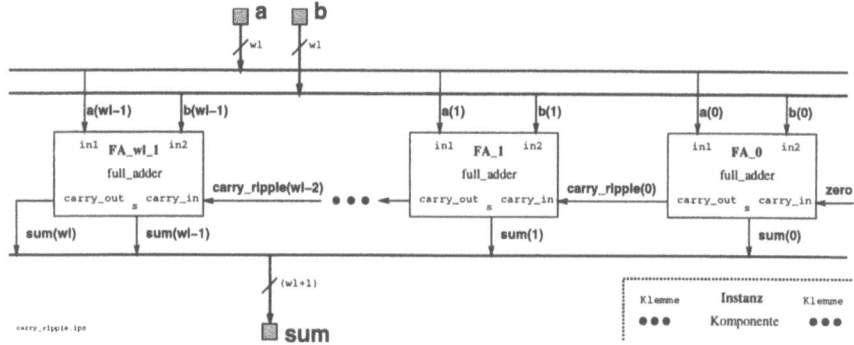

Abb. 3.9: Strukturmodell eines „carry-ripple"-Addierers

Definition der Komponenten, der Signale und einer Instanz: Zunächst wird im Kopf des Modells „struc" die Komponente „full_adder" definiert, damit der VHDL-Compiler die Korrektheit der Verdrahtung bei der Übersetzung dieses Modells überprüfen kann. Dann werden die Signale zur Verdrahtung der Instanzen definiert. Jede Instanz besteht aus einem optionalen Namen, wie „FA_0", einer Komponente, hier „full_adder", und einer Verbindungsliste („port map").

```
3.15 ARCHITECTURE struc OF addierer IS
        COMPONENT full_adder
          PORT(carry_in, in1, in2    : in  std_ulogic;
                    s, carry_out     : out std_ulogic);
        END COMPONENT;
        SIGNAL carry_ripple : std_ulogic_vector(wl-2 DOWNTO 0); -- carry-ripple chain
```

3.2. STRUKTURMODELLE UND DEREN KONFIGURATION

```
        SIGNAL zero           : std_ulogic := '0';              -- carry input is '0'
    BEGIN
        FA_0 : full_adder PORT MAP(zero, a(0), b(0),
                                   sum(0), carry_ripple(0));
```

In der Verbindungsliste („port map") werden die Signale an die Klemmen der Komponente angeschlossen.

Zuordnung: „positional" versus „named"

Im folgenden werden die beiden grundsätzlichen Möglichkeiten, eine solche Zuordnung zu beschreiben, vorgestellt. | Exkurs |

Im Codefragment 3.15 werden die Klemmen der Komponente „full_adder" den Signalen des Modells „struc" durch eine Liste zugeordnet. Da die Signale den Klemmen an derselben Position in der Liste zugeordnet werden, nennt man diese Art der Zuordnung „positional". Man kann aber auch jede Klemme einer Komponente einem bestimmten Signal namentlich zuordnen. Eine solche Verbindungsliste ist im folgenden Codefragment 3.16 gezeigt.

3.16
```
    COMPONENT full_adder                            -- repeated to increase readability
        PORT(carry_in, in1, in2  : IN  std_ulogic;
             s, carry_out        : OUT std_ulogic);
    END COMPONENT;
    SIGNAL carry_ripple : std_ulogic_vector(w1-2 DOWNTO 0);
    SIGNAL zero         : std_ulogic := '0';
    BEGIN
        FA_0 : full_adder PORT MAP(carry_in => zero, in1 => a(0), in2 => b(0),
                                   s => sum(0), carry_out => carry_ripple(0));
```

Da die Klemmen den Signalen namentlich gegenübergestellt werden, nennt man diese Form der Zuordnung „named". Auf der linken Seite einer solchen, durch einen Rechtspfeil „=>" getrennten, namentlichen Zuordnung befindet sich die Schnittstelle der Komponente und auf der rechten Seite ein Signal.

Wenig Klemmen → „positional", viele Klemmen → „named"! Eine Zuordnung nach der Position ist wesentlich kürzer als eine namentliche Zuordnung. Die Zuordnung nach der Position ist aber mit dem Risiko verbunden, daß man eine Position vertauscht oder eine Klemme ausläßt und somit die gesamte Liste „verrutscht". Falls die Klemmen verschiedene Datentypen haben, so kann der VHDL-Compiler feststellen, daß die Teile der Verbindungsliste nicht zusammenpassen. Bei identischen Datentypen kann aber ein solches Strukturmodell simuliert werden; der Verdrahtungsfehler kann nur durch eine Fehlfunktion des Systems entdeckt werden.

Daher sollte man bei Verbindungslisten mit wenigen Elementen die Zuordnung nach der Position verwenden und bei längeren Verbindungslisten die Zuordnung namentlich vornehmen. Dies gilt nicht nur für die Verbindungslisten („port/generic map") in Instanzen und Konfigurationen, sondern auch für Aggregate (s. S. 78). | Exkurs |

Parametrierte Strukturmodelle: „Generate"

In dem bisher vorgestellten Teil des Strukturmodells eines „carry-ripple"-Addierers ist nur der erste Volladdierer in der Kette instanziiert worden. Die folgenden Volladdierer in der Kette könnten in derselben Weise instanziiert werden. Dies führt aber zum einen zu einem langen und schwer lesbaren Modell, und zum anderen kann dann die Breite der Klemmen nicht, wie in der Definition der Einheit „addierer" im Codefragment 3.14 (S. 87) vorgesehen, parametriert werden. Daher wird im folgenden Codefragment 3.17 eine „generate"-Anweisung verwendet, um die Netzliste von Instanzen parametrierbar zu machen.

3.17
```
         FA_0 : full_adder PORT MAP(zero, a(0), b(0),
                                    sum(0), carry_ripple(0));
         FA_Chain : FOR p IN wl-2 DOWNTO 1 GENERATE    -- "generate" remaining instance
             FA_intermediate : full_adder              -- of component "full_adder"
                 PORT MAP(carry_ripple(p-1), a(p), b(p),
                          sum(p), carry_ripple(p));
         END GENERATE;
         FA_wl_1 : full_adder                          -- add the MSBs
             PORT MAP(carry_ripple(wl-2), a(wl-1), b(wl-1),
                      sum(wl-1), sum(wl));
     END struc;
```

Die Funktion einer „generate"-Anweisung entspricht der einer sequentiellen „for"--Schleife oder „if"-Abfrage, deren Anweisungen *vor dem Start der Simulation* ausgeführt werden, d.h. die Schleife in einer „generate"-Anweisung ist beim Start der Simulation schon entfaltet worden. Daher gibt es nach dem Start einer Simulation zu jeder Instanz des Modells „struc" der Einheit „addierer" eine feste Kette von Instanzen der Komponente „full_adder", welche durch die Elemente der vektorwertigen Signale, wie „carry_ripple" oder „sum", verbunden sind.

Konfiguration: Bindung der Komponenten

Im Strukturmodell der Einheit „addierer" in den Codefragmenten 3.15 (S. 88) und 3.17 (S. 90) sind Instanzen der Komponente „full_adder" verdrahtet worden. Zur Simulation des Strukturmodells soll für alle Instanzen der Komponente „full_adder" die gleichnamige Einheit „full_adder" verwendet werden. Weiterhin soll das Modell „behav" der Einheit „full_adder" zum Einsatz kommen. Den Bindungsvorgang, in dem diese Informationen formal beschrieben werden, nennt man Konfiguration („configuration"). Die Einheit „full_adder" sowie das Modell „behav" sind aus Gründen der Vollständigkeit im folgenden Codefragment 3.18 gezeigt [3].

3.18
```
     LIBRARY ieee;   USE ieee.std_logic_1164.all;
     ENTITY full_adder IS
         PORT(ci, a, b : IN  std_ulogic;
                 s, co :  OUT std_ulogic);
     END full_adder;

     ARCHITECTURE behav OF full_adder IS
     BEGIN -- behav
         PROCESS(ci, a, b)                    -- combinatorial process
             VARIABLE  one_sum : INTEGER;-- model isn't implemented for synthesis!!
```

---

[3] Ein hierarchisches Strukturmodell eines „full adders" wird ab S. 449 diskutiert.

3.2. STRUKTURMODELLE UND DEREN KONFIGURATION 91

```
BEGIN
    one_sum := 0;                      -- add the inputs with equal weight (2^N)
    IF (ci = '1' ) THEN one_sum := one_sum +1; END IF;
    IF (a = '1')   THEN one_sum := one_sum +1; END IF;
    IF (b = '1')   THEN one_sum := one_sum +1; END IF;
    -- s and co computation            -- encode the value of variable "one_sum"
    IF (one_sum mod 2 = 0) THEN        --    weigth(s) = 2^N
        s <= '0' AFTER 1.5 ns;         -- delays merely to ease waveform display ...
    ELSE
        s <= '1' AFTER 1.5 ns;
    END IF;
    IF (one_sum < 2 ) THEN             --    weight(co) = 2^(N+1)
        co <= '0' AFTER 1.5 ns;
    ELSE
        co <= '1' AFTER 1.5 ns;
    END IF;
END PROCESS;
END behav;
```

Eine Konfiguration des parametrierbaren Strukturmodells der Einheit „addierer" ist im Codefragment 3.19 gezeigt. Die Konfiguration beginnt mit der Vereinbarung des Namens „FA_addierer". Dann folgt der Name der Einheit („addierer"), welche konfiguriert werden soll, und die Angabe, auf welches Modell („struc") der Einheit sich die Konfiguration bezieht. In den „for"-Klauseln wird zunächst die zu konfigurierende Instanz benannt, z.B. „FA_0", dann wird der Komponentenname nach dem „:" wiederholt und zum Schluß folgt eine „use"-Klausel. In der „use"-Klausel wird entweder ein „Einheit-Modell" Paar an die Instanz gebunden oder eine weitere Konfiguration angegeben.

```
3.19  CONFIGURATION FA_addierer OF addierer IS
          FOR struc
              FOR FA_0 : full_adder
                  USE ENTITY WORK.full_adder(behav)
                      PORT MAP(ci => carry_in, a => in1, b =>in2, -- (entity port) =>
                                                                   --   (component port)
                               s => s, co => carry_out);
              END for;
              FOR FA_Chain                                         -- configuration of the
                  FOR FA_intermediate : full_adder                 --    "generated" instances
                      USE ENTITY WORK.full_adder(behav)
                          PORT MAP(...);                           -- same as above
                  END FOR;
              END FOR;                                             -- end for FA_chain
              ...                                                  -- config. of instance
                                                                   --   FA_wl_1 not shown
          END FOR;                                                 -- end for struc
      END FA_addierer;
```

Die „for FA_Chain"-Klausel im obigen Codefragment 3.19 konfiguriert alle Instanzen der „generate"-Anweisung aus dem Codefragment 3.17.

Man kann in einer Konfiguration nicht nur jeder Instanz eine Einheit mit einem Modell zuordnen, sondern in der Verbindungsliste der „use"-Klausel auch noch die Parameter und Klemmen der Einheit beliebig auf die Schnittstellen der Komponente abbilden. Diese Zuordnung kann wie ein Adaptersockel in einem Prototypen verwendet werden. Ein solcher durch eine namentliche Verbindungsliste beschriebener Adaptersockel ist in Abb. 3.10 gezeigt. Diese Verbindungsliste ordnet die Klemmen der gewählten Einheit, wie „ci", den Portnamen der instanziierten Komponente zu, wie „carry_in".

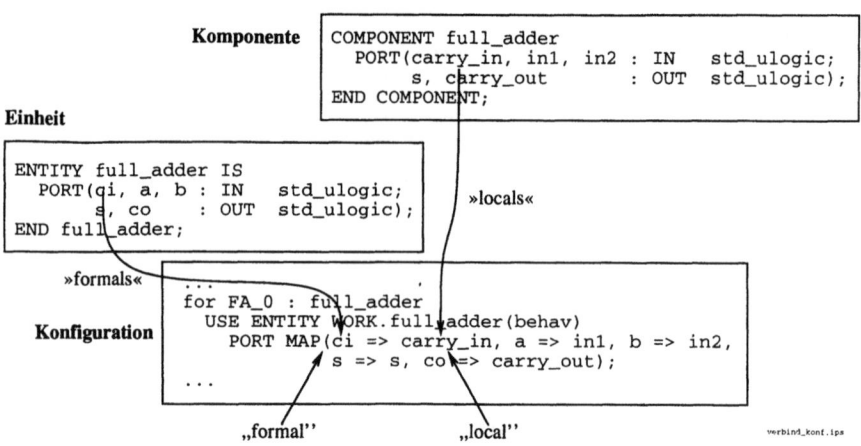

Abb. 3.10: Verbindungsliste in einer Konfiguration

Zum einfachen Vergleich ist in Abb. 3.11 eine Verbindungsliste in der entsprechenden Instanz gezeigt. Für die beiden Seiten einer Verbindungsliste werden die folgenden Begriffe verwendet.

- Ein „**actual**" ist ein Signal, Parameter oder ein Ausdruck[4] in einem Modell.

- In einer Instanziierungsanweisung werden die „actuals" mit den „**locals**", also den Klemmen oder Parametern einer Komponente, verbunden.

- Die Schnittstellen einer Einheit werden als „**formals**" bezeichnet. Die „formals" werden in einer Konfiguration mit den „actuals" einer Komponente verbunden.

Typkonversionen in einer Konfiguration

Exkurs

Häufig ist eine Einheit mit den Funktionen der verwendeten Komponente vorhanden, nur die Datentypen der Schnittstellen sind inkompatibel. In einem solchen Fall kann man Funktionen in der Verbindungsliste verwenden, um die Datentypen geeignet zu konvertieren.

Im folgenden Codefragment 3.20 ist zur Demonstration einer solchen Typkonversion in einer Verbindungsliste die Definition der Komponente „nibble_RAM" und die Instanz „first_RAM" gezeigt.

3.20
```
COMPONENT nibble_RAM
    PORT(...
        addr_bus    : IN        BIT_VECTOR(9 DOWNTO 0);
```

---

[4] Im überarbeiteten Standard VHDL'93 dürfen nicht nur Signale mit einer Eingangsklemme verbunden werden, sondern auch Ausdrücke [57]. Dies vermeidet die Definition von Signalen mit konstanten Werten, wie das Signal „zero" im Codefragment 3.15 (S. 88).

3.2. STRUKTURMODELLE UND DEREN KONFIGURATION

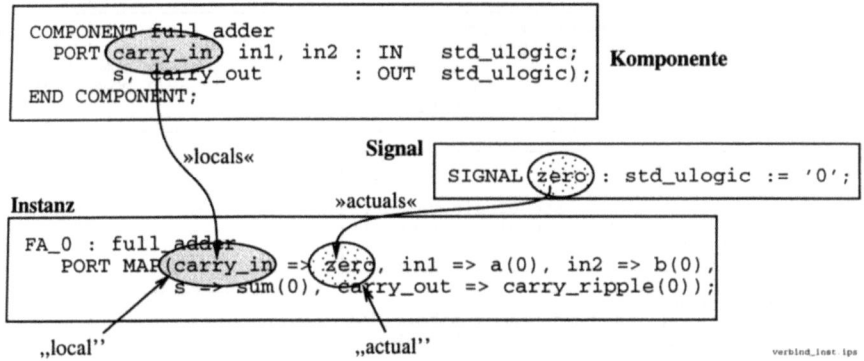

Abb. 3.11: Verbindungsliste in einer Instanz

```
           data_bus    : INOUT BIT_VECTOR(3 DOWNTO 0));
   END COMPONENT;
   ...
BEGIN
   ...
   first_RAM : nibble_RAM
      PORT MAP(..., address, MS_nibble);
   ...
```

In den vorhandenen Bibliotheken gibt es aber nur eine Einheit „static_RAM". Die Definition dieser Einheit ist im folgenden Codefragment 3.21 gezeigt. Die Schnittstellen verwenden aber nicht den Datentypen „bit_vector" der Komponente „nibble_RAM", sondern den Datentypen „std_ulogic_vector".

3.21
```
ENTITY static_RAM IS
   PORT(...
       addr    : IN    std_ulogic_vector;
       data    : INOUT std_ulogic_vector);
END static_RAM;
```

Ein „bit_vector" ist ein Vektor des Enumerationstyps „bit", welcher die Werte '0' und '1' enthält. Die Datentypen „bit" und „bit_vector" sind Bestandteile des Paketes „standard", welches ein Teil des VHDL-Standards 1076 ist. Der Datentyp „std_ulogic_vector" hingegen ist ein Vektor des Enumerationstypen „std_ulogic", welcher 9 verschiedene Werte umfaßt und in Abschnitt 14.4.1 (S. 484) detaillierter erläutert wird. Wenn nur die Werte '0' und '1' des Datentypen „std_ulogic" verwendet werden, so kann man die beiden Datentypen „bit_vector" und „std_ulogic_vector" leicht ineinander konvertieren. Die Definitionen der Funktionen zur Umwandlung sind im folgenden Codefragment 3.22 angedeutet.

3.22
```
FUNCTION 2bit(in_vec : std_ulogic_vector)   RETURN bit_vector;
FUNCTION 2std(in_vec : bit_vector)          RETURN std_ulogic_vector;
```

Mit Hilfe dieser beiden Funktionen kann man in der Konfiguration die Schnittstellen der Komponente „nibble_RAM" auf die Klemmen der Einheit „static_RAM" ab-

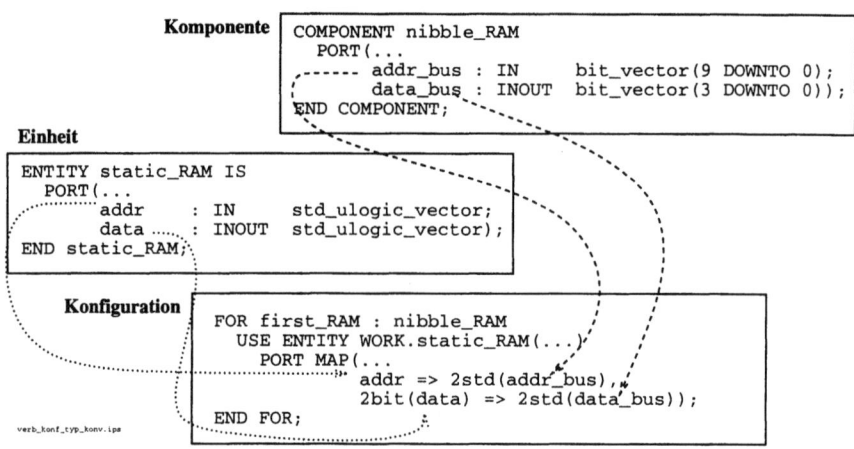

Abb. 3.12: Verbindungsliste in einer Konfiguration mit Funktionen zur Anpassung der Datentypen

bilden. In Abb. 3.12 sind die Definitionen der Einheit, der Komponenten und die Konfiguration skizziert.

Da man beide Teile einer Verbindungsliste durch eine Funktion transformieren kann, ergibt sich die in Abb. 3.12 gezeigte Möglichkeit auch bidirektionale Klemmen mit inkompatiblen Datentypen zu verbinden.

Exkurs

Testbench zur Einheit „addierer"

Mit der kleinen Testbench im Codefragment 3.23 kann die Einheit „addierer" simuliert werden.

3.23
```
ENTITY testbench IS                       -- testbenches as other "top-level"
END testbench;                            --     entities don't have ports
ARCHITECTURE struc OF testbench IS
  COMPONENT addierer
    GENERIC(wl : POSITIVE);
    PORT(a, b : IN  std_ulogic_vector(wl-1 DOWNTO 0);
         sum  : OUT std_ulogic_vector(wl   DOWNTO 0));
  END component;
  FOR ALL : addierer USE ENTITY WORK.addierer(struc);-- direct binding:
                                              + avoids separate config.
                                              - BUT creates dependencies!!
  CONSTANT word_length : positive := 12;
  SIGNAL a, b : std_ulogic_vector(word_length-1 DOWNTO 0);
  SIGNAL sum  : std_ulogic_vector(word_length   DOWNTO 0);
BEGIN
  test_addierer : addierer                   -- instance
    GENERIC MAP (word_length)
    PORT MAP(a, b, sum);
  a <= "000000000000" AFTER 20 NS,
       ... ;                                 -- signal assignment
       "000011111111" AFTER 70 NS;
  ...
END struc;
```

3.2. STRUKTURMODELLE UND DEREN KONFIGURATION

Nach der Definition der Komponente „addierer" werden mit einer „for"-Klausel unter Verwendung des „all"-Quantors alle Instanzen der Komponente „addierer" an das Modell „struc" der Einheit „addierer" gebunden. Durch die Verwendung solcher Konfigurationsanweisungen in einem Strukturmodell kann eine komplizierte und aufwendige separate Konfiguration vermieden werden.

Einfachere Konfiguration

In dem obigen Paragraphen ist die Flexibilität einer separaten Konfiguration vorgeführt worden. In der Praxis wird dieses Ausmaß an Flexibilität selten benötigt, daher sollen im folgenden Möglichkeiten einer einfacheren Konfiguration betrachtet werden.

Verzicht auf die Verbindungsliste: Werden die Komponente und die Einheit im gleichen Projekt definiert, so wird man die Definition der Schnittstellen entweder aus der Definition der Einheit in die der Komponente kopieren oder umgekehrt (s. S. 52). Daher haben Komponente und Einheit häufig identische Schnittstellen, so daß auf eine Verbindungsliste in der Konfiguration verzichtet werden kann.

Bindung aller Instanzen einer Komponente an das gleiche Modell: Durch die Verwendung des „all"-Quantors können in einer Konfigurationsanweisung („for"-Klausel) alle Instanzen einer Komponente an ein Modell einer Einheit gebunden werden. Diese Möglichkeit ist im Codefragment 3.23 verwendet worden.

Automatische Konfiguration: Existiert keine explizite Konfiguration und ist zu einer Komponente nur eine *einzige* Einheit gleichen Namens sichtbar, so wird diese Einheit automatisch an die Komponente gebunden. Ist weiterhin nur ein einziges Modell zu dieser Einheit sichtbar, so wird dieses Modell zur Simulation verwendet [44].

VHDL'93: Direkte Instanziierung. Im überarbeiteten Standard VHDL'93 kann auf eine Definition von Komponenten vollständig verzichtet werden, indem in einer Instanziierungsanweisung direkt eine Einheit und ein Modell aus einer Bibliothek referenziert werden. Im folgenden Codefragment 3.24 ist eine solche direkte Instanziierung gezeigt. Dieses Codefragment enthält keine Definitionen von Komponenten, da durch die gezeigte Instanziierungsanweisung das Modell „behav" der Einheit „carry_ripple" aus der Bibliothek „prj_lib" an die Instanz „test_addierer" gebunden wird.

```
3.24 LIBRARY prj_lib;                      -- announce the use of library prj_lib
     ARCHITECTURE struc OF testbench IS
                                           -- <<< no component definitions here!!!
     BEGIN
       test_addierer : ENTITY prj_lib.carry_ripple(behav) -- direct instantiation
         GENERIC MAP (word_length)                        -- as usual ...
         PORT MAP(a, b, sum);
       ...
     END struc;
```

Neben der direkten Bindung einer Einheit und eines Modells kann auch eine Konfiguration direkt an eine Instanz gebunden werden. Dazu muß nur das Schlüsselwort „ENTITY" gegen „CONFIGURATION" in der Instanziierungsanweisung ausgetauscht werden.

Vor- und Nachteile einer separaten Konfiguration

In den folgenden Paragraphen werden die Vor- und Nachteile einer separaten Konfiguration diskutiert.

(+) **Flexibilität:** Mit einer separaten Konfiguration kann man die vorhandenen Modelle den Instanzen eines Strukturmodells flexibel zuordnen und somit das Simulationsmodell an den aktuellen Zweck anpassen. (Implementationsnahe Modelle im relevanten Teil, abstrakte Modelle im Rest)

(−) **Initialer Aufwand gegen Wiederverwendbarkeit:** Die Modellierung der Einheit „addierer" scheint auf den ersten Blick ein überzeugendes Argument für den schaltplanorientierten Entwurf ohne VHDL zu sein. Bei dieser Bewertung sollte man allerdings berücksichtigen, daß hier zum einen bei der Konfiguration eine Flexibilität demonstriert wurde, die mit einer Schaltplaneingabe nicht zu erreichen ist, und zum anderen durch die Parametrierbarkeit die Wiederverwertung einmal investierter Entwicklungsarbeit erleichtert wird.

(+) **Entkoppelung der Kompilationseinheiten:** Eine vollständig hierarchische Konfiguration kann in einem großen Projekt die Abhängigkeiten zwischen den einzelnen Kompilationseinheiten („compilation unit") vermindern und so die Kompilationszeiten erheblich verkürzen.

DEFINITION 3.3 (KOMPILATIONSEINHEIT) *Eine Kompilationseinheit ist ein Teil eines Quelltextes, welcher alleine übersetzt werden kann.*

So kann z.B. die Definition einer Einheit („entity"), eines Modells („architecture") oder eine Konfiguration („configuration") alleine kompiliert werden. Zwischen den einzelnen Kompilationseinheiten kann es allerdings Abhängigkeiten geben. So können Modelle erst dann kompiliert werden, wenn die Definition der jeweiligen Einheit übersetzt worden ist, denn die Schnittstellen aus der Einheitsdefinition werden in einem Modell referenziert. Diese festen Abhängigkeiten sind in Abb. 3.13 durch strichlierte Linien symbolisiert. Bei einer Änderung der Definition einer Einheit („entity") müssen daher alle Modelle („architecture") neu übersetzt werden.

Da zu jeder Instanz in einem Strukturmodell eine Komponentendefinition vorhanden ist, kann die Syntax dieses Modells ohne Zugriff auf andere Einheiten oder Modelle geprüft werden. Die in Abb. 3.13 skizzierten Kompilationseinheiten werden zur Simulation der Einheit „Z" verwendet. An die Instanzen in dem Modell „A" der Einheit „Z" sind zum einen das Modell „B" der Einheit „X" und das Modell „A" der Einheit „Y"

3.2. STRUKTURMODELLE UND DEREN KONFIGURATION

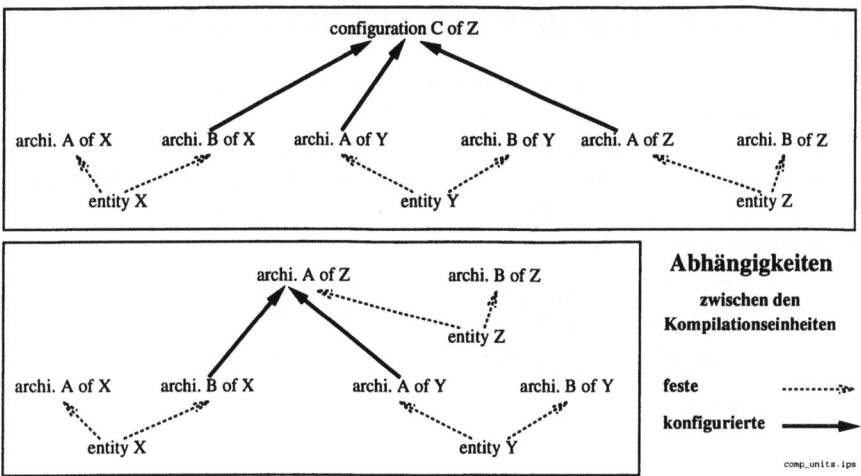

Abb. 3.13: Abhängigkeiten zwischen den Kompilationseinheiten bei einer zentralen hierarchischen Konfiguration und bei einer einfachen Konfiguration im Modell

gebunden. Die in der oberen Hälfte von Abb. 3.13 skizzierten Anhängigkeiten ergeben sich bei einer separaten hierarchischen Konfiguration des Modells „A" der Einheit „Z".

Werden an die Instanzen im Modell „A" der Einheit „Z" durch Konfigurationsanweisungen im Kopf des Modells „A" schon Einheiten und Modelle gebunden, so ergeben sich die in der unteren Hälfte von Abb. 3.13 angedeuteten Abhängigkeiten. In einem komplexen hierarchischen Modell kann daher die Neukompilation einer Basiseinheit eine lange Kette von Übersetzungsvorgängen notwendig machen. Bei einer voll hierarchischen Konfiguration, wie sie im Codefragment 3.19 (S. 91) gezeigt ist, muß bei einer Neukompilation eines beliebigen Modells nur die Konfiguration neu übersetzt werden.

Zusammenfassung: Strukturmodelle und deren Konfiguration

Ein Strukturmodell ist die Beschreibung einer Einheit durch die Verdrahtung von Instanzen. Ein Strukturmodell beginnt mit der Definition von Komponenten, welche nur zur Syntaxprüfung benötigt werden. Weiterhin müssen Signale zur Verbindung der Instanzen definiert werden. Die Signale und Parameter können durch die Position („positional") in der Verbindungsliste oder durch eine namentliche („named") Zuordnung mit den Schnittstellen einer Komponente verbunden werden. Eine Konfiguration legt fest, welche Einheit und welches Modell das Verhalten einer Instanz definieren sollen. Weiterhin werden in einer Konfiguration die Schnittstellen der Einheit mit denen der Komponente verbunden. Ein komplettes Modell mit beiden Arten von Verbindungslisten sowie einer voll hierarchischen Konfiguration wurde vorgestellt.

3.3 Verhaltensmodelle: Abstraktion statt Hierarchie

Die mittlere Zahl der von einem Entwickler an einem Tag instanziierten oder erzeugten Einheiten, wie Gatter/Makros oder Zeilen Code, ist konstant [32]. Daher läßt sich die Produktivität nur erhöhen, indem man entweder immer komplexere Einheiten instanziiert oder die Entwicklung auf einer höheren Abstraktionsebene durchführt. Die Instanziierung komplexerer Einheiten wird durch die Einführung von hierarchischen Strukturmodellen ermöglicht.

	Implementationsdetails	Art des Modells
Hierarchie	Verbergen	Strukturmodell
Abstraktion	Vernachlässigen	Verhaltensmodell

Tabelle 3.1: Vergleich der Modellierungskonzepte Hierarchie und Abstraktion.

Durch Hierarchie werden die Implementationsdetails allerdings nur verborgen, d.h. sie müssen trotzdem vom Entwickler bereitgestellt und natürlich mitsimuliert werden. Eine echte Abstraktion von den Details der Implementation ist nur mit einem Verhaltensmodell möglich.

DEFINITION 3.4 (VERHALTENSMODELL) *Ein Modell ist ein reines Verhaltensmodell, wenn dieses Modell keine weiteren Komponenten instanziiert.*

```
entity up_down_counter is          architecture behav of up_down_counter is
   port(clk: in std_ulogic;        begin
        up : in std_ulogic;        process(clk)
        cnt: out integer);            variable int_cnt : integer;
end up_down_counter;                  begin
                                         if clk'event and clk = '1' then
                                            if up = '1' then
     Aktivierungsbedingung                    int_cnt := int_cnt +1;
                                            else
                                               int_cnt := int_cnt -1;
     Zustandsfunktion                       end if;
                                            cnt <= int_cnt;
                                         end if;
     Ausgangsfunktion                  end process;
                                    end behav;
```

Abb. 3.14: Aktivierungs-, Zustands- und Ausgangsfunktion in einem VHDL-Verhaltensmodell

Ein Verhaltensmodell ist eine ausführbare Beschreibung des Verhaltens, die im wesentlichen die sequentiellen Anweisungen einer Standardprogrammiersprache verwendet. Ein solches „Programm" zur Modellierung des Verhaltens einer Einheit, wie in Abb. 3.14 gezeigt, besteht aus:

① Der **Aktivierungsbedingung**, die angibt, wann ein Modell aktiviert werden soll, und

3.3. VERHALTENSMODELLE: ABSTRAKTION STATT HIERARCHIE

② zwei Funktionen, welche

(a) die aktuellen Werte der Ausgangssignale aus den Werten der Eingangssignale und des Modellzustands berechnen (**Ausgangsfunktion**), und

(b) den neuen Wert des Modellzustands aus den Werten der Eingangssignale und des aktuellen Zustands bestimmen (**Zustandsfunktion**).

Da die „Programme" der instanziierten Verhaltensmodelle nicht wirklich parallel, sondern nur sequentiell auf einem realen Rechner zum Ablauf gebracht werden können, muß eine Aktivierungsbedingung festlegen, wann die Instanz eines Modells vom Simulatorkern aufgerufen wird. Ein Verhaltensmodell kann durch einen oder mehrere Prozesse, d.h. Folgen von sequentiellen Anweisungen, beschrieben werden. Zu jedem Prozeß existiert eine eigene Aktivierungsbedingung (s. S. 46).

DEFINITION 3.5 (AKTIVIERUNGSBEDINGUNG) *Eine Bedingung an die in einem Prozeß sichtbaren Signale oder den Wert der „simulierten Zeit" nennt man Aktivierungsbedingung, wenn deren Erfüllung zur Abarbeitung der sequentiellen Anweisungen des Prozesses führt.*

Die Aktivierungsbedingung besteht entweder aus einer Bedingung an die Werte oder die Änderung der Eingangssignale. Da man z.B. in VHDL die Wiederaufnahme der Abarbeitung eines Prozesses auch für einen bestimmten Zeitpunkt der „simulierten Zeit" einplanen kann, kann die Aktivierungsbedingung auch Bedingungen an den Wert der Simulationszeitskala enthalten (vgl. Abs. 6.2, S. 219). Diese Aktivierungsbedingung wird meist durch das Simulationskonzept oder die Beschreibungssprache implizit vorgegeben und vor dem Entwickler verborgen. Die Erfahrung hat aber gezeigt, daß eine effektive Modellierung nur möglich ist, wenn man die Art der Aktivierung einer Instanz eines Modells in dem verwendeten Simulatorkonzept verstanden hat. Nach der Aktivierung wird die Abarbeitung des „Programmes" an einer bestimmten sequentiellen Anweisung aufgenommen, welche als „entry point" bezeichnet wird.

DEFINITION 3.6 („ENTRY POINT") *Die sequentielle Anweisung, mit der die Abarbeitung eines Prozesses nach der Aktivierung aufgenommen wird, nennt man „entry point".*

Viele Verhaltensmodelle werden durch einen einzigen Prozeß mit einer „sensitivity list" beschrieben. Bei diesen Modellen ist der „entry point" die erste sequentielle Anweisung in dem Prozeß mit einer „sensitivity list". Ein Prozeß mit einer „sensitivity list" nach dem Schlüsselwort „process" ist in Abb. 3.14 gezeigt. Die „sensitivity list" enthält in diesem Falle nur das Signal „clk". Im allgemeinen Fall enthält die „sensitivity list" eine Folge von Signalen, deren Änderung zu einer Aktivierung des Prozesses führt. Ein Prozeß ohne eine „sensitivity list" muß mindestens eine „wait"-Anweisung enthalten, da jeder Prozeß zum Beginn der Simulation ausgeführt und ohne eine „wait"-Anweisung nicht wieder verlassen wird. Modelle mit einer „sensitivity list" haben nur einen „entry point", während Modelle mit mehreren „wait"-Anweisungen genau soviele „entry points" haben. Es wird in Abschnitt 6.2 (S. 219)

VHDL

gezeigt, daß die Modellierung durch die Verwendung mehrerer „entry points" vereinfacht werden kann. Im Kapitel 13 werden Modelle mit einem Prozeß, aber mit mehreren „entry points" und unterschiedlichen Aktivierungsbedingungen diskutiert werden.

Grundtypen von Modellen oder Abstraktionsebenen?

Es ist eine weit verbreitete Vorstellung, daß ein Verhaltensmodell *per se* abstrakter ist als ein Strukturmodell. In den folgenden Paragraphen wird daher die Verwendung von Struktur- und Verhaltensmodellen in verschiedenen Entwurfsszenarien betrachtet, um die Herkunft dieser Vorstellung aufzuzeigen. Gleichzeitig wird motiviert, warum die Interpretation von Struktur- und Verhaltensmodell als Grundtypen von Modellen unabhängig von der Abstraktionsebene langfristig nützlicher ist.

Schaltplanorientierter Entwurf: Nur Strukturmodelle sichtbar. In einer schaltplanorientierten Entwurfsumgebung werden vom Entwickler ausschließlich graphische Repräsentationen von Strukturmodellen erzeugt, denn die unverzichtbaren Verhaltensmodelle der Gatter und Makros sind schon in den Bibliotheken vorhanden und werden als integraler Bestandteil des „Logiksimulators" betrachtet.

Logiksynthese: Strukturmodelle auf der Gatterebene und Verhaltensmodelle auf der RT-Ebene. Da sich die schon heute möglichen Komplexitäten nicht in einem schaltplanorientierten Entwurf beherrschen lassen, wird die Logiksynthese immer mehr in der Entwurfspraxis eingesetzt. Logiksynthese ist nur dann sinnvoll möglich, wenn der Entwickler Verhaltensmodelle erzeugt, welche mit dem Synthesewerkzeug auf die Gatter und Makros der Fertigungstechnologie abgebildet werden können. Diese Erfahrung bildet die Grundlage für die weitverbreitete Vorstellung, daß Verhaltens- und Strukturmodelle bestimmte Abstraktionsebenen etablieren. Strukturmodelle werden als Verschaltungen von Gattern und Makros, Verhaltensmodelle als synthetisierbare Modelle auf der „register transfer (RT)"-Ebene interpretiert [5]. Diese „Theorie" ist geeignet, den aktuellen Stand der Entwurfspraxis zu beschreiben.

Abstrakte Systemmodellierung: Struktur- und Verhaltensmodelle auf allen Abstraktionsebenen. Allerdings wird diese „Theorie" den nächsten Schritt der Entwurfspraxis zu einer abstrakten „System"-Modellierung behindern. Dann werden nämlich durch den Entwickler **Verhaltens- und Strukturmodelle auf allen Ebenen der Abstraktion** erzeugt werden. Daher ist es sinnvoller, Struktur- und Verhaltensmodelle als Grundtypen von Modellen zu definieren. Diese Definition erweist sich auch heute schon als geeigneter, denn die Entwicklung komplexer Systeme beginnt meist mit einem Strukturmodell, in diesem Zusammenhang „Blockdiagramm" genannt, auf einer abstrakten Ebene. Auf der anderen Seite werden von Halbleiterherstellern Verhaltensmodelle mit einigen hundert Programmzeilen zur „sign-off"-Modellierung von einzelnen Bibliothekselementen verwendet.

---

[5]Eine einfache Erläuterung der „register transfer"-Ebene findet sich auf S. 33. Ab S. 164 wird diese Abstraktionsebene mit den hier eingeführten Abstraktionskoordinaten genauer definiert.

3.3. VERHALTENSMODELLE: ABSTRAKTION STATT HIERARCHIE

Strukturmodell abstrakter als ein Verhaltensmodell derselben Einheit. Die Betrachtung der Blockdiagramme auf der Systemebene oder die komplizierten Verhaltensmodelle eines RAM-Makros zeigen, daß man Verhaltens- und Strukturmodelle auf allen Ebenen der Abstraktion vorfindet.

Dennoch wird immer wieder behauptet, daß ein Verhaltensmodell einer Einheit immer abstrakter sei als ein Strukturmodell derselben Einheit. Zur Klärung dieser Frage soll eine Einheit betrachtet werden, die den Wert des Eingangssignals mit einem Koeffizienten gewichtet und akkumuliert. Falls man ein Modell eines Addierers und eines Multiplikators hat, kann eine solche Einheit leicht durch ein Strukturmodell beschrieben werden. Eine Multiplikation mit einer Konstanten läßt sich aber auch durch eine Reihe fester Verschiebungen mit einer anschließenden Addition beschreiben [95]. Daher kann man diese Einheit auch durch ein Verhaltensmodell beschreiben, welches in einer Schleife den verschobenen Eingangswert aufaddiert, nach der Schleife das Ergebnis zum Wert einer internen Variablen addiert und diesen Wert an den Ausgang legt. Da auch die Implementation dieser Einheit mit solchen Verschiebungen und Additionen arbeitet, wird durch ein solches Verhaltensmodell mehr Strukturinformation beschrieben als mit dem oben skizzierten Strukturmodell. Das Strukturmodell ist also im Bezug auf die Strukturinformation abstrakter als das Verhaltensmodell derselben Einheit.

Die Tatsache, daß ein Modell ein Verhaltens- oder Strukturmodell ist, kann somit nicht als ein sicherer Indikator für den Abstraktionsgrad des Modells verwendet werden.

Äquivalenz von Modellen

Ein Stromlaufplan oder „schematic" ist eine graphische Repräsentation eines Strukturmodells. Aus einem Stromlaufplan kann eine Netzliste extrahiert werden, indem man die Plazierungs- und Darstellungsinformation der Instanzen entfernt. Die Netzliste ist also bezüglich des Verhaltens dem dazugehörigen Stromlaufplan äquivalent [66]. | Exkurs

DEFINITION 3.7 (ÄQUIVALENZ VON MODELLEN) *Zwei Modelle einer Einheit sind äquivalent, wenn sie sich bezüglich ihrer Klemmen identisch verhalten.*

Da aus einem „state chart" [38] ein äquivalentes VHDL-Modell generiert wird, ist das Verhältnis zwischen „state chart" und VHDL-Modell dem Zusammenhang von Stromlaufplan und Netzliste vergleichbar. Ein sorgfältig erstellter Stromlaufplan kann einfacher zu verstehen sein als die dazugehörige Netzliste. Ein VHDL-Modell auf der RT-Ebene mit mehreren Prozessen, welche über globale Signale kommunizieren, kann leichter zu erstellen sein als ein äquivalentes Modell mit einem einzigen Prozeß. Da die Abarbeitung von Signaländerungen laufzeitaufwendig ist, wird das Modell mit einem einzigen Prozeß aber eine größere Simulationseffizienz haben. Äquivalente Modelle können sich daher in ihren Eigenschaften außerhalb der eigentlichen Verhaltensbeschreibung, also z.B. der Lesbarkeit und damit der Wiederverwendbarkeit, unterscheiden. | Exkurs

Zusammenfassung: Abstraktion statt Hierarchie

Die Komplexität eines Strukturmodells kann durch die Definition von Teileinheiten, welche in dem reduzierten Modell instanziiert werden, verringert werden. Durch eine solche Hierarchieebene wird zwar die Manipulation der Implementationsdetails erleichtert, aber die verborgenen Details müssen durch den Entwickler implementiert und bei jeder Simulation berücksichtigt werden. Eine echte Abstraktion von diesen Details ist nur durch eine bewußte Selektion der Details zu erreichen, die in einem Verhaltensmodell beschrieben werden. Ein Verhaltensmodell ist ein Modell, das keine weiteren Komponenten instanziiert.

Eine eingehende Betrachtung der Verwendung von Struktur- und Verhaltensmodellen in verschiedenen Entwurfsprozessen hat gezeigt, daß Verhaltens- und Strukturmodelle Grundtypen von Modellen sind und nicht als Indikator für den Abstraktionsgrad verwendet werden können.

3.4 Simulatorkonzepte

Die Modelle eines Entwurfs werden im Hinblick auf ein bestimmtes Simulatorkonzept implementiert. Daher werden im folgenden die in diesem Zusammenhang relevanten Simulatorkonzepte verglichen. Sie unterscheiden sich durch die Art der Aktivierung eines instanziierten Verhaltensmodells. In Tabelle 3.2 sind die verschiedenen Simulatorkonzepte aufgeführt. In der ersten Spalte werden die einzelnen Merkmale eines Simulatorkonzeptes, wie sie im folgenden diskutiert werden, aufgezählt. In den folgenden Spalten werden diese Merkmale für die drei in diesem Zusammenhang relevanten Simulatorkonzepte charakterisiert.

A) Quasi kontinuierlich: Spice

Die *quasi kontinuierlichen* Simulatoren werden benutzt, um Systeme zu simulieren, welche sich durch Differentialgleichungen mit der Zeit als unabhängige Variable beschreiben lassen. In diesem Zusammenhang sind das Schaltungen mit Widerständen, Kondensatoren und gesteuerten Quellen. Die Signale, d.h. Spannungen und Ströme, werden durch Fließkommazahlen modelliert. Die Modelle werden mit Hilfe der numerischen Integration abgearbeitet, wobei der Zeitschritt der Änderung der Signalwerte angepaßt wird.

B) „Event-driven": VHDL und Verilog

Signale in einem ereignisgesteuerten Simulator können von einem beliebigen Datentyp sein. Ein „event" entsteht, wenn sich durch die Ausführung einer Signalzuweisung der Wert eines Signales ändert.

DEFINITION 3.8 (EREIGNIS) *Ein Ereignis ist ein Triple* (N, W, τ) *aus:*

- Name des Signals N. *Der Name eines Signals setzt sich aus dem Pfad durch die Hierarchie der Instanzen und dem Signalnamen zusammen.*

3.4. SIMULATORKONZEPTE

	quasi-kontinuierlich	„event-driven"	Datenfluß
Signaldatentypen	Fließkommazahl	beliebig	beliebig
Signalverlauf	kontinuierlich	Zeitpunkt und Wertänderung	Sequenz
Initialisierung der Signale	geschätzter Arbeitspunkt	Vorbelegung	Sequenzlänge 0
Zeitachse	vorhanden	vorhanden	Als Interpretation möglich
Aktivierung der Instanzen	numerische Integration	benutzerdefiniert	hinreichend lange Teilsequenzen an den Eingängen
Beendigung der Simulation	Ende der Simulationszeit erreicht	Keine Ereignisse mehr vorhanden	Stopbedingung
Simulatoren	Spice	VHDL, Verilog Silos, HILO	COSSAP, SPW
Applikation	full-custom, Analogdesign	digitaler Entwurf, Warteräume	Signalverarbeitung

Tabelle 3.2: Verschiedene Simulationskonzepte

- *Der neue Wert W des Signals N.*
- *Zeitpunkt τ, an dem der Wert zugewiesen werden soll.*

Ein Signalverlauf ergibt sich als eine Folge von Ereignissen, so daß ein Signal zu jeder Zeit den Wert des zuletzt ausgeführten Ereignisses hat. Der Ablauf einer ereignisorientierten Simulation ist in Abb. 3.15 (S. 104) skizziert. Nach dem Start der Simulation wechseln sich die Verarbeitungsstufen „Zeitschritt" und „Auswertung" ab.

„Äquivalenter" Prozeß: Der Begriff des „äquivalenten Prozesses" erleichtert das Verständnis des Ablaufes einer VHDL-Simulation, denn von einem ereignisorientierten Simulator werden keine Instanzen oder Modelle ausgeführt, sondern „äquivalente Prozesse". So kann ein einziges Modell durchaus mehrere Prozesse enthalten. Eine sogenannte „concurrent signal assignment"-Anweisung, wie im folgenden Codefragement 3.25 gezeigt, wird in einen äquivalenten Prozeß übersetzt. Dieser äquivalente Prozeß enthält in der „sensitivity list" alle Signale auf der rechten Seite der parallelen Signalzuweisung, so daß eine Instanz dieses Prozesses aktiviert wird, wenn eines dieser Signale seinen Wert ändert.

3.25
```
ARCHITECTURE struc OF some_model IS
  SIGNAL a, b, c : BIT;
BEGIN
  c <= a AND b;
  ...
```

"Passiver" Prozeß: Die im folgenden Codefragment 3.26 gezeigte „assert"-Anweisung wird ebenfalls in einen äquivalenten Prozeß, der die Signale „addr" und „output_enable" in der „sensitivity list" enthält, übersetzt. Mit der gezeigten „assert"-Anweisung wird überprüft, ob der Ausgangstreiber eines Speichers im hochohmigen Zustand ist, wenn der aktuelle Adresswert außerhalb des Adressbereichs liegt. Der äquivalente Prozeß wird passiv genannt, weil er keine Signalzuweisungen enthält und somit keine neuen Ereignisse erzeugen kann. Passive Prozesse sind auch im Rumpf einer Einheitsdefinition erlaubt und nützlich (s. S. 54).

3.26
```
ASSERT (addr < min_addr OR addr > max_addr) AND output_enable /= '1'
   REPORT "RAM module: output enabled while address is out of range!"
   SEVERITY NOTE;
...
```

Ein komplettes Modell wird daher zur Simulation in eine Netzliste von äquivalenten Prozessen zerlegt.

Simulationszyklus eines ereignisorientierten Simulators

Der Simulationszyklus, in dem die äquivalenten Prozesse von einem ereignisorientierten Simulator abgearbeitet werden, ist in Abb. 3.15 skizziert.

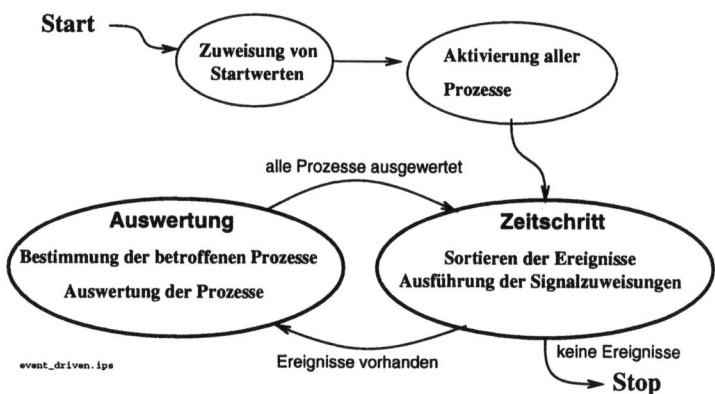

Abb. 3.15: Zyklus eines ereignisgesteuerten Simulators

Start eines ereignisorientierten Simulators: Eine ereignisgesteuerte Simulation startet, indem allen Signalen ein Wert zugewiesen wird. Dieser Wert ist entweder vom Entwickler spezifiziert oder für jeden Basisdatentyp festgelegt. So ist z.B. in VHDL der Initialisierungswert bei einem Enumerationstypen der bei der Typdeklaration am „weitesten links stehende" Wert. Bei einem numerischen Datentypen ist der Initialisierungswert der kleinste Wert des Wertebereichs. Für zusammengesetzte Datentypen

3.4. SIMULATORKONZEPTE

ergibt er sich aus den Initialisierungswerten der einzelnen Elemente. Diese initiale Zuweisung ist oben links in Abb. 3.15 angedeutet. Nach der Zuweisung der Startwerte an alle Signale werden alle äquivalenten Prozesse aktiviert.

Zeitschritt: Sortieren der Ereignisse und Ausführung der Nächstliegenden. Durch die Aktivierung aller äquivalenten Prozesse werden im allgemeinen neue Ereignisse erzeugt, welche nach dem Zeitpunkt der Signalwertänderung sortiert werden (siehe „Zeitschritt" in Abb. 3.15). Die Ereignisse mit dem geringsten Abstand zur aktuellen simulierten Zeit werden ausgeführt und die simulierte Zeit auf den gemeinsamen Ausführungszeitpunkt dieser Ereignisse gesetzt.

Auswertung: Bestimmung der betroffenen Prozesse und Ausführung der Anweisungen in ihnen. Alle durch diese Ereignisse betroffenen äquivalenten Prozesse werden ermittelt und dann in beliebiger Auswertungsreihenfolge aktiviert (siehe Auswertung in Abb. 3.15). Da die Anweisungen im Rumpf der Prozesse normalerweise auch Zuweisungen auf Signale enthalten, werden durch die Aktivierung der äquivalenten Prozesse neue Ereignisse erzeugt. In VHDL werden alle Signalzuweisungen automatisch mit einer δ-Verzögerung versehen, so daß sie frühestens im nächsten Zeitschritt ausgeführt werden können. Die δ-Verzögerung ist das kleinste mögliche Zeitinkrement in einem ereignisorientierten Simulator. Es kann daher keine Ereignisse mit einem kleineren Abstand zur aktuellen Simulationszeit geben. Ein Ereignis mit einer δ-Verzögerung wird daher mit Sicherheit im nächsten Zeitschritt ausgeführt.

Variablen $\Rightarrow$unmittelbare Wirkung, Signale $\Rightarrow$Wirkung frühestens im nächsten Zeitschritt. Jede Signalzuweisung wird mindestens mit einer δ-Verzögerung ausgeführt. Die durch eine Zuweisung auf ein Signal hervorgerufene Wertänderung kann daher frühestens im nächsten Zeitschritt festgestellt werden. Zuweisungen auf Variablen hingegen werden unmittelbar ausgeführt, so daß eventuell in der aktuellen Aktivierung folgende Referenzen auf die Variable bereits den neuen Wert liefern. Diese unterschiedliche Behandlung ergibt sich aus der Tatsache, daß Variablen nur innerhalb eines äquivalenten Prozesses sichtbar sind, während auf ein Signal von allen mit dem Signal verbundenen Instanzen zugegriffen werden kann.

δ-Verzögerung ermöglicht eine beliebige Auswertungsreihenfolge.

Würden auch Signalzuweisungen unmittelbar ausgeführt, so würde die Auswertungsreihenfolge der einzelnen Instanzen einen Einfluß auf den Wert des Signals haben. Dieser Zusammenhang wird im folgenden an zwei Beispielen erläutert. | Exkurs

In Abb. 3.16 sind zwei Instanzen „A" und „B" gezeigt, welche durch das Signal „S" verbunden sind. Das Signal „S" ist mit einer Ausgangsklemme der Instanz „A" und einer Eingangsklemme der Instanz „B" verbunden. Das Modell der Instanz „A" kann daher dem Signal „S" einen Wert zuweisen, während das Modell der Instanz „B" den Wert des Signals „S" referenziert.

3. MODELLE: VERBERGEN UND VERNACHLÄSSIGEN

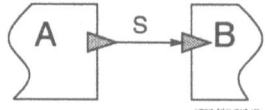

Abb. 3.16: Durch das Signal „S" verbundene Instanzen „A" und „B"

In Abb. 3.17 sind Protokolle von zwei verschiedenen Auswertungsfolgen skizziert. Bei beiden Auswertungen sind sowohl die Instanz „A", als auch die Instanz „B" von einem Ereignis betroffen. Am Anfang des betrachteten Ausschnitts hat das Signal „S" den Wert 3. In dem linken Protokoll wird die Instanz „B" zuerst ausgewertet und die durch „Aktion_X" angedeuteten Anweisungen ausgeführt. Danach wird die Instanz „A" ausgewertet, welche dem Signal „S" den Wert 5 zuweist.

Signal S hat den Wert 3	Signal S hat den Wert 3
Auswertung: Instanz „B"	**Auswertung: Instanz „A"**

...
if S = 3 then
   Aktion_X --<<<
else
   Aktion_Y
end if;
...
	...
	S <= 5;
	...

Auswertung: Instanz „A"	**Auswertung: Instanz „B"**

...
S <= 5;
...
	...
	if S = 3 then
	   Aktion_X
	else
	   Aktion_Y --<<<
	end if;
	...

Abb. 3.17: Verschiedene Auswertungsfolgen der Instanzen „A" und „B" mit einer unmittelbaren Ausführung der Signalzuweisung

Auf der rechten Seite von Abb. 3.17 ist die Auswertungsreihenfolge umgekehrt, so daß zunächst dem Signal „S" der Wert 5 zugewiesen wird. Wird diese Signalzuweisung wie eine Variablenzuweisung sofort ausgeführt, so nimmt das Signal den Wert 5 an und die durch „Aktion_Y" angedeuteten Anweisungen werden bei der Auswertung der Instanz „B" ausgeführt. Da in der linken Auswertungsreihenfolge die durch „Aktion_X" angedeuteten Anweisungen ausgeführt werden, hat sich durch die Vertauschung der Auswertungsreihenfolge das Verhalten geändert.

In Abb. 3.18 sind die zu einem Schieberegister verbundenen Instanzen von D-Flipflops gezeigt. Die Modelle dieser Instanzen werden nur durch die ausgezeichnete Taktflanke des Signals „clock" aktiviert. Das Verhalten der drei Instanzen wird daher immer zum selben Zeitpunkt ausgewertet. Werden die Zuweisungen auf die Ausgangsklemmen der Instanzen unmittelbar ausgeführt, so verschwindet bei der Auswertungsreihenfolge „FF_1", „FF_2" und „FF_3" die Funktion des Schieberegisters.

|Exkurs|

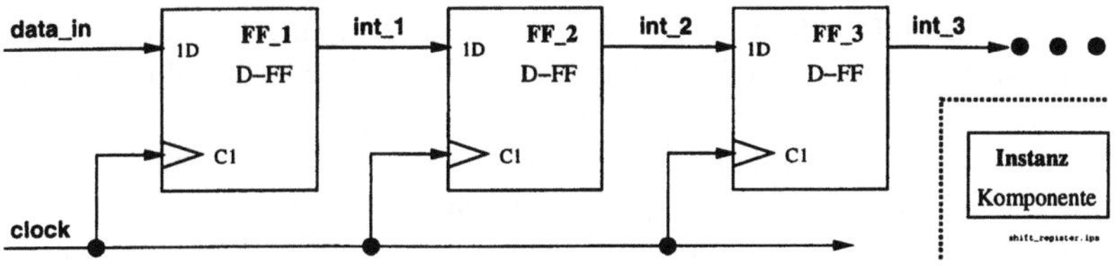

3.4. SIMULATORKONZEPTE

Abb. 3.18: Flipflops eines Schieberegisters

Die δ-Verzögerung verhindert, daß Signalzuweisungen noch im selben Auswerteschritt eine Auswirkung haben. Daher ist die Auswertungsreihenfolge der von gleichzeitigen Ereignissen betroffenen Instanzen beliebig.

| VHDL |

Bezug zur physikalischen Zeitskala: Das ereignisgesteuerte Simulationskonzept basiert auf der Verwendung einer physikalischen Zeitskala. Aus Gründen der Simulationseffizienz versucht man aber immer mehr, von diesem strikten Zeitbezug durch eine geeignete Modellierung zu abstrahieren. Das im folgenden Abschnitt diskutierte „Datenfluß"-Simulationskonzept basiert nicht auf einer Zeitskala, man kann aber durch eine geeignete Modellierung eine quantisierte Zeitskala simulieren.

C) „Datenfluß"-Simulation

Beim „Datenfluß"-Simulatorkonzept werden Signale als Sequenzen von Werten mit beliebigem Datentyp dargestellt. Jede Zuweisung auf ein Signal erzeugt ein neues Element in der Sequenz von Signalwerten [47, 53, 54].

Ein Simulationsmodell wird initialisiert, indem vom Entwickler spezifizierte Initialisierungsfunktionen aufgerufen werden. Eine Vorbelegung von Signalwerten ist nicht notwendig, da die Signale als Sequenzen von Werten dargestellt werden. Solange einem Signal kein Wert zugewiesen wurde, hat die entsprechende Sequenz die Länge null.

Instanziierte Verhaltensmodelle mit einem oder mehreren Eingängen werden aktiviert, wenn an allen Eingängen eine hinreichend lange Teilsequenz vorhanden ist. Die notwendige Länge der Teilsequenz wird vom Entwickler bei der Modellierung vorgegeben, sie kann datenabhängig sein. Modelle ohne Eingang („Quellen") werden aktiviert, um neue Teilsequenzen für nachfolgende Modelle zu erzeugen.

Eine Simulation endet, wenn eine Stopbedingung erfüllt ist. Diese Stopbedingung wird durch den Entwickler spezifiziert. Meist besteht diese Stopbedingung aus der Angabe einer Sequenzlänge an einem Ausgangsmodell („Senke").

Eine Sequenz von Datenwerten ist eine weit verbreitete Darstellungsweise in der digitalen Signalverarbeitung. Deshalb wird dieses Simulatorkonzept in der Simulation von Signalverarbeitungssystemen eingesetzt.

Auswahl des Simulatorkonzepts: Eine geeignete Auswahl des Simulatorkonzeptes ist von großer Bedeutung, weil die Modellierungsmöglichkeiten und die Simulationseffizienz durch das Simulatorkonzept bestimmt werden. So kann man analoge Schaltungen nur mit einem quasi-kontinuierlichen Simulator simulieren. Digitale Schaltungen aus Gattern werden sowohl mit quasi-kontinuierlichen Simulatoren als auch mit ereignisgesteuerten Simulatoren simuliert. Modelle auf der RT-Ebene können mit einem ereignisgesteuerten und mit einem „Datenfluß"-Simulator simuliert werden. Zur Auswahl eines Simulatorkonzeptes müssen also die in einem Bereich verwendeten Modelle betrachtet werden.

Zusammenfassung: Simulatorkonzepte

In diesem Abschnitt wurden die bei der Entwicklung von digitalen Schaltungen verwendeten Simulatorkonzepte

A quasi-kontinuierlich („Spice"),

B ereignisorientiert („VHDL" und „Verilog") und

C Datenfluß („COSSAP")

vorgestellt und miteinander verglichen. Da alle Beispiele in diesem Zusammenhang mit VHDL notiert werden, sind einige wesentliche Grundbegriffe der ereignisorientierten Simulation, wie der „äquivalente" Prozeß, erläutert worden.

Der ereignisorientierte Simulationszyklus wurde detaillierter diskutiert. Dieser Simulationszyklus beginnt mit der Zuweisung der Initialisierungswerte an alle Signale des Modells, dann werden in beliebiger Reihenfolge alle äquivalenten Prozesse aktiviert. Durch die Ausführung dieser Prozesse werden im allgemeinen Ereignisse eingeplant. Diese Signaländerungen werden in der Phase „Zeitschritt" sortiert und der nächstliegende Einplanungszeitpunkt wird bestimmt. Alle Signaländerungen mit diesem Einplanungszeitpunkt werden ausgeführt. In der zweiten Phase „Auswertung" werden alle von den aktuellen Ereignissen betroffenen Prozesse ermittelt und aktiviert. Diese Aktivierungen erzeugen im allgemeinen neue Ereignisse, welche im nächsten „Zeitschritt" in die Ereignisliste einsortiert werden. Die beiden Phasen „Zeitschritt" und „Auswertung" wechseln sich so lange ab, bis die Ereignisliste leer ist.

3.5 Signalflußrichtung

Um die verschiedenen Simulatorkonzepte einführen zu können, ist bisher vernachlässigt worden, daß Signale nicht nur durch einen Wert und einen Datentypen gekennzeichnet sind, sondern auch durch eine Signalflußrichtung. Bei einem Signal mit einer bidirektionalen Signalflußrichtung kann es mehrere Instanzen geben, welche dem Signal einen Wert zuweisen. Daher werden die Möglichkeiten in den verschiedenen Simulatorkonzepten zur Modellierung eines Signals mit mehreren Treibern diskutiert.

3.5. SIGNALFLUßRICHTUNG

Quasi-kontinuierlich: Keine Signalflußrichtung, aber Strom und Spannung pro Klemme

Die Spannung U_K an einer Klemme K wird durch die Spannung an der idealen Quelle $U_{Treiber}$, deren Innenwiderstand $Z_{Treiber}$, der Spannung an der äquivalenten idealen Quelle in der Last U_{Last} und deren Innenwiderstand Z_{Last} bestimmt. Diese sehr implementationsnahe Modellierung mit konzentrierten[6] Bauelementen ist in Abb. 3.19 skizziert. Bei einem solchen Modell hat die Signalflußrichtung einer Klemme keine Bedeutung, weil sich der aktuelle Wert des Signals aus der Interaktion der angeschlossenen Komponenten ergibt. Es muß nur eine Zählpfeilrichtung und ein Bezugspunkt festgelegt werden, um den Strom über eine Klemme und die Spannung an einer Klemme angeben zu können.

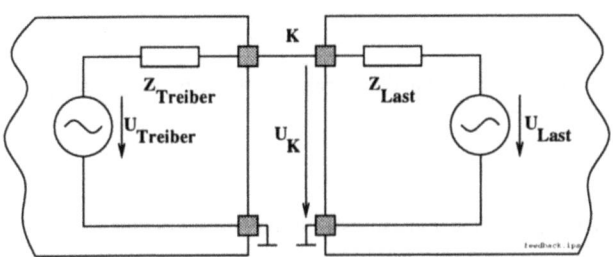

Abb. 3.19: Interaktion von Signal-„quelle" und Signal-„senke" in einem implementationsnahen Strukturmodell

Ein solches Modell kann durch Systeme von Differentialgleichungen beschrieben werden, welche von einem quasi-kontinuierlichen Simulator ausgewertet werden. Im quasi-kontinuierlichen Simulationskonzept gibt es daher keine Signalflußrichtung einer Klemme.

Rückwirkungsfreiheit: Der Wert eines Signals an einer Klemme wird praktisch nur von einer Seite bestimmt, wenn z.B. der Innenwiderstand der Quelle wesentlich kleiner als der Widerstand der Last ist. In einem solchen Fall hat das „Verhalten" der Last keinen Einfluß auf den Signalwert an den Klemmen; man sagt, die Spannung wird von dem Treiber „eingeprägt". In der Systemtheorie nennt man eine Verschaltung von Modellen unter dieser Bedingung „rückwirkungsfrei". Da diese Abstraktion z.B. die Multiplikation von Übertragungsfunktionen zur Ermittlung der Gesamtübertragungsfunktion bei einer Kette von Modellen erlaubt, ist diese Abstraktion von großem Nutzen bei der mathematischen Analyse eines Modells.

Durch die Einführung der Abstraktion „Rückwirkungsfreiheit" ist es nicht mehr notwendig, die Spannung an der Ersatzquelle in der Last oder deren Innenwiderstand zu kennen, sondern es reicht aus, zu jeder Klemme die Signalflußrichtung und die aktuelle Spannung anzugeben.

---

[6]Konzentrierte Bauelemente sind eine Abstraktion von der Ausbreitung der elektromagnetischen Wellen im Raum.

Datenfluß: Ein Treiber & feste Signalflußrichtung

Mit einem Datenflußsimulator werden häufig Modelle von Übertragungssystemen simuliert, und daher baut dieses Simulatorkonzept auf der Abstraktion der Rückwirkungsfreiheit auf. Es gibt somit nur Ein- oder Ausgangsklemmen, und der Signalwert an einer Klemme ist alleine durch den Wert der „Spannung" gekennzeichnet. Ein Teil einer Sequenz auf einer Verbindungsleitung mit einer festen Signalflußrichtung bei einer Datenflußsimulation ist in Abb. 3.20 gezeigt.

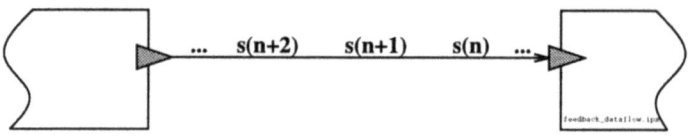

Abb. 3.20: Signalflußrichtung und Sequenz auf der „Verbindungsleitung" bei einer Datenflußsimulation

Ereignisorientiert: Ein Treiber & feste Signalflußrichtung

VHDL

Die meisten Signale in einer digitalen Schaltung lassen sich auch durch eine Signalflußrichtung und einen einzigen „Spannungs"-wert kennzeichnen. Diese Standardsituation mit einer konstanten Signalflußrichtung, bei der der Wert der Leitung durch eine einzige Ausgangsklemme bestimmt wird, ist in Abb. 3.21 gezeigt. Der Wert einer bestimmten Leitung in der ereignisorientierten Simulation wird durch eine Kette von Paaren bestehend aus dem neuen Wert und dessen Änderungszeitpunkt bestimmt. Einige solcher Ereignisse sind in Abb. 3.21 abgebildet.

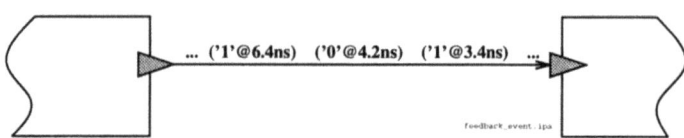

Abb. 3.21: Signalflußrichtung und Ereignisse in einer ereignisorientierten Simulation

Da man im digitalen Entwurf aber auch spezielle Schaltungen, wie „wired-or" [123], und Leitungen mit einem bidirektionalen Signalfluß verwendet, verfügen viele ereignisgesteuerte Simulatoren über besondere Möglichkeiten, diese speziellen Klemmen zu modellieren. Eine „wired-or"-Verschaltung hat zwar eine eindeutige Signalflußrichtung, aber der Wert des Signals wird durch mehrere Instanzen bestimmt. Ein bidirektionales Signal kann insbesondere als „Bus" viele Treiber und Signalflußrichtungen haben. Wie diese beiden Spezialfälle z.B. mit den Sprachmitteln von VHDL modelliert werden können, wird in den beiden folgenden Abschnitten diskutiert.

3.5. SIGNALFLUßRICHTUNG

Ereignisorientiert: Eine Signalflußrichtung, aber mehrere Treiber

Ein „wired-or" ist eine spezielle Realisation eines Oder-Gatters durch die Verschaltung einer Reihe von „pull-down"-Treibertransistoren an einem einzigen „pull-up"-Widerstand [123]. Der „pull-up"-Widerstand ist in Abb. 3.22 durch ein „R" markiert, während die „pull-down"-Transistoren durch ein „N" für NMOS bezeichnet sind. Viele Halbleiterhersteller verbieten die Verwendung solcher Schaltungen in einem ASIC, weil es sich nicht um eine komplementäre MOS-Schaltung handelt. Die „wired-or"-Schaltung wird hier dennoch diskutiert, weil sie ein bekanntes Beispiel für ein Signal mit einer Flußrichtung, aber mehreren Treibern ist.

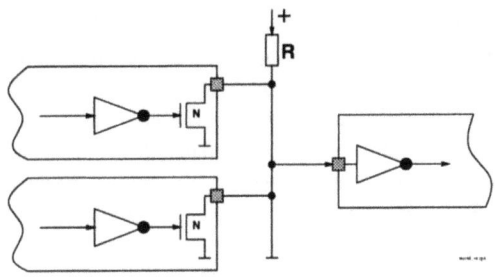

Abb. 3.22: „Wired-or"-Schaltung

Instanzen mit einem solchen „pull-down"-Transistor sind auf der linken Seite von Abb. 3.23 angedeutet. Der „pull-up"-Widerstand ist nicht in Abb. 3.23 abgebildet, weil er mit einem ereignisgesteuerten Simulator nicht als separate Instanz modelliert wird. Die Funktion des „pull-up"-Widerstands wird durch eine spezielle Deklaration des Signaltypen beschrieben, wie sie im folgenden Codefragment 3.27 gezeigt ist.

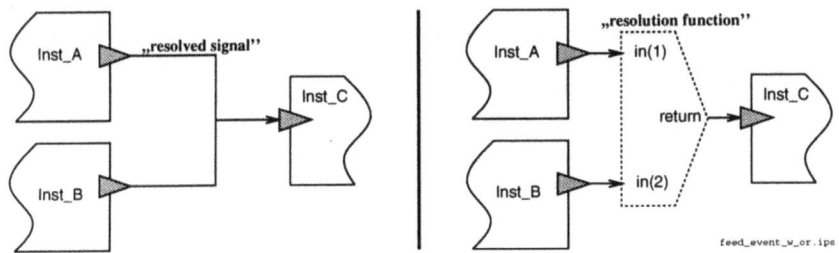

Abb. 3.23: Signal mit mehreren Treibern (z.B. „wired-or") und seine Modellierung mit einem „resolved signal", dessen Wert durch eine „resolution function" berechnet wird

„Resolved Signals": Diese spezielle Signaldefinition enthält neben dem Namen des Signals, dem Datentypen und einem eventuellen Initialisierungswert auch noch eine sogenannte „resolution function". Diese „resolution function" wird nach dem Doppelpunkt und vor dem resultierenden Datentypen eingeschoben. Im Codefragment 3.27 heißt diese Funktion „resolve_wired_or". Zum Vergleich sind in der ersten Zeile zwei Signale ohne eine „resolution function" definiert. Diese Funktion wird, wie auf der rechten Seite von Abb. 3.23 angedeutet, vom Simulator aufgerufen, wenn einer der angeschlossenen Klemmen ein neuer Wert zugewiesen wird. Der „return"-Wert der Funktion bestimmt dann den aktuellen Wert des Signals.

3.27
```
SIGNAL cs, zFlag              :                      BIT :='1';
SIGNAL some_wired_or_signal : resolve_wired_or BIT;
```

„Resolution Function": wired-or. Eine mögliche „resolution function" zur Modellierung eines „wired-or" ist im Codefragment 3.28 gezeigt. Einer „resolution function" wird ein Vektor mit den Werten der angeschlossenen Klemmen übergeben, und die Funktion gibt den ermittelten Wert des „resolved"-Signals zurück. Der Inhalt einer solchen „resolution function" ist im Prinzip beliebig, enthält aber im Regelfall eine Schleife über alle Indizes des Vektors mit den Werten der angeschlossenen Klemmen. Im Codefragment 3.28 wird der Wert der internen Variable „resolved_value" auf '0' gesetzt, wenn nur einer der angeschlossenen Klemmen den Wert '0' angenommen hat, um die Funktion eines wired-or zu modellieren.

3.28
```
FUNCTION resolve_wired_or(input : BIT_VECTOR) RETURN BIT IS
   VARIABLE resolved_value : BIT;
BEGIN
   resolved_value := '1';
   FOR i IN input'RANGE LOOP     -- loop over all driving ports
      IF input(i) = '0' THEN     -- at least one driver with '0' -> return '0'
         resolved_value := '0';
      END IF;
   END LOOP;
   RETURN resolved_value;
END resolved_wired_or;
```

Vordefinierte Attribute: Durch den Ausdruck „input'RANGE" im Codefragment 3.28 wird der Indexbereich des Funktionsparameters „input" extrahiert. Der Schleifenindex „i" durchläuft daher alle Indexwerte des Bitvektors „input". „range" ist ein vordefiniertes Attribut von Signalen oder Variablen mit einem „array"-Datentyp. Das Attribut „range" enthält den Wertebereich der Indizes. Ein Ausdruck der Form „a'range" liefert den Wert des Attributes „range" des Signals oder der Variablen „a".

Durch die Implementierung einer „resolution function" und der Definition eines „resolved signals" kann man also in VHDL als einem ereignisorientierten Simulator ein Signal modellieren, das zwar eine eindeutige Signalflußrichtung hat, dessen Wert aber von mehreren Treibern bestimmt wird.

Ereignisorientiert: Mehrere Signalflußrichtungen, mehrere Treiber

Ein komplizierter aber in der Praxis wichtiger Fall ist ein Signal mit einer wechselnden Signalflußrichtung und mehreren Treibern. Solche Signale nennt man auch „bus",

3.5. SIGNALFLUßRICHTUNG

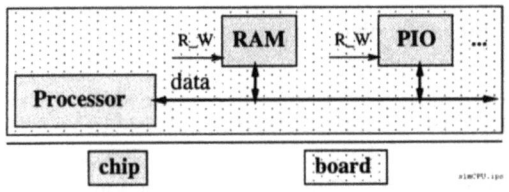

Abb. 3.24: Einfaches Prozessorsystem mit einem „bus" zum Transport der Daten

weil mit einem solchen „bus" Daten von verschiedenen Quellen zu mehreren Senken transportiert werden können.

In Abb. 3.24 ist ein solcher „bus" zum Datenaustausch zwischen dem Prozessor, dem Speicher („RAM") und einem Ein-/Ausgabe-Baustein („PIO") gezeigt. Legen zwei Einheiten zur selben Zeit unterschiedliche Daten auf den „bus", so entstehen Kurzschlüsse, welche die Treiber in den betreffenden Einheiten zerstören können. Daher müssen solche Zugriffskonflikte vermieden werden[7]. Da man zum einen dieses Risiko selten bei einer integrierten Schaltung akzeptieren kann und zum anderen eine bidirektionale Leitung auch durch einen Baum von Multiplexern realisiert werden kann, werden Signale mit mehreren Signalflußrichtungen vornehmlich auf Leiterplatten verwendet.

Erweiterung des Wertebereichs zur Anzeige der Signalflußrichtung: Die vereinfachte Situation mit nur zwei Einheiten ist in Abb. 3.25 gezeigt. Um einen „bus" modellieren zu können, muß man den Wertebereich aller beteiligten Klemmen um einen speziellen Wert erweitern, welcher die Signalflußrichtung eines Treibers anzeigt. Man könnte zu diesem Zweck jeden beliebigen Wert verwenden. Um aber die Lesbarkeit eines Modells zu erhöhen, wird im Regelfall der Wert „Z" zur Signalisierung des hochohmigen Zustands verwendet. Der Wert „Z" ist auch im IEEE-Standardwertesatz mit dieser Semantik enthalten (vgl. Abs. 14.4.1, S. 484).

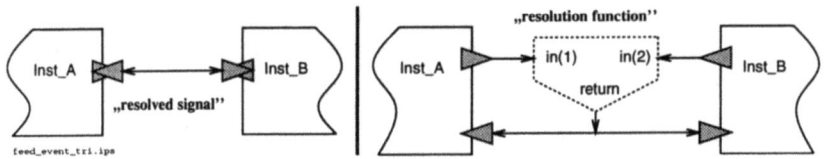

Abb. 3.25: Leitung („Bus") mit bidirektionalem Signalfluß, Berechnung des Signalwertes mit einer „resolution function" und Aufspaltung der „inout"-Klemme

Im Codefragment 3.29 wird daher zunächst ein Datentyp „t_tri_bit" mit drei möglichen Signalwerten definiert. Danach wird mit diesem Datentyp ein einfaches Signal

---

[7] Bei CMOS-Schaltungen muß darüber hinaus auch garantiert werden, daß der „bus" *immer* einen definierten Pegel annimmt.

und ein „resolved" Signal definiert.

3.29
```
TYPE t_tri_bit IS ('0', '1', 'Z');
SIGNAL an_unresolved_signal  :                        t_tri_bit; -- unresolved signal
SIGNAL resolved_bus_signal   : resolve_tri_bit t_tri_bit; -- resolved signal
```

„Resolution Function": Bus. Der „resolution function" „resolve_tri_bit" werden die zugewiesenen Werte aller an den Bus angeschlossenen Klemmen in einem Vektor übergeben. Die Funktion löst einen eventuellen Zugriffskonflikt auf, und der Simulator setzt das Signal auf den berechneten Wert. Die im obigen Codefragment 3.29 genannte „resolution function" zur Verwaltung eines Signals mit mehreren Quellen und wechselnder Signalflußrichtung ist im Codefragment 3.30 gezeigt. Da einer „resolution function" ein Vektor der zugewiesenen Klemmenwerte vom Simulator übergeben wird, wird zunächst ein geeigneter Datentyp „t_tri_bit_vector" definiert. Die Funktion selber folgt dem schon oben erläuterten Schema. Es wird nur zusätzlich eine Variable „active_driver" definiert, um die Zahl der Treiber, die nicht im hochohmigen Zustand „Z" sind, zu ermitteln.

3.30
```
TYPE t_tri_bit_vector IS ARRAY (NATURAL RANGE <>) OF t_tri_bit;
                   -- vector with the actual values of all driving ports
FUNCTION resolve_tri_bit(input : t_tri_bit_vector) RETURN t_tri_bit IS
   VARIABLE resolved_value : t_tri_bit := 'Z';
   VARIABLE active_driver  : NATURAL   := 0;      -- counter for active drivers
BEGIN
   FOR i IN input'RANGE LOOP                      -- THE loop over all
      IF input(i) /= 'Z' THEN                     --    all driving ports
         active_driver := active +1;
         resolved_value := input(i);
      END IF;
      ASSERT active_driver <= 1                   -- correctness check
         REPORT "More than one source is driving the bus!" -- access conflict!!!
         SEVERITY ERROR;
   END LOOP;
   RETURN resolved_value;
END resolved_wired_or;
```

Hat eine angeschlossene Eingangsklemme nicht den Wert „Z", so wird der Zähler „active_driver" inkrementiert und die Variable „resolved_value" auf diesen Wert gesetzt. Mit der „assert"-Anweisung wird eine Meldung ausgegeben, wenn mehr als ein Treiber an diesem Bus aktiv ist. In diesem Fall gibt es auf dem Bus einen Zugriffskonflikt, welcher zu einem Kurzschluß führen kann. Die „resolution function" weist dem Signal den Wert des letzten bearbeiteten Eingangssignals zu, um eine weitere Abarbeitung der Simulation zu ermöglichen. Bei einer Interpretation der Simulationsergebnisse muß beachtet werden, daß dieser Wert eventuell nicht der Realität entspricht.

Aufspaltung einer „inout"-Klemme. Da sich der Wert eines Signals mit mehreren Quellen und wechselnder Signalflußrichtung aus den zugewiesenen Werten der einzelnen Treiber ergibt, kann der in einer angeschlossenen Instanz gelesene Wert ein anderer sein, als der zuletzt von dieser Einheit zugewiesene Wert. Dies ist in Abb. 3.25 durch ein Aufspaltung der „inout"-Klemme in eine „out"- und „in"-Klemme dargestellt.

Da eine Signalzuweisung frühestens nach dem nächsten Zeitschritt ausgeführt wird, kann bei einer Abfrage einer „inout"-Klemme direkt nach einer Zuweisung auf

3.5. SIGNALFLUßRICHTUNG

diese Klemme zunächst noch der alte Wert gelesen werden. Eine Rückkopplung ist also erst frühestens nach einem δ-Zyklus möglich.

Durch die Ergänzung des Wertebereichs um einen zusätzlichen Indikatorwert, z.B. „Z", ist es möglich, mit einem ereignisgesteuerten Simulator ein Signal mit wechselnder Flußrichtung und mehreren Treibern zu modellieren.

Grundbegriffe der Simulation digitaler Schaltungen

Im ersten Teil dieses Kapitels ist das elementare Handwerkszeug zur Simulation digitaler Schaltungen bereitgestellt worden.

Signale: Der Aufbau eines Simulationsmodells ist dem Aufbau eines Prototypen nachempfunden. Dazu werden Komponenten in einem Strukturmodell instanziiert. Zur Verdrahtung dieser Instanzen werden Signale benötigt, welche durch einen Namen und Datentyp definiert sind. Signale sind aber nicht nur Symbole zur Verdrahtung, sondern behalten ihren Wert, bis ihnen ein neuer zugewiesen wird. Die Verwendung von vordefinierten Datentypen und die Definition eigener Datentypen ist demonstriert worden.

Strukturmodell: Man definiert eine Einheit („entity"), indem man einen Namen, Parameter und Klemmen sowie allen Modellen dieser Einheit gemeinsame Vereinbarungen bestimmt. Die Erzeugung eines Strukturmodells besteht aus der Definition von Komponenten, Signalen und Instanzen, welche durch die Signale untereinander und mit den Klemmen der Einheit verbunden werden. Die Parametrierung eines Strukturmodells ist an einem Beispiel demonstriert worden.

Konfiguration: Mit einer Konfiguration ordnet man jeder Instanz in einem Strukturmodell entweder ein Einheit/Modell-Paar oder eine weitere Konfiguration zu. Der Zusammenhang zwischen Komponente, Instanz, Einheit und Modell ist erläutert und an einem Beispiel demonstriert worden. Die Vor- und Nachteile des Konfigurationsprozesses sowie Vereinfachungen sind diskutiert worden.

Verhaltensmodell: Durch die Einführung von Hierarchie kann man die Komplexität eines Strukturmodells verbergen. Nur die selektive Modellierung gewisser Aspekte in einem Verhaltensmodell erlaubt eine echte Abstraktion. Ein Verhaltensmodell besteht aus einem oder mehreren Prozessen. Ein Prozeß ist ein „Programm", welches bei bestimmten Bedingungen aktiviert wird und die Ausgangs- und Zustandswerte berechnet.

Simulatorkonzepte: Modelle werden von einem bestimmten Simulator ausgeführt, daher wurden die drei in diesem Zusammenhang relevanten Simulatorkonzepte vorgestellt. Da das ereignisorientierte Konzept überragende Bedeutung hat, ist es detaillierter erläutert worden. Der Start sowie die beiden Phasen „Zeitschritt" und „Auswertung" des Simulationszyklus wurden diskutiert.

Signalflußrichtung: Die meisten Signale in einer digitalen Schaltung haben einen Treiber und eine Signalflußrichtung. Die Modellierung von Signalen mit mehreren Treibern oder wechselnden Signalflußrichtungen mit einer „resolution function" ist an zwei Beispielen demonstriert worden.

Nachdem im ersten Teil dieses Kapitels die Grundbegriffe der Modellierung und Simulation digitaler Schaltungen erläutert wurden, wird im zweiten Teil die Rolle der Modelle in den verschiedenen Entwurfsprozessen dargestellt. Die Betrachtung der verschiedenen Typen von Entwurfsprozessen wird zeigen, daß die Möglichkeit, von einer Einheit sowohl implementationsnahe als auch abstrakte Modelle zu implementieren, eine Voraussetzung zur Realisation dieser Entwurfsprozesse ist. Daher wird dieses Kapitel mit einer kurzen Vorstellung der vier Abstraktionsmechanismen abgeschlossen. Die Anwendung dieser vier Abstraktionsmechanismen, deren diskrete Stufen in den folgenden Kapiteln vorgestellt werden, ermöglicht eine Kontrolle des Abstraktionsgrades eines Modells.

3.6 Designprozesse

Ein Entwicklungsprozeß beginnt mit einer Formulierung der Spezifikationen. Diese Spezifikationen können informell in Form eines Pflichtenheftes oder aber auch formal in der Form eines abstrakten, aber ausführbaren Modells bestimmt sein. Die Spezifikationen umfassen neben der Beschreibung der Funktion auch die Randbedingungen. Die Randbedingungen betreffen die Funktion, den Entwurfsprozeß und die Implementation. Die Implementation kann entweder durch Hardware, z.B. einem ASIC, oder aber durch Software, die auf einem Standardprozessor oder DSP ausgeführt wird, erfolgen. In Abb. 3.26 ist der Hardware-Software (HW-SW) Codesign Entwurfsprozeß skizziert. In diesem Zusammenhang soll der HW-Entwurfsprozeß im Vordergrund stehen.

Der Entwicklungsprozeß ist abgeschlossen, wenn man ein Modell entwickelt hat, das die spezifizierten Funktionen enthält, gewissen Randbedingungen (z.B. Fläche, Geschwindigkeit oder Stromverbrauch) genügt und nur verfügbare Komponenten instanziiert.

Bottom-up Design

Der zur Zeit im ASIC-Bereich vorherrschende Entwicklungsprozeß ist das *Bottom-up Design*, welches durch drei Eigenschaften gekennzeichnet ist.

DEFINITION 1 (BOTTOM-UP DESIGN)
① *Bottom-up Design ist die rekursive Erzeugung von komplexen Einheiten durch die Verbindung einfacherer Komponenten.*

3.6. DESIGNPROZESSE

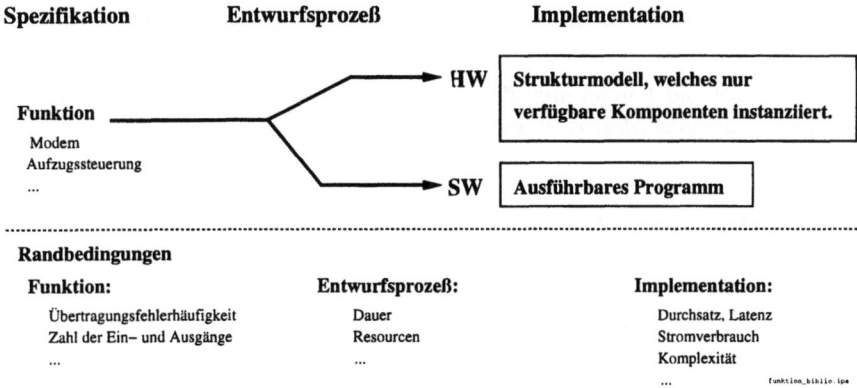

Abb. 3.26: Eine Spezifikation wird in einem Entwurfsprozeß auf eine Implementation abgebildet

② *Der Prozeß beginnt mit Einheiten aus der Bibliothek eines Halbleiterherstellers.*

③ *Die Modellierung findet ausschließlich auf Gatterebene statt.*

Dieser weitverbreitete Entwicklungsprozeß hat einige Vorteile: So ist dieser Prozeß sehr intuitiv, weil er dem realen Aufbauprozeß eines Prototypen ähnelt. Darüber hinaus ist dieser Prozeß einfach zu kontrollieren, weil jede durch den Entwickler erzeugte Einheit durch ein Strukturmodell beschrieben ist. Ist eine Einheit modelliert, so sind alle Parameter dieses Modells, wie Fläche und maximale Taktfrequenz, bestimmt [100]. Weiterhin läßt sich der Fortschritt eines Projektes anhand der Zahl der vorhandenen Modelle angeben.

Die beiden wesentlichen Nachteile dieses Entwurfprozesses sind:

- Simulationen der gesamten Schaltung liegen erst am Ende der Entwicklung vor, und
- die Simulationseffizienzen sind so niedrig, daß eine umfassende Analyse der Schaltung kaum möglich ist.

Wenn aber die zu entwickelnde Schaltung komplex ist oder auf bisher nicht verwendeten Konzepten beruht, dann wird man nach dem sogenannten *Top-down Design* vorgehen.

Top-Down Modellierung

Top-down Design wird in der Hauptsache mit *Top-down Modellierung* identifiziert.

DEFINITION 2 (TOP-DOWN MODELLIERUNG)
① *Top-down Modellierung ist die rekursive Ersetzung eines abstrakten Verhaltensmodells durch ein Strukturmodell.*

② *Dieses Strukturmodell instanziiert Verhaltensmodelle* **geringerer Abstraktion**.

③ *Der Prozeß endet, wenn entweder jede Instanz synthetisiert werden kann oder nur noch Gatter oder Makros aus einer Bibliothek instanziiert werden.*

Verlauf einiger Kenngrößen

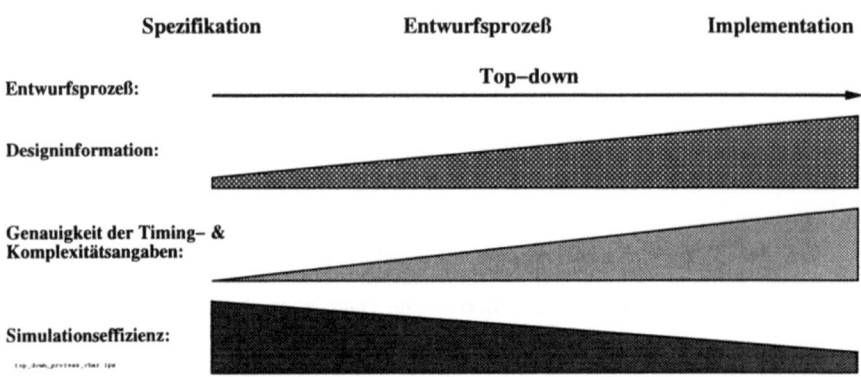

Abb. 3.27: Schematischer Verlauf einiger Kenngrößen während eines Top-down Entwurfsprozesses

Der Verlauf einiger charakteristischer Kenngrößen ist für den Top-down Modellierungsprozeß in Abb. 3.27 skizziert. Am Anfang eines Top-down Entwurfsprozesses sind einige wenige die Implementation betreffende Entscheidungen schon durch die Spezifikation festgelegt. Der wesentliche Teil der Designinformation ergibt sich aber erst im Verlauf des Entwurfsprozesses durch eine Analyse der Implementierungsalternativen. Durch das Anwachsen der Designinformation wird eine immer genauere Angabe der Komplexität und des Timings der Implementation möglich. Da für lange Zeit innerhalb des Top-down Modellierungsprozesses nur geschätzte Komplexitäts- und Timingwerte über die Implementation bekannt sind, ergibt sich die Notwendigkeit, Entwurfsentscheidungen zu vertagen. Dies kann durch eine geeignete abstrakte Modellierung und durch eine konsequente Parametrierung erreicht werden. Durch die Ersetzung eines Verhaltens- durch ein Strukturmodell erhöht sich die Zahl der Signale. Da die Bearbeitung von Signaländerungen die Simulationslaufzeit dominiert, nimmt die Simulationseffizienz während eines Top-down Entwurfsprozesses ab [24, 1].

Der Top-down Modellierungsprozeß wird gesteuert durch das Ziel, abstrakte Verhaltensmodelle durch implementationsnähere Modelle zu ersetzen. Viele Entwicklungsentscheidungen sind nur möglich, wenn man detaillierte Informationen über die maximale Taktfrequenz und den Aufwand zur Realisation der kritischen Komponenten hat. Daher muß *Top-down-* immer durch *Bottom-up-Modellierung* ergänzt werden.

Bottom-up Modellierung

Im traditionellen Entwurfsprozeß „Bottom-up Design" werden alle Modelle durch die Instanziierung von einfachen Komponenten, wie „Gattern", aus einer Bibliothek erzeugt. Dies erleichtert die Projektverlaufskontrolle, weil mit dem Abschluß der Modellierung der Entwurf einer Teileinheit abgeschlossen ist. Weiterhin stehen mit der Fertigstellung des Modells detaillierte Informationen über das Zeitverhalten und den Fertigungsaufwand zur Verfügung.

„**Bottom-up Design**": **Modellierung ist Implementierung.** Da allerdings die Modellierung mit einer Implementierung auf der Gatterebene identisch ist, dauert es lange, bis die grundlegenden Ideen eines Systems durch Simulation experimentell erforscht werden können. Dies ist der Hauptgrund für den Einsatz von abstrakten Modellen in dem oben gekennzeichneten „Top-down"-Entwurfsprozeß. Zur Modellierung einer komplexen Funktion müssen sehr viele Gatter oder Makros instanziiert werden, deren Auswertung die Simulationszeiten erhöht (vgl. Abs. 4.5.4, S. 154). Daher soll im folgenden ein Entwurfsprozeß beschrieben werden, bei dem die erzeugten Modelle auf der Gatterebene durch abstraktere Modelle ersetzt werden.

Bottom-up Modellierung entspricht dem „Bottom-up Design" bis auf die Ersetzung von verifizierten Strukturmodellen durch geeignete abstrakte Verhaltensmodelle.

DEFINITION 3 (BOTTOM-UP MODELLIERUNG)

① *Bottom-up Modellierung ist die rekursive Erzeugung von komplexen Einheiten durch die Verbindung einfacherer Komponenten.*

② *Nach Verifikation wird ein solches Strukturmodell durch ein* **abstrakteres Verhaltensmodell** *ersetzt.*

③ *Der Prozeß endet, wenn ein Strukturmodell die Spezifikationen erfüllt.*

Bei der *Bottom-up Modellierung* wird ein Verhaltensmodell implementiert, wenn das Strukturmodell bereits vorhanden ist. Dabei besteht die Gefahr, daß mit dem Verhaltensmodell unnötigerweise alle internen Details des Strukturmodells beschrieben werden, um die Werte der Ausgangssignale zu bestimmen.

Alle drei Designprozesse können mit VHDL realisiert werden. Es sollte aber nicht erwartet werden, daß sich der traditionelle Bottom-up Entwicklungsprozeß mit VHDL produktiver als mit Schaltplaneingabe und Logiksimulation durchführen läßt. Produktivitätsgewinne stellen sich erfahrungsgemäß erst ein, wenn man Top-down- und Bottom-up-Modellierung je nach Notwendigkeit zur Entwicklung benutzt.

Zusammenfassung: Designprozesse

Im letzten Abschnitt sind die Eigenschaften der folgenden drei Designprozesse zusammengefaßt worden. **Bottom-up Design** wird im traditionellen schaltplanorientierten Entwurf verwendet. Die wesentliche Eigenschaft ist die ausschließliche Modellierung auf der Gatterebene. Die rekursive Ersetzung eines abstrakten Verhaltensmodells durch ein Strukturmodell mit implementationsnäheren Instanzen ist als **Top-**

down **Modellierung** bezeichnet worden. Die Modellierung kritischer Teileinheiten erfordert eine **Bottom-up Modellierung**, um früh die Geschwindigkeit oder den Fertigungsaufwand präzise einschätzen zu können.

Die letzten beiden Entwurfsprozesse basieren auf der Möglichkeit, zu einer Einheit Modelle auf unterschiedlichen Abstraktionsebenen zu erzeugen, daher werden im folgenden Abschnitt vier unabhängig anwendbare Abstraktionsmechanismen definiert.

3.7 Abstrakte Modellierung

Top-down Modellierung wird durch die Erarbeitung *weniger abstrakter* Verhaltensmodelle und Bottom-up Modellierung durch die Erzeugung von *abstrakteren* Verhaltensmodellen bestimmt. Daher soll der Begriff der Abstraktion bei der Modellierung von digitalen Schaltungen genauer betrachtet werden.

„Abstraktion" ist ein relativer Begriff und wird stark durch die Erfahrungen und den Arbeitsbereich eines Entwicklers bestimmt. In diesem Zusammenhang soll abstrakte Modellierung in der folgenden Weise definiert werden.

DEFINITION 3.9 (ABSTRAKTE MODELLIERUNG) *Abstrakte Modellierung ist die formale Beschreibung einer Einheit unter absichtlicher Vernachlässigung bestimmter Aspekte. Diese Aspekte können funktionaler, struktureller, physikalischer oder zeitlicher Natur sein.*

Abstrakte Modellierung ist *kein neues Konzept* zur Entwicklung digitaler Schaltungen, denn schon die Modelle auf Gatterebene sind eine Abstraktion von den Strömen und Spannungen der Simulation von extrahierten „full-custom"-Layouts. Entscheidend ist der Übergang von einer Beherrschung der Abstraktionsmechanismen auf Layout- und Gatterebene zu einem wirkungsvollen Einsatz von abstrakter Modellierung auf Gatter-, RTL- und Kausaler Modellierungsebene. Dies ist in Abbildung 3.28 skizziert.

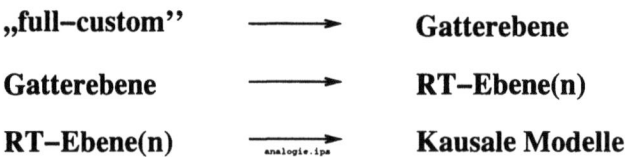

Abb. 3.28: Analogie beim Wechsel der Abstraktionsebenen

Man kann feststellen, daß in der Industrie der erste Schritt weitestgehend vollzogen ist, der zweite Schritt von immer mehr Entwicklern angegangen wird und der letzte Schritt noch Gegenstand der Forschung ist.

3.7.1 Arten der Abstraktion

Der Zwang, bei steigender Komplexität auf immer abstrakteren Ebenen zu entwickeln, wird nicht in Frage gestellt. Es ist nur weitestgehend unklar, wie man diese Abstraktion bei einer konkreten Einheit erzielt und welche Risiken damit verbunden sind. Daher werden vier verschiedene Abstraktionsmechanismen zur Modellierung von digitalen Schaltungen getrennt betrachtet:

- Vernachlässigung von **Strukturinformationen** über den Aufbau einer Einheit aus Teileinheiten.

- Anwendung von Datentypen für Signale und Variablen ohne eine festgelegte Beziehung zu Signalen in der realen Schaltung. Solche Datentypen sollen in diesem Zusammenhang **abstrakte Datentypen** genannt werden.

- Verwendung einer Zeitskala zur **Modellierung der Wert/Zeit-Relation**, welche eine nicht lineare Transformation der Zeitskala der echten Schaltung ist.

- Vereinfachte Modellierung eines **funktionalen** Aspekts.

In den folgenden Kapiteln werden die vier Mechanismen zur abstrakten Modellierung im Detail diskutiert und deren Anwendung demonstriert.

Zusammenfassung: Verbergen und Vernachlässigen

Ein Strukturmodell beginnt mit der Definition von Komponenten, welche die Syntaxprüfung eines Strukturmodells erleichtern. Dann werden Signale definiert, mit denen die Instanzen der Komponenten verdrahtet werden. Der Aufbau eines parametrierbaren Strukturmodells mit einer „generate"-Anweisung wurde erläutert. Durch eine Konfiguration werden vorhandene Einheiten und Modelle an die Instanzen eines Strukturmodells gebunden.

Hierarchie ist eine Möglichkeit, die Komplexität eines Strukturmodells hinter Symbolen von Teileinheiten zu verbergen. Die so verborgenen Details des Entwurfes müssen aber

① zum einen vom Entwickler *erzeugt* und

② zum anderen bei jedem Simulationslauf *mitsimuliert*

werden. Eine Vernachlässigung von Implementationsdetails mit einem abstrakten Verhaltensmodell macht daher eine Produktivitätssteigerung möglich. Die Bestandteile jedes Verhaltensmodells, wie die Aktivierungsbedingung sowie zwei Funktionen zur Berechnung der Ausgangswerte und des neuen Zustandswerts, sind erläutert worden.

Eine Betrachtung verschiedener Entwurfsszenarien zeigte, daß mit den Begriffen Verhaltens- und Strukturmodell nicht Abstraktionsebenen, sondern Modelltypen bezeichnet werden.

Die verschiedenen Simulatorkonzepte quasi-kontinuierlich, ereignisorientiert und Datenfluß wurden erläutert und verglichen. Da in der Entwicklung digitaler Schaltungen die Anwendung des ereignisorientierten Simulationskonzeptes dominiert, ist der Simulationszyklus eines ereignisorientierten Simulators detailliert erläutert worden. Die Anwendung einer „resolution function" zur Modellierung von Signalen mit einer unterschiedlichen Zahl von Treibern und wechselnden Signalflußrichtungen wurde mit Beispielen demonstriert.

Mit einer Darstellung der Eigenschaften verschiedener Designprozesse und der großen Bedeutung der Möglichkeit, die Abstraktion eines Modells gezielt zu steuern, wurde dieses Kapitel abgeschlossen.

4 Strukturinformation (*SI*): Geometrie bis Kombinatorik

Strukturinformation beschreibt den Aufbau einer Einheit aus anderen Komponenten. Ein Gatter ist eine Abstraktion der zugrundeliegenden Transistorschaltung. Die drei fundamentalen Arten, eine Verzögerungszeit zu modellieren, werden vorgestellt. Mit den diskreten Stufen der vier Abstraktionsmechanismen wird der Begriff „Gatterebene" präzise definiert. Es werden verschiedene Modellierungsschablonen für kombinatorische Schaltungen und Register eingeführt. Der Zusammenhang zwischen der Simulations- und Synthesesemantik eines Modells hat erhebliche praktische Bedeutung und wird daher ausführlich erläutert. Es werden die Vor- und Nachteile einer abstrakten Modellierung an einem Beispiel erarbeitet. Diese Diskussion verdeutlicht die Bedingungen, unter denen die manuelle Modellierung von Strukturinformation sinnvoll ist.

Einleitung

Top-down Modellierung ist die Ersetzung eines abstrakten Verhaltensmodells durch ein Strukturmodell aus *implementationsnäheren* Modellen, während bei der Bottom-up Modellierung ein Strukturmodell durch ein *abstrakteres Verhaltensmodell* ersetzt wird [109]. Beide Entwurfsprozesse beruhen also auf dem gesteuerten Einsatz von Abstraktion bei der Modellierung.

Die verwendeten Bezeichnungen für die verschiedenen Abstraktionsebenen, wie „Verhaltens-" oder „Architekturebene", sind unscharf und führen in der Praxis immer wieder zu Mißverständnissen. Außerdem wird der Erwerb der Fähigkeit, abstrakte Modelle zu implementieren, durch diese vielen schwammigen und sogar widersprüchlichen Begriffe erfahrungsgemäß erschwert. Die Einführung von vier unabhängig einsetzbaren Abstraktionsmechanismen dient daher den folgenden Zielen [104, 101, 105]:

① Aufzeigen von Möglichkeiten zur abstrakten Modellierung.

② Präzise Angabe des Abstraktionsgrads eines bestimmten Modells.

③ Kohärente Betrachtung der abstrakten Modellierung.

④ Einordnung der in der Vergangenheit vollzogenen Übergänge zu höheren Abstraktionsebenen.

⑤ Orientierung über mittelfristig relevante Abstraktionsebenen.

Verschiedene Stufen der folgenden vier Abstraktionsmechanismen werden auch schon heute eingesetzt. Die Aufspaltung in vier Abstraktionsmechanismen, welche wiederum in eine Reihe von genau definierten diskreten Stufen aufgeteilt werden, ermöglicht aber ein Verständnis und eine präzise Beschreibung der Praxis.

Aufbau des Kapitels

Im ersten Abschnitt 4.1 dieses Kapitels werden die vier Abstraktionsmechanismen definiert. Die Diskussion der Abstraktionsstufen von der Strukturinformation beginnt in Abschnitt 4.2 mit den geometrischen Beschreibungsebenen. Die Abstraktion von geometrischen Informationen durch eine Transistorschaltung wird im Abschnitt 4.3 diskutiert. Mit den Stufen der vier Abstraktionsmechanismen wird in Abschnitt 4.4 der Abstraktionsgrad der „Gatterebene" bestimmt. Im Abschnitt 4.5 werden Verhaltensmodelle von kombinatorischen Schaltungen und Registern vorgestellt und deren Simulations- und Synthesesemantik diskutiert.

4.1 Abstraktionsmechanismen

Die Details einer Implementation können mit den folgenden vier Abstraktionsmechanismen gezielt vernachlässigt werden.

- Vernachlässigung von **Strukturinformation** („Structural Information" *SI*).

- Vereinfachte Modellierung eines **funktionalen Aspekts** („Functional Completeness" *FC*).

- Anwendung von **abstrakten Datentypen** für Signale und Variablen ohne eine festgelegte Beziehung zu den Signalen der realen Schaltung („Abstract Datatypes" *AD*).

- Verwendung einer Zeitskala zur **Modellierung der Wert/Zeit-Relation**, welche eine nichtlineare Transformation der Zeitskala der echten Schaltung ist („Value/Time relation" *VT*).

Diese vier Abstraktionsmechanismen werden in den folgenden Abschnitten genauer definiert.

DEFINITION 4.1 (STRUKTURINFORMATION) *Strukturinformation beschreibt den Aufbau einer Einheit aus anderen Komponenten.*

Strukturinformation wird häufig durch den Instanziierungsmechanismus in einem Strukturmodell formuliert, kann aber auch durch Funktionen in einem Verhaltensmodell beschrieben werden. Der Abstraktionsgrad von der Strukturinformation wird in 11 diskreten Stufen angegeben, welche in den Tabellen 10.1 (S. 398) und 10.2 zusammengefaßt sind. Falls eine Einheit z.B. durch eine Verschaltung von Gattern modelliert ist, so wird der Abstraktionsgrad der Modellierung der Strukturinformation durch $SI.G^1$ angegeben.

DEFINITION 4.2 (FUNKTIONALER ASPEKT) *Jede Einheit verfügt über eine diskrete Zahl von Funktionen oder Betriebsmodi. Der Abstraktionsgrad eines Modells im Bezug auf den funktionalen Aspekt wird durch den Umfang der Modellierung dieser Funktionen bestimmt.*

---
[1] $SI.G$ = Structural Information Gate (vgl. Tab. 10.3)

4.1. ABSTRAKTIONSMECHANISMEN

Die Zahl der möglichen Abstraktionsstufen wird durch den Funktionsumfang der betrachteten Einheit bestimmt. Eine Einheit mit den Funktionen A, B, C kann z.b. mit dem Abstraktionsgrad im Bezug auf den funktionalen Aspekt $FC.(A, B)$ modelliert werden, indem man die Funktion C vernachlässigt.

DEFINITION 4.3 (ABSTRAKTER DATENTYP) *Ein abstrakter Datentyp ist ein beliebiger Datentyp, welchem a priori keine eindeutige Relation zu einem Signal oder Signalbündel auf Gatterebene zugeordnet ist.*

Einen Überblick über die verschiedenen Abstraktionsstufen durch die Verwendung abstrakter Datentypen ist in Abb. 12.12 (S. 436) gezeigt. In dieser Abbildung sind auch die verschiedenen Übergänge von einem abstrakten zu einem implementationsnäheren Datentypen skizziert. Ein ganzzahliger Datentyp mit einem beschränkten Wertebereich, der mit $AD.RA^2$ bezeichnet wird, abstrahiert von der Notwendigkeit, die einzelnen Werte zu kodieren. Die Tatsache, daß eine Implementation des Modells nur endlich breite Datenpfade instanziieren kann, wird aber auf der Abstraktionsstufe $AD.RA$ berücksichtigt.

DEFINITION 4.4 (WERT/ZEIT-RELATION) *Die Signale einer gefertigten Schaltung sind Funktionen der „Echtzeit", während die Variablen und Signale eines Modells Funktionen der „simulierten Zeit" sind. Die Wert/Zeit-Relation gibt das Verhältnis von „simulierter Zeit" zur „Echtzeit" an.*

Der Abstraktionsgrad der Modellierung der Wert/Zeit-Relation wird in 9 Stufen angegeben. Die abstrakteste Möglichkeit der Modellierung der Wert/Zeit-Relation ist eine Beschreibung einer Einheit durch ein Programm in einer konventionellen Programmiersprache, in dem die „simulierte Zeitachse" überhaupt nicht berücksichtigt wird. Diese Abstraktionsstufe wird mit $VT.F^3$ bezeichnet.

Jeder dieser Abstraktionsmechanismen wird in diskreten Stufen angewandt, die in den folgenden Kapiteln detaillierter diskutiert werden.

Abstraktionsgrad eines Modells Die Stufen der Abstraktion hängen bei dem Abstraktionsmechanismus „Funktionaler Aspekt" (FC) von dem Umfang der Betriebsmodi einer Schaltung ab. Der Abstraktionsgrad kann aber bezüglich der restlichen drei Abstraktionsmechanismen unabhängig von der betrachteten Einheit in festen Stufen angegeben werden. Daher kann der Abstraktionsgrad eines Modells M durch ein Quadrupel aus den einzelnen Abstraktionsstufen angegeben werden. Dieses Quadrupel zur Kennzeichnung des Abstraktionsgrads eines Modells wird in der folgenden Form symbolisiert:

$$abstraktionsgrad(M) = \begin{pmatrix} SI.w \\ FC.x \\ AD.y \\ VT.z \end{pmatrix}$$

---
[2]$AD.RA$ = Abstract Datatypes number with a limited RAnge(vgl. Tab. 12.1 (S. 435))
[3]$VT.F$ = „Value Time relation.Functional". (vgl. Tab. 13.1 (S. 458))

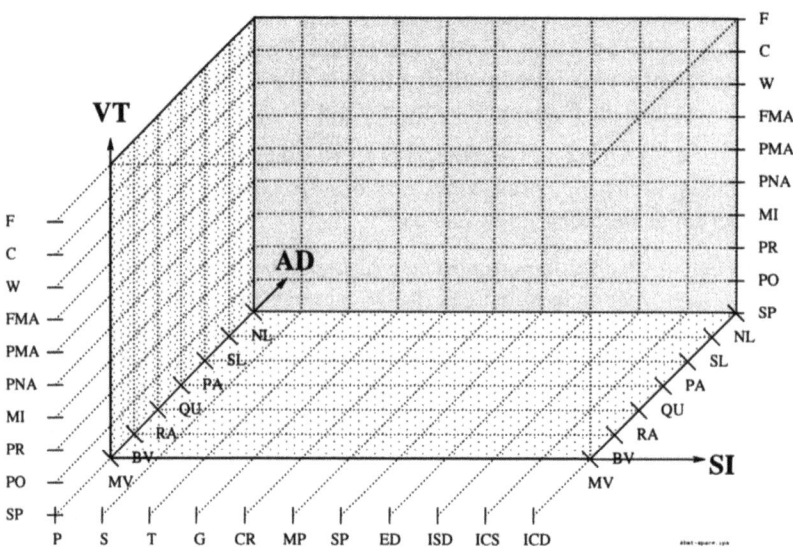

Abb. 4.1: Die diskreten Stufen der Abstraktionsmechanismen im Modellierungsraum

Die Stufen der einzelnen Abstraktionsmechanismen sind in Abb. 4.1 an den Achsen eines dreidimensionalen Koordinatensystems abgetragen. Der Abstraktionsgrad eines Modells kann als Punkt in diesem „Modellierungsraum" dargestellt werden. Der Modellierungsraum wird unter anderem zur präzisen Definition populärer Begriffe, wie RT- oder Gatter-Ebene, verwendet.

„Bottom-up" Darstellung der Abstraktion von der Strukturinformation

In den folgenden Abschnitten wird zunächst die Vernachlässigung der Strukturinformation diskutiert, weil dieser Abstraktionsmechanismus die größte Bedeutung in der Praxis hat und eine unmittelbare Anwendung in einem Entwurfsprojekt am ehesten möglich ist. Die einzelnen Abstraktionsstufen werden nacheinander beginnend bei den implementationsnahen Stufen vorgestellt, um zum einen

- die Einordnung der Abstraktionsstufen in die „Geschichte" des Entwurfs digitaler Schaltungen zu erleichtern, und zum anderen

- eine Einschätzung der vernachlässigten Effekte zu ermöglichen.

Es werden nicht nur die aktuellen Abstraktionsebenen bei der Modellierung der Strukturinformation betrachtet, sondern auch die in der Vergangenheit verwendeten. Ein Vergleich der bevorzugten Abstraktionsmechanismen der beiden letzten Jahrzehnte mit den aktuellen Abstraktionsebenen soll das Verständnis der Abstraktion von der Strukturinformation erleichtern. Weiterhin kann eine Betrachtung der Entwicklung der

Abstraktionsebenen die Einordnung von zur Zeit eher theoretischen Modellierungsschablonen erleichtern. Die Entwicklung hat nämlich gezeigt, daß einige dieser vermeintlich „unsinnigen" Modellierungsverfahren sich nach einigen Jahren zu Standardverfahren entwickelt haben. Ebenso wird die, durch den aktuellen Übergang zu abstrakteren Modellierungsmöglichkeiten hervorgerufene, Unsicherheit durch die Betrachtung der zurückliegenden Übergänge relativiert.

Kenntnis der vernachlässigten Information notwendig! Die Erfahrung hat gezeigt, daß eine effektive abstrakte Modellierung nur möglich ist, wenn man eine *genaue* Vorstellung von den vernachlässigten Effekten hat. Der Leser mit viel Entwurfserfahrung auf der „full-custom"- oder Gatterebene wird daher die ersten Abschnitte dieses Kapitels eher „ überfliegen", während dem Leser mit einem starken Programmierhintergrund ein intensives Studium auch der ersten Abschnitte empfohlen wird.

In der Praxis hat die Vernachlässigung der Strukturinformation die größte Bedeutung. Daher beginnt die Diskussion der einzelnen Stufen der Abstraktionsmechanismen mit den Abstraktionsstufen der Strukturinformation.

4.2 Geometrie

In der Vergangenheit wurden integrierte Schaltungen durch die manuelle Erzeugung der einzelnen Masken entwickelt [63, 40, 123, 85]. Diese Masken wurden verkleinert und mit Hilfe der Photolithographie zur Steuerung der einzelnen Prozeßschritte verwendet. Da die Polygone dieser Masken in einem solchen „full-custom"-Entwurfsprozeß durch den Entwickler manuell manipuliert werden, wurden durch Gajski [34] im Jahre 1983 in dem berühmten „Y-Chart" die drei Entwurfssichten Struktur, Verhalten und Geometrie gleichberechtigt dargestellt. Im vergangenen Jahrzehnt ist die praktische Bedeutung der manuellen Bearbeitung der geometrischen Entwurfsdaten stark zurückgegangen. Daher werden im folgenden die geometrischen Beschreibungsformen eines Entwurfs nur noch als implementationsnahe Modellierungsebene der Strukturinformation eingeführt.

Geometrie: Position und Fläche; Topologie: „verbunden mit"-Relationen. Geometrische Modelle enthalten Daten über die Position und Fläche einer Komponente. Textuelle Strukturmodelle („Netzlisten") enthalten topologische Entwurfsinformationen, während Schaltpläne neben den topologischen Informationen auch geometrische Informationen enthalten. Hier sollen allerdings keine Schaltpläne betrachtet werden, denn die geometrischen Informationen in einem Schaltplan, wie z.B. die Position der Symbole, hat keine oder nur eine zufällige Relation zu der Position der Zellen auf dem gefertigten Chip. Im wesentlichen dient die geometrische Information in einem Schaltplan zur Verbesserung der Lesbarkeit des jeweiligen Strukturmodells.

Bemaßte Polygone (*SI.P*)

Die direkte manuelle Erzeugung dieser Masken durch den Entwickler nennt man „full-custom"-Entwicklung. Durch eine geeignete Überlagerung dieser Masken kann man Transistoren, Kontakte und Verdrahtungen auf einem Siliziumkristall erzeugen. Ein solches Layout ist auf der linken Seite von Abb. 4.2 abgebildet. Die Polygone werden unter Berücksichtigung der aktuellen Fertigungstechnologie, deren Grenzen in den sogenannten „design rules" zusammengefaßt sind, angeordnet. Diese Art des Entwurfs ist somit vollständig technologiegebunden[4]. Die „Abstraktions"-stufe, auf der vom Entwickler bemaßte Polygone manipuliert werden, soll durch *SI.P* symbolisiert werden.

Metrikfreies Layout (*SI.S*)

Durch die Verwendung von „stick diagrams" [123] kann man von den aktuellen Werten der „design rules" abstrahieren. Durch ein „stick diagramme" spezifiziert der Entwickler nur noch die relative Position von Polygonen. Die Breite und Höhe der Polygone werden entweder überhaupt nicht oder aber nur als Vielfache eines anderen Polygons angegeben. Diese Polygone werden durch ein Werkzeug auf die Möglichkeiten einer Fertigungstechnologie abgebildet, indem die „sticks" geeignet vergrößert und kompaktiert werden. Man bezeichnet „stick diagrammes" auch als metrikfreies Layout. Durch die Vergrößerung mit anschließender Kompaktierung wird die relative Geometrie der Polygone bewahrt, so daß ein metrikfreies Layout noch keine topologische Darstellung ist. Durch diese Abstraktion von den Maßen der Polygone kann schon eine gewisse Unabhängigkeit von der Fertigungstechnologie erreicht werden. Da die „Sticks" erst nach der Fertigstellung mit den aktuellen „design rules" parametriert werden, müssen diese „design rules" auch nicht bei der Zeichnung der Polygone berücksichtigt werden. Daher wird durch die Verwendung eines metrikfreien Layouts die Produktivität im „full-custom"-Design erhöht.

Zusammenfassung: Geometrie

Geometrische Entwurfsinformation beschreibt die Position und Fläche von Polygonen auf verschiedenen Darstellungsebenen. Diese direkte Modellierung der einzelnen Strukturen einer integrierten Schaltung durch farbige Polygone wird mit *SI.P* bezeichnet. Eine erste Abstraktion von den Technologiegrenzen kann durch die Verwendung eines metrikfreien Layouts erreicht werden, welches auf die aktuellen Technologiemöglichkeiten vergrößert und kompaktiert wird. Diese Abstraktion von der absoluten Position und Fläche eines Polygons wird durch *SI.S* bezeichnet.

---

[4]Man kann diese Technologiebindung auflockern, indem man sogenannte skalierbare „design rules" verwendet.

4.3 Topologie

Topologische Entwurfsdaten geben die „verbunden mit"-Relation der einzelnen Instanzen einer Einheit an. Der Abstraktionsgrad eines topologischen Modells ergibt sich weitestgehend durch die Modelle in den Blättern der Instanzenhierarchie. Im folgenden werden zunächst Netzlisten von Transistoren betrachtet, welche meist manuell durch Polygone implementiert werden. Danach werden Gatter mit bestimmten logischen Basisfunktionen betrachtet, welche durch Zellen mit einem festen Layout implementiert werden. Netzlisten mit „Standard"-Zellen werden automatisch mit Plazierungs- und Verdrahtungswerkzeugen in die Polygone der Maskendaten einer integrierten Schaltung abgebildet.

Transistoren ($SI.T$)

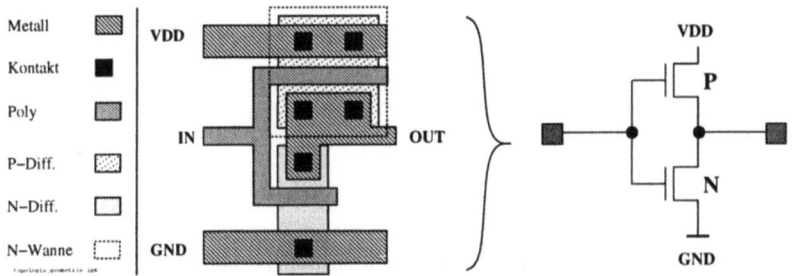

Abb. 4.2: Übergang von geometrischen zu topologischen Entwurfsdaten durch eine abstrakte Darstellung der Layoutdaten als Transistorschaltung

Zur Simulation werden aus den geometrischen Daten Netzlisten von Transistoren extrahiert. In Abb. 4.2 ist auf der linken Seite das Layout eines Inverters und auf der rechten Seite die extrahierte Transistorschaltung gezeigt. Die Netzlisten werden dann mit dem *quasi-kontinuierlichen* Simulatorkonzept simuliert (vgl. Abs. 3.4, S. 102). Die geometrischen Informationen des Layouts, wie Positions- und Flächenangaben, sind in der Netzliste auf eine rein topologische Verschaltung der Transistoren reduziert. Einige geometrische Informationen, wie z.B. das Seitenverhältnis des Kanals, werden durch einen Parameter einer Transistorinstanz abstrakt dargestellt. Mit $SI.T$ wird die Abstraktionsstufe von der Strukturinformation bezeichnet, auf der vom Entwickler Strukturmodelle mit Transistoren bearbeitet werden.

Gatter ($SI.G$)

Eine Erzeugung, Veränderung und Wartung der geometrischen Layout-Daten ist sehr aufwendig, und daher verwendet man sogenannte Standardzellen mit festem Layout. Die Standardzellen implementieren elementare logische Verknüpfungen, Multiplexer und einfache arithmetische Funktionen, wie z.B. einen Volladdierer. Standardzellen werden daher auch als Gatter bezeichnet. Da die Standardzellen halb- oder vollautomatisch in Reihen plaziert und verdrahtet werden, manipuliert der Entwickler nicht mehr geometrische, sondern hauptsächlich topologische Strukturinformationen.

Abstrakte geometrische Entwurfsdaten im „floor-plan": Die geometrische Entwurfsinformation wird nur noch auf der Ebene eines sogenannten „floor-plans" betrachtet, bei dem Gruppen von Standardzellen oder Makros, wie RAMs, einer bestimmten Region auf dem Siliziumkristall zugeordnet werden. Eine solche Aufteilung der Gesamtfläche und die Zuordnung der Teile zu gewissen Untereinheiten kann die Zuverlässigkeit der geschätzten zusätzlichen Verzögerungszeiten durch die Verdrahtung wesentlich erhöhen. Es ist dabei unerheblich, ob die Ränder dieser Regionen nach der Plazierung und Verdrahtung („P&R") noch klar voneinander abgegrenzt oder aber ineinander verschmolzen sind.

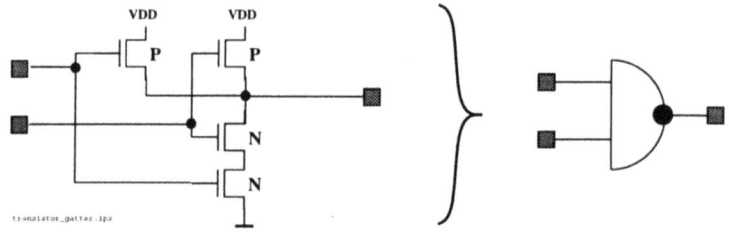

Abb. 4.3: Ersetzung eines Strukturmodells auf Transistorebene durch ein Verhaltensmodell auf Gatterebene

Ein Gatter ist eine Abstraktion der zugrundeliegenden Transistorschaltung, wie in Abb. 4.3 gezeigt. Durch diese Abstraktion wird eine weitere Technologieunabhängigkeit erreicht, denn das Gatter ist nicht nur von den aktuellen Dimensionen der Fertigungstechnologie unabhängig, sondern kann auch durch eine andere Schaltungstechnik, wie z.B. NMOS oder CMOS, realisiert werden. Die Technologieunabhängigkeit wird allerdings durch den Umfang der verwendeten Gatterbibliothek und die spezifischen physikalischen Eigenschaften der Gatter beschränkt.

4.4 Gatterebene

Die Strukturinformation ist in einem Modell auf der Gatterebene ($SI.G$) modelliert, wenn bei einem Strukturmodell die Blätter des Instanzenbaumes Gatter sind. Bei einem Verhaltensmodell ist die Strukturinformation auf der Gatterebene beschrieben, wenn die gerufenen Funktionen oder die direkt implementierten Ausdrücke nur logische Operatoren verwenden.

Wie implementiert man aber ein Verhaltensmodell eines Gatters? Es gibt Modelle mit einigen Zeilen, während Halbleiterhersteller Gattermodelle mit mehreren hundert Zeilen zum „sign-off" verwenden [125]. Diese Modelle sind offensichtlich wesentlich implementationsnäher als die Modelle mit einigen Zeilen. Was haben also diese Modelle von Gattern gemeinsam? Nach der Betrachtung einiger Gattermodelle in VHDL werden die eingeführten Abstraktionskoordinaten verwendet, um diese Fragen durch eine präzise Definition der „Gatterebene" zu beantworten.

Da die logische Funktion eines Gatters im allgemeinen durch die Verwendung eines vordefinierten Operators, wie „and" oder „or", in einer HDL modelliert werden kann, unterscheiden sich die Modelle auf der Gatterebene im wesentlichen durch die Modellierung der Effekte, welche die Verzögerungszeit beeinflussen. Bevor allerdings verschiedene Modelle auf der Gatterebene vorgestellt werden, sollen die prinzipiellen Möglichkeiten der Modellierung einer Verzögerungszeit diskutiert werden. Die ersten beiden der im folgenden vorgestellten Typen von Verzögerungszeitmodellen „inertial" und „transport" werden von vielen HDLs unterstützt. Da Timingpfade zur statischen Timinganalyse benötigt werden und die statische Timinganalyse häufig von einem Logiksynthesewerkzeug durchgeführt wird, werden Timingpfade meist mit der Sprache eines Bibliotheksübersetzers („library compiler") modelliert.

4.4.1 Modellierung der Verzögerungszeit

Ein Gatter wird mit einer ereignisorientierten Simulationssprache durch ein Modell beschrieben, das aktiviert wird, wenn sich der Wert eines Eingangssignals geändert hat. | VHDL |

Das Modell wertet die logische Funktion aus und weist den berechneten Wert dem Ausgangssignal mit einer gewissen Verzögerungszeit zu. Die Modelle gedächtnisbehafteter Elemente, wie z.B. ein D-Flipflop [62], berechnen auch noch den Wert des Zustands. Im folgenden werden daher zunächst die verschiedenen Arten von Verzögerungszeitmodellen diskutiert.

„Inertial"- versus „Transport"-Verzögerungszeit

In VHDL [44] wird zwischen zwei Arten der Modellierung der Verzögerungszeit unterschieden.

- Bei der sogenannten „inertial"-Modellierung werden nur Impulse mit einer minimalen Dauer weitergegeben, während bei

- dem „transport"-Modell auch kurze Impulse verzögert an den Ausgang weitergereicht werden. [5]

Da kurze Impulse von realen Gattern unterdrückt werden, ist in VHDL das „inertial"-Modell Standard („default"). In Abb. 4.4 ist ein Impulsdiagramm mit dem Ein- und Ausgangssignal eines Puffers gezeigt. Der mittlere Funktionsverlauf gehört zu dem Ausgangssignal, das entsteht, wenn man den Puffer mit der linken Signalzuweisung modelliert. Falls man in der Signalzuweisung das reservierte Wort „transport" ergänzt, wie auf der rechten Seite von Abb. 4.4 gezeigt, so wird die Signalzuweisung

---

[5] Diese beiden unterschiedlichen Modelle sind allerdings keine Spezialität einer ereignisorientierten Sprache, sondern werden auch von funktionalen Hardwarebeschreibungssprachen, wie ELLA [69], bereitgestellt.

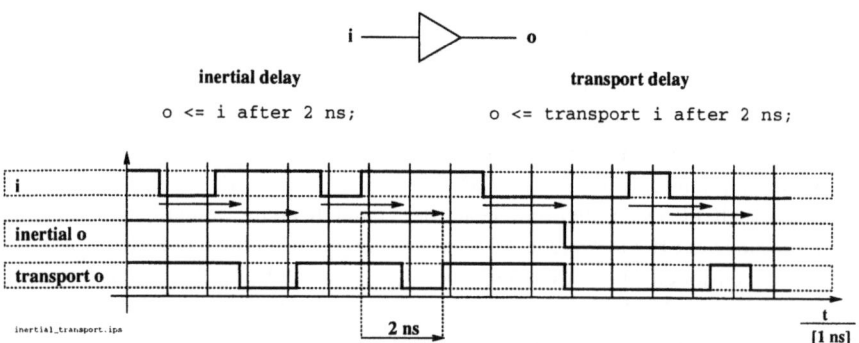

Abb. 4.4: Verzögerungszeitmodelle: „inertial" und „transport"

nach dem „transport"-Modell ausgeführt. Der untere Ausgangssignalverlauf nach dem „transport"-Modell ergibt sich aus einer einfachen Verschiebung des Eingangssignalverlaufs um die Verzögerungszeit von 2 ns.

Bei der Standard „inertial"-Modellierung werden alle Impulse unterdrückt, die kürzer als die Verzögerungszeit der letzten Signalzuweisung sind. In Abb. 4.4 ist von jeder Impulsflanke des Eingangssignals ein Pfeil mit der Länge der Verzögerungszeit von 2 ns eingezeichnet. Bei der Inertial-Modellierung löscht jede neue Zuweisung alle bis dahin eingeplanten, aber noch nicht ausgeführten Signaländerungen. Daher werden alle Änderungen des Eingangssignals, deren Pfeile sich mit einem anderen Pfeil überlappen, nicht berücksichtigt.

VHDL'93: Getrennte Angabe der Verzögerungszeit und der minimalen Impulsdauer mit „reject". Häufig ist die Verzögerungszeit eines Gatters nicht mit der minimalen Impulsdauer identisch. Daher hat man im VHDL'93 Standard die „inertial"-Version der Signalzuweisung um eine getrennte Angabe der minimalen Impulsdauer erweitert. Die minimale Impulsdauer wird nach dem Schlüsselwort „reject" angegeben, welches direkt nach dem Linkspfeil der Signalzuweisung eingeschoben wird. Im Codefragment 4.1 sind die drei Formen der Signalzuweisung in VHDL dargestellt.

4.1
```
                                          -- minimal  | delay
                                          -- duration |
      sig_A <=                 new_value AFTER 0.7 NS; --  0.7 ns | 0.7 ns
      sig_B <=        INERTIAL new_value AFTER 0.7 NS; --  0.7 ns | 0.7 ns
      sig_C <=       TRANSPORT new_value AFTER 0.7 NS; --  0.0 ns | 0.7 ns
      sig_D <= REJECT 0.5 ns INERTIAL new_value AFTER 0.7 NS; --  0.5 ns | 0.7 ns
```

Die erste Signalzuweisung im Codefragment 4.1 spezifiziert weder die Verzögerungsart „inertial" oder „transport" noch eine minimale Impulsdauer. Daher wird das „inertial"-Verzögerungszeitmodell verwendet, welches dem Signal einen neuen Wert nach 0.7 ns zuweist und nur Impulse mit einer Länge größer als 0.7 ns weitergibt. Die explizite Angabe des „inertial"-Modells in der zweiten Signalzuweisung ändert nicht die Semantik der Signalzuweisung, so daß auf diese Angabe meist verzichtet wird. Bei

4.4. GATTEREBENE

der dritten Signalzuweisung ist aber das „transport"-Modell angegeben, und somit wird der neue Wert zwar auch nach 0.7 ns zugewiesen, aber es werden keine Impulse unterdrückt. In der letzten Signalzuweisung werden nur Impulse mit einer Dauer größer als 0.5 ns weitergereicht und der neue Wert wieder nach 0.7 ns zugewiesen.

| VHDL |

Timingpfade

Ein drittes Verzögerungszeit-Modell ist schon in Abschnitt 2.1.3 (S. 29) diskutiert worden und soll hier aus Gründen der Vollständigkeit noch einmal kurz dargestellt werden. Bei der statischen Timing-Analyse wird ein Strukturmodell auf Gatterebene als gerichteter Graph dargestellt. Die Knoten des Graphen sind Klemmen der Modelle, und die Kanten sind mit den Verzögerungszeiten gewichtet. Die akkumulierte Zeit entlang eines Pfades gibt die Zeit an, die vergeht, bis sich eine Signalflanke am Anfangspunkt des Pfades am Endpunkt auswirkt. In Abb. 4.5 ist ein Gatter mit den vier möglichen Timingpfaden gezeigt.

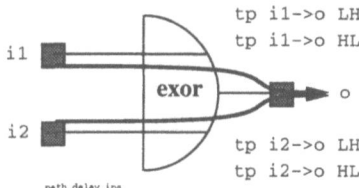

Abb. 4.5: Verzögerungszeiten nach dem Pfadmodell

In Abb. 4.5 ist ein Modell eines Gatters skizziert, bei dem je nach dem aktuellen Wert der Eingangssignale unterschiedliche Timingpfade aktiviert werden. Die Modellierung einer zustandsabhängigen Verzögerungszeit ist mit solchen selektiv aktivierten Timingpfaden möglich, indem man einen Zustandsspeicher einführt und je nach dessen Zustand andere Pfade aktiviert.

4.4.2 Verschiedene Gattermodelle

Die Modellierung auf der Gatterebene hat große Bedeutung, weil z.Z. die „sign-off"-Simulation auf der Gatterebene stattfindet.

Funktion des sign-off: Die Grundlage des Fertigungsgeschäftes zwischen Halbleiterhersteller und Entwickler ist der sogenannte „sign-off". Erfüllt der Entwurf gewisse Voraussetzungen, d.h. genügt er z.B. den „vollsynchronen Entwurfsregeln", so garantiert der Halbleiterhersteller, daß alle gelieferten Schaltungen sich bezüglich bestimmter Stimuli wie das bereitgestellte Modell verhalten. Diese Referenzsimulation findet z.Z. auf der Gatterebene statt. Die Erfahrungen der Halbleiterhersteller mit dem „sign-off" auf Gatterebene bestimmen, welche Aspekte in den Gattermodellen modelliert werden. Diese Modelle sind daher wesentlich komplexer als die im folgenden diskutierten Modelle [11, 125].

Konstante Verzögerungszeit

Im Codefragment 4.2 ist ein einfaches Modell eines „exclusive-or"-Gatters gezeigt. Es beginnt mit einer Definition der Ein- und Ausgangssignale. Da der Einfluß der kapazitiven Lasten am Ausgang auf die Verzögerungszeit vernachlässigt werden soll, gibt es keine Parameter, die an eine Instanz des „exor" übergeben werden. Das Verhaltensmodell besteht aus einer „concurrent signal assignment"-Anweisung. Eine solche Anweisung ist einem Prozeß äquivalent, in dessen „sensitivity list" alle auf der rechten Seite verwendeten Signale aufgelistet sind (vgl. Abs. 3.4, S. 103). Das Modell verwendet die Standard „inertial"-Modellierung der Verzögerungszeit.

4.2
```
LIBRARY IEEE;                         -- type std_ulogic and the overloaded
USE IEEE.std_logic_1164.ALL;          --      operator XOR are used
ENTITY exor IS                        -- a simple entity def. with no parameters
    port(a, b : IN  std_ulogic;
         c    : OUT std_ulogic);
END exor;

ARCHITECTURE behav OF exor IS
BEGIN     -- behav
   c <= a XOR b AFTER 0.7 NS;         -- XOR is a predefined dyadic operator,
                                      --     overloaded to work with std_ulogic
END behav;
```

Das im Codefragment 4.2 gezeigte Modell weist dem Ausgang c nach 0.7 ns einen neuen Wert zu. Diese Verzögerungszeit ist konstant und berücksichtigt daher weder die aktuellen Belastungsverhältnisse einer Instanz des Modells noch den momentanen Wert des Ausgangssignals.

Flankenabhängige Verzögerungszeit

Der Einfluß des aktuellen Ausgangswertes soll im folgenden mit einer flankenabhängigen Verzögerungszeit modelliert werden. Im Codefragment 4.3 wird das Modell um die beiden Parameter „tpLH" und „tpHL", welche die Verzögerungszeit bei den beiden möglichen Ausgangssignalflanken angeben, ergänzt.

4.3
```
ENTITY exor IS                        -- a little bit more complex entity
   GENERIC(tpLH : TIME := 0.5 NS;     -- delays for both outputs, one for each
           tpHL : TIME := 0.7 NS);    --   transition
   PORT(a, b : IN  std_ulogic;
        c    : OUT std_ulogic);
END exor;
```

In dem Modell der Einheit „exor" mit flankenabhängiger Verzögerungszeit wird eine Funktion zur Berechnung des Maximums der beiden möglichen Verzögerungszeitparameter benötigt. Die Definition einer solchen Funktion ist im folgenden Codefragment 4.4 gezeigt. Diese Definition unterscheidet sich nur durch Einzelheiten der Syntax von der Definition einer Funktion in einer anderen höheren Programmiersprache.

4.4. GATTEREBENE

```
4.4  FUNCTION max (l, m : TIME) RETURN TIME IS  -- returns the longest of both
     BEGIN                                      --   input time intervalls
        IF (l >= m) THEN                        -- comparison op. is overloaded
          RETURN (l);                           --   as well for physical types
        ELSE
          RETURN (m);
        END IF;
     END;
```

Diese Funktion wird als Teil des Pakets „utilities" übersetzt, welches durch eine „use"-Klausel bei der Übersetzung des Modells im Codefragment 4.5 (S. 135) sichtbar gemacht wird. Die Bibliothek „work" muß dem System nicht durch eine „library"-Klausel, wie im Codefragment 4.2 (S. 134), bekannt gemacht werden, weil die Bibliothek „work" standardmäßig definiert ist. In die Bibliothek „work" wird die aktuelle Kompilationseinheit abgelegt. Im Codefragment 4.5 wird ein Prozeß mit einer Variablen „state" zur Speicherung des zuletzt zugewiesenen Ausgangswertes und einer Variablen „value" zur Speicherung eines Zwischenwertes definiert. Am Anfang hat die Variable „state" den „undefined"-Wert 'U' (vgl. Abs. 14, S. 475), um die Unsicherheit des Zustands zu modellieren. Bei der ersten Aktivierung wird der berechnete Wert in der Variablen „value" dem Ausgangssignal mit dem Maximum der beiden Verzögerungszeiten „tpLH" und „tpHL" zugewiesen. Die Funktion „max" berechnet dazu das Maximum aus den beiden Verzögerungszeiten. Nach dieser Initialisierung wird je nach der Flanke des Ausgangssignals in dem Rumpf des Prozesses eine der beiden Verzögerungszeiten verwendet, um dem Ausgangssignal einen neuen Wert zuzuweisen.

```
4.5  USE WORK.utilities.ALL;                    -- function max(timeA, timeB)
     ARCHITECTURE state_dependent_delay OF exor IS
     BEGIN    -- behav
        PROCESS(a, b)
          VARIABLE value, state : std_ulogic := 'U';
          CONSTANT tpMAX : TIME := max(tpHL, tpLH);  -- computation takes place
                                                     --   during elaboration
        BEGIN
          value := a XOR b;                     -- manual elimination of common
                                                --   subexpressions ;-)
          IF (state = 'U' ) THEN                -- uncertainty? -> worst case
             c <= value AFTER tpMAX;
          END IF;
          IF    (state = '1') AND (value = '0') THEN  -- H -> L
             c <= value AFTER tpHL;
          ELSIF (state = '0') and (value = '1') THEN  -- L -> H
             c <= value AFTER tpLH;
          END IF;
          state := value;
        END PROCESS;
     END state_dependent_delay;
```

Falls das Gatter asymmetrisch bezüglich einer der beiden Eingänge aufgebaut ist, so wird man bei jeder Änderung berücksichtigen müssen, durch welchen Eingang die Änderung ausgelöst wurde. Die beiden Verzögerungswerte „tpHL" und „tpLH" müssen dann für jeden Eingang getrennt angegeben werden. In [72] sind noch weit implementationsnähere Modelle von Gattern vorgestellt worden.

4.4.3 Abstraktionsgrad der Gatter-„ebene"

Die beiden vorgestellten Modelle eines Gatters unterscheiden sich in ihrer Komplexität, und man wird das Modell mit einer Modellierung der flankenabhängigen Verzögerungszeit als implementationsnäher bezeichnen. Dennoch sind beide Modelle ohne Zweifel Modelle auf der „Gatterebene". Da von Halbleiterherstellern sehr komplexe Modelle von Standardzellen zur „sign-off"-Simulation verwendet werden und auch diese als Gattermodelle bezeichnet werden, soll im folgenden versucht werden, den Begriff der Abstraktions-„ebene" Gatter präziser mit den Stufen der vier Abstraktionsmechanismen zu definieren.

Strukturinformation (SI): Die interne Struktur eines Gatters, z.B. aus einer Verschaltung von Transistoren, wird in keinem der oben diskutierten Gattermodelle beschrieben, daher ist der Abstraktionsgrad bezüglich der Modellierung der Strukturinformation konstant. Diese Abstraktionsstufe der Modellierung der Strukturinformation soll mit $SI.G$ bezeichnet werden.

Funktionaler Aspekt (FC): Die Gattermodelle unterscheiden sich allerdings in der Modellierung der Einflüsse auf die Verzögerungszeit. Der Begriff Verzögerungs-„zeit" scheint eine Variation des Abstraktionsgrades bezüglich der Wert/Zeit-Relation nahezulegen. Auf der Gatterebene werden von den einzelnen Modellen Änderungen der Ausgangssignale auf beliebige Zeitpunkte der „simulierten Zeitskala" eingeplant. Die Genauigkeit, mit der diese Zeitpunkte bestimmt werden, wird durch zwei Faktoren beeinflußt.

- Den **Umfang der modellierten Einflüsse**, wie z.B. einer flankenabhängigen Verzögerungszeit.

- Der **Schätzung der Parameter** jeder Instanz, welche die Verzögerungszeiten bestimmen.

Im Codefragment 4.3 (S. 134) ist die Definition der Einheit „exor" mit den Parametern „tpLH" und „tpHL" gezeigt. Die Werte dieser Parameter müssen für jede Instanz geschätzt werden. Die Genauigkeit dieser Schätzung wird wesentlich dadurch bestimmt, ob die Parameter vor der Plazierung und Verdrahtung („pre-layout") oder danach geschätzt werden („post-layout"). Die Schätzung der Parameter ist daher unabhängig von der betrachteten Einheit, und ihre Genauigkeit wird im wesentlichen in zwei Stufen unterteilt. Sie wird daher als Teil der Abstraktionsstufen der Wert/Zeit-Relation definiert. Der Umfang der modellierten Einflüsse wird hingegen als Teil der modellierten Funktionen (FC) definiert, weil der Umfang der modellierten Einflüsse durch den Funktionsumfang der betrachteten Einheit bestimmt wird. So hängt es von der Implementation z.B. eines Flipflops ab, ob die „hold"-Zeit von der Last an einem Ausgang beeinflußt wird.

Die Modelle auf der Gatterebene unterscheiden sich also im wesentlichen durch den Umfang der Modellierung von Effekten, welche die Verzögerungszeit beeinflus-

4.4. GATTEREBENE

sen. Daher kann der Abstraktionsgrad bezüglich des funktionalen Aspekts für die Gatterebene nur mit einer Unbekannten X angegeben werden $FC.X$.

Abstrakte Datentypen (AD): Die verwendeten Datentypen für Variablen und Signale sind meist mehrwertig („multi valued"), um z.B. einen hochohmigen Treiber durch ein 'Z' modellieren zu können. Da aber auch zweiwertige („binary valued") Datentypen verwendet werden, soll die Abstraktionskoordinate bezüglich der verwendeten Datentypen durch $\leq AD.BV$ bezeichnet werden (vgl. Abs. 12, S. 419).

Wert/Zeit-Relation (VT): Die Genauigkeit der Verzögerungszeiten wird sowohl durch den Umfang der modellierten Effekte als auch durch die Präzision der Parameterschätzung bestimmt wird. Der Umfang der modellierten Effekte wird durch den Abstraktionsgrad des funktionalen Aspekts FC berücksichtigt, während die Präzision der Parameterschätzung in zwei Stufen angegeben werden soll. Diese beiden Stufen werden als Teil der Skala der Modellierung der Wert/Zeit-Relation aufgefaßt. Sie werden durch $VT.\{PR(e-layout), PO(st-layout)\}$ bezeichnet. Die Zeitpunkte einer Signalwertänderung werden auf diesen beiden Stufen beliebig genau aufgelöst. Nur die Zuverlässigkeit dieser Zeitpunkte variiert.

Abstraktionsgrad eines Gattermodells: Daher läßt sich der Abstraktionsgrad eines Gattermodells durch das folgende Quadrupel symbolisieren:

$$abstraktionsgrad(Gattermodelle) = \begin{pmatrix} SI.G \\ FC.X \\ \leq AD.BV \\ \leq VT.PR \end{pmatrix}$$

Die Lage der Gatter-„ebene" im Modellierungsraum ist in Abb. 4.6 skizziert. Da man im wesentlichen nur eine Abstraktionskoordinate variiert, ist die „Gatterebene" eigentlich eher eine „Gattergerade". Es gibt sehr implementationsnahe und komplexe Modelle von Flipflops, die sogar funktionale Aspekte, wie eine lastabhängige „hold-time", modellieren. Da aber auch so einfache Modelle wie in Codefragment 4.2 (S. 134) verwendet werden, ist der von einer einzelnen Koordinate abgedeckte Bereich groß.

Zusammenfassung: Gatterebene

Gattermodelle planen Änderungen der Ausgangssignale mit einer beliebigen Auflösung der „simulierten Zeitskala" ein. Daher sind in diesem Abschnitt die prinzipiellen Möglichkeiten der Modellierung der Verzögerungszeit diskutiert worden. Bei dem „inertial"-Modell werden Impulse mit einer kleineren Impulsdauer als die Verzögerungszeit ignoriert, während bei dem „transport"-Modell alle Eingangsimpulse verschoben weitergereicht werden. Es ist mit verschiedenen Modellen demonstriert worden, wie man diese Verzögerungszeitmodelle verwenden kann, um Gattermodelle unterschiedlichen Abstraktionsgrades zu erzeugen.

4. SI: GEOMETRIE BIS KOMBINATORIK

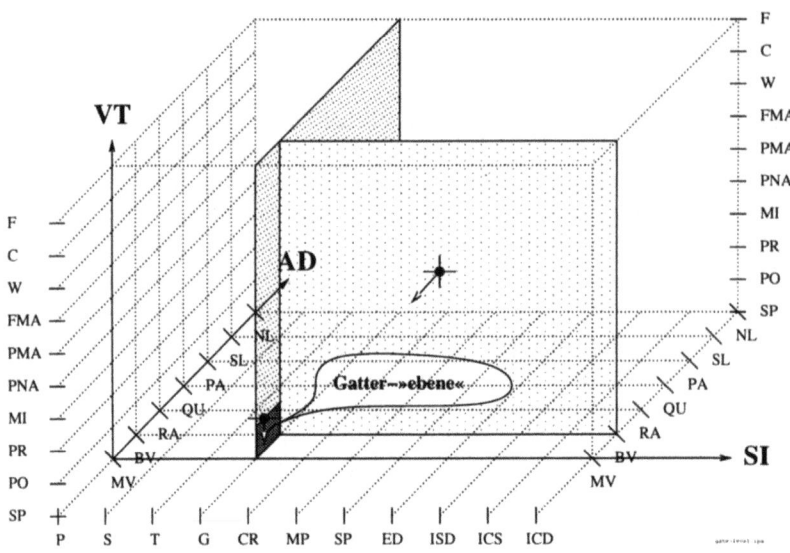

Abb. 4.6: Lage der Gatter-„ebene" im Modellierungsraum

Die Komplexität und der Abstraktionsgrad von Gattermodellen variiert beachtlich, dennoch kann man diese Modelle leicht als „Modelle auf der Gatterebene" identifizieren. Die diskreten Stufen der vier Abstraktionsmechanismen sind daher benutzt worden, um die Abstraktionsebene „Gatter" präziser zu definieren. Die Kennzeichen eines Modells auf der Gatterebene sind:

① **Strukturinformation:** *SI.G* Die Blätter des Instanzenbaumes sind Gatter.

② **Abstrakte Datentypen:** *AD.MV* Instanzen werden auf der Gatterebene durch Signale mit mehrwertigen Datentypen verbunden, um z.B. den hochohmigen Zustand durch den Wert 'Z' modellieren zu können.

③ **Wert/Zeit-Relation:** *VT*.{*PR*, *PO*} Modelle auf der Gatterebene planen Änderungen der Ausgangssignale auf beliebige Zeitpunkte der „simulierten Zeitskala" ein. Die Zuverlässigkeit dieser Zeitpunkte wird durch den Umfang der modellierten Lasteinflüsse und der Schätzung der Verdrahtungskapazitäten bestimmt. Diese Schätzung wird entweder vor oder nach der Plazierung und Verdrahtung durchgeführt („PRe/POst-layout").

④ **Funktionaler Aspekt:** Die Lastabhängigkeiten der Verzögerungszeiten und die verschiedenen Randbedingungen des Timings (z.B. „set-up") sind als Teile des funktionalen Spektrums definiert worden.

4.4. GATTEREBENE

Modelle auf der Gatterebene unterscheiden sich daher im wesentlichen durch das Ausmaß der Modellierung von Effekten, welche die Verzögerungszeiten beeinflussen[6].

Bemerkungen

VITAL: Für die Modellierung auf der Gatterebene sind insbesondere die Resultate der VITAL-Initiative[7] von Bedeutung, welche einen Standard zur Modellierung von Gattern und zur „Backannotation"[8] erarbeitet [11].

> Exkurs

Modellierung der Verzögerungszeit im „design kit"

Die minimale Taktperiode eines Entwurfs wird selten durch Simulation, sondern durch eine Timinganalyse der synthetisierten Gatternetzliste ermittelt (vgl. Abs. 2.1.3, S. 29). Timinganalyse ist ein Bestandteil der Logiksynthese und daher ist eine Modellierung der Verzögerungszeit in dem „design kit" der Halbleiterhersteller entscheidend. Die Verzögerungszeit ergibt sich als Summe der konstanten internen Verzögerungszeit eines Gatters („intrinsic") und der durch externe Faktoren, wie die Lastkapazität, hervorgerufenen Verzögerungszeiten. Bei Metallverdrahtung und einer kleinsten Strukturbreite größer als 1 μm überwiegt der konstante Anteil. Dieser konstante Anteil ist für unterschiedliche Umgebungsbedingungen in dem „design kit" modelliert. Die Unterschiede zwischen den Verzögerungszeiten vor und nach P&R lassen sich bei *diesen Fabrikationstechnologien* meist durch Maßnahmen im „back-end", wie „in-place"-Optimierungen, kompensieren.

Kompensation der Unterschiede zwischen „pre"- und „post-layout" durch „in-place"-Optimierung: Bei der „in-place"-Optimierung werden nach einem P&R einzelne Zellen auf kritischen Timingpfaden durch Versionen mit einer größeren Treiberstärke ausgetauscht („swapping"), oder es werden zusätzliche Treiber eingeführt („insertion") [8]. Da diese Operationen das Layout nur lokal verändern, muß kein neues P&R durchgeführt werden.

Submikron erfordert: $t^{ext}_{prop} := f(t_{rise}(input), C_{load})$. Die Strukturen auf der Layoutebene werden immer kleiner. Dies führt dazu, daß die durch die Beschaltung hervorgerufenen Verzögerungen im Vergleich zu den festen Verzögerungszeiten immer größer werden. Unterhalb von 1 μm („submikron") muß die externe Verzögerungszeit t^{ext}_{prop} als nichtlineare Funktion der Anstiegszeiten der Eingangssignale $t_{rise}(input)$ und der Ausgangslast C_{load} modelliert werden [8].

---

[6]Durch die Eigenschaften der Umgebung einer Gatterinstanz, wie die Last an einem Ausgang, werden nicht nur die Verzögerungszeiten, sondern auch die Anforderungen an das Timing der Ansteuerung, z.B. bei Flipflops, verändert (s. S. 29).
[7]VHDL Initiative Towards ASIC Libraries
[8]„Backannotation" bezeichnet die Parametrierung der Instanzen mit den extrahierten Eingangs- und Verdrahtungskapazitäten.

Heuristiken zur Schätzung der externen Verzögerungszeiten: Die externen Faktoren können zum Zeitpunkt der Logiksynthese nur abgeschätzt werden. So gibt es z.B. „design kits", welche alle Leitungen mit einer der Gesamtzahl der verwendeten Gatter proportionalen Lastkapazität beaufschlagen. Diese Schätzung basiert auf der Heuristik, das die Leitungen bei größeren Chips länger werden können. Diese Vorgehensweise ist besser als das „wire load"-Modell eines anderen Halbleiterherstellers, welches alle Lastkapazitäten unabhängig von der synthetisierten Netzliste durch eine feste Kapazität abschätzt.

Da die externen Verzögerungszeiten immer wichtiger werden, steigt der Einfluß dieser Schätzverfahren. Die von den Schätzverfahren verwendeten Parameter sind in dem „design kit" des Halbleiterherstellers abgelegt. Überraschungen im „Back-end" eines Entwurfprojektes lassen sich also nur dann vermeiden, wenn die notwendigen Parameter mit hinreichender Genauigkeit im „design kit" enthalten sind.

Bedeutung des „floorplans": Die Schätzverfahren des Synthesewerkzeugs können die Parameter des „design kits" besser verwenden, wenn sie auf Informationen über die Anordnung der Zellen zugreifen können. Ist z.B. bekannt, daß alle Zellen einer Teileinheit auf einer begrenzten Fläche plaziert und verdrahtet werden, so können die externen Einflüsse auf die Verzögerungszeiten genauer abgeschätzt werden.

Einflußfaktoren auf die Genauigkeit der Verzögerungszeiten: Die Genauigkeit der Verzögerungszeiten bei der Logiksynthese wird durch

① die Schätzalgorithmen des Synthesewerkzeugs,

② den Umfang und die Genauigkeit der Parameter im „design kit" des Halbleiterherstellers und

③ die Information über die Anordnung der Zellen („floorplan") auf der integrierten Schaltung

bestimmt.

| Exkurs | In diesem Zusammenhang soll die abstrakte Modellierung im Vordergrund stehen, und daher muß für eine detailliertere Diskussion der Modellierung auf der Gatterebene auf die Literatur verwiesen werden [72, 9, 125, 16].

4.5 Kombinatorik und Register (*SI.CR*)

Mit der kommerziellen Verfügbarkeit von leistungsfähigen und zuverlässigen Logiksyntheseprogrammen ist es immer seltener ein wertschöpfender Schritt, die Strukturinformation auf Gatterebene durch den Entwickler manuell erzeugen zu lassen. Daher werden die Strukturmodelle auf Gatterebene („schematics") immer mehr durch Verhaltensmodelle der Kombinatorik und Register ersetzt. Kombinatorik bezeichnet dabei die gedächtnislose Verarbeitung der Eingangssignale, während die Speicher, wel-

4.5. KOMBINATORIK UND REGISTER (SI.CR)

che die Eingangsdaten mit einer Flanke des Taktes übernehmen und an den Ausgang geben, Register genannt werden sollen.

4.5.1 Kombinatorik

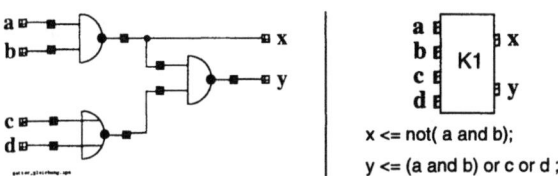

Abb. 4.7: Strukturmodell auf Gatterebene und äquivalentes Verhaltensmodell

In Abb. 4.7 ist das Strukturmodell einer kombinatorischen Schaltung und daneben ein Verhaltensmodell dieser Schaltung skizziert. Das Verhaltensmodell ist in VHDL Syntax mit zwei „signal assignment"-Anweisungen formuliert. Solche Verhaltensmodelle können auch in der Form von Eingangs-/Ausgangswert-Tabellen oder mit einem Prozeß beschrieben werden. Ein Prozeß besteht aus Anweisungen, die wie in einer gewöhnlichen Programmiersprache (C oder PASCAL) sequentiell abgearbeitet werden. Die Anweisungen in einem Prozeß werden ausgeführt, wenn sich der Wert eines der Signale in der Liste („sensitivity list") nach dem Schlüsselwort „process" ändert [107]. Im folgenden Codefragment sind dies die Signale a und b.

4.6
```
ENTITY controlled_inv IS
    PORT(a, b : IN   std_ulogic;
         x    : OUT  std_ulogic);
END controlled_inv;

ARCHITECTURE behav OF controlled_inv IS
BEGIN
    PROCESS(a, b)      -- template for combinatorial circuits:
                       --    all inputs mentioned in the sensitivity list
    BEGIN
        IF a = '1' THEN  -- a = '1'   => invert input
            x <= NOT b;
        ELSE             -- other case => set output
            x <= '1';
        END IF;
    END PROCESS;
END behav;
```

Eine Analyse aller Kontrollpfade durch den Prozeß im Codefragment 4.6 für alle möglichen Eingangsbelegungen ergibt die Funktionstabelle 4.1. Eine Betrachtung dieser Funktionstabelle zeigt, daß sich dieses Modell durch ein einzelnes NAND-Gatter implementieren läßt.

Beschreibungsformen von kombinatorischen Schaltungen sind in Abb. 4.8 nebeneinandergestellt.

Ein solches Modell wird im allgemeinen zu zwei getrennten Zwecken erzeugt. Zum einen wird mit den Instanzen dieses Modells die Funktion des entworfenen Sy-

a	b	x
0	0	1
0	1	1
1	0	1
1	1	0

Tabelle 4.1: Funktionstabelle der Einheit „controlled_inv".

Schaltplan	Tabelle	Kombinatorischer Prozeß	Gleichung

a ─┐
   &─ x
b ─┘
	a b x
	0 0 0
	0 1 0
	1 0 1
	1 1 0
		PROCESS(a, b)
		BEGIN
		  IF a = '1' THEN
		    x <= not b;
		  else
		    x <= '0';
		END PROCESS;
			x = a * not(b)

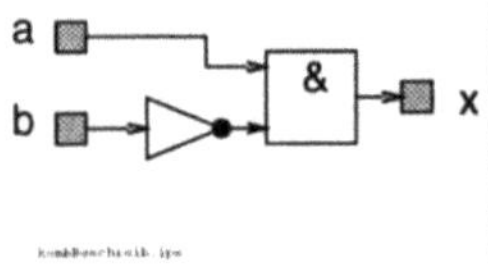

Abb. 4.8: Beschreibungsformen für kombinatorische Schaltungen

stems verifiziert, und zum anderen soll dieses Modell automatisch in eine Schaltung von Gattern übersetzt werden. Das Verhalten eines Modells bei der Simulation ist durch die sogenannte Simulationssemantik, und die Bedeutung eines Modells für die Synthese ist durch die Synthesesemantik definiert. Das Verhältnis zwischen Simulations- und Synthesesemantik wird im folgenden Abschnitt diskutiert.

4.5.2 Simulations- versus Synthesesemantik

Es ist nicht möglich, ein Modell zu implementieren, wenn man nicht die Simulationssemantik der verwendeten Modellierungsschablone und der eingesetzten Sprachmittel verstanden hat. Modelle ab einer gewissen Abstraktionsstufe werden nicht mehr von Hand zerlegt und verfeinert, sondern es wird zu jeder Instanz eine Schaltung auf Gatterebene mit einem Logiksynthesewerkzeug erzeugt. Diese Gatterschaltung enthält häufig Elemente, insbesondere Latches und Flipflops [62], deren Herkunft nicht erklärbar scheint. In diesem Abschnitt wird erläutert und an einem Beispiel demonstriert, warum diese „unnötigen" Speicherelemente bei einem bestimmten Modellierungsstil unvermeidbar sind.

Die Simulationssemantik von VHDL ist im „Language-Reference-Manual" des IEEE [44] definiert. Die Verwendung von VHDL als Mittel, um die Synthese anzusteuern, ist bei dieser Definition kaum berücksichtigt worden. Daher hat sich erst durch das Bestreben der CAE-Hersteller, Schaltungen zu synthetisieren, die möglichst genau dem im Referenzmodell spezifizierten Verhalten entsprechen, eine Synthesesemantik

4.5. KOMBINATORIK UND REGISTER (SI.CR) 143

etabliert. Die Synthesesemantik ist daher durch die Handbücher zu den Synthesewerkzeugen „definiert". Sie ist somit herstellerspezifisch und kann sich durch die Fortentwicklung eines Logiksyntheseproduktes ändern[9].

Beispiel: Unvollständige Spezifikation eines Wertes

Im Codefragment 4.7 ist noch einmal das einfache Modell des „controlled_inv" gezeigt. Im Unterschied zu dem Modell im Codefragment 4.6 (S. 141) ist nur der „else"-Zweig gestrichen worden. Damit ist das Verhalten der Einheit nach wie vor eindeutig spezifiziert, denn in VHDL behält eine Variable oder ein Signal solange den alten Wert bei, bis ein neuer zugewiesen wird[10].

```
4.7  ENTITY controlled_inv IS
        PORT(a, b : in  std_ulogic;
             x    : out std_ulogic);
     END controlled_inv;

     ARCHITECTURE behav OF controlled_inv IS
     BEGIN
       PROCESS(a, b)
       BEGIN
         IF a = '1' THEN  -- a = '1'   => invert input value
           x <= NOT b;
         --<<--<<--<<--<<-- the else branch is missing here, since we don't
                      --    care what happens in this case
         END IF;
       END PROCESS;
     END behav;
```

Da für den Fall a /= '1' der Ausgangswert unabhängig vom Wert des Signals am Eingang *b* konstant gehalten werden muß, wird jedes Synthesewerkzeug eine Schaltung ähnlich wie in Abb. 4.9 erzeugen müssen.

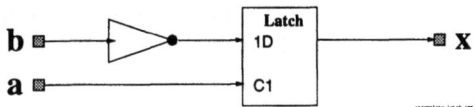

Abb. 4.9: „Kombinatorik" mit Latch zur Speicherung des unvollständig spezifizierten Wertes

Ein solches „Latch" kann nicht durch ein externes Signal in einen bestimmten Zustand gebracht werden, weiterhin ändert sich der Zustand eines „Latch" nicht synchron zu der Flanke eines globalen Taktsignals. Daher bereiten solche „Latches" häufig Probleme bei dem Einsatz eines „scan-path" [62] oder der Ermittlung der Testvektoren. Ist daher in dem gewählten Entwurfsprozeß die Verwendung von „Latches" nicht vorgesehen und werden sie erst in den letzten Stufen eines Entwurfsprojektes entdeckt, so

---

[9] Wie bei allen Definitionen durch die Anbieter kommerzieller Systeme etablieren sich in der Regel die Vorgaben des Marktführers. Zur Zeit (1995) wird der Markt an Logiksynthesewerkzeugen durch einen weit führenden Hersteller dominiert.

[10] Dies hat seinen Grund in der impliziten Gleichsetzung einer Variablen mit einer Speicherstelle in den konventionellen Programmiersprachen.

kann die unvermeidliche Überarbeitung der betroffenen Modelle den Projektabschluß erheblich verzögern.

Sind in dem aktuellen Entwurfsprozeß keine „Latches" vorgesehen, so empfiehlt es sich daher, einen Modellierungsstil zu verwenden, bei dem die Ausgangssignale eines kombinatorischen Prozesses immer vollständig spezifiziert sind und somit unerwünschte „Latches" vermieden werden.

Methoden zur vollständigen Spezifikation von Ausgangssignalen

In diesem Abschnitt werden verschiedene Möglichkeiten zur Vermeidung einer unvollständigen Spezifikation eines Ausgangssignals vorgestellt. Die Zuweisung des „don't care"-Wertes ermöglicht die Implementation durch Schaltungen mit unterschiedlichem Klemmenverhalten. Diese Wahlfreiheit wird an einem Beispiel demonstriert. Die resultierenden Unterschiede zwischen dem Klemmenverhalten des Referenzmodells und einer Implementation auf der Gatterebene werden diskutiert.

Die unvollständige Spezifikation eines Ausgangssignals in einem gedächtnislosen Prozeß kann auf die folgenden Gründe zurückgeführt werden:

① Die Angabe eines Wertes wurde für eine bestimmte Belegung der Eingangssignale vergessen oder aber eine bestimmte Belegung ist nie betrachtet worden.

② Man hat absichtlich nur alle relevanten Fälle explizit modelliert, um die Kompaktheit des Modells zu steigern.

Durch eine Zuweisung auf ein Ausgangssignal nur die Fälle explizit zu modellieren, in denen der Wert des Ausgangssignals relevant ist, ist ein guter Ansatz, den Modellierungsaufwand zu begrenzen und die Modelle lesbar zu machen. Allerdings führt dies bei kombinatorischen Prozessen zu einem unerwünschten Gedächtnis. Im folgenden werden daher Methoden vorgestellt, mit denen man die erwünschte Kompaktheit erhalten und trotzdem die Werte aller Ausgangssignale vollständig spezifizieren kann.

Verfahren zur vollständigen Spezifikation: Ein Ausgangssignal ist vollständig spezifiziert, wenn alle möglichen vollständigen Kontrollpfade[11] durch den Prozeß mindestens eine Zuweisung auf das Ausgangssignal enthalten. Eine solche vollständige Spezifikation kann man durch die folgenden Vorgehensweisen erreichen:

① Man fügt eine Wertzuweisung in alle möglichen Zweige der bedingten Anweisungen ein.

② Es wird dem Ausgangssignal am Anfang des Prozesses ein „default"-Wert zugewiesen, welcher bei einer explizit modellierten Eingangsbelegung wieder überschrieben wird. Es können zwei unterschiedliche Arten von „default"-Werten zugewiesen werden:

---

[11] Ein Kontrollpfad, der mit der Aktivierung beginnt und mit der Suspendierung eines Prozesses endet, wird vollständig genannt (vgl. Abs. 7.2, S. 240).

4.5. KOMBINATORIK UND REGISTER (*SI.CR*)

(a) Ist der Wert des Ausgangssignals in den nicht spezifizierten Fällen irrelevant, kann man diese Entwurfsinformation durch die Zuweisung eines „don't care"-Wertes zum Ausdruck bringen.

(b) Mit einer Konstanten als „default"-Wert kann man erreichen, daß das Referenzmodell und die synthetisierte Schaltung dasselbe Klemmenverhalten auch bei den Eingangsbelegungen aufweisen, bei denen der Wert eines Ausgangssignals irrelevant ist.

Diskussion der verschiedenen Verfahren: Die Einfügung von Zuweisungen auf alle Ausgangssignale in allen Zweigen der bedingten Anweisungen ist zum einen mit einem hohen Modellierungsaufwand verbunden und zum anderen macht es ein Modell selten lesbarer.

Die Zuweisung eines „default"-Wertes direkt nach dem „entry-point" hingegen verlängert das Modell nur um eine Zeile pro Ausgangssignal. Der „entry point" ist die erste Anweisung nach der Aktivierung des Prozesses und daher bei einem Prozeß mit einer „sensitivity list" die Anweisung direkt nach dem Schlüsselwort „begin" (s.-S. 99). Im Codefragment 4.8 wird dem Ausgangssignal „x" bei jeder Aktivierung des Prozesses der Wert '1' zugewiesen. Durch diese Zuweisung ist das Klemmenverhalten dieses Prozesses vollständig spezifiziert und der Prozeß kann somit nur durch eine Schaltung mit der Funktion eines NAND-Gatters implementiert werden.

4.8
```
    PROCESS(a, b)
    BEGIN
      x <= '1';        --<<-- default value assignment at the beginning of the
                       --<<-- process body to avoid unintended latches
      IF a = '1' THEN
        x <= NOT b;    -- the intended function: invert if (a = '1')
      ------------------- the "else" branch is still missing here ...
      END IF;
    END PROCESS;
```

Ist der Wert des Ausgangssignals „x" in allen Fällen, in denen die Bedingung „a = '1' " nicht erfüllt ist, irrelevant, so kann man dies durch die Zuweisung eines „don't care"-Wertes modellieren.

„input" versus „output don't care": Ist der Ausgangswert einer kombinatorischen Schaltung bei einer bestimmten Eingangsbelegung irrelevant, so nennt man diesen Wert einen „output don't care". Ist die Schaltungsumgebung so beschaffen, daß eine bestimmte Eingangsbelegung nicht auftreten kann, so nennt man diese Eingangsbelegung „input don't care". Beide Bedingungen erlauben die Auswahl aus verschiedenen gültigen Implementationen. Diese Freiheit kann zur Selektion der günstigsten Implementation genutzt werden (s. S. 146). Um dem Synthesewerkzeug diese Auswahl zu ermöglichen, weist man den Ausgangsleitungen bei den betreffenden Eingangsbelegungen den speziellen „don't care"-Wert zu [12].

---

[12] Eine FSM („Finite State Machine") hat verschiedene Zustände. Die Zahl dieser Zustände ist kleiner oder gleich der Zahl der möglichen Codeworte. Die nicht benutzten Worte stellen „don't care"-Bedingungen für die kombinatorischen Schaltungen der FSM dar, welche in Abb. 5.1 (S. 161) dargestellt sind.

Dieser spezielle „don't care"-Wert muß bei der Definition des Datentypen berücksichtigt werden und dem Synthesewerkzeug durch ein Attribut oder ein spezielles Kommando mitgeteilt werden [13]. Im IEEE Standardwertesatz ist für diesen Zweck der Wert '-' vorgesehen worden (vgl. Abs. 14.4.1, S. 484). Im folgenden Codefragment 4.9 ist eine solche Zuweisung gezeigt.

4.9
```
PROCESS(a, b)
BEGIN
    x <= '-';       --<<-- don't care value as a default value
    IF a = '1' THEN
        x <= NOT b;
    -------------------- the "else" branch is still missing here ...
    END IF;
END PROCESS;
```

Der Prozeß im obigen Codefragment beschreibt eine Funktion, deren Klemmenverhalten in der Funktionstabelle 4.2 dargestellt ist.

a	b	x
0	0	-
0	1	-
1	0	1
1	1	0

Tabelle 4.2: Funktionstabelle zum Prozeß mit dem „don't care"-Wert '-'

„don't care"-Wert → Verschiedene Implementationen gültig: In der Funktionstabelle 4.2 sind zwei Positionen mit dem „don't care"-Wert belegt. Um zu einer Implementation zu gelangen, kann man diese „don't care"-Werte beliebig durch die Werte '0' oder '1' ersetzen. Es gibt daher 4 gültige Implementationen des Prozesses im Codefragment 4.9. Diese vier gültigen Implementationen sind in Abb. 4.10 skizziert. Die gewählte Belegung der „don't care"-Werte in den ersten beiden Zeilen der Funktionstabelle 4.2 ist in Abb. 4.10 durch eine kleine Tabelle in der linken oberen Ecke jeder Implementationsskizze angedeutet. Da die Variante in der oberen rechten Ecke von Abb. 4.10 mit dem geringsten Flächenaufwand realisiert werden kann, wird sie zur Implementierung benutzt werden.

Unterschiedliches Klemmenverhalten in den „irrelevanten" Fällen: Ein automatischer Vergleich der Ausgangswerte zwischen dem Prozeß in Codefragment 4.9 und einer Implementation aus Abb. 4.10 wird durch zwei Probleme erschwert. Zum einen sind die Ausgangswerte einer Implementation erst nach einer gewissen Verzögerungszeit nach dem Anlegen einer neuen Belegung des Eingangs gültig. Dies kann man leicht kompensieren, indem man die Ausgangswerte erst nach einer Wartezeit abtastet

---

[13] Es wäre von Vorteil, wenn man in einer HDL zu allen Datentypen automatisch einen „don't care"-Wert hätte.

4.5. KOMBINATORIK UND REGISTER (SI.CR)

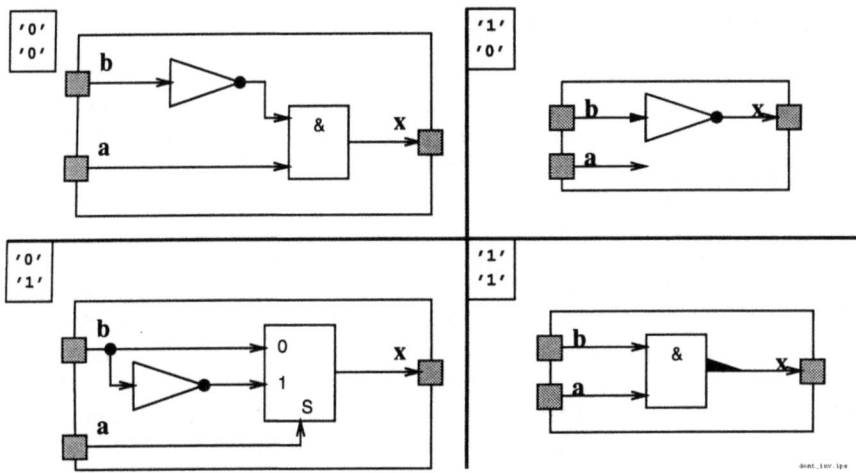

Abb. 4.10: Gültige Implementationen des Prozesses mit einem „don't care"-Wert als Standardwert

und vergleicht. Zum anderen sind die Ausgangswerte der gewählten Implementation für jeden Wert der Eingangssignale bestimmt, während das Referenzmodell im Codefragment 4.9 (S. 146) bei einigen Belegungen des Eingangs den „don't care"-Wert '-' ausgibt. Auch dies muß durch eine Abfrage im Vergleich berücksichtigt werden.

Zusammenfassung: Simulations- versus Synthesesemantik

In dem letzten Abschnitt ist das Verhältnis von Simulations- und Synthesesemantik diskutiert worden. Die Simulationssemantik ist durch das „Language Reference Manual" [44] standardisiert. Die Synthesesemantik eines Modells ergibt sich durch das Interesse der Hersteller von Logiksynthesewerkzeugen, mit diesen Werkzeugen Schaltungen zu erzeugen, welche *möglichst weitestgehend* dem Verhalten des Referenzmodells entsprechen. Diese Ähnlichkeit des Verhaltens läßt sich häufig nur durch das Einfügen von Latches und Flipflops garantieren. In diesem Abschnitt ist an einem Beispiel gezeigt worden, warum diese Speicherelemente unvermeidlich sind. Es sind verschiedene Modellierungsstile diskutiert worden, mit denen man den Aufbau der Gatterschaltung steuern kann. Die aus der Zuweisung eines „don't care"-Wertes resultierende Wahlfreiheit bei der Implementierung eines Modells ist an einem Beispiel demonstriert worden.

Es wurde bisher gezeigt, daß ein Gatter eine Abstraktion von der zugrundeliegenden Transistorschaltung ist. Verschiedene Gattermodelle wurden vorgestellt. Die Abstraktionsstufe „Gatterebene" ist durch die diskreten Stufen der Abstraktionskoordinaten präzise definiert worden. Von der Strukturinformation in einer gewissen Verschaltung von Gattern kann man abstrahieren, indem man z.B. das Verhalten durch logische Gleichungen beschreibt.

4.5.3 Einfache und komplexe Kombinatorik

In diesem Abschnitt soll nun ein weiteres Verhaltensmodell einer kombinatorischen Schaltung vorgestellt werden. Das Verhalten dieser Einheit ist aber nicht durch einfache logische Gleichungen, sondern durch eine komplexe Berechnung mit bedingten Verzweigungen und einer Schleife beschrieben. Dieses Modell wird dann im nächsten Abschnitt mit einem weniger abstrakten Modell einer bestimmten Implementation auf der Gatterebene verglichen werden.

Im Abschnitt 10.3 (S. 385) wird zwischen einfachen und komplexen Datenpfaden unterschieden werden. Einfache Datenpfade können mit Hilfe einer Synthesebibliothek (vgl. Abs. 5.4, S. 202) automatisch implementiert werden, während ein komplexer Datenpfad vom Entwickler in ein Strukturmodell mit implementationsnäheren Modellen zerlegt und verfeinert werden muß, bevor eine Synthese möglich ist. Die im folgenden Codefragment 4.10 modellierte Einheit enthält einen in diesem Sinne „einfachen" Datenpfad zur Berechnung des Paritätsbits eines Datenwortes [62].

Schnittstellen der Einheit „parity"

Die Einheit „parity" berechnet die Paritätsflagge „parity_flag" des Bitvektors „word" je nach dem Wert des Parameters „parity_type".

4.10
```
PACKAGE stddef IS
    TYPE t_parity_type IS (EVEN, ODD);    -- make the number of bits in the
                                          -- resultant code word even or odd
END stddef;

LIBRARY IEEE; USE IEEE.std_logic_1164.ALL;  -- std_ulogic and std_ulogic_vector
USE WORK.stddef.ALL;                        -- just type t_parity_type ;->
ENTITY parity IS
    GENERIC(parity_type : t_parity_type := EVEN);
    PORT(word           : IN  std_ulogic_vector; -- an unconstrained vector type!
         parity_flag    : OUT std_ulogic);
END parity;
```

Modell „behav"

Im folgenden Codefragment 4.11 ist das Verhaltensmodell „behav" der Einheit „parity" gezeigt. Das Verhaltensmodell besteht aus einem einzigen Prozeß, welcher nur das Eingangssignal „word" in der „sensitivity list" enthält. In dem Rumpf des Prozesses wird die Variable „parity" je nach dem Wert des Parameters „parity_type" initialisiert. In der Schleife „par_loop" wird dann nacheinander für alle Bitpositionen in dem Vektor „word" die Parität berechnet. Der akkumulierte Wert der Parität in der Variablen „parity" wird mit der letzten Anweisung dem Ausgangssignal „parity_flag" zugewiesen.

4.11
```
ARCHITECTURE behav OF parity IS
BEGIN
    PROCESS(word)                      -- combinatorial process template
        VARIABLE parity : std_ulogic;  -- no state!! just an intermediate "signal"
    BEGIN                              -- the old value is never used => no FF
        IF parity_type = EVEN THEN
            parity := '0';
        ELSE
```

4.5. KOMBINATORIK UND REGISTER (SI.CR)

```
      parity := '1';
    END IF;
    par_loop : FOR i IN word'RANGE LOOP  -- computation loop
      parity := parity XOR word(i);
    END LOOP;
    parity_flag <= parity;               -- set output signal (iterations with
                                         --   variables are faster)
  END PROCESS;
END behav;
```

Eigenschaften der Synthesesemantik

Das Modell im obigen Codefragment 4.11 basiert auf zwei fundamentalen Eigenschaften der Synthesesemantik, die im folgenden diskutiert werden:

- Es wird nur der zuletzt zugewiesene Wert durch die synthetisierte Schaltung berechnet.

- Schleifen, die bei einer Aktivierung komplett duchlaufen werden, werden zur Synthese entfaltet [14].

Zwischenwerte bei einer Aktivierung haben keine Synthesesemantik: Diese beiden Eigenschaften ergeben sich aus der Tatsache, daß das Synthesewerkzeug versucht, eine Schaltung zu erzeugen, die möglichst ähnliches *Klemmen*verhalten wie das gegebene Verhaltensmodell hat. Dieses Klemmenverhalten bezieht sich auf die stabilen Werte der Ausgangssignale nach einer Aktivierung des Modells. Die Zwischenwerte von internen Variablen, wie z.B. „parity", werden daher nicht durch Signale in der synthetisierten Schaltung implementiert.

Entfaltung von Schleifen in kombinatorischen Modellen: Im obigen Modell werden die stabilen Werte der Ausgangssignale nur durch die Ergebnisse eines kompletten Durchlaufs der Schleife „par_loop" bestimmt. Daher müssen bei einem solchen kombinatorischen Prozeß alle Schleifen durch das Synthesewerkzeug komplett entfaltet werden. Die verschiedenen Bedeutungen von Schleifen in einem Modell werden detailliert im Abschnitt 7.3 (S. 254) diskutiert. Die entfaltete Schleife „par_loop" in Codefragment 4.11 kann z.B. durch eine Kette von EXOR-Gattern implementiert werden. Die Struktur einer solchen Kette ist in Abb. 4.11 (S. 153) angedeutet.

4.5.4 Vor- und Nachteile der Abstraktion

Die Gatterschaltung eines „parity"-Generators ist allgemein bekannt, und daher scheint es auf den ersten Blick attraktiver zu sein, den „parity"-Generator direkt durch ein Modell auf der Gatterebene zu implementieren. Durch eine Modellierung auf der Gatterebene lassen sich alle Unsicherheiten der Simulations- oder Synthesesemantik eines Verhaltensmodells vermeiden. In diesem Abschnitt soll daher das oben vorgestellte Verhaltensmodell der Einheit „parity" mit dem Modell einer Implementation auf der Gatterebene verglichen werden. Dabei werden im einzelnen

|Exkurs|

A) der Modellierungsaufwand,

B) die Frage der Überspezifikation von Strukturinformation,

C) die Technologieunabhängigkeit und

D) die Simulationseffizienz

qualitativ und nach Möglichkeit quantitativ bewertet werden.

Strukturmodell des „parity"-Generators

Das Modell einer Implementation der Einheit „parity" in den Codefragmenten 4.13 und 4.14 verwendet ein EXOR-Gatter mit zwei Eingängen, welches im Codefragment 4.12 sehr einfach modelliert ist.

4.12
```
ENTITY exor IS
    port(a, b : IN  std_ulogic;
         c    : OUT std_ulogic);
END exor;

ARCHITECTURE behav OF exor IS
BEGIN  -- behav
    c <= a XOR b AFTER 0.7 NS;      -- XOR overloaded for std_ulogic in
                                    --   package std_ulogic_1164
END behav;
```

Das Modell „behav" der Einheit „exor" soll an die Komponente „exor" im Codefragment 4.13 gebunden werden. Das Signal „inter_xor" ist ein Bitvektor und wird zur Verbindung der einzelnen Instanzen der Komponente „exor" verwendet.

4.13
```
ARCHITECTURE struc OF parity IS
    COMPONENT exor
        PORT(a, b : IN  std_ulogic;
             c    : OUT std_ulogic);
    END COMPONENT;
    CONSTANT li : INTEGER := word'LOW;  -- lower index of the unconstrained vector
    CONSTANT ui : INTEGER := word'HIGH;-- upper index ...
    SIGNAL inter_xor : std_ulogic_vector(li+2 TO ui+1); -- intermediate signal
```

Der Rumpf des Modells „struc" ist im folgenden Codefragment 4.14 gezeigt. Durch die Instanziierung „first_XOR", der „generate"-Anweisung mit der Marke „chain" und den bedingten Instanziierungen „parity_even"/„parity_odd" werden die einzelnen EXOR-Gatter verbunden. Die aktuelle Verbindungsstruktur einer Instanz dieses Modells wird von der Breite des Eingangssignals „word" und dem Wert des Parameters „parity_type" bestimmt.

4.14
```
BEGIN
    first_XOR : exor PORT MAP(word(li), word(li+1), inter_xor(li+2));
    chain : FOR i IN li+2 TO ui GENERATE
        chain_exor : exor PORT MAP(inter_xor(i), word(i), inter_xor(i+1));
    END GENERATE;
    parity_even : IF parity_type = EVEN GENERATE
        bypass    : parity_flag <=   inter_xor(ui+1); -- NO inverter here!!!
    END GENERATE;
    parity_odd : IF parity_type = ODD GENERATE -- conditionally instantiated inv.
        inverter  : parity_flag <= NOT inter_xor(ui+1) AFTER 0.3 NS;
    END GENERATE;
END struc;
```

4.5. KOMBINATORIK UND REGISTER (SI.CR)

Je nach dem Wert des Parameters „parity_type" wird der Wert des Signals „inter_-xor(ui+1)" direkt an das Ausgangssignal gegeben oder aber invertiert. Diese Nachbehandlung ist im Codefragment 4.14 mit zwei bedingten „generate"-Anweisungen und den nebenläufigen Signalzuweisungen „bypass" und „inverter" modelliert worden. Eine solche nebenläufige Signalzuweisung („concurrent signal assignment") entspricht hier der Instanziierung einer Komponente.

An die Instanzen des in den Codefragmenten 4.13 und 4.14 gezeigten Strukturmodells müssen Einheiten und Modelle durch eine Konfiguration gebunden werden. Eine solche hierarchische Konfiguration ist im Codefragment 4.15 dargestellt.

4.15
```
CONFIGURATION slow OF parity IS      -- configuration: slow For entity: parity
  FOR struc                          -- model: struc
    FOR ALL : exor                   -- all instances of comp. exor are bound to
      USE ENTITY exor(behav);        --   entity: exor and model: behav
    END FOR;
    FOR chain                        --a generate statement is a declarative region
      FOR chain_exor : exor          -- the generated instances are bound to
        USE ENTITY exor(behav);      --   entity: exor and model: behav
      END FOR;
    END FOR;
  END FOR;
END slow;
```

Das Modell des „parity"-Generators wurde in verschiedenen Konfigurationen simuliert und somit war die Flexibilität einer hierarchischen Konfiguration von Nutzen. Braucht man diese Flexibilität nicht, so kann man mit dem neuen VHDL'93-Standard eine Einheit mit einem Modell durch „`first_XOR : ENTITY exor(behav) PORT MAP( ...`" direkt instanziieren (s. S. 95).

A) Modellierungsaufwand

Der Modellierungsaufwand ist die Zeit, die benötigt wird, um ein fehlerfreies und dokumentiertes Modell einer Einheit zu erzeugen. Der Modellierungsaufwand ergibt sich daher aus der Komplexität und Lesbarkeit eines Modells. Die Komplexität kann durch die Zahl der Zeilen angegeben werden. So enthält das Verhaltensmodell der Einheit „parity" 11 Zeilen und das eigentliche Strukturmodell in den Codefragmenten 4.13 (S. 150) und 4.14 knapp doppelt soviel Zeilen (20). Berücksichtigt man noch die acht Zeilen für das Verhaltensmodell des „exor"-Gatters im Codefragment 4.12 und die zwölf Zeilen der Konfiguration, so kommt man auf 40 Zeilen. Der Wert für das Verhaltensmodell und die beiden Werte für das Strukturmodell sind in Tabelle 4.3 gegenübergestellt.

Modell	Zeilen		
	Netzliste	Konf. & Einheit	Summe
struc	20	20	40
behav			11

Tabelle 4.3: Komplexität des Verhaltensmodells „behav" und des Strukturmodells „struc" der Einheit „parity"

Wenn der Modellierungsaufwand die Entwurfskosten bestimmt und die Kosten einer gefertigten integrierten Schaltung z.B. wegen einer kleinen Stückzahl durch die Entwurfskosten dominiert sind, dann kann ein Faktor 2 bis 4 erheblichen Einfluß auf die kommerzielle Machbarkeit eines Projektes haben. Es können hier keine komplexeren Modelle betrachtet werden, aber die Erfahrung hat gezeigt, daß bei aufwendigeren Einheiten der Modellierungsaufwand noch wesentlich stärker durch eine geeignete Abstraktion reduziert werden kann.

B) Überspezifikation von Strukturinformation

Die folgende Vorstellung ist weit verbreitet:

„Das vorhandene Wissen über die Struktur einer Implementation sollte modelliert werden. Diese Strukturinformation macht es dem Logiksynthesewerkzeug leichter, die optimale Implementation zu finden. Daher sind die Syntheseergebnisse bei einem Modell mit einem hohen Grad an modellierter Strukturinformation besser als bei einem abstrakteren Modell."

Die Bedingungen, unter denen diese Regel gültig ist, und die Gefahren einer unreflektierten Anwendung werden im folgenden Abschnitt am Beispiel des „parity"-Generators betrachtet.

Sinnvolle Modellierung von Strukturinformation: Es ist sinnvoll, Wissen über die Struktur einer Implementation entweder durch geeignete Instanziierungen in einem Strukturmodell oder durch Funktionsaufrufe in einem Verhaltensmodell zu spezifizieren, wenn die folgenden Bedingungen erfüllt sind:

① Die logische Optimierung führt mit den vorhandenen Rechnern in der maximalen Wartezeit nicht zu einer Implementation, welche die Anforderungen erfüllt.

② In der Synthesebibliothek gibt es keine konkurrenzfähigen Implementationen der benötigten Funktion.

In den z.Z. (1995) verfügbaren Synthesebibliotheken (vgl. Abs. 5.4, S. 202) gibt es keine Elemente zur Berechnung der Parität, so daß die zweite Bedingung für das hier betrachtete Beispiel erfüllt ist. Bei einem hinreichend breiten Eingangsdatenwort ist auch die erste Bedingung erfüllt. Daher wird man in dem Fall, daß eine Instanz des „parity"-Generators kritisch ist, den in Abb. 4.11 gezeigten binären Baum von EXOR-Gattern manuell in einem Strukturmodell modellieren müssen.

Überspezifikation der Strukturinformation: Nachdem im vorherigen Paragraph die Bedingungen zur sinnvollen manuellen Modellierung von Strukturinformation diskutiert worden sind, werden in den folgenden Paragraphen die Risiken einer solchen manuellen Modellierung betrachtet.

4.5. KOMBINATORIK UND REGISTER (SI.CR)

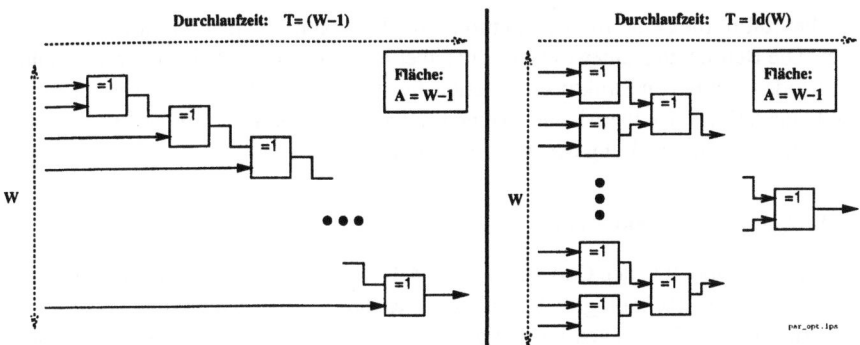

Abb. 4.11: Implementation eines „parity"-Generators durch eine Kette und einen Baum von EXOR-Gattern mit zwei Eingängen

Dazu wird im folgenden angenommen, daß eine Synthesebibliothek optimierte Architekturen zur Implementation des „parity"-Generators enthält. Das in den beiden Codefragmenten 4.13 und 4.14 (S. 150) gezeigte Strukturmodell beschreibt die Kette von EXOR-Gattern, die auf der linken Seite von Abb. 4.11 skizziert sind. Der Implementationsaufwand A der beiden skizzierten Schaltungen ist mit $(W - 1)$ EXOR-Gattern gleich[14], aber die maximale Durchlaufzeit T ist bei der rechten Struktur mit einem binären Baum von Gattern schon bei kleinen Wortbreiten W wesentlich geringer.

Verwendet man nun das vorgestellte Strukturmodell mit der Kette von EXOR-Gattern zur Logiksynthese, so kann das Werkzeug nicht erkennen[15], daß die beschriebene Netzliste von Gattern zur Berechnung der Parität dient. Das Logiksynthesewerkzeug kann somit keine optimierte Architektur mit z.B. einem binären Baum von EXOR-Gattern aus der Synthesebibliothek auswählen und parametrieren. Es kann nur noch versuchen, durch eine Logikoptimierung die manuell modellierte Kette von EXOR-Gattern in der linken Seite von Abb. 4.11 zu optimieren.

Die manuelle Modellierung von vorhandener, aber nicht konkurrenzfähiger Strukturinformation kann also den Weg zu einer besseren Implementation versperren. Die Modellierung von unnötiger Entwurfsinformation in ein Modell nennt man auch „Überspezifikation". Das Beispiel zeigt, daß durch eine solche Überspezifikation relevante Entwurfsinformation auf einer abstrakten Ebene durch irrelevante Details einer bestimmten Implementation ersetzt wird.

Zusammenfassung: Überspezifikation. Die manuelle Modellierung von Strukturinformation ist sinnvoll, wenn man weder durch die Logikoptimierung noch durch die

---

[14] Der Aufwand der beiden Lösungen in Abb. 4.11 ist nur dann genau gleich, wenn für die Zahl der Eingänge gilt $W = 2^n, n \in N$.

[15] Im Prinzip kann ein Werkzeug eine solche Gatterschaltung in eine geeignete kompakte Darstellung transformieren und versuchen, diese Darstellung mit vorhandenen Implementationen von häufig verwendeten Operationen zu vergleichen. Kommerziell verfügbare Synthesewerkzeuge sind dazu aber z.Z. nicht in der Lage.

Synthesebibliothek eine Implementation erreichen kann, die den Anforderungen genügt. Die Betrachtung eines Beispiels hat aber auch gezeigt, daß eine unnötige manuelle Modellierung von Strukturinformation die automatische Synthese einer optimalen Implementation verhindern kann. In einem solchen Fall kann eine einfachere abstrakte Modellierung die Erfüllung der Anforderungen erleichtern.

C) Technologieunabhängigkeit

Das Strukturmodell in den Codefragmenten 4.13 und 4.14 (S. 150) ist unabhängig von der verwendeten Technologie. Allerdings ist es durch die Instanziierung von EXOR-Gattern mit zwei Eingängen abhängig von den Elementen einer bestimmten Bibliothek, denn es gibt auch Gatterbibliotheken, bei denen die Verwendung von EXOR-Gattern mit drei Eingängen effizienter wäre. Das abstraktere Verhaltensmodell im Codefragment 4.11 (S. 148) ist dagegen vollständig von der Technologie unabhängig.

D) Simulationseffizienz

Die Simulationseffzienz eines bestimmten Modells, welches mit einem bestimmten Simulator auf einem gegebenen Simulationsrechner ausgeführt wird, ist in Abschnitt 2.4 (S. 61) durch

$$Simulationseffizienz := \frac{simulierte\ Zeit}{Simulationslaufzeit}$$

definiert worden [4]. Eine hohe Simulationseffizienz erleichtert die Verifikation durch Simulation.

Laufzeitreduktion um den Faktor 7: Laufzeitmessungen mit einer bestimmten Simulator/Rechnerkombination [16] ergaben, daß die Simulationseffizienz des Strukturmodells um den Faktor 7 kleiner ist als die des Verhaltensmodells im Codefragment 4.11 (S. 148). Die Ergebnisse der Messungen sind in Tabelle 4.4 aufgelistet. Die „Elaborations"-zeit [44] als Zeit zum „Hochfahren" der Simulation war bei beiden Modellen gleich und mit 66 *msec* vernachlässigbar.

Modell	Simulation CPU time	relative Geschwindigkeit
struc	10.31 sec	1
behav	1.41 sec	**7.28**

Tabelle 4.4: Simulationsgeschwindigkeit des Verhaltens- und Strukturmodells der Einheit „parity"

---

[16] Die Simulationen wurden auf einer *Sparc 10* mit der *Vantage* Version *v4.140* Release *4.140* bei *source debug* durchgeführt.

4.5. KOMBINATORIK UND REGISTER (SI.CR)

Begründung: Mehr Instanzen → Mehr Signale. Die Ursache für diese Steigerung der Simulationsgeschwindigkeit durch die Abstraktion von der Strukturinformation wird durch eine Betrachtung der Werte in Tabelle 4.5 klar. Durch die separate Instanziierung der EXOR-Gatter wird die in der zweiten Spalte gezeigte Zahl der Instanzen in dem Simulationsmodell erhöht. Diese Instanzen müssen verdrahtet werden, so daß sich die Zahl der Signale in der dritten Spalte erhöht. Die Erhöhung der Zahl der Signale entspricht nicht der Vermehrung der Instanzen, weil die Instanzen der EXOR-Gatter mit einem einzigen vektorwertigen Signal verdrahtet werden.

Begründung: Mehr Signale → Mehr Ereignisse → Längere Laufzeit. Diesen Signalen werden Werte zugewiesen, die den aktuellen Wert der Signale verändern. Die Wertänderung einer Komponente eines zusammengesetzten Datentypen führt zu einem Ereignis für das zusammengesetzte Signal. Daher steigt die Zahl der Ereignisse („Kevents") in der vierten Spalte stark an. Die Zahl der simulierten Ereignisse pro Zeitabschnitt ist annähernd konstant, so daß sich die Simulationszeit, wie in der fünften Spalte angedeutet, erhöht.

Modell	Instanzen	Signale	Kevents	Kevents/sec
behav	4	20	50.01	35.30
struc	38	37	473.63	45.90

Tabelle 4.5: Laufzeitstatistiken der Simulation des Verhaltens- und Strukturmodells

Die Werte in der letzten Spalte von Tabelle 4.5 zeigen auch, daß die Zahl der simulierten Ereignisse pro Zeitabschnitt zurückgeht, wenn die Modelle der aktivierten Instanzen komplexer werden. Mit zunehmender Abstraktion von der Strukturinformation wird immer weniger Rechenzeit zur Signalverwaltung und immer mehr Laufzeit zur Ausführung der Verhaltensmodelle verwendet.

Selbst bei einem so einfachen Beispiel wie dem hier betrachteten „parity"-Generator ist also ein Verhaltensmodell um den Faktor 7 schneller in der Simulation als ein Modell der Gatterschaltung. Die im allgemeinen höhere Simulationseffizienz von abstrakteren Modellen ist eine wesentliche Motivation zur Anwendung der abstrakten Modellierung.

Zusammenfassung: Vor- und Nachteile der Abstraktion

Die abstrakte Modellierung einer Einheit, deren Implementation auf der Gatterebene bekannt ist, scheint auf den ersten Blick ein überflüssiges Unterfangen zu sein, welches unnötiges Risiko in den Entwurfsablauf einführt und eventuell die Implementation auf der Gatterebene verschlechtert.

Der **Modellierungsaufwand** eines Modells kann durch die Zahl der Zeilen angegeben werden. Ein Vergleich zwischen dem Modell der Gatterschaltung und dem abstrakten Verhaltensmodell hat gezeigt, daß das Verhaltensmodell nur mit einem Viertel der Zeilen implementiert werden kann.

Eine Modellierung vorhandener Strukturinformation ist nur dann sinnvoll, wenn man mit den vorhandenen Synthesewerkzeugen keine gültige Implementation erzeugen kann. Es ist an dem Beispiel des „parity"-Generators vorgeführt worden, daß eine **Überspezifikation** von Strukturinformation aber auch die Synthese einer effizienten Implementation verhindern kann. Ein abstraktes Modell ermöglicht in einem solchen Fall die Erfüllung der Spezifikationen durch eine automatische Synthese.

Das Gattermodell des „parity"-Generators ist weitestgehend von der Technologie unabhängig, es muß nur eine effiziente Implementation eines EXOR-Gatters mit zwei Eingängen in der Zellenbibliothek verfügbar sein. Das Verhaltensmodell hingegen ist vollständig von den **Eigenschaften der Technologie unabhängig**.

Eine Laufzeitmessung ergab, daß sich das abstraktere Modell des „parity"-Generators um den Faktor 7 schneller simulieren läßt als das Modell der Gatterschaltung. Der Grund für diese erhebliche **Beschleunigung der Simulation** bei einem so einfachen Modell liegt in der Reduktion der Zahl der Ereignisse pro Simulationslauf durch die Verwendung von internen Variablen statt Signalen.

[Exkurs]

4.5.5 Register

Bisher sind in diesem Kapitel Modelle einfacher kombinatorischer Schaltungen, welche durch logische Gleichungen modelliert wurden, diskutiert worden. Die Modelle komplexerer Schaltungen wurden durch einen Prozeß mit allen Eingangssignalen in der „sensitivity list" und bedingten Verzweigungen und Schleifen im Rumpf des Prozesses beschrieben.

Reale Entwürfe bestehen aber nicht nur aus kombinatorischen Teilen, sondern auch aus Speicherelementen wie Flipflops. Das Modell eines Registers ist in den Codefragmenten 4.16 und 4.17 gezeigt. Die Definition der Einheit „register" im Codefragment 4.16 definiert die Kontrolleingänge „reset" und „clk", den Dateneingang „in_signal" und als Datenausgang die Klemme „out_signal". Die Wortbreite der gespeicherten Bitvektoren wird nicht durch einen explizit definierten Parameter, sondern durch die Breite des an einer Instanz dieser Einheit angeschlossenen Bitvektors bestimmt.

```
4.16  ENTITY register IS
         PORT(clk, reset  : IN  std_ulogic;           -- types from package ...
              in_signal   : IN  std_ulogic_vector;    --   IEEE.std_logic_1164
              out_signal  : OUT std_ulogic_vector);
      END register;
```

Das Modell des Registers im Codefragment 4.17 besteht aus einem einzigen Prozeß mit den Signalen „clk" und „reset" in der „sensitivity list". Da ein Modell mit einem synchronen „reset" nur bei einer Taktflanke aktiviert wird, enthält die „sensitivity list" bei einem solchen Modell nur das Taktsignal. Durch die erste „if"-Abfrage wird ein asynchroner „reset" modelliert (vgl. Abs. 11.1, S. 404). Die positive Flanke wird hier durch die Bedingung „clk'event and clk = '1' " beschrieben, so daß der Eingangswert mit der positiven Flanke an den Ausgang weitergegeben wird.

```
4.17  ARCHITECTURE behav OF register IS
```

4.5. KOMBINATORIK UND REGISTER (SI.CR)

```
BEGIN
   PROCESS(clk, reset)                  -- a clocked process => just clock and
                                        --  asynchron reset in the sens. list
   BEGIN
      IF reset = '1' THEN
         out_signal <= (OTHERS => '0'); --use a named aggregate to reset all bits
      ELSIF clk'EVENT AND clk ='1' THEN
         out_signal <= in_signal;       -- take data with the positive edge
      END IF;                           --  and give it out ...
   END PROCESS;
END behav;
```

Zu jedem Signal ist das Attribut „event" mit dem Datentypen „boolean"[17] vordefiniert [44]. Es nimmt den Wert „TRUE" an, wenn sich im letzten Simulationszyklus der Wert des Signals geändert hat[18].

Die getrennte Modellierung von Kombinatorik und Registern soll durch *SI.CR* („Combinatoric & Register") symbolisiert werden.

Zusammenfassung: Geometrie bis Kombinatorik

Strukturinformation ist Information über den Aufbau einer Einheit aus anderen Komponenten. Die Vorstellung der diskreten Stufen der Modellierung der Strukturinformation begann mit einer Einordnung der geometrischen Beschreibungsformen. Von der geometrischen Strukturinformation kann man durch eine Netzliste von Transistoren abstrahieren.

Ein Gatter ist eine Abstraktion von der Verschaltung der Transistoren in einer Implementation mit einer bestimmten Technologie. Die drei fundamentalen Arten der Modellierung der Verzögerungszeit „inertial", „transport" und Timingpfad wurden vorgestellt. Es gibt eine Vielzahl von Modellen sehr unterschiedlicher Komplexität und Abstraktion eines einzelnen Gatters, daher wurde der Abstraktionsgrad der Gatterebene mit den Stufen der vier Abstraktionsmechanismen präziser definiert. Der Abstraktionsgrad der Modelle auf der Gatterebene unterscheidet sich im wesentlichen nur durch die Modellierung der Verzögerungszeiten und der Randbedingungen des Timings („set-up").

Die Modellierungsschablone einer kombinatorischen Schaltung wurde mit den eingeführten Beschreibungsformen verglichen. Da Modelle nicht nur zur Verifikation des Verhaltens durch Simulation verwendet werden, sondern auch zur Synthese einer Implementation auf der Gatterebene, wurde der Unterschied zwischen der Simulations- und Synthesesemantik erläutert. Die Gründe für die Einfügung von „Latches" in die Implementation einer gedächtnislosen Einheit durch das Synthesewerkzeug wurden an einem Beispiel erläutert. Es wurden Modellierungsmethoden diskutiert, mit denen man solche unerwünschten Instanzen in einer synthetisierten Schaltung vermeiden kann.

---

[17] Aus dem Paket „standard": „type boolean is (FALSE, TRUE);". Das Paket „standard" ist als Teil des VHDL-Standards immer sichtbar.

[18] Mit dem Attribut „transaction" kann festgestellt werden, ob im letzten Simulationszyklus einem Signal ein Wert zugewiesen worden ist, ohne daß sich der Wert des Signals verändert hat.

Um die Vor- und Nachteile einer Abstraktion von der Strukturinformation an einem realistischen Beispiel zu diskutieren, ist das Verhaltensmodell eines „parity"-Generators mit bedingten Verzweigungen und einer Schleife vorgestellt worden. Ein Vergleich dieses Modells mit einem parametrierbaren Strukturmodell hatte die folgenden Ergebnisse:

(+) Der Modellierungsaufwand gemessen durch die Zeilenzahl wird um den Faktor 2 − 4 reduziert.

(+) Eine Überspezifikation, welche eine effiziente Synthese verhindern kann, wird vermieden.

(−) Die synthetisierte Implementation muß noch einmal, z.B. durch Simulation, verifiziert werden, wenn man sich nicht auf das Synthesewerkzeug verlassen will[19].

(Kann keine Implementation synthetisiert werden, welche die Anforderungen erfüllt, so ist eine manuelle Modellierung der erarbeiteten Strukturinformation und damit eine erneute Verifikation unvermeidbar.)

(+) Eine komplette Unabhängigkeit von der Fertigungstechnologie wird erreicht.

(Das Gattermodell ist auch weitestgehend technologieunabhängig, basiert aber auf der Verfügbarkeit von geeigneten EXOR-Gattern mit zwei Eingängen.)

(+) Die Laufzeit der Simulation wird um den Faktor 7 reduziert.

Dieses Kapitel wurde mit der Erläuterung der Modellierungsschablone eines positiv flankengetriggerten Registers abgeschlossen.

---

[19] Ein Fall, in dem eine funktional falsche Implementation aus einem korrekten Modell synthetisiert wurde, ist dem Autor nicht bekannt.

5 Strukturinformation (*SI*): FSM und Erweiterte FSM

Ein Verhaltensmodell einer FSM („Finite State Machine") vernachlässigt den Aufbau aus kombinatorischen Schaltungen und Registern und beschreibt das Verhalten für eine diskrete Zahl von Zuständen. Mit „Zustand" wird die Information bezeichnet, welche neben den aktuellen Eingangswerten die Ausgangswerte bestimmt. Da der Begriff des „Zustands" fundamentale Bedeutung für die Modellierung einer FSM hat, wird zwischen einem transienten und stabilen Zustand unterschieden. Diese Diskussion verdeutlicht, daß die Regeln des „voll-synchronen"-Entwurfes eine bewährte Methode zur Beherrschung eines durch die abstrakte Modellierung eingeführten Risikos sind.

Die „multi-process"-Modellierungsschablone (*SI.MP*) einer FSM beschreibt die kombinatorischen Teile und die Register durch mehrere Prozesse in einem einzigen Modell. Dieser Verzicht auf die Kapselung durch eine Einheit verringert den Modellierungsaufwand unter Erhöhung des Entwurfsrisikos. Die Simulationslaufzeiten eines ereignisorientierten Simulators werden durch die Abarbeitung der Signaländerungen dominiert. Daher läßt sich ein wesentlich simulationseffizienteres Modell einer FSM erzeugen, indem man die kombinatorischen Schaltungen und das Register in einem einzigen Prozeß integriert. In einem solchen „single-process"-Modell (*SI.SP*) werden die Daten zwischen den verschiedenen Teilen nicht mehr über Signale, sondern Variablen ausgetauscht. Diese Modellierungsschablone wird schrittweise aus dem Modell eines flankengetriggerten Registers hergeleitet.

Durch die Zerlegung einer FSM in eine reduzierte FSM und mehrere untergeordnete Datenpfade läßt sich die Kompaktheit der einzelnen Modelle steigern. Man nennt dieses Modellierungskonzept „Erweiterte FSM" (EFSM). Es werden die Begriffe Daten- und Kontrollzustand als eine weitere Abstraktion von den elementaren Zuständen eines Gatternetzwerks eingeführt. Die Modellierung einer EFSM durch ein Strukturmodell, in dem die Modelle der FSM und der Datenpfade instanziiert werden, wird demonstriert. Eine EFSM läßt sich wesentlich kompakter beschreiben, wenn man die Anweisungen zur Transformation des Datenzustandes mit in das Verhaltensmodell der FSM integriert, ohne die Trennung zwischen Kontroll- und Datenzustand aufzuheben.

Einleitung

Im letzten Kapitel ist die Modellierung der Strukturinformation von der manuellen Erzeugung von Polygonen, über die Verschaltung von Gattern bis zu den Verhaltensmodellen von kombinatorischen Schaltungen und Registern erläutert worden. In diesem Kapitel soll der Aufbau aus kombinatorischen Schaltungen und Registern vernachlässigt werden. Es werden Modelle betrachtet, deren Verhalten durch eine endliche Zahl von Zuständen bestimmt wird.

5. STRUKTURINFORMATION (SI): FSM UND ERWEITERTE FSM

Die Darstellung und Modellierung einer Einheit durch eine endliche Zahl von Zuständen und Übergängen ist ein fundamentales Konzept der Entwicklung digitaler Schaltungen. Eine FSM ist eine Darstellungsweise, welche bei einer bestimmten Art von Einheiten zu besonders kompakten und lesbaren Modellen führt. Durch den Begriff FSM wird keine bestimmte Art der Implementation bezeichnet, denn alle realen digitalen Schaltungen haben eine endliche Zahl von Zuständen und Übergängen.

Es gibt Einheiten, wie z.B. ein digitales Filter, welche sich nicht effizient durch eine FSM modellieren lassen, während eine Protokollmaschine leicht durch ein FSM-Modell beschrieben werden kann. Daher werden in den folgenden Paragraphen die Anwendungen der FSM-Modellierung in den beiden wesentlichen Applikationsbereichen diskutiert.

A) Kontrollfluß-dominierte Anwendungen

Viele Applikationen können durch eine Menge von Zuständen und Übergängen dargestellt werden. Modelle beschreiben daher das Verhalten durch ein kompliziertes Geflecht von bedingten Verzweigungen, in denen Zustands- und Eingangswerte abgefragt werden. Für das Verhalten eines solchen Modells ist daher die Reihenfolge der Anweisungen entscheidend, die bei einer Aktivierung ausgeführt werden. Man nennt solche Modelle daher „kontrollfluß-dominiert". Das vorherrschende Modellierungskonzept in diesem Bereich ist die FSM.

B) Datenfluß-dominierte Anwendungen

In den sogenannten datenfluß-dominierten Anwendungen hingegen werden Transformationen auf Sequenzen von Eingangswerten betrachtet (vgl. Abs. 10, S. 371). Diese Transformationen werden durch arithmetische Operationen auf den einzelnen Werten der Eingangssequenz beschrieben. Eine Abfolge von Operationen wird in diesem Applikationsbereich „Algorithmus" genannt.

B1) Hoher Durchsatz: Direkte Zuordnung Operator zu Datenpfad. Liegt die Rate, mit der neue Eingangswerte verarbeitet werden müssen, in der Nähe der Taktfrequenz, so kann man häufig eine effiziente Implementation herleiten, indem man jedem Operator in dem Algorithmus einen Datenpfad zuordnet. Diese eins-zu-eins Abbildung der Operatoren eines funktionalen Modells („Algorithmus") zu den Datenpfaden erfordert keine oder nur eine sehr einfache FSM zur Kontrolle der Datenpfade.

B2) Niedriger Durchsatz: FSM als Hilfsmittel zur effizienten Ausnutzung der Datenpfade. Sind die Raten der zu verarbeitenden Daten im Vergleich zum Takt der Schaltung klein, so müssen bei einer effizienten Implementation die benötigten Operationen sequentiell auf den vorhandenen Datenpfaden ausgeführt werden. Eine FSM muß daher die Zwischenwerte aus den Registern an die Datenpfade legen und die Resultate wieder in den Registern abspeichern. In diesem Applikationsbereich ist eine FSM ein Hilfsmittel, um die benötigten Operationen auf einer begrenzten Zahl von Datenpfaden auszuführen.

Implementation einer FSM

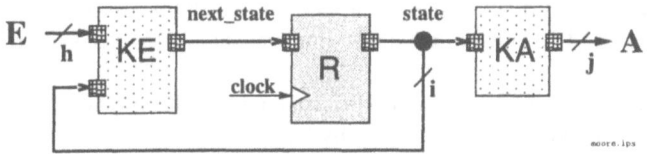

Abb. 5.1: Struktur einer FSM des Moore-Typs

Eine FSM besteht aus den Kombinatoriken „KE", „KA" und dem Register „R", wie in Abb. 5.1 gezeigt. „KE" dient zur Berechnung des nächsten Zustands „next_state" aus den aktuellen Eingangswerten „E" und dem Zustand „state". Der Zustand „state" wird in dem Register „R" gespeichert und bei jeder positiven Taktflanke neu geladen. Die Kombinatorik „KA" bestimmt aus dem Zustand „state" die Ausgangswerte „A". Bei einer Moore-Typ FSM werden die aktuellen Ausgangswerte nur aus dem Zustand berechnet, während bei einer Mealy-Typ FSM zur Berechnung der Ausgangswerte „A" auch die aktuellen Eingangswerte „E" berücksichtigt werden. Eine Moore-Typ FSM ist in Abb. 5.1 skizziert und eine Mealy-Typ FSM in Abb. 5.4 (S. 173).

Aufbau

Im ersten Abschnitt 5.1 werden der stabile und transiente Zustand eines Gatternetzwerks sowie die Bedeutung der synchronen Entwurfsregeln diskutiert. Die Modellierung einer FSM durch getrennte Prozesse für die kombinatorischen Teile und die Register wird in Abschnitt 5.2 vorgestellt. Die „single-process"-Modellierungsschablone wird in Abschnitt 5.3 hergeleitet. Mit der Aufteilung einer FSM in eine reduzierte FSM und einige Datenpfade wird das Kapitel durch Abschnitt 5.4 abgeschlossen.

5.1 Zustandsbegriff: Synchroner Entwurf ermöglicht Abstraktion

Der Begriff des „Zustands" ist von äußerster Bedeutung für die Modellierung einer FSM. Daher werden die verschiedenen Interpretationen dieses Begriffes in dem folgenden Abschnitt diskutiert, bevor die Möglichkeiten der Modellierung einer FSM vorgestellt werden.

Der Begriff „Zustand" wird in der digitalen Schaltungstechnik auf unterschiedlichen Abstraktionsebenen der Wert/Zeit-Relation (VT) (vgl. Kap. 13) gebraucht. Im folgenden Abschnitt 5.1.1 wird die Bedeutung des Begriffs „Zustand" auf den Ebenen, auf welchen die Verzögerungszeiten einzelner Gatter modelliert werden ($VT.\{PR, PO\}$)[1], und der Ebene, auf der nur noch der physikalische Takt referenziert

[1] Value Time relation.{PRelayout, POstlayout} (vgl. Tab. 13.1 (S. 458))

wird $(VT.MI)^2$, betrachtet. In Abschnitt 5.1.2 wird der Abstraktionsgrad der RT-Ebene durch die Stufen der vier Abstraktionsmechanismen präzisiert. Die Diskussion des Zustandsbegriffs wird mit einer Identifikation der Probleme beim automatischen Vergleich eines RT-Modells und seiner Implementation auf der Gatterebene abgeschlossen.

Jeder elementare Zustand einer Einheit ist durch eine Konstellation von binären Signalwerten definiert. Am Ende dieses Abschnitts wird im Vorgriff auf spätere Kapitel der Begriff des „super state" eingeführt werden, welcher mehrere elementare Zustände umfaßt.

5.1.1 Transienter und stabiler Zustand

Mit „Zustand" wird der Teil der Information über eine Instanz bezeichnet, welcher neben den aktuellen Eingangswerten die Ausgangswerte bestimmt. Es ist offensichtlich, daß eine Schaltung mit Flipflops oder anderen Speicherelementen einen Zustand hat. Jeder einzelne Zustandswert ist durch bestimmte Werte dieser Speicher definiert.

Aber auch der Verlauf der Ausgangswerte einer rückkopplungsfreien Verschaltung von Gattern wird nicht nur durch die aktuellen Eingangswerte, sondern auch durch die Belegung der internen Signale bestimmt. Daher wird der „Zustand" einer solchen Schaltung durch die Belegung der internen Signale definiert. Eine Veränderung der Eingangssignale löst eine Sequenz von Zustandsübergängen aus, bevor das Netzwerk wieder einen stabilen Zustand einnimmt [62]. Der Zustand vor der Änderung der Eingangswerte bestimmt die Sequenz der intermediären Zustände sowie die Zeit, bis ein stabiler neuer Zustand angenommen wird. Das Verhalten eines solchen Netzwerks hängt daher nicht nur von den Eingangswerten, sondern auch von seinem Zustand ab (vgl. Abs. 2.1.3, S. 29). Allerdings sind die Ausgangswerte, die sich nach einer hinreichend langen Wartezeit einstellen, von diesem „Zustand" unabhängig. Daher wird zwischen einem „transienten" und einem „stabilen" Zustand unterschieden. Eine rückkopplungsfreie Verschaltung von Gattern ohne Speicherelemente hat einen transienten Zustand, aber keinen stabilen Zustand.

Es gibt daher zu jeder rückkopplungsfreien Verschaltung von Gattern zwei unterschiedliche Abstraktionsstufen in der Modellierung der Wert/Zeit-Relation der Ein- und Ausgangssignale. Implementationsnahe Modelle berücksichtigen die transienten Werte der Signale $(VT.\{PR, PO\})$. Modelle mit dieser Modellierung der Wert/Zeit-Relation haben daher auch einen „transienten Zustand". Hinreichend lange nach einer Änderung der Eingangswerte liegen aber an einem solchen implementationsnahen Modell dieselben Ausgangswerte an wie an einem Modell mit einer abstrakteren Modellierung der Wert/Zeit-Relation, welches nur die stabilen Werte berücksichtigt $(VT.MI)$. Da eine Gatterschaltung wesentlich weniger „stabile" als „transiente Zustände" annehmen kann, hat ein Modell mit der abstrakten Modellierung der Wert/Zeit-Relation eine geringere Zahl von Zuständen.

---

[2] Value Time relation.MIcro clock (vgl. Kap. 13)

5.1. SYNCHRONER ENTWURF

Asynchrone Schaltungen: Durch die Einführung von Rückkopplungen in Gatternetzwerken kann man erreichen, daß auch die *stabilen* Werte der Ausgangssignale nicht nur von den Eingangssignalen, sondern auch von dem „stabilen Zustand" der internen Signale abhängen. Da bei einer solchen Schaltung nicht nur die Zeitpunkte der Übergänge des transienten, sondern auch des stabilen Zustands durch die Verzögerungszeiten der Gatter bestimmt werden, nennt man solche Schaltungen auch asynchrone Schaltungen. Asynchrone Schaltungen können daher nur mit Modellen entwickelt werden, welche die Verzögerungszeiten der einzelnen Gatter modellieren. Da eine zuverlässige Modellierung der Verzögerungszeiten aufwendig ist (vgl. Abs. 4.4.1, S. 131) und weiterhin die Verzögerungszeiten in der gefertigten Schaltung mit den Umgebungsbedingungen variieren, ist der Entwurf asynchroner Schaltungen schwierig und mit Entwurfsrisiken behaftet. Bei integrierten Schaltungen mit großen Flächen und kleineren Strukturbreiten („sub-micron") nehmen erfahrungsgemäß die Unterschiede zwischen den geschätzten Verzögerungszeiten und den extrahierten zu. Daher sind asynchrone Schaltungen nur schwer unter diesen Bedingungen zu entwerfen. Allerdings sind asynchrone Schaltungen in einigen Fällen nicht zu vermeiden [63]. Sie haben sich aber in der Praxis nicht durchsetzen können, weil sich vielfach die erwarteten Geschwindigkeits- und Aufwandsvorteile nicht eingestellt haben (z.B. [6]).

Synchrone Schaltungen: Flipflops sind Elemente, deren interne Rückkopplungen durch einen Takteingang aktiviert werden, so daß der Eingangswert nur synchron zu einer bestimmten Taktflanke in einen Speicher übernommen wird. In einem „voll-synchronen" Entwurf verwendet man ausschließlich diese Flipflops[3] zur Speicherung der Zustände einer Schaltung und vermeidet Rückkopplungen innerhalb der kombinatorischen Schaltungen. Die Taktperiode muß zur Vermeidung „meta-stabiler" Zustände so gewählt werden, daß alle transienten Vorgänge in dem Gatternetzwerk zwischen den Flipflops abgeklungen sind, wenn mit der nächsten Taktflanke die stabilen Werte in die Flipflops übernommen werden (s. S. 29). Wenn diese Bedingungen erfüllt sind, kann man ohne Risiko von den transienten Vorgängen in dem Netzwerk von Gattern abstrahieren („voll synchroner Entwurf"). Einige der allseits bekannten Regeln des „voll-synchronen Entwurfs" sind oben genannt worden. Sie sind ein Beispiel für die Kontrolle eines durch abstrakte Modellierung hervorgerufenen Entwurfsrisikos. Der wesentliche Vorteil synchroner Schaltungen ist, daß sie zuverlässig mit Modellen entwickelt werden können, deren Modellierung der Wert/Zeit-Relation nur die stabilen Werte (*VT.MI*) berücksichtigt.

Zusammenfassung: Zustandsbegriff

In diesem Abschnitt wurde zwischen einem transienten und einem stabilen Zustand unterschieden. Die Beachtung der Regeln des „voll-synchronen" Entwurfs erlaubt eine Abstraktion von den Verzögerungszeiten der Gatter, ohne die Rückwirkungsfreiheit[4]

---
[3] Register bestehen aus einer Zeile von Flipflops. RAM-Makros werden wie eine Spalte von Registern behandelt.
[4] Rückwirkungsfrei besagt, daß ein in einem Entwurfsschritt vernachlässigter Effekt keine Auswirkungen auf die Implementierbarkeit des Entwurfs in den folgenden Schritten hat.

des Entwurfsprozesses zu gefährden.

Im Rest der Arbeit soll unter dem Zustand einer Schaltung der „stabile Zustand" verstanden werden, welcher in Flipflops abgespeichert wird. Bevor auf S. 167 die Modellierung einer FSM mit mehreren Prozessen („multi-process") diskutiert wird, soll im folgenden der Abstraktionsgrad der Modelle auf der RT-Ebene präziser bestimmt werden.

5.1.2 Abstraktions-„ebene": RT-Ebene

Der Begriff der „RT-Ebene" hat in der Praxis große Bedeutung. Auf S. 33 ist die RT-Ebene vorläufig eingeführt worden. Im folgenden werden die Werte der vier Abstraktionskoordinaten verwendet, um den Abstraktionsgrad der Modelle auf der RT-Ebene genauer zu bestimmen.

Werden die Regeln des voll-synchronen Entwurfs [40] berücksichtigt, so sind die Zeitpunkte von Signaländerungen innerhalb der Taktperiode irrelevant. Weiterhin können Logiksynthesewerkzeuge Gatternetzwerke automatisch erzeugen, welche eine bestimmte boolesche Funktion implementieren. Daher werden immer mehr Entwürfe nur noch auf oder oberhalb der RT-Ebene modelliert.

Strukturinformation (SI): Wesentliches Kennzeichen des Abstraktionsgrades der „Gatterebene" ist eine ausschließliche Verwendung von Gattern, Makros oder Flipflops als Blätter im Instanzenbaum (vgl. Abs. 4.4, S. 130). Die RT-Ebene kann nicht durch eine bestimmte Abstraktionsstufe der Modellierung der Strukturinformation gekennzeichnet werden. Im allgemeinen wird man aber ein Modell nur dann der RT-Ebene zuordnen, wenn die Instanzen nicht implementationsnäher als diskrete Register und Verarbeitungsstufen modelliert sind. Dies kann durch $SI.X \geq SI.CR$ symbolisiert werden (vgl. Tab. 10.3 (S. 400)).

Funktionaler Aspekt (FC): Welche funktionalen Aspekte eines Entwurfs in einem Modell beschrieben worden sind, wird im allgemeinen nicht bei einer Zuordnung zur RT-Ebene berücksichtigt ($FC.X$). Häufig wird aber die Zuordnung eines Modells zur RT-Ebene als Synonym zur Synthetisierbarkeit verwendet. Ein Modell ist beim aktuellen Stand der Synthesetechnologie nur dann synthetisierbar, wenn alle funktionalen Aspekte inklusive das Verhalten nach der Aktivierung der „reset"-Leitung explizit modelliert sind ($FC.100\%$).

Abstrakte Datentypen (AD): Man kann durch die Verwendung von abstrakten Datentypen die Notwendigkeit vernachlässigen, daß jeder Wert von Datenpfaden mit begrenzter Komplexität bearbeitet und in Registern mit vertretbarer Breite abgelegt werden muß. Bei der Verwendung solcher Datentypen kann der Takt nicht mehr als der Takt der gefertigten Schaltung betrachtet werden, da die Operationen mit diesen abstrakten Datentypen auf mehrere Takte verteilt werden müssen (vgl. Kap. 12).

5.1. SYNCHRONER ENTWURF

Daher kann die Abstraktionsstufe bezüglich der Verwendung abstrakter Datentypen durch $AD.X \leq AD.SL^5$ begrenzt werden (vgl. Tab. 12.1 (S. 435)).

Wert/Zeit-Relation (VT): Werden in einem Modell nur die Werte der Signale und Variablen zum Zeitpunkt der ausgezeichneten Taktflanke berücksichtigt und entspricht der Takt dem Takt der gefertigten Schaltung, so nennt man die Abstraktionsstufe der Modellierung der Wert/Zeit-Relation „Mikro-Taktebene" $(VT.MI)$ (vgl. Tab. 13.1 (S. 458)).

Der Abstraktionsgrad eines Modells auf der RT-Ebene läßt sich daher durch das folgende Quadrupel symbolisieren:

$$abstraktionsgrad(RT\text{-}Modell) = \begin{pmatrix} \geq SI.CR \\ FC.X \\ \leq AD.SL \\ VT.MI \end{pmatrix}$$

Die Lage der RT-Ebene im Modellierungsraum ist in Abb. 5.2 dargestellt.

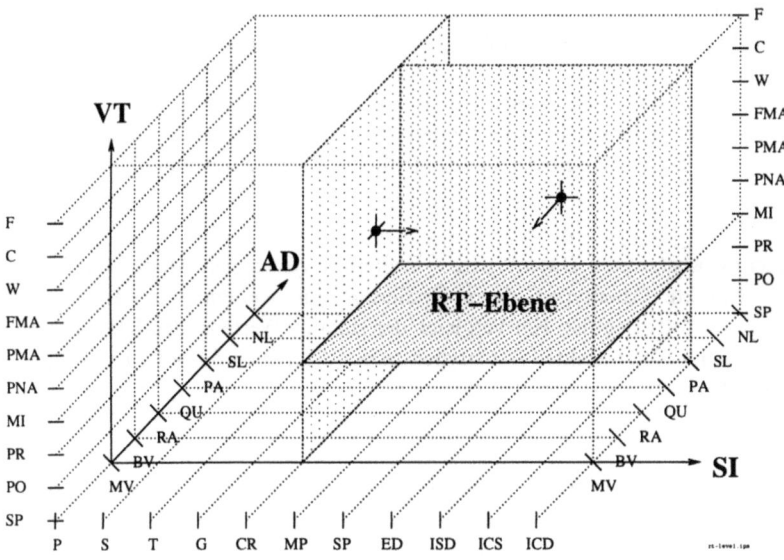

Abb. 5.2: Lage der RT-Ebene im Modellierungsraum

Gattermodelle unterscheiden sich im wesentlichen nur durch den Umfang der Modellierung der Effekte, welche die Verzögerungszeiten und Timing-Bedingungen beeinflussen. Die Werte der restlichen drei Abstraktionskoordinaten sind konstant, daher

---

[5]$AD.SLotted$, d.h. die Datentypen sind in Teile zerlegt worden, die in einem Taktzyklus der gefertigten Schaltung bearbeitet werden sollen.

ist die Gatter-„ebene" eigentlich eher eine Gatter-„gerade" (vgl. Abs. 4.4, S. 130). Ein Modell auf der RT-Ebene ist hingegen nur durch den Wert einer Abstraktionskoordinate ($VT.MI$) bestimmt. Die RT-Ebene kann daher als RT-„Raum" bezeichnet werden. Der „RT-Raum" ist allerdings bezüglich der Modellierung der Strukturinformation und der Verwendung von abstrakten Datentypen beschränkt.

Vergleich eines RT-Modells mit der Implementation auf der Gatterebene

| Exkurs | Ein Modell auf der RT-Ebene wird durch ein entsprechendes Modell auf der Gatterebene implementiert. Die Korrektheit der Implementation wird durch einen Vergleich der beiden Modelle verifiziert. Dabei werden die stabilen Werte der Klemmen kurz vor dem Eintreffen der ausgezeichneten Taktflanke verglichen. Bei diesem Vergleich müssen die folgenden Effekte berücksichtigt werden.

Mehrdeutigkeit durch „don't care"-Werte: Durch ein Modell auf der RT-Ebene ist das Verhalten der Implementation auf der Gatterebene nicht notwendigerweise eindeutig festgelegt. Ab S. 146 wurde gezeigt, daß durch die Zuweisung eines „don't care"-Wertes an eine Ausgangsklemme die Irrelevanz dieser Klemme in einem bestimmten Zustand modelliert werden kann. Durch eine solche Zuweisung entsteht eine Wahlfreiheit bei der Implementation des Modells, so daß gültige Implementationen des gleichen Modells auf der RT-Ebene unterschiedliches Klemmenverhalten haben können.

Kodierung abstrakter Datentypen: Weiterhin verwenden Modelle auf der RT-Ebene abstrakte Datentypen, deren Kodierung durch einen binärwertigen Vektor nicht a priori festgelegt ist. Ein Vergleich der stabilen Werte an den Klemmen ist nur möglich, wenn die abstrakten Datentypen an den Klemmen des RT-Modells geeignet konvertiert werden (vgl. Kap. 12).

Initialisierung: Signale und Variablen werden automatisch mit dem am „weitesten links stehenden" oder dem kleinsten Wert intialisiert [44]. Daher haben alle Signale und Variablen mit abstrakten Datentypen beim Start der Simulation einen „sinnvollen" Wert. In einem Modell auf der Gatterebene werden mehrwertige Datentypen ($AD.MV$) verwendet, welche meist einen speziellen „unbestimmten Wert" enthalten (vgl. Abs. 14.4.1, S. 484). Dieser unbestimmte Wert ist der am „weitesten links stehende", so daß die Signale mit diesem Wert initialisiert werden. Daher haben die Signale eines Modells auf der RT-Ebene beim Start der Simulation bestimmte Werte, während die Signale der Implementation auf der Gatterebene zunächst unbestimmte Werte annehmen. Wird allerdings ein Wert in dem Modell auf der RT-Ebene explizit initialisiert, so verschwinden die unbestimmten Werte in einer korrekten Implementation auf der Gatterebene.

| Exkurs |

5.2 „Multi Process"-Modellierung (*SI.MP*)

Eine FSM setzt sich aus den kombinatorischen Schaltungen *KE* und *KA* sowie dem Register *R*, wie in Abb. 5.1 (S. 161) skizziert, zusammen. Daher kann man eine FSM mit der im vorherigen Kapitel 4 diskutierten Abstraktionsstufe von der Strukturinformation *SI.CR* („Combinatoric & Register") modellieren. Nun ist aber die Modellierung eines Strukturmodells durch die notwendige Definition von Einheiten und Komponenten sowie dem komplizierten Instanziierungs- und Konfigurationsmechanismus aufwendig. Allerdings wird durch diesen Aufwand eine Kapselung erreicht, welche z.B. die äußere Einwirkung auf eine Instanz auf die in der Verbindungsliste („port map") genannten Signale beschränkt. Wenn man auf diese Entwurfssicherheit verzichtet, dann kann man die kombinatorischen Schaltungen und das Register auch durch getrennte Prozesse in einem einzigen Verhaltensmodell beschreiben.

Zur Demonstration dieser Modellierungsschablone wird im folgenden eine Einheit betrachtet, welche ein Datum über einen Eingang mit einem Quittierungsprotokoll empfängt und dieses Datum für eine feste Zahl von Takten an eine Ausgangsklemme legt. Solche Einheiten werden z.B. zum asynchronen Laden eines FIFOs[6] benötigt. Diese Einheit empfängt Daten in der Form eines Bitvektors am Eingang „data_in" und gibt sie am Ausgang „data_out" für eine feste Taktzahl wieder aus. Die Gültigkeit der Daten am Eingang „data_in" wird durch die Leitung am Eingang „d_valid" angezeigt und die Übernahme der Daten wird durch die Ausgangsleitung „d_accepted" quittiert.

Im Codefragment 5.1 ist der relevante Teil der Schnittstellendefinition der Einheit „handshake" gezeigt. In diesem Teil werden die benötigten Ein- und Ausgangsleitungen und deren Wirkungsrichtungen definiert.

```
5.1 ENTITY handshake IS
      PORT(clk        : IN  std_ulogic;
           data_in    : IN  std_ulogic_vector;  -- input data word
           d_valid    : IN  std_ulogic;          -- input handshake lines
           d_accepted : OUT std_ulogic;
           ...
           data_out   : OUT std_ulogic_vector); -- output data
    END handshake;
```

Das in den folgenden Codefragmenten 5.2, 5.3 und 5.4 (S. 169) gezeigte Modell besteht aus den kombinatorischen Schaltungen „KE" und „KA" sowie dem Register „R". Es handelt sich um eine Moore-Typ FSM, da die kombinatorische Schaltung „KA" keine Eingangssignale referenziert (vgl. Abs. 5.2.2, S. 172). Der gezeigte Teil implementiert ein einfaches „Zwei-Leitungs-Handshake" zum asynchronen Empfang von Daten. Die intendierte Struktur der Einheit „handshake" ist in Abb. 5.3 skizziert.

Das Modell „multi_process" der Einheit „handshake" im Codefragment 5.2 (S. 168) beginnt mit der Definition eines Enumerationstypen „t_state" mit den möglichen Werten des Zustandsregisters. Der Datentyp „t_state" wird dann zur Definition der Signale „next_state" und „state" verwendet. Das Signal „next_state" enthält den neuen Wert des Zustands und wird mit dem Eingang des Zustandsregisters verbunden, während das Signal „state" den aktuellen Wert enthält und mit dem Ausgang des Zustandsregisters verbunden ist. Die Daten am Eingang werden ebenfalls in einem

---
[6] „First In First Out"-Speicher, auch Queue oder Ringbuffer genannt.

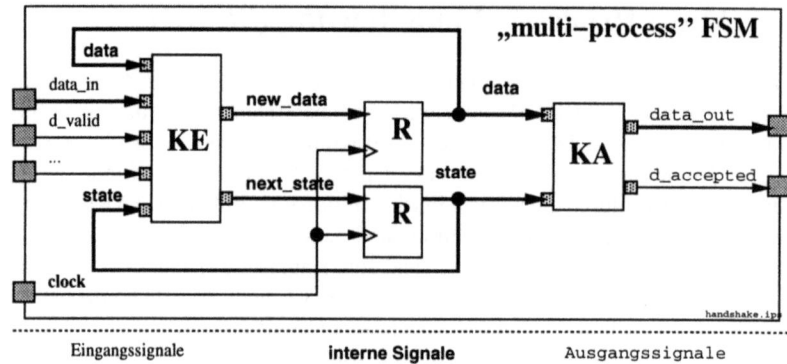

Abb. 5.3: Intendierte Struktur der Einheit „handshake"

Register zwischengespeichert, dessen Ein- und Ausgangssignale durch die Signale „new_data" und „data" gegeben sind.

Da der Prozeß „KE" in dem Codefragment 5.2 eine kombinatorische Schaltung beschreibt, sind in der „sensitivity list" des Prozesses alle referenzierten Eingangssignale, zu denen auch der aktuelle Zustand gehört, aufgelistet. Dieser kombinatorische Prozeß verwendet eine „case"-Anweisung mit einem Zweig für jeden Wert des Zustandsregisters, um den neuen Wert des Zustands- und Datenregisters zu bestimmen. Vor der „case state"-Anweisung werden allen Ausgangssignalen der kombinatorischen Schaltung „KE" Standardwerte zugewiesen, um durch eine vollständige Spezifikation der Ausgangswerte ungewollte Speichereffekte zu vermeiden (vgl. Abs. 4.5.2, S. 142).

5.2
```
ARCHITECTURE multi_process OF handshake IS
   TYPE t_state IS (IDLE, GET_DATA_1, GET_DATA_2, ...);
   SIGNAL next_state, state    : t_state;
   SIGNAL new_data, data       : std_ulogic_vector;
BEGIN
   KE : ------------------------------------------------------ state processing
   PROCESS(data, data_in, d_valid, ..., state)
      new_data <= (OTHERS => '0');  --<<-- default value assignments to avoid
      next_state <= IDLE;           --<<--     these unintended latches ...
      CASE state IS
         WHEN IDLE =>
            IF d_valid = '1' THEN
               next_state <= GET_DATA_1;
            END IF;
         WHEN GET_DATA_1 =>
            IF d_valid ='1' THEN
               next_state <= GET_DATA_2;
               new_data <= data_in;
            END IF;                  -- no ELSE, since default value is IDLE
         WHEN GET_DATA_2 =>
            ...
      END CASE;
   END PROCESS KE;
```

In dem folgenden Codefragment 5.3 ist der Teil des kombinatorischen Prozesses gezeigt, welcher aus den Werten des Zustands- und Datenregisters die Werte der Aus-

5.2. „MULTI PROCESS"-MODELLIERUNG (SI.MP)

gangssignale berechnet. Die Eingangssignale dieses Prozesses sind daher „state" und „data" und die Ausgangssignale „data_out" und „data_accepted", wie auch in Abb. 5.3 skizziert. Die Werte dieser beiden Ausgangssignale werden für jeden Zustand in einem Zweig der „case state"-Anweisung spezifiziert. Durch die Verwendung des Quantors „others" in dem letzten Zweig sind die Werte der Ausgangssignale auch für die nicht im einzelnen modellierten Werte des Zustands „state" spezifiziert.

5.3
```
     KA : ---------------------------------------------- output computation
        PROCESS(state, data)
          CASE state IS
            WHEN GET_DATA_2 =>
              data_out   <= data;
              d_accepted <= '1';
            ...
            WHEN OTHERS =>
              data_accepted <= '0';           --<<-- default values to avoid
              data_out      <= (OTHERS => '0'); --<<-- unintended latches ...
          END CASE;
        END PROCESS KA;
```

Die beiden Register für den Zustand „state" und die Daten „data" werden durch den „getakteten" Prozeß im folgenden Codefragment 5.4 referenziert. Die „sensitivity list" eines solchen „getakteten" Prozesses enthält nur das Taktsignal „clk", und die Eingangswerte werden mit der positiven Taktflanke auf die Ausgangswerte durchgeschaltet. Die Modellierung des Verhaltens nach der Aktivierung der „reset"-Leitung ist hier vernachlässigt worden, weil sie im Kapitel 11 ausführlich diskutiert wird. Ein Synthesewerkzeug implementiert einen solchen getakteten Prozeß durch ein Register, welches aus einer Reihe von Flipflops besteht.

5.4
```
     R : PROCESS(clk) ----------------------------------------------- register
        IF clk'EVENT AND clk = '1' THEN
          state <= next_state;              -- state register
          data  <= new_data;                -- data register
        END IF;
      END PROCESS R;
    END multi_process;
```

Die Modellierung einer FSM durch separate Prozesse für die kombinatorischen Schaltungen und Register wird „multi-process"-Modellierung (SI.MP) genannt.

Bevor nun auf S. 171 die verschiedenen Vor- und Nachteile der Modellierung einer FSM durch getrennte Prozesse in einem Verhaltensmodell diskutiert werden, wird im folgenden Abschnitt die Notwendigkeit einer vollständigen „sensitivity list" dargelegt.

5.2.1 Kombinatorik: Unvollständige „sensitivity list"

In diesem Abschnitt werden das durch eine unvollständige „sensitivity list" hervorgerufene Gedächtnis, die resultierenden Implementationsprobleme und Methoden zu seiner Vermeidung erläutert.

| Exkurs |

Fehlt in der „sensitivity list" eines kombinatorischen Prozesses ein Eingangssignal, so wird der Prozeß nicht aktiviert, wenn sich das referenzierte, aber nicht in der „sensitivity list" genannte Signal ändert. Ein solches Modell behält daher die Werte seiner Ausgangssignale bei, wenn sich nur der Wert des nicht genannten Signals ändert.

Simulationssemantik: Speichereffekt

Es gibt viele kombinatorische Einheiten, bei denen der Wert eines einzelnen Eingangssignals bei einer bestimmten Eingangsbelegung keinen Einfluß auf den Wert der Ausgangssignale hat. Es wird aber eine Belegung der Eingangssignale geben, bei denen der Wert dieses einzelnen Eingangssignals den Wert der Ausgangssignale beeinflußt, denn sonst wäre dieses Eingangssignal überflüssig. Bei dieser bestimmten Belegung tritt durch das Fehlen des Eingangssignals in der „sensitivity list" ein Speichereffekt auf, denn die Änderung des nicht in der „sensitivity list" genannten Eingangssignals wirkt sich erst aus, wenn der Prozeß durch die Änderung eines weiteren Eingangssignals aktiviert wird. Daher modelliert ein Prozeß, in dessen „sensitivity list" nicht alle referenzierten Eingangssignale genannt sind, keine rein kombinatorische Schaltung, sondern eine Schaltung mit einem Gedächtnis.

Synthesesemantik: Durch ein anderes Eingangssignal getriggertes Flipflop

Das Gedächtnis eines solchen Prozesses speichert den Wert des ungenannten Eingangssignals bei der letzten Änderung eines genannten Eingangssignals. In den meisten Fällen ist dieses Gedächtnis bei der Verwendung dieser Modellierungsschablone unerwünscht, und daher wird ein Logiksynthesewerkzeug eine Warnungsmeldung ausgeben. Da Logiksynthesewerkzeuge versuchen, eine Schaltung zu erzeugen, deren Verhalten dem Referenzmodell möglichst weitestgehend ähnelt, muß die Implementation auf der Gatterebene dieses Gedächtnis in geeigneter Weise implementieren. Der Wert des fehlenden Signals wird durch die Änderung eines beliebigen anderen Signals geladen. Daher müßte ein Flipflop instanziiert werden, welches durch eine Flanke eines beliebigen Eingangssignals geladen werden kann. Eine solche Schaltung wäre im Sinne von Abschnitt 5.1.1 (S. 162) asynchron und sollte daher vermieden werden.

Vermeidung

Diese ungewollten Speichereffekte können vermieden werden, indem

① alle Eingangssignale des Prozesses identifiziert und

② in der „sensitivity list" aufgelistet werden.

Die Ein- und Ausgangssignale einer Einheit werden in der „entity"-Definition mit ihrer Signalflußrichtung benannt. Nur die dort genannten Signale können in den Modellen der Einheit referenziert werden. Falls wie bisher ein einzelner Prozeß zur Modellierung der Einheit verwendet wird, so sind durch die Definition der Einheit auch die Ein- und Ausgangssignale des Prozesses spezifiziert. Zur Reduktion des Modellierungsaufwandes wird aber hier auf eine Definition von Einheiten für die verschiedenen kombinatorischen Schaltungen und Register einer FSM verzichtet. Daher müssen die Ein- und Ausgangssignale eines Prozesses aus dem kompletten Code eines solchen Prozesses extrahiert werden. Im Prinzip sind in jedem Prozeß eines Modells mit mehreren Prozessen alle internen Signale sowie Ein- und Ausgangssignale sichtbar und damit natürlich potentielle Ein- und Ausgangssignale jedes Prozesses.

Eingangssignale eines kombinatorischen Prozesses: Eingangssignale eines kombinatorischen Prozesses sind alle Signale, die in einem Ausdruck referenziert werden. Ein solcher Ausdruck kann z.B. die rechte Seite einer Wertzuweisung oder ein logischer Ausdruck in einer bedingten Verzweigung sein.

Ausgangssignale eines kombinatorischen Prozesses: Die Ausgangssignale eines Prozesses sind leichter zu identifizieren, denn sie umfassen alle Signale auf der linken Seite einer Signalzuweisung.

Zusammenfassung: Unvollständige „sensitivity list"

In einem Prozeß, der eine kombinatorische Schaltung modelliert, kann sowohl durch eine

- unvollständige Spezifikation der Ausgangssignale als auch durch
- eine unvollständige „sensitivity list"

ein ungewolltes Gedächtnis modelliert werden. Die unvollständige Spezifikation der Ausgangssignale und deren Vermeidung ist in Abschnitt 4.5.2 (S. 142) diskutiert worden. In einer unvollständigen „sensitivity list" sind nicht alle Eingangssignale eines Prozesses genannt. Dies führt zu einer verzögerten Reaktion auf die Änderung eines ungenannten Eingangssignals und damit zu einem Gedächtnis. Dieses ungewollte Gedächtnis läßt sich vermeiden, indem man alle Eingangssignale identifiziert und in die „sensitivity list" einträgt. Eingangssignale sind dabei alle Signale, die in einem Ausdruck innerhalb des Prozeßrumpfes referenziert werden.

| Exkurs |

Vor- und Nachteile der „multi-process"-Modellierung

In den beiden folgenden Abschnitten werden die Vor- und Nachteile der „multi-process"-Modellierungsschablone diskutiert.

Vorteile der „multi-process"-Modellierung

(+) Einfachere Modellierung durch Verzicht auf gekapselte Einheiten: Die Modellierung der kombinatorischen Teile sowie der Register durch getrennte Prozesse in einem einzigen Modell ist wesentlich weniger aufwendig als die Definition und Instanziierung getrennter Einheiten. Bei der Definition von getrennten Einheiten müßte man:

① Getrennte Einheiten („entity") definieren,

② Modelle („architecture") zu allen Einheiten implementieren,

③ Komponenten („component") in dem Strukturmodell der FSM definieren,

④ Signale zur Verbindung der Instanzen definieren,

⑤ die einzelnen Teileinheiten der FSM instanziieren,

⑥ durch eine Verbindungsliste „verdrahten" und

⑦ zum Schluß durch eine Konfiguration die Instanzen an die Modelle binden.

Diese Vereinfachung der Modellierung wird allerdings durch ein erhöhtes Risiko einer ungewollten Interaktion zwischen den ungekapselten Prozessen erkauft.

(+) **Mealy- und Moore-Typ modellierbar:** Man kann mit diesem Modellierungsstil Mealy- und Moore-Typ FSMs beschreiben. Eine Mealy-Typ FSM wird durch eine Schaltung mit direkten Timingpfaden von einem Eingang zu einem Ausgang implementiert. Daher kann durch eine Verbindung von mehreren Mealy-FSM ein Timingpfad durch mehrere Einheiten und sogar ein geschlossener Timingpfade entstehen (vgl. Abs. 5.2.2, S. 172). Auf der anderen Seite kann eine Mealy-Typ FSM noch im selben Takt auf die Änderung eines Eingangssignals reagieren.

Wird eine Einheit mit abstrakten Modellen entworfen, so ist die zu spät erkannte Akkumulation von Timingpfaden durch mehrere Teileinheiten ein erhebliches Entwurfsrisiko, daher wird diese Akkumulation in dem folgenden Abschnitt 5.2.2 erläutert. Auf S. 174 wird dann die Diskussion der Vorteile der „multi-process"-Modellierungsschablone fortgesetzt.

5.2.2 Risiko: Akkumulation von Timingpfaden

| Exkurs | Die Implementation einer Mealy-Typ FSM hat einen direkten Timingpfad von einem Ein- auf einen Ausgang. Daher besteht die Gefahr, daß bei einer Verschaltung von Mealy-Typ FSMs lange oder sogar geschlossene Timingpfade entstehen. Da Timingpfade auf den Abstraktionsstufen der Wert/Zeit-Relation oberhalb der Gatterebene unsichtbar sind, stellen solche unentdeckten Pfade ein Entwurfsrisiko dar. Die Entwicklung auf einer höheren Abstraktionsebene erhöht nur dann die Produktivität, wenn man sicherstellen kann, daß die vernachlässigten Effekte nicht eine Realisation des Entwurfes verhindern („**Rückwirkungsfreiheit im Entwurfsablauf**").

Timingpfade in Mealy- und Moore-Typ FSM

In Abb. 5.4 ist die Struktur einer Mealy- und einer Moore-FSM abgebildet. Eine FSM ist vom Mealy-Typ, wenn die Kombinatorik „KA" neben dem aktuellen Zustand auch die Werte des Eingangssignals „E" berücksichtigt. Dieser Typ von FSM wird benutzt, wenn man innerhalb eines Taktes auf ein Eingangssignal mit einer Änderung des Ausgangs reagieren muß. Bei einer Moore-Typ FSM wird aus den aktuellen Eingängen der Zustand berechnet, der nach der *nächsten* Taktflanke eingenommen werden soll. Da der Ausgang bei der Moore-Typ FSM nur aus dem Zustand berechnet wird, kann sich der Ausgang erst einen Takt später ändern. Für beide Typen von FSMs sind die möglichen Gruppen von Timingpfaden in Abb. 5.4 mit strichlierten Linien angedeutet. Bei einer Mealy-FSM gibt es einen direkten Timingpfad von einem Ein- auf einen Ausgang.

5.2. „MULTI PROCESS"-MODELLIERUNG (SI.MP)

Timingpfade durch mehrere Instanzen

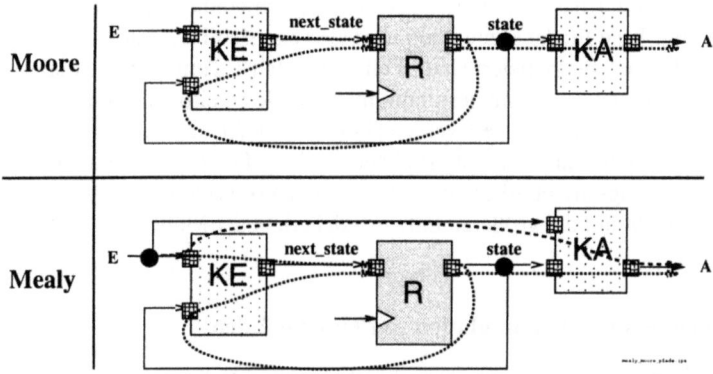

Abb. 5.4: Pfade durch eine Moore- und Mealy-Typ FSM

In Abb. 5.5 sind drei Mealy-FSM in Serie geschaltet und eine Gruppe von Timingpfaden durch alle drei FSMs ist markiert. Diese Akkumulation von Verzögerungszeiten in den einzelnen Einheiten kann eine drastische Verlängerung der Taktperiode erfordern, so daß der Entwurf nicht mehr die Spezifikation erfüllt. Weiterhin kann sich in der Gesamtschaltung ein geschlossener Timingpfad bilden, so daß speichernde Verschaltungen von Gattern entstehen können, deren Zustandsänderungen nicht mit dem Takt synchronisiert sein müssen [62] (vgl. Abs. 5.1.1, S. 162).

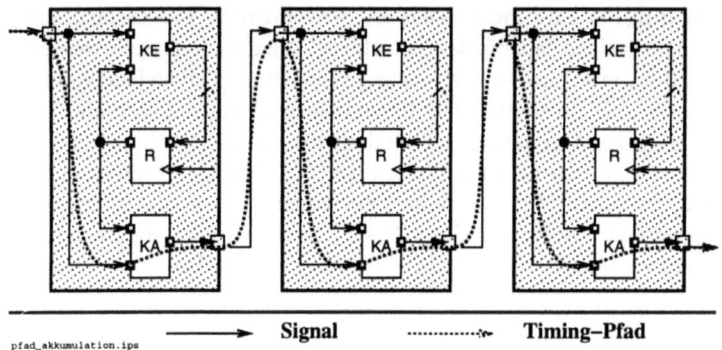

Abb. 5.5: Mögliche Akkumulation der Timingpfade durch eine Serienschaltung von Mealy-FSMs

Eine mögliche Akkumulation der Timingpfade ist auf der RT-Ebene (*VT.MI*) schon nicht mehr sichtbar, wenn alle Signalzuweisungen mit den standardmäßigen δ-Verzögerungen modelliert sind, d.h. man keine „after"-Anweisungen verwendet hat. Die

Anforderungen an die Synthesezeit und die Arbeitsspeichergröße führen dazu, daß man alle Modelle einzeln „vor"-synthetisiert[7] und dann zum Schluß nur noch die Schnittstellen durch das Synthesewerkzeug bezüglich Treiberfähigkeit und Timing abgleichen läßt. Eine Pfadakkumulation wird also erst sichtbar, wenn alle Modelle modelliert und „vor"-synthetisiert sind. Falls ein solcher Timingpfad existiert und die Taktrate der Gesamtschaltung bestimmt, müssen alle beteiligten Modelle neu modelliert, verifiziert und synthetisiert werden [104]. Dies kann den durch die abstrakte Modellierung gewonnenen Vorsprung zunichte machen. In Abschnitt 5.3.4 (S. 199) wird eine Modellierungsstrategie beschrieben, mit der man den Geschwindigkeitsvorteil der Mealy-Typ FSM mit der größeren Entwurfssicherheit der Moore-Typ FSM verbinden kann.

Zusammenfassung: Akkumulation von Timingpfaden

Bei einer Verschaltung von mehreren Mealy-Typ FSMs können sehr lange oder sogar geschlossene Timingpfade entstehen. Da auf allen Ebenen der Modellierung der Wert/Zeit-Relation oberhalb der RT-Ebene diese Timingpfade nicht sichtbar sind, werden solche Timingpfade erst bei der Logiksynthese entdeckt. Die ungewollte Erzeugung eines direkten Timingpfades ist daher ein erhebliches Entwurfsrisiko.

Die Diskussion der Vorteile der „single-process"-Modellierungsschablone wird nun fortgesetzt. Bisher sind die Vereinfachung der Modellierung durch den Verzicht auf gekapselte Einheiten und die Möglichkeit, beide Typen von FSMs modellieren zu können, als Vorteile identifiziert worden.

Weitere Vorteile der „multi-process"-Modellierungsschablone

(+) **Darstellung der Zustandsspeicher als „waveform":** Die Zustandsspeicherwerte sind Signale, welche daher in der „waveform"-Anzeige dargestellt werden können[8]. Eine Darstellung in der „waveform"-Anzeige kann prinzipiell für jede Variable erreicht werden, indem man ein zusätzliches Signal in dem Modell definiert und den Wert der Variablen bei jeder Aktivierung des Modells diesem „Hilfs"-Signal zuweist. Diese Vorgehensweise ist aber offensichtlich aufwendig, und daher kann es unter dem Gesichtspunkt der graphischen Darstellung ein Vorteil sein, wenn ein interner Wert als Signal definiert ist. Dieser Vorteil ergibt sich durch die unterschiedliche Arbeitsweise eines Hardware- und Softwareentwicklers, welche im folgenden verglichen werden soll.

Fehlersuche in Hardware und Software: Der Entwickler von digitalen Schaltun-

---

[7] Es ist nur bei kleinen Projekten möglich, alle Teileinheiten einer integrierten Schaltungen gleichzeitig im Speicher des Rechners zu halten und nacheinander zu synthetisieren. Daher werden die Teileinheiten getrennt geladen, die Klemmen werden mit geschätzten Last- und Timingwerten versehen, eine Gatterschaltung wird synthetisiert und auf der Platte abgelegt. Nachdem zu allen Teileinheiten Implementationen synthetisiert worden sind, werden die Last- und Timingverhältnisse abgeglichen.

[8] Alle VHDL-Simulatoren können Signale als „waveform" darstellen, einige können Signale *und* Variablen als Funktionsverläufe über der Zeit ausgeben.

5.2. „MULTI PROCESS"-MODELLIERUNG (SI.MP)

gen ist gewöhnt, Signale entweder mit einem Logikanalysator zu messen oder aber in einer Simulation zu selektieren und als „waveform" dargestellt zu bekommen. Der Hardware-Entwickler startet eine Simulation, läßt sie eine gewisse Zeit laufen und inspiziert dann die „waveforms", bis er einen Fehler findet. Er korrigiert den Fehler und startet dann eine neue Simulation. Der Software-Entwickler hingegen arbeitet mit einem symbolischen Debugger und examiniert den Wert einer Variablen, wenn er den Code schrittweise ausführen läßt („Tracing"). In einem Schritt wird entweder eine Zeile oder es werden die Anweisungen bis zu einem „breakpoint" ausgeführt. Sobald er auf eine fehlerhafte Anweisung trifft, wird diese im Quellcode berichtigt und ein neuer Zyklus beginnt. Ob der eine Entwicklungszyklus dem anderen prinzipiell überlegen ist, kann nicht so einfach entschieden werden. Die Erfahrung hat gezeigt, daß es einiger Gewöhnung bedarf, bis man mit „waveforms" und dem symbolischen Debugger gleichermaßen effektiv arbeiten kann.

| Exkurs |

Die Vorteile der „multi-process"-Modellierungsschablone sind im folgenden noch einmal kurz zusammengefaßt:

(+) Vereinfachung der Modellierung durch einen Verzicht auf gekapselte Einheiten.

(+) Beide Typen von FSMs mit ihren Vor- und Nachteilen modellierbar.

(+) Die verschiedenen kombinatorischen Schaltungen und Register kommunizieren über Signale, welche direkt als „waveform" zur Anzeige gebracht werden können.

Nachteile der „multi-process"-Modellierung

(−) **Viele Ereignisse ⇒ Schlechte Simulationseffizienz:** Die kombinatorischen Teile einer FSM und die Register werden durch Signale verbunden. Dies hat zwar den Vorteil, daß sie ohne weiteren Aufwand in der „waveform"-Anzeige dargestellt werden können, reduziert aber auch die Simulationseffizienz. Da die Wertänderung einer Variablen wesentlich schneller bearbeitet wird als ein Ereignis, kann die Simulation durch eine Integration der kombinatorischen Funktionen in den Registerprozeß beschleunigt werden (vgl. Abs. 4.5.4, S. 154).

(−) **Unvollständige kombinatorische Prozesse ⇒ ungewollte Speicher:** Bei der Modellierung einer kombinatorischen Schaltung durch einen Prozeß mit einer „sensitivity list" besteht das Risiko, daß man die Werte der Ausgangssignale nicht für alle möglichen Zustandsänderungen der Eingangssignale spezifiziert. Eine solche unvollständige Modellierung kann durch die folgenden Modellierungsfehler hervorgerufen werden:

- Eine bestimmte Belegung der Eingangssignale ist bei der Modellierung nicht berücksichtigt worden (vgl. Abs. 4.5.2, S. 142).

- Nicht alle Eingangssignale der kombinatorischen Schaltung sind in der „sensitivity list" genannt worden (vgl. Abs. 5.2.1, S. 169).

Das Risiko solcher Modellierungsfehler ist bei mehreren ungekapselten Prozessen in einem Modell größer als bei einem Modell mit einem einzigen Prozeß. Diese Modellierungsfehler werden kaum durch die Simulation entdeckt, weil sie ja gerade seltene Zustände der Schaltung betreffen, welche mit hoher Wahrscheinlichkeit nicht simuliert werden [118, 99]. Ein Logiksynthesewerkzeug muß zur Wahrung der Simulationssemantik eine Gatterschaltung mit z.B. „Latches" erzeugen, welche in der Endphase eines Projektes, z.B. „test insertion" oder „sign-off", zu beachtlichen Problemen führen können.

Zusammenfassung: „Multi Process"-Modellierung (*SI.MP*)

Die Bestandteile einer FSM können als einzelne Einheiten modelliert und in einem Strukturmodell instanziiert werden. Da aber die Modellierung eines Strukturmodells durch den komplexen Instanziierungs- und Konfigurationsmechanismus aufwendig ist, ist es attraktiv, die Teile einer FSM durch getrennte Prozesse in einem einzigen Verhaltensmodell zu beschreiben. Man kann mit der „multi-process"-Schablone eine Mealy-Typ FSM modellieren und daher ungewollt Modelle erzeugen, die nur mit einem direkten Timingpfad implementiert werden können. Da Timingpfade nur auf der Gatterebene sichtbar sind, stellen spät entdeckte lange oder gar geschlossene Timingpfade ein erhebliches Entwurfsrisiko dar. Weiterhin kommunizieren die Prozesse in einem „multi-process"-Modell durch Signale, deren Bearbeitung laufzeitaufwendig ist.

Alle Nachteile der „multi-process"-Modellierungsschablone können durch eine Integration der Funktionen der kombinatorischen Schaltungen in den „getakteten" Prozeß vermieden werden. Diese Integration wird daher im folgenden Abschnitt 5.3 hergeleitet.

5.3 „Single-Process"-Modellierung (*SI.SP*)

Eine FSM kann durch die Verschaltung von getrennten Einheiten für die verschiedenen kombinatorischen Schaltungen und Register modelliert werden (*SI.CR*). Durch ein Verhaltensmodell mit mehreren Prozessen, die auf alle Ein- und Ausgangssignale sowie internen Signale zugreifen können, wird von dieser Struktur einer FSM ein gewisses Maß abstrahiert (*SI.MP*). Diese Prozesse kommunizieren aber nach wie vor über Signale, was unter anderem die Simulationseffizienz reduziert. Daher wird in diesem Abschnitt die „single-process"-Modellierungsschablone hergeleitet, welche die Funktionen der kombinatorischen Schaltungen zur Berechnung der Ausgangswerte und des nächsten Zustandes mit den Registern in einem einzigen Prozeß zusammenfaßt. Damit wird von der in den Abbildungen 5.1 (S. 161) und 5.3 (S. 168) gezeigten Struktur einer FSM abstrahiert.

Die „single-process"-Modellierungsschablone wird in den folgenden Stufen hergeleitet:

I Modell eines flankengetriggerten Registers.

5.3. „SINGLE-PROCESS"-MODELLIERUNG (SI.SP)

II Erweiterung um eine gedächtnislose Verarbeitungsstufe.

III Unvollständige Spezifikation eines Ausgangssignals ⇒unbegrenztes Gedächtnis.

IV Einführung einer Variablen, um den Zustand explizit modellieren zu können.

V   Umformulierung der bedingten Anweisungen zur Berechnung der Ausgangssignalwerte und des neuen Zustands in eine globale „case state"-Anweisung.

I: Getakteter Prozeß ohne „reset"-Modellierung

Am Ende von Kapitel 4 ist das Modell eines flankengetriggerten Registers vorgestellt worden. Dieses Modell hat eine klare Simulations- und Synthesesemantik und wird daher im folgenden als Ausgangspunkt der Herleitung der „single-process"-Modellierungsschablone verwendet. In Abb. 5.6 ist auf der linken Seite das Modell eines solchen Registers und auf der rechten Seite die synthetisierte Schaltung abgebildet.

Da in dem Modell in Abb. 5.6 das Verhalten nach einem „reset" zunächst vernachlässigt werden soll, sind nur das Taktsignal „clk" und das Datensignal „in_sig" als Eingangssignale definiert. Das Signal „out_sig" ist das einzige Ausgangssignal. Sowohl das Ein- wie auch das Ausgangssignal verwenden den nicht beschränkten („unconstrained") Datentypen „std_ulogic_vector". Die Breite des Bitvektors am Ein- und Ausgang wird also erst bei einer Instanziierung des Modells „register" durch die angeschlossenen Signale mit einem beschränkten Datentypen festgelegt. Falls am Eingang „in_sig" ein Bitvektor mit einer anderen Breite als am Ausgang „out_sig" angeschlossen wird, so wird das Laufzeitsystem des Simulators bei der Abarbeitung der Signalzuweisung „out_sig <= in_sig" in dem gezeigten Modell „behav" eine Fehlermeldung ausgeben.

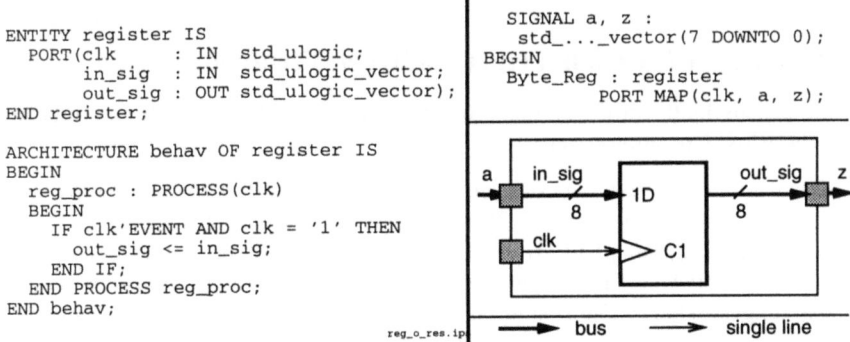

Abb. 5.6: Getakteter Prozeß und Synthesesemantik einer Instanz

Das Modell „behav" der Einheit „register" besteht aus einem einzigen Prozeß, welcher durch ein Ereignis für das Signal „clk" aktiviert wird. Der Rumpf des Prozesses wird bei einer positiven Taktflanke, welche durch „clk'event and clk = '1'" detektiert wird, ausgeführt. Daher wird der Wert des Eingangssignals „in_sig" vor der positiven Taktflanke mit der Flanke an das Ausgangssignal „out_sig" weitergegeben.

Ein Logiksynthesewerkzeug wird daher eine Reihe von Flipflops zur Speicherung des Wertes instanziieren. Eine Instanz dieses Modells sowie das synthetisierte Register sind auf der rechten Seite von Abb. 5.6 angedeutet. Ein Flipflop gibt den Wert des Eingangssignals, der eine gewisse Zeit vor („set-up") und meist auch noch nach („hold") der Taktflanke stabil gewesen sein muß, nach einer gewissen Verzögerungszeit am Ausgang aus.

Getaktete Prozesse ⇒ Mikro-Taktebene der Wert/Zeit-Relation: Ein solcher getakteter Prozeß überprüft im allgemeinen nicht, ob das Eingangssignal schon eine gewisse „set-up"-Zeit vor dem Eintreffen der Taktflanke stabil war oder ob der abgetastete Wert noch während der „hold"-Zeit stabil bleibt. Weiterhin werden in einem getakteten Prozeß, wie er in Abb. 5.6 skizziert ist, den Ausgangssignalen mit der kleinsten möglichen Verzögerung die neuen Werte zugewiesen. Daher sind alle Ausgangswerte eine δ-Verzögerung nach der positiven Taktflanke gültig und stabil. Durch die Verwendung solcher getakteter Prozesse wird von dem zeitlichen Ablauf der Änderungen eines Signals in einer Gatterschaltung abstrahiert und nur die Veränderung der stabilen Werte zur ausgezeichneten Taktflanke wird modelliert. In Kapitel 4 ist die Modellierung der Wert/Zeit-Relation der Signale auf der Gatterebene durch die beiden Stufen $VT.\{PR, PO\}$ gekennzeichnet worden. Vernachlässigt man alle Veränderungen zwischen den Flanken des Taktes der gefertigten Schaltung und modelliert nur die Veränderung der stabilen Werte zum Zeitpunkt der relevanten Taktflanke, so wird diese Abstraktionsstufe der Wert/Zeit-Relation $VT.MI^9$ genannt.

Im folgenden soll dieser getaktete Prozeß schrittweise erweitert werden, um zu einem Modell einer FSM mit einem einzigen Prozeß zu gelangen.

II: Getakteter Prozeß mit einer einfachen Verarbeitung

In diesem Abschnitt wird der in Abb. 5.6 gezeigte getaktete Prozeß durch eine einfache gedächtnislose Operation erweitert.

Dazu soll der Bitvektor am Eingang durch ein Paritätsbit so ergänzt werden, daß die Zahl der Bitpositionen mit dem Wert '1' in dem Bitvektor am Ausgang „out_sig" immer gerade ist („even parity") (vgl. Abs. 4.5.3, S. 148). Da der Bitvektor am Ausgang um das berechnete Paritätsbit erweitert wird, ist er um eine Bitposition breiter als das Eingangssignal. Die Definition der Einheit „reg_func" im Codefragment 5.5 beginnt daher mit der Definition des Parameters „width", welcher die Breite des Bitvektors am Eingang „in_sig" angibt. Die Datentypen für das Ein- und Ausgangssignal werden durch den Wert des Parameters „width" bestimmt.

```
5.5 ENTITY reg_func IS
        GENERIC(in_width : POSITIVE := 8); -- number of bits in the input word
```

---

[9] Variable Time.MIcro clock

5.3. „SINGLE-PROCESS"-MODELLIERUNG (SI.SP)

```
PORT(clk    : IN  std_ulogic;
     in_sig : IN  std_ulogic_vector(in_width-1 DOWNTO 0);
     out_sig: OUT std_ulogic_vector(in_width   DOWNTO 0));
END reg_func;
```

Die Berechnung der Parität ist ausführlich im Abschnitt 4.5.3 (S. 148) diskutiert worden, und daher wird im folgenden Codefragment 5.6 nur der Kopf einer Funktion „parity" definiert. Der Funktion „parity" wird ein Bitvektor übergeben, und sie gibt den Wert des Paritätsbit zurück. Mit jeder positiven Taktflanke wird der Wert des Eingangssignals „in_sig" auf den niederwertigen Bitpositionen des Ausgangssignals „out_sig" ausgegeben, während das Paritätsbit als MSB[10] dem Ausgangssignal hinzugefügt wird. Diese Komponenten des Ausgangssignals werden im Codefragment 5.6 durch eine namentliche Zuordnung (s. S. 78) zusammengefügt.

5.6
```
ARCHITECTURE behav OF reg_func IS
BEGIN
   PROCESS(clk)
      FUNCTION parity(word : std_ulogic_vector) RETURN std_ulogic;
   BEGIN
      IF clk'EVENT AND clk = '1' THEN
         out_sig <= (in_width-1 DOWNTO 0 => in_sig,     -- input word extended
                     in_width             => parity(in_sig));-- by a parity bit
      END IF;
   END PROCESS;
END behav;
```

In Abb. 5.7 ist eine mögliche Implementation dieses Modells skizziert. Das Modell im Codefragment 5.6 tastet den Wert des Eingangssignals „in_sig" mit der positiven Taktflanke ab, berechnet das Paritätsbit ohne daß die simulierte Zeit voranschreitet, und weist dem Ausgangssignal mit einer δ-Verzögerung den neuen Wert zu. Daher ist durch das Modell nicht festgelegt, ob die kombinatorische Schaltung zur Berechnung der Parität, welche in Abb. 5.7 durch den Block „parity" dargestellt ist, vor oder nach dem Register eingeschleift werden muß.

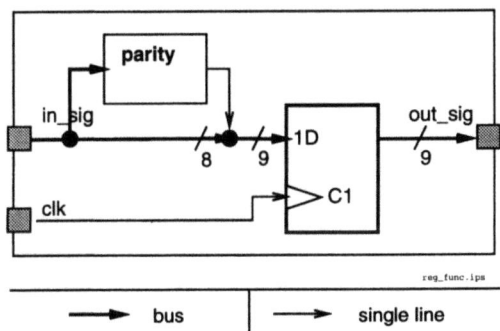

Abb. 5.7: Übliche Implementation eines getakteten Prozesses mit einer einfachen Verarbeitungsstufe

---

[10] Most Significant Bit

Viele Logiksynthesewerkzeuge plazieren das Register direkt vor die Ausgangsklemmen, und daher ist auch diese Variante in Abb. 5.7 skizziert. Diese Festlegung der Synthesesemantik eines getakteten Prozesses mit einer kombinatorischen Berechnungsstufe ist aber bezüglich der Position der Verarbeitungsstufe willkürlich und daher von dem verwendeten Synthesewerkzeug abhängig.

III: Einfache Verarbeitung und unvollständige Spezifikation des Ausgangswertes

Die im letzten Abschnitt diskutierte Schablone eines getakteten Prozesses mit einer gedächtnislosen Verarbeitungsstufe wird in diesem Abschnitt so verändert, daß der Wert eines Ausgangssignals nicht mehr für alle möglichen Belegungen der Eingangssignale spezifiziert ist. Der Einfluß einer solchen unvollständigen Spezifikation auf die Simulations- und Synthesesemantik eines getakteten Prozesses wird an einem Beispiel demonstriert.

Gedächtnis in einem getakteten Prozeß ⇒keine zusätzlichen Speicherelemente:
In VHDL hat ein Signal oder eine Variable die Semantik einer Speicherstelle[11], welche ihren Wert solange behält, bis ihr ein neuer Wert zugewiesen wird. Der Einfluß einer unvollständigen Spezifikation eines Ausgangssignals ist in Abschnitt 4.5.2 (S. 142) für das Modell einer kombinatorischen Schaltung diskutiert worden. Dort wurde gezeigt, daß sich durch diese unvollständige Spezifikation ein Gedächtnis in einer eigentlich kombinatorischen Einheit ergibt. Dieses Gedächtnis kann durch ein Logiksynthesewerkzeug nur durch die Instanziierung von „Latches" implementiert werden. Da aber in der Implementation eines *getakteten* Prozesses alle Ausgangswerte in einem flankengetriggerten Register abgelegt werden, müssen zur Implementation eines solchen Gedächtnisses keine zusätzlichen Speicherelemente instanziiert werden.

Beispiel

Der Einfluß der unvollständigen Spezifikation eines Ausgangswertes wird an dem Modell der Einheit „reg_func_incomp"[12] in den Codefragmenten 5.7 und 5.8 diskutiert. Die Einheit „reg_func_incomp" erweitert, genau wie die im letzten Abschnitt vorgestellte Einheit, den Bitvektor am Eingang „in_sig" um das Paritätsbit. Sie prüft aber zusätzlich, ob das Eingangssignal nicht einen speziellen, ungültigen Wert angenommen hat. Nimmt das Signal am Eingang diesen Wert an, so wird durch das Ausgangssignal „data_valid" signalisiert, daß ein ungültiger Wert anliegt. Die Schnittstellen der Einheit „reg_func_incomp" entsprechen daher dem im letzten Abschnitt vorgestellten Register mit einer vorgeschalteten Paritätsberechnung bis auf das zusätzliche Ausgangssignal „data_valid". Im Codefragment 5.7 sind alle Schnittstellen der Einheit „reg_func_incomp" definiert.

---

[11] Dies ist keine Spezialität von VHDL, sondern in allen konventionellen Programmiersprachen haben Variablen die Semantik einer Speicherstelle.
[12] „reg_func_incomp" = REGister with FUNCtion stage and an INCOMPlely specified output signal

5.3. „SINGLE-PROCESS"-MODELLIERUNG (SI.SP)

5.7
```
ENTITY reg_func_incomp IS
    GENERIC(in_width : POSITIVE := 8);      -- a byte is what everybody expects ;->
    PORT(clk        : IN  std_ulogic;
         in_sig     : IN  std_ulogic_vector(in_width-1 DOWNTO 0);
         out_sig    : OUT std_ulogic_vector(in_width   DOWNTO 0));
         data_valid : OUT std_ulogic);       -- indicates a valid data value
END reg_func_incomp;
```

Das Modell „behav" der Einheit „reg_func_incomp" im Codefragment 5.8 beginnt mit einer Definition der Konstanten „invalid_data" mit dem Wert des ungültigen Eingangsdatums. Der Wert dieser Konstanten wird durch eine namentliche Zuordnung („named aggregate") des Wertes '1' zu allen Positionen des Bitvektors mit dem Quantor „others" (s. S. 78) definiert. Nach der Abfrage der Taktflanke wird der Wert des Eingangssignals „in_sig" mit dem ungültigen Wert in der Konstanten „invalid_data" verglichen. Sind die Werte ungleich, so wird die Protokolleitung „data_valid" mit dem Wert '1' belegt, und dem Ausgangssignal „out_sig" wird der durch die Parität erweiterte Bitvektor am Eingang zugewiesen. Ist der aktuelle Eingangswert aber ungültig, so wird die Protokolleitung „data_valid" auf '0' gesetzt.

5.8
```
ARCHITECTURE behav OF reg_func_incomp IS
BEGIN
   PROCESS(clk)
      CONSTANT invalid_data : std_ulogic_vector
                            := (OTHERS => '1');  -- just an arbitrary value
      FUNCTION parity(word : std_ulogic_vector) RETURN std_ulogic;
   BEGIN
      IF clk'EVENT AND clk = '1' THEN
         IF in_sig /= invalid_data THEN     -- check if data valid
            data_valid <= '1';              -- ok, signal to the following unit
            out_sig <= (in_width-1 DOWNTO 0 => in_sig,       -- named association
                        in_width           => parity(in_sig));-- list ...
         ELSE
            data_valid <= '0';              -- signal invalid data at input
              --<<--<<-- the value of out_sig is not determined in this case
         END IF;
      END IF;
   END PROCESS;
END behav;
```

Eine mögliche Implementation des im Codefragment 5.8 gezeigten Modells ist in Abb. 5.8 skizziert. Diese Implementation enthält zwei kombinatorische Schaltungsblöcke, zum einen die Stufe zur Berechnung der Parität „parity" und zum anderen den Block zum Vergleich des Eingangssignals mit dem ungültigen Wert „invalid_data". Die Implementation des Modells in Abb. 5.8 enthält zwei Speicher, rechts in der Mitte ein Register mit $(in\_width + 1)$ Flipflops und unten rechts ein einzelnes Flipflop, welches den Wert des Ausgangssignals „data_valid" zwischenspeichert. Solange der aktuelle Wert des Eingangssignals „in_sig" nicht den ungültigen Wert annimmt, wird über den Inverter das einzelne Flipflop mit dem Wert '1' geladen. In diesem Fall wird das Register über den Multiplexer mit dem um das Paritätsbit erweiterten Wert des Eingangssignals geladen.

Nimmt das Eingangssignal allerdings den ungültigen Wert „invalid_data" an, so wird das „data_valid" Flipflop mit einer '0' geladen, um die Ungültigkeit der Daten anzuzeigen, und die Multiplexer vor dem Register koppeln den Wert des Registers auf den Eingang zurück. Daher hält das Register den zuletzt geladenen Wert, wenn das

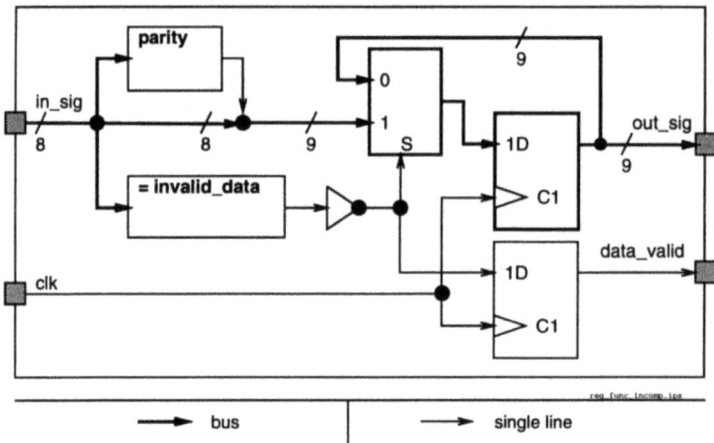

Abb. 5.8: Getakteter Prozeß mit voll- und unvollständig spezifizierten Ausgangssignalen

Eingangssignal den Wert „invalid_data" annimmt.

Bevor die Erweiterung der Modellierungsschablone des getakteten Prozesses durch die Einführung einer Variablen in Abschnitt IV (S. 185) fortgesetzt wird, werden im folgenden Abschnitt die verschiedenen Möglichkeiten zur Vermeidung der aufwendigen Multiplexer in der Rückkopplungsschleife diskutiert.

5.3.1 Vollständige Spezifikation eines Ausgangswerts

Exkurs

Die Rückkopplung über einen Multiplexer ist eine Implementation der Simulationssemantik eines Signals, welches seinen Wert solange hält, bis ein neuer Wert zugewiesen wird. Die zusätzlichen ($in\_width + 1$) Multiplexer in Abb. 5.8 kann man vermeiden, indem man den Wert des Ausgangssignals „out_sig" für alle möglichen Belegungen der Eingangssignale spezifiziert. Eine solche vollständige Spezifikation kann entweder

- durch eine Spezifikation des Wertes in allen möglichen Kontrollpfaden durch das Modell oder
- aber durch die globale Zuweisung eines „default"-Wertes erreicht werden.

Die Anwendung dieser beiden Möglichkeiten wird in den folgenden Abschnitten an dem Beispiel der Einheit „reg_func_incomp" demonstriert.

Zuweisung eines Wertes in allen möglichen Kontrollpfaden

Die vollständige Spezifikation des Ausgangswertes „out_sig" kann bei diesem einfachen Modell leicht durch eine zusätzliche Signalzuweisung in dem „else"-Zweig er-

5.3. „SINGLE-PROCESS"-MODELLIERUNG (SI.SP)

reicht werden. Der relevante Modellausschnitt mit einer solchen vollständigen Spezifikation ist im Codefragment 5.9 gezeigt.

5.9 ...
```
        IF clk'EVENT AND clk = '1' THEN
           IF in_sig /= invalid_data THEN
              data_valid <= '1';
              out_sig <= (in_width-1 DOWNTO 0 => in_sig,      -- input value
                          in_width              => parity(in_sig)); -- parity extension
           ELSE
              data_valid <= '0';
              out_sig <= (OTHERS => '0'); ----<<<--<<<----- completely specified now
           END IF;
        END IF;
    ...
```

Eine solche vollständige Spezifikation der Werte aller Ausgangssignale durch eine Signalzuweisung in jedem möglichen Kontrollpfad kann allerdings bei einem komplexeren Modell die Lesbarkeit dieses Modells erheblich reduzieren.

Globale Zuweisung eines „default"-Wertes

Das unnötige Aufblähen eines Modells durch diese Signalzuweisungen kann vermieden werden, indem man kurz nach dem „entry point" dem Ausgangssignal einen „default"-Wert zuweist. Eine solche Zuweisung eines „default"-Wertes ist schon in Abschnitt 4.5.2 (S. 142) für den Fall einer gedächtnislosen Schaltung demonstriert worden. Der „entry-point" bei einem Prozeß mit einer „sensitivity list" ist die erste Anweisung nach dem Schlüsselwort „begin". Bei einem getakteten Prozeß darf die Zuweisung eines „default"-Wertes aber erst nach der Abfrage der Taktflanke, z.B. durch die Bedingung „clk'event and clk = '1' ", erfolgen, denn die Anweisungen nach dieser Abfrage werden nur nach dem Eintreffen der ausgezeichneten Taktflanke ausgeführt und modellieren daher das Laden eines flankengetriggerten Flipflops. Die Zuweisung eines solchen „default"-Wertes ist im folgenden Codefragment 5.10 gezeigt.

5.10 ...
```
    PROCESS(clk)
    ...
    BEGIN
       ----<<<<----<<<<--------- Don't put the default value assignments there!!!
       IF clk'EVENT AND clk = '1' THEN
          out_sig <= (OTHERS => '0'); ---<<<<-- default value assignment here
          IF in_sig /= invalid_data THEN
             data_valid <= '1';
             out_sig <= (in_width-1 DOWNTO 0 => in_sig,      -- named association
                         in_width              => parity(in_sig));
          ELSE
             data_valid <= '0';
                ----<<<------<<<--- additionally signal assignment removed again
          END IF;
       END process;
    ...
```

„default"-Zuweisungen nach der Abfrage der Taktflanke: Eine Zuweisung auf ein Ausgangssignal direkt nach dem Schlüsselwort „begin" wird in einem getakteten

Prozeß bei jedem Ereignis für das Signal „clk" ausgeführt. Eine solche Signalzuweisung würde daher ein Flipflop modellieren, welches mit beiden Flanken des Taktes geladen wird. Solche Flipflops sind nicht weit verbreitet, und daher sollte man die Zuweisungen von „default"-Werten direkt nach der Abfrage der Taktflanke einfügen, wie im Codefragment 5.10 gezeigt.

Implementation verschiedener „default"-Zuweisungen

In Abb. 5.9 ist ein Ausschnitt aus der in Abb. 5.8 (S. 182) skizzierten Implementation der Einheit „reg_func_incomp" gezeigt. Dieser Ausschnitt zeigt das, durch die unvollständige Spezifikation des Ausgangssignals „out_sig" verursachte, rückgekoppelte Register. Im unteren Teil der Abb. 5.9 sind zwei Implementationen ohne Multiplexer gezeigt, welche durch die Zuweisung von verschiedenen „default"-Werten ermöglicht wurden.

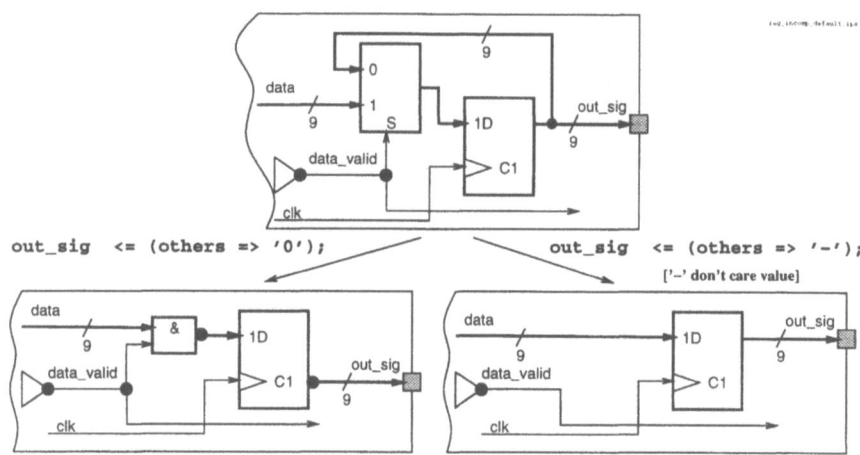

Abb. 5.9: Synthesesemantik verschiedener „default"-Zuweisungen

„default"-Zuweisung einer Konstanten: Im Codefragment 5.10 wurde dem Ausgangssignal „out_sig" als „default"-Wert ein Vektor mit einer '0' in allen Bitpositionen zugewiesen („out_sig <= (others => '0');"). Daher kann man die Multiplexer durch eine Reihe von AND-Gattern ersetzen, welche die einzelnen Bitleitungen auf '0' setzen, wenn das Signal „data_valid" den Wert '0' annimmt. Da ein NAND-Gatter weniger aufwendig als ein AND-Gatter ist und viele D-Flipflops einen invertierten Ausgang haben, ist in Abb. 5.9 eine optimierte Implementation gezeigt. Die Optimierungsstrategien der einzelnen Logiksynthesewerkzeuge unterscheiden sich untereinander und werden kontinuierlich fortentwickelt. Daher wird nicht notwendigerweise von jedem Logiksynthesewerkzeug die in Abb. 5.9 gezeigte Optimierung durchgeführt.

5.3. „SINGLE-PROCESS"-MODELLIERUNG (*SI.SP*)

„default"-Zuweisung des „don't care"-Wertes '-': In der rechten unteren Ecke von Abb. 5.9 ist eine Implementation der Ansteuerung des „out_sig"-Registers gezeigt, welche durch die Zuweisung des „don't care"-Wertes '-' ermöglicht wird. Der Wert '-' ist als „don't care"-Wert in den IEEE Standardwertesatz aufgenommen worden, um in einem Modell die Irrelevanz eines Wertes in einem bestimmten Zustand anzuzeigen (vgl. Abs. 14.4.1, S. 484). Durch die Modellierung der Zustände, in denen die Ausgangswerte irrelevant sind, wird die Erzeugung einer optimierten Implementation durch das Logiksynthesewerkzeug ermöglicht. Im Beispiel wird durch die Zuweisung des „don't care"-Wertes spezifiziert, daß der Wert des Ausgangssignals „out_sig" irrelevant ist, solange nicht der erweiterte Eingangswert zugewiesen wird. Daher kann eine Implementation des Modells auf eine Ansteuerung des Registers durch einen Multiplexer oder eine Gatterschaltung zur „Einblendung" eines konstanten Wertes verzichten.

Zusammenfassung: Unvollständig spezifizierter Ausgang

Ein getakteter Prozeß wird nur mit einer ausgezeichneten Taktflanke aktiviert, daher werden in der Implementation eines getakteten Prozesses alle Ausgangssignale in Registern abgelegt. Ein unvollständig spezifiziertes Ausgangssignal verlängert daher nur das Gedächtnis und wird, z.B. durch ein über Multiplexer rückgekoppeltes Register, abgespeichert. Da diese Multiplexer aufwendig sind, wurden verschiedene Verfahren zur Reduktion des Implementationsaufwandes an einem Beispiel demonstriert:

- Eine Signalzuweisung auf das Ausgangssignal in allen möglichen Kontrollpfaden durch das Modell.

- Globale Zuweisung eines „default"-Wertes. Die Implementation verschiedener „default"-Werte wurde erläutert:

  - Die Zuweisung einer Konstanten kann durch eine Gatterschaltung vor den Ausgangsregistern implementiert werden, welche die Konstante in den Ausgangspfad „einblendet".
  - Falls der Wert in den nicht spezifizierten Fällen irrelevant ist, sollte man diese Entwurfsinformation dem Logiksynthesewerkzeug mitteilen, indem man den „don't care"-Wert '-' zuweist.

| Exkurs |

IV: Verarbeitung, unvollständige Spezifikation und Variable

Der einfache getaktete Prozeß, mit dem ein flankengetriggertes Register modelliert wird, ist in Abschnitt II (S. 178) um eine einfache gedächtnislose Verarbeitungsstufe erweitert worden. Bei einer Implementation dieses „Datenpfades" wird die gedächtnislose Verarbeitungsstufe vor die Eingänge der Register geschaltet. Da es keine Rückkopplung von dem Ausgang auf den Eingang des Registers gibt, wird der Wert des Registers nur durch die Belegung der Eingangswerte im vorherigen Taktzyklus bestimmt.

Das Register hat daher bei einem solchen Modell eher die Funktion einer „pipeline"-Stufe als die Funktion eines Zustandsregisters in einer FSM.

Im Abschnitt III (S. 180) ist das Modell des Registers mit einer vorgeschalteten gedächtnislosen Verarbeitungstufe so verändert worden, daß der Wert des Ausgangssignals „out_sig" nicht mehr für alle Werte des Eingangssignals explizit angegeben wurde. Da alle Signale und Variablen ihren Wert behalten, bis ihnen ein neuer Wert zugewiesen worden ist, kann man durch eine solche unvollständige Spezifikation die Zahl der Zuweisungen reduzieren und damit die Kompaktheit eines Modells steigern. Da der Wert aller Signale nicht mehr in jedem Takt neu bestimmt wird, hat eine solche Einheit aber ein zeitlich unbegrenztes Gedächtnis. Den Wert eines solchen Gedächtnisses bezeichnet man auch als „Zustand". Es ist im Abschnitt 5.3.1 (S. 182) gezeigt worden, daß dieser „Zustand" durch eine Rückkopplung der Ausgangsleitung des Registers über einen Multiplexer auf den Eingang gespeichert wird.

In diesem Abschnitt wird nun in den getakteten Prozeß mit gedächtnislosen Verarbeitungstufen und mit voll-/unvollständig spezifizierten Ausgangssignalen eine Variable eingeführt. Eine solche Variable ermöglicht die explizite Modellierung des Zustands.

Funktion der Einheit „reg_func_incomp_var": Die Einheit „reg_func_incomp_var" vergleicht alle Eingangsdaten mit einem speziellen Start-Stop-Zeichen. Nachdem dieses Start-Stop-Zeichen empfangen wurde, werden alle folgenden Datenwörter am Eingang „in_sig" um ein Paritätsbit ergänzt und am Ausgang „out_sig" ausgegeben. Sobald ein weiteres Start-Stop-Zeichen eintrifft, wird die Bearbeitung und Ausgabe der Daten unterbrochen. Mit einem weiteren Start/Stop-Zeichen wird die Bearbeitung wieder aufgenommen. Das Modell der Einheit „reg_func_incomp_var" ist in den Codefragmenten 5.11 und 5.12 gezeigt.

Schnittstellen der Einheit „reg_func_incomp_var": Die Definition der Schnittstellen der Einheit „reg_func_incomp_var" ist im folgenden Codefragment 5.11 gezeigt. Im Unterschied zu den Schnittstellen des zuletzt diskutierten Modells ist hier nur der Eingang „reset" hinzugefügt worden. Die Einführung eines Eingangs für das „reset"-Signal ist aber nicht generell notwendig, wenn ein getakteter Prozeß mit einer Variablen modelliert werden soll. Auch bei diesem Modell wird wieder eine Implementation auf der Gatterebene skizziert werden, die von einem Logiksynthesewerkzeug erzeugt worden sein könnte. Die Logiksynthese erfordert aber zur Zeit (1995) noch eine explizite Modellierung des Verhaltens nach der Aktivierung der „reset"-Leitung.

5.11
```
ENTITY reg_func_incomp_var IS
   GENERIC(in_width : POSITIVE := 8);
   PORT(clk, reset : IN   std_ulogic;
        in_sig     : IN   std_ulogic_vector(in_width-1 DOWNTO 0);
        out_sig    : OUT  std_ulogic_vector(in_width   DOWNTO 0));
        data_valid : OUT  std_ulogic);
END reg_func_incomp_var;
```

Modell: Das Modell „behav" der Einheit „reg_func_incomp_var" ist im folgenden Codefragment 5.12 gezeigt. Um die Modellierung eines asynchronen „reset" zu er-

5.3. „SINGLE-PROCESS"-MODELLIERUNG (SI.SP)

möglichen, ist die „sensitivity list" um das Eingangssignal „reset" erweitert worden. Nach der Definition der Konstanten „start_stop" mit dem speziellen Start/Stop-Zeichen wird der Datentyp „t_state" als ein zweiwertiger Enumerationstyp definiert. Mit diesem Datentyp wird dann die Variable „state" definiert. Nach der Aktivierung des getakteten Prozesses wird das „reset"-Signal abgefragt. Ist es aktiv, so werden die interne Variable „state" und die Ausgangsleitung „data_valid" initialisiert. Falls das „reset" nicht aktiv ist, so wird die Art der Taktflanke bestimmt und bei einer positiven Flanke wird das Eingangssignal „in_sig" mit dem Start/Stop-Zeichen verglichen. Hat das aktuelle Eingangssignal nicht diesen speziellen Wert und ist der aktuelle Zustand „TRANSMIT", so wird das Eingangssignal um das Paritätsbit erweitert und ausgegeben. Die Gültigkeit der Daten wird über das Ausgangssignal „data_valid" signalisiert.

5.12
```
ARCHITECTURE behav OF reg_func_incomp_var IS
BEGIN
  PROCESS(clk, reset)
    FUNCTION parity(word : std_ulogic_vector) RETURN std_ulogic;

    CONSTANT start_stop : std_ulogic_vector := (OTHERS => '1');
    TYPE t_state IS (TRANSMIT, WAIT);
    VARIABLE state    : t_state;
  BEGIN
    IF reset = '1' THEN             -------- asynchronous reset
      state := WAIT;                -- wait for the first start symbol
      data_valid <= '0';            -- no data items received yet
    ELSIF clk'EVENT AND clk = '1' THEN -------- synchronous operations
      IF (in_sig /= start_stop) AND (state = TRANSMIT) THEN
        data_valid <= '1';          -------- output value computation
        out_sig <= (in_width-1 DOWNTO 0 => in_sig, -- named association
                    in_width         => parity(in_sig));
      ELSE
        data_valid <= '0';
      END IF;
      IF in_sig = start_stop THEN   -------- next state computation
                                    -- delimiter => toggle state value
        IF state = WAIT THEN
          state := TRANSMIT;        -- WAIT -> TRANSMIT
        ELSE
          state := WAIT;            -- TRANSMIT -> WAIT
        END IF;-- IF state = WAIT ...
      END IF;-- IF in_sig = ...
    END IF;-- ELSIF clk'EVENT AND ...
  END PROCESS;
END behav;
```

Im zweiten Teil des Prozesses im Codefragment 5.12 wird das Eingangssignal erneut mit dem speziellen Start/Stop-Zeichen „start_stop" verglichen. Liegt dieses Zeichen am Eingang an, so wird die Zustandsvariable „state" in den anderen Wert „gekippt". Die Berechnung des neuen Zustandswertes findet erst nach der Berechnung der Ausgangssignale statt, so daß die Ausgangssignale mit dem Wert des Zustands aus der letzten Aktivierung bestimmt werden. Diese Ausführungsreihenfolge hat einen großen Einfluß auf das Simulationsverhalten und daher auch auf die Struktur einer Implementation dieses Modells.

Bevor eine mögliche Implementation dieses Modells auf S. 189 vorgestellt wird, soll im folgenden Abschnitt die Identifikation und manuelle Beseitigung eines gemeinsamen Teilausdruckes demonstriert werden.

5.3.2 Gemeinsamer Teilausdruck („common subexpressions")

Exkurs

Das Modell „behav" im Codefragment 5.12 enthält die Ausdrücke

- „(in_sig ≠ start_stop)" und

- „in_sig = start_stop".

Beide Ausdrücke referenzieren eine Konstante „start_stop" und ein Eingangssignal „in_sig", so daß sich die Werte der Ausdrücke nicht im Verlauf einer Aktivierung ändern können. Der erste Ausdruck läßt sich leicht aus dem zweiten durch eine logische Invertierung ableiten, denn beide Ausdrücke basieren auf dem gemeinsamen Teilausdruck „in_sig = start_stop". Falls das verwendete Logiksynthesewerkzeug nicht in der Lage ist, in den beiden Ausdrücken den gemeinsamen Teilausdruck zu identifizieren, dann wird es Schaltungen implementieren, welche beide Ausdrücke unabhängig voneinander berechnen. Dieser unnötige Implementationsaufwand kann vermieden werden, indem man

① den gemeinsamen Teilausdruck zu Beginn jeder Aktivierung berechnet,

② das Resultat einer Variablen zuweist und

③ diese Variable dann in den betreffenden Ausdrücken verwendet.

Das Modell im Codefragment 5.12 soll daher durch die Variable „in_sig_IS_start_stop", die Zuweisung „in_sig_IS_start_stop := (in_sig = start_stop);" und eine geeignete Umschreibung der beiden Ausdrücke erweitert werden. Der Rahmen des veränderten Prozesses ist im folgenden Codefragment 5.13 skizziert.

5.13
```
PROCESS(clk, reset)
   ...
   VARIABLE in_sig_IS_start_stop : BOOLEAN; -- saves value of common subexpr.
   BEGIN
   IF reset = '1' THEN                      -- asynchron operations
      ...
   ELSIF clk'EVENT AND clk = '1' THEN       -- synchron behaviour
      in_sig_IS_start_stop := (in_sig = start_stop);-- don't do the
                                            --    comparison twice
      IF NOT in_sig_IS_start_stop AND (state = TRANSMIT) THEN
         ...
      END IF;
      IF in_sig_IS_start_stop THEN          -- subexpressions referenced again
         ...
      END IF;
```

Der Variablen „in_sig_IS_start_stop" wird mit jeder positiven Taktflanke ein neuer Wert zugewiesen, und daher wollen wir annehmen, daß der Wert in einem Register gespeichert wird. Die Zuweisung erfolgt direkt nach der Abfrage der Taktflanke, so daß nur der in dem jeweiligen Taktzyklus berechnete Wert im Modell referenziert werden. Da weiterhin der Wert der Variablen für alle Eingangsbelegungen spezifiziert ist, werden nur die Eingangssignale des Registers zur Abspeicherung der Variablen von anderen Schaltungsteilen verwendet. Da die Ausgangswerte nicht benötigt werden, kann man auf das Register verzichten. Die einer solchen Variablen zur

5.3. „SINGLE-PROCESS"-MODELLIERUNG (SI.SP)

Elimination eines gemeinsamen Teilausdruckes entsprechende Gatterschaltung wird in Abschnitt 5.3.3 (S. 193) diskutiert werden. Der Ausdruck „in_sig_IS_start_stop := (in_sig = start_stop);" wird daher durch eine kombinatorische Schaltung realisiert, deren Ausgangssignal zur Implementation der Ausdrücke „not in_sig_IS_start_stop" und „if in_sig_IS_start_stop then" benutzt wird.

Da die Identifikation von gemeinsamen Teilausdrücken („common subexpressions") und deren Beseitigung ein traditionelles Forschungsgebiet des Übersetzerentwurfs („compiler design") ist, z.B. [2], kann vermutet werden, daß diese Optimierung immer mehr automatisiert werden wird. Zur Zeit (1995) ist die manuelle Beseitigung von gemeinsamen Teilausdrücken aber noch eine wirkungsvolle Methode zur Reduktion der Fläche. Im Abschnitt 7.2.1 (S. 242) wird die Definition eines gemeinsamen Teilausdruckes präzisiert und auf Ausdrücke mit Variablen erweitert. | Exkurs |

Nachdem die manuelle Beseitigung von gemeinsamen Teilausdrücken an einem Beispiel demonstriert worden ist, wird im folgenden Abschnitt eine mögliche Implementation des kompletten getakteten Prozesses mit einer Variablen betrachtet.

Eine Gatterschaltung zum Modell

Eine mögliche Implementation des Modells im Codefragment 5.12 (S. 187) ist in Abb. 5.10 gezeigt. Sie besteht im wesentlichen aus zwei Teilen. Die Schaltung auf der linken Seite von Abb. 5.10 dient zur Bestimmung des neuen Zustandswertes aus dem Wert des Eingangssignals „in_sig" und dem Inhalt des Zustands-„registers" „state". Da der Wert „WAIT" des zweiwertigen Enumerationstypen „t_state" mit einer '1' codiert worden ist, wird das Flipflop „state" bei einem aktiven „reset" mit einer '1' belegt. Der Wert des Eingangssignals wird durch die gedächtnislose Vergleicherstufe „=start_stop" mit dem speziellen Start/Stop-Zeichen verglichen. Über den Multiplexer vor dem „state"-Flipflop wird beim Eintreffen des Start/Stop-Zeichens das Flipflop „state" mit dem invertierten Wert geladen.

Da die Berechnung der Ausgangssignale in dem im Codefragment 5.12 (S. 187) gezeigten Modell vor der Berechnung des neuen Zustandswertes erfolgt, wird in Abb. 5.10 der invertierte Ausgang des „state"-Flipflops mit dem invertierten Ausgang des Vergleichers „=start_stop" durch ein AND-Gatter verknüpft. Der Ausgang dieses AND-Gatters bestimmt den Wert des „data_valid"-Flipflops und ob ein neuer Wert in das rückgekoppelte Register mit dem Ausgangssignal „out_sig" geladen wird.

„set"- oder „reset"-Flipflop: Da im Codefragment 5.12 (S. 187) bei einer Aktivierung der „reset"-Leitung das Ausgangssignal „data_valid" mit einer '0' geladen wird, verwendet die in Abb. 5.10 skizzierte Implementation des Modells ein Flipflop mit einem „reset"-Eingang. Beim Flipflop „state" hingegen ist das „reset"-Signal an den „set"-Eingang angeschlossen, weil im Modell beim „reset" der Wert „WAIT" geladen wird und dieser Wert durch eine '1' codiert worden ist.

Werte der Ausgangssignale voll- oder unvollständig spezifiziert: Der Wert des Ausgangssignals „data_valid" ist für alle Eingangs- und Zustandswerte spezifiziert und

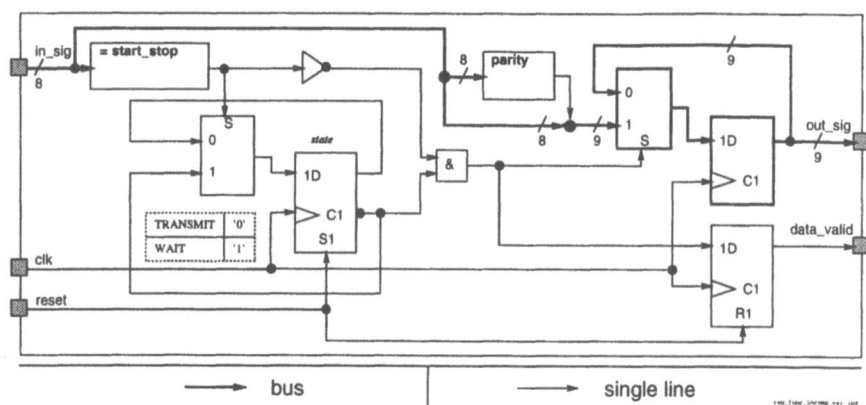

Abb. 5.10: Getakteter Prozeß mit einer Variablen „state", deren Wert unvollständig spezifiziert ist

wird daher in einem Flipflop ohne eine Rückkopplung abgespeichert. Das Ausgangssignal „out_sig" ist nicht für alle Werte der Eingangssignale und Variablen spezifiziert, und daher wird in allen nicht explizit spezifizierten Fällen der Ausgang durch eine Multiplexerschaltung auf den Eingang zurückgekoppelt.

Das hier vorgestellte Verhaltensmodell enthält einfache kombinatorische Verarbeitungsstufen sowie einen explizit modellierten Zustand. In dem letzten Schritt der Herleitung in Abschnitt V (S. 195) werden daher auch nur die bedingten Anweisungen zur Berechnung der Ausgangssignale und des neuen Zustands in eine globale „case state"-Verzweigung umsortiert. Im folgenden Abschnitt werden die Bedingungen vorgestellt, unter denen eine Variable eines getakteten Prozesses bei einer Implementation in einem Register abgespeichert werden muß.

5.3.3 Speicherung von Variablen in einem getakteten Prozeß

| Exkurs | In diesem Abschnitt wird gezeigt, daß eine Variable in einem getakteten Prozeß bei einer Implementation *nicht* in einem Register abgespeichert werden muß, wenn ihr Wert vollständig spezifiziert ist und die Variable bei allen Aktivierungen erst nach einer Wertzuweisung referenziert wird. Ist eine der beiden Bedingungen nicht erfüllt, so muß die Variable in einem Register abgelegt werden.

Zu Beginn dieses Kapitels ist im Abschnitt 5.3 erläutert worden, daß alle Ausgangssignale eines getakteten Prozesses in einer Implementation in einem flankengetriggerten Flipflop abgespeichert werden müssen. Im Abschnitt 5.3.2 ist eine Variable verwendet worden, um einen gemeinsamen Teilausdruck („common subexpression") in einem Modell zu beseitigen. Solche Variablen werden nicht in einem Register abgelegt. Die Variable „state" im Codefragment 5.12 (S. 187) ist in der Implementation, die in Abb. 5.10 (S. 190) skizziert worden ist, aber in einem rückgekoppelten Flipflop abgelegt worden.

5.3. „SINGLE-PROCESS"-MODELLIERUNG (SI.SP)

Im folgenden wird daher erläutert, welche Variablen eines getakteten Prozesses in einer Implementation des Modells in Flipflops abgespeichert werden müssen und welche Variablen jeden Takt neu berechnet werden. Da bei vielen applikationsspezifischen Schaltungen die Hälfte der Kernzellenfläche mit Flipflops belegt ist, lohnt es sich, einen Modellierungsstil zu verwenden, der die Zahl der Register minimiert. Die folgenden Fälle werden im einzelnen betrachtet:

A) Der Wert einer Variablen ist nur für bestimmte Belegungen der Eingangssignale und der anderen Variablen angegeben.

B) Für alle möglichen Werte der Eingangssignale sowie der anderen Variablen ist der Wert der Variablen spezifiziert.

 B1) Bei einer Aktivierung des Modells wird die Variable referenziert, bevor ihr ein Wert zugewiesen worden ist.

 B2) Der Wert der Variablen wird erst dann in einem Ausdruck verwendet, nachdem ihr in der aktuellen Aktivierung ein Wert zugewiesen worden ist.

A) Unvollständig spezifizierter Wert

Wenn der Wert einer Variablen nur für einen bestimmten Fall angegeben wurde, dann behält die Variable in allen anderen Fällen ihren letzten Wert bei. Bei einer Implementation auf der Gatterebene muß daher die Variable in einem rückgekoppelten Flipflop abgelegt werden. Ein getakteter Prozeß mit der Variablen „some_flag" ist in Abb. 5.11 skizziert. Ist die Bedingung „load_condition" erfüllt, so wird dieser Variablen der Wert „some_value" zugewiesen. In allen anderen Fällen ist der Wert der Variablen nicht explizit spezifiziert. Daher wird die Variable in einem rückgekoppelten Multiplexer abgespeichert werden müssen, wie in Abb. 5.11 angedeutet.

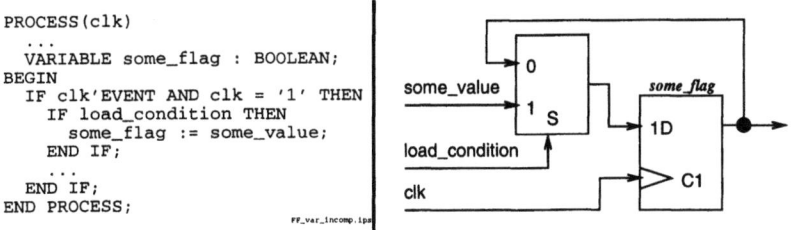

```
PROCESS(clk)
...
   VARIABLE some_flag : BOOLEAN;
BEGIN
   IF clk'EVENT AND clk = '1' THEN
      IF load_condition THEN
         some_flag := some_value;
      END IF;
      ...
   END IF;
END PROCESS;
```

Abb. 5.11: Implementation einer Variablen, deren Wert nur für bestimmte Fälle spezifiziert wurde

B1) Referenz vor der ersten Zuweisung

In diesem Abschnitt wird ein Modell mit einer Variablen betrachtet, deren Wert zwar vollständig spezifiziert ist, die aber abgefragt wird, bevor ihr in der aktuellen Aktivierung ein Wert zugewiesen wurde. Bei einem getakteten Prozeß enthalten alle Variablen vor der ersten Zuweisung in der laufenden Aktivierung die Werte des letzten Taktzyklus. Daher muß eine Variable, deren Wert referenziert wird, bevor ihr in der aktuellen Aktivierung ein Wert zugewiesen wurde, in einem Register abgelegt werden. Dieses Register speichert den Wert der Variablen aus dem letzten Taktzyklus.

Zur Verdeutlichung dieses Zusammenhangs ist im Codefragment 5.14 ein getakteter Prozeß mit der Variablen „state" gezeigt. Da die „case"-Anweisung zwei Zweige hat und da in jedem Zweig eine bedingte Verzweigung implementiert wurde, gibt es vier Kontrollpfade durch den getakteten Prozeß. In allen vier Kontrollpfaden wird der Variablen „state" und dem Ausgangssignal „data_valid" ein Wert zugewiesen. Die Werte der Variablen sowie des Ausgangssignals sind daher vollständig spezifiziert. Allerdings wird der Wert der Variablen „state" in der „case"-Anweisung referenziert, bevor ihr bei der aktuellen Aktivierung ein Wert zugewiesen worden ist. Daher bestimmt der bei der letzten Aktivierung zugewiesene Wert der Variablen „state", welcher Zweig der „case"-Anweisung ausgeführt wird.

5.14
```
PROCESS(clk)
    CONSTANT delimiter : std_ulogic_vector(7 DOWNTO 0) := X"02";
    TYPE t_state is (WAIT, TRANSMIT);
    VARIABLE state : t_state;
BEGIN
    IF clk'EVENT AND clk = '1' THEN      -- completely synchronous
        CASE state IS                     -- a branch for each state value
            WHEN TRANSMIT =>
                IF (in_sig = delimiter) THEN  -- send the data if it's not the delimiter
                    state := WAIT;            -- was end of a data burst
                    data_valid <= '0';        --   => data following is invalid
                ELSE
                    state := TRANSMIT;
                    data_valid <= '1';        -- hand the data through
                END IF;
            WHEN WAIT     =>                  -- wait for another delimiter
                data_valid <= '0';            -- no data
                IF (in_sig = delimiter) THEN
                    state := TRANSMIT;        -- another burst starts
                ELSE
                    state := WAIT;            -- wait further
                END IF;
        END CASE state;
    END IF;
END PROCESS;
```

In Abb. 5.12 ist eine Implementation des im Codefragment 5.14 gezeigten Prozesses skizziert. Da in dem getakteten Prozeß der Wert der Variablen „state" aus der letzten Aktivierung referenziert wird, muß diese Variable in einem Flipflop gespeichert werden. Der Wert des Flipflops wird invertiert, wenn am Eingang der Wert der Konstanten „delimiter" anliegt. Der Wert des Ausgangssignals „data_valid" ist '0', wenn das Flipflop „state" den Wert „WAIT" hat oder aber im nächsten Takt annehmen wird.

Eine vollständig spezifizierte Variable muß also in einem Register gespeichert werden, wenn sie referenziert wird, bevor ihr in dem aktuellen Takt ein Wert zugewiesen wurde.

5.3. „SINGLE-PROCESS"-MODELLIERUNG (SI.SP)

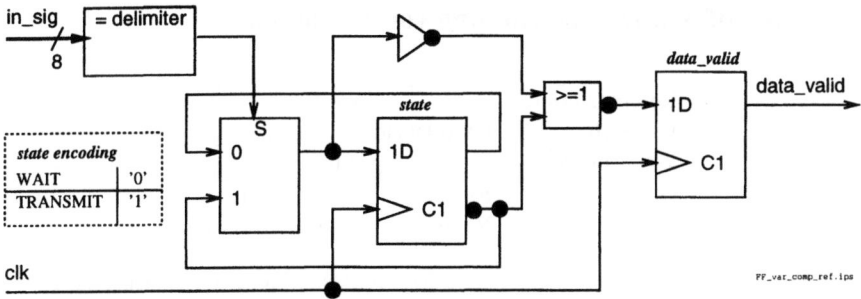

Abb. 5.12: Getakteter Prozeß mit einer vollständig spezifizierten Variablen „state", deren alter Wert referenziert wird

B2) Erst spezifiziert, dann referenziert

Bei der Diskussion der manuellen Beseitigung von gemeinsamen Teilausdrücken in Abschnitt 5.3.2 (S. 188) ist eine Variable verwendet worden, um einen mehrfach verwendeten Teilausdruck für eine Aktivierung zwischenzuspeichern. Einer solchen Variablen wird direkt nach der Abfrage der Taktflanke ein Wert zugewiesen, so daß der Wert für alle Belegungen der Eingangssignale und der anderen Variablen spezifiziert ist. Durch diese Zuweisung zu Beginn einer Aktivierung wird der „alte" Wert überschrieben, so daß nur der in dem aktuellen Taktzyklus ermittelte Wert referenziert werden kann. Die Abspeicherung einer solchen Variablen in einem Register ist daher nicht notwendig.

Zur Illustration dieses Zusammenhangs ist in Abb. 5.13 ein getakteter Prozeß mit der Variablen „is_DEL" gezeigt. Dieser Variablen wird der Wert des Ausdrucks „(in_sig = DEL)" direkt nach der Abfrage der Taktflanke zugewiesen. Da damit in den folgenden Anweisungen nur dieser im aktuellen Takt berechnete Wert verwendet werden kann, wird das Ausgangssignal des in Abb. 5.13 angedeuteten Flipflops „is_DEL" durch keinen anderen Schaltungsteil verwendet. Das Flipflop „is_DEL" ist daher unnötig und somit in Abb. 5.13 durchkreuzt.

```
PROCESS(clk)
   SUBTYPE t_byte IS
     std_ulogic_vector(7 DOWNTO 0);
   CONSTANT DEL : t_byte := X"7F";
   VARIABLE is_DEL : BOOLEAN;
BEGIN
   IF clk'EVENT AND Clk = '1' THEN
     is_DEL := (in_sig = DEL);
     IF is_DEL AND ... THEN
       ...
     END IF;
   END IF;
END PROCESS;
```

Abb. 5.13: Getakteter Prozeß mit einem, durch eine Variable modellierten, gemeinsamen Teilausdruck

Zusammenfassung: Speicherung von Variablen

Referenzierung vor/nach Wertzuweisung	Wert unvollständig spezifiziert	vollständig
vor	Register	Register
nach	Register	Kein Register

Tabelle 5.1: Notwendigkeit, die Variablen eines getakteten Prozesses in einem Register abzuspeichern

Die in den obigen Abschnitten betrachteten Fälle sind in Tabelle 5.1 zusammengefaßt. Eine Variable in einem getakteten Prozeß braucht nur dann *nicht* in einem Register abgespeichert werden, wenn

① der Wert der Variablen für alle Belegungen der Eingangssignale und restlichen Variablen angegeben ist und

② der Variablen ein Wert zugewiesen wurde, bevor ihr Wert referenziert wird.

| Exkurs | Eine Variable muß in ein Register abgelegt werden, wenn es einen Pfad durch die Anweisungen des Modells gibt, in welcher ein Wert der Variablen referenziert wird, der nicht bei der aktuellen Aktivierung berechnet worden ist.

„single-process": Register am Ausgang

| Exkurs | Bei einem getakteten Prozeß werden die Ausgangssignale und die Variablen des explizit modellierten Zustands in Registern gespeichert. Da die Ausgänge meist auch durch den Wert des Zustands bestimmt werden, und sich der Ausgang eines Registers erst nach einem Takt ändert, wird immer wieder vermutet, daß eine Implementation eines solchen Modells frühestens nach *zwei* Takten auf die Änderung eines Eingangswertes reagieren kann. Es wird aber im folgenden gezeigt, daß alle Ausgänge einer Moore-Typ FSM in Flipflops abgelegt sein können, ohne daß sich die Taktbeziehung ändert.

Beim „single process"-Modellierungsstil stehen die Zuweisungen auf die Variablen und Ausgangssignale innerhalb der „if clk'event and clk = '1' then"-Anweisung. Daher werden die Werte der Ausgangssignale und der meisten Variablen nach der Logik-Synthese in Registern gespeichert. Somit liegt die Vermutung nahe, daß sich die Latenz erhöht und man diesen Effekt bei der Modellierung berücksichtigen müsse. Die in Abb. 5.14 gezeigten Transformationen zeigen aber, daß eine Speicherung der Ausgangswerte in Registern ohne Veränderung der modellierten Funktion möglich ist. Durch die in der Mitte von Abb. 5.14 gezeigte Verdoppelung der Register erhöht sich die Zahl der notwendigen Register. Je nach der Zahl der Ein- und Ausgänge der kombinatorischen Schaltung „output_function" verändert sich die Zahl der notwendigen

5.3. „SINGLE-PROCESS"-MODELLIERUNG (SI.SP)

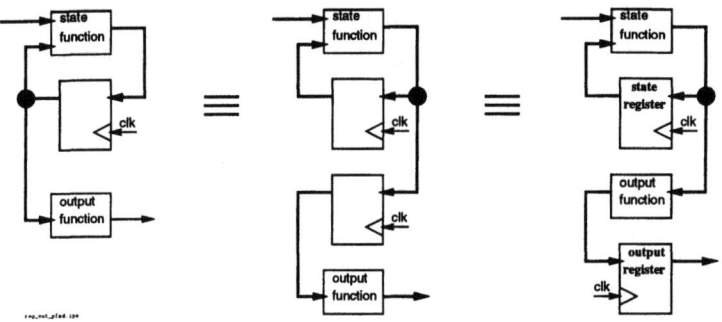

Abb. 5.14: Invarianz der Funktion einer FSM trotz Register im Ausgangspfad

Register durch die rechts gezeigte Verschiebung. Dieser Erhöhung des Implementationsaufwandes steht aber eine Vereinheitlichung der Timingbedingungen (max, min delay) und Treiberverhältnisse an den Ausgängen gegenüber.

| Exkurs |

V: „case state"-Formulierung des getakteten Prozesses mit Variablen

Zur Herleitung der „single-process"-Modellierungsschablone wurde zunächst eine gedächtnislose Verarbeitungsstufe in den getakteten Prozeß eines Registers integriert. Da in einem solchen Prozeß dem Ausgangssignal in jedem Taktzyklus ein neuer Wert zugewiesen wird, ist das Gedächtnis auf einen Takt beschränkt. In einem weiteren Schritt wurde der Ausgangswert nur noch bei einer bestimmten Belegung der Eingangswerte spezifiziert. Daher kann ein Ausgangssignal über eine unbegrenzte Taktzahl seinen Wert behalten, so daß ein solches Modell beliebig lange in einem bestimmten Zustand verweilen kann. Um den Zustand eines getakteten Prozesses flexibler modellieren zu können, sind in dem zuletzt diskutierten Erweiterungsschritt Variablen eingeführt worden.

In diesem Abschnitt wird die Herleitung der „single-process"-Modellierungsstufe abgeschlossen, indem eine globale „case state"-Verzweigung eingeführt wird. Eine solche globale „case state"-Anweisung ist nur eine andere Formulierung des Kontrollflusses in einem Prozeß. Sie wird hier eingeführt, weil diese Darstellung die folgenden Vorteile hat:

- Der Wert der Variablen „state" wird abgefragt, bevor ihr ein Wert zugewiesen wird. Somit werden Unsicherheiten vermieden, ob die Variable noch den alten oder schon den neuen Wert enthält.

- Die Berechnung des neuen Zustandswertes und der Ausgangssignale wird in den Zweigen der „case"-Anweisung kombiniert durchgeführt.

Durch die gemeinsame Berechnung der Ausgangs- und Zustandswerte in jedem

Zweig der „case state"-Anweisung wird das Verhalten der FSM in jedem Zustand separat modelliert, was die Beschreibung einer FSM sowie die Lesbarkeit des Modells erleichtert.

Beispiel

Zur Verdeutlichung dieser „case state"-Darstellung ist das im Codefragment 5.12 (S. 187) gezeigte Modell in diese Darstellung umgeformt worden. Das umgeformte Modell „case_behav" der Einheit „reg_func_incomp_var" ist im folgenden Codefragment 5.15 gezeigt. Die Definition der verwendeten Funktionen, Konstanten, Datentypen und Variablen ist unverändert übernommen worden. Die Modellierung des Verhaltens nach der Aktivierung der „reset"-Leitung ist ebenfalls nicht umformuliert worden.

5.15
```
ARCHITECTURE case_behav OF reg_func_incomp_var IS
BEGIN
  PROCESS(clk, reset)
    FUNCTION parity(word : std_ulogic_vector) RETURN std_ulogic;

    CONSTANT start_stop : std_ulogic_vector := (OTHERS => '1');
    TYPE t_state is (TRANSMIT, WAIT);
    VARIABLE state      : t_state;
  BEGIN
    IF reset = '1' THEN
      state := WAIT;                    -- wait for the first start symbol
      data_valid <= '0';                -- no data items received yet
    ELSIF clk'EVENT AND clk = '1' THEN
      CASE state IS
        WHEN WAIT    =>
          data_valid <= '0';            -- wait for the start_stop character
          IF in_sig = start_stop THEN
            state := TRANSMIT;          -- next data item will be
                                        --   processed and fed through
          END IF;
        WHEN TRANSMIT =>
          IF in_sig /= start_stop THEN  -- right state & right data =>
            data_valid <= '1';          --   feed through
            out_sig <= (in_width-1 DOWNTO 0 => in_sig,
                        in_width         => parity(in_sig));
          ELSE
            data_valid <= '0'; -- the start_stop character must not be fed thru
            state := WAIT;     -- wait for the next start_.. character
          END IF;
      END CASE;
    END IF;
  END PROCESS;
END CASE_behav;
```

Die Veränderungen beginnen erst nach der Abfrage der ausgezeichneten Taktflanke. Im alten Modell im Codefragment 5.12 folgten zwei Blöcke mit bedingten Verzweigungen, im ersten Block wurden die Ausgangswerte berechnet und im zweiten Block der neue Wert der Zustandsvariablen bestimmt. Im Codefragment 5.15 wird zuerst durch die „case state"-Anweisung der alte Wert des Zustands abgefragt. In den Zweigen dieser „case"-Anweisungen werden dann für jeden Zustand den Ausgangssignalen Werte zugewiesen und der neue Wert der Zustandsvariable berechnet.

5.3. „SINGLE-PROCESS"-MODELLIERUNG (SI.SP)

Zusammenfassung: Herleitung der „single-process"-Modellierung

Bei der Herleitung der „single-process"-Modellierungsschablone wurden die folgenden Stufen durchlaufen:

I Ein getakteter Prozeß, der nur die Werte der Eingangssignale an den Ausgang weitergibt, bildete den Ausgangspunkt der Herleitung.

II Die Eingangssignale wurden durch eine gedächtnislose Verarbeitungsstufe transformiert, bevor sie an den Ausgang weitergegeben wurden.

III Da die obige Verarbeitungsstufe mit einem Register nur eine Gedächtnisdauer von einem Taktzyklus hat, wurden die Werte eines Ausgangssignals nicht mehr für alle möglichen Belegungen der Eingänge explizit modelliert. Ein solcher getakteter Prozeß hat eine unbegrenzte Gedächtnisdauer, die durch eine Rückkopplung der Ausgangswerte der Register über Multiplexer implementiert werden kann.

IV Um eine explizite Modellierung des Zustands zu ermöglichen, sind Variablen in dem getakteten Prozeß definiert worden. Falls mit einer solchen Variablen kein gemeinsamer Teilausdruck eliminiert werden soll, werden diese Variablen in Registern abgelegt.

V In dem letzten Herleitungsschritt sind die bedingten Anweisungen zur Berechnung der Ausgangs- und Zustandswerte in die Zweige einer globalen „case state"-Anweisung einsortiert worden.

Diese Herleitung hat den Zusammenhang zwischen der sequentiellen Abarbeitung der Anweisungen in einem getakteten Prozeß und der parallelen Berechnung der Variablen und Signale in einer Implementation auf der Gatterebene verdeutlicht. So entspricht z.B. der Wert einer Variablen vor der ersten Zuweisung in der aktuellen Aktivierung dem Ausgangswert in dem entsprechenden Register der Implementation, und der Wert einer Variablen nach der letzten Zuweisung in der aktuellen Aktivierung entspricht dem Eingangswert des Registers im aktuellen Taktzyklus (vgl. Abb. 5.15).

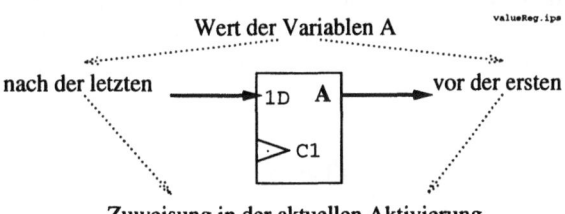

Abb. 5.15: Zuweisungen auf eine Variable und die stabilen Werte an den Klemmen des entsprechenden Registers

Vor- und Nachteile des „single-process"-Modellierungsstils

In den folgenden Paragraphen werden die Vor- und Nachteile der „single-process"-Modellierungsschablone einander gegenübergestellt.

Vorteile des „single-process"-Modellierungsstils

Neben den allgemeinen Vorteilen der Abstraktion (wie Lesbarkeit und Simulationseffizienz) hat der „single-process"-Stil gegenüber der Modellierung mit getrennten Einheiten für Kombinatorik und Register ($SI.CR$) oder dem „multi-process"-Modellierungsstil ($SI.MP$) einen weiteren Vorteil. Man kann mit der „single-process"-Modellierung ($SI.SP$) keine FSM beschreiben, deren Gatterschaltung einen direkten Timingpfad von einem Ein- auf einen Ausgang hat (Mealy-Typ FSM), denn in einer Implementation werden alle Ausgangssignale in Registern abgelegt. Dies **vermeidet das Risiko, daß sich unbemerkt Timingpfade durch mehrere FSMs akkumulieren** (vgl. Abs. 5.2.2, S. 172). Die Verbindung der Entwurfssicherheit bei der Verwendung der „single-process"-Modellierungsschablone und die schnelle Reaktionsfähigkeit der Mealy-Typ FSM kann durch eine „ergänzte Moore-Typ FSM" erreicht werden (vgl. Abs. 5.3.4, S. 199).

Nachteile des „single-process"-Modellierungsstils

Zahl der Flipflops leichter durch $SI.MP$ zu kontrollieren: Die Zahl der Speicherelemente in der Implementation einer FSM läßt sich zwar auch bei der Verwendung der „single-process"-Schablone kontrollieren (vgl. Abs. 5.3.3, S. 190). Die Diskussion der Analysemethoden in diesem Kapitel hat aber gezeigt, daß die Zahl der Flipflops bei der „multi-process"-Modellierung ($SI.MP$) leichter kontrolliert werden kann. Auf der Abstraktionsstufe der Modellierung der Strukturinformation $SI.MP$ und auf allen implementationsnäheren Stufen müssen nämlich alle benötigten Register durch den Entwickler explizit modelliert werden. Falls der Implementationsaufwand eines Modells durch die Flipflops, z.B. in besonders breiten Ausgangsregistern, bestimmt wird, kann dies ein erheblicher Vorteil sein.

Geringer Syntheseaufwand und bessere Implementationen: Bei dem aktuellen Stand der Synthesetechnologie (1995) werden Einheiten, die mit mehreren getrennten Prozessen modelliert sind, bei gleicher Funktionalität schneller und mit kleinerem Speicherbedarf synthetisiert.

Zusammenfassung: „Single-Process"-Modellierung ($SI.SP$)

In diesem Abschnitt ist die „single-process"-Modellierungsschablone in fünf Schritten aus einem einfachen getakteten Prozeß hergeleitet worden. Mit dieser Modellierungsschablone werden die kombinatorischen Schaltungen und die Register einer FSM durch die Variablen und sequentiellen Anweisungen eines Prozesses modelliert. Da häufig die Hälfte der Kernzellenfläche durch Flipflops belegt wird, wurde gezeigt, daß

5.3. „SINGLE-PROCESS"-MODELLIERUNG (SI.SP)

eine Variable nicht in einem Register abgespeichert werden muß, wenn die folgenden Bedingungen erfüllt sind.

① Der Wert der Variablen ist für alle möglichen Werte der Eingangssignale und der anderen Variablen spezifiziert.

② Die Variable wird nicht referenziert, bevor ihr in der aktuellen Aktivierung ein Wert zugewiesen worden ist.

Im Abschnitt 5.4 wird die Vereinfachung der FSM-Modelle durch die Einführung von separat modellierten Datenpfaden diskutiert. Der folgende Abschnitt 5.3.4 demonstriert eine Modellierungstaktik, mit der man die Entwurfssicherheit des abstrakten „single-process"-Stils mit der höheren Reaktionsgeschwindigkeit einer implementationsnäheren Modellierung verbinden kann.

5.3.4 Ergänzte Moore-FSM: Entwurfssicherheit und schnelle Reaktion

Durch die Verwendung einer Moore-Typ FSM läßt sich das Risiko einer unbemerkten Pfadakkumulation vermeiden, während eine Mealy-Typ FSM innerhalb eines Taktes auf die Veränderung eines Eingangswertes reagieren kann. Die Vorteile beider Typen hat eine Moore-Typ FSM, welche eine separat modellierte einfache Kombinatorik kontrolliert. Mit diesem Modellierungskonzept kann man die komplexe Verarbeitung mit der Entwurfssicherheit einer Moore-Typ FSM entwickeln und mit überschaubarem Risiko die benötigten „schnellen" Ausgangssignale der Gesamtschaltung erzeugen.

| Exkurs |

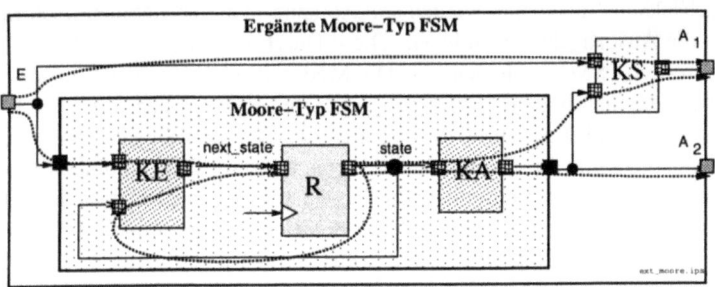

Abb. 5.16: Ergänzte Moore-Typ FSM mit Gruppen von Timingpfaden

Die Vorteile beider FSM-Typen lassen sich kombinieren, wenn man die in Abb. 5.16 skizzierte Struktur einer „ergänzten Moore-Typ FSM" verwendet [104, 80]. Eine „ergänzte Moore-Typ FSM" besteht aus einer Moore-Typ FSM und einer getrennten Kombinatorik „KS". Die Kombinatorik „KS" berechnet aus den primären Eingangssignalen und den Ausgangssignalen der Moore-Typ FSM die benötigten schnellen primären Ausgangssignalwerte.

Modellierung eines Beispiels

Im folgenden Codefragment 5.16 werden die Ein- und Ausgangssignale einer Einheit „cs_gen" definiert, welche die „checksum" eines Datenrahmen berechnet. Es gibt drei verschiedene Arten zur Berechnung dieser „checksum". Da weiterhin ein Modus gefordert ist, in welchem keine „checksum" benötigt wird, wird im Paket „stddef" der Enumerationstyp „t_checksum_type" mit vier Elementen definiert. In einem globalen Paket, welches durch „use global_def.stddef.all;" sichtbar gemacht wird, ist der Typ des Rahmen „t_frame" definiert worden. Die Einheit „cs_gen" empfängt einen Rahmen am Port „frame_in" und gibt ihn mit der berechneten „checksum" am Port „frame_out" wieder aus. Die Art, nach der die „checksum" zu berechnen ist, wird durch das Eingangssignal „checksum_type" bestimmt.

5.16
```
PACKAGE stddef IS
    TYPE t_checksum_type IS (NO_CHECKSUM, DATA, HEADER, STD);
...

LIBRARY global_def;   USE global_def.stddef.ALL;
LIBRARY cs_gen;       USE cs_gen.stddef.ALL;
ENTITY cs_bypass IS
    PORT(...
        frame_in              : IN    t_frame;
        frame_in_valid        : IN    std_ulogic;
        checksum_type         : IN    t_checksum_type;
        ...
        frame_out             : OUT   t_frame;
        frame_out_valid       : OUT   std_ulogic;
        ...);
END cs_bypass;
```

Da diese Einheit als Moore-Typ FSM modelliert werden soll, benötigt man mindestens einen Taktzyklus, bis ein Rahmen an den Ausgangsklemmen anliegt. Falls aber keine „checksum" berechnet werden soll, so kann man den Rahmen noch im selben Takt an die Ausgangsklemmen legen. Diese Durchschaltung wird mit einer „ergänzten Moore-Typ FSM" implementiert. Die Moore-Typ FSM wird als separate Einheit modelliert, die man in dem Modell der „ergänzten FSM" instanziiert. Die Modellierung als separate Einheit kapselt die internen Variablen oder Signale, so daß man nicht ungewollt einen direkten Timingpfad konstruieren kann. Die kombinatorische Schaltung kann ebenfalls entweder mit einem Prozeß oder als eine separate Einheit modelliert werden. Da in dem Strukturmodell der ergänzten Moore-Typ FSM die eigentliche Moore-Typ FSM als gekapselte Einheit instanziiert wird und weiterhin eine Modellierung der kombinatorischen Schaltung als getrennte Einheit aufwendig ist, wird man die Kombinatorik *KS* aus Abb. 5.16 als Prozeß modellieren. In Codefragment 5.17 wird die eigentliche FSM als Komponente „cs_gen" deklariert. Die Instanz der eigentlichen Moore-Typ FSM wird mit den Signalen „frame_with_checksum" und „frame_with_cs_valid" an die Kombinatorik angeschlossen. In Abb. 5.17 ist die Struktur der Einheit „cs_bypass" skizziert.

5.17
```
ARCHITECTURE struc OF cs_bypass IS
    COMPONENT cs_gen
        PORT(...
            frame_in              : IN    t_frame;
            frame_in_valid        : IN    std_ulogic;
```

5.3. „SINGLE-PROCESS"-MODELLIERUNG (SI.SP)

```
              checksum_type        : IN   t_checksum_type;
           ...
              frame_out            : OUT  t_frame;
              frame_out_valid      : OUT  std_ulogic);
   END COMPONENT;
   SIGNAL frame_with_checksum      : t_frame;
   SIGNAL frame_with_cs_valid      : std_ulogic;
```

Das Verhaltensmodell der Kombinatorik ist im folgenden Codefragement 5.18 skizziert. Da es sich um das Modell einer Kombinatorik handelt, sind alle Eingangssignale in der „sensitivity list" aufgeführt. Weiterhin sind für alle möglichen Kontrollflüsse durch die Anweisungen des Prozesses die Ausgangssignalwerte spezifiziert, so daß keine speichernden Elemente durch das Synthesewerkzeug instanziiert werden müssen (vgl. Abs. 4.5.2, S. 142). Durch den Prozeß „bypass" wird ein Dekoder, welcher das Eingangssignal „checksum_type" mit der Konstanten „NO_CHECKSUM" vergleicht, und ein Multiplexer beschrieben, der den Rahmen entweder vom Eingang „frame_in" oder vom Ausgang der Einheit „cs_gen" durchschaltet. Diese intendierte Struktur ist in der rechten Seite von Abb. 5.17 angedeutet. Das Codefragment 5.18 endet mit einer Instanz der eigentlichen Moore-Typ FSM.

5.18
```
BEGIN
   bypass :                              -- combinatorics of a  fast bypass
   PROCESS(checksum_type, frame_in, frame_in_valid,   --<<< each input
           frame_with_checksum, frame_with_cs_valid)  --<<<    signal listed
   BEGIN
      IF checksum_type = NO_CHECKSUM THEN   -- feed the input data through
         frame_out        <= frame_in;
         frame_out_valid  <= frame_in_valid;
      ELSE
         frame_out        <= frame_with_checksum; -- send data with checksum
         frame_out_valid  <= frame_with_cs_valid;
      END IF;
   END PROCESS;
   first_cs_gen : cs_gen
      PORT MAP(... ,
               frame_in, frame_in_valid, checksum_type,
               ... ,
               frame_with_checksum, internal_frame_valid);
END struc;
```

Die Einheit „cs_gen" in Abb. 5.17 ist als Moore-Typ FSM modelliert und die Einheit „bypass" als gedächtnislose Kombinatorik. Beide Einheiten sind in dem Strukturmodell der Einheit „cs_bypass" instanziiert. Die Einheit „cs_bypass" ist eine Mealy-Typ FSM, da die aktuellen Eingangswerte zur Berechnung der Ausgangswerte verwendet werden. Da die Implementation einer „ergänzten Moore-Typ FSM" einer Mealy-Typ FSM entspricht, handelt es sich bei dem hier vorgestellten Begriff der „ergänzte Moore-Typ FSM" nicht um einen neuen Typ von FSM, sondern um ein Modellierungskonzept, welches das Entwurfsrisiko reduziert.

Zusammenfassung: Ergänzte Moore-FSM

Das hier vorgestellte Modellierungskonzept der „ergänzten Moore-Typ FSM" ermöglicht die Ausnutzung der Vorteile beider FSM-Typen. Die komplizierte Verarbeitung wird mit einer Moore-Typ FSM modelliert, so daß man für den schwierigen Teil der

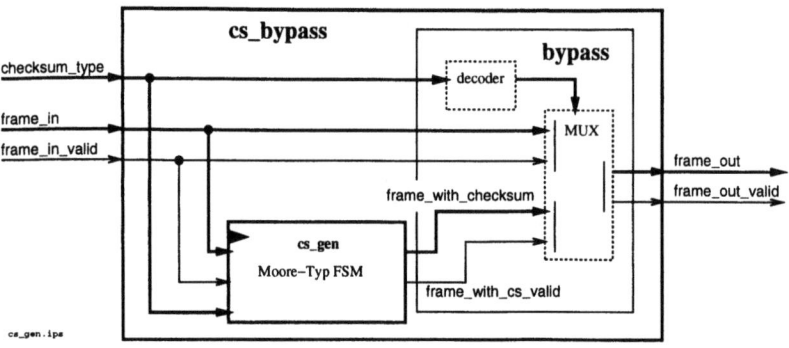

Abb. 5.17: Beispiel einer „ergänzten Moore-Typ FSM"

> **Exkurs**
>
> Modellierung die Entwurfssicherheit des „single-process"-Modellierungsstils nutzen kann (vgl. Abs. 5.3, S. 176). Diese FSM wird als eine gekapselte Einheit modelliert, welche im Modell der „ergänzten Moore-Typ FSM" instanziiert wird. Die schnelle Auswahl und Durchschaltung von Ergebnissen wird durch eine einfache Kombinatorik, welche durch einen Prozeß getrennt modelliert wird, erreicht.

5.4 EFSM: Getrennter Kontroll- und Datenzustand

Die Komplexität eines FSM-Modells (z.B. Zahl der Zweige in der *case*-Anweisung), der Syntheseaufwand (d.h. Laufzeit und Speicherplatz) und der Aufwand zur Realisation der Zustandsrückkopplung „KE" (d.h. Fläche und maximale Verzögerungszeit) werden durch die Zahl der Zustände einer FSM bestimmt. Um die Zahl der Zustände zu reduzieren, kann man entweder eine FSM in zwei einfachere FSM oder in eine reduzierte FSM und einen Satz von separaten Datenpfaden zerlegen [106, 59]. Hier soll unter einem Datenpfad ein Register mit einem oder mehreren rein kombinatorischen Verarbeitungseinheiten verstanden werden. Ein solcher Datenpfad ist in der rechten Seite von Abb. 5.19 (S. 204) gezeigt. Jeder dieser Datenpfade durchläuft endlich viele Zustände und, kann daher als FSM betrachtet werden. Der Unterschied zwischen FSM und Datenpfad ergibt sich durch die Funktion und Modellierung einer Einheit.

Zugriff auf eine Synthesebibliothek

Die Zerlegung in eine reduzierte FSM und Datenpfade ist besonders attraktiv, weil sie die Verwendung von Synthesebibliotheken ermöglicht. Traditionell versteht man unter Logiksynthese die Extraktion von logischen Gleichungen, die logische Minimierung derselben und die Abbildung der Gleichungen auf die Gatter einer Bibliothek. Dieser Weg ist in der unteren Hälfte von Abb. 5.18 angedeutet.

Eine immer größere Bedeutung für die Synthese hat aber eine Extraktion von Operatoren, wie Substraktion, Inkrementierung etc., aus einem Modell. Für diese Opera-

5.4. EFSM: GETRENNTER KONTROLL- UND DATENZUSTAND

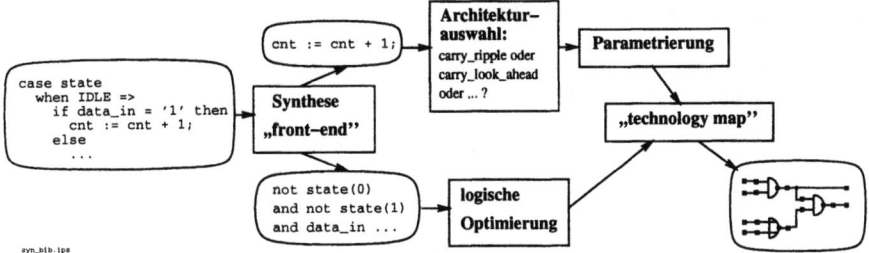

Abb. 5.18: Die beiden Synthesewege: Logikextraktion und -optimierung oder Architekturauswahl und -parametrierung

toren wird unter Berücksichtigung der gegebenen zeitlichen Randbedingungen sowie der Parameter eine optimale Architektur aus einer Synthesebibliothek („synthetic library", „Design Ware" etc) ausgewählt und parametriert. Diese Vorgehensweise ist in der oberen Hälfte von Abb. 5.18 skizziert.

Die ausgewählten und parametrierten Implementationen der Operatoren werden dann gemeinsam mit den minimierten Gleichungen auf die vorhandene Gatterbibliothek abgebildet („technology mapping"). Die beiden „Synthesewege" in Abb. 5.18 haben daher das gleiche Ziel, nämlich zu einem abstrakten Modell eine Implementation auf der Gatterebene zu erzeugen. Durch die Verwendung einer Synthesebibliothek („design ware") können zu vielen Operatoren mit geringeren Rechenzeiten geeignetere Implementationen erzeugt werden.

Getrennte Verifikation der Datenpfade

Neben der Möglichkeit, optimierte Architekturen für den kombinatorischen Teil dieser Datenpfade aus einer Synthesebibliothek zu entnehmen, erleichtert eine getrennte Modellierung der Datenzustände die Verifikation [59]. So gibt es z.B. in vielen Modellen Sequenzen von separaten Zuständen mit einer festen Länge, welche immer in gleicher Weise durchlaufen werden. Eine Einheit zum Senden eines parallelen Datenwortes über eine serielle Leitung enthält z.B. eine solche Zustandssequenz, in der die einzelnen Bitpositionen auf die Leitung gegeben werden. Bei einigen wenigen Zuständen ist eine Modellierung und Verifikation durch separat modellierte Zustände sinnvoll. Wobei allerdings eine Parametrierbarkeit, z.B. für die Wortbreite, nur schwer zu modellieren ist. Falls die feste Sequenz eine gewisse Länge überschreitet, ist eine Modellierung durch getrennte Zustände nicht mehr sinnvoll, und man wird versuchen, die Komplexität des Modells zu begrenzen, indem man einen separaten Zähler modelliert. Ein solcher Zähler kann, z.B. durch einen Datenpfad, modelliert werden, der mit einem festen Wert geladen werden kann, diesen Wert dann dekrementiert und das Erreichen der Null signalisiert.

Definition und Aufbau einer EFSM

Aus der Zerlegung einer komplexen FSM in eine reduzierte FSM und separate Datenpfade entsteht eine „erweiterte" FSM.

DEFINITION 5.1 *Eine erweiterte FSM (EFSM) ist eine FSM,*

① *die mehrere bit breite Register R_i zusätzlich zum Statusregister besitzt,*

② *welche arithmetische Operationen, wie z.B. Inkrementieren ($R_3 := R_3 + 1$), auf diesen Registern ausführen kann und*

③ *deren Übergangsbedingungen unter anderem von mathematischen Ausdrücken abhängen, welche Eingangs- und Registerwerte enthalten.*

Die in den Datenregistern gespeicherten numerischen Werte bestimmen den sogenannten *Datenzustand* der EFSM. Die in binären Registern gespeicherten Flaggen und der kodierte Zustandswert geben den *Kontrollzustand* einer EFSM an.

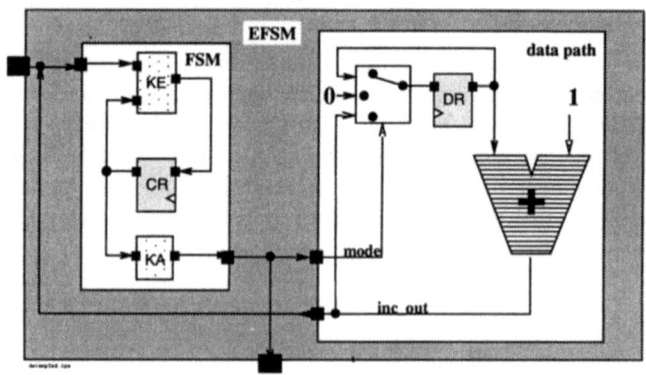

Abb. 5.19: Beispiel einer erweiterten FSM (EFSM) aus FSM und Datenpfad

Eine Aufteilung einer erweiterten EFSM in FSM und Datenpfad ist in Abb. 5.19 gezeigt. Der Datenpfad besteht aus einem ladbaren Register *DR* und einem Addierer. Der Addierer inkrementiert den Inhalt des Registers. Der Ausgang des Addierers wird von der FSM zur Berechnung des nächsten Zustands verwendet. Das Register ist mit 0 ladbar, der Wert des Registers kann konstant gehalten werden und es kann den inkrementierten Wert speichern.

Daten- und Kontrollzustand als abstrakte Zustände

Mit dem Begriff EFSM wird weniger eine neue Struktur als eine neue Betrachtungsweise bezeichnet. Die geeignete Gruppierung von elementaren Zustandswerten zu einem abstrakten „super state" ist ein fundamentales Konzept zur Modellierung von Systemen. So schreibt Rumbaugh in [87]:

5.4. EFSM: GETRENNTER KONTROLL- UND DATENZUSTAND

State is an abstraction of the attribute values of an object. Sets of values are grouped together into a state according to properties that affect the gross behaviour of the object.

Im Abschnitt 5.1.1 (S. 162) ist zwischen dem transienten und dem stabilen Zustand einer Gatterschaltung unterschieden worden. Nach einer Änderung der Eingangssignale wird eine transiente Zustandsfolge durchlaufen, die aber meist in einem stabilen Zustandswert endet. Diese transienten Zustandssequenzen können mit einem ereignisgesteuerten Simulator simuliert werden, wenn die Verzögerungszeiten der einzelnen Gatter modelliert worden sind. Die zuverlässige Modellierung auf dieser Abstraktionsstufe der Wert/Zeit-Relation ($VT.\{PR, PO\}$) ist sehr aufwendig. Man hat daher Regeln und Verfahren entwickelt, welche den sicheren Entwurf einer eingeschränkten Klasse von Schaltungen mit einer abstrakteren Modellierung der Wert/Zeit-Relation erlauben. Auf dieser Abstraktionsstufe der Wert/Zeit-Relation ($VT.MI$) werden nur noch die stabilen Zustände einer Gatterschaltung betrachtet. Der stabile Zustand entsteht daher durch eine Vernachlässigung aller transienten Zwischenzustände. Der Kontrollzustand einer EFSM ist in diesem Sinne eine weitere Abstraktion, denn ein Kontrollzustand umfaßt im Regelfall mehrere Datenzustände. Die separate Betrachtung eines abstrakten Kontroll- und Datenzustands reduziert nicht nur die Komplexität der Modelle, der Synthese und der synthetisierten Gatterschaltung, sondern ermöglicht auch eine Vereinfachung der Verifikation durch eine getrennte symbolische Behandlung des Datenzustands.

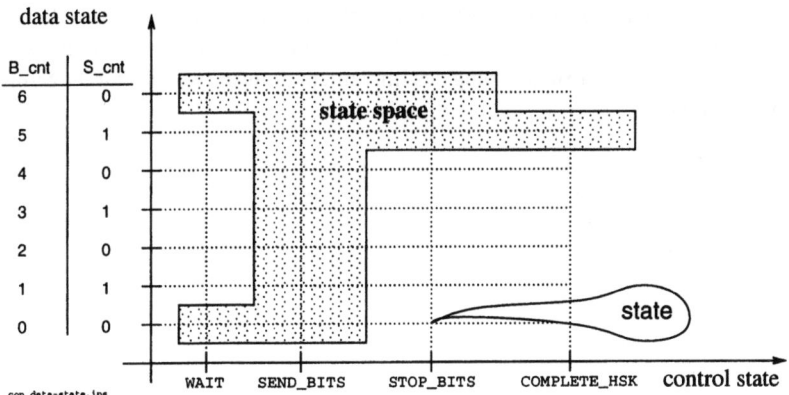

Abb. 5.20: Die Werte des Daten- und Kontrollzustands spannen den Zustandsraum auf

In Abb. 5.20 sind die möglichen Werte des Daten- und Kontrollzustands eines Modells auf den Achsen eines Diagramms abgetragen. Der Datenzustand besteht aus zwei Zählern „B_cnt" und „S_cnt". Mit den aktuellen Parametern kann der Zähler „B_cnt" alle Werte von 0 bis 6 annehmen und der Zähler „S_cnt" nur die Werte 0 oder 1. Der Kontrollzustand hat die an der Abzisse abgetragenen Werte „WAIT", „SEND_BITS", „STOP_BITS" und „COMPLETE_HSK". Da nicht in jedem Kontrollzustand die Variablen des Datenzustands alle möglichen Werte annehmen, ergibt sich der in Abb. 5.20 dargestellte erreichbare Zustandsraum („state space").

5.4.1 EFSM: Explizite Datenpfade (*SI.ED*)

Eine komplette EFSM kann man, wie in Abb. 5.19 (S. 204) gezeigt, als ein Strukturmodell beschreiben. Dabei wird die eigentliche FSM mit einer der oben erörterten Modellierungsschablonen und der Datenpfad entweder als Struktur- oder als Verhaltensmodell beschrieben. In Abb. 5.19 ist das Strukturmodell des Datenpfades angedeutet. Ein Strukturmodell des Datenpfades ist nützlich, wenn man schon über ein optimiertes Modell des Addierers verfügt. Mit dem weiteren Fortschritt der Synthesebibliotheken wird es immer seltener vorkommen, daß der manuell entwickelte Addierer geeigneter als die synthetisierte Variante ist. Daher soll in den folgenden Codefragmenten 5.19 und 5.20 ein mögliches Verhaltensmodell des Datenpfads aus Abb. 5.19 gezeigt werden.

Verhaltensmodell des Datenpfades

In dem package „stddef" im Codefragment 5.19 wird die Obergrenze des Inkrementers als Konstante „MAXIMUM" definiert. Mit dieser Konstanten wird der „integer"-Datentyp „t_inc_out" mit einem eingeschränkten Wertebereich deklariert („subtype"). Ein „subtype" ist ein Datentyp, dessen Werte- oder Indexbereich gegenüber dem Basistypen eingeschränkt worden ist [44]. Eine Beschränkung des Wertebereichs erleichtert die Fehlersuche, denn die meisten VHDL-Simulatoren überprüfen während der Simulation bei jeder Zuweisung die Einhaltung des Wertebereichs. Weiterhin ist die Angabe eines Wertebereiches zur Begrenzung des Implementationsaufwandes für die Synthese unumgänglich.

5.19
```
PACKAGE stddef IS
    CONSTANT  MAXIMUM : INTEGER := 960;
    SUBTYPE   t_inc_out IS INTEGER RANGE 0 TO MAXIMUM;-- range of the incrementer
    TYPE      t_mode IS (LOAD_ZERO, HOLD, INC);        -- modes of the incrementer
END STDDEF;
...
ENTITY incrementer IS                                  -- ports of the inc.
    PORT(clk     : IN  std_ulogic;
         mode    : IN  t_mode;
         inc_out : OUT t_inc_out);
END incrementer;
```

Die Schnittstellen der Einheit „incrementer" werden ebenfalls im Codefragment 5.19 definiert. Neben dem Takteingang „clk" verfügt die Einheit über den Eingang „mode", mit dem die Betriebsart des „incrementer" bestimmt wird. Über den Ausgang „inc_out" kann auf den aktuellen Wert des Zählers zugegriffen werden. Das Modell „behav" der Einheit „incrementer" ist im Codefragment 5.20 gezeigt. Es besteht aus einem getakteten Prozeß im vertrauten „single-process"-Modellierungsstil.

5.20
```
ARCHITECTURE behav OF incrementer IS
    PROCESS(clk)
        VARIABLE DR : t_inc_out;           -- [data] state value
        IF clk'EVENT AND clk = '1' THEN    -- fully synchronous behaviour
```

5.4. EFSM: GETRENNTER KONTROLL- UND DATENZUSTAND

```
            CASE mode IS
               WHEN LOAD_ZERO =>        -- load with zero
                  DR := 0;
                  inc_out <= 0;
               WHEN INC =>              -- increment the value
                  DR := DR +1;
                  inc_out <= DR;
                                        -- when HOLD => all remains the same
            END CASE;
         END IF;
      END PROCESS;
END behav;
```

Das Modell des Datenpfades wird im Strukturmodell der EFSM instanziiert. Diese Vorgehensweise ist für einen Hardware-Entwickler zunächst intuitiver, die Synthese ist weniger rechenintensiv, und man kann die Signale zwischen FSM und Datenpfad direkt als „waveform" darstellen (vgl. Abs. 5.2.2, S. 174). Man nennt die Abstraktionsstufe von der Strukturinformation, auf welcher man die FSM und die Datenpfade als separate Einheiten modelliert und im Strukturmodell der EFSM instanziiert: *SI.ED* („EFSM Explicit Datapath").

5.4.2 EFSM: Implizite einfache Datenpfade (*SI.ISD*)

Die Eigenschaften des Inkrementerdatenpfads in einer Implementation der Einheit „incrementer" sind bis auf die zeitlichen Randbedingungen durch die folgenden Angaben spezifiziert:

① Im Codefragment 5.19 wird eine Konstante „MAXIMUM" definiert, mit der dann der Datentyp „t_inc_out" mit einem *beschränkten Wertebereich* definiert wird.

② Mit diesem Datentypen wird im Codefragment 5.20 die *Variable „DR"* definiert.

③ Die Variable „DR" wird entweder mit einer **0 geladen** oder aber mit der Anweisung *„DR := DR +1"* inkrementiert.

Nachdem eine maximale Taktperiode spezifiziert worden ist, kann ein Logiksynthesewerkzeug automatisch eine geeignete Implementation für diesen Inkrementer aus der Synthesebibliothek auswählen, parametrieren und auf die verfügbaren Gatter abbilden. Dadurch entsteht die Möglichkeit, von der Struktur einer EFSM zu abstrahieren, indem man die Funktionen des Datenpfades mit in das Verhaltensmodell der FSM integriert. Diese Abstraktionsstufe von der Modellierung der Strukturinformation wird mit *SI.ISD* („EFSM Implicit Simple Datapath") bezeichnet[13].

Beispiel: „transmitter"

Eine solche implizite Modellierung des Datenpfades ist in den folgenden Codefragmenten benutzt worden, um einen Sender für eine serielle Datenübertragung zu beschreiben [115]. Im ersten Codefragment werden die Anschlüsse des „transmitters"

---

[13] In Abschnitt 10.3 (S. 385) wird zwischen einfachen und komplexen Datenpfaden unterschieden werden. Einfache Datenpfade sind direkt mit der verfügbaren Synthesetechnologie synthetisierbar, während komplexe manuell zerlegt und verfeinert werden müssen.

und der Parameter („Generic"), mit dem das Verhalten der Einheit gesteuert wird, deklariert.

5.21
```
ENTITY transmitter IS
    GENERIC(NoStopBits   : POSITIVE := 2);     -- number of stop bits
    PORT(clk, reset      : IN  std_ulogic;     -- global control signals
         dataword        : IN  std_ulogic_vector; -- parallel data word in
         data_valid      : IN  std_ulogic;     -- input handshaking
         data_accepted   : OUT std_ulogic;
         data_line       : OUT std_ulogic);    -- data line out
END transmitter;
```

Als Parameter ist im obigen Codefragment die Zahl der Stopbits „NoStopBits" am Ende der Übertragung eines Datenwortes angegeben. Dieser Wert kann für jede Instanz mit einem beliebigen Wert ≥ 1 („positive") belegt werden. Die Breite des zu sendenden Datenwortes wird jeder Instanz des Modells durch die Länge des am Port „dataword" angeschlossenen Bitvektors mitgeteilt [100].

Im folgenden Codefragment wird nach der Definition des Enumerationstyps für die Zustandsvariable eine Variable „bit_counter" zum Zählen der schon gesendeten Datenbits deklariert. Dazu extrahiert man mit dem Attribut „'range" den Wertebereich der Indizes des angeschlossenen Datenwortes. Bei der Definition des „StopBit_counter" wird der Wert des Parameters „NoStopBits" verwendet. Die aktuellen Realisationsparameter einer Instanz bestimmen daher den Wertebereich beider Variablen. Mit dem Attribut „'high wird der größte Wert eines skalaren Datentypen extrahiert.

5.22
```
ARCHITECTURE implicit_datapath OF transmitter IS
BEGIN
    PROCESS(clk)
        TYPE t_state IS (WAIT_FOR_WORD,        -- wait for word to be transmitted
                         SEND_BITS,            -- send the bits of it
                         SEND_STOPS,           -- send stop bits
                         DAV_MUST_BE_VANISHED);-- complete handshaking sequence
        VARIABLE state : t_state;
        SUBTYPE t_bit_counter IS INTEGER RANGE dataword'RANGE;-- count the bits
        VARIABLE bit_counter : t_bit_counter;                 -- in the data word
        VARIABLE StopBit_counter : INTEGER RANGE 1 TO NoStopBits;
    BEGIN
        IF (clk'EVENT AND clk='1') THEN
            CASE STATE IS
                WHEN WAIT_FOR_WORD =>           -- wait for a word to be transmitted
                    IF (data_valid = '1') THEN  -- there's one!
                        data_line <= '0';       -- send start bit
                        bit_counter := t_bit_counter'LOW;
                        state := SEND_BITS;     -- new [control] state
                    ELSE
                        data_line <= '1';       -- no new word => no start bit
                    END IF;
                WHEN SEND_BITS =>               -- send the bits of the data word
                    data_line <= dataword(bit_counter); -- pick each bit
                    IF (bit_counter < t_bit_counter'HIGH) THEN-- the last bit has
                        bit_counter := bit_counter +1;        --    not been send
                    ELSE
                        state := SEND_STOPS;    -- next bit is a stop bit
                        StopBit_counter := 1;
                    END IF;
                WHEN SEND_STOPS =>                          -- send the stop bits
                    IF (StopBit_counter < NoStopBits) THEN
                        data_line <= '1';                   -- the stop bit
                        StopBit_counter := StopBit_counter +1;
                    ELSE
```

5.4. EFSM: GETRENNTER KONTROLL- UND DATENZUSTAND

```
                    data_accepted <= '1';                   -- transmission done
                    state := DAV_MUST_BE_VANISHED;
                END IF;
             WHEN DAV_MUST_BE_VANISHED =>  -- everything sent, handshaking
                IF (data_valid = '0') THEN  --   completed?
                    state := WAIT_FOR_WORD;
                    data_accepted <= '0';
                END IF;
        END CASE;
      END IF;
   END PROCESS;
END implicit_datapath;
```

Bei einer Simulation mit VHDL werden alle nicht initialisierten Signale und Variablen mit dem am weitesten links stehenden Element des Datentyps initialisiert. Daher befindet sich die Zustandsmaschine im Zustand „WAIT_FOR_WORD", wenn das Modell zum erstenmal aktiviert wird. Ein explizite Modellierung des Verhaltens nach der Aktivierung des „reset"-Signals wird in Abschnitt 11.1 diskutiert.

Wenn ein Datenwort gesendet werden soll (d.h. „data_valid ='1' "), wird der Zähler „bit_counter" geladen. Solange noch nicht alle Bits gesendet worden sind, wird mit „bit_counter := bit_counter +1;" der Zähler inkrementiert. Mit der Abfrage „bit_counter < t_bit_counter'high" wird im wesentlichen ein zweiter Datenpfad instanziiert, der kontinuierlich den Inhalt des „bit_counter"-Registers mit dem maximalen Indexwert vergleicht.

Nachdem alle Datenbits gesendet worden sind, werden im Kontrollzustand „SEND_STOPS" die Stopbits auf die Leitung gegeben. Die Taktperioden, in denen Stopbits gesendet wurden, werden mit dem „StopBit_counter" gezählt. Sobald die im Parameter „NoStopBits" spezifizierte Anzahl von Stopbits gesendet worden sind, wird die aktuelle Übertragung im Zustand „DAV_MUST_BE_VANISHED" beendet. In diesem Zustand wird auf die Deaktivierung der „data_valid"-Leitung gewartet und dann die aktuelle Übertragung durch „data_accepted <= '0';" beendet.

Vorteile der impliziten Modellierung einfacher Datenpfade

Die implizite Modellierung der Datenpfade einer EFSM hat neben den allgemeinen Vorteilen der Abstraktion, nämlich bessere Lesbarkeit und größere Simulationseffizienz, zwei weitere Vorteile.

(+) Kompaktere Modelle

Die implizite Modellierung der Datenpfade führt zu wesentlich kompakteren Modellen, denn durch die Ausdrücke

① „bit_counter < t_bit_counter'high",

② „bit_counter := bit_counter +1;",

③ „StopBitCounter < NoStopBits" und

④ „StopBitCounter := StopBitCounter +1;"

werden vier verschiedene Datenpfade implizit modelliert. Da in dem Modell des „transmitters" im Codefragment 5.22, z.B. die Inkrementer „bit_counter" und „Stop-Bit_counter", nicht gleichzeitig in einem Taktzyklus benötigt werden, können die vier Operationen durch zwei hinreichend dimensionierte Datenpfade ausgeführt werden („allocation"). Ein äquivalentes Strukturmodell der EFSM müßte daher neben der reduzierten FSM diese zwei/vier Datenpfade instanziieren.

(+) **Mehrfachnutzung („resource sharing")**

Die implizite Modellierung der Datenpfade durch eine Einplanung („scheduling") von Operationen erleichtert die Analyse und Exploration der Mehrfachnutzung, weil diese Modellierung von der Implementation einer Operation durch die Instanz eines bestimmten Datenpfades abstrahiert.

Eine Implementation eines solchen Modells ist allerdings nur möglich, wenn für jede eingeplante Operation ein Datenpfad unter Beachtung der Datenabhängigkeiten instanziiert wird. Zwischen zwei Operationen bestehen Datenabhängigkeiten, wenn der Eingangswert der einen Operation das Ergebnis der anderen Operation ist. Sind zwei Operationen mit einer Datenabhängigkeit für einen Takt eingeplant, so müssen diese beiden Operationen durch eine Hintereinanderschaltung zweier Datenpfade unter Beachtung der Taktperiode implementiert werden (vgl. Abs. 7, S. 237).

Allerdings werden eine Reihe von Operationen nicht in jeder Taktperiode, sondern nur in einem bestimmten Kontroll- oder Datenzustand ausgeführt, so daß man den Implementationsaufwand reduzieren kann, indem man einen Datenpfad für verschiedene Operationen in unterschiedlichen Taktzyklen verwendet. Eine solche Mehrfachnutzung muß bei der expliziten Modellierung der Datenpfade durch den Benutzer bei der Erstellung des Modells beschrieben werden. Dies erhöht den Modellierungsaufwand und macht eine Exploration verschiedener Schemata zur Mehrfachnutzung kostspielig.

Ab S. 245 wird die Mehrfachnutzung von Registern und Datenpfaden detaillierter diskutiert. Die explizite Modellierung der Mehrfachnutzung wird ab S. 505 demonstriert.

Zusammenfassung: Getrennter Kontroll- und Datenzustand

In diesem Abschnitt ist die Zerlegung einer FSM in eine reduzierte FSM und einige untergeordnete Datenpfade vorgestellt worden. Das Modell dieser reduzierten FSM und der untergeordneten Datenpfade wird Erweiterte FSM (EFSM) genannt. Ein EFSM-Modell verfügt über Datenregister, auf denen arithmetische Operationen durchgeführt werden können. Die Modellierung einer EFSM ist auf den folgenden Abstraktionsstufen demonstriert worden:

① *SI.ED*: Die Datenpfade werden explizit modelliert und in dem Strukturmodell der EFSM instanziiert.

② *SI.ISD*: Die Variablen des Datenzustandes und die Operationen auf ihnen werden mit in das Verhaltensmodell der FSM integriert. Die Datenpfade sind dann nur noch implizit modelliert.

5.4. EFSM: GETRENNTER KONTROLL- UND DATENZUSTAND

Die Modellierung eines getrennten Daten- und Kontrollzustands in einem gemeinsamen Verhaltensmodell (*SI.ISD*) hat die folgenden Vorteile:

(+) Die Komplexität einer FSM wird durch die Zahl der Zustände bestimmt. Durch eine Ausgliederung einiger Zustände in eine Folge von Datenzuständen kann die **Zahl der Kontrollzustände reduziert** werden.

(+) Logiksynthesewerkzeuge erzeugen eine Implementation entweder, indem sie die logischen Gleichungen minimieren oder durch eine Selektion geeigneter Implementationen der verwendeten Operatoren. Durch die Definition eines Datenzustands kann man die **Elemente einer Synthesebibliothek verwenden**.

(+) Der Datenzustand wird durch arithmetische Operationen transformiert. Daher kann man die Transformationen des Datenzustands **symbolisch verifizieren**.

(+) Da die einzelnen Datenpfade nicht als getrennte Einheiten instanziiert werden, sind die Modelle sehr kompakt und verschiedene Schemata zur Mehrfachnutzung können leicht automatisch evaluiert werden.

Zusammenfassung: FSM und Erweiterte FSM

1) FSM-Modellierung

Stabiler und transienter Zustand: Die Information über eine Einheit, welche den Wert der Ausgangssignale neben den aktuellen Eingangswerten bestimmt, wird Zustand genannt. Ein Netzwerk von Gattern nimmt meist nach einigen transienten Übergängen einen stabilen Zustand an. Die Regeln des voll-synchronen Entwurfs ermöglichen eine rückwirkungsfreie Entwicklung einer Klasse von Schaltungen unter Vernachlässigung der Verzögerungszeiten einzelner Gatter. Sie sind damit ein wichtiges Beispiel für die Absicherung einer abstrakteren Modellierung durch gewisse Entwurfsregeln.

1a) „multi-process"-Modellierungschablone (*SI.MP*): Eine Modellierung der kombinatorischen Schaltungen und Register mit getrennten Prozessen in einem einzigen Modell vermeidet den aufwendigen Instanziierungs- und Konfigurationsprozeß. Mit diesem „multi-process"-Modellierungsstil (*SI.MP*) kann man sowohl eine Mealy-, als auch eine Moore-Typ FSM beschreiben.

1b) „single-process"-Modellierungsschablone (*SI.SP*): Die einzelnen Prozesse in einem „multi-process"-Modell kommunizieren über Signale. Da aber die Bearbeitung von Signaländerungen aufwendig ist, wurde die „single-process"-Modellierungsschablone (*SI.SP*) hergeleitet. Diese Modellierungsschablone vereinigt die Funktionen der kombinatorischen Schaltungen und Register in einem einzigen Prozeß.

Bedingungen zur Speicherung von Variablen in Registern: Eine Variable in einem getakteten Prozeß muß nicht in einem Register abgelegt werden, wenn die folgenden Bedingungen erfüllt sind:

① Der Wert der Variablen ist für alle möglichen Belegungen der Eingangswerte und der anderen Variablen in dem getakteten Prozeß durch eine explizite Wertzuweisung spezifiziert.

② Der Variablen wird bei jeder Aktivierung des getakteten Prozesses ein Wert zugewiesen, bevor sie in einem Ausdruck referenziert wird.

Ergänzte Moore-Typ FSM: Mit dem „single-process"-Modellierungsstil kann man nicht in einem Taktzyklus auf die Änderung eines Eingangswertes reagieren. Da man aber die komplizierte Verarbeitung mit der Entwurfssicherheit des „single-process"-Stils entwerfen sollte, wurde die schnelle Weiterleitung von Eingangssignalen durch einen getrennten Prozeß modelliert. Dieser Prozeß wird zusammen mit dem „single-process"-Modell in dem Modell der ergänzten Moore-Typ FSM instanziiert.

2) EFSM: Explizite und Implizite Datenpfade

Die Komplexität einer FSM kann durch eine Aufspaltung in einen Daten- und Kontrollzustand und eine getrennte Modellierung der Transformationen des Datenzustands reduziert werden. Da ein Daten- oder Kontrollzustand mehrere elementare Zustände umfassen kann, ist ein solcher „super state" eine Abstraktion von den stabilen Zuständen einer Gatterschaltung. Eine FSM mit einem getrennt modellierten Datenzustand wird EFSM genannt. Die Modellierung einer EFSM ist auf zwei Ebenen der Modellierung der Strukturinformation demonstriert worden.

2a) Explizite Modellierung der Datenpfade ($SI.ED$): Durch eine explizite Modellierung der Datenpfade durch getrennte Einheiten kann man vorhandene Implementationen der benötigten Funktionen wiederverwenden. Die EFSM wird dann durch ein Strukturmodell beschrieben, in dem die eigentliche FSM und die untergeordneten Datenpfade instanziiert werden ($SI.ED$).

2b) Einplanung der Operationen auf der Abstraktionsstufe $SI.ISD$: Durch eine Integration der Anweisungen zur Transformation des Datenzustands in das „single-process"-Modell der FSM kann die Simulationseffizienz und die Kompaktheit des Modells verbessert werden. Weiterhin sind durch ein solches Modell mit integrierten Datenpfaden ($SI.ISD$) nur die Operationen auf einen bestimmten Taktzyklus festgelegt. Daher kann man verschiedene Schemata zur Mehrfachnutzung der implementierten Datenpfade automatisch explorieren.

6 (*SI.ICS*) Implizite Modellierung des Kontrollzustands: Herleitung

Der Kontrollzustand einer EFSM ist bisher als eine Variable explizit modelliert worden. Zustandsübergänge wurden durch eine Wertzuweisung beschrieben. Durch die Verwendung von mehreren „wait"-Anweisungen auf die ausgezeichnete Taktflanke kann der Kontrollzustand implizit modelliert werden. Der aktuelle Kontrollzustand wird durch einen Zeiger auf die zuletzt ausgeführte „wait"-Anweisung dargestellt, so daß Zustandsübergänge durch bedingte Verzweigungen beschrieben werden. Der Vergleich der ex- und impliziten Zustandsmodellierung an einem Beispiel zeigt, daß die implizite Zustandsmodellierung eine kompaktere Modellierung ermöglicht. Weiterhin können die Operationen eines Algorithmus durch das Einfügen, Streichen oder Verschieben von „wait"-Anweisungen flexibel den Taktzyklen einer Berechnungsperiode zugeordnet werden. [1].

Einleitung

Zustandsmodellierung auf verschiedenen Abstraktionsebenen

Der Zustand einer Einheit ist der Teil der Information, welcher neben den aktuellen Eingangswerten die Belegung der Ausgangssignale bestimmt. In Abschnitt 5.1.1 (S. 162) ist zwischen dem transienten und stabilen Zustand einer Gatterschaltung unterschieden worden. Da eine Gatterschaltung im allgemeinen wesentlich weniger stabile als transiente Zustände annehmen kann, wird durch die alleinige Betrachtung der stabilen Zustände die Modellierung einer Einheit erheblich erleichtert.

Die stabilen Zustände sind auf der Ebene *SI.CR* durch die Ein- und Ausgangssignale von Registerinstanzen modelliert worden. Beim „multi-process"-Modellierungsstil (*SI.MP*) werden die kombinatorischen Schaltungen und Register durch getrennte Prozesse in einem Modell modelliert, daher werden der alte und neue Wert des Zustands durch separate interne Signale modelliert. Die Ein- und Ausgangssignale eines Registerprozesses sind in der „single-process"-Schablone (*SI.SP*) durch eine einzige Zustandsvariable ersetzt worden. Die Zustandsvariable enthält vor der ersten Zuweisung in einer Aktivierung den alten Wert des Zustands und nach der letzten Zuweisung der Aktivierung den neuen Wert des Zustands. Eine Aufspaltung des stabilen Zustands einer FSM in einen Daten- und Kontrollzustand reduziert den Modellierungsaufwand. Sowohl der Daten- als auch der Kontrollzustand sind durch die Definition von Variablen, Zuweisungen von Werten und die Verwendung der Variablen in Ausdrücken explizit modelliert worden. In Tabelle 6.1 sind einige der bisher eingeführten Stufen der Abstraktion von der Strukturinformation aufgelistet. Zur leichteren Identifikation der Stufen sind in der zweiten Spalte die Elemente in den Blättern des Instanzenbaumes

---
[1] Die Einplanung von Operationen in einen Zeitabschnitt, wie eine Taktperiode, nennt man „Scheduling". Die Umverteilung der Operationen wird „Rescheduling" genannt.

	Blätter des Instanzenbaumes	Modellierung des Zustands
SI.G	Gatter und Flipflops	Transienter und stabiler Zustand
SI.CR	kombinatorische Schaltungen und Register	Stabiler Zustand als Ein- und Ausgangssignale der Register
SI.MP	FSM (separate Prozesse)	Alter und neuer Wert als interne Signale
SI.SP	FSM (ein Prozeß)	Variable mit aktuellem Wert
SI.ISD	EFSM mit implizit modellierten Datenpfaden	Aktueller Wert des Daten-/Kontrollzustands in Variablen
SI.ICS	EFSM mit impliziten Datenpfaden und implizitem Kontrollzustand	Zeiger auf die zuletzt ausgeführte „wait"-Anweisung

Tabelle 6.1: Zustandsmodellierung auf den bisher diskutierte Abstraktionsstufen

genannt. In der letzten Spalte wird die Modellierung des Zustands auf der jeweiligen Stufe der Abstraktion von der Strukturinformation charakterisiert.

Gründe für eine implizite Zustandsmodellierung

In diesem Kapitel wird eine Modellierung des Kontrollzustands hergeleitet, welche die Zuweisungen und Referenzen auf die Variablen im „single-process"-Modellierungsstil (*SI.SP*) durch strukturierte Sprachmittel zur Steuerung des Kontrollfluß ersetzt. Da der Wert des Kontrollzustands nicht mehr direkt manipuliert wird, wird diese Art der Modellierung implizite Zustandsmodellierung genannt und durch *SI.ICS* (Implicit Control State) symbolisiert. Die implizite Modellierung des Kontrollzustands ist durch die folgenden Gründe motiviert:

① Strukturierte Sprachmittel, wie z.B. „for"-Schleifen, ermöglichen die *kompakte Notation* vieler repetitiv ablaufender Funktionen.

② Bei der expliziten Modellierung des Kontrollzustands wird ein Enumerationstyp mit allen möglichen Werten des Kontrollzustands definiert und die Operationen eines jeden Kontrollzustands werden in den Zweigen der globalen „case"-Anweisung eingeplant. Verändert sich die Zahl der Taktzyklen zur Ausführung eines Algorithmus, so müssen die Operationen auf neue Kontrollzustände umverteilt werden (vgl. Abs. 7.4, S. 260). Dies kann bei der impliziten Zustandsmodellierung leicht durch das Streichen, Einfügen und Verschieben der „wait"-Anweisungen erreicht werden.

Synthetisierbarkeit? Bei vielen Entwurfsprojekten ist die Implementation soweit durchspezifiziert, daß man auf eine abstrakte Modellierung zur Exploration von alternativen Implementationen verzichten kann. Daher sollen die Modelle möglichst synthetisierbar sein. Modelle mit einer impliziten Modellierung des Kontrollzustands können von einem Logiksynthesewerkzeug automatisch auf der Gatterebene implementiert werden. Dazu werden die „wait"-Anweisungen in einem Modell durchnumeriert, die Zustandsübergangsbedingungen aus dem Kontrollfluß ermittelt und eine EFSM synthetisiert. Strukturierte Sprachmittel zur Kontrollflußsteuerung, wie „for"-Schleifen, werden in eine Darstellung mit bedingten Sprünge übersetzt. Es sind z.Z. (1995) kommerzielle Logiksynthesewerkzeuge verfügbar, welche Modelle mit einer impliziten Zustandsmodellierung bearbeiten können.

Beispiele? In den folgenden Kapiteln wird vorwiegend die implizite Modellierung des Kontrollzustands verwendet, so daß viele Beispiele durch Codefragmente dokumentiert sind. In der großen Entwurfsstudie in Kapitel 15 werden die ex- und implizite Zustandsmodellierung gemeinsam eingesetzt.

Detaillierte Herleitung notwendig?

Durch die implizite Modellierung des Kontrollzustands einer (E)FSM wird von der Existenz eines Registers abstrahiert, welches den Wert des Kontrollzustands speichert. Die Eigenschaften eines Modells mit einer impliziten Modellierung des Kontrollzustands unterscheiden sich daher erheblich von den bisher vorgestellten Modellierungsschablonen. Die Erfahrung hat gezeigt, daß bei einer Anwendung relativ schnell Fragen der folgenden Art auftauchen:

① Wie wird das zeitliche Klemmenverhalten durch die Position der „wait"-Anweisungen in einem solchen Modell beeinflußt?

② Warum ist das Verhalten eines Modells mit einer impliziten Zustandsmodellierung beim Start der Simulation häufig anders als bei einem Modell mit einer expliziten Zustandsmodellierung?

③ Kann man eigentlich auch Modelle ohne eine vollständige lineare Zustandssequenz[2] mit der impliziten Zustandsmodellierung beschreiben?

④ Bei der expliziten Modellierung des Kontrollzustands werden alle Operationen, die in einem Taktzyklus stattfinden sollen, in einem Zweig der globalen „case"-Anweisung genannt. Daher ist der modellierte Implementationsaufwand relativ leicht zu überschauen. Wie kontrolliert man aber die Realisierbarkeit des modellierten Scheduling bei der impliziten Zustandsmodellierung?

Die implizite Modellierung des Kontrollzustands wird daher aus der vertrauten „single-process"-Modellierungsschablone schrittweise hergeleitet.

---

[2] Eine vollständige und lineare Sequenz enthält alle Zustände genau einmal.

Stufen der Herleitung

Die Schablone zur impliziten Modellierung des Kontrollzustands wird in den folgenden Stufen hergeleitet:

① Im ersten Abschnitt der Herleitung werden die Arten von „wait"-Anweisungen vorgestellt. Weiterhin werden die Prozeßschablonen mit einer „sensitivity list" in äquivalente Formen mit einer einzigen „wait"-Anweisung umgeformt. Zunächst wird die

   (a) kombinatorische Prozeßschablone behandelt und dann

   (b) der getaktete Prozeß.

② Die „single-process"-Modellierungsschablone einer (E)FSM mit einer globalen „case"-Verzweigung wird in zwei Stufen in eine Form mit mehreren „wait"-Anweisungen umgeformt.

   (a) „sensitivity list" ⇒ Eine „wait"-Anweisung

   (b) Eine „wait"-Anweisung ⇒ Mehrere „wait"-Anweisungen

③ In der Schablone mit mehreren „wait"-Anweisungen werden die Zuweisungen auf die Zustandsvariable durch unbedingte Sprünge („Gotos") ersetzt.

④ Die unbedingten Sprünge werden durch strukturierte Sprachmittel ersetzt.

⑤ Die implizite Zustandsmodellierung wird an einem Beispiel ohne eine lineare Zustandssequenz demonstriert.

Aufbau

Im folgenden Abschnitt 6.1 werden die Möglichkeiten der impliziten Zustandsmodellierung an einem Codefragment demonstriert. Die drei Arten der „wait"-Anweisungen werden in Abschnitt 6.2 vorgestellt. In die „single-process"-Schablone einer EFSM wird im Abschnitt 6.3 eine „wait"-Anweisung eingeführt, welche dann vervielfacht und in die Zweige der „case"-Anweisung verschoben wird. Die Zuweisungen auf die Zustandsvariable werden im Abschnitt 6.4 durch unbedingte Sprünge ersetzt, an deren Stelle im Abschnitt 6.5 strukturierte Sprachmittel treten. Die implizite Zustandsmodellierung wird in Abschnitt 6.6 an einer Einheit ohne eine lineare Zustandssequenz vorgeführt.

6.1 Kompakte Modellierung und Rescheduling

Die Gründe für eine weitere Abstraktion von der Strukturinformation in der Beschreibung eines Zustandsregisters werden in diesem Abschnitt genauer betrachtet. Zunächst werden durch den Vergleich von zwei Codefragmenten die Möglichkeiten zur kompakteren Formulierung durch Schleifen angedeutet, dann wird die Vereinfachung des Reschedulings diskutiert.

6.1. KOMPAKTE MODELLIERUNG UND RESCHEDULING

A) Kompaktere Modellierung

Das vorherige Kapitel 5 ist durch eine Demonstration der impliziten Modellierung der Datenpfade mit dem Modell eines Parallel-Serien-Wandlers („transmitter") abgeschlossen worden. Im folgenden Codefragment 6.1 ist ein Auschnitt aus dem kompletten Modell im Codefragment 5.22 (S. 208) gezeigt.

Explizite Modellierung des Kontrollzustands

Der Ausschnitt im Codefragment 6.1 beginnt mit einer „sensitivity list" nach dem Schlüsselwort „process", welche nur das Signal „clk" enthält. Nach der Abfrage der Taktflanke werden je nach dem Wert der Zustandsvariable „state" die Anweisungen in einem Zweig der „case"-Anweisung ausgeführt. Bevor der Kontrollzustand „SEND_BITS" eingenommen wird, wird die Variable „bit_counter" geladen.

6.1
```
        PROCESS(clk)
            SUBTYPE t_bit_counter IS INTEGER RANGE dataword'RANGE;
            VARIABLE bit_counter : t_bit_counter;    -- counts the bits sent so far
            ...
        BEGIN
            IF (clk'EVENT AND clk='1') THEN
                CASE state IS
                    ...
                        bit_counter := t_bit_counter'LOW;  -- first bit to be transmitted
                        state := SEND_BITS;                -- transmit the bits
                    ...
                    WHEN SEND_BITS =>
                        dataline <= dataword(bit_counter); -- put the bit on the line
                        IF (bit_counter < t_bit_counter'high) THEN -- each bit sent??
                            bit_counter := bit_counter +1; -- Not => next position
                        ELSE
                            state := SEND_STOPS;           -- Yes => send stops bits.
                        ...
                        END IF;
                    ...
```

Im Zustand „SEND_BITS" wird dann die durch die Variable „bit_counter" bezeichnete Bitposition des Datenworts „dataword" auf die Ausgangsleitung „dataline" ausgegeben. Dann wird im Codefragment 6.1 der Wert der Variablen „bit_counter" mit einer Obergrenze verglichen. War der Wert kleiner als die Obergrenze, so wird die Variable inkrementiert und der Wert der Variable „state" bleibt „SEND_BITS". Nimmt die Variable „bit_counter" einen Wert größer oder gleich dieser Obergrenze an, so wird der Variablen „state" der Wert „SEND_STOPS" zugewiesen. Der Wert der Variablen „state" bestimmt, welcher Zweig der globalen „case"-Anweisung im nächsten Taktzyklus eingenommen wird. Daher könnte man die Zuweisungen auf die Variable „state" durch „goto"-Anweisungen ersetzen. Allerdings wäre dies nur ein Zwischenschritt, denn wiederholt abzuarbeitende Funktionen, welche durch einen Zähler kontrolliert werden, lassen sich wesentlich übersichtlicher durch eine „for"-Schleife beschreiben.

Formulierung mit strukturierten Sprachmitteln

Der im Codefragment 6.1 gezeigte Modellausschnitt wird durch eine „for"-Schleife im Codefragment 6.2 beschrieben. Die genaue Semantik der Anweisungen in dem folgenden Codefragment wird im Laufe dieses Kapitels erläutert werden. Der Prozeß im Codefragment 6.2 wird nicht über eine „sensitivity list" aktiviert, daher werden auch keine Signale nach dem Schlüsselwort „process" aufgezählt. Mit den „wait"-Anweisungen im Codefragment 6.2 wird die Abarbeitung einer Instanz des Prozesses solange suspendiert, bis die nächste positive Taktflanke eingetroffen ist.

6.2
```
PROCESS                                 -- no sensitivity list here!
BEGIN
   ...                                  -- send the start bit
   WAIT UNTIL PosEdge(clk);             -- wait until end of start bit
   transmit_loop : FOR i IN dataword'REVERSE_RANGE LOOP
      dataline <= dataword(i);          -- put a data bit on the line
      WAIT UNTIL PosEdge(clk);          -- wait a cycle
   END LOOP transmit_loop;
   stop_loop : FOR i IN 1 TO NoStopBits LOOP-- send the stop bits
   ...
```

In der Schleife „transmit_loop" wird der Zähler „i" initialisiert, die Bitpositionen des „dataword" werden einzeln auf die Ausgangsleitung „dataline" gegeben und der Zähler wird mit der Obergrenze verglichen. Nach der Ausgabe jeder Bitposition wird durch eine „wait"-Anweisung auf die nächste Taktflanke gewartet. Wenn alle Bitpositionen abgesendet worden sind, werden in der Schleife „stop_loop" die Stopbits ausgegeben.

Diese Formulierung ist offensichtlich wesentlich kompakter und übersichtlicher. Im Abschnitt 9.2 (S. 345) wird der komplette Code dieses Beispiels vorgestellt. Dort wird auch gezeigt, daß durch eine implizite Modellierung des Kontrollzustands bei dieser Einheit die notwendige Zahl der Zeilen auf die Hälfte reduziert werden konnte.

B) Einfacheres Rescheduling

Die Abstraktion von den Details einer Implementation kann die automatische oder manuelle Exploration von Alternativen ermöglichen. In Abschnitt 4.5.4 (S. 152) ist am Beispiel eines Paritätsgenerators gezeigt worden, daß die Modellierung vorhandener Entwurfsinformation die automatische Selektion einer optimalen Implementation aus einer Synthesebibliothek verhindern kann. Die Modellierung der Details einer bestimmten Implementation hat in dem Falle die relevante abstrakte Entwurfsinformation verdrängt.

In Tabelle 6.2 sind die bisher diskutierten Ebenen der Abstraktion von der Strukturinformation aufgezählt. In der zweiten Spalte wird die Art der Entwurfsinformation angedeutet, die durch den Übergang auf diese Stufe zusätzlich vernachlässigt wird. Der Art der vernachlässigten Entwurfsinformation wird in der dritten Spalte die dadurch ermöglichte Exploration von Implementationsalternativen gegenübergestellt.

So wird z.B. durch die Abstraktion von der Geometrie durch eine Gatternetzliste die Untersuchung verschiedener Plazierungs- und Verdrahtungsalternativen ermöglicht. Die implizite Modellierung der Datenpfade ermöglicht die automatische Selektion von geeigneten Architekturen aus einer Synthesebibliothek. Da weiterhin bei einer impliziten Modellierung der Datenpfade nicht festgelegt wird, auf welchem Datenpfad eine bestimmte Operation ausgeführt werden soll, können leichter verschiedene Schemata zur Mehrfachnutzung analysiert werden.

	Zusätzlich vernachlässigte Entwurfsinformation	Erleichterte Exploration
SI.G	Geometrie	Anordnung der Zellen
SI.CR	Aufbau der Gatternetzwerke	Logische Minimierung und Abbildung auf die Gatter
SI.SP	Aufteilung in kombinatorische Schaltungen und Register	
SI.ISD	a) Impl. der Datenpfade	a) Impl. der Datenpfade
	b) Abb.: Operation ⇒Datenpfad	b) Mehrfachnutzung
SI.ICS	Wert des Kontrollzustands	Rescheduling

Tabelle 6.2: Vernachlässigung von Implementationsdetails erleichtert die Exploration von alternativen Realisationen

Auf allen bisher vorgestellten Ebenen der Abstraktion von der Strukturinformation wurden die Operationen in einen bestimmten Zustand und damit Taktzyklus eingeplant. In Abschnitt 7.4 (S. 260) wird gezeigt werden, daß eine effektive Anpassung an eine veränderte Durchsatzforderung nur durch ein Rescheduling der Operationen möglich ist. Die Diskussion der Reschedulingverfahren in Abschnitt 8.3 (S. 283) wird zeigen, daß die implizite Modellierung des Kontrollzustands eine Neuzuordnung der Operationen zu Taktzyklen erleichtert. Im wesentlichen werden dazu die im Codefragment 6.2 (S. 218) gezeigten „wait"-Anweisungen verschoben, neue eingefügt oder alte gestrichen.

Die implizite Modellierung des Kontrollzustand kann also die Kompaktheit der Modelle wesentlich verbessern und das Rescheduling erleichtern.

6.2 „Wait"-Anweisung statt „sensitivity list"

In diesem Abschnitt wird gezeigt, wie man die bisher zur Modellierung verwendeten Prozeßschablonen mit einer „sensitivity list" durch Schablonen mit einer oder mehreren „wait"-Anweisungen ersetzen kann.

Die drei Arten von „wait"-Anweisungen

Der VHDL-Standard unterscheidet die folgenden drei Arten von bedingten „wait"-Anweisungen [44]:

① **wait on signal_A**: Die Abarbeitung der sequentiellen Anweisungen nach dieser „wait"-Anweisung wird fortgesetzt, wenn es ein Ereignis für „signal_A" gibt.

   Bsp.: `WAIT ON clk;`

② **wait until cond_A**: Die sequentiellen Anweisungen nach der „wait"-Anweisung werden abgearbeitet, sobald die Bedingung „cond_A" wahr ist.

Bsp. WAIT UNTIL interupt = '1';

③ **wait for Time_X**: Die Ausführung der sequentiellen Anweisungen in dem Prozeß wird für die Zeit „Time_X" unterbrochen.

Bsp.: WAIT FOR 1 us;

Die „wait"-Anweisungen suspendieren die Ausführung der nebenläufigen Prozesse.

Äquivalenter paralleler Kontrollfluß

Eine VHDL-Simulationsmaschine bearbeitet eine Netzliste mit Instanzen von äquivalenten Prozessen. Diese Prozesse werden durch die globale Skala der simulierten Zeit kontrolliert und kommunizieren über Signale. Auf einem konventionellen Rechner werden in der Phase „Zeitschritt" des ereignisorientierten Simulationszyklus alle von den aktuellen Signaländerungen betroffenen Prozesse in beliebiger Reihenfolge ausgeführt (vgl. Abs. 3.4, S. 103). Man kann sich aber auch vorstellen, daß jeder äquivalente Prozeß von einem eigenen Prozessor ausgeführt wird, welcher über die notwendigen Schnittstellen zu einem zentralen Koordinationsrechner verfügt. In einem solchen Rechnersystem könnten alle von einem Zeitschritt betroffenen Prozesse parallel bearbeitet werden. Man kann sich die Funktion der „wait"-Anweisungen durch den Kontrollfluß eines äquivalenten parallel laufenden Prozesses verdeutlichen. Der Kontrollfluß dieses hypothetischen parallelen Prozesses soll „äquivalenter Kontrollfluß" genannt werden.

Die äquivalenten Kontrollflüsse der drei „wait"-Anweisungen sind in Abb. 6.1 als Struktogramme skizziert.

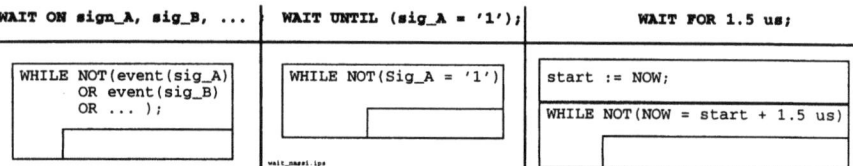

Abb. 6.1: Äquivalente Kontrollflüsse der drei Arten von „wait"-Anweisungen

Kombinatorische Prozeßschablone

Zunächst betrachten wir die kombinatorische Prozeßschablone mit *allen* Eingangssignalen in der „sensitivity list". Eine Instanz eines solchen Prozesses wird, wie alle anderen Instanzen von Prozessen, zu Beginn der Simulation einmal ausgeführt. Der Kontrollfluß endet mit der letzten sequentiellen Anweisung. Die Abarbeitung wird mit der ersten Anweisung des Prozesses fortgesetzt, sobald ein Ereignis für ein Signal aus der „sensitivity list" eintrifft. Die „sensitivity list" des Prozesses in Abb. 6.2 enthält die

6.2. „WAIT"-ANWEISUNG STATT „SENSITIVITY LIST" 221

Eingangssignale „sig_A" und „sig_B". Ein Prozeßrahmen mit einer „sensitivity list" ist nach dem VHDL-Standard [44] eine äquivalente Notation des Prozesses mit einer einzigen „wait"-Anweisung. Diese „wait"-Anweisung erscheint dabei als letzte Anweisung im Prozeßrumpf, weil alle Prozesse zu Beginn der Simulation aktiviert und komplett durchlaufen werden.

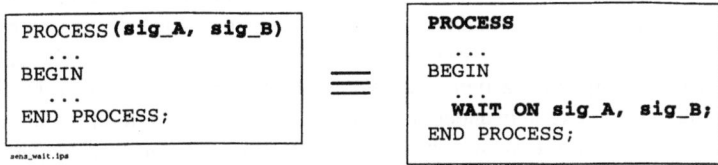

Abb. 6.2: Kombinatorische Prozeßschablone mit „sensitivity list" und einer „wait"-Anweisung

Getaktete Prozeßschablone

In diesem Abschnitt wird die oben erläuterte Äquivalenz der Darstellungsformen eines Prozesses auf die Modellierungschablone eines gedächtnisbehafteten Modells angewandt.

Funktionen zur Abfrage der Taktflanke

Die Modelle im „single-process"-Modellierungsstil beginnen je nach der Art des verwendeten Taktsystems und des geforderten Verhaltens nach der Aktivierung der „reset"-Leitung mit der Abfrage einer Flankenbedingung. Da in der Praxis überwiegend das positiv flankengetriggerte Taktsystem verwendet wird, werden die Funktionen zur Feststellung der Taktflanke an diesem Beispiel definiert werden. Im folgenden Codefragment 6.3 wird die Funktion „PosEdge" zur Detektion einer positiven Taktflanke definiert.

```
6.3   FUNCTION PosEdge (SIGNAL clock : BIT) RETURN BOOLEAN IS
      BEGIN                                      -- merely to save key strokes
          RETURN(clock'EVENT AND clock = '1');   -- a positive edge condition
                                                 -- insert your condition here
      END;
```

Diese Definition der Funktion „PosEdge" basiert auf der Annahme, daß das übergebene Signal „clock" nur zwei mögliche Werte annehmen kann. Falls man aber das Signal „clock" mit einem mehrwertigen Satz von Logikwerten, wie z.B. dem IEEE 1164 Standardwertesatz, modellieren möchte und dem Taktsignal andere Werte als '0' und '1' zugewiesen werden sollen, dann muß man die Funktionsdefinition um eine Abfrage des letzten Wertes in der folgenden Weise erweitern (vgl. Abs. 14.4.1, S. 484).

```
6.4   FUNCTION PosEdge (SIGNAL clock : std_ulogic) RETURN BOOLEAN IS
      BEGIN
          RETURN(clock'EVENT AND clock = '1' AND clk'LAST_VALUE = '0');
      END;
```

6. IMPLIZITE MODELLIERUNG DES KONTROLLZUSTANDS

Exkurs

Mehrwertiger Wertesatz für das Taktsignal? Ob allerdings die Verwendung eines mehrwertigen Logikwertesatzes für das Taktsignal einen Modellierungsvorteil bringt, hängt von dem verwendeten Entwurfsablauf und den aktuellen Bedürfnissen eines Entwurfsprojektes ab. Im allgemeinen wird jedoch bei einem voll-synchronen Entwurf das Taktsignal ein globales Signal sein, das an einem äußeren Anschluß angelegt und durch einen „balancierten Treiberbaum" verteilt wird. Ein balancierter Treiberbaum ist eine Verschaltung von Treibern, welche die Gesamtverzögerungszeit sowie die Unterschiede in den Verzögerungszeiten an den Endpunkten minimiert („skew"). Das globale Taktsignal wird mit keinem anderen internen Signal logisch verknüpft, damit durch das globale Taktsignal die Verschiebung der Testvektoren in einem „Scanpath" kontrolliert werden kann (keine „gated clocks"). Bei diesem Entwurfsstil wird man kaum einen Gewinn von einer Modellierung mit einem mehrwertigen Logikwertesatz haben. Außerdem ist zu beachten, welche Schablone von dem verwendeten Logiksynthesewerkzeug unterstützt wird. Diese Unsicherheiten legen eine zentrale Definition dieser Abfrage und eine konsequente Referenzierung der dort definierten Funktion nahe.

Exkurs

Schablone mit „sensitivity list" und einer „wait"-Anweisung

Die Funktion „PosEdge" wird in den Prozeßschablonen in Abb. 6.3 verwendet, um die Aktivierungsbedingung der Prozesse zu formulieren. In der linken Prozeßschablone in Abb. 6.3 ist nur das Taktsignal „clk" in die „sensitivity list" eingetragen worden, weil das „reset"-Verhalten zunächst implizit modelliert werden soll. Als erste Anweisung in dem Prozeßrumpf wird mit der Funktion „PosEdge" die Flanke des Taktsignals abgefragt. Nur bei einer positiven Taktflanke werden die Anweisungen des Prozesses ausgeführt, während bei einer negativen Taktflanke der Prozeß sofort wieder verlassen wird[3]. Zu Beginn eines Simulationslaufes werden alle Prozesse einmal aktiviert [44]. Da aber die Bedingung „PosEdge(clk)" nicht erfüllt ist, führt dies *nicht* zu einer Abarbeitung der Prozeßschablone auf der linken Seite[4].

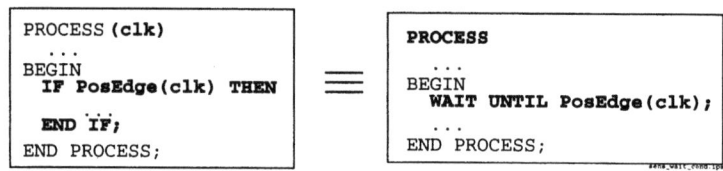

Abb. 6.3: Getaktete Prozeßschablonen mit „sensitivity list" oder einer „wait"-Anweisung

---

[3] Die unnötige Aktivierung solcher Modelle bei der irrelevanten Taktflanke kann von optimierenden Compilern vermieden werden.

[4] Ist die Bedingung „PosEdge(clk)" nicht erfüllt, so werden nur die Anweisungen in dem „then"-Zweig nicht ausgeführt. Alle Anweisungen vor und nach dieser bedingten Verzweigung werden prinzipiell ausgeführt. Die Modellierungsschablone eines *getakteten Prozesses* ohne einen asynchronen „reset" enthält aber keine Anweisungen vor oder nach der bedingten Verzweigung.

Die Prozeßschablone auf der rechten Seite von Abb. 6.3 wird ebenfalls zu Beginn eines Simulationslaufes aktiviert. Da aber die „wait"-Anweisung die erste sequentielle Anweisung im Prozeßrumpf ist und am Anfang einer Simulation die Bedingung „PosEdge(clk)" nicht erfüllt ist, wird die Ausführung sofort wieder suspendiert. Bei der ersten positiven Taktflanke wird die Abarbeitung der Anweisungen wieder aufgenommen, und die Anweisungen des Prozeßrumpfes werden komplett durchlaufen. Da ein Prozeß ohne „sensitivity list" eine unendliche Schleife darstellt, wird die Abarbeitung des Prozesses mit der gezeigten „wait"-Anweisung wieder suspendiert.

Im Unterschied zu der rechten Prozeßschablone in Abb. 6.2 (S. 221) muß die „wait"-Anweisung bei einem gedächtnisbehafteten Modell als erste Anweisung eingefügt werden, um das Verhalten beim Start des Simulationslaufs gegenüber der Schablone mit der bedingten Verzweigung am Anfang des Prozeßrumpfes nicht zu verändern.

Zusammenfassung: „wait"-Anweisung statt „sensitivity list"

In diesem Abschnitt sind die drei Arten von „wait"-Anweisungen vorgestellt worden. Dann wurde die Prozeßschablone für kombinatorische Einheiten mit einer „sensitivity list" durch eine Schablone mit einer „wait on"-Anweisung als letzte Anweisung in dem Prozeßrumpf ersetzt. Es wurde gezeigt, daß der Rahmen des getakteten Prozesses mit einer „sensitivity list" durch eine Prozeßschablone mit einer „wait on PosEdge(clk)"-Anweisung ersetzt werden kann. Diese „wait"-Anweisung muß nicht wie bei der kombinatorischen Prozeßschablone als *letzte* Anweisung, sondern als *erste* Anweisung in den Rumpf des getakteten Prozesses eingefügt werden.

6.3 „single-process"-Schablone einer (E)FSM

Die im vorherigen Abschnitt hergeleitete Darstellung der Prozeßschablone für eine gedächtnisbehaftete Einheit wird in diesem Abschnitt zur Umformung der Prozeßschablone einer (E)FSM im „single-process"-Modellierungsstil verwendet. Dabei wird in einem ersten Schritt in der „single-process"-Schablone die „sensitivity-list" durch eine einzige „wait"-Anweisung ersetzt. Im zweiten Schritt wird eine Darstellung mit einer „wait"-Anweisung in jedem Zweig der globalen „case"-Anweisung entwickelt.

„sensitivity list" ⇒Eine „wait"-Anweisung

Im Modell einer (E)FSM im „single-process"-Stil wird die Variable „state" zur Speicherung des Kontrollzustands explizit als Enumerationstyp „t_state" definiert. Ein solches Modell besteht aus einem Prozeß, welcher durch eine umfassende „case"-Anweisung mit einem Zweig für jeden einzelnen Kontrollzustand dominiert wird. Der Rumpf eines solchen Modells ist im Codefragment 6.5 skizziert. Da in VHDL alle Variablen vom Enumerationstyp mit dem am weitesten links stehenden Wert initialisiert werden, beginnt die Abarbeitung mit den durch „Init_statements" symbolisierten

Anweisungen[5]. Diese Anweisungen können entweder den Ausgangssignalen Werte zuweisen oder aber durch Operationen auf Variablen den Datenzustand transformieren. Dann wird in Abhängigkeit vom Wert des Eingangssignals „a_in" der im nächsten Takt einzunehmende Kontrollzustand bestimmt. Der nächste Kontrollzustand ist entweder „A_state" oder unverändert „Init". Die Anweisungen in den restlichen Kontrollzuständen folgen dem im Kontrollzustand „Init" angedeuteten Muster.

6.5
```
single_process-explicit_state-sens_list : PROCESS(clk) -- sensitivity list
   TYPE t_state IS (Init, A_state, B_state);
   VARIABLE state : t_state;
   ...                                  -- variables for the data state
BEGIN
   IF PosEdge(clk) THEN    --<<--<<-- check clock edge
      CASE state
         WHEN Init =>
            Init_statements ...         -- 1) output signal assignments or
            ...                         -- 2) data state transformations
            IF a_in = L_CONST THEN      -- input signal dependent state transition
               state := A_state;        -- if not fulfilled stay in state Init
            END IF;
         WHEN A_state =>
            A_statements ...
            ...
         WHEN B_state =>
            B_statements ...
            IF count /= K_CONST THEN    -- data state dependent state transition
               state := A_state;        -- otherwise remain in state B_state
            END IF;
      END CASE;
   END IF;
END PROCESS single_process-explicit_state-sens_list;
```

In Abb. 6.3 (S. 222) ist skizziert, wie man einen getakteten Prozeß mit einer „sensitivity list" in einen Prozeß mit einer „wait"-Anweisung transformieren kann. Der Rumpf einer (E)FSM im „single-process"-Stil kann analog in einen Prozeß mit einer „wait"-Anweisung umgeformt werden. Die umgeformte Schablone des (E)FSM-Modells ist im Codefragment 6.6 skizziert.

6.6
```
single_process-explicit_state-single_wait : PROCESS --sensitivity list removed!
   TYPE t_state IS (Init, A_state, B_state);
   VARIABLE state : t_state;
   ...                                  -- variables saving the data state
BEGIN
   WAIT UNTIL PosEdge(clk); --<<--<<-- single wait statement inserted here
   CASE state
      WHEN Init =>
         ...
   END CASE;
   -------------------------------- no further statements allowed here
END PROCESS single_process-explicit_state-single_wait;
```

Da die „wait"-Anweisung als erste Anweisung im Prozeßrumpf auftaucht, ist das Verhalten auch beim Start eines Simulationslaufs identisch mit dem Prozeß mit einer „sensitivity list" im Codefragment 6.5.

---

[5] Diese Aussage gilt z.Z. nur für die Simulationssemantik eines Modells. Zur Synthese muß der Entwickler Designentscheidungen über den Umfang der Initialisierung von Flipflops („partieller reset") und die Art der Initialisierung fällen. (vgl. Abs. 14.3, S. 483)

6.3. „SINGLE-PROCESS"-SCHABLONE EINER (E)FSM

Vervielfachung der „wait"-Anweisungen

Der Kontrollfluß des äquivalenten parallelen Prozesses zu dem Prozeß im Codefragment 6.6 ist auf der linken Seite von Abb. 6.4 skizziert. Ein echt paralleler Prozeß wird ständig abgearbeitet, solange die Simulation läuft. Daher sind in Abb. 6.4 die Struktogramme von einer unendlichen Schleife eingeschlossen. Die „wait"-Anweisungen sind in Abb. 6.4 durch den entsprechenden in Abb. 6.1 (S. 220) gezeigten äquivalenten Kontrollfluß dargestellt.

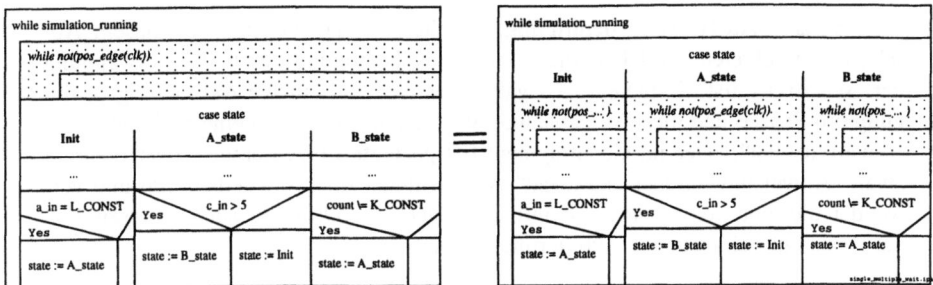

Abb. 6.4: Kontrollfluß durch das Rumpfmodell einer (E)FSM mit einer „wait"-Anweisung oder mehreren „wait"-Anweisungen

Die in Abb. 6.4 gezeigte „while not(PosEdge(clk))"-Schleife kann ohne eine Veränderung des Verhaltens des Prozesses zu den einzelnen Anweisungen in jedem Zustand gruppiert werden. Dies erzeugt zwar „common code", welcher eventuell die Speichergröße des Simulationsjobs vergrößert, aber man gewinnt eine Darstellung mit identischem Verhalten und mehreren „wait"-Anweisungen. Auf der rechten Seite von Abb. 6.4 ist der Kontrollfluß des äquivalenten parallelen Prozesses mit den verschobenen „wait"-Anweisungen skizziert. Der einzige Unterschied zu dem Struktogramm auf der linken Seite von Abb. 6.4 ist, daß die Schleifen für die „wait"-Anweisungen in den Zweigen der Zustandsbehandlung auftauchen. Im Codefragment 6.7 ist der umgeformte Prozeß mit den einzelnen „wait"-Anweisungen in jedem Zustand angedeutet.

```
6.7  single_process-explicit_state-multiple_wait : PROCESS -- no sensitivity list!!
       TYPE t_state IS (Init, A_state, B_state);
       VARIABLE state : t_state;
       ...                             -- variables saving the data state
     BEGIN
       CASE state
         WHEN Init =>
           WAIT UNTIL PosEdge(clk); --<<--<<--<<-- one of the wait statements
           Init_statements ...
           ...
         ...
         WHEN B_state =>
           WAIT UNTIL PosEdge(clk); --<<--<<--<<-- one of the wait statements
           ...
       END CASE;
     END PROCESS single_process-explicit_state-multiple_wait;
```

Mehrere „entry points": In allen vor diesem Abschnitt diskutierten Prozessen wurde die Ausführung der sequentiellen Anweisungen bei jeder Aktivierung mit der ersten Anweisung im Prozeß aufgenommen. Der „entry point" war daher immer die erste sequentielle Anweisung in einem Prozeß. Der im Codefragment 6.7 (S. 225) gezeigte Prozeßrumpf mit mehreren „wait"-Anweisungen wird nach jeder „wait"-Anweisung suspendiert und die Abarbeitung des Prozesses wird mit der ersten Anweisung nach der zuletzt ausgeführten „wait"-Anweisung aufgenommen, d.h. ein solcher Prozeß hat mehrere „entry points".

Eine einzige Aktivierungsbedingung: Weiterhin war bei allen vor diesem Abschnitt betrachteten Modellen die Aktivierungsbedingung durch die Verwendung der „sensitivity list" festgelegt. Es gab daher nur eine einzige Aktivierungsbedingung pro Prozeß und diese war abhängig von einem Ereignis zu einem Signal in der „sensitivity list". Der im Codefragment 6.7 gezeigte Prozeß enthält zwar mehrere „wait"-Anweisungen, aber alle „wait"-Anweisungen sind vom selben Typ und verwenden dieselbe Bedingung „wait until PosEdge(clk)". Daher hat auch in diesem Fall der Prozeß nur eine einzige Aktivierungsbedingung.

„wait"-Anweisungen auf die ausgezeichnete Taktflanke ⇒Synthesesemantik: Es ist aber auch möglich, ein Modell zu implementieren, welches mehrere „wait"-Anweisungen mit unterschiedlichen Bedingungen verwendet. Die Verwendung unterschiedlicher „wait"-Anweisungen würde allerdings die bisher verwendete Modellierung des Wert/Zeit-Verhältnisses der Variablen und Signale verändern. Die Abstraktionsmöglichkeiten in der Modellierung der Wert/Zeit-Relation werden im Kapitel 13 diskutiert. Die kommerziell verfügbare Synthesetechnologie ist zwar in der Lage, fehlende Strukturinformation in einem Modell zu erzeugen, aber bei der Modellierung der Wert/Zeit-Relation ist die Synthese z.Z. noch auf taktorientierte Modelle fixiert. Werden ausschließlich „wait"-Anweisungen auf die ausgezeichnete Taktflanke verwendet, so hat das Modell aber eine volldefinierte Synthesesemantik.

Zusammenfassung: „single-process"-Schablone einer (E)FSM

In diesem Abschnitt ist die Prozeßschablone mit einer „wait on PosEdge(clk)"-Anweisung als letzte Anweisung im Prozeßrumpf benutzt worden, um die „single-process"-Modellierungsschablone einer (E)FSM umzuformen. Die im ersten Schritt eingeführte „wait"-Anweisung ist im zweitem Schritt vervielfacht und in die einzelnen Zweige der globalen „case"-Anweisung verschoben worden.

6.4 Modellierung mit bedingten Sprüngen

Es wird in diesem Abschnitt gezeigt werden, wie man relativ einfach von einer expliziten Modellierung des Kontrollzustandes abstrahieren kann, indem man die Zuweisungen auf die Zustandsvariable durch „goto"-Anweisungen ersetzt. Dies ist der letzte

6.4. MODELLIERUNG MIT BEDINGTEN SPRÜNGEN

Zwischenschritt auf dem Weg zu einer impliziten Modellierung des Kontrollzustandes mit strukturierten Sprachelementen.

Zuweisungen auf die Zustandsvariable als Sprünge: Die Modelle einer EFSM mit einer expliziten Modellierung des Kontrollzustandes haben eine gewisse Ähnlichkeit mit einem Programm in der „goto"-Technik, denn durch die Zuweisung eines Wertes an die jeweilige Zustandsvariable wird festgelegt, welchen Zustand das Modell im nächsten Takt annehmen wird. Da der Wert der Zustandsvariablen bestimmt, welcher Zweig der „case"-Anweisung durchlaufen wird, kann man eine Zuweisung auf die Zustandsvariable als „goto"-Anweisung interpretieren.

```
PROCESS                                    PROCESS
   VARIABLE state : t_state;                  ...
   ...                                     BEGIN
BEGIN                                          INIT : WAIT UNTIL pos_edge(clk);
   CASE state                                     INIT_statements ...
      WHEN INIT =>                                IF a_in = 5 THEN
         WAIT UNTIL pos_edge(clk);                   GOTO A_state;
         INIT_statements ...                     ELSE
         IF a_in = 5 THEN              ≡            GOTO INIT;
            state := A_state;                   END IF;
         END IF;                              A_state WAIT UNTIL pos_edge(clk);
      WHEN A_state =>                            A_statements ...
         WAIT UNTIL pos_edge(clk);                IF data_state = CONST THEN
         A_statements ...                           GOTO B_state;
         IF data_state = CONST THEN            ELSE
            state := B_state;                      GOTO A_state;
         END IF;                              END IF;
      ...                                      ...
END PROCESS;                               END PROCESS;
```

Abb. 6.5: Zuweisung auf die Zustandsvariable versus „goto"-Anweisung

„single-process"-Schablone mit mehreren „wait"-Anweisungen: In Abb. 6.5 ist auf der linken Seite der Prozeßrumpf eines EFSM-Modells im „single-process"-Stil gezeigt. Dieses Modell verwendet eine „case"-Anweisung zur Modellierung des Verhaltens in den einzelnen Kontrollzuständen. Die in jedem Zustand durchgeführten Zuweisungen auf die Ausgangssignale oder Transformationen des Datenzustandes sind durch Symbole der Form „Init_statements ..." dargestellt. Die erste Anweisung in jedem Zweig der „case"-Anweisung ist eine „wait"-Anweisung, um die Äquivalenz des Verhaltens zu der Darstellung mit einer „sensitivity list" sicherzustellen. In jedem Zweig der „case"-Anweisung werden die Werte der Eingangssignale, wie „a_in", oder die Werte der Variablen des Datenzustand, wie „data_state", abgefragt, um den neuen Wert der Zustandsvariable „state" zu bestimmen.

Pseudo „Goto"-Anweisungen: Auf der rechten Seite von Abb. 6.5 wird keine Variable „state" zur Speicherung des Kontrollzustands definiert. Die Anweisungen in jedem Zweig der nicht mehr vorhandenen „case"-Anweisung sind mit einer Marke („label")

versehen worden, damit die Zuweisungen auf die Zustandsvariable „state" durch „goto"-Anweisungen ersetzt werden können. Die Spezifikation des Wertes der Zustandsvariablen „state" ist in den einzelnen Zweigen der „case"-Anweisung auf der linken Seite unvollständig, daher sind die bedingten Verzweigungen auf der rechten Seite vervollständigt worden. Es gibt in VHDL weder eine „goto"-Anweisung noch Marken („labels") für beliebige sequentielle Anweisungen. Daher ist der Code auf der rechten Seite von Abb. 6.5 als Pseudocode zur Illustration eines Zwischenschrittes zu verstehen.

Analogie: Assemblerprogrammierung

Die Modellierung des Kontrollzustandes durch einen Zeiger auf die zuletzt ausgeführte Anweisung ist für die Assemblerprogrammierung charakteristisch und daher wird hier eine Diskussion dieser Analogie eingeschoben. Im Abschnitt 6.5 (S. 229) wird dann die Herleitung der impliziten Zustandsmodellierung mit der Ersetzung der unbedingten Sprünge durch strukturierte Sprachmittel fortgesetzt.

| Exkurs | Eine Modellierung des Kontrollzustandes durch den Zeiger auf die zuletzt ausgeführte Anweisung ist für die Programmierung auf Assemblerebene typisch. Der Zeiger auf die zuletzt ausgeführte Anweisung – genauer: das zuletzt geladene Wort derselben – wird „program counter (PC)" genannt. Dieser Zeiger wird in einem internen Register des Prozessors abgelegt. Der Programmierer manipuliert dieses Register durch Sprungbefehle der Art „JMP next_addr". Ein solcher Sprungbefehl entspricht einer „goto"-Anweisung in einer höheren Programmiersprache. Der Sprungbefehl „JMP next_addr" kann meist durch einen Ladebefehl des internen Registers, wie „LDPC next_addr", ersetzt werden. Ein solcher Ladebefehl entspricht der Zuweisung eines Wertes an die Zustandsvariable „state".

Allerdings zeigt der PC auf die einzelnen Wörter jeder Assemblerinstruktion, während der „Kontrollzustandszeiger" nur auf die „wait"-Anweisungen eines Prozesses zeigen kann. Die einzelnen sequentiellen Anweisungen eines vollständigen Kontrollpfads (vgl. Abs. 7.2, S. 240) bilden aus der Sicht des „Kontrollzustandszeigers" eine „Super"-instruktion, die von dem applikationsspezifischen VLIW[6]-Prozessor in einem Takt ausgeführt werden kann.

Applikationsspezifischer VLIW-Prozessor

Es ist allerdings zu beachten, daß im Unterschied zur Assemblerprogrammierung die Möglichkeiten der ausführenden Hardwarestruktur nicht festgelegt sind, wenn ein solches Modell implementiert wird. Vielmehr werden durch das Modell nur Operationen für einen bestimmten Takt eingeplant („scheduling"). Ob es eine im Rahmen der Taktvorgabe realisierbare Struktur aus Gattern und Makros gibt, welche diese Operationen in einem Takt ausführen kann, kann erst nach einer Logiksynthese entschieden werden. Viele Operationen werden nur in einigen wenigen Kontrollzuständen ausgeführt, so daß man ähnliche Operationen, die nicht im selben Zustand benötigt werden, von

---

[6] Very Long Instruction Word

6.5. MODELLIERUNG MIT STRUKTURIERTEN SPRACHMITTELN

einem einzigen Datenpfad ausführen lassen kann („hardware resource sharing"). Um den Implementationsaufwand zu reduzieren, wird man daher vor einer Logiksynthese analysieren, welche Operationen durch einen einzigen hinreichend dimensionierten Datenpfad ausgeführt werden können. Diese Analyse bestimmt die Zahl der Datenpfade, welche in einer Implementation allokiert werden müssen („Allocation"). In einem Schritt, der „Assignment" genannt wird, wird festgelegt, welche Operationen in welchem Takt auf welchem Datenpfad ausgeführt werden. Im Schritt „Allocation" wird daher der Operationsumfang und im Schritt „Assignment" die Verdrahtungsstruktur („Busse") des applikationsspezifischen Prozessors festgelegt. Man kann daher die Modellierung auf dieser Ebene als die Assemblerprogrammierung eines applikationsspezifischen VLIW-Prozessors [94] interpretieren. Dieser applikationsspezifische Prozessor führt allerdings ein festes Programm aus, welches im Modell beschrieben ist.

| Exkurs |

Zusammenfassung: Modellierung mit bedingten Sprüngen

In diesem Abschnitt sind in der Prozeßschablone mit mehreren „wait"-Anweisungen die Zuweisungen auf die Zustandsvariable „state" durch unbedingte Sprünge ersetzt worden. Dazu wurde die globale „case"-Anweisung gestrichen und die einzelnen Zweige wurden mit einer Sprungmarke versehen.

6.5 Modellierung mit strukturierten Sprachmitteln

Im vorherigen Abschnitt ist gezeigt worden, wie man den Kontrollzustand statt mit Zuweisungen auf die Variable „state" mit Marken („labels") und „goto"-Anweisungen implizit modellieren kann. Es ist bekannt, daß eine Verwendung von „goto"-Anweisungen zu wenig übersichtlichen Programmen führen kann („Spaghetti Code")[65]. Eine Verwendung von „goto"-Anweisungen ist nicht notwendig, denn man kann zeigen, daß man jeden beliebigen Kontrollfluß mit den Mitteln strukturierter Programmierung beschreiben kann [49]. Falls es dennoch eine Anwendung gibt, die einfacher mit „goto"-Anweisungen beschrieben werden kann, so kann man immer den Kontrollzustand explizit modellieren und die „goto"-Anweisungen durch Wertzuweisungen an die Kontrollvariable „state" emulieren.

Explizite Zustandsmodellierung bei hochvermaschten Zustandsdiagrammen: Die Blasen mit den Buchstaben symbolisieren in Abb. 6.6 die verschiedenen Kontrollzustände einer (E)FSM. Da es viele mögliche Übergänge zwischen den Zuständen gibt, kann in einem solchen Fall eine explizite Modellierung des Kontrollzustands mit Zuweisungen auf die Variable „state" sinnvoller sein. Bei den meisten Anwendungen wird man aber durch strukturierte Programmierung eine bessere Darstellung des Modells erreichen. Daher soll im folgenden gezeigt werden, wie man die „goto"-Anweisungen durch strukturierte Sprachelemente, wie z.B. Schleifen, ersetzen kann.

6. IMPLIZITE MODELLIERUNG DES KONTROLLZUSTANDS

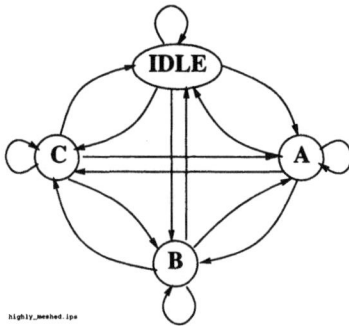

Abb. 6.6: Ein stark vermaschtes (Kontroll)-Zustandsdiagramm

Ersetzung der unbedingten Sprünge durch strukturierte Sprachmittel

In Abb. 6.7 ist auf der linken Seite noch einmal der Pseudocode des Prozeßrahmens aus Abb. 6.5 (S. 227) mit den „goto"-Anweisungen gezeigt. In dem Pseudocode auf der linken Seite wird eine lineare Sequenz von Zuständen, welche alle Zustände genau einmal enthält, identifiziert. Diese Sequenz beginnt hier mit den Zuständen „Init" und „A_state". Auf der rechten Seite von Abb. 6.7 sind die Anweisungen zu diesen Zuständen in dem Prozeßrumpf hintereinander angeordnet.

```
PROCESS
  ...
BEGIN
  Init :WAIT UNTIL pos_edge(clk);
    Init_statements ...
    IF a_in = 5 THEN
      GOTO A_state;
    ELSE
      GOTO INIT;
    END IF;
  A_state : WAIT UNTIL pos_edge(clk);
    A_statements ...
    IF data_state = CONST THEN
      GOTO B_state;
    ELSE
      GOTO A_state;
    END IF;
  ...
END PROCESS;
```

≡

```
PROCESS
  ...
BEGIN
  Init : LOOP
    WAIT UNTIL pos_edge(clk);
    Init_statements ...
    IF a_in = 5 THEN
      exit INIT;
    END IF;
  END LOOP Init;
  A_state : LOOP
    WAIT UNTIL pos_edge(clk);
    A_statements ...
    IF data_state = CONST THEN
      exit A_state;
    END IF;
  END LOOP A_state;
  ...
END PROCESS;
```

Abb. 6.7: Implizite Modellierung des Kontrollzustands durch „goto"-Anweisungen und mit den Mitteln strukturierter Programmierung

Um das Verhalten beim Start einer Simulation nicht gegenüber der Version mit einer „sensitivity list" zu verändern, wird beim Start zunächst mit einer „wait"-Anweisung auf das Eintreffen der Taktflanke gewartet. Dann werden die durch „Init_statements" symbolisierten Anweisungen ausgeführt. Ist der aktuelle Wert des Eingangssignals „a_in" gleich 5, so wird die Schleife „Init" durch eine „exit"-Anweisung[7] verlassen. Dies entspricht dem Sprung zu der Marke „A_state" auf der linken Seite von Abb. 6.7. Ist der Wert des Eingangssignals „a_in" ungleich 5, so wird die Schleife „Init" nochmal durchlaufen. Die erste Anweisung in der folgenden Schleife „A_state" ist eine „wait"-Anweisung, wie in der vorhergehenden Schleife „Init". Nach der Ausführung der durch „A_statements" symbolisierten Anweisungen wird die Variable des Datenzustands „data_state" mit dem Wert „CONST" verglichen. Bei Wertgleichheit wird die Schleife „A_state" verlassen und bei Ungleichheit wird die Schleife noch einmal durchlaufen. Dieses Verhalten entspricht dem Verhalten des Prozesses, welcher mit „goto"-Anweisungen formuliert wurde und auf der linken Seite von Abb. 6.7 abgebildet ist.

Die Umformung in Abb. 6.7 zeigt, daß man nicht auf „goto"-Anweisungen angewiesen ist, um von einer expliziten Modellierung des Kontrollzustands zu abstrahieren. Die Diskussion eines echten Modells in Abschnitt 9.2 (S. 345) wird deutlich machen, daß man durch die implizite Modellierung des Kontrollzustands mit strukturierten Sprachmitteln die Kompaktheit und Lesbarkeit erheblich steigern kann.

Zusammenfassung: Modellierung mit strukturierten Sprachmitteln

In einem Modell, dessen Zustandsübergänge mit Pseudo „goto"-Anweisungen formuliert worden sind, ist eine lineare und vollständige Sequenz von Zuständen identifiziert worden. Die Anweisungen der einzelnen Zustände sind in separaten Schleifen hintereinander angeordnet worden und die Zustandsübergänge sind mit „exit"-Anweisungen formuliert worden. Eine implizite Modellierung des Kontrollzustands ist daher auch mit den Sprachmitteln der strukturierten Programmierung möglich.

6.6 Modellierung ohne eine lineare Zustandssequenz

Die im vorherigen Abschnitt demonstrierte Umformung von einem Prozeßrumpf mit mehreren „goto"-Anweisungen zu einem strukturiert modellierten Prozeßrumpf basiert auf der Identifikation einer linearen und vollständigen Zustandssequenz. Diese Zustandsequenz bestimmt die Anordnung der Anweisungen in dem mit strukturierten Sprachmitteln beschriebenen Prozeß. In diesem Abschnitt wird an einem Beispiel ohne einen offensichtlichen „Haupt"-Kontrollfluß die strukturierte implizite Modellierung des Kontrollzustands demonstriert.

Mehrere „wait"-Anweisungen, aber explizite Zustandsmodellierung: Auf der linken Seite von Abb. 6.8 ist der schon auf der rechten Seite von Abb. 6.4 (S. 225) gezeigte Prozeßrumpf abgebildet. Dieser Prozeßrumpf einer EFSM im „single-process"-

---

[7] Der Prozeß auf der rechten Seite könnte durch die Verwendung von bedingten „exit"-Anweisungen der Form „exit Init when a_in = 5" kompakter formuliert werden. Sie werden hier nicht benutzt, um zum einen die Komplexität zu begrenzen und zum anderen die Darstellung durch Struktogramme nicht zu erschweren.

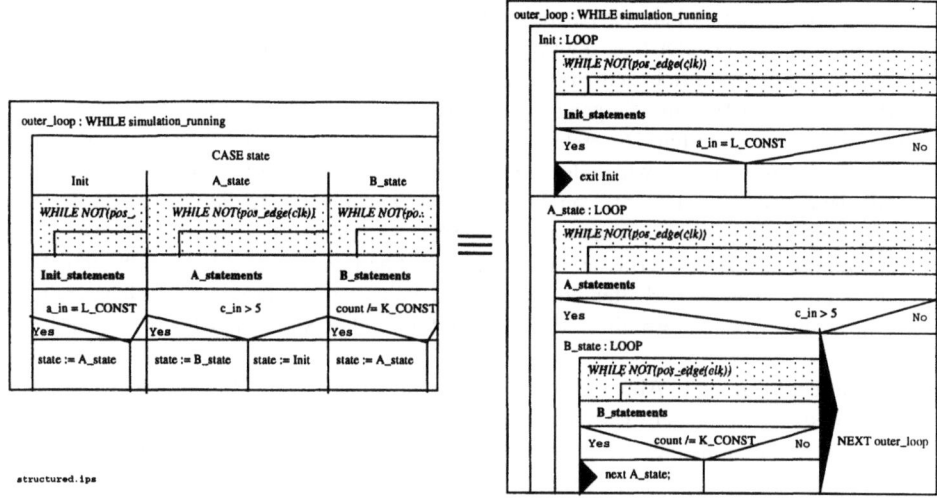

Abb. 6.8: Strukturierte implizite Modellierung des Kontrollzustands ohne einen „Haupt"-Kontrollfluß

Modellierungsstil hat in jedem Kontrollzustand eine eigene „wait"-Anweisung, welche durch die Schleife „while not(PosEdge(clk))" symbolisiert ist. Der Kontrollzustand ist allerdings noch durch die Variable „state" und die umfassende „case"-Klammer explizit modelliert. Es werden die Kontrollzustände „Init", „A_state" und „B_state" erwähnt. Die Ausführung des Prozesses auf der linken Seite beginnt im Kontrollzustand „Init", weil beim Start der Simulation die Variable „state" mit dem Wert „Init" initialisiert wird. Nach der ersten positiven Taktflanke werden zunächst die Anweisungen ausgeführt, welche durch „Init_statements" in Abb. 6.8 symbolisiert sind. Der Wert des Eingangssignals „a_in" bestimmt den Kontrollzustand, welcher im nächsten Takt eingenommen werden soll. Dann wird die Ausführung der sequentiellen Anweisungen suspendiert, bis die nächste positive Taktflanke eintrifft. Der Kontrollzustand „A_state" wird für eine Taktperiode angenommen und danach gelangt man entweder zurück zum Kontrollzustand „Init" oder zum Kontrollzustand „B_state". Solange der Wert der Variablen „count" gleich der Konstanten „K_CONST" ist, bleibt die EFSM im Kontrollzustand „B_state". Andernfalls nimmt die EFSM wieder den Kontrollzustand „A_state" an.

Implizite Zustandsmodellierung mit strukturierten Sprachmitteln: Auf der rechten Seite von Abb. 6.8 ist dieser Kontrollfluß mit den Mitteln der strukturierten Programmierung modelliert. Da keine lineare und vollständige Zustandssequenz in dem Struktogramm auf der linken Seite von Abb. 6.8 identifiziert werden kann, wurde der Kontrollzustand „B_state" in den Schleifenrumpf für den Kontrollzustand „A_state" integriert. Der Prozeßrumpf auf der rechten Seite wird von einer äußeren Schleife „outer_loop" umschlossen, um mit einer „next outer_loop"-Anweisung von jedem Zustand zum Beginn dieser Schleife und damit in den Kontrollzustand „Init" zurückkehren zu können.

Die erste Anweisung in der Schleife „outer_loop" ist eine weitere Schleife mit der Marke „Init". Um das Verhalten nicht gegenüber dem im Codefragment 6.5 (S. 224) gezeigten Prozeß mit einer „sensitivity list" und einer expliziten Modellierung des Kontrollzustands zu verändern, beginnt die Schleife „Init", indem man auf das Eintreffen der positiven Taktflanke wartet. Nach dem Eintreffen werden die durch „Init_statements" symbolisierten Anweisungen abgearbeitet. Falls die Bedingung „a_in = L_CONST" erfüllt ist, wird die Schleife „Init" mit einer „exit"-Anweisung verlassen, und die Abarbeitung der Schleife „A_state" beginnt. War die Bedingung „a_in = L_CONST" nicht erfüllt, so wird weiterhin die Schleife „Init" durchlaufen.

In der Schleife „A_state" wird zunächst ebenfalls auf die Taktflanke gewartet, um dann die durch „A_statements" symbolisierten Anweisungen auszuführen. Ist der aktuelle Wert des Eingangssignals „c_in" größer als 5, so wird die Schleife „B_state" bearbeitet. Ist aber die Bedingung „c_in > 5 " nicht erfüllt, so wird mit der „next"-Anweisung die Schleife „A_state" verlassen und die Schleife „outer_loop" erneut durchlaufen.

In der Schleife „B_state" werden nach der nächsten positiven Taktflanke die Anweisungen „B_statements" ausgeführt und dann mit „count $\neq$ K_CONST" eine Variable des Datenzustands abgefragt. Ist diese Bedingung an den Datenzustand nicht erfüllt, so wird die Schleife „B_state" erneut durchlaufen. Ist aber die Bedingung erfüllt, so wird durch die Zeile „next A_state" die Schleife „B_state" verlassen und die Schleife „A_state" erneut durchlaufen.

Zusammenfassung: Modellierung ohne eine Zustandssequenz

Die Ersetzung der unbedingten Sprünge durch strukturierte Sprachmittel im vorherigen Abschnitt basierte auf der Identifikation einer vollständigen und linearen Zustandssequenz. In einem solchen Fall werden die Anweisungen zu jedem Zustand in Schleifen zusammengefaßt, die hintereinander im Prozeßrumpf angeordnet werden. Durch eine *Schachtelung der Schleifen* kann man aber auch den Kontrollzustand von Einheiten ohne eine vollständige und lineare Zustandssequenz implizit modellieren.

Kein Risiko direkter Timing-Pfade

Eine Modellierung der Wert/Zeit-Relation, welche von den Verzögerungszeiten einer Schaltung auf Gatterebene abstrahiert, erzeugt das Risiko, daß unbemerkt und ungewollt Einheiten mit einem direkten Timingpfad von einem Ein- auf einen Ausgang modelliert werden (vgl. Abs. 2.1.3, S. 29). Daher sollten bevorzugt Modellierungsschablonen verwendet werden, die es nicht erlauben, Schaltungen mit direkten Timingpfaden zu beschreiben.

Die in diesem Abschnitt vorgestellten Prozeßschablonen verwenden nur „wait"-Anweisungen, die auf eine bestimmte Änderung des Taktes reagieren. Eine Änderung der Eingangssignale kann somit erst einen Takt später an den Ausgangsklemmen beobachtet werden. Ein Synthesewerkzeug wird daher Flipflops instanziieren, um die

| Exkurs |

Exkurs	Ausgangssignale während der Taktperiode konstant zu halten. Kommen aber alle Ausgangssignale direkt aus Flipflops, so kann es keine direkten Timingpfade von einem Eingang auf einen Ausgang geben.

Zusammenfassung: Herleitung der impliziten Modellierung des Kontrollzustandes

In diesem Kapitel wurde ausgehend von der Prozeßschablone mit einer „sensitivity list" eine äquivalente Prozeßschablone mit einer einzigen „wait"-Anweisung dargestellt. Die Prozeßschablone mit einer „wait"-Anweisung ist in eine Prozeßschablone mit mehreren „wait"-Anweisungen umgeformt worden. Diese Notation wurde benutzt, um eine implizite Modellierung des Kontrollzustands mit den Sprachmitteln der strukturierten Programmierung herzuleiten. Bei einer impliziten Modellierung des Kontrollzustands bestimmt der Zeiger auf die zuletzt ausgeführte „wait"-Anweisung den aktuellen Kontrollzustand. Diese Modellierung wurde mit der Assemblerprogrammierung verglichen, wo ebenfalls ein Teil des Kontrollzustandes durch einen Zeiger auf die zuletzt ausgeführte Anweisung dargestellt wird. Durch eine Schachtelung von Schleifen können auch Einheiten ohne eine lineare und vollständige Zustandssequenz modelliert werden.

Weitere Diskussion der impliziten Zustandsmodellierung

Im Abschnitt 8.2 (S. 280) wird der Einfluß der Position einer „wait"-Anweisung in einem Modell auf das zeitliche Klemmenverhalten diskutiert. Die Methoden zum Rescheduling durch das Verschieben, Einfügen und Streichen von „wait"-Anweisungen werden in Abschnitt 8.3 (S. 283) erläutert. Im Anschluß werden im Abschnitt 9.1 (S. 338) „while"- und „for"-Schleifen eingeführt. Im Abschnitt 9.2 (S. 345) wird die implizite Modellierung des Kontrollzustands an dem Modell einer realen Einheit demonstriert. Mit einer Diskussion der Vor- und Nachteile in Abschnitt 9.3 (S. 352) und einer Demonstration der Möglichkeiten einer Modellierung des Verhaltens nach der Aktivierung der „reset"-Leitung in Abschnitt 9.4 (S. 355) wird die Vorstellung der impliziten Zustandsmodellierung abgeschlossen.

Analyse- und Umformungsverfahren in den folgenden Kapiteln

Mit den beiden folgenden Kapiteln wird die Darstellung weiterer Abstraktionsmöglichkeiten von der Strukturinformation unterbrochen und es werden geeignete abstrakte Analyse- und Umformungsverfahren diskutiert. Die folgenden Fragen werden in den nächsten beiden Kapiteln diskutiert:

① Ist ein vorhandenes abstraktes Modell implementierbar?

Die Analyse der verschiedenen Kontrollpfade, die bei einer Aktivierung des Modells komplett durchlaufen werden, wird zur Abschätzung der Realisierbarkeit verwendet.

6.6. MODELLIERUNG OHNE EINE LINEARE ZUSTANDSSEQUENZ

② Gegeben seien: Algorithmus, Durchsatzanforderung und Technologie. Wieviele Operationen müssen im Mittel in eine bestimmte Zeitspanne eingeplant werden?

Diese Frage stellt sich am Anfang eines Projektes, bei dem ein Satz von Anweisungen („Algorithmus") periodisch in einer bestimmten Zeitspanne ausgeführt werden soll.

(Diese Frage muß in einem Projektverlauf *vor* der Frage nach der Implementierbarkeit beantwortet werden. Sie wird als zweite behandelt, weil die Begriffe der Kontrollpfadanalyse zur Beantwortung dieser Frage benötigt werden.)

③ Wie muß man ein vorhandenes Modell umformen, um es mit geringen Effizienzverlusten mit einem neuen Durchsatz implementieren zu können?

Ein Vergleich verschiedener Methoden wird zeigen, daß dies nur durch eine Veränderung der mittleren Zahl der Operationen pro Taktzyklus erreicht werden kann.

7 Analyse der Kontrollpfade

In einem rückwirkungsfreien Entwurfsprozeß muß die Modellierung auf abstrakteren Ebenen durch geeignete Analysemethoden zur Einschätzung der Implementierbarkeit ergänzt werden. Mit der Kontrollpfadanalyse werden Mengen von Operationen extrahiert, die in einem bestimmten Zeitabschnitt durchgeführt werden müssen. Durch eine Betrachtung dieser Mengen kann man die Realisierbarkeit der Taktvorgabe sowie den Implementationsaufwand abschätzen. Die Anwendung der Kontrollpfadanalyse wird an Schleifen mit und ohne „wait"-Anweisungen demonstriert. Die Bedeutung von statisch oder dynamisch bestimmten Ausdrücken für die Synthesesemantik wird erläutert. In vielen Applikationen der digitalen Signalverarbeitung muß ein Algorithmus periodisch ausgeführt werden. Ein solcher Algorithmus wird implementiert, indem die Ausführungsreihenfolge der Operationen („Scheduling") durch ein RT-Modell festgelegt wird. Eine Anpassung an eine geänderte Durchsatzforderung durch eine erneute Logiksynthese mit veränderter Taktrandbedingung ist nur in einem beschränkten Bereich möglich und führt zu Implementationen geringerer Effizienz.

Einleitung

Bei einer impliziten Modellierung des Kontrollzustands wird weder zu jedem Takt ein vom Entwickler benannter Zustand eingenommen noch werden in jedem Zustand die Operationen eines bestimmten „case"-Zweiges durchgeführt. Es ergibt sich damit ein größeres Risiko, daß man in eine Taktperiode unrealistisch viele Operationen einplant. In diesem Kapitel werden daher die beiden folgenden Fragen diskutiert:

① Ist ein vorhandenes, abstraktes Modell implementierbar?

② Gegeben seien: Algorithmus, Durchsatzanforderung und Technologie

　Wieviele Operationen müssen im Mittel in eine bestimmte Zeitspanne (z.B. Taktzyklus) durch ein Modell eingeplant werden?

Im folgenden Abschnitt werden zur Einleitung die bekannten Analyseverfahren auf der Gatterebene kurz diskutiert.

7.1 Analogie auf der Gatterebene: Timinganalyse

Erzeugende und analysierende Aktivitäten beim Entwurf: Der Entwurf einer Schaltung ist durch eine erzeugende und eine analysierende Aktivität bestimmt (vgl. Abs. 1.3, S. 13). Die erzeugende Aktivität beschäftigt sich mit der Generierung von Modellen, welche in der analysierenden Aktivität untersucht und bewertet werden. Durch die Entscheidung für ein bestimmtes Modell, welches die Spezifikationen erfüllt und die Kosten minimiert, wird in einem Projekt Designinformation erzeugt [80].

Im allgemeinen sind diese beiden Aktivitäten nicht klar voneinander getrennt, weil für den erfahrenen Entwickler häufig die Analyse und Bewertung eines Modells „unmittelbar klar" ist. Diese Leichtigkeit der Entscheidung ergibt sich aus

① einem klaren Verständnis der Analysemethoden und einer

② langen Erfahrung in der Anwendung derselben.

Gatterebene: Analyse des Timings

So wird kaum ein Entwickler auf der Gatterebene zu jeder neu entworfenen Schaltung eine komplette Timing-Analyse durchführen (vgl. Abs. 2.1.3, S. 29). Der kritische Pfad ist entweder bekannt oder läßt sich durch die Betrachtung einiger weniger Pfade ermitteln. Da dem Entwickler die Bedeutung langer Timingpfade für die Taktperiode in einem voll-synchronen Entwurf bekannt ist, werden bei der Erzeugung neuer Schaltungen Entwurfsalternativen mit übermäßig langen Pfaden unmittelbar verworfen.

Gatterebene: Analyse des Implementationsaufwandes

Die Abschätzung des Implementationsaufwandes ist bei einer Entwicklung auf der Gatterebene trivial, weil jedes Gatter, und damit ein Teil der Siliziumfläche, durch ein graphisches Symbol in einem Schaltplan repräsentiert ist. Der erfahrene Entwickler kennt die Flächenverhältnisse der häufig verwendeten Gatter und hat daher ein sicheres Gefühl für die Implementierbarkeit einer Lösung. Die Summation der Flächen aller instanziierten Gatter vernachlässigt die Flächenanteile, welche zur Verdrahtung dieser Gatter benötigt werden. Der endgültige Implementationsaufwand ergibt sich erst nach der Plazierung und Verdrahtung der Gatter auf dem Halbleitermaterial. Dieser Vorgang ist aufwendig, so daß man häufig den Verdrahtungsaufwand durch eine Multiplikation der „Kernzellen"-Fläche mit einem Faktor $0, 5 - 2$ abschätzt.

Da aber die steigende Komplexität der Entwürfe eine Entwicklung mit Modellen auf Abstraktionsebenen oberhalb der Gatterebene notwendig macht, müssen auch geeignete abstraktere Analysemethoden entwickelt werden, um dem Entwickler eine Abschätzung der Eigenschaften einer Implementation eines Modells zu ermöglichen.

Analoge Verfahren auf abstrakteren Ebenen

In diesem Kapitel soll daher eine Analysemethode vorgestellt werden, die es erlaubt, einen Entwurf auf einer Abstraktionsebene oberhalb der Gatterebene zu untersuchen. In der Tabelle 7.1 (S. 239) sind die Analyse- und Umformungsmethoden für die Gatterebene und die analogen Verfahren für eine Entwicklung auf einer höheren Abstraktionsebene gezeigt. Die abstrakte Analysemethode wird in diesem Kapitel diskutiert, während die Umformungsverfahren im folgenden Kapitel 8 diskutiert werden. Die erste Spalte von Tabelle 7.1 ist mit „Gatterebene" ($SI.G$) bezeichnet, weil auf dieser Abstraktionsebene die Strukturinformation durch eine Instanziierung und Verbindung von

7.1. ANALOGIE AUF DER GATTEREBENE: TIMINGANALYSE

	„Gatterebene" ($SI.G$)	„Operationen" ($SI.\{ISD, ICD\}$)
Analyse	statische Timing-Analyse Abzählen der Gatter	Kontrollpfadanalyse Kontrollpfadanalyse
Umformung	„Retiming" (Einfügen, d.h. „pipelining", und Verschieben von Flipflops)	„Re-scheduling" (Einfügen & Verschieben von „wait"-Anweisungen)

Tabelle 7.1: Analoge Analyse- und Umformungsverfahren auf unterschiedlichen Abstraktionsebenen der Modellierung der Strukturinformation.

Gattern dargestellt ist [1]. Die zweite Spalte ist mit „Operationen" überschrieben, weil auf dieser Abstraktionsebene Operationen in einen bestimmten Taktzyklus eingeplant werden. Diese Operationen können einfache, in einer Synthesebibliothek enthaltene, Operationen ($SI.ISD$) sowie komplexere Anweisungen umfassen ($SI.ICD$)[2]. Die komplexen Operationen können z.B. durch Funktionen implementiert sein und müssen vor einer Logiksynthese noch manuell zerlegt und verfeinert werden. Die Analogie zur Timing-Analyse ergibt sich aus der Tatsache, daß sich Datenabhängigkeiten zwischen zwei Operationen, die in einem Taktzyklus ausgeführt werden müssen, als Timingpfade in einer Implementation auf der Gatterebene niederschlagen.

Unabhängigkeit dieser Methoden von der Modellierung der Wert/Zeit-Relation

Um die unmittelbare Anwendung der in diesem Kapitel diskutierten Kontrollflußanalyse zu erleichtern, werden Modelle auf der Mikro-Takt-Ebene ($VT.MI$) zur Darstellung verwendet. Diese Ebene der Modellierung der Wert/Zeit-Relation wird von den verfügbaren Logiksynthesewerkzeugen unterstützt. Außerdem werden Einheiten mit vielen Randbedingungen an das zeitliche Klemmenverhalten, wie Protokollmaschinen, auf dieser Ebene am sinnvollsten modelliert. Allerdings ist die Anwendung der Kontrollflußanalyse und des Re-schedulings nicht auf diese Ebene der Modellierung der Wert/Zeit-Relation beschränkt. Man kann diese Methoden leicht von der Ebene des physikalischen Taktes der realen Schaltung ($VT.MI$) auf die Ebene des physikalischen Makro-Taktes ($VT.PMA$) übertragen. Statt Operationen in einem Taktzyklus werden dann Operationen betrachtet, die in einer festen Zahl von aufeinanderfolgenden Taktzyklen durchgeführt werden müssen. Diese Ebene der Modellierung der Wert/Zeit-Relation wird in der Praxis größere Bedeutung erlangen, wenn Synthesewerkzeuge verfügbar werden, welche die Operationen selbständig auf die Taktzyklen in einem solchen Taktbudget verteilen können. Solche Werkzeuge werden schon länger in der

---

[1] Natürlich werden in einem hierarchischen Strukturmodell auch Symbole von komplexeren Einheiten instanziiert. Diese Symbole abstrahieren aber nicht von den Modellen mit Gattern, sondern verbergen sie nur (vgl. Abs. 3.2, S. 83).
[2] ISD = Implicit Simple Datapath, ICD = Implicit Complex Datapath (vgl. Tabelle 10.3 (S. 400))

Forschung als sogenannte „High-Level"-Synthesewerkzeuge diskutiert. [3].

Behandlung der abstrakten Analyse- und Umformungsverfahren

Mit den hier diskutierten Methoden analysiert man die Ausführungszeitpunkte von Operationen auf einer Zeitskala, während mit den im folgenden Kapitel 8 diskutierten Verfahren die Ausführungszeitpunkte manipuliert werden. Eine Übertragung dieser Methoden ist daher auf alle Ebenen der Modellierung der Wert/Zeit-Relation sinnvoll, die den Bezug zur Echtzeit durch eine Zeitskala modellieren.

In diesem Kapitel: Im folgenden Abschnitt 7.2 (S. 240) wird die Kontrollpfadanalyse vorgestellt. Schleifen mit und ohne „wait"-Anweisung werden im Abschnitt 7.3 (S. 254) analysiert. Die Diskussion des Verhältnisses von Durchsatz, Effizienz und Scheduling im Abschnitt 7.4 (S. 260) zeigt, daß die Möglichkeiten einer Anpassung an eine veränderte Durchsatzforderung durch eine Neu-Synthese meist mit Effizienzverlusten verbunden und nur in einem beschränkten Bereich möglich sind.

Im folgenden Kapitel: Nach einer kurzen Betrachtung des zeitlichen Klemmenverhaltens eines Modells mit einer impliziten Zustandsmodellierung im Abschnitt 8.2 (S. 280) werden die verschiedenen Reschedulingverfahren im Abschnitt 8.3 (S. 283) vorgestellt. Die Anwendung der Reschedulingmethoden zur Steigerung und Verringerung des Durchsatzes an einem vorhandenen Modell wird in Abschnitt 8.4 (S. 295) diskutiert und demonstriert.

7.2 Kontrollpfad-Analyse

Die Implementierbarkeit eines Modells wird durch die Art und Zahl der Operationen bestimmt, die in einer Taktperiode durchgeführt werden sollen. Bei einem getakteten Prozeß sind das die Operationen, die bei einer Aktivierung ausgeführt werden. Die Operationen werden durch Anweisungen modelliert, welche nacheinander ausgeführt werden. Eine solche Sequenz von Anweisungen nennt man „Kontrollpfad".

Arten von Kontrollpfaden

Modelle im „single-process"-Stil werden durch einen einzigen Prozeß mit sequentiellen Anweisungen beschrieben. Der Kontrollfluß durch ein Modell wird durch Kontrollanweisungen, wie die bedingte Verzweigung „if-then", bestimmt. Daher gibt es im allgemeinen eine Vielzahl von verschiedenen Pfaden durch die sequentiellen Anweisungen eines Modells.

---

[3] Ein Produkt mit der Fähigkeit zur automatischen Einplanung von Operationen in Taktzyklen ist z.B. der „behavioural compiler" von „synopsys". Diese Bezeichnung ist wenig aussagekräftig, da auch ein Logiksynthesewerkzeug ein Verhaltensmodell („behavioural model") auf der RT-Ebene in eine Gatterschaltung übersetzt.

7.2. KONTROLLPFAD-ANALYSE

DEFINITION 7.1 (KONTROLLPFAD) *Eine geordnete Sequenz von Anweisungen, die in einem Prozeß nacheinander ausgeführt werden können, nennt man Kontrollpfad.*

Es gibt zwei Möglichkeiten, voll-synchrone gedächtnisbehaftete Schaltungen mit einem einzigen Prozeß zu modellieren. Man verwendet die Prozeßschablone mit einer „sensitivity list" oder einen Prozeß mit mehreren „wait"-Anweisungen. Die „sensitivity list" eines Prozesses enthält das Taktsignal und bei einem asynchronen „reset" auch das „reset"-Signal. Die Anweisungen in einem solchen Modell werden nach einer Aktivierung beginnend mit der ersten Anweisung im Rumpf („body") des Prozesses durchlaufen. Daher haben solche Modelle nur einen „entry point". Die Modellschablone mit mehreren „wait"-Anweisungen verwendet nur die Form „wait until *relevant*_edge(clk);", wobei *relevant* je nach der Art der ausgezeichneten Taktflanke entweder durch „positive" oder „negative" zu ersetzen ist. „positive/negative_edge" sind Funktionen, mit denen die Flanke eines Signals abgefragt werden kann[4]. Modelle mit mehreren identischen „wait"-Anweisungen haben ebenfalls nur eine Aktivierungsbedingung, aber verschiedene „entry points". Die Ausführung eines solchen Modells beginnt mit der ersten Anweisung nach der zuletzt ausgeführten „wait"-Anweisung.

Daher setzt sich der komplette Kontrollpfad durch die Instanz eines Modells in einem Simulationslauf aus einzelnen Teilpfaden zusammen, die bei einer Aktivierung durchlaufen werden. Für die Implementation auf der Gatterebene entscheidend sind die Teilpfade, die mit einem „entry point" beginnen und mit einer Suspendierung des Modells enden.

DEFINITION 7.2 (VOLLSTÄNDIGER KONTROLLPFAD) *Ein Kontrollpfad, der mit der Aktivierung eines Prozesses beginnt und mit der Suspendierung endet, wird vollständig genannt.*

Mehrere Zuweisungen auf eine Variable: Der Wert einer Variablen kann sich mehrmals auf einem vollständigen Kontrollpfad ändern, analog zu den Signalen in einer kombinatorischen Schaltung auf der Gatterebene. Diese Signale ändern ihren Wert im allgemeinen mehrmals während eines Taktzyklus, bis sie sich in ausreichendem Abstand vor der nächsten ausgezeichneten Taktflanke stabilisieren (vgl. Abs. 5.1, S. 161). Die Zwischenwerte von Variablen können Datenabhängigkeiten zwischen den Operationen etablieren, haben aber sonst keinerlei Synthesesemantik. Daher ist es auch möglich, am Anfang eines vollständigen Kontrollpfades Standardwerte („defaults") zuzuweisen, um eine „unvollständige Spezifikation" des Wertes von Variablen oder Signalen zu vermeiden. Die Folgen einer unvollständigen Spezifikation des Wertes einer Variablen oder eines Signals werden für kombinatorische Modelle im Abschnitt 4.5.2 (S. 142) und für getaktete Prozesse in Abschnitt 5.3.1 (S. 182) diskutiert.

Irrelevante Operationen: Eine Implementation eines Modells muß alle Operationen auf einem vollständigen Kontrollpfad in einer vorgegebenen Zeitspanne (z.B. einer Taktperiode) durchführen können. Da nur die zuletzt zugewiesenen Werte in einem

---

[4]Im Codefragment 6.3 (S. 221) ist eine solche Funktion definiert worden.

vollständigen Kontrollpfad relevant sind, können Operationen, welche die endgültigen Werte der Variablen und Signale in dem Kontrollpfad nicht beeinflussen, ignoriert werden. Solche Operationen sollen „irrelevante Operationen" genannt werden.

Datenabhängigkeiten: Falls eine Operation das Resultat einer anderen Operation im selben Kontrollpfad als Operand verwendet, so gibt es eine Datenabhängigkeit zwischen den beiden Operationen. Solche Operationen müssen von einer Implementation *nacheinander* in der vorgegebenen Zeitspanne ausgeführt werden können.

Nachdem der Begriff des vollständigen Kontrollpfades eingeführt worden ist, wird im nächsten Abschnitt seine Anwendung zur Definition eines „gemeinsamen Teilausdruckes" und der „Mehrfachnutzung von Datenpfaden und Registern" erläutert. Die einmalige Auswertung eines „gemeinsamen Teilausdruckes", die Mehrfachnutzung eines Datenpfades zur Berechnung von gleichartigen Operationen und die gemeinsame Verwendung eines Registers zur Speicherung mehrerer Variablen können den Implementationsaufwand erheblich reduzieren. Die Realisierbarkeit eines Modells wird dann in Abschnitt 7.2.2 (S. 248) betrachtet.

7.2.1 Gemeinsamer Teilausdruck und Mehrfachnutzung

In diesem Abschnitt wird zunächst die Identifikation von gemeinsamen Teilausdrücken, welche auch Variablen enthalten können, diskutiert. Danach wird die Mehrfachnutzung von instanziierten Operatoren und Registern beschrieben. Diese Maßnahmen dienen zur Reduktion des Implementationsaufwandes durch eine bessere Ausnutzung der instanziierten Hardwareelemente, wie Gatter und Flipflops. Da diese Maßnahmen demselben Zweck dienen, werden sie häufig verwechselt und daher im folgenden erläutert.

A) Gemeinsamer Teilausdruck mit Variablen

Die manuelle Beseitigung von gemeinsamen Teilausdrücken [5] in einem Modell

① erhöht die Lesbarkeit,

② die Simulationseffizienz und

③ verringert die Zahl der zur Implementation benötigten Gatter.

Die Verwendung einer Variablen zur Beseitigung eines gemeinsamen Teilausdruckes ist im Abschnitt 5.3.2 (S. 188) demonstriert worden. Die durch eine solche Variable bedingte Struktur auf der Gatterebene wurde im Abschnitt 5.3.3 (S. 193) diskutiert. Hier soll der Begriff des gemeinsamen Teilausdruckes auf die Referenzierung von Variablen erweitert werden.

---

[5] Ein gemeinsamer Teilausdruck könnte auch von einem Simulator oder Synthesewerkzeug automatisch identifiziert und beseitigt werden. In diesem Fall bleibt der erste Vorteil. Eine manuelle Beseitigung behindert nicht die automatische Optimierung.

7.2. KONTROLLPFAD-ANALYSE

Gemeinsamer Teilausdruck: Ein Ausdruck ist eine Verknüpfung von Variablen, Signalen oder Konstanten durch Operatoren, z.B. „a * in_sig +3". Die Auswertung eines Ausdruckes liefert den aktuellen Wert. Ausdrücke werden benutzt, um neue Werte für Signale oder Variablen zu berechnen und um, z.B. durch eine bedingte Verzweigung, den aktuellen Kontrollpfad durch ein Modell festzulegen. Häufig werden in einem Modell ähnliche Ausdrücke an verschiedenen Stellen verwendet. Diese Ähnlichkeit ist durch die Verwendung eines gemeinsamen Teilausdruckes bedingt. So basieren z.B. die Ausdrücke „in_sig +2 > 5" und „cnt + in_sig +2 " auf dem gemeinsamen Teilausdruck „in_sig +2".

Einmalige Berechnung ⇒ **(Schnellere Simulation & Bessere Implementation):**
Es liegt nahe, einen solchen gemeinsamen Teilausdruck zur Steigerung der Simulationseffizienz bei einer Aktivierung nur einmal zu berechnen. Weiterhin werden von vielen Synthesewerkzeugen für jeden relevanten Ausdruck alle benötigten Datenpfade instanziiert. Daher wird ein gemeinsamer Teilausdruck mehrfach parallel berechnet, wie auf der linken Seite von Abb. 7.1 angedeutet. Die auf der rechten Seite skizzierte einmalige Berechnung eines solchen Teilausdruckes ist aber nur möglich, wenn der Wert des Teilausdruckes bei allen Auswertungen auf einem vollständigen Kontrollpfad gleich ist.

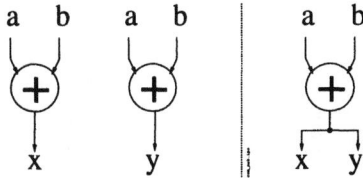

Abb. 7.1: Einmalige Berechnung eines gemeinsamen Teilausdruckes („common subexpression")

Teilausdrücke mit Variablen: Der Wert eines Signals kann sich nicht auf einem vollständigen Kontrollpfad ändern, weil Signalzuweisungen frühestens im nächsten „Zeitschritt" ausgeführt werden (vgl. Abs. 3.4, S. 105). Daher ist die Betrachtung der Kontrollpfade zur Identifikation eines gemeinsamen Teilausdruckes bei der ausschließlichen Verwendung von Konstanten und Signalen nicht notwendig. Da aber Variablen auf einem vollständigen Kontrollpfad ihren Wert sogar mehrfach ändern können, ist eine einmalige Auswertung eines gemeinsamen Teilausdruckes nur dann möglich, wenn den verwendeten Variablen zwischenzeitlich kein neuer Wert zugewiesen worden ist.

DEFINITION 7.3 (GEMEINSAMER TEILAUSDRUCK) *Ein gemeinsamer Teilausdruck ist ein Ausdruck, der auf einem vollständigen Kontrollpfad mehrfach ausgewertet wird.*

Bei der Beseitigung eines gemeinsamen Teilausdruckes müssen zwei Fälle unterschieden werden.

① Referenziert ein gemeinsamer Teilausdruck keine Variable, so ist eine Beseitigung ohne eine weitere Analyse sinnvoll (vgl. Abs. 5.3.2, S. 188).

② Ein gemeinsamer Teilausdruck mit einer Variablen kann nur dann beseitigt werden, wenn der verwendeten Variablen auf allen möglichen Kontrollpfaden zwischen der ersten Verwendung des Teilausdruckes bis zur letzten kein neuer Wert zugewiesen wird.

B) Mehrfachnutzung von instanziierten Datenpfaden

Alle Operationen auf einem vollständigen Kontrollpfad müssen in einem Taktzyklus ausgeführt werden. Daher müssen in einer Implementation auf der Gatterebene hinreichend viele Operatoren instanziiert werden, die diese Operationen parallel durchführen können („Allokation").

Operationen auf verschiedenen Kontrollpfaden ⇒ Mehrfachnutzung: Wird in einem Taktzyklus eine Operation nicht durchgeführt, so „berechnet" der instanziierte Operator aber dennoch einen „neuen" Wert. Der instanziierte Operator ist schlecht genutzt, wenn eine Operation nur in wenigen Taktzyklen ausgeführt wird. Sind in einem Modell mehrere gleichartige Operationen, wie Additionen oder Subtraktionen, eingeplant, so liegt es nahe, diese gleichartigen Operationen auf einem gemeinsamen Operator zu berechnen. Eine solche gemeinsame Nutzung ist aber nur möglich, wenn es keinen vollständigen Kontrollpfad gibt, in dem die Operationen gleichzeitig durchgeführt werden.

DEFINITION 7.4 (MEHRFACHNUTZUNG EINER OPERATORINSTANZ) *Gleichartige Operationen, die in keinem gemeinsamen vollständigen Kontrollpfad vorkommen, können von einem einzigen „mehrfach genutzten" Operator ausgeführt werden.*

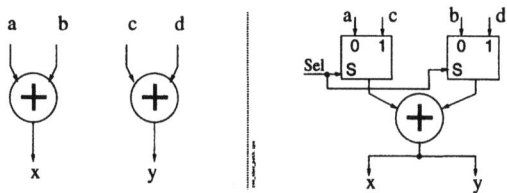

Abb. 7.2: Mehrfach genutzter Datenpfad

Die Summen „x" und „y" in Abb. 7.2 müssen nicht im selben Taktzyklus berechnet werden. Dies ermöglicht die auf der rechten Seite gezeigte Reduktion des Aufwandes durch eine Mehrfachnutzung des Addierers.

7.2. KONTROLLPFAD-ANALYSE

Gleichartige Operationen, die nicht auf einem gemeinsamen vollständigen Kontrollpfad durchgeführt werden („mutually exclusive"), müssen in verschiedenen Taktzyklen durchgeführt werden und können daher von einem gemeinsamen Datenpfad berechnet werden. Die Ein- und Ausgangssignale müssen dazu geeignet auf den mehrfach genutzten Operator aufgeschaltet werden können.

C) Mehrfachnutzung von Registern

Im ersten Abschnitt wurde gezeigt, wie man vermeiden kann, daß derselbe Wert in einem Taktzyklus von zwei getrennten Teilschaltungen parallel berechnet wird. Operationen, die nie im selben Taktzyklus ausgeführt werden müssen, wurden im zweiten Abschnitt von einem gemeinsamen Datenpfad berechnet. In diesem Abschnitt wird gezeigt, wie man mehrere Variablen in einem gemeinsamen Register abspeichern kann.

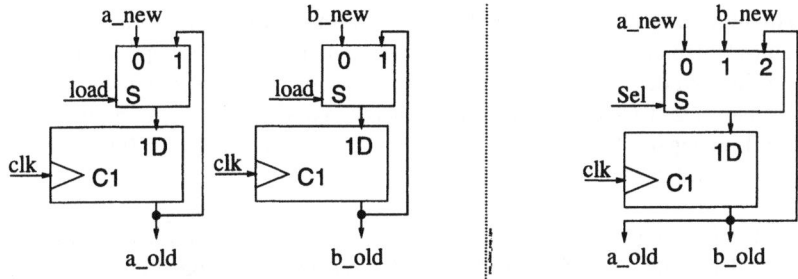

Abb. 7.3: Von zwei Variablen „mehrfach genutztes" Register

Nutzpfad einer Variablen: In Abb. 7.3 werden die Variablen „a" und „b" in einem gemeinsamen Register abgelegt. Es ist offensichtlich, daß man nur dann zwei Variablen in einem gemeinsamen Register ablegen kann, wenn die erste Variable nicht von der zweiten überschrieben wird, solange der Wert der ersten benötigt wird. Daher wird im folgenden der Begriff des „Nutzpfades" $Np(V)$ einer Variablen V definiert.

DEFINITION 7.5 (NUTZPFAD $Np(V)$ EINER VARIABLEN V) *Der Nutzpfad $Np(V)$ der Variablen V ist eine geordnete Menge von vollständigen Kontrollpfaden,*

① *welche mit einem vollständigen Pfad beginnt, der eine Zuweisung auf die Variable V enthält,*

② *keinen vollständigen Pfad mit einer weiteren Zuweisung auf die Variable V umfaßt und*

③ *mit einem vollständigen Pfad endet, der eine Referenz auf die Variable V enthält.*

Auf allen vollständigen Kontrollpfaden, die zu einem Nutzpfad $Np(A)$ der Variablen A gehören, führt eine Zuweisung auf die Variable B zu einer Zerstörung des Inhalts des gemeinsamen Registers. In einem solchen Fall wird am Ende des Nutzpfades $Np(A)$ nicht mehr der Wert der Variablen A aus dem gemeinsamen Register, sondern der Wert der Variablen B gelesen. Daher darf auf dem Nutzpfad der einen Variablen der anderen weder ein Wert zugewiesen, noch der Wert der anderen referenziert werden. Ein vollständiger Kontrollpfad, auf dem einer Variablen ein Wert zugewiesen wird, ist der Start eines Nutzpfades. Ein Nutzpfad endet mit einer Referenz auf die Variable. Daher kann die Bedingung zur Mehrfachnutzung eines Registers in der folgenden Weise formuliert werden [25].

DEFINITION 7.6 (MEHRFACHNUTZUNG EINES REGISTERS) *Zwei Variablen A und B können in einem gemeinsamen Register abgelegt werden, wenn sich deren Nutzpfade überhaupt nicht oder nur im ersten oder letzten vollständigen Kontrollpfad überlappen.*

Mehrfachnutzung eines Registers trotz Überlappung der Nutzpfade: Der letzte Pfad eines Nutzpfades der Variablen A kann der erste Pfad eines Nutzpfades der Variablen B sein, weil der bei einer vorherigen Aktivierung des Modells zugewiesene Wert am Ausgang eines Registers anliegt und der bei der aktuellen Aktivierung zugewiesene Wert am Eingang des Registers steht (vgl. Abs. 5.3.3, S. 190). Dieser Zusammenhang ist in Tabelle 7.2 zusammengefaßt.

Bezeichnung Wert der Variablen	Modell Zeitpunkt der letzten Zuweisung	Implementation Signal am Register
„alt"	vorherige Aktivierung	Ausgang
„neu"	aktuelle Aktivierung	Eingang

Tabelle 7.2: Zusammenhang zwischen der Zuweisung auf eine unvollständig spezifizierte Variable und der Implementation durch ein Register

Beispiel zur Abspeicherung zweier Variablen in einem Register: An dem Modell im Codefragment 7.1 soll diskutiert werden, daß trotz einer Überlappung der Nutzpfade zweier Variablen eine Abspeicherung in einem gemeinsamen Register möglich ist. Dieses Modell mit einer impliziten Modellierung des Kontrollzustands durchläuft einen Zyklus („inner_loop") aus zwei Taktperioden. Beim Start einer Simulation wird nach der ersten Taktflanke der Variablen „B" der Wert 11 zugewiesen, damit der Inhalt des Registers bestimmt ist, wenn es in der ersten Taktperiode des Zyklus gelesen wird („c := B-2").

```
7.1   PROCESS
         VARIABLE A, B, c, d : INTEGER;
         BEGIN                           --| Ref.| Assign. |
            WAIT UNTIL pos_edge(clk);    ----------------<< first edge after reset
            B := 11;                     --|     |    B    |
```

7.2. KONTROLLPFAD-ANALYSE

```
inner_loop : LOOP
    WAIT UNTIL pos_edge(clk);    -----------------<<<<<<<<  first edge in cycle
    A := 5;                      --|      | A |
    c := B -2;                   --|  B   |   |
    WAIT UNTIL pos_edge(clk);    -----------------<<<<<<<<  second edge in cycle
    B := c;                      --|      | B |
    d := A * 2;                  --|  A   |   |
END LOOP inner_loop;
END PROCESS;
```

In der ersten Periode des Zyklus wird der Variablen „A" ein Wert zugewiesen und der Wert der Variablen „B" referenziert. Im zweiten Takzyklus ist es umgekehrt. Der Nutzpfad $Np(A)$ der Variablen „A" beginnt daher im ersten Takt und endet im zweiten. Der Nutzpfad $Np(B)$ der Variablen „B" beginnt mit der Zuweisung in der zweiten Taktperiode und endet mit dem ersten Taktzyklus im nächsten Durchlauf des Modells. Die beiden Nutzpfade überlappen sich daher sowohl am Anfang als auch am Ende. Trotzdem können die Variablen „A" und „B" in einem gemeinsamen Register abgespeichert werden.

In Abschnitt 14.7.1 (S. 505) wird die explizite Modellierung der Mehrfachnutzung an einem Beispiel demonstriert.

Komplexität der Analyse: Die Komplexität der zur Reduktion des Implementationsaufwandes notwendigen Analyse hat mit jedem Abschnitt zugenommen. Zur Feststellung eines gemeinsamen Teilausdruckes muß nur ein vollständiger Kontrollpfad betrachtet werden. Die Mehrfachnutzung eines Datenpfades zur Ausführung zweier gleichartiger Operationen ist nur dann möglich, wenn es keinen gemeinsamen vollständigen Kontrollpfad gibt, auf dem die beiden Operationen ausgeführt werden. Daher müssen zur Mehrfachnutzung eines Datenpfades alle möglichen vollständigen Kontrollpfade betrachtet werden. Um zwei Variablen in einem gemeinsamen Register abspeichern zu können, müssen alle Sequenzen von vollständigen Kontrollpfaden betrachtet werden, die mit einer Zuweisung auf eine Variable beginnen und mit einer Referenz auf die gleiche Variable enden. Gibt es keinen gemeinsamen vollständigen Kontrollpfad in den Sequenzen zweier Variablen, so können sie in einem gemeinsamen Register abgespeichert werden.

Zusammenfassung: gemeinsamer Teilausdruck und Mehrfachnutzung

In diesem Abschnitt sind die folgenden Maßnahmen zur Reduktion des Implementationsaufwandes erläutert worden.

- Einmalige Berechnung von gemeinsamen Teilausdrücken.
- Die abwechselnde Berechnung gleichartiger Operationen auf einem gemeinsamen Datenpfad.
- Die Verwendung eines Registers zur Abspeicherung verschiedener Variablen.

In Abb. 7.4 (S. 248) sind Schaltungen zur einmaligen Berechnung eines gemeinsamen Teilausdruckes sowie zur Mehrfachnutzung eines Registers und Datenpfades nebeneinander gestellt. Die einmalige Berechnung eines gemeinsamen Teilausdruckes reduziert den Implementationsaufwand, ohne die Timingpfade durch zusätzliche Multiplexer zu verlängern. Bei der Mehrfachausnutzung eines Registers oder eines Datenpfades müssen Multiplexer in den Eingangspfad eingefügt werden. Diese Multiplexer reduzieren den Flächengewinn und verlängern die Timingpfade. Das sinnvolle Ausmaß der Mehrfachnutzung eines Datenpfades wird daher durch dessen Komplexität bestimmt.

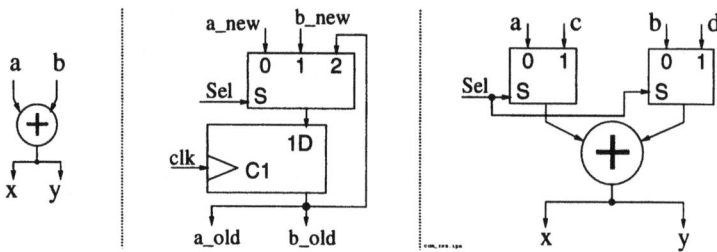

Abb. 7.4: Möglichkeiten zur Reduktion des Aufwandes: (l.) Einmalige Berechnung eines gemeinsamen Teilausdruckes, (m.) mehrfach genutztes Register und (r.) mehrfach genutzter Datenpfad

Nachdem die Anwendung des Begriffs des vollständigen Kontrollpfades zur Erklärung einiger Maßnahmen zur Reduktion des Implementationsaufwandes demonstriert wurde, wird im nächsten Abschnitt die Realisierbarkeit eines Modells analysiert.

7.2.2 Untersuchung der Realisierbarkeit

In diesem Abschnitt wird mit Hilfe der Kontrollpfadanalyse abgeschätzt, ob ein bestimmtes abstraktes Modell auf der Gatterebene implementierbar ist.

„Hilfs"-Modelle zur Verifikation eines anderen Modells: Viele Modelle werden nur zur Erleichterung der Verifikation durch Simulation erzeugt. Sie erzeugen als Teil einer Testbench Signale oder verarbeiten Ausgangssignale weiter, um sie durch Komprimierung einer Inspektion durch den Entwickler zugänglicher zu machen (vgl. Abs. 2.3, S. 35). Diese Hilfseinheiten sollten so modelliert werden, daß sie möglichst frühzeitig fehlerfrei arbeiten und mit möglichst großer Effizienz simulierbar sind.

Modelle, welche auf Gatterebene implementiert werden: Nicht zuletzt gibt es auch Modelle, die zum Zwecke der Realisation erzeugt werden. Bei diesen Modellen ist es von äußerster Wichtigkeit, die Realisierbarkeit zu beachten. Der Abstraktionsgrad des Modells und der aktuelle Stand der Synthesetechnologie bestimmen, ob diese Modelle noch durch den Entwickler zerlegt und verfeinert werden müssen. Ab einer gewissen Abstraktionsstufe können sie dann synthetisiert werden.

7.2. KONTROLLPFAD-ANALYSE   249

Bedeutung: "Ein Modell wird synthetisiert"

Der häufig verwendete Ausdruck: "Ein Modell wird synthetisiert." ist eine zweifach verkürzte Umschreibung des Synthesevorgangs. Diese Umschreibung erlaubt eine kurze Benennung eines häufig benutzten Vorgangs, dessen Kürze aber auch immer wieder zu Mißverständnissen mit erheblichen Folgen führt.

A) Instanzen, nicht Modelle, werden synthetisiert: Unter "Modell" ist in diesem Zusammenhang eine im Regelfall parametrierbare Verhaltensbeschreibung einer bestimmten Einheit zu verstehen. Eine solche allgemeine Beschreibung kann erst dann synthetisiert werden, wenn alle Parameter sowie die physikalischen und zeitlichen Verhältnisse an den Klemmen bestimmt sind und eine maximale Taktperiode vorgegeben ist. Bei einer Instanz in einem Strukturmodell sind sowohl die Parameter wie auch die Verhältnisse an den Klemmen durch die "Verdrahtung" mit den anderen Instanzen in dem Modell bestimmt (vgl. Abs. 2.3.2, S. 39). Daher werden keine Modelle, sondern Instanzen von Modellen synthetisiert. Die Synthese eines bestimmten Modells, welches in verschiedenen Umgebungen instanziiert worden ist, kann zu sehr unterschiedlichen Implementationen auf der Gatterebene führen [6].

B) Nicht die "Instanz", sondern eine Implementation derselben wird erzeugt:
Weiterhin wird nicht das "Modell" oder die Instanz synthetisiert, sondern zu einer Instanz eines Verhaltensmodells wird eine Implementation auf einer geringeren Abstraktionsebene erzeugt. Mit den aktuell verfügbaren Logiksynthesewerkzeugen werden z.B. Strukturmodelle auf der Gatterebene erzeugt.

Somit läßt sich die Bedeutung des häufig verwendeten Ausdrucks: "Ein Modell wird synthetisiert." durch den folgenden Satz präziser beschreiben.

„Ein Modell wird synthetisiert." $\equiv$ Zu einer Instanz eines Verhaltensmodells wird ein Strukturmodell auf einer weniger abstrakten Ebene (z.B. Gatterebene) synthetisiert.

Da hiermit die Bedeutung dieser Umschreibung definiert worden ist, soll im folgenden aus Gründen der Darstellung diese kurze Umschreibung verwendet werden.

Prinzipielle Synthetisierbarkeit

Eine Instanz kann synthetisiert werden, wenn die folgenden Bedingungen erfüllt sind:

① Das Modell ist in einer Form beschrieben, die von dem verwendeten Synthesewerkzeug verstanden wird, d.h. man verwendet eine Modellierungsschablone mit einer wohldefinierten Synthesesemantik.

---

[6] Die kommerziellen Synthesewerkzeuge verwenden leistungsfähige Befehle zur Steuerung des Verhältnisses von Modell und Instanzen sowie zur Festlegung der Randbedingungen, welche in den Handbüchern beschrieben sind.

② Der aktuelle Stand der Synthesetechnologie, die Ausstattung der verfügbaren Rechner und die akzeptablen Synthesezeiten sind der Komplexität der Instanz angemessen. (Die aktuellen Parameter eines Modells können einen erheblichen Einfluß auf die „Synthese"-Komplexität einer Instanz haben.)

③ Es existiert eine Schaltung, die mit der verfügbaren Technologie unter den gegebenen Flächen- und Takt-Randbedingungen die beschriebene Funktionalität implementiert.

Falls die letzte Bedingung erfüllt ist, so soll eine Instanz realisierbar oder auch „prinzipiell synthetisierbar" genannt werden. Um die prinzipielle Synthetisierbarkeit einer Instanz zu überprüfen, müssen alle eingeplanten („scheduled") und relevanten Operationen für jeden möglichen vollständigen Kontrollpfad betrachtet werden. Kann man jede dieser Mengen von Operationen unter Beachtung der Datenabhängigkeiten in der vorgegebenen Zeitspanne ausführen, so ist diese Instanz prinzipiell synthetisierbar.

DEFINITION 7.7 (PRINZIPIELLE SYNTHETISIERBARKEIT) *Eine Instanz ist prinzipiell synthetisierbar[7], wenn alle eingeplanten und relevanten Operationen in jedem vollständigen Kontrollpfad unter Beachtung der Datenabhängigkeiten in der geforderten Zeitspanne (z.B. Taktperiode) von einer Schaltung in der verfügbaren Technologie ausgeführt werden können.*

Mit einem Logiksynthesewerkzeug können zu Instanzen von Modellen auf der RT-Ebene Implementationen auf der Gatterebene erzeugt werden, daher ist die Zeitspanne, in der die Operationen ausgeführt werden müssen, eine Taktperiode. In absehbarer Zeit wird man statt einer Taktperiode allerdings eine feste Zahl von Takten vorgeben können.

Die obige Bedingung ist eine *notwendige* Voraussetzung, daß eine Instanz manuell oder durch ein Werkzeug auf der Gatterebene implementiert werden kann. Diese Bedingung ist jedoch *nicht hinreichend*, da z.B. die Formulierung des instanziierten Modells es dem Synthesewerkzeug unmöglich machen kann, eine geeignete Schaltung zu finden.

Kontrollpfadanalyse eines Beispiels

In diesem Abschnitt werden die Kontrollpfade in einem Modellausschnitt betrachtet, um zum einen die Anwendung der Kontrollpfadanalyse zu demonstrieren und um zum anderen zu zeigen, daß es zwischen zwei Kontrollzuständen mehr als einen vollständigen Kontrollpfad geben kann. Es wird weiterhin gezeigt, daß ein vollständiger Kontrollpfad kein Übergang zwischen stabilen Zuständen ist, aber als ein abstrakter Zustandsübergang interpretiert werden kann.

---

[7]Eigentlich: Zu einer Instanz eines Verhaltensmodells kann im Prinzip eine Implementation auf der Gatterebene erzeugt werden, wenn ...

7.2. KONTROLLPFAD-ANALYSE

In Abb. 7.5 ist ein Ausschnitt aus einem Prozeß mit einer impliziten Modellierung des Kontrollzustands gezeigt. Der Prozeß hat daher keine „sensitivity list", statt dessen aber mehrere auf die positive Taktflanke wartende „wait"-Anweisungen. Nach der ersten gezeigten „wait"-Anweisung wird der Wert der Variablen oder des Eingangssignals „a" mit der Konstanten „Const" verglichen. Je nach dem Ausgang des Vergleichs wird entweder der Variablen „d" der Wert 2 zugewiesen oder die Werte von „a" und „b" werden verglichen. Ist der Wert von „a" größer, so wird der Variablen „d" der inkrementierte Wert von „e" zugewiesen. Andernfalls wird „d" mit dem unveränderten Wert von „e" geladen.

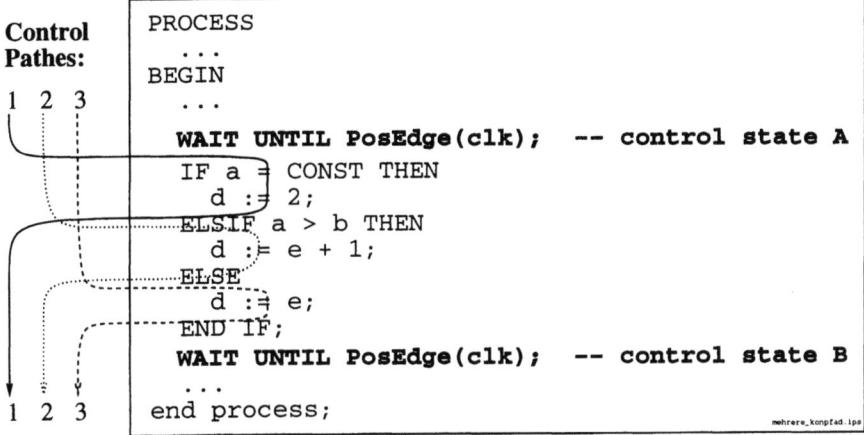

Abb. 7.5: Modellausschnitt mit mehreren vollständigen Kontrollpfaden zwischen aufeinanderfolgenden „wait"-Anweisungen

Es gibt zwei mögliche Kontrollpfade durch eine bedingte Verzweigung, entweder durch den ersten Zweig oder durch den „else"-Zweig. Falls kein „else"-Zweig angegeben ist, so werden direkt die Anweisungen nach der bedingten Verzweigung ausgeführt. Die drei vollständigen Kontrollpfade zwischen den „wait"-Anweisungen in Abb. 7.5 sind durch verschiedene Linien dargestellt.

Kontrollpfade als abstrakte Zustandsübergänge: Auf den in Abb. 7.5 gezeigten Kontrollzustand „A" folgt unabhängig von der Belegung der Eingangssignale und dem des Datenzustandes der Kontrollzustand „B", denn alle vollständigen Kontrollpfade, die in „A" beginnen, enden in „B". Da man über einen der vollständigen Kontrollpfade in den Kontrollzustand „B" gelangen kann, unterscheiden sich die Belegungen der Ausgangssignale und der Datenregister im Kontrollzustand „B". Ein vollständiger Kontrollpfad steht für eine bestimmte Menge von Übergängen zwischen elementaren stabilen Zuständen. Man kann daher einen vollständigen Kontrollpfad als einen abstrakten Zustandsübergang betrachten.

In Abb. 7.6 ist ein Ausschnitt aus dem Zustandsdiagramm des Modells gezeigt, aus dem das Codefragment in Abb. 7.5 stammt. Einige Werte der Variablen des Datenzu-

7. ANALYSE DER KONTROLLPFADE

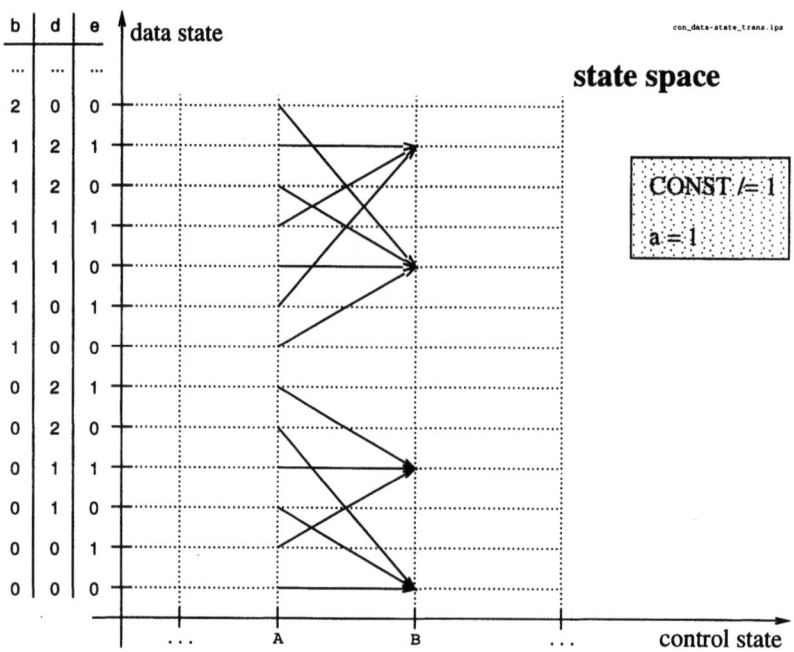

Abb. 7.6: Vollständige Kontrollpfade als abstrakte Zustandsübergänge im Zustandsraum

stands „b", „d" und „e" sind an der Ordinate zur Darstellung des Datenzustandes abgetragen. An der Abzisse sind nur die beiden Kontrollzustände „A" und „B" aus Abb. 7.5 angedeutet. Die Variable oder das Signal „a" hat den Wert 1, während die Konstante „const" einen Wert ungleich 1 hat. Daher wird für die gezeigten Werte des Datenzustandes immer der Kontrollpfad „2" oder „3" durchlaufen. Auf diesen Kontrollpfaden wird entweder der unveränderte oder der inkrementierte Wert der Variablen „e" in die Variable „d" übernommen. Die durch das Codefragment beschriebenen Zustandsübergänge sind für den gezeigten Teil des Zustandsraumes in Abb. 7.6 durch Pfeile angedeutet.

Einfluß des Kontrollzustands auf die Belegung der Ausgangssignale: In einer FSM sind die stabilen Zustände durch die Belegungen der Flipflops bestimmt (vgl. Abs. 5.1.1, S. 162). Bei einer Moore-Typ FSM sind durch den Zustand die Werte der Ausgangssignale bestimmt, während bei einer Mealy-Typ FSM die Ausgangssignale auch noch von den Werten der Eingangssignale abhängen (vgl. Abs. 5.2.2, S. 172). Ein Zustandsübergang findet statt, wenn eine Bedingung an die Belegung der Eingangssignale erfüllt ist.

In einer EFSM sind durch den Kontrollzustand nur für einen Teil der Flipflops die Werte bestimmt. Die restlichen Flipflops speichern den Datenzustand. Ein Kontroll-

7.2. KONTROLLPFAD-ANALYSE

Typ	Ausgangssignale werden bestimmt durch:
Moore FSM	Zustand
Mealy FSM	Aktueller Wert der Eingangssignale und des Zustands
EFSM	Sequenz der bisher durchlaufenen Kontrollpfade (Kontrollzustandswert *kann* die Belegung des Ausgangs bestimmen.)

Tabelle 7.3: Einfluß des (Kontroll-)Zustands auf die aktuelle Belegung der Ausgangssignale.

zustand kann daher mehrmals mit unterschiedlichen Werten des Datenzustands durchlaufen werden. Die Werte der Ausgangssignale und der Datenregister werden durch die bisher ausgeführten Zuweisungen bestimmt. Diese Zuweisungen sind ein Teil der durchlaufenen vollständigen Kontrollpfade. Da nicht alle, aber mehrere Kontrollpfade in einem bestimmten Kontrollzustand enden können, wird durch den aktuellen Kontrollzustand die Belegung der Ausgangssignale nur zu einem Teil bestimmt. Der Einfluß des aktuellen Zustands auf die Belegung der Ausgangssignale ist in Tabelle 7.3 für die beiden Typen von FSMs und die EFSM zusammengefaßt.

| Exkurs |

Betrachtung der „prinzipiellen Synthetisierbarkeit": Eine Instanz eines Modells ist „prinzipiell synthetisierbar", wenn alle in einem vollständigen Kontrollpfad eingeplanten Operationen unter Beachtung der Datenabhängigkeiten in der zur Verfügung stehenden Zeitspanne durchgeführt werden können. Der Modellausschnitt in Abb. 7.5 (S. 251) referenziert die Variablen oder Eingangssignale „a", „b" und „e". In den drei vollständigen Kontrollpfaden sind die Operationen „>", „+1" und „= CONST" eingeplant. Der Variablen „d" werden Werte zugewiesen. Die Abhängigkeiten zwischen den Eingangswerten, den Operationen und dem Ausgangswert ergeben sich durch die Reihenfolge der Anweisungen in den einzelnen vollständigen Kontrollpfaden. Eine mögliche Verschaltung von Datenpfaden zur Implementation des in Abb. 7.5 (S. 251) gezeigten Modellauschnitts ist in Abb. 7.7 skizziert. Die Eingangssignale sind am oberen Rand und das Ausgangssignal am unteren Rand skizziert. Je nach dem Wert der Eingangssignale wird einer der drei vollständigen Kontrollpfade durchlaufen, während die in Abb. 7.7 gezeigten Multiplexer in einer von drei Kombinationen verschaltet werden. In Abb. 7.5 ist nur ein Ausschnitt aus einem Modell gezeigt worden und wahrscheinlich sind die Operationen „+" und „>" auch in anderen vollständigen Kontrollpfaden eingeplant worden, so daß die in Abb. 7.7 skizzierte Verschaltung zur Mehrfachnutzung der instanziierten Datenpfade um einige Multiplexer erweitert werden muß.

Wenn die in Abb. 7.7 gezeigte Verschaltung von Datenpfaden unter Beachtung der Wortbreiten mit der verfügbaren Technologie im Rahmen der Taktperiode synthetisiert werden kann, so ist der analysierte Modellausschnitt prinzipiell synthetisierbar.

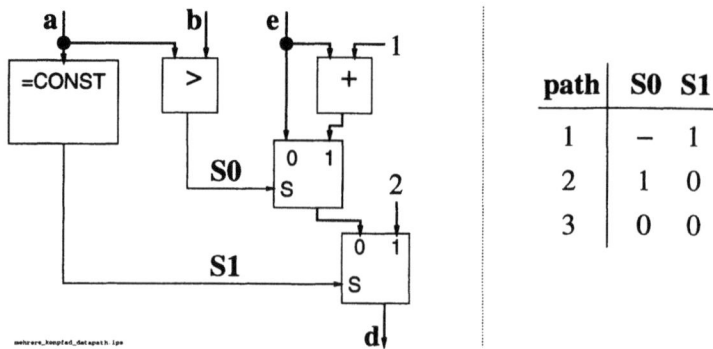

Abb. 7.7: Verschaltung der Datenpfade zur Implementation der diskutierten vollständigen Kontrollpfade

Zusammenfassung: Kontrollpfad-Analyse

In diesem Abschnitt ist die Analyse von Kontrollpfaden analog zur Timing-Analyse einer Gatterschaltung eingeführt worden. Ein vollständiger Kontrollpfad umfaßt alle sequentiellen Anweisungen, die bei der Aktivierung einer Instanz durchlaufen werden. Eine Instanz ist prinzipiell synthetisierbar, wenn alle eingeplanten Operationen in allen möglichen vollständigen Kontrollpfaden unter Beachtung der Datenabhängigkeiten in einem Taktzyklus[8] ausgeführt werden können.

Anwendungen der Kontrollpfadanalyse in den folgenden Kapiteln: Im folgenden Abschnitt 7.3 wird die Kontrollpfadanalyse verwendet, um die Synthesesemantik von Schleifen mit und ohne eine „wait"-Anweisung zu erläutern. Im Abschnitt 8.3 (S. 283) werden die Auswirkungen der Verschiebung, Vertauschung und der Einfügung von „wait"-Anweisungen mit der Kontrollpfadanalyse ermittelt. Die Realisierbarkeit des Modells einer kompletten Einheit wird in Abschnitt 9.2.2 (S. 347) mit der Kontrollpfadanalyse untersucht.

7.3 Zyklen in vollständigen Kontrollpfaden

Die Kontrollpfadanalyse wird in diesem Abschnitt verwendet, um die Synthesesemantik von Schleifen mit oder ohne „wait"-Anweisung zu untersuchen. Die Synthetisierbarkeit eines Modells mit einer Schleife hängt davon ab, ob die maximale Durchlaufzahl „statisch bestimmt" ist. Es wird gezeigt, daß Schleifen ohne „wait"-Anweisung auch mit einer dynamisch bestimmten Durchlaufzahl eine Synthesesemantik haben,

---

[8] Es wird in absehbarer Zeit Synthesewerkzeuge geben, welche die Operationen in einem vollständigen Kontrollpfad auf die Zyklen eines Taktbudget selbständig verteilen können. Dann wird man in der Synthetisierbarkeitsbedingung „Taktzyklus" gegen „Taktbudget" austauschen müssen.

7.3. ZYKLEN IN VOLLSTÄNDIGEN KONTROLLPFADEN

wenn nur die maximale Durchlaufzahl statisch bestimmt ist. Hingegen werden Schleifen mit einer „wait"-Anweisung taktweise abgearbeitet und haben daher auch dann eine Synthesesemantik, wenn die maximale Durchlaufzahl dynamisch bestimmt ist.

Aufbau: Im folgenden Abschnitt 7.3.1 werden die drei Kategorien von Ausdrücken unterschieden. Schleifen ohne eine „wait"-Anweisung werden im Abschnitt 7.3.2 betrachtet, während Schleifen mit einer „wait"-Anweisung im Abschnitt 7.3.3 analysiert werden.

Die Verwendung von Schleifen kann die Formulierung von sich wiederholenden Funktionen erheblich erleichtern. Ein Kontrollpfad durch ein Modell mit einer Schleife kann aber Zyklen aufweisen, welche die Einschätzung der „prinzipiellen Synthetisierbarkeit" erschweren.

DEFINITION 7.8 (ZYKLISCHER KONTROLLPFAD) *Ein Kontrollpfad soll zyklisch genannt werden, wenn er dieselbe Anweisung an zwei unterschiedlichen Stellen enthält.*

Für die Implementation eines Modells auf der Gatterebene sind die vollständigen Kontrollpfade entscheidend. Die vollständigen Kontrollpfade eines Modells sind zyklenfrei, wenn die Schleifenrümpfe mindestens eine „wait"-Anweisung enthalten, welche den zyklischen Pfad in mehrere vollständige Kontrollpfade zerlegt. Zunächst sollen Modelle mit einem zyklischen Kontrollpfad ohne „wait"-Anweisung betrachtet werden. Da alle Operationen auf einem vollständigen Kontrollpfad in der verfügbaren Zeitspanne durchgeführt werden müssen, werden die Zyklen auf einem vollständigen Kontrollpfad zur Analyse der „prinzipiellen Synthetisierbarkeit" komplett entfaltet [2]. Um den „kritischen" vollständigen Kontrollpfad, d.h. den am schwierigsten zu implementierenden Kontrollpfad, in dem entfalteten Kontrollgraphen ermitteln zu können, muß die maximale Zahl der Schleifendurchläufe „statisch bestimmt" sein.

7.3.1 „Statisch bestimmte" Ausdrücke

Ein Ausdruck ist eine Vorschrift zur Berechnung eines Wertes, z.B. 3 * b + max(c, d). Ein solcher Ausdruck wird verwendet, um einem Signal oder einer Variablen einen neuen Wert zu zuweisen oder um den Kontrollfluß zu steuern. Die Simulation eines solchen Ausdrucks sowie die Synthese wird erheblich durch die Eigenschaft, statisch oder dynamisch „bestimmt" zu sein, beeinflußt. Daher wird im folgenden die Bedeutung der Eigenschaft „statisch bestimmt" erläutert.

Lokal/global statisch oder dynamisch bestimmt

Zur Erläuterung dieser Eigenschaft soll ein Modell mit einem Parameter („generic") P, einem Eingangssignal ES und einer Konstanten K betrachtet werden. Ausdrücke lassen sich einem der folgenden drei Fälle zuordnen[44]:

① Der Ausdruck $(3 - K)$ ist **lokal statisch bestimmt**, weil sein Wert bei der Übersetzung des Modells, in welchem der Ausdruck verwendet wird, bestimmt werden kann.

② Der Wert des Ausdrucks $(3 \cdot P - K)$ kann erst nach einer Instanziierung und Konfiguration eines Modells bestimmt werden(vgl. Abs. 2.3.2, S. 39), weil erst dann der Wert des Parameters P bekannt ist. Solche Ausdrücke nennt man daher **global statisch bestimmt**.

③ Im Verlauf einer Simulation kann sich der Wert des Eingangssignals ES und somit auch des Ausdrucks $(2 - ES \cdot P + K)$ ändern. Daher nennt man solche Ausdrücke **dynamisch bestimmt**.

Synthese: Statisch oder dynamisch bestimmt

Für die Synthese ist es unerheblich, ob ein Ausdruck lokal oder global statisch bestimmt ist, denn eine Implementation auf der Gatterebene kann nur zu einer Instanz eines Modells erzeugt werden, nachdem durch eine Konfiguration die Werte aller statisch bestimmten Ausdrücke festgelegt wurden. Bei der Codegenerierung zur Simulation kann allerdings ein lokal statischer Ausdruck schon bei der Übersetzung eines Modells durch eine Konstante ersetzt werden, während ein global statischer Ausdruck erst nach der „Elaboration" [44] durch eine Konstante ersetzt werden kann[9].

Man kann das Verhalten einer Instanz nach deren Übersetzung entweder über Parameter („Generics") oder durch Eingangssignale beeinflussen. Der Unterschied zwischen diesen beiden Typen von „Eingängen" ist, daß die Werte aller Parameter einer Instanz „statisch bestimmt" sind, während die Werte der Eingangssignale dynamisch bestimmt werden könnnen.

Prinzipielle Synthetisierbarkeit erfordert statisch begrenzte Komplexität

Die statisch bestimmten Ausdrücke sind für eine bestimmte Instanz konstant und entsprechen somit nach der Kodierung einem festen Vektor von Bits. Daher ist ein statisch bestimmter Ausdruck immer synthetisierbar. Offensichtlich kann man auch Modelle mit dynamisch bestimmten Verhalten synthetisieren. Dennoch hat die Eigenschaft der statischen Bestimmtheit erheblichen Einfluß auf die prinzipielle Synthetisierbarkeit eines Modells. Ein Modell kann nämlich nur dann synthetisiert werden, wenn die Komplexität der erzeugten Gatterschaltung begrenzt ist („bounded complexity"). Die Ausdrücke, welche die Zahl der Operationen pro Zeitspanne und somit die Komplexität der Schaltung auf der Gatterebene begrenzen, müssen daher statisch bestimmt sein.

Zur Verdeutlichung dieses Zusammenhangs sollen in den nächsten beiden Abschnitten die beiden Formen einer Schleife ohne „wait"-Anweisung mit statisch begrenzter Komplexität diskutiert werden.

---

[9]Die Erzeugung von optimiertem Code für jede Instanz wird durch den Kompromiß zwischen Übersetzungs- und Simulationslaufzeit bestimmt.

7.3.2 Schleifen ohne „wait"-Anweisung

A) Statisch bestimmte Durchlaufzahl

In diesem Abschnitt wird zunächst der einfachere Fall einer Schleife mit statisch bestimmter Durchlaufzahl diskutiert.

In den Codefragmenten 4.10 und 4.11 (S. 148) ist das Modell eines Paritätsflaggen-Generators mit einer statisch bestimmten Schleife vorgestellt worden. Im folgenden Codefragment 7.2 ist daher nur die Schleife zur Berechnung der Paritätsflagge noch einmal aufgelistet. Das Eingangssignal „word" ist ein Bitvektor, dessen aktuelle Länge durch das an dem Port einer Instanz angeschlossene Signal bestimmt wird.

7.2
```
    PROCESS(word)
      VARIABLE parity : std_ulogic;
    BEGIN
      ...                                    -- initialisation etc removed
      par_loop : FOR i IN word'RANGE LOOP    -- loop over all bits in word
        parity := parity XOR word(i);        -- accumulate the parity
      END LOOP;
      parity_flag <= parity;                 -- set output signal
    END PROCESS;
```

Die Schleifenparameter, wie Zahl der Durchläufe und Bereich des Schleifenindex „i", sind damit zwar nicht zur Übersetzung des einzelnen Modells, aber zur Elaboration [44] eines Modells statisch bestimmt. Das Modell wird aktiviert, wenn sich das Eingangssignal „word" ändert, und dann komplett durchlaufen. Daher müssen in einer Implementation dieses Modells auf der Gatterebene alle Anweisungen in dem vollständigen und zyklischen Kontrollpfad durch die Schleife „par_loop" parallel durch ein Netzwerk von XOR-Gattern ausgeführt werden.

B) Dynamische Durchlaufzahl, aber statische maximale Durchlaufzahl

In diesem Abschnitt soll eine Schleife betrachtet werden, deren Durchlaufzahl sich zwar dynamisch ergibt, deren maximale Zahl von Durchläufen aber statisch bestimmt ist.

Im Codefragment 7.3 sind die Schnittstellen der Einheit „alarm_checker" definiert. In dem Vektor „error_vector" sind die Fehlerflaggen aller Untereinheiten eines Systems gebündelt worden. Falls in mindestens einer Einheit ein Fehler aufgetreten ist, so wird das Signal am Port „alarm" aktiviert und die Nummer der Einheit mit einem Fehler am Port „unit_number" ausgegeben.

7.3
```
   ENTITY alarm_checker IS
     GENERIC(NoUnits    : POSITIVE := 5);       -- number of units to be controlled
     PORT(error_vector  : IN std_ulogic_vector(1 TO NoUnits);-- a port for each
                                                 --   unit (port 1 has the highest priority)
          alarm         : OUT std_ulogic;        -- alarm output
          unit_number   : OUT INTEGER RANGE 1 TO NoUnits);  -- faulty unit
   END alarm_checker;
```

Im Codefragment 7.4 ist ein Verhaltensmodell der Einheit „alarm_checker" gezeigt. Dieses Modell enthält einen Prozeß, der bei einer Änderung des Signals am Port

„error_vector" aktiviert wird. Nach einer Aktivierung wird die Schleife „check_loop" abgearbeitet. Die maximale Zahl der Durchläufe und der Bereich des Schleifenindex „i" sind statisch bestimmt. Die Nummer der aktuell betrachteten Einheit wird an den Port „unit_number" gelegt und das Signal „alarm" wird aktiviert. Ist in der aktuellen Einheit ein Fehler aufgetreten, so wird die Schleife „check_loop" verlassen. Falls kein Fehler aufgetreten ist, so wird das Signal „alarm" wieder deaktiviert und die Schleife „check_loop" erneut durchlaufen. Sind alle Einheiten getestet worden und ist in keiner Einheit ein Fehler gefunden worden, so wird die Schleife verlassen, nachdem das Signal „alarm" deaktiviert worden ist.

7.4
```
ARCHITECTURE behav OF alarm_checker IS
BEGIN
  PROCESS(error_vector)            -- a combinatorial process
  BEGIN
    check_loop : FOR i IN 1 TO NoUnits LOOP -- is there an alarm?
      unit_number <= i;
      alarm <= '1';                -- the most recent assignment is relevant!
      EXIT WHEN error_vector(i) = '1';
      alarm <= '0';                -- no error found ...
    END LOOP check_loop;
  END PROCESS;
END behav;
```

Die aktuelle Zahl der Durchläufe in der Schleife „check_loop" im Codefragment 7.4 ist dynamisch bestimmt, dennoch ist die Synthesesemantik dieses Modells eindeutig. Eine Implementation des Modells wird einen Prioritätsencoder [67] zur Berechnung des Signals „unit_number" und einen Baum von ODER-Gattern umfassen. Diesem Modell kann eine Synthesesemantik zugeordnet werden, weil die maximale Zahl der Durchläufe und der maximale Bereich des Schleifenindizes durch den Parameter „NoUnits" statisch bestimmt ist. Durch die „exit"-Anweisung wird eine logische Abkürzung („short-cut") des Kontrollflusses modelliert.

„while"-Schleifen und maximale Durchlaufzahl: Die maximale Durchlaufzahl der Schleife „check_loop" im Codefragment 7.4 ist statisch bestimmt, obwohl die aktuelle Zahl der Durchläufe variiert. Die maximale Durchlaufzahl ergibt sich bei einer „for"-Schleife unabhängig von den Anweisungen im Schleifenrumpf aus dem Wertebereich des Schleifenindex. Bei einer „while"-Schleife läßt sich die maximale Zahl der Durchläufe nur durch eine komplette Analyse des Schleifenrumpfes für alle möglichen Werte der referenzierten Variablen und Signale ermitteln. Daher ist die Synthese einer „while"-Schleife ohne „wait"-Anweisung schwieriger als die einer „for"-Schleife.

Zusammenfassung: Schleifen ohne „wait"-Anweisung

In den letzten beiden Abschnitten ist gezeigt worden, daß eine Schleife ohne „wait"-Anweisung nur dann eine Synthesesemantik haben kann, wenn die maximale Zahl der Durchläufe und der Bereich des Schleifenindex statisch bestimmt sind. Schleifen ohne statisch bestimmte maximale Durchlaufzahl, deren Rümpfe keine „wait"-Anweisung enthalten, können nicht durch eine Schaltung mit einem begrenzten Implementationsaufwand realisiert werden. Daher haben solche Modelle keine Synthesesemantik.

7.3.3 Schleifen mit „wait"-Anweisungen

Eine vollständig andere Synthesesemantik hat eine Schleife, wenn sie eine „wait"-Anweisung enthält. Zur Verdeutlichung dieser Semantik soll das Modell eines Kurzzeitintegrators betrachtet werden. Im Codefragment 7.5 sind die Parameter und Schnittstellen dieses Modells angegeben. Der Parameter „integration_interval" bestimmt die Zahl der Takte, in denen die Werte des Eingangssignals „in_sig" akkumuliert werden. Nach dieser Zahl von Takten wird der Inhalt des Akkumulators am Port „out_sig" ausgegeben und dann auf 0 zurückgesetzt.

7.5
```
ENTITY integrate_dump IS
    GENERIC(integration_interval : POSITIVE := 5);-- #cycles the input samples
                                    -- are integrated before the value is dumped
    PORT(clk      : IN  std_ulogic;           -- reset modeling as always ...
         in_sig   : IN  t_sig;
         out_sig  : OUT t_sig);
END integrate_dump;
```

Im Codefragment 7.6 ist das Verhaltensmodell der Einheit „integrate_dump" gezeigt. Der Prozeß enthält keine „sensitivity list" und wird daher beim Start der Simulation bis zur „wait"-Anweisung durchlaufen. Da das Modell im Codefragment 7.6 nur eine einzige „wait"-Anweisung enthält, hat dieses Modell nur einen einzigen, d.h. eigentlich keinen, Kontrollzustand. Vor der ersten Taktflanke wird der Wert der Variablen „accu" auf Null gesetzt, der erste Eingangswert abgetastet und akkumuliert. Nach der ersten Taktflanke wird die Schleife „accu_loop" durchlaufen, bis die durch den Parameter „integration_interval" spezifizierte Zahl von Takten erreicht worden ist. Nachdem die Schleife „accu_loop" abgearbeitet worden ist, wird der Wert der Variablen „accu" an den Ausgangsport „out_sig" gelegt, der Akkumulator auf Null gesetzt und die Schleife erneut durchlaufen.

7.6
```
PROCESS
    VARIABLE accu : INTEGER ... ;
BEGIN
    accu := 0;                                             -- reset accu
    accu_loop : FOR i IN 1 TO integration_interval LOOP    -- integrate
        accu := accu + in_sig;
        WAIT UNTIL PosEdge(clk);
    END LOOP accu_loop;
    out_sig <= accu;                                       -- dump
END PROCESS;
```

Jeder Durchlauf der Schleife „accu_loop" enthält eine „wait"-Anweisung, so daß in jedem Taktzyklus die Kontrollvariable „i" inkrementiert und mit dem Parameter „integration_interval" verglichen werden muß. Durch die Deklaration der „for"-Schleife „accu_loop" wird daher implizit ein Datenpfad modelliert, welcher die Zahl der Schleifendurchläufe kontrolliert. Weiterhin wird in jedem Taktzyklus der Wert des Eingangssignals zum aktuellen Wert des Akkumulators hinzuaddiert. Am Ende eines kompletten Schleifendurchlaufs wird der aktuelle Wert des Akkumulators an den Ausgang gegeben. Danach werden die Anweisungen des Prozesses erneut durchlaufen.

Wenn diese Operationen mit dem aktuellen Wert des Parameters „integration_interval" in der spezifizierten Taktperiode ausgeführt werden können, dann ist die betrachtete Instanz „prinzipiell synthetisierbar".

Parameter versus Klemmensignal

Die Zahl der Durchläufe ist im obigen Codefragment durch den statisch bestimmten Parameter „integration_interval" festgelegt, welcher nach der Elaboration für eine Instanz konstant ist. Im Codefragment 7.7 ist dagegen die Obergrenze der Schleife „accu_loop" nicht mehr als Parameter („generic"), sondern als Eingangsport definiert.

7.7
```
ENTITY integrate_dump IS
   PORT(clk                  : IN   std_ulogic;
        in_sig                : IN   t_sig;          -- input signal
        integration_interval  : IN   POSITIVE;       --    adaptive parameter
        out_sig               : OUT  t_sig);         -- output signal
END integrate_dump;
```

Eine Implementation des Modells aus dem obigen Codefragment 7.7 muß in dem Controller der Einheit „integrate_dump" statt eines Konstanten- einen Variablenvergleicher instanziieren. Da die Gatterschaltung eines Variablenvergleichers komplexer als die eines Konstantenvergleichers ist, ändert sich alleine durch die Definition eines Parameters als Eingangssignal die Implementation auf der Gatterebene. [10]

Zusammenfassung: Zyklen in vollständigen Kontrollpfaden

Ein Ausdruck ist „statisch bestimmt", wenn sich sein Wert vor dem Start der Simulation bestimmen läßt und sich während der Simulation nicht mehr verändern kann. Kann sich der Wert eines Ausdrucks im Laufe einer Simulation ändern, so ist der Ausdruck „dynamisch bestimmt". Es wurde gezeigt, daß eine Schleife ohne eine „wait"-Anweisung durch ein Netzwerk von parallel arbeitenden Gattern realisiert wird. Eine Schleife ohne „wait"-Anweisung hat daher nur dann eine Synthesesemantik, wenn die maximale Durchlaufzahl und der Indexbereich statisch bestimmt sind. Eine Schleife mit einer „wait"-Anweisung modelliert eine Sequenz von Kontrollzuständen, welche taktweise abgearbeitet werden.

Mit der Kontrollpfadanalyse werden Mengen von Operationen aus einem Modell extrahiert, die in einem bestimmten Zeitabschnitt, z.B. einer Taktperiode, von einer Implementation ausgeführt werden müssen. Im folgenden Abschnitt wird das inverse Problem betrachtet, nämlich wieviele Operationen in die vollständigen Kontrollpfade eines Modells eingeplant werden müssen, damit eine bestimmte Durchsatzanforderung erfüllt werden kann. Die mittlere Zahl der Operationen, die in einem Takt ausgeführt werden müssen, ist eine wesentliche Kenngröße eines Entwurfsprojekts.

7.4 Notwendiges Scheduling und Durchsatzanpassung

Die Länge der Taktperiode wird nicht nur durch externe Einflüsse, wie das Timing eines RAM-Bausteins, sondern auch durch die optimale $\frac{1}{A \cdot T_D}$-Effizienz[11] einer bestimm-

---

[10]Falls das Synthesewerkzeug feststellen kann, daß an dem Port „integration_interval" ein Signal mit einem statisch bestimmten Wert angeschlossen ist, dann könnte es den Mehraufwand für den Variablenvergleicher wieder reduzieren, indem es die Gatter mit konstantem Ausgangssignal eliminiert.

[11]A ist die Fläche einer Implementation und T_D die Zeit, welche sie zur Ausführung eines Algorithmus benötigt.

7.4. NOTWENDIGES SCHEDULING UND DURCHSATZANPASSUNG

ten Fertigungstechnologie festgelegt. Es wird gezeigt, wie man die mittlere Zahl der Operationen ermittelt, die in einem Taktzyklus ausgeführt werden müssen, um die Spezifikationen zu erfüllen. Nach der Beschreibung des notwendigen Schedulings durch ein Modell auf der RT-Ebene wird das zeitliche und funktionale Klemmenverhalten dieses Modells, z.B. durch aufwendige Simulationen, verifiziert. Da man bei einem neuen Projekt mit einer anderen Durchsatzforderung diese Entwicklungsleistung wieder nutzen möchte, wird man versuchen, die verifizierten Modelle, z.B. durch eine erneute Logiksynthese, anzupassen. Die Möglichkeiten und Grenzen dieser Anpassung werden ebenfalls in diesem Abschnitt diskutiert.

Einleitung

In vielen Projekten, insbesondere der digitalen Signalverarbeitung, muß ein Algorithmus periodisch ausgeführt werden. Die Zeit, bis sich ein bestimmter Eingangswert am Ausgang auswirkt, wird *Latenz* genannt, während die Zeitspanne zwischen zwei neuen Ausgangswerten *Berechnungsperiode* T_D genannt wird. Die Implementation des Algorithmus wird durch den geforderten Durchsatz D als Reziprokwert der maximalen Berechnungsperiode T_D bestimmt ($D := \frac{1}{T_D}$). In einem solchen Entwurfsprojekt müssen unter anderem die folgenden zwei Fragen beantwortet werden:

① Welches Scheduling ist notwendig, um mit der vorhandenen Technologie die Durchsatzforderung zu erfüllen? (Wieviele Operationen müssen parallel in einem Takt ausgeführt werden?)

② Wie kann man ein vorhandenes Modell auf der RT-Ebene zur Erzielung einer neuen Durchsatzforderung nutzen? (Es wäre sehr produktiv, wenn man nur eine neue Implementation auf der Gatterebene synthetisieren müßte.)

Da beim aktuellen Stand der Logiksynthesetechnologie das Scheduling durch den Entwickler mit einem Modell auf der RT-Ebene manuell spezifiziert werden muß, muß der Entwickler eine klare Vorstellung über das notwendige Scheduling haben. Weiterhin ist das Scheduling bei den vorhandenen „synthetisierbaren" Modellen festgelegt, es werden daher die Möglichkeiten zur Anpassung analysiert. Die Taktfrequenz ist in der Praxis kein freier Parameter zur Erzielung eines gewissen Durchsatzes, sondern sie ist für den Entwickler aus den folgenden Gründen festgelegt:

① Schnittstellen zu externen Bausteinen oder Bussen erfordern ein bestimmtes Timing.

② Die Ansteuerung von „on-chip" Makros wird durch eine bestimmte Taktfrequenz erleichtert.

③ Ohne eine Festlegung der Taktfrequenz kann kein reales Projekt koordiniert werden.

④ Aus Gründen der Ausnutzung der instanziierten Gatter ist nur ein bestimmter Bereich der Taktfrequenz sinnvoll.

Die Ausnutzung der Hardware ist in der Praxis selten das vorrangige Kriterium. Die Bestimmung der Taktfrequenz optimaler Effizienz wird hier aus den folgenden Gründen diskutiert:

① In einem Projekt ohne externe Randbedingungen ist es zur Erzielung einer möglichst optimalen Effizienz sinnvoll, die Taktfrequenz geeignet festzulegen.

② Die Grundlagen der Diskussion der Maßnahmen zur Anpassung an eine neue Durchsatzforderung müssen bereitgestellt werden.

(Wozu Rescheduling zur Durchsatzverringerung, wenn man doch nur den Takt zu reduzieren braucht?).

③ Effizienz ist ein *fundamentales* Kriterium zur Bewertung einer Implementation.

Die Taktfrequenzen realer Entwürfe steigen mit jeder neuen Technologie so an, daß das Verhältnis aus der Länge des kritischen Pfades und der Durchlaufzeit eines NAND-Gatters annähernd konstant ist. Dies bedeutet, daß man sich in der Praxis an dem Punkt der „optimalen Effizienz" orientiert.

7.4.1 Algorithmus, Durchsatz und Effizienz

In vielen Entwurfsprojekten muß ein bestimmter Algorithmus, wie z.B. eine Filteroperation oder das Suchen eines Datums, immer wieder in einer bestimmten Berechnungsperiode T_D durchgeführt werden.

„Grundoperation" als abstraktes Gatteräquivalent

Durch das Laufzeitverhalten des Algorithmus ist eine Menge von unterschiedlichen Operationen mit bestimmten Datenabhängigkeiten gegeben. Je nach Applikationsgebiet und Algorithmus unterscheiden sich diese Operationen durch Typ und erforderliche Wortbreite. Für eine Applikation und einen ausgewählten Algorithmus kann aber meist eine bestimmte Grundoperation angegeben werden. Diese Grundoperation, wie z.B. eine 10-bit Addition, übernimmt bei der abstrakten Modellierung die Funktion der „Gatteräquivalente" in der Entwicklung auf der Gatterebene. Mit Hilfe dieser Grundoperation kann man die Komplexität der Operationen, die bei einer Ausführung des Algorithmus durchgeführt werden müssen, durch die Zahl der äquivalenten Grundoperationen angeben. Da in diesem Zusammenhang eine bestimmte Berechnungsperiode garantiert werden muß, ist nur die maximale Zahl der Grundoperationen pro Berechnungsperiode T_D relevant. Diese maximale Zahl der Grundoperationen bei einmaliger Ausführung des Algorithmus ist durch #Op_Algo auf der linken Seite von Abb. 7.8 dargestellt. Diese Zahl hängt zum einen vom verwendeten Algorithmus, aber auch von der Definition der Grundoperation ab. Dies ist in Abb. 7.8 durch zwei einfache Pfeile angedeutet. Der Reziprokwert der maximalen Berechnungsperiode wird Durchsatz $D := (T_D)^{-1}$ genannt. In Abb. 7.8 ist dargestellt, wie sich aus dem Laufzeitverhalten des Algorithmus und dem Durchsatz die Zahl der Operationen pro Ausgangssignalwert ergibt.

7.4. NOTWENDIGES SCHEDULING UND DURCHSATZANPASSUNG

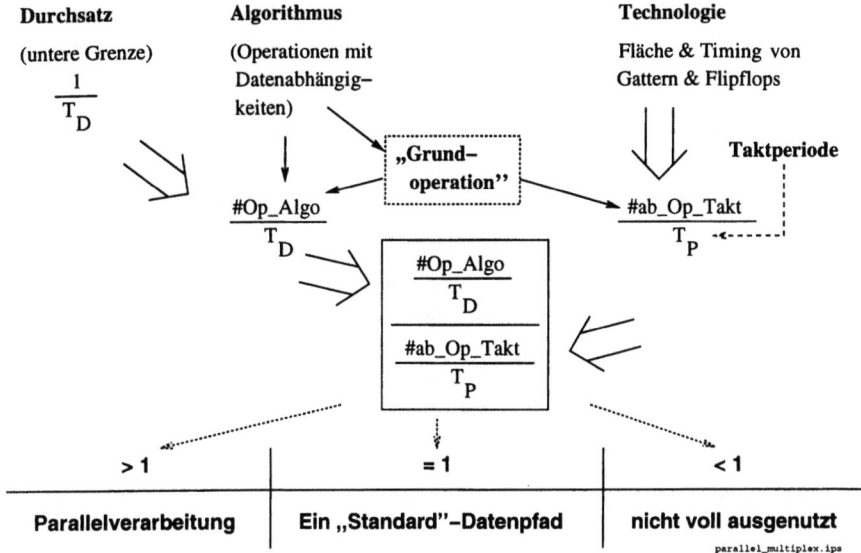

Abb. 7.8: Bestimmung des Scheduling aus den Spezifikationen und der vorhandenen Fertigungstechnologie

Die linke Seite von Abb. 7.8 stellt somit den Einfluß des Algorithmus und des geforderten Durchsatzes auf das notwendige Scheduling dar, während die rechte Seite den Einfluß der Fertigungstechnologie verdeutlicht.

Optimale Effizienz

Die Effizienz einer digitalen Schaltung ist optimal, wenn die Zahl der ausgeführten Operationen pro Zeiteinheit bei konstantem Implementationsaufwand möglichst groß ist. Man kann daher die Effizienz einer Implementation durch den Reziprokwert des Produktes aus der zur Implementation benötigten Fläche A und der maximalen Berechnungsperiode T_D des Algorithmus angeben. Es ist von Noll [74] unter speziellen Randbedingungen gezeigt worden, daß die Effizienz im Sinne von $\frac{1}{(A \cdot T_D)}$ mit einem bestimmten Entwurfsstil und einer gegebenen Fertigungstechnologie bei einer bestimmten Zahl von Verarbeitungsstufen zwischen zwei Flipflops ein globales Maximum annimmt. Da durch eine bestimmte Zahl von Verarbeitungsstufen die Länge des kritischen Timingpfades bestimmt ist, ergibt sich eine „Taktfrequenz optimaler Effizienz".

Plausibilität der „Taktfrequenz optimaler Effizienz": Die von Noll angegebene Effizienzberechnung basiert auf speziellen Randbedingungen, z.B. bezüglich der Regularität der Timingpfade. Die folgende Plausibilitätsbetrachtung zeigt aber, daß es auch für eine wesentlich größere Zahl von Entwürfen, welche diese speziellen Randbedingungen nicht erfüllen, eine „Taktfrequenz optimaler Effizienz" zu jeder Fertigungstechnologie gibt. Die Ermittelung des Punktes der optimalen Effizienz basiert auf dem Verhältnis von kombinatorischer zu speichernder Fläche in einem Entwurf. Dieses Verhältnis kann in zwei Extremfällen betrachtet werden:

- Bei einer sehr geringen Taktrate ist der speichernde Flächenanteil gering, aber die kombinatorische Fläche ist nur für einen kleinen Teil der Taktperiode aktiv und daher schlecht genutzt.

- Bei einer sehr hohen Taktrate ist die kombinatorische Fläche für einen großen Teil der Taktperiode aktiv und daher gut genutzt, die Gesamtfläche ist aber durch die höhere Zahl der Pipeline-Stufen und damit der Flipflops gestiegen.

Da der Entwurfsstil das Flächenverhältnis eines Flipflops zu einem einfachen NAND-Gatter bestimmt[12], ergibt sich für jeden Entwurfsstil ein globales Optimum der Effizienz bei einer bestimmten Zahl von Gattern auf dem kritischen Timingpfad zwischen zwei Flipflops (vgl. Abs. 2.1.3, S. 29). In dem Exkurs 7.4.2 (S. 267) wird die Taktfrequenz optimaler Effizienz mit empirischen Daten ausführlicher diskutiert.

„Standard"-Datenpfade

Soll die Effizienz eines Entwurfs in der Nähe dieses globalen Optimums liegen, dann ist durch die Fertigungstechnologie die Taktperiode T_P festgelegt. Innerhalb dieser Taktperiode kann mit einer effizienten Implementation eine feste Zahl von Grundoperationen nacheinander ausgeführt werden. Diese Zahl ist in Abb. 7.8 (S. 263) durch #ab_Op_Takt symbolisiert. Die Zahl der Grundoperationen, die nacheinander in einem Takt ausgeführt werden können, wird zum einen durch die Art der Grundoperation selber und zum anderen durch die gewählte Struktur der Implementation bestimmt. So gibt es Implementationen einer Addition mit einem unterschiedlichen Verhältnis von Fläche und Durchsatz. Ein „carry-ripple"-Addierer benötigt wenig Fläche, aber seine maximale Durchlaufzeit ist groß, während z.B. ein „carry-look-ahead"-Addierer wesentlich weniger Durchlaufzeit, aber auch überproportional mehr Fläche zur Implementation benötigt. Mit dem Kriterium der optimalen $\frac{1}{A \cdot T_D}$-Effizienz läßt sich aber eine bestimmte Architektur zur effizienten Implementation auswählen[13]. Eine kombinatorische Schaltung, welche #ab_Op_Takt Grundoperationen in einer Taktperiode T_P nacheinander ausführen kann, soll „Standard"-Datenpfad genannt werden.

DEFINITION 7.9 („STANDARD"-DATENPFAD) *Das Optimum der $\frac{1}{A \cdot T_D}$-Effizienz wird bei einer bestimmten Länge des kritischen Timingpfads zwischen zwei Flipflops erreicht. Eine kombinatorische Schaltung mit diesem kritischen Timingpfad wird „Standard"-Datenpfad genannt.*

---

[12] Bei einem „full-custom"-Entwurf können kleinere Speicher verwendet werden als bei einem „semi-custom"-Entwurfsstil.

[13] Es wird später diskutiert werden, daß man durch die Auswahl einer anderen Architektur mit einer eventuell geringeren $\frac{1}{A \cdot T_D}$-Effizienz ein vorhandenes Modell auf der RT-Ebene an eine geänderte Durchsatzanforderung anpassen kann. Hier geht es aber zunächst um die Erläuterung des prinzipiellen Dimensionierungsschemas, so daß die Architektur optimaler Effizienz betrachtet werden soll.

7.4. NOTWENDIGES SCHEDULING UND DURCHSATZANPASSUNG

Abtausch von Entwurfs- gegen Implementationsaufwand: Die Optimierungsmöglichkeiten durch eine spezielle Implementation eines „Standard"-Datenpfads können aber auf dieser Abstraktionsebene ($SI.ISD$) nur noch schwer erkannt werden. Daher werden diese Optimierungen entweder vom Synthesewerkzeug automatisch durchgeführt[14] oder durch eine manuelle Modellierung auf den implementationsnahen Ebenen der Modellierung der Strukturinformation, wie $SI.\{G, CR\}$, ausgenutzt.

„Scheduling"-Kenngröße: Mittlere Zahl der aktiven Standard-Datenpfade

Die Zahl der Operationen pro Taktzyklus kann gesteigert werden, indem man mehrere unabhängige Operationen parallel ausführt. Durch eine Division der Verhältnisse auf der rechten und linken Seite von Abb. 7.8 ergibt sich die „Scheduling"-Kenngröße SK. Diese Größe gibt an, wieviel „Standard"-Datenpfade in einem Taktzyklus im Mittel benötigt werden, um den Algorithmus mit einer Schaltung bei optimaler Effizienz auszuführen.

DEFINITION 7.10 („SCHEDULING"-KENNGRÖSSE) *Sei*

- T_P *die Taktperiode bei optimaler Effizienz,*

- *#ab_Op_Takt die Zahl der Grundoperationen, die*

    ① *in einem Taktzyklus nacheinander*

    ② *bei optimaler Effizienz*

    durchgeführt werden können,

- T_D *die Ausführungszeit des Algorithmus* α *und*

- *#Op_Algo die Zahl der Grundoperationen im Algorithmus* α,

dann ist die „Scheduling"-Kenngröße SK durch

$$SK := \frac{(Algorithmus, Durchsatz)}{Fertigungstechnologie}$$

$$SK := \frac{\frac{\#Op\_Algo}{T_D}}{\frac{\#ab\_Op\_Takt}{T_P}}$$

gegeben.

---

[14] Es gibt Synthesewerkzeuge, welche den Informationsfluß, z.B. bei einer Hintereinanderschaltung zweier Addierer, berücksichtigen. So kann z.B. die zweite Addition die niederwertigen Stellen bereits verwenden, bevor das komplette Ergebnis der ersten Addition feststeht.

Nimmt die „Scheduling"-Kenngröße den Wert 1 an, so kann der Algorithmus im Mittel mit einem einzigen „Standard"-Datenpfad der jeweiligen Fertigungstechnologie ausgeführt werden. Ist diese Kenngröße kleiner als 1, so ist eine Implementation dieses Algorithmus mit einem einzigen Standard-Datenpfad nicht voll ausgelastet. In einem solchen Fall kann eine Reduktion der Effizienz nur durch eine Verteilung der Operationen des „Standard"-Datenpfades auf mehrere Taktzyklen vermieden werden. Durch eine solche sequentielle Ausführung verringert sich der Flächenanteil zur Berechnung, aber der Flächenanteil zur Speicherung steigt durch die eventuell zusätzlich erforderlichen Zwischenspeicher und deren Adressierungslogik. Ab einer gewissen Durchsatzanforderung wird dann eine Implementation durch die Programmierung eines Standardprozessors attraktiver. Ist die „Scheduling"-Kenngröße größer als 1, so müssen im Mittel SK „Standard"-Datenpfade parallel betrieben werden.

Beispiel: Die Bedeutung dieser Kenngröße soll mit dem folgenden Beispiel verdeutlicht werden: Es sei eine Fertigungstechnologie gegeben, deren optimale $\frac{1}{A \cdot T_D}$-Effizienz dann erreicht wird, wenn in jedem Takt die Multiplikation eines 6-bit Wertes ausgeführt wird, d.h.

$$\frac{\#ab\_Op\_Takt}{T_P} := \frac{1 Mult}{20 ns}$$

Weiterhin soll ein Algorithmus mit 100 solcher 6-bit Multiplikationen jede $1\mu sec$ ausgeführt werden, d.h. $\frac{\#Op\_Algo}{T_D} := \frac{100 Mult}{1 \mu sec}$. Die „Scheduling"-Kenngröße ergibt sich dann zu $SK = 2$. Es müssen also im Mittel zwei 6-bit Multiplikationen per Taktzyklus ausgeführt werden, um den Algorithmus mit der vorhandenen Fertigungstechnologie bei optimaler Effizienz zu implementieren.

Zusammenfassung: Algorithmus, Durchsatz und Effizienz

Am Anfang dieses Abschnitts stand die Frage nach der Festlegung des notwendigen Schedulings, falls ein Algorithmus mit einem gewissen Durchsatz in einer bestimmten Technologie implementiert werden soll. Es wurde daher ein Dimensionierungsschema erläutert, mit dem man die mittlere Zahl der in einem Taktzyklus parallel auszuführenden Operationen bestimmen kann. Dieses Dimensionierungsschema basiert auf der Annahme, daß die Taktfrequenz eines Entwurfes durch die zur Verfügung stehende Fertigungstechnologie weitestgehend festgelegt ist. Eine Betrachtung der Eigenschaften realer Entwürfe zeigt, daß man sich in der Praxis an diesem Kriterium orientiert.

Dimensionierungsschema des notwendigen Schedulings: Das vorgeschlagene Dimensionierungsschema zur Festlegung des Schedulings besteht aus den folgenden Schritten (vgl. Abb. 7.8 (S. 263)):

① Zunächst wird durch eine Analyse des Algorithmus eine repräsentative Grundoperation ermittelt.

② Mit dieser Grundoperation als Einheit kann die maximale Laufzeitkomplexität #Op_Algo des Algorithmus angegeben werden.

③ Einige Versuche mit dem vorhandenen Synthesewerkzeug und der verfügbaren Fertigungstechnologie ergeben die Zahl der Grundoperationen (#ab_Op_Takt), die hintereinander in der „Taktperiode optimaler Effizienz" ausgeführt werden können.

Ein „Standard"-Datenpfad kann #ab_Op_Takt Grundoperationen in der „Taktperiode optimaler Effizienz" ausführen.

④ Mit diesen Daten kann die Scheduling-Kenngröße berechnet werden, welche die mittlere Zahl der in einem Taktzyklus aktiven Standarddatenpfade angibt.

Falls die Datenabhängigkeiten zwischen den Operationen es nicht ermöglichen, die notwendige Zahl von Operationen parallel durchzuführen, so ist eine Umformung des Algorithmus unvermeidlich. Die Scheduling-Kenngröße dient als Orientierung bei der Modellierung des Schedulings auf der RT-Ebene.

7.4.2 Empirische Pfadverteilungen und die Taktfrequenz optimaler Effizienz

Zur Illustration der „Taktfrequenz optimaler Effizienz" werden im folgenden drei verschiedene typische Pfadverteilungen von synthetisierten Gatterschaltungen betrachtet[15]. Diese Pfadverteilungen werden in einem Diagramm dargestellt, auf dessen Abzisse die Länge eines Pfades und auf dessen Ordinate die Zahl der Pfade mit dieser Länge abgetragen werden. Den Pfadverteilungen in den Abb. 7.9, 7.10 und 7.11 (S. 269) ist gemeinsam, daß die Zahl der Pfade über der Länge abfällt.

Exkurs

An der Geschwindigkeitsgrenze

In Abb. 7.9 ist eine Pfadverteilung für einen Entwurf an der Grenze der Fertigungstechnologie gezeigt. Unter der Abzisse sind die Komponenten eines langen Timingpfades skizziert. Nach dem Eintreffen der ausgezeichneten Taktflanke werden die neuen Daten von einem Flipflop übernommen und gelangen nach der Zeitspanne $t_{prop}(FF)$ an die Ausgangsklemmen. Die Laufzeit durch die Gatterschaltung ist in $t_{combinatorics}$ zusammengefaßt worden. In der „set-up"-Zeit vor dem Eintreffen der nächsten ausgezeichneten Taktflanke müssen die Daten stabil am Eingang eines Flipflops anliegen. Die unvermeidliche Variation des Eintreffzeitpunkts der Taktflanke wird durch „skew" berücksichtigt.

In einer Schaltung mit der in Abb. 7.9 skizzierten Pfadverteilung sind die instanziierten Gatter lange aktiv und daher ist die kombinatorische Fläche gut genutzt. Da aber die Berechnung in viele kleine Schritte zerlegt worden ist, müssen viele Zwischenergebnisse in Flipflops abgelegt werden. Der durch diese Flipflops und deren Ansteuerung belegte Flächenanteil ist daher groß.

---

[15]Es gibt viele Gatterschaltungen mit anderen Pfadverteilungen. Die hier angedeuteten Verteilungen ergeben sich aber häufig bei maschinell synthetisierten Schaltungen.

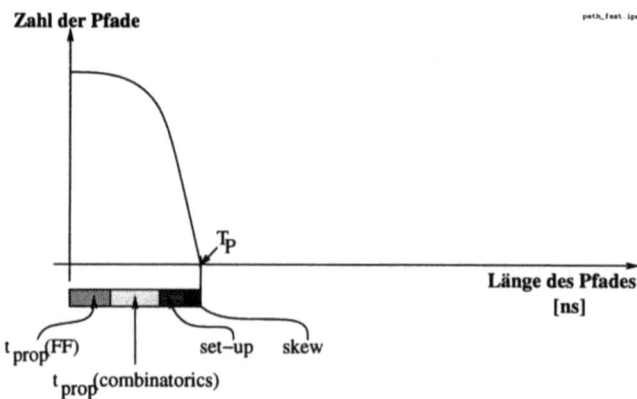

Abb. 7.9: Pfadverteilung eines „schnellen" Entwurfs

Effizienterer Entwurf

Die Pfadverteilung in Abb. 7.10 ergibt sich nach einer Reduktion der Taktfrequenz. Der Anteil eines langen Timingpfades in der kombinatorischen Schaltung $t_{combinatorics}$ hat sich vergrößert. Der Anteil der Gatter, die im Mittel in einer Taktperiode nicht aktiv sind, hat sich ebenfalls erhöht. Da aber weniger Zwischenergebnisse aus Flipflops geladen und wieder abgespeichert werden müssen, verringert sich der Flächenanteil der Flipflops.

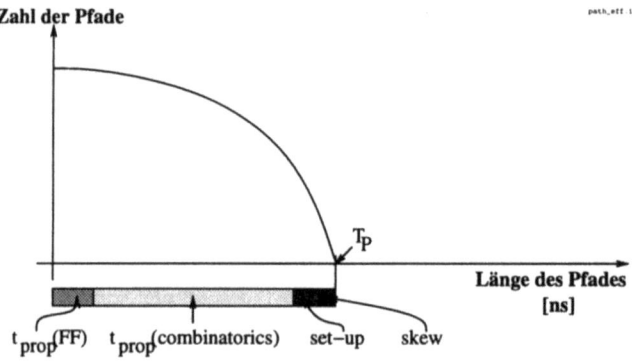

Abb. 7.10: Pfadverteilung eines effizienten Entwurfs

7.4. NOTWENDIGES SCHEDULING UND DURCHSATZANPASSUNG

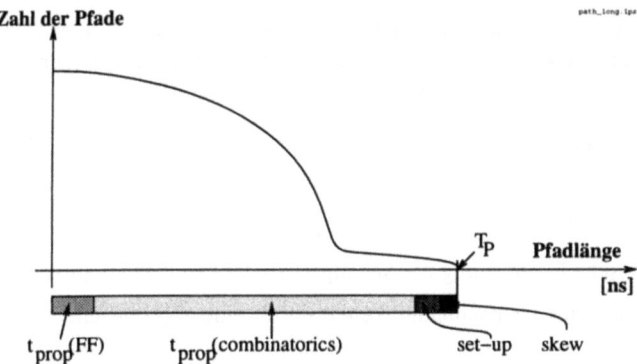

Abb. 7.11: Pfadverteilung mit einigen dominierenden Pfaden

Schlecht genutzte Ressourcen

Die Länge der Taktperiode wird durch den längsten Timingpfad bestimmt. In Abb. 7.11 ist eine Pfadverteilung mit wenigen herausragend langen Pfaden skizziert. Die Einplanung einiger sehr komplexer Operationen in einen Taktzyklus zwingt das Synthesewerkzeug dazu, Instanzen mit langen Timingpfaden hintereinander zu schalten. Diese wenigen Timingpfade führen dazu, daß die Mehrzahl der Gatter schlecht genutzt wird.

Maßnahmen bei überlangen Timingpfaden

Man kann diese überlangen Timingpfade durch eine der folgenden Methoden vermeiden:

① „multi-cycle-path"

   (Die Eingangswerte werden an den Datenpfad mindestens N Takte vor der Benutzung des Resultates angelegt.)

② Pipelinestufe

   (Aufteilen der Operation in Teiloperationen, welche in aufeinanderfolgenden Taktperioden ausgeführt werden.)

③ Verschachtelung der Operatoren

   (Implementation zweier Operationen, so daß die folgende Operation mit den ersten Teilergebnissen frühzeitig starten kann. {Bsp.: Zwei hintereinander geschaltete „carry-ripple"-Addierer.})

④ Zusammenfassung von Teiloperationen

(Algebraische Umformung der Datenabhängigkeit, um zu einer Darstellung mit einer einfacheren Implementation zu gelangen. {Bsp. Die beiden Anweisungen: „cnt + 1" und „cnt +1" werden zur Anweisung „cnt +2" zusammengefaßt. })

⑤ Vorausschauende Berechnung

(Frühzeitige Berechnung von Zwischenresultaten, so daß nur noch ein Resultat durchgeschaltet werden muß.)[16]

⑥ Algebraische Umformung zur Verringerung der Datenabhängigkeiten

(Reduktion der Datenabhängigkeiten durch eine algebraische Umformung des Modells.)

Eine detaillierte Diskussion der Methoden zur Reduktion von Datenabhängigkeiten findet sich in Abschnitt 8.4.4 (S. 317). Hier soll nur der „multi-cycle"-Pfad diskutiert werden.

„multi-cycle"-Pfad

Die in Abb. 7.11 (S. 269) dargestellten überlangen Timingpfade werden meist von einer bestimmten komplexen Operation hervorgerufen. Wird diese Operation von einem extern gelieferten Makro durchgeführt, so kann man nicht die interne Struktur verändern, um z.B. mit Registern den langen Timingpfad auf mehrere Taktzyklen zu zerlegen („Pipelining"). In einem solchen Fall muß dem Synthesewerkzeug mitgeteilt werden, daß die langen Pfade ignoriert werden sollen. Da die Operation in mehreren Taktzyklen durchgeführt wird, nennt man diese Pfade „multi-cycle"-Pfade.

Die statische Timinganalyse (s. S. 29) betrachtet nur Pfade vom Ausgang zum Eingang eines Flipflops. Pfade, die als „multi-cycle" markiert sind, werden einfach ignoriert. Es liegt daher in der Verantwortung des Entwicklers sicherzustellen, daß die instabilen Ausgangsdaten des komplexen Operators nicht von einem Flipflop übernommen werden und dort einen meta-stabilen Zustand hervorrufen. Im Codefragment 7.8 ist die korrekte Ansteuerung eines solchen komplexen „multi-cycle" Operators skizziert.

Nach dem Eintreffen der Taktflanke N werden den Variablen „a" und „b" Werte zugewiesen. Da den beiden Variablen nicht in jedem Taktzyklus ein Wert zugewiesen wird, werden sie in Registern abgelegt. Diese Register übernehmen die Werte mit der Taktflanke $N+1$. Die Ausgänge dieser Register sind mit dem komplexen Operator „complex_op" verbunden, weil im Taktzyklus $N+2$ der Variablen „c" der Ausdruck „complex_op(a, b)" zugewiesen wird.

7.8 ...
```
WAIT UNTIL PosEdge(clk); -- N
a := 5;                           --<< regs a and b are loaded with edge N+1
b := 3;
...
WAIT UNTIL PosEdge(clk); -- N+1
```

---

[16]Durch die Berechnung der nicht ausgewählten Zwischenresultate wird allerdings der Implementationsaufwand erhöht. (Abtausch von Aufwand gegen Durchsatz.)

7.4. NOTWENDIGES SCHEDULING UND DURCHSATZANPASSUNG

```
...                            --<< 1) datapath complex_op works upon a and b
...                            --<< I) NO further assignments to vars a and b
...                            --<<    => intermediate results NOT destroyed
...                            --<< IIa) no assignment to var c => reg c is
...                            --<<      loaded with its old value or
...                            --<< IIb) an arbitrary assignment to
...                            --<<      var c => reg c is loaded
...                            --<<      with the given value
...                            --<<    => instable outputs from datapath
...                            --<<      complex_op can't reach reg c
WAIT UNTIL PosEdge(clk); -- N+2
c := complex_op(a, b); --<< 1) "schedule" complex_op
...                            --<< 2) output of datapath complex_op is
...                            --<<    sampled into reg c with edge N+3
WAIT UNTIL PosEdge(clk); -- N+3
d := c -2;                     --<< reg c value is referenced
WAIT UNTIL PosEdge(clk); -- N+4
...
```

Mit der Taktflanke $N+1$ werden daher die Werte 5 und 3 in die Register „a" und „b" übernommen. In den Taktperioden $N+1$ und $N+2$ arbeitet der Operator „complex_op" auf diesen Werten, welche dann mit der Taktflanke $N+3$ in das Register „c" übernommen werden. In der Taktperiode $N+3$ wird der neue Wert des Registers „c" bereits zu einer neuen Berechnung verwendet.

In den Taktperioden $N+1$ und $N+2$ arbeitet der Operator „complex_op", so daß zur Taktflanke $N+2$ der Ausgangswert instabil ist. Der Verlauf des Ausgangssignals des Operators „complex_op" ist am unteren Rand von Abb. 7.12 skizziert. Zur Vermeidung meta-stabiler Zustände muß daher sichergestellt sein, daß zur Taktflanke $N+2$ der Ausgangswert *nicht* an den Eingang eines Flipflops gelangen kann.

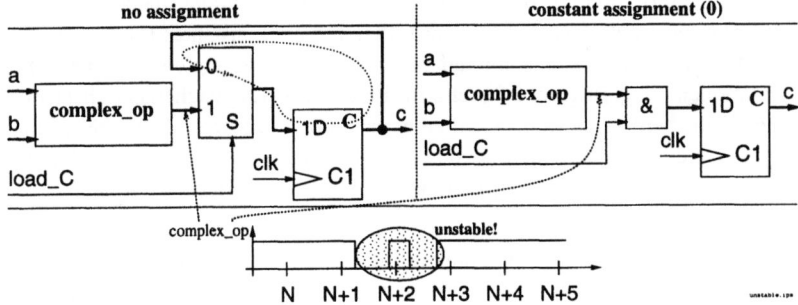

Abb. 7.12: Vermeidung meta-stabiler Zustände im Register „C" durch Abblocken der instabilen Ausgänge der Einheit „complex_op" zum Zeitpunkt der Taktflanke $N+2$

Im Codefragment 7.8 wird der Variablen „c" in der Taktperiode $N+1$ kein Wert zugewiesen, so daß der Wert des Registers „c" über einen Multiplexer zurückgekoppelt wird. Durch diese Schaltung, welche in der linken Seite angedeutet ist, gelangt der instabile Wert „complex_op" nur an den Eingang des Multiplexers. Die Schaltung auf der rechten Seite wird erzeugt, wenn der Variablen „c" in der Taktperiode $N+1$ der konstante Wert 0 zugewiesen wird.

"multi-cycle"-Pfad: Als „multi-cycle" markierte Pfade werden bei der Timinganalyse ignoriert. Die Eingangsdaten müssen daher rechtzeitig an den komplexen Operator gelegt werden und die instabilen Zwischenwerte dürfen nicht an den Eingang eines Flipflops gelangen.

> Exkurs

7.4.3 Durchsatzanpassung durch Neu-Synthese?

Nach der Implementation eines RT-Modells wird z.B. durch Simulation überprüft, ob zum einen die geforderte Funktion realisiert und zum anderen das notwendige Scheduling korrekt beschrieben wurde. Diese Entwicklungsleistung möchte man bei einem neuen Projekt mit derselben Funktionalität, aber einer anderen Durchsatzforderung, wiederverwenden. Es bietet sich an, das vorhandene Modell auf der RT-Ebene mit einer geeignet veränderten Taktperiode neu zu synthetisieren. Die Möglichkeiten und Grenzen einer solchen Vorgehensweise werden daher in diesem Abschnitt betrachtet.

AT-Diagramm

Bei dem aktuellen Stand der kommerziell verfügbaren Synthesetechnologie muß durch den Entwickler ein RT-Modell implementiert werden, welches für jeden Taktzyklus angibt, welche Eingangssignale gelesen, welche Operationen ausgeführt und welche Ausgangssignale verändert werden sollen. Mit einem Logiksynthesewerkzeug wird dann eine Schaltung auf der Gatterebene erzeugt, die durch einen Punkt im sogenannten AT-Diagramm in Abb. 7.13 (S. 273) dargestellt werden kann. In einem solchen AT-Diagramm ist auf der horizontalen Achse der Reziprokwert des Durchsatzes einer Implementation und auf der vertikalen Achse die benötigte Fläche aufgetragen. Implementationen mit gleicher Effizienz sind durch ein konstantes Produkt $A \cdot T_D$ gekennzeichnet und finden sich somit auf den in Abb. 7.13 gezeigten Hyperbel. Da Implementationen mit geringerer Effizienz zur Erreichung des gleichen Durchsatzes eine größere Fläche benötigen, sind sie auf einer nach oben versetzten Hyperbel zu finden. Je weiter also eine Implementation von einem Punkt auf der Hyperbel „optimaler Effizienz" entfernt ist, um so geringer ist die durch $\frac{1}{A \cdot T_D}$ beschriebene Effizienz.

Scheduling-Kenngröße im AT-Diagramm: Die Scheduling-Kenngröße gibt an, wieviel Standarddatenpfade im Mittel parallel aktiv sein müssen, um den geforderten Durchsatz mit der verfügbaren Technologie zu erreichen. Der Durchsatz, welcher im Mittel mit einem einzigen Standarddatenpfad erreicht werden kann, ist durch eine senkrechte und strichlierte Linie markiert. Punkte rechts von dieser Linie (geringerer Durchsatz) können ohne Effizienzverluste nur durch eine Redefinition des Standarddatenpfades erreicht werden. Ein höherer Durchsatz erfordert hingegen das vermehrte Scheduling von Operationen in eine Taktperiode.

Effizienzverluste bei Variation der Taktrandbedingung

Die Erfahrung hat gezeigt, daß man den aktuellen Durchsatz durch eine Variation der Taktrandbedingung bei der Logiksynthese mit akzeptablen Effizienzverlusten nur in

7.4. NOTWENDIGES SCHEDULING UND DURCHSATZANPASSUNG

einem beschränkten Bereich beeinflußen kann. Die beiden Möglichkeiten der Variation des Durchsatzes werden in den folgenden Paragraphen diskutiert.

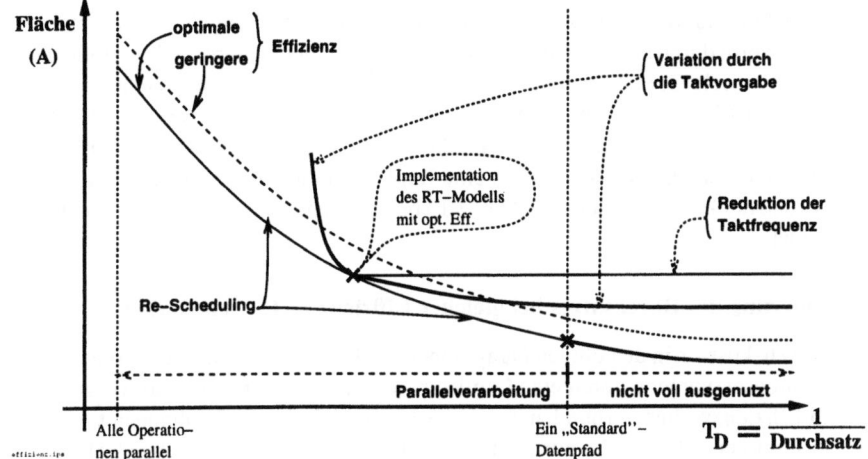

Abb. 7.13: Fläche A über der maximalen Abarbeitungszeit $T_D = \frac{1}{Durchsatz}$ im „AT"-Diagramm

Geringerer Durchsatz $\Rightarrow$ Längere Taktperiode: Eine Verringerung des Durchsatzes kann bei einer voll-synchronen und statischen[17] Schaltung leicht erreicht werden, indem man die Taktfrequenz verringert. In Abb. 7.13 ist eine solche Reduktion der Taktfrequenz durch eine horizontale Linie von dem Punkt des RT-Modells nach rechts hin angedeutet. Ein solcher Betrieb führt aber zu einer Verringerung der Effizienz, welche in Abb. 7.13 an dem wachsenden Abstand zur Hyperbel der optimalen Effizienz erkannt wird.

Diese Effizienzverluste können reduziert werden, wenn man aus dem vorhandenen RT-Modell mit einem Logiksynthesewerkzeug bei einer längeren Taktperiode eine neue Implementation auf der Gatterebene erzeugt. Durch eine längere Taktperiode wird das Logiksynthesewerkzeug veranlaßt, eine Implementation zu erzeugen, welche die eingeplanten Operationen mit einer geringeren Fläche durchführt. So kann z.B. ein „carry-look-ahead"- gegen einen „carry-ripple"-Addierer ausgetauscht werden (vgl. Abs. 5.4, S. 202). Diese Verringerung der Fläche führt aber zu einer Erhöhung der Zahl der Gatter auf dem kritischen Pfad und somit zu einer reduzierten Effizienz. Dieser Zusammenhang ist in Abb. 7.13 durch den rechten Teil der mit „Variation durch die Taktvorgabe" beschrifteten Kurve dargestellt. Der Abtausch von Fläche gegen Abarbeitungszeit durch die Wahl anderer Implementationen der verwendeten Operationen ist begrenzt, denn für viele Operationen existiert eine Implementation mit minimaler

---

[17] Eine Schaltung ist statisch, wenn keine Ladungsspeicherungseffekte verwendet werden [123]. Eine statische Schaltung kann mit allen Taktfrequenzen, die kleiner als die Maximalfrequenz sind, betrieben werden.

Fläche. Daher nähert sich der rechte Teil der Kurve „Variation durch die Taktvorgabe" einer Horizontalen in dem in Abb. 7.13 gezeigten *AT*-Diagramm.

Höherer Durchsatz ⇒ Kürzere Taktperiode: Eine Erhöhung des Durchsatzes ist in selber Weise durch eine erneute Logiksynthese mit einer kürzeren Taktperiode möglich. Da für viele Operationen der Flächenaufwand bei einer Implementation mit einer kürzeren Abarbeitungszeit stark ansteigt, ist das Kurvenstück „Variation durch die Taktvorgabe" auf der linken Seite des Punktes optimaler Effizienz stark nach oben gebogen. Zu vielen Operationen gibt es eine Implementation mit minimaler Durchlaufzeit, so daß der linke Kurventeil in Abb. 7.13 bei einem bestimmten maximalen Durchsatz endet.

Veränderung des Durchsatzes bei gleicher Effizienz ⇒ Re-Scheduling

Aus der Diskussion in den obigen Paragraphen ergibt sich, daß eine Anpassung an eine neue Durchsatzvorgabe durch eine Logiksynthese mit einer anderen Taktvorgabe mit einem Effizienzverlust verbunden ist. Weiterhin wird durch die Implementationen eines bestimmten RT-Modells nur ein beschränkter Durchsatzbereich abgedeckt. Eine Variation des Durchsatzes ohne Effizienzverluste oder über diesen Bereich hinaus ist nur möglich, indem man die Zahl und Art der Operationen, die in einem Taktzyklus auszuführen sind, verändert. Eine Veränderung der in einen Taktzyklus eingeplanten Operationen nennt man Re-Scheduling.

Es ist oben gezeigt worden, daß die Effizienz einer Implementation durch die Zahl der nacheinander ausgeführten Operationen, d.h. durch eine bestimmte Taktfrequenz, bestimmt wird. Daher gilt die Effizienzhyperbel in Abb. 7.13 nur für eine bestimmte Technologie. Falls eine Technologieänderung nicht mehr durch eine Variation der Taktrandbedingung bei der Logiksynthese berücksichtigt werden kann, so ist auch in diesem Fall ein Re-Scheduling notwendig.

Zusammenfassung: Analyse der Kontrollpfade

Kontrollpfad-Analyse: Abstrakte Modellierungsaktivitäten müssen in einem sinnvollen Entwurfsprozeß durch geeignete „abstrakte" Analyse- und Umformungsmethoden ergänzt werden. In diesem Kapitel wurde die Kontrollflußanalyse als Analogie zur Timing-Analyse auf der Gatterebene eingeführt. Mit der Kontrollflußanalyse werden Mengen von Operationen ermittelt, die in einem bestimmten Zeitabschnitt, z.B. einem Taktzyklus, durchgeführt werden müssen. Da diese Operationen als sequentielle Anweisungen notiert werden, kann es zwischen diesen Operationen Datenabhängigkeiten geben, welche bei der Einschätzung der „prinzipiellen Synthetisierbarkeit" ebenfalls betrachtet werden müssen.

Schleifen mit und ohne „wait"-Anweisungen: Im Rahmen der Kontrollflußanalyse ist Synthesesemantik von Schleifen mit und ohne „wait"-Anweisungen diskutiert worden. Eine Schleife ohne „wait"-Anweisung hat nur dann eine Synthesesemantik,

7.4. NOTWENDIGES SCHEDULING UND DURCHSATZANPASSUNG

wenn die maximale Durchlaufzahl statisch bestimmt ist und damit die Komplexität einer Implementation auf der Gatterebene begrenzt ist.

Notwendiges Scheduling: Insbesondere in der digitalen Signalverarbeitung muß häufig ein bestimmter Algorithmus periodisch ausgeführt werden. Der Reziprokwert der Berechnungsperiode T_D wird als Durchsatz $\frac{1}{T_D}$ bezeichnet. Eine Implementation eines Algorithmus ist effizient, wenn der Reziprokwert des Produktes aus Fläche A und maximaler Berechnungsperiode T_D minimal ist. Eine Schaltung hat optimale Effizienz ($\frac{1}{A \cdot T_D}$), wenn der Timingpfad zwischen zwei Flipflops einen bestimmten Wert annimmt. Durch die Technologie ist also die *Taktfrequenz optimaler Effizienz* weitestgehend festgelegt. Es wurde ein Dimensionierungsschema zur Berechnung der Scheduling-Kenngröße angegeben. Diese Scheduling-Kenngröße gibt die mittlere Zahl der Operationen an, die in einem Taktzyklus durchgeführt werden müssen, um die Durchsatzanforderung zu erfüllen. Diese Kenngröße dient als Orientierung bei der Implementation eines Modells.

Durchsatzanpassung: Nach der Fertigstellung eines Modells wird das funktionale und zeitliche Klemmenverhalten durch umfangreiche Simulationen verifiziert. Um diese Entwurfsleistung bei einem neuen Projekt mit einer anderen Durchsatzforderung erneut zu nutzen, wird man versuchen, vorhandene Modelle mit einer neuen Taktforderung zu synthetisieren. Die Möglichkeiten und Grenzen einer solchen Neu-Synthese sind im AT-Diagramm veranschaulicht worden. Eine wesentliche Änderung des Durchsatzes ist ohne Effizienzverluste nur durch ein Rescheduling der Operationen zu erreichen.

Im folgenden Kapitel wird die Frage diskutiert, wie man ein vorhandenes Modell umformen muß, um es mit möglichst geringen Effizienzverlusten mit einem neuen Durchsatz zu implementieren. Dazu werden die Regeln und Verfahren des Rescheduling eingeführt und zur Anpassung des Durchsatzes eines vorhandenen Modells verwendet.

8 Umformung durch Rescheduling

Zur Vorbereitung auf die Diskussion der Umformungsverfahren wird das zeitliche Klemmenverhalten eines Modells mit impliziter Zustandsmodellierung betrachtet. Dann wird das Vertauschen und Verschieben von „wait"-Anweisungen sowohl an einer linearen Sequenz von Anweisungen wie auch an einer Sequenz mit Verzweigungen diskutiert. Es werden Regeln angegeben, um bei diesen Umformungen die Identität des Klemmenverhaltens zu sichern. Da häufig Veränderungen des zeitlichen Klemmenverhaltens („Protokolls") notwendig sind, werden Methoden dargestellt, welche die Auswirkungen einer Veränderung auf einen Teil des Modells beschränken.

Zur Anpassung eines vorhandenen Modells an einen höheren oder niedrigeren Durchsatz werden Reschedulingverfahren vorgestellt. Die Stufen des Reschedulings zur Durchsatzverringerung werden an einem realen Modell demonstriert. Ein Vergleich des Implementationsaufwandes zeigt, daß durch Rescheduling mit einer anschließenden Optimierung in fast idealer Weise Aufwand gegen Durchsatz abgetauscht werden kann. Es werden Verfahren vorgestellt, mit denen man die bei einer Durchsatzsteigerung auftauchenden Probleme, wie Überbuchung der Schnittstellen und Datenabhängigkeiten, lösen kann.

Einleitung

In diesem Abschnitt werden die Methoden zur Lösung der folgenden Fragen vorgestellt:

① Die Synthese einer Implementation auf der Gatterebene scheint bei einem RT-Modell unmöglich zu sein, weil die Timingpfade länger als die spezifizierte Taktperiode sind.

   (a) Wie kann man Operationen in einen benachbarten Taktzyklus verschieben, um den kritischen Timingpfad aufzubrechen?

   (b) Die Ursache der Timingpfade sind Datenabhängigkeiten zwischen den Operationen. Mit welchen Methoden kann man diese Datenabhängigkeiten beseitigen?

② Das Lesen eines Eingangsdatums soll in einem bestimmten Modus um einen Takt verschoben werden.

   Kann man diese Änderung durchführen, ohne das komplette Klemmenverhalten des Modells neu verifizieren zu müssen?

③ Ein vorhandenes Modell soll an eine neue Durchsatzforderung angepaßt werden.

   (a) Wie muß man das Modell umformen, um es ohne Effizienzverluste mit dem neuen Durchsatz implementieren zu können?

(b) Wie kann man bei der Synthese des umgeformten Modells auftretende Probleme lösen?

(c) Wie kann man die Implementation eines angepaßten Modells optimieren?

(d) Durch welche Methoden kann die vermehrte Einplanung von Operationen in einen Taktzyklus ermöglicht werden, ohne die Taktperiode zu verlängern?

Alle zur Lösung der obigen Probleme notwendigen Veränderungen an einem Modell können die Funktion des Modells in unvorhergesehener Weise beeinflussen und machen daher eine erneute Verifikation des Modells notwendig. Um diesen zusätzlichen Zyklus aus Änderung, Simulation und Fehlersuche zu vermeiden, ist man an Verfahren interessiert, mit denen man ein Modell in einer definierten Weise ändern kann. Die hier vorgestellten Regeln zum Rescheduling erlauben die Veränderung eines Modells in einem bestimmten Bereich mit vorhersagbaren Konsequenzen.

Die Anpassung einer vorhandenen Implementation eines Algorithmus an eine erhöhte oder verringerte Durchsatzforderung ist von großer Bedeutung im Bereich der digitalen Signalverarbeitung. In der Signalverarbeitung werden in einer festen Berechnungsperiode Eingangswerte übernommen, eine bestimmte Sequenz von Anweisungen ausgeführt und die berechneten Werte an die Ausgangsklemmen ausgegeben. Ist ein bestimmter Algorithmus für einen gegebenen Durchsatz implementiert worden, so hat man nicht nur die Transformation der Ein- in eine Ausgangsfolge verifiziert, sondern auch das zeitliche Verhalten an den Klemmen. Muß derselbe Algorithmus mit einem anderen Durchsatz implementiert werden, so wird man versuchen, das vorhandene Modell so zu verändern, daß die Transformationsfunktion erhalten, aber die Berechnungsperiode wie benötigt verkürzt oder verlängert wird.

Da diese Umformungen auf einigen fundamentalen Regeln basieren, wird es in absehbarer Zeit Werkzeuge geben, welche dieses Rescheduling durchführen können. Die Erfahrung im praktischen Umgang mit den schon vorhandenen Logiksynthesewerkzeugen hat aber gezeigt, daß die Möglichkeit der automatischen Synthese von Implementationen auf der Gatterebene kein Ersatz für ein Verständnis der Gatterschaltungstechnik sein kann. Im Gegenteil ist bei einer effektiven Modellierung zur Synthese eine unmittelbare Abschätzung der Folgen einer bestimmten Modellierungsentscheidung für die Implementation unverzichtbar. Die verschiedenen Diskussionen des Zusammenhangs zwischen Simulations- und Synthesesemantik sind ein Ansatz, ein Gefühl für die Struktur der modellierten Gatterschaltung zu entwickeln. Daher kann vermutet werden, daß die Werkzeuge zum Rescheduling auch nur dann wirkungsvoll eingesetzt werden können, wenn die Regeln und Anwendungsmöglichkeiten des Rescheduling verstanden sind. Darüber hinaus treten z.B. beim Rescheduling zur Durchsatzsteigerung spezielle Probleme wie die „Überbuchung der Schnittstellen" auf, welche auf absehbare Zeit nur interaktiv gelöst werden können [1].

---

[1] Die verfügbaren Synthesewerkzeuge erzeugen zu einem Modell einer Einheit eine Implementation auf der Gatterebene. Eine Synthese mit einer automatischen Erweiterung der Schnittstellen müßte eine neue Einheit erzeugen.

8.1. ANALOGIE AUF DER GATTEREBENE: RETIMING

Aufbau

Im folgenden Abschnitt 8.1 wird zur Einleitung das Retiming als analoges Umformungsverfahren auf der Gatterebene kurz diskutiert. Das Timing der Ein- und Ausgangssignale bei einer impliziten Modellierung des Kontrollzustands wird in Abschnitt 8.2 diskutiert. Die Regeln und Verfahren zum Rescheduling werden dann im Abschnitt 8.3 vorgestellt. Im Abschnitt 8.4 werden die Schritte zur Anpassung eines vorhandenen Modells an einen erhöhten oder verringerten Durchsatz erläutert. Zum Abschluß des Kapitels werden im Abschnitt 8.5 die Möglichkeiten eines automatischen Reschedulings betrachtet.

8.1 Analogie auf der Gatterebene: Retiming

Meist werden Modelle nicht vollständig neu entwickelt, sondern aus vorhandenen Modellen durch eine Variation derselben erzeugt. Eine der wesentlichen Methoden zur Variation einer vorhandenen Schaltung auf der Gatterebene ist das sogenannte „Retiming". Beim Retiming werden Flipflops in eine Gatterschaltung eingesetzt („pipelining")[2] oder über Gatter verschoben. Diese Methoden sind von besonderer Bedeutung, weil sie es ermöglichen, das Zeitverhalten einer verifizierten Schaltung umzuformen, ohne ihre Funktion zu beeinträchtigen. Dies kann den Verifikationsaufwand beachtlich reduzieren. So ist in Abb. 8.1 die Verschiebung und Verdopplung von Flipflops gezeigt, welche das taktbezogene Klemmenverhalten nicht verändern.

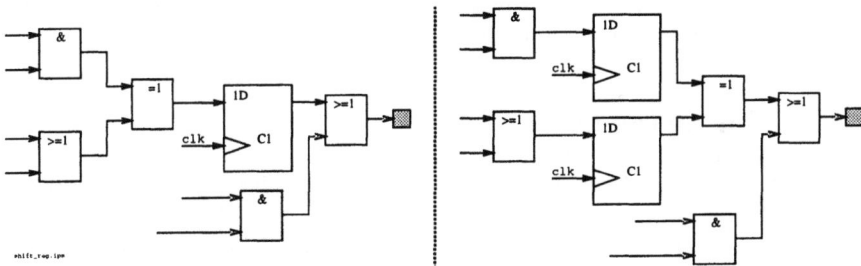

Abb. 8.1: Verschieben eines Flipflops ohne Veränderung des taktbezogenen Klemmenverhaltens (*VT.MI*)

In der Tabelle 8.1 sind noch einmal die Analyse- und Umformungsmethoden für die Gatterebene und die analogen Verfahren für eine Entwicklung auf einer höheren Abstraktionsebene gezeigt. Die erste Spalte ist mit „Gatterebene" (*SI.G*) bezeichnet, weil auf dieser Abstraktionsebene die Strukturinformation durch eine Instanziierung und Verbindung von Gattern dargestellt ist[3]. Die zweite Spalte ist mit „Operationen"

---

[2] Das Einfügen von Flipflops führt zu einer Latenzerhöhung, verändert also das zeitliche Klemmenverhalten, während das funktionale Klemmenverhalten erhalten bleibt (vgl. Abs. 8.3.1, S. 284).

[3] Natürlich werden in einem hierarchischen Strukturmodell auch Symbole von komplexeren Einheiten instanziiert. Diese Symbole abstrahieren aber nicht von den Modellen mit Gattern, sondern verbergen sie nur (vgl. Abs. 3.2, S. 83).

überschrieben, weil auf dieser Abstraktionsebene einfache oder komplexe Operationen in einen bestimmten Taktzyklus eingeplant werden.

	„Gatterebene" (*SI.G*)	„Operationen" (*SI.{ISD, ICD}*)
Analyse	statische Timing-Analyse „Abzählen" der Gatter	Kontrollpfadanalyse Kontrollpfadanalyse
Umformung	„Retiming" (Einfügen, d.h. „pipelining", und Verschieben von Flipflops)	„Re-scheduling" (Einfügen & Verschieben von „wait"-Anweisungen)

Tabelle 8.1: Analoge Analyse- und Umformungsverfahren auf unterschiedlichen Abstraktionsebenen der Modellierung der Strukturinformation

Das Verschieben und Einfügen von Flipflops in eine Schaltung auf der Gatterebene verändert die Einplanung der logischen „Operationen" in Taktzyklen und kann daher als eine implementationsnahe Rescheduling-Technik betrachtet werden. Die Auswirkungen des „Retiming" können durch eine Anwendung der sogenannten „cut-set"-Regeln begrenzt werden [30]. Hier werden ähnliche Regeln vorgestellt, mit denen man die Auswirkungen einer abstrakten Umformung begrenzen kann. Weiterhin wird das Verständnis und die Anwendung des Retimings durch künstliche, nicht realisierbare „Schaltungs"-elemente erleichtert. Auch beim Rescheduling auf einer abstrakteren Ebene wird eine solche Pseudo-Anweisung eingeführt werden und die Formulierung von Umformungsverfahren vereinheitlichen.

8.2 Timing bei (*SI.ICS*)

Das Rescheduling von Operationen ist besonders leicht in einem Modell mit einer impliziten Modellierung des Kontrollzustands möglich, daher werden die Regeln des Reschedulings an solchen Modellen demonstriert. Weiterhin wird durch das Rescheduling nicht nur die Reihenfolge der Bearbeitung der internen Operationen, sondern häufig auch das zeitliche Verhalten an den Klemmen verändert. Daher soll in diesem Abschnitt das Timing an den Klemmen eines Modells mit impliziter Zustandsmodellierung betrachtet werden, bevor die Regeln zum Rescheduling vorgestellt werden.

Zunächst wird das Timing einer Reaktion im selben Taktzyklus und dann das Timing einer verzögerten Zuweisung auf ein Ausgangssignal betrachtet.

Unmittelbare Reaktion auf ein Eingangssignal

Ein Ausschnitt aus einem Modell mit einer impliziten Modellierung des Kontrollzustands ist im Codefragment 8.1 gezeigt. Auf der rechten Seite sind die positiven Taktflanken numeriert, auf die mit der jeweiligen „wait"-Anweisung gewartet wird. Das Eingangssignal „in_sig_bit" und das Ausgangssignal „out_sig_bit" sind

8.2. TIMING BEI (SI.ICS)

vom „std_ulogic"-Typ, während das Eingangssignal „in_sig_int" und das Ausgangssignal „out_sig_int" einen ganzzahligen Typen mit beschränktem Wertebereich verwenden.

8.1
```
  ...
  WAIT UNTIL PosEdge(clk);            -- cycle:  N
  ...
  WAIT UNTIL PosEdge(clk);            -- cycle:  N+1
    IF in_sig_bit = '1' THEN
      out_sig_bit <= '0';
    END IF;
  WAIT UNTIL PosEdge(clk);            -- cycle:  N+2
    out_sig_int <= in_sig_int +2;
  WAIT UNTIL PosEdge(clk);            -- cycle:  N+3
  ...
```

Das Verhalten dieses Modells soll für die in Abb. 8.2 gezeigten Verläufe der Eingangssignale diskutiert werden. Im Verlaufe des Taktzyklus N nimmt das Eingangssignal „in_sig_bit" den Wert '1' an. Nachdem die nächste positive Taktflanke eingetroffen ist, wird die Abarbeitung des Modells im obigen Codefragment 8.1 mit der Abfrage „if in_sig_bit = '1' ..." fortgesetzt. Da der aktuelle Wert des Signals „in_sig_bit" '1' ist, wird dem Ausgangssignal „out_sig_bit" der Wert '0' zugewiesen.

Der „aktuelle Wert" eines Eingangssignals ist der Wert des Signals vor der Aktivierung des Modells. Da die Abarbeitung des Modells mit der positiven Taktflanke wieder aufgenommen wird, ist der „aktuelle Wert" der Wert vor der Taktflanke. Dieser Zusammenhang ist in Abb. 8.2 durch einen Pfeil von der positiven Taktflanke zur Waveform des Eingangssignals und einen weiteren Pfeil zur Änderung des Ausgangssignals angedeutet.

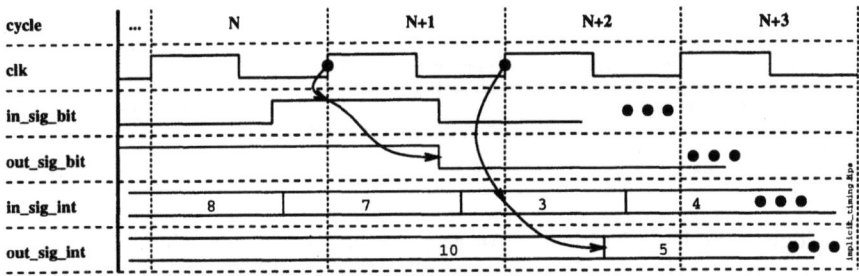

Abb. 8.2: Diagramm zur Veranschaulichung des Timings eines Modells mit impliziter Modellierung des Kontrollzustands

Darstellung der δ-Verzögerung in der Waveform-Anzeige: Alle Modelle mit einer impliziten Zustandsmodellierung verwenden ausschließlich „wait"-Anweisungen, welche auf eine ausgezeichnete Flanke des Taktsignals warten. Instanzen solcher Modelle werden daher nur mit der ausgezeichneten Taktflanke aktiviert. Die bei einer Aktivierung abgearbeiteten Zuweisungen auf Ausgangssignale verzichten auf die Angabe einer Verzögerungszeit, so daß sich in der Simulation die Werte der Ausgangssignale

| Exkurs |

Exkurs

eine δ-Verzögerung nach der Taktflanke ändern. Zur Wahrung dieser Simulationssemantik werden viele Synthesewerkzeuge, wie bei einem getakteten Prozeß, alle Ausgangssignale in Registern ablegen (vgl. Abs. 6.6, S. 233). Daher sind die in Abb. 8.2 gezeigten Verzögerungen aus Gründen der Darstellung eher zu groß gezeichnet.

Nach der Ausgangssignalzuweisung wird die Ausführung des Modells im Codefragment 8.1 suspendiert und auf die nächste positive Taktflanke gewartet. Im Taktzyklus $N+2$ wird zum aktuellen Wert des Eingangssignals „in_sig_int" die Zahl 2 addiert und der resultierende Wert dem Ausgangssignal „out_sig_int" zugewiesen.

Verzögerte Reaktion auf ein Eingangssignal

Häufig erfolgt die Reaktion auf einen bestimmten Wert eines Eingangssignals nicht im selben Takt, sondern in einem der folgenden Taktzyklen. In Abschnitt 8.3 (S. 283) werden Methoden zur Umformung eines Modells diskutiert, bei denen die „wait"-Anweisungen in einer Sequenz von Anweisungen verschoben werden. Um die Wirkung einer solchen Verschiebung auf das zeitliche Klemmenverhalten einfacher erklären zu können, wird zunächst der Fall betrachtet, daß sich eine „wait"-Anweisung zwischen einer Eingangssignalabfrage und einer abhängigen Zuweisung auf ein Ausgangssignal befindet.

Daher ist im Codefragment 8.2 ein anderer Ausschnitt aus einem Modell gezeigt. In diesem Modellausschnitt ist eine „wait"-Anweisung zwischen die Abfrage des Eingangssignals „in_sig_bit" und der Zuweisung auf das Ausgangssignal „late_out_sig" geschoben worden.

```
8.2   ...
      WAIT UNTIL PosEdge(clk);                          -- cycle:  N
      ...
      WAIT UNTIL PosEdge(clk);                          -- cycle:  N+1
         IF in_sig_bit = '1' THEN    -- sample input signal
            quick_out_sig <= '0';    -- an early reaction
            WAIT UNTIL PosEdge(clk);                    -- cycle:  N+2
            late_out_sig  <= '0';    -- a delayed response
         END IF;
      WAIT UNTIL PosEdge(clk);                          -- cycle:  N+3 or N+2
      ...
```

Mögliche Verläufe der Ein- und Ausgangssignale zu dem obigen Modellausschnitt sind in Abb. 8.3 skizziert. Mit der positiven Taktflanke des Taktzyklus $N+1$ wird das Eingangssignal „in_sig_bit" abgefragt. Da die Bedingung der „if-then"-Verzweigung erfüllt ist, wird die Zuweisung auf das Ausgangssignal „quick_out_sig" mit einer δ-Verzögerung eingeplant und die Ausführung des Modells mit der „wait"-Anweisung suspendiert. Wenn die Bedingung in der „if-then"-Verzweigung nicht erfüllt wäre, so würde die Verzweigung verlassen und die letzte „wait"-Anweisung ausgeführt. Da der Zeiger auf die zuletzt ausgeführte „wait"-Anweisung den Kontrollzustand bestimmt, wird je nach dem Wert des Eingangssignals im Taktzyklus $N+1$ im folgenden Taktzyklus ein anderer Kontrollzustand angenommen. Da der Wert des Eingangssignals zur $(N+1)$-ten Taktflanke '1' ist, wird die „wait"-Anweisung in der Verzweigung ausgeführt. Im Taktzyklus $N+2$ nimmt die (E)FSM daher den korrespondierenden Kontrollzustand an, in welchem das Ausgangssignal „late_out_sig" auf den Wert '0' ge-

8.3. REGELN DES RE-SCHEDULING

setzt wird. Durch die beiden Pfeile in Abb. 8.3 soll angedeutet werden, daß der Wert des Ausgangssignals „late_out_sig" zwar erst im Takt $N+2$ gesetzt wird, aber durch den Wert des Eingangssignals „in_sig_bit" zur $(N+1)$-ten Taktflanke bestimmt wird. Der Wert des Eingangssignals wird zwischenzeitlich als Teil des Kontrollzustands gespeichert.

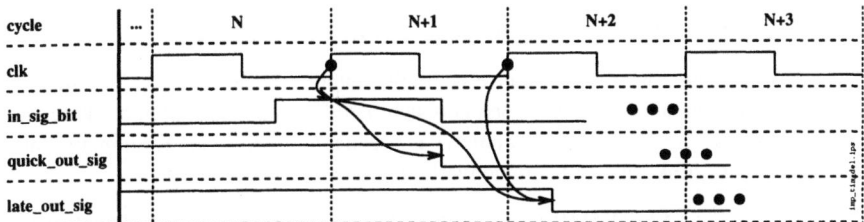

Abb. 8.3: Erhöhung der Latenz, wenn zwischen einer Abfrage und einer abhängigen Ausgangssignalzuweisung eine „wait"-Anweisung plaziert ist

Zusammenfassung: Timing bei *SI.ICS*

Für die Abarbeitung der Anweisungen nach einer „wait"-Anweisung sind die Werte eines Eingangssignals zur letzten positiven Taktflanke entscheidend. Falls zwischen der Abfrage eines Eingangssignals und einer davon abhängigen Ausgangssignalzuweisung eine „wait"-Anweisung ausgeführt wird, so ändert sich das Ausgangssignal nicht im Taktzyklus direkt nach der zur Abtastung verwendeten Taktflanke, sondern einen Takt später. In einem solchen Fall wird der Wert des Eingangssignals als Teil des Kontrollzustands gespeichert und später ausgegeben.

8.3 Regeln des Re-scheduling

Bei einem neuen Projekt wird man nach Möglichkeit auf verifizierte Modelle oder Teile derselben zurückgreifen. Zur Anpassung an die Anforderungen des neuen Projektes ist meist eine Variation des vorhandenen Modells notwendig. Daher werden Verfahren benötigt, welche eine Anpassung des Modells unter Bewahrung des Klemmenverhaltens oder mit einer begrenzten Veränderung erlauben. Die Erfahrung hat gezeigt, daß die Implementation eines Modells auf der Gatterebene erheblich vereinfacht werden kann, wenn man das Scheduling der Operationen gezielt manipuliert. Weiterhin kann eine Änderung des zeitlichen Klemmenverhaltens die Verschiebung einer „wait"-Anweisung notwendig machen. Daher werden im folgenden Abschnitt verschiedene Umformungen in einer Anweisungssequenz und deren Auswirkungen auf das funktionale oder zeitliche Klemmenverhalten diskutiert. Es werden Regeln angegeben, wie man z.B. Anweisungen vertauschen kann, ohne das Klemmenverhalten eines Modells zu verändern. Sie werden ergänzt durch Regeln, mit denen man die Auswirkungen eines solchen „Reschedulings" begrenzen kann.

Aufbau: Zunächst werden im folgenden Abschnitt 8.3.1 die Begriffe zeitliches und funktionales Klemmenverhalten unterschieden. Dann wird in Abschnitt 8.3.2 die Veränderung des Scheduling in einer einfachen Sequenz von Anweisungen diskutiert. Zum Schluß werden im Abschnitt 8.3.3 die Regeln zur Verschiebung von „wait"-Anweisungen in einer Sequenz mit einer Verzweigung betrachtet.

8.3.1 Funktionales und zeitliches Klemmenverhalten

Umformungen eines Modells können eine Implementation aufwendiger oder einfacher machen, brauchen aber das von außen beobachtbare Klemmenverhalten nicht zu verändern. Andere Umformungen verändern das sogenannte „zeitliche" Klemmenverhalten, wobei das „funktionale" Klemmenverhalten nicht verändert wird.

DEFINITION 8.1 (KLEMMENVERHALTEN) *Das an den Ein- und Ausgängen beobachtbare Verhalten einer Einheit nennt man Klemmenverhalten.*

Man unterscheidet zwei Aspekte des Klemmenverhaltens, einmal das „funktionale" und das „zeitliche" Klemmenverhalten. Um den Unterschied zwischen diesen beiden Aspekten des Klemmenverhaltens zu verdeutlichen, sollen zwei Modelle eines Addierers betrachtet werden.

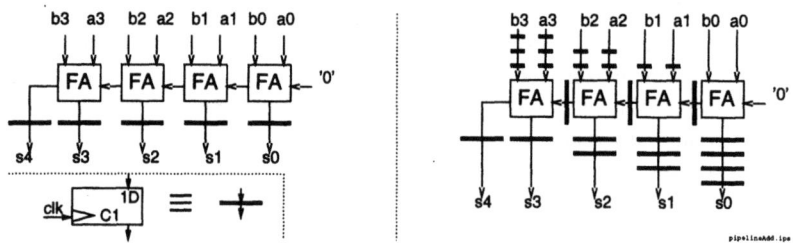

Abb. 8.4: Zwei Schaltungen mit identischem funktionalen, aber unterschiedlichem zeitlichen Klemmenverhalten

Der Addierer auf der linken Seite von Abb. 8.4 berechnet die Summe „s" der Zahlen „a" und „b". Die komplette Summe liegt nach einer Taktperiode an den Ausgängen der durch Balken angedeuteten Flipflops an. Wenn die beiden Eingangswerte direkt aus einem Flipflop kommen, so wird der kritische Timingpfad durch die Durchlaufzeit der vier Volladdierer „FA" bestimmt. Ist dieser Timingpfad zu lang, so kann man drei zusätzliche Flipflops in die Ausgänge einfügen. Diese zusätzlichen Flipflops werden so in die Kette der Volladdierer verschoben, daß sich der kritische Timingpfad auf die Durchlaufzeit eines einzigen Volladdierers verkürzt. Daher kann der Addierer auf der rechten Seite von Abb. 8.4 fast mit der vierfachen Taktfrequenz betrieben werden.

Der Addierer auf der linken Seite berechnet die Summe in jeder Taktperiode, während beim Addierer auf der rechten Seite die Summe erst nach vier Taktzyklen entnommen werden kann. In Abschnitt 8.4.2 (S. 300) werden verschiedene Modelle eines PID-Moduls mit identischem funktionalen, aber unterschiedlichem zeitlichen Klemmenverhalten betrachtet.

8.3. REGELN DES RE-SCHEDULING

Klemmenverhalten	Modellierung der Wert/Zeit-Relation
funktional	abstrakt
zeitlich	implementationsnah

Tabelle 8.2: Zeitliches und funktionales Klemmenverhalten als qualitative Charakterisierung der Modellierung der Wert/Zeit-Relation

Bei einer hinreichend abstrakten Modellierung der Wert/Zeit-Relation ist das Klemmenverhalten der beiden Addierer identisch. Daher soll mit „zeitlichem" Klemmenverhalten das Klemmenverhalten bei einer relativ implementationsnahen Modellierung der Wert/Zeit-Relation, wie z.B. Mikro-Takt oder Gatterebene, bezeichnet werden. Mit „funktionalem" Klemmenverhalten bezeichnet man das Klemmenverhalten auf einer abstrakteren Ebene der Modellierung der Wert/Zeit-Relation.

Auf der „physikalischen Makro-Taktebene" (*VT.PMA*) ist das Klemmenverhalten der Addierermodelle identisch. Dabei ist der physikalische Makro-Takt ein hypothetischer Takt zur globalen Synchronisation, dessen Taktflanke synchron zur Taktflanke des Mikro-Taktes (*VT.MI*) ist und dessen Taktperiode eine feste Zahl von Zyklen des Mikro-Taktes umfaßt.

Es gibt Einheiten, wie einen „single-shot"-Zeitgeber[4], zu denen man kein sinnvolles Modell mit einer abstrakteren Modellierung der Wert/Zeit-Relation erzeugen kann. Der Parallel-Serien-Wandler „transmitter" läßt sich ebenfalls nur durch ein triviales funktionales Modell beschreiben („Daten rein, identische Daten raus"). Bei solchen Einheiten sind zeitliches und funktionales Klemmenverhalten nicht separierbar.

Im folgenden Abschnitt 8.3.2 werden die Rescheduling-Verfahren an einer Sequenz von Anweisungen untersucht. Die Regeln zur Umformung einer Sequenz mit einer bedingten Verzweigung werden in Abschnitt 8.3.3 (S. 290) erläutert.

8.3.2 Lineare Sequenz von Anweisungen

Zunächst wird ein Ausschnitt aus einem Modell mit einer einfachen linearen Sequenz von Anweisungen betrachtet. Im folgenden Codefragment 8.3 werden das Eingangssignal „in_sig_A", die Ausgangssignale „out_sig_Z" und „out_sig_X" und die Variablen des Datenzustands „bit_cnt", „accu" und „cell_cnt" referenziert.

8.3
```
...
WAIT UNTIL PosEdge(clk);              -- cycle:  N
  bit_cnt := bit_cnt +1;
  accu := accu + in_sig_A;
  out_sig_Z <= accu;
WAIT UNTIL PosEdge(clk);              -- cycle:  N+1
  cell_cnt := cell_cnt -1;
  accu := accu + in_sig_A;
  out_sig_X <= cell_cnt;
WAIT UNTIL PosEdge(clk);              -- cycle:  N+2
...
```

---
[4]Ein solcher „single-shot"-Zeitgeber erzeugt einen Impuls definierter Länge, wenn ein Startsignal aktiv wird.

Die Tabelle in Abb. 8.5 zeigt die mit dem obigen Modell beschriebene Einplanung („Scheduling") der verschiedenen Operationen auf eine Sequenz von Taktzyklen. Alle Anweisungen zwischen zwei „wait"-Anweisungen, d.h. auf einem vollständigen Kontrollpfad, werden von einer Implementation auf der Gatterebene unter Beachtung eventueller Datenabhängigkeiten parallel ausgeführt (vgl. Abs. 7.2, S. 240). Daher sind die Operationen auf einem vollständigen Kontrollpfad in Abb. 8.5 nebeneinander angeordnet worden. Da aber die Anweisungen im Codefragment 8.3 bei der Simulation des Modells sequentiell ausgeführt werden, können sich Datenabhängigkeiten zwischen den einzelnen Operationen ergeben. Eine solche Datenabhängigkeit entsteht immer dann, wenn eine Variable auf der rechten Seite einer Zuweisung verwendet wird, nachdem der Variablen auf demselben vollständigen Kontrollpfad ein Wert zugewiesen wurde.

cycle#	Operations	
	Data state transformations	Output signal assignments
N	bit_cnt := bit_cnt +1; accu := accu + in_sig_A;	
		out_sig_Z <= accu;
N+1	cell_cnt := cell_cnt −1; accu := accu + in_sig_A;	
		out_sig_X <= cell_cnt;
N+2	...	...

Abb. 8.5: Einplanung der verschiedenen Operationen auf die Taktzyklen („Scheduling") mit Darstellung der durch die sequentielle Schreibweise spezifizierten Datenabhängigkeiten

So wird z.B. im Taktzyklus $(N+1)$ zuerst die Variable „cell_cnt" dekrementiert und dann dem Ausgangssignal „out_sig_X" zugewiesen. Diese Datenabhängigkeiten sind in Abb. 8.5 durch Pfeile angedeutet. Die Versetzung der abhängigen Operationen in eine tiefer liegende Zeile soll verdeutlichen, daß diese Operationen zwar im selben Takt, aber erst nach Beendigung einer Operation aus einer darüber angeordneten Zeile ausgeführt werden können. Die Datenabhängigkeiten führen in einer Implementation auf der Gatterebene zu Timingpfaden durch die zur Ausführung der Operationen instanziierten Datenpfade.

Umformungen ohne Veränderung des Klemmenverhaltens

Im folgenden sollen die Veränderungen des Scheduling im obigen Modellauschnitt betrachtet werden, welche das Klemmenverhalten nicht verändern. [5]

---

[5] Da nur voll-synchrone Schaltungen betrachtet werden sollen, reicht es das Klemmenverhalten nur im Bezug auf die stabilen Werte vor der nächsten ausgezeichneten Taktflanke zu betrachten (vgl. Abs. 5.1, S. 161).

8.3. REGELN DES RE-SCHEDULING

Da alle Anweisungen auf einem vollständigen Kontrollpfad unter Beachtung der Datenabhängigkeiten parallel ausgeführt werden, kann man unabhängige Anweisungen auf einem vollständigen Kontrollpfad beliebig vertauschen. Um den intuitiv klaren Begriff der „**un**abhängigen Anweisungen" präzise zu fassen, wird zunächst der einfacher zu definierende Begriff der „**ab**hängigen Anweisungen" präzisiert.

Eine Datenabhängigkeit besteht zwischen zwei Anweisungen genau dann, wenn die erste Anweisung der Variablen einen Wert zuweist und die zweite Anweisung diese Variable zu einer weiteren Berechnung verwendet. Wird in der ersten Anweisung der Wert der Variablen gelesen und in der zweiten Anweisung derselben Variablen ein Wert zugewiesen, so besteht zwischen beiden Anweisungen keine Datenabhängigkeit. Aber bei einer Vertauschung dieser Anweisungen wird der Variablen zunächst der neue Wert zugewiesen, welcher dann in der zweiten Anweisung gelesen wird. Wenn sich durch diese Zuweisung der Wert der Variablen verändert, dann hat diese Vertauschung das Verhalten des Modells geändert.

DEFINITION 8.2 (ABHÄNGIGE ANWEISUNGEN) *Zwei Anweisungen auf einem gemeinsamen Kontrollpfad sind abhängig, wenn eine Variable auf der rechten Seite der einen Anweisung und auf der linken Seite der anderen Anweisung referenziert wird.*

Trivialerweise sind zwei Anweisungen unabhängig, wenn sie nicht nacheinander ausgeführt werden können, d.h. zu unterschiedlichen Kontrollpfaden gehören. Zur Herleitung des Begriffs der **un**-abhängigen Anweisungen wird im folgenden der oben definierte Begriff der abhängigen Anweisungen formalisiert. Seien:

- a, b zwei Anweisungen (z.B. a := {out_sig <= accu -5;})

- $Rhs(a)$ die Menge aller Variablen auf der rechten Seite der Anweisung a (Diese Variablen werden gelesen.)

- $Lhs(a)$ die Menge aller Variablen auf der linken Seite der Anweisung a (Diesen Variablen werden Werte zugewiesen.)

Zwei Anweisung a, b sind voneinander abhängig, genau dann, wenn

$$\{Rhs(a) \cap Lhs(b) \neq \emptyset\} \vee \{Rhs(b) \cap Lhs(a) \neq \emptyset\}$$

Aus einer Invertierung der obigen Bedingung mit anschließender Anwendung des De-Morgan'schen Theorems ergibt sich:
Zwei Anweisungen a, b sind **un**-abhängig, genau dann wenn

$$\{Rhs(a) \cap Lhs(b) = \emptyset\} \wedge \{Rhs(b) \cap Lhs(a) = \emptyset\}$$

Aus der obigen Gleichung ergibt sich die folgende Definition des Begriffs „unabhängige Anweisung".

DEFINITION 8.3 (**Un**-ABHÄNGIGE ANWEISUNGEN) *Zwei Anweisungen auf einem gemeinsamen Kontrollpfad sind **un**-abhängig, wenn es keine Variable gibt, die auf der rechte Seite der einen Anweisung referenziert wird und der in der anderen Anweisung ein Wert zugewiesen wird.*

Mit dieser Definition läßt sich auch die erste Regel zur klemmeninvarianten Modellumformung formulieren.

ABSTRAKTES RETIMING 1 (VERTAUSCHEN UNABHÄNGIGER ANWEISUNGEN)
Unabhängige Anweisungen können auf einem vollständigen Kontrollpfad vertauscht werden, ohne das Klemmenverhalten des Modells zu verändern.

Ein Beispiel für die Vertauschung von unabhängigen Anweisungen ist in Abb. 8.6 gezeigt. Da die Variable „bit_cnt" von keiner anderen Anweisung auf dem vollständigen Kontrollpfad referenziert wird, kann man sie beliebig auf dem vollständigen Kontrollpfad verschieben. Der einzige Effekt dieser Verschiebung ist, daß im Einzelschrittbetrieb des interaktiven Debuggers diese Anweisung später ausgeführt wird. Weder das Klemmenverhalten noch das interne Verhalten einer Implementation des Modells auf Gatterebene werden durch diese Verschiebung verändert.

```
...
WAIT UNTIL PosEdge(clk);      -- N
  bit_cnt := bit_cnt +1;
  accu := accu + in_sig_A;
  out_sig_Z <= accu;
WAIT UNTIL PosEdge(clk);      -- N+1
  cell_cnt := cell_cnt -1;
  accu := accu + in_sig_A;
  out_sig_X <= cell_cnt;
WAIT UNTIL PosEdge(clk);      -- N+2
...
```

```
...
WAIT UNTIL PosEdge(clk);      -- N
  accu := accu + in_sig_A;
  out_sig_Z <= accu;
  bit_cnt := bit_cnt +1;
WAIT UNTIL PosEdge(clk);      -- N+1
  cell_cnt := cell_cnt -1;
  accu := accu + in_sig_A;
  out_sig_X <= cell_cnt;
WAIT UNTIL PosEdge(clk);      -- N+2
...
```

Abb. 8.6: Vertauschen von unabhängigen Anweisungen auf einem vollständigen Kontrollpfad unter Wahrung des Klemmenverhaltens

Verschiebung über eine „wait"-Anweisung

Die Inkrementierung der Variablen „bit_cnt" wird in Abb. 8.7 über eine „wait"-Anweisung verschoben, so daß diese Operation nicht mehr im Takt N, sondern im Takt $N+1$ durchgeführt wird. Dennoch führt diese Verschiebung nicht zu einer Änderung des Klemmenverhaltens, weil von der Anweisung weder Eingangssignale gelesen noch eine Ausgangssignalzuweisung im selben Takt von dieser Transformation des Datenzustands abhängt.

Die oben genannte Regel bezieht sich nur auf die Vertauschung von unabhängigen Anweisungen auf einem vollständigen Kontrollpfad. Ein vollständiger Kontrollpfad in einem Modell mit mehreren „wait"-Anweisungen enthält keine „wait"-Anweisung außer am Anfang und am Ende. Da die in Abb. 8.7 gezeigte Verschiebung über eine „wait"-Anweisung hinausreicht, ist sie nicht mehr durch die obige Regel über das Vertauschen von Anweisungen auf einem vollständigen Kontrollpfad abgedeckt.

Eine Veränderung des Klemmenverhaltens kann durch eine solche Verschiebung in einen benachbarten vollständigen Kontrollpfad nur auftreten, wenn entweder

- ein Eingangssignalwert in einem anderen Takt abgetastet wird oder

8.3. REGELN DES RE-SCHEDULING

```
...                                            ...
WAIT UNTIL PosEdge(clk);      -- N             WAIT UNTIL PosEdge(clk);      -- N
  accu := accu + in_sig_A;                       accu := accu + in_sig_A;
  out_sig_Z <= accu;                             out_sig_Z <= accu;
  bit_cnt := bit_cnt +1;                       WAIT UNTIL PosEdge(clk);      -- N+1
WAIT UNTIL PosEdge(clk);      -- N+1             bit_cnt := bit_cnt +1;
  cell_cnt := cell_cnt -1;                       cell_cnt := cell_cnt -1;
  accu := accu + in_sig_A;                       accu := accu + in_sig_A;
  out_sig_X <= cell_cnt;                         out_sig_X <= cell_cnt;
WAIT UNTIL PosEdge(clk);      -- N+2           WAIT UNTIL PosEdge(clk);      -- N+2
...                                            ...
```

Abb. 8.7: Verschieben einer Anweisung ohne Zugriff auf die Klemmen über eine „wait"-Anweisung

- einem Ausgangssignal ein Wert einen Takt vorher oder später zugewiesen wird.

Weiterhin dürfen durch eine solche Umformung keine Datenabhängigkeiten zwischen verschiedenen Anweisungen verändert werden. Da aber bei einer solchen Verschiebung nur eine beliebige Anweisung mit einer „wait"-Anweisung vertauscht wird und keine Datenabhängigkeiten zu einer „wait"-Anweisung bestehen können, werden durch eine solche Verschiebung keine Datenabhängigkeiten berührt.

ABSTRAKTES RETIMING 2 (VERSCHIEBEN ÜBER EINE „WAIT"-ANWEISUNG)
Eine Anweisung kann über eine „wait"-Anweisung ohne Veränderung des Klemmenverhaltens verschoben werden, wenn sie weder Eingangssignalwerte liest noch einem Ausgangssignal Werte zuweist.

Es ist bereits oben angedeutet worden, daß man das Timing in diesem Zusammenhang auf unterschiedlichen Ebenen der Abstraktion betrachten kann. Daher sollen im folgenden die Auswirkungen der Verschiebung einer Anweisung über eine „wait"-Anweisung auf der Gatterebene[6] und auf der Mikro-Taktebene (*VT.MI*) diskutiert werden.

VT.MI: **Datenabhängigkeiten zwischen den Operationen nicht sichtbar:** Da auf der Mikro-Taktebene die Zeit zwischen den ausgezeichneten Taktflanken nicht aufgelöst wird, ist die Zahl der Operationen, die für einen Taktzyklus „ein"-geplant werden, belanglos. Eine Anweisung kann aus einem benachbarten vollständigen Kontrollpfad in den aktuellen geschoben wird, wenn weder ein Eingangssignal gelesen noch auf eine Ausgangsklemme geschrieben wird.

VT.{PR, PO}: **Datenabhängigkeiten werden zu Timingpfaden:** Durch eine Häufung von Operationen in einem Taktzyklus kann allerdings die Implementation eines Modells auf der Gatterebene unter Beachtung einer maximalen Taktperiode unmöglich werden. Falls keine Datenabhängigkeiten zwischen den Operationen bestehen, so

---

[6]Mit „Gatterebene" werden zwei Ebenen der Abstraktion der Wert/Zeit-Relation bezeichnet: *VT.PR*elayout und *VT.PO*stlayout.

wird zwar durch eine Häufung der Operationen die Einhaltung der maximalen Taktperiode nicht erschwert, aber es muß eventuell eine unnötig große Zahl von Datenpfaden implementiert werden.

Da alle hier verwendeten „wait"-Anweisungen auf die ausgezeichnete Flanke des Taktsignals warten, werden alle Eingangssignale mit dieser Flanke abgetastet und alle Ausgangssignale ändern sich nur mit dieser Flanke. Somit entspricht das Timing der Ein- und Ausgangssignale einer Implementation eines solchen Modells dem Timing eines flankengesteuerten Flipflops. Da sich aber Datenabhängigkeiten zwischen den Anweisungen in einem vollständigen Kontrollpfad als Timingpfade in der Implementation auf Gatterebene niederschlagen, kann eine Verteilung von abhängigen Anweisungen auf mehrere Takte

① den Syntheseprozeß erleichtern und

② die Implementation auf der Gatterebene verbessern („gate count").

Verbesserung der Implementation: Ein Beispiel

```
...
WAIT UNTIL PosEdge(clk);        -- N
  accu := accu + in_sig_A;
  out_sig_Z <= accu;
WAIT UNTIL PosEdge(clk);        -- N+1
  bit_cnt := bit_cnt +1;
  cell_cnt := cell_cnt -1;
  accu := accu + in_sig_A;
  out_sig_X <= cell_cnt - bit_cnt;
WAIT UNTIL PosEdge(clk);        -- N+2
...
```

```
...
WAIT UNTIL PosEdge(clk);        -- N
  accu := accu + in_sig_A;
  out_sig_Z <= accu;
  bit_cnt := bit_cnt +1;
  cell_cnt := cell_cnt -1;
WAIT UNTIL PosEdge(clk);        -- N+1
  accu := accu + in_sig_A;
  out_sig_X <= cell_cnt - bit_cnt;
WAIT UNTIL PosEdge(clk);        -- N+2
...
```

Abb. 8.8: Klemmeninvariantes Verschieben von Anweisungen, um die Implementation auf der Gatterebene zu verbessern

Ein Beispiel einer solchen Verschiebung zur Erleichterung der Implementation ist in Abb. 8.8 gezeigt. In diesem Modellausschnitt wird im Taktzyklus $(N+1)$ dem Ausgangssignal „out_sig_X" die Differenz der beiden Variablen „cell_cnt" und „bit_cnt" zugewiesen. Auf der linken Seite von Abb. 8.8 werden diese beiden Variablen im gleichen Taktzyklus $(N+1)$ entweder in- oder dekrementiert. Daher ist die Ausgangssignalzuweisung von den beiden Anweisungen abhängig. Diese Datenabhängigkeiten sind durch Pfeile angedeutet. Auf der rechten Seite sind die beiden Anweisungen zur Transformation der beiden Variablen in den Taktzyklus N verschoben worden. Daher werden die Inkrementierung und die Dekrementierung im Takt N durchgeführt, so daß die Ergebnisse dieser Operationen zur $(N+1)$-ten Taktflanke schon stabil zur Verfügung stehen und im Takt $(N+1)$ nur noch die Differenz berechnet werden muß.

8.3.3 Sequenz von Anweisungen mit einer bedingten Verzweigung

Im vorherigen Abschnitt sind die Möglichkeiten der Umformung von Modellen an einer linearen Sequenz von Anweisungen diskutiert worden, daher sollen nun Modellumformungen an einer Sequenz von Anweisungen mit einer Verzweigung betrachtet werden.

Eine solche Sequenz mit einer bedingten Verzweigung ist in Abb. 8.9 (S. 292) gezeigt. Die Anweisungen zwischen den fett gedruckten „wait"-Anweisungen sind durch Symbole, wie „1st_before_stage" oder „branch_statements", komprimiert dargestellt. In dem gezeigten Kontrollflußgraphen soll die „wait"-Anweisung zwischen der Bedingung „condition" und vor den durch „branch_statements" symbolisierten Anweisungen über die Bedingung verschoben werden. Da es keine Datenabhängigkeiten zu einer „wait"-Anweisung gibt, wird das funktionale Klemmenverhalten durch das Verschieben einer „wait"-Anweisung nicht verändert. Eine Veränderung des zeitlichen Klemmenverhaltens soll sich aber auf den gezeigten Modellausschnitt begrenzen.

Schrittweise Umformung

In einem ersten Schritt wird die „wait"-Anweisung über die Bedingung „condition" hinter die durch „2nd_before_stage" dargestellten Anweisungen verschoben. Der Kontrollpfad, welcher durchlaufen wird, wenn die Bedingung „condition" nicht erfüllt ist, bekommt durch diese Verschiebung eine zusätzliche „wait"-Anweisung. Diese zusätzliche „wait"-Anweisung verzögert alle folgenden Anweisungen. Da aber die Auswirkung des Reschedulings begrenzt werden soll, schiebt man gleichzeitig in den Ausgang der Raute mit der Bedingung eine „negative" „wait"-Anweisung. Eine negative „wait"-Anweisung ist wie eine negative Verzögerung in der „cut-set"-Theorie [30] weder durch eine bestimmte Schaltung zu implementieren noch kann sie durch ein HDL-Modell beschrieben werden (vgl. Abs. 8.3.3, S. 290). In Abb. 8.9 ist diese Rechengröße durch eine kursiv gedruckte „wait"-Anweisung mit einem führenden Minuszeichen dargestellt. Die Rechengröße negative „wait"-Anweisung muß in einem Kontrollflußgraphen wieder beseitigt werden, bevor dieser als ein HDL-Modell implementiert werden kann. Man kann eine negative „wait"-Anweisung in einem Kontrollfluß beseitigen, indem man sie auf eine positive „wait"-Anweisung schiebt und dann beide „wait"-Anweisungen löscht.

Daher wird in einem nächsten Schritt, der auf der rechten Seite von Abb. 8.9 gezeigt ist, diese negative „wait"-Anweisung über den Kontrollflußknoten als positive „wait"-Anweisung nach oben und als negative „wait"-Anweisung weiter nach unten verschoben. Die positive „wait"-Anweisung wird nach oben verschoben, um die negative „wait"-Anweisung vor den Anweisungen „1st_after_stage" in dem Kontrollpfad bei erfüllter Bedingung zu kompensieren. Zum Schluß wird die negative „wait"-Anweisung vor „1st_after_stage" über diese Anweisungen verschoben, um sie mit der positiven „wait"-Anweisung nach „1st_after_stage" aufzuheben.[7]

---

[7] Betrachtet man die komplette Verzweigung als „Superanweisung", so kann man die „wait"-Anweisung über diese verschieben. Die Einführung der negativen „wait"-Anweisung kann daher durch die Einführung von Hierarchie in einem Kontrollflußdiagramm vermieden werden.

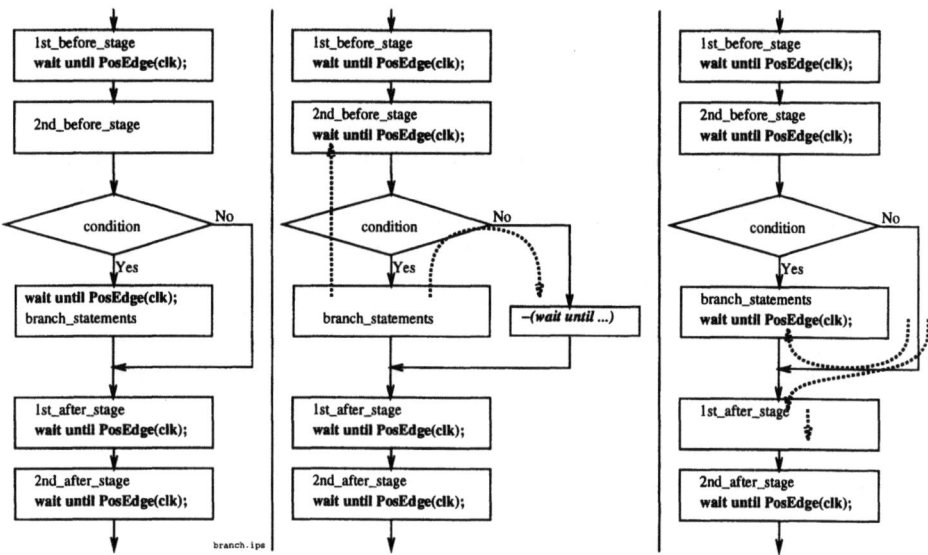

Abb. 8.9: Verschieben einer „wait"-Anweisung über einen Knoten mit und ohne Bedingung im Kontrollflußgraphen unter Wahrung des globalen Schedulings

Analyse des Scheduling

Falls in der Bedingung „condition" ein Eingangssignal abgefragt wird oder in den durch „1st_after_stage" symbolisierten Anweisungen Eingangssignale verarbeitet oder Ausgangssignalen Werte zugewiesen werden, so haben diese Verschiebungen den zeitlichen Aspekt des Klemmenverhaltens gegenüber dem Modell auf der linken Seite von Abb. 8.9 verändert. Das Klemmenverhalten außerhalb des betrachteten Modellausschnitts ist aber unverändert, wie eine Betrachtung des Schedulings der verschiedenen Kontrollpfade vor und nach der Umformung in Tabelle 8.3 (S. 293) zeigt.

In Tabelle 8.3 sind die Anweisungen in den verschiedenen, aufeinanderfolgenden, vollständigen Kontrollpfaden aufgelistet. In der ersten Spalte ist die zu jedem vollständigen Kontrollpfad gehörige Nummer des Taktzyklus angegeben. In den Spalten mit der Überschrift „vor der Umformung" sind die Anweisungen aufgelistet, welche in den beiden Kontrollpfaden des Graphen auf der linken Seite von Abb. 8.9 ausgeführt werden. In den restlichen beiden Spalten ist das Scheduling der beiden Kontrollpfade des umgeformten Graphen aufgelistet. Man entnimmt der Tabelle 8.3, daß z.B. die Abfrage „condition" vom Takt $(N+1)$ in den Takt $(N+2)$ verschoben worden ist. Allerdings sind sowohl die erste wie die letzte Zeile für beiden Fälle der Auswertung der Bedingung „condition" identisch.

Durch die Einführung der negativen „wait"-Anweisung bei einer Verschiebung von „wait"-Anweisungen über einen Knoten im Kontrollflußgraphen ist daher erreicht worden, daß sich das Scheduling und das Klemmenverhalten vor dem Takt N und nach dem

8.3. REGELN DES RE-SCHEDULING

Takt-zyklus	vor der Umformung Bedingung erfüllt?		nach der Umformung	
	Ja	Nein	Ja	Nein
N	1st_before_stage	1st_before_stage	1st_before_stage	1st_before_stage
N+1	2nd_before_stage condition	2nd_before_stage condition 1st_after_stage	2nd_before_stage	2nd_before_stage
N+2	branch_statements 1st_after_stage	2nd_after_stage	condition branch_statements	condition 1st_after_stage 2nd_after_stage
N+3	2nd_after_stage	3rd_after_stage	1st_after_stage 2nd_after_stage	3rd_after_stage
N+4	3rd_after_stage	4th_after_stage	3rd_after_stage	4th_after_stage

Tabelle 8.3: Scheduling in den beiden möglichen Kontrollpfaden vor und nach der Umformung

Takt $(N+5)$ nicht verändert hat.

Regeln zum Rescheduling

Die oben verstreut genannten Bedingungen sind in der folgenden Regel zur Verschiebung von „wait"-Anweisungen über die Knoten eines Kontrollflußgraphen zusammengefaßt.

ABSTRAKTES RETIMING 3 (VERSCHIEBEN ÜBER EINEN KNOTEN) *Eine „wait"-Anweisung kann ohne Veränderung des Klemmenverhaltens über einen Knoten im Kontrollflußgraphen geschoben werden, wenn folgende Bedingungen erfüllt sind:*

① *In alle Verbindungen dieses Knotens mit*

- *derselben Flußrichtung wurde eine „wait"-Anweisung mit gleichem Vorzeichen dupliziert, und in Verbindungen mit einer*
- *entgegengesetzten Flußrichtung wurde eine „wait"-Anweisung mit umgekehrtem Vorzeichen geschoben.*

② *Der Knoten enthält weder Eingangssignalabfragen noch Ausgangssignalzuweisungen.*

Die Anwendung dieser Regel ist in Abb. 8.10 (S. 294) für eine bedingte Verzweigung skizziert. Falls in der Bedingung keine Eingangssignale abfragt werden, verändert diese Umformung nicht das Klemmenverhalten des Modells. Nach der Umformung befindet sich im rechten Kontrollflußzweig eine negative „wait"-Anweisung,

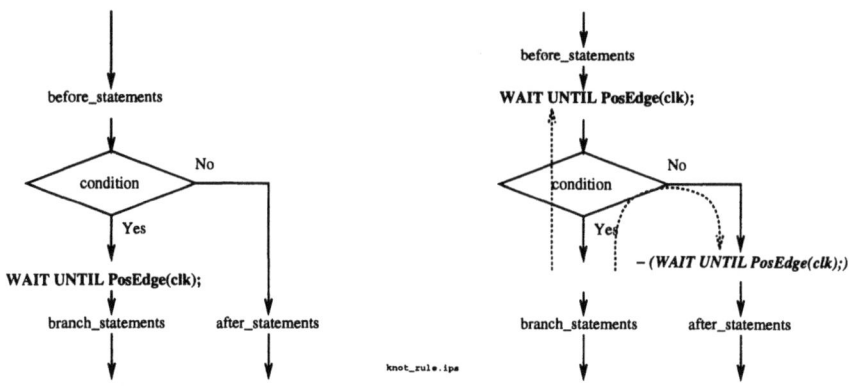

Abb. 8.10: Verschiebung einer „wait"-Anweisung über einen Knoten im Kontrollflußgraphen

welche nach geeigneten Verschiebungen durch eine positive „wait"-Anweisung kompensiert werden muß. Es ist in Abb. 8.9 (S. 292) demonstriert worden, wie man eine negative „wait"-Anweisung durch eine positive „wait"-Anweisung kompensieren kann.

ABSTRAKTES RETIMING 4 (AUSLÖSCHUNG) *Wenn zwei direkt aufeinanderfolgende „wait"-Anweisungen mit umgekehrten Vorzeichen aus einem Modell gestrichen werden, so wird das Klemmenverhalten nicht verändert.*

Diese Regel erlaubt die Entfernung von negativen „wait"-Anweisungen aus einem Modell durch eine Verschiebung direkt hinter oder vor eine positive „wait"-Anweisungen. Die Umkehrung ist in der folgenden Regel zusammengefaßt worden.

ABSTRAKTES RETIMING 5 (ERZEUGUNG) *Das Klemmenverhalten eines Modells wird nicht durch eine neu erzeugte „wait"-Anweisung verändert, wenn sie durch eine „wait"-Anweisung umgekehrten Vorzeichens an derselben Position kompensiert wird.*

Da eine negative „wait"-Anweisung weder einen Bezug zu einem HDL-Modell noch zu einer Implementation auf der Gatterebene hat, müssen alle negativen „wait"-Anweisungen aus einem Kontrollflußgraphen entfernt werden, bevor er implementiert werden kann.

ABSTRAKTES RETIMING 6 (KOMPENSATION) *Ein Kontrollflußgraph kann nur dann implementiert werden, wenn alle negativen „wait"-Anweisungen nach geeigneten Verschiebungen durch positive „wait"-Anweisungen kompensiert wurden.*

Zusammenfassung: Rescheduling als abstraktes Retiming

In diesem Abschnitt wurden zeitliches und funktionales Klemmenverhalten als Verhalten auf verschiedenen Abstraktionsebenen der Modellierung der Wert/Zeit-Relation eingeführt. Anweisungen ohne Datenabhängigkeiten können auf einem vollständigen Kontrollpfad beliebig vertauscht werden, ohne das Klemmenverhalten zu verändern. Eine Anweisung kann über eine „wait"-Anweisung ohne eine Veränderung des Klemmenverhaltens verschoben werden, wenn sie weder ein Eingangssignal liest noch einem Ausgangssignal einen Wert zuweist. Es ist an einem Beispiel demonstriert worden, wie die Verschiebung von Operationen in einen benachbarten Taktzyklus die Implementation auf der Gatterebene erleichtern kann.

Die Verschiebung einer „wait"-Anweisung über einen Knoten im Kontrollflußgraphen kann ebenfalls ohne Veränderung des Klemmenverhaltens erfolgen, wenn man eine positive „wait"-Anweisung in alle Verbindungen mit derselben Flußrichtung und eine negative in alle Verbindungen mit entgegengesetzter Flußrichtung schiebt. Diese negative „wait"-Anweisung ist als reine Rechengröße eingeführt worden und muß durch eine positive „wait"-Anweisung kompensiert werden, bevor der Kontrollflußgraph als ein HDL-Modell oder als eine Gatterschaltung implementiert werden kann. Die Verschiebung einer „wait"-Anweisung über eine Eingangssignalabfrage oder eine Ausgangssignalzuweisung verändert das zeitliche Klemmenverhalten. Falls man das Klemmenverhalten in einem Abschnitt eines Modells verändern muß, so kann man mit diesen Regeln die Auswirkungen dieser Änderung eingrenzen.

Die Rescheduling-Regeln und Umformungsverfahren werden im folgenden Abschnitt 8.4 verwendet, um den Durchsatz eines verifizierten Modells zu verringern oder zu erhöhen.

8.4 Durchsatzanpassung durch Rescheduling

Eine größere Reduktion des Durchsatzes ohne starke Effizienzverluste erfordert eine Verlängerung der Berechnungsperiode mit einem anschließenden Rescheduling der benötigten Operationen. Die Stufen zur Reduktion des Durchsatzes werden an einem Modellrahmen zur periodischen Ausführung eines Algorithmus vorgestellt. Zuerst wird aus der Durchsatzverringerung die Zahl der zusätzlichen „wait"-Anweisungen berechnet, dann werden diese „wait"-Anweisungen vor der Zuweisung auf die Ausgangssignale eingefügt, und zum Schluß werden durch eine Verschiebung der „wait"-Anweisungen die Komplexitäten der vollständigen Kontrollpfade ausgeglichen. Die Anwendung dieses Verfahrens zur Reduktion des Durchsatzes wird am Beispiel eines PID-Reglermoduls demonstriert, dessen Durchsatz gedrittelt werden soll. Der nach einer Optimierung des Modells erzielte Abtausch von Durchsatz gegen Implementationsaufwand wird diskutiert.

Eine Erhöhung des Durchsatzes wird in denselben Stufen durchgeführt wie eine Verringerung des Durchsatzes. Nur werden bei der Durchsatzerhöhung statt der positiven „wait"-Anweisungen zur Verlängerung der Berechnungsperiode negative „wait"-Anweisungen zur Verkürzung derselben eingeführt. Diese negativen „wait"-Anweisungen werden nach geeigneten Verschiebungen mit positiven „wait"-Anweisungen kompensiert. Bei einer Durchsatzerhöhung wird die Zahl der in einem Taktzyklus eingeplanten Operationen erhöht. Diese Erhöhung führt bei Datenabhängigkeiten zwischen den Operationen zu einer Akkumulation der Timingpfade auf der Gatterebene, welche eine Synthese bei der Taktfrequenz „optimaler Effizienz" unmöglich machen können. Diese Teiloperationen können mit vier Methoden aufgebrochen werden.

Einleitung

In einem gewissen Bereich kann der Durchsatz durch die Variation der Taktforderung bei der Logiksynthese angepaßt werden (vgl. Abs. 7.4.3, S. 272). Eine größere Anpassung des Durchsatzes ohne Effizienzverluste ist nur möglich, indem man die Zahl der parallel ausgeführten Operationen in einem Takt und damit die Zahl der benötigten Datenpfade geeignet erhöht oder erniedrigt. Der Zusammenhang zwischen der Veränderung des Durchsatzes und der Zahl der parallel ausgeführten Operationen ist in Tabelle 8.4 dargestellt.

Veränderung des Durchsatzes	Zahl der parallel ausgeführten Operationen
Verringerung	weniger
Steigerung	mehr

Tabelle 8.4: Anpassung des Durchsatzes bei konstanter Effizienz durch Rescheduling

In diesem Abschnitt werden die Umformungsverfahren zur Erhöhung und Reduzierung des Durchsatzes diskutiert.

Aufbau: Im folgenden Abschnitt 8.4.1 (S. 296) werden die Stufen zur Verringerung des Durchsatzes an einem allgemeinen Modellrahmen erläutert. Die Anwendung dieser Stufen wird im Abschnitt 8.4.2 (S. 300) an dem Modell eines PID-Reglermoduls demonstriert. Die Stufen zur Anpassung des Durchsatzes werden im Abschnitt 8.4.3 (S. 314) zur Steigerung des Durchsatzes verwendet. In Abschnitt 8.4.4 (S. 317) werden die bei einer Durchsatzsteigerung auftretenden Probleme und einige Lösungsverfahren diskutiert.

8.4.1 Verringerung des Durchsatzes

Im folgenden werden noch einmal die grundsätzlichen Möglichkeiten zur Wiederverwendung einer vorhandenen Implementation mit einem verringerten Durchsatz diskutiert. Danach werden die einzelnen Stufen des Rescheduling zur Durchsatzverringerung vorgestellt. Diese Stufen werden an einem allgemeinen Modellrahmen zur Abarbeitung eines periodisch ausgeführten Algorithmus erläutert.

Verschiedene Methoden zur Verringerung des Durchsatzes

Die drei Methoden zur Verringerung des Durchsatzes einer vorhandenen Implementation werden im folgenden kurz zusammengefaßt. Die Effizienzverluste der Anpassungsmethoden werden verglichen.

8.4. DURCHSATZANPASSUNG DURCH RESCHEDULING

I) Reduktion der Taktfrequenz $\Rightarrow$ Effizienzverluste: Eine Verringerung des Durchsatzes kann leicht durch eine Reduktion der Taktfrequenz erreicht werden. Die minimale Taktperiode wird so festgelegt, daß in allen Taktzyklen alle Einheiten in der Schaltung eine gewisse Zeit vor dem Eintreffen der Taktflanke zu einem Ergebnis gelangt sind (vgl. Abs. 2.1.3, S. 29). Verlängert man die Taktperiode, so sind alle Einheiten in der Schaltung spätestens nach dem Ablauf der minimalen Taktperiode ungenutzt. Daher ist eine Verringerung der Taktfrequenz immer mit einer Verschlechterung der $\frac{1}{A \cdot T_D}$-Effizienz einer Implementation verbunden (vgl. Abs. 7.4.3, S. 272).

II) Neu-Synthese mit verlängerter Taktperiode: Eine Reduzierung der Effizienzverluste kann durch eine Neu-Synthese mit einer veränderten Taktanforderung erreicht werden. Die Verlängerung der geforderten Taktperiode gibt dem Synthesewerkzeug die Möglichkeit, Implementationen der verwendeten Operatoren zu instanziieren, die zwar eine längere Durchlaufzeit, aber auch eine geringere Fläche zur Implementation benötigen. Eine Anpassung an eine veränderte Durchsatzanforderung über diesen Bereich hinaus ist aber nur durch eine Reduktion der mittleren Zahl der Operationen pro Taktzyklus („Scheduling-Kenngröße") möglich (vgl. Abs. 7.4.1, S. 263).

III) Anpassung an einen wesentlich anderen Durchsatz $\Rightarrow$ Rescheduling: Die Verringerung der mittleren Zahl der Operationen pro Taktzyklus kann durch eine Verlängerung der Berechnungsperiode T_D erreicht werden. Diese Verlängerung kann durch das Einfügen von „wait"-Anweisungen vor der Zuweisung der Resultate an die Ausgangsklemmen modelliert werden. Das Einfügen von „wait"-Anweisungen wird zunächst an dem Modellrahmen zur periodischen Ausführung eines Algorithmus demonstriert. Dieser Modellrahmen wird im folgenden Abschnitt vorgestellt.

Modellrahmen zur Ausführung eines Algorithmus

Im Codefragment 8.4 ist der Aufbau eines Modellrahmens zur Ausführung eines Algorithmus gezeigt. Nach der ersten ausgezeichneten Taktflanke werden die Eingangssignale abgetastet. Dies ist im Codefragment 8.4 durch die Anweisung „sample_A := in_sig_A;" dargestellt. Nach dem Abtasten der Eingangssignale werden die ersten Anweisungen des Algorithmus, welche durch „algorithm_stage_1 ..." symbolisiert sind, ausgeführt. Die Anweisungen sind so auf die folgenden Takte der Berechnungsperiode verteilt, daß mit der „Taktfrequenz optimaler Effizienz" (vgl. S. 263) der geforderte Durchsatz erreicht wird. Nach der kompletten Durchführung des Algorithmus werden die berechneten Werte den Ausgangssignalen zugewiesen. Dies ist in dem Modellrahmen im Codefragment 8.4 durch „out_sig_X <= out_value_X;" dargestellt.

```
8.4  PROCESS
     BEGIN
       WAIT UNTIL PosEdge(clk);                  --<< edge 1
       sample_A := in_sig_A;         --<<--<<-- sample input signals
       ...
       algorithm_stage_1 ...         --<<--<<-- execute algorithm
       WAIT UNTIL PosEdge(clk);                  --<< edge 2
       algorithm_stage_2 ...
       WAIT UNTIL PosEdge(clk);                  --<< edge 3
```

```
    algorithm_stage_3 ...
    out_sig_X <= out_value_X;       --<<--<<-- set output lines
    ...
END PROCESS;
```

Gleiche Zahl von „wait"-Anweisungen in allen Kontrollpfaden eines Algorithmus: Im Codefragment 8.4 ist nur ein einziger Kontrollfluß durch den Algorithmus gezeigt, so daß der Algorithmus in einer festen Zahl von Taktzyklen abgearbeitet wird. Hat ein Algorithmus verschiedene Kontrollpfade, so müssen in die kürzeren Kontrollpfade soviele „wait"-Anweisungen eingefügt werden, daß die Zahl der „wait"-Anweisungen in allen Kontrollpfaden gleich ist. Ohne diesen Ausgleich würden die Ergebnisse nach unterschiedlich langen Berechnungsperioden ausgegeben, und die Eingangswerte würden in verschiedenen Abständen abgetastet.

Durchsatzverringerung am Modellrahmen

Das Reschedulingverfahren zur Verringerung des Durchsatzes besteht aus den folgenden Stufen:

① Ermittlung der notwendigen Verlängerung der Berechnungsperiode aus dem Vergleich des geforderten Durchsatzes mit dem Durchsatz des vorhandenen Modells.

② Einfügen der benötigten zusätzlichen „wait"-Anweisungen vor der Zuweisung der berechneten Werte an die Ausgangsklemmen.

③ Verschieben der „wait"-Anweisungen in die Anweisungen des Algorithmus, um die Komplexität der vollständigen Kontrollpfade anzugleichen.

Verlängerung der Berechnungsperiode T_D ⇒ Einfügen von „wait"-Anweisungen: Eine Verlängerung der Berechnungsperiode kann einfach erreicht werden, indem man die benötigte Zahl von „wait"-Anweisungen vor den Zuweisungen auf die Ausgangssignale einfügt. Der im Codefragment 8.4 gezeigte Modellrahmen wird in drei Taktzyklen ausgeführt. Da der Durchsatz halbiert werden soll, muß die Berechnungsperiode durch das Einfügen von drei weiteren „wait"-Anweisungen verlängert werden. Der Modellrahmen nach dem Einfügen der drei „wait"-Anweisungen ist im Codefragment 8.5 gezeigt.

8.5
```
PROCESS
BEGIN
    WAIT UNTIL PosEdge(clk);                             --<< edge 1
    sample_A := in_sig_A;           --<<--<<-- sample input signals
    ...
    algorithm_stage_1 ...           --<<--<<-- execute algorithm
    WAIT UNTIL PosEdge(clk);                             --<< edge 2
    algorithm_stage_2 ...
    WAIT UNTIL PosEdge(clk);                             --<< edge 3
    algorithm_stage_3 ...
    WAIT UNTIL PosEdge(clk);        --<<<<<<-- three additional waits--<< edge 4
    WAIT UNTIL PosEdge(clk);        --         2nd                    --<< edge 5
    WAIT UNTIL PosEdge(clk);        --         3rd                    --<< edge 6
    out_sig_X <= out_value_X;       --<<--<<-- set output lines
    ...
END PROCESS;
```

8.4. DURCHSATZANPASSUNG DURCH RESCHEDULING

Durch die drei neuen „wait"-Anweisungen wird das Klemmenverhalten des Modells verändert, denn die berechneten Ausgangswerte des Algorithmus erscheinen erst drei Taktzyklen später an den Ausgangsklemmen der Einheit.

Verteilung der „wait"-Anweisungen: Die durch „algorithm_stage_X ..." symbolisierten Sequenzen von Anweisungen werden in Teilsequenzen aufgeteilt, so daß die Operationen gleichmäßig auf die beiden Teile verteilt sind. Diese Teilsequenzen sind durch Symbole der Form „algorithm_stage_Xa/b ..." im Codefragment 8.6 dargestellt. Da diese Sequenzen keine Anweisungen enthalten, welche direkt auf die Klemmen zugreifen, kann man die drei zusätzlichen „wait"-Anweisungen im Codefragement 8.5 einfach verschieben. Der Modellrahmen nach der Aufteilung der Anweisungssequenzen und der Verschiebung der „wait"-Anweisungen ist im Codefragment 8.6 gezeigt. Aus Gründen der Darstellung sind die mittleren Anweisungssequenzen und „wait"-Anweisungen nicht abgebildet.

8.6
```
PROCESS
  BEGIN
    WAIT UNTIL PosEdge(clk);                              --<< edge 1
    sample_A := in_sig_A;         --<<--<<-- sample input signals
    ...
    algorithm_stage_1a ...        --<<--<<-- execute algorithm
    WAIT UNTIL PosEdge(clk);                              --<< edge 2
    ...                           --<<<<<<<-- 3 stages and waits not shown here
    algorithm_stage_3a ...
    WAIT UNTIL PosEdge(clk);                              --<< edge 6
    algorithm_stage_3b ...
    out_sig_X <= out_value_X;     --<<--<<-- set output lines
    ...
  end process;
```

Der im obigen Codefragment gezeigte Modellrahmen hat einen auf die Hälfte verringerten Durchsatz gegenüber dem im Codefragment 8.4 (S. 297) skizzierten Rahmen und wird mit der „Taktfrequenz optimaler Effizienz" synthetisiert.

Rescheduling zur Verringerung des Durchsatzes

Die an dem Modellrahmen gezeigten Umformungen bestanden aus den folgenden Stufen:

① Die Zahl der notwendigen zusätzlichen „wait"-Anweisungen ergibt sich aus der Berechnungsperiode des vorhandenen Modells $T_D(vorh.)$, der geforderten Berechnungsperiode $T_D(gef.)$ und der Taktperiode T_P.

$$wait_{zusätz.} := \left\lceil \frac{T_D(gef.) - T_D(vorh.)}{T_P} \right\rceil$$

② Einfügung der benötigten „wait"-Anweisungen vor den Zuweisungen auf die Ausgangssignale.

③ Verschieben der „wait"-Anweisungen in die Anweisungssequenzen des Algorithmus, um die Komplexität der einzelnen vollständigen Kontrollpfade anzugleichen[8].

Wenn beim Verteilen der „wait"-Anweisungen die Regeln des Rescheduling beachtet werden und die Anweisungen des Algorithmus nicht auf die Klemmen der Einheit zugreifen, wird das Klemmenverhalten nicht weiter verändert.

Bevor in Abschnitt 8.4.3 (S. 314) das Reschedulingverfahren zur Erhöhung des Durchsatzes erläutert wird, soll im folgenden Abschnitt die Verringerung des Durchsatzes an einem Beispiel demonstriert werden.

8.4.2 Durchsatzreduzierung am Beispiel des PID-Reglermoduls

Das Verfahren zur Reduzierung des Durchsatzes wird in diesem Abschnitt am Modell eines PID-Reglermoduls demonstriert. Zunächst wird ein Modell mit einem Durchsatz von einem Ausgangswert pro Taktperiode vorgestellt. Durch das Einfügen von 2 zusätzlichen „wait"-Anweisungen wird der Durchsatz auf ein Drittel reduziert. Da sich durch das Einfügen der „wait"-Anweisungen die Zahl der Register verdoppelt hat, werden die Funktionen der einzelnen Register analysiert. Durch eine Optimierung des Protokolls an den Klemmen und eine „in-place"-Berechnung kann die Zahl der Register aber wieder halbiert werden. Eine Analyse des Implementationsaufwandes nach Rescheduling und Optimierung zeigt, daß die Zahl der allokierten Operatoren fast ideal gedrittelt werden konnte, die Zahl der Register konstant geblieben ist und einige zusätzliche Multiplexer notwendig wurden, um die instanziierten Operatoren mehrfach zu nutzen.

Als Beispiel zur Anwendung des Reschedulingverfahrens zur Verringerung des Durchsatzes wird ein PID-Reglermodul betrachtet. Der Datenfluß eines PID-Reglers ist in Abb. 8.11 gezeigt. Die Simulation eines Blockdiagramms mit Datenflußsemantik ist in Abschnitt 3.4 (S. 107) vorgestellt worden und in Abschnitt 10 (S. 371) werden die begrenzten Möglichkeiten der Emulation einer Datenflußsimulation mit einem ereignisorientierten Simulator diskutiert.

Der PID-Regler berechnet die gewichtete Summe aus dem aktuellen Eingangswert, der Summe aller Eingangswerte und der Differenz zum letzten Eingangswert.

Modell des PID-Reglers mit $T_D = 1 \cdot T_P$

Im Codefragment 8.7 ist das Modell eines PID-Moduls aufgelistet, welches in jedem Taktzyklus einen neuen Ausgangswert berechnet. Die Berechnungsperiode T_D entspricht somit der Taktperiode T_P. Das Modell im Codefragment 8.7 beginnt mit der Definition der Gewichtungskoeffizienten „K_P", „K_I" und „K_D". Danach werden die

---

[8] Zusätzliche „wait"-Anweisungen können dazu führen, daß Variablen nicht mehr vollständig bestimmt sind und in einem Register abgelegt werden müssen (vgl. Abs. 5.3.3, S. 190). Im Abschnitt 8.4.2 (S. 300) wird die Vermehrung der Register sowie die anschließende Elimination an einem Beispiel diskutiert.

8.4. DURCHSATZANPASSUNG DURCH RESCHEDULING

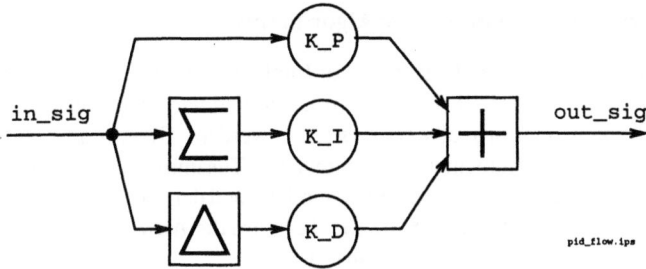

Abb. 8.11: Datenfluß eines PID-Reglermoduls

benötigten Variablen mit einer Variablenliste definiert. Hier ist aus Gründen der Darstellung vernachlässigt worden, daß man die internen Variablen mit unterschiedlichen Wertebereichen zur Reduzierung der Überlauf- und Rundungseffekte definieren wird. Im Rumpf des Prozesses wird nach der „wait"-Anweisung der Wert des Eingangssignals vor der positiven Taktflanke in die Variable „sample" übernommen, damit sich eine Änderung des Eingangswertes während der Ausführung des Algorithmus nicht auf das Ergebnis auswirkt. Dieser Wert wird mit der Konstanten „K_P" multipliziert und der Variablen „accu" zugewiesen. Die Variable „accu" wird verwendet, um die einzelnen Bestandteile der gewichteten Summe aufzuaddieren. In der Variablen „sum" wird die Summe über alle Eingangswerte gespeichert. Die Differenz zwischen dem aktuellen Eingangswert „sample" und dem Wert aus dem letzten Takt in „old_sample" wird der Variablen „delta" zugewiesen.

8.7
```
PROCESS
    CONSTANT K_P : INTEGER := ...;
    CONSTANT K_I : INTEGER := ...;
    CONSTANT K_D : INTEGER := ...;
    VARIABLE accu, sum, old_sample, delta : INTEGER RANGE -16 TO 15 := 0;
BEGIN
    WAIT UNTIL PosEdge(clk);
    sample := in_sig;                --<<--<<-- sample input signal
    accu := K_P * sample;            --<<--<<-- start of algorithm
    sum := sum + sample;
    accu := accu + K_I * sum;
    delta := sample - old_sample;
    accu := accu + K_D * delta;
    out_sig <= accu;                 --<<--<<-- set output line
    old_sample := sample;
END PROCESS;
```

Der Wert der gewichteten Summe in der Variablen „accu" wird nach der Abarbeitung des Algorithmus dem Ausgangssignal „out_sig" zugewiesen. Um auch im nächsten Takt auf den aktuellen Eingangswert zugreifen zu können, wird dieser Wert in der Variablen „old_sample" gespeichert.

Datenpfad zur Implementation des Algorithmus

In diesem Abschnitt wird ein Datenpfad zur Implementation des im Codefragment 8.7 gezeigten Modells vorgestellt. Mit diesem Datenpfad wird der Abtausch von Durchsatz gegen Implementationsaufwand beurteilen werden. Gleichzeitig wird durch die Konstruktion einer Implementation nochmal der Zusammenhang zwischen den sequentiellen Anweisungen eines Verhaltensmodells und den Instanzen einer Implementation demonstriert. In Abschnitt 8.4.2 (S. 303) wird die Anwendung der Maßnahmen zur Reduktion des Durchsatzes demonstriert.

Konstruktion einer Implementation: Im Codefragment 8.7 sind alle Variablen vollständig spezifiziert. Nur die Werte der Variablen „sum" und „old_sample" werden referenziert, bevor ihnen ein Wert zugewiesen worden ist. Diese beiden Variablen müssen daher in ein Register abgelegt werden (vgl. Abs. 5.3.3, S. 190). Das Ausgangssignal „out_sig" wird ebenfalls in ein Register abgelegt. In Abb. 8.12 wurden daher drei Register instanziiert. Der neue Wert der Variablen „sum" ergibt sich im Codefragment 8.7 aus einer Addition des alten Wertes der Variablen mit dem neuen Wert der Variablen „sample". Der Variablen „sample" ist bei der aktuellen Aktivierung der Wert des Eingangssignals „in_sig" zugewiesen worden, so daß sich die in der linken oberen Ecke von Abb. 8.12 skizzierte Teilschaltung ergibt. Der neue Wert der Variablen „delta" ergibt sich aus einer Substraktion des alten Wertes der Variablen „old_sample" von dem aktuellen Eingangswert. In Abb. 8.12 wird daher der Ausgang der Registers „old_sample" an den Eingang des Subtrahierers gelegt. Die Summe am Ausgang des Addierers, der aktuelle Eingangswert „in_sig" und die Differenz am Ausgang des Substrahieres werden mit den jeweiligen konstanten Koeffizienten gewichtet und dann durch einen Baum von Addierern in Abb. 8.12 aufsummiert. Die in Abb. 8.12 skizzierten Register haben keine „reset"- oder „set"-Anschlüsse, welche aber zumindestens beim Register „sum" notwendig sind und daher *in das Modell eingefügt* werden müssen[9].

Abschätzung des Implementationsaufwandes: Zur Beurteilung des Implementationsaufwandes des in Abb. 8.12 skizzierten Datenpfades muß beachtet werden, daß die angedeuteten Speicher keine Flipflops, sondern natürlich Register aus mehreren Flipflops sind. Der Implementationsaufwand der Register sowie der anderen Einheiten wird durch die hier vernachlässigten Wortbreiten bestimmt. Weiterhin ist die Größe der Symbole in Abb. 8.12 kein Indikator für den Implementationsaufwand, denn die Symbole der Multiplizierer sind genauso groß wie die der Addierer, welche aber im allgemeinen weniger aufwendig zu implementieren sind [95]. Der Implementationsaufwand eines Konstantenmultiplizierers wird durch die Zahl der mit '1' besetzten Bitpositionen in dem codierten Koeffizienten bestimmt [42]. Unter Beachtung dieser Unsicherheiten ist in Tabelle 8.5 der Implementationsaufwand der in Abb. 8.12 skizzierten Implementation des PID-Moduls abgeschätzt.

---

[9]Die Beschreibung des Verhaltens nach der Aktivierung der „reset"-Leitung bei der implizitem Zustandsmodellierung wird in Abschnitt 9.4 (S. 355) vorgeführt. Die „reset"-Beschaltung sollte *nicht auf der Gat-*

8.4. DURCHSATZANPASSUNG DURCH RESCHEDULING

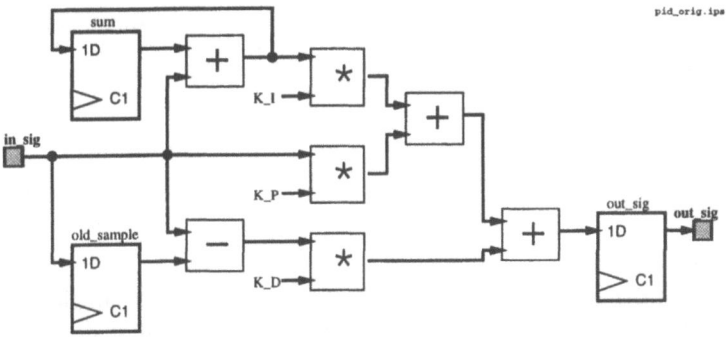

Abb. 8.12: Datenpfade zur Implementation des PID-Moduls mit einer Berechnungsperiode von einem Taktzyklus

Instanz	Anzahl
Multiplizierer	3 konstant
Subtrahierer	1 variabel
Addierer	3 variabel
Register	3

Tabelle 8.5: Abschätzung des Implementationsaufwandes des PID-Moduls mit einer Berechnungsperiode von einem Taktzyklus

Bei der in diesem Beispiel betrachteten Reduktion des Durchsatzes auf ein Drittel müßte sich bei einem idealen Abtausch von Implementationsaufwand gegen Durchsatz der Aufwand ebenfalls auf ein Drittel verringern.

Reduktion des Durchsatzes

In diesem Abschnitt wird das im Codefragment 8.7 (S. 301) gezeigte Modell so umgeformt, daß sich die Berechnungsperiode von einem Taktzyklus auf drei Zyklen erhöht.

Einfügen der zusätzlichen „wait"-Anweisungen: Das Modell im Codefragment 8.7 (S. 301) enthält nur eine „wait"-Anweisung und berechnet daher in jedem Takt einen neuen Ausgangswert. Wenn der Durchsatz auf ein Drittel reduziert werden soll, so müssen daher 2 zusätzliche „wait"-Anweisungen eingefügt werden. Diese zusätzlichen „wait"-Anweisungen sind im Codefragment 8.8 vor der Zuweisung auf das Ausgangssignal eingefügt worden.

8.8
```
PROCESS
 ...
BEGIN
   WAIT UNTIL PosEdge(clk);
```

terebene eingefügt werden, da solche Eingriffe fehlerträchtig und schwer zu dokumentieren sind.

```
sample := in_sig;                   -- input    --<<--<<-- sample input signal
accu   := K_P * sample;             -- *        --<<--<<-- start of algorithm
sum    := sum + sample;             -- +
accu   := accu + K_I * sum;         -- +, *
delta  := sample - old_sample;      -- -
accu   := accu + K_D * delta;       -- +, *
WAIT UNTIL PosEdge(clk);
WAIT UNTIL PosEdge(clk);                        --<<<<<<<< 2 new waits
out_sig <= accu;                    -- output   --<<--<<-- set output line
old_sample := sample;
END PROCESS;
```

Komplexität der einzelnen vollständigen Kontrollpfade: Der Implementationsaufwand des Modells im Codefragment 8.8 ist trotz der Reduktion des Durchsatzes nicht kleiner als beim Ausgangsmodell im Codefragment 8.7, denn alle Operationen sind in den ersten Takt eingeplant. Um die Angleichung der Komplexität der drei vollständigen Kontrollpfade durch eine Verschiebung der beiden „wait"-Anweisungen zu erleichtern, sind im Codefragment 8.8 die Operatoren in jeder Zeile extrahiert worden. Diese Operatoren sind in der Mitte des Listings als eine zusätzliche Kommentarspalte dargestellt.

Verteilung der „wait"-Anweisungen: Eine Betrachtung der zusätzlichen Kommentarspalte im Codefragment 8.8 zeigt, daß zur Abarbeitung des Algorithmus drei Additionen, drei Multiplikationen und eine Subtraktion durchgeführt werden müssen. Da nach der Verlängerung der Berechnungsperiode drei Taktzyklen zur Verfügung stehen, liegt die im Codefragment 8.9 gezeigte Einplanung nahe.

8.9 PROCESS
```
    ...
BEGIN
    WAIT UNTIL PosEdge(clk);
    sample := in_sig;                   --                          input
    accu   := K_P * sample;             --                          *
    sum    := sum + sample;             --                          +
    WAIT UNTIL PosEdge(clk);            --<<< ops in 1st cycle:     input, *, +
    accu   := accu + K_I * sum;         --                          +, *
    delta  := sample - old_sample;      --                          -
    WAIT UNTIL PosEdge(clk);            --<<< ops in 2nd cycle:     +, *, -
    accu   := accu + K_D * delta;       --                          +, *
    out_sig <= accu;                    --                          output
    old_sample := sample;
                                        --<<< ops in 3rd cycle:     +, *, output
END PROCESS;
```

Die in jedem Taktzyklus der Berechnungsperiode eingeplanten Operationen sind als Kommentare im Codefragment 8.9 gezeigt. Die meisten Operationen finden im zweiten Taktzyklus statt, weil in diesem Zyklus neben der Addition und der Multiplikation auch noch eine Subtraktion durchgeführt werden muß.

Implementation des Modells mit dem gedrittelten Durchsatz

In diesem Abschnitt wird eine Implementation des Modells mit dem Drittel des ursprünglichen Durchsatzes entwickelt. Der erzielte Abtausch von Implementationsaufwand gegen Durchsatz wird diskutiert.

8.4. DURCHSATZANPASSUNG DURCH RESCHEDULING

Konstruktion des Datenpfades: Die Werte aller Variablen im Codefragment 8.9 sind durch die Einfügung der zwei „wait"-Anweisungen nicht mehr in allen vollständigen Kontrollpfaden spezifiziert und müssen daher zur Wahrung der Simulationssemantik in Registern abgelegt werden. Die jeweiligen Register sind in Abb. 8.13 durch die Namen der Variablen markiert. Die Analyse des Schedulings im Codefragment 8.9 zeigt, daß in jedem Taktzyklus ein Addierer und ein Multiplizierer benötigt werden. Weiterhin wird im zweiten Taktzyklus zusätzlich ein Subtrahierer benötigt. Daher sind in Abb. 8.13 drei separate Einheiten zur parallelen Ausführung dieser drei Operationen instanziiert („allokiert") worden. Unter Beachtung der Regel, daß der neue Wert einer Variablen an den Eingang eines Registers und der alte an den Ausgang angelegt wird, können die einzelnen Zuweisungen im Codefragment 8.9 in die Verdrahtung in Abb. 8.13 übersetzt werden (vgl. Abs. 5.3.3, S. 190).

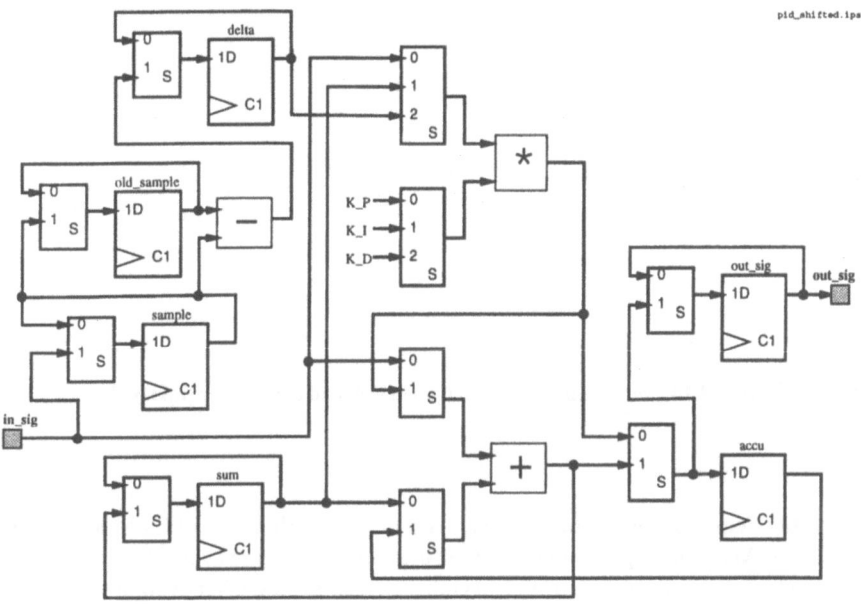

Abb. 8.13: Datenpfad zur Implementation des PID-Reglermodells mit einer Berechnungsperiode von drei Taktzyklen

Sequenz der Steuerworte: Die in Abb. 8.13 gezeigte Implementation kann auf ihre Korrektheit überprüft werden, indem man die Verbindungsstruktur für jeden Taktzyklus analysiert [10]. In Abb. 8.14 ist die Verbindung der Instanzen für den zweiten Taktzyklus markiert. Aus den einzelnen Verbindungen ergeben sich die Eingangswerte der Multiplexer, welche unterhalb der Multiplexer in Abb. 8.14 angegeben sind.

---

[10] Dies ist besonders einfach möglich, wenn man drei Kopien der Abb. 8.13 anfertigt und in jeder Kopie die Verschaltung der Instanzen für einen der drei Taktzyklen mit einem farbigen Stift markiert.

Aus der Kombination dieser einzelnen Eingangswerte ergeben sich die Steuerworte, welche sequentiell an den Datenpfad angelegt werden müssen. In diesem Fall ist ein 12 bit breites Steuerwort notwendig.

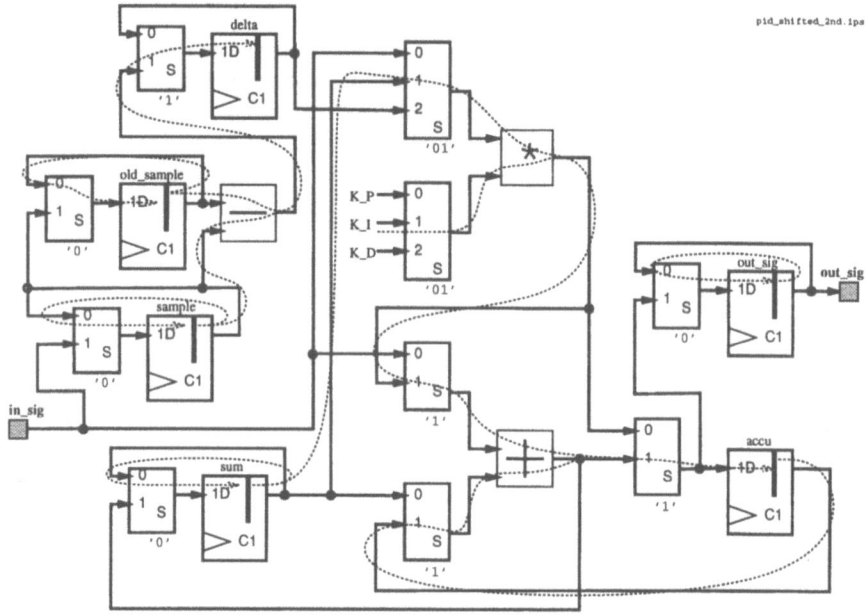

Abb. 8.14: Verschaltung der Datenpfade während des zweiten Taktzyklus

Variable Sequenz von Steuerworten: Da der Algorithmus des PID-Moduls keine bedingten Verzweigungen enthält, werden die drei Steuerworte zyklisch an den Datenpfad gelegt. Die meisten Algorithmen enthalten aber bedingte Verzweigungen, so daß in einem Abarbeitungszyklus unterschiedliche Sequenzen von Steuerworten generiert werden müssen. Im folgenden wird daher kurz die Erzeugung variabler Steuerworte diskutiert, bevor der Implementationsaufwand des Datenpfades auf S. 307 abgeschätzt wird.

Exkurs

Die drei Steuerworte zur Implementation des PID-Moduls mit dem in Abb. 8.14 skizzierten Datenpfad können als „Instruktionen" eines VLIW-Prozessors mit einem relativ kurzen Steuerwort aufgefaßt werden (vgl. Abs. 6.4, S. 228). Der Algorithmus des PID-Moduls enthält keine bedingten Verzweigungen[11], so daß keine bedingten Sprünge in dem „Instruktionssatz" implementiert werden müssen [94]. Gibt es in

---

[11] Wird in der Bedingung einer Verzweigung ein Ausdruck mit einer Variablen verwendet, deren Wert bei der aktuellen Aktivierung neu berechnet wurde, so entsteht in der Implementation auf der Gatterebene ein Timingpfad durch Datenpfad *und* Kontroller.

8.4. DURCHSATZANPASSUNG DURCH RESCHEDULING

einem Algorithmus bedingte Verzweigungen, so können unterschiedliche Operationen in eine bestimmte Taktperiode des Abarbeitungszyklus eines Algorithmus eingeplant werden. In einem solchen Fall werden in verschiedenen Abarbeitungszyklen unterschiedliche Sequenzen von Steuerworten an den Datenpfad gelegt. Wird in der Bedingung einer Verzweigung der neue Wert einer im Datenpfad berechneten Variablen verwendet, so bestimmt ein, im Datenpfad aktuell berechneter Wert das im nächsten Takt verwendete Steuerwort. In einer Implementation auf der Gatterebene entsteht somit ein Timingpfad durch die Operatoren des Datenpfades *und* durch die Berechnungsstufen der (E)FSM, welche die einzelnen Steuerworte berechnet. Die Länge dieser Timingpfade durch Datenpfad und kontrollierende (E)FSM ist häufig ein Problem bei der Implementation auf der Gatterebene. Da zur Implementation des PID-Moduls keine bedingten Verzweigungen benötigt werden, muß die kontrollierende (E)FSM nur die „Instruktionen" sequentiell an den Datenpfad anlegen. In einem solchen Falle kann man diese Steuerworte auch in einem RAM ablegen und mit einem zyklischen Adressgenerator[12] auslesen [67] | Exkurs |

Implementationsaufwand: Das Rescheduling der Operationen bei einer Reduktion des Durchsatzes soll zu einer Verringerung des Implementationsaufwandes durch einen Abtausch von Aufwand gegen Geschwindigkeit führen. Die in Abb. 8.14 skizzierte Verschaltung ist allerdings offensichtlich komplizierter, als der Datenpfad mit einem dreifach höheren Durchsatz in Abb. 8.12 (S. 303). Daher wird in diesem Abschnitt der Aufwand der beiden Implementationen verglichen.

Instanz	Anzahl		Veränderung
	Original	red. Durchs.	
Multiplizierer	3 konstant	1 variabel	-3 konst., +1 var.
Subtrahierer	1 variabel	1 variabel	0
Addierer	3 variabel	1 variabel	-2 variabel
Register	3	6	+3
3zu1-Multiplexer	0	2	+2
2zu1-Multiplexer	0	8	+8

Tabelle 8.6: Implementationsaufwandes des PID-Moduls mit einer Berechnungsperiode von 1 oder 3 Taktzyklen

In der zweiten Spalte von Tabelle 8.6 ist zum einfachen Vergleich die Abschätzung des Implementationsaufwandes des PID-Moduls mit einer Berechnungsperiode von einem Takzyklus wiederholt. In der dritten Spalte von Tabelle 8.6 sind die Werte der in Abb. 8.13 skizzierten Implementation mit einem Drittel des Durchsatzes gezeigt. Die Veränderungen durch die Verringerung des Durchsatzes mit dem anschließenden Rescheduling sind zum Vergleich in der vierten Spalte angegeben. Ein Vergleich der Werte zeigt, daß sich die Zahl der Multiplizierer fast idealerweise auf ein Drittel reduziert

---

[12] Solche zyklischen Adressgeneratoren kann man besonders einfach mit einem Pseudozufallszahlengenerator erzeugen [115].

hat. Allerdings mußte in der langsamen Version ein Multiplizierer instanziiert werden, der nicht nur mit einer Konstanten multipliziert, sondern zwei beliebige Werte multiplizieren kann. Die Zahl der Subtrahierer ist unverändert und die Zahl der Addierer hat sich idealerweise um 2 verringert. Die Speicherung der Zwischenwerte erfordert die doppelte Zahl von Registern, und zur Mehrfachnutzung der instanziierten Datenpfade sind eine Reihe von Multiplexern instanziiert worden.

Optimierung der Implementation mit einem verringerten Durchsatz

Die Zahl der instanziierten Multiplizierer und Addierer ist auf ein Drittel zurückgegangen. Da die Addierer voll ausgelastet sind, muß die Subtraktion von einer eigenen schlecht genutzten Einheit durchgeführt werden. Im folgenden soll daher die Verdopplung der Registerzahl analysiert werden. Da 6 von 10 Multiplexern den Eingang eines Register umschalten, wird durch eine Reduktion der Register auch die Multiplexerzahl verringert.

Funktion der einzelnen Register: Das Register „sum" in Abb. 8.15 ist zur Akkumulation der Summe der abgetasteten Werte, das Register „old_sample" zur Bildung der Differenz und das Register „accu" zur Akkumulation der gewichteten Summe unvermeidlich.

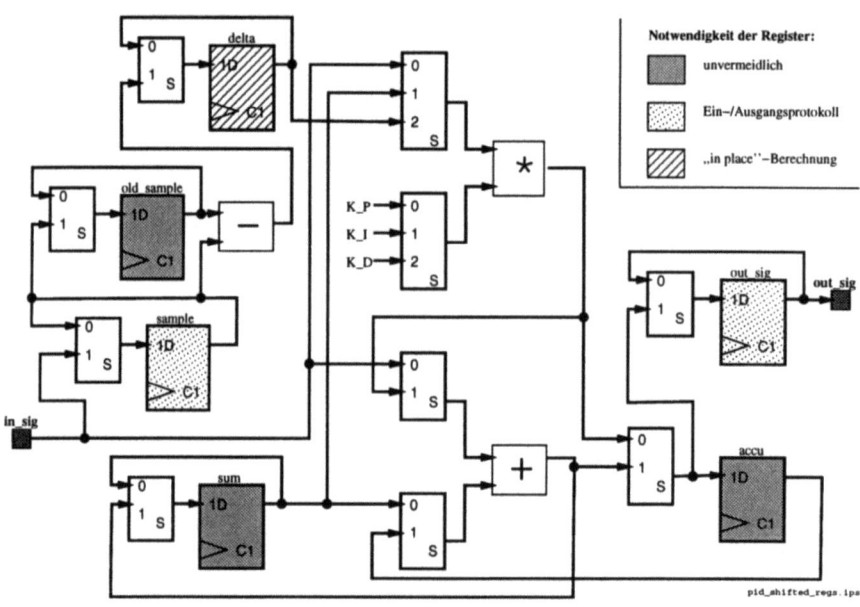

Abb. 8.15: Funktion und Notwendigkeit der instanziierten Register

Das Register „delta" speichert den Wert der Differenz zwischen dem aktuellen und

8.4. DURCHSATZANPASSUNG DURCH RESCHEDULING

dem alten Eingangswert in „old_sample". Da man den alten Eingangswert im Register „old_sample" nicht mehr benötigt, nachdem man die Differenz berechnet hat, kann man die Differenz auch in dem Register „old_sample" ablegen. Durch diese „inplace"-Berechnung kann auf das Register „delta" verzichtet werden.

Im Codefragment 8.9 (S. 304) wird mit der ersten Taktflanke eines Abarbeitungszyklus der Wert des Eingangssignals „in_sig" in die Variable „sample" übernommen, um bei der Ausführung des Algorithmus in den folgenden Taktperioden immer denselben Eingangswert zu verwenden. Daher ist das Register „sample" zur Implementation des Protokolls an den Klemmen notwendig und als solches in Abb. 8.15 markiert. Dasselbe gilt für das Register „out_sig", welches den Wert des Ausgangssignals während der Berechnungsperiode konstant hält.

Anderes Protokoll an den Klemmen: Da das Register „sample" am Eingang und das Register „out_sig" am Ausgang notwendig sind, um ein gewisses Protokoll an den Klemmen des PID-Moduls zu implementieren, wird im folgenden dieses Protokoll analysiert. In Abb. 8.16 ist das Timingdiagramm der Ein- und Ausgangssignale des PID-Moduls skizziert. Die drei Taktperioden einer kompletten Abarbeitung des Algorithmus sind durch einen Doppelpfeil markiert. Das Eingangssignal „in_sig" wird mit der ersten positiven Taktflanke abgetastet und muß sich daher in der vorherigen Taktperiode stabilisiert haben. Da der Wert nur mit der ersten Taktflanke in die Variable „sample" übernommen wird, ist der Wert des Eingangssignals „in_sig" in den restlichen Taktperioden des Abarbeitungszyklus irrelevant. Wenn man fordert, daß das Eingangssignal auch während der restlichen beiden Takte den richtigen Wert hält, dann könnte man das Register „sample" einsparen. Das veränderte Protokoll am Eingang „in_sig" des PID-Moduls ist in der dritten Zeile von Abb. 8.17 skizziert.

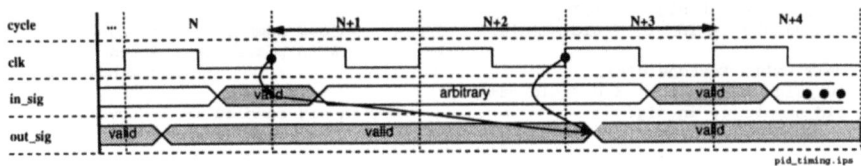

Abb. 8.16: Zeitliches Klemmenverhalten des **un**-optimierten PID-Modells mit einem Durchsatz von drei Taktzyklen

Weiterhin wird in dem Modell im Codefragment 8.9 (S. 304) nur in der dritten Taktperiode der Wert des Ausgangssignals „out_sig" verändert, daher muß in einer Implementation, wie sie z.B. in Abb. 8.15 skizziert ist, das Signal „out_sig" in einem Register gespeichert werden. Die vierte Zeile von Abb. 8.16 zeigt dieses Protokoll am Ausgang des PID-Moduls. Wenn man die folgende Einheit so modelliert und implementiert, daß der Wert an den Ausgangsklemmen des PID-Moduls nur mit der ersten Taktflanke eines Abarbeitungszyklus übernommen wird, so könnte man auch auf das Register „out_sig" verzichten. Das optimierte Protokoll ist in der letzten Zeile von Abb. 8.17 skizziert.

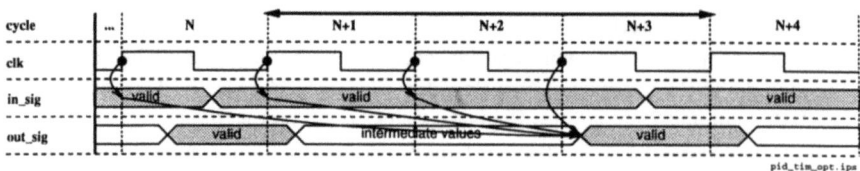

Abb. 8.17: Zeitliches Klemmenverhalten des PID-Modells mit einer reduzierten Registerzahl

Die gebogenen Pfeile in Abb. 8.17 sollen andeuten, daß mit der letzten Flanke vor einem Abarbeitungszyklus der Wert des Eingangssignals in das Register „old_sample" übernommen wird. Weiterhin wird das Eingangssignal mit der ersten und zweiten Taktflanke abgetastet und bestimmt den Wert des Ausgangssignals, welcher sich nach der dritten Taktflanke in einem Abarbeitungszyklus stabilisiert.

Optimiertes Modell: Ein Modell mit dem optimierten Ein-/Ausgangsprotokoll und ohne die Variable „delta" ist im Codefragment 8.10 gezeigt. Die Variable „sample" ist durch eine direkte Referenz des Eingangssignals „in_sig" ersetzt worden. Die gewichtete Summe wird nun direkt im Ausgangssignal „out_sig" aufakkumuliert und die Variable „delta" ist durch „old_sample" ersetzt worden.

8.10 PROCESS
```
    ...
    BEGIN
        WAIT UNTIL PosEdge(clk);                    -- 1st clock edge
        out_sig <= K_P * in_sig;            --<<-- intermediate result -> output
        sum := sum + in_sig;                --<<-- in_sig sampled
        WAIT UNTIL PosEdge(clk);                    -- 2nd clock edge
        out_sig <= out_sig + K_I * sum;
        old_sample := in_sig - old_sample;  --<<-- in_sig sampled in 2nd cycle
                                            --    & in place computation
        WAIT UNTIL PosEdge(clk);                    -- 3rd clock edge
        out_sig <= out_sig + K_D * old_sample;
        old_sample := in_sig;               --<<-- in_sig sampled in 3rd cycle
    END PROCESS;
```

Da solche Veränderungen nach einer Verifikation der Funktion und nach dem Rescheduling erfolgen, kann die Verschlechterung der Lesbarkeit akzeptiert werden kann.

Implementation des optimierten Modells: Eine Implementation des optimierten Modells aus dem Codefragment 8.10 ist in Abb. 8.18 skizziert. Diese Implementation instanziiert dieselben Operatoren wie die Implementation in Abb. 8.13 (S. 305), nur die Zahl der Register ist auf das Minimum von drei Registern reduziert worden.

Der Ausgang des Subtrahierers kann in Abb. 8.18 auf den Eingang des Registers „old_sample" geschaltet werden, so daß die Variable „delta" nicht mehr benötigt wird. Das Eingangssignal „in_sig" wird nicht nur mit der ersten Taktflanke, sondern auch mit der zweiten Taktflanke abgetastet, weil es nicht mehr in dem Register „sample" zwischengespeichert wird. Die bei der Akkumulation der gewichteten Summe berechneten Zwischenwerte können nun am Ausgang „out_sig" beobachtet werden.

8.4. DURCHSATZANPASSUNG DURCH RESCHEDULING

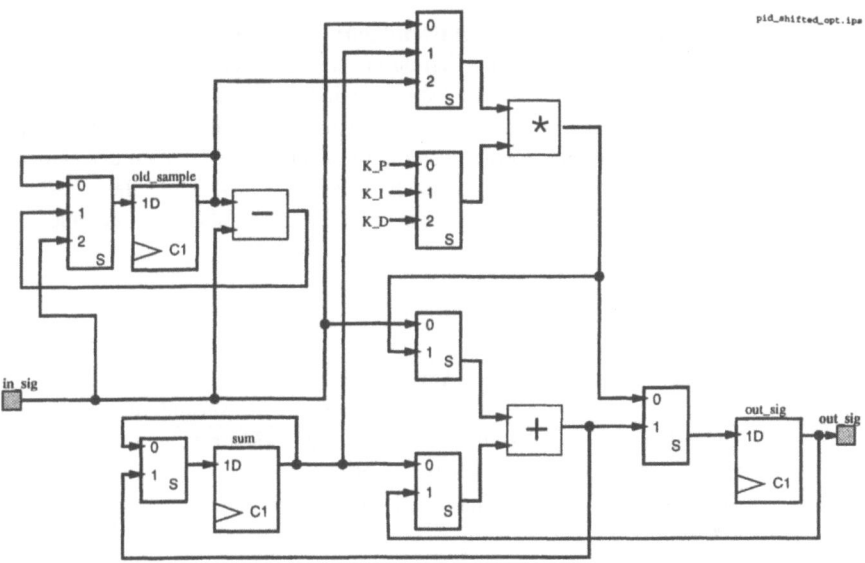

Abb. 8.18: Datenpfad mit reduzierter Registerzahl

Abschätzung des Implementationsaufwandes des optimierten Modells: In Tabelle 8.7 sind die Abschätzungen des Implementationsaufwandes der beiden Modelle des PID-Reglermoduls mit reduziertem Durchsatz nebeneinander aufgelistet. Der Implementationsaufwand des Modells mit dem auf ein Drittel reduzierten Durchsatz ist in der zweiten Spalte gezeigt. In der dritten Spalte ist der Implementationsaufwand der in Abb. 8.18 skizzierten optimierten Version abgeschätzt. Die Veränderungen der Instanzenzahl gegenüber der Version vor der Optimierung sind in der letzten Spalte dargestellt.

Instanz	Anzahl		Veränderung
	red. Durchs.	optimiert	
Multiplizierer	1 variabel	1 variabel	0
Subtrahierer	1 variabel	1 variabel	0
Addierer	1 variabel	1 variabel	0
Register	6	3	-3
3zu1-Multiplexer	2	3	+1
2zu1-Multiplexer	8	4	-4

Tabelle 8.7: Implementationsaufwand des PID-Moduls mit reduziertem Durchsatz und des optimierten Modells

Vergleich mit dem Modell ohne Optimierungen: Die Zahl der Operatoren in den ersten drei Zeilen von Tabelle 8.7 hat sich durch die Optimierungen nicht verändert. Die Zahl der Register wurde halbiert und ist mit 3 wieder so groß wie in dem ursprünglichen Modell. Ein zusätzlicher 3zu1-Multiplexer mußte zur Implementation der „inplace"-Berechnung instanziiert werden. Durch die Halbierung der Zahl der instanziierten Register hat sich erwartungsgemäß auch die Zahl der 2zu1-Multiplexer halbiert. Insbesondere durch die Halbierung der Registerzahl konnte daher der Implementationsaufwand erheblich reduziert werden.

Instanz	Anzahl		Veränderung
	Original	optimiert	
Multiplizierer	3 konstant	1 variabel	-3 konst., +1 var.
Subtrahierer	1 variabel	1 variabel	0
Addierer	3 variabel	1 variabel	-2 var.
Register	3	3	0
3zu1-Multiplexer	0	3	+3
2zu1-Multiplexer	0	4	+4

Tabelle 8.8: Implementationsaufwand des PID-Moduls mit einer Berechnungsperiode von einem Taktzyklus und dem optimierten Modell mit 3 Taktzyklen

Abtausch von Aufwand gegen Durchsatz nach Rescheduling und Optimierung: Am Anfang dieses Abschnitts auf S. 296 wurde bei der Vorstellung der Methoden zur Verringerung des Druchsatzes behauptet, daß ein effektiver Abtausch von Aufwand gegen Durchsatz nur durch ein Rescheduling ermöglicht werden kann. In Tabelle 8.8 ist daher der Implementationsaufwand des Modells mit einer Berechnungsperiode von einem Taktzyklus und des Modells nach Durchsatzreduzierung, Rescheduling und Optimierung gegenübergestellt. Ohne Information über die konkreten Wortbreiten und die genauen Werte der Gewichtungskoeffizienten ist ein detaillierter Vergleich des Implementationsaufwandes nicht möglich. Offensichtlich ist aber, daß man *in diesem Beispiel* die Zahl der Implementationen der Operatoren fast ideal auf ein Drittel reduzieren konnte, indem man die Operatoren durch Multiplexer flexibel verschaltet.

Zusammenfassung: Verringerung des Durchsatzes

Der Durchsatz einer vorhandenen Implementation kann leicht verringert werden, indem man die Taktfrequenz reduziert. Die zur Reduzierung der Taktfrequenz proportionalen $\frac{1}{A \cdot T_D}$-Effizienzverluste lassen sich durch eine Neu-Synthese mit einer verlängerten Taktperiode vermindern. Durch eine Neu-Synthese läßt sich der Durchsatz in einem gewissen Bereich anpassen, eine über diesen Bereich hinausgehende Anpassung erfordert eine Reduzierung der mittleren Zahl der Operationen pro Taktzyklus. Das Reschedulingverfahren zur Durchsatzreduzierung ist an einem allgemeinen Mo-

8.4. DURCHSATZANPASSUNG DURCH RESCHEDULING

dellrahmen zur periodischen Ausführung eines Algorithmus in den folgenden Stufen vorgeführt worden:

① Die Zahl der notwendigen zusätzlichen „wait"-Anweisungen ergibt sich aus der Berechnungsperiode des vorhandenen Modells $T_D(vorh.)$, der geforderten Berechnungsperiode $T_D(gef.)$ und der Taktperiode „optimaler Effizienz" T_P.

$$wait_{zusätz.} := \left\lceil \frac{T_D(gef.) - T_D(vorh.)}{T_P} \right\rceil$$

② Einfügen der benötigten „wait"-Anweisungen vor den Zuweisungen auf die Ausgangssignale.

③ Verschieben der „wait"-Anweisungen in die Anweisungssequenz des Algorithmus, um die Komplexität der einzelnen vollständigen Kontrollpfade anzugleichen.

	Mult.	Sub.	Add.	Reg.	Multiplexer 3zu1	2zu1
Original	3 k.	1 v.	3 v.	3	0	0
resched.	1 v.	1 v.	1 v.	6	2	8
optimiert	1 v.	1 v.	1 v.	3	3	4

Tabelle 8.9: Veränderungen des Implementationsaufwandes in dem „PID"-Beispiel (v./k. = variable/konstante Eingangsdaten)

Diese drei Stufen der Verringerung des Durchsatzes sind an dem Modell eines PID-Reglermoduls demonstriert worden. Der Durchsatz dieses Modells ist durch das Einfügen und Verschieben von „wait"-Anweisungen auf ein Drittel reduziert worden. Die Werte in Tabelle 8.9 zeigen, daß die Zahl der Multiplizierer und Addierer in fast idealer Weise gedrittelt werden konnte, während sich zunächst die Zahl der Register verdoppelt hat. Durch eine Anpassung des Protokolls an den Klemmen und eine „in-place"-Berechnung konnte die Registerzahl allerdings wieder halbiert werden. Die an dem Beispiel demonstrierten Erfahrungen bei der Verringerung des Durchsatzes lassen sich in den folgenden Sätzen zusammenfassen:

- Der Abtausch von Aufwand gegen Durchsatz basiert hauptsächlich auf einer stärkeren Mehrfachnutzung der instanziierten Operatoren.

- Das Einfügen und Verschieben neuer „wait"-Anweisungen kann die Zahl der zur Implementation benötigten Register stark erhöhen. Durch Maßnahmen, wie Protokolländerung oder „in-place"-Berechnung, kann die Zahl der Register wieder reduziert werden.

- Durch die Benutzung der instanziierten Operatoren zur Ausführung verschiedener Operationen erhöht sich die Zahl der Multiplexer.

Nach einer Vorstellung der Umformungsverfahren an einem vorhandenen Modell zur Verringerung des Durchsatzes wird im folgenden Abschnitt das komplementäre Problem der Erhöhung des Durchsatzes diskutiert.

8.4.3 Erhöhung des Durchsatzes

Der Durchsatz eines vorhandenen Modells wird in ähnlichen Stufen erhöht. Statt der positiven „wait"-Anweisungen werden negative „wait"-Anweisungen zur Verkürzung der Berechnungsperiode eingefügt. Diese werden nach geeigneten Verschiebungen durch die überschüssigen positiven „wait"-Anweisungen kompensiert. Die durch eine Reduktion der Taktzyklen in der Berechnungsperiode hervorgerufenen Überbuchungen von Schnittstellen können durch ein Rescheduling der Zugriffe oder eine zusätzliche Schnittstelle beseitigt werden. Da die Operationen eines Algorithmus nach einer Durchsatzerhöhung in einer kürzeren Zeit durchgeführt werden, müssen vermehrt Operationen in einem einzigen Taktzyklus durchgeführt werden. Gibt es allerdings zwischen den in einen Taktzyklus eingeplanten Operationen Datenabhängigkeiten, so müssen die resultierenden Timingpfade verkürzt werden. Es werden vier Methoden vorgestellt, mit denen diese Timingpfade verkürzt werden können.

Verschiedene Methoden zur Durchsatzerhöhung

Eine Erhöhung des Durchsatzes kann nicht durch eine einfache Steigerung der Taktfrequenz erreicht werden, ohne die Wahrscheinlichkeit eines undeterminierten Verhaltens zu erhöhen [13]. Eine Neu-Synthese des vorhandenen Modells mit einer verringerten Taktperiode ist im Unterschied zur Reduzierung des Durchsatzes nicht immer möglich. Durch die Verringerung der Taktperiode muß das Logiksynthesewerkzeug die Implementationen der verwendeten Operatoren gegen Implementationen mit einer geringeren Durchlaufzeit austauschen. Wenn das vorhandene Modell noch nicht mit der maximalen Taktfrequenz synthetisiert worden ist, so kann durch die Neu-Synthese eine Durchsatzerhöhung in einem gewissen Bereich durchgeführt werden. Eine Anpassung über diesen Bereich hinaus erfordert aber auch hier eine analoge Verringerung der Berechnungsperiode mit einem anschließenden Rescheduling der Operationen (vgl. Abs. 7.4.3, S. 272).

Durchsatzerhöhung an dem Modellrahmen

Zur Darstellung der Methoden zur Durchsatzerhöhung wird wieder der im Codefragment 8.11 gezeigte Modellrahmen verwendet. Der Algorithmus, dessen Anweisungen im Codefragment 8.11 durch Symbole der Form „algorithm_stage_1 ..." dargestellt sind, wird in drei Taktzyklen komplett abgearbeitet.

8.11 PROCESS
BEGIN

---

[13] Die Taktfrequenz ist durch den längsten Timingpfad bestimmt. Eine Verkürzung der Taktperiode erhöht damit die Wahrscheinlichkeit einer „set-up"-Verletzung. Diese können wiederum zu meta-stabilen Zuständen führen, welche ein undeterminiertes Verhalten verursachen können.

8.4. DURCHSATZANPASSUNG DURCH RESCHEDULING

```
         WAIT UNTIL PosEdge(clk);                                 --<< edge 1
         sample_A := in_sig_A;          --<<--<<-- sample input signals
         ...
         algorithm_stage_1 ...          --<<--<<-- execute algorithm
         WAIT UNTIL PosEdge(clk);                                 --<< edge 2
         algorithm_stage_2 ...
         WAIT UNTIL PosEdge(clk);                                 --<< edge 3
         algorithm_stage_3 ...
         out_sig_X <= out_value_X;      --<<--<<-- set output lines
         ...
         END PROCESS;
```

Wenn der Durchsatz um 50% erhöht werden soll, so muß die Berechnungsperiode um einen Taktzyklus verringert werden. Dazu wird vor die Zuweisungen auf die Ausgangssignale eine negative „wait"-Anweisung eingefügt. Diese negative „wait"-Anweisung ist im Codefragment 8.12 durch eine Pseudo-Anweisung der Form „-wait until PosEdge(clk)" dargestellt.

8.12
```
         PROCESS
         BEGIN
         WAIT UNTIL PosEdge(clk);                                 --<< edge 1
         sample_A := in_sig_A;          --<<--<<-- sample input signals
         ...
         algorithm_stage_1 ...          --<<--<<-- execute algorithm
         ...                            --<<<<<<-- edge 2 wait & some statements
                                        --          left out
         WAIT UNTIL PosEdge(clk);                                 --<< edge 3
         algorithm_stage_3 ...
         - WAIT UNTIL PosEdge(clk);     --<<<<<<-- NEGATIVE wait statement
         out_sig_X <= out_value_X;      --<<--<<-- set output lines
         ...
         END PROCESS;
```

Durch das Einfügen dieser negativen „wait"-Anweisung verringert sich die Berechnungsperiode des Pseudo-Modells um einen Taktzyklus. Durch eine Verschiebung der negativen „wait"-Anweisung über die durch „algorithm_stage_3" symbolisierten Anweisungen des Algorithmus wird die negative „wait"-Anweisung hinter die dritte „wait"-Anweisung gebracht. Da sich das Klemmenverhalten eines Modells nicht ändert, wenn man zwei direkt aufeinanderfolgende „wait"-Anweisungen mit umgekehrten Vorzeichen streicht, ergibt sich der im folgenden Codefragment 8.13 gezeigte Modellrahmen.

8.13
```
         PROCESS
         BEGIN
         WAIT UNTIL PosEdge(clk);                                 --<< edge 1
         sample_A := in_sig_A;          --<<--<<-- sample input signals
         ...
         algorithm_stage_1 ...          --<<--<<-- execute algorithm
         WAIT UNTIL PosEdge(clk);                                 --<< edge 2
         algorithm_stage_2 ...
         algorithm_stage_3 ...
         out_sig_X <= out_value_X;      --<<--<<-- set output lines
         ...
         END PROCESS;
```

Um die Komplexität der einzelnen vollständigen Kontrollpfade anzugleichen, werden die durch Symbole der Form „algorithm_stage_X" angedeuteten Anweisungssequenzen unterteilt. Die Teilsequenzen ähnlicher Komplexität werden im Codefragment 8.14 durch Symbole der Form „algorithm_stage_Xx" dargestellt. Die beiden restlichen „wait"-Anweisungen im Codefragment 8.14 sind so verschoben worden, daß jeder vollständige Kontrollpfad drei Teilsequenzen mit Anweisungen enthält.

8.14
```
PROCESS
BEGIN
    WAIT UNTIL PosEdge(clk);                    --<< edge 1
    sample_A := in_sig_A;        --<<--<<-- sample input signals
    ...
    algorithm_stage_1a ...        --<<--<<-- execute algorithm
    algorithm_stage_1b ...
    algorithm_stage_2a ...
    WAIT UNTIL PosEdge(clk);                    --<< edge 2
    algorithm_stage_2b ...
    algorithm_stage_3a ...
    algorithm_stage_3b ...
    out_sig_X <= out_value_X;    --<<--<<-- set output lines
    ...
END PROCESS;
```

Das resultierende Modell im Codefragment 8.14 kann nun mit der „Taktfrequenz optimaler Effizienz" synthetisiert werden. Da das im Codefragment 8.14 gezeigte Modell nur noch zwei „wait"-Anweisungen enthält, wird der Algorithmus in 2 statt in den ursprünglichen drei Taktzyklen abgearbeitet, so daß der Durchsatz um den geforderten Faktor $\frac{3}{2}$ gesteigert worden ist.

Stufen der Durchsatzerhöhung

Die in diesem Abschnitt erläuterten Stufen der Steigerung des Durchsatzes bestanden bis auf die Einführung und Kompensation der negativen „wait"-Anweisungen aus den schon bekannten Schritten der Durchsatzanpassung.

① Die Zahl der notwendigen zusätzlichen negativen „wait"-Anweisungen ergibt sich aus der Berechnungsperiode des vorhandenen Modells $T_D(vorh.)$, der geforderten Berechnungsperiode $T_D(gef.)$ und der Taktperiode „optimaler Effizienz" T_P.

$$wait_{zusätz.} := \left\lceil \frac{T_D(gef.) - T_D(vorh.)}{T_P} \right\rceil$$

② Einfügen der benötigten „wait"-Anweisungen unter Berücksichtigung des ermittelten Vorzeichens vor den Zuweisungen auf die Ausgangssignale.

③ Verschiebung der negativen „wait"-Anweisungen, so daß sie sich mit positiven „wait"-Anweisungen kompensieren[14].

④ Verteilen der verbleibenden positiven „wait"-Anweisungen in der Anweisungssequenz des Algorithmus, um die Komplexität der einzelnen vollständigen Kontrollpfade anzugleichen.

---

[14]Das direkte Streichen der überflüssigen „wait"-Anweisungen erzeugt das Risiko, daß (1) die Kontrollpfade einer Berechnungsperiode ungleichmäßig verkürzt werden und (2) kleine Änderungen am Protokoll der Klemmen in bestimmten Kontrollpfaden nicht bemerkt werden. Die Regeln zur Verschiebung von „wait"-Anweisungen über Verzweigungen im Kontrollfluß stellen sicher, daß die „wait"-Anweisungen in alle Kontrollpfade eingeschoben werden.

8.4. DURCHSATZANPASSUNG DURCH RESCHEDULING

Das Rescheduling-Verfahren zur Steigerung des Durchsatzes gleicht also dem Verfahren zur Reduzierung des Durchsatzes.

8.4.4 Schnittstellenüberbuchung und Datenabhängigkeiten

Im folgenden werden verschiedene Besonderheiten diskutiert, die nur bei einer Erhöhung des Durchsatzes beachtet werden müssen. Durch die Reduktion der Taktzyklen, die zu einer Ausführung des Algorithmus zur Verfügung stehen, müssen mehr Operationen in die verbleibenden Taktzyklen eingeplant werden. Zur Implementation eines durchsatzgesteigerten Modells werden daher vermehrt Datenpfade instanziiert werden. Die parallele Durchführung führt aber zu Problemen bei Schnittstellen und bei datenabhängigen Operationen. Die Möglichkeiten zur Lösung dieser Probleme werden im folgenden diskutiert.

„Überbuchung" von Schnittstellen

In einem voll-synchronen Entwurf kann nur ein einziger Wert mit der positiven Taktflanke übernommen werden. Im folgenden Abschnitt wird diskutiert, wie eine solche Überbuchung einer Klemme entstehen kann und wie man sie vermeidet.

Aufeinanderfolgende Zugriffe auf eine Klemme: Im Codefragment 8.15 ist ein Ausschnitt aus einem Modell zur periodischen Ausführung eines Algorithmus gezeigt. Die Anweisungssequenzen ohne Zugriffe auf die Ein- oder Ausgangsklemmen sind wieder durch Symbole der Form „algorithm_stage_Xx" dargestellt. Die „wait"-Anweisungen sind durch die Nummer der Taktflanke gekennzeichnet. Mit den Taktflanken $N+2$ und $N+3$ werden unterschiedliche Werte des Eingangssignals „in_sig" in die Variable „sample_A" oder „sample_B" übernommen. Zur Erhöhung des Durchsatzes ist am Ende des Codefragments 8.15 bereits eine negative „wait"-Anweisung eingefügt worden.

```
8.15  PROCESS
      BEGIN
      ...
          WAIT UNTIL PosEdge(clk);                                   --<< edge N
          algorithm_stage_1a ...
          WAIT UNTIL PosEdge(clk);                                   --<< edge N+1
          sample_A := in_sig;              --<<--<<-- sample value A
          algorithm_stage_1b ...
          WAIT UNTIL PosEdge(clk);                                   --<< edge N+2
          sample_B := in_sig;              --<<--<<-- sample value B
          algorithm_stage_1c ...
        - WAIT UNTIL PosEdge(clk);         --<< negative wait
      ...
      END PROCESS;
```

Verschieben der negativen „wait"-Anweisung: Diese negative „wait"-Anweisung soll über die durch „algorithm_stage_1c" symbolisierten Anweisungen und die Abfrage des Eingangssignals hinter die letzte positive „wait"-Anweisung in dem Modellausschnitt verschoben werden. Die durch „algorithm_stage_1c" symbolisierten Anweisungen greifen nicht auf die Klemmen zu, daher wird durch die Verschiebung der negativen „wait"-Anweisung über diese Anweisungssequenz das Klemmenverhalten nicht verändert. Die Verschiebung der negativen „wait"-Anweisung über die Abfrage des Eingangssignals „in_sig" führt zu einer Veränderung des Protokolls an den Klemmen, denn das Eingangssignal wird einen Taktzyklus eher abgefragt. Eine zusätzliche positive „wait"-Anweisung vor einer Anweisung verschiebt die eingeplanten Operationen in den nachfolgenden Taktzyklus, während eine negative „wait"-Anweisung die Operationen in den vorherigen Taktzyklus einplant. Der Modellausschnitt nach der Verschiebung der negativen „wait"-Anweisung ist im Codefragment 8.16 gezeigt.

8.16
```
PROCESS
BEGIN
  ...
  WAIT UNTIL PosEdge(clk);                              --<< edge N
  algorithm_stage_1a ...
  WAIT UNTIL PosEdge(clk);                              --<< edge N+1
  sample_A := in_sig;            --<<--<<-- sample value A
  algorithm_stage_1b ...
  WAIT UNTIL PosEdge(clk);       --||  these waits annihilate each other << edge N+2
  - WAIT UNTIL PosEdge(clk);     --||
  sample_B := in_sig;            --<<--<<-- sample value B in preceding cycle
  algorithm_stage_1c ...
  ...
END PROCESS;
```

Da sich direkt aufeinanderfolgende „wait"-Anweisungen mit umgekehrten Vorzeichen kompensieren, werden im Taktzyklus $N+1$ sowohl die Variable „sample_A" als auch die Variable „sample_B" mit dem Wert an der Klemme „in_sig" geladen. Man kann nicht mit einer Taktflanke an einer Klemme zwei verschiedene Werte nacheinander lesen. Daher ist die Klemme „in_sig" im Codefragment 8.16 überbucht.

Beseitigung der Überbuchung: Falls die Zahl der Zugriffe auf eine Klemme in einer Berechnungsperiode nicht die Zahl der Taktzyklen in derselben übersteigt und die Datenabhängigkeiten zu den restlichen Operationen dies zulassen, so können die Zugriffe auf die zur Verfügung stehenden Taktzyklen verteilt werden.

8.17
```
  ...
  WAIT UNTIL PosEdge(clk);                              --<< edge N
  algorithm_stage_1a ...
  sample_A := in_sig;            --<<--<<-- sample value A
  WAIT UNTIL PosEdge(clk);                              --<< edge N+1
                                 -- sample value A rescheduled in preceding cycle
  algorithm_stage_1b ...
                                 -- negative und positive wait removed
  sample_B := in_sig;            --<<--<<-- sample value B
  algorithm_stage_1c ...
  ...
```

In dem Beispiel wird im Taktzyklus N nicht auf die Eingangsklemme „in_sig" zugegriffen, so daß das Laden der Variable „sample_A" in den Taktzyklus N verschoben werden kann. Diese Verschiebung ist im Codefragment 8.17 gezeigt.

Zusammenfassung: Vermeidung der Schnittstellenüberbuchung. Bei der Steigerung des Durchsatzes wird die Zahl der Taktzyklen in der Berechnungsperiode verringert. In einem Taktzyklus kann man nur einmal über eine Klemme einen Wert lesen

8.4. DURCHSATZANPASSUNG DURCH RESCHEDULING

oder ausgeben. Falls durch die Entfernung einer „wait"-Anweisung eine Schnittstelle überbucht ist, so kann diese Überbuchung durch eine der folgenden Vorgehensweisen beseitigt werden.

① Ist die Zahl der Zugriffe im vorhandenen Modell kleiner als die Zahl der Taktzyklen in der verkürzten Berechnungsperiode, so müssen die Zugriffe auf diese Taktzyklen unter Beachtung der Datenabhängigkeiten geeignet verteilt werden.

② Übersteigt die Zahl der Zugriffe die Zahl der Taktzyklen, so muß eine neue Schnittstelle eingeführt und die Zugriffe auf die beiden Schnittstellen verteilt werden.

Möglichkeit der Durchsatzsteigerung bei Datenabhängigkeiten

Die bisherige Diskussion vermittelt den Eindruck, daß die Steigerung des Durchsatzes eines vorhandenen Modells durch die folgenden Schritte relativ leicht erreicht werden kann:

① Verkürzung der Berechnungsperiode durch das Einfügen von genügend negativen „wait"-Anweisungen.

② Kompensation der negativen „wait"-Anweisungen nach geeigneten Verschiebungen.

③ Verteilung der restlichen positiven „wait"-Anweisungen zur Angleichung der Komplexität der vollständigen Kontrollpfade.

④ Beseitigung eventueller Überbuchungen von Schnittstellen durch ein Rescheduling der Zugriffe oder durch die Einführung zusätzlicher Schnittstellen.

⑤ Neu-Synthese bei der „Taktfrequenz optimaler Effizienz".

Eine Neu-Synthese mit einer erhöhten Anzahl von Operationen in einem Taktzyklus kann durch eine vermehrte Instanziierung von Operatoren ermöglicht werden. Datenabhängigkeiten zwischen verschiedenen Operationen führen in einer Implementation auf der Gatterebene zu Timingpfaden durch die hintereinander geschalteten Operatoren. Gibt es daher Operationen mit Datenabhängigkeiten in einem verlängerten vollständigen Kontrollpfad, so können die resultierenden Timingpfade eine Synthese bei der Taktfrequenz „optimaler Effizienz" unmöglich machen. Die Auswirkungen von Datenabhängigkeiten können mit den folgenden Verfahren vermindert werden:

I Verschachtelung der Operatoren

II Zusammenfassung von Teiloperationen

III Vorausschauende Berechnung („look-ahead")

IV Algebraische Umformung zur Verringerung der Datenabhängigkeiten

I) Verschachtelung der Operatoren

In diesem Abschnitt wird gezeigt, daß in einer Implementation auf der Gatterebene die Durchlaufzeit der Gesamtoperation häufig wesentlich kleiner ist als die Summe der maximalen Durchlaufzeiten der einzelnen Operationen.

Die im folgenden Codefragment 8.18 gezeigten Anweisungen zur Addition gehörten vor der Erhöhung des Durchsatzes zu getrennten vollständigen Kontrollpfaden. Durch die Entfernung einer positiven „wait"-Anweisung sind die beiden Additionen in denselben Taktzyklus eingeplant worden. Auf der rechten Seite der zweiten Zuweisung wird die Variable „x" referenziert, deren Wert in der ersten Addition berechnet wurde. Daher gibt es eine Datenabhängigkeit zwischen den beiden Additionen. Wenn man nicht die Struktur der Implementation der beiden Additionen auf der Gatterebene betrachtet, muß man annehmen, daß die zweite Addition erst nach Abschluß der ersten beginnen kann. Mit dieser Annahme wird die Summe der Durchlaufzeiten in den hintereinander geschalteten Operatoren allerdings schnell die maximale Taktperiode überschreiten.

8.18
```
...
WAIT UNTIL PosEdge(clk);                    --<< edge N
x := a + b;
...
y := x + c;
WAIT UNTIL PosEdge(clk);                    --<< edge N+1
...
```

Auf der linken Seite von Abb. 8.19 ist eine Verschaltungen von Addierern zur Implementation des Codefragmentes 8.18 gezeigt. Die maximale Durchlaufzeit der Addierer ergibt sich aus dem kritischen Pfad durch eine „carry-ripple"-Implementation. Hier wird vereinfachend angenommen, daß alle Timingpfade durch einen Volladdierer („FA") 1 ns lang sind und die durch einen Halbaddierer („HA") 0,5 ns. Die Summe der maximalen Durchlaufzeiten beträgt 8,5 ns.

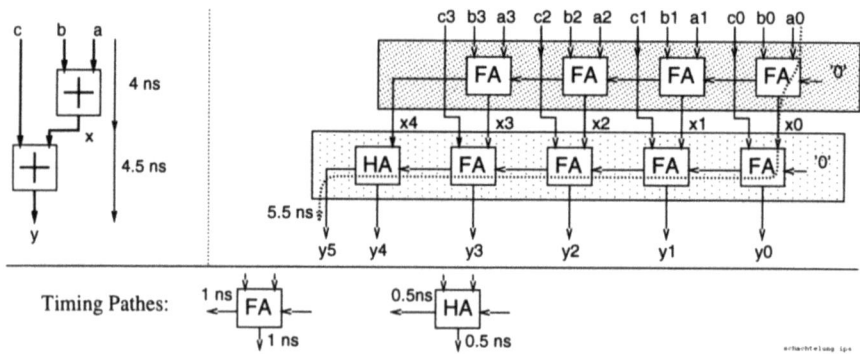

Abb. 8.19: Reduktion der Timingpfade durch eine verschachtelte Abarbeitung zweier Additionen

Auf der rechten Seite von Abb. 8.19 ist die Verschaltung der beiden „carry-ripple"-

8.4. DURCHSATZANPASSUNG DURCH RESCHEDULING

Addierer skizziert. Der kritische Timingpfad ist durch eine strichlierte gebogene Linie angedeutet. Dieser Pfad ist nur 5,5 ns lang, also 3 ns kürzer als die Summe der maximalen Durchlaufzeiten.

Die Implementationen vieler Operationen auf der Gatterebene können häufig so hintereinander geschaltet werden, daß die Gesamtdurchlaufzeit kleiner ist als die Summe der einzelnen maximalen Durchlaufzeiten [31]. Es können daher auch Modelle synthetisiert werden, bei denen die Summe der maximalen Durchlaufzeiten der datenabhängigen Operatoren die geforderte Taktperiode übersteigt.

II) Zusammenfassung von Teiloperationen

Häufig werden durch die Erhöhung des Durchsatzes zwei getrennte Teiloperationen in einen einzigen Taktzyklus eingeplant. Durch eine Zusammenfassung der Teiloperationen kann die Synthese des Modells mit einem erhöhten Durchsatz erleichtert werden.

Im folgenden Codefragment 8.19 ist ein Ausschnitt aus einem Modell nach der Entfernung einer positiven „wait"-Anweisung gezeigt. Die vollständigen Kontrollpfade vor und nach der entfernten „wait"-Anweisung umfaßten eine Anweisung zur Inkrementierung einer Variablen „counter". Diese beiden Anweisungen sind nach der Umformung Bestandteil desselben vollständigen Kontrollpfades. Da der neue Wert der Variablen „counter" auf der rechten Seite der zweiten Zuweisung referenziert wird, besteht zwischen beiden Anweisungen eine Datenabhängigkeit. Daher wird es in einer Implementation auf der Gatterebene einen Timingpfad durch die Schaltungen der beiden Inkrementer geben.

8.19
```
...
WAIT UNTIL PosEdge(clk);                                --<< edge N
counter := counter +1 ;
                           --<<<-- intermediate wait removed
...
counter := counter +1 ;
WAIT UNTIL PosEdge(clk);                                --<< edge N+1
...
```

Die Implementation kann durch eine Zusammenfassung der beiden Anweisungen erleichtert werden. Diese Zusammenfassung ist im Codefragment 8.20 gezeigt.

8.20
```
...
WAIT UNTIL PosEdge(clk);                                --<< edge N
counter := counter +2 ;
...
WAIT UNTIL PosEdge(clk);                                --<< edge N+1
...
```

Die Konstantenaddierer und Inkrementer werden aus der Synthesebibliothek ausgewählt und parametriert. Je nach den Möglichkeiten der verwendeten Synthesebibliothek wird die Implementation eines Konstantenaddierers weniger aufwendig sein als die Implementation zweier Inkrementer.

III) Vorausschauende Berechnung („look-ahead")

Häufig kann aber weder durch eine Verschachtelung der eingeplanten Operationen auf der Gatterebene noch durch eine Zusammenfassung derselben eine Synthese des Modells mit einem erhöhten Durchsatz ermöglicht werden. Daher soll in diesem Abschnitt die Umformung eines Modells zur Veränderung der Datenabhängigkeiten durch eine vorausschauende Berechnung („look-ahead") demonstriert werden.

Im Codefragment 8.21 ist eine bedingte Verzweigung gezeigt, in deren Zweigen durch eine Verknüpfung von Variablen oder Eingangssignalen unterschiedliche Werte berechnet und der Variablen „d" zugewiesen werden. Die Entscheidung, wie der neue Wert der Variable „d" berechnet werden soll, hängt daher vom Ausgang des Vergleichs ab. Vor der Steigerung des Durchsatzes fanden der Vergleich und die Berechnung der Ausgangswerte in verschiedenen Taktzyklen statt, jetzt sind sie in einem Taktzyklus eingeplant.

8.21
```
    ...
    WAIT UNTIL PosEdge(clk);                    --<< edge N
    IF a > b THEN
        ...                     -- a WAIT UNTIL has been removed here
        d := e - f;
    ELSE
        ...                     -- here as well
        d := g + h;
    END IF;
    ...
    WAIT UNTIL PosEdge(clk);                    --<< edge N+1
    ...
```

Eine direkte Implementation des im Codefragment 8.21 gezeigten Modellausschnittes ist auf der linken Seite von Abb. 8.20 gezeigt. Der längste Timingpfad verläuft durch den Vergleicher, einen Multiplexer und dann durch den kombinierten Addierer/Subtrahierer, denn erst nach einem abgeschlossenen Vergleich ist die Art der Operation bestimmt.

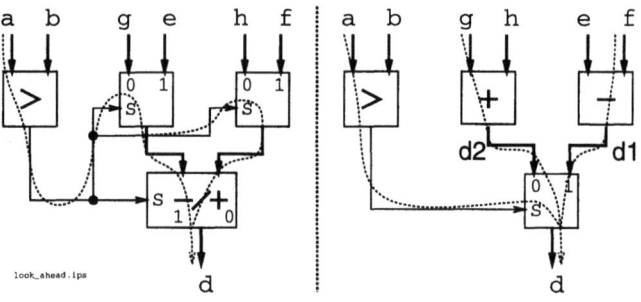

Abb. 8.20: Implementation datenabhängiger Operationen ohne und mit „look-ahead"

Durch eine vorausschauende Berechnung („look-ahead") der beiden möglichen Werte der Variablen „d" kann man den auf der linken Seite gezeigten Timingpfad auf-

8.4. DURCHSATZANPASSUNG DURCH RESCHEDULING

brechen. Der Vergleicher und die beiden Operatoren auf der rechten Seite von Abb. 8.20 arbeiten parallel, so daß durch den Multiplexer nur eines der beiden Ergebnisse ausgewählt wird. Je nach den Wortbreiten der referenzierten Variablen oder Eingangssignale ist einer der drei skizzierten Timingpfade der kritische. Da alle drei Operationen nach dem Anlegen der Eingangsdaten parallel abgearbeitet werden, sind alle drei Timingpfade auf der rechten Seite kürzer als der kritische Timingpfad auf der linken Seite von Abb. 8.20. Diese Verringerung der Durchlaufzeit wird allerdings durch eine getrennte Instanziierung eines Addierers *und* Subtrahierers ermöglicht.

Im folgenden Codefragment 8.22 wurde diese vorausschauende Berechnung durch die beiden Variablen „d1" und „d2" modelliert. In der bedingten Verzweigung wird der Variablen „d" der Wert einer dieser beiden Variablen zugewiesen[15].

8.22
```
  ...
  WAIT UNTIL PosEdge(clk);                          --<< edge N
     d1 := e - f;        --<< intermediate values in special variables
     d2 := g + h;
     IF a > b THEN       --<< select one of the precomputed values
        d := d1;
     ELSE
        d := d2;
     END IF;
  ...
  WAIT UNTIL PosEdge(clk);                          --<< edge N+1
  ...
```

Die im Codefragment 8.22 gezeigte Modellierung verändert nicht die Simulationssemantik. Es hängt vom verwendeten Synthesewerkzeug ab, ob sich durch eine solche Modellierung eine Implementation mit einer vorausschauenden Berechnung erzeugen läßt. Kann das verwendete Synthesewerkzeug weder automatisch eine vorausschauende Berechnung einführen noch durch ein Modell, wie im Codefragment 8.22, zu einer solchen Reduzierung der Durchlaufzeit bewegt werden, so muß diese Umformung des Datenflusses durch ein Strukturmodell explizit beschrieben werden.

Durch eine vorausschauende Berechnung („look-ahead") kann die Durchlaufzeit einer Sequenz von datenabhängigen Operationen reduziert werden.

IV) Algebraische Umformung

Stellt man die sequentiellen Anweisungen eines Modells durch einen geschlossenen Ausdruck dar, so kann man durch eine geeignete Umformung Datenabhängigkeiten vermeiden.

Im Codefragment 8.23 sind ein Teil der Anweisungen gezeigt, die in der Taktperiode N ausgeführt werden sollen. Zunächst werden die Variablen „a" und „b" dekrementiert und dann wird die Differenz der Variablen „c" zugewiesen.

8.23
```
  ...
  WAIT UNTIL PosEdge(clk);                          --<< edge N
  ...
```

---

[15]Wenn die Werte dieser zusätzlichen Variablen nicht in jedem vollständigen Kontrollpfad, z.B. durch die Zuweisung eines „default"-Wertes, spezifiziert werden, ist bei einer Synthese eine Abspeicherung in Registern unvermeidlich (vgl. Abs. 5.3.3, S. 190).

```
a := a -1;              -- both values need to be decremented
b := b -1;
...                     -- there are statements left out here (Otherwise the
                        -- optimisation would be too obvious ... ;-> )
c <= b - a;             -- the new values of a and b are used here
...
WAIT UNTIL PosEdge(clk);                                        --<< edge N+1
...
```

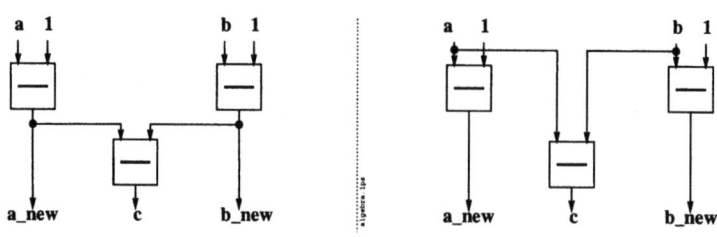

Abb. 8.21: Reduktion der Datenabhängigkeiten durch eine algebraische Umformung

Auf der linken Seite von Abb. 8.21 ist eine Verschaltung von Datenpfaden gezeigt, mit der die Anweisungen implementiert werden können. Der kritische Timingpfad führt durch zwei Subtrahierer [16]. Ersetzt man die im Taktzyklus N berechneten neuen Werte der Variablen „a" und „b" in dem Ausdruck zur Berechnung von „c" durch Ausdrücke mit den alten Werten, so gelangt man zur folgenden Darstellung

$$c := (b-1) - (a-1).$$

Dies ist offensichtlich äquivalent zu

$$c := b - a.$$

Daher kann man den Wert der Variablen „c" einfacher mit den unveränderten Werten der Variablen „a" und „b" berechnen. Werden die neuen Werte dieser Variablen nicht von den Anweisungen vor der Berechnung der Variablen „c" referenziert, kann man die Dekrementierungen verschieben, wie im Codefragment 8.24 angedeutet.

8.24
```
        ...
        WAIT UNTIL PosEdge(clk);                                --<< edge N
        ...             -- the decremented values of a and b were not referenced
                        --   by the statements missing here
        c <= b - a;     -- old values of a and b referenced
        ...
        a := a -1;      -- decrementations postponed
        b := b -1;
        ...
        WAIT UNTIL PosEdge(clk);                                --<< edge N+1
        ...
```

---

[16] Der Timingpfad durch zwei Subtrahierer ist nicht doppelt so lang, aber länger als durch einen einzigen.

8.4. DURCHSATZANPASSUNG DURCH RESCHEDULING

Werden die Variablen „a" und „b" von den Anweisungen zwischen den Dekrementierungen und der Berechnung der Variablen „c" referenziert, dann können die Dekrementierungen nicht verschoben werden. Da man nicht die alten Werte überschreiben darf, werden zwei neue Variablen „a_new" und „b_new" eingeführt, welche statt den Variablen „a" und „b" referenziert werden. Mit den alten Werten wird dann der Wert der Variablen „c" berechnet.

8.25
```
...
WAIT UNTIL PosEdge(clk);                             --<< edge N
...
a_new := a -1;    -- decrementations can't be delayed
b_new := b -1;
...               -- values a_new, b_new and the old value of c are
                  --   referenced by the left out statements
c <= b - a;       -- unaffected values of a and b used here
...
WAIT UNTIL PosEdge(clk);                             --<< edge N+1
...
```

Auf der linken Seite von Abb. 8.21 (S. 324) sind die drei Subtrahierer gezeigt, mit denen die Anweisungen im Codefragment 8.25 ausgeführt werden können. Der kritische Timingpfad läuft nicht mehr durch zwei Subtrahierer, sondern nur noch durch einen einzigen.

Durch eine algebraische Umformung der Datenabhängigkeiten kann der kritische Timingpfad verkürzt werden, ohne den Implementationsaufwand zu erhöhen.

Zusammenfassung: Erhöhung des Durchsatzes

Eine Durchsatzerhöhung kann nicht wie eine Verringerung des Durchsatzes durch eine Variation der Taktfrequenz erreicht werden. Da weiterhin eine Neu-Synthese mit einer verkürzten Taktperiode nicht in allen Fällen möglich sein wird, hat das Rescheduling eine größere Bedeutung bei der Erhöhung des Durchsatzes als bei der Verringerung. Durch die Einführung von negativen „wait"-Anweisungen werden die folgenden Probleme bei einer unsystematischen Streichung von „wait"-Anweisungen vermieden.

- Die Anwendung der Regeln zur Verschiebung von „wait"-Anweisungen über Verzweigungen des Kontrollflusses sichert eine konstante Berechnungsperiode.

- Durch das manuelle Verschieben einer „wait"-Anweisung über einen Klemmenzugriff werden die Änderungen des Protokolls offensichtlich. Eventuell notwendige Anpassungen in den treibenden Einheiten werden somit nicht versäumt.

Die speziell zur Durchsatzsteigerung erforderlichen Umformungsschritte sind in der folgenden Aufzählung speziell gekennzeichnet.

① Die Zahl der notwendigen zusätzlichen „wait"-Anweisungen ergibt sich aus der Berechnungsperiode des vorhandenen Modells $T_D(vorh.)$, der geforderten Berechnungsperiode $T_D(gef.)$ und der Taktperiode „optimaler Effizienz" T_P.

$$wait_{zusätz.} := \left\lceil \frac{T_D(gef.) - T_D(vorh.)}{T_P} \right\rceil$$

② Einfügen der benötigten „wait"-Anweisungen unter Berücksichtigung des ermittelten Vorzeichens vor den Zuweisungen auf die Ausgangssignale.

③ *Nur Durchsatzsteigerung:* Verschiebung der negativen „wait"-Anweisungen bis sie sich mit positiven „wait"-Anweisungen kompensieren.

④ Verteilen der verbleibenden positiven „wait"-Anweisungen in der Anweisungssequenz des Algorithmus, um die Komplexität der einzelnen vollständigen Kontrollpfade anzugleichen.

⑤ *Nur Durchsatzsteigerung:* Beseitigung von Schnittstellenüberbuchungen.

⑥ *Nur Durchsatzsteigerung:* Entfernung zu langer Timingpfade.

Bei einer Durchsatzsteigerung wird die Zahl der Taktzyklen in der Berechnungsperiode reduziert, so daß eventuell zwei Zugriffe auf eine einzige Klemme in einen Taktzyklus eingeplant werden. Diese Überbuchung wird durch eine Verteilung der Zugriffe beseitigt. Stehen nicht mehr genügend Taktzyklen zur Verfügung, so muß eine neue Klemme eingeführt werden.

Die Zahl der Operationen in einem Taktzyklus nimmt bei einer Durchsatzsteigerung zu. Eine Implementation von datenabhängigen Operationen wird durch die folgenden Verfahren ermöglicht.

I *Verschachtelung von Operatoren:* Die Summe der maximalen Durchlaufzeiten vieler Operatoren ist größer als die Durchlaufzeit einer Hintereinanderschaltung, weil Teilergebnisse schon von einem nachfolgenden Operator verwendet werden können.

II *Zusammenlegen von Teiloperationen:* Durch die Reduktion der Taktzyklen können vorher getrennte Teiloperationen in einen gemeinsamen Taktzyklus eingeplant werden. Eine Zusammenlegung dieser Teiloperationen kann die Implementation des Modells mit erhöhtem Durchsatz erleichtern.

III *Vorausschauende Berechnung:* Eine Umformung des Datenflusses durch eine frühe Berechnung von später ausgewählten Teilergebnissen kann schwer zu implementierende Timingpfade aufbrechen („look-ahead").

IV *Algebraische Umformung:* Darstellung der Anweisungen durch einen geschlossenen Ausdruck, der so umgeformt wird, daß die Datenabhängigkeiten reduziert werden.

Steigerung versus Verringerung des Durchsatzes: Eine Durchsatzsteigerung an einem vorhandenen Modell basiert auf denselben Umformungsschritten wie eine Verringerung des Durchsatzes. Meist ist aber eine weitere Analyse und Umformung des Modells notwendig, bevor das Modell auf der Gatterebene implementiert werden kann. Bei einer Durchsatzverringerung hingegen ist eine Implementation des umgeformten

Modells auf der Gatterebene immer möglich, wenn nur das Ausgangsmodell implementierbar war. Die demonstrierte Optimierung des Modells nach der Durchsatzverringerung wurde *nur* zur Reduktion des Implementationsaufwandes durchgeführt.

Im folgenden Abschnitt werden die Möglichkeiten eines automatischen Reschedulings zur Verbesserung der Implementation sowie zur Durchsatzanpassung diskutiert. Im Anschluß werden dann auf S. 335 die Ergebnisse dieses Kapitels zusammengefaßt.

8.5 Automatisches Rescheduling

Die Stufen zur Anpassung eines vorhandenen Modells an eine veränderte Durchsatzforderung sind soweit formalisiert, daß die Möglichkeiten einer automatischen Anpassung durch ein Schedulingwerkzeug in diesem Abschnitt diskutiert werden sollen.

Eine Zugriffstabelle für jeden Kontrollpfad durch die Berechnungsperiode: Das automatische Rescheduling basiert auf denselben Regeln wie das manuelle Rescheduling, daher kann das automatische Rescheduling ein Modell in derselben Weise umformen wie beim manuellen Rescheduling. Der einzige Unterschied ist, daß der Entwickler beim manuellen Rescheduling die „wait"-Anweisungen über die Zugriffe auf die Klemmen des Modells verschiebt und daher unmittelbar über eine Änderung des zeitlichen Klemmenverhaltens informiert wird. Beim automatischen Rescheduling hingegen muß der Entwickler z.B. durch eine Tabelle, welche die einzelnen Zugriffe auf die Klemmen in jedem Taktzyklus der Berechnungsperiode auflistet, über die Änderungen des zeitlichen Klemmenverhaltens informiert werden. Im Regelfall werden mehrere Kontrollpfade durch das Modell mit einem verringerten oder gesteigerten Durchsatz existieren, so daß die Tabelle die Zugriffe für jeden möglichen Kontrollpfad enthält. Mit Hilfe dieser Tabelle wird dann die Systemumgebung geeignet angepaßt.

Abtausch: Freiheitsgrade des Reschedulings gegen einfachere Verwendung des Modells. Ist die Zahl der Klemmen, der Takte in einer Berechnungsperiode und der verschiedenen Kontrollpfade durch das Modell groß, so ist diese Tabelle schwer zu lesen und die Anpassung der Systemumgebung aufwendig. Daher sind Verfahren attraktiv, mit denen man die Klemmenzugriffe in einer systematischen Weise verschieben kann. Solche Verfahren reduzieren die Freiheitsgrade des Rescheduling, aber erleichtern die Dokumentation und Integration des Modells mit einem gesteigerten oder reduzierten Durchsatz.

Zunächst wird das Problem der Überspezifikation des Klemmenverhaltens und dann die automatische Verringerung und Erhöhung des Durchsatzes bei einer systematischen Verschiebung der Klemmenzugriffe betrachtet.

Überspezifikation des Klemmenverhaltens

Eine Implementation auf der Gatterebene kann mit den aktuell verfügbaren Synthesewerkzeugen nur dann automatisch erzeugt werden, wenn das Scheduling auf der physikalischen Mikro-Taktebene ($VT.MI$)[17] modelliert ist. Da zu diesen Operationen auch das Lesen von Eingangssignalen und das Schreiben auf Ausgangssignale gehört, ist mit einem solchen Modell das Klemmenverhalten auf der Mikro-Taktebene komplett spezifiziert. Durch die alleinige Betrachtung des Verhaltens eines Modells auf der Mikro-Taktebene ($VT.MI$) kann nicht mehr entschieden werden, ob sich das Klemmenverhalten durch die Notwendigkeiten der Einplanung der internen Operationen oder durch eventuelle taktorientierte Protokolle an den Schnittstellen ergeben hat.

Keine Durchsatzanpassung ohne eine Veränderung des Klemmenverhaltens: Eine Veränderung des Durchsatzes erfordert eine Verkürzung oder Verlängerung der Berechnungsperiode. Eine Veränderung der Berechnungsperiode macht aber eine Verschiebung der Zugriffe auf die Klemmen notwendig. Ohne eine Veränderung des zeitlichen Klemmenverhaltens ist daher keine Durchsatzanpassung möglich (vgl. Abs. 8.3.1, S. 284).

Rescheduling zur Verbesserung der Implementation: Da bei einer Modellierung auf der Mikro-Taktebene die Zeitpunkte der Klemmenzugriffe vollständig festgelegt und damit meist überspezifiziert sind (vgl. Abs. 1.3.1, S. 19), kann ein Rescheduling bei unverändertem Klemmenverhalten nur zur Verbesserung der Implementation bei gleichem Durchsatz dienen. Das Schedulingwerkzeug kann in diesem Fall nur

- unabhängige Anweisungen vertauschen und
- Anweisungen, die weder ein Eingangssignal lesen noch auf ein Ausgangssignal schreiben, über eine benachbarte Taktgrenze verschieben.

Die Verschiebung von internen Operationen über eine Taktgrenze zur Verbesserung der Implementation ist ab S. 290 an einem Beispiel diskutiert worden.

Erweiterung durch hypothetische Takte (Makro-/Nano-Takt)

Skalierung des Klemmenverhaltens: Um die Änderungen des zeitlichen Klemmenverhaltens und damit der Systemumgebung zu minimieren, ist eine Durchsatzanpassung attraktiv, welche die Klemmenzugriffe in einer systematischen Weise skaliert. Eine solche Skalierung beläßt z.B. einen Zugriff im ersten oder letzten Takt der Berechnungsperiode an dieser Position. In den folgenden Abschnitten wird eine solche Skalierung des Klemmenverhaltens betrachtet.[18]

---

[17] Auf dieser Ebene der Modellierung der Wert/Zeit-Relation wird die simulierte Zeitskala durch die Flanken des Taktes und δ-Verzögerungen quantisiert. Der Takt entspricht dem Takt der gefertigten Schaltung und die δ-Verzögerungen haben keine physikalische Bedeutung. (vgl. Kap. 13)

[18] Allerdings hat das in Abschnitt 8.4.2 (S. 300) diskutierte Beispiel gezeigt, daß ein effektiver Abtausch von Implementationsaufwand gegen Durchsatz eine Anpassung des Klemmenverhaltens über eine einfache Skalierung hinaus erfordern kann.

8.5. AUTOMATISCHES RESCHEDULING

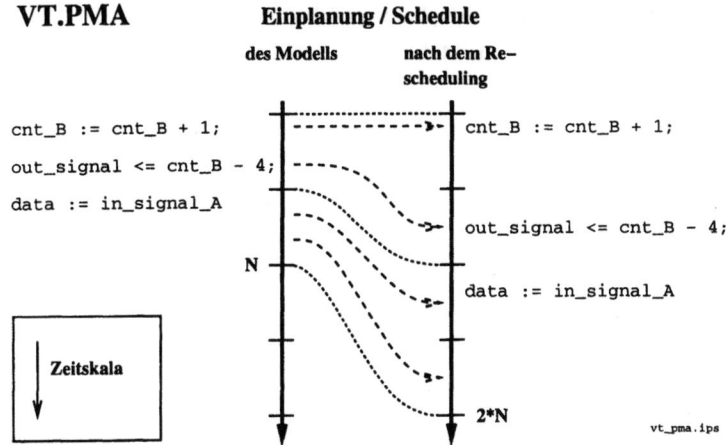

Abb. 8.22: Zeitskala eines Modells auf der Ebene des physikalischen Makro-Taktes (*VT.PMA*) und einer Implementation auf der Ebene *VT.MI*

Makro- und Nano-Takt Interpretation: Um die Durchsatzanpassung durch Rescheduling mit einer Skalierung des Klemmenverhaltens zu ermöglichen, kann man den im Modell verwendeten Takt als einen hypothetischen Takt interpretieren. Ein solcher hypothetischer Takt kann z.B. in einem ganzzahligen festen Verhältnis zu dem Takt der gefertigten Schaltung stehen. Umfaßt eine Taktperiode des hypothetischen Taktes mehrere Taktperioden des physikalischen Taktes, so nennt man diesen Takt einen Makro-Takt (*VT.PMA*). Im umgekehrten Falle nennt man den hypothetischen Takt einen Nano-Takt (*VT.PNA*). Beide Interpretationen des Taktes sind durch ein „P" gekennzeichnet, weil die Frequenz der hypothetischen Takte in einem festen Verhältnis zur Frequenz des „P"hysikalischen Taktes der gefertigten Schaltung steht.

Vergleich des Rescheduling bei *VT.PMA* und *VT.PNA*: In den Abb. 8.22 und 8.23 sind auf der linken Seite jeweils ein Teil der Zeitskala des Modells und auf der rechten Seite ein Teil der Zeitskala einer Implementation angedeutet. Die Zeitskalen sind durch die ausgezeichneten Taktflanken des hypothetischen und des physikalischen Taktes quantisiert. An den Außenseiten sind die in den jeweiligen Takt eingeplanten Operationen angedeutet. Durch strichlierte Pfeile ist das Rescheduling der Operationen aus einem hypothetischen Taktzyklus in mehrere physikalische Taktperioden (Abb.8.22) oder aus mehreren hypothetischen Taktzyklen in eine physikalische Taktperiode angedeutet (Abb.8.23).

Mit diesen Interpretationen des Taktes ergeben sich für das Schedulingwerkzeug Möglichkeiten zur Anpassung des Durchsatzes mit einer gewissen Bewahrung des Klemmenverhaltens durch eine Skalierung desselben.

In den folgenden Abschnitten werden die Verringerung und die Erhöhung des Durchsatzes nacheinander diskutiert.

8. UMFORMUNG DURCH RESCHEDULING

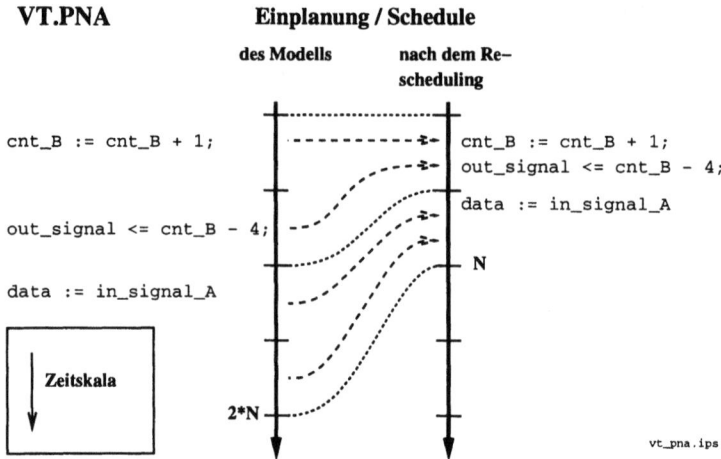

Abb. 8.23: Zeitskala eines Modells auf der Ebene des physikalischen Nano-Taktes (*VT.PNA*) und einer Implementation auf der Ebene *VT.MI*

A) Verringerung des Durchsatzes (*VT.PMA*)

Eine Verringerung des Durchsatzes wird bei einem konstanten Systemtakt durch eine Reduzierung der Zahl der parallelen Operationen erreicht (vgl. Tabelle 8.4 (S. 296)). Diese Reduzierung kann über eine Verteilung der Operationen auf einem vollständigen Kontrollpfad in eine feste Zahl von „Teil"-Pfaden erreicht werden. Dies entspricht einer Interpretation des Taktes als Makro-Takt (*VT.PMA*).

Eine solche Verteilung ist natürlich nur dann möglich, wenn hinreichend viele Operationen auf den vollständigen Kontrollpfaden des vorhandenen Modells eingeplant sind. Sind nicht genügend Operationen vorhanden, die auf die Takte der verlängerten Berechnungsperiode verteilt werden können, so müssen entweder die Operationen in Teile zerlegt oder es müssen zusätzlich andere Funktionen auf den instanziierten Datenpfaden nacheinander ausgeführt werden.

In Abb. 8.22 (S. 329) ist ein Ausschnitt aus den Zeitskalen des Modells und einer Implementation gezeigt. Jede Taktperiode des hypothetischen Taktes wird in zwei Taktzyklen der gefertigten Schaltung ausgeführt. Die in einem Taktzyklus des physikalischen Makro-Taktes eingeplanten Operationen werden auf die beiden Takte der Implementation verteilt. Durch diese Interpretation des Modelltaktes als ein physikalischer Makro-Takt kann der Durchsatz um ganzzahlige Faktoren reduziert werden.

Durchsatzgrenze unterschritten ⇒ Software-Implementation: Wird eine gewisse Durchsatzgrenze unterschritten, so ist eine Software-Implementation möglich. Diese läßt sich offensichtlich mit einem wesentlich geringeren Entwurfsaufwand implementieren. Ob der eventuell geringere Implementationsaufwand eine Implementation

8.5. AUTOMATISCHES RESCHEDULING

durch applikationsspezifische Hardware rechtfertigen kann, muß in jedem Einzelfall betrachtet werden.

Simulation in der unveränderten Umgebung

In den folgenden Paragraphen wird die Simulation des Modells nach der Durchsatzreduktion in der unveränderten Systemumgebung diskutiert.

Da jeder Taktzyklus des Modells auf eine feste Zahl von Taktzyklen der Implementation abgebildet wird, besteht die in Abb. 8.24 skizzierte Möglichkeit, das Modell mit einem verringerten Durchsatz in der Systemumgebung zu simulieren. Wurde im unveränderten Modell in jedem Taktzyklus auf eine Klemme zugegriffen, so wird im Modell mit einem verringerten Durchsatz nur noch jeden N-ten Takt auf diese Klemme zugegriffen. Zum einen reduziert dies die Überspezifikation des Klemmenverhaltens, denn der Zugriff kann in einem der N Takte stattfinden, und zum anderen kann das Modell mit einem reduzierten Durchsatz in der unveränderten Systemumgebung simuliert werden. Dazu muß das Modell mit einem um den Faktor N erhöhten Takt und die Umgebung mit unverändertem Takt angesteuert werden.

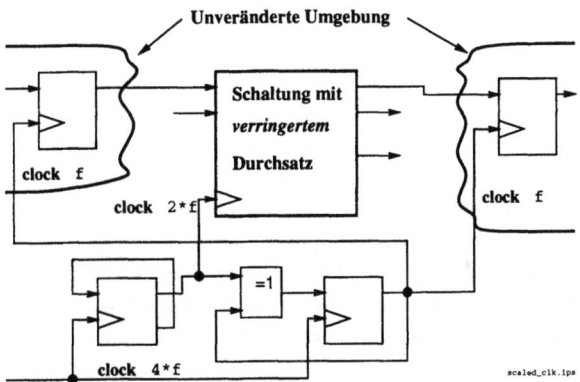

Abb. 8.24: Einfache Simulation einer Implementation mit verringertem Durchsatz in der unveränderten Umgebung

In der Mitte von Abb. 8.24 ist das Modell oder dessen Implementation mit verringertem Durchsatz angedeutet. Der Durchsatz ist um den Faktor 2 verringert worden. Eine Verringerung des Durchsatzes um den Faktor 2 wird durch eine Verdoppelung der Berechnungsperiode erreicht. Diese Verdoppelung kann durch eine Verdoppelung aller „wait"-Anweisungen in einem Modell mit einer impliziten Modellierung des Kontrollzustands beschrieben werden. Daher wird nur noch mit jeder zweiten ausgezeichneten Flanke des Taktsignals auf eine Klemme zugegriffen. Man kann daher das Modell mit einem verringerten Durchsatz in der Systemumgebung simulieren, wenn das Modell mit einem Takt doppelter Frequenz betrieben wird. Dieser Takt ist in Abb. 8.24 durch „clock 2*f" gekennzeichnet. Die auf der rechten und linken Seite durch ein einzelnes Flipflop angedeutete Systemumgebung wird mit der halben Taktfrequenz betrieben, welche durch „clock f" gekennzeichnet ist. Der am unteren Rand angedeutete

Taktgenerator aus zwei Flipflops und einem EXOR-Gatter dient nur dazu, die beiden synchronen Takte „clock 2*f" und „clock f" zu erzeugen[19].

Zusammenfassung: Verringerung des Durchsatzes (*VT.PMA*). Eine automatische Verringerung des Durchsatzes ist bei konstanter Effizienz immer dann möglich, wenn in den vollständigen Kontrollpfaden des ursprünglichen Modells genügend Operationen eingeplant worden sind. In einem Modell auf der RT-Ebene sind die Klemmenzugriffe auf bestimmte Taktzyklen festgelegt. Diese Überspezifikation des Klemmenverhaltens kann durch die Interpretation als Makro-Takt reduziert werden. Jeder Taktzyklus des physikalischen Makro-Taktes wird durch eine feste Zahl von Mikro-Taktzyklen implementiert. Daher kann man das Modell auch nach der Verringerung des Durchsatzes mit einer geeignet erhöhten Taktfrequenz in der unveränderten Systemumgebung simulieren.

B) Steigerung des Durchsatzes (*VT.PNA*)

Eine Steigerung des Durchsatzes wird durch die Zusammenfassung einer Zustandssequenz mit einer festen Anzahl von Zuständen in einen einzigen „Über"-Zustand erreicht. Daher wird in einem solchen Fall die Nano-Takt Interpretation (*VT.PNA*) verwendet.

Eine Nano-Takt Interpretation ist nicht immer möglich: Bei einer automatischen Erhöhung des Durchsatzes um einen festen Faktor N müssen die Operationen auf allen möglichen Zustandssequenzen jeweils zu Teilsequenzen von N Takten zusammengefaßt werden. Alle in eine solche Teilsequenz eingeplanten Operationen werden dann von dem Modell mit einem erhöhten Durchsatz in einem einzigen Mikro-Takt ausgeführt. Diese parallele Ausführung ist nicht immer möglich, weil es zum einen Datenabhängigkeiten zwischen den Operationen geben kann, welche zu überlangen Timingpfaden auf der Gatterebene führen, und weil die Klemmen durch eine Zusammenfassung der Zugriffe aus N Takten überbucht werden können [20]. Weiterhin kann es in dem vorhandenen Modell Zustandssequenzen geben, welche sich nicht effektiv in Teilsequenzen von N Takten aufteilen lassen. In einem solchen Fall ist die Interpretation als Nano-Takt nicht möglich.

Eine automatische Steigerung des Durchsatzes um einen Faktor N ist möglich, wenn die folgenden Bedingungen erfüllt sind.

① Alle Zustandssequenzen lassen sich in Teilsequenzen von N Takten aufteilen.

② Die Datenabhängigkeiten zwischen den Operationen, die in einem einzigen Taktzyklus ausgeführt werden sollen, resultieren nicht in überlangen Timingpfaden.

---

[19] Man nennt zwei Takte unterschiedlicher Frequenz synchron, wenn die Phasenbeziehung der beiden Impulszüge fest ist. In diesem Fall kommen die Flanken des niederfrequenten Taktes zur gleichen Zeit wie die ausgezeichnete Flanke des höher frequenten Taktes.

[20] Ab S. 319 ist das Problem der Datenabhängigkeiten bei einer Durchsatzerhöhung diskutiert worden und ab S. 317 die Schnittstellenüberbuchung.

8.5. AUTOMATISCHES RESCHEDULING

③ Auf alle Klemmen wird nur jeden N-ten Takt zugegriffen. (Sonst sind nach der Steigerung des Durchsatzes die Schnittstellen überbucht.)

Simulation in der Systemumgebung

Auch bei einer Steigerung des Durchsatzes um den Faktor N ist eine Simulation des Modells in der unveränderten Systemumgebung möglich. Die Integration des Modells in die Systemumgebung wird in diesem Abschnitt diskutiert.

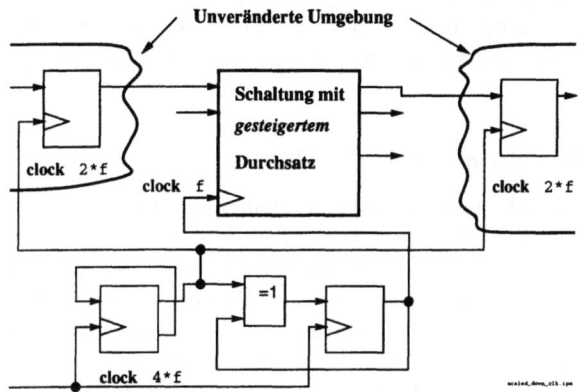

Abb. 8.25: Einfache Simulation einer Implementation mit erhöhtem Durchsatz in der unveränderten Umgebung

Die Systemumgebung legt jeden N-ten Taktzyklus einen neuen Datenwert an das vorhandene Modell und erwartet frühestens alle N Takte einen neuen Wert an den Ausgangsklemmen. Durch die Durchsatzsteigerung werden diese N Takte auf einen einzigen Takt abgebildet, wie in Abb. 8.23 (S. 330) für den Fall $N = 2$ angedeutet. Daher kann man das Modell auch nach einer Durchsatzsteigerung in der Systemumgebung simulieren, wenn man das durchsatzgesteigerte Modell mit einer reduzierten Taktfrequenz betreibt. Eine solche Anpassung der Taktfrequenzen ist in Abb. 8.25 skizziert.

Zusammenfassung: Steigerung des Durchsatzes (*VT.PNA*). Eine Steigerung des Durchsatzes ist nur dann möglich, wenn es durch die Verkürzung der Berechnungsperiode weder zu einer Schnittstellenüberbuchung noch durch Datenabhängigkeiten zu überlangen Timingpfaden kommt. Lassen sich darüber hinaus noch alle möglichen Zustandssequenzen in Teilsequenzen mit N Takten zerlegen, so kann man den Durchsatz um den Faktor N automatisch steigern und das durchsatzgesteigerte Modell im Systemzusammenhang simulieren.

Zusammenfassung: Automatisches Rescheduling

Ein automatisches Rescheduling unter Wahrung des zeitlichen Klemmenverhaltens kann zur Verbesserung der Implementation verwendet werden. Eine Durchsatzanpassung erfordert eine Verkürzung oder Verlängerung der Berechnungsperiode und daher ist eine Veränderung des Klemmenverhaltens unvermeidlich. Wird der Durchsatz allerdings um einen konstanten Faktor angepaßt, so können die Zugriffe auf die Klemmen systematisch verschoben werden. Eine solche Skalierung ergibt sich durch eine Interpretation des Modelltaktes als physikalischer Makro- oder Nano-Takt. Jede Taktperiode des physikalischen Makro-Taktes ($VT.PMA$) wird durch eine feste Zahl von Mikro-Takten ($VT.MI$) implementiert, während eine feste Zahl von Taktzyklen des Nano-Taktes ($VT.PNA$) durch eine einzige Taktperiode des Mikro-Taktes implementiert wird. Ist eine solche Interpretation des Taktes möglich, so kann der Durchsatz um einen festen Faktor erhöht und erniedrigt werden. Es wurde weiterhin gezeigt, wie das Modell nach der Durchsatzanpassung in der unveränderten Systemumgebung simuliert werden kann.

Funktionale Taktinterpretation ($VT.FMA$)

In den vorherigen Abschnitten wurden Modellierungsebenen der Wert/Zeit-Relation diskutiert, bei der eine Taktperiode des Modelltaktes entweder durch eine ganze Zahl von Taktzyklen oder durch einen Teil einer Taktperiode auf der Gatterebene implementiert wird. Diese abstrakte Interpretation der Wert/Zeit-Relation erlaubt eine Anpassung des Durchsatzes mit einer systematischen Verschiebung der Klemmenzugriffe.

In diesem Abschnitt wird die funktionale Taktinterpretation ($VT.FMA$) als eine weitere Abstraktionsstufe der Modellierung der Wert/Zeit-Relation vorgestellt. Diese Ebene der Modellierung der Wert/Zeit-Relation ist nützlich, wenn nur das funktionale Klemmenverhalten untersucht werden soll. Mit der funktionalen Taktinterperation kann man die Definition des zeitlichen Klemmenverhaltens verschieben und somit eine eventuelle Überspezifikation vermeiden.

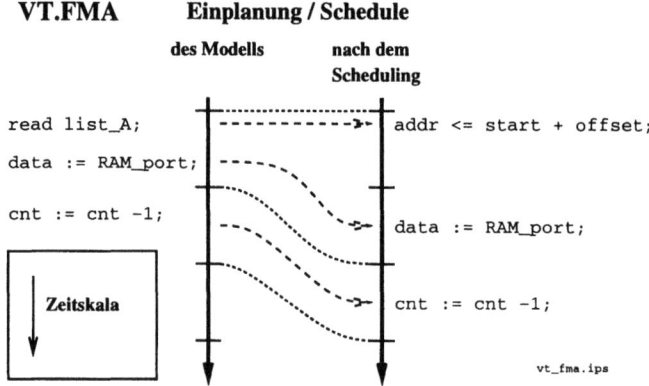

Abb. 8.26: Zeitskala eines Modells auf der Ebene des funktionalen Makro-Taktes ($VT.FMA$) und einer Implementation auf der Ebene $VT.MI$

Die definierte Verschiebung der Klemmenzugriffe ermöglicht eine Simulation des

8.5. AUTOMATISCHES RESCHEDULING

Modells mit erhöhtem oder reduziertem Durchsatz in der unveränderten Systemumgebung. Wenn man auf eine solche automatische Übersetzung der Klemmenzugriffe beim Scheduling verzichtet, dann können unnötige „Teil"-Kontrollzustände vermieden werden. Durch diesen Verzicht wird eine abstraktere Interpretation des Taktes ermöglicht, bei der man den Takt nicht mehr als einen physikalischen Takt mit einem festen Ratenverhältnis zu dem Takt der gefertigten Schaltung interpretiert, sondern als einen funktionalen Takt (*VT.FMA*). In einem Taktzyklus eines funktionalen Taktes werden bestimmte Operationen durchgeführt, die von der gefertigten Schaltung in einer datenabhängigen Zahl von Taktzyklen (*VT.MI*) durchgeführt werden. Dieser Zusammenhang zwischen der Zeitskala eines Modells mit einem funktionalen Takt (*VT.FMA*) und dem Takt einer bestimmten Implementation auf der Mikro-Taktebene ist in Abb. 8.26 dargestellt[21].

Da die Zahl der Mikro-Taktzyklen pro Taktperiode des funktionalen Taktes unterschiedlich sein kann, kann man die mit dem funktionalen Takt spezifizierten Klemmenzugriffe nicht mit einem festen Schema in Klemmenzugriffe der gefertigten Schaltung übersetzen. Alle Schnittstellen mit einem taktorientierten Protokoll müssen daher nach dem Scheduling eines Modells mit einem funktionalen Takt geeignet angepaßt werden. Allerdings werden im Unterschied zum automatischen Scheduling auch keine unnötigen „Teil"-Kontrollzustände erzeugt.

VT.PMA versus *VT.FMA*. Sind auf einem vollständigen Kontrollpfad so viele Operationen eingeplant worden, daß eine direkte Implementation in einem Taktzyklus unmöglich ist, so gewinnt der Takt des Modells *VT.FMA* oder *VT.PMA* Charakter. Können die Operationen auf jedem möglichen vollständigen Kontrollpfad des Modells in einer festen Zahl von Taktzyklen implementiert werden, so ist der Takt des Modells ein physikalischer Makro-Takt *VT.PMA*. Ist die Zahl der zur Implementation der Operationen auf den vollständigen Kontrollpfaden notwendigen Mikro-Taktzyklen nicht konstant, so ist der Modelltakt ein funktionaler Makro-Takt (*VT.FMA*).

Zusammenfassung: Umformung durch Rescheduling

Am Anfang dieses Kapitels wurde zur Einführung das zeitliche Klemmenverhalten eines Modells mit einer impliziten Zustandsmodellierung diskutiert.

Es wurden Umformungsverfahren für eine lineare Sequenz und für eine Folge von Anweisungen mit einer Verzweigung betrachtet. Unabhängige Anweisungen können auf einem vollständigen Kontrollpfad beliebig vertauscht werden. Anweisungen ohne einen Klemmenzugriff können über eine „wait"-Anweisung in den benachbarten Taktzyklus verschoben werden. Durch die Einführung einer negativen „wait"-Anweisung konnte eine Regel zur Verschiebung einer „wait"-Anweisung über eine Verzweigung im Kontrollfluß formuliert werden. Eine „wait"-Anweisung kann über eine Verzweigung verschoben werden, wenn „wait"-Anweisungen mit gleichen Vorzeichen in al-

---

[21] Die Abbildung eines Taktzyklus der *VT.FMA*-Ebene auf eine Zahl von Taktzyklen der *VT.MI*-Ebene wird entweder zum Zeitpunkt der Implementation oder im Falle einer datenabhängigen Bearbeitungszeit einer Operation sogar erst zur Betriebszeit durchgeführt [101].

le Zweige mit derselben Flußrichtung und in die Zweige mit entgegengesetzter Flußrichtung „wait"-Anweisungen mit einem umgekehrten Vorzeichen verschoben werden. Unter Beachtung der obigen Regeln wird durch die Verschiebung einer Anweisung über eine „wait"-Anweisung die Einplanung der Operationen nur lokal verändert.

Die Umformungsstufen zur Durchsatzanpassung sind an einem allgemeinen Modellrahmen demonstriert worden. Der durch das Rescheduling erzielte Abtausch von Aufwand gegen Durchsatz wurde an einem realen Modell diskutiert. Bei einer Durchsatzsteigerung muß die mittlere Zahl der Operationen pro Taktzyklus erhöht werden. Diese Erhöhung wird durch eine vermehrte Instanziierung von Datenpfaden erreicht. Die bei datenabhängigen Operationen und Zugriffen auf eine Klemme möglichen Lösungen wurden beschrieben.

Zum Schluß des Kapitels sind die Möglichkeiten eines automatischen Rescheduling diskutiert worden. Soll das Klemmenverhalten erhalten bleiben, so kann durch ein Rescheduling nur die Implementation verbessert werden. Eine Durchsatzanpassung erfordert eine Verkürzung oder Verlängerung der Berechnungsperiode und ist daher mit einer Veränderung des Klemmenverhaltens verbunden. Eine Skalierung des Klemmenverhaltens wird durch eine Interpretation des Modelltaktes als physikalischer Makro- oder Nano-Takt ermöglicht.

Im folgenden Kapitel wird die Diskussion der Abstraktionsstufen mit einer Einführung der „for"- und „while"-Schleifen fortgesetzt.

9 *(SI.ICS)*: Schleifen, Beispiel und Initialisierung

Am Anfang dieses Kapitels wird die Herleitung der impliziten Modellierung des Kontrollzustands zusammengefaßt. Die Anwendung von Schleifen des „while"- und „for"-Typs wird durch einige Umformungen an der hergeleiteten Prozeßschablone ermöglicht. Mit einer „for"-Schleife können Kontrollzustände, die durch einen Zähler kontrolliert werden, sehr kompakt beschrieben werden. Die implizite Modellierung des Kontrollzustandes wird am Modell einer realen Einheit demonstriert. Mit Hilfe der Kontrollpfadanalyse wird die „prinzipielle Synthetisierbarkeit" des Beispiels überprüft. Die Vor- und Nachteile der impliziten Zustandsmodellierung werden diskutiert. Eine Ersetzung der „wait"-Anweisungen durch einfache Makros ermöglicht die Modellierung des Verhaltens nach der Aktivierung der „reset"-Leitung. Aus dem Makro zur Modellierung des synchronen „reset" wird ein Makro zur Modellierung einer Unterbrechung („interrupt") abgeleitet. Zum Abschluß dieses Kapitels werden graphische und textuelle *Verhaltensmodelle* einer EFSM verglichen.

Einleitung

Andere Schleifentypen: Man kann den Kontrollzustand einer EFSM durch einen Zeiger auf die zuletzt ausgeführte „wait"-Anweisung modellieren. Falls die EFSM länger als einen Takt in diesem Kontrollzustand verweilen soll, so verwendet man Schleifen, welche die betreffende „wait"-Anweisung sowie die Operationen dieses Kontrollzustands mehrfach auszuführen. Bei den bisher verwendeten Schleifen vom „repeat-until"-Typ wird der Schleifenrumpf mindestens einmal ausgeführt. Diese Ausführung kann man mit einer „while"-Schleife vermeiden. Da in vielen Modellen die Verweildauer in einem Kontrollzustand durch einen Zähler kontrolliert wird, wird die Verwendung der „for"-Schleife zur kompakten Darstellung solcher Kontrollzustände demonstriert.

Implizite Zustandsmodellierung an einem Beispiel: Alle bisher verwendeten Codefragmente mit einer impliziten Modellierung des Kontrollzustandes zeigen unvollständige Modellrümpfe oder haben sich aus der Umformung eines anderen Modells ergeben. Da diese Codefragmente nur wenig geeignet sind, die Vorteile der impliziten Modellierung des Kontrollzustands zu demonstrieren, wird ein komplettes Modell mit einer impliziten Modellierung des Kontrollzustandes vorgestellt. An diesem Modell wird die Kontrollpfadanalyse zur Einschätzung der „prinzipiellen Synthetisierbarkeit" demonstriert.

Modellierung von Unterbrechungen („reset"/„interrrupt"): Das Verhalten nach der Aktivierung der „reset"-Leitung wird bei einer expliziten Darstellung des Kontrollzustands durch eine zentrale Abfrage der „reset"-Klemme mit einer anschließenden Initialisierung der relevanten Variablen und Ausgangsklemmen modelliert. Die Ersetzung der „wait"-Anweisungen durch ein kleines Makro ermöglicht die einfache Beschreibung des Verhaltens nach der Aktivierung der „reset"-Leitung auch bei einer impliziten Zustandsmodellierung. Durch eine kleine Variation des Makros kann man sowohl einen synchronen wie einen asynchronen „reset" modellieren.

Unterbrechung („Interrupt"): Da häufig eine Aktivität z.B. wegen eines Fehlers unterbrochen werden muß, werden von vielen Mikroprozessoren spezielle Unterbrechungssignale („interrupts") bereitgestellt. Solche Unterbrechungen kann man ebenfalls durch den Austausch der „wait"-Anweisungen gegen ein spezielles Makro modellieren. Es wird eine Modellierungsschablone und ein Makro vorgestellt, mit dem man sowohl das Verhalten nach der Aktivierung der „reset"-Leitung als auch eine Unterbrechung beschreiben kann.

Graphische versus textuelle Darstellung eines Verhaltensmodells Es ist allgemein akzeptiert, daß eine graphische Darstellung eines *Strukturmodells* übersichtlicher ist als eine textuelle Repräsentation. Es wird daher auch immer wieder behauptet, daß die graphische Darstellung des *Verhaltensmodells* einer EFSM einem textuellen Modell im Bezug auf Kompaktheit und Lesbarkeit überlegen ist. Da man mit einer impliziten Modellierung des Kontrollzustands sehr kompakte Modelle einer EFSM erzeugen kann, wird ein solches textuelles Modell mit einer graphischen Darstellung durch ein Zustandsdiagramm verglichen. Es werden Kriterien genannt, die angeben, wann ein Modell eher textuell beschrieben werden sollte.

Aufbau

Im folgenden Abschnitt 9.1 wird die Verwendung von Schleifen des „for"- und „while"-Typs diskutiert. „repeat-until"-, „while"- und „for"-Schleifen werden im Abschnitt 9.2 zur Modellierung einer realen Einheit verwendet. Die Vor- und Nachteile einer impliziten Modellierung des Kontrollzustands werden im Abschnitt 9.3 nebeneinander gestellt. Im Abschnitt 9.4 werden die Makros zur Modellierung des Verhaltens bei einer Aktivierung der „reset"-Leitung eingeführt. Abschließend werden im Abschnitt 9.5 textuelle und graphische Verhaltensmodelle verglichen.

9.1 „while"- und „for"-Schleifen

Alle bisher vorgestellten Modellierungsschablonen und Prozeßrümpfe beschreiben einen Kontrollzustand, in welchem die (E)FSM länger als einen Takt verweilt, mit Schleifen des „repeat-until"-Typs. Die erste Anweisung im Schleifenrumpf dieser „repeat-until"-Schleifen ist die „wait"-Anweisung, so daß zwischen einer eventuellen Abfrage eines Eingangssignals in der Schleifenbedingung einer „while"-Schleife und einer Zuweisung auf ein Ausgangssignal im Schleifenrumpf ein Taktzyklus vergeht. Daher wird in diesem Abschnitt gezeigt, wie man durch eine geeignete Verschiebung

9.1. „WHILE"- UND „FOR"-SCHLEIFEN

der „wait"-Anweisung eine Verwendung von Schleifen des „while"-Typs ohne diese zusätzliche Latenz ermöglichen kann. Die Verweildauer in einem Kontrollzustand wird häufig durch einen Zähler bestimmt. Die Modellierung eines solchen Kontrollzustands mit einer „while"- und einer „for"-Schleife werden gegenübergestellt.

Explizite Zustandsmodellierung bis „repeat-until"-Schleife

In diesem Abschnitt wird ausgehend von der „single-process"-Schablone mit einer expliziten Zustandsmodellierung eine Prozeßschablone ohne „sensitivity list" aber mit mehreren „wait"-Anweisungen hergeleitet. Diese Prozeßschablone mit mehreren „wait"-Anweisungen modelliert den Kontrollzustand noch explizit durch eine Zustandsvariable, eine umfassende „case"-Anweisung und „Pseudo-gotos". Sie wird daher in eine Darstellung umgeformt, welche einen Kontrollzustand mit Schleifen des „repeat-until"-Typs beschreibt.

Explizite Modellierung mit einer „sensitivity list"

Die bekannte Prozeßschablone zur Modellierung einer (E)FSM mit einer expliziten Modellierung des Kontrollzustands ist auf der linken Seite von Abb. 9.1 komprimiert dargestellt.

```
PROCESS(clk)                           PROCESS
...                                    ...
BEGIN                                  BEGIN
   IF PosEdge(clk) THEN                   CASE state IS
      CASE state IS                          WHEN first_state =>
         WHEN first_state =>             ──► WAIT UNTIL PosEdge(clk);
            data_state_transformations      data_state_transformations
            signal_assignments        ≡     signal_assignments
            IF ... THEN                     IF ... THEN
               state := second_state;          state := second_state;
            ELSE                            ELSE
            ...                             ...
         WHEN second_state =>              WHEN second_state =>
         ...                            ──► WAIT UNTIL PosEdge(clk);
      END CASE;                            ...
   END IF;                              END CASE;
END PROCESS;                           END PROCESS;
```

Abb. 9.1: Explizite Modellierung des Kontrollzustands mit einer „sensitivity list" oder mehreren „wait"-Anweisungen

Dieser Prozeß hat ein Ereignis für den Takt als Aktivierungsbedingung, und der „entry point" nach einer Aktivierung ist die Abfrage „if PosEdge(clk) ...". Diese Abfrage sorgt dafür, daß die folgenden sequentiellen Anweisungen nur bei einer positiven Taktflanke ausgeführt werden. Das Modell wird durch eine umfassende „case"-Anweisung mit einem Zweig für jeden Kontrollzustand dominiert. Jeder Zweig dieser „case"-Anweisung kann Anweisungen zur Transformation des Datenzustands („data_state_transformations") und Zuweisungen auf Ausgangssignale („signal_assignments") enthalten. Neben diesen beiden Gruppen von möglichen Anweisungen muß ein solcher Zweig der „case"-Anweisung auch eine Anweisung

enthalten, welche den aktuellen Wert des Kontrollzustands in der Variable „state"
überschreibt. In Abb. 9.1 sind diese Anweisungen durch den Rumpf einer „if ...
then"-Anweisung angedeutet. In dem ersten Zweig wird der Variablen „state" der
Wert des nächsten Zustands „second_state" zugewiesen.

Explizite Modellierung mit mehreren „wait"-Anweisungen

In der Schablone auf der rechten Seite von Abb. 9.1 fehlt die „sensitivity list" und jeder Zweig in der „case"-Anweisung beginnt mit einer „wait"-Anweisung. Die „wait"-Anweisungen sind durch Pfeile markiert. Diese Darstellung eines Prozesses modelliert den Kontrollzustand noch explizit durch die Variable „state" und ist nur ein Zwischenschritt zu einer impliziten Modellierung.

Implizite Modellierung mit strukturierten Sprachmitteln

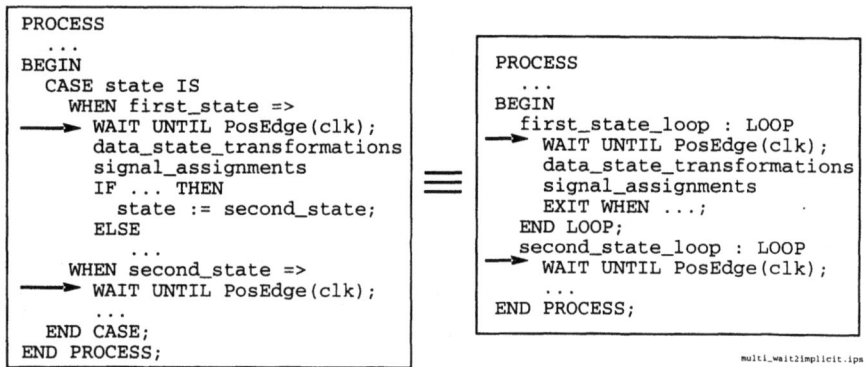

Abb. 9.2: Schablonen mit ex- und impliziter Modellierung des Kontrollzustands

Die Schablone mit mehreren „wait"-Anweisungen, aber einer expliziten Modellierung des Kontrollzustands, ist zur Erleichterung des Vergleichs noch einmal auf der linken Seite von Abb. 9.2 skizziert. Auf der rechten Seite ist die Prozeßschablone zur impliziten Modellierung des Kontrollzustands skizziert. Bei der impliziten Modellierung des Kontrollzustands wird der aktuelle Kontrollzustand durch die zuletzt ausgeführte „wait"-Anweisung bestimmt. Daher wird ein Kontrollzustand, in dem die (E)FSM länger als einen Takt verweilen kann, durch eine Schleife modelliert. Die erste Anweisung in jeder Schleife ist eine „wait"-Anweisung, um das Verhalten nicht gegenüber der ursprünglichen Form mit einer „sensitivity list" in der linken Seite von Abb. 9.1 (S. 339) zu verändern. Da die Verweildauer in einem Kontrollzustand durch eine Schleife modelliert ist, wird ein Zustandsübergang z.B. durch eine „exit"-Anweisung modelliert. In dem in Abb. 9.2 gezeigten Beispiel kann der Zustand „first_state" nur durch einen Übergang in den Zustand „second_state" verlassen werden. Daher kann man diesen

9.1. „WHILE"- UND „FOR"-SCHLEIFEN

Übergang durch eine bedingte „exit"-Anweisung modellieren. [1] Die auf der rechten Seite von Abb. 9.2 skizzierte Schablone verwendet eine Kontrollflußsteuerung nach dem Muster einer „repeat-until"-Schleife. Eine solche „repeat-until"-Schleife ist im Sprachumfang von VHDL nicht enthalten, man kann sie aber mit einer „exit"-Anweisung leicht in der gezeigten Weise emulieren. In Abb. 9.3 sind die beiden Kontrollflüsse der „repeat-until"- und der „while"-Schleife nebeneinandergestellt.

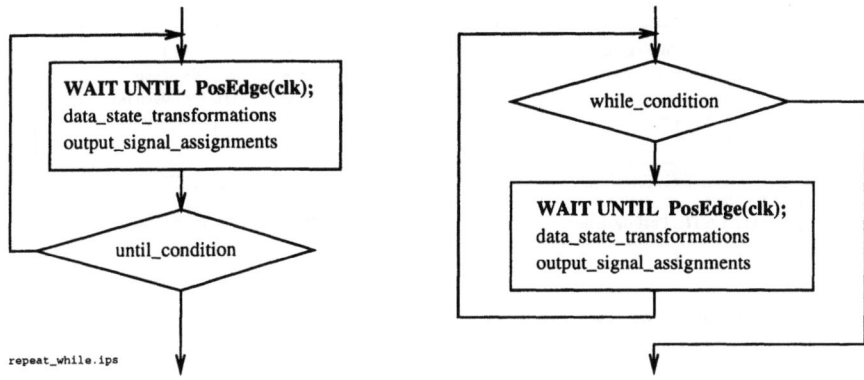

Abb. 9.3: Kontrollflüsse einer „repeat-until"- und einer „while"-Schleife

Schleifentypen: „repeat-until" und „while"

Die Verwendung einer „while"-Schleife kann die Modellierung einer Einheit erleichtern, weil man mit diesem Schleifentyp die Ausführung der Anweisungen im Schleifenkörper vermeiden kann. Weiterhin ergibt sich aus einer „while"-Schleife die „for"-Schleife. Es wird ab S. 343 gezeigt werden, daß man durch die Verwendung einer „for"-Schleife mehrere Anweisungen zur Transformation des Datenzustands zusammenfassen und so die Kompaktheit der Modelle erheblich steigern kann. Allerdings führt bei der bisher verwendeten Form die Position der „wait"-Anweisung zwischen einer möglichen Abfrage eines Eingangswertes durch die Schleifenbedingung und den Zuweisungen auf die Ausgangssignale im Schleifenrumpf zu einer unerwünschten Erhöhung der Latenz (vgl. Abs. 8.2, S. 280). Daher wird im folgenden unter Anwendung der im Abschnitt 8.3 (S. 283) diskutierten Umformungsverfahren die „wait"-Anweisung im Schleifenrumpf verschoben. Diese Verschiebung ist in Abb. 9.4 skizziert.

Auf der linken Seite von Abb. 9.4 ist der Kontrollfluß eines Modellausschnitts mit einer „while"-Schleife in der „pre"-wait Form gezeigt. Die „wait"-Anweisung zwischen der „while_condition" und den durch „data_state_transformations" symbolisierten Anweisungen wird zweimal nach unten verschoben. Diese Verschiebungen sind in Abb. 9.4 durch strichlierte Pfeile angedeutet. Die durch „data_state_transformations" symbolisierten Anweisungen verändern nur die Werte der internen Variablen, so daß

---
[1] Die Modellierung komplexerer Zustandsübergänge wurde schon in Abschnitt 6.6 (S. 231) diskutiert.

9. (SI.ICS): SCHLEIFEN, BEISPIEL UND INITIALISIERUNG

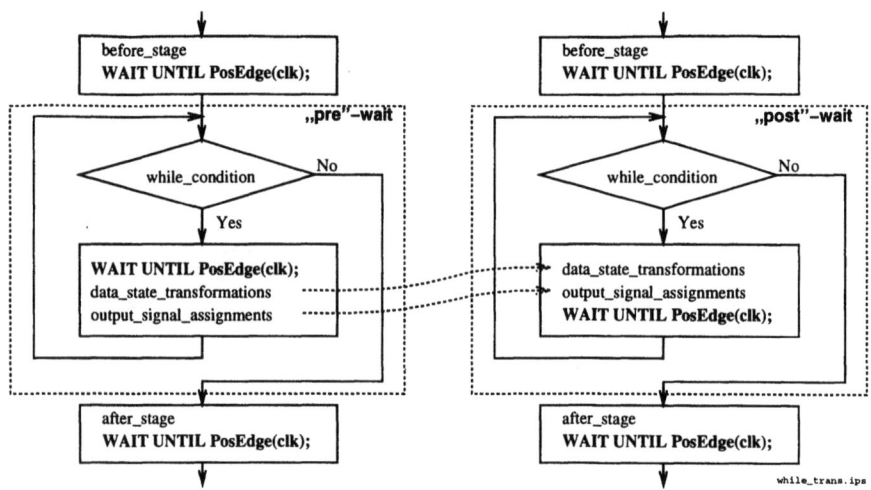

Abb. 9.4: Umformung einer „while"-Schleife von der „pre"- in die „post"-wait Darstellung

die erste Verschiebung weder das zeitliche noch das funktionale Klemmenverhalten verändert. In einer zweiten Verschiebung wird die „wait"-Anweisung in eine Position hinter die durch „output_signal_assignments" symbolisierten Zuweisungen gebracht. Durch die Verschiebung einer „wait"-Anweisung über eine Zuweisung auf ein Ausgangssignal wird das zeitliche Klemmenverhalten des betrachteten Modellausschnitts verändert (vgl. Abs. 8.2, S. 280). Da aber die Regeln zum Rescheduling durch diese Umformungen nicht verletzt wurden, ist das Klemmenverhalten außerhalb des in Abb. 9.4 gezeigten Modellausschnitts nicht verändert worden. Dies zeigen auch die in Tabelle 9.1 aufgelisteten Ergebnisse einer Kontrollpfadanalyse von zwei möglichen Kontrollpfaden durch den obigen Modellausschnitt.

In den Zeilen der Tabelle 9.1 sind die Operationen angedeutet, die in einer Taktperiode ausgeführt werden. In den ersten beiden Spalten ist das Scheduling für den Modellausschnitt vor der Umformung und in den restlichen Spalten das Scheduling nach der Umformung dargestellt. Zu jeder Version sind in der linken Spalte die Operationen zu einem Kontrollpfad angegeben, in welchem die Schleife zweimal durchlaufen wird. In der rechten Spalte sind zu jeder Version des Modellausschnitts die Operationen für den Fall gezeigt, daß die Schleifenbedingung nicht erfüllt ist und somit der Schleifenrumpf nicht ausgeführt wird.

Die Umformungen haben erwartungsgemäß das zeitliche Klemmenverhalten des Modellausschnitts geändert. So werden z.B. die Zuweisungen auf die Ausgangssignale „output_signal_assignments" einen Taktzyklus früher ausgeführt. Da aber der letzte Eintrag in den korrespondierenden Spalten der Tabelle 9.1 identisch ist, ist das Klemmenverhalten im Rest des Modells gleich geblieben. Da diese Umformungen durchgeführt worden sind, um die unerwünschte Latenzerhöhung durch die „wait"-Anweisung zwischen der Schleifenbedingung und den Anweisungen des Schleifenrumpfes in der

9.1. „WHILE"- UND „FOR"-SCHLEIFEN

	vor der Umformung Bedingung erfüllt?		nach der Umformung Bedingung erfüllt?	
	Ja	Nein	Ja	Nein
	before_stage	before_stage	before_stage	before_stage
	while_condition	while_condition **after_stage**	while_condition data_state_trans. *output_signal_assign.*	while_condition **after_stage**
	data_state_trans. *output_signal_assign.* while_condition	...	while_condition data_state_trans. *output_signal_assign.*	...
	data_state_trans. *output_signal_assign.* while_condition **after_stage**	...	while_condition **after_stage**	...

Tabelle 9.1: Scheduling in zwei möglichen Kontrollpfaden vor und nach der Umformung (Die Schleifenbedingung ist entweder für zwei Takte oder nie erfüllt)

„pre"-wait Form zu vermeiden, ist diese lokale Veränderung des zeitlichen Klemmenverhaltens hier erwünscht.

Kompakte Modelle durch eine „for"-Schleife

Das im Abschnitt 5.4.2 (S. 207) vorgestellte Modell eines Serien-Parallel-Wandlers („transmitter") besitzt zwei Kontrollzustände, in denen ein Zähler mit einem Wert initialisiert, kontinuierlich inkrementiert und mit einer Obergrenze verglichen wird. Mit dem Zähler „bit_counter" wird die aktuell zu sendende Bitstelle bestimmt und mit der Variablen „StopBit_counter" wird die Zahl der Stopbits kontrolliert. Bei diesem Modell ist der Kontrollzustand explizit durch eine Variable „state" eines Enumerationstyps modelliert worden.

Im Codefragment auf der linken Seite von Abb. 9.5 wird der Zähler als ganzzahlige Variable „i" definiert. Sie wird mit einem eingeschränkten Wertebereich definiert, um verschiedene Überprüfungen bei der Übersetzung des Modells zu ermöglichen und um die notwendigen Informationen für eine Logiksynthese bereitzustellen. Vor der „while"-Schleife wird die Variable „i" mit der unteren Grenze „lb" des Zählers initialisiert. Der Wert der Variablen „i" wird in der Schleifenbedingung mit der oberen Grenze „ub" verglichen. Im Schleifenrumpf werden die durch „loop_statements" symbolisierten Transformationen des Datenzustands und Zuweisungen auf die Ausgangssignale, die Inkrementierung der Variablen „i" und die „wait"-Anweisung ausgeführt.

Das Modell auf der rechten Seite von Abb. 9.5 verwendet eine „for"-Schleife. Durch die Definition der Bereichsgrenzen des Schleifenindex „i" im Schleifenkopf ist der Anfangswert des Schleifenindex, die In- oder Dekrementierung des Index und die untere Grenze des Index definiert. Somit faßt der Schleifenkopf einer „for"-Schleife vier Zeilen der „while"-Schleife mit einem Zähler zusammen. Die Version auf der lin-

9. (SL.ICS): SCHLEIFEN, BEISPIEL UND INITIALISIERUNG

```
VARIABLE i : INTEGER
          RANGE lb TO ub+1;
BEGIN
  ...
  i := lb;
  WHILE i <= ub LOOP
     loop_statements
     i := i +1;
     WAIT UNTIL PosEdge(clk);
  END LOOP;
  ...
```

```
  ...
  FOR i IN lb TO ub LOOP
     loop_statements
     WAIT UNTIL PosEdge(clk);
  END LOOP;
  ...
```

Abb. 9.5: Kompakte Modellierung durch die Verwendung einer „for"-Schleife

ken Seite benötigt daher sieben Zeilen, während die Version mit der „for"-Schleife auf der rechten Seite mit vier Zeilen auskommt.

Vorteil: Kompaktheit.

Kontrollzustände, die von einem Zähler dominiert werden, können also wesentlich kompakter mit einer „for"-Schleife modelliert werden. Die explizite Modellierung des Kontrollzustands kann nicht von dieser Komprimierung durch eine „for"-Schleife profitieren, da die Anweisungen im Zweig der „case"-Anweisung bei jeder Aktivierung komplett abgearbeitet werden müssen.

Vorteil: Leichtere Mehrfachnutzung.

Weiterhin wird die Synthese eines solchen Modells erleichtert, denn der Zähler ist in der „for"-Schleife als eine lokale Variable definiert. Ein solche lokale Variable kann außerhalb des Schleifenrumpfes nicht referenziert werden, so daß die Analyse der Nutzungsdauer („life-time") einer Variablen zur Mehrfachnutzung eines Registers erleichtert wird [2]. Gibt es noch andere Kontrollzustände, die durch einen solchen Zähler kontrolliert werden, so kann man einen ausreichend dimensionierten Datenpfad zur Inkrementierung und zum Vergleich in allen diesen Kontrollzuständen verwenden [3].

| Exkurs | **Prinzip: Modellierung von vorhandener Information bei Vermeidung von Überspezifikationen.** Die Modellierung mit einer „for"-Schleife ist ein gutes Beispiel für das Prinzip, daß man vorhandene Information, hier die Lokalität eines Zählers, in einem Modell beschreiben soll, um die Implementierung zu erleichtern. Dieses Prinzip der Formulierung von vorhandener Information darf aber nicht zu einer Überspezifikation führen, welche die Auswahl einer den aktuellen Randbedingungen optimal angepaßten Implementation behindert.

---

[2] Die Bedingungen zur Mehrfachnutzung eines Registers wurden ab S. 245 diskutiert.
[3] Ab S. 244 wurden die Bedingungen zur Mehrfachnutzung eines Datenpfades vorgestellt. Die Analyse der Möglichkeiten zur Mehrfachnutzung von Registern und Datenpfaden wird in Abschnitt 14.7.1 (S. 505) an einem Beispiel demonstriert. Dort wird auch die explizite Modellierung der Mehrfachnutzung vorgeführt.

Eine solche Überspezifikation wird z.B. durch die Modellierung eines „carry-ripple"-Addierers in dem Inkrementer erreicht. Durch diese Modellierung geht die wichtige Designinformation verloren, daß an dieser Stelle eine Einheit mit der Funktion eines Inkrementers benötigt wird. Diese abstrakte Information gibt einem Synthesewerkzeug die Möglichkeit, eine den aktuellen Randbedingungen besser angepaßte Implementation als den „carry-ripple"-Addierer zu selektieren (vgl. Abs. 5.4, S. 202). Falls keine geeignetere Architektur des Inkrementers unter den aktuellen Randbedingungen denkbar ist, so wird zwar nicht die Implementation dieser Instanz verschlechtert, aber die Wiederverwendbarkeit des Modells für Instanzen mit anderen Randbedingungen wird eingeschränkt. Die Bewertung der Information „carry-ripple-Addierer" statt „Inkrementer" als hilfreiche Designinformation oder aber als eine Überspezifikation hängt von dem Stand der verfügbaren Synthesetechnologie und den Zielsetzungen des aktuellen Entwurfsprojektes ab.

| Exkurs

Zusammenfassung: „while"- und „for"-Schleifen bei *SI.ICS*

In diesem Abschnitt ist noch einmal kurz die Herleitung der impliziten Modellierung des Kontrollzustands dargestellt worden. Dazu ist ein Prozeßrumpf mit einer „sensitivity list" und einer umfassenden „case"-Anweisung durch einen Prozeßrumpf mit mehreren „wait"-Anweisungen ersetzt worden. Die umfassende „case"-Anweisung in dem Prozeßrumpf mit mehreren „wait"-Anweisungen wurde dann durch Schleifen des „repeat-until"-Typs ersetzt. Da in einer „while"-Schleife die Schleifenbedingung am Anfang abgefragt wird, kann man die Ausführung des Schleifenrumpfes vermeiden.

Da häufig die Verweildauer in einem bestimmten Kontrollzustand durch einen Zähler kontrolliert wird, wurde gezeigt, wie man die Zahl der Zeilen eines solchen Modells durch die Verwendung einer „for"-Schleife annähernd halbieren kann. Mit einer expliziten Modellierung des Kontrollzustands ist diese Verwendung der „for"-Schleife und damit eine ähnlich kompakte Darstellung nicht möglich.

9.2 Implizite Zustandsmodellierung an einem Beispiel

In diesem Abschnitt werden die Schleifentypen „repeat-until", „while" und „for" verwendet, um ein kompaktes Modell zu implementieren. Die Anwendung der Kontrollflußanalyse zur Einschätzung der Realisierbarkeit eines solchen Modells wird detailliert demonstriert.

9.2.1 Modellierung der Einheit „transmitter"

Im Codefragment 5.22 (S. 208) ist ein Modell vorgestellt worden, mit dem ein paralleles Datenwort über eine serielle Leitung übertragen werden kann. Dort wurde diese Einheit als EFSM mit impliziten Datenpfaden, aber mit einer expliziten Zustandsvariablen modelliert. Das Modell hatte 46 Zeilen, während das im folgenden diskutierte Modell mit einer impliziten Zustandsmodellierung mit nur 63 % dieser Zeilen auskommt.

Schnittstellen

Um das Studium der folgenden Codefragmente zu erleichtern, ist im Codefragment 9.1 noch einmal die Definition der Parameter und Klemmen der Einheit „transmitter" gezeigt. Die Einheit „transmitter" überträgt das Datum am Port „dataword" über die Leitung „data", wenn die Gültigkeit des Datums durch die Protokolleitung am Port „dav" („data valid") signalisiert worden ist. Eine Übertragung wird mit einer durch den Parameter „NoStopBits" angegebenen Zahl von Stopbits abgeschlossen. Das Ende der Übertragung wird der sendenden Einheit durch die Aktivierung der Ausgangsklemme „dac" („data accepted") mitgeteilt. Die sendende Einheit quittiert das Ende der Übertragung, indem sie das Signal am Eingangsport „dav" deaktiviert.[4]

9.1
```
ENTITY transmitter IS
    GENERIC(NoStopBits  : POSITIVE := 2);
    PORT(clk, reset     : IN  std_ulogic;
         dataword       : IN  std_ulogic_vector;  -- parallel input word
         dav            : IN  std_ulogic;         -- input handshake
         dac            : OUT std_ulogic;
         data           : OUT std_ulogic);        -- serial data out
END transmitter;
```

Modell

Im Codefragment 9.2 ist das komplette Modell des „transmitters" gezeigt. Im Unterschied zu dem Modell mit einer expliziten Modellierung des Kontrollzustandes wird im Kopf des Prozesses erwartungsgemäß keine Zustandsvariable, aber auch keine Variablen zur Speicherung des Datenzustands definiert. Die Variablen des Datenzustandes können in diesem Beispiel komplett als lokale Variablen in den Schleifen definiert werden.

Das Modell beginnt mit der Schleife „wait_for_word", in welcher die Ausgangsleitungen „data" und „dac" mit Standardwerten belegt werden. Sobald das Eingangssignal „dav" den Wert '1' annimmt, wird diese Schleife verlassen und das Startbit durch „data <= '0' " gesendet. Damit das Startbit einen Taktzyklus stabil anliegt, wird mit der folgenden „wait"-Anweisung auf die nächste Taktflanke gewartet. In der Schleife „transmit_loop" werden die einzelnen Datenbits nacheinander auf die Datenleitung „data" gegeben. Die Variable „i" zur Selektion der einzelnen Bitpositionen wird als lokaler Schleifenindex in Abhängigkeit von der Länge des am Port „dataword" angeschlossenen Bitvektors definiert. Nachdem alle Bitpositionen übertragen worden sind, wird in der Schleife „stop_loop" die durch den Parameter „NoStopBits" bestimmte Anzahl von Stopbits übertragen.

9.2
```
ARCHITECTURE EFSM_implicit_state_no_reset OF transmitter IS
BEGIN
    PROCESS                              -- no sensitivity list here!
    BEGIN
        wait_for_word : LOOP
            data <= '1';                 -- allows detection of the start bit
            dac  <= '0';
            WAIT UNTIL PosEdge(clk);     -- wait another cycle
            EXIT WHEN dav = '1';         -- initialisation or completion of
```

---

[4]Dieses Protokoll ist in Abb. 13.14 (S. 470) skizziert.

9.2. IMPLIZITE ZUSTANDSMODELLIERUNG AN EINEM BEISPIEL

```
                                     -- of the current transmission
    END LOOP wait_for_word;
    data <= '0';                     -- send start-bit
    WAIT UNTIL PosEdge(clk);         -- wait until end of start bit
    transmit_loop : FOR i IN dataword'REVERSE_RANGE LOOP
      data <= dataword(i);           -- put a data bit on the line
      WAIT UNTIL PosEdge(clk);       -- wait a cycle
    END LOOP transmit_loop;
    stop_loop : FOR i IN 1 TO NoStopBits LOOP
      data <= '1';                   -- set stop bit
      WAIT UNTIL PosEdge(clk);       -- let it be there for one cycle
    END LOOP stop_loop;
    dac <= '1';                      -- complete transaction & feed next
    acknowledge_loop : WHILE dav /= '0' LOOP  -- handshake completed
      WAIT UNTIL PosEdge(clk);
    END LOOP acknowledge_loop;
  END PROCESS;
END EFSM_implicit_state_no_reset ;
```

Durch „dac <= '1' " wird das Ende der Übertragung an die sendende Einheit signalisiert. In der Schleife „acknowledge_loop" wird auf die Quittierung des Übertragungsendes gewartet, bevor der Prozeß wieder von vorne durchlaufen wird.

Da die Schleife „wait_for_word" vom „repeat-until"-Typ ist, die Schleife „transmit_loop" eine „for"-Schleife ist, und die „acknowledge_loop" eine „while"-Schleife ist, wird mit diesem Modell die Anwendung aller drei Schleifentypen demonstriert.

9.2.2 Kontrollpfad-Analyse

In diesem Abschnitt soll das Modell der Einheit „transmitter" durch eine Kontrollpfadanalyse auf seine prinzipielle Synthetisierbarkeit untersucht werden. Damit wird zum einen die Anwendung der Kontrollpfadanalyse demonstriert und zum anderen die Semantik eines Modells mit einer impliziten Modellierung des Kontrollzustands verdeutlicht.

Die Kontrollpfadanalyse ist als Hilfsmittel zur Abschätzung des Implementationsaufwandes in Bezug auf Fläche und Periodendauer des Taktes in Abschnitt 7.2 (S. 240) eingeführt worden. Durch eine Kontrollpfadanalyse werden Mengen von Operationen bestimmt, die in einer vorgegebene Zeitspanne unter Beachtung eventueller Datenabhängigkeiten ausgeführt werden müssen.

Kontrollzustände und Operationen

Bevor die verschiedenen vollständigen Kontrollpfade durch das Modell der Einheit „transmitter" analysiert werden, sollen zunächst die Kontrollzustände und die Operationen des Modells identifiziert werden. In Abb. 9.6 sind fünf verschiedene „wait"-Anweisungen durch eine andere Schriftart herausgehoben, durch Pfeile gekennzeichnet und durchnumeriert. Das Modell im Codefragment 5.22 (S. 208) mit einer expliziten Modellierung des Kontrollzustands verwendet vier Kontrollzustände, während das Modell mit impliziter Zustandsmodellierung fünf „wait"-Anweisungen enthält. Dieser Unterschied ist auf die Tatsache zurückzuführen, daß in dem Modell mit einer impliziten Modellierung des Kontrollzustands für das Senden des Startbits ein separater Kontrollzustand definiert worden ist.

In jedem Kontrollzustand können drei verschiedene Arten von Operationen durchgeführt werden:

- Abfragen der Eingangssignale.
- Transformationen des Datenzustands.
- Zuweisungen auf die Ausgangssignale.

```
PROCESS
BEGIN
  wait_for_word : LOOP
    data <= '1';
    dac <= '0';
    WAIT UNTIL PosEdge(clk);  ←————— 1
    EXIT WHEN dav = '1'
  END LOOP wait_for_word;
  data <= '0';
  WAIT UNTIL PosEdge(clk);  ←————— 2
  transmit_loop : FOR i IN dataword'reverse_range LOOP
    data <= dataword(i);
    WAIT UNTIL PosEdge(clk);  ←————— 3
  END LOOP transmit_loop;
  stop_loop : FOR i IN 1 TO NoStopBits LOOP
    data <= '1';
    WAIT UNTIL PosEdge(clk);  ←————— 4
  END LOOP stop_loop;
  dac <= '1';
  acknowledge_loop : WHILE dav /= '0' LOOP
    WAIT UNTIL PosEdge(clk);  ←————— 5
  END LOOP acknowledge_loop;
END PROCESS;
```

Kontrollzustand
Operationen:
Eingangssignalabfrage
Datenzustand
Ausgangssignalzuweisung

Abb. 9.6: Operationen in dem Modell der Einheit „transmitter"

Die Eingangswerte und der aktuelle Datenzustand werden verwendet, um den neuen Wert des Datenzustands zu bestimmen und die Werte der Ausgangssignale zu berechnen. In Abb. 9.6 sind drei verschiedene Abfragen von Eingangswerten durch kursive Schrift hervorgehoben. Durch „dav = '1'" und „dav /= '0'" wird das Eingangssignal „dav" abgefragt, um den Kontrollfluß zu steuern. In der Zeile „data <= dataword(i);" wird der Wert des Eingangssignals „dataword" abgefragt und dem Ausgangsignal „data" zugewiesen. Da der Datenzustand in diesem Beispiel komplett durch die lokalen Schleifenindizes modelliert ist, werden die Transformationen des Datenzustands durch die Schleifenköpfe definiert. In den Schleifen „transmit_loop" und „stop_loop" wird der Index mit einem Wert geladen, de- oder inkrementiert und mit einer Konstante verglichen. Erreicht der Index „i" den Wert dieser Konstanten, so wird die Schleife verlassen.

9.2. IMPLIZITE ZUSTANDSMODELLIERUNG AN EINEM BEISPIEL

In jedem Kontrollzustand mit Ausnahmen des Kontrollzustands, welcher nach der „wait"-Anweisung in der Schleife „acknowledge_loop" angenommen wird, werden verschiedenen Ausgangssignalen neue Werte zugewiesen. Die Zuweisungen auf die Ausgangssignale sind in Abb. 9.6 durch kursive und fette Schrift hervorgehoben. Durch solche Zuweisungen wird der Wert des Eingangssignals und der Wert des Kontrollzustands vor der letzten Taktflanke benutzt, um dem Ausgangssignal im aktuellen Taktzyklus einen Wert zu zuweisen. Daher ist der aktuelle Kontrollzustand durch einen Zeiger auf die *zuletzt ausgeführte* „wait"-Anweisung bestimmt. Die Änderungen eines Eingangssignals nach der letzten ausgezeichneten Taktflanke und vor der nächsten Flanke haben keinen Einfluß auf den Wert eines Ausgangssignals. Zur Wahrung dieser Simulationssemantik werden von vielen Synthesewerkzeugen daher alle Ausgangssignale, wie schon ab S. 190 diskutiert, in Registern abgelegt. Die Ausgänge dieser Register treiben direkt die Signale an den Ausgangsklemmen einer Implementation. Ab S. 194 wurde gezeigt, daß die Abspeicherung der Ausgangssignale in Registern unter Wahrung der Latenz von einem Taktzyklus möglich ist.

Vollständige Kontrollpfade

Genauso selten, wie ein Entwickler von Gatterschaltungen alle möglichen Timingpfade durch eine Schaltung betrachtet, wird man bei der Modellierung auf einer abstrakten Ebene zu jedem Modell alle möglichen Kontrollpfade analysieren. Um aber die Vorgehensweise zu demonstrieren, sind in Abb. 9.7 (S. 350) alle möglichen vollständigen Kontrollpfade des Modells der Einheit „transmitter" markiert. Die verwendeten Symbole sind in Abb. 9.8 dargestellt. Jeder vollständige Kontrollpfad ist in Abb. 9.7 durch eine kursiv gedruckte Nummer gekennzeichnet. Da es sich um *vollständige* Kontrollpfade handelt, beginnen und enden alle Pfade mit einer „wait"-Anweisung.

Der durch eine „1" gekennzeichnete Kontrollpfad endet vor der ersten „wait"-Anweisung, beginnt aber mit dem Start des Simulationslaufes. Im Kontrollpfad „1" werden die Ausgangssignale „data" und „dac" mit einem Standardwert belegt. Nach dieser „wait"-Anweisung wird auf den Kontrollpfaden „2" und „3" der Wert des Eingangssignals „dav" abgefragt. Ist dieses Signal nicht aktiv, so wird im Kontrollpfad „2" noch einmal die Schleife „wait_for_word" durchlaufen. Die „unnötigen" Signalzuweisungen auf diesem Kontrollpfad erzeugen keine Ereignisse für die Simulationsmaschine und reduzieren somit die Simulationseffizienz nur unwesentlich. Die Implementation auf der Gatterebene wird durch diese „unnötigen" Signalzuweisungen auch nicht berührt, da die Ausgangssignale in Flipflops gespeichert werden. Ist das Signal „dav" aber aktiv, so wird auf dem Kontrollpfad „3" das Startbit für einen Takt gesendet.

Die Operationen aller vollständigen Kontrollpfade des Modells sind in Tabelle 9.2 (S. 351) aufgelistet. Die erste Spalte gibt die Nummer des Kontrollpfades in Abb. 9.7 an. Die abgefragten Eingangssignale sind in der zweiten Spalte angegeben und in der dritten Spalte werden die Transformationen und Abfragen des Datenzustands genannt. Die letzte Spalte nennt die verschiedenen Zuweisungen an die Ausgangssignale auf diesem Kontrollpfad.

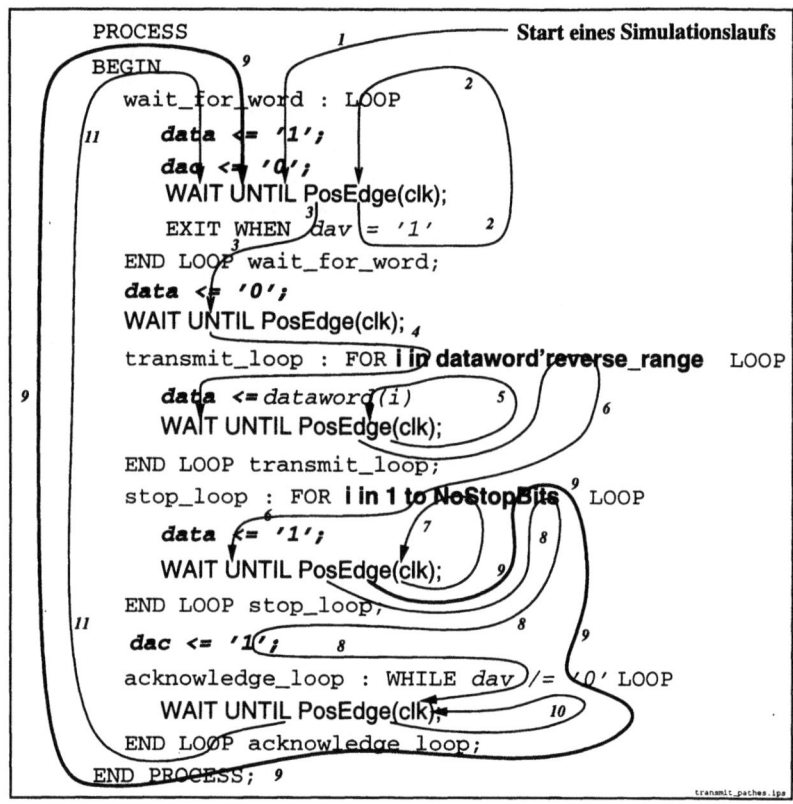

Abb. 9.7: Vollständige Kontrollpfade im Modell der Einheit „transmitter"

Kritischer Kontrollpfad: Im folgenden soll der Kontrollpfad mit den meisten Anweisungen betrachtet werden, um zu zeigen, daß in realen Modellen nicht nur einfache und offensichtliche Kontrollpfade existieren. Falls auf einem solchen vollständigen Pfad viele abhängige Anweisungen ausgeführt werden, so gehört ein solcher Pfad zu den kritischen Kontrollpfaden, welche die minimale Taktperiode bestimmen (vgl. Abs. 7.2, S. 240).

Der durch die Nummer „9" gekennzeichnete Kontrollpfad beginnt mit der „wait"-Anweisung in der Schleife „stop_loop", welche aber nach einem Vergleich des Schleifenindizes mit dem Grenzwert verlassen wird. In die Schleife „acknowledge_loop" wird nicht verzweigt, weil die Bedingung „dav /= '0' " nicht erfüllt ist. In der Schleife „wait_for_word" werden den Ausgangssignalen „data" und „dac" Standardwerte zugewiesen, bevor der Kontrollpfad vor der „wait"-Anweisung endet. Alle in einer Zeile der Tabelle 9.2 gezeigten Operationen können bei realistischen Wortbreiten unter Beachtung der Datenabhängigkeiten leicht mit den heutigen (1995) Technologien in ei-

9.2. IMPLIZITE ZUSTANDSMODELLIERUNG AN EINEM BEISPIEL

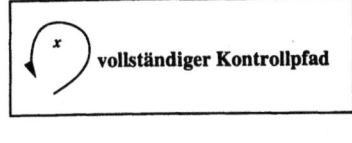

Operationen:

Eingangssignalabfrage
Datenzustand
Ausgangssignalzuweisung

Abb. 9.8: Legende zu der Darstellung der vollständigen Kontrollpfade

	Eingangssignal-abfrage	Transformation & Abfrage des Datenzustand	Ausgangssignal-zuweisung
1			data <= '1', dac <= '0'
2	dav = '1'		data <= '1', dac <= '0'
3	dav = '1'		data <= '0'
4	dataword(i)	i := dataword'high, (i < d..'low)?	data <= dataword(i)
5	dataword(i)	i := i - 1, (i < d..'low)?	data <= dataword(i)
6		i := i - 1, (i < d..'low)?, i = 1	data <= '1'
7		i := i + 1, (i > NoStopBits)?	data <= '1'
8	dav /= '0'	i := i + 1, (i > NoStopBits)?	dac <= '1'
9	dav /= '0',	i := i + 1, (i > NoStopBits)?	data <= '1', dac <= '0'
10	dav /= '0'		
11			data <= '1', dac <= '0'

Tabelle 9.2: Operationen in den vollständigen Kontrollpfaden

nem Taktzyklus von z.B. 20 ns implementiert werden. Das Modell ist daher prinzipiell synthetisierbar.

Zusammenfassung: Beispiel

In diesem Abschnitt ist ein vollständiges Modell vorgestellt worden, welches nur 63% der Zeilen eines äquivalenten Modells mit einer expliziten Modellierung des Kontrollzustands benötigt. In diesem Modell wurden „repeat-until"-, „while"- und „for"-Schleifen zur Modellierung von Kontrollzuständen eingesetzt, in denen die Einheit länger als einen Takt verweilen kann. Dieses Beispiel wurde mit den Mitteln der Kontrollpfadanalyse auf seine prinzipielle Synthetisierbarkeit untersucht. Dazu wurden die einzelnen Kontrollzustände, alle vollständigen Kontrollpfade und die Operationen auf diesen Pfaden identifiziert. Da diese Mengen von Operationen unter Beachtung der Datenabhängigkeiten mit den gegebenen Realisationsparametern in einer Taktperiode ausgeführt werden können, ist dieses Beispiel prinzipiell synthetisierbar.

9.3 SI.ICS: Vor- und Nachteile

Nachdem die Herleitung der impliziten Modellierung des Kontrollzustandes zusammengefaßt worden ist und die Anwendung an einem Beispiel demonstriert wurde, sollen in diesem Abschnitt die Vor- und Nachteile der impliziten Modellierung des Kontrollzustands diskutiert werden.

(−) Kein Zugriff auf den Wert des Kontrollzustands

In einem Modell mit einer impliziten Zustandsmodellierung wird der (Kontroll)-Zustand durch einen Zeiger auf die zuletzt ausgeführte „wait"-Anweisung modelliert. Auf den Wert eines Zeigers auf eine sequentielle Anweisung kann nicht vom Modell aus zugegriffen werden. Daher ist es auch nicht möglich, die Kodierung der Zustandswerte zu bestimmen, wie es bei einer expliziten Zustandsmodellierung durch die Verwendung eines Bitvektors einfach möglich ist. Weiterhin kann man den aktuellen Wert des Kontrollzustands nicht in einen Speicher ablegen, um ihn eventuell in einem späteren Takt erneut zu laden. Dies macht die Modellierung einer bestimmten Art von Unterbrechungen schwierig, wie in Abschnitt 9.4 (S. 359) ausführlich diskutiert wird.

(+) Kompaktheit durch „for"-Schleifen

Das im Codefragment 9.2 (S. 346) gezeigte Modell benötigt nur 63 % der Zeilen des Modells mit einer expliziten Modellierung des Kontrollzustandes auf S. 208. Diese signifikante Steigerung der Kompaktheit ist in diesem Beispiel möglich, weil die beiden Kontrollzustände „transmit_loop" und „stop_loop" durch eine „for"-Schleife modelliert werden können. Da diese Darstellung wesentlich kompakter ist, verringert sich der Modellierungsaufwand und die Lesbarkeit wird erhöht.

(+) Synthese: Mehrfachnutzung

Diese Darstellung ist prinzipiell auch für die Synthese geeigneter, weil einige Variablen des Datenzustandes nur lokal für bestimmte „for"-Schleifen definiert werden. Die lokale Definition der Schleifenindizes gibt an, in welchen Kontrollzuständen die Register und Datenpfade zur Verwaltung der Indizes benötigt werden. Ein Synthesewerkzeug kann daher leichter die instanziierten Datenpfade mehrfach nutzen („resource sharing").

(+) Einfacheres manuelles Rescheduling

Im folgenden werden die Möglichkeiten des manuellen Reschedulings bei der expliziten und impliziten Modellierung des Kontrollzustandes diskutiert.

Rescheduling zur Verringerung des Durchsatzes: Bei der Implementation eines Modells mit einer expliziten Modellierung des Kontrollzustands werden die Zustände durch den Entwickler als Werte eines Enumerationstyps benannt. Das Verhalten eines solchen Modells wird beschrieben, indem für jeden einzelnen Zustand die Operationen und der Zustand, der im nächsten Taktzyklus eingenommen werden soll, festgelegt werden (vgl. Abs. 5.3, S. 176). Zur Durchsatzreduzierung kann man bei einem solchen Modell die Zahl der Operationen, die in einem Kontrollzustand parallel ausgeführt werden, auf mehrere „Teil"-Zustände verteilen. Der Datentyp des Kontrollzustands und die zentrale „case"-Anweisung müssen dazu um diese „Teil"-Zustände erweitert werden. Bei der impliziten Zustandsmodellierung kann man den Durchsatz leicht durch eine gleichmäßige Einfügung von „wait"-Anweisungen in die Kontrollpfade der Berechnungsperiode reduzieren. [5]

Durchsatzanpassung bei ex- und impliziter Zustandsmodellierung: Um den Vergleich zwischen expliziter und impliziter Modellierung des Kontrollzustands zu erleichtern, sind in Tabelle 9.3 die Reschedulingmaßnahmen zur Anpassung des Durchsatzes zusammengefaßt worden.

Durchsatz-	Modellierung des Kontrollzustands	
anpassung	explizit	implizit
Verringerung	Zerlegung eines kritischen Zustands in „Teil"-Zustände	Einfügen von „wait"-Anweisungen
Steigerung	Zusammenlegung von Zustandssequenzen zu „Über"-Zuständen	Streichen von „wait"-Anweisungen

Tabelle 9.3: Maßnahmen zur Veränderung des Durchsatzes bei beiden Arten der Modellierung des Kontrollzustandes

Rescheduling zur Steigerung des Durchsatzes: Eine wesentliche Steigerung des Durchsatzes kann nur effizient erreicht werden, wenn die Zahl der Operationen, die parallel in einer Taktperiode ausgeführt werden, erhöht wird. Diese Erhöhung kann durch eine Vereinigung von aufeinanderfolgenden Kontrollzuständen zu einem „Über"-Zustand erreicht werden. Bei der expliziten Modellierung des Kontrollzustandes wird dazu der Enumerationstyp des Kontrollzustandes um einige Werte reduziert und die betreffenden Zweige der „case"-Anweisung werden zusammengelegt. Bei einem Modell mit einer impliziten Modellierung des Kontrollzustands muß nur die Zahl der „wait"-Anweisungen gleichmäßig verringert werden, um die Zahl der parallel ausgeführten Operationen zu erhöhen. [6]

---

[5] Die Stufen des Reschedulingverfahrens zur Verringerung des Durchsatzes wurden in Abschnitt 8.4.1 (S. 298) erläutert. Das Reschedulingverfahren ist in Abschnitt 8.4.2 (S. 300) an einem Beispiel demonstriert worden.

[6] Das Reschedulingverfahren zur Erhöhung des Durchsatzes wurde in Abschnitt 8.4.3 (S. 314) vorgestellt. Die Schnittstellenüberbuchung wurde in Abschnitt 8.4.4 (S. 317) diskutiert. Die Möglichkeiten der Durchsatzerhöhung bei Datenabhängigkeiten wurden in Abschnitt 8.4.4 (S. 319) betrachtet.

(+) Beseitigung der Überspezifikation des Klemmenverhaltens

Ein periodisch auszuführender Algorithmus wird zunächst durch ein Modell beschrieben, welches eine Verifikation des funktionalen Klemmenverhaltens ermöglicht. Danach werden in die verschiedenen Kontrollpfade des Modells soviele „wait"-Anweisungen eingefügt, daß der Algorithmus in den Takten der Berechnungsperiode komplett abgearbeitet wird[7]. Um den Implementationsaufwand zu minimieren, werden die „wait"-Anweisungen so verschoben, daß die Zahl und Komplexität der Operationen auf den vollständigen Kontrollpfaden vergleichbar ist. Unter Berücksichtigung der Anforderungen der Systemumgebung und den Datenabhängigkeiten des Algorithmus wird ein Protokoll zur Übergabe der Eingangswerte und zur Abnahme der Resultate definiert. Zur Implementation dieser Protokolle werden die Zugriffe auf die Klemmen in die entsprechenden vollständigen Kontrollpfade eingeplant. Nach einer Verifikation des zeitlichen und funktionalen Klemmenverhaltens wird das Modell auf der Gatterebene implementiert.

Wiederverwendung: Wird zu einem späteren Zeitpunkt wiederum eine Implementation dieses Algorithmus benötigt, so wird man versuchen, das vorhandene Modell an die neue Durchsatzforderung anzupassen. Bei einem manuellen Rescheduling werden die Zugriffe auf die Klemmen so verschoben, daß die Anforderungen der neuen Systemumgebung sowie die Datenabhängigkeiten des Algorithmus berücksichtigt werden. Ein Reschedulingwerkzeug kann zwar die Datenabhängigkeiten aus dem Modell extrahieren, aber es kann nicht aus dem Modell die Anforderungen bezüglich des Protokolls an den Ein- oder Ausgangsklemmen entnehmen. Im Modell sind die Klemmenzugriffe nämlich so eingeplant, wie es für die Systemumgebung in der *vorherigen* Verwendung des Algorithmus günstig war. Das Reschedulingwerkzeug wird daher die Klemmenzugriffe nach Möglichkeit in einer systematischen Weise verschieben[8]. Unterscheiden sich die Systemumgebungen aus dem aktuellen und dem vorherigen Projekt, oder gibt es Freiheiten bei der Spezifikation des zeitlichen Klemmenverhaltens, so ergibt sich aus der systematischen Verschiebung der Klemmenzugriffe kein Vorteil. Daher kann eine Beseitigung der Überspezifikation des Klemmenverhaltens eine bessere Einplanung der internen Operationen ermöglichen. Die Zugriffe auf die Klemmen werden dann *nach* dem Rescheduling der internen Operationen unter Berücksichtigung der Datenabhängigkeiten des Algorithmus und den Anforderungen des aktuellen Projektes erneut eingeplant.

Beseitigung der Überspezifikation bei ex- und impliziter Zustandsmodellierung:
Die Überspezifikation des Klemmenverhaltens kann in einem Modell mit einer impliziten Modellierung des Kontrollzustands durch das Streichen von „wait"-Anweisungen erreicht werden. Bei der expliziten Zustandsmodellierung ist die Einplanung der

---
[7] Eine konstante Berechnungsperiode erfordert, daß in alle Kontrollpfade durch eine komplette Abarbeitung des Algorithmus die gleiche Zahl an „wait"-Anweisungen eingefügt wird.

[8] In Abschnitt 8.5 (S. 327) wurden verschiedene automatische Reschedulingverfahren vorgestellt, welche die Klemmenzugriffe systematisch verschieben.

Operationen in die Takte der Berechnungsperiode durch die einzeln benannten Zustände und die Zweige der umfassenden „case"-Anweisung beschrieben. Der Kontrollfluß durch die vollständigen Kontrollpfade einer Berechnungsperiode wird durch Zuweisungen auf die explizite Zustandsvariable, z.B. „state", gesteuert. Die modellierte Einplanung kann daher nur durch eine komplette Umorganisation des Modells wieder entfernt werden.

Soll die Implementation eines Algorithmus in einer neuen Systemumgebung wiederverwendet werden, so ist das Klemmenverhalten der vorhandenen Implementation überspezifiziert. Man kann diese Überspezifikation bei einem Modell mit einer impliziten Modellierung des Kontrollzustands einfach beseitigen, indem man „wait"-Anweisungen entfernt.

Zusammenfassung: Vor- und Nachteile

Im folgenden werden die Vor- und Nachteile der impliziten Modellierung des Kontrollzustands zusammengefaßt.

(−) *Kein Zugriff auf den Wert des Kontrollzustands:*

Es ist nicht möglich, auf den aktuellen Wert des Kontrollzustands zuzugreifen, um diesen Wert z.B. abzuspeichern und wieder zu lesen.

(+) *Größere Kompaktheit:*

Das hier gezeigte reale Modell kommt mit nur 63% der Zeilen eines äquivalenten Modells mit einer expliziten Modellierung des Kontrollzustands aus.

(+) *Einfacheres manuelles Rescheduling:*

Da man „wait"-Anweisungen leicht einfügen und streichen kann, wird ein manuelles Rescheduling durch die implizite Modellierung des Kontrollzustands erleichtert.

(+) *Beseitigung der Überspezifikation:*

Die Überspezifikation des Klemmenverhaltens kann bei einem Modell mit einer impliziten Modellierung des Kontrollzustandes leicht durch das Streichen von „wait"-Anweisungen beseitigt werden.

9.4 „reset"- und „interrupt"-Modellierung

Die explizite Modellierung des Verhaltens nach der Aktivierung der „reset"-Leitung ist in vielen Fällen notwendig, um ein determiniertes Verhalten eines Entwurfes bei minimalem Implementationsaufwand zu gewährleisten (vgl. Kap. 14). Bei der expliziten Modellierung des Kontrollzustands wird das Verhalten nach einem „reset" durch eine zentrale Verzweigung am Anfang des Prozeßrumpfes beschrieben. Bei einer impliziten Zustandsmodellierung existiert kein zentraler „entry point", so daß man das Verhalten bei einer Aktivierung der „reset"-Leitung nach jeder „wait"-Anweisung verteilt modellieren muß. Dies kann mit einem geeignet definierten Makro für den synchronen und asychronen „reset" unter Bewahrung der Kompaktheit des Modells erreicht werden.

Unterbrechungen („interrupts") der aktuellen Aktivität sind, z.B. zur Behandlung von Fehlern, notwendig. Eine Aktivierung der „reset"-Leitung erfordert die Verzweigung von allen möglichen Zuständen in einen bestimmten Zustand, eine Unterbrechung hingegen erfordert nur die Verzweigung aus einem Satz von Zuständen in einen bestimmten Zustand. Weiterhin wird auf eine Unterbrechung immer nur mit der ausgezeichneten Taktflanke reagiert. Daher kann eine Unterbrechung durch eine Erweiterung des Makros zur Modellierung eines synchronen „resets" beschrieben werden.

A) Synchroner Reset

Zur Modellierung eines synchronen „reset" wird eine äußere Schleife eingefügt und ein Makro zur Bündelung der bedingten Verzweigungsanweisungen definiert. In diesem Abschnitt wird weiterhin das im Abschnitt 9.2 (S. 345) diskutierte Beispiel um die Modellierung eines synchronen „reset" erweitert.

Modellschablone mit einer umschließenden Schleife: Die äußere Schleife „outer_loop" wird im Codefragment 9.3 eingeführt, um den Kontrollfluß von jeder Stelle im Prozeß zum Beginn dieser Schleife durch eine „next outer... when reset = '1'; "-Zeile umlenken zu können. Mit einer solchen äußeren Schleife läßt sich ein synchroner „reset" leicht modellieren, indem man nach jeder „wait"-Anweisung die obige „next"-Anweisung einfügt. Durch diese Anweisungskombination wird nach jeder positiven Taktflanke das Eingangssignal „reset" abgefragt und eventuell die Schleife „outer_loop" von neuem durchlaufen. Die Schablone mit einer äußeren unbedingten Schleife und einer „next"-Anweisung nach jeder „wait"-Anweisung ist im folgenden Codefragment 9.3 gezeigt.

9.3
```
PROCESS
BEGIN
    outer_loop : LOOP                       -- just to have a frame to return to
      some_state : LOOP
        ...                                 -- actions in state "some_state"
        WAIT UNTIL PosEdge(clk);            --<< wait on edge
        NEXT outer_loop WHEN r = '1';       --<< check reset line synchronously
        EXIT WHEN ...
      END LOOP some_state;
      ...
      another_state : FOR i IN ... LOOP
        ...                                 --statements of "another_state" removed
        WAIT UNTIL PosEdge(clk);            --<< wait on edge
        NEXT outer_loop WHEN r = '1';       --<< check reset line synchronously
      END LOOP another_state;
    END LOOP outer_loop;
END PROCESS;
```

9.4. „RESET"- UND „INTERRUPT"-MODELLIERUNG

Um das Modell nicht unnötig durch diese Zeilenkombination zu verlängern, sind die beiden Zeilen in dem Makro „syn_res_pe" im Codefragment 9.4 zusammengefaßt. Eine Bündelung durch eine Prozedur ist nicht möglich, weil einer Prozedur keine Schleifenmarken übergeben werden können. Das Makro im Codefragment 9.4 verwendet die Syntax des C-Präprozessors „cpp" [49].

9.4
```
-- Macro definition, since next statements are not allowed in a procedure call
-- cpp -P name.vhdl_macro > name.vhdl
#define SYN_RES_PE(c, r, l_label) \
  WAIT UNTIL (c'EVENT AND c = '1'); \
  NEXT l_label WHEN r = '1';
```

Anwendung des Makros zur verteilten „reset"-Modellierung: Im Codefragment 9.5 ist das Modell des „transmitters" mit einer expliziten Modellierung eines synchronen „resets" gezeigt. Es unterscheidet sich nur durch die äußere Schleife „outer_loop" und die Makroanweisung „syn_res_pe" von dem Modell ohne explizite „reset"-Modellierung im Codefragment 9.2 (S. 346).

9.5
```
PROCESS
BEGIN
  outer_loop : LOOP                        -- just to have a frame to return to
    wait_for_word : LOOP
      data <= '1';
      dac <= '0';                          -- nothing sent til now
      SYN_RES_PE(clk, reset, outer_loop)-- wait a cycle and check reset
      EXIT WHEN dav = '1';
    END LOOP wait_for_word;
    data <= '0';                           -- send start bit
    SYN_RES_PE(clk, reset, outer_loop)     -- wait another cycle
    transmit_loop : FOR i IN dataword'REVERSE_RANGE LOOP
      data <= dataword(i);                 -- put first data bit on the line
      SYN_RES_PE(clk, reset, outer_loop)   -- wait another cycle
    END LOOP transmit_loop;
    stop_loop : FOR i IN 1 TO NoStopBits LOOP
    ...
  END LOOP outer_loop;
END PROCESS;
```

Dieses Beispiel zeigt, daß eine explizite Modellierung eines synchronen „reset" auch bei einer impliziten Modellierung des Kontrollzustands möglich ist, und daß das Modell dazu nur unwesentlich erweitert werden muß.

Zusammenfassung: Synchroner „reset"

Das Verhalten nach einer Aktivierung der „reset"-Leitung wird durch die folgenden Elemente beschrieben.

- Eine äußere Schleife „outer_loop" zu der durch eine bedingte „next"-Anweisung verzweigt werden kann.

- Die ersten Anweisungen in der äußeren Schleife initialisieren die Ausgangsleitungen und Variablen und werden daher unmittelbar nach einer Verzweigung in diese Schleife ausgeführt.

- Jede „wait"-Anweisung wird durch ein Makro ersetzt, welches die „wait"-Anweisung und eine bedingte „next"-Anweisung enthält.

Erweiterungen der verwendeten HDL

Exkurs

Die Modellierung eines synchronen „reset" bei der impliziten Zustandsmodellierung im letzten Abschnitt hat gezeigt, daß die Beschreibungsmöglichkeiten der verwendeten HDL nicht immer ausreichen, um eine Einheit möglichst kompakt oder generisch zu modellieren[9]. Die ausschließliche Verwendung von Sprachelementen des Standardumfangs einer HDL sichert aber die Lesbarkeit und Austauschbarkeit eines Modells. Daher ist sorgfältig zu evaluieren, ob eine Erweiterung des Standardumfangs durch die erwarteten Vorteile gerechtfertig ist. Die Modellierungsmöglichkeiten einer HDL können in den folgenden Stufen benutzt werden [100]:

① Ausschließlich mit den *Sprachelementen der verwendeten HDL*.

② Man kann *Makros* einführen, welche durch einen Präprozessor expandiert werden. Die vom Präprozessor erzeugte Datei enthält nur noch Anweisungen des Sprachumfangs der verwendeten HDL.

③ Die größte Flexibilität läßt sich mit einem separat erzeugten *Programm zur Codegenerierung* erzielen, welche eine Datei mit dem HDL-Modell erzeugt. Solche Programme werden von vielen Generatoren zur Erzeugung von Makro-Modellen, wie RAMs, verwendet.

Exkurs

Da die Verwendung von Makros in der Syntax des C-Makropräprozessors weit verbreitet ist, ist die zweite Stufe mit einem akzeptablen Verlust an Lesbarkeit und Portabilität verbunden. Eine unnötige Verwendung von Makros sollte aber trotzdem vermieden werden.

B) Asynchroner Reset

In diesem Abschnitt wird gezeigt, daß auch eine asynchrone Modellierung des „reset" mit einer impliziten Modellierung des Kontrollzustands möglich ist.

Der synchrone „reset" wurde modelliert, indem man eine äußere Schleife „outer_loop" in das Modell eingeführt hat. Weiterhin wurde nach jeder „wait"-Anweisung eine bedingte „next"-Anweisung eingefügt. Mit dieser „next"-Anweisung wird nach jeder positiven Taktflanke der Wert des „reset"-Signals abgefragt und eventuell an den Anfang der Schleife „outer_loop" gesprungen. Die beiden Anweisungen sind zur Verbesserung der Lesbarkeit in dem Makro „syn_res_pe" zusammengefaßt worden, welches zum Vergleich nochmal am Beginn des Codefragments 9.6 gezeigt ist.

---

[9]Die Erfahrung hat aber auch gezeigt, daß diese Situation seltener eintritt, als der/die wenig erfahrene Modellierer(in) annimmt.

9.4. „RESET"- UND „INTERRUPT"-MODELLIERUNG

9.6
```
---------------------------------------- synchronous reset
#define SYN_RES_PE(c, r, l_label) \
  WAIT UNTIL (c'EVENT AND c = '1'); \
  NEXT l_label WHEN r = '1';


---------------------------------------- asynchronous reset
#define ASYN_RES_PE(c, r, l_label) \
  WAIT UNTIL (c'EVENT AND c = '1') OR (r'EVENT AND r = '1'); \
  NEXT l_label WHEN r = '1';
```

„A"-synchroner „reset" ⇒ **Erweiterung der Aktivierungsbedingung:** Bei einem asynchronen „reset" muß zu jedem Zeitpunkt die Möglichkeit bestehen, zum Anfang der äußeren Schleife zurückzukehren. Das Makro „asyn_res_pe" enthält daher eine „wait"-Anweisung, die um die Bedingung „(r'event and r = '1')" disjunktiv erweitert worden ist. Die Abarbeitung der sequentiellen Anweisungen in dem Prozeß wird wieder aufgenommen, wenn sich das Taktsignal „c" ändert oder das Signal „r" aktiviert wird. Bei einer asynchronen Änderung des „reset"-Signals wird somit die Abarbeitung wieder aufgenommen und durch die „next"-Anweisung an den Beginn der Schleife „l_label" zurückgekehrt. Das Modell des „transmitters" mit einem asynchronen „reset" unterscheidet sich vom Modell mit einem synchronen „reset" im Codefragment 9.5 nur durch die Verwendung des Makros „asyn_res_pe" statt des Makros „syn_res_pe". Daher ist das Modell hier nicht nochmal aufgelistet worden.

Eine geringfügige Änderung des „wait"-Makros macht also auch die Modellierung eines asynchronen „reset" bei einer impliziten Modellierung des Kontrollzustandes möglich.

C) Unterbrechungen („Interrupts")

In diesem Abschnitt wird die Beschreibung des Verhaltens nach der Aktivierung einer Unterbrechung in einem Modell mit einer impliziten Zustandsmodellierung diskutiert. Es wird gezeigt, wie eine Unterbrechung zur Beendigung einer Aktivität modelliert wird.

In der Praxis muß die Bearbeitung einer bestimmten Aktivität, wie das Versenden eines Datenpaketes, unterbrochen werden können, um einen speziellen Zustand einzunehmen. Solche Unterbrechungen treten z.B. auf, wenn ein Fehler bei der aktuellen Aktivität aufgetreten ist oder wenn eine höher priorisierte Aufgabe vorrangig bearbeitet werden muß. Die kompakte und lesbare Beschreibung des Verhaltens bei einer Unterbrechung ist weiterhin ein Kriterium zur Beurteilung eines Modellierungskonzeptes, z.B. [38].

Viele Mikroprozessoren verfügen daher über eine oder mehrere spezielle Klemmen („interrupts"), deren Aktivierung den Prozessor aus jedem Zustand („non maskable") oder einem bestimmten Satz von Zuständen („maskable") in einen speziellen Zustand bringt. In diesem speziellen Zustand werden spezielle Routinen abgearbeitet, welche die durch die Aktivierung der „interrupt"-Klemmen signalisierte Anforderung bedienen.

	Wirkung auf	Reaktionszeitpunkt	Ausgangszustand	Zielzustand
„reset"	komplette Schaltung	asyn. ⇒ jederzeit syn. ⇒ ausgezeichnete Flanke	alle	Startzustand
„interrrupt"	eine Teilschaltung	ausgezeichnete Flanke	unterbrechbare Zustände	spezieller Zustand pro „interrupt"

Tabelle 9.4: Vergleich des Verhaltens nach der Aktivierung der „reset"- und einer Unterbrechungsklemme

Häufig benötigt man auch bei einer applikationsspezifischen Hardware eine Eingangsleitung, deren Aktivierung die Schaltung aus jedem beliebigen oder einem bestimmten Satz von Kontrollzuständen in einen bestimmten Zustand bringt. Es liegt nahe, die „reset"-Leitung für diesen Zweck zu verwenden. Allerdings bringt die Aktivierung des „reset"-Signals die *komplette* Schaltung aus *jedem beliebigen Zustand* in den *globalen Startzustand*, während die „interrupt"-Leitung nur eine bestimmte Einheit aus einem begrenzten Satz von Zuständen in einen bestimmten Zustand bringen soll. Dies ist in der zweiten Spalte von Tabelle 9.4 angedeutet, welche die Eigenschaften des Verhaltens nach der Aktivierung der „reset"- und einer Unterbrechungsklemme nebeneinander darstellt. In der dritten Spalte ist gezeigt, daß eine Reaktion auf die Aktivierung der asychronen „reset"-Leitung jederzeit erfolgt, während ein synchroner „reset" wie eine Unterbrechung erst mit der nächsten ausgezeichneten Flanke bedient werden. Die letzten beiden Spalten von Tabelle 9.4 kennzeichnen den möglichen Ausgangs- und Zielzustand eines durch die Aktivitung der „reset"- oder einer Unterbrechungsklemme ausgelösten Zustandsübergangs.

Arten von Unterbrechungen

Es gibt zwei Arten von Unterbrechungen:

- Vorzeitige Beendigung einer Aktivität und Fortsetzung der Bearbeitung an einer bestimmten Stelle.

- Unterbrechung der aktuellen Aktivität, Behandlung der Unterbrechung und Wiederaufnahme der unterbrochenen Aktivität.

Explizite Modellierungen einer Unterbrechung mit anschließender Fortsetzung:
Eine Unterbrechung zur separaten Behandlung mit anschließender Fortsetzung der unterbrochenen Aktivität ist nicht mit dem hier vorgestellten Konzept möglich, weil man dazu den Wert des aktuellen Kontrollzustands abspeichern und nach der Bearbeitung der Unterbrechung wieder neu laden müßte. Falls die komplexe Unterbrechungs- oder Interruptbehandlung eines Mikroprozessors mit einem Kellerspeicher („stack"), z.B.

9.4. „RESET"- UND „INTERRUPT"-MODELLIERUNG

für die Rückkehradresse, benötigt wird, so muß sie explizit bei der Modellierung der applikationsspezifischen Hardware berücksichtigt werden. Allerdings werden Unterbrechungen in Standardprozessorsystemen nur verwendet, um die „Aufmerksamkeit" der einzigen vorhandenen Verarbeitungseinheit auf ein „dringendes" Problem zu lenken. Bei der Implementation einer applikationsspezifischen Schaltung kann man aber getrennte Einheiten vorsehen, welche verschiedene Aktivitäten parallel abarbeiten, so daß diese komplexe Unterbrechungssteuerung selten notwendig ist.

Unterbrechung zur Beendigung einer Aktivität: Eine Unterbrechung der aktuell bearbeiteten Aktivität zur Beendigung derselben kann hingegen leicht durch eine Abfrage des Unterbrechungssignals mit anschließender Verzweigung modelliert werden. Wenn allerdings diese Unterbrechung in vielen Kontrollzuständen möglich sein soll, dann wird das Modell durch die in jedem Zustand wiederholten Abfragen und Verzweigungsanweisungen unnötig aufgebläht. Diese Steigerung der Komplexität des Modells kann vermieden werden, wenn man ein geeignet erweitertes „reset"-Makro verwendet. Die „exit"- oder „next"-Anweisungen in diesem erweiterten Makro ermöglichen eine Verzweigung des Kontrollflusses an das Ende oder den Anfang einer Schleife.

Unterbrechung: In bestimmten Zuständen erlaubter synchroner „reset"

Der im letzten Abschnitt behandelte asynchrone „reset" kann nur durch eine spezielle Schaltung an jedem Speicherelement implementiert werden, weil er unabhängig von dem Gesamtzustand und dem Zeitpunkt innerhalb der Taktperiode das Verhalten des Entwurfs beeinflußt. Ein synchroner „reset" greift zwar auch unabhängig vom Gesamtzustand in das Verhalten des Entwurfs ein, aber eine Reaktion auf die Aktivierung der globalen „reset"-Leitung erfolgt nur mit einer ausgezeichneten Flanke des Taktsignals. Ein „Interrupt" wird ebenfalls nur synchron zum Taktsignal bedient, aber im Unterschied zum synchronen „reset" nur in bestimmten Zuständen des Entwurfs. Eine Unterbrechung kann daher in ähnlicher Weise wie ein synchroner „reset" in ein Modell eingeführt werden, dessen Kontrollzustand implizit beschrieben wurde.

Da neben einer Unterbrechung immer auch noch die Behandlung des „reset" modelliert werden muß, wird das Makro zur Modellierung des synchronen „reset" bei der Konstruktion des Makros zur Unterbrechungsmodellierung verwendet. Das Makro zur Modellierung des synchronen „reset" ist daher nochmal im folgenden Codefragment 9.7 gezeigt. Mit der „wait"-Anweisung wird auf das Eintreffen der positiven Flanke des durch „c" bezeichneten Signals gewartet und mit der „next"-Anweisung wird an den Anfang der durch die Marke „l_label" bezeichneten Schleife gesprungen, falls das Signal „r" den Wert '1' hat.

```
9.7 ---------------------------------------- synchronous reset
    #define SYN_RES_PE(c, r, l_label) \
      WAIT UNTIL (c'EVENT AND c = '1'); \
      NEXT l_label WHEN r = '1';
```

Der Zeiger auf eine „wait"-Anweisung etabliert einen Kontrollzustand bei dem hier vorgeschlagenen Stil zur impliziten Modellierung des Kontrollzustands. In allen Kontrollzuständen, in denen man eine bestimmte Unterbrechung erlauben will, wird man statt des oben gezeigten Makros „syn_res_pe" das Makro „syn_res_pe_int" verwenden. Das Makro „syn_res_pe_int" ist im Codefragment 9.8 gezeigt. Es referenziert zunächst das Makro „syn_res_pe", um auf die positive Flanke des Signals „c" zu warten und bei einem aktiven Signal „r" an den Beginn der durch „o_label" bezeichneten Schleife zu springen[10].

9.8
```
---------------------------------------- interrupt and synchronous reset macro
#define SYN_RES_PE_INT(c, r, o_label, int, i_label) \
    SYN_RES_PE(c, r, o_label)\
    EXIT i_label WHEN int = '1';
```

Falls das durch „r" bezeichnete „reset"-Signal nicht aktiv war, so wird die bedingte „exit"-Anweisung nach dem Makro „syn_res_pe" ausgeführt. Diese „exit"-Anweisung führt zum Verlassen der Schleife „i_label", falls das Signal „int" aktiv ist. War das Unterbrechungssignal „int" nicht aktiv, so wird die nächste Anweisung nach dem Makro ausgeführt.

Anwendungsbeispiel

Die Modellierung einer Unterbrechung zur Beendigung der aktuell bearbeiteten Aktivität in einem Modell mit impliziter Zustandsmodellierung wird in diesem Abschnitt demonstriert.

Um den Einsatz dieser Makros zur Modellierung einer Unterbrechung zur vorzeitigen Beendigung einer Aktivität zur demonstrieren, ist in den Codefragmenten 9.9 und 9.10 noch einmal ein leicht verändertes Modell der Einheit „transmitter" gezeigt. Im Codefragment 9.9 ist zusätzlich der Eingangsport „eot" mit den restlichen Ein- und Ausgängen der Einheit „transmitter" gezeigt. Ein Signal an diesem Port kann eine laufende Übertragung unterbrechen, um unmittelbar ein neues Zeichen zu übertragen.

9.9
```
ENTITY transmitter IS
    GENERIC(NoStopBits : positive := 2);
    PORT(clk, reset    : IN    std_ulogic;
         eot           : IN    std_ulogic;       -- new input port to interrupt
                                                 -- the current transmission
         dataword      : IN    std_ulogic_vector; -- parallel input word
         dav           : IN    std_ulogic;       -- input handshake lines
         dac           : OUT   std_ulogic;
         data          : OUT   std_ulogic);     -- serial data out
END transmitter;
```

Das Modell des „transmitters" ist im Codefragment 9.10 aufgelistet. Der Anfang des Modells unterscheidet sich nicht von dem Modell mit einer impliziten Modellierung des Kontrollzustands und einem synchronen „reset". Da eine Übertragung unterbrechbar sein soll, sind die Anweisungen zur Übertragung eines Wortes am Port „dataword" durch die unbedingte Schleife „transmission" zusammengefaßt worden. Diese Schleife wird immer nur einmal durchlaufen, weil die letzte Anweisung des Schleifenrumpfes eine unbedingte „exit"-Anweisung ist. Allerdings kann die Schleife durch eine „exit"-Anweisung von jeder Position aus verlassen werden.

---

[10]Geschachtelte Makros sind im hier verwendeten Makro-Präprozessor „cpp" erlaubt [49]. Falls ein Makro-Präprozessor zum Einsatz kommen soll, welcher keine geschachtelten Makros verarbeiten kann, muß eventuell das referenzierte Makro expandiert werden.

9.4. „RESET"- UND „INTERRUPT"-MODELLIERUNG

9.10
```
PROCESS
BEGIN
    outer_loop : LOOP                      -- reset modeling ...entity
      wait_for_word : LOOP
        ...
        SYN_RES_PE(clk, reset, outer_loop)  -- wait another cycle
        EXIT WHEN dav = '1';
      END LOOP wait_for_word;
      transmission : LOOP                  --<< interruptable section starts
        data <= '0';                       -- send start-bit
        SYN_RES_PE_INT(clk, reset, outer_loop, eot, transmission)
        transmit_loop : FOR i IN dataword'REVERSE_RANGE LOOP
          ...
        stop_loop : FOR i IN 1 TO NoStopBits LOOP
          ...
          SYN_RES_PE_INT(clk, reset, outer_loop, eot, transmission)
        END loop stop_loop;
        EXIT transmission;                 --<< interruptable section ends
      END LOOP transmission;
      dac <= '1';                          -- complete trans. & feed next
      acknowledge_loop : WHILE dav /= '0' LOOP -- to wait on (dav = '0')
        SYN_RES_PE(clk)
        ...
```

Nachdem das Startbit in der Schleife „transmission" durch die Zeile „data <= '0';" auf die Leitung gelegt wurde, wird das um eine Unterbrechungsbearbeitung erweiterte Makro „syn_res_pe_int" referenziert. Mit diesem Makro wird auf die nächste Taktflanke gewartet, bei einer Aktivierung der „reset"-Leitung zum Beginn der „outer_loop"-Schleife verzweigt oder bei einer Aktivierung des Ports „eot" die Schleife „transmission" verlassen. Da das Makro „syn_res_pe_int" auch in der „transmit_loop"- und „stop_loop"-Schleife referenziert wird, kann die Übertragung in jedem Zustand unterbrochen werden. Nach dem Ende der „transmission"-Schleife wird die vollständige oder unterbrochene Übertragung wie schon oben erläutert beendet.

Zusammenfassung: „reset" und „interrupt"

Da bei einer impliziten Modellierung des Kontrollzustands die Abarbeitung des Prozesses nach einer Aktivierung an verschiedenen Stellen aufgenommen wird, ist eine verteilte Modellierung des „reset" erforderlich. Dies kann durch die Verwendung eines Makros unter Wahrung der Kompaktheit des Modells erreicht werden. Es sind Makros zur Modellierung eines synchronen und asynchronen „reset" vorgestellt worden. Ein „reset" erfordert die Verzweigung von allen möglichen Zuständen in einen bestimmten Zustand. Eine Unterbrechung erfordert hingegen nur eine Verzweigung aus einem Satz von Kontrollzuständen. Da eine Unterbrechung mit der nächsten ausgezeichneten Taktflanke bedient wird, kann sie durch eine Erweiterung des synchronen „reset"-Makros modelliert werden. Die Modellierung einer Unterbrechung zur Fehlerbehandlung ist zum Abschluß dieses Abschnitts an einem realen Beispiel demonstriert worden.

Zusammenfassung: Schleifen, Beispiel und Initialisierung

Dieses Kapitel wurde mit einer Zusammenfassung der Herleitung der impliziten Modellierung des Kontrollzustands eingeleitet. Dazu ist die bisher verwendete Prozeßschablone mit einer „sensitivity list" durch eine Prozeßschablone mit mehreren gleichen „wait"-Anweisungen ersetzt worden. In der Prozeßschablone mit mehreren „wait"-Anweisungen sind die Zuweisungen auf die Variable „state" („Pseudo-Goto") durch strukturierte Sprachmittel ersetzt worden.

Das in diesem Abschnitt vorgestellte Modell einer realen Einheit hat gezeigt, daß man die Zeilenzahl eines Modells durch eine implizite Modellierung des Kontrollzustands auf 63 % reduzieren kann. Durch die implizite Modellierung des Kontrollzustandes ist daher eine wesentliche Steigerung der Kompaktheit und Lesbarkeit eines Modells möglich. Bei einer Modellierung des Kontrollzustandes mit den Mitteln der strukturierten Programmierung, wie z.B. „for"-Schleifen, werden die Datenpfade, z.B. zur Berechnung des Schleifenindex oder der Abbruchbedingung, implizit modelliert. Da der Schleifenindex eine lokale Variable ist, wird die Analyse zur Mehrfachnutzung von Registern und Datenpfaden erleichtert.

Eine wesentliche Änderung des Durchsatzes erfordert ein Rescheduling der Operationen, welches entweder manuell oder maschinell durchgeführt werden kann. Ein manuelles Rescheduling kann durch das Streichen, Einfügen und Verschieben von „wait"-Anweisungen leicht erreicht werden. Die Möglichkeiten eines automatischen Reschedulings sind bei einem Modell auf der RT-Ebene beschränkt, weil das Klemmenverhalten überspezifiziert ist. Diese Überspezifikation kann bei einer impliziten Modellierung des Kontrollzustands durch das Streichen von „wait"-Anweisungen beseitigt werden.

Zum Abschluß wurde an einem realen Beispiel demonstriert, wie man bei impliziter Zustandsmodellierung mit einem geeignet definierten Makro einen synchronen und asynchronen „reset" beschreiben kann. Aus dem Makro zur Modellierung des synchronen „reset" ist ein Makro zur Modellierung einer Unterbrechung entwickelt worden.

9.5 Bemerkungen

In diesem Abschnitt werden die folgenden Einzelaspekte diskutiert.

① Zunächst wird die Veränderung der Modellierung der Wert/Zeit-Relation betrachtet, wenn man die Zahl der „wait"-Anweisungen zur Markierung der Taktgrenzen in einem Modell reduziert.

② Dann werden die Vor- und Nachteile einer graphischen und einer textuellen Darstellung eines Verhaltensmodells diskutiert.

③ Zuletzt wird die Frage betrachtet, ob noch eine weitere Abstraktion von der Strukturinformation vorstellbar sei.

Weniger „wait"-Anweisungen → Abstraktere Wert/Zeit-Relation

Eine Betrachtung der Modelle mit einer impliziten Modellierung des Kontrollzustands legt nahe, diese „wait"-Anweisungen einfach wegzulassen. Durch das Streichen einzelner „wait"-Anweisungen werden allerdings die Kontrollpfade zwischen zwei „wait"-Anweisungen länger und damit umfaßt ein vollständiger Kontrollpfad mehr Operationen. Falls in einem Modell ein vollständiger Kontrollpfad existiert, welcher mehr Operationen enthält als unter Beachtung der Datenabhängigkeiten in einem Taktzyklus ausgeführt werden können, so verändert sich die Wert/Zeit-Relation der Variablen und Signale in diesem Modell. Der Takt nimmt immer mehr den Charakter eines hypothetischen Taktes an, der keine physikalische Interpretation aufweist, sondern nur noch als zentrale Synchronisationsquelle verwendet wird. Der Takt der gefertigten Schaltung wird in Kapitel 13 bei der Diskussion der Modellierung der Wert/Zeit-Relation Mikro-Takt ($VT.MI$[11]) genannt werden. Falls der hypothetische Takt in einem ganzzahligen, fixen und synchronen Verhältnis zum Takt der gefertigten Schaltung steht, so nennt man ihn physikalischer Makro-Takt ($VT.PMA$[12]). Falls die Menge der Operationen in einem „Taktzyklus" von den verarbeiteten Daten abhängt und nicht mehr in einer festen Zahl von Takten der realen Schaltung ausgeführt werden kann, dann nennt man den hypothetischen Takt einen funktionalen Makro-Takt ($VT.FMA$[13]). Ein Modell ganz ohne „wait"-Anweisungen hat nur noch eine funktionale Wert/Zeit-Relation ($VT.F$[14]), die durch die Sequenz der Anweisungen etabliert wird.

Falls man in einem Modell eine „wait"-Anweisung verwendet, um auf die Änderung eines beliebigen Signals zu warten, so wird damit entweder eine Schaltung auf der Gatterebene oder aber eine rein ereignisorientierte Modellierung erzielt. Die Modellierung auf der Gatterebene wird mit $VT.PR$[15] und die rein ereignisorientierte kausale Modellierung der Wert/Zeit-Relation mit $VT.C$[16] benannt.

---
[11] $VT.MI$ = Value Time relation.MIcro clock
[12] $VT.PMA$ = Value Time relation.Physical MAcro clock
[13] $VT.FMA$ = Value Time relation.Functional MAcro clock
[14] $VT.F$ = Value Time relation.Functional
[15] $VT.PR$ = Value Time relation.PRelayout
[16] $VT.C$ = Value Time relation.Causal

9.5.1 Graphisches versus textuelles Verhaltensmodell

Die graphische Repräsentation eines Strukturmodells durch einen Schaltplan, ein Blockdiagramm oder einen Stromlaufplan („Schematic") ist in vielen Fällen leichter lesbar als ein textuelles Modell. Es ist aber auch möglich, Verhaltensmodelle durch Zustandsdiagramme oder „state charts" [38] graphisch darzustellen. Da immer wieder behauptet wird, daß eine graphische der textuellen Darstellung eines Verhaltensmodells überlegen ist [79, 22], sollen beide Darstellungsformen im folgenden verglichen werden.

Es wird gezeigt, daß bei komplexeren Modellen der Teil der graphisch dargestellten Designinformationen geringer wird und die Kompaktheit der textuellen Darstellung an Bedeutung gewinnt. Verschiedene Kriterien zur Wahl der Darstellungsform eines Verhaltensmodell werden diskutiert.

Graphische Darstellung

Die Überlegenheit der graphischen Beschreibung von EFSMs wird mit eher einfachen Beispielen begründet [38]. Im folgenden soll daher ein realistischeres, aber dennoch überschaubares VHDL-Modell und das dazugehörige Zustandsdiagramm vorgestellt werden.

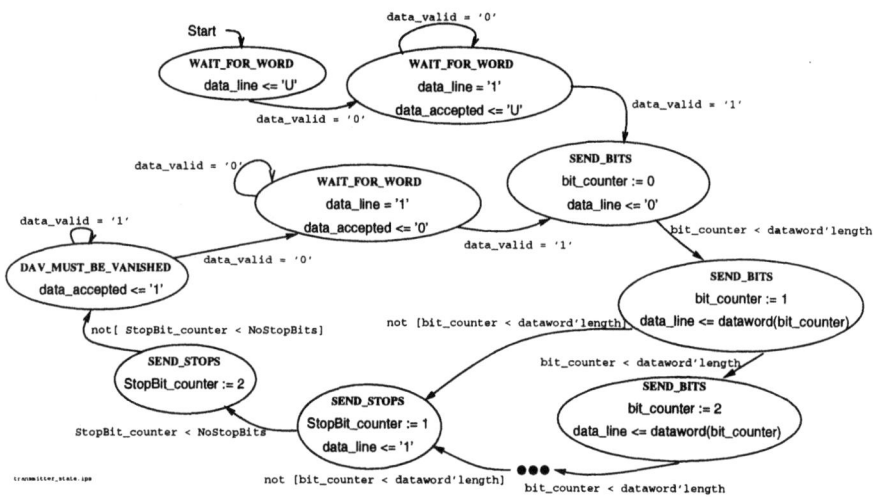

Abb. 9.9: Vereinfachtes Zustandsdiagramm des „transmitters"

Das vereinfachte Zustandsdiagramm der EFSM zu dem Modell des „transmitters" (vgl. Abs. 5.4.2, S. 207) ist in Abb. 9.9 gezeigt. In diesem Zustandsdiagramm sind die Kontrollzustände in fetter Schrift angegeben. Der Aufbau einer Zustands-„blase" ist in Abb. 9.10 dargestellt. Zur Reduktion der Komplexität sind der jeweilige Datenzustand und die Werte der Ausgangssignale nur angegeben, wenn sie sich gegenüber dem

9.5. BEMERKUNGEN

Vorgängerzustand geändert haben. Die sich aus der Inkrementierung des „bit_counter" ergebende Zustandssequenz ist durch die drei Punkte in der rechten unteren Ecke angedeutet. Der maximale Wert des „StopBit_counter" ist 2.

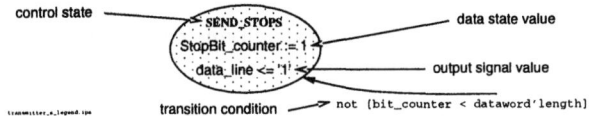

Abb. 9.10: Aufbau einer Zustands-„blase"

Da nicht alle Werte des Datenzustands und der Ausgangssignale in Abb. 9.9 dargestellt sind, ist die obige Darstellung nicht vollständig. Eine vollständige Beschreibung ist ohne eine Hierarchisierung [38] nicht mehr auf einem Blatt darstellbar. Eine Hierarchisierung kann z.B. in der Zustandssequenz, in welcher der „bit_counter" oder der „StopBit_counter" inkrementiert wird, mit Gewinn angewandt werden. Durch eine Hierarchisierung wird die Übersichtlichkeit der Darstellung erhöht, indem die Komplexität der flachen Darstellung verringert wird.

Textuelle Modellierung

Im folgenden Codefragment 9.11 wird noch einmal das textuelle Modell des „transmitters" mit einer impliziten Modellierung des Kontrollzustands wiederholt.

9.11
```
ARCHITECTURE EFSM_implicit_state_no_reset  OF transmitter IS
BEGIN
   PROCESS                                 -- no sensitivity list here!
   BEGIN
      wait_for_word : LOOP                 -- MVL: (a = '0') NOT <=> not(a = '1')
         data <= '1';                      -- allows detection of the start bit
         dac <= '0';
         WAIT UNTIL PosEdge(clk);          -- wait another cycle
         EXIT WHEN dav = '1';              -- init. or completion of transmission
      END LOOP wait_for_word;
      data <= '0';                         -- send start-bit
      WAIT UNTIL PosEdge(clk);             -- wait until end of start bit
      transmit_loop : FOR i IN dataword'REVERSE_RANGE LOOP
         data <= dataword(i);              -- put a data bit on the line
         WAIT UNTIL PosEdge(clk);          -- wait a cycle
      END LOOP transmit_loop;
      stop_loop : FOR i IN 1 TO NoStopBits LOOP
         data <= '1';                      -- set stop bit
         WAIT UNTIL PosEdge(clk);          -- let it be there for one cycle
      END LOOP stop_loop;
      dac <= '1';                          -- complete transaction & feed next
      acknowledge_loop : WHILE dav /= '0' LOOP    -- to wait on (dav = '0')
         WAIT UNTIL PosEdge(clk);
      END LOOP acknowledge_loop;
   END PROCESS;
END EFSM_implicit_state_no_reset ;
```

Im Unterschied zu der graphischen Darstellung des Modells ist die textuelle Darstellung vollständig.

Vergleich

Die graphische Darstellung einer EFSM durch ein Zustandsdiagramm („state diagramme" oder „state chart") hat die folgenden Vorteile:

① Durch die Abbildung jedes Zustandes durch eine Zustandsellipse („bubble") ist die Zahl der Zustände schnell erfaßbar.

② Die möglichen Zustandsübergänge sind unmittelbar sichtbar.

Allerdings macht die graphische Darstellung von EFSMs einer gewissen Komplexität Schwierigkeiten, so daß die textuelle Darstellung durch ihre Kompaktheit an Attraktivität gewinnt. Die textuelle Darstellung zeichnet sich durch die folgenden Vorzüge aus:

① Die textuelle Darstellung ist sehr kompakt, weil

- die Datentypen der Variablen und Signale,
- die Übergangsbedingungen als auch
- die Ausgangssignalzuweisungen

in einer einheitlichen Form beschrieben werden.

② Komplizierte Zustandsübergangsbedingungen können einfach dargestellt werden. (Sie müssen nicht auf eine unleserliche Form abgekürzt werden, um in einem Diagramm dargestellt zu werden.)

③ Die Parametrierbarkeit der Modelle ist eine Voraussetzung zur erfolgreichen Durchführung eines Top-down-Entwurfsprozesses [100]. Weiterhin wird die Wiederverwendbarkeit durch eine konsequente Parametrierung eines Entwurfs erleichtert. Die Parametrierungsmöglichkeiten der textuellen Darstellung, z.B. in VHDL [44], sind wesentlich weiter fortentwickelt als die der graphischen Beschreibung, wie in „state charts" [38].

④ Zur Erstellung einer textuellen Darstellung ist nur ein einfacher Texteditor notwendig. Aus einer graphischen Beschreibung werden ebenfalls textuelle Zwischencodes, z.B. in VHDL, erzeugt und mit den gleichen Simulatoren ausgeführt. Der werkzeugbezogene Aufwand zur Bearbeitung einer textuellen Darstellung ist daher geringer.

⑤ Es gibt akzeptierte Standards zur

(a) **Interpretation** von textuellen Daten, welche die Lesbarkeit und damit die Wiederverwendbarkeit erleichtern, und

(b) weitverbreitete Standards zum **Austausch** textueller Daten.

9.5. BEMERKUNGEN

Der Austausch graphischer Daten ist bis heute mit vielen Problemen verbunden [48, 104, 98] und es bleibt abzuwarten, wann sich Standards auch in diesem Bereich etablieren[17].

Welche Darstellung geeigneter ist, hängt davon ab, wie groß der Anteil der Entwurfsinformationen ist, welche durch graphische Mittel ausgedrückt werden können. Ab einer gewissen Komplexität können die Übergangsbedingungen und die Signalzuweisungen in einem Zustand nicht mehr graphisch dargestellt werden. Man verwendet dann spezielle Formulareditoren, um diese Entwurfsinformation zu beschreiben. Die Entwurfsinformation zu einer EFSM ist dann auf die verschiedenen Blättern der graphischen Darstellung und den verwendeten Formularen verteilt. Die textuelle Darstellung aller Informationen kann in solchen Fällen wesentlich kompakter sein.

Textuelle Verhaltensmodelle und graphische Strukturmodelle: Die obige Diskussion bezieht sich nur auf die graphische Darstellung des *Verhaltens*-modells einer EFSM. Zur Dokumentation eines Entwurfes ist es meist erforderlich, Blockdiagramme der verschiedenen *Struktur*-modelle zu erzeugen. Daher liegt es nahe, Strukturmodelle vorrangig graphisch zu beschreiben. Der einzige Nachteil einer graphischen Modellierung von Strukturmodellen ist das Fehlen eines Standards zum Austausch graphischer Entwurfsdaten.

Zusammenfassung: Textuelles versus graphisches Verhaltensmodell

Graphische Darstellungen von *Struktur*modellen haben sich in der Praxis bewährt. Da durch eine geeignete abstrakte Modellierung sehr kompakte textuelle *Verhaltens*modelle ermöglicht werden, sind in diesem Abschnitt die beiden Darstellungsformen eines Verhaltensmodells an einem realen Beispiel verglichen worden.

Bei einer graphischen Darstellung ist die Zahl der Zustände und der Zusammenhang zwischen ihnen leicht zu erfassen. Allerdings ist die graphische Darstellung selten vollständig, sondern muß durch Formulare, z.B. zur Definition von Datentypen, ergänzt werden. Die textuelle Darstellung hingegen ist vollständig, weil alle Informationen leicht textuell erfaßt werden können. Bei einer textuellen Darstellung ist man nicht gezwungen, komplizierte Übergangsbedingungen auf eine schwer lesbare Form zu reduzieren. Die Parametrierbarkeit textueller Modelle ist weiterhin wesentlich weiter fortentwickelt als bei der graphischen Darstellung. Zuletzt ist der Austausch von textueller Information gut standardisiert, während der Austausch graphischer Informationen immer noch problematisch ist.

Die Auswahl der Darstellungsform wird durch den Anteil der graphisch darstellbaren Information bestimmt. Ab einer gewissen Komplexität scheint dieser Anteil immer kleiner zu werden.

---

[17] Vor dem Hintergrund eines bestimmten Werkzeugs ist natürlich auch die Interpretation graphischer Darstellungen eindeutig.

Weitere Abstraktionsstufen von der Strukturinformation?

Im Kapitel 4.5 wurde gezeigt, wie man von dem Aufbau einer Gatterschaltung durch Verhaltensmodelle der Kombinatorik und Register abstrahieren kann (*SI.CR*). Dann wurde von dem Aufbau einer FSM aus Registern und Kombinatorik abstrahiert, indem eine FSM entweder mit mehreren Prozessen (*SI.MP*) oder aber durch einen einzigen Prozeß (*SI.SP*) modelliert wurde. Viele sogenannte „Controller" oder EFSMs bestehen aus einer FSM und mehreren untergeordneten Datenpfaden. Es wurde gezeigt, wie man von dieser Struktur abstrahiert, indem man die Datenpfade implizit modelliert (*SI.ISD*). In dem letzten Abschnitt wurde vorgeführt, wie man von einer Modellierung der Register zur Speicherung des Kontrollzustands durch eine implizite Modellierung des Kontrollzustands (*SI.ICS*) abstrahieren kann.

Es stellt sich die Frage, ob eine weitere Abstraktion von der Strukturinformation überhaupt noch sinnvoll möglich ist. Die Betrachtungen im folgenden Kapitel 10 werden zeigen, daß noch eine weitere Stufe existiert.

10 *SI.ICD*: Abstraktion „DSP-Block"?

Die Implementierung einer signalverarbeitenden Applikation beginnt mit einem funktionalen Modell. Dieses Modell abstrahiert nicht nur von den Eigenschaften der Realität, sondern auch von den Details einer Implementation. Es wird ein Blockdiagramm zur experimentellen Analyse eines funktionalen Modells betrachtet. Die Analyse der dort instanziierten Modelle zeigt, daß durch eine Verwendung besonders komplexer Operatoren eine weitere Abstraktionsstufe der Modellierung der Strukturinformation etabliert wird. Diese Stufe wird „implizite komplexe Datenpfade" (*SI.ICD*) genannt.

Das Modellierungskonzept der EFSM entstand aus dem FSM-Konzept durch die Einführung eines Datenzustands, auf den mit arithmetischen Operatoren zugegriffen wird. Die Analyse verschiedener Blöcke einer signalverarbeitenden Strecke zeigt, daß der Modellierungsstil dieser Blöcke als „EFSM ohne Kontrollzustand" bezeichnet werden kann. Die Betrachtung einer Implementation macht deutlich, daß der Kontrollzustand als Hilfsmittel zur Verteilung der Operationen auf die Takte der Berechnungsperiode benutzt wird.

Alle Abstraktionsstufen von der Strukturinformation sowie die zur Sicherung der Rückwirkungsfreiheit im Entwurfsablauf notwendigen Einschränkungen werden in einer Tabelle dargestellt.

Einleitung

Verfügbare Beschreibungen des Entwurfsprozesses digitaler Schaltungen sind dominiert durch eine Behandlung des Prozessorentwurfs, z.B. [63, 35, 80, 22]. Daher steht die Modellierung von Bussen, ALUs und Instruktionssätzen im Vordergrund. Diese ausführliche Behandlung scheint zum einen durch die Bedeutung der Implementationstechnik „Software" und zum anderen durch die große Zahl der gefertigten Prozessorchips gerechtfertigt zu sein. Entscheidend für die Bedeutung einer Entwurfsmethodik ist aber eher die Zahl der Entwurfsprojekte und die ist z.B. im Bereich der Telekommunikation oder Unterhaltungselektronik wesentlich größer. In diesen Applikationsbereichen werden häufig Algorithmen der digitalen Signalverarbeitung implementiert.

Zur Einleitung in die Fragestellungen dieses Kapitels wird daher im folgenden der Entwurfsprozeß eines Algorithmus der digitalen Signalverarbeitung zusammengefaßt. Auf S. 378 wird dann der Aufbau dieses Kapitels skizziert.

10.1 Implementierung eines Algorithmus

In der digitalen Signalverarbeitung werden Funktionen, die bisher durch analoge Schaltungen realisiert wurden, oder vollständig neue Verfahren durch periodisch ausgeführte Berechnungsvorschriften („Algorithmen") implementiert. Mit diesen Algorithmen werden aus den quantisierten Abtastwerten der Eingangssignale die

Werte der Ausgangssignale berechnet. Der Vorgang der Abtastung mit einer konstanten Abtastperiode T_{Sample} ist in Abb. 10.1 skizziert. Die Effekte der Abtastung, der Quantisierung und eine geeignete Modellierung der betrachteten Systeme werden, z.B. in [66], diskutiert.

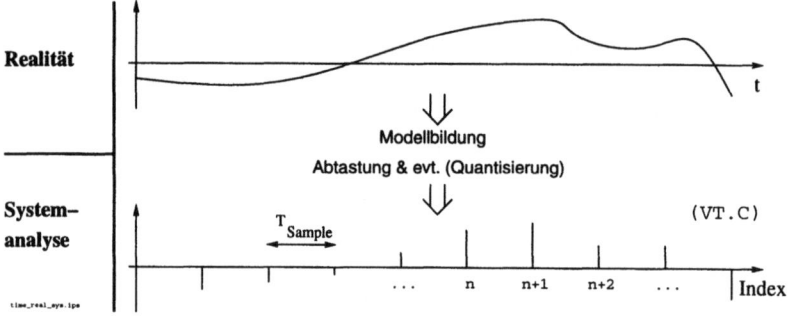

Abb. 10.1: Abstrakte Modellierung der Wert/Zeit-Relation zur Systemanalyse

(I) Funktionales Modell zur experimentellen Systemanalyse. Der Algorithmus wird in einem Modell implementiert, welches eine Verifikation des funktionalen Klemmenverhaltens ermöglicht. Ein solches maschinenausführbares Modell wird zur experimentellen Analyse der Eigenschaften verwendet, bei welcher der Algorithmus mit alternativen Algorithmen oder theoretischen Grenzen verglichen wird.

Funktionales Modell in der Signalverarbeitung: „Block". Ein funktionales Modell beschreibt die Transformation der Eingangs- in die Ausgangsdaten. Eine solche Trennung des zeitlichen und funktionalen Klemmenverhaltens ist nicht bei allen Einheiten sinnvoll, aber im Bereich der digitalen Signalverarbeitung häufig möglich (vgl. Abs. 8.3.1, S. 284). In der digitalen Signalverarbeitung bilden diese funktionalen Modelle Sequenzen von Eingangswerten in Ausgangssequenzen ab. In Abb. 10.1 ist z.B. eine solche Sequenz von Abtastwerten gezeigt. Man nennt die Instanz eines solchen Modells „Block" und ein Strukturmodell „Blockdiagramm".

Weiterer Abstraktionsgrad bezüglich der Strukturinformation (*SI*)? Das in Abb. 8.11 (S. 301) gezeigte Blockdiagramm des PID-Moduls enthält Instanzen von Multiplizierern, Substrahierern und einem Integrator. Die Verhaltensmodelle dieser Instanzen bestehen aus wenigen Zeilen, in denen im wesentlichen der benötigte Operator referenziert wird. Durch diese Operatoren und die verwendeten Datentypen werden die benötigten Datenpfade implizit modelliert, so daß der Abstraktionsgrad bezüglich der Modellierung der Strukturinformation mit *SI.ISD*[1] angegeben werden

---

[1] *SI.ISD* = Structural Information.Implicit Simple Datapath (vgl. Tabelle 10.3 (S. 400))

10.1. IMPLEMENTIERUNG EINES ALGORITHMUS

kann. In diesem Kapitel werden die Modelle eines weiteren Blockdiagramms betrachtet. Die in einem Modell dieses Blockdiagramms verwendeten Operatoren können nicht wie in allen bisher diskutierten Modellen unmittelbar durch die Elemente einer Synthesebibliothek (vgl. Abs. 5.4, S. 202) implementiert werden. Daher wird eine weitere Stufe der Abstraktion von der Strukturinformation *SI.ICD* („Implicit Complex Datapath") eingeführt.

Modellierungskonzept EFSM anwendbar? Das EFSM-Modellierungskonzept entstand durch eine Zerlegung des Zustands in einen Kontroll- und Datenzustand. Der Datenzustand wird mit arithmetischen Operatoren transformiert und abgefragt. In diesem Kapitel wird diskutiert, ob und in welchem Umfang das EFSM-Konzept auch zur Modellierung der Blöcke in der digitalen Signalverarbeitung verwendet werden kann.

Darstellung der Signale als Sequenzen: Die Werte einer Sequenz von Abtastwerten werden zu jedem Abtastzeitpunkt angegeben. Im allgemeinen wird bei der Systemmodellierung auf die Zuordnung einer solchen festen zeitlichen Metrik aus den folgenden Gründen verzichtet.

① Die Funktion der meisten Algorithmen ist von dem aktuellen Wert der Abtastperiode unabhängig. (Nur die aktuellen Werte der Parameter, z.B. „K_I" des PID-Makros in Abb. 8.11 (S. 301), werden durch die Abtastperiode bestimmt.)

② Es werden Sequenzen mit unterschiedlichen Zeitmetriken verarbeitet. (z.B. „Dezimation" und „Interpolation")

③ In einigen Fällen benutzt man Sequenzen mit einer variablen Zeitmetrik. („Synchronisation")

Daher werden die Signale in einem solchen Blockdiagramm als Sequenzen von Werten ohne eine explizite Zeitmetrik dargestellt. Natürlich kann jeder Sequenz eine beliebige Zeitmetrik als *Interpretation* zugeordnet werden.

Zeitliche Ordnung der Sequenzelemente $\Rightarrow VT.C$: Ist einer Sequenz eine konstante Zeitmetrik zugeordnet, so scheint die Wert/Zeit-Relation auf der Abstraktionsebene eines physikalischen Makro- oder Nano-Taktes modelliert zu sein (vgl. Abs. 8.5, S. 328). Ein physikalischer Makro-Takt umfaßt eine feste Zahl von Taktperioden einer bestimmten Implementation, während eine Nano-Taktperiode ein konstanter Teil einer Taktperiode ist. Allerdings ist zum Zeitpunkt der Systemanalyse nur in seltenen Fällen die Taktfrequenz einer Implementation durch eine applikationsspezifische Schaltung bestimmt. Im allgemeinen kann den Elementen einer Sequenz nur eine zeitliche Ordnung im Sinne einer Kausalitätsbeziehung zugeordnet werden. Daher ist in Abb. 10.1 (S. 372) die Wert/Zeit-Relation der Sequenz auch durch $VT.C^2$ gekennzeichnet.

---

[2]$VT.C$ = Variable Time.Causal (vgl. Tabelle 13.1 (S. 458))

10. *SI.ICD*: ABSTRAKTION „DSP-BLOCK"?

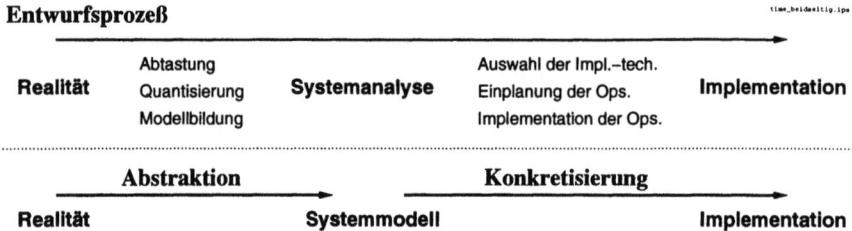

Abb. 10.2: Abstraktion eines Systemmodells von den Details der Realität und der Implementation

Abstraktion von der Realität und einer Implementation: Ein Systemmodell abstrahiert daher nicht nur von den Einzelheiten der Realität, sondern auch von den Details einer bestimmten Implementation. In Abb. 10.2 ist der Entwurfsprozeß angedeutet. Er beginnt mit einer Modellierung der Elemente einer Applikationsdomäne, dann werden geeignete Algorithmen entwickelt, welche mit einer bestimmten Implementationstechnik realisiert werden. Unterhalb der Entwurfsprozeßskizze ist in den Abb. 10.2 und 10.3 die Zunahme des Abstraktionsgrades zum einen von der Realität und zum anderen von den Details der Implementation angedeutet.

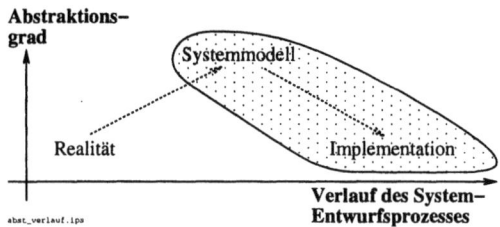

Abb. 10.3: Zeitlicher Verlauf des Abstraktionsgrades bei einem System-Entwurfsprozeß

IIa) Protokollierung ausgewählter Signale. In der digitalen Signalverarbeitung, insbesondere in der Telekommunikation, werden die verwendeten Algorithmen durch statistische Gütekriterien beurteilt. Zur vertrauenswürdigen experimentellen Ermittlung dieser Gütekriterien müssen die Systemmodelle für eine große Zahl von Sequenzelementen simuliert werden. Bei einer ereignisorientierten Simulation werden standardmäßig alle Ereignisse abgespeichert, um schon während der Simulation die „Waveforms" betrachten zu können. Diese Vorgehensweise ist bei statistischen Simulationen mit vielen Sequenzelementen durch die große Zahl an Datenwerten nicht anwendbar[3]. Es werden daher spezielle Modelle („Senken") instanziert, welche nur

---

[3] Die Abspeicherung vieler Signale führt nicht nur zu großen Datenaufkommen, sondern reduziert auch die Simulationseffizienz.

die Signalwerte der relevanten Signale abspeichern und damit einer anschließenden Bearbeitung zugänglich machen. In diesem Kapitel werden solche Modelle in VHDL implementiert, um die Möglichkeiten des Zugriffs auf Dateien zu demonstrieren.

(IIb): Graphische Nachbearbeitung. Die Dateien mit den Sequenzwerten der relevanten Signale werden dann nachbearbeitet und mit graphischen Darstellungsprogrammen einer optischen Inspektion zugänglich gemacht. Eine solche Protokollierung mit anschließender graphischen Nachbearbeitung ist auch bei ereignisorientierten Simulationen sinnvoll und wird daher ebenfalls in diesem Kapitel kurz beschrieben.

(III): Selektion der Implementierungstechnik. Hat die Analyse eines Algorithmus gezeigt, daß er die funktionalen Anforderungen erfüllen kann, so wird man die Komplexität der Verarbeitung innerhalb der geforderten Berechnungsperiode T_D analysieren (vgl. Abs. 7.4.1, S. 262). Ist die Zahl und Komplexität der „Grund"-Operationen pro Zeitspanne klein genug, so ist sowohl eine Implementation durch Software als auch durch applikationsspezifische Hardware möglich. In einem solchen Fall wird die Wahl der Implementationstechnik durch externe Gründe, wie den Entwurfsaufwand, festgelegt. Der Abstraktionsgrad zwischen dem vorhandenen funktionalen Modell und einer Softwareimplementation ist wesentlich geringer, als bei einer Implementation durch eine applikationsspezifische Schaltung (vgl. Abb. 15.44 (S. 595)). Daher müssen weniger Entwurfsentscheidungen durch den Entwickler getroffen, implementiert und verifiziert werden. Allerdings kann eine applikationsspezifische Schaltung Vorteile beim Stromverbrauch oder dem Fertigungsaufwand haben[4]. Die Auswahl der Implementationstechnik ist in Abb. 10.4 als erster Schritt der Implementierung angegeben.

(IV): Implementation durch eine applikationsspezifische Schaltung

(IV a): Implementation im Fall $T_D = T_P$. Häufig wird aber schon die Analyse der Zahl und Komplexität der jeweiligen Grundoperationen ergeben, daß der Algorithmus bei dem geforderten Durchsatz $D = \frac{1}{T_D}$ nur durch eine applikationsspezifische Schaltung implementiert werden kann. Das vorhandene funktionale Modell besteht entweder aus einem einzigen Verhaltensmodell oder einer Verschaltung von weiteren Blöcken. Ist der Abstraktionsgrad der einzelnen Blöcke hinreichend implementationsnah und entspricht die Berechnungsperiode T_D der Taktperiode optimaler Effizienz der vorhandenen Fertigungstechnologie $T_P = T_D$, so können die Blöcke direkt implementiert werden. Eine solche direkte Ableitung der Implementation aus einem Blockdiagramm ist in Abschnitt 8.4.2 (S. 300) demonstriert worden. Auch in diesem Kapitel wird die Implementation eines Blockes für die beiden Fälle $T_D = T_P$ und $T_D = N \cdot T_P$ betrachtet.

Der Übergang von der Systemanalyse zur Implementation ist nicht klar abgegrenzt und daher in Abb. 10.4 durch eine gezackte Linie markiert. In Abb. 10.4 ist die Ein-

---

[4]Neben den technischen Gründen, wie Verarbeitungsgeschwindigkeit, Stromverbrauch oder Platzbedarf, wird die Implementierung mit einer applikationsspezifische Schaltung auch durch kommerzielle Gründe, wie „Know-How"-Schutz, motiviert.

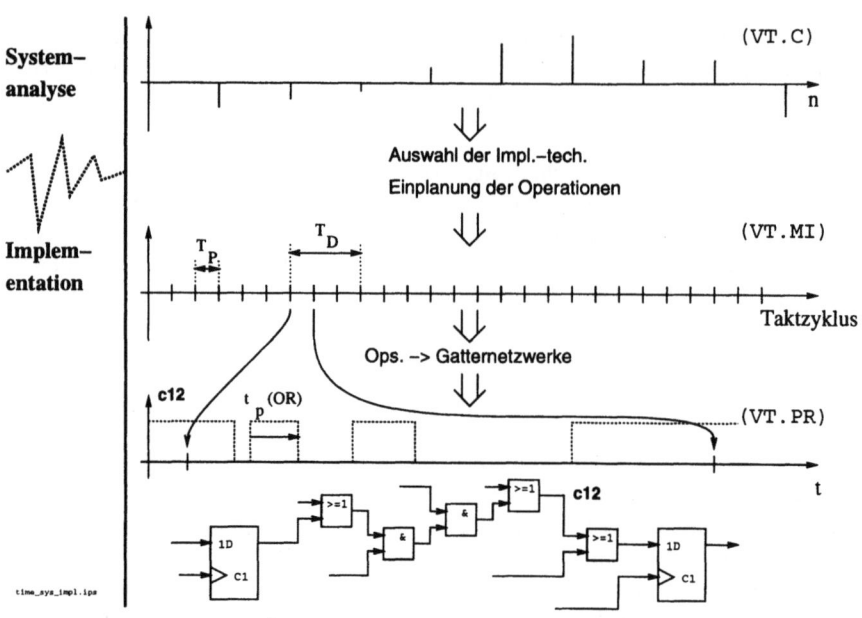

Abb. 10.4: Abstrakte Modellierung der Wert/Zeit-Relation zur Implementierung

planung der Operationen auf der Mikro-Taktebene (*VT.MI*) für den Fall skizziert, daß eine Berechnungsperiode 3 Taktzyklen umfaßt.

(IV b): Implementation im Fall $T_D = N \cdot T_P$. Umfaßt die Berechnungsperiode T_D mehrere Taktzyklen, so kann eine Implementation nicht direkt aus dem funktionalen Datenflußmodell abgeleitet werden. In diesem Falle müssen die Operationen in den verschiedenen Kontrollpfaden eines Algorithmus auf die Takte der Berechnungsperiode gleichmäßig verteilt werden, um die Zahl der benötigten Datenpfade zu minimieren. Bei einem Modell mit einer impliziten Modellierung des Kontrollzustands werden in die verschiedenen Kontrollpfade des Modells soviele „wait"-Anweisungen eingefügt, daß der Algorithmus in den Takten der Berechnungsperiode komplett abgearbeitet werden kann. [5]

Die Implementation auf der Gatterebene und damit einhergehende Reduktion der Abstraktion, bezüglich der Modellierung der Wert/Zeit-Relation der Signale, ist in Abb. 10.4 (S. 376) durch die untere Zeitachse angedeutet. Auf dieser Achse sind die Werte des Signals „c12" aus der darunter skizzierten Gatterschaltung während einer bestimmten Taktperiode dargestellt.

---

[5]Die Konstruktion einer Verschaltung von Datenpfaden und Registern aus einem Modell mit einer impliziten Modellierung des Kontrollzustandes ist in Abschnitt 8.4.2 (S. 304) demonstriert worden.

10.1. IMPLEMENTIERUNG EINES ALGORITHMUS

Zusammenfassung: Implementation eines Algorithmus

In diesem Abschnitt wurden die folgenden Schritte der Implementation eines periodisch auszuführenden Algorithmus angedeutet.

I Implementation eines funktionalen Modells der Applikation und des Algorithmus zur experimentellen Analyse der Eigenschaften.

II Protokollierung und graphische Nachbearbeitung der Signale, um eine optische Inspektion zu erleichtern.

III Selektion der Implementationstechnik. Bei einer hinreichend geringen Zahl und Komplexität der Operationen pro Zeitspanne ist sowohl eine Implementation durch Software wie durch Hardware möglich.

IV Entwurf einer applikationsspezifischen Schaltung

    a Verteilung der Operationen auf die Taktzyklen der Berechnungsperiode T_D, um eine Mehrfachnutzung der Datenpfade und Register zu ermöglichen.

    b Definition eines Protokolls zur Übergabe der Ein- und Ausgangswerte unter Berücksichtigung der Anforderungen der Systemumgebung und der Datenabhängigkeiten des Algorithmus.

    c Einplanung der Klemmenzugriffe.

    d Verifikation des zeitlichen und funktionalen Klemmenverhaltens.

    e Konstruktion einer geeigneten Verschaltung von Datenpfaden und Registern zur Implementation des Modells. Entwurf eines zentralen oder verteilten Controllers zur Steuerung der Verschaltung („Erzeugung der Steuerworte").

    f Implementation und Verifikation der Datenpfade und der/des Controller(s) auf der Gatterebene.

Die Abbildung einer Sequenz des Datenflußmodells auf die Takte einer Implementation ist angedeutet worden. Die folgenden Fragen ergaben sich bei der Darstellung dieser Skizze des Entwurfsprozesses.

① Werden die Modelle der signalverarbeitenden Blöcke auf einer weiteren Abstraktionsstufe von der Strukturinformation beschrieben?

② Welchen Zusammenhang gibt es zwischen der Darstellung der Signale durch Sequenzen und den Abstraktionsstufen der Modellierung der Wert/Zeit-Relation?

③ Welche Rolle spielt das Modellierungskonzept der „Erweiterten FSM" bei der Implementation eines Algorithmus?

Diese Fragen werden in den restlichen Abschnitten dieses Kapitels behandelt.

Aufbau

Das Blockdiagramm zur Diskussion des Abstraktionsgrades und die Emulation der Datenflußsimulation werden in Abschnitt 10.2 vorgestellt. Eine Analyse der Modellierung der Strukturinformation führt in Abschnitt 10.3 zur Einführung der Abstraktionsstufe *SI.ICD*. In Abschnitt 10.4 wird gezeigt, daß bei DSP-Blöcken der Kontrollzustand einer EFSM häufig nur ein Hilfsmittel zur Ermöglichung der Mehrfachnutzung ist. Der Abstraktionsgrad der restlichen Blöcke wird in Abschnitt 10.5 bestimmt. In Abschnitt 10.6 werden alle Stufen der Abstraktion von der Strukturinformation in Tabellen zusammengefaßt. Die Protokollierung von Signalwerten in Dateien wird in Abschnitt 10.7 demonstriert.

10.2 Emulation einer „Datenfluß"-Simulation

In diesem Abschnitt wird ein Blockdiagramm vorgestellt. Um die Modelle mit den Sprachmitteln von VHDL beschreiben zu können, werden die Datenstrukturen und Unterprogramme zur Emulation der Datenflußsimulation vorgestellt.

Insbesondere bei der Modellierung von Systemen der digitalen Signalverarbeitung verwendet man Modelle, die aus einer Sequenz von Daten an den Eingängen eine Ausgangssequenz erzeugen. In Abb. 10.5 ist ein „Blockdiagramm" mit einem FIR-Filter, Differenziator, Multiplizierer und einigen Blöcken zur Protokollierung von Sequenzwerten skizziert. Das Strukturmodell des Blockdiagramms in VHDL ist im Codefragment 10.19 (S. 400) gezeigt.

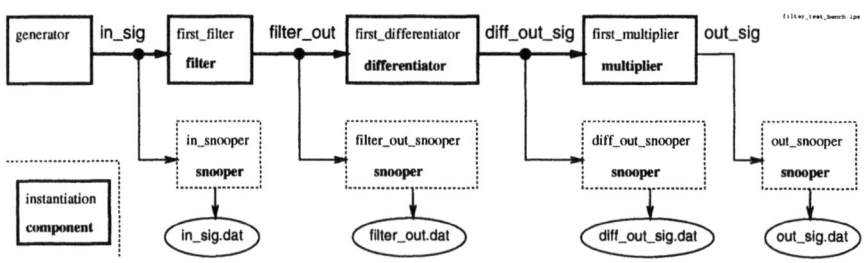

Abb. 10.5: Ein einfaches „Blockdiagramm" mit sequenzverarbeitenden Instanzen

Der Block „generator" am linken Rand von Abb. 10.5 erzeugt eine Sequenz von Datenwerten, welche zum einfachen Vergleich von der Instanz „in_snooper" der Komponente „snooper" in die Datei „in_sig.dat" ausgegeben werden. Die Ausgangssequenz der Instanz „generator" wird mit der Instanz „first_filter" transformiert. Das Modell der Instanz „first_differentiator" berechnet die Differenz zwischen zwei benachbarten Sequenzwerten und die Instanz „first_multiplier" multipliziert die Eingangssequenz mit einem konstanten Faktor.

10.2. EMULATION EINER „DATENFLUß"-SIMULATION

Keine bestimmte Funktion, aber Blöcke verschiedener Komplexität: Das in Abb. 10.5 skizzierte Blockdiagramm hat keine bestimmte Funktion. Da in dem Blockdiagramm sowohl sehr einfache als auch komplexere Verhaltensmodelle instanziiert sind, ist es aber geeignet, den Abstraktionsgrad von DSP-Blöcken zu untersuchen. Weiterhin ist die Topologie frei von Rückkopplung, was die Emulation einer Datenflußsimulation mit einem ereignisorientierten Simulator erleichtert. [6] Um das Blockdiagramm in Abb. 10.5 mit VHDL beschreiben zu können, werden im folgenden einige Datenstrukturen und Unterprogramme definiert. In Abschnitt 10.3 (S. 383) wird dann der Abstraktionsgrad von der Strukturinformation diskutiert.

Sequenz: Signalwert, Datentyp und Index

Die Darstellung eines Signals durch eine Sequenz von Werten wird von einem Datenflußsimulator unterstützt (vgl. Abs. 3.4, S. 107). Eine Initialisierung der Signale ist nicht notwendig, da die Sequenzen beim Start die Länge 0 haben. Die einzelnen Instanzen in einem Blockdiagramm werden aktiviert, wenn eine hinreichend lange Teilsequenz an jedem Eingang zur Verfügung steht. Die Länge der erforderlichen Teilsequenz kann für jeden Eingang separat spezifiziert werden. Die Simulation startet, indem die Instanzen ohne Eingangssignale, die sogenannten „Quellen", aktiviert werden. Eine Simulation endet, wenn eine durch den Benutzer spezifizierte Endebedingung erfüllt ist. Eine solche Endebedingung besteht meist aus der Angabe einer gewissen Anzahl von Sequenzelementen, die an einer Instanz ohne Ausgänge, einer sogenannten „Senke", angekommen sein müssen.

Exkurs

Die Handhabung und Darstellung von Signalen in einem ereignisorientierten Simulator beruht auf einer Verwendung der implizit definierten globalen Zeitskala („simulated time") (vgl. Abs. 2.4, S. 61). So wie in einem ereignisorientierten Simulator jeder Signaländerung automatisch der Wert der globalen Zeitskala zugeordnet wird, so wird in einer datenflußorientierten Beschreibungssprache implizit ein Index definiert. Da hier eine datenflußorientierte Modellierung in VHDL emuliert werden soll, muß der Index explizit definiert und verwaltet werden.

Basisdatentyp eines Sequenzelementes: Im folgenden Codefragment 10.1 wird eine Konstante „ind_start" definiert. Sie bezeichnet den kleinsten gültigen Indexwert. Der Wert der Konstanten „not_valid" wird benutzt, um ein ungültiges Sequenzelement zu markieren.

10.1
```
PACKAGE stddef IS
    CONSTANT ind_start : INTEGER := 0;          -- smallest valid index
    CONSTANT not_valid : INTEGER := ind_start -1;  -- indicator to show an
                                                --   invalid element
```

Da in den Modellen die Quantisierung der Signale berücksichtigt werden soll, wird mit der Konstante „BitNum" die Zahl der Bitstellen festgelegt, welche zur Kodierung

---

[6] Die Emulation der Datenflußsimulation mit einer ereignisgesteuerten Simulationsmaschine zwingt den Modellierer, die Ausführungsreihenfolge der Blöcke zu bestimmen. Eine solche Emulation zeigt daher die Grenzen der ereignisorientierten Modellierung auf.

der Signale verwendet werden sollen. Mit „t_data" wird im Codefragment 10.2 ein ganzzahliger Datentyp mit einem eingeschränkten Wertebereich definiert.

10.2
```
CONSTANT BitNum : POSITIVE := 4;          -- number of bits in a data word
SUBTYPE t_data IS INTEGER RANGE -2**(BitNum-1) TO 2**(BitNum-1)-1;
```

Kombination mit dem Index: Der Basisdatentyp „t_data" wird im Codefragment 10.3 mit dem Index „index" zum Datentyp eines Signals „t_data_sig" kombiniert. Der spezielle Indexwert „not_valid" dient dabei zur Markierung ungültiger Werte.

10.3
```
TYPE t_data_sig IS RECORD
    data            : t_data;
    index           : INTEGER RANGE not_valid TO integer'HIGH;
            -- Index values: not_valid, first valid index, ... integer'HIGH
END RECORD;
```

Datentyp der Stoßantwort: In dem Blockdiagramm wird ein Filter verwendet, daher wird im Codefragment 10.4 ein Datentyp „t_imp_response" zur Darstellung von Stoßantworten definiert. Dieser Datentyp ist ein unbegrenzter („unconstrained") Vektor des Basisdatentypes „t_data", so daß durch die Verwendung dieses Datentyps der Bereich der aktuellen Parameter einer Instanz nicht unnötig eingeschränkt wird.

10.4
```
TYPE t_imp_resp IS ARRAY (NATURAL RANGE <>) OF t_data; -- impulse response type
```

Nachdem die benötigten Datentypen definiert worden sind, werden im folgenden die Unterprogramme zum Zugriff auf eine Sequenz definiert.

Zugriff auf eine Sequenz

Die im folgenden Codefragment 10.5 deklarierten Prozeduren „assign" und „put" werden zur Zuweisung auf eine Sequenz benutzt. Mit der Prozedur „assign" wird auf das Signal „out_sig" direkt zugegriffen und dem Signal der Wert „value" sowie der Index „number" zugewiesen.

10.5
```
PROCEDURE assign(SIGNAL out_sig : OUT   t_data_sig; -- function used in a
                        value   : IN    t_data;     --    data processing
                        number  : IN    integer);   --    model
PROCEDURE put(SIGNAL out_sig : INOUT    t_data_sig; -- function for a data
                     value   : IN       t_data);    --    source
```

Die Prozedur „put" weist dem Signal „out_sig" den neuen Wert „value" zu. Die Verwaltung des Indexwertes wird durch diese Funktion verborgen.

Zuweisung auf ein Sequenzelement: „assign"

Die Prozedur „assign" im Codefragment 10.6 weist dem Signal „out_sig" den Wert „value" und den Index „number" zu. Die Zuweisung des Index hat zwei Funktionen. Erstens wird dadurch den nachfolgenden Instanzen der aktuelle Index bekannt, und

10.2. EMULATION EINER „DATENFLUß"-SIMULATION

zweitens erzeugt die Zuweisung eines neuen Indexwertes ein Ereignis[7]. Dieses Ereignis wird zur Aktivierung nachfolgender Instanzen verwendet. Die Emulation eines Datenflußmodells mit VHDL macht die explizite Modellierung der Ausführungsreihenfolge der Instanzen durch den Entwickler notwendig. Geeignete Datenflußsimulatoren bestimmen automatisch eine optimale Ausführungsreihenfolge [53, 13, 83].

10.6
```
        PROCEDURE assign(SIGNAL out_sig : OUT      t_data_sig;
                               value    : IN       t_data;
                               number   : IN       INTEGER) IS
        BEGIN
          out_sig <= (data => value,
                      index => number);  -- just to create an event and get
                                         -- the values numbered
        END assign;
```

Erzeugung eines neuen Sequenzelements: „put"

Die Prozedur „put" im Codefragment 10.7 dient zur Erzeugung neuer Elemente in einer Sequenz von Signalwerten. Diese Prozedur wird von einer „Quelle" für Sequenzelemente gerufen. In der Prozedur wird zunächst geprüft, ob dem durch „sig_out" bezeichneten Signal schon mal ein gültiges Sequenzelement zugewiesen worden ist. Durch Aufruf der Prozedur „assign" wird dann dem Signal „sig_out" ein neuer Wert zugewiesen. Ist dem Signal schon ein gültiges Element zugewiesen worden, so wird der Index des Signals erhöht. Um der ereignisorientierten Simulationsmaschine eine Möglichkeit zu geben, die folgenden Instanzen („Blöcke") zu aktivieren, wird durch die Zeile „wait on out_sig" auf die Ausführung der durch die Prozedur „assign" eingeplanten Signaländerung gewartet.

10.7
```
        PROCEDURE put (SIGNAL out_sig : INOUT   t_data_sig;
                              value   : IN      t_data) is
        BEGIN
          IF out_sig.index = not_valid THEN
            assign(out_sig, value, ind_start);   -- let the sequence start
          ELSE
            assign(out_sig, value, out_sig.index+1);-- new value increment index
          END IF;
          WAIT ON out_sig;                       -- just to give the event wheel
                                                 -- a chance to move forward
        END put;
```

Signalquelle

Die in Abb. 10.5 (S. 378) gezeigte Testbench wird durch die Signalquelle „generator" getrieben. Diese Signalquelle wird durch die direkte Instanz eines Prozesses innerhalb des Strukturmodells der Testbench modelliert[8]. Im Codefragment 10.8 ist die Definition der Einheit „test_bench" und der Ausschnitt aus dem Modell „struc" mit der Signalquelle „generator" gezeigt. Das Signal „in_sig" wird initialisiert, indem die Wer-

---

[7] Die Zuweisung auf ein Signal erzeugt eine Transaktion („transaction"). Ändert diese Transaktion den Wert des Signals, so entsteht ein Ereignis („event").

[8] Die Instanziierung einer Komponente garantiert, daß auf ein Modell der Komponente nur über die Schnittstellen zugegriffen wird. Der Instanziierungs- und Konfigurationsaufwand kann durch eine direkte Instanziierung eines Prozesses vermieden werden. (vgl. Abs. 5.3.4, S. 199)

te den Teilen des zusammengesetzten Datentyps namentlich zugeordnet werden (vgl. Abs. 3.2, S. 89).

10.8
```
ENTITY test_bench IS
END test_bench;

ARCHITECTURE struc OF test_bench IS
...
   SIGNAL in_sig, ... : t_data_sig := (data => 0, index => not_valid);
BEGIN -- struc
   generator : PROCESS
   BEGIN
      put(in_sig, 1);                          -- first sequence element
      sign_loop : FOR i IN 1 TO 5 LOOP         -- 5 blocks
         put(in_sig, -1*in_sig.data);
         const_loop : FOR j IN 1 TO 10 LOOP    -- each block with 10 elements
            put(in_sig, in_sig.data);
         END LOOP const_loop;
      END LOOP sign_loop;
      WAIT;
   END PROCESS;
...
```

Der Prozeß enthält keine „sensitivity list" und endet mit einer einfachen „wait"-Anweisung. Der Prozeß wird daher nur einmal ausgeführt[9]. Da aber die Prozedur „put" im Codefragment 10.7 eine „wait on"-Anweisung enthält, wird die sequentielle Ausführung der Anweisungen in dem Prozeß immer wieder unterbrochen, um die Prozesse in den anderen Instanzen zu aktivieren. Die Signalquelle erzeugt eine Sequenz, die mit einer 1 beginnt, dann 11 mal die -1 enthält und dann wieder 11 mal eine 1 umfaßt. Diese Sequenz ist als Kurvenverlauf „in_sig" in Abb. 10.12 (S. 402) abgebildet.

Kein Bezug zur simulierten Zeit: Es ist für das Verständnis der verwendeten Abstraktionsebene der Modellierung der Wert/Zeit-Relation von großer Bedeutung, daß weder in der Prozedur „put" (Codefrag. 10.7) noch in der Signalquelle (Codefrag. 10.8) eine Relation zur globalen Zeitachse definiert wird. Die Zeile „wait on ..." in der Prozedur „put" definiert keinen Bezug zu einer Zeitskala, sondern es wird auf das Eintreffen eines Ereignisses gewartet. Durch diese Zeile wird nur eine Kausalitätsbeziehung zu einer Sequenz von Ereignissen definiert. Die Simulation der kompletten von der Einheit „generator" erzeugten Sequenz schreitet daher in δ-Inkrementen voran. Da eine δ-Verzögerung die kleinst mögliche Verzögerungszeit bezeichnet, findet die Simulation praktisch ohne eine Erhöhung der simulierten Zeit statt. Daher wird diese Abstraktionsstufe der Modellierung der Wert/Zeit-Relation die „kausale"-Beschreibung ($VT.C$) genannt werden.

Zusammenfassung: Emulation einer „Datenfluß"-Simulation

In diesem Abschnitt sind die Datenstrukturen und Prozeduren zur Emulation einer Datenflußsimulation vorgestellt worden. Ein Sequenzelement ist als zusammengesetzter Datentyp aus dem eigentlichen Signalwert und dem Index definiert worden. Mit der

---

[9] Viele VHDL-Simulatoren führen alle Prozesse einmal aus, bevor der Debugger auf Benutzereingaben wartet. Zur Vereinfachung der Fehlersuche kann man diese Ausführung der Prozesse aber unterbinden.

Routine „assign" kann man einem Signal einen neuen Wert und Index zuweisen. Die Prozedur „put" erzeugt ein neues Sequenzelement, indem sie den Index inkrementiert und den neuen Signalwert zuweist. Die Aktivierung der getriebenen Instanzen ermöglicht eine „wait"-Anweisung am Ende der Prozedur „put".

| Exkurs |

10.3 Implizite Modellierung komplexer Datenpfade

In diesem Abschnitt wird das Modell der Einheit „filter" erläutert. Die Untersuchung des Abstraktionsgrades bezüglich der Strukturinformation wird der Anlaß sein, die Abstraktionsstufe „implizite komplexe Datenpfade" (*SI.ICD*) einzuführen.

Einheit „filter"

Zunächst werden die Schnittstellen und Parameter der Einheit „filter" und dann das Modell „behav" erläutert.

Klemmen und Parameter: Die von der Signalquelle „generator" erzeugten Sequenzelemente werden von einer Instanz der Einheit „filter" verarbeitet (Abb. 10.5 (S. 378)). Die Definition der Schnittstellen dieser Einheit ist im Codefragment 10.9 gezeigt. Da der Basisdatentyp „t_imp_resp" im Codefragment 10.4 (S. 380) als ein Vektor unbegrenzter Länge definiert worden ist, werden durch den Parameter „impulse_response" nicht nur die Werte, sondern auch die Länge der Stoßantwort festgelegt. Der Parameter „NoExtensionBits" legt die Erweiterung des Dynamikbereichs des Akkumulators zur Berechnung der Filterantwort fest. Mit dem Faktor „down_scale_factor" wird das Ergebnis dann auf den Wertebereich des Datentyps „t_data_sig" reduziert.

10.9
```
ENTITY filter IS
    GENERIC(impulse_response  : t_imp_resp := (1, 1, 1, 1, 1, 1); -- |^^^^^^|_...
            NoExtensionBits    : NATURAL  := 3;   -- to avoid an internal overflow
            down_scale_factor  : POSITIVE := 1); -- to scale the internal result
    PORT(data_in   : in   t_data_sig;
         data_out  : out  t_data_sig);
END filter;
```

Modell „behav"

Definition der internen Variablen: Das Modell „behav" der Einheit „filter" in Codefragment 10.10 enthält einen Prozeß, der bei einer Änderung des Signals „data_in.-index" aktiviert wird. Der Zustand des FIR-Filters wird in der Variablen „state" gespeichert. Die Variable „state" ist ein Vektor mit der Länge der Stoßantwort, welche in dem Parameter „impulse_response" abgelegt ist. Die Variable „tmp" dient zur internen Akkumulation des Filterergebnisses und hat daher einen erweiterten Wertebereich.

10.10
```
ARCHITECTURE behav OF filter IS
BEGIN
    PROCESS(data_in.index)      -- triggered by an index change
        SUBTYPE t_state IS t_imp_resp(impulse_response'RANGE);
        VARIABLE state : t_state := (OTHERS => 0);
```

```
           VARIABLE tmp      : INTEGER RANGE (t_data'LOW)*(2**NoExtensionBits) TO
                                            (t_data'HIGH+1)*(2**NoExtensionBits)-1 := 0;
```

Überladung des „*"-Operators zur Berechnung des Skalarproduktes: Ein FIR-Filter läßt sich durch ein Skalarprodukt zwischen dem Zustandsvektor und der Stoßantwort beschreiben. Daher wird im folgenden Codefragment 10.11 der Operator „*" überladen.

10.11
```
           FUNCTION "*" (a_vec, b_vec : t_imp_resp) RETURN INTEGER IS
             VARIABLE accu : INTEGER;
           BEGIN
             ASSERT (a_vec'LOW = b_vec'LOW) AND (a_vec'HIGH = b_vec'HIGH)
               REPORT "type mismatch in scalar multiplication!";
             accu := 0;
             FOR i IN a_vec'RANGE LOOP
               accu := accu + a_vec(i) * b_vec(i);
             END LOOP;
             RETURN accu;
           END "*";
```

Da der Indexbereich des Vektors im Datentyp „t_imp_resp" variabel ist, kann man die im Codefragment 10.11 gezeigte Funktion zur skalaren Multiplikation von Vektoren beliebiger Länge einsetzen.

Prozeßrumpf des Modells „behav" der Einheit „filter": Mit dem so überladenen Multiplikationsoperator kann das Modell des FIR-Filters im Codefragment 10.12 einfach implementiert werden. Die erste Anweisung verschiebt den Inhalt des Vektors „state" um einen Index nach oben. Diese Anweisung verwendet sogenannte „slice names", mit denen man auf Teilbereiche eines Vektors zugreifen kann [44]. Da die Grenzen des Indexbereichs auf der linken Seite der Zuweisung um 1 größer als auf der rechten Seite sind, kann mit einer solchen Zuweisung eine Verschiebung kompakt formuliert werden.

10.12
```
           BEGIN
             state(t_state'LOW+1 TO t_state'HIGH) :=
                                         state(t_state'LOW to t_state'HIGH-1);
             state(t_state'LOW) := data_in.data;
             tmp := impulse_response * state;        -- scalar product
             tmp := tmp/down_scale_factor;           -- scale it down
             assign(data_out, tmp, data_in.index);   -- assign output value and
                                                     -- same sequence number as
                                                     -- the input sequence element
           END PROCESS;
         END behav;
```

Mit der zweiten Anweisung im obigen Codefragment 10.12 wird der unterste Platz des Vektors „state" mit dem aktuellen Eingangswert „data_in.data" aufgefüllt. Diese Zuweisung verwendet einen sogenannten „indexed name", um auf das Element des Vektors mit dem kleinsten Index zuzugreifen. Dann wird der Variablen „tmp" der Wert des Skalarproduktes zugewiesen, welches mit dem Faktor „down_scale_factor" skaliert wird. Der resultierende Wert wird mit der Prozedur „assign" an die Ausgangssequenz „data_out" übergeben.

10.3. IMPLIZITE MODELLIERUNG KOMPLEXER DATENPFADE 385

Impliziter komplexer Datenpfad

Das Modell des FIR-Filters in Codefragment 10.12 (S. 384) scheint insgesamt ein abstrakteres Modell zu sein, als die in Abschnitt 5.4.2 (S. 207) diskutierten „EFSMs mit impliziten einfachen Datenpfaden". Das in Abb. 10.6 gezeigte Strukturmodell der Einheit „filter" ergibt sich direkt aus dem im Codefragment 10.12 gezeigten Verhaltensmodell.

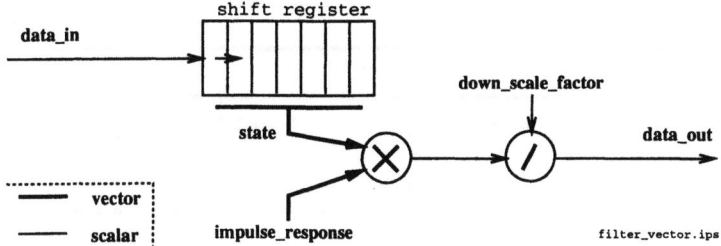

Abb. 10.6: Strukturmodell oder „Signalflußgraph" der Einheit Filter

Der Operator „*" in Abb. 10.6 steht nicht für die einfache Multiplikation zweier Zahlen, sondern für die skalare Multiplikation zweier Vektoren von ganzzahligen Werten. Weiterhin sind die Elemente in einer Stufe des „shift register" nicht bits, sondern quantisierte und unkodierte Zahlen. Das „shift register" wird auch nicht durch eine Taktflanke, sondern durch ein neues Sequenzelement an seinem Eingang aktiviert.

Im folgenden sollen die Gründe für den Eindruck eines höheren Abstraktionsgrads des Modells „filter" im einzelnen diskutiert werden. Zunächst werden die verwendeten Datentypen und dann die Komplexität der Operatoren betrachtet.

A) Datentypen: Die Klemmen der Einheit verwenden unkodierte aber quantisierte Datentypen. Durch die Verwendung dieser Datentypen abstrahiert man von der Notwendigkeit, zur Implementation die Kodierung festzulegen. Innerhalb des Modells werden Vektoren eines ganzzahligen Datentyps verwendet. Die Länge dieser Vektoren kann eine Verarbeitung der Vektoren in mehreren Takten erzwingen. Eine Implementation einer Instanz der Einheit „filter" kann, z.B. durch eine Aufteilung des „state"-Vektors aus Codefragment 10.12 (S. 384), ermöglich werden. [10]

B) Komplexe Datenpfade

Eine Implementation des Datenpfads „*" zur skalaren Multiplikation von Vektoren ist komplizierter als die Implementationen der bisher verwendeten Operatoren. Die Verwendung von Operatoren mit skalaren Argumenten, wie „+" oder „*", zur Transforma-

---

[10] Eine detaillierte Diskussion der Abstraktion durch die Datentypen der Variablen und Signale ist in Kapitel 12 zu finden.

tion des Datenzustandes abstrahiert von der Instanziierung und Verschaltung der benötigten Datenpfade. Diese fehlende Strukturinformation kann aber ein Synthesewerkzeug generieren, indem es zu den verwendeten Operatoren die geeigneten Implementationen aus der Synthesebibliothek (vgl. Abs. 5.4, S. 202) selektiert, parametriert und dann die instanziierten Implementationen der Operatoren geeignet verschaltet. Der skalare Vektor-Multiplizierer hingegen muß z.B., wie in Abb. 10.7 skizziert, aus einer Reihe von einfachen Multiplizierern und Addierern zusammengesetzt werden.

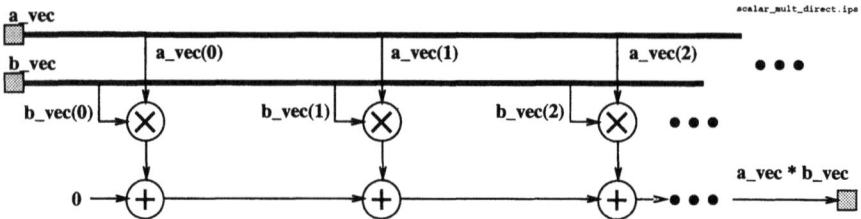

Abb. 10.7: Aus der „in-line"-Expansion der skalaren Multiplikationsroutine konstruierte Implementation

Die in Abb. 10.7 skizzierte Implementation ist direkt aus einer „in-line"-Expansion[11] der im Codefragment 10.11 (S. 384) gezeigten Funktion zur skalaren Multiplikation zweier Vektoren mit ganzzahligen Werten abgeleitet. Bei dieser Implementation werden durch die Zeile von Multiplizierern die entsprechenden Komponenten der beiden Vektoren „a_vec" und „b_vec" multipliziert und dann werden die Multiplikationsergebnisse durch die untere Addiererkette aufsummiert.

Die in Abb. 10.7 skizzierte Implementation ist offensichtlich nicht optimal. Ein Synthesewerkzeug kann die skizzierte Implementation des skalaren Vektormultiplizieres nur durch eine algebraische Umformung der Datenabhängigkeiten verbessern. Eine andere Möglichkeit zur besseren automatischen Implementation ist die Einführung eines Operators zur skalaren Vektormultiplikation in die Synthesebibliothek. Eine verbesserte Implementation des skalaren Vektormultiplizierers ist in Abb. 10.8 angedeutet.

Die in Abb. 10.8 skizzierte Implementation verwendet statt der Kette von Addierern einen Baum mit Addierern, um den längsten Timingpfad durch die Addierer zu reduzieren.

Pragmatische Definition

Der wesentliche Unterschied zwischen einem einfachen Multiplikationsoperator zur Multiplikation zweier ganzzahliger Variablen mit einem beschränkten Wertebereich und einem Operator zur skalaren Vektormultiplikation ist, daß der eine Operator in den Synthesebibliotheken enthalten ist und der andere nicht (1995).

---

[11] „in-line"-Expansion bezeichnet die Ersetzung des Funktionsaufrufes durch die Anweisungen der Funktionsdefinition. Die Variablennamen werden zur „Emulation" der Übergabe der Argumente und zur Vermeidung von Seiteneffekten geeignet ersetzt.

10.3. IMPLIZITE MODELLIERUNG KOMPLEXER DATENPFADE

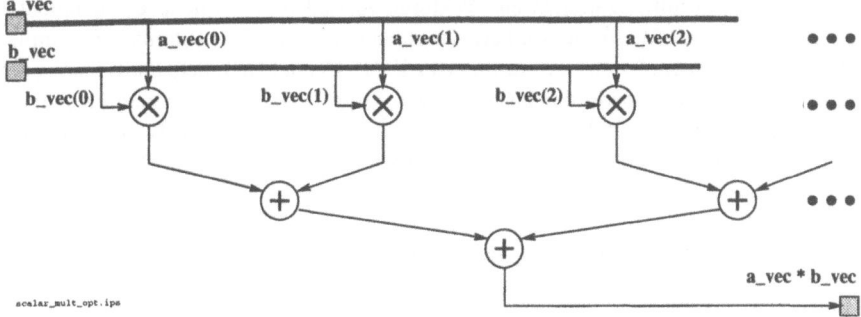

Abb. 10.8: Mögliches optimiertes Strukturmodell des skalaren Multiplizierers

Diese Tatsache kann sich in der Zukunft ändern, daher scheint es auf den ersten Blick nicht möglich zu sein, mit diesem Unterschied eine weitere Abstraktionsstufe von der Strukturinformation zu begründen. Von einem pragmatischen Standpunkt aus betrachtet, ist aber ein direkt synthetisierbares Modell implementationsnäher als ein Modell, in dem die vorhandene Strukturinformation noch ergänzt werden muß, um eine Synthese zu ermöglichen. Daher soll im folgenden ein „einfacher" Operator unter Bezug auf den sich unter Umständen schnell veränderlichen Stand der Synthesetechnologie definiert werden.

DEFINITION 10.1 („EINFACHER" OPERATOR/DATENPFAD) *Ein Datenpfad oder Operator soll „einfach" genannt werden, wenn er von der aktuell verfügbaren Synthesetechnologie synthetisiert werden kann.*

Erfordert die Komplexität des Operators eine manuelle Modellierung von Strukturinformation, so soll der Operator „komplex" genannt werden. Diese manuelle Modellierung kann, z.B. durch eine Zerlegung des Verhaltensmodells mit dem Operator in ein Strukturmodell, in welchem der Operator durch eine Instanziierung „einfacherer" Datenpfade realisiert wird, erfolgen.

Begründung durch die Entwicklung des Begriffs „abstrakt": Entscheidend für den Nutzen einer Definition von Abstraktionsstufen ist die Aussage über den mit der weiteren Implementation verbundenen Arbeitsaufwand. Ein Modell wird nicht abstrakt genannt werden können, wenn eine konkurrenzfähige Implementation weitestgehend automatisch erzielt werden kann. Diese Position ist durch die Wandlung des Begriffs „abstrakt" in den vergangenen Jahren gerechtfertigt, z.B. [96, 117, 78].

Zusammenfassung: Implizite Modellierung komplexer Datenpfade

In diesem Abschnitt wurden die Klemmen und das Modell der Einheit „filter" erläutert. Zur Erleichterung der Modellierung der Einheit „filter" wurde der Operator „*" zur skalarwertigen Multiplikation zweier Vektoren überladen. Verschiedene Implementationen der skalaren Vektormultiplikation wurden diskutiert. Eine automatische Implementation mit einem Synthesewerkzeug ist z.Z. (1995) nicht möglich, und daher ist ein Modell mit solchen Operatoren abstrakter als ein Modell, dessen Operatoren sich direkt synthetisieren lassen. Es wurde die Abstraktionsstufe von der Strukturinformation *SI.ICD* „Implicit Complex Datapath" eingeführt.

10.4 EFSM-Konzept und Wert/Zeit-Relation

In diesem Abschnitt wird die Anwendbarkeit des EFSM-Konzeptes untersucht. Danach wird der Abstraktionsgrad bezüglich der Modellierung der Wert/Zeit-Relation diskutiert. Eine Implementationsskizze der Einheit „filter" wird unter anderem deutlich machen, daß eine Implementation für den Fall $T_D = N \cdot T_P$ nicht unmittelbar aus dem Datenflußmodell folgt, und daß der Abtausch von Durchsatz gegen Implementationsaufwand nur in groben Schritten durchgeführt werden kann.

EFSM-Modellierungskonzept anwendbar?

Zustandsspeichernde Einheiten sind bisher mit dem Modellierungskonzept FSM oder EFSM beschrieben worden [12].

FSM

Das Modellierungskonzept FSM, wie im Abschnitt 5.3 (S. 176) diskutiert, besteht aus den folgenden Bestandteilen.

- Eine Zustandsvariable des Enumerationstyps.

- Einer Modellierung des Verhaltens in jedem Zustand durch eine umfassende „case"-Anweisung. Jeder Zweig in dieser „case"-Anweisung legt in Abhängigkeit von den aktuellen Eingangswerten fest,
    - welcher *Zustand* im nächsten Takt eingenommen werden soll und
    - welche Werte an den *Ausgängen* anliegen sollen.

Im „multi process"-Modellierungsstil (*SI.MP*) wird eine FSM durch getrennte Prozesse zur Modellierung der Register und der kombinatorischen Schaltungsteile modelliert (vgl. Abs. 5.2, S. 167). Durch die Verwendung eines einzigen getakteten Prozesses („single process"-Stil *SI.SP*) abstrahiert man von dieser Verschaltung von Registern und Kombinatorik (vgl. Abs. 5.3, S. 176).

---
[12]Es ist offensichtlich, daß jede, durch Hardware zu implementierende Einheitm als FSM interpretiert werden kann. Aus dieser Tatsache ergibt sich aber noch kein effizienter Modellierungsansatz [15].

EFSM mit explizit modelliertem Kontrollzustand

Das EFSM-Modellierungskonzept entsteht aus dem FSM-Konzept durch die Ergänzung des Zustands um Variablen, auf welchen arithmetische Operationen ausgeführt werden. Diese Variablen bilden den *Datenzustand* und der eigentliche Zustand wird dann *Kontrollzustand* genannt (vgl. Abs. 5.4, S. 202). Beim Modellierungskonzept EFSM wird ebenfalls

- der *Kontrollzustand* durch einen Enumerationstypen modelliert,
- aber zusätzlich wird durch weitere Variablen der sogenannte *Datenzustand* definiert.
- Das Verhalten wird wie im FSM-Modellierungskonzept durch eine umfassende „case"-Anweisung mit einem Zweig für jeden *Kontrollzustand* modelliert. Innerhalb jedes „case"-Zweiges werden in Abhängigkeit von den aktuellen Eingangswerten und dem Wert des Datenzustands die folgenden Teile des Verhaltens angegeben.

  – Der Wert des *Kontrollzustands*, der im nächsten Takt eingenommen werden soll.
  – Die neuen Werte an den *Ausgängen*.
  – Wertänderungen der Variablen des *Datenzustands*.

Im wesentlichen stellt das EFSM-Modellierungskonzept eine Erweiterung des FSM-Konzepts um den Datenzustand dar.

EFSM mit implizit modelliertem Kontrollzustand: Bei einer impliziten Modellierung des Kontrollzustandes wird die Zustandsvariable des Enumerationstyps durch einen Zeiger auf die zuletzt ausgeführte „wait"-Anweisung ersetzt. Die umfassende „case"-Anweisung mit einem Zweig für jeden möglichen Wert des Kontrollzustands wird ersetzt durch eine Beschreibung des Kontrollflusses mit strukturierten Sprachmitteln.

Block: EFSMs ohne Kontrollzustand

Das im Codefragment 10.12 (S. 384) gezeigte Verhaltensmodell der Einheit „filter" hat eine „Zustands"-variable „state". Da das Verhalten der Einheit „filter" nicht für die diskreten Werte dieser Variablen separat spezifiziert wird, wird man diese Variable nicht als „Zustands"-variable im Sinne einer FSM interpretieren. Der Wert der Variablen „state" ergibt sich aus einer skalaren Vektormultiplikation der Variablen selbst mit der global statischen[13] Stoßantwort. Daher wird man die Variable „state" eher als eine Variable des Datenzustands im Sinne des EFSM-Konzeptes auffassen. Das Verhaltensmodell der Einheit „filter" im Codefragment 10.12 (S. 384) kann daher als eine EFSM

---

[13] Ein Ausdruck ist global statisch, wenn sein Wert beim Start der Simulation bestimmt werden kann und sich nicht im Verlauf der Simulation ändert (vgl. Abs. 7.3.1, S. 255).

ohne einen Kontrollzustand, aber mit der Variablen „state" als Datenzustand betrachtet werden. Durch den Operator „*" zur skalaren Vektormultiplikation wird ein komplexer Datenpfad und durch den Operator „/down_scale_factor" wird ein Konstantendividierer, also ein einfacher Datenpfad, implizit modelliert.

Kontrollzustand als Implementationshilfsmittel: Das in Abb. 8.11 (S. 301) skizzierte Datenflußmodell des PID-Moduls sowie das Modell der Implementation für den Fall $T_D = 1 \cdot T_P$ im Codefragment 8.7 (S. 301) enthalten ebenfalls keinen Kontrollzustand. Zur Reduzierung des Durchsatzes wurden in Abschnitt 8.4.2 (S. 303) in das Modell zwei zusätzliche „wait"-Anweisungen eingefügt. Da der Kontrollzustand durch die Zeiger auf die zuletzt ausgeführte „wait"-Anweisung bestimmt wird, hat das Modell nach der Durchsatzreduktion drei verschiedene Kontrollzustände. Diese Kontrollzustände ergeben sich durch die Verteilung der Operationen des Algorithmus auf die Takte der Berechungsperiode. In einem solchen Fall kann daher der Kontrollzustand als ein Implementationshilfsmittel betrachtet werden.

Zusammenfassung: EFSM-Modellierungskonzept anwendbar?

Die hier betrachteten funktionalen Modelle einfacher signalverarbeitender Einheiten haben keinen Kontrollzustand. Zur Implementation, insbesondere im Fall $T_D = N \cdot T_P$, ist der Kontrollzustand häufig ein Hilfsmittel, um die Operationen auf die Takte der Berechungsperiode zu verteilen. Auch bei der Implementation von signalverarbeitenden Algorithmen wird daher das EFSM-Modellierungskonzept verwendet.

Sowohl für das FSM- als auch das EFSM-Modellierungskonzept ist eine Bindung an einen globalen Takt charakteristisch. In dem Block „filter" ist das Aktivierungsereignis allerdings das Eintreffen eines neuen Sequenzelementes an dem Eingang. Daher soll im folgenden die Modellierung der Wert/Zeit-Relation genauer betrachtet werden.

Wert/Zeit-Relation: Kausal ($VT.C$)

Das Verhaltensmodell der Einheit „filter" im Codefragment 10.12 (S. 384) erzeugt für jedes Sequenzelement am Eingang („data_in") ein Sequenzelement am Ausgang („data_out") mit identischem Index. Die Elemente der Eingangssequenz treffen in steigender Reihenfolge am Eingang der Einheit ein. Daher ist die Wert/Zeit-Relation der Signale und Variablen im dem gezeigten Verhaltensmodell rein kausal, d.h. die Ursache/Wirkungs-Beziehung wird korrekt modelliert. Eine darüber hinausgehende Abbildung der Ereignissequenz auf einer Zeitskala ist nicht im Modell beschrieben.

Abbildung der Sequenzfolge auf die Taktzyklen: Ein Datenflußmodell, wie das Modell der Einheit „filter" im Codefragment 10.12 (S. 384), wird relativ häufig mit einem Modell auf der RT-Ebene verwechselt. Man kann nämlich aus einem Verhaltensmodell ohne Kontrollzustand mit einer rein kausalen Modellierung der Wert/Zeit-Relation relativ einfach eine mögliche Implementation auf der RT-Ebene herleiten. Dazu wird der Datenfluß aus dem Verhaltensmodell extrahiert, für jeden Operator ein

10.4. EFSM-KONZEPT UND WERT/ZEIT-RELATION

Datenpfad allokiert und am Ausgang ein Register eingefügt. Dies ist für die Einheit „filter" in den Abb. 10.6 (S. 385), 10.7 und 10.8 angedeutet. Mit einer solchen Implementation wird die Sequenz auf die Zyklen eines globalen Taktsignals abgebildet. Eine solche Implementation ist relativ aufwendig, denn man muß für jeden Operator einen Datenpfad allokieren, so daß das Ergebnis der Berechnung vor dem Eintreffen der nächsten Taktflanke stabil ist. Meist ist es aber nicht erforderlich, in jedem Takt einen neuen Datenwert, d.h. $T_D = T_P$, zu berechnen, und man ist gezwungen, eine kompliziertere Abbildung der Sequenzfolge auf die Taktzyklen zu entwerfen.

Eine solche „kompliziertere" Abbildung ergibt sich z.B. bei einer Implementation der Einheit „filter" für den Fall $T_D = N \cdot T_P$, wobei N die Länge der Stoßantwort ist. Diese Implementation wird im folgenden Abschnitt betrachtet werden, bevor auf S. 393 der Abstraktionsgrad des im Codefragment 10.12 (S. 384) dargestellten Modells der Einheit „filter" mit den vier Abstraktionskoordinaten angegeben wird.

Implementation der Einheit „filter" mit $T_D = N \cdot T_P$

Eine Reduzierung des Durchsatzes führt zu einer Verlängerung der Berechnungsperiode T_D. Daher können von den instanziierten Datenpfaden verschiedene Operationen des Algorithmus in verschiedenen Takten der Berechnungsperiode ausgeführt werden. Diese Mehrfachnutzung reduziert die Zahl der notwendigen Datenpfade und damit den Implementationsaufwand.[14]

Quantisierter Abtausch von Aufwand gegen Durchsatz: Im folgenden wird die Implementation der Einheit „filter" für den Fall $T_D = N \cdot T_P$ betrachtet, wobei N die Länge der Stoßantwort bezeichnet. Überschreitet die Berechnungsperiode T_D die Grenze $N \cdot T_P$, d.h. $T_D \geq N \cdot T_P$, so können alle Multiplikationen durch einen einzigen Multiplikationsdatenpfad ausgeführt werden. Im Bereich $\frac{N}{2} \leq \frac{T_D}{T_P} < N$ sind zwei Multiplikationsdatenpfade erforderlich. Ein weiterer Abtausch von Implementationsaufwand gegen Durchsatz ist in diesem Bereich nur möglich, wenn man die Operation Multiplikation in Teiloperationen zerlegt. Dies gilt auch für den Bereich geringeren Durchsatzes $T_D \gg N \cdot T_P$, in dem die Einheit „filter" mit einem Multiplikationsdatenpfad implementiert werden kann.

Eine Implementation der Einheit „filter" für die Anforderung $Durchsatz \leq \frac{1}{N \cdot T_P}$ ist in Abb. 10.9 skizziert. Die skizzierte Implementation der Einheit „filter" benötigt nur einen einfachen Multiplizierer, Addiererer und Dividierer.[15]

Das skalare Produkt der beiden Vektoren „state" und „impulse_response" wird in der skizzierten Schaltung sequentiell in dem Register „accumulator" aufsummiert. Zu Beginn einer Berechnung wird der Akkumulator durch die Steuerleitung „load_zero" mit einer Null geladen. Diese Steuerleitung wird von dem auf der linke Seite von Abb.

---

[14] Die Stufen des Verfahrens zur Reduzierung des Durchsatzes sind in Abschnitt 8.4.1 (S. 298) erläutert worden und wurden in Abschnitt 8.4.2 (S. 300) am Beispiel des PID-Moduls vorgeführt.
[15] Die Skizze vernachlässigt die Tatsache, daß der Dividierer nicht durch eine Schaltung implementiert wird, die in jedem Takt ein Ergebnis liefert, sondern nur alle N Takte.

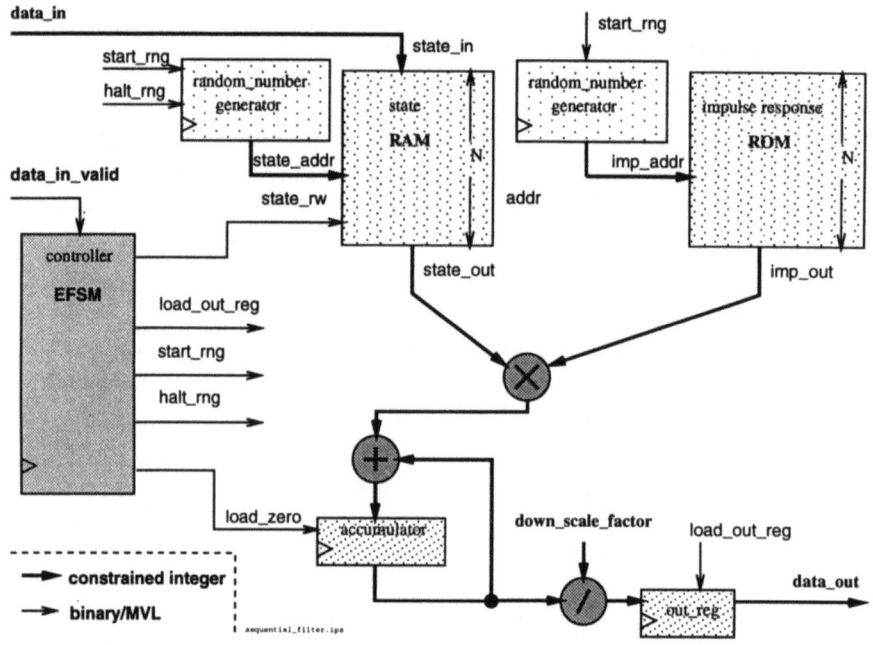

Abb. 10.9: Implementation des „filters" für den Fall *Durchsatz* $\leq \frac{1}{N \cdot T_P}$ mit einem Addierer und Multiplizierer

10.9 abgebildeten „controller" gesetzt. Die Werte der Stoßantwort sind in dem Festwertspeicher (ROM) „impulse_response" abgelegt. Der Vektor „state" wird immer wieder durch den Eingangswert „data_in" ergänzt und ist daher im RAM abgelegt.

Adressierung durch Zufallszahlen: RAM sowie ROM werden durch geeignete Zufallszahlengeneratoren adressiert, weil ein Zufallszahlengenerator einfacher als ein Zähler zu implementieren ist [62, 115] und der absolute Wert einer Adresse irrelevant ist. Die Adresse des ROM muß nur eine feste Sequenz der Länge N durchlaufen, nachdem die Kontrolleitung „start_rng" gesetzt worden ist. Die Adressierungssequenz des RAMs wird immer wieder durch das Signal „halt_rng" angehalten, um den zuletzt multiplizierten Wert des Vektors „state" durch den aktuellen Wert des Eingangssignals „data_in" zu ersetzen. Die Adressierung der beiden Speichermakros ist ein Beispiel für ein Implementationsdetail, welches im Ausgangsmodell nicht sichtbar, aber für eine effiziente Implementation unverzichtbar ist. Die Entwicklung solcher Implementationsdetails stellt einen wesentlichen Teil der Erzeugung von Entwurfsinformation dar.

Implementation durch Software? Die meisten DSP-Prozessoren verfügen (1995) über einen kombinierten Multiplizierer-Addierer Datenpfad, den sogenannten MAC („Multiplier Accumulator"). Daher können diese Prozessoren eine Multiplikation

10.4. EFSM-KONZEPT UND WERT/ZEIT-RELATION

und Addition in einem Takt ausführen. Weiterhin verfügen sie über getrennte Busse, verschiedene Adressgeneratoren und lange „register files", so daß die in Abb. 10.9 (S. 392) gezeigte Einheit nur mit unwesentlichen Durchsatzverringerungen auch durch ein Programm implementiert werden kann. Allerdings wird der Implementationsaufwand, d.h. die Fläche eines Prozessor-Makros, größer sein als bei der in Abb. 10.9 skizzierten Struktur. Daher wird die Implementationstechnik „applikationsspezifische Hardware" bei einer Durchsatzanforderung von einem MAC pro Takt durch Aufwands- oder Stromverbrauchsforderungen motiviert.

Kausale Wert/Zeit-Relation als abstrakte Spezifikation des Verhaltens: Die in den Abbildungen 10.7 und 10.8 skizzierten Implementationen für den Durchsatz $D = \frac{1}{T_P}$, sowie die in Abb. 10.9 angedeutete Realisation für $D \leq \frac{1}{N \cdot T_P}$ der Einheit „filter" sind gültige Implementationen des im Codefragment 10.12 gezeigten Verhaltensmodells. Ein Modell mit einer kausalen Modellierung der Wert/Zeit-Relation muß daher als eine abstrakte Modellierung einer Spezifikation ohne Berücksichtigung von Implementationsaspekten, wie z.B. Abtausch von Fläche gegen Durchsatz, verstanden werden.

„filter": Abstraktionsgrad $\{SI.ICD, FC.100\%, VT.C, AD.RA\}$

Die Diskussion in den obigen Abschnitten hat gezeigt, daß der Abstraktionsgrad des im Codefragment 10.12 (S. 384) gezeigten Modells der Einheit „filter" nur durch eine getrennte Untersuchung der vier Abstraktionsmechanismen bestimmt werden kann. Die Vernachlässigung der Strukturinformation durch die Verwendung von komplexen Datenpfaden/Operatoren wird durch die Abkürzung $SI.ICD$ gekennzeichnet. Die Modellierung der funktionalen Aspekte oder der verschiedenen Bearbeitungsmodi ist komplett, dies wird durch $FC.100\%$ symbolisiert. Alle verwendeten Variablen und Signale sind bezüglich ihrer Wert/Zeit-Relation rein kausal modelliert worden. Dies wird durch das Symbol $VT.C$ dargestellt. Die zur Definition der Variablen und Signale verwendeten Datentypen sind quantisiert und haben einen beschränkten Wertebereich, sind aber nicht durch einen Bitvektor kodiert, so daß man die Abstraktion durch Datentypen mit $AD.RA$[16] bezeichnet. Der Abstraktionsgrad des Modells der Einheit „filter" im Codefragment 10.12 (S. 384) kann also durch

$$abstraktionsgrad(filter) = \begin{pmatrix} SI.ICD \\ FC.100\% \\ AD.RA \\ VT.C \end{pmatrix}$$

angegeben werden.

Zusammenfassung: EFSM-Konzept und Wert/Zeit-Relation

Der Kontrollzustand einer EFSM dient bei der Implementation von periodisch ausgeführten Algorithmen häufig nur ein Hilfsmittel zur Verteilung der Operationen auf die

---

[16]$AD.RA$ = Abstract Datatype.limited RAnge (vgl. Tabelle 12.1 (S. 435))

Taktzyklen der Berechnungsperiode. Da einer Sequenz nur eine zeitliche Ordnung im Sinne einer Kausalitätsbeziehung zugeordnet werden kann, wurde die Abstraktionsstufe *VT.C* („Causal") der Modellierung der Wert/Zeit-Relation eingeführt.

10.5 Abstraktionsgrad verschiedener Blöcke

Die Bestimmung des Abstraktionsgrades der restlichen Modelle des in Abb. 10.5 (S. 378) gezeigten Blockdiagramms demonstriert die Unabhängigkeit der verschiedenen Abstraktionsmechanismen.

Differenzierer

Das „Blockdiagramm" in Abb. 10.5 (S. 378) enthält neben der schon diskutierten Einheit „filter" eine Instanz der Einheit „differentiator". Die Definition der Klemmen der Einheit „differentiator" ist im Codefragment 10.13 gezeigt.

10.13
```
ENTITY differentiator IS
    PORT(data_in  : IN   t_data_sig;
         data_out : OUT  t_data_sig);
END differentiator;
```

Das Verhaltensmodell im Codefragment 10.14 enthält einen Prozeß, der auf eine Änderung des Indexwertes des Eingangssignals sensitiv ist. Um den letzten Eingangswert zu speichern, wird die Variable „old_value" definiert. Die Variable „difference" hat einen erweiterten Wertebereich, um alle möglichen Werte der Differenzbildung aufzunehmen, bevor diese mit der Funktion „clipping" auf den Wertebereich des Ausgangssignals „data_out" begrenzt werden. Nach der Begrenzung wird der berechnete Wert mit der Prozedur „assign" an die Ausgangssequenz übergeben. Die Implementation der Funktion „clipping" wird auf S. 395 diskutiert.

10.14
```
ARCHITECTURE behav OF differentiator IS
BEGIN
  PROCESS(data_in.index)
    VARIABLE old_value : t_data := 0;
    VARIABLE difference : INTEGER
                         RANGE (t_data'LOW)*2 TO (t_data'HIGH+1)*2-1 := 0;
  BEGIN
    difference := data_in.data - old_value;
    old_value := data_in.data;
    difference := clipping(difference);         -- clipping instead of scaling
    assign(data_out, difference, data_in.index);
  END PROCESS;
END behav;
```

Eine graphische Darstellung des Datenflußes der Einheit „differentiator" ist in Abb. 10.10 skizziert. Wenn man die Speicher durch Register und für jeden Operator einen Datenpfad instanziiert, so ergibt sich eine mögliche Implementation für den Fall $T_D = T_P$.

10.5. ABSTRAKTIONSGRAD VERSCHIEDENER BLÖCKE

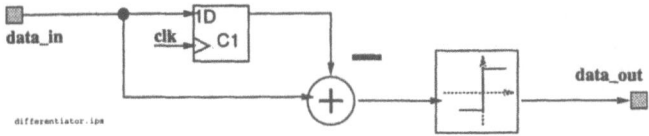

Abb. 10.10: Strukturmodell des Differenzierers

EFSM ohne Kontrollzustand mit einfachen impliziten Datenpfaden: Die im Verhaltensmodell der Einheit „differentiator" verwendeten Operatoren, wie die Subtraktion und die Begrenzung, lassen sich mit der heute (1995) verfügbaren Synthesetechnologie direkt synthetisieren. Daher werden durch das Verhaltensmodell im Codefragment 10.14 „einfache" Datenpfade implizit modelliert. Die implizite Modellierung „einfacher" Datenpfade wird durch *SI.ISD* symbolisiert. Der Abstraktionsgrad des im Codefragment 10.14 gezeigten Verhaltensmodells ist im folgenden symbolisch angegeben:

$$abstraktionsgrad(differentiator) = \begin{pmatrix} SI.ISD \\ FC.100\% \\ AD.RA \\ VT.C \end{pmatrix}$$

Der Abstraktionsgrad unterscheidet sich nur in der Modellierung der Strukturinformation von dem Abstraktionsgrad des Verhaltensmodells der Einheit „filter" auf S. 393.

Im folgenden Abschnitt wird die Implementation der Funktion „clipping" beschrieben, bevor auf S. 396 das Modell des Multiplizierers diskutiert wird.

Funktion „clipping"

Die Funktion „clipping" arbeitet analog zu einem Begrenzer, der durch den Datentyp des Ausgangssignals parametriert wird. Der Funktion „clipping" wird, wie im folgenden Codefragment 10.15 gezeigt, ein Wert vom Datentyp „integer" übergeben und die Funktion gibt den begrenzten Wert zurück. Der ganzzahlige Datentyp mit einem begrenzten Wertebereich „t_data" wurde im Codefragment 10.2 (S. 380) definiert.

10.15
```
PACKAGE stddef IS
    FUNCTION clipping (value : INTEGER) RETURN t_data;
END PACKAGE stddef;
```

Das nächste Codefragment 10.16 enthält die Definition der Funktion „clipping", welche im Rumpf („body") des Paketes „stddef" definiert wird. Die Definitionen im Rumpf eines Paketes sind nicht von außerhalb sichtbar, so daß auf sie nur durch die im Kopf des Paketes definierten Schnittstellen zugegriffen werden kann.

10.16
```
PACKAGE BODY stddef IS
    FUNCTION clipping (value : INTEGER) RETURN t_data IS
```

```
BEGIN
    IF (value < t_data'LOW) THEN          -- below lower limit
        return t_data'LOW;
    ELSIF (value > t_data'HIGH) THEN      -- beyond upper limit
        RETURN t_data'HIGH;
    ELSE                                   -- within the allowed range
        RETURN value;
    END IF;
END clipping;
END PACKAGE stddef;
```

Das Attribut „low" enthält den kleinsten möglichen Wert eines Datentyps, während das Attribut „high" den größten möglichen Wert enthält. Durch die Verwendung der Attribute werden die aktuellen Bereichsgrenzen durch die Grenzen des Wertebereichs des Datentyps „t_data" bestimmt.

Multiplizierer

Das im folgenden Codefragment 10.17 gezeigte Verhaltensmodell der Einheit „multiplier" unterscheidet sich nur in einem Punkt von der oben diskutierten Einheit „differentiator". Die Einheit „multiplier" ist gedächtnislos, d.h. sie enthält keine Speicher, denn der Wert des Ausgangssignals „data_out" wird nur durch den aktuellen Wert des Eingangssignals „data_in" und den Wert des Parameters „factor" bestimmt. Der Datenfluß dieser Einheit ist in Abb. 10.11 skizziert. Es gibt daher in der Einheit „differentiator" weder einen Kontroll- noch einen Datenzustand.

10.17
```
ENTITY multiplier IS
    GENERIC(factor : t_data := 2);
    PORT(data_in   : IN   t_data_sig;
         data_out  : OUT  t_data_sig);
END multiplier;

ARCHITECTURE behav OF multiplier IS
BEGIN
    PROCESS(data_in.index) -- a very primitive model: no scaling, no overflow
    BEGIN                  -- handling beyond the capabilities of the
                           -- multiplication operator ...
        assign(data_out, factor*data_in.data, data_in.index);
    END PROCESS;
END behav;
```

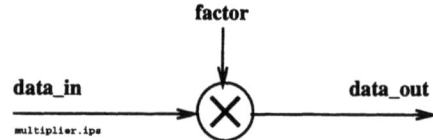

Abb. 10.11: Mögliches Strukturmodell des Multiplizierers

10.6. ABSTRAKTIONSSTUFEN DER STRUKTURINFORMATION (SI)

Strukturinformation: Kombinatorik

Das im Codefragment 10.17 gezeigte Verhaltensmodell ist gedächtnislos und daher wird durch dieses Modell nicht von der Strukturinformation abstrahiert, welche durch eine getrennte Modellierung von Kombinatorik und speichernden Elementen beschrieben wird. Da aber einfache Datenpfade, wie der obige Multiplizierer, und logische Gleichungen vom Standpunkt des Entwicklers in der gleichen Weise automatisch implementiert werden, wird dieser Abstraktionsgrad von der Strukturinformation durch dieselbe Bezeichnung *SI.CR* angegeben werden. Insgesamt kann das Modell aus dem Codefragment 10.17 durch den folgenden Abstraktionsgrad gekennzeichnet werden.

$$abstraktionsgrad(multiplier) = \begin{pmatrix} SI.CR \\ FC.100\% \\ AD.RA \\ VT.C \end{pmatrix}$$

Zusammenfassung: Weitere Abstraktion „DSP-Block"?

Im diesem Kapitel ist die Frage untersucht worden, ob die in der digitalen Signalverarbeitung verwendeten Blöcke die Einführung einer weiteren Stufen der Abstraktion von der Strukturinformation notwendig machen. In den Verhaltensmodellen der „Blöcke" werden Operatoren, wie die skalare Vektormultiplikation, verwendet. Dies macht im Bezug auf die Abstraktion von der Strukturinformation eine Unterscheidung zwischen einfachen und komplexen Datenpfaden notwendig. „Einfache" Operatoren können automatisch durch die Synthesebibliothek erzeugt werden. „Komplexe" Datenpfade müssen erst manuell zerlegt und verfeinert werden, bevor ein Synthesewerkzeug zum Einsatz kommen kann.

Im folgenden Abschnitt 10.6 wird die Diskussion der Abstraktionsstufen von der Strukturinformation durch einer Darstellung der verschiedenen Stufen abgeschlossen.

10.6 Abstraktionsstufen der Strukturinformation (*SI*)

Die Betrachtung des Abstraktionsgrades der in diesem Kapitel diskutierten Modelle hat gezeigt, daß die Abstraktionsmechanismen frei miteinander kombinierbar, also unabhängig sind. So ist das in Abschnitt 10.5 vorgestellte Verhaltensmodell des „differentiator" bezüglich der Strukturinformation (*SI.CR*) und der Datentypen (*AD.RA*) eher implementationsnah modelliert worden, während die Wert/Zeit-Relation (*VT.C*) abstrakt beschrieben wurde.

Die Tabellen 10.1 und 10.2 zeigen alle diskutierten Abstraktionsstufen bei der Vernachlässigung von Strukturinformation. Die zweite Spalte listet die Ebenen auf, auf denen vom Entwickler Verhaltensmodelle implementiert oder instanziiert werden. Die nächste Spalte gibt die Aktivität des Entwicklers bei einer Entwicklung auf dieser Abstraktionsebene an. Um die Rückwirkungsfreiheit im Entwurfsprozeß auch bei einer

	Blätter des Instanzenbaumes	Aktivität des Entwicklers	Notwendige Beschränkungen
Polygone		Maskenerzeugung	keine
„Sticks"		Spezifikation von Maskenstrukturen	Fähigkeiten des Kompaktors
Transistorschaltung	Transistoren & R, C, etc	Logik-, Transistorentwurf & „sizing"	keine Geometrie
Gatterebene	Gatter oder Makros (RAM)	Logik-, Gatterentwurf	keine Optimierung der Treiberstärke
CR	Kombinatorik & Register	Ausgangssignalberechnung	Fähigkeiten der Logiksynthese
„multi process"-Modellierung	Logisch/arithmetische Verknüpfungen & Register	Zustandsübergangs- und Ausgangssignalberechnung	nur synchrone Schaltungen

Tabelle 10.1: Implementationsnahe Abstraktionsstufen der Strukturinformation

abstrakten Modellierung sicherzustellen, werden die schaltungstechnischen Entwurfsmöglichkeiten eingeschränkt. Diese Einschränkungen sind in der letzten Spalte angedeutet.

Diesen Einschränkungen stehen die generellen Vorteile einer Vernachlässigung von Strukturinformation gegenüber:

- Modelle sind **schneller erstellt und lesbarer**.

- Weiterhin wird durch die Vernachlässigung der Implementationsdetails die **Simulationseffizienz gesteigert**(vgl. Abs. 4.5.4, S. 154).

- Überspezifikationen werden vermieden.

Eine übersichtliche Formulierung eines Modells erleichtert nicht nur die Dokumentation, sondern reduziert auch die Zahl der Entwurfsfehler.

Kennzeichen der Abstraktionsstufen von der Strukturinformation

Die verschiedenen Abstraktionsebenen bei der Modellierung der Strukturinformation sind in Tabelle 10.3 mit den eingeführten Abkürzungen dargestellt.

Nach der ausführlichen Darstellung der verschiedenen Abstraktionsstufen von der Strukturinformation wird im nächsten Kapitel der Abstraktionsmechanismus „Vernachlässigung eines funktionalen Aspektes" diskutiert.

	Blätter des Instanzenbaumes	Aktivität des Entwicklers	Notwendige Beschränkungen
„single process"	komplette FSM	FSM Modellierung	Nur Moore-Typ FSMs
Explizite Datenpfade	FSM & Datenpfade	Strukturmodell EFSM, Verhaltensmodell von FSM & Datenpfad	
Implizite *einfache* Datenpfade	Erweiterte FSM (EFSM)	Modellierung der EFSM	Möglichkeiten der Synthesebibliothek
Impliziter Kontrollzustand	EFSM	Festlegung des Kontrollflusses	
Implizite *komplexe* Datenpfade	EFSM oder „Block"	EFSM-Modellierung des Blockes und des komplexen Datenpfads	

Tabelle 10.2: Abstrakte Stufen der Modellierung der Strukturinformation

10.7 Bemerkungen

10.7.1 Protokollierung und graphische Nachbearbeitung

Es werden Einheiten erläutert, mit denen man während der Simulation spezielle Werte in Dateien formatiert abgelegt. Mit solchen Einheiten kann man die relevanten Daten aussortieren („trigger pattern"), formatieren und dann mit separaten Werkzeugen nachbearbeiten und darstellen. Weiterhin werden mit solchen Einheiten Testvektoren extrahiert. Diese Testvektoren können zur Ansteuerung einer Implementation auf der Gatterebene benutzt werden. Diese Implementation wird entweder mit einem getrennten Simulator ausgeführt oder aber die gefertigte integrierte Schaltung wird durch einen Tester stimuliert.

Abtasteinheit: „snooper"

Das Abtasten und Schreiben in die Datei wird durch Instanzen der Einheit „snooper" durchgeführt. Die Definition der Schnittstellen der Einheit „snooper" ist im Codefragment 10.18 gezeigt. Durch die Anweisung „library std, fir" wird dem Übersetzer mitgeteilt, daß eventuell Objekte, wie Pakete oder Einheiten, aus den Bibliotheken „std" oder „fir" verwendet werden sollen. Diese beiden Bibliotheken müssen dem Übersetzer und Simulator bekannt sein. Durch die folgende „use"-Anweisung werden alle Unterprogramme oder Datentypen aus den Paketen „textio" und „stddef" für die Übersetzung der direkt folgenden Einheit „snooper" sichtbar gemacht [44] (vgl. Abs. 3.1, S. 74).

Abkürzung	Instanzen in Strukturmodellen
P	Polygone im „full-custom"-Layout
S	„Sticks" im metrik-freien Layout
T	Transistor
G	Gatter
CR	Kombinatorik & Register
MP	FSM: „multi process"
SP	FSM: „single process"
ED	EFSM: Explizite Datenpfade
ISD	EFSM: Implizite einfache Datenpfade
ICS	EFSM: Kontrollzustand durch „wait"-Anweisung
ICD	Block/EFSM: Implizite komplexe Datenpfade

Tabelle 10.3: Stufen der Vernachlässigung von Strukturinformation (*SI*)

10.18
```
LIBRARY std, fir;              -- objects from libraries STD and FIR may be used
USE STD.TEXTIO.ALL, fir.stddef.ALL; -- make ALL objects from
                               --    a) package TEXTIO in Lib. STD
                               --    b) package STDDEF in Lib. FIR
                               -- visible
ENTITY snooper IS
  GENERIC(file_name : IN STRING := "probe_file.dat");
  PORT(probe : t_data_sig);
END snooper;
```

Der Name der Datei wird einer Instanz der Einheit als Parameter „file_name" übergeben. Diese Übergabe an eine Instanz der Einheit „snooper" ist im Codefragment 10.19 gezeigt.

10.19
```
ENTITY test_bench IS    END test_bench; -- as any other testbench => no ports!

ARCHITECTURE struc OF test_bench IS
  ...
  COMPONENT snooper_c -- a component is just a template to ease syntax checking
    GENERIC(file_name : in string := "probe_file.dat");
    PORT(probe : t_data_sig);
  end COMPONENT;

  SIGNAL in_sig, ... out_sig: t_data_sig := (data => 0, index => not_valid);
BEGIN  --  struc
  generator : PROCESS
  ...
  first_filter : filter_c
    GENERIC MAP(impulse_response => ( 7, 7, 7, 7, 7, 7, 7, 7),
                NoExtensionBits  => 6,
                down_scale_factor => 8)
    PORT MAP(in_sig, filter_out);
  ...
  in_snooper : snooper_c
    GENERIC MAP("in_sig.dat")
    PORT MAP(in_sig);
  filter_out_snooper : snooper_c
    GENERIC MAP("filter_out.dat")
    PORT MAP(filter_out);
  ...
```

10.7. BEMERKUNGEN 401

```
END struc;
```

Im Codefragment 10.20 ist das Modell „behav" der Einheit „snooper" gezeigt. Das Modell formatiert und schreibt den Index- und Signalwert mit dem Befehl „write" in die Zeichenkette „textout", sobald der Index des Eingangssignals ein gültiges Signal anzeigt. Der String „textout" wird mit dem Befehl „writeline" an die Datei „out_file" ausgegeben und der String „textout" wird gelöscht.

10.20
```
ARCHITECTURE behav OF snooper IS
BEGIN
  PROCESS(probe.index)
    FILE out_file    : TEXT IS OUT file_name;
    VARIABLE textout : LINE;
  BEGIN
    IF (probe.index >= ind_start) THEN
      WRITE(textout, probe.index);
      WRITE(textout, HT);                    -- HT is a TAB (tabulator)
      WRITE(textout, probe.data);
      WRITELINE(out_file, textout);
    END IF;
  END PROCESS;
END behav;
```

Im folgenden Codefragment 10.21 ist ein Ausschnitt aus einer Datei gezeigt, welche von einer Instanz der Einheit „snooper" erzeugt wurde.

10.21
```
0       0
1       0
2       0
3       -1
4       -2
5       -3
...
```

Applikationsspezifische „waveform" Nachbearbeitung

Die bei einem VHDL-Simulator vorhandenen „waveform"-Anzeigeprogramme erlauben im allgemeinen eine graphische Darstellung zweiwertiger Signale. Enumerationstypen oder ganzzahlige Datentypen werden durch eine textuelle Angabe ihres Wertes in einer wählbaren Kodierung dargestellt (vgl. Abs. 2.4, S. 61). In der Signalverarbeitung ist aber unter anderem eine graphische Darstellung des Wertes von ganzzahligen und Fließkomma-Datentypen notwendig. Eine solche Darstellung kann mit getrennten „post-processing"-Werkzeugen erreicht werden. Dazu werden die von Instanzen der Einheit „snooper" erzeugten Dateien, deren Aufbau dem in Codefragment 10.21 gezeigten Schema folgt, vom Darstellungsprogramm eingelesen und entweder direkt zur Anzeige gebracht oder als Graphikdatei abgelegt. Hier wurde das frei verfügbare Programmpaket „graphics" [70] verwendet. Die erzeugte Darstellung wurde mit einem Grafikeditor beschriftet[17] und ist in Abb. 10.12 gezeigt.

---

[17] Die vom Programm „graphics" erzeugten Daten in der Sprache „postscript" können durch den objektorientierten Editor „idraw" [119] bearbeitet werden.

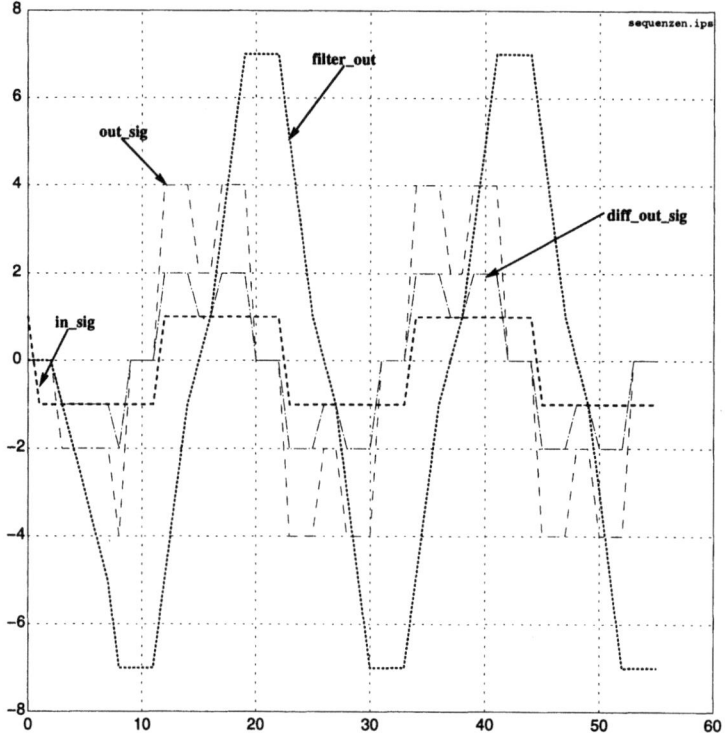

Abb. 10.12: Graphische Darstellung der Sequenzen

11 Vereinfachte Modellierung eines funktionalen Aspekts (*FC*)

Die bewußte Vernachlässigung eines bestimmten funktionalen Aspekts ist einer der vier unabhängig einsetzbaren Abstraktionsmechanismen. Die Anwendung dieses Mechanismus wird mit zwei Beispielen auf unterschiedlichen Abstraktionsstufen erläutert. In einem Modell werden die Variablen implizit bei der Definition initialisiert. Durch die explizite Modellierung einer asynchronen Initialisierung nach einer Aktivierung der „reset"-Leitung wird das Modell auf die Synthese vorbereitet. Die Vernachlässigung eines funktionalen Aspektes auf der Systemebene wird mit einem programmierbaren Routing-ASIC erläutert, welcher stufenweise immer implementationsnäher modelliert wird.

Einleitung

Systeme mit stetig steigender Komplexität können nur realisiert werden, wenn man entweder immer komplexere Einheiten parametriert und instanziiert oder aber die Entwicklung auf einem höheren Abstraktionsniveau durchführt. Diese Tatsache ist allgemein anerkannt, die Frage ist nur, mit welchen Mitteln man in der digitalen Schaltungsentwicklung eine abstrakte Modellierung erreichen kann. Aus unseren Erfahrungen bei der Entwicklung von ASICs mit VHDL und Verilog haben sich vier unabhängige Abstraktionsmechanismen herauskristallisiert:

- Vernachlässigung von **Strukturinformation**.

- Vereinfachte Modellierung eines **funktionalen Aspekts**.

- Anwendung von Datentypen für Signale und Variablen ohne eine vorbestimmte Beziehung zu Signalen in der realen Schaltung (**abstrakte Datentypen**).

- Verwendung einer nicht linearen Transformation der Echtzeit-Zeitskala zur **Modellierung der Wert/Zeit-Relation**.

Die Vernachlässigung des Aufbaus einer Einheit aus einfacheren Komponenten (*SI*) ist in den Kapiteln 4 bis 10 diskutiert worden. Hier wird die „Vereinfachte Modellierung eines funktionalen Aspektes" auf zwei sehr unterschiedlichen Abstraktionsebenen demonstriert. Auf S. 124 ist dieser Abstraktionsmechanismus in der folgenden Weise definiert worden.

DEFINITION 11.1 (FUNKTIONALER ASPEKT) *Jede Einheit verfügt über eine diskrete Zahl von Funktionen oder Betriebsmodi. Der Abstraktionsgrad eines Modells im Bezug auf den funktionalen Aspekt wird durch den Anteil der modellierten Funktionen bestimmt.*

Daher ist die Zahl der möglichen Abstraktionsstufen bei der „vereinfachten Modellierung eines funktionalen Aspektes" von dem funktionalen Spektrum der betrachteten Einheit abhängig. Hat eine Einheit viele getrennt modellierbare Funktionen, so können diese Funktionen schrittweise beschrieben werden.

Die logische Funktion eines Gatters ist primitiv, so daß sich Gatter durch die benötigte Fläche und die Einflüsse auf das zeitliche Klemmenverhalten unterscheiden. Es ist daher in Abschnitt 4.3 (S. 129) vereinbart worden, daß das zeitliche Klemmenverhalten als ein funktionaler Aspekt eines Gatters betrachtet werden soll. So sind die umfangreichen Möglichkeiten, ein Flipflop auch unter Beachtung der „hold"- und „setup"-Zeiten (s. S. 29) zu modellieren, ein Beispiel für die Vielzahl der Abstraktionsstufen bei der „Vernachlässigung eines funktionalen Aspektes".

In diesem Kapitel soll die Anwendung dieses Abstraktionsmechanismus auf zwei unterschiedlichen Abstraktionsstufen demonstriert werden. Zunächst wird auf der RT-Ebene die Modellierung der Initialisierung von Speichern und Ausgangssignalen betrachtet. Im zweiten Teil wird die Programmierung eines Router-ASIC auf den folgenden Abstraktionsstufen modelliert [101].

① Vollständig generiertes Modell.

② Ein Modellrahmen und generierte Daten bilden das Modell.

③ Festes Modell interpretiert Daten aus einer Datei.

④ Modell mit RAM, welches über eine Schnittstelle vom Rechner geladen werden kann.

Diese vier Stufen sind typisch für ein Hardware/Software-Codesign Projekt, bei dem ein möglichst großer Anteil der Funktionalität durch die Implementierungstechnik „Software" und nur die laufzeitaufwendigen Funktionen durch eine applikationsspezifische Schaltung („Hardware") realisiert werden.

11.1 Verhalten nach der Aktivierung der „reset"-Leitung

Die Modellierung des Verhaltens nach der Aktivierung der „reset"-Leitung wird meist vernachlässigt, um die Lesbarkeit zu erhöhen und um unabhängig von den Vorgaben des Halbleiterherstellers zu modellieren. In dem folgenden Modell eines einfachen Zählers wird das Verhalten beim Start der Simulation durch die Zuweisung eines Initialisierungswertes bei der Definition der Variablen modelliert.

11.1
```
ENTITY counter IS
   PORT(clk, up : IN BIT;
        cnt     : OUT INTEGER);    -- range needs to be limited for synthesis
END counter;

ARCHITECTURE behav OF counter IS
BEGIN
   PROCESS(clk)
```

11.1. VERHALTEN NACH DER AKTIVIERUNG DER „RESET"-LEITUNG

```
        VARIABLE int_cnt : INTEGER := 0; -- implicit initialisation
    BEGIN
        IF PosEdge(clk) THEN
            IF up = '1' THEN
                int_cnt := int_cnt +1;      -- count up
            ELSE
                int_cnt := int_cnt -1;      -- count down ...
            END if;
            cnt <= int_cnt;                 -- copy internal register to output
        END IF;                             -- (may lead to twice as much registers)
    END PROCESS;
END behav;
```

Zur expliziten Modellierung des Verhaltens nach der Aktivierung der „reset"-Leitung wird in der „entity"-Definition eine neue Klemme hinzugefügt.

11.2
```
ENTITY counter IS
    PORT(clk, reset, up : IN BIT;
    ...
```

Asynchron versus synchron: In Rücksprache mit dem Halbleiterhersteller wird entschieden, ob auf die Aktivierung der „reset"-Leitung asynchron oder synchron reagiert werden soll. Im folgenden Codefragment wird mit den Zeilen „process(clk, reset)" und „if reset = '1' then" eine asynchrone Reaktion auf die Aktivierung der „reset"-Leitung modelliert.

11.3
```
ARCHITECTURE behav OF counter IS
BEGIN
    PROCESS(clk, reset)                     -- reset line has been added!
        VARIABLE int_cnt : INTEGER;         -- initialisation removed
    BEGIN
        IF reset = '1' THEN                 -- branch executed independend of clk
            int_cnt := 0;                   -- data state
            cnt <= 0;                       -- output
        ELSIF PosEdge(clk) THEN             -- synchronous behaviour is following
            ...
        END IF;
    END PROCESS;
END behav;
```

In Abb. 11.1 auf der nächsten Seite ist eine synchrone Reaktion auf die Aktivierung der „reset"-Leitung für den Kontrollzustand „state" und das Ausgangssignal „data_line" modelliert. Der einzige Unterschied zur asynchronen Behandlung ist, daß die Reaktion innerhalb der „IF PosEdge(clk) THEN"-Klammer modelliert ist.

Falls der Halbleiterhersteller z.B. auf Grund der verwendeten Testverfahren eine unmittelbare Initialisierung aller Flipflops nach der Aktivierung der „reset"-Leitung vorschreibt, so müssen alle Variablen und Ausgangssignale zurückgesetzt werden, wie im Codefragment 11.3 dargestellt. In diesem Falle befinden sich alle Flipflops sofort nach der Aktivierung der „reset"-Leitung in einem determinierten Zustand. Da aber Flipflops mit einem „reset"- oder „set"-Eingang bis zu „20%" [28] größer sind, führt dies zu einer Vergrößerung der gesamten Chipfläche.

Datenabhängig versus -unabhängig: Falls nicht alle Flipflops unmittelbar nach der Aktivierung der „reset"-Leitung in einem determinierten Zustand sein müssen, so kann

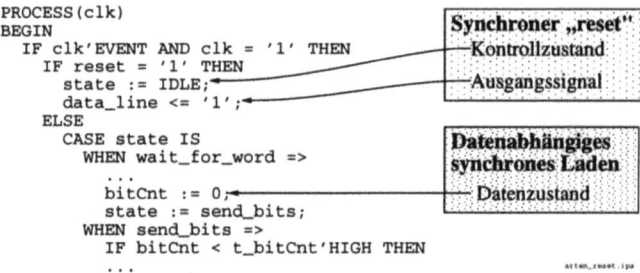

```
PROCESS(clk)
BEGIN
    IF clk'EVENT AND clk = '1' THEN
        IF reset = '1' THEN
            state := IDLE;
            data_line <= '1';
        ELSE
            CASE state IS
                WHEN wait_for_word =>
                    ...
                    bitCnt := 0;
                    state := send_bits;
                WHEN send_bits =>
                    IF bitCnt < t_bitCnt'HIGH THEN
                    ...
```

Abb. 11.1: Explizite Modellierung der Initialisierung: Synchroner „reset" und datenabhängiges synchrones Laden

man den Aufwand durch ein datenabhängiges Rücksetzen oder besser Laden reduzieren. Das datenabhängige synchrone Laden der Variablen „bitCnt" des Datenzustands ist in Abb. 11.1 gezeigt. Bei einer Simulation der synthetisierten Gatterschaltung wird der Startwert eines Flipflops mit dem „uninitialised"-Wert ('U') modelliert. Da dieser 'U'-Wert bei datenabhängigem synchronen Laden nicht sofort nach der Aktivierung der „reset"-Leitung verschwindet, kann es zu Irritationen kommen. Die Rückkopplung des 'U'-Wertes in andere Flipflops kann eine Auswertung der Simulation unmöglich machen. Weiterhin entsteht das Risiko, daß man das Laden eines Registers vor der ersten Verwendung vergißt und damit die Schaltung im späteren Betrieb ein nicht determiniertes Verhalten hat (vgl. Kap. 14).

Implementation auf der Gatterebene

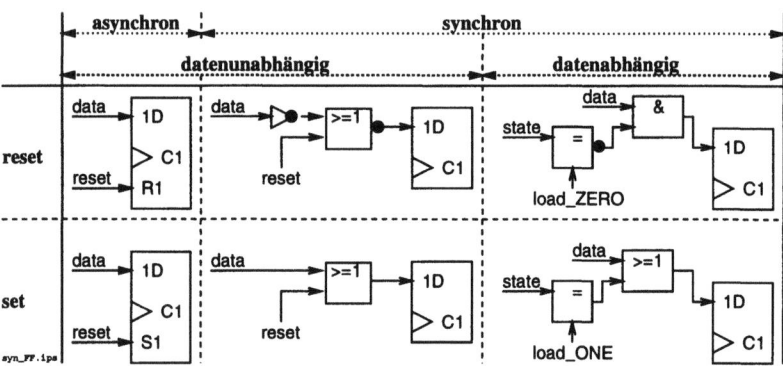

Abb. 11.2: Gatterschaltungen zur Implementation verschiedener Arten der Initialisierung

In Abb. 11.2 sind die jeweiligen Gatterschaltungen zur Implementation der oben diskutierten Arten der Initialisierung skizziert.

11.1. VERHALTEN NACH DER AKTIVIERUNG DER „RESET"-LEITUNG

Initialisierung des Kontroll- und Datenzustands sowie der Ausgangssignale

In einer erweiterten FSM (EFSM) (vgl. Kap. 5) werden die in Tabelle 11.1 aufgezählten Gruppen von Variablen/Signalen bei der Modellierung des Verhaltens nach einer Aktivierung der „reset"-Leitung unterschieden. Der Kontrollzustand in einer EFSM muß datenunabhängig unmittelbar nach der Aktivierung der „reset"-Leitung zurückgesetzt werden, um zunächst eine Simulation auf der Gatterebene zu ermöglichen. In der gefertigten Schaltung startet die EFSM dann in einem definierten Kontrollzustand. Ohne die Vorbelegung des Kontrollzustandes nimmt die EFSM einen unter Umständen beliebigen Zustand an, welcher zu einem undeterminierten Verhalten führen kann (vgl. Kap. 14).

	Initialisierung	Begründung
Kontrollzustand	datenunabhängig	Start in determiniertem Kontrollzustand.
Datenzustand	je nach Stil	**Vor Verwendung muß ein Wert zugewiesen werden!**
Ausgangssignale	datenunabhängig	Integration und Wiederverwendung

Tabelle 11.1: Datenabhängiges oder -unabhängiges Laden bei verschiedenen Gruppen von Variablen/Signalen in einer EFSM

Jeder Speicher in der gefertigten Schaltung muß mit einem bestimmten Wert geladen worden sein, bevor der Inhalt dieses Speichers das Verhalten der Schaltung bestimmt. Würde der Inhalt z.B. eines Flipflops mit einem zufälligen Wert verwendet, um den neuen Zustand einer FSM zu bestimmen, so wäre dieser neue Zustandswert ebenfalls zufällig. Das Verhalten der gefertigten Schaltung könnte somit nicht vorherbestimmt werden. Da die Inhalte der Speicher durch Variablen oder Signale modelliert werden (vgl. Abs. 5.3.3, S. 190), müssen alle Variablen oder Signale mit einem bestimmten Wert initialisiert worden sein, bevor der Wert auf der rechten Seite einer Anweisung verwendet wird. Jede Variable des Datenzustands muß somit vor der ersten Abfrage ihres Wertes geladen werden, damit der gefertigte Chip ein deterministisches Verhalten hat.

Solange ein Ausgangssignal nicht im Modell selber abgefragt wird, ist die Initialisierung nur für die getriebenen Instanzen relevant. Allerdings wird die Integration sowie die Wiederverwendbarkeit eines Modells erleichtert, wenn man alle Ausgangssignale unmittelbar nach der Aktivierung der „reset"-Leitung in einen definierten Zustand bringt.

Zustands- gleich Ausgangsregister

In dem oben diskutierten Zählermodell ist der Zustandswert gleich dem Ausgangswert. Man kann daher das Ausgangsregister vermeiden, indem man den Ausgangswert selber als Zustand verwendet, wie in den folgenden Codefragmenten 11.4 und 11.5 angedeutet. Dazu wird zunächst die Wirkungsrichtung der Klemme „cnt" von „OUT" auf „INOUT" geändert.

11.4
```
ENTITY counter IS
   PORT(clk, reset, up  : IN    BIT;
        cnt             : INOUT INTEGER);
        --   ^^^^^ INOUT instead of OUT !
END counter;
```

Im folgenden Modell „optimised" der Einheit „counter" wird das Ausgangs- und Zustandssignal „cnt" unmittelbar nach der Aktivierung der „reset"-Leitung synchron initialisiert.

11.5
```
ARCHITECTURE optimised OF counter IS
BEGIN
   PROCESS(clk)
   BEGIN
      IF PosEdge(clk) THEN          -- positive edge triggered
         IF reset = '1' THEN        -- synchronous reset
            cnt <= 0;
         ELSE                       -- "normal" behaviour
            IF up = '1' THEN
               cnt <= cnt +1;
            ...
         END IF;                    -- IF PosEdge(clk) ...
   END PROCESS;
END optimised;
```

In dem Maße, wie solche Implementierungsentscheidungen explizit modelliert werden, verringert sich der Abstraktionsgrad eines Modells. Bis man allerdings das Modell aus den Codefragmenten 11.4 und 11.5 synthetisieren kann, müssen noch weitere Implementierungsentscheidungen, wie Umfang des Zählbereiches, das Verhalten an den Grenzen etc, getroffen werden. Die notwendigen Schritte zur Vorbereitung eines Modells auf der RT-Ebene zur Synthese werden in Kapitel 12 diskutiert.

11.2 Systemebene: Programmierbare Einheit

Um die Vereinfachung der Modellierung eines bestimmten funktionalen Aspektes auch auf einer abstrakteren Stufe zu verdeutlichen, soll ein programmierbarer Router-ASIC betrachtet werden. Der ASIC hat zwei Betriebsmodi: Initialisierungs- und Arbeitsmodus. Im Initialisierungsmodus wird der „Routing-Code" über die Rechnerschnittstelle in den passenden Speicher geladen. Im Arbeitsmodus wird dann dieser „Routing-Code" von dem Zustandsautomaten der Einheit abgearbeitet.

Datenstrukturen: Im folgenden Codefragment werden die stark vereinfachten Datenstrukturen dieser Routing-Applikation deklariert. Eine Zelle besteht aus einem einfachen ganzzahligen Kopf „header", welcher die Zieladresse enthält, und einem Datenteil mit dem Typ „t_data". Die Struktur dieser sehr vereinfachten Datenzelle ist in Abb. 11.3 auf der gegenüberliegenden Seite skizziert. Die Datenstrukturen zur Modellierung der Zelle sind im Codefragment 11.6 auf der nächsten Seite formal beschrieben.

11.2. SYSTEMEBENE: PROGRAMMIERBARE EINHEIT

11.6
```
PACKAGE stddef IS
    ----------------------------------------------- CONSTANTS
    CONSTANT CellLength : NATURAL := 4;             -- a fixed size data cell
    CONSTANT MaxHeader : NATURAL := (2**10)-1;      -- 0 is a valid header too
    ...
    ----------------------------------------------- DATA STRUCTURES
    SUBTYPE t_header IS INTEGER RANGE 0 TO MaxHeader; -- very simple header
    TYPE t_data IS ARRAY (1 TO CellLength) OF INTEGER; -- very simple payload
    TYPE t_cell IS RECORD                              -- a very simple cell
       header  : t_header;
       data    : t_data;
    END RECORD;
    ....
```

Abb. 11.3: Aufbau einer einfachen Datenzelle vom Typ „t_cell"

Die im Codefragment 11.6 definierten Zellen sollen parallel an die Eingänge eines Router-ASICs gelegt werden. Dieser ASIC schaltet je nach dem Wert des „headers" die Zelle an einen der Ausgänge durch. Die Regeln, nach denen die Zellen weitergegeben werden, können sich während des Betriebes ändern. Die Schnittstellen der Einheit „SimRouter"[1] sind in Abb. 11.4 skizziert. Die Zahl der Eingangsklemmen „IP" werden durch den Wert des Parameters „NoIn" und die Zahl der Ausgangsklemmen durch den Parameter „NoOut" bestimmt. Ein Rechner kann über die Klemme „HostInterface" z.B. die Routingregeln in eine Instanz des „SimRouters" ablegen.

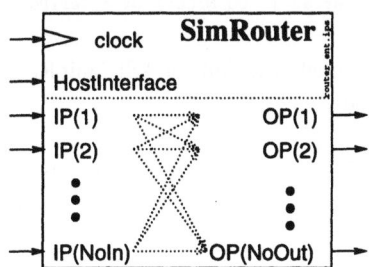

Abb. 11.4: Schnittstellen des Router-ASICs „SimRouter"

In Abschnitt 13.6.1 (S. 469) werden verschiedene Protokolle zum Datenaustausch zwischen den Untereinheiten eines Entwurfs skizziert und Anweisungssequenzen zur Implementation derselben vorgestellt. Die Verfeinerung des zeitlichen Klemmenverhaltens wird ausführlich in der Entwurfsstudie in Kapitel 15 behandelt, daher soll bei

---

[1] „A very Simple Router"

der Modellierung der Einheit „SimRouter" das in Abb. 11.5 auf der gegenüberliegenden Seite skizzierte Protokoll verwendet werden. Dieses Protokoll basiert darauf, daß nicht in jedem Taktzyklus eine Zelle an einem Eingang anliegt. Ist aber eine Zelle an einem Eingang vorhanden, so wird sie im gleichen Taktzyklus weitervermittelt. Daher muß von einem Sender einer Zelle nur die Gültigkeit mit der Leitung „Valid" an den Router-Asic signalisiert werden. Der Datentyp der Eingangsklemme „t_CellPort" im Codefragment 11.7 besteht daher aus einer Klemme zur Übergabe einer Zelle und der Protokolleitung „Valid".

11.7
```
TYPE t_CellPort IS RECORD
    Cell    : t_cell;
    Valid   : bit;
END RECORD;
```

Für die Ausgänge der Einheit „SimRouter" gilt ebenfalls, daß nicht in jedem Taktzyklus eine Zelle an einer Ausgangsklemme ausgegeben wird. Es soll aber angenommen werden, daß die empfangenden Instanzen eine Zelle unverzüglich übernehmen können. Daher wird man auch die Weitergabe der Zelle an den Ausgangsklemmen nach dem in Abb. 11.5 auf der gegenüberliegenden Seite skizzierten Protokoll abwickeln und die Ausgangsklemmen mit dem im Codefragment 11.7 gezeigten Datentypen „t_CellPort" definieren.

Die Datentypen aus den Codefragmenten 11.6 auf der vorherigen Seite und 11.7 werden im nächsten Codefragment 11.8 verwendet, um die Realisationsparameter („generics") und Schnittstellen des Router-ASICs „SimRouter" zu definieren.

11.8
```
ENTITY SimRouter IS
    GENERIC(NoIn    : POSITIVE;                             -- number of inputs
            NoOut   : POSITIVE);                            --            outputs
    PORT(clk        : IN      bit;
    ...
         IP         : IN      array (1 to NoIn) of t_CellPort;   -- input
         OP         : OUT     array (1 to NoOut) of t_CellPort); -- output
end router;
```

Wir wollen vereinfacht annehmen, daß der ASIC mit Routingregeln in der folgenden Form programmiert wird.

11.9
```
-- condition          output port
header in [21,23]     => 1;        -- header in interval [21,23] -> send to port 1
header < 5            => 2;        -- header less than 5 -> send to port 2
header = 10           => 1;        -- header equal 10 -> send to port 1
...
```

Eine Eingangszelle kann also einem Ausgangsport durch einen einfachen Vergleich mit einer Konstanten, wie „< 5", oder durch die Angabe eines Intervalls, wie „in [21,23]", zugeordnet werden. Die Überprüfung eines Intervalls kann z.B. durch die Konjunktion zweier einfacher Vergleiche implementiert werden.

Generierter VHDL-Code

In einem ersten Schritt zur Modellierung dieses ASICs wird man die Tatsache, daß die Einheit durch eine applikationsspezifische festverdrahtete Schaltung implementiert werden soll, vollständig ignorieren und den VHDL-Code für das Modell direkt

11.2. SYSTEMEBENE: PROGRAMMIERBARE EINHEIT

aus einer Tabelle mit Routingregeln erzeugen. Dazu übersetzt man einen Satz von Routingregeln in eine Anweisungssequenz, welche diese Regeln geeignet abarbeitet. Das Modell der Einheit „SimRouter" wird daher für jeden Satz von Routingregeln neu generiert, wie in Abb. 11.6 auf der nächsten Seite angedeutet. Der generierte VHDL-Code zu den Routingregeln des Codefragments 11.9 hat dann etwa die im Codefragment 11.10 gezeigte Form. Das Modell besteht aus einem getakteten Prozeß, in dessen Rumpf zunächst die Protokolleitung jeder Ausgangsklemme zurückgesetzt wird. Die getriebenen Instanzen haben die im letzten Taktzyklus an die Ausgangsklemmen gelegten Zellen schon übernommen, wie in Abb. 11.5 vereinbart worden ist. Dann folgt im Rumpf des Prozesses pro Ausgangsklemme eine Schleife, welche alle Eingangsklemmen nach einer Zelle absucht. Ist an der aktuellen Eingangsklemme „IP(InPortNum)" keine Zelle vorhanden, so wird mit der „next"-Anweisung zur nächsten Eingangsklemme gesprungen.

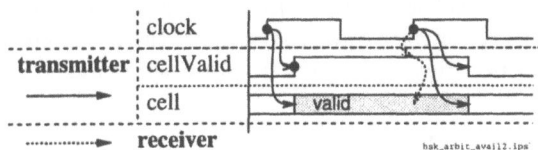

Abb. 11.5: Protokoll für den Fall, daß der Sendezeitpunkt unbekannt, der Empfänger aber immer empfangsbereit ist

```
11.10  PROCESS(clk)                                 -- clocked process of SimRouter
       BEGIN
         IF PosEdge(clk) THEN
           OP <= (OTHERS => (VALID => '0'));        -- reset protocol lines
           ------------------------------------- seek a cell for output port number 1
           loop_1 : FOR InPortNum IN (1 TO NoIn) LOOP  -- each input port
             NEXT loop_1 WHEN IP(InPortNum).Valid = '0';-- no cell -> next port
             IF (IP(InPortNum).Cell.header >= 21 AND   -- rule: "in [21, 23]"
                 IP(InPortNum).Cell.header <= 23) OR
                 IP(InPortNum).Cell.header  = 10 THEN  -- rule: "= 10"
               OP(1).Cell <= IP(InPortNum);            -- send cell to output port 1
               OP(1).Valid <= '1';                     -- following unit takes cell
               EXIT loop_1;                            -- one cell per output port
             END IF;
           END LOOP loop_1;                            -- each input port
           ------------------------------------- seek a cell for output port number 2
           loop_2 : FOR InPortNum IN ...               -- each input port
           ...
           ------------------------------------- don't care for a remaining cell ...
           ...        -- The next cell will overwrite it. Beware it's a SIMPLE router!
         END IF;                                       -- IF PosEdge(clk) ...
       END PROCESS;
```

Die Bedingungen einer Regel sind im Codefragment 11.10 konjunktiv verknüpft, während die einzelnen Regeln pro Ausgangsklemme disjunktiv verknüpft sind. Erfüllt der „header" der Zelle an der aktuellen Eingangsklemme „IP(InPortNum)" die Bedingungen einer Regel für die betrachtete Ausgangsklemme, so wird die Zelle an der Klemme „IP(InPortNum)" an den jeweiligen Ausgang weitergegeben. Die Gültigkeit der Zelle wird über die Klemme „OP(N).Valid" signalisiert. Da in dem aktuellen Taktzyklus keine weiteren Zellen an diesen Ausgang ausgegeben werden können, wird die

Schleife „loop_N" durch eine „exit"-Anweisung verlassen. In der nächsten Schleife „loop_(N+1)" werden dann die Eingangsklemmen nach Zellen für den nächsten Ausgang abgesucht. Sind die Regeln für alle Ausgangsklemmen überprüft worden, so wird der Prozeß bis zur nächsten ausgezeichneten Taktflanke deaktiviert. [2]

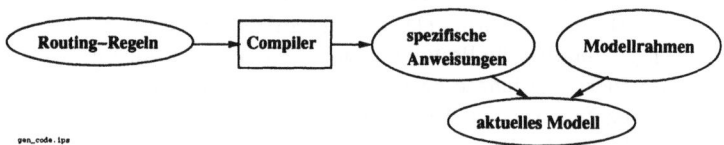

Abb. 11.6: Generierung eines VHDL-Modells für eine programmierbare Einheit

Der Modellrahmen auf der rechten Hälfte von Abb. 11.6 bildet den festen Bestandteil eines Modells. Die variablen Anweisungssequenzen zur Überprüfung der Routingregeln werden in Abhängigkeit vom aktuellen Regelsatz erzeugt.

Generierte Daten und Interpreter

Nachdem man mit dem obigen Modell das richtige Verständnis der Spezifikationen und die prinzipielle Funktionsfähigkeit –eventuell gemeinsam mit dem Anwender– überprüft hat, entwickelt man ein implementationsnäheres Modell.

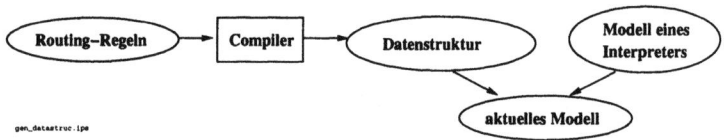

Abb. 11.7: Ein festes Modell interpretiert eine generierte Datenstruktur

Ein solches Modell der Einheit „SimRouter" besteht aus einer festen Verschaltung, welche durch eine Tabelle parametriert wird. Das Modell der Routingeinheit ist rechts in Abb. 11.7 gezeigt. Auf der linken Hälfte sind die Routingregeln, der Compiler und die erzeugte Datenstruktur angedeutet. Dieser Compiler analysiert mit demselben „front-end" die Routingregeln und erzeugt mit einem VHDL-Codegenerator die Belegung der Datenstruktur. Der Code mit der jeweiligen Belegung wird gemeinsam mit den Quelltexten des Modells vom VHDL-Compiler übersetzt. Die Datentypen der erzeugten Tabelle werden im folgenden Codefragment definiert. Diese Deklarationen berücksichtigen eher die einfache Darstellung als den zur Implementation notwendigen Speicherplatz. In Abb. 11.8 auf der nächsten Seite ist skizziert, wie aus dem Typ eines Tests „t_TestType" und aus einem Vergleichswert vom Typ eines Headerwertes

---

[2] Eine Zelle, deren „header" keine einzige Regel erfüllen konnte, wird nicht bearbeitet. Sie wird durch nachfolgende Zellen an dieser Eingangsklemme überschrieben.

11.2. SYSTEMEBENE: PROGRAMMIERBARE EINHEIT

„t_header" der Datentyp eines Tests „t_Test" gebildet wird. Zwei solche Tests bilden eine Regel, welche bei der Angabe eines Intervalls aus einer oberen und unteren Grenze bestehen kann. Alle Regeln pro Ausgangsklemme werden in einer Spalte der Datenstruktur „t_TestTable" abgelegt. Die maximale Zahl der Regeln pro Ausgangsklemme wird durch den Parameter „MaxNoRules" festgelegt. Daher wird die Zahl der Spalten in der Testtabelle vom Typ „t_TestTable" durch die Zahl der Ausgangsklemmen in einer Instanz der Einheit „SimRouter" bestimmt.

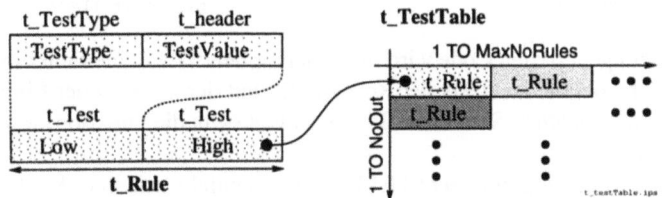

Abb. 11.8: Aufbau der Datenstruktur „t_TestTable"

Die in Abb. 11.8 skizzierten Datenstrukturen sind im Codefragment 11.11 formal beschrieben. Zunächst werden die möglichen Arten eines Tests in dem Enumerationstypen „t_TestType" aufgezählt, dann wird dieser Typ mit einem Vergleichswert im Datentyp „t_Test" kombiniert.

1.11
```
PACKAGE TestTable IS
    TYPE t_TestType IS (NT,           -- No Test at all
                        LE,           -- LEss than
                        EQ,           -- EQual
                        ...);
    TYPE t_Test IS RECORD             -- two tests per rule
        TestType   : t_TestType;
        TestValue  : t_header;        -- to be compared with a header value
    END RECORD;
    TYPE t_Rule IS RECORD
        Low   : t_Test;               -- lower limit
        High  : t_Test;               -- upper limit
    END RECORD;
    CONSTANT MaxNoRules : positive := 10;  -- max. number of rules per output port
    TYPE t_TestTable
        ARRAY (1 to NoOut,            -- a set of rules for each output port
               1 to MaxNoRules) OF t_rule;  -- a rule for this port
```

Zwei einzelne Tests beschreiben eine Regel „t_Rule", welche dann in der Tabelle mit dem Datentypen „t_TestTable" abgelegt wird.

Die im Codefragment 11.11 beschriebenen Datenstrukturen werden im Codefragment 11.12 auf der nächsten Seite benutzt, um eine Konstante „TestTable" zu definieren. Die Konstante „TestTable" wird mit den vom Compiler erzeugten Werten belegt. Der Aufbau des Aggregats zur Initialisierung der Konstanten „TestTable" ist durch einige Kommentarzeilen im Codefragment 11.12 auf der folgenden Seite angedeutet. Die Bestandteile eines Aggregates sind durch runde Klammern zusammengefaßt (s.- S. 78).

1.12 `PROCESS(clk)`

```
------------------------------------------------ Begin of generated code
CONSTANT TestTable   : t_TestTable := (
  -- ( Line of TestTable = [rules per output port]       ),-- construction of
  --   (Rule                    ), (Rule                 )  -- the aggregate
  -- ( ( (Test      ), (Test    ) ), ( (Test     ), (Test )  ) ),
     ( ( (GE,    21), (LE,   23) ), ( (EQ,    10), (NT,  0) ) ),-- rules for port 1
     ( ( (LE,    63), (NT,    0) ), ( (NT,     0), (NT,  0) ) ),-- rules for port 2
       ...                        );
------------------------------------------------ End of generated code
FUNCTION test(portNum : INTEGER RANGE 1 TO NoIn;  -- number of input port
              rule    : t_rule)                   -- rule to be tested
         RETURN BOOLEAN;                          -- test fulfilled?
```

Nach dem generierten Code wird im Codefragment 11.12 eine Funktion „test" definiert, welche die beiden Tests der Regel „rule" mit der Zelle an der Eingangsklemme „portNum" ausführt. Sind beide Tests erfüllt, so gibt die Funktion „test" den Wert „TRUE" zurück.

Der Prozeß im Codefragment 11.13 beginnt ebenfalls mit einer Rücksetzung der Protokolleitung an den Ausgangsklemmen. Danach werden in der Schleife „out_l" die Regeln pro Ausgangsklemme ausgewertet. In der folgenden Schleife „in_l" werden die Eingangsklemmen nach einer Zelle abgesucht. Ist keine Zelle vorhanden, so wird mit der „next"-Anweisung zur nächsten Eingangsklemme gesprungen. Liegt an der aktuellen Eingangsklemme „IP(InPort)" eine gültige Zelle an, so wird in der Schleife „test_l" nach einer Regel gesucht, deren Bedingungen durch den Wert des Zellenkopfes („header") erfüllt werden.

11.13
```
BEGIN
   IF PosEdge(clk) THEN
      OP <= (OTHERS => (VALID => '0'));       -- reset protocol lines
      out_l : FOR OutPort IN (1 TO NoOut) LOOP -- each OUTput port
        in_l : FOR InPort IN (1 TO NoIn) LOOP  -- each INput port
           NEXT in_l WHEN IP(InPortNum).Valid = '0'; -- no cell -> next input port
           test_l: FOR rule IN (1 TO MaxNoRules) LOOP-- check each rule
              IF test(InPort,
                      TestTable(OutPort, rule)) THEN -- for this output
                 OP(OutPort) <= (Cell  => IP(InPort), -- send cell to output port
                                 Valid => '1');      -- following unit takes cell
                 NEXT out_l;                         -- one cell per output port
              END IF;                                -- IF test(InPort, ...
           END LOOP test_l;
        END LOOP in_l;
      END LOOP out_l;
   END IF;                                      -- IF PosEdge(clk) ...
END PROCESS;
```

Die Bedingungen der Regel „TestTable(OutPort, rule)" werden in der Funktion „test" ausgeführt. Konnte der Zellenkopf an der durch den Zähler „InPort" bezeichneten Eingangsklemme die Bedingungen der Regel erfüllen, so wird die Zelle an diesen Ausgang gegeben, die Gültigkeit der Zelle signalisiert und mit der Anweisung „NEXT out_l" zur Bearbeitung des nächsten Ausgangs gesprungen.

Dieses Modell beschreibt eine durch die Konstante „TestTable" parametrierte fest verdrahtete Kombinatorik. Je nach Zahl der Ein- und Ausgänge „NoIn/NoOut" und der möglichen Routingregeln pro Ausgang „MaxNoRules" wird eine Instanz dieses Modells eine unvertretbar große Zahl von Komparatoren und Multiplexern erfordern. Der Abtausch von Aufwand und Geschwindigkeit, eine speicherplatzsparende Darstellung

11.2. SYSTEMEBENE: PROGRAMMIERBARE EINHEIT

der verteilten Routing-Tabelle sowie der Einfluß der Realisationsparameter kann aber gut mit einem Modell auf dieser Abstraktionsstufe studiert werden.

Datei mit dem Code, Interpreter

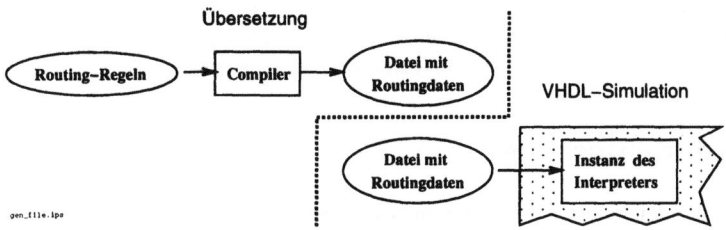

Abb. 11.9: Modell liest eine Datei zur Initialisierung der internen Datenstruktur

Im Codefragement 11.12 auf der vorherigen Seite wird die Konstante „TestTable" mit der aktuellen Belegung der Routingtabelle deklariert, daher muß bei einer Änderung der Routingtabelle das Modell neu übersetzt werden. Dies kann man vermeiden, wenn man die Routingtabelle in einer Variablen speichert und diese Variable zu Beginn der Simulation mit Daten aus einer Datei initialisiert. Diese Art der Modellierung ist in Abb. 11.9 dargestellt. Der Compiler analysiert die Regeln und erzeugt eine Datei mit den geeignet kodierten Tests. Diese Datei wird nach dem Start der Simulation von einer Instanz des Interpretermodells gelesen. Mit den gelesenen Werten wird dann eine Variable vom Typ „t_TestTable" belegt. Die dadurch erreichte Flexibilität erlaubt das Verhalten des Modells bei einer größeren Zahl von Routingtabellen zu untersuchen.

Rechnerschnittstelle und RAM

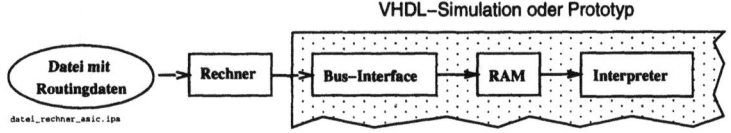

Abb. 11.10: Transport des „Codes" über die Rechnerschnittstelle in ein RAM, welches vom Routermodell gelesen wird

Da die Routingtabelle auch während des Betriebes geändert wird und eine Speicherung in verteilten Registern aufwendig ist, muß sie in einem RAM abgespeichert werden. Dazu wird, wie in Abb. 11.10 skizziert, auf dem Rechner ein Satz von Regeln in eine Tabelle mit den Werten des „TestTable"-RAMs übersetzt. Diese Tabelle wird über eine Schnittstelle an ein Register der Einheit „SimRouter" übertragen. Die Einheit „SimRouter" übernimmt die Daten und trägt sie in das „TestTable"-RAM ein. Der Interpreter zur Überprüfung der Routingregeln greift dann auf dieses RAM zu. Dieser Ablauf wird auch von der gefertigten Schaltung beim Laden eines neuen Satzes von Regeln durchlaufen, so daß mit dieser Beschreibung der Funktionalität „Programmierbarkeit" ein synthetisierbares Modell erzeugt werden kann. Allerdings kann das in Abb. 11.10 auf der vorherigen Seite skizzierte Modell nur implementiert werden, wenn die Struktur der Rechnerschnittstelle „Bus-Interface", der Aufbau des „TestTable"-RAMs und der Abtausch Geschwindigkeit gegen Fläche für den Interpreter festgelegt worden ist. Eine frühzeitige Modellierung auf dieser Abstraktionsstufe kann daher schwach fundierte Implementierungsentscheidungen notwendig machen.

Zusammenfassung

Viele Einheiten haben ein umfangreiches Spektrum an Funktionen. Daher ist die bewußte Vernachlässigung bestimmter funktionaler Aspekte ein wichtiger Abstraktionsmechanismus *FC*. Die Anwendung dieses Abstraktionsmechanismus ist in diesem Kapitel mit konkreten und abstrakten Modellen vorgeführt worden. Zunächst wurde die Modellierung der Initialisierung von Speichern und Ausgangssignalen diskutiert und dann wurden verschiedene Modelle einer programmierbaren Einheit betrachtet. Die Funktionalität „Programmierbarkeit" wurde in den folgenden Stufen modelliert.

① Von einem applikationsspezifischen Compiler generiertes Modell.

② Generierte Daten werden mit dem festen Modellrahmen vom VHDL-Compiler übersetzt.

③ Festes Modell, welches das „Programm" aus einer Datei liest.

④ Modell mit RAM, welches über eine Schnittstelle vom Rechner geladen werden kann.

Dieses schrittweise Vorgehen vermeidet den Zwang, frühzeitig und damit meist willkürlich Implementierungsentscheidungen zu treffen. Weiterhin sind diese Stufen ein Beispiel, wie man in einem systematischen Hardware/Software-Codesign Entwurfsprozeß zunächst per „Software" implementierte Funktionalität schrittweise durch „Hardware" realisieren kann.

Bemerkungen

Lohnt das schrittweise Vorgehen?

Bei der Betrachtung dieser schrittweisen Vorgehensweise stellt sich die Frage, ob der kumulative Aufwand zur Erzeugung der einzelnen Modelle nicht den Aufwand übersteigt, den man benötigt, wenn man gleich das synthetisierbare Modell implementiert. Die direkte Modellierung auf synthetisierbarem Niveau ist bei „überschaubaren" Entwürfen, d.h. bei denen durch die Spezifikationen die Implementierung schon weitestgehend bestimmt ist, erfahrungsgemäß effizienter. Allerdings ist bei Entwürfen, bei

11.2. SYSTEMEBENE: PROGRAMMIERBARE EINHEIT

Softwaresicht	Hardwaresicht
Anweisungen nach "IF PosEdge(clk) THEN" werden sequentiell ausgeführt	Berechnungen nach „IF PosEdge(clk) THEN" werden parallel in einem Taktzyklus ausgeführt
Schleifendurchläufe werden sequentiell durchgeführt	Die Operationen in einer Schleife ohne „wait"-Anweisung werden parallel ausgeführt. (vgl. Abs. 7.3, S. 254)
Datenabhängigkeiten	Timing-Pfade
Variablen bestimmen den Kontrollfluß durch einen Prozeß	Register speichern den Zustand einer Instanz
Alle Signale/Variablen haben einen Startwert	Simulation auf Gatterebene: „uninitialised"-Werte in den FF Gefertigter Chip: undeterminiertes Verhalten
„Wert zugewiesen"	„Register geladen"
Solange einer Variablen kein neuer Wert zugewiesen wird, bleibt der Wert konstant.	Signale, die über einen Takt hinaus konstant sein sollen, müssen gespeichert werden.
„Wert abgefragt"	Register wird eingeblendet

Tabelle 11.2: Vergleich: Software- und Hardwaresicht

denen die Spezifikationen mit dem Auftraggeber erarbeitet oder aber Implementierungsalternativen exploriert werden müssen, eine solche schrittweise Vorgehensweise überlegen.

Software- und Hardware-Sicht

Es gibt zwei Arten ein Modell zu betrachten, die Software- und die Hardwaresicht. Zur Verdeutlichung dieser beiden Standpunkte sind in Tabelle 11.2 die Sichtweisen in Bezug auf einzelne Elemente der Modellierung gegenübergestellt. Die Bedeutung der Softwaresicht ist am Anfang eines Projektes vorherrschend und wird, je mehr das Projekt voranschreitet, durch die Hardwaresicht ersetzt (vgl. Kap. 15). Zur Erfassung der Spezifikationen ist es günstiger, die Softwaresicht zu verwenden, weil man so schneller zu einem formalen, d.h. simulierbaren, Modell gelangt. Die Softwaresicht ist ausreichend, wenn eine Funktion mit Hilfe eines Prozessors, d.h. durch compilierten Code, implementiert werden soll. Bei einer Realisation durch eine applikationsspezifische Schaltung muß die Softwaresicht durch die Hardwaresicht ergänzt werden, weil viele Aspekte einer Hardwareimplementation, wie der Abtausch von ASIC-Fläche gegen Geschwindigkeit, in der Softwaresicht nicht darstellbar sind. Der erfahrene Entwickler zeichnet sich dadurch aus, daß er beide Sichten bei der Modellierung beherrscht und je nach Notwendigkeit einsetzen kann.

12 Abstrakte Datentypen (*AD*)

Die Verwendung von Datentypen ohne eine festgelegte Korrespondenz zu einem Signalbündel in der gefertigten Schaltung ist einer von vier Abstraktionsmechanismen. In einem Entwurfsprojekt wurde ein zusammengesetzter Datentyp durch eine Folge von Bitfeldern definiert. Die Inflexibilität dieser Definition machte eine abstrakte Beschreibung durch einen zusammengesetzten Datentyp notwendig. Beide Definitionen sowie der Zugriff auf die Elemente des Datentyps werden in diesem Kapitel vorgestellt und verglichen. Durch die Verwendung von abstrakten Datentypen kann die Kodierung, die Packung in einen Bitvektor und das „Scheduling" vernachlässigt werden. Der Übergang von einem abstrakten auf einen konkreten Datentyp wird an dem Modell einer Vermittlungseinheit demonstriert.

Einleitung

In vielen Entwicklungsprojekten müssen nicht nur von der Software, sondern auch von der Hardware komplexe Datenstrukturen bearbeitet werden. So werden z.B. Datenpakete mit unterschiedlichen Fächern empfangen, bearbeitet und verschickt. Instruktionen von programmierbaren Prozessoren setzen sich aus unterschiedlichen Bestandteilen, wie Befehlscode und Adressierungsart, zusammen. Selbst Entwürfe, die nur in einem beschränkten Maß programmiert werden können, haben häufig einen sogenannten „system register set", dessen Inhalt die aktuelle Funktion bestimmt. Dieser „system register set" besteht aus mehreren Registern, deren Felder unterschiedliche Funktionen kontrollieren. Die Möglichkeiten der Modellierung solcher Pakete, Instruktionen oder „system register sets" werden in diesem Kapitel diskutiert.

Aufbau

Im folgenden Abschnitt 12.1 wird die Definition eines komplexen Datentyps durch die Aneinanderreihung von Bitfeldern diskutiert. Zum Vergleich wird in Abschnitt 12.2 die Definition mit abstrakten Datentypen vorgestellt. In Abschnitt 12.3 werden die Schritte des Übergangs von einem abstrakten Datentyp zu einer Implementation erläutert. Die einzelnen Abstraktionsstufen werden in Abschnitt 12.4 zusammengefaßt. Dieses Kapitel wird mit einer Diskussion der polymorphen Datentypen in Abschnitt 12.5 abgeschlossen.

12.1 Definition durch Bitfelder

Ein Entwickler aus der schaltplanorientierten Entwurfspraxis verfügt über umfangreiche Erfahrungen im Umgang mit Signalbündeln („bus"). Weiterhin erlaubt die Modellierung mit Bitvektoren („std_ulogic") eine Verifikation der ausreichenden Initialisierung (vgl. Kap. 14). Daher liegt es nahe, alle Signale und Variablen entweder als Bit oder als Bitvektor zu definieren.

Zu Beginn eines komplexen Entwurfsprojektes [99] wurde ein Pakettyp zur internen Kommunikation als ein Bitvektor definiert. In Abb. 12.1 ist dieser Pakettyp skizziert. Er besteht aus einem Kopf („Header") und einem Datenteil („IDTuple"). Der Kopf besteht aus verschiedenen Fächern. Das erste Fach „TokenLength" enthält die Zahl der Bits in einem aktuellen Paket, dann folgt ein Feld „TypeFlags" mit einer Reihe von Flaggen, welche den Typ des Pakets angeben. Auf das Feld „TypeFlags" folgt die Angabe einer Zieladresse „Addr" und einige weitere Informationsfelder, die hier ohne Belang sind. Der Datenteil besteht aus einer Sequenz von gleichlangen Datenfächern („ID"). Die Zahl der Datenfächer im „IDTuple" ist variabel.

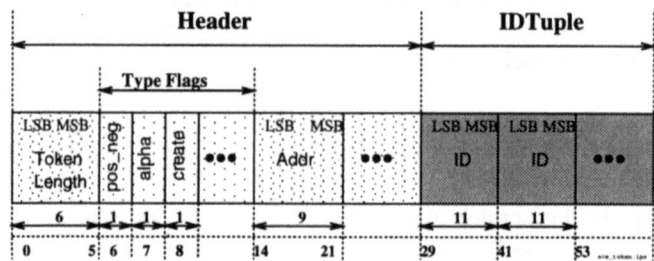

Abb. 12.1: Definition eines Paketes auf der Bitebene

Nach den ersten Systemstudien mit Papier und Bleistift kristallisierte sich die im folgenden vorgestellte Dimensionierung dieses Pakettyps heraus. Zur Bestimmung der verschiedenen Typen werden acht verschiedene Flaggen benötigt. Die Länge des Paketes („TokenLength") ist mit sechs Bits darstellbar, die Zieladresse („Addr") kann mit neun Bits hinreichend angegeben werden und jedes Fach im Datenteil („IDTuple") ist mit elf Bit ausreichend bemessen.

Formale Definition des Pakets: Die in Abb. 12.1 skizzierte Struktur eines Paketes ist mit dieser Dimensionierung als VHDL-Datenstruktur beschrieben worden. Die Definition im Codefragment 12.1 beginnt mit der Konstanten „MaxTokenLength", welche die maximale Länge des Paketes angibt. Mit dieser Konstanten wird dann ein Bitvektor ausreichender Länge definiert.

12.1
```
LIBRARY IEEE;      USE IEEE.std_logic_1164.ALL;  -- std_ulogic_vector is used
PACKAGE stddef IS
   CONSTANT MaxTokenLength       : POSITIVE := 62;
   TYPE t_Token IS std_ulogic_vector(0 TO MaxTokenLength -1);
   ...
```

Zugriff auf die Fächer des Paketes: Um den Zugriff auf die Bits in dem Feld mit den „Type Flags" zu erleichtern, werden einige Konstanten definiert.

12.2
```
CONSTANT pos_neg : POSITIVE := 6; -- index of the flag "pos_neg"
```

12.1. DEFINITION DURCH BITFELDER

```
...
CONSTANT create  : POSITIVE := 8;  -- index of flag "create"
```

Mit Hilfe dieser Konstanten kann der Typ eines bestimmten Pakets mit Ausdrücken der folgenden Form identifiziert werden.

12.3
```
    VARIABLE InToken : t_Token;
    BEGIN
    IF InToken(pos_neg) = '1' AND InToken(alpha) = '1'
        AND InToken(create) = '0' THEN         -- token type is RM-AL-NEG
    ...
```

Der Zugriff auf die anderen Fächer geschieht über sogenannte „slice names" (s.-S. 80), mit denen man aus einem „array"-Typ, wie einem Bitvektor, einen zusammenhängenden Teil extrahieren kann. Im Codefragment 12.5 wird z.B. aus der aktuellen Paketlänge die Zahl der „IDs" im Datenteil bestimmt. Dazu wird im Codefragment 12.4 eine Konstante „MaxNoID" mit der maximalen Zahl der „IDs" in einem Paket definiert. Mit dieser Konstanten wird eine Variable „NoID" zur Speicherung der aktuellen Zahl der „IDs" vereinbart. Die Funktionen „ceil" und „log" sind in dem Paket „math_real" der Bibliothek „IEEE" definiert.

12.4
```
    LIBRARY IEEE;
    USE IEEE.MATH_REAL.ALL;               -- make functions CEIL and LOG available
    PACKAGE stddef IS
        CONSTANT MaxNoID : INTEGER := (MaxTokenLength-29)/11;
        VARIABLE NoID : std_ulogic_vector(CEIL(LOG(2, MaxNoID))-1 DOWNTO 0);
        FUNCTION ToNatural(i : std_ulogic_vector) RETURN NATURAL;
```

Die Funktion „ToNatural" konvertiert einen vorzeichenlosen Bitvektor in einen ganzzahligen Wert („natural"). Die Definition der Funktion „ToNatural" ist im Codefragment 15.44 (S. 560) gezeigt. Die Zahl der „IDs" kann dann z.B. mit der Zeile im Codefragment 12.5 bestimmt werden.

12.5
```
    NoID := (ToNatural(InToken(0 TO 5))-29)/11;-- extract & convert the number
                                               -- of bits in the actual token and
                                               -- compute the number of ID fields
```

Der Zugriff auf die Zieladresse ist im folgenden Codefragment dargestellt.

12.6
```
    VARIABLE address : std_ulogic_vector(0 TO 8);
    BEGIN
        address := InToken(14 TO 21);
    ...
```

Inflexibilität dieser Definition: Im Laufe dieses Projektes wurden mehrfach neue Pakettypen eingeführt, alte Typen gelöscht und die Größe der verwendeten Felder angepaßt. Um einen neuen Typ einzuführen, mußten alle Zeilen im gesamten Projekt, welche einen bestimmten Pakettyp dekodieren, editiert werden. Ähnlich umfangreiche Konsequenzen hatte die Veränderung eines einzelnen Feldes in dem Paket, denn die Verschiebung der Feldgrenzen macht eine Anpassung der Indexgrenzen bei Zugriffen auf die anderen Felder notwendig. Diese Änderungen waren aufwendig, weil man zum einen sicherstellen mußte, daß man wirklich alle betroffenen Stellen angepaßt hatte, und zum anderen verifizieren mußte, daß diese Änderungen nicht die Funktion beeinträchtigt hatten.

Die Lesbarkeit und die Parametrierbarkeit der Definition des Datentyps auf der Bitebene kann durch die geeignete Verwendung von Konstanten erleichtert werden. So kann man z.B. jeden Pakettyp durch ein Bitmuster darstellen, so daß die fehleranfälligen booleschen Ausdrücke zur Dekodierung des Pakettyps durch einen einfachen Test auf Gleichheit ersetzt werden. Eine solche Definition ist ein erster Schritt in die Richtung einer konsequenten abstrakten Definition.

12.2 Abstrakter Datentyp

Um die durch diese Änderungen hervorgerufenen Zeitverluste zu begrenzen, wurde die Definition des Pakettyps auf einem geeigneteren abstrakten Niveau wiederholt. Zunächst werden alle möglichen Typen des Pakets in einem Enumerationstypen „t_TokenType" kodiert.

12.7
```
TYPE t_TokenType IS (NIL, InitMaster, DelByOne,  -- types of a token
                     ...                          -- named via the function
                     Send_RI, RmInstantiation);   -- triggered by it ...
    ...
```

Im nächsten Codefragment werden Datentypen für die Felder mit der Länge des Pakets („TokenLength") und die Adresse des Pakets („Addr") definiert.

12.8
```
CONSTANT MaxTokenLength : POSITIVE := 5;           -- in multiple of ID
SUBTYPE t_Tokenlength IS POSITIVE RANGE 1 TO MaxTokenLength;
CONSTANT MaxAddr : POSITIVE := 300;                -- maximal sink address
SUBTYPE t_Addr IS POSITIVE RANGE 1 TO MaxAddr;
```

Diese Definitionen werden im Datentyp „t_TokenHeader" für den Kopf eines Paketes zusammengefaßt.

12.9
```
TYPE t_TokenHeader IS RECORD        -- type of the header
    Tokenlength : t_Tokenlength;    -- number of IDs in the actual token
    TokenType   : t_TokenType;      -- type of the actual token
    Addr        : t_Addr;           -- sink address of the token
    ...                             -- further control information ...
END RECORD;
```

Der Datenteil eines solchen Paketes besteht aus einem Vektor von „IDs". Im folgenden Codefragment wird der Datenteil formal definiert.

12.10
```
CONSTANT MaxID : POSITIVE := 623;
TYPE t_ID IS POSITIVE RANGE 1 TO MaxID;

CONSTANT MaxWidth : POSITIVE := 4;
TYPE t_IDTuple IS ARRAY (1 TO MaxWidth) OF t_ID;
```

Die Definitionen des Kopfes und Datenteils werden im Codefragment 12.11 zum Datentyp des Paketes kombiniert.

12.11
```
TYPE t_Token IS RECORD          -- type of an entire token
    Header : t_TokenHeader;     -- header
    Data   : t_IDTuple;         -- payload
END RECORD;
```

12.2. ABSTRAKTER DATENTYP

Zugriff auf die Fächer des Paketes: Der Zugriff auf den Typ eines Paketes kann mit Zeilen der folgenden Form erreicht werden.

2.12
```
VARIABLE ActualToken : t_Token;
BEGIN
   IF ActualToken.header.TokenType = InitMaster THEN-- InitMaster is a token type
   ...
```

Die Adresse eines Paketes wird mit der ersten Zuweisung im Codefragment 12.13 extrahiert.

2.13
```
VARIABLE targetAddr : t_Addr;        -- address of the sink node
VARIABLE dataItem : t_ID;            -- one data item in the token
BEGIN
   targetAddr := ActualToken.Header.Addr;-- the address is part of the header
   dataItem := ActualToken.Data(2);
```

Eine einzelne „ID" aus dem Datenteil eines Paketes wird mit der letzten Zuweisung im Codefragment 12.13 in die Variable „dataItem" transferiert.

Bitebene versus abstrakte Definition

Die Definition von zusammengesetzten Datentypen auf der Bitebene hat im wesentlichen zwei Vorteile:

① Die Modellierung ist ohne wesentliches methodisches Umdenken möglich.

② Die Definition ist einfach und benötigt relativ wenig Zeilen.

Die größere Simplizität der Definition auf der Bitebene wird durch die im allgemeinen komplexere Modellierung eines Zugriffs erkauft. Die Vorteile einer abstrakten Definition werden deutlich, wenn man die entsprechenden Codefragmente nebeneinander stellt:

① Der Zugriff auf die Teile eines solchen abstrakten Datentyps ist kürzer und einfacher lesbar als bei der Definition auf Bitebene.

② Der Datentyp ist hierarchisch definiert und die Informationen über den Aufbau sind an einer Stelle konzentriert. Daher müssen bei einer Änderung keine Abhängigkeiten zwischen den Bestandteilen beachtet werden.

  (a) So können z.B. Pakettypen in den jeweiligen Enumerationstyp einfach hinzugefügt und wieder gelöscht werden.

  (b) Die Dimensionierung der einzelnen Fächer ist unabhängig möglich.

Anwendungsbereiche

Die formale und abstrakte Definition zusammengesetzter Datentypen wird in zwei unterschiedlichen Entwurfssituationen angewandt.

A) Formale Beschreibung einer festen Datenstruktur: In vielen Projekten wird der Aufbau eines solchen zusammengesetzten Datentyps, wie z.B. einer ATM-Zelle, schon durch Untersuchungen auf der Systemebene fixiert sein. In diesem Fall kann eine abstrakte Definition die erarbeitete Spezifikation lesbarer machen. Wenn alle Modelle in einem Projekt auf diese formale Definition zurückgreifen, sind Interpretationsfehler bei der Auslegung eines Spezifikationsdokumentes in einer natürlichen Sprache ausgeschlossen.

Immer mehr Hersteller von hochintegrierten Bauelementen erstellen und verteilen Modelle der Schnittstellen ihrer Bauteile. Mit diesen Modellen kann man die Kommunikation mit Peripherieeinheiten simulieren. Man nennt diese Modelle daher „busfunctional models". Die formale Beschreibung von Schnittstellen und Protokollen wird sich vermutlich zu einer der Hauptanwendungen von HDLs entwickeln [89].

B) Flexible Modellierung zur Exploration von Implementierungsalternativen: Sind die Datenformate und Übertragungsprotokolle zwischen den Untereinheiten eines Projektes nicht festlegt, dann ist es Teil des Entwicklungsprozesses, die Anforderungen in Zusammenarbeit mit dem Auftraggeber genauer zu erarbeiten und die Eignung verschiedener Implementierungsalternativen zu untersuchen. In einem solchen Falle ist davon auszugehen, daß sich die Anforderungen an das Datenformat im Verlauf des Entwurfsprozesses ändern werden. Eine flexible und abstrakte Definition kann eine Verschiebung von Entwurfsentscheidungen und den damit verbundenen Modellierungsinvestitionen auf einen Zeitpunkt ermöglichen, an dem die Anforderungen besser verstanden sind.

12.3 Datentypen als ein Abstraktionsmechanismus

Die Einordnung des Begriffes „Abstrakter Datentyp" wird stark durch den Erfahrungshorizont bestimmt. So werden in [117] Enumerationstypen wie „bit" zur Beschreibung eines einzelnen Signals als „[...] modeling at high levels of abstraction using values like '1' and '0' " bezeichnet. In vielen Lehrbüchern, wie [96], werden dagegen Datentypen, die eine einzelne Signalleitung durch die Enumerationstypen „bit" oder „std_ulogic" beschreiben, als konkrete Datentypen bezeichnet. Datentypen, wie „bit_vector" oder „integer", mit denen man Signalbündel modelliert, werden dann als abstrakte Datentypen bezeichnet.

Definition: „Abstrakter Datentyp"

Abstrakte und konkrete Datentypen werden daher als komplementäre Begriffe definiert [101]:

DEFINITION 12.1 (ABSTRAKTER DATENTYP) *Ein abstrakter Datentyp ist ein beliebiger Datentyp, welchem a priori keine eindeutige Relation zu einem Signal oder Signalbündel der gefertigten Schaltung zugeordnet ist.*

12.3. DATENTYPEN ALS EIN ABSTRAKTIONSMECHANISMUS

So ist z.B. der ganzzahliger Datentyp „integer" ein abstrakter Datentyp, weil es viele Möglichkeiten gibt, diesen ganzzahligen Datentyp durch ein Bündel von Signalen in der gefertigten Schaltung darzustellen. So kann man z.B. eine Kodierung mit Betrag und Vorzeichen, das zweite Komplement oder gar eine redundante Zahlendarstellung verwenden [95].

Ein Enumerationstyp ist ebenfalls ein abstrakter Datentyp, weil die Art der Kodierung eines Enumerationstyps zum Zeitpunkt der Modellierung nicht festgelegt ist. So kann man einen Enumerationstyp mit „e" Elementen durch einen Bitvektor mit „b" Bitpositionen kodieren, wenn $b := \lceil log_2(e) \rceil$. Eine solche Kodierung minimiert die zum Transport und zur Speicherung notwendigen Hardwareressourcen. Die Dekodierung ist allerdings unter Umständen aufwendig, weil zur Erkennung eines bestimmten Wertes alle Bitpositionen betrachtet werden müssen. Eine Kodierung, die z.B. für jedes Element des Enumerationstyps eine spezielle Bitposition reserviert, ermöglicht wesentlich einfachere Dekodierungsschaltungen, benötigt aber komplexere Speicher- und Transportschaltungen.

Die Datentypen „bit" und „std_ulogic" sind zwar ebenfalls Enumerationstypen, deren Repräsentation durch Signale der gefertigten Schaltung ist aber implizit festgelegt. So entspricht eine '1' einer Hochlage der Signalspannung („HIGH") und die '0' einer Niedriglage („LOW"). Eine Diskussion der einzelnen Werte des Standardwertesatzes „std_ulogic" ist in Abschnitt 14.4.1 (S. 484) zu finden.

Die konkreten Datentypen mit einer eindeutigen Relation zu einem Signal in der gefertigten Schaltung sollen in zwei weitere Abstraktionsebenen unterteilt werden. Mit den Werten '0' und '1' eines „bits" oder „bit_vectors" kann man eine Signalleitung in einer CMOS-Schaltung beschreiben. Das Verhalten nach dem Einschalten (vgl. Kap. 14), die Verwendung von „tri-state"-Treibern oder NMOS-Schaltungen, wie „wired-or" [62], erfordern die Modellierung einer Signalleitung mit einer mehrwertigen Logik (vgl. Abs. 14.4.1, S. 484). Diese mehrwertige Logik ist ein Schritt in Richtung auf die Spannungen und Ströme der realen Schaltung, also eine implementationsnähere Modellierung als ein zweiwertiges „bit".

Die Eigenschaft, ein abstrakter oder konkreter Datentyp zu sein, wird daher mehr durch die Interpretation als durch eine inhärente Eigenart des Datentyps bestimmt. Modelle, welche mit abstrakten Datentypen arbeiten, werden auch als "konzeptionelle Hardware" bezeichnet [78].

Arten der Abstraktion

Es werden drei Arten der Abstraktion durch die Verwendung von abstrakten Datentypen unterschieden:

① *Abstraktion von der Kodierung* trifft immer dann zu, wenn der Entwickler die Kodierung eines Datentyps frei wählen kann.

② *Abstraktion von der Packung in einen Bitvektor* ist die Vernachlässigung der Notwendigkeit, alle Elemente eines zusammengesetzten Datentyps nach der Kodierung als Teil eines hinreichend langen Bitvektors darzustellen.

③ *Abstraktion vom Scheduling:* Falls der durch Kodierung und Packung entstandene Bitvektor so lang ist, daß eine Implementierung der für einen Taktzyklus eingeplanten Operationen unmöglich ist, dann muß der Bitvektor sequentiell bearbeitet werden. Damit ist durch das Modell, welches den abstrakten Datentyp bearbeitet, ein Scheduling auf einer hypothetischen Taktebene festgelegt (vgl. Kap. 13).

Von abstrakten zu konkreten Datentypen

Ein zusammengesetzter Datentyp kann als ein Baum dargestellt werden. Die Wurzel des Baumes bildet der Datentyp selber, die Zweige gehen von einem Teiltyp zu dessen Elementen und die Blätter bilden einfache Datentypen. Der im Codefragment 12.11 (S. 422) definierte Datentyp „t_Token" ist in Abb. 12.2 als ein Baum dargestellt.

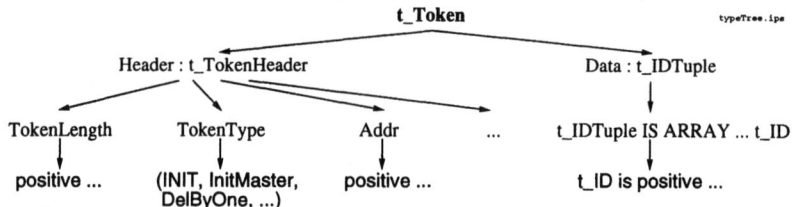

Abb. 12.2: Darstellung eines zusammengesetzten Datentyps durch einen Baum

Die Implementierung eines abstrakten Datentyps wird daher in den folgenden drei Stufen durchgeführt. Zunächst werden alle Elemente in den Blättern des abstrakten Datentyps kodiert, dann werden die kodierten Elemente in einem hinreichend langen Bitvektor angeordnet und zum Schluß wird der Bitvektor in Teile zerlegt, welche in einem Takt der gefertigten Schaltung (*VT.MI*) bearbeitet werden können.

	Länge 0 < L <= MaxLänge	Typ ... (TYP_1, TYP_2, ...)	Vektor von Buchstaben (char(1), ... char(N))
„Encoding"	Betrag in slots (ohne Vorzeichen)	TYP_1 => '001' TYP_2 => '010' TYP_3 => '100'	7 bit per char
„Packaging"	Länge '0011' 0 4	Typ '100' 7	Vektor von Buchstaben e n 14 20
„Slotting"	slot (7 bit)		

Abb. 12.3: Übergang von einem abstrakten zu einem konkreten Datentyp

12.3. DATENTYPEN ALS EIN ABSTRAKTIONSMECHANISMUS

Einen Überblick über diese drei Stufen gibt Abb. 12.3 auf der vorherigen Seite, welche die Struktur eines abstrakten Datentyps für ein Paket zeigt. Nachdem die einzelnen Elemente kodiert worden sind, werden sie in einen Bitvektor gepackt. Die bei der Unterteilung verwendete „slot"-Länge von 7 bit wird durch einen Kompromiß zwischen Modellierungsaufwand und der Zahl schlecht genutzter Bitpositionen bestimmt. So wäre es z.b. möglich gewesen, die drei Typen des Rahmens mit nur zwei Bit zu kodieren. Darauf wurde aber verzichtet, weil sich die dadurch freigewordene Bitposition nur schwer nutzen läßt.

Die Implementation eines abstrakten Datentyps ist im allgemeinen *nicht* offensichtlich, sondern das Resultat eines Entwicklungsprozesses. Dieser Prozeß umfaßt Aktivitäten wie die Dimensionierung, die Untersuchung von Alternativen sowie den Abtausch von Durchsatz gegen Fläche.

DSP: Quantisierung, Wertebereichseinschränkung und Kodierung

In der digitalen Signalverarbeitung („DSP") sind die Signale und Variablen häufig Zahlen. Daher ist die Kodierung einer Zahl von besonderer Bedeutung. Diese Kodierung wird in drei Stufen vorgenommen. Zunächst wird der Einfluß der Quantisierung, dann die Beschränkung des Wertebereichs und zuletzt eine Kodierung zur Implementierung der verarbeitenden Datenpfade bestimmt. Diese drei Stufen sind in Abb. 12.4 dargestellt.

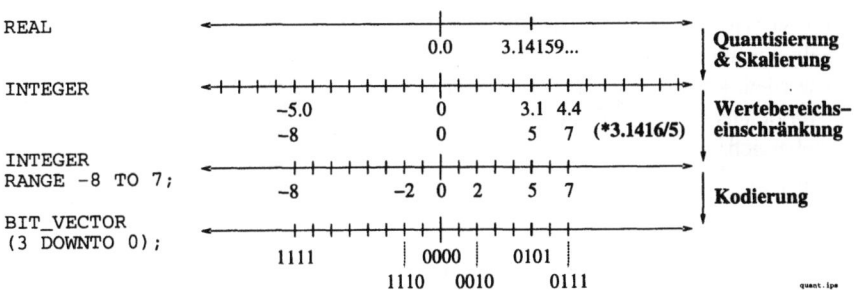

Abb. 12.4: Quantisierung, Wertebereichsbeschränkung und Kodierung

Die Quantisierung einer quasi-kontinuierlichen Fließkommazahl durch die Verwendung eines diskreten Datentyps (d.h. „integer") ist eine Vorstufe zur Kodierung der Zahl durch einen Vektor von Bits. Da Rundungseffekte, bedingt durch die Quantisierung, die Eigenschaften eines Modells grundlegend verändern können, soll die Quantisierung als eine separate Abstraktionsmöglichkeit aufgefaßt werden. Nachdem eine Zahl durch einen diskreten Datentyp quantisiert dargestellt worden ist, muß die Zahl der zur Kodierung notwendigen Bitstellen bestimmt werden. Die Zahl der notwendigen Bitstellen wird durch die Dynamik des Signals oder der Variablen bestimmt. Falls aus Gründen der Komplexität nicht der komplette Dynamikbereich eines Signals bei der Bestimmung des Wertebereichs berücksichtigt werden kann, so wird durch die Beschränkung des Wertebereichs das Verhalten des Modells verändert.

12.3.1 Übergang zu konkreten Datentypen an einem Beispiel

Die Effekte der Quantisierung, Wertebereichsbeschränkung und der Kodierung werden ausführlich in der Literatur zur digitalen Signalverarbeitung diskutiert [77]. Daher soll im folgenden die Implementierung eines abstrakten Datentyps am Beispiel des Instruktionssatzes eines Router-ASICs betrachtet werden. Die Ein- und Ausgänge der Einheit „SimRouter" sind in Abb. 11.4 (S. 409) dargestellt. Der Router-ASIC reicht die an einem Eingang eintreffenden Pakete je nach dem Inhalt des Adressfeldes im Kopf des Paketes an einen bestimmten Ausgang weiter. Dieser Router-ASIC wird mit vereinfachten Routing-Regeln der folgenden Art programmiert. [1]

12.14
```
-- condition          output port
header in [21,23]     => 1;       -- header in interval [21,23] -> send to port 1
header < 5            => 2;       -- header less than 5 -> send to port 2
header = 10           => 1;       -- header equal 10 -> send to port 1
...
```

Abstraktion von der Kodierung

Ein solcher Satz von Regeln wird mit Hilfe eines Compilers in eine Datenstruktur übersetzt, welche von einer fest implementierten Hardwareeinheit interpretiert („abgearbeitet") wird. Die Definition dieser Datenstruktur beginnt mit der Definition eines Enumerationstyps „t_TestType", welcher die möglichen Testtypen aufzählt. Da nicht alle Regeln ein Intervall für den Adresswert spezifizieren, muß die Möglichkeit vorgesehen werden, keinen Test („NT") in einer Instruktion zu spezifizieren. Der Datentyp des Vergleichswertes „t_TestValue" ist ein ganzzahliger Wert mit einem beschränkten Wertebereich.

12.15
```
TYPE t_TestType IS (NT,              -- No Test at all ...
                    L, LE,           -- "<" less or "<=" less-equal
                    EQ,              -- "=" equal
                    GE, G);          -- ">=" greater-equal or ">" greater
CONSTANT MaxAddress : POSITIVE := 2**6-1;
SUBTYPE t_TestValue IS NATURAL RANGE 0 TO MaxAddress;
```

Für die im obigen Codefragment angegebene Dimensionierung („MaxAddress") ist in Abb. 12.5 auf der nächsten Seite eine mögliche Kodierung der Datenstrukturen „t_TestType" und „t_TestValue" gezeigt. Die Definition dieser Felder im Codefragment 12.15 ist unabhängig von der Kodierung und Dimensionierung, so daß diese Implementierungsentscheidungen auf einen geeigneteren Zeitpunkt verschoben werden können.

Abstraktion von der Packung in einen Bitvektor

Die Werte zu einem Test mit den Datentypen „t_TestType" und „t_TestValue" werden in der Struktur „t_Test" zusammengefaßt. Diese Zusammenfassung legt nicht fest, ob

---
[1] Eine detaillierte Diskussion dieser Applikation findet man in Kapitel 11.

12.3. DATENTYPEN ALS EIN ABSTRAKTIONSMECHANISMUS

```
    t_TestType                    t_TestValue

    (NT, L, LE, EQ, GE, G)        "natural range 0 to 63"

    NT -> 000    EQ -> 011         0  -> 00 0000
    L  -> 001    GE -> 100         1  -> 00 0001
    LE -> 010    G  -> 101         ...
                                   63 -> 11 1111
```

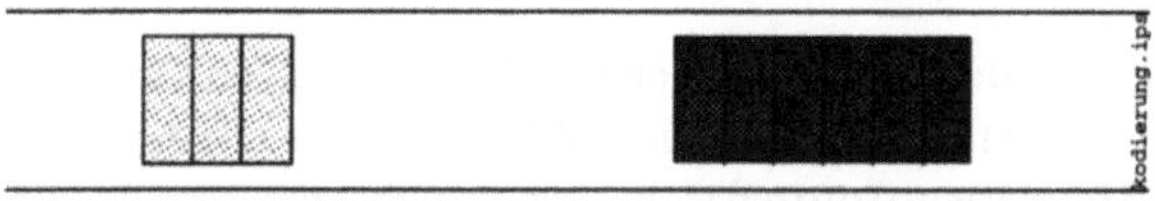

Abb. 12.5: Eine mögliche Kodierung der Bitfelder der Routing-Instruktion

die beiden kodierten Werte neben- oder hintereinander, z.B. in einem RAM, abgelegt oder aber auf Registerbänke verteilt werden. Dies gilt auch für die Kombination zweier Testwerte in der Struktur „t_Rule".

12.16
```
TYPE t_Test IS RECORD          -- a single test
    TestType  : t_TestType;
    TestValue : t_TestValue;
END RECORD;
TYPE t_Rule IS RECORD          -- two test in a routing rule
    L : t_Test;                -- lower interval bound
    U : t_Test;                -- upper interval bound
END RECORD;
```

Eine mögliche Packung der beiden Testwerte einer Regel ist in Abb. 12.6 gezeigt. Durch die Art der Packung der kodierten Testwerte in einem RAM wird unter anderem das Ausmaß der Parallelverarbeitung und damit der Abtausch von Hardwareressourcen gegen Routing-Durchsatz bestimmt. Die in Abb. 12.6 skizzierte Packung ist dann sinnvoll, wenn in jedem Takt *mindestens* eine komplette Regel durch den Hardwareinterpreter ausgewertet wird.

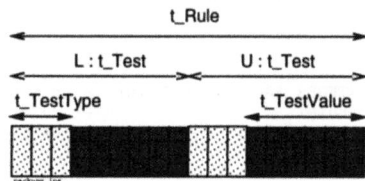

Abb. 12.6: Packung der Bitfelder „t_TestType" und „t_TestValue" zu einem Testbitfeld „t_Test" und Packung der Tests zu einer Routing-Regel „t_Rule"

Abstraktion vom Scheduling

Alle Regeln zu einem Ausgang werden in einer Zeile einer zweidimensionalen Matrix („t_TestTable") angeordnet. Die Anordnung der einzelnen Tests einer Regel und der

Regeln in der Matrix („t_TestTable") ist in Abb. 11.8 (S. 413) dargestellt. Die Zahl der Zeilen dieser Matrix wird durch die Zahl der Ausgänge („NoOut") des Router-ASICs bestimmt. „MaxNoRules" gibt die maximale Zahl der Routing-Regeln pro Ausgang an und bestimmt daher die Zahl der Spalten der Instruktionsmatrix „t_TestTable".

12.17
```
TYPE t_TestTable ARRAY (1 TO NoOut,           -- each output
                        1 TO MaxNoRules) OF t_Rule; -- rules per port
```

Die Speicherung dieser Matrix in einem RAM derselben Organisation („*NoOut · MaxNoRules*") ist ineffizient, wenn die Zahl der Regeln pro Ausgang stark variiert. An dieser Stelle im Entwurfsprozeß steht aber zunächst die formale Definition im Vordergrund. Im Codefragment 12.18 ist eine Konstante „testTable" mit dem Datentyp „t_TestTable" definiert worden. Diese Konstante wird mit einem Aggregat initialisiert (s. S. 78). Der Aufbau des Aggregates ist in den Kommentarzeilen des Codefragments 12.18 skizziert.

12.18
```
CONSTANT TestTable   : t_TestTable := (
   -- ( Line of TestTable = [rules per output port]    ),-- construction of
   --   (Rule              ), (Rule                    )   -- the aggregate
   -- ( ( (Test     ), (Test    ) ), ( (Test    ), (Test ) ) ),
     ( ( (GE,  21), (LE,  23) ), ( (EQ,  10), (NT, 0) ) ),-- rules for port 1
     ( ( (LE,  63), (NT,   0) ), ( (NT,   0), (NT, 0) ) ),-- rules for port 2
     ...                       );
```

Das Modell im Codefragment 12.19 prüft für jeden Ausgang, ob an einem Eingang ein Paket vorhanden ist, welches eine Routing-Regel zu diesem Ausgang aus der Tabelle „TestTable" erfüllt. Mit der Funktion „test" wird überprüft, ob das Paket am Eingangsport „portNum" die Routing-Regel „rule" erfüllt. Falls ein Paket eine Routing-Regel zu dem aktuellen Ausgangsport „OutPort" erfüllt, so wird das Paket an diesen Ausgang gegeben, und die Bearbeitung des nächsten Ausgangs beginnt. Eine detaillierte Beschreibung dieses Modells findet man ab S. 414. Im Unterschied zu dem Modell im Codefragment 11.13 (S. 414) verwendet das folgende Modell eine „wait"-Anweisung auf die ausgezeichnete Taktflanke, weil im folgenden ein Rescheduling durchgeführt werden soll und dies mit einer impliziten Modellierung des Kontrollzustands einfacher durchzuführen ist (vgl. Kap. 6).

12.19
```
PROCESS                                -- Implicit Control State (ICS)
  ...
  FUNCTION test(portNum : INTEGER RANGE 1 TO NoIn;  -- number of input port
                rule    : t_rule)                   -- rule to be tested
           RETURN BOOLEAN;                          -- test fulfilled?
BEGIN
  WAIT UNTIL PosEdge(clk);
  OP <= (OTHERS => (VALID => '0'));                 -- reset protocol lines
  out_l : FOR OutPort IN (1 TO NoOut) LOOP          -- each OUTput port
    in_l : FOR InPort IN (1 TO NoIn) LOOP           -- each INput port
      NEXT in_l WHEN IP(InPortNum).Valid = '0';     -- no cell -> next input port
      test_l: FOR rule IN (1 TO MaxNoRules) LOOP    -- check each rule
        IF test(InPort,                             --   for this output
                TestTable(OutPort, rule)) THEN
          OP(OutPort) <= (Cell  => IP(InPort),      -- send cell to output port
                          Valid => '1');            -- following unit takes cell
          NEXT out_l;                               -- one cell per output port
        END IF;                                     -- IF test(InPort, ...
      END LOOP test_l;
    END LOOP in_l;
```

12.3. DATENTYPEN ALS EIN ABSTRAKTIONSMECHANISMUS

```
END LOOP out_1;
END PROCESS;
```

Das Modell im Codefragment 12.19 überprüft in einem Takt alle Ausgänge, alle Eingänge und alle Regeln. Eine Implementation dieses Modells erfordert ($NoIn \cdot NoOut \cdot 2 \cdot MaxNoRules$) programmierbare Komparatoren. Der Inhalt der Instruktionsmatrix „TestTable" wird in den Registern der programmierbaren Komparatoren gespeichert. Schon bei kleinen Werten für die Realisations-Parameter, wie „NoIn", „NoOut", „MaxNoRules" oder „MaxAddr", erfordert eine solche Implementation einen nicht mehr realisierbaren Hardwareaufwand. Da das im Codefragment 12.19 beschriebene Scheduling nicht realisierbar ist, wird durch die Verwendung einer solchen Datenstruktur vom Scheduling abstrahiert. Der im Codefragment 12.19 verwendete Takt verliert damit seine Korrespondenz zu dem Takt der Flipflops in der gefertigten Schaltung und bekommt einen hypothetischen Charakter ($VT.PMA$ (vgl. Kap. 13)).

Abtausch von Aufwand gegen Routing-Durchsatz

Ablage in einem RAM: Der Aufwand zur Speicherung der Datenstruktur läßt sich wesentlich reduzieren, wenn man die Instruktionsmatrix in einem RAM ablegt[2]. Eine mögliche Speicherung der Instruktionsmatrix in einem RAM ist in Abb. 12.7 skizziert. Die Anschlüsse der „synchronen Verpackung" des „TT_RAMs" sind in Abb. 12.8 mit den jeweiligen Datentypen dargestellt.

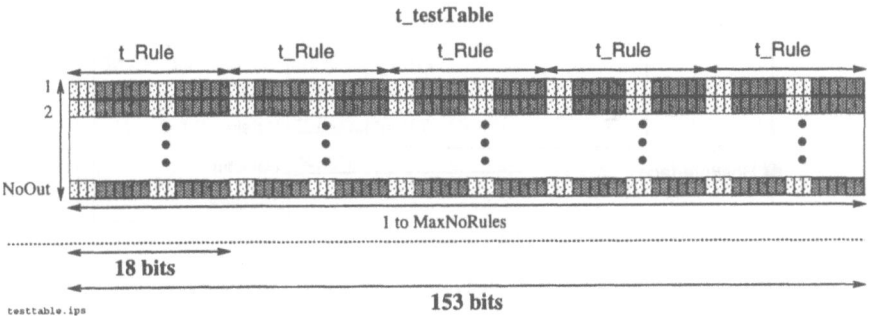

Abb. 12.7: Parallele Packung der Routing-Regeln in einem „Very Long Instruction Word" (VLIW) und Ablage dieser Routing-Instruktionen in der Matrix „t_TestTable"

Zerlegung der Einheit „SimRouter": Das Modell im Codefragment 12.19 wird in einen Regelinterpreter und das in Abb. 12.8 angedeutete RAM-Modell zerlegt (vgl. Abs. 13.6, S. 462).

In Abb. 12.9 ist diese Zerlegung der einfachen Vermittlungseinheit „SimRouter" skizziert. Die Pakete an den Eingangsklemmen „IP" werden direkt an den Regelinter-

---

[2] ES^2 ecpd10: Flipflop $7.9 \cdot 10^{-3} \frac{mm^2}{bit}$ RAM: $0.53 \cdot 10^{-3} \frac{mm^2}{bit}$ $\Rightarrow$ um den Faktor 15 höhere Speicherdichte

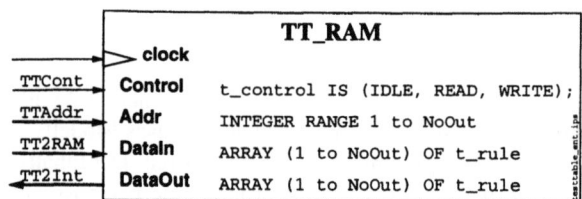

Abb. 12.8: Klemmen der synchronen Verpackung des „testTable" RAMs

preter „RuleInt" weitergegeben, welcher die Pakete über die Klemmen des „SimRouters" ausgibt. Die Regeln werden über das in Abb. 12.9 nicht dargestellte „Hostinterface" im Speicher „TT_RAM" abgelegt. Zur Weitervermittlung der Pakete werden die Regeln vom Interpreter „RuleInt" aus dem Speicher gelesen.

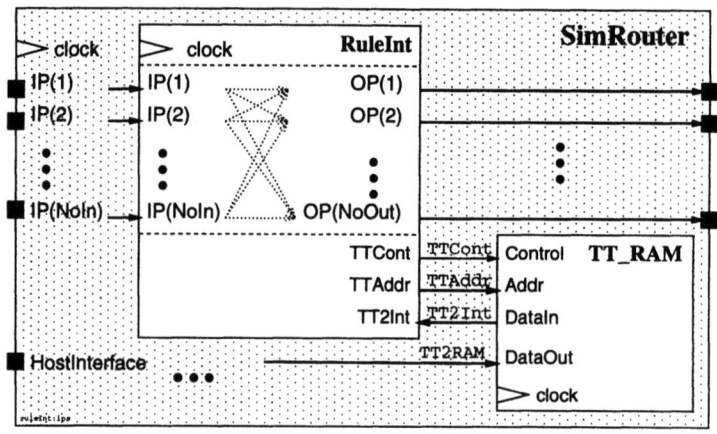

Abb. 12.9: Zerlegung der Einheit „SimRouter" in den Regelinterpreter „RuleInt" und den Speicher „TT_RAM"

Neue Protokolle an den Klemmen: Das Modell im Codefragment 12.19 (S. 430) wertet in einer Taktperiode die Regeln zu allen Ausgängen für die Pakete an den Eingängen aus. Wird die „TestTable" in einem RAM mit der in Abb. 12.7 dargestellten Organisation abgelegt, so können in einem RAM-Zyklus nur noch die Regeln zu einem Ausgang gelesen werden. Die Ansteuerung von „synchron verpackten" RAMs wird ausführlich ab S. 575 dargestellt. Hier soll angenommen werden, daß sich das RAM mit dem in Abb. 15.37 (S. 578) skizzierten Protokoll ansteuern läßt. Das Modell im Codefragment 12.19 (S. 430) basiert auf der Annahme, daß alle Pakete an den Eingangsklemmen in einem Taktzyklus weitervermittelt werden. Daher wurde das in Abb. 11.5 skizzierte Protokoll an den Eingangsklemmen verwendet. Da durch die An-

12.3. DATENTYPEN ALS EIN ABSTRAKTIONSMECHANISMUS

steuerung des „TT_RAMs" nicht mehr alle Pakete in einem Taktzyklus weitervermittelt werden können, muß das in Abb. 12.10 skizzierte Protokoll verwendet werden.

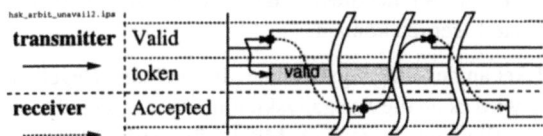

Abb. 12.10: Protokoll für den Fall, daß der Sendezeitpunkt unbekannt und der Empfänger nicht immer empfangsbereit ist

Es soll aber unverändert angenommen werden, daß die getriebenen Instanzen die Pakete an den Ausgangsklemmen im selben Taktzyklus übernehmen können. Daher wird an den Ausgangsklemmen weiterhin das in Abb. 11.5 (S. 411) skizzierte Protokoll verwendet.

Modell des Regelinterpreters „RuleInt": Das im Codefragment 12.20 dargestellte Modell des Regelinterpreters „RuleInt" verwendet zur Durchführung der Tests einer Regel wieder die Funktion „test". Das Modell des Interpreters beginnt mit der Schleife „out_l" über alle Ausgangsklemmen. Die im Kopf der Schleife bestimmte Nummer der Ausgangsklemme wird sofort an das „TT_RAM" ausgegeben und eine ausgezeichnete Taktflanke abgewartet.

12.20
```
PROCESS                                   -- Implicit Control State (ICS)
    FUNCTION test(portNum : INTEGER RANGE 1 TO NoIn;-- number of input port
                  rule    : t_rule)        -- rule to be tested
                  RETURN BOOLEAN;          -- test fulfilled?
    BEGIN
    out_l : FOR OutPort IN (1 TO NoOut) LOOP    -- each OUTput port
        TTCont <= READ;                         -- start RAM access as soon
        TTAddr <= OutPort;                      --    as possible
        WAIT UNTIL PosEdge(clk);                -- TT_RAM takes com & addr
        in_l : FOR InPort IN (1 TO NoIn) LOOP   -- each input port
            NEXT in_l WHEN IP(InPortNum).Valid = '0'; -- no cell -> next input port
            WAIT UNTIL PosEdge(clk);            -- TT_RAM puts data at port
            test_l: FOR rule IN (1 TO MaxNoRules) LOOP -- check each rule
                IF test(InPort, TT2Int(rule)) THEN -- data at TT2Int available!!
                    OP(OutPort) <= (Cell  => IP(InPort),  -- send cell to output port
                                    Valid => '1');        -- following unit takes cell
                    IP(InPort).Accepted <= '1';           ---- handshake protocol
                    WAIT UNTIL PosEdge(clk);
                    OP(OutPort).Valid <= '0';             ------- output protocol
                    resetValid : WHILE IP(InPort).Valid /= '0' LOOP
                        WAIT UNTIL PosEdge(clk);
                    END WHILE;
                    IP(InPort).Accepted <= '0';           ---- protocol completed
                    NEXT out_l;                           -- one cell per output port
                END IF;                                   -- IF test(InPort, ...
            END LOOP test_l;
        END LOOP in_l;
    END LOOP out_l;
END PROCESS;
```

Nach der ersten „wait"-Anweisung im Codefragment 12.20 beginnt in der Schleife „in_l" die Suche nach einem gültigen Paket an einer Eingangsklemme. Ist ein gültiges

Paket gefunden worden, so wird wieder auf eine ausgezeichnete Taktflanke gewartet. Mit dieser Taktflanke legt das „TT_RAM" die Regeln zur Ausgangsklemme „OutPort" auf die Leitung „TT2Int", so daß diese in der Schleife „test_I" beim Aufruf der Funktion „test" referenziert werden können.

Erfüllt das Paket an der Eingangsklemme „InPort" eine Regel zur Ausgangsklemme „OutPort", so wird es an die Ausgangsklemme weitergereicht und die Übernahme des Pakets wird am Eingang signalisiert. Mit der folgenden Taktflanke übernimmt die getriebene Instanz das Paket, so daß in der nächsten Zeile die Protokolleitung „OP(OutPort).Valid" zurückgesetzt werden kann. Mit der „while"-Schleife „resetValid" wird auf die Zurücksetzung der Protokolleitung „IP(InPort).Valid" am Eingang gewartet. Danach wird das in Abb. 12.10 auf der Seite vorher skizzierte Eingangsprotokoll abgeschlossen und mit der „next"-Anweisung die Bearbeitung der nächsten Ausgangsklemme aufgenommen. Die Implementation des Interpreters aus dem Codefragment 12.20 auf der vorherigen Seite ist in Abb. 12.11 skizziert.

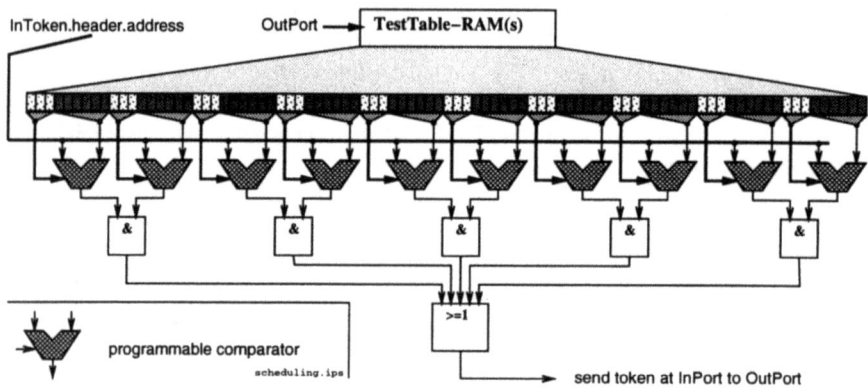

Abb. 12.11: Ausschnitt aus der Implementation des Interpreters „RuleInt", welcher alle Routing-Regeln pro Ausgang in einer Taktperiode überprüft

Zur Evaluation jeder Regel in einer Routing-Instruktion sind in Abb. 12.11 zwei programmierbare Komparatoren instanziiert. An den linken Eingang aller Komparatoren ist der Adresswert des aktuellen Eingangspakets gelegt. Der Testwert („t_TestValue") der jeweiligen Regel ist mit dem rechten Eingang des Komparators verbunden. Der Zeiger „OutPort" adressiert den Instruktionsspeicher „TestTable-RAM".

Die maximale Zahl der Regeln pro Ausgang („MaxNoRules") bestimmt die Zahl der benötigten Komparatoren und die Breite des Instruktionsspeichers. Für kleinere Werte ist die in Abb. 12.11 skizzierte Einheit realisierbar. Der Routing-Durchsatz der obigen Einheit ist allerdings um den Faktor $NoOut \cdot NoIn$ geringer als bei der im Codefragment 12.19 (S. 430) dargestellten voll parallelen Lösung.

12.4. ÜBERSICHT: STUFEN UND ÜBERGÄNGE

Abk.	Abstraktionsebene	Erläuterung
MV	Mehrwertig	„std_ulogic"-Typ
BV	Zweiwertig	„bit", „bit_vector"
RA	Beschränkter Wertebereich	mit Überlaufmodellierung
QU	Quantisiert	z.B. Rundungen
PA	„gepackt"	Position der Bitfelder ist festgelegt
SL	„slotted"	In einem Takt bearbeitete Teile
NS	„not scheduled"	Beliebiger Datentyp

Tabelle 12.1: Abstraktionsstufen bei der Verwendung von konkreten/abstrakten Datentypen (*AD*)

Systematische Exploration: Das Beispiel verdeutlicht, daß der Übergang von einem abstrakten auf einen konkreten Datentypen in einem Entwurfsprozeß stattfindet. In diesem Prozeß werden Implementierungsalternativen entwickelt, deren Realisationsaufwand und Durchsatz analysiert und eine Möglichkeit ausgewählt. Abstrakte Modellierung erlaubt die experimentelle Analyse der Implementierungsalternativen auf jeder Stufe des Entwurfsprozesses. *Die schrittweise Vorgehensweise ist normalerweise der Entwicklung in einem Schritt von der Spezifikation zur Implementation mittels der „begnadeten Intuition" überlegen.*

12.4 Übersicht: Stufen und Übergänge

Zum Abschluß dieses Abschnitts sind in Abb. 12.12 auf der folgenden Seite die in diesem Abschnitt diskutierten Abstraktionsstufen bei der Verwendung von abstrakten und konkreten Datentypen skizziert. Der Übergang von abstrakten zu konkreten Datentypen beginnt mit den Blättern eines zusammengesetzten Datentyps. In Abb. 12.12 auf der nächsten Seite werden diese in die beiden Gruppen Zahlen und Enumerationstypen unterteilt. Die Übergänge zwischen diesen Stufen sind durch Stichwörter angedeutet.

Diese Vielzahl an Stufen bedeutet nicht, daß jedes Signal oder jede Variable alle Übergänge durchlaufen muß. In der Praxis sind viele Signale und Variablen schon mit quantisierten oder gar kodierten Datentypen definiert. Die Aufteilung eines zusammengesetzten Datentyps in Teile, welche in einer Taktperiode bearbeitet werden, ist nur möglich mit einer Schätzung der Ergebnisse der folgenden Übergänge. Falls sich diese Schätzungen über den Implementierungsaufwand der einzelnen Bestandteile als nicht realistisch erweisen, so ist eine neue Iteration erforderlich.

Die Bedeutung dieser Übersicht liegt in der Orientierung bei der Entwicklung eines Modells und der Möglichkeit den Entwicklungsstand eines Modells präzise zu bestimmen. Dabei hat es sich bewährt, den Abstraktionsgrad eines kompletten Modells durch den abstraktesten Datentyp, der in dem Modell verwendet wird, zu bestimmen.

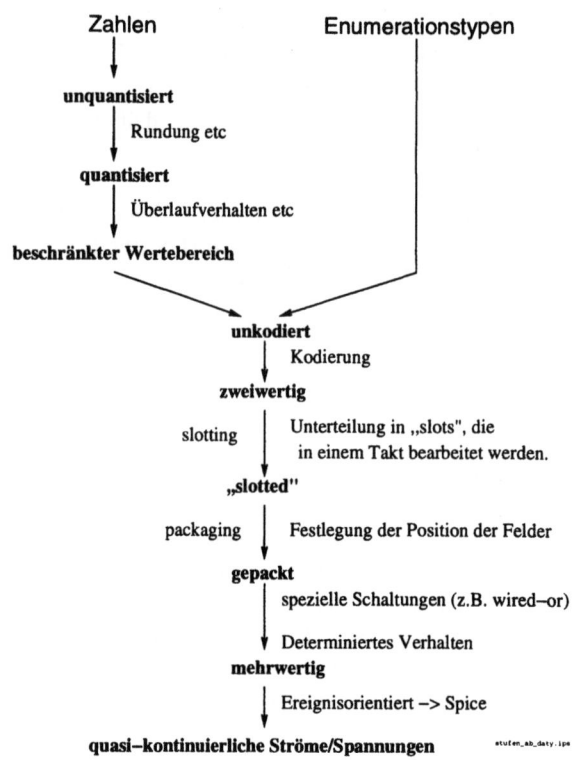

Abb. 12.12: Abstraktionsstufen durch die Verwendung von Datentypen und die Übergänge zwischen den Stufen

12.5 Polymorphe Signale

Häufig werden über eine Leitung Daten verschiedenen Typs transportiert. So werden über den Bus eines Mikroprozessorsystems z.B. Adressen, Instruktionen und Daten übertragen. Eine Variable, die Werte verschiedenen Datentyps haben kann, wird in PASCAL durch einen „variant record" [65] oder in C durch eine „Union" [49] implementiert. In der Definition von VHDL sind solche polymorphen Datentypen nicht vorgesehen [44], weil ihre Implementierung nicht durch den Nutzen gerechtfertigt ist [116].

A) Implementierung durch „tagged variant records"

Man kann aber polymorphe Datentypen durch einen gekennzeichneten zusammengesetzten Datentyp („tagged variant record") auch in VHDL modellieren. Ein solcher gekennzeichneter Datentyp besteht aus Fächern für alle Formen des Datentyps und einem zusätzlichen Kennzeichenfach, dem „tag". Wenn einem solchen zusammengesetzten

12.5. POLYMORPHE SIGNALE

Datentyp ein Wert zugewiesen wird, so wird auch das Kennzeichen („tag") mit der Art des zugewiesenen Datentyps geladen. Mit Hilfe dieses Kennzeichens kann dann die aktuelle Form des Datentyps ermittelt werden.

Beispiel eines gekennzeichneten zusammengesetzten Datentyps

Im folgenden wird die Modellierung eines Busses mit einem solchen gekennzeichneten zusammengesetzten Datentyp skizziert. Auf diesem Bus sollen drei verschiedene Arten von Daten übertragen werden. Der Datentyp „t_data" der eigentlichen Daten ist im Codefragment 12.21 definiert. Zur Interpretation der Programme werden Adressen vom Typ „t_addr" und Instruktionen vom Typ „t_instruction" auf dem Bus transportiert.

12.21
```
SUBTYPE t_data      IS INTEGER RANGE -500 TO 500;  -- data items
SUBTYPE t_addr      IS INTEGER RANGE 0 TO 2**10-1;-- adresses of RAMs or I/O
TYPE    t_instruction IS (LOAD, STORE, ADD ...);   -- processor instructions
```

Da drei verschiedene Arten von Daten auf dem Bus übertragen werden sollen, muß der zusammengesetzte gekennzeichnete Datentyp drei verschiedene Formen annehmen können. Die aktuelle Form wird durch das Kennzeichen angegeben, das daher drei verschiedene Werte annehmen kann. Der Datentyp eines solchen Kennzeichens ist im Codefragment 12.22 als Enumerationstyp „t_tag" definiert.

12.22
```
TYPE t_tag IS (ADDR, DATA, INSTRUCTION); -- types of data traveling over the bus
```

Der zusammengesetzte Datentyp mit den betreffenden Fächern ist im Codefragment 12.23 definiert. Die ersten drei Fächer sind für die verschiedenen Daten auf dem Bus vorgesehen und das letzte Fach „tag" enthält das Kennzeichen.

12.23
```
TYPE t_bus IS RECORD
    addr        : t_addr;         --|
    data        : t_data;         --| actual data
    instruction : t_instruction;  --|
    tag         : t_tag;          --- tag i.e. actual type of data
END RECORD;
```

Um den Zugriff auf einen solchen gekennzeichneten zusammengesetzten Datentyp zu demonstrieren, wird im Codefragment 12.24 eine Einheit „processor" definiert. Die Klemme „bus" einer Instanz dieser Einheit soll mit einem Signal verbunden werden, das einen aufgelösten Untertyp des Datentyps „t_bus" hat (vgl. Abs. 3.5, S. 112). In dem Modell „behav" der Einheit „processor" gibt es einen einzigen Prozeß. In diesem Prozeß wird eine Konstante „IO_port_addr" mit der Adresse eines Ein-/Ausgabebausteins definiert. Die Variable „accu" wird zur Bearbeitung der Daten verwendet.

12.24
```
ENTITY processor IS           -- just a simple processor
    PORT(bus : INOUT t_bus;   -- port to be connected to a resolved signal
    ...
ARCHITECTURE behav OF processor IS -- skeleton of a behavioural model
BEGIN
    PROCESS                   -- clocked process with implicit
        ...                   --    control state modeling "ICS"
        CONSTANT IO_port_addr : NATURAL := 384; -- just an address value
        VARIABLE accu : t_data;        -- a variable to put a read value in
```

```
BEGIN
  ...
  bus <= (addr => IO_port_addr,   -- aggregate with named association
          tag  => ADDR);          -- mark value as an address
  WAIT UNTIL PosEdge(clk);        -- next positive clock edge
  ...
  ASSERT (bus.tag = data)         -- check if the data type is what the model
    REPORT ("Type mismatch before bus read!"); -- expects
  accu := bus.data;               -- take data from bus
  ...
```

Im Rumpf des Prozesses im Codefragment 12.24 auf der vorherigen Seite ist ein Schreibzugriff auf die polymorphe Klemme „bus" gezeigt. Die Signalzuweisung verwendet ein Aggregat, dessen Elemente den jeweiligen Werten namentlich zugeordnet werden (s. S. 78). Nachdem die Adresse des Ein-/Ausgabebausteins auf den Bus gelegt wurde, wird mit der „wait"-Anweisung auf die nächste positive Taktflanke gewartet. Bei einem polymorphen Signal, das durch einen zusammengesetzten gekennzeichneten Datentyp implementiert ist, kann man auf alle Fächer zugreifen. Daher wird im Codefragment 12.24 auf der Seite vorher vor dem eigentlichen Lesezugriff mit einer „assert"-Anweisung der aktuelle Inhalt des an die polymorphe Klemme „bus" angeschlossenen Signals überprüft. Dann erst wird der Wert in dem Fach „data" der Variablen „accu" zugewiesen.

Zusammenfassung: Implementierung durch „tagged variant records"

Ein polymorpher Datentyp kann durch einen gekennzeichneten zusammengesetzten Datentyp implementiert werden. Ein gekennzeichneter zusammengesetzter Datentyp besteht aus Fächern für alle Formen und einem separaten „tag"-Fach für das Kennzeichen. Das Kennzeichen ist ein Enumerationstyp mit Bezeichnern für jede Form. Bei einem Schreibzugriff wird auf das jeweilige Fach und das Kennzeichen geschrieben. Bei einem Lesezugriff kann mit dem Kennzeichenfach festgestellt werden, welche Form der zuletzt zugewiesene Wert hatte.

B) Implementierung durch „std_ulogic"-Typen

Ein polymorpher Datentyp wird durch ein Signalbündel implementiert. Die einzelnen Werte der verschiedenen Fächer des polymorphen Datentyps werden durch bestimmte Belegungen des Signalbündels kodiert. Man kann daher einen polymorphen Datentyp durch einen hinreichend langen „std_ulogic_vector" modellieren. Mit geeigneten Funktionen werden die Werte der einzelnen Datentypen auf die Werte des Bitvektors abgebildet. Durch eine Anwendung dieser Funktionen kann auf den polymorphen Datentyp zugegriffen werden.

Beispiel

Zur Demonstration soll wieder ein System mit einem Bus betrachtet werden, auf dem drei verschiedene Typen von Daten transportiert werden. Der Datentyp dieses „bus" ist im folgenden Codefragment 12.25 auf der gegenüberliegenden Seite als ein Vektor eines mehrwertigen Datentyps definiert (vgl. Abs. 14.4.1, S. 484).

12.5. POLYMORPHE SIGNALE

12.25 `TYPE t_bus IS std_ulogic_vector(9 DOWNTO 0); -- just a simple bitvector ...`

Auf diesem Bus sollen die im folgenden Codefragment 12.26 definierten Datentypen übertragen werden. Da jeder Datentyp dem Bus zugewiesen werden soll, müssen 3 Funktionen implementiert werden, die den jeweiligen Datentyp als Bitvektor „t_bus" kodieren. Um die 3 Datentypen vom Bus lesen zu können, braucht man 3 weitere Funktionen, welche den Bitvektor geeignet dekodieren.

12.26
```
SUBTYPE t_data IS INTEGER RANGE -500 to 500;     -- the three types of data
SUBTYPE t_addr IS INTEGER RANGE 0 to 2**10-1;    --    traveling over the bus
TYPE    t_instruction IS (LOAD, STORE, ADD ...); -- [repeated for convenience]
```

Es müssen daher 6 Funktionen für den Zugriff definiert werden. Die ersten 4 Funktionen sind im folgenden Codefragment 12.27 deklariert. Durch eine Überladung der Namen wird die Lesbarkeit der Modelle gesteigert, weil bei einem Schreibzugriff einheitlich die Funktion „2bus" verwendet wird und bei einem Lesezugriff die zum jeweiligen Datentyp gehörige Funktion.

12.27
```
----------------------------------------- data conversion
FUNCTION 2bus(inp  : t_data) RETURN t_bus;   -- t_data -> t_bus
FUNCTION 2data(inp : t_bus)  RETURN t_data;  -- t_bus  -> t_data
----------------------------------------- address conversion
FUNCTION 2bus(inp  : t_addr) RETURN t_bus;   -- t_addr -> t_bus
FUNCTION 2addr(inp : t_bus)  RETURN t_addr;  -- t_bus  -> t_addr
...
```

Zur Demonstration eines Lese- und Schreibzugriffes soll wieder das Modell der Einheit „processor" betrachtet werden. Die Definition der Einheit wurde schon am Anfang des Codefragments 12.24 (S. 437) angedeutet. Daher ist im Codefragment 12.28 nur ein Ausschnitt aus dem Rumpf des Prozesses gezeigt. Dieser Ausschnitt zeigt einen Schreib- und Lesezugriff auf die polymorphe Klemme „bus".

12.28
```
        ...
        BEGIN                         -- body of a clocked process with Implicit
        ...                           --    modeling of Control State (ICS)
        bus <= 2bus(IO_port_addr);    -- convert addr to t_bus -> assign to bus
        WAIT UNTIL PosEdge(clk);      -- next positive clock edge
        ...
        accu := 2data(bus);           -- read -> convert to t_data -> assign to accu
        ...
```

Der Schreibzugriff auf die polymorphe Klemme „bus" ist im Codefragment 12.28 als erste Anweisung im Rumpf des Prozesses gezeigt. Durch die überladene Funktion „2bus" wird der ganzzahlige Wert der Adresse „IO_port_addr" in den Datentyp „t_bus" gewandelt und der gewandelte Wert wird dem Signal „bus" zugewiesen. Wird ein polymorpher Datentyp durch einen gekennzeichneten zusammengesetzten Datentyp („tagged variant record") implementiert, so kann vor einem Lesezugriff der Datentyp des aktuellen Inhalts überprüft werden. Dies ist im Codefragment 12.24 (S. 437) durch eine „assert"-Anweisung erreicht worden. Eine solche Überprüfung ist bei der Implementierung eines polymorphen Datentyps durch einen Bitvektor nicht möglich, denn der Datentyp des zuletzt zugewiesenen Wertes wird nicht abgespeichert. Im Codefragment 12.28 wird die Klemme „bus" gelesen, mit der Funktion „2data" dekodiert und der Variablen „accu" zugewiesen.

Zusammenfassung: Implementierung durch „std_ulogic"-Typen

Da ein polymorpher Datentyp durch ein Signalbündel implementiert wird, kann man einen solchen Datentyp durch einen „std_ulogic_vector" hinreichender Länge modellieren. Ein beliebiger Datentyp muß mit einer geeigneten Funktion kodiert werden und kann dann dem Vektor zugewiesen werden. Für einen Lesezugriff auf den so implementierten polymorphen Datentyp muß ebenfalls eine Funktion definiert werden, welche den Wert des Bitvektors dekodiert und in den jeweiligen Datentyp transformiert. Daher ist für jede Form des Datentyps eine Wandlungsfunktion zum Lesen und eine zum Schreiben erforderlich.

Vergleich der beiden Implementationen

Im folgenden werden die Vor- und Nachteile der Implementierung eines polymorphen Datentyps mit einem „tagged variant record" oder mit einem hinreichend langen Bitvektor verglichen.

Zusammengesetzter gekennzeichneter Datentyp: Die Gründe für oder gegen eine Implementierung eines polymorphen Datentyps mit einem zusammengesetzten gekennzeichneten Datentyp sind:

++ Da kein Satz von Wandlungsfunktionen implementiert werden muß, ist die Modellierung einfacher.

− Einem zusammengesetzten gekennzeichneten Datentyp kann z.Z. weder durch eine Markierung noch durch eine generelle Vereinbarung eine Synthesesemantik zugeordnet werden.

+ Am Kennzeichen („tag") kann der Datentyp des zuletzt zugewiesenen Wertes identifiziert werden. Dies kann die Fehlersuche erleichtern.

+ Entscheidungen über die Kodierung der einzelnen Datentypen können auf einen geeigneteren Zeitpunkt verschoben werden.

„std_ulogic"-Typen: Die Vor- und Nachteile einer Implementierung mit einem hinreichend langen „std_ulogic"-Typ werden im folgenden aufgezählt. Die meisten Argumente ergeben sich aus der Tatsache, daß diese Modellierung implementationsnäher ist.

++ Den Wandlungsfunktionen kann eine Synthesesemantik zugeordnet werden und damit der Modellierung des polymorphen Datentyps.

− Wie in der gefertigten Schaltung können Werte unterschiedlichen Typs gelesen und geschrieben werden[3].

---

[3] Ohne eine speziellen Markierung kann ein Datenempfänger in der gefertigten Schaltung auch nicht feststellen, welchen Datentyp der aktuelle Wert eines Signalsbündels kodiert.

12.5. POLYMORPHE SIGNALE

+ Die Randbedingungen einer Implementation auf der Gatterebene, wie beschränkte Wortlängen, werden frühzeitig berücksichtigt.

Steht bei der Modellierung die unmittelbare Implementation im Vordergrund, so wird man ein polymorphes Signal durch einen hinreichend langen „std_ulogic_vector" modellieren. Ist man allerdings eher an einer leichten Modellierung interessiert, weil z.B. verschiedene Implementationsalternativen evaluiert werden sollen, so wird man das polymorphe Signal durch einen zusammengesetzten gekennzeichneten Datentyp („tagged variant record") beschreiben.

13 Modellierung der Wert/Zeit-Relation (*VT*)

Bei gleichem Simulationsrechner und identischem Simulationsprogramm ist die Zahl der simulierten Ereignisse pro Rechenzeit konstant. Daher werden verschiedene Abstraktionsstufen der Wert/Zeit-Relation vorgestellt, auf denen Ereignisketten zu Makro-Ereignissen zusammengefaßt werden. Für die Zeitskala der ereignisorientierten Simulationsmaschine wird eine zweidimensionale Darstellung entwickelt, welche das Verständnis einiger relevanter Phänomene ermöglicht. Der Übergang zwischen zwei Abstraktionsstufen ist häufig mit der Zerlegung eines Modells in neue Teileinheiten verbunden, daher werden die einzelnen Schritte der „Dekomposition" erläutert.

Einleitung

Ein Systementwurfsprojekt beginnt mit der Modellierung der physikalischen Realität, in welcher das System operieren soll [66]. Bei dieser „Realität" kann es sich um einen Mobilfunkkanal oder das Sprachsignal bei einem Telefonat handeln. Um eine experimentelle oder mathematische Analyse zu ermöglichen, werden die verwendeten Modelle, wie in Abb. 13.1 dargestellt, zunehmend abstrakter. Mit den abstrakten Modellen der Realität werden Algorithmen entwickelt, welche eine geforderte Funktion, wie eine Datenkompression, realisieren. Diese Algorithmen sind meist als funktionale Modelle implementiert.

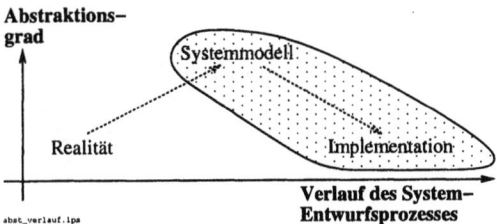

Abb. 13.1: Abstraktionsgrad der verwendeten Modelle in dem vollständigen System-Entwurfsprozeß

Die Entwicklung der abstrakten Modelle in der Systemanalyse-Phase basiert auf der Tatsache, daß man die zeit- und wertkontinuierlichen Signale der Realität durch zeitdiskrete Signale darstellen kann, falls die realen Signale nur bandbegrenzt sind [66]. Die elektrischen Spannungen in einer integrierten Schaltung sind ebenfalls zeit- und wertkontinuierliche Signale, welche aber mit einem Simulator der „Spice"-Klasse quasi-kontinuierlich, d.h. zeit-diskret mit einer automatischen Anpassung der Schrittweite, simuliert werden können.

Bei einer konservativen Dimensionierung der Transistorschaltungen, welche die Gatter implementieren, können die wertkontinuierlichen Signale mit einem begrenzten

Satz von Werten dargestellt werden (vgl. Abs. 14.4.1, S. 484). Alle Signaländerungen, welche nicht eine gewisse Schwelle, z.B. 90 % des Spannungspegels, überschreiten, werden ignoriert. Eine Signaländerung über diese Schwelle hinaus wird durch eine beliebig schnelle Wertänderung modelliert. Eine solche Wertänderung bezeichnet man als „Ereignis"[1]. Signale, die durch eine Sequenz von Ereignissen beschrieben werden können, nennt man „digitale Signale".

Werden bei der Implementierung die „Regeln des synchronen Entwurfs" beachtet, so kann man die Zwischenwerte dieser digitalen Signale in einer Taktperiode vernachlässigen (vgl. Abs. 5.1, S. 161). Entscheidend sind nur die stabilen Werte der Signale vor dem Eintreffen der ausgezeichneten Taktflanke.

Die Modellierung der Wert/Zeit-Relation der Signale und Variablen auf unterschiedlichen Abstraktionsstufen hat somit ihre Nützlichkeit bewiesen. In diesem Kapitel werden die bekannten Stufen eingeordnet und durch weitere Abstraktionsstufen ergänzt.

13.1 Software versus Hardware

Bei der Implementierung einer Funktion durch ein Programm, welches auf einem „single-user" Zielsystem ausgeführt werden soll, wird nur die Echtzeitskala betrachtet. Soll die Software auf einem „multi-user"-System ausgeführt werden, so konkurriert der implementierte Prozeß mit den gleichzeitig lauffähigen Prozessen auf der Maschine. In diesem Fall unterscheidet sich die Laufzeit des Prozesses von der Echtzeitskala. Bei der Ausführung des Prozesses schreitet die Laufzeit proportional zur Echtzeit voran, wird aber der Prozeß unterbrochen, um einen anderen Prozeß auszuführen, so bleibt die Laufzeit des Prozesses konstant.

Die Implementierung einer Funktion durch ein Programm ist attraktiv, weil der Abstraktionsunterschied zwischen der Spezifikation und der endgültigen Realisation wesentlich geringer ist als beim Entwurf einer applikationsspezifischen Schaltung (vgl. Kap. 15). Der große Vorteil einer Implementierung durch eine applikationsspezifische Schaltung ist die Möglichkeit, durch den Entwickler ausgewählte Funktionen parallel ablaufen zu lassen. Durch die parallele Abarbeitung kann entweder eine große Verarbeitungsgeschwindigkeit, eine bessere Ausnutzung der allokierten Siliziumfläche oder eine geringere Energieumsetzung („Stromverbrauch") erreicht werden. Die Zerlegung einer Funktion in parallel durchführbare Operationen und die Verwaltung der parallelen Vorgänge ist einer der Gründe, warum die Implementierung durch eine applikationsspezifische Schaltung als schwieriger empfunden wird als die Implementierung durch ein Programm, welches von einem Mikroprozessor ausgeführt wird.

Da der Entwurf einer applikationsspezifischen Schaltung durch die Möglichkeit einer parallelen Abarbeitung verschiedener Funktionen motiviert ist und Parallelität durch eine Gleichzeitigkeit bezüglich einer gemeinsamen Zeitskala definiert ist, hat der Bezug zu einer Zeitskala große Bedeutung beim Entwurf digitaler Schaltungen. Die

---

[1] Da die Zahl der Ereignisse pro Signal während einer Taktperiode klein ist (ungefähr 15 %), werden bei einer ereignisgesteuerten Simulation nur die Instanzen aktiviert, die von einem Ereignis betroffen sind.

13.1. SOFTWARE VERSUS HARDWARE 445

Betrachtung der Vorgänge im Bezug auf eine gemeinsame Zeitskala ist daher durch die folgenden Gründe motiviert:

- Die Operationen in einem Algorithmus müssen von einer **begrenzten Zahl von Datenpfaden** ausgeführt werden. Die Zahl der Taktzyklen in der Berechnungsperiode und die Komplexität der Operationen bestimmt, wieviel Operationen gleichzeitig oder sequentiell ausgeführt werden müssen.

- Meist sind **zeitliche Anforderungen ein Bestandteil der Spezifikation**. So kann z.B. das zeitliche Verhalten der Protokolleitungen an einer Schnittstelle detailliert festgelegt sein.

- Auf der **Gatterebene** ist ein gewisses zeitliches Verhalten die Vorbedingung für eine korrekte Funktion der Schaltung (s. S. 29).

- Zur Implementierung wird ein Modell in mehrere Teileinheiten zerlegt („Dekomposition"). Die Kommunikation dieser Teileinheiten untereinander wird erleichtert, wenn sie **Bezug auf gemeinsame Synchronisationsereignisse**, wie eine ausgezeichnete Taktflanke, nehmen können.

Ab S. 61 sind drei verschiedene Zeitskalen bei der Simulation unterschieden worden. Die „Echtzeit"-Skala wird angewandt, wenn an einem Prototypen Messungen durchgeführt werden sollen. Die „Simulationslaufzeit" ist die Zeit, mit der ein Simulationsprozeß auf einem Simulationsrechner voranschreitet. Diese Zeit entspricht der „normalen" Zeit während der Simulation. Die Simulationsmodelle hingegen „sehen" während der Simulation die „simulierte Zeit". Diese Zeitskala wird bei der Modellierung verwendet. Die Modellierung der Wert/Zeit-Relation verwendet die Zeitskala der „simulierten Zeit", um die Vorgänge in der Echtzeit zu beschreiben. Auf S. 125 ist die Wert/Zeit-Relation in der folgenden Weise definiert worden.

DEFINITION 13.1 (WERT/ZEIT-RELATION) *Die Signale einer gefertigten Schaltung sind Funktionen der „Echtzeit", während die Variablen und Signale eines Modells Funktionen der „simulierten Zeit" sind. Die Wert/Zeit-Relation gibt das Verhältnis von „simulierter Zeit" zur „Echtzeit" an.*

Steigerung der Simulationseffizienz

Die Simulationseffizienz gibt an, wie schnell die „simulierte Zeit" während der Laufzeit des Simulationsprozesses voranschreitet. Ab S. 62 sind die Simulationseffizienzwerte verschiedener Entwurfsprojekte verglichen worden. Ab S. 149 ist am Beispiel eines „parity"-Generators gezeigt worden, daß die Simulationseffizienz erheblich gesteigert werden kann, wenn man die Zahl der Ereignisse bei der Ausführung einer Funktion reduziert. Daher ist der Schlüssel zu einer abstrakten Modellierung der Wert/-Zeit-Relation die Zusammenfassung von Ereignisketten zu einem einzigen Makro-Ereignis. Im Beispiel der „parity"-Berechnung ist die Folge der Ereignisse in einer Kette von „XOR"-Gattern zu dem Makro-Ereignis einer Paritätsberechnung durch eine sequentielle „for"-Schleife zusammengefaßt worden. Die Zusammenfassung einer

Ereigniskette zu einem Makro-Ereignis führt nicht nur zu einer Steigerung der Simulationseffizienz, sondern auch zu einer Vereinfachung der Modellierung.

13.2 Zeitskalen der simulierten Zeit

Die Anwendung der verschiedenen Abstraktionsstufen der Wert/Zeit-Relation wird in Kapitel 15 an einer realen Entwurfsstudie demonstriert. Eine Übersicht über die bisher eingeführten Abstraktionsstufen der Wert/Zeit-Relation ist in Abschnitt 13.4 (S. 455) dargestellt. Im folgenden Abschnitt wird zunächst aber die Zusammenfassung von Ereignissen ausführlicher diskutiert.

13.2.1 Reduktion der Ereigniszahl

Die stufenweise Reduktion der Ereigniszahl durch die Zusammenfassung von Ereignisketten zu einem „Makro-Ereignis" ist in Abb. 13.2 auf der gegenüberliegenden Seite skizziert. Die Abstraktion nimmt in Abb. 13.2 von unten nach oben zu. Am linken Rand sind die Abstraktionsstufen durch die in Tabelle 13.1 (S. 458) zusammengefaßten Abkürzungen bezeichnet. In der Mitte sind Ausschnitte aus verschiedenen „Signalverläufen" gezeigt. Identische Zeitpunkte auf benachbarten Ebenen sind durch strichlierte Pfeile miteinander verbunden. Die Auflösung der Zeitachsen nimmt daher von oben nach unten zu. Die Zeitmetrik ist durch die Bezeichnungen an den horizontalen Achsen angedeutet. So wird in der obersten Skala der Fortschritt der „simulierten Zeit" durch die Abarbeitung verschiedener Funktionen gemessen, während die unterste Skala die physikalische Zeit angibt.

Funktionale versus physikalische Zeitmetrik: Es gibt daher funktionale und physikalische Zeitmetriken. Eine funktionale Zeitmetrik mißt den Fortschritt der simulierten Zeit durch die bis zu dem Zeitpunkt ausgeführten Operationen, während bei einer physikalischen Zeitmetrik der Fortschritt durch die Zeitdauer eines physikalischen Vorgangs angegeben wird. Die Art der verwendeten Zeitmetrik ist am rechten Rand von Abb. 13.2 auf der nächsten Seite dargestellt.

Eine funktionale Zeitmetrik wird am Anfang eines Entwurfsprojektes eingesetzt, wenn der genaue Ausführungszeitpunkt einer Operation unbekannt ist und zunächst die „Performance"[2] eines Algorithmus analysiert werden soll. Eine physikalische Zeitmetrik wird verwendet, sobald die Operationen und Klemmenzugriffe auf eine Taktperiode oder ein Vielfaches derselben eingeplant worden sind.

In der ersten Zeile von Abb. 13.2 wird eine funktionale Zeitmetrik benutzt, weil das Modell ein Programm ohne irgendwelche Teileinheiten ist. Die Laufzeit des funktionalen Modells hat im allgemeinen keinerlei Beziehung zur simulierten Zeitskala einer Implementation und kann daher nicht verwendet werden. Die simulierte Zeit kann daher nur durch die ausgeführten Funktionen gemessen werden.

---

[2]Mit „Performance" werden im allgemeinen die Leistungsmerkmale eines Algorithmus bezeichnet. So kann z.B. ein Dekodieralgorithmus eine gewisse BER („bit error rate") ermöglichen.

13.2. ZEITSKALEN DER SIMULIERTEN ZEIT

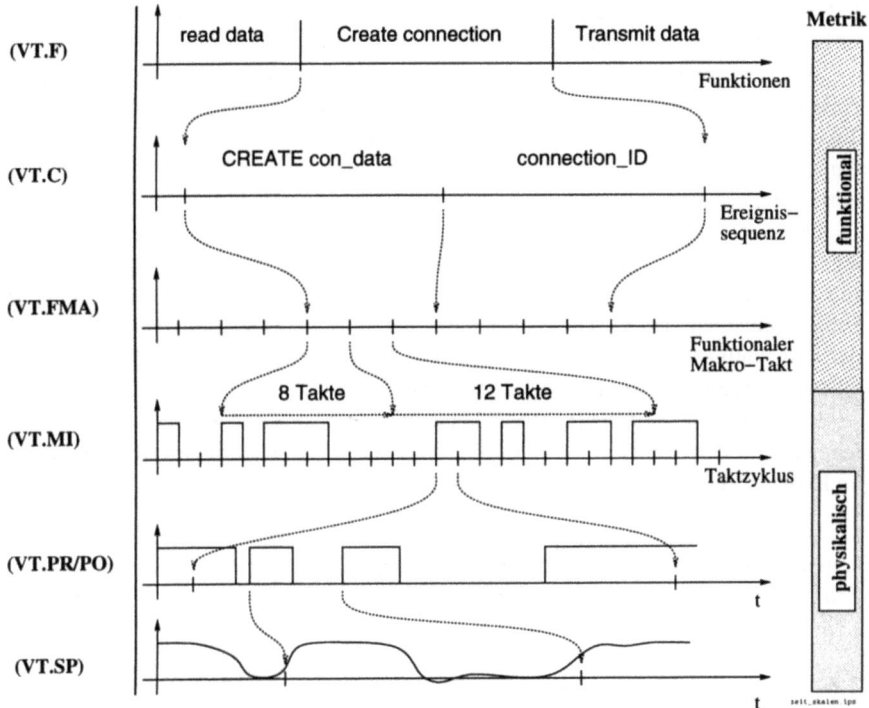

Abb. 13.2: Reduktion der Anzahl der Ereignisse durch eine Zusammenfassung von Ereignissen zu Makro-Ereignissen

In der Zeile darunter ist das funktionale Modell (*VT.F*) durch ein Modell auf der Abstraktionsstufe *VT.C* ersetzt worden. Dieses Modell enthält bereits mehrere Teileinheiten, welche nach einem bestimmten Protokoll Daten austauschen. So wird die Funktion „Create connection" implementiert, indem das Kommando „CREATE" mit den benötigten Daten an eine Teileinheit gegeben wird, welche das Resultat „connection_ID" zurückgibt. Die Instanzen auf der Abstraktionsstufe *VT.C* kommunizieren mit einem „handshake"-Protokoll. Diese Protokolle referenzieren keine gemeinsame Zeitskala, so daß keine gleichzeitigen Vorgänge modelliert werden können.

Auf der folgenden Ebene wird daher ein Taktsignal als Quelle von globalen Synchronisationsereignissen verwendet. Allerdings kann nicht jeder Taktperiode dieses abstrakten Makro-Taktes eine feste Zahl von Taktperioden der gefertigten Schaltung zugeordnet werden. Diese Abstraktionsstufe nennt man daher „funktionaler Makro-Takt". In Abb. 13.2 ist angedeutet, daß die Übergabe des Kommandos „CREATE" in zwei Taktzyklen auf der Abstraktionsstufe *VT.FMA* implementiert wird.

Auf der nächsten Abstraktionsstufe *VT.MI* wird der Takt der gefertigten Schaltung verwendet, aber es werden keine Zeitpunkte innerhalb eines Taktzyklus betrachtet. Zur Ausführung des Kommandos „CREATE" werden in den ersten Taktzyklus auf der Stufe *VT.FMA* eine Anzahl Operationen eingeplant, die auf der Abstraktionsstufe *VT.MI* in 12 Taktperioden durchgeführt werden.

Wird ein solches Modell auf der Gatterebene implementiert, so ändern sich die Ausgangswerte eines bestimmten Gatters –eventuell sogar mehrfach– innerhalb einer Taktperiode, bevor sich der Wert kurz vor dem Eintreffen der ausgezeichneten Taktflanke stabilisiert. Dies ist in der zweituntersten Zeitachse von Abb. 13.2 auf der Seite vorher angedeutet.

Da ein Gatter durch eine Transistorschaltung implementiert wird, wird jedes Ereignis auf den Abstraktionsstufen *VT*.{*PR, PO*} durch einen Umladevorgang realisiert. Je nach den elektrischen Verhältnissen des treibenden Gatters, der Verbindung, deren Umgebung sowie den Eingangskapazitäten der getriebenen Gatter stellt sich ein anderer Spannungsverlauf an der Klemme ein. So wird auf der Ebene *VT.SP* z.B. ein Überschwingen der Spannung berücksichtigt.

In diesem Zusammenhang werden keine implementationsnäheren Abstraktionsstufen der Wert/Zeit-Relation, wie z.B. die Ausbreitung der elektromagnetischen Felder im Raum um einen Transistor, betrachtet [60].

Die Reduktion der Ereigniszahl muß mit den verfügbaren Modellierungsmöglichkeiten beschrieben werden. Daher wird im folgenden die Darstellung der simulierten Zeit in VHDL diskutiert.

13.3 Zweidimensionale Zeitskala in VHDL

Eine Zuweisung auf eine Variable wird unmittelbar ausgeführt, während die ereignisgesteuerte Simulationsmaschine von VHDL eine Signalzuweisung frühestens nach einem sogenannten δ-Zyklus ausführt (s. S. 74). Ab S. 105 ist ausführlich dargestellt worden, daß diese unvermeidbare Verzögerung eine beliebige Ausführungsreihenfolge der zum gleichen Zeitpunkt aktiven Modelle ermöglicht. Da der Modellierer keinen Einfluß auf die Ausführungsreihenfolge hat, wird durch diese δ-Verzögerung garantiert, daß eine Simulation in vorhersehbarer Weise abläuft („Deterministische Simulation").

Auf Grund dieser δ-Verzögerung können die Ereignisse einer VHDL-Simulation nicht auf einer konventionellen Zeitskala dargestellt werden. Man muß vielmehr den Zeitpunkt eines Ereignisses durch die Angabe des δ-Zyklus ergänzen [68]. Graphisch können daher die Ereignisse einer VHDL-Simulation nur auf einer Zeitebene dargestellt werden. Diese zwei-dimensionale Zeitachse ist in Abb. 13.3 skizziert.

Auf der horizontalen Achse wird der Zeitpunkt eines Ereignisses aufgetragen, während die δ-Zyklen auf der vertikalen Achse dargestellt werden. Die Ereignisse sind in Abb. 13.3 auf der gegenüberliegenden Seite durch Rechtecke, Dreiecke oder Sterne markiert. Die drei Ereignisse zum Zeitpunkt 25 ns unterscheiden sich nur durch den δ-Zyklus. Durch die Pfeile in Abb. 13.3 auf der nächsten Seite soll angedeutet werden, daß die „gleichzeitigen" Ereignisse durch eine Kausalitätskette verbunden sind, d.h. das Ereignis zum Zeitpunkt ($25\ ns, 1 \cdot \delta$) ist die Ursache des Ereignisses zum Zeitpunkt ($25\ ns, 2 \cdot \delta$).

13.3. ZWEIDIMENSIONALE ZEITSKALA IN VHDL

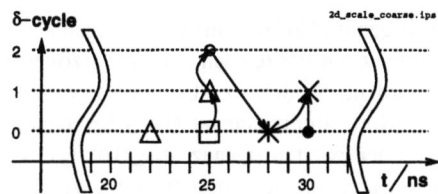

Abb. 13.3: Zweidimensionale Darstellung der Zeitskala in VHDL

In den folgenden Paragraphen wird die zweidimensionale Zeitskala verwendet, um die Auswertung eines einfachen Modells darzustellen.

Beispiel

Das Strukturmodell eines "half adders" ist in Abb. 13.4 gezeigt. Es besteht aus einem EXOR-Gatter, welches die Summe der beiden gleichgewichtigen Eingangswerte berechnet, und einem AND-Gatter, das einen eventuellen Übertrag bestimmt.

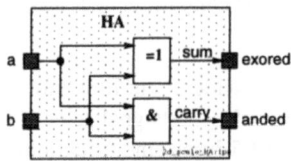

Abb. 13.4: Strukturmodell eines „half adders"

Der Halbaddierer „HA" ist im Codefragment 13.1 beschrieben. Das Modell „struc" der Einheit „HA" besteht aus Signalzuweisungen, welche unabhängig voneinander aktiviert werden können. Man nennt solche Zuweisungen „concurrent signal assignments" im Unterschied zu den „sequential signal assignments", welche im Rumpf eines Prozesses verwendet werden. Ein „concurrent signal assignment" wird in einen äquivalenten Prozeß übersetzt, der alle Signale auf der rechten Seite in der „sensitivity list" aufführt (s. S. 103). Ein Ereignis für ein Signal auf der rechten Seite führt somit zu einer Auswertung der parallelen Signalzuweisung.

13.1
```
ENTITY HA IS                          -- half adder
      PORT (a_in, b_in   : IN  bit;
            anded, xored : OUT bit);  -- carry and sum output
END HA;

ARCHITECTURE struc OF HA IS
BEGIN                      -- concurrent signal assignment statements
   anded <= a_in AND B_in; -- both with a delta delay
   xored <= a_in XOR B_in;
END struc;
```

Beide Signalzuweisungen im Codefragment 13.1 legen keine Verzögerungszeiten fest, so daß die Signale die neuen Werte nach einer δ-Verzögerung annehmen.

Die Einheit „HA" wird im Modell in Abb. 13.5 zweimal instanziiert. Die erste Instanz „MS_HA" („More Significant bit HA") berechnet die Zwischensumme „MS_HA_s", welche von der zweiten Instanz „LS_HA" („Less Significant bit HA") mit dem Eingangssignal „carry_in" aufsummiert wird. Aus den beiden Überträgen wird von einem OR-Gatter das Signal „carry_out" berechnet. Das Summensignal „sum" und das Übertragssignal „carry_out" werden von D-Flipflops zwischengespeichert. Die beiden „half adder" und das OR-Gatter sind daher in Abb. 13.5 zu einem „full adder" verschaltet worden, dessen Ausgänge zwischengespeichert werden.

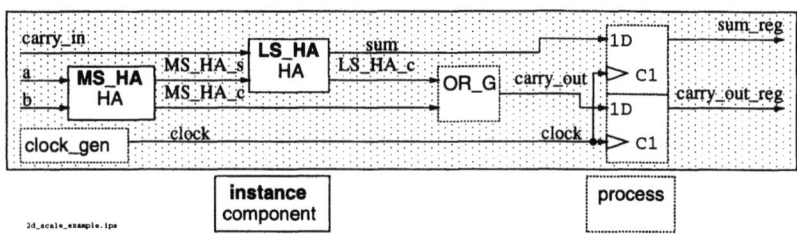

Abb. 13.5: Beispiel zur Illustration der zweidimensionalen Zeitskala in VHDL

Da diese Schaltung eines „full adders" zur Illustration der zweidimensionalen Zeitskala simuliert werden soll, wird das Taktsignal „clock" von dem Prozeß „clock_gen" erzeugt. Prozesse sind in Abb. 13.5 durch eine strichlierte Umrandung gekennzeichnet, während Instanzen eine durchgezogene Umrandung haben.

Das in Abb. 13.5 skizzierte Strukturmodell wird in den Codefragmenten 13.2 und 13.3 formal beschrieben. Im Codefragment 13.2 wird die Einheit „testbench" und deren Modell „struc" definiert. Das Modell beginnt mit der Vereinbarung der Komponente „HA". Dann werden die „Eingangs"-, Zwischen- und „Ausgangs"-signale definiert.

```
13.2  ENTITY testbench IS END testbench;

      ARCHITECTURE struc OF testbench IS
         COMPONENT HA
            PORT (a_in, b_in      : IN bit;
                  xored, anded    : OUT bit);
         END COMPONENT;
         SIGNAL      a, b, carry_in          : bit := '0';  -- input signals
         SIGNAL      clock                   : bit := '0';
         SIGNAL      MS_HA_s, MS_HA_c        : bit := '0';  -- intermediate signals
         SIGNAL      LS_HA_c, sum, carry_out : bit := '0';
         SIGNAL      sum_reg, carry_out_reg  : bit := '0';  -- output signals
      BEGIN   -- struc
         ------------------------------------------ stimuli generation
         clock_gen : clock <= NOT clock AFTER 10 NS;       -- edges @ (N*10 ns)
         -- concurrent signal assignment statements are the easiest way to schedule
         -- these events
         a <=             '1' AFTER 12 NS;
         b <=             '1' AFTER 25 NS;
         carry_in <=      '1' AFTER 35 NS;
```

13.3. ZWEIDIMENSIONALE ZEITSKALA IN VHDL

Die „Eingangs"-signale werden durch die vier Signalzuweisungen im Rumpf des Modells „struc" mit Werten belegt. Die erste Signalzuweisung „clock_gen" weist dem Signal „clock" einen neuen Wert mit der Verzögerungszeit 10 ns zu. Nach 10 ns gibt es daher ein Ereignis für das Signal „clock", so daß die Signalzuweisung erneut aktiviert wird. Die Signalzuweisung im Codefragement 13.2 auf der vorherigen Seite erzeugt also ein periodisches Taktsignal mit einer Periode von 20 ns. Die letzten drei Zuweisungen im Codefragment planen je ein Ereignis pro „Eingangs"-signal ein.

Die beiden Instanzen der Komponente „HA" sind im Codefragment 13.3 gezeigt. Da die Zahl der Signale klein ist, sind die Signale („actuals") durch eine positionale Verbindungsliste an die Klemmen der Komponente („locals") der Komponente „HA" angeschlossen. Das in Abb. 13.5 auf der vorherigen Seite gezeigte OR-Gatter ist im Codefragment 13.3 durch eine Signalzuweisung mit einer Verzögerungszeit von 3 ns modelliert.

13.3
```
------------------------------------------- structural model of a full adder
-- HA ports:      a_in       b_in       sum         carry
MS_HA : HA PORT MAP(a,       b,         MS_HA_s,    MS_HA_c);
LS_HA : HA PORT MAP(carry_in, MS_HA_s,  sum,        LS_HA_c);

OR_G : carry_out <= LS_HA_c OR MS_HA_c AFTER 3 NS;
-------------------------------------------
FF : PROCESS(clock)                    -- a clocked process to model a D-FF
BEGIN
    IF (clock'EVENT AND clock = '1') THEN
        carry_out_reg <= carry_out;
        sum_reg       <= sum;
    END IF;
END PROCESS FF;
END struc;
```

Die beiden Flipflops aus Abb. 13.5 auf der vorherigen Seite sind im Codefragment 13.3 durch einen getakteten Prozeß modelliert. Die Signalzuweisungen verwenden keine Verzögerungszeiten.

Bei einer Simulation des Modells in den Codefragmenten 13.2 auf der vorherigen Seite und 13.3 ergeben sich die in Abb. 13.6 auf der nächsten Seite gezeigten Ereignisse und die Signalverläufe in Abb. 13.7 auf der folgenden Seite. Beim Start der Simulation werden alle Prozesse einmal ausgeführt (s. S. 104). Da jedes „concurrent signal assignment" in einen äquivalenten Prozeß übersetzt wird, werden auch alle parallelen Signalzuweisungen beim Start der Simulation einmal ausgeführt. Daher werden beim Start der Simulation die Zuweisungen auf die Eingangssignale „a", „b", „carry_in" und „clock" eingeplant. Die Zuweisung auf das Taktsignal „clock" wird nach 10 ns ausgeführt und daher gibt es nach 10 ns das erste Ereignis. Ein Ereignis für das Taktsignal „clock" aktiviert den „FF"-Prozeß, was in Abb. 13.6 auf der nächsten Seite durch einen ausgefüllten Punkt gekennzeichnet ist. Da aber die Werte der Eingangssignale unverändert sind, werden keine neuen Ereignisse eingeplant. Ebenso wird durch die Änderung des Signals „clock" die Zuweisung „clock_gen" aktiviert, welche in Abb. 13.6 auf der folgenden Seite durch eine Raute dargestellt ist. Diese Aktivierung plant die negative Taktflanke für den Zeitpunkt $(20\ ns, 0 \cdot \delta)$ ein.

Nach 12 ns nimmt das „Eingangs"-signal „a" den Wert '1' an. Daher wird die Instanz „MS_HA" aktiviert und die OR-Verknüpfung in dem Modell im Codefragment 13.1 (S. 449) führt zu einer Änderung des Zwischensignals „MS_HA_s". Diese

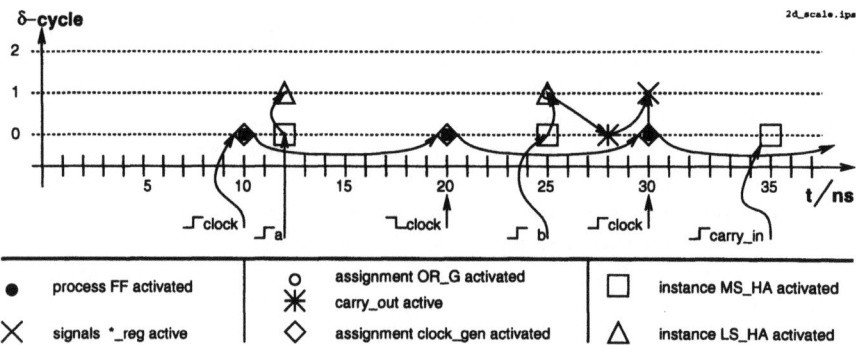

Abb. 13.6: Die zweidimensionale Zeitskala in VHDL

Änderung wird im nächsten δ-Zyklus ausgeführt, so daß zum Zeitpunkt (12 *ns*, 1 · δ) die Instanz „LS_HA" aktiviert wird. Bei dieser Aktivierung wird eine Wertänderung des Zwischensignals „sum" für den Zeitpunkt (12 *ns*, 2 · δ) eingeplant. Die Ausführung dieser Zuweisung auf das Zwischensignal „sum" ist in Abb. 13.7 gezeigt. Da man bei der „waveform"-Darstellung die zweite Dimension der Zeitskala vernachlässigt, scheint die Wertänderung des „sum"-Signals gleichzeitig mit der positiven Flanke des Signals „a" zu erfolgen. Die Kausalkette der drei Ereignisse zum Zeitpunkt 12 ns ist in Abb. 13.7 durch Pfeile angedeutet.

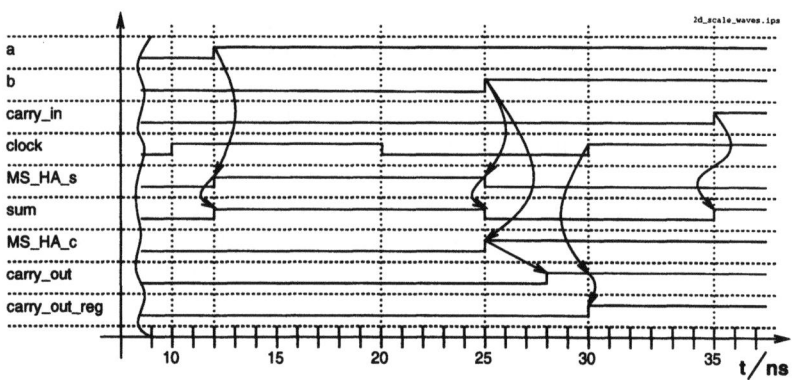

Abb. 13.7: Waveforms ausgewählter Signale zur Illustration der zweidimensionalen Zeitskala in VHDL

Zum Zeitpunkt 20 ns kommt die negative Taktflanke, welche aber nur zur Aktivierung des Prozesses „FF" ohne weitere Signalzuweisungen führt. Das Signal „b" nimmt zum Zeitpunkt (25 *ns*, 0 · δ) den Wert '1' an, so daß die Instanz „MS_HA" aktiviert wird und ihren beiden Ausgangssignalen einen neuen Wert zuweist. Diese beiden Zuweisungen werden nach einem δ-Zyklus ausgeführt, so daß zum Zeitpunkt (25 *ns*, 1 · δ)

13.3. ZWEIDIMENSIONALE ZEITSKALA IN VHDL

die Zuweisung „OR_G" und die Instanz „LS_HA" aktiviert werden. Bei der Auswertung des Modells der Instanz „LS_HA" wird das Zwischensignal „sum" auf '0' gesetzt und das Signal „LS_HA_c" behält seinen Wert. Da die Signalzuweisung „OR_G" eine Verzögerungszeit von 3 ns verwendet, ändert das Zwischensignal „carry_out" erst zum Zeitpunkt $(28\ ns, 0 \cdot \delta)$ seinen Wert. Diese Wertänderung wird mit der positiven Taktflanke vom Prozeß „FF" übernommen und an den Ausgang übertragen. Da der Prozeß „FF" ohne Verzögerungszeiten modelliert ist, ändern sich die Ausgangssignale zum Zeitpunkt $(30\ ns, 1 \cdot \delta)$.

Nachdem die Anwendung der zweidimensionalen Zeitskala an einem Beispiel erläutert worden ist, soll im folgenden Abschnitt diese Darstellung zur Erklärung eines Beispiels mit großer Bedeutung für die Praxis benutzt werden.

13.3.1 Das „gepufferte" Taktsignal

In Abb. 13.8 ist ein Ausschnitt aus der Schaltung eines Schieberegisters gezeigt. Da die Zahl der Flipflops in diesem Register die Treiberfähigkeit des stärksten verfügbaren Puffers übersteigt, soll eine Hälfte der Flipflops direkt mit dem Taktsignal verbunden und die andere Hälfte über einen Puffer versorgt werden [3]. Die ersten drei Flipflops dieses Schieberegisters und die beiden Inverter zur Pufferung des Taktsignals sind in Abb. 13.8 skizziert.

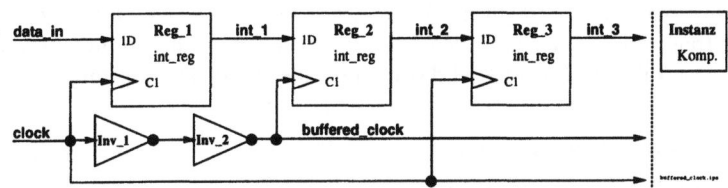

Abb. 13.8: Schieberegister mit gepuffertem Taktsignal

Das Modell eines Inverters ist im Codefragment 13.4 dargestellt. Die Verzögerungszeit ist für beide Flanken gleich und berücksichtigt nicht den Zustand des Inverters, kann aber über den Parameter „t_prop" für jede Instanz unterschiedlich gewählt werden (vgl. Abs. 4.4.1, S. 131).

13.4
```
ENTITY inv IS
    GENERIC(t_prop : TIME := 0.7 ns);
    PORT(a : IN bit;
         b : OUT bit);
END inv;

ARCHITECTURE behav OF inv IS
BEGIN    -- behav
```

---
[3] Es ist bekannt, daß die Erzeugung eines „globally balanced buffer trees" nicht während der Modellierung von Teileinheiten durchgeführt werden sollte. Da die notwendigen Informationen über die globalen Lastverhältnisse erst nach der Implementierung auf der Gatterebene und dem P&R zur Verfügung stehen, wird man die Treiberbäume auch erst dann erzeugen (s. S. 139).

```
      b <= NOT a AFTER t_prop;        -- propagation delay := t_prop
    END behav;
```

Das Modell „behav" des Inverters „inv" besteht aus einer parallelen Signalzuweisung, welche immer dann ausgewertet wird, wenn sich das Eingangssignal „a" ändert. Das Modell einer Registerstufe des Schieberegisters ist im Codefragment 13.5 dargestellt.

13.5
```
    ENTITY int_reg IS
      port(clock  : IN  BIT;
           d      : IN  INTEGER;
           q      : OUT INTEGER);
    END int_reg;

    ARCHITECTURE behav OF int_reg IS

    BEGIN  --  behav
      PROCESS(clock)
      BEGIN
        IF (clock'EVENT AND clock = '1') THEN
          q <= d;
        END IF;
      END PROCESS;
    END behav;
```

Diese Registerstufe wird durch einen getakteten Prozeß modelliert, welcher die Eingangsdaten „d" mit der positiven Taktflanke übernimmt und mit einer δ-Verzögerung an der Ausgangsklemme „q" ausgibt.

Der Inverter aus Codefragment 13.4 auf der Seite vorher und das Register „int_reg" aus Codefragment 13.5 werden in dem Modell der Einheit „testbench" miteinander verschaltet. Das Taktsignal „clock" wird von der parallelen Signalzuweisung „clock_gen" erzeugt.

13.6
```
    ENTITY testbench IS END testbench;

    ARCHITECTURE struc OF testbench IS
      COMPONENT inv                     -- ports and generics copied from
        GENERIC (t_prop : TIME);        -- entity definitions
        PORT (a : in  BIT;
              ...
      SIGNAL      data_in, int_1, int_2, int_3 : INTEGER := 0;
      SIGNAL      clock, inverted_clock, buffered_clock : BIT := '1';
    BEGIN  -- struc
    -------------------------------------------------- stimuli generation
    clock_gen : clock <= NOT clock AFTER 10 ns;   -- edges @ (N * 10 ns + 0 delta)
    data_in  <= 1 AFTER 12 NS,                    -- first cycle
                2 AFTER 35 NS;                    -- second cycle
    --------------------------------------------------------------------
    Inv_1 : inv GENERIC MAP(2 NS)                 -- propagation delay 2 ns
                PORT MAP(clock, inverted_clock);
    Inv_2 : inv GENERIC MAP(3 ns)                 -- propagation delay 3 ns
                PORT MAP(inverted_clock, buffered_clock);
    -- comp. int_reg ports:   clock,       d,         q
    Reg_1 : int_reg PORT MAP(clock,          data_in, int_1);
    Reg_2 : int_reg PORT MAP(buffered_clock, int_1,   int_2);
    Reg_3 : int_reg PORT MAP(clock,          int_2,   int_3);
    END struc;
```

Nach den Anweisungen zur Stimuli-Erzeugung werden im Codefragment 13.6 zwei Inverter mit Verzögerungszeiten von 2 ns und 3 ns instanziiert. Die drei Anweisungen zur Instanziierung der Register sind ähnlich aufgebaut. Das zweite Register

13.4. ABSTRAKTIONSTUFEN DER WERT/ZEIT-RELATION

„Reg_2" verwendet nur statt dem Taktsignal „clock" das gepufferte Taktsignal „buffered_clock".

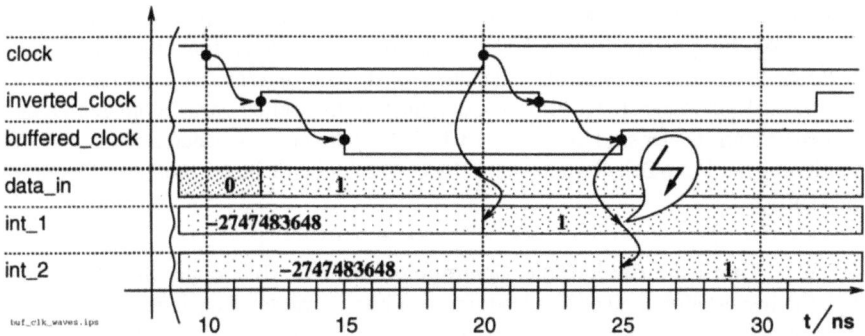

Abb. 13.9: Signalverläufe des Schieberegisters mit gepufferter Taktleitung

Die Signalverläufe bei einer Simulation der Einheit „testbench" sind in Abb. 13.9 dargestellt. Zum Zeitpunkt ($10\,ns, 0 \cdot \delta$) nimmt das Taktsignal „clock" den Wert '0' an. Diese Wertänderung wird durch die beiden Inverter zunächst mit einer Verzögerungszeit von 2 ns und dann mit einer Verzögerungszeit von 3 ns weitergegeben. Zum Zeitpunkt ($12\,ns, 0 \cdot \delta$) nimmt das „Eingangs"-signal „data_in" den Wert 1 an. Dieser Wert wird von dem ersten Register zum Zeitpunkt ($20\,ns, 0 \cdot \delta$) abgetastet und erscheint an der Ausgangsklemme „int_1" zum Zeitpunkt ($20\,ns, 1 \cdot \delta$). Zum Zeitpunkt ($25\,ns, 0 \cdot \delta$) ändert sich das Signal „buffered_clock", so daß das Modell des zweiten Registers aktiviert wird. Dieses Modell tastet das Signal „int_1" ab und weist den Wert zum Zeitpunkt ($25\,ns, 1 \cdot \delta$) dem Signal „int_2" zu. Da aber zum Zeitpunkt der Abtastung schon der neue Signalwert am Ausgang des ersten Registers anliegt, wird dieser neue Wert auch schon an den Ausgang des zweiten Registers weitergegeben. Die Funktion einer Stufe des Schieberegisters geht damit verloren.

Es wurde gezeigt, daß die Modellierung erleichtert und die Simulationseffizienz erhöht wird, indem man durch eine geeignete abstrakte Modellierung der Wert/Zeit-Relation die Zahl der Ereignisse pro Funktionsausführung reduziert. Eine zweidimensionale Darstellung der Zeitskala bei einer ereignisorientierten Simulation wurde eingeführt und ihr Nutzen bei der Deutung eines Beispiels aus der Praxis vorgeführt. Im nächsten Abschnitt sollen die in den vorherigen Kapiteln eingeführten Abstraktionsstufen der Wert/Zeit-Relation im Zusammenhang dargestellt werden.

13.4 Abstraktionstufen der Wert/Zeit-Relation

Die z.Z. (1995) häufig zu hörende Aussage: „Nur die Gatterebene ist die Wirklichkeit!", welche die Behauptung ersetzt, daß man nur einer „Spice"-Simulation vertrauen könne, beschreibt die aktuelle Beherrschung der Modellierung der Wert/Zeit-Relation.

Allerdings sind bei einer „pre-layout"-Simulation und sogar bei einer „backannotierten"[4] Simulation die Verzögerungszeiten nur geschätzt. Bei einer bestimmten Technologiekonstellation und einer gewissen Bereitschaft, Entwurfsaufwand gegen Fläche abzutauschen, wird diese Genauigkeit aber als ausreichend empfunden. Wenn man die Verzögerungszeiten der Gatter als Ausführungszeiten von „atomaren Operationen" betrachtet, so kann man die verschiedenen Abstraktionsstufen der Modellierung der Wert/Zeit-Relation nach der Präzision der Ausführungszeiten dieser atomaren Operationen ordnen. Daher sind in Tabelle 13.1 (S. 458) die verschiedenen Ebenen der Modellierung der Wert/Zeit-Relation nach der Größe der betrachteten atomaren Operationen sortiert.

VT.SP: **Quasi-kontinuierliche Spannungsverläufe.** Bei einer Simulation der Spannungsverläufe in einer Verschaltung von konzentrierten Bauelementen, wie Widerständen oder gesteuerten Quellen, mit einem Simulator der „Spice"-Klasse sind diese atomaren Operationen kleine Änderungen der Spannung an einem Knoten. Die Auflösung der Zeitachse wird der Zeitdauer einer solchen kleinen Änderung angepaßt. Diese Veränderungen der Knotenpotentiale werden bezüglich der physikalischen Zeitskala berechnet, indem die Differentialgleichungen numerisch gelöst werden. Die Genauigkeit dieser Simulation wird durch die Fähigkeiten des Werkzeugs bestimmt, welches aus den Layoutdaten die Netzlisten mit den elektrischen Bauelementen extrahiert („extractor"). Die Zuverlässigkeit der extrahierten Bauteilwerte wird durch die Streuung des Fertigungsprozesses bestimmt. Die Genauigkeit eines Simulationsresultats wird *immer* durch die Genauigkeit der verwendeten Parameter begrenzt („garbage in, garbage out!").

VT.PO: **„Post-Layout" Simulation mit diskreten Verzögerungszeiten.** In der Einleitung dieses Kapitels wurde bereits dargestellt, daß man bei konservativer Bemessung der Treiberstufen und dem Verzicht auf viele spezielle Schaltungsmöglichkeiten auf eine Simulation der Übergangswerte in einer Signalflanke verzichten kann. Man reduziert daher die Spannungswerte auf einen festen Satz von diskreten Werten, welche sich „beliebig schnell" ändern können. Ein solcher Signalwertesatz und die Semantik der einzelnen diskreten Werte werden ab S. 484 diskutiert. Die Signalwerte ändern sich beliebig schnell, so daß man den Zeitpunkt einer Änderung genau angeben kann. Man nennt eine Kombination aus einem Signal, einem neuen Wert und dem Zeitpunkt der Änderung „Ereignis" (s. S. 102). Da sich in den meisten digitalen Schaltungen nur wenige Signale in einem Taktzyklus ändern (ungefähr 15%), wurde die ereignisorientierte Simulationsmaschine entwickelt. Diese Simulationsmaschine aktiviert nur die Modelle, welche von einem Ereignis betroffen sind. Da die Zahl der vermiedenen Modellaktivierungen groß ist, lohnt sich der Selektionsaufwand [1].

Wertdiskrete Gattermodelle reagieren auf eine Änderung eines Eingangssignals, indem den Ausgangssignalen mit einer bestimmten Verzögerungszeit neue Werte zu-

---

[4] „Backannotiert" besagt, daß die Schätzung der Verzögerungszeiten extrahierte Verdrahtungskapazitäten verwenden konnte.

13.4. ABSTRAKTIONSSTUFEN DER WERT/ZEIT-RELATION

gewiesen werden. Auf der Abstraktionsstufe *VT.PO* werden diese Verzögerungszeiten aus den extrahierten Verdrahtungs- und Lastkapazitäten berechnet [5].

VT.PR: **„Pre-Layout" Simulation mit diskreten Verzögerungszeiten.** *VT.PO* und *VT.PR* sind ähnliche Stufen der Abstraktion bei der Modellierung der Wert/Zeit-Relation, denn bei beiden Stufen wird eine Signaländerung auf einen beliebigen Zeitpunkt der „simulierten Zeit" eingeplant. Der Unterschied ergibt sich aus der Genauigkeit, mit der dieser Zeitpunkt festgelegt wird. Diese Genauigkeit wird durch den Umfang der modellierten Einflüsse und der Schätzung der Parameter bestimmt. Auf der Abstraktionsstufe *VT.PO* basiert die Schätzung der Verzögerungszeiten auf extrahierten Parametern, während bei *VT.PR* nur Eigenschaften der Netzliste zur Schätzung verwendet werden.

Da die Definition der Abstraktionsstufen der Wert/Zeit-Relation durch pragmatische Gründe motiviert ist und die Bedeutung des „floor plannings" immer wichtiger wird, könnte die Einführung einer weiteren Abstraktionsstufe sinnvoll sein. Die Stufe *VT.PRF* „PRelayout Floorplan" berücksichtigt Verzögerungszeiten, die sich aus der abgeschätzten Größe der einzelnen Regionen der integrierten Schaltung ergeben, bevor eine synthetisierte Gatternetzliste verfügbar ist. Da es aber viele weitere Stufen der Genauigkeit bei der Schätzung von Verzögerungszeiten gibt, ist die Stufe *VT.PRF* nicht in Tabelle 13.1 auf der nächsten Seite aufgenommen worden.

Den Stufen *VT.PO* bis *VT.PRF* ist gemeinsam, daß die Zeitpunkte der Signaländerungen innerhalb einer Taktperiode betrachtet werden.

VT.MI: **Takt der realen Schaltung.** Speichert man alle Zustandswerte in Flipflops, welche den neuen Zustandswert synchron mit einer ausgezeichneten Taktflanke übernehmen, so kann man auf eine Betrachtung der Signalwertänderungen in der Taktperiode verzichten. Relevant sind nur die stabilen Werte vor dem Eintreffen der ausgezeichneten Taktflanke. Daher kann man Modelle verwenden, welche den Ausgangssignalen Werte mit δ-Verzögerungen zuweisen. Kombinatorische Einheiten werden nach wie vor durch eine Änderung der Eingangssignale aktiviert, während zustandsbehaftete Modelle mit der ausgezeichneten Taktflanke ausgewertet werden. Da bei einer Modellierung auf dieser Ebene die Operationen und Klemmenzugriffe in die Taktzyklen der realen Schaltung eingeplant sind, kann ein Logiksynthesewerkzeug die Zustände kodieren und Gatternetzwerke zur Zustandsrückkopplung sowie zur Berechnung der Ausgangswerte erzeugen (vgl. Abs. 5.4, S. 202).

VT.PNA: **Physikalischer Nano-Takt.** Soll ein bereits vorhandenes synthetisierbares Modell auf der Ebene *VT.MI* an eine gesteigerte Durchsatzanforderung angepaßt werden, so wird man versuchen, aus dem vorhandenen Modell mit veränderten Synthesezielen eine geeignete Implementation auf der Gatterebene zu erzeugen. Ist die Steigerung der Durchsatzanforderung zu groß, so wird dies nicht effektiv möglich sein (vgl. Kap. 8). Dann müssen die Operationen auf die verringerte Zahl von Taktzyklen

---
[5] Bei „sub-micron"-Technologien wird auch eine Berücksichtigung der Steilheit des Eingangssignals als notwendig erachtet [8] (s. S. 139).

Abk.	Bezeichnung	Bezug zur Echtzeit	Metrik	Genauigkeit
SP	quasi-kontinuierlich „SPice"	Zeitskala	kont.	extrahierte Transistorschaltungen
PO	POstlayout Gatterebene	Zeitskala	kont.	extrahierte Verdrahtungskapazitäten
PR	PRelayout Gatterebene	Zeitskala	kont.	geschätzte Verdrahtungskapazitäten
MI	MIkro-Takt	Zeitskala	quant.	Takt der Schaltung
PNA	Physikalischer NAno-Takt	Zeitskala	quant.	$\frac{Mikro-Takt}{N}$
PMA	Physikalischer MAkro-Takt	Zeitskala	quant.	N·Mikro-Takt
FMA	Funktionaler MAkro-Takt	Zeitskala	quant.	datenabhängig
W	„Wait for"	Zeitskala	kont.	geschätzt
C	Kausal	Kausalität einer Ereigniskette		
F	Funktional	kein Zeitbezug		

Tabelle 13.1: Abstraktionsebenen bei der Modellierung der Wert/Zeit-Relation (VT).

der Berechnungsperiode umverteilt werden („Rescheduling") (s. S. 328). Das Rescheduling ist besonders einfach, wenn man die Operationen einer festen Zahl von aufeinanderfolgenden Taktzyklen des vorhandenen Modells in einer Taktperiode des neuen Modells konzentriert. Eine solche Verteilung ist in Abb. 8.23 (S. 330) skizziert. Nach dieser schematischen Verteilung kann das neue Modell in der vorhandenen Umgebung nach einer leichten Modifikation verifiziert werden (vgl. Abb. 8.25 (S. 333)). Werden die Operationen in einer festen Zahl von aufeinander folgenden Taktzyklen in eine einzige Taktperiode eingeplant, so sagt man, das ursprüngliche Modell ist auf der Abstraktionsebene $VT.PNA$ modelliert.

$VT.PMA$: **Physikalischer Makro-Takt.** Die Abstraktionsstufe $VT.PNA$ ist durch die Möglichkeit gerechtfertigt, relativ einfach den Durchsatz eines vorhandenen Modells wesentlich zu steigern. Auf der Abstraktionsstufe $VT.PMA$ hingegen werden die Operationen eines einzigen Taktzyklus von der gefertigten Schaltung in einer festen Zahl von Taktperioden ausgeführt. Diese Interpretation ist dann nützlich, wenn ein vorhandenes Modell bei einem wesentlich verringerten Durchsatz wiederverwendet werden soll. Dann ist die Zahl der Taktzyklen in der Berechnungsperiode signifikant erhöht und man kann die Operationen umverteilen, um die benötigten Ressourcen zu verringern (vgl. Abb. 8.22 (S. 329)). Die Abstraktionstufe $VT.PMA$ ist aber nicht nur durch die schematische Umverteilung der Operationen und Klemmenzugriffe motiviert, sondern diese Stufe findet auch eine Verwendung in einem „Top-down"-Ent-

13.4. ABSTRAKTIONSTUFEN DER WERT/ZEIT-RELATION

wurfsprozeß. So modelliert man auf dieser Abstraktionsstufe, wenn man Operationen in einen Taktzyklus einplant, die zwar nicht in einer einzigen Taktperiode, aber in einer festen Zahl von Taktperioden durchgeführt werden können.

VT.FMA: **Funktionaler Makro-Takt.** Werden Operationen in einen Taktzyklus eingeplant, die man nicht in einer festen Zahl von Taktzyklen durchführen kann, so ist die Wert/Zeit-Relation auf der Ebene des funktionalen Makro-Taktes modelliert. Eine Operation, die nicht in einer festen Zahl von Taktzyklen ausgeführt werden kann, ist z.B. das Ablegen eines unterschiedlich langen Datenpaketes in einen Speicher. Die Länge des Paketes bestimmt, wieviel Taktzyklen zur Abspeicherung benötigt werden. Daher bestimmen bei der Modellierung auf dieser Abstraktionsstufe die aktuellen Daten die Genauigkeit mit der die „simulierte Zeit" gemessen wird. Somit verliert die Zeitmetrik eine physikalische Bedeutung und wird zu einer funktionalen Zeitmetrik. Bei einer funktionalen Zeitmetrik wird der Fortschritt der simulierten Zeit durch die Zahl der ausgeführten Funktionen angegeben. Der Zeitpunkt eines Ereignisses wird also nicht mehr durch $(X\ ns, Y \cdot \delta)$, sondern durch Umschreibungen, wie „nach dem N'ten Paket im Benchmark X", angegeben.

VT.W: **Kontinuierliche geschätzte Zeit.** Die Abstraktionsstufen *VT.MI* bis *VT.FMA* verwenden eine durch das globale Taktsignal quantisierte Zeitskala, während die Abstraktionsstufe *VT.W* wieder eine kontinuierliche Zeitskala verwendet. Ein Modell auf dieser Ebene ist im Codefragment 13.7 angedeutet.

13.7
```
...
WAIT UNTIL input = start;    -- wait on a keystroke
do_some_operation ...        -- work upon input
WAIT FOR 100 MS;             -- estimated time for operation
...
```

Es beschreibt die Funktion eines interaktiven Systems, welches auf einen Tastendruck wartet, und dann eine Funktion ausführt, deren Dauer mit 100 ms abgeschätzt wird. Solche Modelle werden zur abstrakten Beschreibung von Systemen verwendet. Die Zeitachse ist zwar kontinuierlich, aber es werden keine Ereignisse in einer Taktperiode betrachtet, sondern die Modelle sind so abstrakt, daß die Angabe einer Zeitdauer in Taktzyklen unmöglich ist.

VT.C: **Kausales Modell.** Die Abstraktionsstufe der Wert/Zeit-Relation *VT.C* verzichtet vollständig auf einen Bezug zu einer Zeitachse. Ein Ereignis kann die Ursache eines weiteren Ereignisses sein, so daß eine Kausalitätsbeziehung zwischen den beiden Ereignissen besteht. Man kann solche Modelle in VHDL implementieren, indem man nur die zweite Dimension der Zeitskala verwendet. Der Zeitpunkt eines Ereignisses wird dann durch $(0\ ns, N \cdot \delta)$ angegeben. In Kapitel 15 wird die Anwendung dieser Abstraktionsstufe in einem realen Entwurfsprozeß und die Implementierung mit den Möglichkeiten von VHDL demonstriert. Die in Kapitel 10 betrachteten Datenflußmodelle verwenden diese Abstraktionsstufe, weil den Sequenzelementen nur eine Kausalitätsbeziehung inhärent ist. Jede darüber hinausgehende Wert/Zeit-Relation ist eine Interpretation.

VT.F: **Funktionales Modell.** Ein funktionales Modell hat ebenfalls keinen Bezug zur Skala der simulierten Zeit. Da es keine weiteren Untereinheiten besitzt, werden auch keine Ereignisse zwischen ihnen ausgetauscht. Ein funktionales Modell beschreibt nur die Transformation der Eingangs- in die Ausgangsdaten oder die von einer Einheit bereitgestellten Dienste. Da es Einheiten gibt, die ohne einen Zeitbezug nicht sinnvoll zu beschreiben sind, kann nicht zu allen Einheiten ein funktionales Modell implementiert werden. So kann z.B. zu einer Zeitschaltuhr kein funktionales Modell angegeben werden.

Nachdem die verschiedenen Abstraktionsstufen der Wert/Zeit-Relation im Zusammenhang dargestellt worden sind, werden im nächsten Abschnitt die verschiedenen Transformationen beim Übergang betrachtet.

13.5 Transformationen

In der mittleren Spalte von Abb. 13.10 sind die verschiedenen Abstraktionsstufen der Wert/Zeit-Relation aufgeführt. Die linke Spalte gibt an, in welche „Zeit"-einheit die Operationen auf dieser Ebene eingeplant werden, während die rechte Spalte die verschiedenen Transformationen zwischen den Abstraktionsstufen angibt.

Einplanung:	Stufe:	Transformation:
Algorithmus	VT.F	Zerlegen und Verfeinern
Teileinheiten	VT.C	Einführung eines Taktes
Folge von Taktzyklen –variabler Länge	VT.FMA	Zerlegen und Verfeinern
–fester Länge	VT.PMA	a) Kodierung Scheduling b) Packung c) Unterteilung
Taktperiode	VT.MI	Logiksynthese
Zeitpunkte innerhalb einer Taktperiode	VT.PR	Plazierung und Verdrahtung
	VT.PO	Ersetzung der Gatterrahmen durch Transistornetzlisten
Umladevorgänge	VT.SP	

Abb. 13.10: Transformationen zwischen den verschiedenen Abstraktionsstufen der Wert/Zeit-Relation

In einem funktionalen Modell gibt es keinen Bezug zur Skala der simulierten Zeit

13.5. TRANSFORMATIONEN

und daher werden die Operationen „in einen Algorithmus" eingeplant. Die Zerlegung eines funktionalen Modells in Teileinheiten dient zur Reduktion der Komplexität und der Entkopplung der Einheiten. Der Entwurf von Hardware ist nur dann attraktiv, wenn es gelingt, viele kleine Operationen parallel durchzuführen. Die Zerlegung ist daher der erste Schritt einer Implementierung durch eine applikationsspezifische Schaltung. Da der Entwurf einer Schaltung durch das rekursive Zerlegen und Verfeinern dominiert wird, werden die Stufen der Zerlegung in Abschnitt 13.6 (S. 462) detailliert erläutert und an einer Entwurfsstudie in Kapitel 15 vorgeführt.

Auf der Abstraktionsstufe $VT.C$ gibt es keinen Zeitbezug, außer einer Kausalitätsbeziehung. Die Operationen können aber den Teileinheiten zugeordnet werden. Die Modellierung der parallelen Abarbeitung der Operationen in den verschiedenen Teileinheiten erfordert den Bezug zu einer gemeinsamen Zeitskala. Daher wird ein Taktgenerator als Quelle von Synchronisationsereignissen eingeführt. Die verschiedenen Alternativen bei der Einführung eines Taktes werden in Abschnitt 13.6.1 (S. 469) ausführlich diskutiert. Können die Operationen, welche in einen einzigen Taktzyklus eingeplant worden sind, nur in einer datenabhängigen Zahl von Taktperioden der gefertigten Schaltung ausgeführt werden, so ist das Modell nach der Einführung des Taktes auf der Abstraktionsstufe $VT.FMA$ implementiert. Kann jedem abstrakten Taktzyklus eine feste Zahl von realen Taktperioden zugeordnet werden, so ist das Modell auf der Stufe $VT.PMA$ modelliert.

Häufig verwenden Modelle auf den Ebenen $VT.\{FMA, PMA\}$ abstrakte Datentypen (vgl. Abs. 12.3, S. 424). Die Teile dieser meist zusammengesetzten Datentypen müssen zunächst kodiert und in einen Bitvektor hinreichender Länge verpackt werden. Kann dieser Bitvektor nicht in einem einzigen Taktzyklus bearbeitet oder übertragen werden, so muß er in Teile zerlegt und schrittweise behandelt werden. Diese drei Stufen der Implementierung eines zusammengesetzten Datentyps sind in Kapitel 12 vorgestellt worden. Sie entsprechen einer Einplanung der Operationen mit dem zusammengesetzten Datentyp. Daher sind die drei Stufen der Transformation eines abstrakten Datentyps und das Scheduling in Abb. 13.10 auf der gegenüberliegenden Seite nebeneinander gestellt.

Auf der Abstraktionsstufe $VT.MI$ sind die Operationen und Klemmenzugriffe in die Taktperioden der gefertigten Schaltung eingeplant. Modelle auf dieser Abstraktionsstufe können mit den verfügbaren Logiksynthesewerkzeugen in eine Netzliste mit Gattern und Makros übersetzt werden. Da diese Gatter und Makros Ereignisse mit Verzögerungen weitergeben, werden die Operationen der Gatter in einen bestimmten Zeitpunkt der Taktperiode eingeplant. Da die synthetisierte Netzliste keine Informationen über die Plazierung und Verdrahtung, außer einem eventuellen „floorplan" enthält, ist die Wert/Zeit-Relation auf der Stufe $VT.PR$ modelliert. Nach der Plazierung und Verdrahtung können die Informationen über die aktuellen Verbindungen extrahiert werden und die Wert/Zeit-Relation ist dann auf der Stufe $VT.PO$ modelliert.

Werden die beim Plazieren und Verdrahten verwendeten Platzhalter („abstracts")[6] für die einzelnen Gatter durch die Layoutinformation ersetzt, welche die Gatter imple-

---

[6]Die „abstracts" eines Gatters oder Makros enthalten Informationen über die geometrische Begrenzung des Layouts sowie die Position, Wirkungsrichtung und Metallage der Abschlüsse („PINs").

mentieren, so kann man die Transistorschaltungen extrahieren und die Wert/Zeit-Relation auf der Abstraktionsstufe *VT.SP* simulieren.

13.6 Stufen der Zerlegung („Decomposition")

Die Zerlegung eines vorhandenen Modells in unabhängige Untereinheiten ist eine der wesentlichen Aktivitäten beim Entwurf einer applikationsspezifischen Schaltung. Daher werden die Schritte bei der Zerlegung eines Modells detailliert diskutiert.

Der Ausgangspunkt der Zerlegung ist am linken Rand von Abb. 13.11 skizziert, während das Ziel am rechten Rand angedeutet ist. Ein Verhaltensmodell soll durch ein Strukturmodell ersetzt werden, welches implementationsnähere Modelle instanziiert. Neben dieser Konkretisierung wird durch die Zerlegung aber auch eine Entkopplung des Entwurfes erreicht, denn die einzelnen Teileinheiten können unabhängig verfeinert werden. Bei der Entwicklung einer Teileinheit braucht nur das Klemmenverhalten der anderen Teileinheiten beachtet werden.

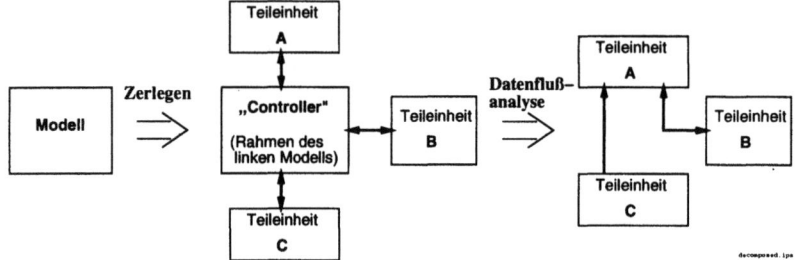

Abb. 13.11: Zerlegung eines Verhaltensmodells in einzelne Teileinheiten

Um die Zerlegung in unabhängig kommunizierende Teileinheiten zu erleichtern, implementiert man zunächst Modelle der neuen Teileinheiten und eines zentralen Controllers. Dieser Controller bedient die Schnittstellen des Verhaltensmodells auf der linken Seite von Abb. 13.11 nicht mehr durch den Aufruf der jeweiligen Funktion, sondern indem er geeignete Daten und Kommandos an die neuen Teileinheiten ausgibt und die Resultate abholt. Pro Teileinheit müssen die folgenden Stufen durchlaufen werden:

① Identifikation der Datenstrukturen und Unterprogramme

② Definition von Kommandos

③ Beschreibung der Klemmen der neuen Einheit

④ Vereinbarung eines Protokolls

⑤ Ersetzung der Unterprogrammaufrufe im verbleibenden „Controller"

⑥ Übertragung der Datenstrukturen und Prozeduren in die neuen Teileinheiten

13.6. STUFEN DER ZERLEGUNG („DECOMPOSITION")

⑦ Ausarbeitung der einzelnen Teileinheiten

⑧ Verifikation des neuen Strukturmodells

Diese Stufen werden in den folgenden Paragraphen im einzelnen diskutiert.

1) Identifikation der Datenstrukturen und Unterprogramme: Die zu einer Funktion gehörenden Datenstrukturen und die auf sie zugreifenden Unterprogramme werden zusammengefaßt. Bei dieser Zusammenfassung muß berücksichtigt werden, daß nach einer Zerlegung diese Datenstrukturen nicht mehr außerhalb der neuen Einheit sichtbar sind. Auf die Datenstrukturen kann dann nur noch über die Klemmen der Teileinheit zugegriffen werden. Dieser Schritt entspricht der Konstruktion eines „abstrakten Objektes" im Sinne der objektorientierten Programmentwicklung [65].

2) Definition von Kommandos: Die verschiedenen Funktionen, die durch einzelne Unterprogramme implementiert sein können, werden in einem Enumerationstyp beschrieben. Ein Signal dieses Enumerationstyps wird zur Auswahl der jeweiligen Dienstleistung verwendet.

3) Klemmen der neuen Einheit: Die Schnittstellen der neuen Teileinheiten lassen sich in die folgenden Kategorien einteilen:

① Steuerung der Übertragung („Protokollklemmen")

② Auswahl des Dienstes („Kommandoklemme")

③ Empfang der Eingangsdaten („Eingangsklemmen")

④ Rückgabe der berechneten Resultate („Ausgangsklemmen")

Einem Signal, welches mit einer bidirektionalen Schnittstelle verbunden ist, können von mindestens zwei Instanzen Werte zugewiesen werden. Ein solches Signal muß mit einem aufgelösten Signaltypen („resolved signal") modelliert werden (s. S. 112). Bidirektionale Signale werden mit „tri-state"-Treibern implementiert, deren Verwendung „on-chip" nur von wenigen Halbleiterherstellern erlaubt wird [7]. Um frühzeitig Probleme im „Backend" zu vermeiden, werden daher nur Ein- oder Ausgangsklemmen definiert.

Die Prozedur „doThat" im Codefragment 13.8 auf der folgenden Seite implementiert die Funktion „doThat" auf der Variablen „state". Die Variable „state" wird daher der Prozedur als „inout"-Parameter übergeben. Der Parameter „a" wird nur von der Prozedur „doThat" gelesen, während dem Parameter „b" nur ein neuer Wert zugewiesen wird.

---

[7] Sind „tri-state"-Treiber auf einer integrierten Schaltung zulässig, so müssen Vorkehrungen getroffen werden, daß die bidirektionale Leitung immer getrieben ist („floating signal") und, daß nicht mehr als ein Treiber aktiv ist („short circuit"). Weiterhin sollte man nachprüfen, ob nicht eine Schaltung mit Multiplexern bei der verfügbaren Zellenbibliothek die Funktion genauso gut implementieren kann.

13.8
```
PROCEDURE doThat(state : INOUT    t_state;   -- state
                 a      : IN       t_a;       -- input data
                 b      : OUT      t_b;       -- results
                 c      : INOUT    t_c);      -- input data and results
```

Soll die Funktion einer Prozedur in einer neuen Teileinheit ausgeführt werden, so müssen die Eingangsdaten der Prozedur über die Eingangsklemmen und die Ausgangsdaten über die Ausgangsklemmen der Einheit übergeben werden. Die Zustandsvariablen sind in der Einheit gekapselt und brauchen daher nicht an die Einheit übergeben werden. Daher wird im Codefragment 13.9 eine Eingangsklemme „a" und eine Ausgangsklemme „b" definiert. Der Parameter „c" wird sowohl gelesen als auch beschrieben. Um eine bidirektionale Klemme zu vermeiden, werden zwei getrennte Ein- und Ausgangsklemmen mit dem gemeinsamen Datentypen „t_c" definiert.

13.9
```
ENTITY doThat IS
    PORT(...
         a     : IN     t_a;    -- input
         b     : OUT    t_b;    -- output
         c_in  : IN     t_c;    -- split of a bidirectional port
         c_out : OUT    t_c);   -- into two ports
END doThat;
```

4) Definition eines Protokolls: Die Aufrufe der einzelnen Unterprogramme werden in dem Rumpf des in Abb. 13.11 (S. 462) gezeigten „Controllers" durch die Aktivierung der einzelnen Teileinheiten ersetzt. Die möglichen Zustände des Senders sowie des Empfängers bestimmen das Protokoll bei einem Datenaustausch. In Abschnitt 13.6.1 (S. 469) werden die verschiedenen Kombinationen der Eigenschaften eines Senders und Empfängers betrachtet und geeignete Protokolle entwickelt. Hier soll das vollständige „handshake"-Protokoll aus Abb. 13.12 auf der nächsten Seite verwendet werden. Dieses Protokoll setzt keinerlei Wissen über das Verhalten des Empfängers voraus, außer der korrekten Abarbeitung des „Handshakes". Das Protokoll in Abb. 13.12 kann daher auch ohne einen Bezug zur Zeitskala auf der Abstraktionsstufe $VT.C$ verwendet werden. Ist aber bekannt, daß der Empfänger eine Funktion in einer festen Zahl von Takten ausführen kann, so ist das Protokoll unnötig aufwendig.

5) Ersetzung der Unterprogrammaufrufe im „Controller": Im Verhaltensmodell auf der linken Seite von Abb. 13.11 (S. 462) werden die einzelnen Funktionen durch Prozeduraufrufe, wie im Codefragment 13.10 angedeutet, ausgeführt. Der Kopf der Prozedur „doThat" ist im Codefragment 13.8 dargestellt.

13.10 ...
```
c := some_input_data_value;
doThat(state,                       -- state variable
       another_input_data_value,    -- input data
       first_result,                -- result
       c);                          -- input data and result (bidirectional)
second_result := c;
...
```

Da die Datenstruktur „state" in einer der neuen Teileinheiten gekapselt ist, müssen diese Aufrufe durch eine Zuweisung der Eingangsdaten und des Kommandos an die

13.6. STUFEN DER ZERLEGUNG („DECOMPOSITION")

jeweiligen Ausgangsklemmen, eine Abarbeitung der Protokollsequenz und eine Abtastung der Resultate an den Eingangsklemmen ersetzt werden. Dieser Austausch ist für den Prozeduraufruf aus dem Codefragment 13.10 im Codefragment 13.11 gezeigt. Durch die gezeigte Sequenz wird eine Instanz der Einheit „doThat" aus dem Codefragment 13.9 auf der gegenüberliegenden Seite angesteuert. Zunächst werden den Ausgangsklemmen „a" und „c_in" verschiedene Eingangsdaten zugewiesen, dann wird das Kommando „DoThat" an die Kommandoklemme „command" gelegt, mit der Prozedur „transmit_hsk" das Protokoll abgearbeitet und zum Schluß werden die Resultate von den Eingangsklemmen übernommen.

13.11
```
...
a         <= another_input_data_value;    -- set input signals
c_in      <= some_input_data_value;       --   input data
command   <= DoThat;                      --   command
transmit_hsk(goAhead, resultsAvail);      -- handshake procedure for a controller
first_result  := b;                       -- fetch the results
second_result := c_out;
...
```

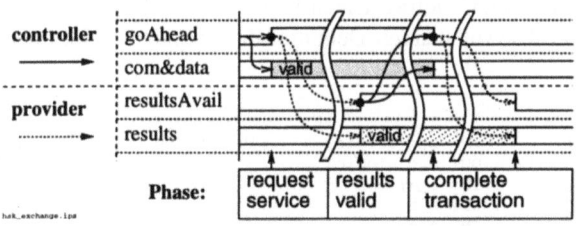

Abb. 13.12: Protokoll zur Anforderung eines Dienstes, wenn der Startzeitpunkt und die Bearbeitungsdauer unbekannt sowie der „Dienstleister" nicht immer empfangsbereit ist

Das in Abb. 13.12 gezeigte Protokoll benötigt keinen gemeinsamen Bezug des Senders oder Empfängers zu einer gemeinsamen Zeitskala, welcher meist durch ein globales Taktsignal hergestellt wird. Am Anfang eines Datenaustausches werden die Eingangsdaten „data" und das Kommando „com" ausgegeben, deren Gültigkeit durch die Leitung „goAhead" signalisiert wird. Die Instanz, welche den angeforderten Dienst durchführt, ist in Abb. 13.12 durch „provider" bezeichnet. Diese Instanz weist die Resultate dem Signal „results" zu und zeigt deren Gültigkeit durch das Signal „resultsAvail" an. Die Resultate werden von dem „controller" übernommen und die Beendigung des Protokolls wird durch das Zurücknehmen des Signals „goAhead" eingeleitet. Die Übertragung ist beendet, wenn auch die Teileinheit „provider" die Leitung „resultsAvail" zurückgenommen hat.

Die Modellierung der Abarbeitung des Protokolls bei jedem Prozeduraufruf ist aufwendig und macht das Modell unüberschaubar. Daher sind im Codefragment 13.11 die Kommandos zur Abarbeitung der Protokollsequenz durch die Prozedur „transmit_hsk" zusammengefaßt worden. Die Definition dieser Prozedur ist im Codefragment 13.12 auf der folgenden Seite dargestellt. Die Angabe der Verzögerungszeit „aTimeStep" ist nicht notwendig, erleichtert aber die Inspektion der Signalverläufe, denn die δ-Dimension der Zeitachse wird nicht graphisch dargestellt.

13.12
```
PROCEDURE transmit_hsk(SIGNAL start : std_ulogic;    -- transmitter sequence
                       SIGNAL done  : std_ulogic) IS
   CONSTANT aTimeStep : TIME := 1 NS;            -- an arbitrary time step to
BEGIN                                            --   ease waveform inspection
   start <= '1' AFTER aTimeStep;                 -- start to work!
   WAIT UNTIL done = '1';                        --(work done & results valid)?
   start <= '0' AFTER aTimeStep;                 -- complete transaction
   WAIT UNTIL done = '0';                        -- status quo ante?
END transmit_hsk;
```

Nach der Ersetzung der Prozeduraufrufe in dem Verhaltensmodell durch Zuweisungen auf die neuen Ausgangsklemmen, Anweisungen zur Abarbeitung des Protokolls und die Übernahme der Resultate von den neuen Eingangsklemmen wird im folgenden die Modellierung der neuen Teileinheiten diskutiert.

6) Kopie der Datenstrukturen und Prozeduren in die Teileinheiten: Die Anweisungssequenzen in den Codefragmenten 13.11 und 13.12 steuern eine Instanz der Einheit „doThat" an. Die vollständige Definition dieser Einheit ist im Codefragment 13.13 dargestellt.

13.13
```
ENTITY doThat IS
   PORT(goAhead      : IN  std_ulogic;    -- handshake signal lines
        resultsAvail : OUT std_ulogic;
        a            : IN  t_a;
        b            : OUT t_b;
        c_in         : IN  t_c;           -- split of a bidirectional port
        c_out        : OUT t_c);          --   into two ports
END doThat;
```

Das Skelett des Modells „behav" der Einheit „doThat" ist in den Codefragmenten 13.14 und 13.15 angedeutet. Die Prozedur „doThat" wurde im Paket „that_procedures" abgelegt, denn die erste Version der Einheit „doThat" wird zunächst mit der schon vorhandenen Prozedur implementiert. Die Definition der Zustandsvariable „state" wird aus dem Verhaltensmodell kopiert.

13.14
```
USE WORK.that_procedures.ALL;
ARCHITECTURE behav OF doThat IS
BEGIN
   PROCESS
      -------------------------------- state variable
      VARIABLE state : t_state;       -- former first inout parameter
      -------------------------------- temporary storage
      VARIABLE tmpA  : t_a;           -- avoids a signal assignment
      ...                             --   within the procedure
      VARIABLE tmpC_in, tmpC_out : t_c;
```

Die Variablen „tmpA" bis „tmpC_out" werden zur Zwischenspeicherung der Werte an den Eingangs- und Ausgangsklemmen verwendet, denn die unveränderte Prozedur „doThat" kann nicht direkt auf Signale, sondern nur auf Variablen zugreifen. Um den direkten Zugriff auf Signale zu ermöglichen, müßten die Variablenzuweisungen („:=") durch Zuweisungen auf Signale („<=") ersetzt werden.

13.6. STUFEN DER ZERLEGUNG („DECOMPOSITION")

7) Ausarbeitung der einzelnen Teileinheiten: Der Rumpf des Modells „behav" im Codefragment 13.15 beginnt mit einer „wait"-Anweisung, welche auf die Aktivierung der Protokolleitung „goAhead" wartet. Die einzelnen Kommandos werden in den Zweigen der umfassenden „case"-Anweisung abgearbeitet.

13.15
```
BEGIN
    WAIT UNTIL (goAhead = '1');   -- wait for the activation of the start signal
    CASE command IS
    ...
       WHEN DoThat =>
          tmpA := a;                -- sample input signal value
          doThat(state, a, tmpB, tmpC_in, tmpC_out);
          b <= tmpB;                -- transfer of output values to port signals
          c_out <= tmpC_out;
    END CASE;                      -- command
    receiver_hsk(goAhead, resultsAvail); -- exercise handshake protocol
    END PROCESS;
END behav;
```

Wird der Dienst „DoThat" angefordert, so werden die Werte an den Eingangsklemmen in die Zwischenspeicher übernommen, die Prozedur aufgerufen und die Resultate an den Ausgangsklemmen ausgegeben. Nach der „case"-Anweisung wird die in Abb. 13.12 (S. 465) skizzierte Protokollsequenz durch einen Aufruf der Prozedur „receiver_hsk" abgeschlossen.

13.16
```
PROCEDURE receiver_hsk(SIGNAL start : std_ulogic;    -- receiver sequence
                       SIGNAL done  : std_ulogic) IS
    CONSTANT aTimeStep : TIME := 1 NS;          -- an arbitrary time step to
BEGIN                                           -- ease waveform inspection
    done <= '1' AFTER aTimeStep;                -- results valid now!
    WAIT UNTIL start = '0';                     -- status quo ante?
    done <= '0' AFTER aTimeStep;                -- complete transaction
END receiver_hsk;
```

Die Prozedur „receiver_hsk" ist komplemetät zur Prozedur „transmit_hsk" im Codefragment 13.12 auf der gegenüberliegenden Seite. Die im Codefragment 13.16 gezeigten Anweisungen arbeiten die in der unteren Hälfte von Abb. 13.12 (S. 465) skizzierten Ereignisse ab.

Ersetzung der Variablen- durch Signalparameter: Bevor die Verifikation des neuen Strukturmodells ab S. 468 diskutiert werden soll, wird in den folgenden Paragraphen die Ersetzung der Variablen- durch Signalparameter in einer Prozedur erläutert. | VHDL |

Eine Prozedur ist bisher durch die Vereinbarung eines Namens, der Parameterliste und einer Implementation definiert worden. In den Parameterlisten wurden bisher, wie z.B. im Codefragment 13.17, zu jedem Parameter die Übergaberichtung und der Datentyp angegeben. Parameter der Übergaberichtung „IN" wurden wie Konstanten und die Parameter der Übergaberichtung „OUT" oder „INOUT" wie Variablen behandelt. Den „OUT"- oder „INOUT"-Parametern werden mit Variablenzuweisungen („:=") neue Werte zugewiesen.

13.17
```
PROCEDURE doThat(state : INOUT  t_state;
                 a     : IN     t_a;
                 b     : OUT    t_b;
```

```
                        c       : INOUT    t_c) IS
BEGIN
    ...
    b := some_new_value;        -- variable assignment statement
END doThat;
```

Man kann in einer Prozedur auch direkt auf ein Signal zugreifen, wenn in der Parameterliste vor dem Namen das Schlüsselwort „SIGNAL" eingeschoben wird. Im Codefragment 13.18 sind die Parameter „state" und „a" Variablenparameter, während die Parameter „b" und „c" Signalparameter sind. Die Zuweisungen auf die Signalparameter müssen mit Signalzuweisungen („<=") durchgeführt werden.

13.18
```
PROCEDURE doThat(VARIABLE state : INOUT    t_state;
                          a     : IN       t_a;
                 SIGNAL   b     : OUT      t_b;
                 SIGNAL   c     : INOUT    t_c) IS -- multi driver signal
BEGIN
    ...
    b <= some_new_value;        -- signal assignment statement
END doThat;
```

| VHDL |

Die Umstellung der Variablenparameter auf Signalparameter erfordert Änderungen in der Definition und dem Rumpf der Prozedur. Daher wird man die Ersetzung der Signalparameter erst bei der Verfeinerung der Teileinheiten durchführen.

8) Verifikation des neuen Strukturmodells: Das Strukturmodell aus den neuen Teileinheiten und dem zentralen „controller" in der Mitte von Abb. 13.11 (S. 462) wird durch einen Vergleich mit dem Verhaltensmodell verifiziert. Dazu werden die folgenden Methoden verwendet:

① Interaktive Testbench (s. S. 49)

② Pseudo-Random Testbench (s. S. 534)

③ Repräsentative Testdaten

Nachdem die Zerlegung in Teileinheiten verifiziert worden ist, werden die einzelnen Modelle verfeinert.

Verfeinerung

Der erste Schritt der Verfeinerung ist die Analyse der Datenströme zwischen den einzelnen Teileinheiten. Gibt der zentrale „controller" die Resultate von einer Teileinheit nur an eine andere Teileinheit weiter, so kann man diese Kommunikation auch direkt zwischen den Teileinheiten durchführen. Auf der rechten Seite von Abb. 13.11 (S. 462) ist gezeigt, wie durch eine solche schrittweise Einführung einer direkten Kommunikation die Funktion des „controllers" ersetzt werden kann.

Die Modelle der einzelnen Teileinheiten werden verfeinert, indem man sie zerlegt oder die Funktionen mit neuen Datenstrukturen und Algorithmen implementiert. Ab einer gewissen Komplexität wird man die Datenabhängigkeiten und Ressourcenverwendung analysieren, um die Klemmenzugriffe und internen Operationen auf die Taktzyklen der realen Schaltung zu verteilen.

13.6. STUFEN DER ZERLEGUNG („DECOMPOSITION")

Bezeichnung	Sendezeitpunkt	Empfangsbereitschaft
„Arbit_NotReady"	unbekannt	nicht immer
„Arbit_ready"	unbekannt	immer
„Known_ready"	bekannt	mind. zum Sendezeitpunkt

Tabelle 13.2: Verschiedene Situationen zwischen Sender und Empfänger und deren Bezeichnungen

Die Zerlegung und Verfeinerung wird in einer realen Entwurfsstudie in Kapitel 15 demonstriert.

13.6.1 Einführung eines Taktes

Das im letzten Abschnitt verwendete Protokoll zum Datenaustausch zwischen den Teileinheiten und dem „controller" basierte nicht auf einem Bezug zu einer gemeinsamen Zeitskala. Ein solches Protokoll kann daher auch auf der Abstraktionsstufe $VT.C$ eingesetzt werden und entkoppelt die Vorgänge in den einzelnen Instanzen vollständig voneinander. Jede Übertragung mit diesem Protokoll erfordert aber mindestens vier Taktzyklen, was in den meisten Fällen unakzeptabel langsam ist. Daher wird in diesem Abschnitt die Ersetzung dieses Protokolls durch effektivere Varianten diskutiert.

Eine Steigerung der Übertragungsgeschwindigkeit ist nur möglich, wenn die Implementation der beteiligten Einheiten Aussagen über das zeitliche Klemmenverhalten bei der Ausführung einer bestimmten Funktion erlaubt. Diese Aussagen sind in Tabelle 13.2 dargestellt. Im ersten Fall „Arbit_NotReady" ist der Sendezeitpunkt unbekannt und die Empfangsbereitschaft ist nicht immer gegeben. Die gesendeten Daten können im zweiten Fall „Arbit_ready" unmittelbar übernommen werden, nur der Sendezeitpunkt ist unbekannt. Im letzten Fall „Known_ready" ist der Sendezeitpunkt bekannt und der Empfänger zum Sendezeitpunkt empfangsbereit.

Im oberen Teil von Abb. 13.13 auf der folgenden Seite sind die Verbindungen zwischen zwei Modellen auf der Abstraktionsstufe $VT.C$ dargestellt. Die Daten werden über die Leitung „data" mit Hilfe der Protokolleitungen „dataValid" und „dataAccepted" gesendet. Darunter sind die Verbindungsstrukturen für die drei Fälle aus Tabelle 13.2 dargestellt. Sind die Abläufe in den beteiligten Einheiten synchronisiert, so ist die Verbindungsstruktur, wie in der rechten unteren Ecke gezeigt, einfach.

Sendezeitpunkt unbekannt & Empfänger nicht empfangsbereit

Im ersten Fall ist der Sendezeitpunkt unbekannt und man kann nicht davon ausgehen, daß der Empfänger zur Übernahme der Daten bereit ist. Daher wird durch die Protokolleitung „dataValid" die Gültigkeit der Daten auf der Datenleitung „data" angezeigt. Dieses Protokoll ist in der unteren linken Ecke von Abb. 13.14 auf der folgenden Seite dargestellt. Der Empfänger signalisiert die Übernahme der Daten durch die Aktivierung der Leitung „dataAccepted". Dies ermöglicht dem Sender, die Beendung der Protokollsequenz durch die Deaktivierung der Leitung „dataValid" einzuleiten. Der

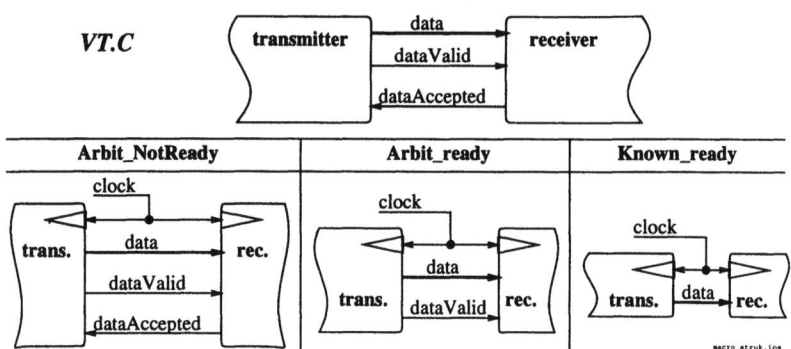

Abb. 13.13: Ersetzung des „handshake"-Protokolls in einem Modell auf der Abstraktionsstufe *VT.C* durch getaktete Protokolle

Empfänger reagiert mit der Deaktivierung des Signals „dataAccepted", so daß der Anfangszustand wiederhergestellt ist. Die Aktivitäten des Senders und Empfängers sind in Abb. 13.14 durch gebogene Linien angedeutet. In der linken Seite von Abb. 13.15 auf der gegenüberliegenden Seite ist die Anweisungssequenz eines Modells auf der Ebene *VT.C* skizziert. Bei der hier betrachteten Situation werden zur Einführung eines Taktes nur die „wait"-Anweisungen gegen synchrone Warteschleifen ausgetauscht.

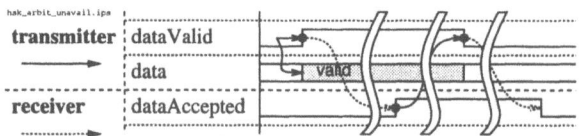

Abb. 13.14: Protokoll für den Fall, daß der Sendezeitpunkt unbekannt und der Empfänger nicht immer empfangsbereit ist

Eine synchrone Warteschleife besteht aus einer „while"-Schleife, welche durchlaufen wird, wenn die jeweilige Protokolleitung noch nicht den erwarteten Wert angenommen hat. Im Rumpf der Schleife befindet sich eine „wait"-Anweisung auf die ausgezeichnete Taktflanke. Diese synchronen Warteschleifen sind notwendig, weil sich in einer voll-synchronen Schaltung der Zustand einer FSM nur zum Zeitpunkt der ausgezeichneten Taktflanke ändert.

Sendezeitpunkt unbekannt & Empfänger immer empfangsbereit

Da in dem oben behandelten Fall der Sender und Empfänger vollständig entkoppelt arbeiten, kann man das „vier Takte"-Protokoll nicht vermeiden. Jetzt wird aber der Fall betrachtet, daß der Sendezeitpunkt weiterhin unbekannt, der Empfänger aber zum Sendezeitpunkt empfangsbereit ist. Dies ist z.B. der Fall, wenn die Bearbeitung eines Datums im Empfänger immer schneller durchgeführt wird, als der Sender ein neues

13.6. STUFEN DER ZERLEGUNG („DECOMPOSITION")

```
...
data <= someDataValue ...
dataValid <= '1';
WAIT UNTIL dataAccepted = '1';
dataValid <= '0';
WAIT UNTIL dataAccepted = '0';
...
```

→

```
...
data <= someDataValue ...
dataValid <= '1';
WHILE dataAccepted /= '1' LOOP
   WAIT UNTIL PosEdge(clk);
END LOOP;
dataValid <= '0';
WHILE dataAccepted /= '0' LOOP
   WAIT UNTIL PosEdge(clk);
END LOOP;
...
```

Abb. 13.15: Ersetzungen für den Fall: „Sendezeitpunkt unbekannt und Empfänger nicht immer empfangsbereit"

Datum generieren kann. In diesem Fall wird der Sender mit der Protokolleitung „dataValid" die Gültigkeit des Datums auf der Leitung „data" signalisieren. Der Empfänger ist empfangsbereit und wird daher, wie in Abb. 13.16 gezeigt, das Datum mit der nächsten ausgezeichneten Taktflanke übernehmen. Daher kann der Sender die Leitung „dataValid" mit derselben Taktflanke wieder deaktivieren.

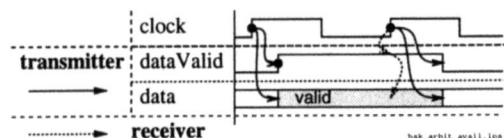

Abb. 13.16: Protokoll für den Fall, daß der Sendezeitpunkt unbekannt, der Empfänger aber immer empfangsbereit ist

In der rechten Seite von Abb. 13.17 ist wieder die Anweisungssequenz des kausalen Modells gezeigt. Diese Sequenz wird im Sender durch zwei Zuweisungen auf die Daten- und Protokolleitung, eine synchrone „wait"-Anweisung und die Deaktivierung der Protokolleitung ersetzt.

```
...
data <= someDataValue ...
dataValid <= '1';
WAIT UNTIL DataAccepted = '1';
dataValid <= '0';
WAIT UNTIL dataAccepted = '0';
...
```

→

```
...
data <= someDataValue
dataValid <= '1';
WAIT UNTIL PosEdge(clk);
dataValid <= '0';
...
```

Abb. 13.17: Ersetzungen für den Fall: „Sendezeitpunkt unbekannt, aber Empfänger immer empfangsbereit"

Sendezeitpunkt bekannt & Empfänger empfangsbereit

Die Übertragung ist am einfachsten, wenn der Sendezeitpunkt bekannt ist und der Empfänger zu diesem Zeitpunkt die Daten erwartet. Dieser Fall tritt z.B. dann auf, wenn in jedem Taktzyklus ein neuer Wert übertragen werden soll. Bei der Ansteuerung von Makros, wie RAMs, verwendet man ebenfalls dieses Protokoll, weil der Sender unter Berücksichtigung des zeitlichen Klemmenverhaltens des Makros implementiert wird. Können die Daten z.B. bei einem Lesezugriff erst nach zwei Takten abgeholt werden, so wird man dies bei der Modellierung der ansteuernden Einheit –des „Senders"– berücksichtigen. Dieses einfache Protokoll ist in Abb. 13.18 dargestellt.

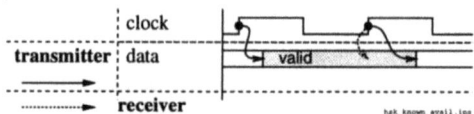

Abb. 13.18: Protokoll für den Fall, daß der Sendezeitpunkt bekannt und der Empfänger empfangsbereit ist

Die Anweisungssequenz des kausalen Modells auf der linken Seite von Abb. 13.19 wird durch eine einfache Zuweisung auf die Datenklemme und eine synchrone „wait"-Anweisung ersetzt.

```
...
data <= someDataValue ...
dataValid <= '1';
WAIT UNTIL dataAccepted = '1';
dataValid <= '0';
WAIT UNTIL dataAccepted = '0';
...
```
⇒
```
...
data <= someDataValue;
WAIT UNTIL PosEdge(clk);
...
```

Abb. 13.19: Ersetzungen für den Fall: „Sendezeitpunkt bekannt und Empfänger immer empfangsbereit"

Das Protokoll aus Abb. 13.18 benötigt für die Übertragung eines Datums nur einen einzigen Taktzyklus. Es ist daher das effizienteste Übertragungsprotokoll. Verschiebt sich aber z.B. durch eine datenabhängige Bearbeitungszeit die Synchronisation des Empfängers, so werden danach falsche Daten übertragen. Eine erneute Synchronisation kann in Ermangelung von Protokolleitungen nicht durch das Protokoll selber, sondern nur durch einen übergreifenden Mechanismus durchgeführt werden. Dieses Protokoll setzt daher voraus, daß die Bearbeitungszeiten des Empfängers für alle möglichen Zustände und Datenwerte im Sender korrekt berücksichtigt worden sind.

Die Anwendung der drei vorgestellten Protokolle wird in Kapitel 15 demonstriert.

13.6. STUFEN DER ZERLEGUNG („DECOMPOSITION") 473

Zusammenfassung

Bei der Entwicklung einer applikationsspezifischen Schaltung muß der Bezug zur Echtzeitskala aus den folgenden Gründen modelliert werden:

- Zeitliche Anforderungen sind Bestandteil der Spezifikation und daher muß eine Implementation auf die Einhaltung derselben überprüft werden.

- Globale Synchronisationsereignisse erleichtern die Modellierung der Kommunikation zwischen den Teileinheiten.

- Gewisse zeitliche Bedingungen müssen bei der Ansteuerung vieler Komponenten erfüllt werden (z.B. Flipflops, RAMs)

- Die Operationen eines Algorithmus müssen auf den verfügbaren Ressourcen nacheinander ausgeführt werden.

Die Modellierung der Wert/Zeit-Relation beschreibt daher das Verhältnis des Signalverlaufes in der Echtzeit zu dem Verlauf über der Skala der simulierten Zeit. Die Notwendigkeit der abstrakten Modellierung der Wert/Zeit-Relation ergibt sich aus der Tatsache, daß die Zahl der simulierten Ereignisse pro Laufzeit für einen bestimmten Rechner und ein bestimmtes Simulationsprogramm gleich ist. Die Zusammenfassung von Ereignisketten zu Makro-Ereignissen ist daher auf den verschiedenen Ebenen vorgeführt worden. Die Wert/Zeit-Relation muß mit den Möglichkeiten der verfügbaren Beschreibungssprache modelliert werden, daher ist eine zweidimensionale Darstellung der Zeitskala einer ereignisorientierten Simulationsmaschine eingeführt worden. Neben den bekannten Abstraktionsstufen der Wert/Zeit-Relation wurden verschiedene neue Stufen im Zusammenhang dargestellt. Von den Transformationen zwischen diesen Stufen sind inbesondere die Einführung eines Taktes sowie die Zerlegung und Verfeinerung erläutert worden.

14 Modellierung mit dem 'U'-Wert

In diesem Kapitel wird die Verifikation der ausreichenden Initialisierung der internen Speicher diskutiert. Die Verifikation der ausreichenden Initialisierung mit einem unbestimmten Wert 'U' ist integraler Bestandteil der Simulation auf der Gatterebene. Auf abstrakteren Ebenen werden Datentypen ohne einen unbestimmten Wert verwendet, und es werden durch den Entwickler Verhaltensmodelle erzeugt. Daher wird die Erweiterung des Wertebereichs von abstrakten und konkreten Datentypen durch einen unbestimmten Wert diskutiert. Die einzelnen Werte des IEEE-Standardwertesatzes werden vorgestellt. Die Regeln zur Erweiterung eines Modells um das Verhalten bei einem unbestimmten Eingangs- oder Zustandswert werden erläutert.

Gibt es in der Simulation Signale oder Variablen mit unbestimmten Werten, so kann *nicht* gefolgert werden, daß die entsprechenden Signalbündel in der gefertigten Schaltung einen zufälligen Wert annehmen. Wenn aber alle Signale und Variablen mit unbestimmten Werten initialisiert werden und nach einigen Taktzyklen bestimmte Werte annehmen, so wird auch in der gefertigten Schaltung das jeweilige Signalbündel bei beliebigem Anfangswert nach einiger Zeit den entsprechenden bestimmten Wert annehmen.

Die Vor- und Nachteile einer durchgängigen Verwendung der „std_ulogic"-Typen an Stelle abstrakter Datentypen werden diskutiert.

Einleitung

Die Werte der Ausgangssignale werden durch die aktuellen Werte der Eingangssignale und den Inhalt der internen Speicher bestimmt. Diese Speicher sind bei den meisten Technologien nach dem Anlegen der Betriebsspannung mit einem zufälligen Wert belegt. Ein zufälliges Verhalten kann daher nur vermieden werden, wenn die internen Speicher geeignet initialisiert werden. Diese Initialisierung wird meist durch ein globales „reset"-Signal angestoßen. Zur Reduktion des Implementationsaufwandes werden aber nicht alle Speicher nach der Aktivierung der „reset"-Leitung initialisiert. Daher muß die ausreichende Initialisierung, z.B. durch eine Simulation, überprüft werden. Auf der Gatterebene können ohne eine ausreichende Initialisierung der internen Speicher keine Simulationsresultate ausgewertet werden. Bei einer Entwicklung mit abstrakten Datentypen und Modellen kann die Initialisierung vollständig ignoriert werden. Daher ergeben sich die folgenden Fragen:

- Welche Ursachen kann das zufällige Verhalten einer Schaltung haben?
- Wann ist eine Verifikation der ausreichenden Initialisierung notwendig?
- Wie modelliert man das Verhalten bei dem unbestimmten Wert?
  - Wie muß man den Wertebereich der Signale und Variablen zur Verifikation der ausreichenden Initialisierung erweitern?

- Welche Semantik haben die Werte des IEEE-Standardwertesatzes?
- Wie wird ein Modell um die Behandlung eines unbestimmten Eingangs- oder Zustandswerts erweitert?

• Was kann aus den Resultaten einer Simulation mit einem unbestimmten Wert über das Verhalten der realen Schaltung gefolgert werden?

• Ist eine Verifikation der ausreichenden Initialisierung mit abstrakten Modellen möglich? (oder kann dies nur auf Gatterebene erreicht werden?)

In den einzelnen Abschnitten dieses Kapitels werden diese Fragen diskutiert.

Aufbau

Der folgende Abschnitt 14.1 stellt die verschiedenen Ursachen zufälligen Verhaltens und die Maßnahmen zur Vermeidung vor. Die Verwendung des unbestimmten Wertes 'U' auf den verschiedenen Abstraktionsebenen wird in Abschnitt 14.2 betrachtet. In Abschnitt 14.3 wird der Begriff der ausreichenden Initialisierung präzisiert. Die Erweiterung des Wertebereichs um einen unbestimmten Wert sowie die Modellierung des Verhaltens bei einem unbestimmten Eingangs- und Zustandswert werden in den Abschnitten 14.4 und 14.5 demonstriert. In Abschnitt 14.6 wird der Zusammenhang zwischen einer Simulation mit unbestimmten Werten und dem Verhalten der gefertigten Schaltung diskutiert. Die Einführung der „std_ulogic"-Typen in ein vorhandenes RT-Modell wird in Abschnitt 14.7 demonstriert. Zum Abschluß dieses Kapitels werden in Abschnitt 14.8 die Vor- und Nachteile einer durchgängigen Verwendung der „std_ulogic"-Typen diskutiert.

14.1 Ursachen und Vermeidung zufälligen Verhaltens

In diesem Abschnitt werden die verschiedenen Ursachen und die Vermeidung zufälligen Verhaltens diskutiert, um den Beitrag der Simulation mit dem 'U'-Wert zur Verifikation des determinierten Verhaltens zu verdeutlichen.

Eingangswerte & Zustand ⇒ Ausgangswerte: Die funktionale Spezifikation eines Entwurfes legt fest, mit welcher Folge von Ausgangswerten die Schaltung auf eine bestimmte Eingangsfolge reagieren muß. In bestimmten Betriebsmodi können die Werte gewisser Ausgangsleitungen irrelevant sein („output don't care") [1]. Die Werte an allen Ausgangsleitungen werden durch die aktuellen Eingangswerte und den Zustand einer Schaltung bestimmt. Die verschiedenen Zustandsbegriffe sind schon in Abschnitt 5.1.1 (S. 162) diskutiert worden. Da hier nur die stabilen Werte einer voll-synchronen Schaltung betrachtet werden, ist der Zustand durch die Werte in den Registern und Speichermakros bestimmt.

---

[1] Ist die Umgebung einer Instanz so beschaffen, daß gewisse Belegungen der Eingangsklemmen nicht auftreten können, so nennt man diese Belegungen „input don't care". Beide Arten von „don't care"-Informationen ermöglichen die Auswahl aus verschiedenen gültigen Implementationen (s. S. 145).

14.1. URSACHEN UND VERMEIDUNG ZUFÄLLIGEN VERHALTENS

Anlegen der Betriebsspannung $\Rightarrow$ Zufällige Speicherwerte $\Rightarrow$ Zufälliges Verhalten: Bei den meisten Fertigungstechnologien kann der Wert der Register und Speichermakros nach dem Anlegen der Betriebsspannung nicht garantiert werden. Ein zufälliges Verhalten einer Schaltung kann somit nur vermieden werden, wenn man die Register und Speichermakros nach dem Anlegen der Betriebsspannung geeignet initialisiert. Diese Initialisierung kann bei einem Flipflop durch die Aktivierung einer speziellen Klemme erreicht werden. Durch die Aktivierung der „set"-Klemme kann ein Flipflop mit dem Wert '1' geladen werden und durch die Aktivierung der „reset"-Klemme mit dem Wert '0'. Wenn man nun die „set"- und „reset"-Klemmen geeignet mit einem globalen „reset"-Signal verbindet, so kann man durch eine Aktivierung dieser „reset"-Leitung alle Register in der Schaltung in einen bestimmten Zustand bringen.

Asynchroner versus synchroner „reset"

Je nach dem Timingzusammenhang zwischen dem Impuls auf der globalen „reset"-Leitung und dem globalen Taktsignal werden die folgenden beiden Arten von „reset"-Ansteuerungen unterschieden:

① *Asynchroner „reset":* Bei einem asynchronen „reset" bringt dieses Signal ein Flipflop unverzüglich in einen determinierten Zustand.

② *Synchroner „reset":* Mit der Aktivierung der globalen „reset"-Leitung wird ein konstanter Wert an den Dateneingang gelegt, welcher mit der nächsten Taktflanke geladen wird.

Auf den ersten Blick scheint der asynchrone „reset" attraktiv zu sein, denn es muß nur ein Impuls an die globale „reset"-Klemme angelegt werden. Da aber bei Schaltungen mit einer großen Zahl von Flipflops der „reset"-Impuls und das Taktsignal über sogenannte balancierte Treiberbäume (vgl. Abs. 6.2, S. 222) an die Klemmen der einzelnen Flipflops gelangen, unterscheiden sich die Eintreffzeiten der Flanken an den einzelnen Flipflops. Diese Verschiebung wird als „skew" bezeichnet. Der Unsicherheitsbereich der beiden globalen Signale an den Klemmen eines einzelnen Flipflops ist in Abb. 14.1 durch gemusterte Rechtecke markiert.

„skew"-Addition des Taktes und „reset"-Signals $\Rightarrow$ bedingt „a"synchroner „reset": Es kann nicht garantiert werden, daß an einem bestimmten Flipflop der „reset"-Impuls in demselben Maß verzögert wird, wie die Flanke des Taktsignals. Der Inhalt eines Flipflops kann aber nur dann mit einem asynchronen „reset"-Impuls bestimmt werden, wenn dieser eine gewisse Mindestdauer hat, eine bestimmte Zeit nach der letzten Taktflanke t_{after_last} und vor der nächsten Flanke t_{before_next} endet. Die Addition der Laufzeitunsicherheiten des Taktsignals und des „reset"-Signals engt den Bereich, in dem das eigentlich „asynchrone" „reset"-Signal aktiviert werden darf, stark ein. Der erlaubte Bereich zur Deaktivierung des „reset"-Signals ist in der letzten Zeile

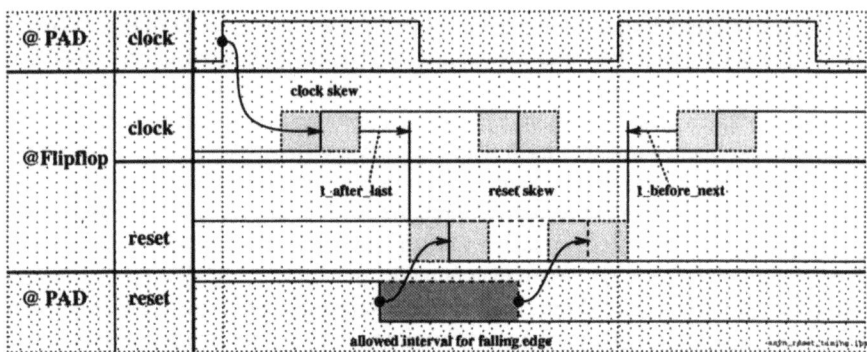

Abb. 14.1: Ermittelung des gültigen Zeitbereichs zur Deaktivierung des „reset"-Signals an dem PAD

von Abb. 14.1 durch ein gemustertes Rechteck markiert. Wird das asynchrone „reset"-Signal außerhalb dieses Bereichs deaktiviert, so wird an einigen Flipflops die Initialisierung nicht korrekt durchgeführt. Eine synchrone Aktivierung der internen globalen „reset"-Leitung vermeidet diese Timingprobleme. Diese synchrone Aktivierung kann z.B. durch eine Teilschaltung zur synchronen Erzeugung des internen „reset"-Signals aus einem asynchronen externen Signal erreicht werden.

Verifikation der Timingbedingungen auf der Gatterebene: Ein Verletzung der Timing-Bedingungen an den „reset"-Klemmen einiger Flipflops kann zu einem undeterminierten Verhalten der entworfenen Schaltung führen. Ein solches kombiniertes Laufzeitproblem zweier Signale („race") [62] ist nur auf der Gatterebene mit extrahierten Verzögerungszeiten sichtbar (vgl. Abs. 4.4, S. 130). Timingprobleme, welche zu einem undeterminierten Verhalten führen können, können daher nur durch eine Simulation oder statische Timinganalyse auf dieser Ebene ausgeschlossen werden (vgl. Abs. 2.1.3, S. 29).

Zufälliges Verhalten durch andere physikalische Probleme: Unterschiede in der Ankunftszeit des „reset"-Impulses an den Klemmen der einzelnen Flipflops können eine unvollständige Initialisierung und damit ein zufälliges Verhalten des Entwurfs hervorrufen. Diese Laufzeitprobleme müssen durch geeignete Maßnahmen in den „Backend"-Stufen [108] eines Entwurfsprozesses gelöst werden [2]. Dies gilt auch für die folgenden Probleme, welche neben äußeren Störeinflüssen ein zufälliges Verhalten einer digitalen Schaltung bewirken können.

- Verletzung der Timingbedingungen am Dateneingang eines Flipflops (vgl. Abs. 2.1.3, S. 29).

---

[2] In vielen Entwurfsprozessen werden die balancierten Bäume zur Erzeugung der globalen Steuersignale erst während der Plazierung und Verdrahtung generiert, weil nur dort die notwendige Last- und damit Verzögerungszeitinformation vorhanden ist.

14.1. URSACHEN UND VERMEIDUNG ZUFÄLLIGEN VERHALTENS

- Einbrüche der Betriebsspannung durch das simultane Schalten vieler Treiber.

Da diese Probleme weder durch eine ausreichende Initialisierung vermieden und noch durch die Simulation abstrakter Modelle entdeckt werden können, sollen sie hier nicht detaillierter betrachtet werden.

Initialisierung der Makros: Gibt es in einer Schaltung neben den Flipflops Speichermakros („RAMs") so müssen diese ebenfalls initialisiert werden. Daher wird jedem RAM-Block eine FSM zugeordnet, welche den jeweiligen RAM-Block mit den benötigten Werten initialisiert. Da für viele RAMs optimale feste Testmuster [20, 21] bekannt sind, wird diese Initialisierung meist im Rahmen des Selbsttests des jeweiligen Speichermakros durchgeführt.

Vermeidung zufälligen Verhaltens

Sind in einem Entwurf die folgenden Bedingungen erfüllt, so ist das determinierte Verhalten der gefertigten Schaltungen sichergestellt.

① Alle Flipflops können durch eine Verbindung der „set/reset"-Klemme mit dem globalen „reset"-Signal in einen bestimmten Zustand gebracht werden.

② Alle Speicher-Makros werden nach der Aktivierung der „reset"-Leitung mit einem bestimmten Inhalt geladen.

③ Der Entwurfsprozeß ist so organisiert, daß

   (a) weder Laufzeitunterschiede noch

   (b) elektrische Probleme

ein zufälliges Verhalten erzeugen können.

In einem solchen Fall ist die Modellierung der Unbestimmtheit der Signal- oder Variablenwerte nicht notwendig und nur die Abschnitte 14.4.1 und 14.8 dieses Kapitels sind von Bedeutung. Im Abschnitt 14.4.1 (S. 484) werden die Werte des häufig verwendeten IEEE-Standardwertesatzes und deren Semantik erläutert. Die Gründe, auf eine Modellierung mit abstrakten Datentypen zu verzichten und alle Signale und Variablen mit „std_ulogic"-Typen zu beschreiben, werden im Abschnitt 14.8 (S. 510) diskutiert.

Eine Verifikation der ausreichenden Initialisierung ist auch dann nicht notwendig, wenn sich ein System aus jedem beliebigen Zustand selbst initialisiert. Daher sollen solche Systeme im nächsten Abschnitt betrachtet werden.

Selbstinitialisierende Systeme, die „immer auf die Füsse fallen"

Einzeln benutzte Geräte, wie Arbeitsplatzrechner, werden in regelmässigen Abständen ein- und ausgeschaltet. Daher durchlaufen die dort eingesetzten Schaltungen relativ häufig die Initialisierungssequenz nach dem Anlegen der Betriebsspannung. Kommen solche Systeme in einen Zustand, der eine weitere Benutzung unmöglich macht („aufgehängt"), so werden die Initialisierungsprozeduren manuell ausgelöst. Viele Systeme, z.B. in der Telekommunikation, werden aber nicht vor jeder Benutzung ein- und danach wieder ausgeschaltet, noch können sie bei einem Fehlerzustand neu gestartet werden. Daher werden solche Systeme so entworfen, daß sich alle Teilschaltungen aus allen möglichen Zuständen in endlich langer Zeit wieder selber neu initialisieren.

Ein solches Verhalten kann man z.B. bei einem Mikroprozessor-System durch einen „watch-dog-timer" [115] erreichen, der durch den Mikroprozessor immer wieder in einem bestimmten Zeitintervall zurückgesetzt werden muß, um die Auslösung einer Initialisierungsprozedur zu vermeiden. Eine (E)FSM kann z.B. so implementiert werden, daß sie den Startzustand einnimmt, wenn irgendein nicht definierter Zustand eingenommen oder in einem Zustand zu lange verweilt wird („time-out"). Bei diesen Systemen muß daher nachgewiesen werden, daß alle Teilschaltungen aus jedem möglichen Zustand in einer begrenzten Zeit wieder einen Betriebszustand einnehmen. Da bei solchen Systemen das Verlassen eines beliebigen Zustandes betrachtet wird, ist die zufällige Belegung der Speicher nach dem Anlegen der Betriebsspannung damit abgedeckt.

Simulation mit unbestimmten Werten verifiziert nur die Initialisierung:

In diesem Kapitel wird die Modellierung und Simulation mit einem 'U'-Wert diskutiert. Dieser Wert steht stellvertretend für alle anderen möglichen Werte des betreffenden Datentyps. Es wird gezeigt, wie man mit einem solchen unbestimmten Wert die ausreichende Initialisierung der Signale und Variablen eines Entwurfes verifizieren kann. Da ein solcher unbestimmter Wert für alle anderen möglichen Werte benutzt wird, kann das Verlassen eines bestimmten Zustandes nicht mit einer solchen Simulation verifiziert werden. Es befinden sich aber Werkzeuge zur formalen Verifikation (vgl. Abs. 2.1.3, S. 28) in der Entwicklung, mit denen man z.B. zeigen kann, daß in einem Entwurf alle Zustände nach einer gewissen Zeit wieder verlassen werden (z.B. [68]).

Aufwandsreduktion ⇒ Unvollständige Initialisierung ⇒ Verifikation der ausreichenden Initialisierung

Nachdem ausführlich dargestellt worden ist, in welchen Fällen nur bestimmte Abschnitte dieses Kapitels relevant sind, werden im folgenden kurz die Gründe angegeben, die eine Verifikation der ausreichenden Initialisierung erforderlich machen.

- Flipflops mit einer speziellen „set/reset"-Klemme beanspruchen um 20% mehr Fläche als dasselbe Flipflop ohne diese Klemme (z.B. [28, 27]). Daher werden häufig nicht alle Register direkt durch die Aktivierung der globalen „reset"-Leitung initialisiert.

- Falls die Speichermakros nicht durch einen BIST („built-in self test") [20] bei jeder Inbetriebnahme getestet werden sollen, so wird meist auf eine zusätzliche (E)FSM zur Initialisierung der RAMs verzichtet.

Werden nicht alle Speicher in einer Schaltung mit einem festen Wert initialisiert, so entsteht die Möglichkeit eines zufälligen Verhaltens. Daher muß durch eine Berücksichtigung der zufälligen Startwerte mit einem speziellen Wert die ausreichende Initialisierung verifiziert werden.

14.2 'U'-Wert auf verschiedenen Abstraktionsebenen

Im folgenden wird die Verifikation der ausreichenden Initialisierung aller Speicher auf den verschiedenen Abstraktionsebenen diskutiert, bevor im Abschnitt 14.3 (S. 483) der Begriff der ausreichenden Initialisierung präzisiert wird.

A) Entwurf mit einem Prototyp oder ASIC-Emulator

Digitale Schaltungen werden immer noch durch den Aufbau eines Prototypen verifiziert. Da ein ASIC-Emulator wie ein Prototyp ein Signal des Entwurfs durch ein binärwertiges Signal „modelliert", haben sie bezüglich der Verifikation der ausreichenden Initialisierung gleiche Eigenschaften (vgl. Abs. 2.4, S. 58). Die Fertigungstechnologie, mit welcher der Prototyp aufgebaut wird, oder die Zellentechnologie des ASIC-Emulators bestimmt, mit welchen Werten die Speicher nach dem Anlegen der Betriebsspannung belegt sind. Die Startwerte der internen Speicher sind zufällig, und meist beeinträchtigt nur ein kleiner Teil der Werte die Funktion einer Schaltung. Daher ist die Wahrscheinlichkeit gering, daß diese Werte schon bei den wenigen Tests im Labor auftreten. Eine systematische Verifikation des determinierten Verhaltens ist daher mit einem Prototypen oder ASIC-Emulator nicht möglich.

B) Logiksimulation auf der Gatterebene

Bei einer Entwicklung auf der Gatterebene werden alle Signale durch Bits oder Vektoren derselben modelliert. In einem traditionellen Logiksimulator wird jede einzelne Leitung durch einen mehrwertigen Datentyp modelliert. Die Zahl der Werte in dem Enumerationstyp ist bei den Logiksimulatoren unterschiedlich, aber die meisten initialisieren alle Signale und Speicher beim Start der Simulation mit einem speziellen Wert, wie z.B. 'X'. Dieser Wert modelliert die Unsicherheit und steht für alle anderen möglichen Werte. Die unbestimmten Werte der Ausgangssignale dieser Flipflops propagieren in andere Teile der Schaltung. Daher kann die Funktion einer Schaltung erst dann durch eine Betrachtung der Simulationsresultate analysiert werden, wenn ausreichend viele interne Speicher in einen definierten Zustand gebracht worden sind [3]. Somit ist die ausreichende Initialisierung ein unvermeidliches Nebenprodukt der Vorbereitung auf die Simulation.

---

[3] Es gibt Schaltungen, deren Speicher sich selbständig mit bestimmten Werten füllen, wie z.B. ein FIFO. Solche Schaltungen können auch ohne eine explizite Initialisierung der Speicher sinnvoll simuliert werden.

C) Abstrakte Modellierung

Die Entwicklung mit abstrakten Modellen unterscheidet sich von einem Entwurf auf der Gatterebene in den folgenden Punkten:

① Das Verhalten bei einem unbestimmten Eingangs- und Zustandswert ist nicht mehr automatisch definiert.

② Durch den Entwickler definierte Datentypen enthalten nicht notwendigerweise einen speziellen unbestimmten Wert.

③ Die Implementationen auf der Gatterebene eines einzigen Modells können unterschiedliches Verhalten bei unbestimmten Eingangs- oder Zustandswerten haben.

1) Beschreibung des Verhaltens bei einem unbestimmten Wert

In einem traditionellen Entwurfsprozeß werden die Modelle vom Halbleiterhersteller geliefert, welche vom Entwickler instanziiert und „verdrahtet" werden (vgl. Abs. 2.2, S. 32). Der Entwickler erzeugt daher keine Verhaltensmodelle und ist somit nicht gezwungen, das Verhalten bei einem unbestimmten Eingangs- oder Zustandswert zu beschreiben. Wird der Logiksimulator aber durch einen HDL-Simulator ersetzt, welcher vom Entwickler bereitgestellte Verhaltensmodelle ausführen kann, so ist der Entwickler für die korrekte Modellierung des Verhaltens bei einem unbestimmten Eingangs- oder Zustandswert verantwortlich.

2) Abstrakte Datentypen ⇒ Implizite Modellierung der Initialisierung

Bei einem abstrakten Modell werden die Signale und Variablen nicht nur mit einem mehrwertigen Datentyp definiert, sondern auch mit abstrakten Datentypen. Signale und Variablen mit einem Basisdatentyp sowie die Elemente eines zusammengesetzten Datentyps werden mit einem ausgezeichneten Wert des Wertebereichs initialisiert. In VHDL [44] ist dies der am „weitesten links stehende" Wert bei einem Enumerationstyp und der kleinste Wert des Wertebereichs bei einem numerischen Datentyp, wie einem „integer" oder „float". Daher sind alle Signale und Variablen mit einem abstrakten Datentyp beim Start der Simulation mit einem „sinnvollen" Wert initialisiert. Die Resultate einer Simulation können daher auch ohne eine explizit modellierte Initialisierung sinnvoll ausgewertet werden.

3) Ausreichende Initialisierung auf der RT-Ebene ⇒ Unbestimmte Werte auf der Gatterebene

Die Simulationseffizienz geht bei einem Modell auf der Gatterebene gegenüber einem Modell derselben Einheit auf der RT-Ebene stark zurück (vgl. Abs. 4.5.4, S. 149). Es ist daher bei einem komplexen Entwurf attraktiv, die ausreichende Initialisierung auf der RT-Ebene zu verifizieren. Alle Signale oder Variablen müssen dazu mit dem unbestimmten Wert 'U' initialisiert werden und alle Modelle um eine korrekte Behandlung des 'U'-Wertes erweitert werden. Die Initialisierungsprozeduren werden dann solange erweitert, bis kein Signal oder keine Variable mit einem unbestimmten Wert referenziert wird, bevor ein bestimmter Wert zugewiesen worden ist. Bei der Simulation einer Implementation des RT-Modells auf der Gatterebene bleiben unter Umständen die Werte einiger relevanter Signale unbestimmt, obwohl das entsprechende Signal oder die jeweilige Variable auf der RT-Ebene einen bestimmten Wert angenommen hat. Die Simulation auf der Gatterebene bildet z.Z. (1995) die Grundlage des „sign-off" [125]. Daher werden in einem solchen Fall die Initialisierungsprozeduren auf der Gatterebene solange geeignet ergänzt, bis alle relevanten Signale auch auf der Gatterebene einen bestimmten Wert annehmen. Bei komplexen synthetisierten Modellen ist diese Vorgehensweise mit dem Risiko verbunden, daß durch diese Ergänzungen die auf abstrakter Ebene verifizierte Funktionalität wieder zerstört wird.

14.3 Ausreichende Initialisierung

In diesem Abschnitt wird der Begriff der ausreichenden Initialisierung präzisiert und die Folgen einer unvollständigen, aber ausreichenden Initialisierung werden an einem Beispiel demonstriert.

Zur Reduzierung des Implementationsaufwandes werden Flipflops ohne „reset"-Beschaltung verwendet. Weiterhin werden Speichermakros nicht durch eine spezielle (E)FSM initialisiert, sondern erst im Betrieb durch berechnete Werte schrittweise geladen. In einer solchen Schaltung haben einen Takt nach der Deaktivierung der „reset"-Leitung einige Speicher einen determinierten Wert und andere einen zufälligen Wert. Dies ist aber in den meisten Entwurfsprojekten ausreichend, um die spezifizierte Folge von Werten an den relevanten Ausgangsklemmen zu erzeugen. Daher soll im folgenden die ausreichende Initialisierung definiert werden.

DEFINITION 14.1 (AUSREICHENDE INITIALISIERUNG) *In einer Schaltung werden nicht alle internen Speicher durch die Aktivierung der „reset"-Leitung in einen bestimmten Zustand gebracht. Genügt dieser Anteil der Speicher, um an den relevanten Ausgangsklemmen die spezifizierten Werte zu garantieren, so ist die Initialisierung ausreichend.*

Verlauf der Zustands- und Ausgangswerte

Insbesondere in der digitalen Signalverarbeitung sind viele Entwürfe so spezifiziert, daß die Ausgangssignale erst nach einer gewissen Zahl von Takten oder erst in einem bestimmten Betriebsmodi einen determinierten Wert annehmen müssen. Die Zustands- und Ausgangswerte einer solchen Schaltung mit einer „Einschwingzeit" sind in Abb. 14.2 für drei verschiedene Einschaltvorgänge skizziert. Der Zustandsraum mit vier binärwertigen Dimensionen ($Z0 - Z3$) ist als Karnaugh-Veitch-(KV)-Diagramm [35] dargestellt. Die Zustände sind durch die Nummer des Taktzyklus in dem betreffenden Feld gekennzeichnet. Auf der rechten Seite ist das Ausgangssignal „A" als Integer ohne Vorzeichen („unsigned") dargestellt. In der dazugehörigen Schaltung ist ein partieller „reset" für $Z1, Z2 \rightarrow' 0'$ implementiert worden. Die durch die

Aktivierung der „reset"-Leitung bestimmten Werte sind an den Achsen des Zustandsraumes in Abb. 14.2 durch fetten Druck hervorgehoben. Durch diese teilweise Initialisierung ist nur ein Teil des Zustandsraumes bestimmt. In diesem Teil liegen alle möglichen Anfangszustände nach der Aktivierung der „reset"-Leitung. Dieser Teil ist in Abb. 14.2 zur leichteren Identifikation gemustert.

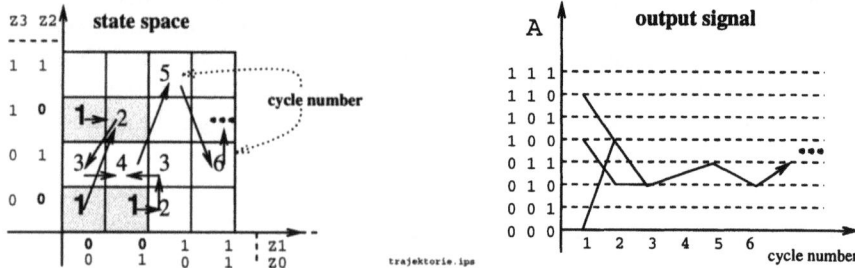

Abb. 14.2: Zustand und Ausgangssignale einer Schaltung mit undeterminiertem Verhalten in den ersten Takten nach dem „reset" für drei mögliche Einschaltvorgänge

Um die Verifikation der ausreichenden Initialisierung durch Simulation zu ermöglichen, muß das Verhalten nicht nur für den „normalen" Bereich der Eingangswerte, sondern zusätzlich für einen speziellen „uninitialised"-Wert, wie 'U' oder 'X', modelliert werden. Die Modellierung der Unsicherheit erfordert daher die folgenden Erweiterungen:

① Einen zusätzlichen unbestimmten Wert für alle Datentypen.

② Behandlung eines unbestimmten Eingangs- oder Zustandswerts in allen Verhaltensmodellen.

14.4 Erweiterung des Wertebereichs

In diesem Abschnitt wird die Erweiterung des Wertebereichs diskutiert. Zunächst wird der IEEE-Standardwertesatz zur Modellierung von Bits und Bitvektoren vorgestellt, dann werden die Möglichkeiten der Erweiterung des Wertebereichs für abstrakte Datentypen diskutiert.

Für die Modellierung von Bits und Bitvektoren in VHDL hat man einen Signalwertesatz mit einem solchen Wert standardisiert. Die Verwendung des Standardwertesatzes erleichtert die Lesbarkeit, vermeidet Kompatibilitätsprobleme mit anderen Einheiten und ermöglicht die Interpretation durch ein Synthesewerkzeug.

14.4.1 IEEE Standardwertesatz: „std_ulogic"

Die Modellierung eines Signals auf der Gatterebene durch die Werte '1' und '0' (VHDL: „bit" oder „bit_vector") ist nicht ausreichend, um das Verhalten

14.4. ERWEITERUNG DES WERTEBEREICHS

- bei gewissen Schaltungszuständen, wie einem Kurzschluß,
- bei Timing-Fehlern, wie „set-up"-Verletzungen, oder aber um
- die ausreichende Initialisierung nach dem Einschalten der Betriebsspannungen

zu verifizieren. Daher werden zur Modellierung sogenannte „multi-valued-logic (MVL)"-Wertesätze verwendet. Im folgenden Codefragment 14.1 ist die Definition des Enumerationstyps „std_ulogic" des IEEE Standards 1164 gezeigt.

14.1
```
PACKAGE std_logic_1164 IS
   TYPE std_ulogic IS        ( 'U', 'X', '0', '1', 'Z', 'W', 'L', 'H', '-' );
   TYPE std_ulogic_vector IS ARRAY ( NATURAL RANGE <> ) OF std_ulogic;
   ...
```

Die Semantik und der Verwendungszweck der einzelnen Werte ist in Tabelle 14.1 aufgelistet.

Wert	Simulationssemantik
'U'	Das Signal oder die Variable hat auf Grund einer fehlenden oder unvollständigen Initialisierung einen beliebigen Wert.
'X', 'W'	Signal wird stark („forcing") oder schwach („weak") getrieben. (stark: 'X' $\Rightarrow$ '0' oder '1') und (schwach: 'W' $\Rightarrow$ 'L' oder 'H'). Der aktuelle Wert ist aber entweder auf Grund einer fehlenden Initialisierung oder aber wegen eines Timing-Fehlers unbekannt.
'0', '1'	Starkes („forcing") Signal. Standardwert bei einer CMOS-Schaltung.
'Z'	Hochohmiger Zustand für Leitungen mit wechselnden Flußrichtungen.
'L', 'H'	Schwache („weak") '0' oder '1'. Modellierung z.B. eines „wired-or".
'-'	Modellierung eines „output don't care" für die Synthese.

Tabelle 14.1: Simulationssemantik der Werte des VHDL-Standardwertesatzes „IEEE 1164"

Aufteilung der Treiberstärke in „weak" oder „forcing": Mit den Wertepaaren '0'/'1' oder 'L'/'H' kann man einen unterschiedlichen Innenwiderstand der treibenden Spannungsquellen modellieren. Quellen mit einem kleinen Innenwiderstand weisen dem Ausgangssignal entweder eine '0' oder '1' zu, während Quellen mit einem größeren Innenwiderstand 'L' oder 'H' zuweisen. Durch eine Einteilung der Quellen in zwei Treiberklassen kann man Signale mit einer Signalflußrichtung, aber mehreren Treibern modellieren (vgl. Abs. 3.5, S. 108). Von diesem Typ sind bestimmte NMOS- oder PMOS-Schaltungen, wie z.B. ein „wired-or".

„Output don't care"-Wert '-': Mit dem Wert '-' wird modelliert, daß in einem bestimmten Zustand oder bei einer bestimmten Belegung der Eingangssignale der Wert eines Ausgangssignals oder einer Variable irrelevant ist. Ist der Wert einer Variablen oder eines Signals in einem bestimmten Takt irrelevant, dann sind verschiedene Implementationen dieses Modells auf der Gatterebene möglich (vgl. Abs. 4.5.2, S. 144). Die Modellierung der Irrelevanz gibt daher einem Synthesewerkzeug die Möglichkeit, aus den gültigen Implementationen eine auszuwählen. Diese Freiheit kann z.B. zur Minimierung des Implementationsaufwandes verwendet werden.

„Uninitialised"-Wert: 'X' oder 'U'? Der Wert 'U' steht für alle möglichen Werte des IEEE-Standardwertesatzes, außer dem „don't care"-Wert. In einer CMOS-Schaltung ohne „tri-state"-Puffer hat ein Signal entweder den Wert '1' oder '0'. Daher kann bei CMOS-Schaltungen zur Modellierung der Unsicherheit auf Grund einer fehlenden Initialisierung der Wert 'X' statt dem Wert 'U' verwendet werden. Sobald aber nicht nur CMOS-Schaltungen mit Signalen verwendet werden, deren Werte nur von einem einzigen Treiber bestimmt werden, kann man mit dem Wert 'U' eine größere Unsicherheit des aktuellen Signalwerts, als mit den Werten 'X' oder 'W' modellieren.

„std_ulogic" oder „std_logic"?

In verschiedenen Dokumenten, z.B. [11], wird die Verwendung der aufgelösten („resolved") Datentypen zur Definition von Ports und Signalen vorgeschlagen. Daher werden in diesem Abschnitt die Vor- und Nachteile der Verwendung des unaufgelösten Datentyps „std_ulogic" und des aufgelösten Untertyps („subtypes") „std_logic" diskutiert.

Aufgelöste Datentypen werden verwendet, um Signale mit mehr als einem Treiber modellieren zu können (bidirektionale Signale, wired-or, etc) (vgl. Abs. 3.5, S. 108). Der aktuelle Wert eines solchen Signales wird durch eine „resolution function" bestimmt, welche aus einem Vektor mit den Werten der treibenden Quellen den Wert des Signales ermittelt. Im folgenden Codefragment 14.2 ist der Teil des IEEE-1164 Paketes mit der Definition der „resolution function" und des aufgelösten Typs „std_logic" gezeigt.

14.2
```
PACKAGE std_logic_1164 IS
    ...
    ----------------------------------------------------- resolution function
    FUNCTION resolved (s : std_ulogic_vector) RETURN std_ulogic;
    ----------------------------------------------------- resolved data type
    SUBTYPE std_logic IS resolved std_ulogic;
    ----------------------------------------------------- array of a resolved type
    TYPE std_logic_vector IS ARRAY (NATURAL RANGE <>) OF std_logic;
    ...
```

Signale mit mehreren Treibern müssen mit einem aufgelösten Datentyp definiert werden. Da aber viele Halbleiterhersteller vor der Verwendung von „wired-or"-Schaltungen oder Schaltungen mit „tri-state"-Puffern warnen, z.B. [26], ist der Anteil der Signale, die mit einem aufgelösten Datentyp definiert werden müssen, gering. [4] Eine *generelle* Verwendung von aufgelösten Datentypen hat die folgenden Nachteile:

---

[4]Man sollte daher evaluieren, ob die benötigte Funktion nicht auch mit einer anderen Schaltung implementiert werden kann. Häufig sind Schaltungen mit Multiplexern den „tri-state"-Lösungen überlegen. Sind sie unvermeidbar, so sollte man *frühzeitig* mit dem Design-Centre Kontakt aufnehmen.

14.4. ERWEITERUNG DES WERTEBEREICHS

- Zum einen wird durch den Aufruf der „resolution function" bei jeder Wertzuweisung die Simulationseffizienz reduziert und zum anderen

- werden Kurzschlüsse zwischen Signalen vom VHDL-Compiler bei der Übersetzung akzeptiert.

Da viele Benutzer vielleicht auf Grund der Namensgebung trotz der offensichtlichen Nachteile den aufgelösten Datentyp bevorzugen, versuchen viele Simulatorhersteller die beiden Nachteile durch eine spezielle Behandlung zu vermeiden. So werden z.B. beim Start der Simulation alle aufgelösten Signale untersucht, ob sie nur von einem Treiber getrieben werden. Existiert nur ein möglicher Treiber, so wird die „resolution function" nicht nach jeder Signalzuweisung gerufen.

Empfehlung: std_ulogic

Beim Start eines Entwurfsprojektes muß man sich entscheiden, ob man durchgängig die „std_ulogic"-Typen oder den aufgelösten Datentyp „std_logic" verwendet. Um die oben genannten Nachteile zu vermeiden, sollte für alle Signale mit einem einzigen Treiber der nicht aufgelöste Datentyp „std_ulogic" verwendet werden. Falls externe Gründe, wie der Wunsch eines Auftraggebers, die durchgängige Verwendung des aufgelösten Datentyps „std_logic" nahelegen, so können nach Fertigstellung die Modelle leicht mit einem kleinen Filterprogramm kompiliert werden. Ein Modell, das mit „std_ulogic"-Datentypen entwickelt wurde, ändert seine Funktion nicht, wenn der aufgelöste Datentyp „std_logic" eingeführt wird. Da man aber bei einer Entwicklung mit „std_logic"-Typen ohne Absicht die Möglichkeit der Auflösung „benutzt" haben kann, ist die umgekehrte Ersetzung nicht immer möglich.

14.4.2 Abstrakte Datentypen

Nachdem die Erweiterung des Wertebereichs durch einen unbestimmten Wert für die Modellierung mit konkreten Datentypen erläutert worden ist, werden in diesem Abschnitt die Möglichkeiten betrachtet, den Wertebereich eines abstrakten Datentyps um einen unbestimmten Wert zu erweitern.

Ein Datentyp ist abstrakt, wenn dessen Werten a priori keine eindeutige Relation zu einer Belegung eines Signals oder Signalbündels in der gefertigten Schaltung zugeordnet werden kann (vgl. Abs. 12, S. 419). Die Verwendung verschiedener abstrakter Datentypen sowie der Übergang von abstrakten zu konkreten Datentypen wird im Abschnitt 14.7 (S. 502) an einem Beispiel demonstriert. Die im Abschnitt 14.7 diskutierte Einführung der konkreten „std_ulogic"-Typen in ein Modell auf der RT-Ebene mit abstrakten Datentypen zeigt aber, daß die Umstellung eines Modells mit abstrakten Datentypen umständlich ist. Daher ist eine Verifikation der ausreichenden Initialisierung mit abstrakten Datentypen attraktiv.

Eine Verifikation der ausreichenden Initialisierung wird durch einen speziellen Wert ermöglicht, welcher die Unsicherheit des Wertes nach dem Anlegen der Betriebsspannung modelliert. Dieser unbestimmte Wert steht daher für alle möglichen Werte des Datentyps. Das Signalbündel in der gefertigten Schaltung, welches einen abstrakten Datentyp repräsentiert, hat mindestens genau soviele Werte wie der abstrakte Datentyp, kann aber auch mehr Werte annehmen. Der unbestimmte Wert muß daher bei einem abstrakten Datentyp auch für die nicht verwendeten Codewörter stehen.

Wertebereichserweiterung der Basisdatentypen: Bei einem Enumerationstyp ist die Erweiterung leicht möglich, denn die Definition des Datentyps muß nur um einen zusätzlichen Wert ergänzt werden. Wenn man den zusätzlichen unbestimmten Wert, z.B. 'U', als ersten Wert in die Definition der Datentypen einfügt, so werden alle Signale und Variablen beim Start der Simulation mit diesem Wert initialisiert. Bei einem numerischen Typ, wie einem „integer" mit einem beschränkten Wertebereich, kann man den Wertebereich um einen zusätzlichen Wert unterhalb der unteren Grenze erweitern, und diesen Wert bei diesem Datentyp als unbestimmten Wert behandeln. Da numerische Datentypen mit dem niedrigsten Wert initialisiert werden, wird damit automatisch beim Start der Simulation der „unbestimmte" Wert angenommen.

Zusammengesetzte Datentypen: Zusammengesetzte Datentypen werden auf der Gatterebene durch einen Bitvektor implementiert. Da man auf die Teile eines Bitvektors einzeln zugreifen kann, wird ein zusammengesetzter Datentyp zur Verifikation der ausreichenden Initialisierung erweitert, indem man alle Elemente des Datentyps geeignet ergänzt. Da diese Elemente entweder Enumerationstypen oder aber numerische Typen sind und deren Erweiterung schon diskutiert worden ist, ist die Erweiterung eines zusammengesetzten Datentyps damit auch abgedeckt.

14.4.3 Simulations- versus Synthesesemantik

In diesem Abschnitt wird zunächst die Simulationssemantik eines unbestimmten Wertes zusammengefaßt. Dann wird die Synthesesemantik der unbestimmten Werte eines konkreten und abstrakten Datentyps diskutiert.

Simulationssemantik: Hat eine Variable oder ein Signal den unbestimmten Wert, so kann das entsprechende Signal oder die Variable alle möglichen Werte ihres „eigentlichen" Wertebereichs haben. Ist ein Wert beim Start der Simulation unbestimmt, nimmt aber im Verlauf der Simulation einen bestimmten Wert an und behält diesen, so kann gefolgert werden, daß in der gefertigten Schaltung das entsprechende Signalbündel bei einem beliebigen Startwert nach einer gewissen Zeit diesen bestimmten Wert annehmen wird. Dieser Zusammenhang wird verwendet, um die ausreichende Initialisierung eines Entwurfes zu verifizieren.

Synthesesemantik

Ein Synthesewerkzeug ermittelt bei einem Enumerationstyp die Zahl der möglichen Werte und kodiert diese Werte. Mit Hilfe einer Kodiertabelle werden die einzelnen

14.4. ERWEITERUNG DES WERTEBEREICHS

Werte des Enumerationstyps einer bestimmten Belegung des Signalbündels zugeordnet. Bei einem numerischen Datentyp, wie einem „integer", wird ebenfalls der aktuelle Wertebereich ermittelt, denn nur bei einem beschränkten Wertebereich ist die Komplexität der Implementation begrenzt (vgl. Abs. 7.3.1, S. 256). Die Werte des numerischen Datentyps werden ebenfalls nach einem bestimmten Verfahren kodiert, welches entweder durch eine generelle Vereinbarung oder eine bestimmte Markierung des Datentyps festgelegt ist. Da die Implementationen aller Operatoren, wie Addition und Vergleich, durch die Kodierung des Datentyps bestimmt werden, wird z.Z. praktisch nur das 2'te Komplement [95] verwendet.

Eine Erweiterung des Wertebereichs eines Datentyps zur Modellierung spezieller Zustände, wie der Unbestimmtheit des Wertes, ist ohne eine besondere Vereinbarung oder Markierung für das Synthesewerkzeug nicht erfaßbar.

IEEE-Standardwertesatz

Eine solche generelle standardisierte Vereinbarung besteht z.B. bei einer Verwendung des IEEE-Standardwertesatzes. Daher wird der Datentyp „std_ulogic" mit neun verschiedenen Werten von den Synthesewerkzeugen durch eine einzige Leitung implementiert. Die Synthesesemantik eines VHDL Modells und damit eines Datentyps ergibt sich aus dem Bestreben der Syntheseherstellern, Implementationen zu erzeugen, die möglichst ähnliche Eigenschaften haben wie das Referenzmodell (vgl. Abs. 4.5.2, S. 142). In der Tabelle 14.2 ist daher zu jedem Wert des IEEE-Standardwertesatzes eine mögliche Synthesesemantik skizziert worden.

Mehrdeutige Werte 'U', 'X', 'W' und '-': Die unbestimmten Werte 'U', 'X' und 'W' stehen für alle oder einige Werte eines Datentyps und sie werden zugewiesen, wenn der genaue Wert aus der jeweiligen Klasse nicht bekannt ist. Der Wert '-' steht auch für alle möglichen anderen Werte, aber er wird nur dann zugewiesen, wenn der aktuelle Wert irrelevant ist. Da man keine Implementation mit unbekannten Werten erzeugen kann, haben die unbestimmten Werte keine Synthesesemantik. Die Verwendung des „don't care"-Werts '-' hingegen ermöglicht eine Auswahl aus verschiedenen Implementationen.

Wert	Synthesesemantik
'U'	keine
'X', 'W'	keine
'0', '1'	('0' $\Rightarrow$ niedriger Pegel) und ('1' $\Rightarrow$ hoher Pegel).
'Z'	„tri-state"-Treiber nimmt den hochohmigen Wert an.
'L', 'H'	In CMOS nicht möglich.
'-'	Die Implementation kann einen beliebigen Wert erzeugen („output don't care").

Tabelle 14.2: Mögliche Synthesesemantik der Werte des VHDL-Standardwertesatzes „IEEE 1164"

Bestimmte Werte '0'/'1' und 'L'/'H': Die bestimmten Werte '0' und '1' haben eine offensichtliche Synthesesemantik, während die Werte 'L' und 'H' für eine Implementation durch eine CMOS-Schaltung keine Bedeutung haben. Man kann aber diesen beiden Werten mit einer „schwachen" Treiberstärke dieselbe Synthesesemantik zuordnen wie den stark getriebenen Werten '0' und '1'.

Zuweisung eines 'Z' $\Rightarrow$ **„tri-state"-Treiber und Kodierung durch zwei Leitungen:** Der „tri-state"-Wert 'Z' wird benötigt, um ein Signal mit verschiedenen Signalflußrichtungen zu modellieren (vgl. Abs. 3.5, S. 108). Eine Instanz weist einer Ausgangsklemme den Wert 'Z' zu, wenn die betreffende Instanz keinen Einfluß auf den Wert des an die Klemme angeschlossenen Signals nehmen will. Eine solche Klemme wird daher durch einen „tri-state"-Puffer implementiert. Dieser Puffer kann nicht nur die beiden Signalpegel treiben, sondern auch einen hochohmigen Widerstand in den Ausgangspfad einschalten. Soll die Ausgangsklemme den Wert 'Z' annehmen, so wird dieser Widerstand eingeschaltet. Ein Signal, welchem der Wert 'Z' zugewiesen wird, führt daher zu einer Instanziierung eines „tri-state"-Puffers. Dieser Puffer wird durch zwei binärwertige Leitungen angesteuert, einer Leitung mit dem Signalwert und einer Leitung zur Kontrolle des Treibers.

Die Synthesesemantik eines konkreten Signaltyps ist bei der Verwendung des IEEE-Standardwertesatzes somit durch eine allgemein akzeptierte Interpretation der einzelnen Werte ausreichend definiert [5].

Abstrakte Datentypen

Ein Synthesewerkzeug wird bei einem Enumerationstyp den unbestimmten Wert wie jeden anderen Wert kodieren und als eine bestimmte Belegung eines Signalbündels in der Gatterschaltung implementieren. Bei einem numerischen Datentyp führt der zusätzliche „unbestimmte" Wert zu einer Erweiterung des Wertebereiches, welche gegebenenfalls die Zahl der Signale in dem Signalbündel erhöht. Da ein unbestimmter Wert unter Umständen bei einem unbestimmten Eingangs- oder Zustandswert zugewiesen wird, wird das Synthesewerkzeug weiterhin eine geeignete Verschaltung von Gattern zur Implementation der Behandlung des „unbestimmten" Wertes implementieren.

Vereinbarung einer Synthesesemantik bei abstrakten Datentypen: Die Erweiterung des Wertebereiches eines abstrakten Datentyps führt also zum einen zu einer eventuellen Vergrößerung des Signalbündels und zum anderen zu einer Instanziierung von Gattern zur Behandlung des „unbestimmten" Wertes. Diese unnötige Erhöhung des Implementationsaufwandes kann vermieden werden, indem man nach der Verifikation der ausreichenden Initialisierung die Erweiterung des Wertebereichs und des Modells wieder rückgängig macht. Dies ist aufwendig und mit dem Risiko verbunden, daß man ungewollt das Verhalten der Modelle verändert.

---

[5]Letztlich entscheidend für die Synthesesemantik eines bestimmten Modells sind aber die Handbücher zur aktuellen Version.

14.5. ERWEITERUNG DER MODELLE

Es gibt Synthesewerkzeuge, welche jedem Wert eines Enumerationstyps den „tristate"-Wert zuordnen können, wenn dieser Wert durch ein Attribut als solcher markiert worden ist. Mit einem entsprechenden Attribut könnte einem Synthesewerkzeug auch mitgeteilt werden, daß ein bestimmter Wert die Semantik eines unbestimmten Wertes hat und daher wie beim IEEE-Standardwertesatz bei der Implementation einer Schaltung ignoriert werden soll.

Zusammenfassung: Erweiterung des Wertebereichs

Der Standardwertesatz enthält den „std_ulogic"-Typ und den aufgelösten Untertyp „std_logic". Da nach der Fertigstellung eines Modells die „std_ulogic"-Typen leicht gegen die aufgelösten Typen ausgetauscht werden können, ist die Verwendung der unaufgelösten „std_ulogic"-Typen empfohlen worden. Durch die Verwendung eines Standardwertesatzes ist eine Synthesesemantik vereinbart, und somit wird der eigentlich neunwertige Datentyp „std_ulogic" durch eine einzige binäre Leitung implementiert. Da eine solche Übereinkunft nicht bei abstrakten Datentypen besteht, muß zur Vermeidung unnötigen Implementationsaufwandes der zusätzliche unbestimmte Wert markiert werden.

14.5 Erweiterung der Modelle

Ist das Verhalten eines Modells bei einem unbestimmten Eingangs- oder Zustandswert nicht festgelegt, so werden bei der Aktivierung einer Instanz trotz unbestimmter Eingangs- und Zustandswerte eventuell Kontrollpfade durchlaufen, welche einem Ausgangssignal oder einer Variablen einen bestimmten Wert zuweisen. Daher können relevante Ausgangssignale bestimmte Werte annehmen, obwohl die Initialisierung der internen Speicher unzureichend ist. In diesem Abschnitt wird daher die systematische Erweiterung eines vorhandenen Modells um eine Modellierung des Verhaltens bei einem unbestimmten Eingangs- oder Zustandswert diskutiert.

Zunächst wird die Erweiterung einer logischen Funktion betrachtet, dann wird ein Modell mit numerischen Datentypen ergänzt.

A) Logische Funktionen

Aus der booleschen Funktion $and: A, B \in \{0, 1\} \to and(A, B) \in \{0, 1\}$ wird eine Funktion $AND: A, B \in \{0, 1, U\} \to X \in \{0, 1, U\}$, welche die Funktion „and" einbettet. Diese Erweiterung ist in Abb. 14.3 für die Funktion „and" gezeigt.

Die Ausgangswerte beim unbestimmten Wert 'U' an einem Eingang ergeben sich aus einer Betrachtung der Werte in den Zeilen und Spalten neben/unter dem zu bestimmenden Wert. Sind die Werte in einer Zeile/Spalte in dem eigentlichen Wertebereich konstant, so kann dieser Wert übernommen werden. Sind die Werte in der Zeile/Spalte nicht identisch, so muß das 'U' an den Ausgang propagiert werden, denn der jetzt mit einem 'U' belegte Eingang kann das Ergebnis beeinflussen. Für die boolesche Negation ergibt sich für den Wert 'U' $U = \bar{U}$, denn trivialerweise ist $1 = \bar{0}$ und $0 = \bar{1}$. Für das

14. MODELLIERUNG MIT DEM 'U'-WERT

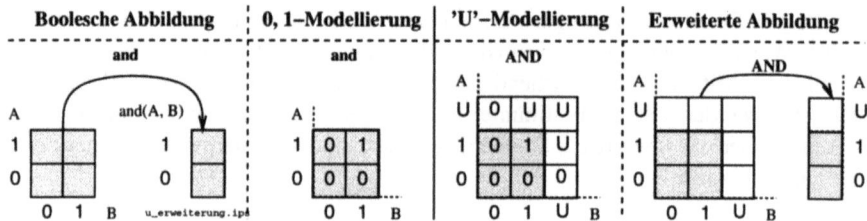

Abb. 14.3: Erweiterung des Eingangs- und Ausgangsbereiches der booleschen Funktion „and"

logische ODER „+" folgt $U = 0 + U$ und $1 = 1 + U$. Durch diese drei Erweiterungen können die Modelle aller logischen Gatter durch eine Modellierung des Verhaltens bei einem unbestimmten Wert an einem Eingang ergänzt werden.

B) Arithmetische Funktionen

Können die Operanden nur zwei mögliche Werte annehmen, so lassen sich auch bei einem unbestimmten Operanden noch relativ häufig sichere Aussagen über das Ergebnis formulieren. Für einen ganzzahligen Datentyp („integer") ergibt sich für viele binäre Operatoren $\odot$, wie $+$, $*$, bei einem beliebigen Wert „a" mit $a \in [min., max.]$ nur noch $U = a \odot U$. Dies ist in Abb. 14.4 für die Funktion $add : (A \in [0,3], B \in [0,5]) \to add(A,B) \in [0,8]$ mit $add(A,B) := A + B$ gezeigt.

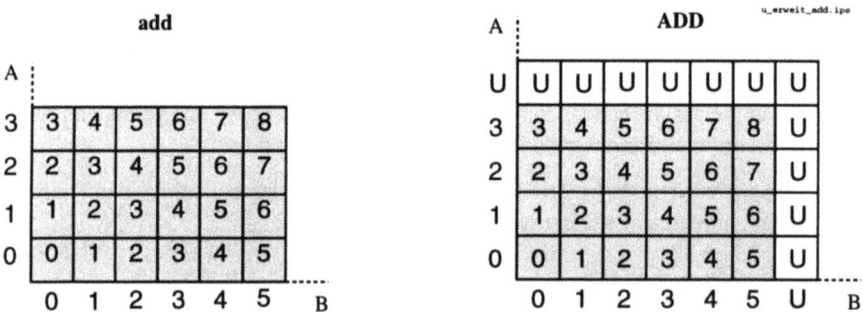

Abb. 14.4: 'U'-Erweiterung der Addition ganzzahliger Operanden mit einem beschränkten Wertebereich

Abtausch von Modellierungs- gegen Implementationsaufwand: Es ist meist einfacher, bei einem unbestimmten Eingangs- oder Zustandswert nicht nur den Signalen oder Variablen einen unbestimmten Wert zu zuweisen, die von dem unbestimmten Eingangs- und Zustandswert abhängen, sondern auch den unabhängigen Variablen oder Signalen. Modelle mit einer solchen pessimistischen Modellierung des Verhaltens bei einem unbestimmten Wert erfordern aber eine unnötig aufwendige Initialisierung der internen Speicher. Daher kann durch eine präzise Modellierung des Verhaltens bei einem unbestimmten Wert Modellierungs- gegen Implementationsaufwand abgetauscht werden.

Zusammenfassung: Wertebereich und Modell

Da der IEEE-Standardwertesatz unbestimmte Werte enthält, sind die einzelnen Werte vorgestellt worden. Es ist gezeigt worden, wie man ein vorhandenes Modell um eine Behandlung unbestimmter Eingangs- und Zustandswerte erweitert. Eine solche Erweiterung ist korrekt, wenn die folgenden Bedingungen erfüllt sind:

① Das Verhalten bei bestimmten Werten ist nicht verändert worden.

② Den Ausgangssignalen und Zustandsvariablen wird ein unbestimmter Wert zugewiesen, wenn deren Wert von einem Signal oder einer Variablen mit dem unbestimmten Wert abhängt.

Nachdem die Erweiterung der Datentypen und Modelle erläutert wurde, wird im nächsten Abschnitt der Zusammenhang zwischen einer Simulation mit einem unbestimmten Wert und dem Verhalten der gefertigten Schaltung diskutiert.

14.6 RT-, Gatterebene und die Realität

Die Erfahrung zeigt, daß nicht alle gültigen Implementationen eines Modells identisches Verhalten bei einem unbestimmten Eingangs- oder Zustandswert haben. Daher wird in diesem Abschnitt das Verhältnis zwischen einer Simulation mit einem unbestimmten Wert und der ausreichenden Initialisierung der gefertigten Schaltung genauer analysiert.

Im folgenden Abschnitt werden verschiedene Szenarien bei der Simulation mit einem unbestimmten Wert betrachtet. Danach wird ab S. 495 der Einfluß einer logischen Umformung auf das Verhalten bei einem unbestimmten Eingangswert analysiert. Die Interpretation einer Simulation mit unbestimmten Werten wird am Ende dieses Abschnitts auf S. 499 erläutert.

Simulation mit 'U'

A) Ausreichende Initialisierung

Zunächst wird der Fall betrachtet, daß in einer Simulation nach einigen Takten weder ein internes Signal noch ein Ausgangssignal einen unbestimmten Wert aufweist, obwohl nur ein Teil der Zustandsspeicher unmittelbar nach der Aktivierung der „reset"-Leitung initialisiert worden ist. In Abb. 14.5 ist nicht nur die Belegung des Zustandsraumes, sondern auch der Ausgangssignale für diesen Fall gezeigt. Diese Werte sind

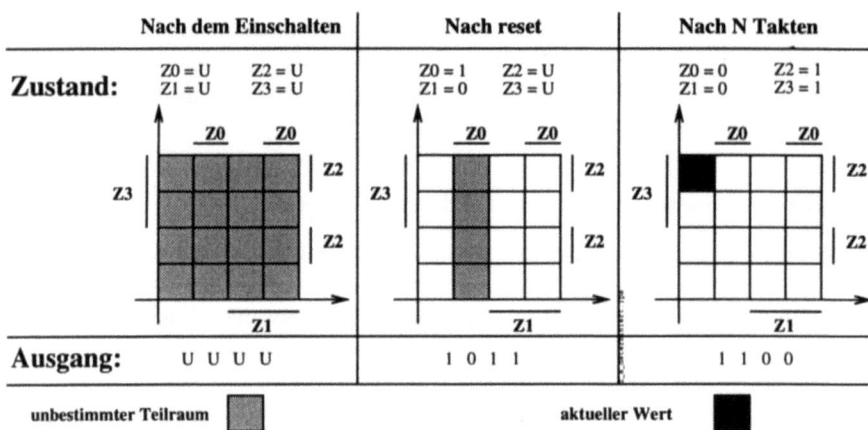

Abb. 14.5: Simulation mit 'U'-Werten bei ausreichender Initialisierung der internen Speicher

für einen Augenblick nach dem Anlegen der Betriebsspannung, nach der Aktivierung der „reset"-Leitung und für einige Takte nach der Deaktivierung des „reset" skizziert.

Der Zustandsraum mit vier binärwertigen Zustandsvariablen ist in Abb. 14.5 durch ein KV-Diagramm dargestellt. Der unbestimmte Teilraum ist durch eine Musterung markiert. Vor der Aktivierung der „reset"-Leitung ist der komplette Zustandsraum mit unbestimmten Werten belegt. Alle Ausgangswerte sind zu diesem Zeitpunkt ebenfalls unbestimmt. Durch einen geeigneten Impuls auf der „reset"-Leitung werden die Zustandsvariablen „Z0" und „Z1" mit einem bestimmten Wert initialisiert. Die Zustandsvariablen „Z2" und „Z3" sind nach wie vor unbestimmt. Da die Ausgangswerte aber nicht von den Zustandsvariablen mit einem unbestimmten Wert festgelegt werden, sondern nur durch die bestimmten Eingangs- und Zustandswerte, haben alle Ausgangswerte einen bestimmten Wert. Nach N Taktzyklen haben alle Zustandswerte einen bestimmten Wert und da alle Eingangswerte bestimmt sind, sind damit auch alle Ausgangswerte bestimmt.

Wenn ein entsprechenden Verhalten für alle möglichen Sequenzen von Eingangswerten beobachtet werden kann, so wird man die Initialisierung als ausreichend betrachten.

B) Unzureichende Initialisierung

In Abb. 14.6 sind die Werte des Zustandsraumes und der Ausgangssignale bei einer partiellen Initialisierung der Speicher für den Fall gezeigt, daß ein 'U'-Wert in einem Speicher an einen Ausgang gelangt und sich weiterhin der unbestimmte Teil des Zustandsraumes vergrößert.

Der Zustandsraum und alle Ausgangssignale sind auch in Abb. 14.6 nach dem Start der Simulation komplett unbestimmt. Nach der Aktivierung der „reset"-Leitung ist wie

14.6. RT-, GATTEREBENE UND DIE REALITÄT

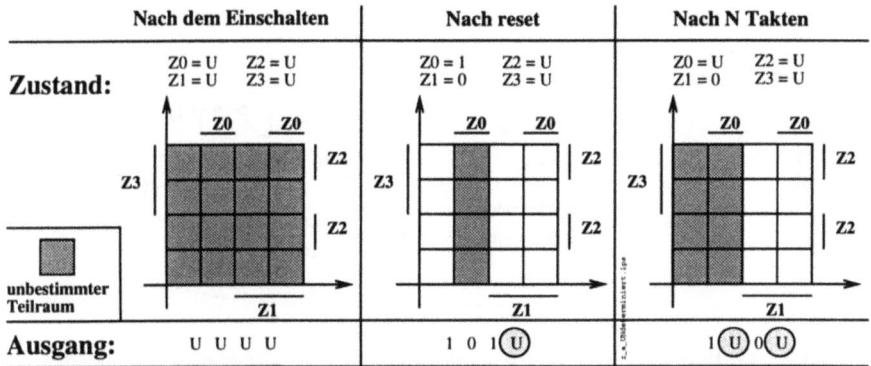

Abb. 14.6: Zustandsraum und Ausgangssignale für eine Schaltung mit möglicherweise undeterminiertem Verhalten

in Abb. 14.5 nur ein Teil der Zustandsvariablen initialisiert. Aber im Unterschied zu Abb. 14.5 bestimmen in Abb. 14.6 die unbestimmten Werte der Zustandsvariablen die Werte eines Ausgangssignals. Dieses Ausgangssignal ist daher in Abb. 14.6 durch einen gemusterten Kreis markiert. Nach N Taktzyklen sind die unbestimmten Werte der Zustandsvariablen „Z2" und „Z3" auch in die Zustandsvariable „Z0" propagiert.

In einem solchen Fall wird man annehmen, daß das Verhalten der gefertigten Schaltung nicht determiniert ist und daher die Initialisierung der Zustandsvariablen erweitern.

14.6.1 Einfluß einer logischen Umformung auf das 'U'-Verhalten

In diesem Abschnitt werden die Ursachen der folgenden Erfahrung erläutert.

> Zu einem Modell auf der RT-Ebene mit einer ausreichenden Initialisierung der Zustandsspeicher werden verschiedene Implementationen synthetisiert. Diese Implementationen werden mit unbestimmten Werten auf der Gatterebene simuliert. Bei einigen Implementationen verschwinden wie erwartet die unbestimmten Werte, während in anderen Implementationen immer mehr Signale einen unbestimmten Wert annehmen.

Die Betrachtung der Ursachen wird den Zusammenhang zwischen einer Simulation mit unbestimmten Werten und dem determinierten Verhalten der gefertigten Schaltung verdeutlichen.

Multiplexer und äquivalente Gatterschaltung

Im folgenden werden zwei äquivalente logische Schaltungen betrachtet, die ein unterschiedliches 'U'-Verhalten haben. Danach werden die Gründe für diese unterschiedliche Behandlung durch den Simulator erläutert.

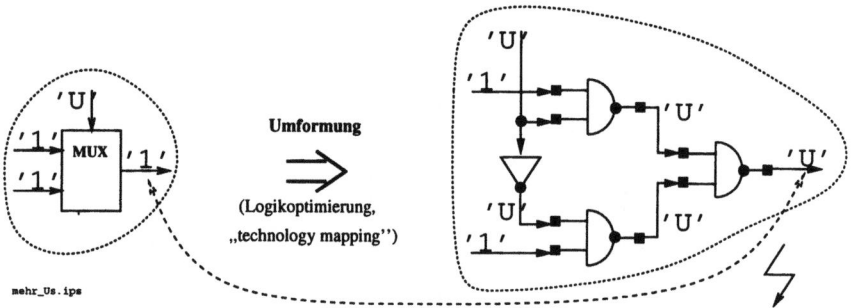

Abb. 14.7: Boolesche Äquivalenzumformung an einem Schaltungsausschnitt mit einer Änderung der Simulationsergebnisse bezüglich des 'U'-Wertes

In Abb. 14.7 ist für einen Ausschnitt aus einer größeren Schaltung eine logische Umformung gezeigt. Die in Abb. 14.7 gezeigte Belegung der Eingangswerte führt auf der linken Seite zu einem bestimmten Wert am Ausgang, denn der Wert der Selektionsleitung ist irrelevant, wenn die beiden Eingänge eines Multiplexers mit demselben Wert belegt sind. Die Schaltung in der rechten Seite von Abb. 14.7 wird mit denselben Eingangswerten angesteuert, eine Auswertung der einzelnen Gatter führt aber zu einem unbestimmten Ausgangswert. Die logische Umformung kann daher aus einer Schaltung, die bei einer gewissen Ansteuerung die Propagierung eines 'U'-Wertes verhindert, eine Schaltung mit einem 'U'-Wert am Ausgang bei derselben Ansteuerung machen.

Im folgenden wird eine boolesche Äquivalenzumformung mit ähnlichen Konsequenzen für das Verhalten beim 'U'-Wert gezeigt. Betrachten wir dazu eine boolesche Funktion „f" mit

$$f : s \in \{0,1\} \rightarrow f(s) \in \{0,1\}, f(s) = 1.$$

Da für beliebige „s" mit $s \in \{1,0\}$ gilt $s + \bar{s} = 1$, ergibt sich

$$f(s) = (1 \cdot s) + (1 \cdot \bar{s}).$$

Die durch die obigen Gleichungen beschriebene Funktion „f" soll im folgenden auf zwei Arten auf den Eingangs- und Ausgangswertebereich $\{0, 1, U\}$ erweitert werden. Zunächst wird eine schrittweise Auswertung der einzelnen logischen Funktionen betrachtet und dann wird die Funktionsgleichung unter Berücksichtigung des globalen Zusammenhangs ausgewertet.

A) Schrittweise Auswertung

Die Standard-Simulation einer Gatterschaltung berechnet für jedes Gatter getrennt aus den anliegenden Eingangswerten die Ausgangswerte, daher soll zunächst die lokale Auswertung der Funktion „f" betrachtet werden. Mit $s = U$ ergibt sich

14.6. RT-, GATTEREBENE UND DIE REALITÄT

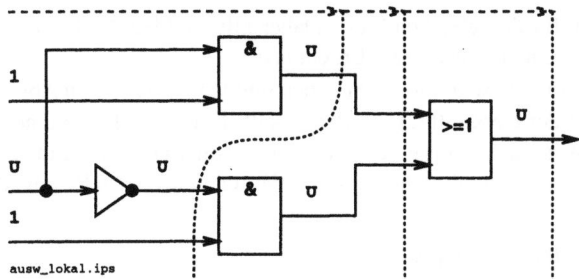

Abb. 14.8: Schrittweise lokale Auswertung der einzelnen logischen Funktionen analog zur Simulation

$$a = (1 \cdot U) + (1 \cdot \bar{U}). \tag{14.1}$$

Unter Anwendung der Rechenregel $U = \bar{\bar{U}}$ wird dann aus Gleichung (14.1) $a = (1 \cdot U) + (1 \cdot U)$. Mit der Rechenregel $U = 1 \cdot U$ und der booleschen Identität $a = a + a$ folgt

$$a = U.$$

Die schrittweise Auswertung des Verhaltens bei einem unbestimmten Eingangswert ist in Abb. 14.8 dargestellt. Die strichlierten Linien symbolisieren die Auswertungs„fronten" durch die Gatterschaltung.

B) Globale Auswertung

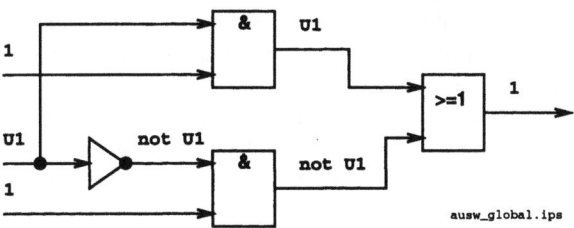

Abb. 14.9: Auswertung der logischen Funktion unter Berücksichtigung der Abhängigkeiten zwischen den unbestimmten Werten

Bei einer globalen Analyse wird mit der booleschen Identität $a = a \cdot 1$ aus Gleichung (14.1) $a = U + \bar{U}$. Diese Umformung entspricht der Auswertung der AND-Gatter in Abb. 14.9, ohne den Zusammenhang zwischen den beiden 'U'-Werten durch eine vorzeitige Auswertung des Inverters aufzugeben. Die aktuellen Werte, welche durch die 'U's in der Gleichung und in Abb. 14.9 repräsentiert sind, sind zwar unbekannt, aber alle 'U's stehen für den gleichen Wert. Daher gilt die Identität $1 = a + \bar{a}$. Deren Anwendung ergibt dann das erwartete Ergebnis $a = 1$.

Die Abhängigkeiten der einzelnen unbestimmten Werte sind in Abb. 14.9 durch die Kennzeichnung der Herkunft („U1") dargestellt. Der Verzicht auf eine vorzeitige Reduktion eines Ausdruckes auf einen neuen unbestimmten Wert ist in Abb. 14.9 durch symbolische Ausdrücke mit unbestimmten Werten, wie „not U1", angedeutet.

Globale versus lokale Analyse

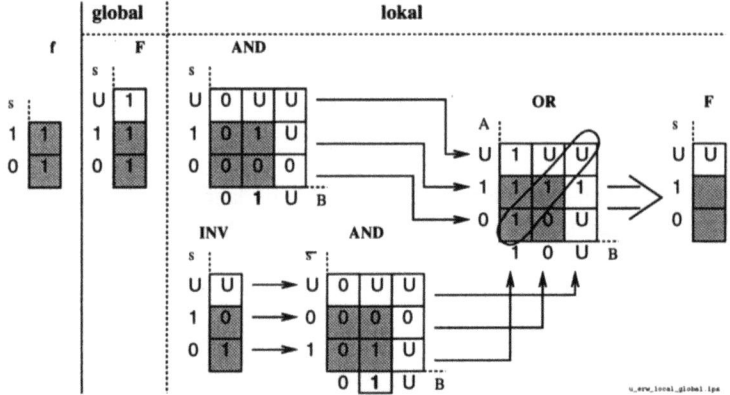

Abb. 14.10: 'U'-Erweiterung der Funktion $f(s)$ durch lokale oder globale Auswertung

In Abb. 14.10 sind die beiden Arten, die 'U'-Erweiterung der Funktion „f" zu berechnen, nebeneinander gestellt. Die globale Erweiterung ist in der ersten Spalte nach dem durchgezogenen vertikalen Strich gezeigt. Die Reaktion auf den unbestimmten Wert 'U' an dem Eingang „s" ergibt sich aus der Betrachtung der Funktionswerte in der Spalte. Da die Funktion „f" in allen Zeilen den Wert '1' annimmt, nimmt der Ausgang auch beim Eingangswert 'U' den Wert '1' an.

Die lokale Erweiterung hingegen ergibt sich aus der sukzessiven Evaluation der einzelnen erweiterten logischen Funktionen. Jede Funktion ist in Abb. 14.10 durch ein KV-Diagramm dargestellt. Die erste Konjunktion verknüpft die konstante '1' mit dem Eingangssignal „s", daher ist in dem oberen KV-Diagramm eines ANDs die zweite Spalte eingerahmt. Nur Werte aus dem eingerahmten Bereich sind für das Ergebnis relevant. In der unteren Reihe wird der Wert des Eingangssignals „s" an das KV-Diagramm des Inverters gelegt. Die Ergebnisse werden an das KV-Diagramm der zweiten Konjunktion weitergegeben. Die Resultate der Auswertung der beiden AND-Funktionen werden in dem KV-Diagramm der Disjunktion verknüpft. Da die Eingangswerte im oberen und unteren Auswertungszweig identisch sind, sind nur die Werte in der eingerahmten Hauptdiagonalen für das Endergebnis relevant. Diese Werte sind in dem rechten KV-Diagramm der Funktion „F" zusammengefaßt. Die Ausgangswerte bei einem bestimmten Eingangswert sind bei beiden Auswertungsverfahren gleich. Bei einem unbestimmten Eingangswert ergibt sich bei der globalen Auswertung der bestimmte Wert '1', während bei einer schrittweisen lokalen Auswertung nur noch ein unbestimmter Wert berechnet werden kann.

Durch die schrittweisen Auswertung geht Information über die Abhängigkeit der einzelnen unbestimmten Werte verloren, und somit erhöht sich die Zahl der Signale oder Variablen mit einem unbestimmten Wert.

Zusammenfassung: Einfluß einer logischen Umformung. Die Simulation logisch äquivalenter Schaltungen führt zu unterschiedlichen Ergebnissen, wenn unbestimmte Eingangswerte angelegt wurden. Daher stellt sich die Frage, welche Schlußfolgerungen aus einer Simulation mit unbestimmten Werten im Bezug auf das Verhalten der gefertigten Schaltung gezogen werden können.

14.6.2 Aussagekraft einer Simulation mit 'U'

I) Unbestimmte Werte $\not\Rightarrow$ Zufälliges Verhalten

Boolesche Äquivalenzumformungen können das *simulierte* Verhalten einer Schaltung bezüglich des 'U'-Wertes verändern, wenn in der Simulation die einzelnen Gatter ausschließlich lokal ausgewertet werden und somit nicht die Abhängigkeiten zwischen verschiedenen unbestimmten Werten am Eingang einer Instanz beachtet werden. Durch diese Vernachlässigung geht Information über den Wert eines Signals oder einer Variablen verloren, so daß sich das Ausmaß der Unbestimmtheit erhöht. Da aber boolesche Äquivalenzumformungen nicht das logische Verhalten der realen Schaltungen verändern, ergibt sich der in der ersten Zeile von Abb. 14.11 dargestellte Zusammenhang.

Simulation		Gefertigte Schaltung
I) Unbestimmte Werte	$\not\Leftrightarrow$	Zufälliges Verhalten
II) Keine unbestimmten Werte	$\Rightarrow$	Determiniertes Verhalten

Abb. 14.11: Möglichkeit der Verifikation des determinierten Verhaltens durch Simulation

Aus der Existenz von Signalen oder Variablen mit einem unbestimmten Wert kann nicht gefolgert werden, daß diese Signale oder Variablen in der gefertigten Schaltungen auf Grund einer unzureichenden Initialisierung einen zufälligen Wert annehmen werden.

In dem folgenden Abschnitt wird die Umkehrung betrachtet, ob man aus der Abwesenheit von unbestimmten Werten folgern kann, daß die Signale in der gefertigten Schaltung determinierte Werte annehmen.

II) Keine unbestimmten Werte ⇒ Determiniertes Verhalten

Werden die Variablen und Signale beim Start der Simulation mit einem unbestimmten Wert belegt, und diese unbestimmten Werte werden nach und nach durch bestimmte Werte ersetzt, so ist der erreichte bestimmte Zustand ein gültiger Zustand der Schaltung, denn er wurde nur durch eine Auswertung des Verhaltens bei bestimmten Eingangs- und Zustandswerten ermittelt. Weiterhin werden alle folgenden Zustände von der gefertigten Schaltung in derselben Art und Weise durchlaufen, wenn nur das Verhalten bei den bestimmten Werten korrekt modelliert und simuliert wird.

Keine unbestimmten Werte ⇒ nie wieder unbestimmte Werte: Ein Modell weist nur dann einem Ausgangssignal oder einer Zustandsvariablen einen unbestimmten Wert zu, wenn entweder ein Eingangs- oder Zustandswert unbestimmt ist oder eine Timingbedingung verletzt worden ist. Da hier nur die stabilen Werte vor dem Eintreffen der nächsten ausgezeichneten Taktflanke betrachtet werden sollen, können unbestimmte Werte nur durch unbestimmte Werte hervorgerufen werden. Gibt es daher in einer Schaltung keine Signale oder Variablen mit unbestimmten Werten und werden keine unbestimmten Werte an die Klemmen der Schaltung angelegt, so werden alle folgenden Werte der Schaltung bestimmt sein.

(Un- & bestimmte Werte → bestimmte Werte) ⇒ unbestimmte Eingänge irrelevant: Werden alle Signale oder Variablen beim Start der Simulation mit einem unbestimmten Wert initialisiert und verschwinden diese Werte, so müssen die Signale und Variablen mit einem unbestimmten Wert durch solche mit einem bestimmten Wert ausgeblendet worden sein. Durch die Aktivierung der „reset"-Leitung kann man z.B. erreichen, daß die Werte an dem Dateneingang eines Flipflops nicht beachtet werden. Weiterhin gibt es viele Schaltungen, z.B. ein OR-Gatter, bei denen ein bestimmter Eingangswert zu einem bestimmten Ausgangswert führt, obwohl andere Eingänge einen unbestimmten Wert haben.

Keine unbestimmten Werte ⇒ Determiniertes Verhalten: Wird trotz eines unbestimmten Eingangs- oder Zustandswert ein bestimmter Ausgangs- oder Zustandswertes ermittelt, so wäre dieser Wert für jeden beliebigen bestimmten Wert des unbestimmten Eingangs- oder Zustandssignals ermittelt worden. Wird daher in einem Modell jedes Signal und jede Variable mit einem unbestimmten Wert initialisiert und verschwinden die unbestimmten Werte, so würde die gefertigte Schaltung ebenfalls bei einem beliebigen Anfangswert den bestimmten Zustand erreichen. Man kann daher aus dem Verschwinden der unbestimmten Werte auf eine ausreichende Initialisierung der internen Speicher folgern. Daher gilt die zweite in Abb. 14.11 angedeutete Schlußfolgerung.

Für die praktische Entwicklungsarbeit bedeutet dies, daß man sich bei einer Überprüfung des determinierten Verhaltens mit solchen 'U'-Werten auf der sicheren Seite bewegt.

14.6. RT-, GATTEREBENE UND DIE REALITÄT

'U'-Simulation und Realität bei determinierten Verhalten

Zur Illustration des oben dargestellten Zusammenhangs zwischen der Simulation unter Berücksichtigung der Unsicherheit und dem determinierten Verhalten der gefertigten Schaltung werden die Zustände eines Simulationsmodells und eine mögliche Zustandssequenz der gefertigten Schaltung betrachtet.

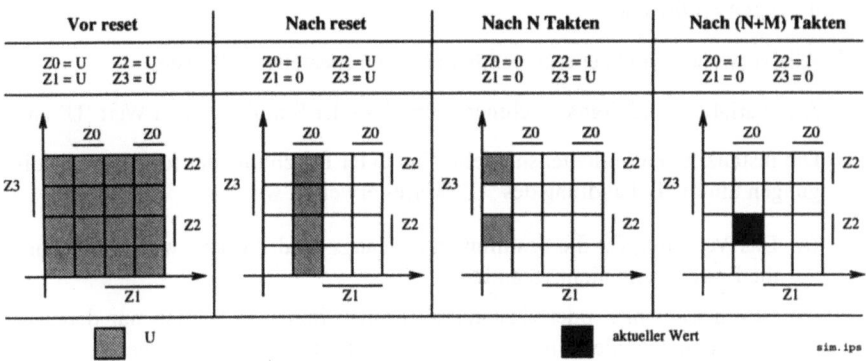

Abb. 14.12: Zustand eines Simulationsmodells mit 'U'-Modellierung für verschiedene Zeitpunkte

Vor der Aktivierung des „reset" haben alle Signale des Simulationsmodells in Abb. 14.12 den Wert 'U', während die gefertigte Schaltung in Abb. 14.13 irgendeinen durch Zufall und Fertigungstechnologie bestimmten Zustand annimmt. Bei partieller „reset"-Beschaltung verkleinert sich in der Simulation der unbestimmte Teilraum, während die gefertigte Schaltung einen von zwei möglichen Zuständen annimmt.

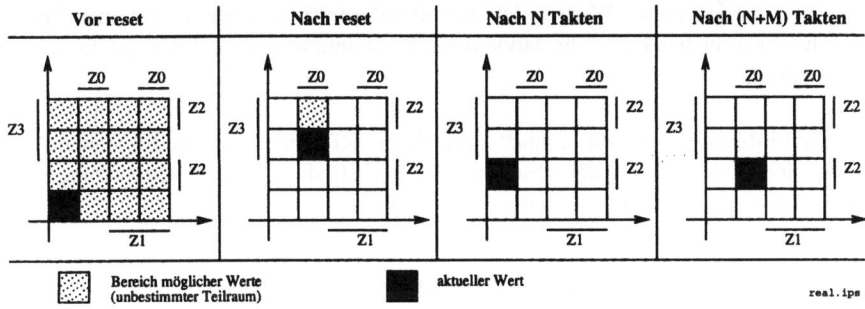

Abb. 14.13: Zustand der gefertigten Schaltung für verschiedene Zeitpunkte

Nach N Takten ist die gefertigte Schaltung in Abb. 14.13 in einem determinierten Zustand angekommen, während die Simulation auf Grund der lokalen Auswertung des Verhaltens bei einem unbestimmten Eingangswert noch teilweise unbestimmt ist ($Z3 = U$). Nach weiteren M Takten ist dann auch die Simulation der Schaltung vollständig bestimmt, und damit ist der Zustandsverlauf in den folgenden Takten in der Simulation und der gefertigten Schaltung identisch.

Zusammenfassung: Verifikation der ausreichenden Initialisierung

Eine Verifikation der ausreichenden Initialisierung ist möglich, wenn die folgenden Bedingungen erfüllt sind:

① Alle verwendeten Datentypen enthalten einen speziellen 'U'-Wert.

② Alle Variablen und Signale nehmen beim Start der Simulation den Wert 'U' an.

③ Die instanziierten Verhaltensmodelle sind unter Beachtung der folgenden Bedingungen um die Behandlung des 'U'-Wertes erweitert worden.

  (a) Das Verhalten für die bestimmten Eingangs- und Zustandswerte wird durch die Erweiterung nicht verändert.

  (b) Ist ein Eingangs- oder Zustandswert unbestimmt, so werden nur den Ausgangssignalen oder Zustandsvariablen bestimmte Werte zugewiesen, die von dem unbestimmten Signal oder der unbestimmten Variablen unabhängig sind.

Folgerungen aus einer Simulation mit 'U': Sind die obigen Bedingungen erfüllt, so können aus einer Simulation des abstrakten Modells die folgenden Schlußfolgerungen über das Verhalten der gefertigten Schaltung gezogen werden.

① Nehmen alle relevanten Variablen und Signale in der geforderten Zeit einen bestimmten Wert an, so ist die Initialisierung der internen Speicher ausreichend.

② Haben nach der Initialisierungszeit immer noch relevante Signale oder Variablen einen unbestimmten Wert, so ist entweder die Initialisierung der internen Speicher unzureichend oder die Modellierung des unbestimmten Wertes ist zu pessimistisch.

Die Einführung von „std_ulogic"-Typen in ein RT-Modell wird im folgenden Abschnitt demonstriert, bevor im Abschnitt 14.8 (S. 510) die generelle Verwendung von „std_ulogic"-Typen diskutiert wird.

14.7 Einführung von „std_ulogic"-Typen

Die Simulationseffizienz eines Modells auf der RT-Ebene ist um Größenordnungen besser als die der entsprechenden Implementation auf der Gatterebene (vgl. Abs. 4.5.4, S. 154). Daher ist es attraktiv, die Verifikation der ausreichenden Initialisierung auf einer Abstraktionsebene oberhalb der Gatterebene durchzuführen. Die Verifikation der ausreichenden Initialisierung erfordert die Wertebereichserweiterung um einen unbestimmten Wert. Bei abstrakten Datentypen gibt es z.Z. weder eine generelle Vereinbarung noch eine Möglichkeit der Markierung, so daß zusätzliche unbestimmte Werte

14.7. EINFÜHRUNG VON „STD_ULOGIC"-TYPEN

keine Synthesesemantik haben. Sie müssen daher vor einer Synthese wieder aus den Definitionen der Datentypen und den Verhaltensbeschreibungen entfernt werden (vgl. Abs. 14.4.3, S. 490). Dies kann durch die Einführung von „std_ulogic"-Typen vermieden werden. Die Einführung von „std_ulogic"-Typen in ein vorhandenes RT-Modell wird daher in diesem Abschnitt demonstriert.

Das betrachtete Beispiel zeigt weiterhin, daß es sich dabei nicht um eine einfache Übersetzung handelt, sondern um einen Entwurfsprozeß, der den Abstraktionsgrad bezüglich der verwendeten Datentypen (vgl. Abs. 12, S. 419) und der Modellierung funktionaler Aspekte (vgl. Abs. 11, S. 403) reduziert. Dieser Entwurfsprozeß umfaßt bei diesem Beispiel unter anderem die explizite Modellierung des „reset"-Verhaltens, die Kodierung der abstrakten Datentypen und die explizite Modellierung der Mehrfachnutzung von Registern und Datenpfaden. Es wird gezeigt, wie man die Zahl der notwendigen Änderungen in dem vorhandenen Modell bei diesem Prozeß minimiert.

Zunächst werden die Änderungen an den Schnittstellen diskutiert, dann werden die Datentypen und die Verhaltensbeschreibung erweitert und zum Schluß wird die Mehrfachnutzung eines Datenpfades und eines Registers explizit modelliert.

Änderungen in der Definition der Einheit

Zur Demonstration wird das parametrierbare Modell eines Senders für die serielle Übertragung verwendet (vgl. Abs. 5.4.2, S. 207). Im folgenden Codefragment 14.3 ist die Definition der Schnittstellen gezeigt. An der Klemme „clk" wird das Taktsignal angeschlossen und das zu sendende Datenwort an die Klemme „dataword", dessen Gültigkeit durch die Aktivierung der Klemme „data_valid" signalisiert wird. Der serielle Datenstrom kann an der Klemme „data_line" entnommen werden und der Abschluß einer Übertragung wird über die Klemme „data_accepted" signalisiert.

14.3
```
ENTITY transmitter IS
    GENERIC(NoStopBits : positive := 2);
    PORT(clk           : IN  bit;
         dataword      : IN  bit_vector;
         data_valid    : IN  bit;
         data_accepted : OUT bit;
         data_line     : OUT bit);
END transmitter;
```

Die dort verwendeten binärwertigen Datentypen „bit" und „bit_vector" müssen durch die entsprechenden „std_ulogic"-Typen ersetzt und die Schnittstelle um eine „reset"-Klemme erweitert werden. Diese Änderungen sind im folgenden Codefragment 14.4 angedeutet.

14.4
```
ENTITY transmitter IS
    GENERIC(NoStopBits : positive := 2);
    PORT(clk, reset    : IN  std_ulogic;
         dataword      : IN  std_ulogic_vector;
         ...
```

Änderungen am Modell

Das Modell des „transmitters" im EFSM-Modellierungsstil mit implizit modellierten Datenpfaden ist im Codefragment 5.22 (S. 208) gezeigt. Im folgenden sollen daher nur die Abschnitte mit Änderungen aufgelistet werden.

Erweiterung der „sensitivity list": In der Implementation soll ein asynchroner „reset" verwendet werden (vgl. Abs. 14.1, S. 477). Das Modell des „transmitters" ist mit einem einzigen Prozeß modelliert, der durch die Änderung des Taktsignals „clk" aktiviert wird. Daher enthält die „sensitivity list" im Codefragment 14.5 nur das Eingangssignal „clk".

14.5
```
ARCHITECTURE EFSM_implicit_datapath  OF transmitter IS
BEGIN
    PROCESS(clk)
    ...
```

Zur Einführung eines asynchronen „reset" muß daher die „sensitivity list" des Prozesses um das Eingangssignal „reset" erweitert werden. Diese Änderung ist im Codefragment 14.6 gezeigt.

14.6
```
ARCHITECTURE EFSM_determined OF transmitter IS
BEGIN ---------------------------------------- EFSM_determined
    PROCESS(clk, reset)
    ...
```

Kodierung des Zustands: Im Originalmodell wird ein Enumerationstyp „t_state" mit den Werten der einzelnen Kontrollzustände definiert. Mit diesem Datentyp wird dann die Variable „state" definiert, wie im folgenden Codefragment gezeigt.

14.7
```
    TYPE t_state IS (WAIT_FOR_WORD, SEND_BITS,
                     SEND_STOPS, DAV_MUST_BE_VANISHED);
    VARIABLE state        : t_state;
    ...
```

Der Kontrollzustand „state" nimmt vier verschiedene Werte an und kann daher mit zwei bits minimal kodiert werden. Die Variable „state" wird im folgenden Codefragment als ein mehrwertiger Vektor mit zwei Positionen definiert. Zur Verbesserung der Lesbarkeit wird für jeden einzelnen Zustand eine Konstante mit dem Wert des Zustandsvektors deklariert.

14.8
```
    VARIABLE state                  : std_ulogic_vector(1 DOWNTO 0);
    CONSTANT WAIT_FOR_WORD          : std_ulogic_vector := '00';
    ...
    CONSTANT DAV_MUST_BE_VANISHED   : std_ulogic_vector := '11';
```

Da der Name der Variablen „state" nicht verändert worden ist und die Werte der Variablen nur über diese Konstanten referenziert werden, müssen im Modell weder die „case"-Verzweigung noch die Wertzuweisungen auf die Variable „state" angepaßt werden.

Im folgenden wird die Mehrfachnutzung von Datenpfaden und Registern demonstriert. Auf S. 507 wird die Einführung der „std_ulogic"-Typen fortgesetzt.

14.7.1 Mehrfachnutzung von Registern und Datenpfaden

Die Mehrfachnutzung der instanziierten Datenpfade und Register, die nicht zur gleichen Zeit benötigt werden, ist ein kräftiges Hilfsmittel, um den Implementationsaufwand zu reduzieren.[6] | Exkurs |

I) Analyse der Möglichkeiten zur Mehrfachnutzung

In den folgenden Paragraphen werden die Operationen und Variablen extrahiert, die durch mehrfachgenutzte Datenpfade oder Register implementiert werden können.

Operationen auf die Variablen „bit_counter" und „StopBit_counter": Im Modell der Einheit „transmitter" im Codefragment 5.22 (S. 208) werden verschiedene Operationen mit ganzzahligen Operanden eingeplant („Scheduling"). Der Ausschnitt aus dem Modell, in dem Operationen auf die Variablen „bit_counter" und „StopBit_counter" eingeplant werden, ist in Abb. 14.14 gezeigt. Die Operationen auf die Variable „bit_counter" sind dunkel unterlegt, während die Operationen auf die Variable „StopBit_counter" mit einem hellen Rechteck hervorgehoben sind. Die Zeilen in denen die Operationen „LOAD", „< Konstante" und „+1" eingeplant werden, sind durch Pfeile gekennzeichnet.

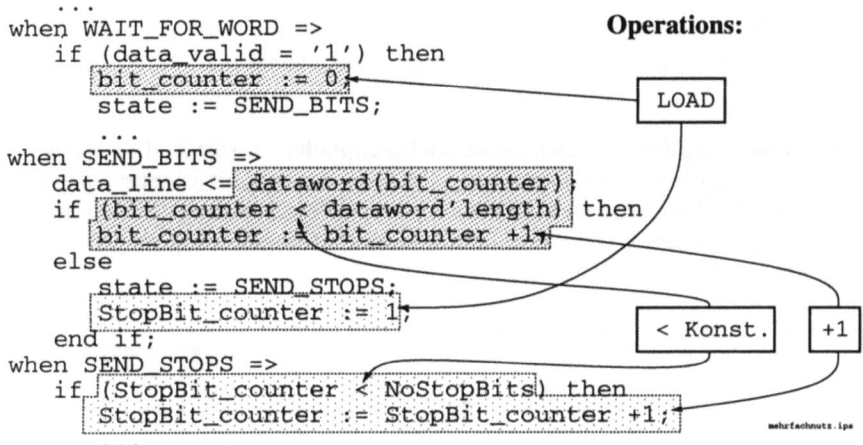

Abb. 14.14: Ausschnitt aus dem Modell „transmitter", in welchem Operationen auf die Variablen „bit_counter" und „StopBit_counter" eingeplant werden

Mehrfachnutzung der Datenpfade „< Konst." und „+1": Die gemeinsamen gleichartigen Operationen mit den Variablen „bit_counter" und „StopBit_counter"

---

[6]Die Bedingungen zur Mehrfachnutzung von Datenpfaden sind ab S. 244 vorgestellt worden. Ab S. 245 wurden die Bedingungen zur Abspeicherung verschiedener Variablen in ein Register erläutert.

sind vom Typ „< Konstante" oder „+1". Weiterhin zeigt das Codefragment in Abb. 14.14, daß diese Operationen nicht auf einem gemeinsamen vollständigen Kontrollpfad durchgeführt werden. Sie müssen daher von einer Implementation niemals im gleichen Taktzyklus durchgeführt werden, so daß sie von einem einzigen Datenpfad ausgeführt werden können.

Mehrfachnutzung des Registers: Zwei Variablen können in einem Register abgelegt werden, wenn sich deren Nutzpfade maximal im ersten oder letzten vollständigen Kontrollpfad überlappen. Der Wert der Variablen „bit_counter" und „StopBit_counter" wird entweder durch die Zuweisung einer Konstanten oder durch die Inkrementierung verändert. Die Zuweisungen einer Konstanten sind in Abb. 14.14 durch „LOAD" markiert und die Inkrementierungen durch „+1". Beide Variablen werden beim Vergleich und beim Inkrementieren referenziert. Ein Vergleich der möglichen Nutzpfade zeigt, daß sie sich nur im Zustand „SEND_BITS" beim Sprung in den Zustand „SEND_STOPS" überlappen. Auf diesem vollständigen Kontrollpfad wird nämlich der Wert der Variablen „bit_counter" im Vergleich referenziert und der Variablen „StopBit_counter" wird der Wert 1 zugewiesen.

II) Modellierung der Mehrfachnutzung

Die Modellierung der Mehrfachnutzung wird im folgenden in das vorhandene Modell eingeführt, wobei versucht wird, die Änderungen zu minimieren.

Dimensionierung der mehrfach genutzten Datenpfade: Da die Zahl der Datenbits immer die Zahl der Stopbits übersteigen wird, kann man den „bit_counter" auch zum Zählen der Stopbits verwenden. Die damit erzeugte Einschränkung der Verwendung kann mit dem „assertion statement" im folgenden Codefragment abgefangen werden (vgl. Abs. 2.3.3, S. 54).

14.9
```
ASSERT NoStopBits <= dataword'LENGTH
    REPORT "NoStopBits exceeds number of bits in dataword" SEVERITY ERROR;
```

Die Länge des an die Klemme „dataword" angeschlossenen Vektors bestimmt den Wertebereich der Variablen „bit_counter". Um den Bitvektor zur Kodierung des „bit_counters" bequem deklarieren zu können, wird eine Funktion „ceil_ld" mit $ceil\_ld(x) := \lceil log_2(x) \rceil$ verwendet [7].

14.10
```
FUNCTION ceil_ld(a : integer) RETURN INTEGER;
SUBTYPE t_bit_counter IS
                std_ulogic_vector(ceil_ld(dataword'LENGTH) DOWNTO 0);
    VARIABLE bit_counter : t_bit_counter;
```

---

[7] Die zur Definition dieser Funktion notwendigen Funktionen befinden sich in dem Paket „math_real" der Bibliothek „IEEE". Man kann die Funktionen daher durch „library IEEE; use IEEE.math_real.all;" vor einer Verwendung sichtbar machen.

14.7. EINFÜHRUNG VON „STD_ULOGIC"-TYPEN

Modellierung der Mehrfachnutzung durch einen „alias": Die Definition der Variablen „StopBit_counter" wird durch die Definition eines neuen Namens für die Variable „bit_counter" ersetzt. Durch diese „alias"-Definition vermeidet man Änderungen in den Zeilen mit einer Referenz auf die Variable „StopBit_counter" [8].

14.11
```
ALIAS StopBit_counter : t_bit_counter IS bit_counter;
```

„Overloading" der Operatoren: Die Operationen auf den Variablen „bit_counter" und „StopBit_counter" sind durch binäre Operatoren modelliert. Diese Operatoren sind im Standardumfang von VHDL nur für die numerischen Datentypen, wie „integer", definiert [9]. Um eine Anpassung der Zeilen mit einem Zugriff auf die Variablen zu vermeiden, werden im folgenden einige Funktionen, welche die Standard-Deklarationen der benötigten binären Operatoren überladen, deklariert. Solche Funktionen sind im Lieferumfang vieler Synthesewerkzeuge enthalten.

14.12
```
FUNCTION "+"(L: std_ulogic_vector; R: integer) RETURN std_ulogic_vector;
FUNCTION "<"(L: std_ulogic_vector; R: integer) RETURN BOOLEAN;
FUNCTION 2unsigned(a : std_ulogic_vector)      RETURN natural;-- return >= 0
```

Zusammenfassung: Mehrfachnutzung von Registern und Datenpfaden

Aus einem realen Modell wurden die Operationen und Variablen extrahiert, die durch mehrfachgenutzte Datenpfade und Register implementiert werden können. Die Möglichkeiten der Mehrfachnutzung wurden analysiert und explizit modelliert. Die Änderungen an dem vorhandenen Modell sind dabei minimiert worden.

| Exkurs |

In den folgenden Abschnitten wird die Diskussion der einzelnen Schritte zur Einführung der „std_ulogic"-Typen fortgesetzt.

Modellierung des Verhaltens nach einer Aktivierung der „reset"-Leitung

Der Kontrollzustand „state" und die beiden Ausgangsleitungen „data_line" und „data_accepted" müssen direkt nach der Aktivierung der „reset"-Leitung in einen determinierten Zustand gebracht werden. Der Datenzustand ist im ursprünglichen Modell durch die beiden Variablen definiert. Das gemeinsame Register soll durch synchrones datenabhängiges Laden bestimmt werden. Daher muß zwischen die im folgenden Codefragment gezeigte „begin"-Anweisung und die Abfrage der relevanten Taktflanke eine Abfrage des Eingangssignals „reset" eingefügt werden.

14.13
```
BEGIN
    IF (clk'EVENT AND clk='1') THEN
        CASE state IS
        ...
```

---

[8] Falls die aktuelle Version des verwendeten Synthesewerkzeugs keine „alias"-Definition erlaubt, so müssen die Variablennamen geeignet ausgetauscht werden.

[9] Eine Definition, z.B. für Bitvektoren, wäre nur möglich, wenn man die Kodierung der Werte eines numerischen Datentyps standardisieren würde.

Ist die „reset"-Leitung aktiv, so wird der im folgenden Codefragment gezeigte „then"-Zweig durchlaufen. In diesem „then"-Zweig werden die Zustandsvariable „state" und die Ausgangsleitung „data_line" und „data_accepted" initialisiert. Diese Variablen und Signale werden daher durch ein Synthesewerkzeug in Flipflops mit geeigneten „set"- und „reset"-Klemmen abgelegt.

14.14
```
BEGIN
    IF (reset = '1') THEN
        state := WAIT_FOR_WORD;        -- load control state FFs
        data_line <= '1';              -- V24 line default is '1'
        data_accepted <= '0';          -- no data sent until now
    ELSIF (clk'EVENT AND clk='1') THEN
        CASE state IS
        ...
```

Synchrones datenabhängiges Laden des Datenzustandes

Im Codefragment 14.10 (S. 506) wird die Variable „bit_counter" als „std_ulogic_vector" definiert. Daher werden nun die Flipflops des Registers „bit_counter" durch das Aggregat „others => '0' " zurückgesetzt.

14.15
```
ELSIF (clk'EVENT AND clk= '1') THEN
    CASE state IS
        WHEN WAIT_FOR_WORD =>
            IF (dav = '1') THEN              -- start a transmission
                bit_counter := (OTHERS => '0');
            ...
```

Die Zeile „data_line <= dataword(bit_counter);" basiert auf dem ganzzahligen Datentyp der Variablen „bit_counter". Da „bit_counter" in dieser Version ein „std_ulogic"-Vektor ist, wird mit der Funktion „2unsigned" eine Konvertierung in einen vorzeichenlosen ganzzahligen Typ durchgeführt. Mit diesem vorzeichenlosen „Integer" wird dann die benötigte Bitposition des Vektors „dataword" selektiert.

14.16
```
WHEN SEND_BITS =>
    data_line <= dataword(2unsigned(bit_counter));
```

Die beiden ersten Zeilen des folgenden Codefragments müssen nicht angepaßt werden, weil durch die oben erwähnten Funktionsdeklarationen die Operatoren „<" und „+" auch für die hier verwendeten Datentypen auf der rechten und linken Seite der Operatoren definiert sind. So befindet sich z.B. in der ersten Zeile des folgenden Codefragments auf der linke Seite des Operators „<" ein „std_logic_vector", auf der rechten Seite ein „integer" und der gesamte Ausdruck hat den Datentyp „boolean".

14.17
```
IF (bit_counter < dataword'LENGTH ) THEN
    bit_counter := bit_counter +1;
    state := SEND_BITS;
ELSE
    state := SEND_STOPS;                            -- last bit
    StopBit_counter := (0 => '1', OTHERS => '0');
END IF;
WHEN send_stops =>
    IF (StopBit_counter < NoStopBits) THEN
    ...
```

14.7. EINFÜHRUNG VON „STD_ULOGIC"-TYPEN

Im Codefragment 14.17 auf der vorherigen Seite ist die Zeile „StopBit_counter := 1;" wiederum durch einen „aggregate"-Ausdruck ersetzt worden. Der restliche Teil des Modells kann ohne weitere Änderungen übernommen werden, weil durch die „alias"-Definition im Codefragment 14.11 (S. 507) die Namen „StopBit_counter" und „bit_counter" dieselbe Variable bezeichnen.

Abdeckung von ungenutzten Kodierungswörtern: In dem betrachteten Fall ist der Kodierungsraum für den Zustandswert „state" aus zwei Bits durch vier Zustandswerte vollständig belegt. Falls nicht belegte Werte existieren, sollte man die Robustheit durch die Einfügung eines „when others"-Zweiges erhöhen. Die Form eines solchen „when others"-Zweiges ist im folgenden Codefragment 14.18 angedeutet.

4.18
```
WHEN OTHERS =>
    state = START_STATE;
    output_signal <= SOME_DEFAULT_VALUE;
```

Modellierung bei unbestimmten Eingangs- und Zustandswerten

In den beiden folgenden Paragraphen wird das Modell um eine Beschreibung des Verhaltens bei unbestimmten Eingangs- und Zustandswerten erweitert.

Unbestimmter Zustandswert: Der im Codefragment 14.18 angedeutete Zweig wird auch durchlaufen, wenn der Zustand einen unbestimmten Wert annimmt. Bei einem unbestimmten Zustandswert muß der neue Zustandswert und alle Ausgangswerte mit dem 'U'-Wert belegt werden. Dies macht eine explizite Modellierung des Verhaltens bei dem 'U'-Wert notwendig. In dem hier betrachteten Modell der Einheit „transmitter" würde diese durch die Einführung des im folgenden Codefragment angedeuteten Zweiges erreicht.

4.19
```
WHEN 'UU' =>
    state         := 'UU';
    data_line     <= 'U';
    data_accepted <= 'U';
```

Unbestimmte Eingangswerte: Die Reaktion bei einem unbestimmten Wert der „clk"- und „reset"-Signale wird nicht explizit modelliert, weil diese Signale nicht aus einem Flipflop in der jeweiligen Schaltung kommen, sondern über geeignete Treiberbäume von einer äußeren Klemme („PAD") bestimmt werden. [10] Sind die Werte des Eingangssignals „dataword" unbestimmt, so ändert sich nichts an der Behandlung desselben. Die einzelnen Positionen des Vektors werden nacheinander auf der Ausgangsleitung „data_line" ausgegeben, auch wenn deren Werte unbestimmt sind. Ist allerdings der Wert des Eingangssignals „data_valid" unbestimmt, so wird in den Zuständen, in welchen diese Leitung abgefragt wird, so lange verweilt, bis der benötigte bestimmte Wert anliegt. Dies ist eine unvermeidlich pessimistische Modellierung, denn der unbestimmte Wert steht auch für den erwarteten bestimmten

---

[10] Ist eine Manipulation der globalen Signale „reset" oder „clock" geplant, so sollte die genaue Vorgehensweise *frühzeitig* mit dem Design-Centre abgestimmt werden.

Wert. In den Zuständen, in denen die Eingangsleitung „data_valid" nicht abgefragt wird, ist der Wert dieser Eingangsleitung irrelevant. In einer Implementation auf der Gatterebene wird in solchen Zuständen der Wert dieser Leitung durch eine geeignete Gatterschaltung ausgeblendet.

Zusammenfassung: Einführung von „std_ulogic"-Typen

In diesem Abschnitt wurden in ein vorhandenes RT-Modell „std_ulogic"-Typen eingeführt, um eine Verifikation der ausreichenden Initialisierung mit anschließender Synthese zu ermöglichen. Dazu wurde die Schnittstelle um eine „reset"-Klemme erweitert. Die verschiedenen Kontrollzustände wurden durch konstante Bitvektoren kodiert. Die verwendeten Operatoren zur Transformation des Datenzustandes wurden durch geeignete Funktionen überladen, um die Änderungen im Modell zu minimieren. Zuletzt wurde das Modell durch eine Beschreibung des Verhaltens bei unbestimmten Eingangs- und Zustandswerte erweitert.

Die Betrachtung der Einführung von „std_ulogic"-Typen in ein Modell mit abstrakten Datentypen hat gezeigt, daß diese Umstellung aufwendig ist. Daher stellt sich die Frage, warum nicht durchgängig die Datentypen aus dem IEEE-Standardwertesatz verwendet werden. Im folgenden Abschnitt werden die Vor- und Nachteile einer Verwendung von abstrakten und konkreten „std_ulogic"-Typen diskutiert. Danach werden im Abschnitt 14.8 (S. 515) die wesentlichen Inhalte dieses Kapitels zusammengefaßt.

14.8 Abstrakte Datentypen oder „std_ulogic"-Typen?

In diesem Abschnitt werden die Vor- und Nachteile einer durchgängigen Verwendung von „std_ulogic"-Typen an Stelle von abstrakten Datentypen diskutiert.

Man wird aus Gründen der Effizienz nicht in einem einzigen Entwurfsprojekt Modelle auf der RT-Ebene mit abstrakten Datentypen und „std_ulogic"-Typen manuell implementieren. Daher muß zu Beginn eines Entwurfsprojektes entschieden werden, ob die Modelle auf der RT-Ebene abstrakte Datentypen oder aber „std_ulogic"-Typen verwenden sollen.

Vorteile der Verwendung von „std_ulogic"-Typen

Die Verwendung von „std_ulogic"-Typen hat die folgenden Vorteile:

① Da die „std_ulogic"-Typen einen unbestimmten Wert enthalten, kann man mit ihnen die ausreichende Initialisierung verifizieren.

② Leitungen, auf denen Werte mit verschiedenen Datentypen übertragen werden, können durch einen hinreichend langen „std_ulogic_vector" modelliert werden.

③ Schreiben mehrere Instanzen auf ein gemeinsames Signal, so werden solche Zugriffskonflikte meist mit Hilfe von speziellen Werten aufgelöst. Diese Werte sind im Wertebereich der „std_ulogic"-Typen vorhanden.

14.8. ABSTRAKTE DATENTYPEN ODER „STD_ULOGIC"-TYPEN?

Diese Vorteile werden im folgenden diskutiert, bevor auf S. 513 die Risiken einer vorzeitigen Einführung von konkreten Datentypen dargestellt werden.

1) Verifikation der ausreichenden Initialisierung

Die Verwendung von „std_ulogic"-Typen erlaubt eine Verifikation der ausreichenden Initialisierung der internen Speicher. Die Verifikation auf der RT-Ebene hat gegenüber der Verifikation auf der Gatterebene die folgenden Vorteile:

① Eine drastisch erhöhte Simulationseffizienz [101].

② Eventuelle Entwurfszyklen sind ohne eine zeitaufwendige Logiksynthese möglich.

Der aktuelle Wert dieses Vorteiles hängt von der jeweiligen Entwurfssituation ab. Daher werden im folgenden Abschnitt verschiedene Entwurfssituationen diskutiert, bevor auf S. 436 die Modellierung polymorpher Signale oder Variablen diskutiert wird.

Aktuelle und vorhersehbare Relevanz

Die Verifikation der ausreichenden Initialisierung auf der RT-Ebene hat je nach der aktuellen Entwurfssituation unterschiedliche Bedeutung. Daher sollen im folgenden Projekte mit verschiedenen Anforderungen diskutiert werden.

| Exkurs |

[1]: Beherrschbare Simulationskomplexität auf Gatterebene. In vielen Entwurfsprojekten ist die Komplexität der Simulation auf Gatterebene begrenzt, weil die Gatternetzliste nicht mehr als einige 10 000 Gatteräquivalente enthält und die notwendigen Stimuli nur wenige Takte (einige 100) umfassen. Da viele Entwicklergruppen die Simulation auf der Gatterebene beherrschen, ist es attraktiv, die Verifikation des determinierten Verhaltens auf Gatterebene durchzuführen. In einem solchen Fall ist die Möglichkeit der Verifikation der ausreichenden Initialisierung auf der RT-Ebene unbedeutend, und man wird die Vorteile der Verwendung von abstrakten Datentypen auch auf der RT-Ebene nutzen.

[2]: System-Simulation: Leiterplattenebene oder hochkomplexe Entwürfe. Leiterplatten mit mehreren ASICs oder hochkomplexe ASIC-Entwürfe mit mehr als 100 000 Gatteräquivalenten können nicht mehr komplett auf der Gatterebene simuliert werden [88, 12, 71, 99]. Die direkte Abbildung der Signale in dem Strukturmodell auf Gatterebene auf die Signale in einem ASIC-Emulator macht eine Verifikation des determinierten Verhaltens durch Emulation unmöglich (vgl. Abs. 2.4, S. 58). Daher bleibt nur die Verifikation auf der RT-Ebene, welche durch eine Modellierung mit „std_ulogic"-Typen erleichtert wird.

[3]: „hot-swap" von Leiterplatten. Bei Systemen aus mehreren Leiterplatten, wie z.B. Vermittlungssystemen, wird zuweilen gefordert, daß die Leiterplatten im Betrieb gewechselt werden können („hot-swap"). Die Initialisierung einer Leiterplatte nach dem Einsatz in ein schon im Betrieb befindliches System benötigt eine große Zahl von Takten. Diese große Zahl von Stimuli sowie die Komplexität des Systems erzwingt eine Simulation auf der RT-Ebene oder noch abstrakteren Ebenen. Da weiterhin in diesem Falle die Verifikation der ausreichenden Initialisierung von besonderer Bedeutung ist, wird man bei der Modellierung auf der RT-Ebene die „std_ulogic"-Typen verwenden.

[4]: „sign-off" auf RT-Ebene. Die Schnittstelle „synthetisierbare Modelle" zwischen Entwickler und Dienstleister ermöglicht eine bessere Ausnutzung des Synthese-Know-Hows und der Synthesewerkzeuge. Durch den „sign-off" auf RT-Ebene wird daher eine Verwendung dieser Entwurfstechnik durch Entwicklergruppen mit einer kleinen Zahl von Designs pro Jahr möglich [108]. Der Entwickler verfeinert einen Entwurf, bis alle Teileinheiten synthetisierbar sind und läßt die Synthese durch den Dienstleister durchführen. Falls bei einem Entwurf die Sicherstellung der ausreichenden Initialisierung besonders kritisch ist, ist diese Art der Arbeitsteilung von einer Verifikation der ausreichenden Initialisierung durch den Entwickler auf der RT-Ebene abhängig. Die Möglichkeiten einer Rückkopplung vom Dienstleister zum Entwickler nach der Synthese sind begrenzt. Eine Modellierung mit „std_ulogic"-Typen ist daher bei einem Entwurf, dessen ausreichende Initialisierung kritisch ist und mit einem „RTL sign-off" abgewickelt werden soll, unvermeidlich.

Zusammenfassung: Aktuelle und vorhersehbare Relevanz. Zur Zeit werden viele Projekte große Ähnlichkeit mit der ersten Entwurfssituation aufweisen und daher wird man auf eine Modellierung mit „std_ulogic"-Typen verzichten. Man erwartet aber, daß die Komplexität eines einzelnen ASICs bis zum Jahr 2000 um eine weitere Größenordnung auf 2.5 Millionen Gatteräquivalente [11] steigen wird [22]. Daher wird die zweite Entwurfssituation immer häufiger vorkommen.

| Exkurs | Die Verwendung von „std_ulogic"-Typen erlaubt, im Unterschied zu abstrakten Datentypen, eine Verifikation der ausreichenden Initialisierung der internen Speicher ohne eine aufwendige manuelle Einführung eines unbestimmten Wertes.

2) Modellierung polymorpher Signale

Häufig werden über eine Leitung Daten verschiedenen Typs transportiert. So werden über den Bus eines Mikroprozessorsystems z.B. Adressen, Instruktionen und Daten übertragen. Da die Werte eines solchen Signals verschiedene Datentypen oder „Formen" haben können, modelliert man sie mit einem polymorphen Datentyp. Polymorphe Signale können in VHDL entweder durch einen zusammengesetzten gekennzeichneten Datentyp oder durch einen gemeinsamen „std_ulogic_vector" modelliert werden.

---

[11] Ein Gatteräquivalent entspricht einem NAND-Gatter oder 4 MOS-Transistoren.

14.8. ABSTRAKTE DATENTYPEN ODER „STD_ULOGIC"-TYPEN?

Im Abschnitt 12.5 (S. 436) werden die Vor- und Nachteile der beiden Modellierungsvarianten eines polymorphen Signals ausführlich diskutiert. Im folgenden werden nur die wesentlichen Punkte wiedergegeben. Die Bestandteile eines zusammengesetzten gekennzeichneten Datentyps („tagged variant record") sind abstrakte Datentypen, daher können Implementationsentscheidungen, z.B. über die Kodierung, verschoben werden. Da der Datentyp des zuletzt zugewiesenen Wertes als Enumerationstyp mitgeführt wird und den einzelnen Fächern unkodierte Werte zugewiesen werden, ist eine Interpretation der Simulationsresultate wesentlich leichter. Die Modellierung mit einem „std_ulogic_vector" ist aufwendiger, weil der Zugriff nur über geeignete Wandlungsfunktionen möglich ist. Eine solche Modellierung hat eine Synthesesemantik, wenn diese Wandlungsfunktionen synthetisiert werden können.

3) Signale mit mehreren Treibern

Man sagt, Signale, deren Werte von mehreren Instanzen bestimmt werden können, haben mehrere Treiber. Bei der Modellierung verschiedener N/P-MOS-Schaltungen, wie einem „wired-or", werden Signale mit mehreren Treibern, aber einer Signalflußrichtung verwendet[12]. Ein „bus" in einem Mikroprozessorsystem hat mehrere Treiber, aber auch mehrere Signalflußrichtungen, denn sowohl der Prozessor als auch das RAM lesen und beschreiben das „bus"-Signal[13]. Da bei Signalen mit mehreren Treibern verschiedene Instanzen einem Signal Werte zuweisen können, muß mit einer „resolution function" dieser Zugriffskonflikt aufgelöst werden. Diese Auflösung verwendet meist einen Wert mit einer speziellen Semantik, wie der hochohmige Wert 'Z'. Solche Werte sind im Wertebereich eines „std_ulogic"-Typs vorhanden und haben durch eine generelle Vereinbarung eine Synthesesemantik (vgl. Abs. 14.4.3, S. 488).

Risiko bei der Verwendung von „std_ulogic"-Typen

Durch die Überladung („overloading") der arithmetischen Operatoren kann die Kürze und Übersichtlichkeit eines Modells auch bei der Verwendung von „std_ulogic"-Typen an Stelle von ganzzahligen Typen gewahrt werden (vgl. Abs. 14.7.1, S. 507). Die Darstellung eines Enumerationstyps mit einem „std_ulogic_vector" ist nur nach der Kodierung desselben möglich, somit geht eine Abstraktionsmöglichkeit verloren (vgl. Abs. 12, S. 419). Der wesentliche Nachteil bei der Verwendung der „std_ulogic"-Typen ist aber die Möglichkeit, durch vorzeitige Optimierung eines Modells die Wiederverwendbarkeit zu reduzieren und die Exploration von Implementationsalternativen zu behindern.

Diese Konsequenzen sollen mit dem Modell im folgenden Codefragment verdeutlicht werden. Dort ist das Modell einer Einheit zur Übertragung von Datenworten („data_word") unterschiedlicher Breite skizziert. In diesem Modell wird ein Zähler („bit_cnt") mit der Länge, d.h. der Zahl der Bitpositionen, des Datenworts verglichen.

---

[12] Signale mit mehreren Treibern, aber einer Signalflußrichtung, werden in Abschnitt 3.5 (S. 111) diskutiert.
[13] Die Modellierung von Signalen mit mehreren Treibern und verschiedenen Signalflußrichtungen wird in Abschnitt 3.5 (S. 112) diskutiert.

Diese Modellierung ist von der Zahl der Bitpositionen im Datenwort einer bestimmten Instanz unabhängig [100].

14.20
```
ENTITY transmitter IS
   PORT(data_word : IN bit_vector;
   ...
ARCHITECTURE EFSM OF transmitter IS
BEGIN
   PROCESS(clk, reset)
      VARIABLE bit_cnt : INTEGER RANGE data_word'RANGE;
   BEGIN
      ...
      IF bit_cnt < data_word'LENGTH THEN
      ...
```

Bei einer Verwendung von „std_ulogic"-Typen wird der Zähler nicht als ein „integer", sondern als ein „std_ulogic_vector" definiert. Die Funktion „ceil_ld" ist durch $ceil\_ld(x) := \lceil log_2(x) \rceil$ definiert. Da man den Vergleichsoperator geeignet „überladen" kann, kann die Zeile mit dem Vergleich identisch formuliert werden.

14.21
```
PROCESS(clk, reset)
   VARIABLE bit_cnt : std_ulogic_vector(ceil_ld(data_word'LENGTH) DOWNTO 0);
BEGIN
   ...
   IF bit_cnt < data_word'LENGTH THEN
   ...
```

Gerade erfahrene Entwickler tendieren dazu, ein Modell für die aktuellen Realisationsparameter optimieren. Falls z.B. das an der Klemme „data_word" angeschlossene Signal 8 bit breit ist, so wird der Ausdruck „data_word'length" zu 8 evaluiert. Da alle vorzeichenlosen („unsigned") 4 bit-Wörter mit einem Wert kleiner als 8 das MSB nicht gesetzt haben, kann man den Vergleich mit einer 4 bit langen Konstanten durch einen einfachen „1 bit-Vergleich" ersetzen.

14.22
```
      IF bit_cnt(3) = '0' THEN
      ...
```

Ohne Zweifel verringert diese Modellierung die Synthesezeit und die Anforderungen an den Speicherplatz während der Synthese. Im obigen Beispiel ist ein arithmetischer Größenvergleich („<") mit einer 4 bit-Konstanten durch einen logischen Ausdruck mit einem 1 bit-Signal ersetzt worden, ohne dabei besonderes Wissen über das Verhalten des restlichen Modells zu verwenden. Diese Optimierung erleichtert dem Synthesewerkzeug die effiziente Implementation dieser Funktion. Der parametrierte Konstanten-Vergleicher aus der Synthesebibliothek (vgl. Abs. 5.4, S. 202) wird allerdings auch innerhalb der Gesamtschaltung logisch optimiert. Da die obige Optimierung lokaler Natur war, kann die automatische logische Optimierung zum gleichen Resultat kommen. Es hängt somit von der aktuellen Leistungsfähigkeit des verwendeten Synthesewerkzeugs ab, ob durch diese Vereinfachung der Spezifikation im obigen Codefragment eine endgültige Verbesserung des Syntheseergebnisses erreicht werden kann.

Die Wiederverwendbarkeit eines Modells wird durch die Parametrierbarkeit [100] und die Lesbarkeit bestimmt. Da die Parametrierbarkeit durch diese Optimierung verloren geht, wird durch die obige „Optimierung" die Wiederverwendbarkeit erheblich eingeschränkt.

14.8. ABSTRAKTE DATENTYPEN ODER „STD_ULOGIC"-TYPEN?

Zusammenfassung: Abstrakte Datentypen oder „std_ulogic"-Typen?

In diesem Abschnitt wurden die Vor- und Nachteile einer durchgängigen Verwendung von „std_ulogic"-Typen an Stelle von abstrakten Datentypen diskutiert. Da die „std_ulogic"-Typen schon einen unbestimmten Wert enthalten, müssen diese Datentypen nicht zur Verifikation der ausreichenden Initialisierung erweitert werden. Die Modellierung von polymorphen Datentypen ist mit „std_ulogic"-Typen aufwendiger, aber diese Modellierung hat eine Synthesesemantik. Weiterhin können Signale mit mehreren Treibern einfach modelliert werden, weil die Werte zur Auflösung des Zugriffkonfliktes Bestandteil der Definition sind. Diesen drei Vorteilen stehen die folgenden Nachteile entgegen. Neben dem Verlust an Lesbarkeit und einer erschwerten Interpretation der Simulationsresultate ist dies insbesondere das Risiko, daß die Darstellung durch Bitvektoren zu „Optimierungen" verleitet, welche die Parametrierbarkeit beeinträchtigen.

Zusammenfassung: Modellierung mit dem 'U'-Wert

Bei einer Entwicklung auf der Gatterebene werden alle Signale mit einem unbestimmten Wert initialisiert, so daß ohne eine ausreichende Initialisierung die Resultate einer Simulation kaum ausgewertet werden können. Es wurde daher gezeigt, wie man die Datentypen und Modelle auf einer Abstraktionsebene oberhalb der Gatterebene um eine Behandlung unbestimmter Werte erweitert. Eine Verifikation der ausreichenden Initialisierung ist möglich, wenn die folgenden Bedingungen erfüllt sind.

① Alle verwendeten Datentypen enthalten einen speziellen 'U'-Wert.

② Alle Variablen und Signale nehmen beim Start der Simulation den Wert 'U' an.

③ Die instanziierten Verhaltensmodelle sind unter Beachtung der folgenden Bedingungen um die Behandlung des 'U'-Wertes erweitert worden.

   (a) Das Verhalten für die bestimmten Eingangs- und Zustandswerte wird durch die Erweiterung nicht verändert.

   (b) Ist ein Eingangs- oder Zustandswert unbestimmt, so werden nur den Ausgangssignalen oder Zustandsvariablen bestimmte Werte zugewiesen, die von dem unbestimmten Signal oder der unbestimmten Variablen unabhängig sind.

Folgerungen aus einer Simulation mit 'U': Sind die obigen Bedingungen erfüllt, so können aus einer Simulation des abstrakten Modells die folgenden Schlußfolgerungen über das Verhalten der gefertigten Schaltung gezogen werden.

- Nehmen alle relevanten Variablen und Signale in der zulässigen Zeit einen bestimmten Wert an, so ist die Initialisierung der internen Speicher ausreichend.

• Haben nach der Initialisierungszeit immer noch relevante Signale oder Variablen einen unbestimmten Wert, so ist entweder die Initialisierung der internen Speicher unzureichend *oder* die Modellierung des unbestimmten Wertes ist zu pessimistisch.

14.9 Bemerkungen

In diesem Abschnitt werden die Möglichkeiten einer realistischen Behandlung der unbestimmten Werte diskutiert.

Realistische Behandlung des unbestimmten Wertes

Alle Signale und Variablen werden mit dem speziellen „uninitialised"-Wert 'U' initialisiert, um die ausreichende Initialisierung der internen Speicher zu verifizieren. Dazu modelliert man das Verhalten aller Modelle nicht nur für die normalen Werte der Datentypen, sondern auch für den 'U'-Wert. Dieser Wert steht für alle anderen Werte des Datentyps. Aus dem Verschwinden der 'U'-Werte in einer Simulation kann geschlossen werden, daß die internen Speicher der Schaltung ausreichend initialisiert wurden. Falls aber noch Signale oder Variablen mit einem 'U'-Wert in der Simulation verbleiben, so ist keine Aussage über die ausreichende Initialisierung der Schaltung möglich (Abb. 14.11). Daher werden in diesem Abschnitt zwei Möglichkeiten zur realistischeren Behandlung der unbestimmten Werte betrachtet. Zunächst wird die symbolische Simulation einer Schaltung und dann die Auswertung aller möglichen Werte eines unbestimmten Signals betrachtet.

I) Symbolische Simulation des 'U'-Wertes

In Abb. 14.15 ist eine symbolische Simulation des Schaltungsausschnitts aus Abb. 14.7 (S. 496) gezeigt. Bei einer symbolischen Simulation wird zu einem Ausgangsport nicht der aktuelle Wert, sondern ein Ausdruck mit den Eingangs- und Zustandssignalen, durch die der Wert des Ausgangs bestimmt wird, ermittelt. In diesen Ausdrücken akkumuliert sich, wie in Abb. 14.15 gezeigt, die globale Verschaltung zur Berechnung eines Wertes. Daher kann man mit einer solchen Simulation eine realistischere Simulation der „uninitialised"-Werte erreichen. Eine solche Simulation ist aber nicht in der Lage, die Zeitpunkte einer Signaländerung zu ermitteln.

II) Getrennte Auswertung für alle möglichen Werte

Der globale Schaltungszusammenhang würde berücksichtigt, wenn alle möglichen Werte des Datentyps jedes unbestimmten Signals durch eine Schaltung propagiert würden. Falls für alle möglichen Werte ein abhängiges Signal denselben Wert annimmt, so ist der Wert dieses Signals bestimmt. In Abb. 14.16 ist gezeigt, wie eine solche „globale" Simulation das in Abb. 14.7 skizzierte Problem lösen würde.

Diese verbesserte Behandlung der unbestimmten Werte wird durch zwei Probleme erschwert:

14.9. BEMERKUNGEN 517

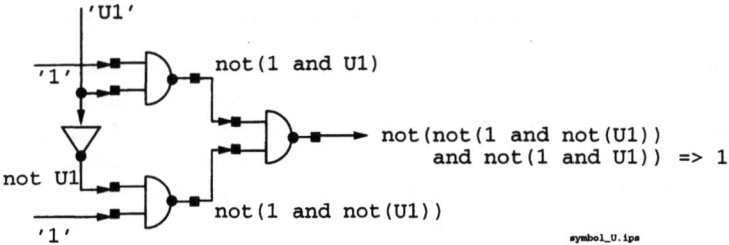

Abb. 14.15: Symbolische lokale Simulation des 'U'-Wertes

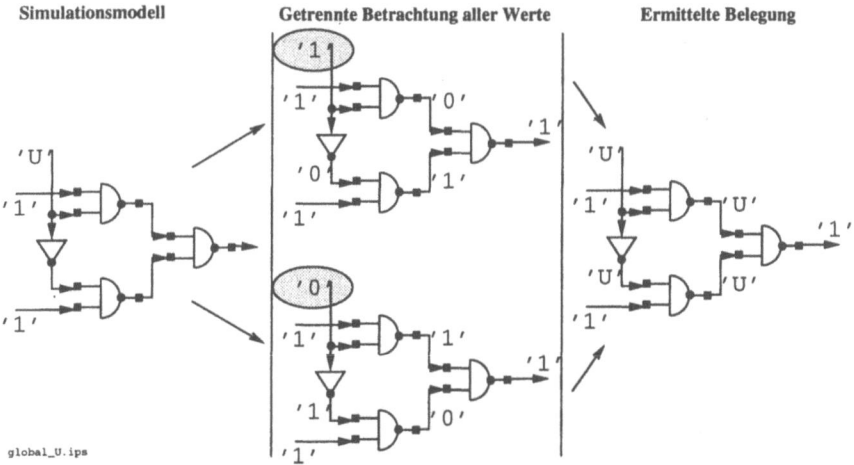

Abb. 14.16: Auswertung eines Modells für alle möglichen Werte eines unbestimmten Signals

a) Simulationslaufzeit: Die Zahl der getrennt zu betrachtenden Fälle ist für praktische Beispiele sehr groß. Falls „S" die Zahl der Signale mit einem nicht initialisierten Wert angibt und „w" die Zahl der möglichen Werte des verwendeten Datentyps, so ergibt sich für die Zahl der zu betrachtenden Fälle „F": $F := w^S$.

b) Verzögerungszeiten: Bei einer Simulation auf Gatterebene werden nicht nur der Wert eines Signals, sondern auch der Zeitpunkt der Wertänderung bestimmt. Ist der Wert eines Signals in allen betrachteten Fällen konstant, so ist der Wert zwar bestimmt, aber eine weitere Simulation nur möglich, wenn die Verzögerungszeiten in allen Fällen gleich sind.

Zusammenfassung: Realistische Behandlung des unbestimmten Wertes

Die Abhängigkeiten der einzelnen unbestimmten Werte können durch eine symbolische Simulation und eine Auswertung aller möglichen Werte berücksichtigt werden. Bei einer symbolischen Simulation werden zu jedem Signal Ausdrücke mit den Eingangs- und Zustandswerten berechnet. Mit einer solchen symbolischen Simulation können allerdings *keine* Verzögerungszeiten ermittelt werden. Eine Auswertung aller möglichen Werte erlaubt ebenfalls keine Ermittlung von Änderungszeitpunkten und ist weiterhin sehr laufzeitaufwendig.

15 Entwurfsstudie: „WM"

In einem Vermittlungssystem werden Daten unterschiedlicher Länge dynamisch erzeugt und gelöscht. Teile dieser Verbindungsdaten sollen in einem einzigen Taktzyklus dereferenziert werden. Diese komplexe Funktion wird in sieben Entwurfsschritten zerlegt und verfeinert. Die Implementierung einer verketteten Liste mit „access types" wird erläutert. Die verfeinerten Modelle werden durch den Vergleich mit einer einfachen Implementation verifiziert. Dazu werden beide Modelle mit pseudo-zufällig ausgewählten Kommandos und Daten simuliert. Die synchrone Verpackung der physikalischen RAM-Makros wird ausführlich dargestellt. Zum Abschluß des Kapitels wird der Hardware- mit dem Software-Entwurfsprozeß verglichen und ein gemeinsamer Codesign-Prozeß skizziert.

Einleitung

Der Entwurf einer digitalen Schaltung ist eine konstruktive Tätigkeit. Wie kann man eine solche aufbauende, schöpferische Fähigkeit vermitteln? Zunächst einmal wird man grundlegende Konzepte darstellen müssen [124]. Dies ist mit der Einführung der Abstraktionsmechanismen und der Herleitung verschiedener Modellierungsschablonen bereits geschehen.

Notwendig ist aber auch eine Demonstration des Einsatzes dieser Konstruktionselemente zur Lösung einer Entwurfsaufgabe. Dies wurde durch die vielen Beispiele versucht. Die Beispiele waren aber relativ kurz und dem erfahrenen Entwickler wird die abstrakte Modellierung ein wenig akademisch erschienen sein, da die Implementation der Beispiele auf der Gatterebene offensichtlich ist. Um das schrittweise Zerlegen und Verfeinern sowie die abstrakte Modellierung an einem realistischen Beispiel vorzuführen, wird in diesem Kapitel eine komplette Entwurfsstudie von einer Spezifikation bis zu einem synthetisierbaren Modell betrachtet[1].

15.1 Schrittweises Zerlegen und Verfeinern

In der Praxis wird aus den Anforderungen an die Schaltung unter Beachtung der verfügbaren technologischen Möglichkeiten nach einigen manuellen Verfeinerungen unmittelbar die Struktur einer Implementation auf der Gatterebene entwickelt. Diese Idee wird dann mit einem Schaltplaneditor auf der Gatterebene oder – immer häufiger – auf der Ebene synthetisierbarer Modelle beschrieben.

Hat man schon einmal ähnliche Funktionen implementiert oder ist die Implementation durch die Spezifikation weitgehend festgelegt, so kann diese Methode des „Großen

---

[1] Leser mit einiger Erfahrung im Entwurf digitaler Schaltungen werden die Funktion dieser Studie in größeren Schritten implementieren. Durch die dargestellten Stufen der Zerlegung und Verfeinerung wird aber auch dem Anfänger ein Verständnis ermöglicht.

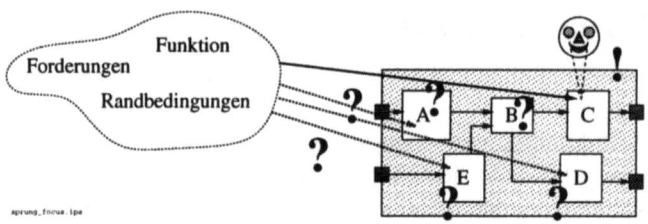

Abb. 15.1: Fehlleitung der Entwurfsanstrengungen beim Entwurf in einem Schritt

Sprunges" mit Erfolg angewendet werden. Da die Lebensdauer der Produkte aber immer kürzer wird, verringert sich die Bedeutung der Variantenkonstruktion. Weiterhin besteht bei dieser Vorgehensweise die Gefahr, daß man die Implementierung mit der Einheit beginnt, die einem am ehesten vertraut ist und die Implementierung der restlichen Teileinheiten vertagt. Diese Fokusierung der Entwurfstätigkeit auf eine vertraute Teileinheit ist in Abb. 15.1 angedeutet. Stellt sich im Laufe des Entwurfsprojektes heraus, daß die vertraute Teileinheit nicht kritisch ist, so ist meist schon zuviel Zeit in den Entwurf dieser Teileinheit investiert worden.

Um beim Entwurf einer komplexen Einheit nicht den Überblick zu verlieren, soll daher in dieser Entwurfsstudie eine Vorgehensweise demonstriert werden, bei der abstrakte Modelle implementiert, verifiziert und deren Eigenschaften durch Simulation analysiert werden. Die abstrakten Modelle werden dann schrittweise durch implementationsnähere Modelle ersetzt. Das schrittweise Zerlegen und Verfeinern hat die folgenden Vor- und Nachteile:

− Die Modellierung einer Einheit auf unterschiedlichen Abstraktionsstufen erhöht zunächst den Entwicklungsaufwand.

+ Das Verständnis der Spezifikationen kann frühzeitig durch Experimente mit abstrakten Modellen überprüft werden. Dies vermeidet die Implementierung einer falsch interpretierten Spezifikation oder die Realisation unnötiger Funktionen.

+ Die einzelnen Teileinheiten eines komplexen Projektes können unabhängig von einander entwickelt werden, weil zu jeder Teileinheit ein Modell bereitgestellt wird, welches eine Simulation des kompletten Systems auf einer abstrakten Ebene erlaubt.

+ Die geforderte Funktion wird systematisch zerlegt und verfeinert, so daß keine kritischen Funktionen übersehen werden können.

+ Alternative Möglichkeiten der Implementierung können ohne den Aufwand einer synthetisierbaren Modellierung studiert werden.

+ Designentscheidungen werden getroffen, wenn durch die experimentelle Analyse abstrakter Modelle die notwendigen Informationen verfügbar sind.

15.1. SCHRITTWEISES ZERLEGEN UND VERFEINERN

Die Entwurfsstudie beginnt daher mit einem rein funktionalen Modell, welches stufenweise zerlegt und verfeinert wird. Diese Entwurfsstudie kann als eine Verwirklichung des „Top-down"-Entwurfsprozesses betrachtet werden, welcher aber durch die „Bottom-up"-Betrachtung einiger kritischer Teile ergänzt wird.

Schritte des Entwurfsprozesses

Die Organisation dieses Kapitels folgt den Stufen der Entwurfsstudie, die im folgenden skizziert werden.

① Spezifikation:

  (a) Die fundamentalen Datenstrukturen der Entwurfsstudie werden formal modelliert.

  (b) Die verschiedenen Arten des Zugriffs auf diese Daten werden beschrieben und die Forderungen an das zeitliche Verhalten erläutert.

② Funktionales Modell ($VT.F$):

  (a) Die geforderten Funktionen werden mit den definierten Datenstrukturen möglichst einfach implementiert („rapid prototyping").

  (b) Der Speicherbedarf dieser einfachen Implementation macht ein neues funktionales Modell mit einer verketteten Liste erforderlich.

  (c) Das speichereffiziente, aber kompliziertere Modell wird durch einen Vergleich mit der einfachen Implementation verifiziert.

③ Kausales Modell ($VT.C$):

  (a) Die Funktionen der Teileinheit WM („Working Memory") werden aus dem funktionalen Modell ausgegliedert und in einer separaten Teileinheit gekapselt.

  (b) Die neue Teileinheit wird in einer Testbench durch einen Vergleich mit der einfachen Implementation verifiziert.

  (c) Eine Betrachtung des Datenaustausches in dem Strukturmodell des kompletten Systems zeigt, daß zwei Zugriffsfunktionen von einer Teileinheit und die verbleibende Funktion von einer anderen Teileinheit ausgelöst wird.

④ Funktionaler Makro-Takt ($VT.FMA$):

  (a) Daher werden getrennte Schnittstellen definiert, welche durch unabhängige Prozesse bedient werden.

  (b) Die Realisierbarkeit der vereinbarten Protokolle an den beiden Schnittstellen wird abgeschätzt (ab S. 549).

(c) Das Modell des WMs beruht auf einer verketteten Liste im Arbeitsspeicher des Simulationsrechners. Um die Daten in einem RAM des zu entwerfenden Systems ablegen zu können, wird ein Allokationsalgorithmus entwickelt.

(d) Dieser Allokationsalgorithmus wird implementiert und ebenfalls durch einen Vergleich mit der einfachen Implementation verifiziert.

⑤ Mikro-Takt (*VT.MI*)

(a) Der Allokationsalgorithmus arbeitet auf zwei Feldern, welche in RAMs abgelegt werden müssen. Weiterhin greifen beide Prozesse auf eines der beiden Felder zu, so daß die auftretenden Zugriffskonflikte gelöst werden müssen. Daher wird die Teileinheit WM in einen WMC („Working Memory Controller") und zwei RAMs zerlegt.

(b) Die Modellierung von statischen RAMs mit synchronen Schnittstellen sowie mögliche Implementationen dieser Verpackungen („synchronous wrapper") werden erläutert.

(c) Um die Lösung der Zugriffskonflikte leichter modellieren zu können, wird der WMC in zwei weitere Teileinheiten zerlegt. Die Operationen und Klemmenzugriffe dieser Teileinheiten werden dann in die realen Taktzyklen eingeplant, so daß eine Implementation auf der Gatterebene mit einem Logiksynthesewerkzeug erzeugt werden kann.

Dieses Kapitel wird mit einem Vergleich des Hardware- und Software-Entwurfsprozesses abgeschlossen.

15.2 Spezifikation

In einem System zur Auswertung von Regeln, z.B. zur Weitergabe von Datenpaketen, werden Objekte erzeugt und gelöscht. Man nennt diese Objekte WMEs („Working Memory Elements"). Jedem WME sind Daten zugeordnet. Diese Daten sind entweder Zeichenketten („strings") oder Zahlen. Auf den Daten eines WMEs werden einfache Operationen, wie Vergleiche, ausgeführt. Diese Operationen müssen so schnell ausgeführt werden, daß eine Implementation durch eine applikationsspezifische Schaltung unvermeidlich ist [99].

A) Datenstrukturen

Da die Zeichenketten der WMEs nur auf Gleichheit getestet werden, kann die aufwendige Speicherung der kompletten Zeichenketten in der applikationsspezifischen Schaltung vermieden werden. Zu jeder Zeichenkette wird daher in der Softwareumgebung nach der Erfassung durch eine „hash"-Funktion ein Tabellenindex berechnet. Die Zeichenkette wird unter diesem Index abgelegt und der Index stellvertretend für die Zeichenkette verwendet [91, 93, 51].

15.2. SPEZIFIKATION

Ein einzelnes Datum zu einem WME nennt man „Attribut". Attribute sind Daten vom Typ „t_Atom". Da es zwei Arten von Atomen gibt, wird im Codefragment 15.1 der zweiwertige Enumerationstyp „t_AtomType" definiert. Der Wert eines Atoms ist in diesem Zusammenhang immer ein ganzahliger Wert, weil die Zeichenketten durch einen „hash"-Index dargestellt werden. Da die Atome in einer applikationsspezifischen Schaltung verarbeitet werden sollen, wird im Codefragment 15.1 die Obergrenze „MaxAtomValue" definiert. Mit dieser Obergrenze wird dann der Untertyp „t_AtomValue" definiert.

15.1
```
PACKAGE wm IS
  ---------------------------------------- Atom
  TYPE t_AtomType IS (INT, SYM);           -- INT : integer  SYM : symbol
  CONSTANT MaxAtomValue : POSITIVE := 2**10-1;
  SUBTYPE t_AtomValue IS integer           -- strings are represented by a index
          range 0 to MaxAtomValue;
  TYPE t_Atom IS RECORD
    variety     : t_AtomType;
    value       : t_AtomValue;
  END RECORD;
```

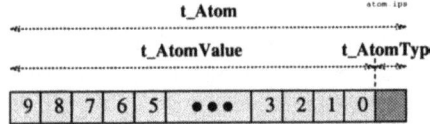

Abb. 15.2: Die Datenstruktur „t_Atom" nach einer bestimmten Kodierung und Packung

Der Datentyp eines Atoms wird dann als ein „record" mit der aktuellen Variante „t_AtomType" und dem Wert vom Typ „t_AtomValue" definiert. Eine naheliegende Implementation der Datenstruktur „t_Atom" ist in Abb. 15.2 skizziert. Zu jedem WME gehören mehrere Atome, deren Zahl aber beschränkt ist. Die maximale Zahl der Atome pro WME wird in der Konstanten „MaxAttIndex" abgelegt, welche im Codefragment 15.2 definiert wird. Die einem WME zugeordneten Atome nennt man Attribute. Da die Zahl der Attribute beschränkt ist, werden sie in einem Vektor vom Typ „t_AttList" abgelegt.

15.2
```
  ---------------------------------------- WME
  CONSTANT MaxAttIndex : POSITIVE := 10;   -- max. number of attributes in a wme
  SUBTYPE t_AttIndex IS INTEGER            -- index in the attribute list
          RANGE 1 TO MaxAttIndex;
  TYPE t_AttList IS
          array (t_AttIndex) of t_Atom;    -- list of attributes in a wme
  CONSTANT MaxWmeID :                      -- maximal number of WMEs
          NATURAL := (2**16)-1;            -- starts with 0 => let it go to 2**N-1
  SUBTYPE t_wmeID IS INTEGER               -- identification number for each wme
          RANGE 0 TO MaxWmeID;
  TYPE t_wme IS RECORD
    ID          : t_wmeID;                 -- to identify a wme for removal
    LengthClass : t_AttIndex;              -- number of attributes of this wme
    AttList     : t_AttList;               -- list of attributes
  END RECORD;
```

Jedes WME wird durch eine Nummer bezeichnet. Der Datentyp dieser Nummer ist als „t_wmeID" im Codefragment 15.2 definiert. Die Zahl der Attribute pro WME variiert und daher werden die WMEs in Längenklassen eingeteilt. Der Datentyp eines WMEs ergibt sich somit durch eine Kombination der „ID", der Zahl von Attributen „LengthClass" sowie der Liste von Attributen „AttList". In Abb. 15.3 ist eine mögliche Packung der kodierten Bestandteile eines WMEs skizziert.

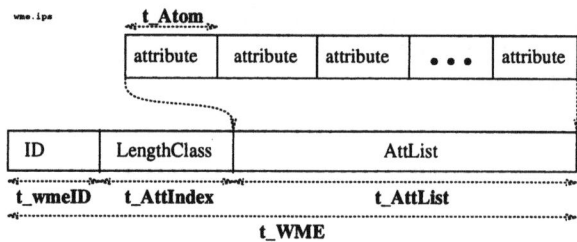

Abb. 15.3: Eine mögliche Kodierung und Packung der Datenstruktur „t_WME"

Im Codefragment 15.2 auf der vorherigen Seite und in Abb. 15.3 wird die Länge der Attributliste durch die Sorte von WMEs mit den meisten Attributen dimensioniert. Dies ist eine offensichtliche Verschwendung von Speicherplatz, welche in einem späteren Modell berücksichtigt werden kann.

Nachdem die fundamentalen Datenstrukturen formal beschrieben worden sind, werden im nächsten Abschnitt die Zugriffsarten präzisiert.

B) Zugriff

Einzelne WMEs müssen erzeugt und gelöscht werden können. Die Attribute eines WMEs werden durch Angabe einer „ID" und eines Indizes in die Attributliste ausgelesen.

Diese drei Zugriffe sind im folgenden Codefragment 15.3 durch Unterprogramme angedeutet. Der erste Parameter WM aller drei Unterprogramme ist eine noch nicht definierte Datenstruktur, in der die WMEs abgelegt werden. Eine solche Variable muß bei jedem Aufruf mit übergeben werden, weil es in VHDL keine statischen Variablen wie z.B. in „C" gibt [49, 44]. Die Struktur des Datentyps „t_wm" ist noch offen, sie wird erst durch die Implementation des funktionalen Modells festgelegt. Bei einer Erzeugung eines neuen WMEs mit dem Unterprogramm „wmCreate" und bei dem Löschen des WMEs mit der Nummer „ID" wird die Variable WM verändert. Daher wird sie als „INOUT"-Parameter übergeben.

15.3
```
      PROCEDURE wmCreate
         (WM   : INOUT t_wm ...            -- Implementation of the WM
          ID   : INOUT t_wmeID;
          wme  : INOUT t_wme);             -- wme to be inserted
                                           --    ID field is initialised
      PROCEDURE wmRemove
         (WM   : INOUT t_wm ...            -- Implementation of the WM
          ID   : IN    t_wmeID);           -- ID of the wme to be removed
      PROCEDURE wmGetAtom
         (WM   : IN    t_wm ...            -- Implementation of the WM
```

15.2. SPEZIFIKATION 525

Dateiname	Inhalt
name_p.vhdl	„package" name
name_b.vhdl	„package body" name
name_e.vhdl	„entity" name
name_a.vhdl	„architecture" name
name_c.vhdl	„configuration(s)" of „entity" name
Dateien mit mehreren Kompilationseinheiten:	
name_pb.vhdl	„package" und „package body" name
name_ea.vhdl	„entity" name und eine „architecture"

Tabelle 15.1: Kennzeichnung der Quelldateien in der Entwurfsstudie

```
ID    : IN  t_wmeID;        -- ID of the wme
index : IN  t_AttIndex;     -- index in the attribute list
att   : OUT t_Atom);        -- the seeked atom ...
```

Bei der Dereferenzierung eines einzelnen Attributes mit dem Unterprogramm „wmGetAtom" hingegen wird der Parameter WM nur gelesen. Zur Dereferenzierung eines einzelnen Attributes wird die Nummer des WMEs und der Index in die Attributliste übergeben. Das gelesene Attribut wird in dem Parameter „att" zurückgegeben.

Unvollständige zeitliche Anforderungen: Die zeitlichen Anforderungen sowohl zum Erzeugen als auch zum Löschen eines WME ergeben sich erst durch die Entwicklung der Systemumgebung. Die Leistungsfähigkeit des gesamten Systems wird durch die Geschwindigkeit bestimmt, mit der Operationen auf einzelnen Attributen ausgeführt werden können. Daher soll die Dereferenzierung eines Attributes nach Möglichkeit in einem einzigen Taktzyklus erfolgen.

Die oben erläuterten Datentypen werden in der Datei „atom_wme_p.vhdl" abgelegt. Daher soll im folgenden kurz die Organisation der Entwurfsdaten diskutiert werden.

Dateien des Projektes

Die Quelltexte der Entwurfsstudie werden in Dateien des Betriebssystems abgelegt. Um den Inhalt einer Datei leichter identifizieren zu können, sind die Dateien durch eine bestimmte Endung gekennzeichnet. Diese Endungen sind in Tabelle 15.1 zusammengestellt.

Exkurs

Versionen einer Datei: Die Dateien verändern sich im Laufe des Entwurfsprojektes. Die Verwaltung der einzelnen Versionen nennt man „revision control". Mit Werkzeugen wie dem „RCS" („Revision Control System") [112] werden die einzelnen Versionen einer Datei in einem speziellen Verzeichnis abgelegt. Dieses Verzeichnis ist in Abb. 15.4 auf der folgenden Seite durch „RCS" gekennzeichnet. Um den benötigten

Plattenplatz zu reduzieren, werden nur die Unterschiede der letzten Version zur aktuellen abgespeichert [2]. Auf eine bestimmte Version einer Datei kann dann über eine symbolische Marke oder das Datum der Ablage zugegriffen werden.

Konfiguration von Dateien: Im Laufe eines Entwurfsprojektes werden aber nicht nur an den vorhandenen Dateien Änderungen vorgenommen, sondern Dateien werden gelöscht und neue Dateien entstehen. Die Verwaltung der Dateien zu einem bestimmten Status des Entwurfsprojektes in einem oder mehreren Verzeichnissen nennt man „configuration control". Die Verwaltung einer bestimmten Konfiguration von Dateien wird von Werkzeugen wie „CVS" („Concurrent Version System") [10] unterstützt.

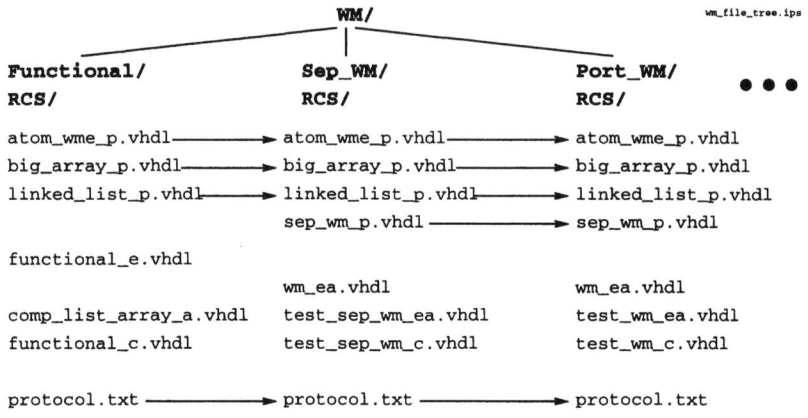

Abb. 15.4: Dateien und Verzeichnisse der Entwurfsstudie WM

Pragmatische Lösung: Auf eine automatische Konfiguration der Dateien zu den einzelnen Entwicklungsstufen wird in diesem Beispiel aber verzichtet. Statt dessen wird, wie in Abb. 15.4 angedeutet, mit jedem Entwurfsschritt ein neues Verzeichnis eröffnet. Wird eine Datei auch zur Modellierung des neuen Entwurfsschritts benötigt, so wird sie aus dem alten Verzeichnis kopiert. So ist die Datei „atom_wme_p.vhdl" in allen Unterverzeichnissen des Projektverzeichnisses WM vorhanden. Diese Verschwendung von Plattenplatz ist tolerierbar, weil die Quelltexte manuell erzeugt werden und daher nur von beschränkter Größe sind. Weiterhin ist die Bedienung der „revision"- und „configuration"-Managementwerkzeuge kompliziert, während der Plattenspeicher immer billiger wird[3]. *Ohne eine systematische Organisation der Entwurfsdaten ist allerdings ein zuverlässiger Entwurf einer komplexen Schaltung nicht denkbar.*

Exkurs

---

[2] Die Richtung der Differenzbildung ist ein Unterschied zwischen den beiden verbreiteten Werkzeugen „RCS" und „SCCS". „RCS" speichert die aktuelle und die Differenzen der vorherigen Versionen, während „SCCS" die erste Version und die folgenden Versionen als Differenzen ablegt.

[3] Ende 1994: 1 000 $\frac{DM}{GByte}$

Im ersten Entwurfsschritt wurden die fundamentalen Datenstrukturen formal modelliert, die verschiedenen Zugriffsarten teilformal beschrieben und die zeitlichen Anforderungen skizziert. Im nächsten Abschnitt werden diese Anforderungen durch verschiedene funktionale Modelle implementiert.

15.3 $VT.F$: Früher Prototyp

Um Mißverständnisse bei der Diskussion der Spezifikation zu vermeiden und um über ein Referenzmodell zur Verifikation der implementationsnäheren Modelle zu verfügen, werden die Spezifikationen durch ein funktionales Modell formal beschrieben. Ein funktionales Modell ist eine Implementation der Anforderungen, welche die Eingangsdaten in die Ausgangsdaten transformiert. Mit einem funktionalen Modell wird im allgemeinen nicht der Aufbau einer Implementation aus weiteren Teileinheiten beschrieben. Ein funktionales Modell ist daher meist ein Programm, welches die geforderten Funktionen korrekt ausführen kann.

15.3.1 Einfache Implementation des WM

Die Spezifikationen liegen als formal beschriebene Datenstrukturen und als teilformal modellierte Zugriffsarten vor. Man ist daher daran interessiert, möglichst schnell eine simulationsfähige Implementation der Spezifikation zu erlangen. Eine solche frühe Implementation („rapid prototype") hat die folgenden Vor- und Nachteile:

– Ein „früher Prototyp" erfordert Entwurfsaufwand.

+ Das Verständnis der Spezifikation kann experimentell überprüft werden.

+ Die anderen Entwickler können frühzeitig auf lauffähige Funktionen zurückgreifen, um die Funktionalität ihrer Teileinheiten zu verifizieren.

+ Das Vertrauen in die Korrektheit der verfeinerten Implementationen kann durch einen Vergleich mit dem einfachen „frühen Prototyp" etabliert werden.

+ Die Abstraktionslücke zwischen Spezifikation und Implementation wird verringert.

Man kann eine solche einfache Implementation erzeugen, indem man alle WMEs nacheinander in einem Vektor ablegt und auf die erneute Verwendung des Speichers eines gelöschten WMEs zunächst verzichtet.

A) Datenstruktur: Vektor von WMEs

Die Struktur eines solchen Vektors ist in Abb. 15.5 auf der folgenden Seite skizziert. Im Codefragment 15.4 ist die Definition des Datentyps „t_wmeID" gezeigt, bevor in dem Paket „big_array" der Datentyp „t_wm" als Vektor von WMEs definiert wird.

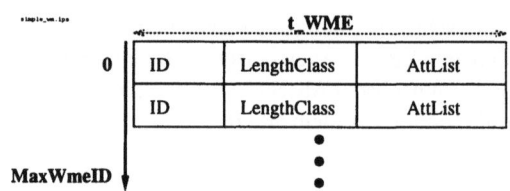

Abb. 15.5: Einfache Implementation des WMs

15.4
```
PACKAGE atom_wme IS
   SUBTYPE t_wmeID IS INTEGER RANGE 0 TO MaxWmeID;
   ...
LIBRARY WM;                USE WM.atom_wme.ALL;
PACKAGE big_array IS
   TYPE t_wm IS ARRAY (t_wmeID) of t_wme;      -- Just a simple array of WMEs ...
   ...
```

Im funktionalen Modell wird eine Variable WM mit dem Typ „t_wm" aus dem Codefragment 15.4 definiert, welche den drei Unterprogrammen zur Ausführung der Zugriffe übergeben wird.

B1) „wmCreate"

Ein neues WME wird in den Speicher durch einen Ruf der Prozedur „wmCreate" abgelegt. Da die WMEs nacheinander im Speicher abgelegt werden sollen, wird ein Zähler „IDcnt" zur Verwaltung des Indizes übergeben. Dieser Zähler wird im Rumpf der Prozedur inkrementiert.

15.5
```
PROCEDURE wmCreate
   (WM    : INOUT t_wm;           -- working memory
    IDcnt : INOUT t_wmeID;        -- number of wmes created so far
    wme   : INOUT t_wme) IS       -- wme to be inserted
BEGIN
   IDcnt := IDcnt +1;             -- increment the number of wmes created
   wme.ID := IDcnt;               -- set the ID field
   wm(IDcnt) := wme;              -- save the new wme
END wmCreate;
```

Der inkrementierte Zählerwert wird als Nummer des WMEs zurückgegeben und das WME wird der durch „IDcnt" bezeichneten Position des Vektors WM zugewiesen.

B2) „wmRemove"

Die Prozedur „wmRemove" zum Löschen eines WMEs ist im Codefragment 15.6 gezeigt. Da der Speicherplatz eines gelöschten WMEs nicht wieder verwendet wird, wird nur das Fach „ID" eines WMEs auf Null gesetzt. Diese Markierung wird zur Kontrolle verwendet, ob ein WME schon gelöscht worden ist.

15.6
```
PROCEDURE wmRemove
   (WM : INOUT t_wm;              -- working memory
    ID : IN    t_wmeID) is        -- ID of the wme to be removed
BEGIN
```

15.3. VT.F: FRÜHER PROTOTYP

```
        ASSERT wm(ID).ID /= 0 REPORT "Don't remove a dead WME!";
        wm(ID).ID := 0;                         -- indicates "wme removed"
        END wmRemove;
```

B3) „wmGetAtom"

In der Prozedur „wmGetAtom" im Codefragment 15.7 wird ebenfalls abgefragt, ob das WME, dessen Attribut dereferenziert werden soll, schon vorher gelöscht wurde. Die Dereferenzierung selber wird durch den Ausdruck „wm(ID).attList(index)" erreicht. Dieser Ausdruck selektiert das ID'te Element des Vektors WM, aus dessen Fach „AttList" das durch den „index" bezeichnete Attribut entnommen wird.

15.7
```
        PROCEDURE wmGetAtom
          (WM    : INOUT t_wm;                  -- working memory
           ID    : IN    t_wmeID;               -- ID of the wme
           index : IN    t_AttIndex;            -- index in the attribute list
           att   : OUT   t_Atom) is             -- the seeked atom ...
        BEGIN
          ASSERT wm(ID).ID /= 0 REPORT "GetAtom on a WME no longer available!";
          att := wm(ID).AttList(index);
        END wmGetAtom;
```

Diskussion

Nach jedem Entwurfsschritt wird diskutiert, was bisher erreicht wurde und welche Probleme noch zu lösen sind.

Erreicht: Durch die einfache Implementation der geforderten Zugriffe steht ein funktionales Modell zur Verfügung, welches zu ersten experimentellen Analysen verwendet werden kann. Die weitere Ausarbeitung des WMs ist von der Entwicklung der anderen Einheiten zunächst entkoppelt, denn die anderen Entwickler können die erste Implementation zur Simulation der eigenen Funktionen verwenden.

Problem: Da der Speicherplatz eines gelöschten WMEs nicht wieder verwendet wird, wächst der benötigte Speicherplatz mit der Zahl der erzeugten WMEs. Der Speicherbedarf ergibt sich direkt aus Abb. 15.3 (S. 524) und den Datentypdefinitionen im Codefragment 15.2 (S. 523). Nimmt man an, daß die „wmeID" nicht abgespeichert wird und die unterschiedliche Zahl der Attribute in einem WME nicht zur Reduzierung des Speicherbedarfs benutzt wird, so ergibt sich

$$Aufwand(RAM) := MaxWmeID \cdot MaxAttIndex \cdot AtomMem.$$

Die Zahl der insgesamt erzeugten WMEs bestimmt den Wert der Konstanten „MaxWmeID". Der Wert der Konstanten „MaxAttIndex" ergibt sich aus der maximalen Zahl von Attributen pro WME. Der Speicherbedarf pro Atom wird, wie in Abb. 15.2 (S. 523) skizziert, durch die Größe des ganzzahligen Wertes und des „hash"-Indizes für die symbolischen Atome bestimmt. Laufzeitmessungen an relevanten Applikationen ergaben die folgenden Maximalwerte: $Aufwand(RAM) := 60000 \cdot 12 \cdot 18 \; bits$. Daher wird ein Speicher mit ungefähr 13 Mbit benötigt. Die Attribute eines WMEs sollen möglichst in einem Takt dereferenziert werden, daher wird man die WMEs in einem schnellen statischen RAM [123] ablegen müssen. Ein statischer Speicher mit 13 Mbit kann in dem betrachteten Zusammenhang nicht implementiert werden, so daß eine dynamische Speicherverwaltung implementiert werden muß.

15.3.2 Speicherverwaltung mit „access types"

Im nächsten Entwurfsschritt wird daher zur Annäherung an die Implementation und zur Reduktion des Speicherbedarfs bei der Simulation eine dynamische Allokation von Speicherbereichen entwickelt. Diese dynamische Speicherverwaltung wird mit einer einfach verketteten Liste implementiert.

[VHDL] Zeiger werden in VHDL als „access types" bezeichnet. Man kann auf den Wert eines Zeigers nicht direkt zugreifen. Der Wert eines Zeigers kann nur einem anderen Zeiger selben Typs zugewiesen werden. Weiterhin kann durch einen Vergleich festgestellt werden, ob der Zeiger den speziellen Wert „NULL" angenommen hat. Dieser Wert bedeutet, daß der Zeiger auf keine Daten zeigt, weil z.B. die Liste keine weiteren Elemente enthält. Auf den Wert der durch den Zeiger bezeichneten Datenstruktur kann mit Ausdrücken der Form „name_ptr.all" zugegriffen werden. Durch die Verwendung eines „selected names" (s. S. 78) kann auf die Teile einer Datenstruktur zugegriffen werden. Dies wird durch Ausdrücke der Form „name_ptr.somePart" erreicht. Mit einem „slice name" (s. S. 80) kann auf Teilbereiche einer Datenstruktur vom Typ „array" zugegriffen werden. Man verwendet in einem solchen Fall Ausdrücke der Form „array_ptr(someIndex)".

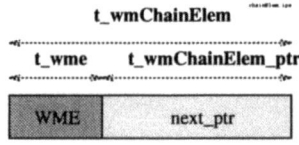

Abb. 15.6: Datenstruktur „t_wmChainElem" des Kettenelements

Mit dem Befehl „new" kann ein Zeiger auf einen freien Speicherplatz angefordert werden. Die Größe des benötigten Speicherplatzes wird dem Betriebssystem durch die Nennung des Datentyps nach dem Befehl „new" mitgeteilt. Durch „name_ptr := new t_name" wird ein Bereich zur Speicherung der Datenstruktur vom Typ „t_name" angefordert und die Anfangsadresse wird dem Zeiger „name_ptr" zugewiesen. Durch eine „qualified expression" (s. S. 79) kann der angeforderte Speicherplatz unmittelbar initialisiert werden. Von dieser Möglichkeit wird z.B. im Codefragment 15.9 (S. 532) Gebrauch gemacht. Eine Reduzierung des Speicherbedarfs stellt sich natürlich nur dann ein, wenn man den angeforderten Speicherplatz nach der Benutzung wieder zurückgibt. Dazu wird die implizit zu jedem Zeigertyp definierte Funktion „deallocate" verwendet. Durch „deallocate(name_ptr)" wird der oben angeforderte Speicherplatz wieder freigegeben.

[VHDL]

A) Datenstruktur: Verkettete Liste

Das Element einer solchen verketteten Liste entsteht durch die Kombination eines WMEs mit einem Zeiger auf das nächste Element der Liste. In Abb. 15.6 auf der gegenüberliegenden Seite ist der Aufbau des Listenelementes „t_wmChainElement" skizziert. Eine verkettete Liste ist eine rekursive Datenstruktur, weil das Listenelement aus dem WME und einem Zeiger auf ein weiteres Element besteht [124]. Daher beginnt die Definition der Datenstrukturen der verketteten Liste im Codefragment 15.8 mit einer unvollständigen Definition des Datentyps „t_wmChainElem". Man nennt eine solche Definition „deferred" [44]. Nachdem die Definition des Datentyps eines Listenelementes „angekündigt" wurde, wird in dem Paket „linked_list" der Datentyp „t_wmChainElem_ptr" als Zeiger auf einen Wert vom Typ „t_wmChainElem" vereinbart.

```
15.8  LIBRARY WM;    USE WM.atom_wme.ALL;
      PACKAGE linked_list IS
        -- Implementation of the WM with a linked list
        TYPE t_wmChainElem;                   -- deferred type definition
        TYPE t_wmChainElem_ptr IS             -- pointer to an element of
             ACCESS t_wmChainElem;            --   the linked list
        TYPE t_wmChainElem IS RECORD
          wme       : t_wme;                  -- the wme data
          next_ptr  : t_wmChainElem_ptr;      -- pointer to next wmChainElem
        END RECORD;
        ------------------------------------------------------------------
        PROCEDURE wmCreate(first : INOUT t_wmChainElem_ptr; -- first points to NULL
        ...                                                 --   or the first wme
      END linked_list;
```

Der Datentyp „t_wmChainElem", dessen Definition zunächst verschoben wurde, wird im Codefragment 15.8, wie in Abb. 15.6 skizziert, als Kombination eines WMEs und eines Zeigers auf das nächste Element der Liste vereinbart. Der Zeiger „first" auf das erste Element der Liste wird allen drei Zugriffsfunktionen als erster Parameter übergeben, wie im Codefragment 15.8 für die Prozedur „wmCreate" gezeigt.

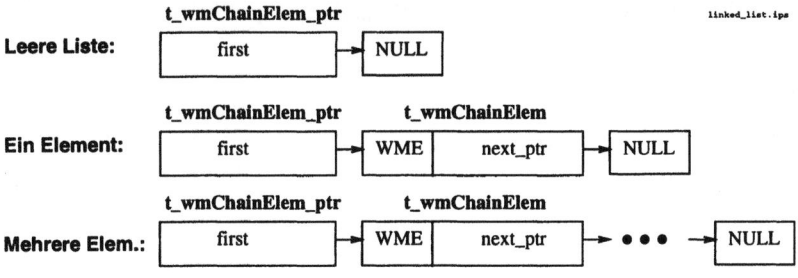

Abb. 15.7: Der Zeiger „first" auf das erste Element und verschiedene Zustände der verketteten Liste

In Abb. 15.7 sind verschiedene Zustände der verketteten Liste skizziert. Bei einer leeren Liste hat der Zeiger „first" den Wert „NULL". Gibt es genau ein Element, so zeigt „first" auf dieses Element und der Zeiger „next_ptr" nimmt den Wert „NULL" an. Hat die Liste mehrere Elemente, so zeigt der Zeiger „next_ptr" auf das nächste Element und nimmt nur im letzten Element den Wert „NULL" an.

B1) „wmCreate"

Ein neues WME wird in die Liste abgelegt, indem es als ein neues Listenelement an den Anfang der Liste eingekettet wird. Im oberen Teil von Abb. 15.8 ist die verkettete Liste vor der Erzeugung eines neuen WMEs skizziert. Das erste Listenelement enthält das „WME_1". Bei der darunter angedeuteten Einkettungsoperation muß beachtet werden, daß der Wert des Zeigers auf das erste Element erst überschrieben wird, nachdem man diesen Wert in das Fach „next_ptr" des neuen Listenelements übernommen hat [124].

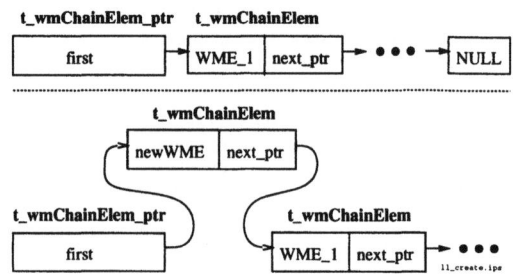

Abb. 15.8: Ablegen eines neuen WME in die verkettete Liste

In der Prozedur „wmCreate" im Codefragment 15.9 wird zunächst der Zähler „IDcnt" inkrementiert und der neue Wert als Teil des neuen WMEs gespeichert, um eine spätere Identifikation des WMEs in der Liste zu ermöglichen. Dann wird dem Zeiger „first" auf das erste Element der Liste die Anfangsadresse des mit dem Befehl „new" angeforderten Speicherbereiches zugewiesen. Die Größe des Speicherbereichs ist durch die Angabe des Datentyps „t_wmChainElem" spezifiziert.

```
15.9  PACKAGE BODY linked_list IS
          PROCEDURE wmCreate
             (first : INOUT t_wmChainElem_ptr;   -- pointer to NULL or the first wme
              IDcnt : INOUT t_wmeID;             -- number of wmes created so far
              wme   : INOUT t_wme) IS            -- wme to be inserted
                                                 -- ID field is initialised
          BEGIN
             IDcnt := IDcnt +1;                  -- increment the number of wmes created
             wme.ID := IDcnt;
             first := NEW t_wmChainElem'         -- 1) get a new chunk of memory
                     (wme => wme,                -- 2) initialise the chunk
                                                 --    gets the data of the new wme
                      next_ptr => first);        --    points to the old first element
          END wmCreate;
```

Der Speicherbereich wird durch die „qualified expression" (s. S. 79) unmittelbar initialisiert. In das Fach „wme" wird das neue WME abgelegt und in das Fach „next_ptr" der alte Wert des Zeigers „first". War die Liste vorher leer, so hatte der Zeiger den Wert „NULL" und das neue Elemente ist das letzte in der Liste. Gab es bereits Elemente, so wird das Fach „next_ptr" mit dem Zeiger auf das vormalig erste Element belegt.

15.3. VT.F: FRÜHER PROTOTYP

B2) „wmRemove"

Das durch eine „wmeID" bezeichnete WME wird gelöscht, indem das Element aus der Liste „ausgekettet" und der Speicherbereich an das Betriebssystem des Simulationsrechners zurückgegeben wird. Bei einer Auskettung wird der Zeiger des vorherigen Elementes mit dem Wert des Faches „next_ptr" belegt. Die Auskettung ist in Abb. 15.9 für das erste Element sowie für eines aus der Mitte der Liste skizziert.

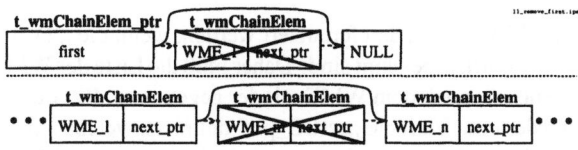

Abb. 15.9: Löschen des ersten und eines WMEs aus der Mitte der verketteten Liste

Um die Auskettungsoperation durchführen zu können, werden in der Prozedur „wmRemove" im Codefragment 15.10 die Variablen „actCE_ptr" und „prevCE_ptr" definiert. Der Zeiger „actCE_ptr" zeigt auf das aktuelle Element und „prevCE_ptr" auf das vorherige Listenelement. Der Zeiger „actCE_ptr" wird mit dem Wert des Zeigers „first" initialisiert. Ist die Liste leer, so kann kein Element gelöscht werden und es wird eine Fehlermeldung ausgegeben. Hat das erste Listenelement die gesuchte „ID", so wird dem Zeiger auf das erste Listenelement der Wert des „next_ptr"-Faches zugewiesen.

15.10
```
PROCEDURE wmRemove
   (first : INOUT t_wmChainElem_ptr;    -- pointer to NULL or the first wme
    ID    : IN    t_wmeID) IS           -- ID of the wme to be removed
    VARIABLE actCE_ptr,                 -- points to the actual element
             prevCE_ptr : t_wmChainElem_ptr; -- to the recently visited bucket
BEGIN
   actCE_ptr := first;                  -- starting point
   IF (first = NULL) THEN               -- empty list????
      ASSERT FALSE REPORT "REMOVE: Empty list!";
   ELSIF actCE_ptr.wme.ID = ID THEN     -- the first elem. is the right one
      first := actCE_ptr.next_ptr;      -- point to the next elem. or NULL
   ELSE                                 -- list has at least two elements
      WHILE actCE_ptr.wme.ID /= ID LOOP -- seek the wme in the linked list
         prevCE_ptr := actCE_ptr;       -- save the old value
         actCE_ptr := actCE_ptr.next_ptr; -- jump to the next bucket
         ASSERT actCE_ptr /= NULL       -- it isn't the last ...
            REPORT "WME with this ID could not be found";
      END LOOP;
      prevCE_ptr.next_ptr := actCE_ptr.next_ptr;
   END IF;
   DEALLOCATE(actCE_ptr);               -- OS gets chunk for further usage back
END wmRemove;
```

Ist keine dieser Bedingungen erfüllt, so wird mit einer „while"-Schleife die gesamte Liste nach dem WME mit der gegebenen „ID" durchsucht. Die Abarbeitung dieser Schleife wird beendet, wenn das Feld „wme.ID", des durch den Zeiger „actCE_ptr" bezeichneten Listenelementes, der gesuchten „ID" entspricht. Wird das Ende der Liste erreicht, bevor das gesuchte Element gefunden wurde, so wird mit einer „assert"-Anweisung eine Fehlermeldung ausgegeben. Nach dem Verlassen der „while"-Schleife wird das Fach „next_ptr" des letzten Elements mit dem Zeiger auf das übernächste Listenelement belegt, d.h. die Auskettungsoperation vollzogen. Der Zeiger „actCE_ptr" zeigt auf das ausgekettete Element, und wird daher an die Funktion „deallocate" übergeben, welche den Speicherbereich an das Betriebssystem zurückgibt.

B3) „wmGetAtom"

Ein Attribut eines WMEs kann dereferenziert werden, wenn die „ID" des WMEs und der Index in der Attributliste bekannt sind. Daher muß die Liste der WMEs, wie bei der Prozedur „wmRemove", nach dem WME mit der gegebenen „ID" durchsucht werden. Es wird somit wieder eine Variable „actCE_ptr" definiert, welche auf das aktuelle Listenelement zeigt. Ist die Liste nicht leer, so wird mit einer „while"-Schleife nach dem WME gesucht. Die Bearbeitung dieser Schleife wird beendet, wenn entweder das letzte Element erreicht ist oder das Element gefunden wurde.

15.11
```
PROCEDURE wmGetAtom
   (first : INOUT t_wmChainElem_ptr;  -- pointer to NULL or the first wme
    ID    : IN    t_wmeID;             -- ID of the wme
    index : IN    t_AttIndex;          -- index in the attribute list
    att   : OUT   t_Atom) IS           -- the seeked atom ...
   VARIABLE actCE_ptr : t_wmChainElem_ptr; -- points to the actual element

BEGIN
   actCE_ptr := first;                 -- starting point
   IF first = NULL THEN
      ASSERT FALSE REPORT "List is empty!";
   ELSE
      WHILE (actCE_ptr.next_ptr /= NULL) AND
            (actCE_ptr.wme.ID /= ID) LOOP -- seek the wme in the linked list
         actCE_ptr := actCE_ptr.next_ptr; -- jump to the next bucket
      END LOOP;
      IF actCE_ptr.wme.ID = ID THEN
         att := actCE_ptr.wme.attList(index); -- return the seeked attribute
      ELSE
         ASSERT FALSE REPORT "No wme with this ID found";
      END IF;
   END IF;
END wmGetAtom;
```

Wurde das Element gefunden, so wird mit dem Ausdruck „actCE_ptr.wme.attList(index)" das Fach „wme" des aktuellen Listenelements extrahiert und aus dessen Attributliste das „index'te" Attribut dereferenziert. Dieser Wert wird dem Ausgangsparameter „att" zugewiesen.

15.3.3 „pseudo-random" Testbench

Die Implementation des WMs mit einer verketteten Liste ist komplizierter und daher ist die Wahrscheinlichkeit eines Fehlers größer. Bevor diese Version den anderen Projektteilnehmern zur Verfügung gestellt wird, soll sie durch eine Testbench mit der einfachen Implementation verglichen werden.

Man könnte zur Verifikation eine interaktive Testbench verwenden, so wie sie ab S. 49 beschrieben ist. Hier soll aber die Verifikation mit einer durch Zufallszahlen gesteuerten Testbench demonstriert werden. Diese Testbench wählt die Funktionen mit

15.3. VT.F: FRÜHER PROTOTYP

Pseudo-Zufallszahlen aus und erzeugt die Daten ebenfalls pseudo-zufällig. Auch eine solche Testbench hat keine Klemmen, so daß die Einheit „functional_testbench" im folgenden Codefragment definiert wird.

15.12
```
ENTITY functional_testbench IS
END functional_testbench;
```

Um die Ergebnisse eines Simulationslaufes komfortabel inspizieren zu können, soll die Art der ausgelösten Funktion und deren Daten in eine Datei protokolliert werden. Man kann zu diesem Zweck Kommandos des „debuggers" verwenden. Da diese aber nicht standardisiert sind, und der Zugriff auf eine Datei nur einmal ab S. 399 demonstriert worden ist, wird diese Protokolldatei hier mit den VHDL-Sprachelementen erzeugt. Um auf Dateien zugreifen zu können, werden daher am Anfang von Codefragment 15.13 aus der Standardbibliothek „STD" alle („ALL") Elemente des Paketes „textio" sichtbar gemacht. Aus der Bibliothek WM werden die Pakete „atom_wme", „linked_list" und „big_array" sichtbar gemacht. In dem Paket „atom_wme" befinden sich die fundamentalen Datenstrukturen, z.B. eines WMEs.

15.13
```
USE STD.textio.ALL;          -- need type "line" and "text" and
                             -- procedures "write" and "writeline"
LIBRARY WM;
USE WM.atom_wme.ALL,         -- fundamental data structures like "t_atom"
    WM.linked_list.ALL,      -- WM with dynamic memory allocation
    WM.big_array.ALL;        -- simple implementation with a big array
LIBRARY IEEE;
USE IEEE.MATH_REAL.all;      -- procedure "uniform" is being used
```

Die im letzten Abschnitt vorgestellten Funktionen und Datenstrukturen zur Implementation des WM mit einer verketteten Liste befinden sich im Paket „linked_list". Im Paket „big_array" finden sich die analogen Teile der einfachen Implementation. In beiden Paketen werden die drei Zugriffsprozeduren „wmCreate", „wmRemove" und „wmGetAtom" definiert. Da aber der erste Parameter aller Unterprogramme im Paket „linked_list" ein Zeiger und im Paket „big_array" ein Vektor ist, sind die drei Unterprogramme nun überladen. Aus dem Paket „MATH_REAL" der Bibliothek „IEEE" wird die Funktion „uniform" zur Erzeugung von gleichverteilten Pseudo-Zufallszahlen verwendet.

Im Codefragment 15.14 beginnt die Definition des Modells „comp_list_array" der Einheit „functional_testbench". Dieses Modell enthält den Prozeß „comp_proc", der wie alle anderen äquivalenten Prozesse am Anfang eines Simulationslaufes gestartet wird. In den ersten Zeilen dieses Prozesses wird eine Datei („file") mit dem Namen „out_file" vom Typ „text" definiert. Über dieses Objekt wird auf die Datei „protocol.txt" des Betriebssystems zugegriffen. Die Formatierung einer Zeile dieser Protokolldatei wird mit der Prozedur „prLine" durchgeführt. Das Objekt „out_file" im Codefragment 15.14 darf nicht in der Prozedur „prLine" definiert werden, weil sonst die Datei bei jedem Aufruf der Prozedur neu angelegt würde. Da der „file" „out_file" im selben Prozeß wie die Prozedur „prLine" definiert ist, kann man in dieser Prozedur auf die Protokolldatei zugreifen.

15.14
```
ARCHITECTURE comp_list_array OF functional_testbench IS
BEGIN
    comp_proc : PROCESS
```

```
                   ------------------------------------------------ protocol file
          file out_file       : text IS OUT "protocol.txt";
          PROCEDURE prLine(com         : IN     string;
                           ID          : IN     t_wmeID;
                           LengthClass : IN     t_AttIndex;
                           AtValue     : IN     t_AtomValue) IS
            VARIABLE textout : line;                     -- just a line of chars
          BEGIN
            WRITE(textout, com);       WRITE(textout, HT); -- HT = Horizontal TAB
            ...
            WRITE(textout, AtValue);   WRITE(textout, HT);
            WRITELINE(out_file, textout);
          END prLine;
```

Durch die überladene Prozedur „write" aus dem Paket „textio" werden die Parameter in Zeichenketten verwandelt, welche dann an die Variable „textout" vom Typ „line" angehängt werden. Der Inhalt der Variablen „textout" wird mit der Prozedur „writeline" an die Datei „out_file" ausgegeben. Im Codefragment 15.15 ist ein Ausschnitt aus der erzeugten Datei „protocol.txt" gezeigt. Mit der Suchfunktion eines Texteditors kann man z.b. feststellen, daß das WME mit der „ID" 55 in der Tat mit einem zufälligen Attributwert von 602 erzeugt worden ist.

15.15
```
          CREATE    1      2      666
          ...
          CREATE    55     1      602
          ...
          GetAtom   55     1      602
          CREATE    76     2      418
          ...
          REMOVE    76     1      1
```

Das Codefragment 15.16 beginnt mit der Definition der Variablen „Seed1" und „Seed2", welche von der Prozedur „uniform" zur Erzeugung der Zufallszahlen benötigt werden. Diese Prozedur gibt eine zufällige Fließkommazahl in der Variablen „r_rnd_num" zurück, welche durch geeignete Transformationen und Typwandlungen in die jeweils benötigte ganzzahlige Zufallszahl „i_rnd_num" verwandelt wird. Dann werden im Codefragment 15.16 einige Variablen definiert, welche zur Zwischenspeicherung verwendet werden.

15.16
```
                   ----------------- random number generation
          VARIABLE Seed1 : INTEGER := 14566;
          VARIABLE Seed2 : INTEGER := 16784332;          -- arbitrary values
          VARIABLE r_rnd_num : REAL;
          VARIABLE i_rnd_num : NATURAL;
          -- Creates a uniformly distributed [0.0, 1.0] random number r_rnd_num
          -- uniform(Seed1, Seed2, r_rnd_num);
          VARIABLE tmpID              : t_wmeID := 0;    -- var. for the testbench
          VARIABLE LengthClass        : t_AttIndex;
          VARIABLE Atom               : t_Atom := (variety => INT, value => 0);
          VARIABLE tmpWME             : t_wme;
          TYPE t_wmeState IS (UNINI, CREATED, REMOVED);  -- state of each wme.
          TYPE t_AvailWME IS ARRAY(t_wmeID) OF t_wmeState; -- a flag for each WME
          VARIABLE AvailWME : t_AvailWME := (OTHERS => UNINI);
```

Da die Funktionen („Create", „Remove" oder „GetAtom") und die Daten zufällig erzeugt werden, muß man sicherstellen, daß die Testbench keine ungültige Kommandos auslöst. Dies ist nur für einige wenige Testfälle zur Überprüfung des Verhaltens bei ungültigen Eingangsdaten sinnvoll. Daher wird der Zustand eines WMEs durch

15.3. *VT.F*: FRÜHER PROTOTYP

den Enumerationstyp „t_wmeState" im Codefragment 15.16 auf der gegenüberliegenden Seite beschrieben. Mit Hilfe des Vektors „AvailWME" kann festgestellt werden, ob ein WME mit der betreffenden „ID" existiert.

Die WMEs werden von der einfachen „big_array"-Implementation in den Vektor „arrayWM" aus dem Codefragment 15.17 abgelegt. Die „wmeID" des zuletzt erzeugten WMEs wird in der Variablen „arrayID" gespeichert.

15.17
```
---------------------------------------- big_array implementation
    VARIABLE arrayWM       : t_wm;
    VARIABLE arrayID       : t_wmeID := 0;
---------------------------------------- linked_list implementation
    VARIABLE first         : t_wmChainElem_ptr; -- points to the first element
    VARIABLE listID        : t_wmeID := 0;
    VARIABLE listAtom      : t_Atom;
```

Der WM wird bei der Ablage in einer verketteten Liste durch den Zeiger „first" auf das erste Element und ebenfalls einen Zähler „listID" für die einzelnen WMEs definiert. In der Variablen „listAtom" wird das dereferenzierte Attribut nach einem „getAtom"-Zugriff abgelegt, um es mit dem Attributwert der einfachen Implementation zu vergleichen.

Im Codefragment 15.18 beginnt der Rumpf des Prozesses mit einem Aufruf der Prozedur „uniform", welche den Zufallszahlengenerator initialisiert. In der „for"-Schleife „outer_loop" wird bei jedem Durchlauf einer der drei Zugriffe ausgeführt. Die erste Anweisung im Rumpf der Schleife ist eine „wait"-Anweisung, weil eine Inkrementierung der simulierten Zeitskala die Verfolgung der Variablenwerte in der Waveform-Anzeige erleichtert. Ohne diese „wait"-Anweisung würde das komplette funktionale Modell vor dem ersten δ-Zyklus ablaufen.

15.18
```
    BEGIN   -- process
        uniform(Seed1, Seed2, r_rnd_num);      -- initialise random number generator
        outer_loop : FOR i IN 1 TO 10000 LOOP
            WAIT FOR 10 ns;                    -- to make tracing easier ...
            uniform(Seed1, Seed2, r_rnd_num);  -- get another random number
            i_rnd_num := INTEGER(r_rnd_num*9.0);-- [0.0, 1.0] -> [0, 9]
```

In den letzten beiden Anweisungen des Codefragments 15.18 wird eine Zufallszahl erzeugt und so transformiert, daß die ganzzahligen Werte im Bereich von 0 bis 9 liegen. Durch einen Ausdruck der Form „integer(real_num)" kann aus einer Fließkommazahl der ganzzahligen Wert bestimmt werden. Neben dieser Möglichkeit gibt es auch noch den „type cast" „real(int_num)" [44]. Durch die Angabe eines Intervalls in den Zweigen der „case"-Anweisung in den Codefragmenten 15.19 bis 15.21 kann die Wahrscheinlichkeit, mit der eine der drei Funktionen ausgeführt wird, beeinflußt werden.

Im Codefragment 15.19 ist der Zweig gezeigt, in dem die WMEs erzeugt werden. Durch zwei Aufrufe der Prozedur „uniform" mit anschließenden Transformationsanweisungen werden zufällige Werte für die Längenklasse und den Wert des Atoms erzeugt. Diese beiden Werte werden in dem neuen WME durch ein positionales Aggregat kombiniert (s. S. 78).

15.19
```
    CASE i_rnd_num IS
        WHEN 0 =>         -- CREATE prob: 1/10
            uniform(Seed1, Seed2, r_rnd_num);
            LengthClass := INTEGER((r_rnd_num*REAL(MaxAttIndex-1))+1.0);
```

```
                   --[0.0, 1.0] --> [1, MaxAttIndex]
         uniform(Seed1, Seed2, r_rnd_num);
         Atom.Value := INTEGER(r_rnd_num*1000.0);-- [0.0, 1.0] -> [0, 1000]
         tmpWME := (arrayID, LengthClass, (OTHERS => Atom));
         -------------------------------------- actual creation of the new WME
         wmCreate(arrayWM, arrayID, tmpWME);    -- array implementation
         wmCreate(first, listID, tmpWME);       -- linked list
         ASSERT arrayID = listID REPORT "CREATE: Wrong ID";
         prLine(STRING'("CREATE"), arrayID, LengthClass, Atom.Value);
         AvailWme(arrayID) := CREATED;
```

Das WME in der Variablen „tmpWME" wird in beiden Implementationen des WMs abgelegt. Die richtige Inkrementierung der „ID" wird durch die „assert"-Anweisung überprüft. Das ausgeführte Kommando und seine Parameter werden durch die Prozedur „prLine" in die Protokolldatei ausgegeben und der Zustand des WMEs wird in dem Vektor „AvailWme" als „CREATED" markiert.

Nimmt die Zufallszahl zur Auswahl der Funktion den Wert 1 an, so wird der Zweig im Codefragment 15.20 durchlaufen. In diesem Zweig wird der Variablen „tmpID" eine Zufallszahl aus dem Intervall [0, *MaxWmeID*] zugewiesen. Ist das WME an dieser „ID" vom Zustand „CREATED", so wird das WME in beiden Implementationen gelöscht.

15.20
```
         WHEN 1 => -------------- REMOVE    prob: 1/10
         uniform(Seed1, Seed2, r_rnd_num);
         tmpID := INTEGER((r_rnd_num*REAL(MaxWmeID)));
                   --[0.0, 1.0] --> [0, MaxWmeID]
         IF AvailWme(tmpID) = CREATED THEN
            ---------------------------------------- actual removal
            wmRemove(arrayWM, tmpID);               -- array
            wmRemove(first, tmpID);                 -- linked list
            prline(string'("REMOVE"), tmpID, 1, 1); -- protocol generation
            AvailWme(tmpID) := REMOVED;
         END IF;
```

Diese Löschung wird protokolliert und der Zustand des betreffenden WMEs als „REMOVED" markiert.

Im letzten Zweig der „case"-Anweisungen, welcher im Codefragment 15.21 gezeigt ist, wird das Attribut eines zufällig bestimmten WMEs in beiden Implementationen dereferenziert und die Werte verglichen. Bevor allerdings die beiden Prozeduren „wmGetAtom" gerufen werden, wird festgestellt, ob der Zustand des WMEs mit der zufälligen „ID" in der Variablen „tmpID" den Zustand „CREATED" hat.

15.21
```
         WHEN 2 TO 9 =>         -- GETATOM prob: 8/10
         uniform(Seed1, Seed2, r_rnd_num);
         tmpID := INTEGER((r_rnd_num*REAL(MaxWmeID)));
                   --[0.0, 1.0] -> [0, MaxWmeID]
         IF AvailWme(tmpID) = CREATED THEN
            wmGetAtom(arrayWM, tmpID, 2, Atom);    -- deref. in big_array
            wmGetAtom(first, tmpID, 2, listAtom);  -- deref. in linked_list
            ASSERT(listAtom.Value = Atom.Value)REPORT "GetAtom: Wrong value!";
            prline(string'("GetAtom"), tmpID, 1, listAtom.Value);
         END IF;
         WHEN OTHERS =>
            ASSERT FALSE REPORT "Random number out of range!";
         END case;
      END LOOP;
      WAIT;                                -- stop processing ...
   END process;                            -- process comp_proc
END comp_list_array;
```

Nach der Dereferenzierung der beiden Attribute werden die Werte verglichen und das Kommando protokolliert.

Diskussion

Erreicht: Es gibt ein verifiziertes funktionales Modell des WMs, dessen reduzierter Speicherbedarf auch eine Simulation großer Benchmarks erlaubt. Durch die Verwendung einer verketteten Liste zur dynamischen Speicherverwaltung wurde ein erster Schritt im Hinblick auf eine Ablage der WMEs in einem statischen RAM auf der Leiterplatte unternommen.

Probleme: Die Teileinheit WM ist in den obigen Codefragmenten nur als Teil des „Gesamt"-Systems „Testbench" gezeigt worden. In dem wirklichen System sind die Variablen und Funktionen des WMs nur ein kleiner Teil und es besteht die Gefahr, daß auf die Variablen nicht nur mit den drei Funktionen zugegriffen wird. Die Teileinheit WM muß daher zunächst in einer Einheit („entity") gekapselt werden.

15.4 *VT.C*: Ausgliederung des Objektes „WM"

Durch eine solche Kapselung werden die Datenstrukturen vor einem unerlaubten Zugriff geschützt und die Komplexität eines Modells des gesamten Systems wird reduziert. Weiterhin ermöglicht eine solche Kapselung eine zuverlässige Analyse der Datenströme zwischen den einzelnen Teileinheiten des Gesamtsystems, denn nach der Kapselung kann auf die Daten einer Teileinheit nur über die Schnittstellen mit wohldefinierten Protokollen zugegriffen werden.

Übergang: *VT.F* $\Rightarrow$ *VT.C* beim WM

In Abschnitt 13.6 (S. 462) sind die einzelnen Schritte bei der Ausgliederung der Funktionen einer Teileinheit detailliert beschrieben worden. Sie werden im folgenden zur Ausgliederung des Datenobjektes WM angewandt.

I) Identifikation der Datenstrukturen und Unterprogramme

Eine Identifikation der Datenstrukturen und Unterprogramme ist in diesem Falle nicht notwendig, weil zu Beginn der Entwurfsstudie aus Gründen der Darstellung nicht ein komplettes System, sondern schon ein Satz von Funktionen stand. Die Datenstrukturen der Teileinheit WM müssen daher nicht aus verschiedenen Paketen zusammengestellt werden, sondern sie sind schon in den Paketen „atom_wme" und „linked_list" konzentriert.

II) Definition von Kommandos

Auf der Datenstruktur WM werden drei verschiedene Funktionen ausgeführt. Der Enumerationstyp des Kommandos, welcher im Codefragment 15.22 definiert wird, hat somit drei Elemente.

15.22
```
TYPE t_wmCommand IS (Create, Remove, GetAtom); -- modes of access
```

III) Klemmen der neuen Einheit

Die Schnittstellen einer neuen Teileinheit bestehen aus den Protokolleitungen, der Kommandoklemme und den Ein- und Ausgabeparametern der verwendeten Funktionen.

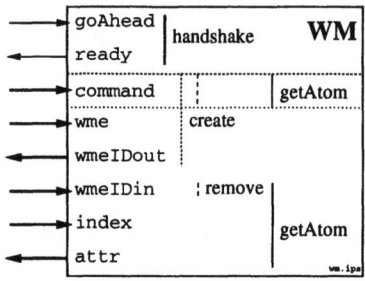

Abb. 15.10: Anschlüsse der Einheit „WM"

Die Klemmen der Einheit WM sind in Abb. 15.10 skizziert. Zum Vergleich sind im Codefragment 15.23 die drei Unterprogramme aufgelistet, welche auf die Daten des WMs zugreifen. Der erste Parameter in allen Prozeduren ist ein Zeiger auf das erste Element der verketteten Liste. Da die Implementation des WMs vollständig in der neuen Einheit WM gekapselt sein wird, braucht dieser Parameter nicht bei der Definition der Klemmen berücksichtigt werden.

Bei einem Aufruf der Prozedur „wmCreate" wird das WME im Speicher abgelegt und eine Identifikationsnummer zurückgegeben. Daher wird eine Klemme vom Typ „t_wme" als Eingang und eine Klemme vom Typ „t_wmeID" als Ausgang benötigt. Diese Klemmen sind in Abb. 15.10 skizziert.

15.23
```
PROCEDURE wmCreate
    (first : INOUT t_wmChainElem_ptr;   -- pointer to NULL or the first wme
     IDcnt : INOUT t_wmeID;             -- number of wmes created so far
     wme   : INOUT t_wme);              -- ID field is initialised
PROCEDURE wmRemove
    (first : INOUT t_wmChainElem_ptr;   -- pointer to NULL or the first wme
     ID    : IN    t_wmeID);            -- ID of the wme to be removed
procedure wmGetAtom
    (first : INOUT t_wmChainElem_ptr;   -- pointer to NULL or the first wme
     ID    : IN    t_wmeID;             -- ID of the wme
     index : IN    t_AttIndex;          -- index in the attribute list
     att   : OUT   t_Atom);             -- the seeked atom ...
```

15.4. *VT.C*: AUSGLIEDERUNG DES OBJEKTES „WM"

Die von einer Funktion benötigten Klemmen sind in Abb. 15.10 auf der gegenüberliegenden Seite durch einen senkrechten Balken markiert. Die in Abb. 15.10 dargestellten Klemmen sind im Codefragment 15.24 mit den jeweiligen Datentypen formal beschrieben.

15.24
```
ENTITY wm IS
   PORT(------------------------- protocol lines
           goAhead     : IN    std_ulogic;   -- start processing of the actual command
           ready       : OUT   std_ulogic;   -- com. executed & output available
           ------------------------- command line
           command     : IN    t_wmCommand;
           ------------------------- data lines
           wme         : IN    t_wme;        -- wmeID is returned through wmeIDout
           wmeIDout    : OUT   t_wmeID;      -- return the wmeID of the new wme
           wmeIDin     : IN    t_wmeID;      -- get a wmeID for remove and GetAtom
           index       : IN    t_attIndex;
           attr        : OUT   t_Atom);
END wm;
```

IV) Definition eines Protokolls für die Schnittstelle

Das in Abb. 13.12 (S. 465) skizzierte „handshake"-Protokoll soll auch bei der Abtrennung des WM verwendet werden. Das „start"-Signal wird an die Eingangsklemme „goAhead" und das „done"-Signal an die Ausgangsklemme „ready" angeschlossen.

V) Ersetzung der Prozeduraufrufe im verbleibenden „Controller"

Die Aufrufe der Unterprogramme müssen im verbleibenden Rumpf der Systemumgebung durch Zuweisungen auf die Ausgangssignale, eine Aktivierung der neuen Teileinheit WM und die Abtastung der Eingangssignale ersetzt werden.

Als Beispiel ist im Codefragment 15.25 der Aufruf der Prozedur „wmCreate" gezeigt. Der erste Parameter „first" ist der Zeiger auf das erste Element der verketteten Liste. Die verkettete Liste oder eine andere Implementation des WMs ist in der Teileinheit WM gekapselt und braucht daher nicht über eine Klemme an die Teileinheit WM übergegeben werden.

15.25
```
...
wmCreate(first, listID,   tmpWME);
--                ^^output ^^input
...
```

Der zweite Parameter des Prozeduraufrufes im Codefragment 15.25 gibt die „ID" des in den Speicher abgelegten WMEs zurück. Daher wird der Variablen „listID" im Codefragment 15.26 nach der Aktivierung der Teileinheit WM der Wert des Eingangssignals „wmeIDout" zugewiesen. Vor der Aktivierung werden die Ausgangssignale „wme" und „wmCommand" mit dem Wert des neuen WMEs und dem Kommando „Create" belegt. Die Zuweisungen der Prozedur „transmit_hsk" aus dem Codefragment 13.12 (S. 466) aktivieren die Teileinheit WM und warten darauf, daß die Resultate gültig werden.

15.26
```
...
wme       <= tmpWME;              -- set input signals
wmCommand <= Create;
```

```
transmit_hsk(goAhead, ready);    -- handshake procedure for a service request
listID := wmeIDout;              -- fetch the result
...
```

Alle anderen Prozeduraufrufe werden in analoger Weise durch Zuweisung der Eingangsparameter auf die Ausgangssignale, einen Aufruf der Prozedur „transmit_hsk" und eine Abtastung der Eingangsklemmen ersetzt.

VI) Kopie der Datenstrukturen und Prozeduren in die Teileinheiten

Die Definition der Einheit WM ist schon im Codefragment 15.24 auf der vorherigen Seite aufgelistet worden, daher soll im folgenden nur das Modell der Einheit WM betrachtet werden. Das Modell „sep_wm" in den Codefragmenten 15.28 und 15.29 auf der gegenüberliegenden Seite verwendet die Definitionen in den Paketen „atom_wme", „linked_list" und „sep_wm". Das Paket „sep_wm" enthält nur die Definition des Datentyps „t_wmCommand".

15.27
```
PACKAGE sep_wm IS
    TYPE t_wmCommand IS (Create, Remove, GetAtom); -- access modes of the WM
END sep_wm;
```

Das Paket „atom_wme" enthält grundlegende Datentypen, wie den Typ „t_wme". Einige Definitionen aus diesem Paket sind im Codefragment 15.2 (S. 523) gezeigt. Die Datentypen und Prozeduren der Implementation des WMs durch eine verkettete Liste sind in dem Paket „linked_list" beschrieben. Die Definitionen dieses Paketes sind in den Codefragmenten 15.8 (S. 531) bis 15.11 (S. 534) gezeigt.

Das Modell „sep_wm" der Einheit WM enthält einen einzigen Prozeß ohne eine „sensitivity list". Der Prozeß beginnt mit der Definition einer Variablen „first", welche auf das erste WME der verketteten Liste zeigt, und eines Zählers, welcher die Nummer des zuletzt erzeugten WMEs enthält.

15.28
```
LIBRARY WM;    USE WM.atom_wme.all,
                   WM.linked_list.all,   -- linked list implementation
                   WM.sep_wm.all;        -- simply the type t_wmCommand
ARCHITECTURE sep_wm OF wm IS

BEGIN  -- sep_wm
  PROCESS
    ----------------------------------- state variables
    VARIABLE first   : t_wmChainElem_ptr;-- data structures are encapsulated
    VARIABLE wmeID   : t_wmeID := 0;     --  in the entity WM
    ----------------------------------- temporary storage
    VARIABLE tmpWME  : t_wme;
    VARIABLE tmpAtt  : t_Atom;
```

Nach der Definition der Zustandsvariablen werden zwei temporäre Variablen vereinbart, welche als Ausgangsparameter in den verschiedenen Prozeduraufrufen verwendet werden.

VII) Ausarbeitung der einzelnen Teileinheiten

Der Rumpf des Prozesses beginnt mit einer „wait"-Anweisung, welche die Ausführung des Prozesses suspendiert bis das Eingangssignal „goAhead" wahr wird. Danach

15.4. VT.C: AUSGLIEDERUNG DES OBJEKTES „WM"

wird im wesentlichen eine große „case"-Verzweigung, welche einen Zweig für jedes Kommando enthält, ausgeführt. Nach der Ausführung des jeweiligen Zweiges wird die „handshake"-Sequenz durchlaufen.

5.29
```
BEGIN
    WAIT UNTIL (goAhead = TRUE);
    CASE command IS
      WHEN Create =>
        tmpWME := wme;                      -- avoids a change from a variable
                                            -- to a signal parameter
        wmCreate(first, wmeID, tmpWME);     -- call the appropriate impl.
        wmeIDout <= wmeID;
      WHEN Remove =>
        wmRemove(first, wmeIDin);
      WHEN GetAtom =>
        wmGetAtom(first, wmeIDin, index, tmpAtt);
        attr <= tmpAtt;                     -- avoids a change from var. -> sig.
    END CASE;                               -- command
    receiver_hsk(goAhead, ready);           -- sequence for a service provider
  END PROCESS;
END sep_wm;
```

In den einzelnen Zweigen der „case"-Anweisung werden die Werte der Eingangssignale in temporäre Variablen übernommen, welche als Parameter bei den folgenden Unterprogrammaufrufen übergeben werden. Die Resultate werden nach dem Aufruf den jeweiligen Ausgangssignalen zugewiesen. So wird im ersten Zweig der „case"-Anweisung im Codefragment 15.29 der Variablen „tmpWME" der Wert eines neuen WMEs zugewiesen, dann wird die Prozedur „wmCreate" gerufen und die berechnete Identifikationsnummer „wmeID" wird dem Ausgangssignal „wmeIDout" zugewiesen.

Verifikation des neuen Strukturmodells

Das funktionale Modell der Einheit WM, welches mit einer verketteten Liste implementiert worden war, wurde in der Testbench „functional_testbench" durch einen Vergleich mit der einfachen Implementation verifiziert. In dieser Testbench werden sowohl die Daten als auch die Kommandos per pseudo Zufallszahlen erzeugt. Diese Testbench ist in den Codefragmenten 15.12 (S. 535) bis 15.21 dargestellt worden. In Abb. 15.11 auf der nächsten Seite ist die überarbeitete Testbench „test_sep_wm" mit der ausgegliederten Einheit WM gezeigt. Um die Einheit WM mit der Testbench „test_sep_wm" zu verifizieren, wird das Modell der Testbench um die Definition der Prozedur „transmit_hsk", die Komponente WM und die zur Verdrahtung notwendigen Signale erweitert. Diese Erweiterungen sind in den Codefragmenten 15.30 und 15.31 gezeigt.

Das folgende Codefragment 15.30 auf der folgenden Seite beginnt mit der Definition der Einheit „test_sep_wm", welche wie alle Testbenches keine von außen zugänglichen Signale enthält. Aus dem Paket „atom_wme" werden die grundlegenden Datenstrukturen benutzt, das Paket „big_array" enthält die einfache Implementation des WM und das Paket „sep_wm" umfaßt nur den Datentyp „t_wmCommand". Die einfache Implementation in dem Paket „big_array" dient auch in dieser Testbench wieder als Referenz, um die Funktion der Einheit WM zu kontrollieren. Die Prozedur „uniform" aus dem Paket „IEEE.math_real" wird zur Erzeugung von Zufallszahlen verwendet.

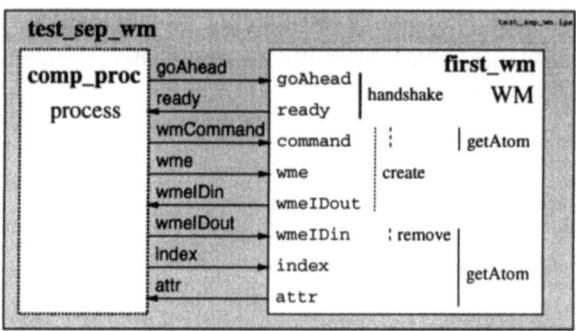

Abb. 15.11: Testbench „test_sep_wm" zur Verifikation der ausgegliederten Einheit WM

Das Paket „linked_list" wird nicht mehr referenziert, weil diese Implementation nun in der Einheit WM gekapselt ist.

15.30
```
ENTITY test_sep_wm IS        END test_sep_wm;
...
LIBRARY WM;
USE WM.atom_wme.ALL,         -- basic data types like t_wme
    WM.big_array.ALL,        -- the simple implementation ...
    WM.sep_wm.ALL;           -- merely the commands
USE IEEE.MATH_REAL.all;      -- procedure uniform is being used
```

Das Modell „struc" der Einheit „test_sep_wm" verwendet ebenfalls die Prozedur „transmit_hsk", deren Vereinbarung im Codefragment 15.31 nur durch die erste Zeile angedeutet ist[4]. Die Definition der Komponente WM besteht im wesentlichen aus einer Kopie der Schnittstellen der Einheit WM, welche vollständig im Codefragment 15.24 (S. 541) aufgelistet sind. Nach der Definition der Komponente WM werden alle in Abb. 15.11 (S. 544) gezeigten Signale zur Verbindung einer Instanz der Komponente WM definiert.

15.31
```
ARCHITECTURE struc OF test_sep_wm IS
    -- a procedure to increase compactness and readability ...
    PROCEDURE transmit_hsk(SIGNAL start : std_ulogic;   -- service requester
                           SIGNAL done  : std_ulogic) IS -- sequence
    ...
    COMPONENT wm
      port(goAhead   : in    std_ulogic;
              ...
           attr      : out   t_Atom);
    END COMPONENT;
    SIGNAL     goAhead, ready        : std_ulogic;       -- handshake
    SIGNAL     wmCommand             : t_wmCommand;      -- command
    ...
    SIGNAL     attr                  : t_Atom;           -- output data
```

In den ersten Zeilen des Codefragmentes 15.32 auf der gegenüberliegenden Seite wird die Instanz „first_wm" der Komponente WM definiert. Um bei der großen Zahl von Klemmen Verwechselungen zu vermeiden, werden die Signale den Klemmen der Komponente namentlich zugeordnet. Die Instanz „first_wm" wird vom Pro-

---

[4]Die vollständige Definition der Prozedur „transmit_hsk" findet sich im Codefragment 13.12 (S. 466).

15.4. VT.C: AUSGLIEDERUNG DES OBJEKTES „WM"

zeß „comp_proc" stimuliert. Im Kopf des Prozesses „comp_proc" werden die schon in den Codefragmenten 15.14 (S. 535) bis 15.17 gezeigten Unterprogramme und Variablen definiert. Alle Variablen zur Verwaltung der verketteten Liste wurden entfernt, weil diese Implementation jetzt in der Einheit WM gekapselt ist.

15.32
```
BEGIN
    first_wm : wm PORT MAP(goAhead => goAhead, ..., attr => attr);
    comp_proc : PROCESS
      VARIABLE tmpID : t_wmeID := 0;              -- variables for the testbench
      ...
      TYPE t_wmeState IS (UNINI, CREATED, REMOVED);-- state of each WME
      ...
      VARIABLE arrayWM : t_wm;                    -- big_array implementation
      ...
```

Der Rumpf des Prozesses in den Codefragmenten 15.33 bis 15.34 besteht aus einer umfassenden Schleife „outer_loop" und einer „case"-Anweisung mit einem Zweig für jede Zugriffsart. Eine Zufallszahl bestimmt, welcher Zweig durchlaufen wird. In jedem Zweig werden die benötigten Eingangsdaten ebenfalls mit Pseudo-Zufallszahlen erzeugt. Dann wird die jeweilige Funktion zunächst durch einen Prozeduraufruf und dann nochmal durch eine geeignete Belegung der Klemmen ausgelöst.

Im Codefragment 15.33 ist der Zweig zur Erzeugung eines neuen WMEs gezeigt. Der Aufruf der Prozedur „wmCreate" legt im Speicher „arrayWM" das WME in der Variablen „tmpWME" ab. Die neue ID wird in der Variablen „arrayID" zurückgegeben. Der Aufruf der überladenen Prozedur „wmCreate" mit dem Zeiger „first" als ersten Parameter wurde durch das Setzen der Signale „wme", „wmCommand", die Prozedur „transmit_hsk" und die Zuweisung auf die Variable „listID" ersetzt.

15.33
```
BEGIN
    uniform(Seed1, Seed2, r_rnd_num);           -- initialise random number gen.
    outer_loop : FOR i IN 1 TO 10000 LOOP
        ...
        CASE i_rnd_num IS
          WHEN 0 =>                             -------------------- CREATE  prob: 1/10
            ...                                 -- random data generation ...
            wmCreate(arrayWM, arrayID, tmpWME); -- simple array implementation
            ------------------------------------------------------------------
            -- wmCreate(first, listID, tmpWME); -- overloaded linked list implem.
            wme <= tmpWME;                      -- set input signals
            wmCommand <= Create;
            transmit_hsk(goAhead, ready);       -- activate the WM
            listID := wmeIDout;                 -- fetch the result
            ------------------------------------------------------------------
            prline(STRING'("CREATE"), listID, LengthClass, Atom.Value);
            AvailWme(listID) := CREATED;
```

Die von der Instanz „first_wm" berechnete Identifizierungsnummer in der Variablen „listID" wird durch den Aufruf der Prozedur „prLine" in eine Protokolldatei ausgegeben. Ein Ausschnitt aus dieser Datei ist im Codefragment 15.15 (S. 536) gezeigt. Der Zustand des neuen WMEs wird am Ende des Codefragments 15.33 in den Vektor „AvailWme" abgelegt.

Der Aufbau der folgenden Zweige der „case"-Anweisung, in denen WMEs gelöscht oder einzelne Attribute eines WMEs dereferenziert werden, ähnelt dem ersten Zweig, so daß sie im Codefragment 15.34 auf der nächsten Seite nur verkürzt dargestellt sind.

15.34
```
            WHEN 1 =>  ---------------------------- REMOVE   prob: 1/10
                ...
                -- wmRemove(first,    tmpID);        -- linked list implementation
                wmeIDin    <= tmpID;                 -- set input signals
                wmCommand  <= Remove;
                transmit_hsk(goAhead, ready);        -- activate the WM instance
                ...
            WHEN 2 TO 9 => ----------------------- GETATOM  prob: 8/10
                ...
                -- wmGetAtom(first, tmpID, 2, listAtom);
                wmeIDin    <= tmpID;                 -- set output signals
                index      <= 2;                     --   an arbitrary value
                wmCommand  <= getAtom;
                transmit_hsk(goAhead, ready);
                listAtom := attr;                    -- fetch the result
                ...
          END case;
        END LOOP;
        WAIT;                                        -- enough commands executed ...
    END PROCESS;
END struc;
```

Mit dieser Testbench wurde die Kapselung der Datenstrukturen und Zugriffsfunktionen in der Teileinheit WM durch einen Vergleich mit der einfachen Implementation verifiziert.

Direkte Kommunikation der Teileinheiten

Durch die Zerlegung des funktionalen Systemmodells in einzelne Teileinheiten, welche durch „handshake"-Protokolle miteinander kommunizieren, wurde das in Abb. 15.12 angedeutete Strukturmodell des Gesamtsytems gewonnen.

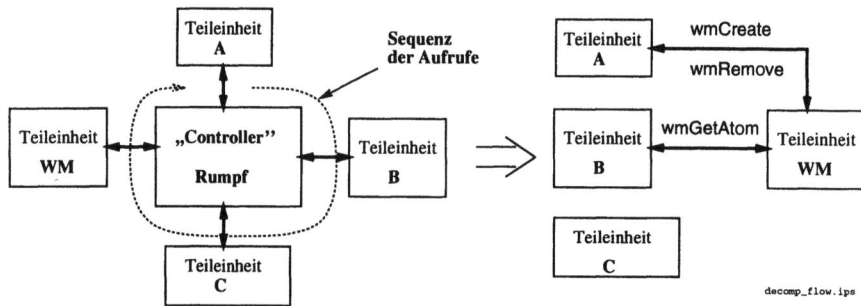

Abb. 15.12: Die Analyse der Aufrufreihenfolge der „Prozedurrümpfe" und der Datenströme ermöglicht eine direkte Verbindung der Teileinheiten

Die Aufrufe der Unterprogramme sind durch Zuweisungen auf die Eingangssignale der Teileinheiten sowie einer Aktivierung derselben mit einer anschließenden Abtastung der Ausgangssignale ersetzt worden. Daher ist der Kontrollfluß des funktionalen Systemsmodells erhalten geblieben. Das funktionale Systemmodell ist hier nicht vorgestellt worden, aber in der obigen Testbench als „Ersatz"-Systemmodell ist der Kontrollfluß ebenfalls unverändert. Die Reihenfolge der Aktivierung der einzelnen Teileinheiten ist in der linken Seite von Abb. 15.12 auf der vorherigen Seite durch einen strichlierten Bogen angedeutet.

Eine Analyse der Datenströme zwischen der Teileinheit WM und den restlichen Teileinheiten zeigt, daß der Rumpf des Systemmodells die Daten zwischen den Teileinheiten „A" und „B" und dem WM transportiert. Die Teileinheit „A" erzeugt und löscht WMEs, während die Teileinheit „B" einzelne Attribute dereferenziert. Daher bietet es sich an, diese Zugriffe durch eine direkte Kommunikation zwischen den einzelnen Teileinheiten abzuwickeln.

Diskussion

Erreicht: Die Datenstrukturen und Unterprogramme des funktionalen Systemmodells wurden in getrennte Teileinheiten gekapselt. Diese Teileinheiten wurden unabhängig voneinander verifiziert. Da die Datenstrukturen in den Teileinheiten gekapselt sind, können diese zum Zwecke der Implementation beliebig verändert werden, solange die Dienste bezüglich der vereinbarten Klemmen weiter korrekt angeboten werden.

Probleme: Das vorliegende Modell der Teileinheit WM hat eine Schnittstelle. Die Analyse der Datenströme im Gesamtmodell zeigte aber, daß nur eine bestimmte Teileinheit WMEs erzeugt oder löscht und eine andere Teileinheit einzelne Attribute dereferenziert. Daher muß die Schnittstelle des WMs aufgespalten werden.

Auf die Teileinheit WM wird dann von zwei verschiedenen Schnittstellen zugegriffen. Diese Zugriffe erfolgen unabhängig voneinander, so daß sie auch *gleichzeitig* auftreten können. In dem vorhandenen rein kausalen Modell werden alle Zugriffe beliebig schnell ausgeführt, so daß die Möglichkeiten oder Probleme eines gleichzeitigen Zugriffs nicht sichtbar sind.

Die WMEs werden in Speicherbereiche abgelegt, die über den Befehl „new" vom Betriebssystem des Simulationsrechners angefordert wurden. Daher muß ein Allokationsalgorithmus entwickelt werden, der ein statisches RAM auf der Leiterplatte des Systems verwaltet.

15.5 *VT.FMA*: Schnittstellen und Allokation

In diesem Abschnitt soll die Schnittstelle des vorhandenen Modells aufgetrennt werden. Über eine Schnittstelle werden die WMEs sowohl erzeugt als auch gelöscht und über die andere werden Attribute dereferenziert. Zur Annäherung an die Implementation und um die Protokolle an den beiden Schnittstellen zu vereinfachen, soll ein Taktsignal als Quelle von Synchronisationsereignissen eingeführt werden. Dieser zeitliche Bezug ermöglicht eine Modellierung der *gleichzeitigen* Bearbeitung der Anforderungen an den beiden Schnittstellen. Da aber der Allokationsalgorithmus noch nicht entworfen und somit die Zahl der realen Taktzyklen zur Erzeugung oder Löschung eines WMEs unbekannt sind, werden die Signale auf der Abstraktionsstufe *VT.FMA* modelliert.

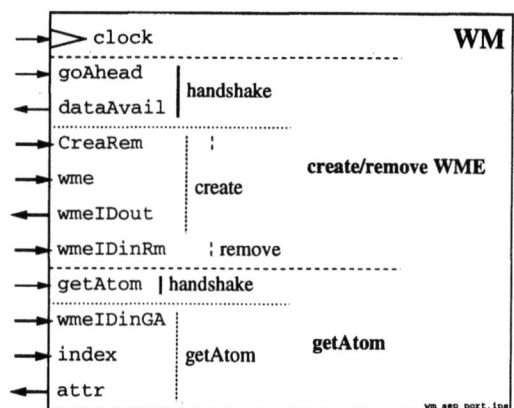

Abb. 15.13: Die Einheit WM mit aufgetrennten Schnittstellen

15.5.1 Getrennte Schnittstellen

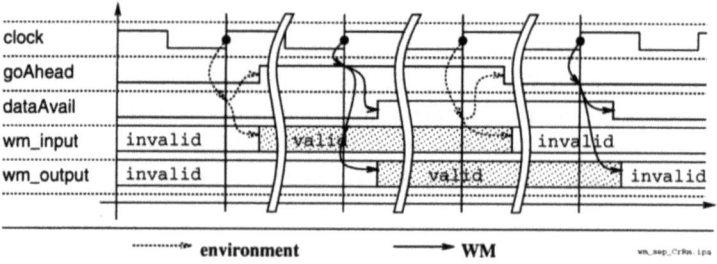

Abb. 15.14: Protokoll zum Erzeugen und Löschen von WMEs

In Abb. 15.13 sind die beiden Schnittstellen der Einheit WM skizziert. Oben links befindet sich der globale Takteingang, darunter die Schnittstelle zum Erzeugen und Löschen von WMEs und unten die Schnittstelle zur Dereferenzierung von Attributen. Ein WME wird erzeugt, indem an die Klemme „CreaRem" ein „Create"-Kommando und das neue WME an die Klemme „wme" gelegt wird. Die „ID" wird über die Klemme „wmeIDout" zurückgegeben. Soll ein WME gelöscht werden, so wird dessen „ID" an die Klemme „wmeIDinRm" und das Kommando „Remove" an die Klemme „CreaRem" gelegt. Die Schnittstelle zur Erzeugung/Löschung von WMEs verwendet ein „handshake"-Protokoll, weil die genaue Zahl der Takte für beide Zugriffe von dem noch zu entwickelnden Allokationsalgorithmus abhängt. Dieses „goAhead/dataAvail"-Protokoll ist in Abb. 15.14 skizziert.

Das Attribut eines WMEs wird ermittelt, in dem die „ID" des WMEs an die Klemme „wmeIDinGA" und der Attributindex an die Klemme „index" gelegt wird. Die De-

15.5. VT.FMA: SCHNITTSTELLEN UND ALLOKATION

referenzierung wird durchgeführt, wenn die Leitung „getAtom" aktiv wird. Zur nächsten positiven Taktflanke ist das Attribut dann an der Klemme „attr" gültig. Dieses taktorientierte Protokoll ist in Abb. 15.15 für die Dereferenzierung eines einzelnen Attributes sowie für eine Folge von Dereferenzierungen skizziert.

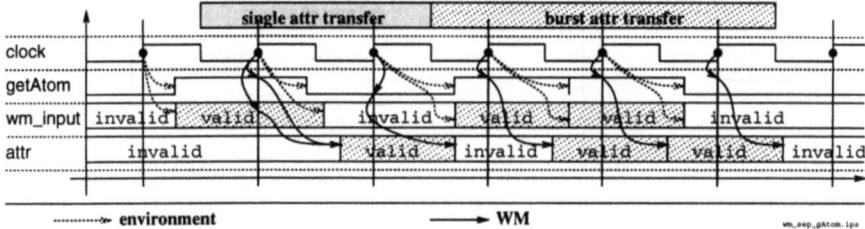

Abb. 15.15: Protokoll zur Dereferenzierung von Attributen („attr")

Dereferenzierung in einem Taktzyklus möglich?

Die Entwicklung der restlichen Einheiten orientiert sich an dem oben vereinbarten Klemmenverhalten. Um die Entwicklung der restlichen Einheiten in eine falsche Richtung zu vermeiden, muß die Realisierbarkeit der Annahme, daß ein Attribut in einer Taktperiode dereferenziert werden kann, abgeschätzt werden. Eine solche „bottom-up"-Abschätzung dieses kritischen Zugriffs wird im folgenden durchgeführt.

Die Zahl der zur gleichen Zeit aktiven WMEs ist so groß, daß selbst bei einer optimalen Allokation ein externes RAM erforderlich sein wird. Da weiterhin ein Attribut in einer Taktperiode gelesen werden soll, wird dieses externe RAM mit einem schnellen statischen RAM-Baustein implementiert werden müssen. Die Realisierbarkeit der Dereferenzierung eines Attributes in einer Taktperiode wird daher davon bestimmt, wie lang die beiden Timingpfade von einem Flipflop zum RAM und zurück sind. Um diese Timingpfade abzuschätzen, ist in Abb. 15.16 auf der nächsten Seite die Struktur einer möglichen Implementation der Schnittstelle zu einem externen RAM skizziert.

Der kritische Timingpfad in Abb. 15.16 beginnt bei dem Register, welches die „wmeID" und den „AttrIndex" des zu dereferenzierenden Attributes in der Umgebung der Einheit WM speichert. Aus diesen beiden Werten wird in der noch zu entwickelnden „address computation" eine Adresse für das externe WM-RAM berechnet. Da aber auf das WM-RAM nicht nur zur Dereferenzierung, sondern auch zum Anlegen und Löschen von WMEs zugegriffen wird, muß vor den „PADs" ein Multiplexer geschaltet werden. Dieser Multiplexer ermöglicht das Lesen und Schreiben des WM-RAMs bei den Funktionen „Create" oder „Remove". Der Ausgang des Multiplexers ist mit einem Ausgangs-„PAD" verbunden, welches die Signalpegel auf der Leiterplatte erzeugt. Stellvertretend für die restlichen Kontrollsignale ist am unteren Rand des WM-RAMs die „read_write"-Leitung angedeutet. Haben sich die Werte der Adresse sowie die Kontrolleitungen stabilisiert, so gibt das WM-RAM den gelesenen Wert an der Klemme „data" aus. Diese Klemme ist mit einem bidirektionalen „PAD" verbunden,

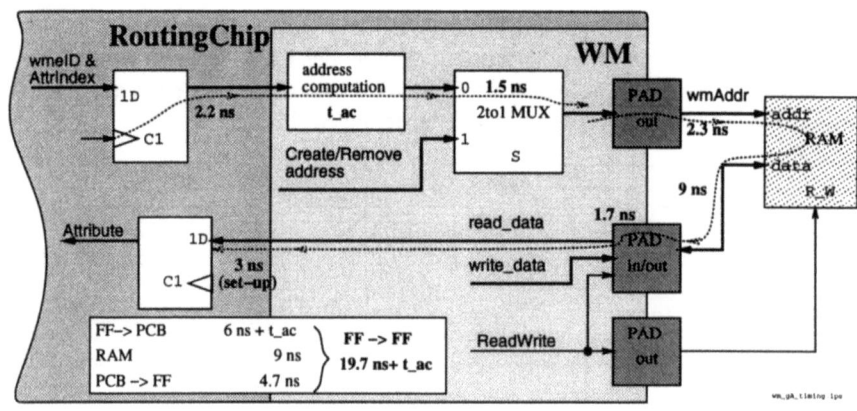

Abb. 15.16: „Bottom-up"-Abschätzung des Timings zur Dereferenzierung eines Attributes

welches die Signalpegel von der Leiterplatte konvertiert und auf das Register unten links in Abb. 15.16 durchschaltet.

Lesezugriff auf ein statisches RAM

Exkurs

Ein statisches RAM befindet sich immer in einem von drei möglichen Zuständen [123]. Ist es deaktiviert, dann verändern sich die Potentiale in dem Makro nicht und der Stromverbrauch ist minimal. Ist ein RAM aktiv, so werden entweder die „bit-lines" mit einem identischen Potential vorgeladen oder ein Lese/Schreibzugriff durchgeführt.

In Abb. 15.17 auf der nächsten Seite ist die Zelle eines statischen RAMs angedeutet. Die Zellen, welche die Bits eines Wortes speichern, sind nebeneinander angeordnet und durch eine gemeinsame „word-line" verbunden. Ist diese „word-line" aktiv, so kann man auf die Zellen dieser Zeile zugreifen. Die bits der Speicherworte werden über die „bit-lines" sowohl in normaler Polarität („bit") als auch invertiert („bit_not") zu jeder Zelle geführt.

Die Notwendigkeit der Vorladung („precharge") der „bit-lines" mit gleichem Potential vor jedem Lesezugriff soll durch die Lesezugriffe in Abb. 15.17 auf der gegenüberliegenden Seite verdeutlicht werden. Auf der linken Seite haben die „bit-lines" noch das Potential des letzten Zugriffs. Im oberen Teil wird die „word-line" unmittelbar aktiviert, um die Daten aus den Zellen der Zeile auszulesen. Da die „bit-lines" viele Zeilen miteinander verbinden, haben sie eine erhebliche parasitäre Kapazität. Die Potentiale dieser parasitären Kapazitäten können daher die Werte der Zellen in der selektierten Zeile überschreiben. Daher werden nicht die in der Zeile gespeicherten Werte ausgelesen, sondern die alten Werte der „bit-Lines" werden in diese Zeile geschrieben.

Um diesen Effekt zu vermeiden, werden die „bit-lines" vor der Aktivierung der „word"-Leitung mit gleichem Potential vorgeladen. Diese Vorladung („precharge") ist in der Mitte von Abb. 15.17 auf der nächsten Seite angedeutet. Nach der Vorladung wird die „word"-Leitung aktiviert und die Daten können aus den Zellen gelesen wer-

15.5. VT.FMA: SCHNITTSTELLEN UND ALLOKATION 551

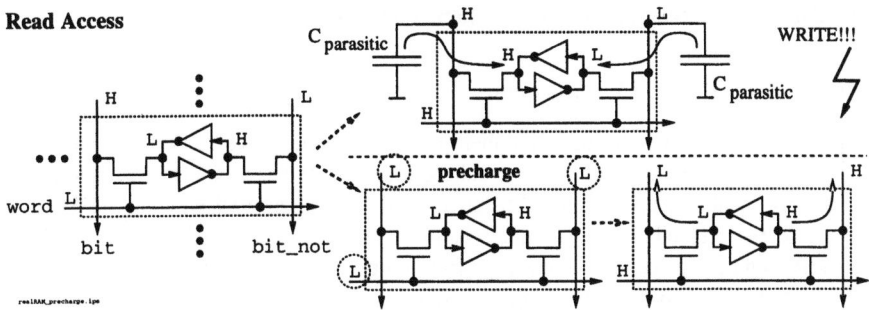

Abb. 15.17: Lesezugriff bei einem statischen RAM ohne und mit „precharge" der „bit"-Leitungen

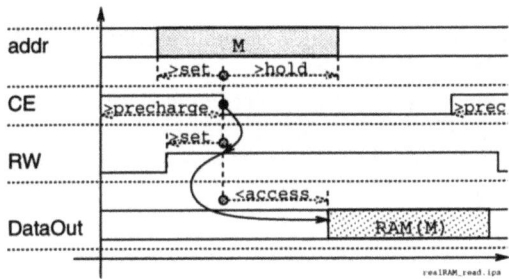

Abb. 15.18: Zeitliches Klemmenverhalten eines statischen RAMs bei einem Lesezugriff

den. Ist ein statisches RAM aktiv, so wird daher mit einer Leitung, die hier „CE" für „Chip Enable" genannt wird, zwischen dem „precharge" und einer Lese- oder Schreiboperation umgeschaltet. In Abb. 15.18 ist angedeutet, wie mit der fallenden Flanke des „CE"-Signals das „precharge" beendet wird und die Adressen und das Kontrollsignal „RW" übernommen werden. Nach der Zugriffszeit t_{access} sind dann die gelesenen Daten an den Klemmen gültig [113, 28, 27].

An die „CE"-Klemme eines RAMs kann man z.B. das Taktsignal legen. Dann können sich in der ersten Hälfte der Taktperiode, während die „bit"-Leitungen vorgeladen werden, die Adresse und die Kontrolleitung „RW" stabilisieren. Auf diesem Timing basieren die Laufzeiten in Abb. 15.16 (S. 550) [5]. Die in Abb. 15.16 angebenen Verzögerungszeiten gelten für die 1.2 μm-Technologie von ES^2. Die Verzögerungszeiten berücksichtigen weder die Lastkapazitäten auf dem Chip noch auf der Leiterplatte. Am unteren Rand von Abb. 15.16 sind die Verzögerungszeiten der verschiedenen Teilpfade aufsummiert. Bei einer geforderten Taktperiode von 35 ns verbleiben annähernd 15 ns für die Berechnung der WM-Adresse in der Einheit „address computation" und

---
[5]Häufig ist die zum „precharge" notwendige Zeit kleiner als die Hälfte der Taktperiode. Eine optimierte Ansteuerung ist in Abb. 15.36 (S. 577) skizziert.

die durch die Lastkapazitäten verursachten Verzögerungszeiten.

Dereferenzierung in 35 ns machbar

Die „Bottom-up"-Abschätzungen haben gezeigt, daß die in Abb. 15.15 (S. 549) versprochene Dereferenzierung in einer Taktperiode von 35 ns realisierbar ist. Diese Betrachtung hat aber auch verdeutlicht, daß der Teil der Einheit WM, welcher die Attribute dereferenziert, selber keine weiteren Register enthalten darf. Weiterhin verdeutlicht diese Abschätzung, daß eine frühzeitige Betrachtung kritischer Komponenten auf einer sehr detaillierten Ebene notwendig sein kann, um eine Fehlleitung von Entwurfsressourcen zu vermeiden.

Modellierung der getrennten Schnittstellen

In diesem Abschnitt wird die Einheit WM mit den getrennten Schnittstellen und den oben vereinbarten Protokollen modelliert.

Da über die Schnittstelle zur Dereferenzierung eines Attributes nur eine Art von Zugriffen ausgelöst wird, muß nur für die Schnittstelle zum Löschen und Erzeugen ein Kommando definiert werden. Dieses Kommando wird im folgenden Codefragment 15.35 vereinbart.

15.35
```
PACKAGE port_wm IS
   TYPE t_CreaRem IS (Create, Remove);
END port_wm;
```

Die schon in Abb. 15.13 (S. 548) skizzierten getrennten Schnittstellen der Einheit WM werden im Codefragment 15.36 formal definiert.

15.36
```
LIBRARY IEEE;   USE IEEE.std_logic_1164.all;
LIBRARY WM;
USE wm.atom_wme.ALL,            -- basic data structures like t_wmeID
    wm.port_wm.ALL;             -- merely t_CreaRem
ENTITY wm IS
   PORT(clk       : IN    std_ulogic;
        -----------------------------------  create/remove interface
        goAhead   : IN    std_ulogic;   -- protocol lines
        ...
        wmeIDinRm : IN    t_wmeID;      -- for remove
        -----------------------------------  getAtom interface
        getAtom   : IN    std_ulogic;   -- protocol line
        ...
        attr      : OUT   t_Atom);
END wm;
```

Ein oder zwei Prozesse? Die Einheit WM hat zwei getrennte Schnittstellen, die unabhängig voneinander bedient werden sollen. Daher stellt sich die Frage, ob man das Modell mit einem oder zwei getakteten Prozessen implementieren soll. Zwei getrennte Prozesse wären leichter zu modellieren, denn die Protokolle an den beiden Schnittstellen sowie die Zugriffsfunktionen könnten unabhängig modelliert werden. Da aber beide Prozesse auf den WM-Speicher zugreifen müssen und Prozesse nur über Signale

15.5. VT.FMA: SCHNITTSTELLEN UND ALLOKATION

kommunizieren können, würde man den WM-Speicher als ein Signal definieren müssen. Da der WM-Speicher aber mit einer verketteten Liste implementiert ist und diese durch den Zeiger auf das erste Element repräsentiert wird, muß das Signal ein „access type" sein. In VHDL sind aber keine Signale vom Typ „access type" erlaubt[6], so daß die Einheit WM durch einen gemeinsamen Prozeß modelliert wird.

Implizite oder explizite Modellierung des Kontrollzustands? Der Kontrollzustand wird bei der impliziten Zustandsmodellierung durch einen Zeiger auf die zuletzt ausgeführte „wait"-Anweisung modelliert. Die implizite Modellierung des Kontrollzustands erlaubt meist eine wesentlich kompaktere Modellierung. Außerdem ist sie in vielen Fällen intuitiver, weil die Abarbeitung des Modells durch den fortschreitenden Zeiger auf die aktuelle Zeile verfolgt werden kann. Allerdings ist es nicht möglich den Kontrollzustand in zwei Teilzustände aufzuspalten, welche getrennt modelliert werden. Genau dies ist aber hier notwendig, da die beiden Schnittstellen getrennt, aber in einem Prozeß bedient werden sollen.

Daher wird das Modell der Einheit WM mit den getrennten Schnittstellen durch einen einzigen Prozeß, dessen Kontrollzustand explizit modelliert wird, implementiert. Das Modell „sep_port" des WM ist in den Codefragmenten 15.37 bis 15.39 (S. 554) gezeigt.

Der Prozeß im Codefragment 15.37 ist getaktet und enthält somit das Taktsignal in der „sensitivity list". Im Kopf des Prozesses werden die Zustandsvariablen „first" und „wmeID" des WM-Speichers definiert. Die Parameter der Prozeduren in dem Paket „linked_list" sind vom Typ „variable" und nicht vom Typ „signal". Daher können diesen Unterprogrammen nicht direkt Klemmensignale übergeben werden. Die Werte der Klemmen werden daher erst den Zwischenspeichern zugewiesen und dann den Prozeduren übergeben. Dies ist der einzige Zweck der Variablen „tmpWME" und „tmpAtt".

15.37
```
ARCHITECTURE sep_port OF wm IS
BEGIN    -- sep_port
  PROCESS(clk)
  -------------------------------------  memory to save the WMEs
    VARIABLE first    : t_wmChainElem_ptr;--  data structure encapsulated now
    VARIABLE wmeID    : t_wmeID := 0;
    VARIABLE tmpWME   : t_wme;           -- temporary storage
    VARIABLE tmpAtt   : t_Atom;
    ------------------------  state variable for the Create/Remove interface
    TYPE t_RmState IS (IDLE, fetchSendData, goAheadDown);
    VARIABLE RmState : t_RmState := IDLE;
```

Der „Teil"-Kontrollzustand zur Erzeugung und Löschung von WMEs hat drei Werte, welche in dem Typen „t_RmState" aufgezählt werden. Da eine Dereferenzierung in einem einzigen Taktzyklus durchgeführt wird, benötigt diese Schnittstelle keinen „Teil"-Kontrollzustand.

Der Rumpf des getakteten Prozesses im Codefragment 15.38 auf der nächsten Seite beginnt mit einer Abfrage der relevanten Taktflanke durch die Funktion „PosEdge". Dann folgt eine „case"-Verzweigung zur Modellierung der Erzeugung oder Löschung

---

[6] Dieses Verbot beruht auf der Vorstellung, daß zwei getrennte Teileinheiten nicht über ein Signal die Adresse eines „internen" RAMs austauschen und dann mit dieser Adresse auf das RAM der anderen Einheiten zugreifen können.

von WMEs. Im Zustand „IDLE" wird die Ausgangsleitung „dataAvail" initialisiert und auf die Aktivierung der Klemme „goAhead" gewartet. Je nach dem Wert des Kommandos an der Klemme „CreaRem" wird im Zustand „fetchSendData" eine der beiden Prozeduren „wmCreate" oder „wmRemove" aufgerufen.

15.38
```
BEGIN
    IF PosEdge(clk) THEN
        CASE RmState IS
            WHEN IDLE =>
                dataAvail <= '0';              -- initialisation
                IF goAhead = '1' THEN
                    Rmstate := fetchSendData;
                END IF;
            WHEN fetchSendData =>              -- execute either remove or create
                CASE CreaRem IS                -- "command" processing
                    WHEN Create =>             -- CREATE
                        tmpWME := wme;         -- avoids a change from a variable
                                               -- to a signal parameter
                        wmCreate(first, wmeID, tmpWME);
                        wmeIDout <= wmeID;
                    WHEN Remove =>             -- REMOVE
                        wmRemove(first, wmeIDinRm);
                END case;                      -- case CreaRem
                dataAvail <= '1';              -- wm is ready instaneously ...
                RmState := goAheadDown;
            WHEN goAheadDown =>                -- complete the transfer
                IF goAhead = '0' THEN
                    dataAvail <= '0';          -- back to the status quo ante
                    RmState := IDLE;
                END IF;
        END CASE;                              -- CASE RmState
```

Da die Abarbeitung dieser Prozeduren keine Zeit beansprucht, wird unmittelbar die Gültigkeit der Ausgangsdaten durch die Aktivierung der Klemme „dataAvail" signalisiert, und aus dem Zustand „fetchSendData" mit einer Zuweisung auf die Zustandsvariable „RmState" direkt in den Zustand „goAheadDown" verzweigt. Da in einer Implementation auf der Gatterebene die Zahl der benötigten Taktzyklen zur Ablage eines WMEs von dem Zustand des WM-Speichers und der Länge des aktuellen WMEs abhängen wird, ist die Wert/Zeit-Relation der Klemmen dieser Schnittstellen auf der Abstraktionsstufe *VT.FMA* modelliert. In dem Zustand „goAheadDown" wird die Abarbeitung des in Abb. 15.14 (S. 548) vereinbarten Protokolls abgeschlossen und bei der nächsten Taktflanke in den Zustand „IDLE" gesprungen.

Nach der Abarbeitung der „case"-Anweisung zur Modellierung des Erzeugens und Löschens von WMEs wird in der bedingten Verzweigung im Codefragment 15.39 die Dereferenzierung eines Attributes durchgeführt[7].

15.39
```
        ...
        END CASE;                              -- end of create/remove WME processing
        IF getAtom = '1' THEN ---------------- dereference an attribute
            wmGetAtom(first, wmeIDinGA, index, tmpAtt);
            attr <= tmpAtt;                    -- avoids a change from var. -> sig.
        END IF;
    END IF;                                    -- IF PosEdge(clk) ...
END PROCESS;
END sep_port;
```

---

[7] Die beiden Zugriffe werden unabhängig bearbeitet, so daß z.B. „goAhead" und „getAtom" gleichzeitig aktiv sein können.

15.5. *VT.FMA*: SCHNITTSTELLEN UND ALLOKATION

Da das in Abb. 15.15 (S. 549) vereinbarte Protokoll einfach und mit der Prozedur „wmGetAtom" bereits eine funktionale Implementation vorhanden ist, kann dieser Zugriff mit den wenigen Zeilen im Codefragment 15.39 auf der vorherigen Seite modelliert werden.

Verifikation

Das Modell der Einheit WM auf der Ebene des funktionalen Makro-Taktes (*VT.FMA*) erfolgt mit einer Testbench analog zu der in den Codefragmenten 15.30 (S. 544) bis 15.34 (S. 546) vorgestellten Testbench. Dazu wird die in Abb. 15.11 (S. 544) skizzierte Testbench im wesentlichen um einen Taktgenerator erweitert. Mit dieser Testbench können allerdings keine unabhängigen Zugriffe auf die beiden Schnittstellen durchgeführt werden, so daß die Verifikation dieses Aspektes im Systemzusammenhang erfolgt.

Diskussion

Erreicht: Die endgültigen Schnittstellen der Einheit WM zu den anderen Untereinheiten des Systems sind definiert. Die Zugriffe „Create"/„Remove" oder „getAtom" können unabhängig benutzt werden. Man kann mit einem getakteten Modell ein Klemmenverhalten auf der Ebene des physikalischen Mikro-Taktes (*VT.MI*) modellieren, welches nicht durch eine Implementation auf der Gatterebene realisiert werden kann. Es ist somit von großer Bedeutung, daß die *Realisierbarkeit des Klemmenverhaltens frühzeitig abgeschätzt* oder aber das Modell als *VT.{FMA, PMA}* markiert wird. Alle anderen Einheiten des Gesamtsystems können mit einem solchen emulierten Modell bis zur Ebene *VT.MI* unabhängig entwickelt und mit einem Modell der Einheit WM verifiziert werden. Daher behindert die noch ausstehende Entwicklung eines geeigneten Allokationsalgorithmus nicht den Fortschritt des restlichen Projektes.

Problem: Das Verhalten der Einheit WM basiert immer noch auf der verketteten Liste im Arbeitsspeicher des Simulationsrechners und daher wird die dynamische Allokation von Speicherbereichen von den Routinen des Betriebssystems durchgeführt.

Entwicklung eines Allokationsalgorithmus

Die WMEs sollen in einem statischen RAM auf der Leiterplatte abgelegt werden. In diesem Abschnitt wird daher der Speicher, in dem die WMEs abgelegt werden, zunächst als Variable in der Einheit WM zugänglich gemacht. Zur Verwaltung dieses Speichers wird ein geeigneter Allokationsalgorithmus entwickelt.
Die Anforderungen an den Allokationsalgorithmus sind im folgenden aufgezählt.

① Wiederverwendung der Speicherbereiche gelöschter WMEs.

② Die Funktion „getAtom" muß in einem Taktzyklus durchführbar sein.

③ Die Durchführung der restlichen Funktionen ist nicht zeitkritisch.

Aus diesen Anforderungen ergeben sich die folgenden Konsequenzen für eine dynamische Speicherverwaltung.

① Die „wmeID" und der „AttIndex" bezeichnen ein Attribut eines WMEs. Dieses Attribut soll nach Möglichkeit in einer Taktperiode dereferenziert werden. Da in dieser Taktperiode ein RAM gelesen werden soll, muß sich die Adresse eines bestimmten Attributes $AttAddr$ durch eine einfache Gleichung, wie $AttAddr := wmeID + AttIndex + const$, berechnen lassen.

② Eine Umspeicherung zur Kompaktierung der freigewordenen Speicherbereiche im Sinne einer „garbage collection" [97] ist nicht möglich, da während dieses Vorgangs keine Attribute dereferenziert werden können[8].

Es wurden verschiedene Algorithmen zur dynamischen Speicherverwaltung entwickelt, implementiert und verifiziert. Die Eigenschaften der Algorithmen, wie der Speicherbedarf, wurden mit der Testbench und den Modellen der kompletten Systemumgebung ermittelt. Der Implementationsaufwand wurde abgeschätzt und ein Algorithmus ausgewählt. Nur der ausgewählte Algorithmus „first free list" wurde dann weiter verfeinert und auf der Ebene $VT.MI$ implementiert. Hier wird zunächst der Algorithmus „first free list" erläutert und das Modell auf der Ebene $VT.FMA$ vorgestellt.

Idee des Algorithmus „first free list"

Die Zahl der Attribute in einem WME ist begrenzt. Die WMEs lassen sich in sogenannte Längenklassen einteilen, welche WMEs mit derselben Anzahl von Attributen enthalten. Daher gehört zu der Datenstruktur „t_wme" die Angabe der „LengthClass", zu der das WME gehört. Die zum Verständnis notwendigen Definitionen aus dem Paket „atom_wme" sind im Codefragment 15.40 wiederholt.

15.40
```
CONSTANT MaxAttIndex : POSITIVE := 6;
SUBTYPE t_AttIndex IS INTEGER RANGE 1 TO MaxAttIndex;
TYPE t_AttList IS ARRAY (t_AttIndex) OF t_Atom;
...
TYPE t_wme IS RECORD
    ID          : t_wmeID;       -- a number to remove a wme
    LengthClass : t_AttIndex;    -- number of attributes of this wme
    attList     : t_AttList;     -- list of attributes
END RECORD;
end atom_wme;
```

Um den Speicherplatz optimal zu nutzen, ohne frei gewordene Speicherbereiche zu einem neuen zusammenzufügen, soll der Bereich eines gelöschten WMEs nur an ein neues WME derselben Längenklasse vergeben werden. Die frei gewordenen Speicherstücke werden daher in je einer verketteten Liste pro Längenklasse verwaltet. Um WMEs in den WM-Speicher ablegen zu können, wenn noch keine WMEs derselben Längenklasse gelöscht worden sind oder alle freien Plätze schon wieder vergeben

---

[8]Weiterhin geht durch einen „compaction"-Prozeß der unmittelbare Zusammenhang zwischen der Basisadresse eines WMEs und der „wmeID" verloren.

15.5. VT.FMA: SCHNITTSTELLEN UND ALLOKATION 557

sind, wird ein Zeiger „NotUsed" auf den zusammenhängenden, noch nicht benutzten Speicherbereich eingeführt. [9]

Im folgenden Abschnitt werden die Datenstrukturen und in Abschnitt 15.5.3 (S. 565) wird der Allokationsalgorithmus selber beschrieben [124].

Datenstrukturen zur Allokation

Um die Zeiger auf das erste gelöschte WME für jede Längenklasse getrennt ablegen zu können, wird der Vektor „FFA" („First Free Address") definiert. Da es keine WMEs mit der Längenklasse 0 gibt, kann die Position mit dem Index 0 zur Speicherung des Zeigers „NotUsed" auf den noch nicht verwendeten Speicherbereich benutzt werden. Der Aufbau und die Initialisierung des FFA-Vektors ist in Abb. 15.19 skizziert. Da in den FFA-Vektor Adressen des WM-Speichers abgelegt werden und der WM durch die „IDs" eines WMEs adressiert wird, ist der Datentyp eines Elementes des FFA-Vektors „t_wmeID".

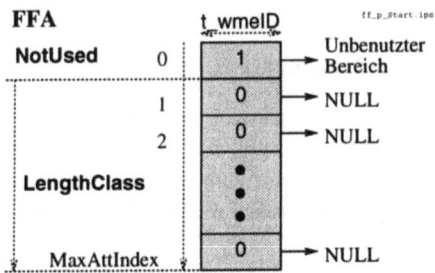

Abb. 15.19: Aufbau und Initialisierung des „First Free Address"-Vektors (FFA-Vektor)

Der erste Zeiger in dem FFA-Vektor wird mit dem Beginn des zusammenhängenden freien Speicherbereichs initialisiert. Alle anderen Speicherplätze des FFA-Vektors werden beim Start mit 0 belegt, um anzuzeigen, daß es keine freien Speicherbereiche mit dieser Längenklasse gibt. Da der Wert 0 als Indikatorwert verwendet wird, darf diese Adresse nicht mit einem WME belegt werden. Um zu vermeiden, daß ein WME auf dieser Adresse abgelegt wird, wird der erste Platz des FFA-Vektors mit 1 initialisiert. In Abb 15.20 sind die Indikatorwerte der verschiedenen Positionen des FFA-Vektors dargestellt.

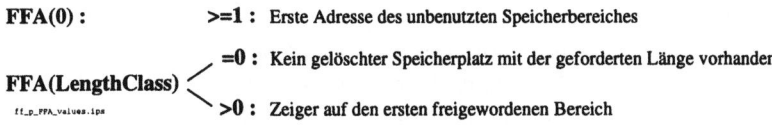

Abb. 15.20: Semantik der Werte des FFA-Vektors

---

[9]Dieser Algorithmus ähnelt dem bekannten Allokationsalgorithmus „quick fit" [97].

Die zuerst erzeugten WMEs werden nacheinander in dem zusammenhängenden Speicherbereich abgelegt. Nachdem einige WMEs wieder gelöscht worden sind, füllen sich die verketteten Listen mit freien Speicherbereichen. Diese Situation ist in Abb. 15.21 skizziert.

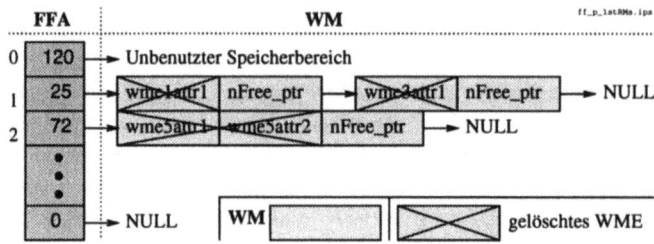

Abb. 15.21: Der WM, nachdem einige WMEs gelöscht worden sind

15.5.2 Polymorpher Datentyp „t_wmEntry"

Die Elemente der verketteten Liste werden im WM abgelegt. Ein Listenelement besteht aus den Daten des WMEs und einem Zeiger auf das nächste gelöschte WME dieser Längenklasse. Daher müssen in den WM-Speicher nicht nur Attribute eines WMEs, sondern auch Zeiger auf ein anderes WME, d.h. Adressen des WM selber, abgelegt werden.

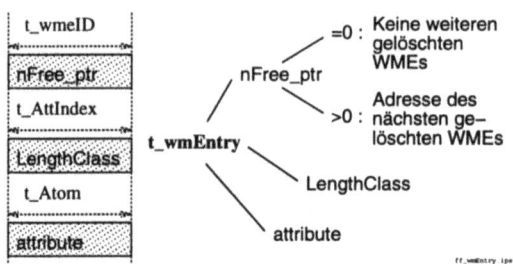

Abb. 15.22: Varianten des polymorphen Datentyps „t_wmEntry" und deren Werte

Ein WME wird gelöscht, indem die „ID", d.h. die Anfangsadresse des belegten Speicherbereiches, übergeben wird. Um den freien Speicherbereich in die entsprechende Liste einketten zu können, muß die Längenklasse des zu löschenden WMEs bekannt sein. Dies kann durch eine Änderungen der Schnittstellen und der Forderung erreicht werden, daß die Längenklasse bei einer Löschanforderung übergeben wird. Da eine solche Änderung der Schnittstellen sowie eine Forderung an die Fähigkeiten *anderer* Teileinheiten in diesem Stadium des Entwurfsprojektes Probleme bereitet, wird die Längenklasse eines WMEs bei der Erzeugung mit in den WM abgelegt.

15.5. VT.FMA: SCHNITTSTELLEN UND ALLOKATION

In einer Position des WMs muß ein Attribut eines WMEs vom Typ „t_Atom", die Längenklasse vom Typ „t_AttIndex" und ein Zeiger auf das nächste freie Element vom Typ „t_wmeID" abgelegt werden. In den WM-Speicher werden daher polymorphe Daten abgelegt (vgl. Abs. 12.5, S. 436). Die verschiedenen Varianten des polymorphen Datentyps „t_wmEntry" sind in Abb. 15.22 auf der vorherigen Seite skizziert. Hier soll dieser polymorphe Datentyp mit einem „std_ulogic_vector" implementiert werden, um eine Modellierung der Schnittstelle zu dem externen RAM zu erleichtern.

Im Codefragment 15.41 ist die Definition des Datentyps „t_wmEntry" als Bitvektor mit der Breite „WMwidth" gezeigt. Da drei verschiedene Datentypen auf diesen Bitvektor abgebildet werden müssen, wird mit der Prozedur „checkWMentry" getestet, ob die drei Datentypen durch diesen Vektor bei der aktuellen Dimensionierung dargestellt werden können.

15.41
```
LIBRARY IEEE;      USE IEEE.std_logic_1164.all;
LIBRARY WM;        USE WM.atom_wme.all;        -- basic date types like t_Atom
PACKAGE FirstFreeTypes IS
   CONSTANT WMwidth  : POSITIVE := 12;         -- number of bits in a
                                               -- word of the WM RAM
   SUBTYPE t_wmEntry IS                        -- implementation of a
      std_ulogic_vector(WMwidth-1 DOWNTO 0);   --    polymorphic data type

   PROCEDURE checkWMentry;                     -- Are all data types compatible?
   --------------------------------------------- overloaded conversion functions
   FUNCTION toWmEntry(a  : t_Atom)    RETURN t_wmEntry;
   FUNCTION toWmEntry(a  : t_wmeID)   RETURN t_wmEntry; -- t_AttIndex, t_wmeID =>
                                                        --   t_wmEntry
   FUNCTION toAtom(a     : t_wmEntry) RETURN t_Atom;
   FUNCTION toWmeID(a    : t_wmEntry) RETURN t_wmeID;
   FUNCTION toAttIndex(a : t_wmEntry) RETURN t_AttIndex;
```

Das Codefragment 15.41 wird durch einige Konvertierungsfunktionen abgeschlossen, welche die verschiedenen Varianten des polymorphen Datentyps „t_wmEntry" auf den Bitvektor abbilden und wieder rekonstruieren. Es werden nur zwei Versionen der Funktion „toWmEntry" definiert, weil die beiden Datentypen „t_wmeID" und „t_AttIndex" ganzzahlige Untertypen („subtype") sind und daher von derselben Funktion auf den Datentyp „t_wmEntry" abgebildet werden können. Die restlichen drei Funktionen wandeln ein Wort des WM-Speichers in den jeweiligen Datentyp, falls dies möglich ist. Der WM wird dann im Codefragment 15.42 als Vektor mit Einträgen des Datentyps „t_wmEntry" definiert und der FFA-Vektor als Vektor von „t_wmeID".

15.42
```
   TYPE t_wm  IS ARRAY (t_wmeID) OF t_wmEntry;
   TYPE t_FFA IS ARRAY (0 TO MaxAttIndex) OF t_wmeID;
END FirstFreeTypes;
```

Im Rumpf des Paketes „FirstFreeTypes" werden die einzelnen Konvertierungsfunktionen definiert. Einige dieser Funktionen sind in den Codefragmenten 15.43 bis 15.47 (S. 561) gezeigt.

Im folgenden Codefragment ist die Definition der Prozedur „checkWMentry" dargestellt. Diese Prozedur testet, ob die drei Datentypen „t_Atom", „t_WmeID" und „t_AttIndex" durch den Bitvektor „t_wmEntry" dargestellt werden können. Dazu werden im Kopf der Prozedur die maximal mit dem Vektor „t_wmEntry" darstellbaren ganzzahligen Werte berechnet. Diese Werte werden dann im Rumpf der Prozedur mit den Grenzen der einzelnen Datentypen verglichen.

15.43
```
PACKAGE BODY FirstFreeTypes IS
  PROCEDURE checkWMentry IS                    -- Are all data types compatible?
    CONSTANT maxWMentry   : NATURAL := 2**(t_wmEntry'LEFT +1)-1;
    CONSTANT maxWMen2Atom : NATURAL := 2**(t_wmEntry'LEFT)-1; -- AtomType ...
    CONSTANT minWMentry   : NATURAL := 0;
  BEGIN
    ---------------------------------------------------------------- t_Atom
    ASSERT (t_AtomValue'LOW >= minWMentry)AND(t_AtomValue'HIGH <= maxWMen2Atom)
      REPORT "AtomValue doesn't fit into t_wmEntry";
    ---------------------------------------------------------------- t_WmeID
    ASSERT (t_WmeID'LOW  >= 0) AND (t_WmeID'HIGH <= maxWMentry)
      REPORT "wmeID doesn't fit into t_wmEntry";
    ---------------------------------------------------------------- t_AttIndex
    ASSERT (t_AttIndex'LOW  >= 0) AND (t_AttIndex'HIGH <= maxWMentry)
      REPORT "AttIndex doesn't fit into t_wmEntry";
    ASSERT FALSE REPORT "Polymorphic data TYPE t_wmEntry checked!!";
  END checkWMentry;
```

Ist der Bereich einer der drei Datentypen größer als der durch den Bitvektor „t_wmEntry" darstellbare Wert, so wird eine Fehlermeldung ausgegeben. Dieser Test garantiert, daß die drei Datentypen in den WM abgelegt werden können. Er kann jedoch nicht sicherstellen, daß ein aus dem WM gelesener Wert immer in einen der drei Datentypen verwandelt werden kann.

In den nächsten beiden Codefragmenten 15.44 und 15.45 werden Routinen vorgestellt, mit denen ein vorzeichenloser Bitvektor in einen ganzzahligen Wert und umgekehrt verwandelt werden kann.

15.44
```
FUNCTION toNatural(a : std_ulogic_vector) RETURN NATURAL IS
  VARIABLE accu : NATURAL := 0;             -- to accumulate the bit values
BEGIN
  FOR i IN a'RANGE LOOP                     -- the index determines the weight
   .IF a(i) = '1' THEN                      -- of each digit
      accu := accu + 2**i;                  -- sum up the weighted digits
    END IF;
  END LOOP;
  RETURN accu;
END toNatural;
```

In der Funktion „toNatural" im Codefragment 15.44 werden die einzelnen Bitpositionen unter Berücksichtigung der jeweiligen Wertigkeit aufsummiert.

In der Funktion „toVector" im folgenden Codefragment wird der Eingangswert schrittweise durch 2 geteilt und geprüft, ob der verbleibende Wert durch 2 teilbar ist. Ist er nicht durch 2 teilbar, so wird die entsprechende bit-Position gesetzt.

15.45
```
FUNCTION toVector(width : POSITIVE; a : NATURAL)
                              RETURN std_ulogic_vector IS
  VARIABLE accu : std_ulogic_vector(width-1 DOWNTO 0) := (OTHERS => '0');
  VARIABLE inValue : NATURAL := a;          -- input parameter is of mode IN ...
  VARIABLE weight  : NATURAL := 1;
begin
  WHILE inValue > 0 LOOP                    -- successive division algorithm
    IF (inValue mod 2) = 1 THEN accu(weight-1) := '1';
    ELSE                       accu(weight-1) := '0';
    END IF;
    inValue := inValue / 2;                 -- left shift ...
    weight := weight +1;                    -- increase bit index
  END LOOP;
  RETURN accu;
END toVector;
```

15.5. VT.FMA: SCHNITTSTELLEN UND ALLOKATION

Mit der Funktion „toWmEntry" im Codefragment 15.46 wird ein Wert vom Typ „t_Atom" gewandelt, um den Wert in den WM einzutragen. Wie in Abb. 15.2 (S. 523) gezeigt, wird mit dem LSB der Typ des Atoms kodiert und mit den restlichen Bitpositionen der Wert.

15.46
```
FUNCTION toWmEntry(a : t_Atom) RETURN t_wmEntry IS
    VARIABLE entry : t_wmEntry := (OTHERS => '0');  -- a place to build-up the
                                                     --                wmEntry
BEGIN
    IF a.variety = INT THEN entry(t_wmEntry'RIGHT) := '0';
    ELSE                    entry(t_wmEntry'RIGHT) := '1'; END IF;
    entry(t_wmEntry'LEFT DOWNTO t_wmEntry'RIGHT+1)
        := toVector(t_wmEntry'LENGTH-1, a.value);
    RETURN entry;
END toWmEntry;
```

Im Codefragment 15.47 ist die Funktion „toAtom" gezeigt, mit der ein Wert aus dem WM wieder in ein Atom zurückverwandelt wird. Zunächst wird der Typ des Atoms festgestellt und dann werden die verbleibenden höherwertigen Bits in einen ganzzahligen Wert verwandelt. Da das Modell fehlerhaft sein kann, muß der gelesene Wert nicht vom Typ „t_Atom" sein. Daher wird geprüft, ob der ganzzahlige Wert in dem erlaubten Bereich eines Atoms liegt.

15.47
```
FUNCTION toAtom(a : t_wmEntry) RETURN t_Atom IS
    VARIABLE atom : t_Atom := (variety => INT, -- space to restore the atom read
                               value   => 0);
    SUBTYPE t_tmpWmEntry IS std_ulogic_vector(t_wmEntry'HIGH-1 DOWNTO 0);
begin
    IF a(t_wmEntry'RIGHT) = '0' THEN atom.variety := INT;
    ELSE                             atom.variety := SYM; END IF;
    ASSERT toNatural(a(t_wmEntry'LEFT DOWNTO t_wmEntry'RIGHT+1))
                 < t_AtomValue'HIGH
      REPORT "value of the wmEntry is greater than t_Atom'HIGH";
    atom.value := toNatural(a(t_wmEntry'LEFT DOWNTO t_wmEntry'RIGHT+1));
    RETURN atom;
END toAtom;
```

Die Funktionen zur Wandlung eines ganzzahligen Wertes vom Typ „t_wmeID" oder „t_AttIndex" in einen WM-Wert und die beiden Funktionen zur Wandlung eines Werts vom Typ „t_wmEntry" in diese beiden ganzzahligen Datentypen sind nicht gezeigt, weil sie analog zu den oben gezeigten Funktionen aufgebaut sind.

Belegung des WMs: In Abb. 15.23 auf der nächsten Seite ist die Belegung des WMs durch Daten der drei Datentypen dargestellt.

Die Speicherstelle mit der Adresse 0 ist unbelegt, weil dieser Wert im FFA-Vektor als Indikator für das letzte Element in einer Liste verwendet wird. Auf den Speicherstellen 1 bis 3 ist ein WME mit einem einzigen Attribut abgelegt. Auf der Speicherstelle mit der Adresse 1 wurde ein Wort für den Zeiger auf den nächsten freien Platz „nextFree_ptr" reserviert. Auf dem Speicherplatz 2 ist die Längenklasse dieses WMEs abgelegt und auf dem Speicherplatz 3 das einzige Attribut. Ab Speicherplatz 4 ist ein WME mit zwei Attributen gespeichert, so daß auf der Speicherstelle mit der Adresse 5 der Wert 2 abgelegt ist.

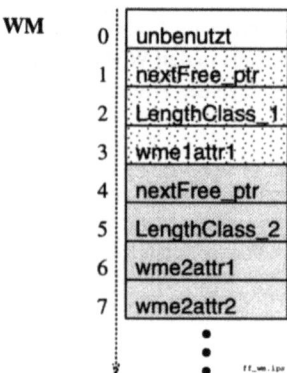

Abb. 15.23: Aufbau des vom Allokationsalgorithmus „firstfree list" verwalteten WM-Speichers

Modell mit expliziter Speicherverwaltung

Mit den oben definierten Datenstrukturen wird im folgenden ein neues Modell der Einheit WM implementiert, welches die WMEs nicht mehr direkt in den Speicher des Simulationsrechners ablegt, sondern in eine Variable. Die Definition der Schnittstellen der Einheit WM in Abb. 15.24 ist identisch mit der Definition im Codefragment 15.36 (S. 552). Die Schnittstellen werden in Abb. 15.24 wiederholt, um das Verständnis des Modells in den Codefragmenten 15.48 (S. 564) und 15.49 zu erleichtern.

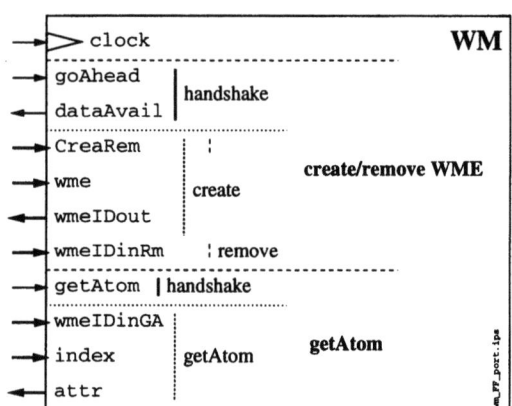

Abb. 15.24: Die Einheit WM mit aufgetrennten Schnittstellen

Ein oder zwei Prozesse? Die Teileinheit WM hat zwei getrennte Schnittstellen, über die entweder ein WME erzeugt und gelöscht oder ein Attribut dereferenziert wird. Die

15.5. *VT.FMA*: SCHNITTSTELLEN UND ALLOKATION

beiden Schnittstellen werden von unabhängigen Teileinheiten angesprochen und daher wird es die Modellierung erleichtern, wenn man jede Schnittstelle in einem eigenen Prozeß bedient. Auf S. 552 war man gezwungen, auf eine Modellierung durch zwei getrennte Prozesse zu verzichten, weil beide Prozesse auf eine gemeinsame verkettete Liste zugreifen, welche mit „access types" aufgebaut wurde. Hier ist der WM-Speicher durch einen Vektor implementiert, so daß man die Vorteile zweier getrennter Prozesse nutzen kann.

Explizite oder implizite Zustandsmodellierung? Bei der ersten Modellierung der Einheit WM wurde die explizite Zustandsmodellierung verwendet, weil sie die getrennte Behandlung zweier „Teil"-Kontrollzustände ermöglicht. Diese „Teil"-Kontrollzustände wurden benötigt, um die beiden Schnittstellen mit einem Prozeß korrekt zu bedienen. Da hier getrennte Prozesse verwendet werden können, kann man die kompaktere Darstellung durch eine implizite Modellierung des Kontrollzustands nutzen.

In den Codefragmenten 15.48 und 15.49 ist das Modell „FirstFree" der Einheit WM gezeigt. Aus dem Paket „firstFreeTypes" werden die oben beschriebenen Datenstrukturen und Funktionen zur Implementation des polymorphen Datentyps „t_wmEntry" benutzt. Die Routinen „wmCreate", „wmRemove" und „wmGetAtom" aus dem Paket „firstFreeAlgo" implementieren den Allokationsalgorithmus „first free list". Die drei Routinen werden ab S. 565 erläutert. Der Vektor WM wird als Signal vereinbart, damit beide Prozesse auf den Speicher zugreifen können. Der FFA-Vektor kann hingegen als Variable „FFA" im Prozeß „CrRm" definiert werden, weil nur bei der Erzeugung oder dem Löschen eines WMEs auf den FFA-Vektor zugegriffen werden muß. Im Rumpf des Prozesses „CrRm" wird zunächst auf das Eintreffen der ersten relevanten Taktflanke gewartet[10].

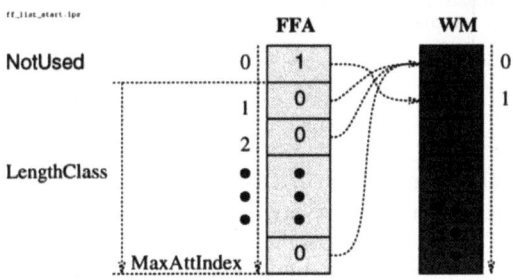

Abb. 15.25: Der FFA-Vektor und der WM nach der Initialisierung

Nachdem die erste Taktflanke eingetroffen ist, wird das Ausgangssignal „dataAvail" zurückgesetzt und der FFA-Vektor mit einem Aggregat initialisiert. Da man nicht alle Speicherplätze eines RAMs in einem einzigen Taktzyklus laden kann, ist

---
[10] Die Funktion „PosEdge" ist im Codefragment 6.3 (S. 221) definiert.

auch bei diesem Modell die Wert/Zeit-Relation auf der Ebene des funktionalen Makro-Taktes modelliert (*VT.FMA*). Der Anfangszustand des FFA-Vektors und die Adressen des WMs, auf den die Zeiger im FFA-Vektor deuten, sind in Abb. 15.25 auf der vorherigen Seite dargestellt. Der Zeiger in „ffa(0)" zeigt auf die Adresse 1, alle anderen Werte aber auf die Adresse 0, weil noch keine WMEs gelöscht worden sind.

15.48
```
LIBRARY WM;
USE ---------------- implementation via several linked lists of removed WMEs
    wm.firstFreeTypes.ALL,           -- t_wm, t_FFA etc.
    wm.firstFreeAlgo.ALL;            -- procedures wmCreate, wmRemove ...
ARCHITECTURE FirstFree OF wm IS
    -- state "signal"
    SIGNAL wm : t_wm;                -- both processes access wm, thus a signal
BEGIN    -- FirstFree
    checkWMentry;                    -- all variants of t_wmEntry compatible?
    CrRm : PROCESS ----------------------- process to create or remove WMEs
    -- state variable
        VARIABLE FFA : t_FFA;
    BEGIN
        WAIT UNTIL PosEdge(clk);     -- do nothing til the first edge arrives
        dataAvail <= '0';            -- initialisation (sync reset ...)
        FFA := (0 => 1, OTHERS => 0); -- won't be possible in a single cycle
        work_loop : LOOP             -- the routine starts ...
            WAIT UNTIL PosEdge(clk);
            WHILE goAhead /= '1' LOOP -- service request?
                WAIT UNTIL PosEdge(clk);
            END LOOP;
            ---------------------------------- provide the requested service
            CASE CreaRem is
                WHEN Create =>       -- CREATE
                    wmCreate(wm, FFA, -- internal state parameter
                             wme, wmeIDout); -- external signals
                WHEN Remove =>       -- REMOVE
                    wmRemove(wm, FFA, -- internal state parameter
                             wmeIDinRm); -- external input signal
            END case;                -- CASE CreaRem
            ---------------------------------- requested service furnished
            dataAvail <= '1';        -- wmeID is valid
            wait_for_goAhead : WHILE goAhead = '1' LOOP
                WAIT UNTIL PosEdge(clk);
            END LOOP;
            dataAvail <= '0';        -- protocol completed
        END LOOP;                    -- work_loop
    END PROCESS;                     -- process CrRm
```

In der Schleife „work_loop" im Codefragment 15.48 werden die Kommandos an der Klemme „CreaRem" ausgeführt und das „handshake"-Protokoll abgearbeitet. Die eigentliche Allokation von Speicherplatz, die Ablage eines WMEs in den Speicher und die Einkettung des Speicherbereiches eines gelöschten WMEs wird in den Prozeduren „wmCreate" und „wmRemove" durchgeführt.

Der zweite Prozeß des WM-Modells ist im Codefragment 15.49 gezeigt. In der Schleife „wait_for_a_request" wird auf die Aktivierung der Kommandoklemme „getAtom" gewartet.

15.49
```
dereference : PROCESS -------------------- process to determine an attribute
BEGIN
    wait_for_a_request : WHILE getAtom /= '1' LOOP
        WAIT UNTIL PosEdge(clk);
    END LOOP;
    wmGetAtom(wm,                        -- state parameter
              wmeIDinGA, index,          -- input signals
```

15.5. VT.FMA: SCHNITTSTELLEN UND ALLOKATION

```
              attr);                    -- output signal
    WAIT UNTIL PosEdge(clk);            -- wait for next edge, before
                                        --   input signal getAtom is checked
END PROCESS;                            -- process dereference
END FirstFree;
```

Ist die Leitung „getAtom" aktiv, so wird das Attribut mit der Prozedur „wmGetAtom" dereferenziert und direkt von dieser Prozedur der Ausgangsklemme „attr" zugewiesen. Mit der folgenden „wait"-Anweisung wird verhindert, daß bei ständig aktiver „getAtom"-Klemme der Prozeß nicht wieder verlassen wird. Da die Dereferenzierung in einem Taktzyklus durchgeführt werden soll, ist dieser Prozeß bereits auf der Ebene des Mikro-Taktes (*VT.MI*) modelliert.

Nachdem die Datenstrukturen, die Implementation des polymorphen Datentyps sowie das Modell mit einer gekapselten Variablen zur Speicherung der WMEs vorgestellt worden ist, wird im nächsten Abschnitt der Algorithmus „first free list" erläutert und implementiert.

15.5.3 Funktion des Algorithmus „first free list"

Der Anfangszustand des FFA-Vektors und des WM-Speichers ist in Abb. 15.25 (S. 563) gezeigt. Nachdem zwei WMEs erzeugt worden sind, sind die beiden Vektoren, wie in der linken Seite von Abb. 15.26 skizziert, belegt. Die Zeiger auf die ersten Elemente der verketteten Listen zeigen alle noch auf die Adresse 0, während der Zeiger „NotUsed" („ffa(0)") den Wert 8 hat.

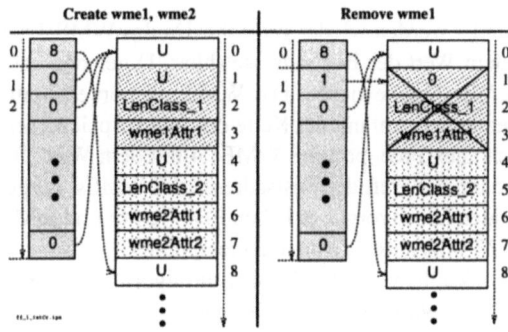

Abb. 15.26: Zwei Belegungen des FFA-Vektors und WMs

Auf der rechten Seite von Abb 15.26 ist der Zustand des FFA-Vektors und WMs gezeigt, nachdem das WME mit der „ID" 1 gelöscht worden ist. Da dieses WME zur Längenklasse 1 gehörte, wurde „ffa(1)" mit der Basisadresse dieses WMEs geladen. Das Fach „nextFree_ptr" ist mit einer 0 geladen worden, um zu signalisieren, daß kein weiterer freier Speicherbereich in dieser Liste folgt.

Nachdem die WMEs 3, 4 und 5 erzeugt worden sind, haben der FFA-Vektor und der WM den in der linken Seite von Abb. 15.27 auf der folgenden Seite gezeigten Inhalt. Das WME 3 enthält, wie das gelöschte WME, nur ein Attribut und wurde daher auf dessen Speicherbereich abgelegt. Damit ist kein weiterer Speicherplatz eines gelöschten WMEs vorhanden, so daß die WMEs 4 und 5 in den zusammenhängenden freien Speicherplatz abgelegt werden.

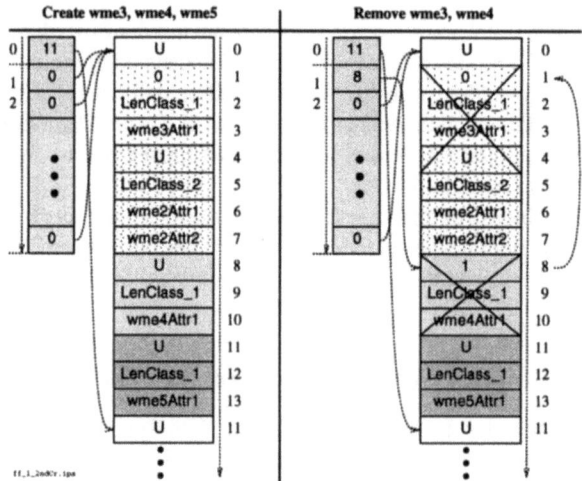

Abb. 15.27: Zwei weitere Belegungen des FFA-Vektors und WMs

Die WMEs 3 und 4 werden wieder gelöscht. Da das WME 3 nur ein Attribut hat, wird „ffa(1)" mit dem Wert der Basisadresse (hier: 1) geladen und dem Fach „nextFree_ptr" wird der Wert 0 zugewiesen. Das WME 4 gehört ebenfalls zur Längenklasse 1 und wird daher an den Anfang der Kette der freien Speicherbereiche eingekettet. Dazu wird das Fach „nextFree_ptr" des WMEs 4 mit dem Wert „ffa(1)" geladen und dem „ffa(1)" wird dann der Wert der Basisadresse des WMEs 4 zugewiesen. Nach der Ausführung der beiden Löschvorgänge haben FFA-Vektor und WM den in der rechten Seite von Abb. 15.27 skizzierten Zustand angenommen.

Nachdem die Funktionsweise des Allokationsalgorithmus „first free list" an einigen Beispielen erläutert worden ist, wird im nächsten Abschnitt die Implementation der Prozeduren „wmCreate", „wmRemove" und „wmGetAtom" vorgestellt.

Implementation des Algorithmus „first free list"

Der Allokationsalgorithmus „first free list" wird durch die drei Prozeduren „wmCreate", „wmRemove" und „wmGetAtom" im Codefragment 15.50 auf der gegenüberliegenden Seite implementiert. Da in dem Modell der Einheit WM in den Codefragmenten 15.48 (S. 564) und 15.49 auf eine Zwischenspeicherung der Eingangs- und Ausgangsparameter der Prozeduren in Variablen verzichtet worden ist, müssen die Prozeduren direkt auf die Signale oder Klemmen der Einheit WM zugreifen. Daher werden die betreffenden Parameter als „signal"-Parameter definiert. Wird die Parameterart nicht weiter spezifiziert, so sind sie als „variable"-Parameter vereinbart [44].

15.5. VT.FMA: SCHNITTSTELLEN UND ALLOKATION

15.50
```
PACKAGE FirstFreeAlgo IS
   PROCEDURE wmCreate
      (SIGNAL wm       : INOUT t_wm;     -- signal accessed by both processes
             FFA       : INOUT t_FFA;    -- accessed only the create/remove process
       SIGNAL WME      : IN    t_wme;    -- port signal
       SIGNAL wmeID    : OUT   t_wmeID); -- connected to port signal wmeIDout
   PROCEDURE wmRemove
      (SIGNAL wm       : INOUT t_wm;     -- global signal WM
             FFA       : INOUT t_FFA;    -- variable
       SIGNAL wmeID    : IN    t_wmeID); -- connected to input port wmeIDinRm
   PROCEDURE wmGetAtom
      (SIGNAL wm       : IN    t_wm;
       SIGNAL wmeID    : IN    t_wmeID;  -- reads input signal wmeIDinGA
       SIGNAL index    : IN    t_attIndex;-- reads input port index
       SIGNAL attr     : out   t_Atom);  -- drives output port attr
END FirstFreeAlgo;
```

Prozedur „wmCreate"

Die Prozedur „wmCreate" wird in den Codefragmenten 15.51 und 15.52 definiert. Die Prozedur beginnt, indem die Attributliste des neuen WMEs in den WM-Speicher kopiert wird. Dieser Kopiervorgang wird mit der Prozedur „LC_AL2wm"[11] durchgeführt.

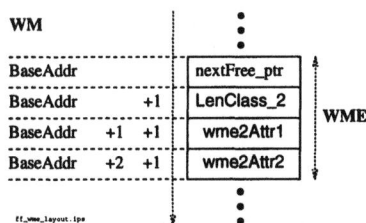

Abb. 15.28: Belegung der Speicherplätze zu einem einzigen WME

Zum einfacheren Verständnis der Funktion dieser Prozedur ist in Abb. 15.28 die Belegung des Speicherbereiches eines WMEs skizziert. Auf der Basisadresse wird der Zeiger auf den nächsten freien Speicherbereich abgelegt („nextFree_ptr"). Auf der nächsten Adresse wird die Längenklasse gespeichert, damit man bei einem Löschvorgang feststellen kann, in welche Kette der Speicherbereich eingegliedert werden muß. Nach der Längenklasse folgen ab „Basisadresse +2" die Attribute des WMEs. In der Prozedur „LC_AL2wm" wird zunächst die Längenklasse in den WM abgespeichert und dann in der „for"-Schleife die einzelnen Attribute des WMEs.

15.51
```
PACKAGE BODY FirstFreeAlgo IS
   PROCEDURE wmCreate
      (SIGNAL wm       : INOUT t_wm;
             FFA       : INOUT t_FFA;
       SIGNAL WME      : IN    t_wme;
       SIGNAL wmeID    : OUT   t_wmeID) IS
      --------- Copy wme.LengthClass and wme.AttList into the WM
```

---
[11] „LC_AL2wm" = „LengthClass_AttributeList2wm"

```
            PROCEDURE LC_AL2wm(          wme       : IN    t_wme;
                                         BaseAddr  : IN    t_wmeID;
                                 SIGNAL  wm        : INOUT t_wm) IS
            BEGIN
               wm(BaseAddr + 1) <=                       -- LengthClass will be necessary
                     toWmEntry(wme.LengthClass);         --    for the removal of a WME
               FOR i IN t_AttIndex'LOW TO wme.LengthClass LOOP
                  wm(BaseAddr + i +1) <=                 -- i starts with 1 => nFree_ptr
                                                         -- +1               => LengthClass
                     toWmEntry(wme.AttList(i));
               END LOOP;                                 -- loop save_attrList
            END LC_AL2wm;
```

Sowohl die Längenklasse, als auch die Attribute werden mit der überladenen Funktion „toWmEntry" in den Bitvektor „t_wmEntry" verwandelt, bevor sie einem Platz im Vektor WM zugewiesen werden.

Der Rumpf der Prozedur „wmCreate" ist vollständig im Codefragment 15.52 gezeigt. Es werden zwei Fälle unterschieden. Im ersten Fall ist kein freier Speicherplatz der benötigten Längenklasse vorhanden, so daß das WME in den freien zusammenhängenden Speicherplatz abgelegt werden muß. Dazu werden die Daten des WMEs mit der Prozedur „LC_AL2wm" in den WM kopiert. Dann wird die Basisadresse als „ID" an die Ausgangsklemme „wmeID" gegeben und der um den benutzten Adressbereich erhöhte Zeiger in den FFA-Vektor abgelegt. Das Überlaufen des WMs wird in diesem Modell durch eine Bereichsüberschreitung der Variablen „FFA(0)" signalisiert. Die Behandlung des Speicherüberlaufs wird aber zur einfacheren Darstellung im weiteren vernachlässigt.

15.52
```
            BEGIN
               IF FFA(wme.LengthClass) = 0 THEN          -- get a new chunk of memory
                  LC_AL2wm(wme, FFA(0), wm);             -- attList/LenClass to the WM
                  wmeID <= FFA(0);                       -- wme is stored on this addr+1
                  FFA(0) := FFA(0) + wme.LengthClass +2; -- leave space for the nFree_ptr
                                                         --    and the LengthClass
               ELSE                                      -- there's at least 1 place free
                  wmeID <= FFA(wme.LengthClass);         -- wme will be stored there
                  LC_AL2wm(wme, FFA(wme.LengthClass), wm); -- copy attList & LenClass
                  FFA(wme.LengthClass) := toWmeID(wm(FFA(wme.LengthClass)));
               END IF;
            END wmCreate;
```

Im anderen Fall ist ein freigewordener Speicherbereich gleicher Längenklasse vorhanden und das WME wird im „ELSE"-Zweig des Codefragments 15.52 auf den ersten freien Bereich in der verketteten Liste abgelegt. Um auch die restlichen freien Bereiche der Liste verwenden zu können, wird der Zeiger auf das erste Element in „FFA(wme.LengthClass)" mit dem Wert des Faches „nextFree_ptr" geladen.

Prozedur „wmRemove"

Die Prozedur zum Löschen eines WMEs ist im Codefragment 15.53 auf der nächsten Seite gezeigt. Ein WME wird gelöscht, indem der Speicherbereich des WMEs vorne in die Liste der jeweiligen Längenklasse eingekettet wird. Daher wird im Kopf der Prozedur „wmRemove" eine Konstante „tmpLengthClass" mit der Längenklasse des aktuellen WMEs initialisiert.

15.5. VT.FMA: SCHNITTSTELLEN UND ALLOKATION

15.53
```
       PROCEDURE wmRemove
           (SIGNAL wm     : INOUT t_wm;
            FFA    : INOUT t_FFA;
            SIGNAL wmeID : IN    t_wmeID) IS
           CONSTANT tmpLengthClass : t_AttIndex     -- LengthClass(WME to be removed)
                     := toAttIndex(wm(wmeID +1));-- extracted from the WM
       BEGIN
          wm(wmeID) <=                                 -- = 0 => mark END of linked list
                     toWmEntry(FFA(tmpLengthClass));-- /= 0 => ptr next free element
          FFA(tmpLengthClass) := wmeID;             -- the next wme of this size
                                                    --   will be saved there
       END wmRemove;
```

Im Rumpf der Prozedur „wmRemove" wird das Fach „nextFree_ptr" des zu löschenden WMEs mit dem Zeiger auf das vormals erste Element der Liste geladen. Der passenden Position des FFA-Vektors wird dann die Basisadresse des gelöschten WMEs zugewiesen und damit der Einkettungsvorgang abgeschlossen.

Prozedur „wmGetAtom"

Der WM-Speicher wurde so organisiert, daß die Dereferenzierung eines Attributes, wie im Codefragment 15.54 gezeigt, einfach durchführbar ist. Das Verständnis der Indexberechnung wird erleichtert, wenn man die Belegung der Speicherplätze eines einzigen WMEs in Abb. 15.28 (S. 567) betrachtet.

15.54
```
       PROCEDURE wmGetAtom
           (SIGNAL wm     : IN    t_wm;
            SIGNAL wmeID : IN    t_wmeID;
            SIGNAL index : IN    t_attIndex;
            SIGNAL attr  : out   t_Atom) is
       BEGIN
          ASSERT t_AttIndex'LOW > 0 REPORT "leave space for the nextFree_ptr";
          attr <= toAtom(wm(wmeID + index +1));      -- An attribute is an atom ...
       END wmGetAtom;
       END FirstFreeAlgo;
```

Zur Dereferenzierung wird nur der Index „index" in die Attributliste zur „ID" des WMEs addiert, der Wert inkrementiert und der Inhalt der Adresse aus dem WM-Speicher gelesen.

Verifikation

Das zuletzt verifizierte Modell der Einheit WM legte die WMEs noch in Speicherbereiche ab, welche vom Betriebssystem des Simulationsrechners angefordert wurden. Das Modell hatte aber schon zwei getrennte Schnittstellen, so daß der im letzten Entwurfsschritt entwickelte Allokationsalgorithmus mit derselben Testbench verifiziert werden kann.

Die Implementationen des WMs in den Paketen „big_array" und „linked_list" erzeugen die „wmeIDs" durch eine einfache Zählung der WMEs. Mit Hilfe dieser „wmeIDs" wurden in der Testbench mit dem Vektor „AvailWme" der Zustand jedes einzelnen WMEs verfolgt (vgl. Codefragment 15.33 (S. 545)). Der Allokationsalgorithmus „first free list" verwendet als „wmeID" die Basisadresse eines Speicherbereiches. Da die Speicherbereiche für verschiedene WMEs benutzt werden, werden

Operation	Adresse	Wert	Kommentar
read WM	wmeID+1	LengthClass	Lesen der Längenklasse
read FFA	LengthClass	nextFree_ptr	Holen des Zeigers auf das nächste freie Element
write WM	wmeID	nextFree_ptr	Einketten des WMEs
write FFA	LengthClass	wmeID	Laden des Zeigers auf das neue erste freie Element

Tabelle 15.2: Operationen beim Löschen eines WMEs

„wmeIDs" mehrfach hintereinander vergeben. Daher müssen die „wmeIDs" des Allokationsalgorithmus „first free list" auf den Zähler der als Referenz verwendeten einfachen Implementation abgebildet werden. Dies kann leicht durch einen geeignet dimensionierten Vektor erreicht werden.

Diskussion

Abstraktionsstufen der Wert/Zeit-Relation:

Dieser Abschnitt ist durch die Abstraktionsstufe *VT.FMA* der Modellierung der Wert/-Zeit-Relation gekennzeichnet. Die Abstraktionsstufe der Wert/Zeit-Relation ist aber nicht notwendigerweise für ein komplettes Modell einheitlich.

VT.FMA: **Erzeugen eines WMEs** Beim Erzeugen eines WMEs werden mit der Prozedur „LC_AL2wm" im Codefragment 15.52 (S. 568) die einzelnen Attribute in den WM-Speicher kopiert. Da man auf das hier verwendete statische RAM nur einmal in einem realen Taktzyklus zugreifen kann, werden die Mikro-Taktzyklen pro Makro-Taktperiode von der Länge des aktuellen WMEs bestimmt. Das Ablegen eines WMEs ist daher auf der Abstraktionsstufe *VT.FMA* modelliert.

VT.PMA: **Löschen eines WMEs** Das Löschen eines WMEs im Codefragment 15.53 auf der vorherigen Seite hingegen erfordert die in Tabelle 15.2 aufgelisteten Operationen. Diese Operationen müssen unabhängig vom Zustand des WM-Speichers oder des FFA-Vektors sowie den Eigenschaften des gelöschten WMEs durchgeführt werden.

Um den Zeitaufwand zur Durchführung dieser Operationen abschätzen zu können, müssen diese Operationen auf einer Zeitskala eingeplant werden („Scheduling"). Beim Scheduling müssen die Datenabhängigkeiten und die Möglichkeiten der benötigten Ressourcen berücksichtigt werden. In Abb. 15.29 auf der gegenüberliegenden Seite sind die Operationen daher so untereinander angeordnet, wie sie auf Grund der Datenabhängigkeiten und der Verfügbarkeit der beiden Ressourcen „WM_RAM" und „FFA_RAM" eingeplant werden können.

Wieviel Taktzyklen eine der Operationen in Abb. 15.29 auf der nächsten Seite zur Ausführung benötigt, wird ab S. 574 detailliert erörtert. Diese Betrachtungen zeigen,

15.5. VT.FMA: SCHNITTSTELLEN UND ALLOKATION

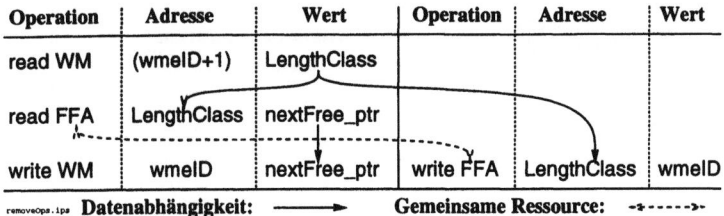

Abb. 15.29: Datenabhängigkeiten beim Löschen eines WMEs

daß die Operationen zum Löschen eines WMEs in einer konstanten Zahl von Taktzyklen ausgeführt werden können. Daher kann ein Taktzyklus des in diesem Abschnitt beschriebenen Modells auf eine feste Zahl von Taktzyklen der Implementation auf der Gatterebene abgebildet werden. Die Wert/Zeit-Relation beim Löschen eines WMEs ist daher auf der Abstraktionstufe $VT.PMA$[12] modelliert.

$VT.MI$: Dereferenzierung eines Attributes Wie schon oben erläutert ist das Dereferenzieren auf der Ebene der Mikro-Takte ($VT.MI$) modelliert. Die einzelnen Funktionen des vorliegenden Modells des WMs sind also auf unterschiedlichen Abstraktionsstufen der Wert/Zeit-Relation modelliert. Um Überraschungen zu vermeiden, wird die Abstraktionsstufe des gesamten Modells durch die Funktion mit der abstraktesten Modellierung bestimmt.

Stand der Entwicklung

Erreicht: Die WMEs werden nicht mehr in Speicherbereichen abgelegt, die vom Betriebssystem des Simulationsrechners angefordert werden. Statt dessen werden sie jetzt in einen Vektor abgespeichert, der in der Einheit WM gekapselt ist. Es wurden verschiedene Allokationsalgorithmen entwickelt, implementiert und verifiziert. Der hier diskutierte Speicheralgorithmus „first free list" kann die Anforderungen bezüglich des Speicherbedarfes und Klemmenverhaltens erfüllen. Um die Leistungsfähigkeit des Allokationsalgorithmus „first free list" zu illustrieren, ist in Abb. 15.30 auf der folgenden Seite der zeitliche Verlauf des benötigten Speichers bei einem bestimmten Benchmark gezeigt. Der benötigte Speicher wird in Vielfachen des Speicherbedarfs der Datenstruktur „t_wmEntry" angegeben. Die horizontale Zeitachse ist durch die Zahl der ausgeführten Anforderungen, wie „wmCreate", skaliert.

Zum Vergleich sind in Abb.15.30 auch die Verläufe des Speicherbedarfs ohne jede Reallokation und bei optimaler Reallokation eingezeichnet. Entscheidend ist der benötigte Speicherbedarf bei einem Benchmark, denn er bestimmt die Größe des WM-Speichers. Die Verläufe in Abb. 15.30 zeigen, daß der Allokationsalgorithmus „first free list" nur einen unwesentlich größeren WM-Speicher als ein optimaler Allokationsalgorithmus benötigt.

---

[12] „Physical MAcro clock" (vgl. Abs. 13.4, S. 455)

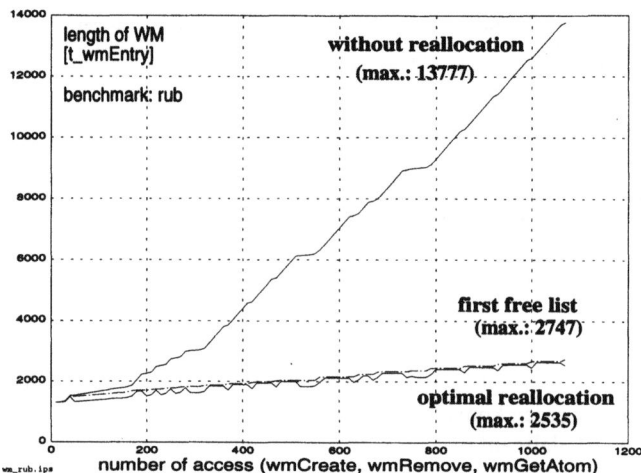

Abb. 15.30: Notwendige Zahl der Speicherplätze vom Typ „t_wmEntry" ohne Re-Allokation, bei optimaler Allokation und mit dem Algorithmus „first free list"

Probleme: Der WM-Speicher ist in dem vorliegenden Modell durch das Signal WM modelliert. Auf dieses Signal können die beiden Prozesse des Modells zugreifen. Der Prozeß „CrRm" im Codefragment 15.48 (S. 564) liest und schreibt auf das Signal WM, während der Prozeß „dereference" im Codefragment 15.49 (S. 564) die Elemente des Vektors WM liest. Eventuell auftretende Zugriffskonflikte werden weder erkannt, noch gelöst.

Der Vektor WM enthält soviele Elemente, daß er in einem externen statischen RAM gespeichert werden muß.

Die Operationen beim Erzeugen und Löschen eines WMEs können nicht in einer Taktperiode durchgeführt werden und müssen daher auf mehrere Zyklen verteilt werden. Die Zugriffe auf die beiden Vektoren sowie alle anderen Operationen müssen daher in die Taktzyklen der realen Schaltung eingeplant werden.

15.6 VT.MI: Zerlegung der Einheit WM und Scheduling

In diesem Abschnitt wird das Modell der Einheit WM in einen WMC („Working Memory Controller") und in die beiden RAMs „WM_RAM" und „FFA_RAM" zerlegt. Das „WM_RAM" soll durch ein statisches RAM mit einer einzigen Schreib/Lese-Schnittstelle implementiert werden („single-port"). Es wird daher ein geeignetes Verfahren zur Lösung der Zugriffskonflikte entwickelt. Weiterhin werden alle vollständigen Kontrollpfade so modelliert, daß die eingeplanten Operationen in einer einzigen Taktperiode der realen Schaltung ausgeführt werden können.

WMC, WM_RAM und FFA_RAM

In Abb. 15.31 ist die Einheit WM mit den bekannten Klemmen gezeigt. Die Einheit WM wurde in den Controller WMC und den Speicher WM_RAM zerlegt. Der FFA-Vektor kann in einem Satz von Registern abgelegt werden. Da aber RAMs wesentlich weniger Fläche pro bit gebrauchen[13], wird der FFA-Vektor in dem FFA_RAM gespeichert. Beide RAMs sind in Abb. 15.31 mit einem Takteingang ausgestattet, weil die Verwendung eines sychronen Modells der asynchronen RAM-Bausteine die Modellierung erleichtert. Die Erstellung einer solchen synchronen Verpackung wird ab S. 574 erläutert.

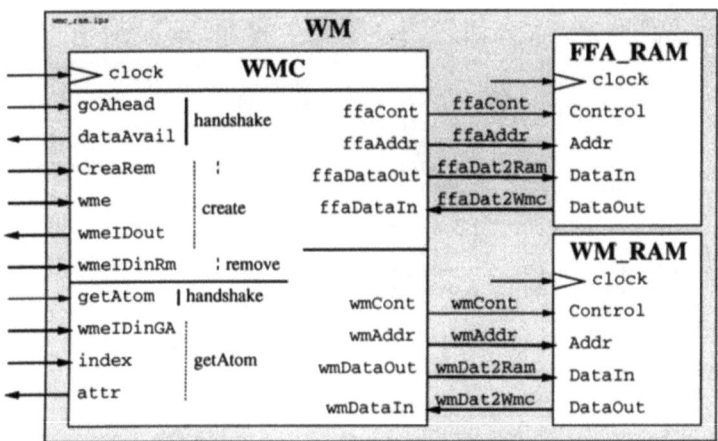

Abb. 15.31: Zerlegung in den Kontroller „WMC" und die externen Speicher WM_RAM und FFA_RAM

Im Codefragment 15.55 auf der nächsten Seite ist das Strukturmodell der Einheit WM gezeigt. Wird ein solches textuelles Strukturmodell mit einem Texteditor erstellt, so kann ein großer Teil der Arbeit mit der „copy&paste"-Funktion erledigt werden. Da aber eine graphische Darstellung des Strukturmodells die Fehlersuche erleichtert und in vielen Fällen zur Dokumentation benötigt wird, ist es produktiver, diese graphische Darstellung mit einem Schaltplaneditor zu erzeugen und den Quelltext aus den graphischen Daten zu extrahieren [14].

Da die Schnittstellen der Einheit WM nicht verändert wurden, ist die Definition der Einheit WM nur angedeutet. Die Schnittstellen der Komponente WMC zur Außenwelt sind mit den Schnittstellen der Einheit WM identisch und sind daher ebenfalls verkürzt dargestellt. Die Definition der Schnittstellen der Einheit WMC zu den beiden RAMs beginnt mit der Vereinbarung einer Kontrollklemme „xyCont", welche das vom Speicher auszuführende Kommando ausgibt. Dann folgt die Adresse mit dem jeweiligen

---

[13] ES^2 ecpd10: Flipflop $7.9 \cdot 10^{-3} \frac{mm^2}{bit}$ RAM: $0.53 \cdot 10^{-3} \frac{mm^2}{bit}$ ⇒ um den Faktor 15 höhere Speicherdichte
[14] Geeignete Schaltplaneditoren und Codegeneratoren sind Bestandteil der meisten VHDL-Entwurfssysteme.

Datentyp „t_ffaAddr" oder „t_wmeID". Nach der Adresse werden Klemmen zum Austausch der Datenworte vereinbart. Alle Klemmen der Einheit WMC sind aber auch in Abb. 15.31 auf der vorherigen Seite gezeigt.

```
15.55 ENTITY wm IS
         PORT(clk        : IN      std_ulogic;
              ...                                -- create/remove interface
              ...                                -- getAtom interface
              attr       : OUT     t_Atom);
      END wm;
      LIBRARY WM;
      USE -------------------- implementation via several linked lists
         WM.firstFreeTypes.ALL;                  -- type t_wmeEntry is used
      ARCHITECTURE struc OF wm IS
         COMPONENT wmc
            PORT(clk        : IN      std_ulogic;
                 ...                             -- create/remove interface
                 ...                             -- getAtom interface
                 -------------------------------- FFA-RAM
                 ffaCont    : OUT     t_RAMcontrol;-- IDLE, READ, WRITE
                 ffaAddr    : OUT     t_ffaAddr;   -- 0 to MaxAttIndex @ FirstFreeTypes
                 ffaDataOut : OUT     t_wmeID;     -- 0 to MaxWmeID @ atom_wme_p
                 ffaDataIn  : IN      t_wmeID;
                 -------------------------------- WM-RAM
                 wmCont     : OUT     t_RAMcontrol;-- IDLE, READ, WRITE
                 wmAddr     : OUT     t_wmeID;
                 wmDataOut  : OUT     t_wmEntry;
                 wmDataIn   : IN      t_wmEntry);
         END COMPONENT;
         COMPONENT FFA_RAM
            ...
         COMPONENT WM_RAM
            ...
         ----------------------------------------- Signals
         SIGNAL  ffaCont       : t_RAMcontrol;    -- WMC <-> FFA_RAM
         ...
         SIGNAL  wmDat2Wmc     : t_wmEntry;       -- WMC <-> WM_RAM
         ...
      BEGIN   -- struc
         checkWM_entry;                           -- passive process to check the
                                                  -- polymorphic data type t_wmEntry
         first_wmc     : wmc      PORT MAP(..., wmDataIn  => wmDat2Wmc);
         first_FFA_RAM : FFA_RAM  PORT MAP(..., ffaDataIn => ffaDat2Ram);
         first_WM_RAM  : WM_RAM   PORT MAP(..., wmDataIn  => wmDat2Ram);
      END struc;
```

Die Komponenten FFA_RAM und WM_RAM haben zum WMC komplementäre Schnittstellen sowie zusätzlich einen Takteingang. Nach der Definition der Komponenten werden im Codefragment 15.55 die zur Verbindung der Instanzen benötigten Signale vereinbart. Im Rumpf des Strukturmodells werden dann die drei Instanzen miteinander verdrahtet. Da die Verbindungslisten viele Elemente enthalten, werden die Klemmen der Komponenten den Signalen namentlich zugeordnet.

15.6.1 Synchrone Verpackung von RAMs

Exkurs

Das zeitliche Klemmenverhalten eines statischen RAMs ist kompliziert und daher versucht man ein RAM so zu verpacken, daß es sich wie ein Registersatz aus Flipflops verhält [104]. Eine solche Verpackung wird „synchronous wrapper" genannt. Diese Verpackung ermöglicht die Modellierung der RAM-Ansteuerung auf der Abstraktions-

15.6. *VT.MI*: ZERLEGUNG DER EINHEIT WM UND SCHEDULING

ebene *VT.MI*. Eine solche Abstraktion muß durch eine Überprüfung der Realisierbarkeit eines solchen RAMs abgesichert werden.

Klemmenverhalten eines RAMs

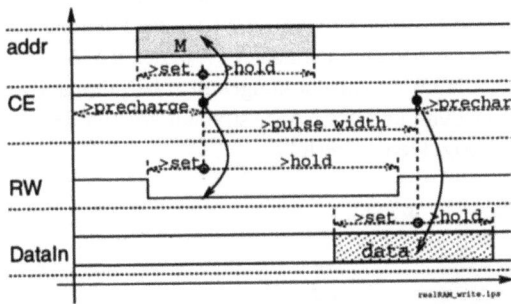

Abb. 15.32: Klemmenverhalten eines statischen RAMs bei einem Schreibzugriff

Das zeitliche Klemmenverhalten eines statischen RAMs bei einem Lesezugriff ist schon in Abb. 15.18 (S. 551) dargestellt worden. Dort wurde auch das „precharge" der „bit"-Leitungen vor jedem Lesezugriff erläutert und erwähnt, daß mit der „CE"-Klemme zwischen dem „precharge" und einem Lese- oder Schreibzugriff umgeschaltet wird. In Abb. 15.32 ist der Ablauf eines Schreibzugriffs skizziert. Er beginnt ebenfalls mit einem „precharge" der „bit"-Leitungen, um das RAM auch für einen Lesezugriff vorzubereiten. Mit der fallenden Flanke des Signals an der Klemme „CE" wird das „precharge" beendet und sowohl die angelegte Adresse („addr") als auch die Kontrollleitung („RW") abgetastet. Die Adresse wird dekodiert und die betreffende „word"-Leitung aktiviert. Mit der steigenden Flanke des „CE"-Signals werden die angelegten Daten an der Klemme „DataIn" auf die „bit"-Leitungen durchgeschaltet. Danach wird die „word"-Leitung deaktiviert und die „bit"-Leitungen werden wieder vorgeladen.

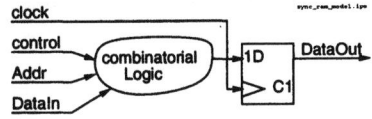

Abb. 15.33: Ersatzschaltbild eines synchron verpackten RAMs

Dieses komplexe Klemmenverhalten möchte man zur Erleichterung der Modellierung so verpacken, daß sich ein RAM wie die Implementation eines getakteten Prozesses auf der Gatterebene verhält. Dies würde eine Modellierung ermöglichen, die auf der Vorstellung basiert, daß ein RAM durch eine Schaltung, wie in Abb. 15.33 angedeutet, implementiert wird.

Ein solches synchron verpacktes RAM hätte z.B. das in Abb. 15.34 skizzierte zeitliche Klemmenverhalten. Die Umgebung des RAMs legt vor einem Lesezugriff die Adresse („Addr") und das Kontrollwort („control") an. Das Kontrollwort kann drei Werte annehmen. „IDLE" schaltet das RAM zur Verringerung der Stromaufnahme in „stand-by", während „READ" oder „WRITE" einen Lese- oder Schreibzugriff auslösen. Die Klemmen „Addr" und „control" werden mit der nächsten Taktflanke abgetastet und das RAM gibt die gelesenen Daten an der Klemme „DataOut" aus. Das Verhältnis der Taktperiode zu dem Parameter t_{access} des RAM-Makros bestimmt, nach wieviel Taktflanken die Daten von der Umgebung übernommen werden können. Die Aktivitäten der Umgebung und des RAMs sind am unteren Rand von Abb. 15.34 für die verschiedenen Taktzyklen dargestellt.

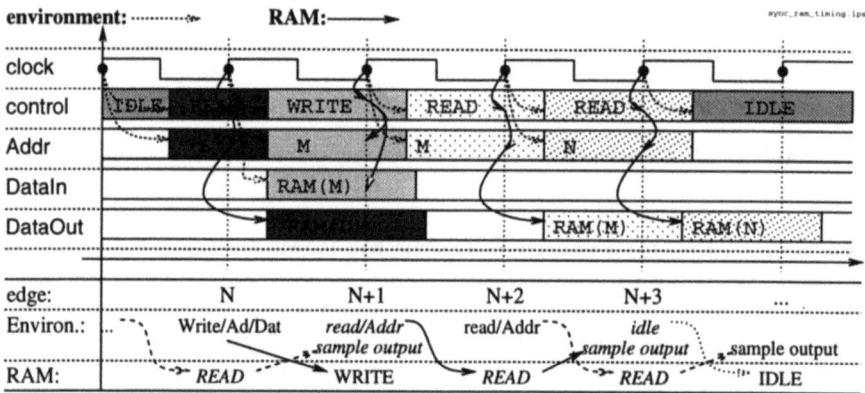

Abb. 15.34: Zeitliches Klemmenverhalten eines synchron verpackten RAMs („synchronous wrapper RAM")

Nach dem Lesezugriff ist in Abb. 15.34 ein Schreibzyklus dargestellt. Bei einem Schreibzugriff werden nicht nur die Adresse und das Kontrollwort, sondern auch das Datum an das RAM gelegt und mit der nächsten relevanten Taktflanke vom RAM übernommen. Dem Schreibzugriff folgen in Abb. 15.34 noch zwei weitere Lesezugriffe. Das in Abb. 15.34 skizzierte Protokoll geht davon aus, daß in jedem Taktzyklus ein Zugriff gestartet werden kann („Berechnungsperiode = 1"), und daß das Ergebnis nach einer Taktperiode zur Verfügung steht („Latenz = 1"). Es gibt auch Technologien bei denen man z.B. jeden Taktzyklus einen Zugriff beginnen, aber das Ergebnis erst nach zwei Taktperioden verwenden kann.

Bei der Modellierung der Umgebung eines RAMs orientiert man sich an dem synchronen Protokoll, wie es beispielhaft in Abb. 15.34 dargestellt ist. Daher ist es von großer Bedeutung, daß frühzeitig abgeklärt wird, ob ein solches Protokoll unter den Bedingungen des aktuellen Projektes realisiert werden kann. Entscheidend ist dabei das Verhältnis zwischen der Länge der Taktperiode und den Zugriffszeiten des RAMs. Dieses Verhältnis ist für die verschiedenen Halbleiterhersteller, für deren Makro-Generatoren und für die Dimensionen eines bestimmten RAMs unterschiedlich.

15.6. VT.MI: ZERLEGUNG DER EINHEIT WM UND SCHEDULING

Eine synchrone Beschaltung

Eine Beschaltung des RAM-Makros, welche das synchrone Protokoll implementiert, wird im folgenden vorgestellt. Aus dem Kontrollwort und dem globalen Taktsignal „clock" wurden die beiden Signale „CE" und „RW" abgeleitet. Über das ODER-Gatter in Abb. 15.35 kann die Klemme „CE" permanent auf '1' gezogen werden. Der untere Eingang des ODER-Gatters sowie das „RW"-Signal werden von der Einheit „decoder" aus dem Kontrollwort „control" abgeleitet.

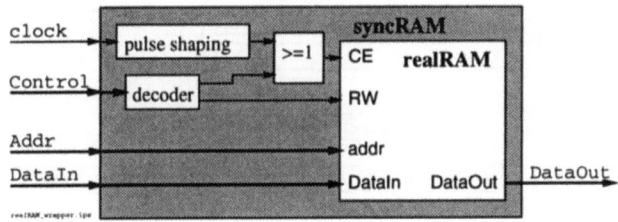

Abb. 15.35: Schaltung der synchronen Verpackung eines RAMs

Der obere Eingang des ODER-Gatters wird über die Einheit „pulse shaping" aus dem globalen Taktsignal abgeleitet. Da die Zeit zum „precharge" meist kürzer ist als die halbe Taktperiode, wird durch eine direkte Verwendung des Taktsignals das Timing des RAMs nicht optimal genutzt. Daher kann man mit Schaltungen, wie in Abb. 15.36 dargestellt, die Dauer des „precharge"-Impulses verkürzen. Die Laufzeit eines Gatters, wie z.B. eines Inverters, wird aber nicht nur durch die interne Verzögerungszeit bestimmt, sondern mit kleineren Strukturbreiten immer mehr durch die Lasten an den Klemmen oder die Steilheit des Eingangssignals. Daher wird die Genauigkeit einer solchen optimierten Impulsformung stark durch die Möglichkeiten beeinflußt, die Plazierung und Verdrahtung („P&R") der beteiligten Gatter zu steuern.

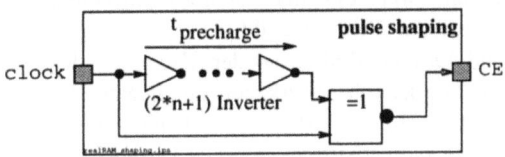

Abb. 15.36: Impulsformung des „ChipEnable"-Signals zur Anpassung an das „precharge"-Intervall

In Abb. 15.37 auf der nächsten Seite sind die Signale an den Schnittstellen der synchronen Verpackung und die Klemmen des realen RAM-Makros gezeigt. Zur Trennung der beiden Bereiche ist die Aktivität des realen RAM-Makros in der Zeile „realRAM" angegeben. Bei einem Lesezugriff wird aus dem Kontrollwort („control") das Signal „RW" kombinatorisch abgeleitet. Da das Signal „CE" durch eine Schaltung analog zu Abb. 15.36 geformt wird, kommt die fallende Flanke des Signals „CE" in der ersten Hälfte der Taktperiode. Mit dieser fallenden Flanke wird die Adresse „addr" übernommen und nach der Zugriffszeit werden die gelesenen Daten auf der Klemme „DataOut" ausgegeben. Bei dem Schreibzugriff im nächsten Taktzyklus werden mit der negativen Taktflanke des Signals „CE" die Adresse „addr" und das Signal „RW" abgetastet. Die zu schreibenden Daten werden am Ende der Taktperiode mit der steigenden Flanke des Signals „CEs" in das RAM übernommen.

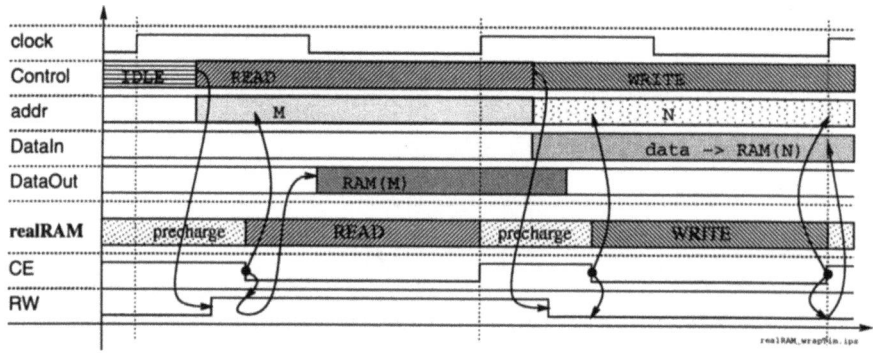

Abb. 15.37: Timing der synchronen RAM-Verpackung bei einem Lese- und Schreibzugriff

Implementation eines RAMs aus mehreren Makros: Die Klemmen eines synchronen RAMs mit 4608 Worten sind in der linken Hälfte von Abb. 15.38 auf der nächsten Seite dargestellt. Dieses RAM ist auf der rechten Hälfte mit drei RAM-Makros implementiert. Die obersten beiden RAMs haben 2048 Worte und das untere RAM hat 512 Worte. Der „ModeDecoder" erzeugt das „RW"-Signal. Das Makro mit dem aktuellen Wort wird vom „BlockDecoder" ausgewählt. Eine solche Realisation wird immer dann durchgeführt, wenn es kein Hersteller-Makro mit der benötigten Zahl von Worten oder der geforderten Wortbreite gibt.

Die Timing- und Lastverhältnisse an den Klemmen des synchron verpackten RAMs müssen dem Logiksynthesewerkzeug durch eine Beschreibung zugänglich gemacht werden, damit es zu den Instanzen der Umgebung korrekte Implementationen auf der Gatterebene synthetisieren kann. Das Design-Centre[15] wird nur dann ein synchrones Protokoll wie in Abb 15.34 (S. 576) versprechen, wenn eine geeignete Beschaltung erprobt und für die Logiksynthese modelliert worden ist.

Synchrones Modell

Das zur Simulation verwendete Modell eines synchron verpackten RAMs besteht aus einem getakteten Prozeß. Als Beispiel ist in den Codefragmenten 15.56 und 15.57 das

---

[15]Das Design-Centre führt die Technologie-Beratung und die Schritte des „Back-End", wie P&R, durch. Es gehört entweder zu einem Halbleiterhersteller oder ist eine interne Abteilung.

15.6. VT.MI: ZERLEGUNG DER EINHEIT WM UND SCHEDULING

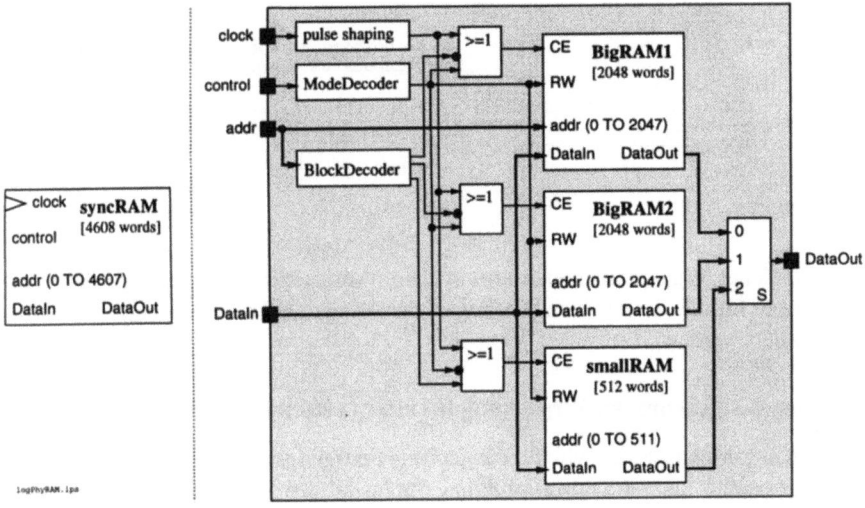

Abb. 15.38: Implementation eines logischen RAMs aus mehreren RAM-Makros

Modell der Einheit FFA_RAM gezeigt. Der Datentyp „t_RAMcontrol" ist ein Enumerationstyp mit den Werten „IDLE", „READ" und „WRITE". Um unnötige Datenkonversionen zu vermeiden, sind die Adress- und Datenklemmen des synchronen RAMs mit den bisher verwendeten abstrakten Datentypen modelliert. Diese Datentypen sind entweder Enumerationstypen oder beschränkte ganzzahlige Untertypen. Daher können sie nur eine kleine Menge von möglichen Werten annehmen, und werden somit von einem Logiksynthesewerkzeug durch einen Bitvektor kodiert.

```
5.56 LIBRARY WM;
     USE WM.atom_wme.t_wmeID,
         WM.port_wm.all,                   -- t_RAMcontrol ...
         WM.FirstFreeTypes.ALL;            -- t_ffaAddr, t_ffa ...
     ENTITY FFA_RAM IS
         PORT(clk          : IN    std_ulogic;
              control      : IN    t_RAMcontrol;
              ffaAddr      : IN    t_ffaAddr;      -- 0 TO MaxAttIndex
              ffaDataOut   : OUT   t_wmeID;        -- 0 TO MaxWmeID @ atom_wme_p
              ffaDataIn    : IN    t_wmeID);
     END FFA_RAM;
```

Im Codefragment 15.57 ist das Modell „behav" der Einheit FFA_RAM mit einem getakteten Prozeß gezeigt. Die Werte der Zeiger werden in der Variablen „ffa" abgelegt. Das Verhalten bei den drei Werten an der Klemme „control" wird in den Zweigen einer „case"-Anweisung beschrieben.

```
5.57 ARCHITECTURE behav OF FFA_RAM IS
     BEGIN -- behav
         PROCESS(clk)
            VARIABLE ffa : t_ffa;
         begin
            IF clk'EVENT and clk = '1' THEN    -- a clocked process for a wrapped RAM
```

```
        CASE control IS
          WHEN IDLE    =>                          -- do nothing [wrapper may reset the
                                                   --    inputs CS or OE of the real RAM ...]
          WHEN READ    =>
            ffaDataOut <= ffa(ffaAddr);            -- a synchonously wrapped RAM
          WHEN WRITE   =>                          --    can be modeled quite simply ...
            ffa(ffaAddr) := ffaDataIn;
          END CASE;                                -- CASE control ...
       END IF;
   END PROCESS;
END behav;
```

Da ein solches Simulationsmodell eines synchron verpackten RAMs einfach aufgebaut ist, kann es für die verwendeten Datentypen der Adress- und Datenklemmen leicht implementiert werden.

Grenzen der synchronen Verpackung bei einem externen RAM

Bei einem „on-chip" RAM wird für die geplante Fertigungstechnologie, die vorgesehene Taktfrequenz und die Dimensionierung des jeweiligen RAM-Makros ein realisierbares synchrones Protokoll erarbeitet. Der Entwickler implementiert alle Modelle der Umgebung im Hinblick auf das vereinbarte Protokoll. Das Design-Centre entwickelt eine geeignete Beschaltung des generierten RAM-Makros und stellt eine Beschreibung des „synchron verpackten RAMs" für die Logiksynthese der umgebenden Instanzen zur Verfügung.

Bei einem externen RAM, wie dem WM_RAM, wird man aber versuchen, zusätzliche Komponenten auf der Leiterplatte zu vermeiden, und daher sind die Grenzen der synchronen Verpackung nicht mit denen des ansteuernden Chips identisch. In Abb. 15.39 auf der nächsten Seite ist eine realistische Abgrenzung zwischen dem WMC und dem synchron verpackten WM_RAM gezeigt. Die synchrone Verpackung umfaßt dabei den statischen RAM-Baustein auf der Leiterplatte, einige „PADs" und die Erzeugung der Steuersignale auf dem Chip in der Einheit „decoder & pulse shaping".

Das Simulationsmodell dieser synchronen Verpackung wird analog zu dem Modell in den Codefragmenten 15.56 und 15.57 erstellt. Die Schaltung zur Implementation dieser Verpackung muß auf der Gatterebene entwickelt und verifiziert werden. Zur Logiksynthese des WMCs müssen Timing- und Lastverhältnisse der entwickelten Schaltung geeignet beschrieben werden.

15.6.2 Zugriff auf ein verpacktes RAM

In den Speicher FFA_RAM soll die Variable „ffa", ein Vektor von Daten des Typs „t_wmeID", abgelegt werden. Das Signal WM, auf das die beiden Prozesse des Modells der Einheit WM zugreifen, soll im WM_RAM gespeichert werden. Auch das Signal WM ist ein Vektor, welcher Daten des polymorphen Datentyps „t_wmEntry" enthält. Ein Wert wurde bisher durch einen Ausdruck der Form „ffa(addr)" gelesen und durch eine Anweisung der Form „wm(addr) <= some_value" wurde auf die Position „addr" geschrieben. Da die Vektoren nun in externen Einheiten gekapselt sind, müssen diese einfachen Zugriffe analog zu den Prozeduraufrufen in Abschnitt 15.4 (S. 539) durch Zuweisungen auf die Ausgangsklemmen, die Abarbeitung eines Protokolls und

15.6. VT.MI: ZERLEGUNG DER EINHEIT WM UND SCHEDULING

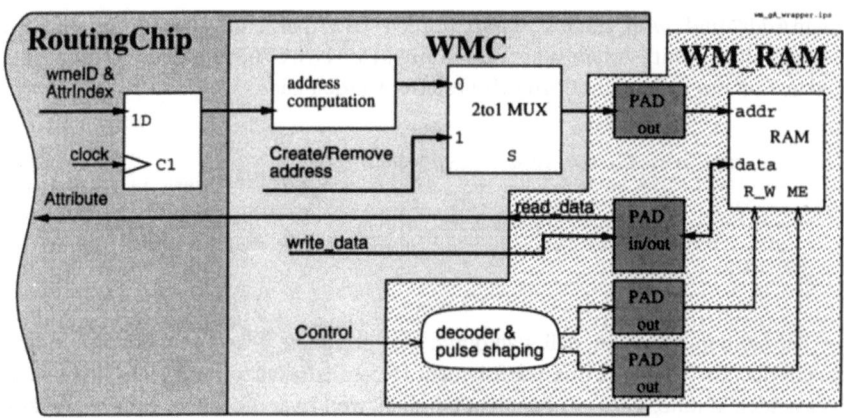

Abb. 15.39: Schnittstellen der synchronen Verpackung des externen RAM-Bausteins

die Abtastung der Eingangsklemmen ersetzt werden. Das Protokoll der hier verwendeten synchronen RAM-Verpackung ist einfach und in Abb. 15.34 (S. 576) gezeigt.

Bei der Ersetzung der Zugriffe werden zwei Fälle unterschieden. Gibt es keine Datenabhängigkeiten zwischen den Zugriffen, so muß nur das zeitliche Klemmenverhalten des RAMs bei der Einplanung beachtet werden. Verwendet allerdings eine Operation das gelesene Datum, so kann diese Operation erst ausgeführt werden, wenn an den Klemmen der Einheit die gelesenen Daten zur Verfügung stehen. Die Ersetzung der Zugriffe auf die Vektoren wird in den nächsten beiden Abschnitten für diese beiden Fälle diskutiert. In jedem Abschnitt wird ein Codefragment auf den Abstraktionsstufen $VT.\{FMA, PMA\}$ durch die entsprechende Sequenz von Anweisungen ersetzt, welche die Zugriffe auf ein externes RAM in die Taktzyklen der realen Schaltung einplant ($VT.MI$).

A) Keine direkte Datenabhängigkeit $\Rightarrow$ Überlappter Zugriff

Im Codefragment 15.58 ist eine „for"-Schleife gezeigt, welche die Attributliste eines WMEs in den WM-Speicher ablegt. Da die Länge der Attributliste von dem aktuellen WME abhängt und in einem Taktzyklus nur einmal auf das WM_RAM zugegriffen werden kann, gehört diese Anweisungsfolge zu einem Modell auf der Abstraktionsstufe $VT.FMA$.

15.58
```
...
FOR i IN t_AttIndex'LOW TO wme.LengthClass LOOP  -- loop over all attributes
    wm(BaseAddr + i +1) <= toWmEntry(wme.AttList(i)); -- convert and put it
END LOOP;                                         --   into the WM vector
...
```

Die Daten werden in den WM-Speicher geschrieben, so daß es keine Datenabhängigkeiten zwischen zwei Zugriffen geben kann. Daher sind im Codefragment 15.59 die Zugriffe auf den Vektor WM durch Zuweisungen auf die Klemmen „wmControl",

„wmAddr" und „wmDataOut" ersetzt worden. Die Abarbeitung des Protokolls besteht nur aus einer „wait"-Anweisung, weil in Abb. 15.34 (S. 576) vereinbart worden ist, daß jeden Takt ein neuer Schreibzugriff gestartet werden kann.

15.59
```
    ...
    FOR i IN t_AttIndex'LOW TO wme.LengthClass LOOP
       wmControl  <= WRITE;                  -- a WRITE access is following
       wmAddr     <= BaseAddr + i + 1;
       wmDataOut  <= toWmEntry(wme.AttList(i));
       WAIT UNTIL PosEdge(clk);              -- RAM executes WRITE operation
    END LOOP;
    ...
```

Es hat den Anschein, daß man durch eine geeignete Transformation des Indexbereichs der „for"-Schleife im Codefragment 15.59 die Instanziierung eines Inkrementers vermeiden könnte. Dies ist aber nicht möglich, weil zwar die untere Grenze global statisch bestimmt ist, die obere Grenzen aber dynamisch sind (vgl. Abs. 7.3, S. 254).

B) Direkte Datenabhängigkeit ⇒ Ende des Zugriffs abwarten

Im Codefragment 15.60 wird der Wert des Vektors „FFA" an der Position „wme.LengthClass" gelesen und mit der 0 verglichen. Abhängig vom Ausgang des Vergleichs werden mit einer bedingten Verzweigung unterschiedliche Anweisungen ausgeführt. Diese Zeile kann in einer festen Zahl von Taktzyklen der realen Schaltung ausgeführt werden und ist daher auf der Abstraktionsstufe *VT.PMA* modelliert.

15.60
```
    ...
    IF FFA(wme.LengthClass) = 0 THEN   -- get a new chunk of memory
    ...
```

Der Lesezugriff auf das FFA_RAM wird im Codefragment 15.61 durch die Zuweisung des Kommandos „READ" an die Klemme „ffaCont" und der Adresse an die Klemme „ffaAddr" eingeleitet. Dann wird mit einer „wait"-Anweisung auf die Taktflanke gewartet, mit der das RAM nach dem in Abb. 15.34 (S. 576) vereinbarten Protokoll die Adresse und das Kontrollwort übernimmt. Da der Vergleich in der bedingten Verzweigung von dem gelesenen Wert abhängt, wird mit einer weiteren „wait"-Anweisung auf die Taktflanke gewartet, mit der das Modell die Daten übernehmen kann.

15.61
```
    ...
    ffaCont <= READ;
    ffaAddr <= wme.LengthClass;
    WAIT UNTIL PosEdge(clk);           -- FFA_RAM takes command & address
    WAIT UNTIL PosEdge(clk);           -- FFA_RAM puts data at output port
    IF ffaDataIn = 0 THEN              -- get a new chunk of memory
    ...
```

Wird ein anderes Protokoll zur Kommunikation mit dem RAM vereinbart, so müssen alle Stellen mit einem Zugriff auf das RAM angepaßt werden. Da die Ersetzung der Zugriffe auf einen Vektor durch den Zugriff auf ein RAM nach einem festen Schema durchgeführt wird, hat man für diesen Zweck Werkzeuge entwickelt. Diese Werkzeuge können die Zugriffe auf ein RAM in die Taktzyklen automatisch einplanen.

15.6.3 Einplanung und „arbitration" im WMC

Die Zugriffe auf die beiden Speicher WM_RAM und FFA_RAM können in dieser Entwurfsstudie aber nicht automatisch eingeplant werden, weil zwei getrennte Prozesse auf den WM-Speicher zugreifen und daher Zugriffskonflikte erkannt und gelöst werden müssen.

Diese Zugriffskonflikte können nicht mit einer eigenen Zustandsmaschine verwaltet werden, weil relativ frühzeitig im Projektverlauf in Abb. 15.15 (S. 549) versprochen worden ist, daß ein Attribut in einem Taktzyklus dereferenziert werden kann. Eine spezielle Schiedsrichter-FSM („arbiter") könnte frühestens nach einem Taktzyklus das WM_RAM zuteilen und ist daher hier nicht akzeptabel. Der Zugriff auf das WM_RAM zur Dereferenzierung hat Vorrang und soll in einem Taktzyklus abgewickelt werden. Daher können die Zugriffskonflikte mit der folgenden Strategie gelöst werden.

① Soll ein Attribut dereferenziert werden, so kann dieser Zugriff unmittelbar das WM_RAM lesen.

② Ein gleichzeitiger Zugriff auf das WM_RAM zur Erzeugung oder Löschung eines WME wird verschoben.

Zur Implementation dieses Zugriffsverfahrens wird die Einheit WMC in zwei weitere Einheiten, wie in Abb. 15.40 auf der nächsten Seite gezeigt, zerlegt. Die Einheit „getAtom_Arbiter" führt die Dereferenzierungen durch und hat daher direkten Zugriff auf das WM_RAM. Die Einheit „CrRm" legt neue WMEs in das WM_RAM ab und löscht sie wieder, kann aber auf das WM_RAM nur über die Einheit „getAtom_Arbiter" zugreifen. Zur Vermeidung eines Zugriffskonfliktes beobachtet die Einheit CrRm die Klemme „getAtom". Ist diese Klemme aktiv, so soll im nächsten Taktzyklus ein Attribut aus dem WM_RAM gelesen werden, und die Einheit CrRm verzögert einen eventuellen Zugriff auf das WM_RAM.

Dereferenzierung und Zugriffsverwaltung

Die Einheit „getAtom_Arbiter" ist im Codefragement 15.62 definiert. An die ersten beiden Klemmen werden das von der Einheit CrRm erzeugte Kontrollwort („wmContInter") und die Adresse („wmAddrInter") für das WM_RAM angeschlossen. Die zu schreibenden Daten („wmDataOut") können direkt von der Einheit CrRm an das WM_RAM gelegt werden, weil zur Dereferenzierung das WM_RAM nur gelesen wird. Die vom WM_RAM gelesenen Daten werden sowohl an die Einheit CrRm, als auch an die Einheit „getAtom_Arbiter" gelegt, damit beide Einheiten auf die gelesenen Daten zugreifen können.

```
2 ENTITY getAtom_Arbiter IS
     PORT(-------------------------------- arbitration input lines
           wmContInter  : IN   t_RAMcontrol;
           wmAddrInter  : IN   t_wmeID;
           -------------------------------- getAtom interface
           ...
           -------------------------------- WM-RAM
           wmCont       : OUT  t_RAMcontrol; -- IDLE, READ, WRITE
```

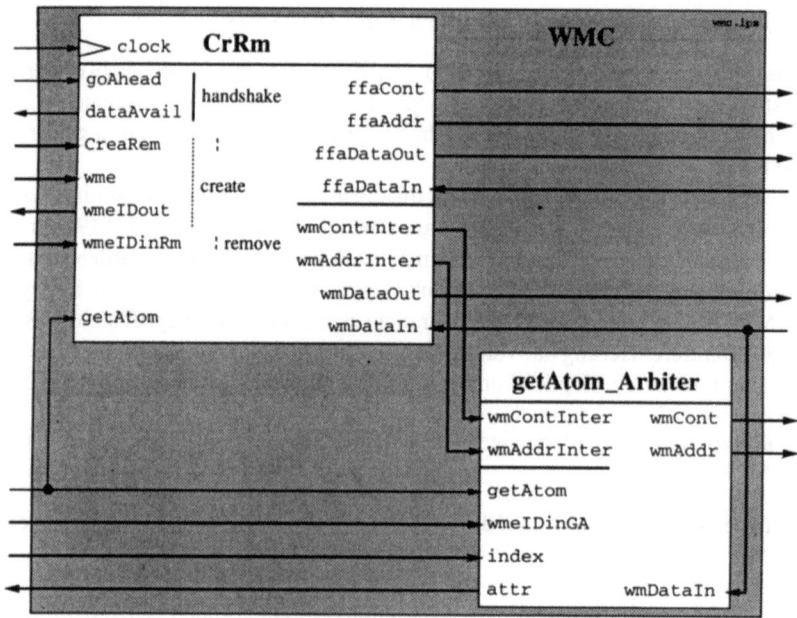

Abb. 15.40: Aufbau des WMCs

```
        wmAddr      : OUT   t_wmeID;
        wmDataIn    : IN    t_wmEntry);
END getAtom_Arbiter;
```

Die Klemmen der „getAtom"-Schnittstelle der Einheit „getAtom_Arbiter" entsprechen den Klemmen der Einheit WM. Die letzten drei Klemmen werden mit dem WM_RAM verbunden.

Das Modell „FirstFree" der Einheit „getAtom_Arbiter" ist im Codefragment 15.63 gezeigt. Da die Einheit das aus dem WM_RAM gelesene Attribut nicht zusätzlich verzögern darf, ist die Einheit durch einen kombinatorischen Prozeß modelliert. Bei einem kombinatorischen Prozeß müssen zur Vermeidung von Latches alle Eingangssignale in der „sensitivity list" erwähnt werden und die Ausgangssignale vollständig spezifiziert sein. Ein Ausgangssignal ist vollständig spezifiziert, wenn in allen vollständigen Kontrollpfaden dem Ausgangssignal ein Wert zugewiesen wird. Daher wird dem Ausgangssignal „attr" immer der zuletzt vom WM_RAM gelesene Wert zugewiesen.

15.63
```
ARCHITECTURE FirstFree OF getAtom_Arbiter IS
BEGIN    -- FirstFree
   PROCESS(wmContInter, wmAddrInter,     -- inputs to be switched through
           getAtom, wmeIDinGA, index,    -- input data of service "GetAtom"
           wmDataIn)                     -- data from the WM to be forwarded
   BEGIN
      attr    <= toAtom(wmDataIn);       -- fetch the data combinatorial and give
                                         --   the attribute to the outside world
      IF getAtom = '1' THEN              -- a dereference operation has priority
```

15.6. *VT.MI*: ZERLEGUNG DER EINHEIT WM UND SCHEDULING

```
         wmCont <= READ;                 -- it's always a read access
         wmAddr <= wmeIDinGA + index +1; -- compute the wmAddr combinatorially
      ELSE
         wmCont <= wmContInter;          -- wm*Inter are intermediate signals
         wmAddr <= wmAddrInter;          --    driven by the process "CrRm"
      END IF;
   END PROCESS;                          -- process dereference
END FirstFree;
```

Wird die „getAtom"-Klemme aktiviert, so wird dem WM_RAM ein Lesezugriff signalisiert, die „wmeID" mit dem „index" addiert, inkrementiert und als Adresse an das WM_RAM gegeben. Hat die „getAtom"-Klemme den Wert '0', so werden die Leitungen von der Einheit CrRm durchgeschaltet. Die intendierte Struktur der Einheit „getAtom_Arbiter" ist in Abb. 15.41 skizziert.

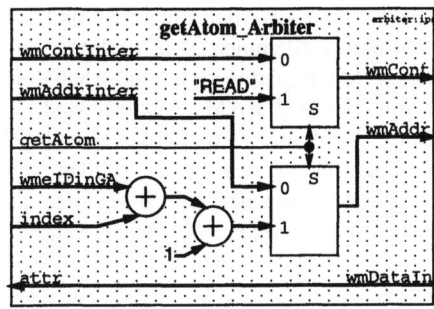

Abb. 15.41: Intendierte Struktur der Einheit „getAtom_Arbiter"

Die Struktur der Einheit „getAtom_Arbiter" in Abb. 15.41 ist so einfach aufgebaut, weil in den Spezifikationen gefordert wurde, daß die Dereferenzierung eines Attributes möglichst in einem Taktzyklus zu erfolgen hat. Diese Spezifikation führte zur Entwicklung des Allokationsalgorithmus „first free list". Dieser Algorithmus legt die WMEs an einer festen Position ab, so daß die Basisadresse des belegten Speicherbereiches als „wmeID" verwendet werden kann. Diese Verwaltung des WM-Speichers führt weiterhin dazu, daß sich die Adresse eines einzelnen Attributs einfach berechnen läßt.

CrRm: Scheduling der Operationen

Die Reallokation des Speicherbereichs eines gelöschten WMEs ist allerdings nicht so einfach, wie das Modell der Einheit CrRm in den Codefragmenten 15.64 bis 15.66 zeigt. In der Definition der Einheit CrRm im Codefragment 15.64 auf der folgenden Seite werden nach dem Takteingang „clk" die Klemmen der Schnittstelle zum Erzeugen und Löschen der WMEs vereinbart. Diese Klemmen werden im Strukturmodell des WMCs und des WMs auf die Klemmen der Einheit WM durchgeschaltet. Dann folgt die Klemme „getAtom" mit der festgestellt wird, ob im nächsten Taktzyklus das WM_RAM gelesen wird. Mit den Klemmen ab „ffaCont" wird auf das FFA_RAM zugegriffen.

15.64
```
ENTITY CrRm IS
   PORT(clk             : IN    std_ulogic;
        goAhead         : IN    std_ulogic;    -- create/remove interface
        ...
        ------------------------------------- arbitration logic
        getAtom          : IN    std_ulogic;   -- observe this line to determine, if
                                               -- the access is switched thru
        ffaCont          : OUT   t_RAMcontrol; -- FFA-RAM
        ...
        ------------------------------------- WM-RAM via in the getAtom_arbiter
        wmContInter      : OUT   t_RAMcontrol; -- IDLE, READ, WRITE
        wmAddrInter      : OUT   t_wmeID;
        ------------------------------------- WM-RAM directly
        wmDataOut        : OUT   t_wmEntry;
        wmDataIn         : IN    t_wmEntry);
END CrRm;
```

Über die letzten vier Klemmen werden die Lese- und Schreibzugriffe auf das WM_RAM ausgelöst. Die beiden Klemmen „wmContInter" und „wmAddrInter" werden dazu von der Einheit „getAtom_Arbiter" durchgeschaltet, während die restlichen beiden Klemmen direkt mit dem WM_RAM verbunden sind.

In den Codefragmenten 15.65 und 15.66 ist das Modell „FirstFree" der Einheit CrRm gezeigt. Dieses Modell ist aus dem Prozeß „CrRm" im Codefragment 15.48 (S. 564) durch eine Ersetzung der Zugriffe auf die Vektoren durch Zuweisungen auf die Ausgangssignale, Abarbeitung eines Protokolls und Abtastung der Eingangsklemmen entstanden. Der einzige Prozeß des Modells beginnt mit einer „wait"-Anweisung. Nach dem Eintreffen der relevanten Taktflanke wird die Ausgangsklemme „dataAvail" und die Adresse 0 des FFA_RAM initialisiert. In dem Prozeß im Codefragment 15.48 (S. 564) wurde der komplette Vektor „FFA" bei der Definition der Variablen durch ein Aggregat initialisiert.

15.65
```
ARCHITECTURE FirstFree OF CrRm IS
BEGIN    --  FirstFree
  PROCESS
  BEGIN
    WAIT UNTIL PosEdge(clk);             -- do nothing til the first edge arrives
    dataAvail <= '0';                    -- initialisation (sync reset ...)
    ---------------------------------------------------------------------------
    -- VARIABLE FFA : t_FFA := (0 => 1, OTHERS => 0);
    ffaCont     <= WRITE;
    ffaAddr     <= 0;
    ffaDataOut  <= 1;
    WAIT UNTIL PosEdge(clk);             -- RAM gets addr
    init_FFAR : FOR i IN t_ffaAddr'LOW +1 TO t_ffaAddr'HIGH LOOP
      ffaAddr    <= i;
      ffaDataOut <= 0;
      WAIT UNTIL PosEdge(clk);           -- write on the remaining addresses
    END LOOP;
```

Auf der Abstraktionsstufe *VT.MI* müssen die zu einer solchen Initialisierung notwendigen Operationen in die Taktzyklen der Schaltung eingeplant werden. Daher wird im Codefragment 15.65 nach der Initialisierung der ersten Adresse auf die nächste Taktflanke gewartet, um dem WM_RAM Zeit zur Durchführung der Schreiboperation zu geben. Dann werden in der Schleife „init_FFAR" die restlichen Werte des FFA_-RAMs mit dem Wert 0 belegt. Die Initialisierung des Vektors „FFA" durch ein Aggregat mit dem Quantor „OTHERS" ist also durch eine Sequenz von 9 Zeilen auf der Abstraktionsstufe *VT.MI* implementiert worden.

15.6. *VT.MI*: ZERLEGUNG DER EINHEIT WM UND SCHEDULING

Nach dem Abschluß der Initialisierungen werden in der Schleife „work_loop" im Codefragment 15.66 die Anforderungen zur Erzeugung oder Löschung eines WMEs abgearbeitet. Diese Abarbeitung beginnt mit einer „while"-Schleife, in der auf die Aktivierung der Protokolleitung „goAhead" gewartet wird. Dann wird je nach dem Wert des Kommandos an der Klemme „CreaRem" eine Prozedur gerufen, welche den angeforderten Dienst ausführt.

15.66
```
work_loop : LOOP
    WAIT UNTIL PosEdge(clk);
    WHILE goAhead /= '1' LOOP        -- wait for a demand from outside
        WAIT UNTIL PosEdge(clk);
    END LOOP;
    ------------------------------------ provide the requested service
    CASE CreaRem IS
        WHEN Create   =>             -- CREATE
            wmCreate(clk,            -- interface to the outside world
                getAtom, wme, wmeIDout,
                ffaCont, ffaAddr,    -- interface to the FFA_RAM
                ffaDataOut, ffaDataIn,
                wmContInter, wmAddrInter, -- interface to the WM_RAM
                wmDataOut, wmDataIn);     -- only multiple READ access
        WHEN Remove   =>             -- REMOVE
            wmRemove(clk,            -- interface to the outside world
                getAtom, wmeIDinRm,
                ffaCont, ffaAddr,    -- interface to the FFA_RAM
                ffaDataOut, ffaDataIn,
                wmContInter, wmAddrInter, -- interface to the WM_RAM
                wmDataOut, wmDataIn);     -- only multiple READ access
    END CASE;                        -- CASE CreaRem
    ------------------------------------ requested service furnished
    dataAvail <= '1';                -- wmeID is valid
    wait_for_goAhead : WHILE goAhead = '1' LOOP
        WAIT UNTIL PosEdge(clk);
    END LOOP;
    dataAvail <= '0';                -- protocol completed
END LOOP;                            -- work_loop
END PROCESS;                         -- process CrRm
END FirstFree;
```

Nach der „case"-Verzweigung im Codefragment 15.66 wird die Gültigkeit der Ausgangsdaten durch die Aktivierung der Klemme „dataAvail" signalisiert und das Protokoll aus Abb. 15.14 (S. 548) abgeschlossen.

„wmCreate" und „wmRemove"

Im Modell der Einheit CrRm wird die eigentliche Allokation der Speicherbereiche des WM_RAMs in den Prozeduren „wmCreate" und „wmRemove" durchgeführt.

Die Prozedur „wmCreate" auf der Abstraktionsstufe *VT.FMA* in den Codefragmenten 15.51 (S. 567) und 15.52 hat 28 Zeilen. Nach der Ersetzung der Zugriffe auf die beiden Vektoren „ffa" und „wm" und der Einplaung der internen Operationen ist die Zahl der Zeilen auf 111 angewachsen. Daher soll die Einplanung der Operationen sowie der Zugriffe auf die RAMs im folgenden nicht an der Prozedur „wmCreate", sondern an der weniger komplexen Prozedur „wmRemove" vorgeführt werden. Die Prozedur „wmRemove" ist in den Codefragmenten 15.67 auf der folgenden Seite und 15.69 (S. 590) gezeigt.

Im Codefragment 15.67 auf der folgenden Seite werden die Parameter der Prozedur „wmRemove" vereinbart. Alle Parameter greifen direkt auf die Klemmen der Einheit CrRm zu und sind daher als „signal"-Parameter definiert. Nach dem Taktsignal „clk" ist die Protokolleitung „getAtom" aufgeführt, weil mit ihrer Hilfe festgestellt werden kann, ob im nächsten Taktzyklus auf das WM_RAM zugegriffen werden kann. Dann folgt die Klemme, mit der die „wmID" des zu löschenden WMEs empfangen wird. Mit den nächsten vier Parametern kann das FFA_RAM gelesen und beschrieben werden.

15.67
```
PROCEDURE wmRemove
    (SIGNAL clk          : IN    std_ulogic;    -- Implicit state and lots of
                                                -- data state
     SIGNAL GetAtom       : IN    std_ulogic;
     SIGNAL wmeID         : IN    t_wmeID;
     SIGNAL ffaCont       : OUT   t_RAMcontrol;  -- interface to the FFA_RAM
     SIGNAL ffaAddr       : OUT   t_ffaAddr;
     SIGNAL ffaDataOut    : OUT   t_wmeID;
     SIGNAL ffaDataIn     : IN    t_wmeID;
     SIGNAL wmContInter   : OUT   t_RAMcontrol;  -- interface to the WM_RAM
     SIGNAL wmAddrInter   : OUT   t_wmeID;
     SIGNAL wmDataOut     : OUT   t_wmEntry;     -- only multiple read access
     SIGNAL wmDataIn      : IN    t_wmEntry)
IS
```

Mit den letzten vier Parametern im Codefragment 15.67 wird auf das WM_RAM zugegriffen. Im Codefragment 15.68 ist die Definition der Prozedur auf der Abstraktionsstufe *VT.PMA* wiederholt. Die Operationen beim Löschen eines WMEs sind in Tabelle 15.2 (S. 570) aufgezählt worden. Die Datenabhängigkeiten der Operationen sind in Abb. 15.29 (S. 571) skizziert. Diese Operationen in den vier Zeilen der Tabelle 15.2 (S. 570) müssen nun unter Berücksichtigung der Datenabhängigkeiten und des Protokolls bei der Ansteuerung der beiden RAMs in die Taktzyklen der realen Schaltung eingeplant werden.

15.68
```
PROCEDURE wmRemove
    (SIGNAL wm    : INOUT t_wm;
     FFA          : INOUT t_FFA;
     SIGNAL wmeID : IN    t_wmeID) IS
    CONSTANT tmpLengthClass : t_AttIndex := toAttIndex(wm(wmeID +1));
BEGIN
    wm(wmeID) <= toWmEntry(FFA(tmpLengthClass));-- save ptr to the next free el.
    FFA(tmpLengthClass) := wmeID;                -- save ptr to the new free el.
END wmRemove;
```

Die direkte Ersetzung der Zugriffe führt zu einer Einplanung der Operationen, die nicht durch die Datenabhängigkeiten und verfügbaren Ressourcen, sondern durch die zum Teil zufällige Reihenfolge der Aufrufe bestimmt ist. Dies kann zu einer Einplanung mit einer unnötig großen Zahl von Taktzyklen führen. Bei der hier betrachteten Prozedur „wmRemove" wird man 6 Taktzyklen statt der minimal notwendigen 5 Zyklen einplanen. Unter den Bedingungen dieser Entwurfsstudie ist eine Verringerung der zum Löschen eines WMEs benötigten Taktzyklen durch ein genaues Studium der Datenabhängigkeiten und Ressourcenvergabe nicht durch den weiteren Entwurfsaufwand gerechtfertigt. Häufig wird aber eine solche Optimierung der Einplanung notwendig sein und daher soll sie hier am Beispiel der Prozedur „wmRemove" vorgeführt werden.

15.6. VT.MI: ZERLEGUNG DER EINHEIT WM UND SCHEDULING

Die Bedingungen dieser Entwurfsstudie ermöglichen die Vereinbarung des in Abb. 15.34 (S. 576) skizzierten Protokolls zum Zugriff auf die Speicher. Daher kann man z.B. in jedem Takt auf ein RAM zugreifen und das RAM stellt die gelesenen Daten nach einer Taktperiode an seinen Klemmen zur Verfügung. Die am unteren Rand von Abb. 15.34 (S. 576) gezeigten Aktivitäten der Umgebung und des RAMs machen deutlich, daß aber erst nach der zweiten Taktflanke auf die Ergebnisse eines Lesezugriffs in einem Modell der Umgebung zugegriffen werden kann.

Die in Abb. 15.42 dargestellten Datenabhängigkeiten der Prozedur „wmRemove" zeigen, daß der Wert des ersten Lesezugriffs auf das WM_RAM an der Wurzel des Abhängigkeitsbaumes steht. Daher ist dieser Zugriff in die beiden ersten Taktzyklen eingeplant worden. In der zweiten Spalte der Tabelle in Abb. 15.42 ist zuerst der Zugriff, dann der Wert der Adresse und zuletzt der gelesene oder geschriebene Wert angegeben. Diese Anweisungen werden in Operationen zerlegt, die in der dritten Spalte angedeutet sind. So wird im Taktzyklus $N+1$ die Adresse „(wmeID+1)" berechnet und an das WM_RAM gegeben. Da zum gleichen Zeitpunkt ein Attribut dereferenziert werden kann und dieser Zugriff höhere Priorität hat, kann die Adresse in diesem Taktzyklus oder aber erst M Zyklen später an das WM_RAM gelangen. Die in Abb. 15.42 skizzierte Einplanung beruht aber auf der vereinfachenden Annahme, daß die Einheit „getAtom_Arbiter" in den gezeigten Taktzyklen nicht auf das WM_RAM zugreift. In der letzten Spalte von Abb. 15.42 sind die in jedem Taktzyklus verwendeten Ressourcen markiert.

Takt	Anweisung			Operation	Ressource	
	Zugriff	Adresse	Wert		FFA	WM
N+1	read WM	(wmeID+1)	LengthClass	(wmeID+1) -> WM_RAM_Inter		read
N+2				WM_RAM -> LengthClass		read
N+3	read FFA	LengthClass	nextFree_ptr	LengthClass -> FFA_RAM	read	
N+4	write FFA	LengthClass	wmeID	FFA_RAM -> nextFree_ptr LengthClass, wmeID -> FFA_RAM	read write	write
N+5	write WM	wmeID	nextFree_ptr	wID, NeFr_ptr -> WM_RAM_Inter		write
	Datenabhängigkeit					

Abb. 15.42: Einplanung der Operationen beim Löschen eines WMEs

Da der Wert der Längenklasse nach der zweiten Taktflanke bekannt ist, kann im Zyklus $N+3$ der Lesezugriff auf das FFA_RAM gestartet werden. Das Ergebnis dieses Lesezugriffs wird vom Schreibzugriff auf das WM_RAM benötigt, so daß dieser Zugriff erst im Taktzyklus $N+5$ gestartet werden kann. Die Daten für den Schreibzugriff auf das FFA_RAM stehen ab dem dritten Taktzyklus zur Verfügung. Da aber im Taktzyklus $N+3$ schon der Lesezugriff auf das FFA_RAM eingeplant worden ist, wird der Schreibzugriff auf das FFA_RAM in den Taktzyklus $N+4$ verschoben. Im vierten Taktzyklus werden daher die Daten des Lesezugriffs auf das FFA_RAM abgetastet und die Daten des Schreibzugriffs an das FFA_RAM ausgegeben. Im Taktzyklus $N+5$ wird dann der Schreibzugriff auf das WM_RAM eingeplant. Die Anweisungen zum Löschen eines WMEs können also mit den gegebenen RAMs in fünf Taktzyklen durchgeführt werden, wenn die Zugriffe auf das WM_RAM nicht auf Grund einer Dereferenzierung verschoben werden müssen.

Die in Abb. 15.42 auf der Seite vorher skizzierte Einplanung ist im Codefragment 15.69 formal beschrieben. Zunächst wird eine Variable „tmpLengthClass" definiert, um die vom WM_RAM gelesenen Daten zwischenzuspeichern. Es werden zwar von der Einheit CrRm keine weiteren Lesezugriffe durchgeführt, aber die Einheit „getAtom_Arbiter" kann jederzeit einen Lesezugriff auf das WM_RAM durchführen, so daß die Daten an der Klemme „wmDataIn" verloren gehen können.

Der Rumpf der Prozedur „wmRemove" beginnt mit einem Lesezugriff auf das WM_RAM. Mit der „while"-Schleife wird gewartet, bis keine weiteren Attribute derefenziert werden sollen und die Einheit CrRm auf das WM_RAM zugreifen kann. Mit der Taktflanke, auf die mit der ersten „wait"-Anweisung nach der „while"-Schleife gewartet wird, übernimmt das WM_RAM die Adresse und legt in der folgenden Taktperiode die gelesenen Daten an die Klemme „wmDataIn". Nach der zweiten „wait"-Anweisung werden diese daher in die Variable „tmpLengthClass" übernommen.

15.69
```
           VARIABLE tmpLengthClass : t_AttIndex;
           -- a register to save the lengthClass of the wme to be removed
           BEGIN
           -------------------------------------------------------------------
           -- CONSTANT tmpLengthClass : t_AttIndex := toAttIndex(wm(wmeID +1));
           wmContInter <= READ;
           wmAddrInter <= wmeID +1;              -- baseAddr +1 => LengthClass
           WHILE getAtom = '1' LOOP              -- wait for the completion
              WAIT UNTIL PosEdge(clk);           --    of a potential getAtom access
           END LOOP;
           WAIT UNTIL PosEdge(clk);              -- [N+1] RAM samples com. & addr.
           WAIT UNTIL PosEdge(clk);              -- [N+2] output available
           tmpLengthClass := toAttIndex(wmDataIn); -- save the read data
           -------------------------------------------------------------------
           -- wm(wmeID) <= toWmEntry(FFA(tmpLengthClass));
           ffaCont <= READ;                      --ffaDataIn <= FFA(tmpLengthClass)
           ffaAddr <= tmpLengthClass;
           WAIT UNTIL PosEdge(clk);              -- [N+3] FFA_RAM takes input values
           -------------------------------------------------------------------
           ffaCont    <= WRITE;                  -- FFA(tmpLengthClass) := wmeID;
           ffaAddr    <= tmpLengthClass;
           ffaDataOut <= wmeID;
           WAIT UNTIL PosEdge(clk);              -- [N+4] write FFA & get read data
           -------------------------------------------------------------------
           wmContInter <= WRITE;                 -- wm(wmeID) = ffaDataOut
           wmAddrInter <= wmeID;
           wmDataOut   <= toWmEntry(ffaDataIn);
           WHILE getAtom = '1' LOOP              -- wait for the completion
              WAIT UNTIL PosEdge(clk);           --    of a potential getAtom access
           END LOOP;
           WAIT UNTIL PosEdge(clk);              -- [N+5] execute "write WM"
           END wmRemove;
           END FirstFreeAlgo;
```

Im dritten Taktzyklus soll das FFA_RAM gelesen werden und daher werden das Kontrollwort und die Adresse an das FFA_RAM ausgegeben. Nachdem eine Taktflanke abgewartet worden ist, wird anschließend sofort der Schreibzugriff auf das FFA_RAM eingeplant. Mit der Taktflanke $N + 4$ werden die gelesenen Daten abgetastet und können daher beim Schreibzugriff auf das WM_RAM verwendet werden. Da das

15.6. *VT.MI*: ZERLEGUNG DER EINHEIT WM UND SCHEDULING

WM_RAM, wie in Abb. 15.40 (S. 584) dargestellt, von beiden Teileinheiten des WM-Cs benutzt wird, kann der Schreibzugriff in der „while"-Schleife beliebig lange verzögert werden.

Verifikation

Das vorletzte Modell der Teileinheit WM hatte bereits getrennte Schnittstellen. Im letzten Entwurfsschritt wurden die WMEs in den Vektor WM abgelegt, der vom Allokationsalgorithmus „first free list" verwaltet wurde. In diesem Entwurfsschritt wurden die Vektoren in getrennte Speicher abgelegt und die Zugriffe, wie die anderen internen Operationen, in die Taktzyklen der realen Schaltung eingeplant (*VT.MI*). Daher hat sich die Zahl und Funktion der Klemmen der Einheit WM nicht verändert. Das zeitliche Klemmenverhalten der Einheit WM hat sich beim Dereferenzieren eines Attributes ebenfalls nicht mehr verändert, weil dies auch schon beim letzten Modell in einem Taktzyklus möglich war. Das Erzeugen und Löschen eines WMEs erfordert in dem vorliegenden Modell im Unterschied zum Modell auf der Abstraktionsstufe *VT.FMA* nun wesentlich mehr Taktzyklen. Diese Vermehrung der Taktzyklen macht aber keine Änderung der vorhandenen Testbench notwendig, weil zum Erzeugen und Löschen eines WMEs das in Abb. 15.14 (S. 548) vereinbarte „asynchrone" Protokoll verwendet wird. Daher ist das vorliegende Modell in der vorhandenen Testbench durch einen Vergleich mit der einfachen Implementation verifiziert worden.

Diskussion

Erreicht: Der WM-Speicher ist nicht mehr durch ein Signal modelliert, auf das zwei Prozesse gleichzeitig zugreifen können, sondern durch ein RAM. Zur Erkennung und Vermeidung der Zugriffskonflikte wurde ein Algorithmus entwickelt, der keine Einschränkungen an dem vereinbarten Zugriffsprotokoll zur Dereferenzierung eines Attributes notwendig macht. Der FFA-Vektor wurde ebenfalls in ein separates RAM abgelegt. Die Zugriffe auf beide RAMs sowie die anderen internen Operationen sind in die Taktzyklen der realen Schaltung eingeplant worden. Die Einplanung wurde durch eine Analyse der Datenabhängigkeiten und der verfügbaren Ressourcen optimiert. Da alle eingeplanten Operationen in einem einzigen Taktzyklus der gefertigten Schaltung ausgeführt werden können, ist das Modell mit einem Logiksynthesewerkzeug „prinzipiell synthetisierbar".

Probleme: Zur Ausführung der Funktion „wmCreate" wird ein komplettes WME mit allen Attributen parallel übertragen. Auf die einzelnen Attribute wird mit einem Ausdruck der Form „wme.AttList(i)" zugegriffen. Solche Ausdrücke werden durch ein breites Register, aus dem die einzelnen Komponenten der Datenstruktur durch Multiplexer selektiert werden, realisiert. Falls die maximale Zahl der Attribute groß ist, wird der Implementationsaufwand für das Register untragbar, so daß die Übertragung eines neuen WMEs sequentialisiert werden muß. Eine solche sequentielle Übertragung kann leicht in das Protokoll des Zugriffs „wmCreate" in Abb. 15.14 (S. 548) eingebettet werden.

Anpassung eines „synthetisierbaren" Modells an den aktuellen Stand des verfügbaren Synthesewerkzeugs: Da die Operationen und Klemmenzugriffe auf die realen Taktzyklen verteilt sind, sind die entwickelten Modelle „prinzipiell synthetisierbar". Da aber einige Synthesewerkzeuge z.Z. (1995) z.B. keine „for"-Schleife mit synchronen „wait"-Anweisungen synthetisieren können, muß man diese „for"-Schleifen durch geeignete „while"-Schleifen ersetzen. Im Codefragment 15.70 ist die Schablone einer solchen „for"-Schleife angedeutet.

15.70
```
...
FOR i IN min TO max LOOP
   doSomeThing ...
   WAIT UNTIL PosEdge(clk);
END LOOP;
...
```

Die „for"-Schleife im Codefragment 15.70 wird man in eine „while"-Schleife, wie im Codefragment 15.71 gezeigt, manuell übersetzen müssen.

15.71
```
...
VARIABLE index : INTEGER RANGE min TO max;
BEGIN
...
index := min;
WHILE index <= max LOOP
   doSomeThing ...
   index := index + 1;
END LOOP;
...
```

Der Übersetzungsprozeß läßt sich offensichtlich automatisieren und daher ist es nur eine Frage der Zeit, bis die Logiksynthesewerkzeuge auch „for"-Schleifen mit synchronen „wait"-Anweisungen unterstützen.

Diese Anpassungen eines „prinzipiell synthetisierbaren" Modells an die aktuellen Möglichkeiten des Synthesewerkzeugs werden in der Praxis vermieden, indem man sich bereits bei der Modellierung an den Fähigkeiten des verfügbaren Synthesewerkzeuges orientiert. Da sich aber die Fähigkeiten der einzelnen Synthesewerkzeuge untereinander und in den jeweiligen Versionen erheblich unterscheiden, werden diese Anpassungen hier nicht mehr vorgeführt.

15.7 Diskussion der Entwurfsstudie WM

Die 7 Stufen der Entwicklung dieser Entwurfsstudie sind in den Tabellen 15.3 und 15.4 dargestellt.

Die Entwurfsstudie begann mit der Erfassung der fundamentalen Datenstrukturen in dem Paket „atom_wme". Für diese Datenstrukturen wurden die Zugriffsarten „Create", „Remove" und „getAtom" teilformal spezifiziert. Der Zugriff „getAtom" bestimmt die Leistungsfähigkeit des Gesamtsystems und sollte daher möglichst schnell erfolgen, während die zeitlichen Anforderungen an die anderen Zugriffe nicht weiter spezifiziert wurden. Die drei Zugriffsarten wurden mit einem großen Vektor, in den die einzelnen WMEs abgelegt wurden, schnell und einfach implementiert. Dieser „rapid prototype" erlaubte eine Simulation des kompletten Systems und entkoppelte somit die Ar-

15.7. DISKUSSION DER ENTWURFSSTUDIE WM

	Entwurfsaktivität	Ergebnis
1	a) Erfassung der Datenstrukturen. b) Formulierung der Zugriffsarten und zeitlichen Anforderungen.	Verständnis der Spezifikation Teilformale Modellierung
2	Einfache Implementation.	•Formale Modellierung der funktionalen Anforderungen •Entkopplung vom Rest des Projektes
3	Verkettete Liste.	•Simulation großer Benchmarks •Erster Schritt zur dynamischen Allokation
4	Kapselung in der Teileinheit WM.	•Ungeplante Zugriffe auf die Datenstrukturen unmöglich •Re-Implementation verändert nicht die Schnittstellen ⇒ weitere Entkoppelung

Tabelle 15.3: Die ersten vier Stufen der Entwurfsstudie

	Entwurfsaktivität	Ergebnis
5	a) Analyse der Datenströme im System. b) Trennung der Schnittstellen. c) Definition von Protokollen. d) Abschätzung der Machbarkeit. e) Bedienung durch unabhängige Prozesse.	•Endgültige Def. der Klemmen ⇒ Komplette Entkopplung der weiteren Entwicklung •„Create/Remove" oder „getAtom" unabhängig benutzbar
6	a) Speicherung der WMEs in einem Vektor statt im Speicher des Simulationsrechners. b) Entwicklung eines Allokationsalgorithmus.	•Dynamische Speicherverwaltung •Experimentelle Analyse der Allokationseigenschaften
7	a) Auslagerung der Vektoren in RAMs. b) Entwicklung einer Zugriffsverwaltung. c) Einplanung der RAM-Zugriffe und der internen Operationen.	•Alle Vektoren in RAMs •Zugriffskonflikte gelöst •Operationen und Zugriffe in echte Taktzyklen eingeplant

Tabelle 15.4: Die letzten drei Stufen der Entwurfsstudie

beit an diesen drei Zugriffsmechanismen zunächst vom Rest des Projektes. Da bei dieser einfachen Implementation die Speicherbereiche gelöschter WMEs nicht wieder belegt wurden, wurde im nächsten Schritt eine Implementation des Speichers entwickelt, welche die WMEs in einer verketteten Liste ablegt. Diese Implementation stellte einen ersten Schritt zu einer Realisation mit den beschränkten Ressourcen einer applikationsspezifischen Schaltung dar, in welcher die Bereiche gelöschter WMEs ebenfalls wiederverwendet werden müssen. Die Datenstrukturen der verketteten Liste wurden im vierten Schritt in einer getrennten Teileinheit WM gekapselt, um ungeplante direkte Zugriffe auf die Datenstrukturen unmöglich zu machen.

Eine Analyse der Datenströme im kompletten System zeigte, daß eine Teileinheit des Gesamtsystems WMEs erzeugt und löscht, während eine andere die Werte einzelner Attribute anfordert. Daher wurden im fünften Schritt die Schnittstellen der Teileinheit WM aufgetrennt und geeignete Protokolle definiert. Die Machbarkeit des zeitlich kritischen Protokolls bei der Dereferenzierung eines Attributes wurde auf der Gatterebene abgeschätzt. Somit konnten die Klemmen der Teileinheit WM endgültig definiert werden. Die weitere Entwicklung der Teileinheit WM war damit vom Fortschritt des restlichen Projektes vollständig entkoppelt. Da die WMEs immer noch in Speicherbereiche abgelegt wurden, die vom Betriebssystem des Simulationsrechners angefordert wurden, ist im sechsten Schritt ein Allokationsalgorithmus entwickelt worden. Mit diesem Allokationsalgorithmus wurde ein Vektor verwaltet, in den die WMEs abgelegt wurden. Die von diesem Allokationsalgorithmus benutzten Vektoren FFA und WM wurden im letzten Schritt in RAMs abgelegt. Das FFA_RAM wird dabei durch ein „on-chip"-Makro implementiert, während das WM_RAM durch ein statisches RAM auf der Leiterplatte realisiert wird. Da zwei unabhängige Prozesse auf das WM_RAM zugreifen, wurde eine Zugriffsverwaltung implementiert. Im letzten Schritt der Entwurfsstudie sind die Zugriffe auf die RAMs und die internen Operationen unter Berücksichtigung der Datenabhängigkeiten und der verfügbaren Ressourcen in die Taktzyklen der realen Schaltung eingeplant worden. Daher ist das Modell prinzipiell synthetisierbar.

In Abb. 15.43 sind die einzelnen Stufen dargestellt, in denen die Funktionalität der Entwurfsstudie zerlegt und verfeinert wurde. Die ersten beiden Modelle bestehen aus Unterroutinen, welche von dem durch „System" angedeuteten Programm gerufen werden. Ab dem vierten Schritt ist das System durch ein Strukturmodell beschrieben. Im fünften Schritt verschwindet die Teileinheit „controller" wieder, weil die Teileinheiten nun direkt miteinander kommunizieren. Zur unabhängigen Bedienung der beiden Schnittstellen ist im sechsten Schritt das Modell der Einheit WM aus zwei Prozessen aufgebaut. Im Schritt „7a" wird die Einheit WM in den WMC und zwei RAMs zerlegt. Diese RAMs werden durch eine synchrone Beschaltung und die physikalischen Makros implementiert. Der WMC wird in Schritt „7b" in die Einheiten „CrRm" und „getAtom_Arbiter" zerlegt. Die Verhaltensmodelle dieser Einheiten planen die Operationen und Klemmenzugriffe in die Taktperioden der realen Schaltung ein.

15.7. DISKUSSION DER ENTWURFSSTUDIE WM

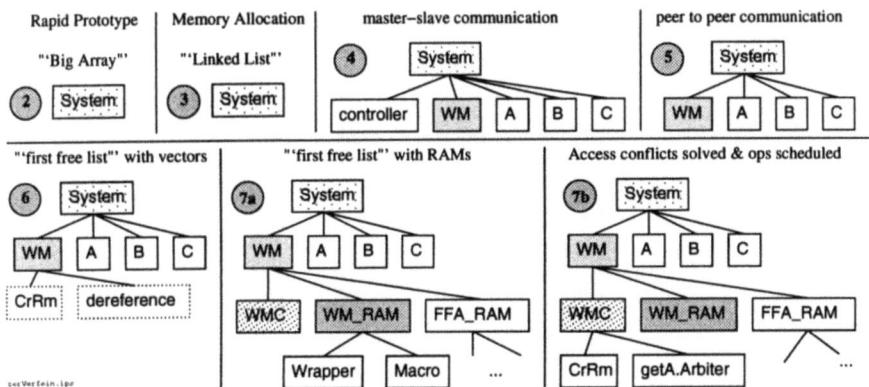

Abb. 15.43: Stufen des Zerlegens und Verfeinerns in der Entwurfsstudie

15.7.1 Implementationstechniken Hard- versus Software

In diesem Abschnitt wird der demonstrierte Entwurfsprozeß einer applikationsspezifischen Schaltung –„Hardware"– mit dem Entwurf eines Programmes, welches auf einem Standardprozessor ausgeführt wird, –„Software"– verglichen.

Beide Entwurfsprozesse beginnen mit einer Formalisierung der Spezifikationen, und auch in einem Softwareentwurfsprozeß hat die Entwicklung eines „rapid prototype" Vorteile [7]. Mit der Entwicklung der speichereffizienten Implementation durch eine verkettete Liste wird der Softwareentwurfsprozeß aber im allgemeinen enden. Man hat daher nach drei Entwurfsstufen eine befriedigende Implementation durch ein Programm erreicht. Die restlichen fünf Entwurfsschritte sind nur bei einer Implementation mit einer applikationsspezifischen Schaltung notwendig. Diese Tatsache ist in Abb. 15.44 skizziert.

Die folgenden Entwurfstätigkeiten sind zusätzlich bei der Realisierung mit einer applikationsspezifischen Schaltung erforderlich:

- *Rekursive* Zerlegung in den folgenden Stufen:

    ① Identifikation der Datenstrukturen und Funktionen.

    ② Definition der Kommandos, Schnittstellen und Protokolle.

    ③ Verfeinerung und Verifikation der einzelnen Teileinheiten.

- Abschätzung der Machbarkeit eines vereinbarten zeitlichen Klemmenverhaltens durch eine Betrachtung der Timingpfade auf der Gatterebene.

- Analyse der Möglichkeiten der verwendeten Makros und Bausteine, z.B. RAMs, und Festlegung eines realisierbaren abstrakten Zugriffsprotokolls.

- Implementation polymorpher Datentypen.

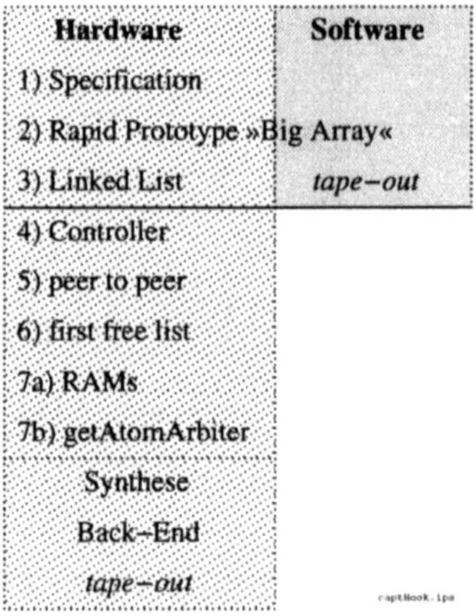

Hardware	Software
1) Specification	
2) Rapid Prototype »Big Array«	
3) Linked List	*tape−out*
4) Controller	
5) peer to peer	
6) first free list	
7a) RAMs	
7b) getAtomArbiter	
Synthese	
Back−End	
tape−out	

Abb. 15.44: Gemeinsame Stufen eines Codesign-Prozesses

- Modellierung eines unabhängigen und damit eventuell parallelen Zugriffs.

- Erkennung und Auflösung von Zugriffskonflikten.

- Entwicklung von Allokationsalgorithmen zur Verwaltung eines RAMs.

- Analyse der Datenabhängigkeiten und der Verfügbarkeit von Ressourcen.

- Einplanung der internen Operationen und der Zugriffe auf die Klemmen, so daß diese in einem Taktzyklus der gefertigten Schaltung durchgeführt werden können.

- Anpassung des Modells an die Möglichkeiten der aktuellen Version des verfügbaren Synthesewerkzeugs.

- Implementation geeigneter Verpackungen der verwendeten Makros und Bausteine auf der Gatterebene.

- Beschreibung der Verpackungen zur Simulation („Funktion") und Logiksynthese („Last- und Timingverhältnisse").

Neben diesen verschiedenen zusätzlichen Entwurfsaktivitäten müssen bei einer Implementation durch eine applikationsspezifische Schaltung immer wieder verschiedene Alternativen untereinander verglichen werden. Bei einer solchen Exploration wird nicht nur Geschwindigkeit, d.h. Berechnungsperiode oder Latenz, gegen Fläche, sondern immer auch der Entwurfsaufwand einer Lösung berücksichtigt.

15.7. DISKUSSION DER ENTWURFSSTUDIE WM

Abtausch Entwurfsaufwand gegen Fertigungskosten

Dieser Abtausch soll beispielhaft an einer bisher nur am Rande diskutierten Entwurfsentscheidung betrachtet werden. In dieser Studie werden die WMEs in ein externes statisches RAM mit einer einzigen Daten- und Adressklemme abgelegt („single-port"). Bei der Erzeugung und Löschung eines WMEs sowie der Dereferenzierung eines Attributes wird auf das WM_RAM zugegriffen. Da diese Zugriffe unabhängig voneinander erfolgen, mußte ein Verfahren implementiert werden, welches eventuelle Zugriffskonflikte vermeidet. Durch die Verwendung eines „dual-port" RAMs hätte man die beiden Zugriffe einfach entkoppeln können. Bei einem „dual-port" RAM gibt es an jeder Basiszelle zwei „word"-Transistoren, welche die Daten der Zelle auf zwei unterschiedliche Paare von „bit"-Leitungen durchschalten können. Die Basiszelle eines einfachen statischen RAMs, sowie die Zelle eines „dual-port"-RAMs sind in Abb. 15.45 nebeneinandergestellt. Da bei einem „dual-port"-RAM auch die Adressdekoder und Schreib-Leseverstärker verdoppelt sind, kann man unabhängig über diese beiden „Ports" auf das RAM zugreifen.

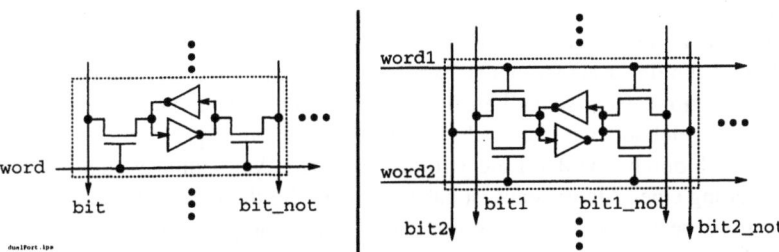

Abb. 15.45: Basiszelle eines statischen RAMs mit einer Adress- und Datenklemme oder zwei getrennten Zugriffpfaden („dual-port")

Durch den Einsatz eines solchen RAMs wäre die Entwicklung eines Zugriffsverwaltungsverfahrens vermieden worden, so daß die Zugriffe auf das WM_RAM von den verfügbaren kommerziellen Werkzeugen automatisch eingeplant worden wären. Der Entwurfsaufwand hätte sich damit entschieden reduziert. Allerdings ist ein „dual-port"-RAM Baustein wesentlich aufwendiger und damit teurer. Weiterhin hätte man die PADs zur Ausgabe der Adresse und zum Lesen der Daten verdoppeln müssen. Da die PADs in diesem Entwurfsprojekt eine kritische Ressource waren, hat man sich entschlossen, den erhöhten Entwurfsaufwand in Kauf zu nehmen und die WMEs in einem einfachen RAM abzulegen.

Solche Abwägungen verschiedener Alternativen sind „im Prinzip" auch bei einer Implementation durch ein Programm notwendig, so daß sich die beiden Implementationstechniken in diesem Aspekt nicht qualitativ unterscheiden. Die Zahl der Alternativen auf den verschiedenen Entwurfsebenen sowie die Komplexität der Zusammenhänge schon bei einer so einfachen Entwurfsaufgabe, wie der betrachteten, ergeben aber einen *erheblichen quantitativen Unterschied*.

Vor- und Nachteile der Implementationstechniken

Es ist somit offensichtlich, daß man nach Möglichkeit eine Funktion durch ein Programm implementiert, welches von einem Standardprozessor ausgeführt wird. Nur dann, wenn dieses Programm auf den verfügbaren Prozessoren nicht schnell genug ausgeführt werden kann, wird man den erhöhten Entwurfsaufwand in Kauf nehmen und eine applikationsspezifische Schaltung entwickeln. Ist die Lücke der Verarbeitungsleistung klein, so wird man nach Möglichkeiten suchen, die Laufzeit der Programme durch eine Optimierung derselben zu verbessern. Eine Assemblerprogrammierung kritischer Routinen kann eventuell die fehlende Verarbeitungsleistung erbringen.

Eine applikationsspezifische Schaltung wird mit einer Technologie hergestellt, die ein oder zwei Generationen hinter der Fertigungstechnologie nachhinkt, mit der ein Standardprozessor gefertigt wird. Daher wird eine solche Schaltung nur dann schneller als ein Prozessor sein, wenn es gelingt, die Operationen der Applikation in den Teileinheiten der applikationsspezifischen Schaltung parallel auszuführen.

Die Attraktivität einer applikationsspezifischen Schaltung ergibt sich aus der Möglichkeit, einfache Operationen, die in einem einzigen Taktzyklus ausgeführt werden können, von Teileinheiten parallel ausführen zu lassen. Eine applikationsspezifische Schaltung kann daher als spezieller Parallelrechner mit einfachsten Prozessoren, die kleine Operationen sehr schnell ausführen, betrachtet werden. Dieser spezielle Parallelrechner zeichnet sich aber nicht nur durch hochgradig spezifische Prozessoren, sondern auch durch eine den Datenströmen angepaßte Verbindungsstruktur aus. Die Formulierung eines Algorithmus ist daher nur dann für die Implementation mit einer applikationsspezifischen Schaltung geeignet, wenn er die parallele Einplanung vieler kleiner Operationen ermöglicht („feine Granularität").

15.7.2 Hardware/Software Co-Design

Man kann von den Vorteilen der beiden Implementationstechniken profitieren, wenn man die komplexen Funktionen per Software und die zeitkritischen Funktionen mit einer applikationsspezifischen Schaltung implementiert. Am Beginn eines solchen „Co-Design"-Prozesses steht die Implementation der Anforderungen durch ein funktionales Modell. Dieses funktionale Modell ermöglicht eine Laufzeitanalyse mit realen Applikationsdaten und liefert somit Hinweise auf Funktionen, die einen großen Teil der Laufzeit verursachen. Im folgenden werden die beiden Arten von Laufzeitanalysen unterschieden.

A) **„Monte-Carlo" Analyse:** Die „Monte-Carlo" Analyse wird durch viele Werkzeuge, wie die verschiedenen „profiler" [37], unterstützt. Bei einer „Monte-Carlo" Analyse wird während der Abarbeitung des „funktionalen Modells" erfaßt, wie häufig der Prozessor zum Zeitpunkt der Unterbrechung bei der Abarbeitung einer Funktion angetroffen wird. Diese „Aufenthalts"-Statistik wird ergänzt durch die Erzeugung eines Aufrufbaumes. In einem dynamischen Aufrufbaum bildet das Hauptprogramm

15.7. DISKUSSION DER ENTWURFSSTUDIE WM

(„main()") die Wurzel und alle gerufenen Funktionen bilden die Knoten. Eine Funktion ist mit einer anderen durch einen Zweig verbunden, wenn sie von ihr gerufen wird. Der statische Aufrufbaum berücksichtigt alle möglichen Aufrufe, während der dynamische Baum nur die tatsächlich durchgeführten Funktionsaufrufe enthält. Die Zweige dieses Baumes werden mit der Zahl der Aufrufe einer Funktion gewichtet. Die Blätter des Baumes bilden Funktionen, die selber keine weiteren Funktionen rufen.

Nach der Abarbeitung des „funktionalen Modells" wird die Gesamtlaufzeit basierend auf den Werten der Aufenthaltsstatistik und des dynamischen Aufrufbaumes auf die gerufenen Funktionen verteilt. Zu jeder Funktion werden dann die Zeiten ausgegeben, die zur Abarbeitung der Funktion selber und zur Ausführung der von ihr gerufenen Funktionen gebraucht wurde.

Diese Daten sind ein wertvoller Hinweis auf die Laufzeitstruktur einer Applikation und ein *unverzichtbarer Schritt* in einem Hardware/Software Codesign Projekt [102]. Es muß aber beachtet werden, daß die ermittelten Daten Mittelwerte sind, zu denen zwar ein Vertrauensintervall („confidence interval") berechnet werden kann, deren Varianz aber vollständig unbekannt bleibt.

B) Direkte Laufzeitanalyse: Bei der direkten Laufzeitanalyse werden mit einem Timer-Baustein die wirklichen Laufzeiten eines Funktionsaufrufes gemessen. Dazu wird beim Eintritt in die jeweilige Funktion der Timer gestartet und beim Verlassen wieder gestoppt. Solche Messungen erfordern manuelle Modifikationen am Programm selber und setzen die Verfügbarkeit geeigneter Timer in dem „Simulations"-rechner voraus. Eine direkte Laufzeitanalyse ermöglicht aber die Ermittlung einer Laufzeitverteilung pro Aufruf der Funktion.

Durch eine Modifikation des Programmes kann man weiterhin den Umfang der Daten ermitteln, welche bei einem Aufruf übergeben und beim Verlassen wieder zurückgegeben werden. Bei einer Implementation der Funktion durch eine applikationsspezifische Schaltung müssen diese Daten zwischen dem Prozessor und der speziellen Hardware ausgetauscht werden.

Mögliche Beschleunigung des Gesamtsystems: Diese bei der Laufzeitanalyse ermittelten zeitkritischen Funktionen sind Kandidaten für eine Implementation durch eine applikationsspezifische Schaltung. Bei der Abschätzung der durch eine Auslagerung in der Hardware erzielbaren Beschleunigung der Gesamtfunktion muß allerdings das „Gesetz des reduzierten Nutzens" beachtet werden, welches auch als „Amdahl's Law" [3] bezeichnet wird. Dieses Gesetz besagt, daß durch die unendliche Beschleunigung einer Funktion, die 50% der kompletten Laufzeit benötigt, die Abarbeitung des Gesamtsystems nur um den Faktor 2 beschleunigt werden kann.

Aus diesem Zusammenhang erfolgt zwingend, daß ohne einen wesentlichen Laufzeitanteil einer Teilfunktion die Implementation derselben durch eine applikationsspezifische Schaltung nicht durch die Beschleunigung des Gesamtsystems gerechtfertigt werden kann.

Übertragungszeiten: Die Laufzeit einer Funktion bei einer gemischten Ausführung durch Soft- und Hardware wird durch den Anteil der Laufzeit auf dem Standardprozessor, der Übertragungsdauer der Daten und der Laufzeit der applikationsspezifischen Hardware bestimmt. Können diese drei Laufzeitkomponenten überlappend ausgeführt werden, so ergibt sich die Laufzeit der Funktion als Maximum der drei Anteile. Müssen allerdings die drei Anteile nacheinander ausgeführt werden, so ergibt sich die Gesamtlaufzeit bei einer gemischten Ausführung als Summe der Laufzeitanteile. Werden bei jedem Aufruf einer Funktion große Datenmengen benötigt, so wird entweder ein Übertragungskanal mit großer Bandbreite implementiert oder aber die Übertragungszeiten dominieren die Laufzeit der „beschleunigten" Ausführung auf der applikationsspezifischen Schaltung.

HW/SW-Cosimulation: Durch die Monte-Carlo-Laufzeitanalyse des funktionalen Modells konnte eine Funktion isoliert werden, welche einen wesentlichen Teil der Laufzeit des Gesamtsystems verursacht. Weiterhin hat die direkte Laufzeitanalyse gezeigt, daß die bei einem Aufruf benötigten Datenmengen in einer akzeptablen Zeit an die applikationsspezifische Schaltung übertragen werden können. Die Anweisungen dieser Funktion konnten in kleine Operationen zerlegt werden, welche parallel ausgeführt werden können, so daß eine Implementation durch Hardware die Ausführung unter Umständen erheblich beschleunigen kann. Dann wird man die Hardware modellieren und im Systemzusammenhang zur Verifikation simulieren.

Ist das funktionale Modell des Systems, wie in dieser Entwurfsstudie, in einer Hardwarebeschreibungssprache implementiert worden, so liegt die Software als ein HDL-Modell vor. Das durch Soft- und Hardware implementierte System kann dann in dieser HDL komplett simuliert werden. Da aber weder Laufzeitanalysewerkzeuge, noch leistungsfähige Compiler zur Softwareentwicklung mit einer HDL zur Verfügung stehen, wird man die Software z.B. in C und Assembler und die Hardware z.B. mit VHDL modellieren [99]. Dann müssen beide Prozesse zum Datenaustausch und zum Abgleich der lokalen Zeitskalen gekoppelt werden.

„Timed" versus „untimed" Cosimulation: Man unterscheidet zwei Arten der Cosimulation [103]. Bei der „untimed" Cosimulation werden die Daten zwischen Hardware und Software mit einem „handshake"-Protokoll ausgetauscht. Die beiden Zeitskalen laufen damit unabhängig voneinander und für Ereignisse, die beide Prozesse betreffen, kann daher nur die Kausalität garantiert werden. Bei der „timed" Cosimulation werden die beiden Zeitskalen synchronisiert.

Die „untimed" Cosimulation kann relativ einfach durch eine Interprozeßkommunikation der beiden Prozesse, z.B. über „named pipes"[56], implementiert werden. Mit der „untimed" Cosimulation kann z.B. festgestellt werden, ob alle von der Software erwarteten Funktionen in der Hardware und umgekehrt implementiert sind. Daher kann die „untimed" Cosimulation in den ersten Phasen des Entwurfs sinnvoll eingesetzt werden.

Zur Ermittlung der Dauer eines Vorgangs, der sowohl in Hardware als auch in Software abläuft, ist eine „timed" Cosimulation notwendig. Daher ist eine Verifikation

15.7. DISKUSSION DER ENTWURFSSTUDIE WM

der erzielten Geschwindigkeit des Gesamtsystems nur mit einer „timed" Cosimulation möglich. Die Kopplung von Simulatoren mit einer Synchronisation der Zeitachsen ist ein altes Problem und wird z.B. in [33, 80] diskutiert.

Nach einer Aufteilung („partitioning") der Funktionen auf die beiden Implementierungstechniken wird die Hardware, wie in dieser Entwurfsstudie demonstriert, schrittweise zerlegt und verfeinert.

Literaturverzeichnis

[1] Prathima Agrawal and William J. Dally. A Hardware Logic Simulation System. 9(1), 1990.

[2] Alfred V. Aho, Ravi Sethi, and Jeffrey D. Ullman. *Compilers: Principles, Techniques, and Tools*. Addison-Wesley Publishing Company, 1986.

[3] G. M. Amdahl. Validity of the single processor approach to achieving large scale computing capabilities. In *Proceedings of the AFIPS*, pages 483–485, 1967.

[4] James R. Armstrong. *Chip-level modeling with VHDL*. Prentice-Hall,Inc., Englewood Cliffs, New Jersey, 1989.

[5] Larry M. Augustin, David C. Luckham, Benoit A. Gennart, Youm Huh, and Alec Stanculescu. *Hardware Design and Simulation in VAL/VHDL*. Kluwer Academic Publishers, 1991.

[6] Richard Auletta, Bob Reese, and Cherrice Traver. A Comparison of Synchronous and Asynchronous FSMD Designs. In *ICCD*, pages 178–182. IEEE, October 1993.

[7] Helmut Balzert. *CASE Systeme und Werkzeuge*. BI Mannheim, 1991. ISBN 3-411-14683-4.

[8] Denis Baylor. Synthesis sets timing for submicron. *Electronic Engineering Times*, October 1994. tp(input rise, load).

[9] Jean-Michel Bergè, Alain Fonkoua, Serge Maginot, and Jacques Rouillard. *VHDL Designer's Reference*. Kluwer Academic Publishers, 1992.

[10] Brian Berliner. CVS II: Parallelizing Software Development. Technical report, Prisma, Inc, 5465 Mark Dabling Blvd., Colorado Springs, CO 80918, 1992. berlinerprisma.com.

[11] William Billowitch. *VITAL: VHDL Initiative Toward ASIC Libraries*. VITAL Group, Cadence, 2.0 edition, April 1993.

[12] Tim Brodnax, Mike Schiffli, and Floyd Watson. The PowerPC 601 Design Methodology. In *ICCD*, pages 248–252. IEEE, October 1993.

[13] J. Buck, S. Ha, E. A. Lee, and D. G. Messerschmitt. Ptolemy: A platform for heterogenous simulation and prototyping. In *Proc. 1991 European Simulation Conf.*, Copenhagen, Denmark, June 1991.

[14] Steve Carlson. *Introduction to HDL-based Design using VHDL*. Synopsys Inc., Mountain View, California, 1990.

[15] Massimiliano Chiodo, Paolo Giusto, Attila Jurecska, Magnetti Marelli, Luciano Lavagno, Harry Hsieh, and Alberto Sangiovanni-Vincentelli. A formal specification model for hardware/software codesign. In *Intern'l Workshop on Hardware/Software Codesign*. IEEE, October 1993.

[16] P. Connor, S. Nyak, J. Kraley, and V. Berman. *VHDL for Simulation, Synthesis and Formal Proofs of Hardware*, chapter Delay Calculation and Back Annotation in VHDL: Addressing the Requirements of ASIC Design, pages 87–98. Kluwer Academic, 1992.

[17] B. Courtois. CAD and Testing of ICs and systems: Where are we going? Report for CNES France, TIMA, CMP, INPG, INPG, 46, avenue Felix Viallet, Grenoble, France, 1994.

[18] Andreas Danuser. Fehler vermeiden ist besser als fehler finden. Oral commmunication, April 1994. Group leader (Ascom Tech, Bern, CH).

[19] Hugo J. De Man. Design technology research for the nineties: More of the same ? In *Proceedings of the European Design Automation Conference (EuroDAC)*, September 1992.

[20] Rob Dekker, Frans Beenker, and Loek Thijssen. Fault modelling and test algorithm development for static random access memories. In *International Test Conference*, pages 343–352. IEEE, 1988.

[21] Rob Dekker, Frans Beenker, and Loek Thijssen. A realistic self-test machine for static random access memories. In *International Test Conference*, pages 353–361. IEEE, 1988.

[22] Srinivas Devadas. Microelectronic system design skills for the year 2000 and beyond. *Journal of Microelectronic System Integration*, 1(1):85–95, 1993.

[23] Lois DuBois. DesignWare Technology Backgrounder. *Synopsys*, 1992.

[24] Abraham Eichenbaum. Entwurf eines VLSI-Akzelerators für die Logiksimulation. In *E.I.S.-Workshop*, pages 301–310. GMD, Februar 1989.

[25] Bernhard Escherman. *Funktionaler Entwurf digitaler Schaltungen*. Springer-Lehrbuch, 1993.

[26] European Silicon Structures, Zone Industrielle, 13106 Rousset, France. *ES2 Asic Design Guidelines*, E01A00 edition, June 1992.

[27] European Silicon Structures, Zone Industrielle, 13106 Rousset, France. *ES2 ECPD10 Library Databook*, 1992.

[28] European Silicon Structures, Zone Industrielle, 13106 Rousset, France. *ES2 ECPD12 & ECPD15 Library Databook*, 1992.

[29] European Silicon Structures, Zone Industrielle, 13106 Rousset, France. *Metastability Evaluation*, E01A01 edition, June 1992. EAN9102.

[30] A. Fettweis. Realizability of digital filter networks. *Archiv für Elektronik und Übertragungstechnik (AEÜ)*, 30:90–96, February 1976.

[31] G. Fettweis. *Parallelisierung des Viterbi-Decoders: Algorithmus und VLSI-Realisierung*. VDI-Fortschritt-Berichte, Reihe 10, Nr. 144. VDI-Verlag, Düsseldorf, 1990. ISBN 3-18-144410-3.

[32] Frederick P. Brooks Jr. *the mythical man-month*. Addison-Wesley, 1975. ISBN 0-201-00650-2.

[33] Richard M. Fujimoto. Parallel discrete event simulation. *Communications of the ACM*, 33(10):30–53, October 1990.

[34] D. D. Gajski and R. H. Kuhn. New VLSI Tools. *Computer*, 16:11–14, December 1983.

[35] W. Giloi and H. Liebig. *Logischer Entwurf digitaler Systeme*. Springer-Verlag, 2nd edition, 1980.

[36] Michel Goossens, Frank Mittelbach, and Alexander Samarin. *Der LaTeXBegleiter*. Addison-Wesley, Bonn, Paris, Reading, 1st edition, 1994. ISBN 3-89319-646-3.

[37] S. L. Graham, P. B. Kessler, and M. K. McKusick. gprof: A call graph execution profiler. *SIGPLAN Notices*, 17(6):120–126, June 1982.

[38] David Harel. Statecharts: A visual Formalism for complex Systems. *Science of Computer Programming*, 8:231–274, 1987.

[39] John L. Hennessy and David A. Patterson. *Computer Architecture a quantitative Approach*. Morgan Kaufmann Publisher, 1990.

[40] Egon Hörbst, Christian Müller-Schloer, and Heinz Schwärtzel. *Design of VLSI Circuits*. Springer Verlag, Springer Heidelberg Germany, 1987.

[41] Gerd Hüwels. Top-Down-Design mit VHDL. *Elektronik*, (11):102–105, 1993.

[42] Kai Hwang. *Computer Arithmetic*. Wiley, 1979. ISBN 0-471-03496-7.

[43] IEEE. *Standard Dictionary of Electrical and Electronics Terms*. IEEE, 3rd edition, 1984.

[44] IEEE. *VHDL Language Reference Manual*, 1987.

[45] D. C. Ince. *An Introduction to Discrete Mathematics and Formal System Specification*. Oxford applied mathematics and computing science series. Clarendon Press, Oxford, 1988.

[46] C. Norris Ip and David L. Dill. Efficient verification of symmetric concurrent systems. In *ICCD*, pages 230–234. IEEE, October 1993.

[47] O. J. Joeressen and H. Meyr. Hardware "in the loop" simulation with COSSAP: Closing the verification gap. In *International Conference on DSP Applications and Technology*, pages 779–784, Dallas, TX, October 1994. DSP Associates.

[48] Hilary J. Kahn and Richard F. Goldman. The Electronic Design Interchange Format EDIF: Present and Future. In *20th Design Automation Conference*, pages 666–671. ACM/IEEE, 1992.

LITERATURVERZEICHNIS 605

[49] Brian W. Kerninghan and Dennis M. Ritchie. *The C Programming Language*. Prentice Hall, second edition, 1988.

[50] Kluge, Stein, Krubasik, Beyer, Duesedau, and Huhn. *Wachstum durch Verzicht (Schneller Wandel zur Weltklasse: Vorbild Elektronikindustrie)*. Schaefer-Poeschl, Stuttgart, 1994. ISBN 3-7910-0878-1.

[51] Reinhard Krickhahn and Bernd Radig. *Die Wissensrepräsentationssprache OPS5*. Vieweg, Braunschweig, Wiesbaden, 1987.

[52] Thomas Kuhn. *The Structure of Scientific Revolutions*. Addison-Wesley, 1970.

[53] J. Kunkel. COSSAP: A stream driven simulator. In *IEEE International Workshop on Microelectronics in Communications, Interlaken, Switzerland*. March 1991.

[54] J. Kunkel, H. Meyr, and G. Ascheid. COSSAP: Communication System Simulation and Analysis Package. In *2nd IEEE Workshop CAMAD of Commun. Links and Networks*, University of Massachusetts, Amherst, Oct. 1988.

[55] Jaushin Lee and Janak H. Patel. Hierarchical test generation under intensive global functional constraints. In *29th Design Automation Conference*, pages 261–266. ACM/IEEE, June 1992.

[56] Samuel J. Leffler, Marshall Kirk McKusik, Michael J. Karels, and John S. Quarterman. *The Design and Implementation of the 4.3BSD UNIX Operation System*. Addison-Wesley Publishing Company, 1988.

[57] G. Lehmann, B. Wunder, and M. Selz. *Schaltungsdesign mit VHDL*. Franzis, Poing, 1994.

[58] Roger Lipsett, Carl Schaefer, and Cary Ussery. *VHDL: Hardware Description and Design*. Kluwer Academic Publisher, 1989.

[59] S.J. M. C. McFarland and T. J. Kowalski. Formal verification of CPA descriptions with audit. In *Codes*. IEEE, October 1993.

[60] Peter Marwedel. *Synthese und Simulation von VLSI-Systemen*. Carl Hanser, München, Wien, 1993. ISBN 3-446-16146-5.

[61] Stanley Mazor and Patricia Langstraat. *A Guide to VHDL*. Kluwer Academic Publisher, 1992.

[62] Edward McCluskey. *Logic Design Principles*. International Series. Prentice-Hall, 1986.

[63] Carver Mead and Lynn Conway. *Introduction to VLSI Systems*. Addison-Wesley, 1980.

[64] Jean Mermet. *VHDL for Simulation, Synthesis and Formal Proofs of Hardware*. Kluwer Academic Publisher, 1992.

[65] Bertrand Meyer. *Object-oriented Software Construction*. Prentice Hall International, 1988.

[66] H. Meyr. *Systemtheorie*, volume 1/2. Augustinus, 1992. ISBN 3-86073-288-9.

[67] John Mick and James Brick. *Bit-slice microprocessor design*. McGraw-Hill Book Company, 1980.

[68] George J. Milne. *Formal specification and verification of digital systems*. McGraw-Hill, 1994.

[69] J. D. Morrison and A. S. Clarke. *ELLA 2000: A Language for Electronic System Design*. McGraw-Hill, 1993.

[70] Rich Murphey. *GNU graphics*. Free Software Foundation, rms@ai.mit.edu, 0.17 edition, 1989.

[71] Susuma Narita, Funio Arakawa, Kunio Uchiyama, and Ikuya Kawasaki. Design Methodology for GMICRO/500 TRON Microprocessor. In *ICCD*, pages 253–257. IEEE, October 1993.

[72] Zainalabedin Navabi. *VHDL: Analysis and Modeling of Digital Systems*. McGraw-Hill, 1993.

[73] A. Richard Newton. Has CAD for VLSI reached a dead End? In *VLSI 91*, pages 187–192, North-Holland, 1991. IFIP, Elsevier.

[74] Tobias G. Noll. Carry-Save Architectures for High-Speed Digital Signal Processing. *Journal of VLSI Signal Processing*, 3:121–140, 1991.

[75] Stefaan Note, Francky Catthoor, Gert Goosens, and Hugo J. De Man. Combined hardware selection and pipelining in high-performance data-path design. *IEEE Trans. on Computer-Aided Design*, 11(4):413–423, April 1992.

[76] Kunle Olukotun and Rachid Helaihel. Automating architectural exploration with a fast simulator. In *Intern'l Workshop on Hardware/Software Co-Design*. IEEE, October 1993.

[77] A. Oppenheim and R. Schafer. *Discrete Time Signal Processing*. Prentice-Hall, 1989. ISBN: 0-13-216771-9.

[78] Logananth Ramachandran, Frank Vahid, Sanji Narayan, and Daniel Gajski. Semantics and Synthesis of Signals in Behavioural VHDL. In *EuroDAC*, pages 616–621. IEEE/ACM, September 1992.

[79] F. J. Rammig. *VHDL for Simulation, Synthesis and Formal Proofs of Hardware*, chapter Approaching System Level Design, pages 259–276. Kluwer Academic, 1992.

[80] Franz J. Rammig. *Systematischer Entwurf digitaler Systeme: Von der System- bis zur Gatterebene*. B. G. Teubner, Stuttgart, 1989.

[81] Erik Tiden Richard Schmidt, Peter Warkentin, and Dieter Werth. Symbolische Verifikation mit CVE. *Elektronik*, (5):92–105, 1992.

[82] Michael Riepe, Joao P. Marques Silva, Karem A. Sakallah, and Richard B. Brown. Ravel-XL: A Hardware Accelerator for Assigned-Delay Compiled-Code Logic Gate Simulation. In *ICCD*, pages 361–364. IEEE, October 1993.

[83] S. Ritz, M. Pankert, V. Živojnović, and H. Meyr. High level software synthesis for the design of communication systems. *IEEE Journal on Selected Areas in Communications, Special Issue on Computer-Aided Modeling, Analysis and Design of Communication Links*, 11(3):348–358, April 1993.

[84] Fred Rose. A fool with tool is still a fool! Posting in comp.lang.vhdl, February 1990. Project leader (Honeywell, Plymouth, MN).

[85] Wolfgang Rosenstiel and Raul Camposano. *Rechnergestützter Entwurf hochintegrierter MOS-Schaltungen*. Springer, 1989.

[86] Raumond Roth, John Watkins, Michael Hsieh, William Radke, Donald Hejna, and Byung Kim. An integrated environment for concurrent development of a pixel processor asic and application software. In *ICCD*, pages 116–125. IEEE, October 1993.

[87] James Rumbaugh, Michael Blaha, William Premerlani, Frederick Eddy, and William Lorensen. *Object-Oriented Modeling and Design*. Prentice-Hall, 1991.

[88] Avtar Saini. Design of the Intel Pentium Processor. In *ICCD*, pages 258–261. IEEE, October 1993.

[89] Ralf Schnabel. Zauberbegriff: Kürzere Designzyklen. *Elektronik*, (10):78–82, 1993.

[90] Steven E. Schulz. Prescription for the EDA industry. *Integrated System Design*, 1995.

[91] Robert Sedgewick. *Algorithms in C*. Computer Science. Addison-Wesley, 1990.

[92] Roman C. M. Serra. *Geschwindigkeitsoptimierter Systemselbsttest für schnelle digitale Schaltkreise*. Elektrotechnik. Shaker, Aachen, 1992. ISBN 3-86111-209-4.

[93] Porter D. Sherman and John C. Martin. *An OPS5 Primer*. Prentice Hall, 1990.

[94] Charles G. Smith. VLIW Microcomputers for Applications Specific Solutions. *TI Technical Journal*, pages 75–87, February 1992.

[95] Otto Spaniol. *Arithmetik in Rechenanlagen*. B. G. Teubner, Stuttgart, 1976.

[96] Michael A. Shanblatt Steven S. Leung. *ASIC System Design with VHDL: A Paradigm*. Kluwer Academic Publishers, Assinippi Park, Norwell, Massachusetts, 1989.

[97] Andrew S. Tanenbaum. *Operating Systems*. Prentice Hall, Englewood Cliffs, New Jersey 07632, 1987.

[98] K. ten Hagen, M. Colsman, and C. Schotten. Tools for Top Down Design. Technical report, RWTH-Aachen, IS2 -61 18 10-, Templergraben 55, D-5100 Aachen, Germany, October 1992.

[99] K. ten Hagen and H. Meyr. Concurrent design of a chipset and its runtime environment. In *Fifth International ASIC Conference*, pages 525–528. IEEE, September 1992. ISBN 0-7803-0768-2.

[100] K. ten Hagen and H. Meyr. Generic Design: Its Importance, Implementation and Limitations. In *VHDL International Users' Forum (VIUF)*, pages 297–309. IEEE Computer Society, April 1993.

[101] K. ten Hagen and H. Meyr. Modeling at different Levels of Abstraction within an ASIC Design Project. In *Modelling and Simulation (ESM)*, pages 95–99. SCS, June 1993. ISBN 1-56555-056-0.

[102] K. ten Hagen and H. Meyr. Partitioning and Surmounting the Abstraction Gap in Hardware-Software Codesign. In *Int. Conf. on Computer Design (ICCD)*, pages 462–465. IEEE, October 1993. ISBN 0-8186-4230-0.

[103] K. ten Hagen and H. Meyr. Timed and Untimed Hardware/Software Co-simulation: Application and efficient Implementation. In G. de Micheli, editor, *Int. Workshop on Hardware Software Codesign (CODES)*, Cambridge, MA, October 1993. IEEE.

[104] K. ten Hagen und H. Meyr. Top-Down Design mit VHDL: Ein Erfahrungsbericht. In Dieter Seitzer, editor, *GME Fachtagung Mikroelektronik*, pages 121–126. GME, März 1993. ISBN 3-8007-1934-7.

[105] K. ten Hagen und J. Stahl. Schlanke Designentwicklung. Artikelserie in der Elektronik, 1994. Hefte: 2/94 S.68-74, 4/94 S.62-68.

[106] K. ten Hagen und J. Stahl. Schlanke Designentwicklung: Abstrakte Modellierung: Strukturinformation und Funktionaler Aspekt. *Elektronik*, (8):94–102, April 1994.

[107] K. ten Hagen und J. Stahl. Schlanke Designentwicklung: In Zukunft nur noch Simulation? *Elektronik*, (4):62–68, Februar 1994.

[108] K. ten Hagen und J. Stahl. Schlanke Designentwicklung: Konzept und technische Möglichkeiten zur Umsetzung. *Elektronik*, (2):68–74, Januar 1994.

[109] K. ten Hagen und J. Stahl. Schlanke Designentwicklung: Modellierung: Verbergen und Vernachlässigen. *Elektronik*, (6):66–75, März 1994.

[110] Himanshu Thaker and Janick Bergeron. Interactive Models and Testbenches in VHDL. In *Making VHDL a Commercial Reality*, pages 59–66. VHDL International (VI), April 1993.

[111] Donald E. Thomas and Philip Moorby. *The Verilog Hardware Description Language*. Kluwer Academic Publishers, 1991.

[112] Walter F. Tichy. Design, Implementation and Evaluation of a Revision Control System. In *6th International Conference on Software Engineering*. IEEE, September 1982.

[113] Toshiba. Tc163g megacell megafunction. ASIC Gate Array Library, September 1993. Doc-ID: 451D3QA.

[114] Nick Tredennick. Trends in Commercial VLSI Microprocessor Design. In *Summer School on VLSI-Tools and Applications*, Beatenburg, Switzerland, 1986.

[115] U. Tietze und Ch. Schenk. *Halbleiter-Schaltungstechnik*. Springer, 9.aufl. edition, 1988.

[116] Cary Ussery. Variant records in vhdl. Oral Communication at VIUF, April 1993.

[117] Hamid Vakizadian and Bharat P. Savel. Modeling and Simulation of a Partial Behavior of INTEL 80286 in AHPL and VHDL. In *24th Summer Computer Simulation Conference*, pages 212–216. SCS, July 1992. ISBN 1-56555-014-5.

[118] Stamatis Vassiliadis, George Triantafyllos, and Jose Delgado-Frias. Defects and system simulation: An empirical analysis. In Alain Pave, editor, *Modelling and Simulation (ESM 93)*, pages 75–79. SCS, June 1993. ISBN 1-56555-056-0.

[119] John M. Vlissides and Mark A. Linton. Applying Object-Oriented Design to Structured Graphics. In *C++ Conference*, pages 81–94, Denver, CO, October 1988. USENIX.

[120] John M. Vlissides and Mark A. Linton. *InterView Reference: idraw*, November 1989.

[121] S. Walters. Reprogrammable Hardware Emulation Automates System Level ASIC Validation. In *WESCON*, pages 140–143. Electron. Conventions Management, November 1990.

[122] John Watkins, Raymond Roth, Michael Hsieh, William Radke, Donald Hejna, Byung Kim, and Richard Tim. A memory controller with an integrated graphics processor. In *ICCD*, pages 324–338. IEEE, October 1993.

[123] Neil Weste and Kamran Eshraghian. *Principles of CMOS VLSI Design*. Addison-Wesley, June 1988.

[124] Niklaus Wirth. *Algorithmen und Datenstrukturen*. B. G. Teubner, Stuttgart, 1983.

[125] James Wu, Teresa Young, Eiji Kawamoto, and Walter Keutgens. Accurate VHDL Libraries for ASIC Design. In *Fifth International ASIC Conference*, pages 327–330. IEEE, September 1992.

Sachverzeichnis

In diesem Sachverzeichnis werden Adjektive vor einem deutschen Begriff groß geschrieben (z.B. Bedingte Verzweigung). Schlüsselwörter der Sprache VHDL sind vollständig in Großbuchstaben gedruckt (z.B. NEW). Englische Fachausdrücke sind durch eine konsequente Kleinschreibung gekennzeichnet (z.B. access types).

AD .... *siehe* Abstrakte Datentypen
FC .... *siehe* Funktionaler Aspekt
    RT-Ebene: „reset" 404–408
    System: Programmierbare Einheit.... 408–416
SI .... *siehe* Strukturinformation
SI.CR 140–157
SI.ED 206–207
SI.G 130
SI.ICD 385–388
SI.ICS .... *siehe* Zustandsmodellierung
    „for"-Schleife
    Mehrfachnutzung von Registern und Datenpfaden 344
    Beispiel 430, 433
    Herleitung 216–234
    Timing
        Unmittelbare Reaktion 280
        Verzögerte Reaktion 282
SI.ISD 207–211
    Mehrfachnutzung 210
SI.MP 167–176
    Vor- und Nachteile 171–176
SI.P 128
SI.S 128
SI.SP 176–199
    Herleitung 176–197
    Überblick 197
    Register am Ausgang 194–195
    Vor- und Nachteile 198–199
SI.T 129
VT .... *siehe* Wert/Zeit-Relation
VT.F versus VT.C 373
VT.FMA 334–335
    Beispiel 570
VT.MI
    Beispiel 571
VT.PMA 330
    Beispiel 570–571
    Zusammenhang mit VT.MI 328
VT.PNA 332
    Zusammenhang mit VT.MI 329
- .... *siehe* don't care-Wert
& 56

δ-Verzögerung
    Darstellung als Waveform 281
    Erläuterung 105
    Notwendigkeit der 105–107
<> (box)
    Beispiel 81, 114, 485, 486
    Erläuterung 81
1164 Standard .... *siehe* IEEE Standardwertesatz

Abbildung der Sequenzfolge auf Taktzyklen 390
Abfrage der Taktflanke
    Funktionen zur 221–222
abstracts 461
Abstrakte Datentypen
    Anwendungsbereiche 423
    Arten der Abstraktion 425
    Beispiel 422
    Definition 125, 424
    Quantisierung, Wertebereichsbeschränkung und Kodierung
        Überblick 427
    Übergang zu konkreten Datentypen
        Beispiel 428–435
        Übersicht 435
    versus Bitebene 423
Abstrakte Modellierung 120
Abstrakte Zustände
    Daten- und Kontrollzustand 204
Abstraktion
    versus Formalität 17
    versus Hierarchie 98
    Vor- und Nachteile 149–156
    Modellierungsaufwand 151
    Simulationseffizienz 154
    Technologieunabhängigkeit 154
    Überspezifikation 152
Abstraktionsgrad
    differentiator 395
    eines Modells 125
    filter 393
    Gatterebene 136–139
    multiplier 397
    RT-Ebene 164–166
Abstraktionsmechanismen
    Abstrakte Datentypen .... *siehe* Abstrakte Datentypen
    Abstraktionsgrad eines Modells 125
    Aufzählung der 124
    Funktionaler Aspekt *siehe* Funktionaler Aspekt
    Motivation 123
    Strukturinformation . *siehe* Strukturinformation
    Wert/Zeit-Relation ... *siehe* Wert/Zeit-Relation
Abstraktionsstufen

SACHVERZEICHNIS

Abstrakte Datentypen
   Übersicht 435
Strukturinformation
   Übersicht 397–398
Wert/Zeit-Relation
   Übersicht 458
access type
   Anforderung mit NEW 530
   Beispiel
      Definition, verschobene 531
      Initialisierung 532
      Verkettete Liste 531–534
   Erläuterung 530
   Freigabe mit DEALLOCATE 530
   NULL 530
   Zugriff
      .ALL 530
      Beispiel 533, 534
      selected name 530
      slice name 530
actual 92
Adaptersockel .... siehe Verbindungsliste
Addierer
   aus Volladdierern 284
Äquivalenter Prozeß 103
Äquivalenz von Modellen 101
Aggregat
   ARRAY
      Beispiel 82, 411
      Erläuterung 78–79
      Explizite Angabe des Datentyps 79
      Kompliziertes Beispiel 413
      named versus positional 78, 89
   Quantor OTHERS
      Beispiel 48, 82
      Erläuterung 82
   RECORD
      Beispiel 79
aggregate .... siehe Aggregat
Akkumulation von Timingpfaden 172–174
Aktivierungsbedingung 99
Algebraische Simulation 18
Algebraische Umformung 323
Algorithmus
   Implementierung . siehe Implementierung eines
      Algorithmus
Amdahl's Law 600
ARCHITECTURE
   Erläuterung 38
   Strukturmodell .... siehe Strukturmodell
   Verhaltensmodell ...... siehe Verhaltensmodell
ARRAY
   Beispiel .. 80, 81, 114, 380, 408, 413, 422, 430,
      485, 486, 527
   Erläuterung 80–82
   Zugriff
      Beispiel 529
      indexed names 80
      slice names 80
ASIC-Emulation 59–60
   versus Prototyp oder Simulationsmodell
      Übersicht 67
ASSERT
   Beispiel 104, 114, 384, 438, 506
   Erläuterung 54–55, 104
   in Einheitsdefinition (ENTITY)

Beispiel 54
Asynchrone Schaltungen 162
Asynchroner „reset"
   Implizite Zustandsmodellierung 358
AT-Diagramm 272
   Synthetisierte Implementationen
      Grenzen des Abtausch 10
      Günstiger Fall 5
      Notwendigkeit der Modellumformung .. 11
      Ungültige Lösungen 7
Attribut
   EVENT .... siehe EVENT
   HIGH .... siehe HIGH
   LOW .... siehe LOW
   RANGE .... siehe RANGE
   TRANSACTION .... siehe transaction
   vordefinierte 56, 112
Aufgelöste Signale .... siehe resolved signals
Ausdrücke
   dynamisch bestimmt 256
   statisch bestimmt 255
   lokal/global 255
Ausgangs- gleich Zustandsregister 407
Ausgangssignale und Zustand 252
Auswertungsreihenfolge
   Ereignisorientierte Simulation 105

backannotation 139
Bedingte Instanziierung .... siehe GENERATE
Beispiele
   alarm_checker
      Einheit 257
      Modell 258
   carry_ripple 320
   clock_gen 450
   controlled_inv 141, 143
   cs_bypass .... siehe cs_bypass
   differentiator 394
   exor .... siehe exor
   filter .... siehe filter
   full_duplex 44–49
   Halbaddierer 449–450
   incrementer
      Einheit 206
      Modell 206
   Interpreter 428–435
   inv_mux
      Einheit mit ASSERT-Anweisung 56
   multiplier 396–397
   parity .... siehe parity
   PID-Modul .... siehe PID-Modul, 300–312
   reg_func
      Einheit 178
      Implementation 179
      Modell 179
   reg_func_incomp
      Einheit 180
      Implementation 181
      Modell 181
   reg_func_incomp_var
      Einheit 186
      Implementation 189
      Modell mit CASE-Anweisung 196
      Modell ohne CASE-Anweisung 187
   register
      Einheit 156

SACHVERZEICHNIS

Modell 156
SimRouter 408–416
snooper 399–401
transmitter .... *siehe* transmitter
Variable mit vollst. spez. Wert, aber ref. bevor zugewiesen
    Implementation 192
    Modell 192
    Volladdierer 450–451
Berechnung, vorausschauende
    Beispiel 322
Berechnungsperiode T_D 261
bidirektionale Klemme 114
Block 372
Blockdiagramm 372
    filter Testbench 378
    PID-Modul 300
Bottom-up Design 116
Bottom-up Modellierung 119
box .... *siehe* <> (box)

camel-curve .... *siehe* Fehlerentdeckungsrate
carry_ripple
    Aufbau 320
CASE
    Beispiel 54, 192, 196, 208, 537, 543
    OTHERS
        Beispiel 169, 509
CEIL
    Beispiel 421
clipping 395–396
clock_gen 450
Codegenerator für VHDL 410–415
Codesign, Hardware/Software 593–601
    Amdahl's Law 600
    Cosimulation 600–601
    Entwurfsaufwand gegen Fertigungskosten 597–598
    Grenzen der Beschleunigung 600
    Implementationstechniken 596–599
        Vor- und Nachteile 598–599
    Partitionierung
        Laufzeitanalyse 599–600
    Router-ASIC
        Stufen der Modellierung 404
    Übertragungszeiten 600
    Vergleich der Entwurfsprozesse 593–597
common subexpression .... *siehe* Gemeinsamer Teilausdruck
compilation unit 96
COMPONENT .... *siehe* Komponente
concurrent signal assignment
    Beispiel 103, 134, 451
    Erläuterung 103
    mit label 450
CONFIGURATION .... *siehe* Konfiguration
configuration control 526
controlled_inv
    Modell & Einheit
        Unvollständig spezifiziert 143
        Vollständig spezifiziert 141
Cosimulation, HW/SW 600–601
CR 56
cs_bypass
    Einheit 200
    Implementation 201

Komponente versus Prozeß 201
Komponenten 200
CVS 526

Dateien
    Protokollierung in 525–526, 535–536
    Zugriff auf 399–401
Datenabhängigkeiten
    Algebraische Umformung 323
    Verschachtelung der Operatoren 320
    Vorausschauende Berechnung 322
    Zusammenfassung von Teiloperationen ... 321
Datenflußsimulation
    Emulation mit VHDL 379–383
    Funktionsweise 107
Datenstrukturen, dynamische .... *siehe* access type
Datentyp
    Definition 77–82
DEALLOCATE
    Beispiel 533
    Erläuterung 530
decomposition .... *siehe* Zerlegen und Verfeinern
Dedizierter Simulationsrechner 58–59
default-Werte
    Zuweisung von 183–185
delta delay .... *siehe* δ-Verzögerung
design kit 139
Designprozeß .... *siehe* Entwurfsprozeß
differentiator 394–395
Dimensionierungsschema des notwendigen Schedulings 266
don't care-Wert
    default-Zuweisung 185
    IEEE Standardwertesatz
        Simulationssemantik 485
        Synthesesemantik 490
    output versus input don't care 145
DSP
    Quantisierung 427
    Skalierung 427
    Wertebereichsbeschränkung 428
dual versus single port RAM 597–598
Durchsatz D 261
Durchsatzanpassung 295
    durch Neu-Synthese 272–274
    Erhöhung 314–326
        Datenabhängigkeiten 319
        Methoden 314
        Schnittstellenüberbuchung 317
    Verringerung 296–314
        Abtausch Fläche/Durchsatz 312
        Beispiel 300–312
        Methoden 296
        Verfahren 297–300
Durchsatzerhöhung .... *siehe* Durchsatzanpassung
Durchsatzverringerung .... *siehe* Durchsatzanpassung
Dynamisch bestimmte Ausdrücke 256
Dynamische Datenstrukturen .... *siehe* access type

Echtzeit (real time) 62
edge detection
    Funktionen zur 221–222
Effizienz, optimale 263
EFSM 202–211
    Daten- und Kontrollzustand 204
    Definition und Aufbau einer EFSM 204

Explizit modellierter Kontrollzustand
  Bestandteile........................389
Explizite Datenpfade (*SI.ED*)............206
Getrennte Verifikation der Datenpfade.....203
Implizit modellierter Kontrollzustand
  Bestandteile........................389
Implizite einfache Datenpfade (*SI.ISD*)....207
Kontrollpfade als Zustandsübergänge.251–253
Kontrollzustand und Ausgangssignale.....252
Synthesebibliothek....................202
Zeitpunkt der Ausgangssignaländerung....388
Einfacher Operator..........................387
Eingangssignal versus Parameter................260
Einheit
  Definition der
    Anweisungen in...................... 54
    Beispiel......... 134, 141, 143, 148, 156
  Erläuterung........................38, 52–54
  versus Komponente..................... 52
Emulation
  ASIC-................. *siehe* ASIC-Emulation
ENTITY.............................*siehe* Einheit
entry point.....................................99
Entwurf
  Definition................................13
  Erzeugende und analysierende Aktivität.... 13
  Produktivitätsdaten..................... vii
Entwurfsaufwand gegen Fertigungskosten, Abtausch
  Beispiel.......................... 597–598
Entwurfsinformation..........................13
Entwurfsmethodik
  Definition................................14
Entwurfsprozeß
  Stufen des........................ 593–596
  Typen von........................ 116–120
  Vergleich des HW/SW-.............. 593–597
Enumerationstypen, Kodierung der..............425
equivalent process............................103
ERC...28
Ereignis
  Definition...............................102
Ereignisorientierte Simulation
  Simulationszyklus...................... 104
    Auswertung.........................105
    Auswertungsreihenfolge......... 105–107
    Start................................104
    Zeitschritt..........................105
Ergänzte Moore-FSM
  Beispiel.......................... 200–201
  Erläuterung........................... 199
Erweiterte FSM .... *siehe* EFSM
Erweiterungen der verwendeten HDL 358
EVENT
  Beispiel156, 169, 179, 181, 183, 188, 192, 196,
    221
  Erläuterung........................... 157
event-driven.................................102
exor
  Konstante Verzögerungszeit..............134
  Parametrierbare Verzögerungszeit.... 134–135
  Einheit.................................134
  Modell.................................135
Explizite Datenpfade (*SI.ED*)........... *siehe* SI.ED

fault coverage................................67
fault simulator............................... 67

Fehlerbehebung
  Kosten der.............................. 25
Fehlerentdeckungsrate.....................26–27
  Definition............................... 26
  Verlauf der............................. 36
Fehlermodell................................67
Fehlersimulator............................. 67
Fertigungskosten gegen Entwurfsaufwand, Abtausch
  Beispiel.......................... 597–598
FILE
  Beispiel........................ 401, 535
filter
  Abstraktionsgrad....................... 393
  Einheit.................................383
  Implementation.................... 391–393
  Modell.................................384
  Variablen.............................. 383
Flipflop
  Mit set- oder reset-Eingang.............. 189
floorplan.....................................140
FOR
  Konfiguration............ *siehe* Konfiguration
  Schleife
    Beispiel.................. 346, 357, 367
FOR ALL....................................95
formal......................................92
Formale Verifikationsmethoden.....*siehe* Verifikation
Formale, teil-formale und informelle Modelle..... 17
Formales Modell
  Definition............................... 17
  Vorteile................................ 17
Formalität versus Abstraktion....................17
FSM
  als Hilfsmittel zur Mehrfachnutzung der Daten-
    pfade................................160
  Aufbau einer.......................... 161
  explizit modellierter Kontrollzustand
    Bestandteile........................388
  Modellierung.................... 159–164
full adder....................... 450–451
  Verwendung........................,.....284
Funktionaler Aspekt
  Definition............................. 124

Gatterebene....................... 130–139
  Abstraktionsgrad....................... 136
  Lage im Modellierungsraum............. 137
  Vergleich mit dem Modell auf der RT-Ebene166
Gattermodell............................*siehe* exor
  Abstraktionsgrad eines.................. 137
Gemeinsamer Teilausdruck
  Einmalige Berechnung.................. 243
  mit Variablen..................... 242–244
  Ohne Variablen
    Beseitigung........................ 193
    Erläuterung.....................188–189
  versus Mehrfachnutzung..................248
GENERATE
  Erläuterung..............................90
  FOR
    Beispiel............................90
  Konfiguration.......................... 91
GENERIC....................*siehe* Parameter
GENERIC MAP .... *siehe* Verbindungsliste
Getakteter Prozeß........................176–197
  Als Register..........................169

SACHVERZEICHNIS

Mikro-Taktebene (*VT.MI*) 178
Mit einfacher Verarbeitung 178
Mit Variablen 185
Modellierungsalternativen 552–553, 563
Ohne reset 177
Speicherung von Variablen 190–194
Unvollständige Spezifikation des Ausgangswertes 180
Graphisch oder textuell
   Strukturmodell 46
   Verhaltensmodell 366–369
Graphische Nachbearbeitung 401

Halbaddierer 449–450
half adder 449–450
handshake
   receiver_hsk 467
   transmit_hsk 466
Hardware- versus Software-Sicht 417
Hardware/Software Codesign .... *siehe* Codesign, Hardware/Software
Hardware/Software Entwurfsprozeß, Vergleich .. 593–597
Hierarchie versus Abstraktion 98
HIGH
   Beispiel 208, 383, 384, 394–396
   Erläuterung 208, 380
hold Bedingung 29
HW/SW-Cosimulation 600–601

IEEE Standardwertesatz
   Simulationssemantik 484–487
   STD_LOGIC 486
   STD_LOGIC oder STD_ULOGIC? .. 486–487
   STD_ULOGIC 485
   Synthesesemantik 489–490
Implementationstechniken
   Software versus Hardware .... *siehe* Codesign, Hardware/Software
   Vor- und Nachteile 598–599
Implementierung eines Algorithmus
   Beispiel PID-Modul 300–303
   Verfahren 354, 371–377
   Wert/Zeit-Relation 375
   Wiederverwendung 354
Implizite einfache Datenpfade (*SI.ISD*) .. *siehe SI.ISD*
Implizite komplexe Datenpfade (*SI.ICD*) 385–388
Implizite Zustandsmodellierung .... *siehe SI.ICS*
Impulsdauer, minimale 132–133
in-line-Expansion
   Erläuterung 386
in-place Optimierung
   Layout 139
indexed name .... *siehe* ARRAY
   Beispiel 384
inertial Verzögerungszeit 131
Informelle Entwurfsdokumente
   Handhabung der 25
Informelle, teil-formale und formale Modelle 17
Initialisierung
   Asynchron versus synchron 405
   Datenabhängig versus -unabhängig 405
   Implementation auf der Gatterebene 406
   Kontroll-, Datenzustand und Ausgangssignale 407
INOUT-Klemme 114

input versus output don't care 145
Inspektion der Ausgangssignale
   durch Integration 57
   Komprimierung 51
instance .... *siehe* Instanz
Instanz
   Beispiel 42, 46, 89, 94, 150, 401
   Erläuterung 39
   Komponente versus Prozeß
      Beispiel 48, 49, 201
      Diskussion 48, 200–201
   PORT/GENERIC MAP
      named 89
      positional 90
Instanziierung
   direkte 95
   versus Konfiguration 53
INTEGER() 537
Integration eines Prototyps in die Simulation ... 68–69
Interpretation
   Analytisch 18
   Numerisch 18
Irrelevante Operationen 241

Klemme
   bidirektionale 114
   Erläuterung 41
   versus Parameter 260
Klemmenverhalten
   Definition 284
   funktionales versus zeitliches 284
   Überspezifikation des 328
Kodierung & Packung
   Beispiel 524
Kombinatorik
   Einfache und komplexe 148
   Modellierung 141–156
Kombinatorischer Prozeß
   Berechnung der Ausgangssignalwerte 169
   Berechnung des neuen Zustandswertes 168
   Unvollständige sensitivity list 169–171
Kompaktheit
   Vergleich der
      FOR-Schleife 343
      Graphische versus textuelle Darstellung 46, 366–369
      parity 151
Kompilationseinheit 96
Komplexer Operator 387
Komponente
   Beispiel 41, 45, 88, 89, 94, 150, 200
   Erläuterung 39–40
   Symbol in einem Schaltplan 39
   versus Einheit 52
   versus Prozeß .... *siehe* Instanz
Konfiguration
   ALL-Quantor
      Beispiel 94
      Erläuterung 95
   als rekursiver Prozeß 84
   Automatisch 95
   Beispiel 91
   Entkoppelung der Kompilationseinheiten ... 96
   Erläuterung 83–97
   GENERATE 91
   Hierarchische

SACHVERZEICHNIS

Aufbau und Syntax 85
Ohne Verbindungsliste.................. 95
PORT MAP
    Beispiel............................. 91
    schematic to symbol generation........... 40
Separate
    Vor- und Nachteile 96–97
Typkonversion
    uni- und bidirektional 92
Vereinfachung der 54, 95–96
versus Instanziierung 53
Verzicht auf 95
Kontrollfluß
    „repeat-until"- versus „while"-Schleife 341
Kontrollpfad........................... 241
    vollständig 241
Kontrollpfadanalyse
    Beispiel 250–253
    Kontrollzustände und Operationen..... 347
    Kritischer Kontrollpfad.............. 349
    transmitter..................... 347–351
    Vollständige Kontrollpfade 349
    Definition 240–242
Kontrollzustand als Implementationshilfsmittel... 390

Lange Timingpfade
    Vermeidung 269–270
LAST_VALUE
    Beispiel............................ 221
Latenz 261
Laufzeitanalyse 599–600
Layout
    design kit 139
    floorplan 140
    in-place Optimierung 139
    wire-load Modell 140
LF 56
LIBRARY
    Beispiel............. 134, 148, 156, 167, 200
    Erläuterung 87, 399
LINE
    Beispiel 401, 535
local 92
LOG
    Beispiel............................ 421
Logik-Synthese
    Abtausch von Fläche gegen Geschwindigkeit 10
    Fähigkeiten der 4
look-ahead
    Beispiel............................ 322
LOOP
    Beispiel 346, 356, 362, 367, 411, 414
LOW
    Beispiel 150, 384, 394, 395
    Erläuterung 396

Makro
    RAM, mehrere 579
Makro/Nano-Takt 328
MATH_REAL
    Beispiel............................ 421
Matrix .... *siehe* array
Maximale Durchlaufzahl
    WHILE-Schleife 258
Mehrfachnutzung
    Datenpfade

Bedingung 244–245
    Beispiel 244
Demonstration
    Analyse 505–506
    Modellierung 506–507
Exploration 210
Komplexität der Analyse 247
Register............................. 245
    Bedingung 245–247
    Beispiel 246
    versus gemeinsamer Teilausdruck........ 248
Mehrwertiges Taktsignal 222
Mehrzyklenpfad 270–272
Meta-stabile Zustände 29
Methodik versus Werkzeug 14
Methodik-Emulation 15
Modell
    Definition 16
    Eigenschaften
        Autonome versus relationale 18
    Erläuterung 38
    Geeignete und ungeeignete ix
    generiertes 410–415
    Schablonen .... xii–xiii
        Hierarchie der xii
    Strukturmodell .... *siehe* Strukturmodell
    Verhaltensmodell ...... *siehe* Verhaltensmodell
Modellierungsalternativen
    Getakteter Prozeß 552–553, 563
Modellierungsraum
    Die diskreten Stufen des 125
    Lage der Gatterebene.................. 137
    Lage der RT-Ebene.................... 165
Modelltypen oder Abstraktionsebenen 100–101
Monte-Carlo Analyse 599
multi-cycle 270–272
multi-process......................... *siehe* SI.MP

Nachbearbeitung, graphisch 401
Namenskonvention der Dateien 525
NEW
    Beispiel............................ 532
    Erläuterung 530
NULL
    access type 530
Nutzpfad $Np(V)$ einer Variablen V 245

Operator, einfach versus komplex 387
Operatorüberladung
    Abstrakter versus „std_ulogic"-Typ 513
    Beispiel
        Skalarwertige Vektormultiplikation 384
        transmitter 507, 508, 514
Optimale Effizienz 263
OTHERS
    Aggregat .... *siehe* Aggregat
    CASE .... *siehe* CASE
output don't care-Wert .... *siehe* don't care-Wert
output versus input don't care.............. 145
overloading .... *siehe* Operatorüberladung

PACKAGE
    Beispiel............................ 395
PACKAGE BODY
    Beispiel............................ 395
Paradigma

SACHVERZEICHNIS 615

als erster Systematisierungsschritt 16
Parallele Signalzuweisung
   Beispiel 103, 451
   Erläuterung 103
Parameter
   Erläuterung 41
   Prozedur 524, 553
   Signal- versus Variablenparameter .... *siehe* Prozedur
   versus Klemme 260
parity
   Einheit 148
Modell
   Strukturmodell 150–151
   Verhaltensmodell 148
Partitionierung, Hardware/Software .. *siehe* Codesign, Hardware/Software
passive process 104
Passiver Prozeß 104
PID-Modul
   $T_D = 1 \cdot T_P$
      Datenpfad 302
      Implementationsaufwand 302
      Modell 300
   $T_D = 3 \cdot T_P$
      Implementation 304
      Implementationsaufwand 307
      Modell 304
      Optimierung der Implementation .. 308–311
      Steuerworte 305–307
      Verschaltung im 2-ten Takt 306
   Abtausch von Aufwand gegen Durchsatz .. 312
   Beispiel 300–312
   Blockdiagramm 300
   Reduktion des Durchsatzes 303–312
pointer .... *siehe* access type
Polymorphe Signale/Variablen 436–441
   Auswahl der Implementation 441
   Beispiel 558–562
   std_ulogic Typen 438–440
   tagged variant records 436–438
   Vergleich der Implementationen 440
PORT .... *siehe* Klemme
PORT MAP .... *siehe* Verbindungsliste
PosEdge 221
   Einfach 221
   Komplex 221
Prioritätsencoder
   Beispiel 258
PROCESS .... *siehe* Prozeß
Produktivität
   Definition viii
   Entwicklung vii
Protokoll
   arbit_avail
      Beispiel 409–415
      Erläuterung 470–471
   arbit_unavail
      Beispiel 432–434
      Erläuterung 469–470
   Arten der
      Übersicht 469
   known_avail
      Erläuterung 472
   receiver_hsk 467
   transmit_hsk 466

Protokollierung in Dateien 399–401
Prototyp, ASIC-Emulator oder Simulationsmodell
   Übersicht 67
Prozeß
   Aktivierungsbedingung 47
   Beispiel .. 48, 49, 135, 141, 143, 148, 156, 168, 169, 179, 181
   entry point 47
   Erläuterung 46–48
   Getakteter .... *siehe* Getakteter Prozeß
   Modellierungsalternativen ... 552–553, 563
   Instanz eines 200–201
      Beispiel 201, 382
   Kombinatorischer ..... *siehe* Kombinatorischer Prozeß
   versus Komponente .... *siehe* Instanz Prozedur
   Parameter 524, 553
   Signal- versus Variablenparameter
      Beispiel 411, 553, 566–567
      Erläuterung 467–468

qualified expression 79
   bei access type 532
Quantisierung 427

RAM
   Aufbau aus mehreren Makros 579
   Beschaltung
      Impulsformung 578
   single versus dual port 597–598
   Statisches .... *siehe* Statisches RAM
   synchrone Beschaltung 577
   Synchrone Verpackung 575–583
   Zugriff auf 581–583
      Beispiel 431–435
RANGE
   Beispiel 112, 114, 148, 208, 257, 383, 384
   Erläuterung 112, 208
rapid prototype 527
RCS 525
real time (Echtzeit) 62
REAL() 537
Realistische Behandlung des 'U'-Wertes 516–518
receiver_hsk 467
RECORD
   Beispiel 380, 408, 413, 422, 429, 437, 523
   Erläuterung 77–79
   Zugriff 78
      Beispiel 529
Register
   Modellierung 156
   Reduzierung 407
register transfer level .... *siehe* RT-Ebene
REJECT 132–133
REPORT 54–55
Rescheduling
   Automatisch 327–334
   Bedingte Verzweigung 290
   Beispiel 429–434
   Durchsatzanpassung *siehe* Durchsatzanpassung
   Lineare Sequenz von Anweisungen 285
   Regeln 293–294
reset
   asynchron
      Implizite Zustandsmodellierung 358

Timing 477–478
Modellierung des .... *siehe* FC
synchron
    Implizite Zustandsmodellierung 356
reset-Flipflop 189
resolution function
    tri-state 114
    wired-or 112
resolved signals 111
resolved Signals 115
resource sharing .... *siehe* Mehrfachnutzung
revision control 525
Risiko
    Akkumulation von Timingpfaden 172–174
RT-Ebene
    Abstraktionsgrad 164–166
    Erläuterung 33
    Lage im Modellierungsraum 165
    Vergleich mit einer Implementation auf der Gat-
        terebene 166
RTL .... *siehe* RT-Ebene
Rückwirkungsfreiheit
    Entwurfsprozeß
        Akkumulation von Timingpfaden 172
        Einschränkungen 398
        Voll-synchrone Entwurfsregeln 164
    Signalfluß 109

Schablonen
    Hierarchie der xii
    zur Modellierung .... xii–xiii
Schaltplan und VHDL 39–41
Scheduling .... *siehe* Rescheduling
    Beispiel 586–591
    Bestimmung des notwendigen 262–267
    Kenngröße 265–266
    Kontrolle des ...... *siehe* Kontrollpfadanalyse
schematic to symbol generation 40
Schleifen
    mit „wait"-Anweisungen 259–260
    ohne „wait"-Anweisungen 256–258
        dynamisch bestimmte Durchlaufzahl ... 257
        statisch bestimmte Durchlaufzahl 257
Schnelle Weiterschaltung . *siehe* Ergänzte Moore-FSM
Schnittstellen
    Beispiel 87, 94, 167, 178, 186, 206, 208
    Klemme .... *siehe* Klemme („port")
    Parameter .... *siehe* Parameter („generic")
    Parameter versus Klemme 41, 260
Schrittweises Zerlegen & Verfeinern
    Vor- und Nachteile 520
scope .... *siehe* Sichtbarkeit
Selbstinitialisierende Systeme 480
selected names
    RECORD .... *siehe* RECORD
    Sichtbarkeit 75
sensitivity list
    Äquivalente Notation 47–48
    Unvollständige 169–171
Sequenzen, Darstellung durch
    Vorteile 373
set-Flipflop 189
set-up Bedingung 29
Sichtbarkeit
    Bereiche der 74–75
sign-off 133

Signal
    Definition
        Beispiel 77, 79–82, 88, 89
        Erläuterung 76–77
    Erläuterung 41, 74–77
    Initialisierung
        Beispiel 77, 79, 82
        Standardmäßig oder anwenderdefiniert .. 77
    versus Variable 74–76
Signalflußdiagramm
    Beispiel 300
Signalflußrichtung 108–115
    Datenfluß
        Ein Treiber & feste Flußrichtung 110
    Ereignisorientiert
        Eine Flußrichtung & ein Treiber 110
        Eine Flußrichtung & mehrere Treiber .. 111
        Mehrere Flußrichtungen & mehrere Treiber
            112
    Rückwirkungsfreiheit 109
    Strom und Spannung 109
Signalparameter .... *siehe* Prozedur
Signalzuweisung
    Erläuterung 42
    mit label 450
Simulation
    manuell 25
Simulations- versus Synthesesemantik
    Un- oder vollständig spezifizierte Werte .. 142–
        147
    Verschiedene „default"-Zuweisungen 184
    Zwischenwerte von Variablen 149
Simulationsbeschleuniger 58–59
Simulationseffizienz
    Definition 62
    Gemessene Werte 62
    Minimale 63–64
    Vergleich 154
    versus turn-around 64
Simulationslaufzeit 62
Simulationsmodell, Prototyp oder ASIC-Emulator
    Übersicht 67
Simulationsrechner, dedizierte 58–59
Simulationstechnik digitaler Schaltungen
    Grundbegriffe ... 38–43, 46–48, 52–54, 70–71,
        74–100, 102–116
Simulationszyklus
    Ereignisorientierte Simulation 104
Simulator
    Definition 18
Simulatorkonzepte
    Datenfluß 107
    Ereignisorientiert 102
    Quasi kontinuierlich: Spice 102
    Übersichtstabelle 102
Simulierte Zeit 62
single versus dual port RAM 597–598
single-process .... *siehe* SI.SP
Skalierung 427
slice names .... *siehe* ARRAY
    Beispiel 384
Software- versus Hardware-Sicht 417
Softwareimplementation
    DSP-Block 392
SSG 40
Stabiler und transienter Zustand 162–163

SACHVERZEICHNIS

STABLE 56
Standard-Datenpfad 264
Standardwerte
    Zuweisung von 183–185
state diagramme 366–369
Statisch bestimmte Ausdrücke 255
Statische Variablen
    C versus VHDL 524
Statisches RAM
    Lesezugriff 550–552
    Schreibzugriff 575
STD_LOGIC .... *siehe* IEEE Standardwertesatz
STD_ULOGIC .... *siehe* IEEE Standardwertesatz
Steuerworte
    PID-Modul 305–307
    Variable versus feste Sequenz 306–307
        Timingpfade 306
    Verschaltung der Datenpfade und Register . 377
Stimuli
    Definition 26
    Erwartete Fehler 27
    Erzeugung
        Arten der 37
        Wertzuweisung 38
Stoßantwort
    Datentyp einer 380
STRING
    Erläuterung 399
Struktur-/Verhaltensmodell: Abstraktionsgrad? .. 100–101
Strukturinformation
    Abstraktionsstufen, der
        Übersicht 397–398
    Bemaßte Polygone (*SI.P*) 128
    Definition 124
    Explizite Datenpfade .... *siehe SI.ED*
    Gatter (*SI.G*) 130–139
    Geometrie 127
    Implizite einfache Datenpfade .... *siehe SI.ISD*
    Implizite komplexe Datenpfade (*SI.ICD*) . 385–388
    Implizite Zustandsmodellierung .. *siehe SI.ICS*
    Kombinatorik und Register (*SI.CR*) .. 140–157
    Metrikfreies Layout (*SI.S*) 128
    multi-process .... *siehe SI.MP*
    single-process .... *siehe SI.SP*
    Sinnvolle Modellierung 152
    Topologie 129
    Transistoren (*SI.T*) 129
    Überspezifikation der 152–154
Strukturmodell
    Beispiel 46, 88–90, 94, 150, 200, 201
    Definition 83
    Graphisch versus textuell 46
    Hierarchisches 84
    Parametrierbarkeit .... *siehe* GENERATE
    Prozeß versus Instanz 200–201, 382
    Beispiel 201
sub-mikron
    Modellierung der Verzögerungszeit 139
Submikron
    Modellierung der Verzögerungszeit 139
subtype
    Beispiel 206
    Erläuterung 206
Symbol 39

Synchrone Schaltungen 163
Synchrone Verpackung von RAMs 575–583
Synchroner „reset"
    Implizite Zustandsmodellierung 356
Synchroner Entwurf ermöglicht Abstraktion . 161–164
synchronous wrapper 575–583
Synthese
    Bedeutung: „Ein Modell wird synthetisiert"249
    Fähigkeiten der 4
Synthesesemantik .... *siehe* Simulations- versus Synthesesemantik
Synthesewege
    Logikoptimierung oder Architekturauswahl 202
Synthetisierbarkeit
    Prinzipielle 249
Systemmodell
    Abstraktion von der Realität und der Implementation 373

tagged variant records 436–438
Takterzeugung
    Einfache 450
Taktsignal, mehrwertiges 222
Teil-formale Entwurfsdokumente
    Handhabung der 25
Teil-formale, informelle und formale Modelle 17
Teilausdruck, gemeinsamer ...... *siehe* Gemeinsamer Teilausdruck
Testbench
    Aufbau einer 43
    Beispiel 44–49
    Interaktive 49–50
Testing
    Definition 66
    Fehlermodell 67
    Fehlersimulator 67
    Selektionsgüte (fault coverage) 67
TEXTIO
    Beispiel 401
Timing-Analyse 29–31
Timingpfade 133
    Akkumulation von 172–174
    durch Datenpfad und Kontroller 306
    Mealy- und Moore-Typ FSM 172
    Mengen von 30–31
Timingpfade, überlange
    Vermeidung 269–270
toNatural 560
Top-down Modellierung 117
    Verlauf einiger Kenngrößen 118
to Vector 560
transaction
    Erläuterung 157
Transienter und stabiler Zustand 162–163
transmit_hsk 466
transmitter
    Explizite Zustandsmodellierung
        Einführung von konkreten Datentypen 504–510
    Mit reset 503
    Ohne reset 503
    Implizite Datenpfade
        Einheit 208
        Modell 208
    Implizite Zustandsmodellierung
        Mit „interrupt" 362

Mit „reset" 357
Ohne „reset" 346, 367
Operationen 348
Vollständige Kontrollpfade 349
Zustandsdiagramm 366
transport Verzögerungszeit 131
tri-state
  Modellierung
    resolution function 114
turn-around versus Simulationseffizienz 64
type cast 537
Typkonversion in einer Verbindungsliste
  uni- und bidirektional 92

Überdeckte Objekte
  Zugriff auf 75
Überladung von Operatoren *siehe* Operatorüberladung
Überlange Timingpfade
  Vermeidung 269–270
Überspezifikation 152–154
  Definition 19
  Klemmenverhalten 328
  Strukturinformation 152–154
  Vermeidung 344
UNIFORM
  Beispiel 537
  Erläuterung 536
Unvollständig spezifizierter Ausgang
  Vermeidung 182–185
Unvollständige sensitivity list 169–171
Unvollständige Spezifikation des Ausgangswerts . 180
USE
  Konfiguration .... *siehe* Konfiguration
  Sichtbarkeit
    Beispiel 134, 135, 148, 156, 167, 200
    Erläuterung 87, 399

Validation 23
Variable
  Speicherung von 190–194
  Überblick 194
  versus Signal 74–76
Variablen, statische
  C versus VHDL 524
Variablenparameter .... *siehe* Prozedur
Vektor .... *siehe* array
Verbindung von Zeichenketten „&" 56
Verbindungsliste
  Instanz
    Beispiel 46, 89, 90
    Erläuterung 42
    named versus positional 89
  Konfiguration
    Beispiel 91
    Erläuterung 91
  named
    Beispiel 46
  positional
    Beispiel 89, 451
  Typkonversion
    uni- und bidirektional 92
Verfeinerung 468
Vergleich
  RT-Modell und Implementation auf der Gatterebene 166

Verhaltens-/Strukturmodell: Abstraktionsgrad? .. 100–101
Verhaltensmodell
  Aktivierungsbedingung 99
  Beispiel 134, 135, 141, 143, 148, 156
  Definition 98
  entry point 99
  Graphisch versus textuell 366–369
Verifikation
  Beweis 28–31
  Definition 23
  review 23–25
  Automatisches 37
  Versuch 25–27
    Ausreichende Initialisierung 66
    Erzeugung von Stimuli 60
    Kosten der Entwurfsänderung 61
    Laufzeit der Simulation 61
    Mit mehreren Entwicklern 36
    Prototyp, ASIC-Emulator oder Simulationsmodell 67
    Simulationstreue 65
    Testing 66
    Trennung von Modellierung und Stimuli-Erzeugung 36
    turn-around versus Simulationseffizienz . 64
    Zugriff auf die Ausgangssignale 61
Verifikation mit Prototyp, ASIC-Emulator oder Simulationsmodell
  Übersicht 67
Verschachtelung
  Beispiel 320
very long instruction word .... *siehe* VLIW
Verzögerungszeit
  Flankenabhängige 134
  Impulsdauer 132–133
  inertial versus transport 131
  Konstante 134
  Timingpfade 133
VHDL versus Schaltplan 39–41
VHDL'93
  Beendung der syntaktischen Klammer 53
  Direkte Instanziierung 54, 95
  REJECT 132–133
  REPORT-Anweisung 54–55
  Vereinfachte Konfiguration 54
  Verkürzte ASSERT-Anweisung 54–55
VHDL-Code, generierter 410–415
VHDL-Primer ..... *siehe* Simulationstechnik digitaler Schaltungen
visibility .... *siehe* Sichtbarkeit
VITAL 139
VLIW .... *siehe* Steuerworte
  Programmierung versus implizite Zustandsmodellierung 228–229
Volladdierer 450–451
  Verwendung 284
Vollständige Spezifikation eines Ausgangs
  Methoden 182–185
Vollständiger Kontrollpfad 241
Vorausschauende Berechnung
  Beispiel 322

WAIT-Anweisung
  Arten der 47–48, 219–220
  Unbedingte

SACHVERZEICHNIS

Beispiel............................48
Unbedingte versus bedingte.......... 47, 219
Waveforms
   Definition............................26
Weiterschaltung, schnelle. *siehe* Ergänzte Moore-FSM
Werkzeug versus Methodik......................14
Werkzeugeinführung
   Verlauf der Produktivität..................14
Wert/Zeit-Relation
   Definition............................125
   Implementierung eines Algorithmus...... 375
   Übersicht............................458
Wertebereichsbeschränkung....................428
WHILE-Schleife
   Maximale Durchlaufzahl................. 258
wire-load Modell............................140
wired-or
   Modellierung
      resolution function....................112
WRITE
   Beispiel......................... 401, 535
WRITELINE
   Beispiel......................... 401, 535

Zeichenketten, Verbindung von.................. 56
Zeiger............................*siehe* access type
Zeitmetrik
   Funktionale versus physikalische......... 446
Zeitschritt
   im ereignisorientierten Simulationszyklus. 105
Zeitskalen
   Echtzeit (real time).......................62
   Simulationslaufzeit........................62
   Simulierte Zeit...........................62
Zerlegen und Verfeinern
   schrittweises
      Vor- und Nachteile.....................520
      Stufen................................595
Zufälliges Verhalten
   Vermeidung..............................479
Zufallszahlen............................534–539
   Adressierung mit........................ 392
Zugriff auf Dateien........................ 399–401
Zuordnung
   named versus positional
      Aggregat .... *siehe* Aggregat
      Verbindungsliste.... *siehe* Verbindungsliste
Zusammengesetzte gekennzeichnete Datentypen.436–438
Zustand
   Transienter und stabiler............. 162–163
Zustand und Ausgangssignale.................. 252
Zustands- gleich Ausgangsregister.............. 407
Zustandsbegriff..........................161–164
Zustandsdiagramm.........................366–369
Zustandsmodellierung
   Explizit
      bis „repeat-until"-Schleife........339–340
      mit mehreren „wait"-Anweisungen 340
   Implizit
      „repeat-until"- versus „while"-Schleife.341
      asynchroner „reset".............. 358–359
      Kompaktheit........................ 352
      Manuelles Rescheduling......... 352–353
      Mehrfachnutzung von Registern und Datenpfaden......................... 352

mit strukturierten Sprachmitteln....... 340
synchroner „reset"...............356–358
Vor- und Nachteile 352–355
Wert des Kontrollzustands........... 352

MIX
Papier aus verantwortungsvollen Quellen
Paper from responsible sources
FSC® C105338

If you have any concerns about our products,
you can contact us on
ProductSafety@springernature.com

In case Publisher is established outside the EU,
the EU authorized representative is:
**Springer Nature Customer Service Center GmbH
Europaplatz 3, 69115 Heidelberg, Germany**

Printed by Libri Plureos GmbH
in Hamburg, Germany